KB105357

말레이 제도

The Malay Archipelago
by Alfred Russell Wallace

The first edition was published in 1869.
The tenth edition was published in 1890.

이 책은 1869년에 처음 출간된 앨프리드 러셀 월리스의『말레이 제도』(1890) 제10판을 번역한 책으로, 저작권법에 의해 한국 내에서 보호를 받는 저작물이므로 무단 전재와 복제를 금합니다.

The Malay Archipelago

진화론의 숨은 창시자
월리스의 항해탐사기

말레이 제도

앨프리드 러셀 월리스 지음 | **노승영** 옮김

GEOBOOK 지오북

오랑우탄을 공격하는 다야크족

『종의 기원』 저자 찰스 다윈에게

개인적 호감과 우정의 징표로서,
또한 당신의 천재성과 업적에 대한 깊은 존경심을 표하고자
이 책을 헌정합니다.

일러두기

- 이 책에는 『*The Malay Archipelago*』 초판본에 실린 월리스의 항해 경로를 나타낸 지도와 더불어 새로 그린 지도, 월리스 연보, 월리스 논문을 추가로 실었습니다.
- 모든 인명과 지명은 국립국어원 외래어 표기법에 따랐습니다.
- 본문에서 동식물명의 학명과 영명은 현재의 명칭으로 표기했고, 원문의 표기가 현재의 명칭과 다른 경우는 동식물명 찾아보기에 원문의 학명과 영명을 병기했습니다.
- 동식물명의 국명은 환경부 외래종 목록, 산림청 국가생물종지식정보시스템, 한국의 외래생물 종합검색시스템, 각종 동물도감, 위키백과, 두산대백과 등을 참고하여 표기했으되 국가시스템을 우선 적용했고, 참고 문헌이 없는 경우는 기존 한국의 동식물 정보에 활용한 동식물의 색깔, 외형에 대한 영명과 학명의 정보를 바탕으로 표기했고, 활용할 정보가 전혀 없는 경우는 학명 발음법에 따라 풀어썼습니다.
- 도량형 단위는 미터법을 적용하여 환산했고, 화씨온도는 섭씨온도로 환산했습니다.
- 38장에서 굵은 서체로 표기한 극락조 이름은 옮긴이가 강조한 것이고, 나머지 본문에서 굵은 서체로 표기한 부분은 원문에서 지은이가 이탤릭체로 강조한 것입니다.
- 본문 각주는 지은이와 옮긴이의 주로, 옮긴이 주는 『*The Annotated Malay Archipelago*』를 많이 참고했습니다.
- 도서명은 『 』로, 시·논문·신문·잡지·프로그램명은 「 」로 묶었습니다.

제10판 머리말

21년 전에 이 책이 처음 출간된 뒤로 여러 자연사학자가 말레이 제도를 찾았다. 독자에게 이들의 최신 연구 결과를 소개하기 위해 나의 관찰이나 결론이 이후의 발견으로 수정된 곳마다 각주를 달았다. 사소한 실수나 애매한 부분을 바로잡기 위해 본문의 고유명사 철자도 몇 개 수정했다. 하지만 바로잡거나 추가한 부분은 많지 않으며, 앞선 판과 대동소이하다. 또한 내가 채집한 새와 나비의 표본은 전부 영국자연사박물관에 소장되어 있음을 밝힌다.

도싯 파크스톤에서

1890년 10월

초판 머리말

독자들은 내가 귀국한 뒤로 6년이나 책 출간을 미룬 연유가 궁금할 것이다. 우선 이 사연을 소상히 밝히고자 한다.

1862년 봄에 잉글랜드에 돌아왔더니 방이 포장용 상자로 꽉 차 있었다. 개인 용도로 쓰려고 중간중간 부친 채집물이었다. 채집물은 약 1,000종의 조류 가죽 3,000점, 약 7,000종의 딱정벌레와 나비 2만 점 이상, 거기에다 네발짐승과 육상패류 몇 점까지 망라했다. 이 중 상당수는 몇 해 만에 보는 것이었으며, 나는 건강 상태가 좋지 않았기에 그 많은 표본의 포장을 풀고 정리하고 분류하는 데 오랜 시간이 걸렸다.

나는 채집물 중에서 가장 중요한 분류군을 명명·기재하고 표본 채집 과정에서 언뜻 관찰한 (더 흥미로운) 변이와 지리적 분포의 몇 가지 문제를 해결하기 전에는 여행기를 출간하지 않기로 일찌감치 마음먹었다. 자연사 항목에 대한 참고 자료를 정리하는 것은 훗날로 미루더라도 메모와 일기는 당장 인쇄할 수도 있었지만, 그랬다가는 벗들이 실망하고 대중에게 유익하지 않아서 나 자신이 만족하지 못할 것 같았다.

귀국 이후 1868년까지 나는 채집물 일부를 기재·분류한 논문 18편을 린네 동물학·곤충학회 회보에 발표했으며, 이와 관련하여 더 일반적 주제에 대한 논문 12편을 여러 학술지에 발표했다.

나의 채집물 중에서 2,000종에 이르는 딱정벌레와 수백 종의 나비는 국내외의 여러 저명한 자연사학자가 이미 기재했으나, 훨씬 많은 종이 여전히 기재되지 않은 상태였다. 이 고된 수고를 맡아 과학에 큰 기여를 한 인물로 런던 곤충학회 전前 회장 F. P. 패스코 씨를 빼놓을 수 없다. 패스코 씨는 1,000종이 넘는 나의 방대한 하늘소류 채집물을-지금은 그의 소유다-거의 전부 분류하고 기재했는데, 그중 적어도 900종은 이전에 기재된 적이 없으며 유럽의 어느 곳도 소장하고 있지 않다.

2,000종 이상으로 추정되는 다른 곤충 목目은 윌리엄 윌슨 손더스 씨의 소장품이 되었다. 손더스 씨는 훌륭한 곤충학자들을 기용하여 그중 대부분을 기재하도록 했다. 벌목만 해도 900종을 넘었는데 개미류 280종 중에서 200종은 신종이었다.

그러니 여행기 출간을 6년 미룬 덕에 (채집물 연구에서는 도달하지 못했던) 주요 결론을 이제는 흥미롭고 유익하게 개관할 수 있으리라 생각한다. 내가 묘사하는 나라들을 방문하거나 글로 쓴 사람은 별로 없으며 그곳의 사회적·지리적 여건이 금세 달라질 리도 없기 때문에, 독자들은 6년 전에 내 책을 읽어서 지금쯤 싹 잊어버렸을 것에 비하면 잃을 것보다 얻을 것이 훨씬 많을 것이다.

이제 이 책의 구성에 대해 몇 마디 해야겠다.

여러 섬들을 탐사하는 데는 계절과 이동 수단의 제약이 있었다. 어떤 섬들은 오랜 시간 간격을 두고 두세 번 방문했으며, 경우에 따라 동일한 항로를 네 번 오간 적도 있다. 그래서 연대기순으로 썼다면 읽기에 혼란스러웠을 것이다. 내가 언급하는 지역이 어디인지 알기 힘들었을 테니 말이다. 또한 이 책에서는 동물상과 거주민의 특징에 따라 분류한 섬의 군群을 즐겨 언급하기 때문에 독자가 쉽게 이해하지 못했을 것이다. 그래서 지리학적, 동물학적, 곤충학적 배열 방식을 채택하여, 가장 자연스러운 순서에 따라 이 섬에서 저 섬으로 이동했으며, 가급적 순서를 어기지 않으려고 했다.

나는 말레이 제도를 아래와 같이 다섯 개 군群으로 나누었다.

1. **인도말레이 군**: 말레이 반도와 싱가포르 섬, 보르네오 섬, 자와 섬, 수마트라 섬.
2. **티모르 군**: 티모르 섬, 플로레스 섬, 숨바와 섬, 롬복 섬, 그리고 작은 섬 몇 곳.
3. **술라웨시 군**: 술라 제도와 부퉁 섬.
4. **말루쿠 군**: 부루 섬, 스람 섬, 바찬 섬, 할마헤라 섬, 모로타이 섬, 그리고 작은 섬인 트르나테 섬, 티도레 섬, 마키안 섬, 카요아 제도, 암본 섬, 반다 제도, 고롱 제도, 와투벨라 제도.
5. **파푸아 군**: 큰 섬인 뉴기니와 아루 제도, 미솔 섬, 살라와티 섬, 와이게오 섬 등 몇 개의 섬. 카이 제도는 민족학적 이유로 이 군에서 다루지만, 동물학적이나 지리학적으로는 말루쿠 군에 속한다.

각 군의 섬을 개별적으로 서술하는 장들은 해당 군의 자연사에 따라 배치했으며, 이에 따라 이 책은 말레이 제도의 자연적 구획을 다루는 다섯 부분으로 나뉜다.

1장은 머리말로, 전체 지역의 자연지리를 서술하며, 마지막 장은 말레이 제도와 주변국의 민족을 간략히 서술한다. 이 설명과 지도를 참고하면 각 지역의 위치와 탐사 경로를 알 수 있을 것이다.

이 책이 다루는 주제에 비해 분량이 턱없이 적다는 것을 잘 알고 있다. 이 책은 개관에 불과하지만 최대한 정확하게 서술하려고 최선을 다했다. 서술과 묘사는 대부분 현장에서 썼으며, 철자 말고는 거의 손대지 않았다. 자연사를 서술하는 장들과 그 밖의 여러 문장은 종의 기원 및 지리적 분포와 관련된 다양한 문제에 대해 흥미를 불러일으키려고 썼다. 어떤 경우에는 나의 견해를 자세히 설명할 수 있었으나, 다른 경우에는 주제가 복잡한 탓에 더 흥미로운 현상의 진술에 국한하는 것이 낫다고 생각했다(이 문제의 해결책은 다윈 씨가 여러 저작에서 전개한 원리들에서 찾을 수 있다). 다수의 삽화가 이 책에 흥미와 가치를 한층 더할 것이라 믿는다. 삽화는 내가 그린 스케치, 사진, 표본을 밑그림으로 삼았으며, 서술과 묘사를 이해하는 데 도움이 될 만한 주제를 엄선했다.

자와 섬에서 교류한 월터 우드버리 씨와 헨리 우드버리 씨에게 감사한다. 두 사람이 제공한 많은 풍경 사진과 원주민 사진은 내게 큰 도움이 되었다. 윌리엄 윌슨 손더스 씨는 너그럽게도 신기한 뿔파리를 그리게 허락해주었으며, 패스코 씨는 보르네오 섬의 딱정벌레 표본 상자에서 매우 희귀한 하늘소 두 마리를 빌려주었다. 나머지 모든 삽화의 표본은 내가 채집한 것들이다.

이번 탐사의 주목표는, 개인적인 채집과 더불어 (중복된 표본이 있을 경우) 박물관과 아마추어 자연사학자에게 공급할 자연사 표본을 얻는 것이었으므로, 내가 채집하여 양호한 상태로 반입한 표본의 수를 대략적으로 밝히겠다. 대개 말레이인 일꾼을 한 명이나 두 명, 때로는 세 명까지 썼으며 3년 동안 영국인 청년 찰스 앨런 씨의 도움을 받았음을 우선 일러둔다. 나는 꼬박 8년 동안 잉글랜드를 떠나 있었지만, 말레이 제도 안에서 2만여 킬로미터를 여행하고 60~70차례의 탐사를 준비하고 여러모로 시간을 빼앗긴 탓에 채집에 할애한 시간은 6년이 채 못 되는 듯하다.

내가 동양에서 채집한 동물 표본은 다음과 같다.

포유류	310점
파충류	100점
조류	8,050점
패류	7,500점
나비류	13,100점
딱정벌레류	83,200점
기타 곤충류	13,400점
전체 자연사 표본	125,660점

마지막으로, 내게 도움과 정보를 제공해준 모든 벗들에게 감사할 차례다. 특히 영국 정부와 네덜란드 정부로부터 중요한 지원을 얻을 수

있도록 귀한 추천사를 써준 왕립지리학회 위원회에 감사한다. 여행 초창기에 다정하고 아낌없는 격려로 내게 큰 힘을 준 윌리엄 윌스 손더스 씨에게도 감사한다. 또한 나의 대리인이 되어 내 채집물을 관리하고 지치지 않는 끈기로 유용한 정보와 내게 필요한 물품을 공급한 새뮤얼 스티븐스 씨에게 빚진 바 크다.

이들을 비롯하여 나의 여행과 채집에 어떤 식으로든 흥미를 보인 모든 벗들이 이 책을 읽으며 내가 묘사하는 풍경과 사물에서 나 자신이 느낀 즐거움을 어렴풋이 떠올릴 수 있으리라 믿는다.

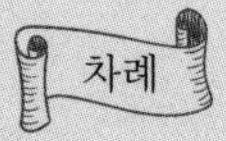
차례

말루쿠 군

파푸아 군

부록

책에 수록된 삽화 (제목 | 삽화가)

지도

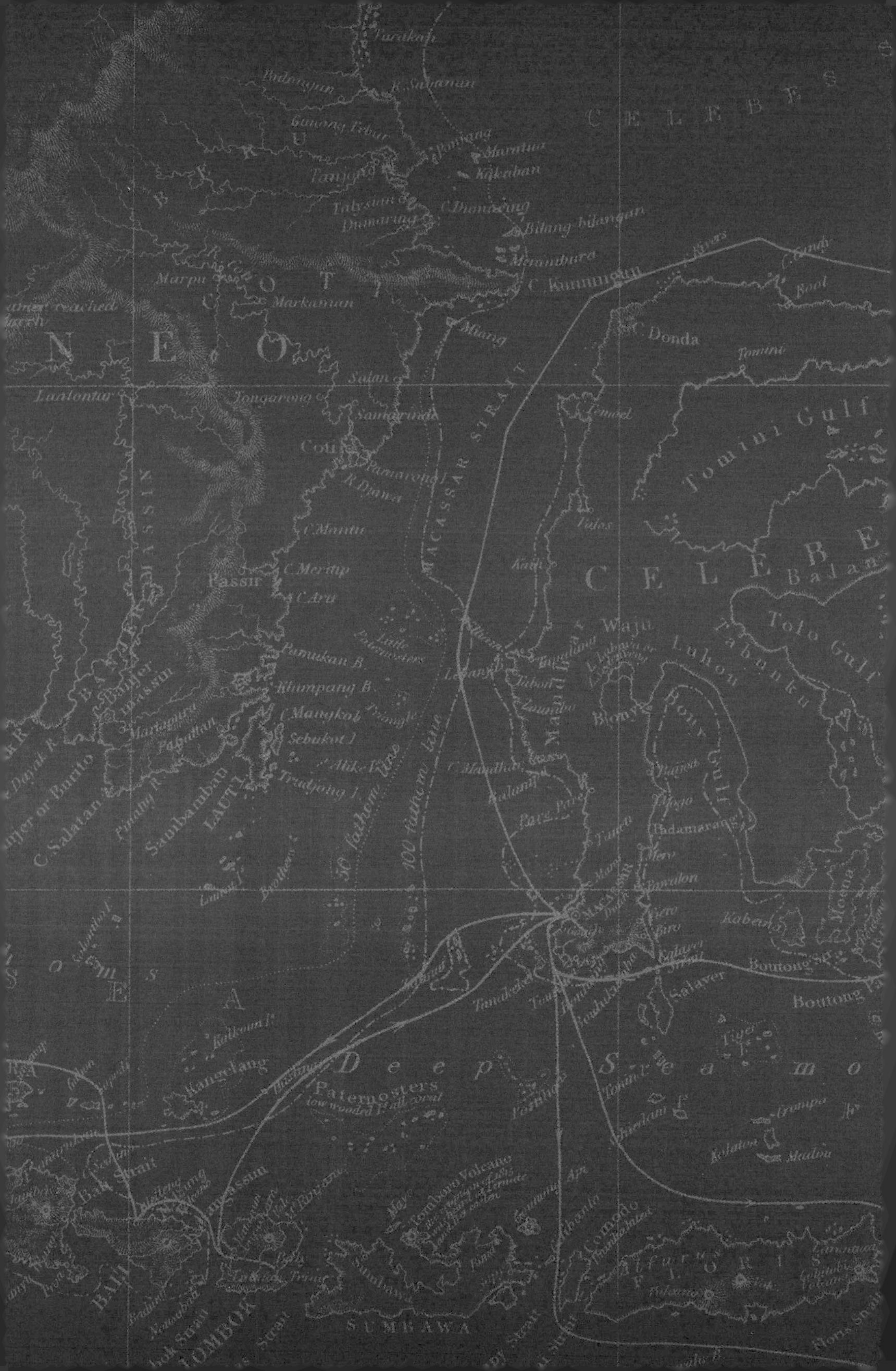

Tarakan
Bulongan
R. Sabanan
C E L E B E S
Gunong Tebur
B E R U
Marratua
Kakaban
Tanjong
Talysum
Dumarung
C. Dumaring
Bilang-bilangan
Memmbura
C. Kummingan
Marpu
Markaman
C O T I
Miang
N E O
C. Donda
Tomini
Salan
Laalontur
Tongarong
Samarinda
Coti
Pamarong
R. Djawa
Tomini Gulf
MACASSAR STRAIT
C. Mantu
Tajos
Kaili
C. Meritip
Passir
C. Aru
C E L E B E
Toto Gulf
Waju
Little Paternosters
Pamukan B.
Lebang B.
Luhou
Tabunku
Klumpang B.
Banjer massin
Mangkab
Sebukot
Triangle
Mandhar
Bony
Boni Gulf
Martapura
Pagattan
C. Mandhar
Dayak R.
Banjer or Barito
Tridjong I.
Balanipa
C. Salatan
Sambamban
LAUT I.
50 fathom line
100 fathom line
Pare Pare
Padamarang
Brothers
Pawalon
MACASSAR
Kabeina I.
Moena
Boutong Str.
Boutong
Tanakeke
Bonthian
Salayer
Kalkoun I.
Kangelang
Deep
Paternosters
low wooded I. all coral
Tiger
Gumpa
Kalatoa
Madou
Bali Strait
Bali
Lombok
Tombora Volcano
Sumbawa
Gunung Api
Comodo
FLORIS
Volcano
SUMBAWA
Lombok Strait
Floris Strait

The Malay Archipelago

자연지리

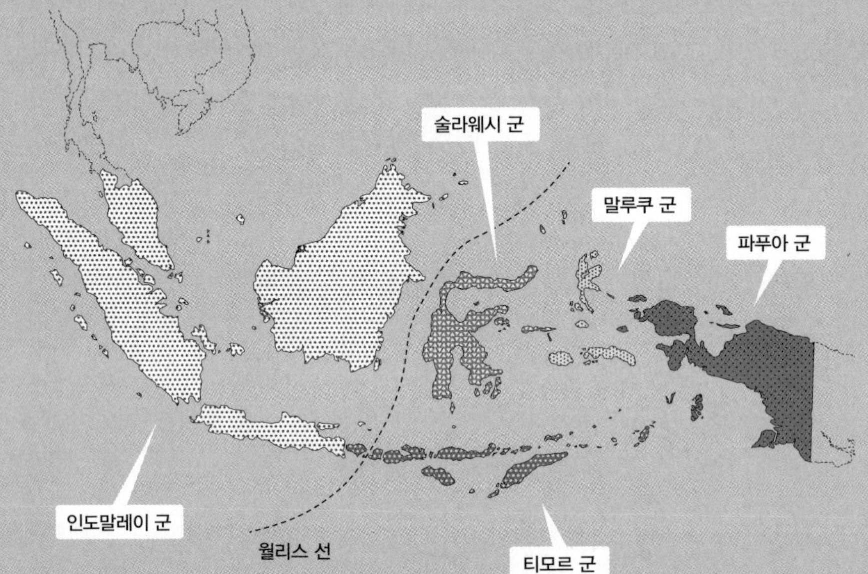
술라웨시 군
말루쿠 군
파푸아 군
인도말레이 군
월리스 선
티모르 군

1장
자연지리

지구본이나 지도에서 동반구를 바라보면 아시아 대륙과 오스트레일리아 대륙 사이에 크고 작은 섬이 아주 많이 있음을 알 수 있다. 이 섬들은 두 대륙과 동떨어져 일련의 무리를 형성하고 있으며 어느 쪽과도 연관성이 거의 없다. 이 지역은 적도에 자리하여 열대 대양의 미지근한 물에 잠겨 있기에, 기후가 지구상의 어느 곳보다도 (일정하게) 덥고 습하며 다른 곳에는 알려지지 않은 동식물이 가득하다. 이곳은 가장 달콤한 과일들과 가장 귀한 향신료들의 원산지다. 큰 꽃을 피우는 라플레시아, 나비류의 제왕인 거대한 초록 날개의 비단제비나비, 사람을 닮은 오랑우탄, 화려한 극락조가 이곳에 서식한다. 이곳에는 특이하고 흥미로운 민족인 말레이인이 살고 있는데 이 섬 지대 바깥에서는 이들을 전혀 찾아볼 수 없다. 이곳에 말레이 제도라는 이름이 붙은 것은 이 사람들 때문이다.

이곳은 평범한 영국인에게 지구상에서 가장 낯선 지역일 것이다. 이곳에는 영국 식민지가 몇 곳 되지 않으며 영국인 여행객은 이곳을 좀처럼 탐험하지 않는다. 많은 지도에서는 말레이 제도를 무시하다시피 하여 아시아와 태평양 제도 사이를 가르는 정도로만 나타낸다.[1]

따라서 이 지역이 전체로 보면 지구상의 주요 구획에 맞먹으며 일부 섬은 프랑스나 오스트리아 제국보다 크다는 사실을 아는 사람은 거의 없다. 하지만 이곳을 여행해 보면 금세 사뭇 다른 느낌을 받는다. 이곳에서 큰 섬의 해안선을 따라 항해하는 데는 며칠이나 심지어 몇 주가 걸린다. 섬이 어찌나 큰지 주민들은 이곳이 거대한 대륙이라고 믿는다. 이 섬에서 저 섬으로 항해하려면 대개 몇 주나 몇 달이 소요되며, 이곳 주민들은 북아메리카 원주민과 남아메리카 원주민처럼 서로를 거의 모르는 경우가 많다. 이 지역은 독특한 민족과 자연적 특징, 독특한 사상, 감정, 관습, 대화법, 독특한 기후, 식물상, 동물상 덕에 나머지 세계와 뚜렷이 구별된다.

여러 시점에서 보면 이 섬들은 오밀조밀한 지리적 덩어리를 이루기 때문에 여행자와 과학자는 늘 이곳을 한 덩어리로 취급했다. 하지만 여러 측면을 더 신중하고 꼼꼼하게 들여다보면 이 지역이 넓이가 거의 같은 두 부분으로 나뉜다는 뜻밖의 사실을 알 수 있다. 두 부분은 동식물이 퍽 다르며 실제로는 지구상의 대구분 중 두 곳의 일부를 이룬다. 나는 말레이 제도 곳곳의 자연사를 관찰하여 이 사실을 소상하게 입증할 수 있었다. 이 책에서는 여러 섬에서의 여행과 체류를 묘사하면서 이 견해를 계속 언급하고 이를 뒷받침하는 사실을 덧붙일 것이므로, 우선 말레이 지역의 이러한 주요 특징을 약술하여 이후의 사실에 흥미를 더하고 일반적 문제와의 연관성을 더 쉽게 이해할 수 있

1 영국 북(北)보르네오 회사가 설립된 뒤로 이 지역이 더 알려지기는 했지만, 네덜란드 식민지는 아직도 발길이 뜸하다.

도록 하는 것이 좋을 것이다. 그러니 말레이 제도의 경계와 범위를 개관하고 지질, 자연지리, 식물상, 동물상의 더 두드러진 특징을 언급해 두고자 한다.

정의와 경계: 주로 동물상의 분포로 보건대 말레이 제도에는 테나세림 섬에 이르는 말레이 반도, 서쪽으로는 니코바르 제도, 북쪽으로는 필리핀 제도, 동쪽으로는 뉴기니 섬을 넘어 솔로몬 제도가 포함된다. 이 경계 안의 큰 섬들은 모두 수많은 작은 섬으로 연결되어 있으므로 어느 섬도 지리적으로 고립되어 있지 않다. 소수의 예외를 제외하면, 모든 섬은 기후가 일정하고 매우 비슷하며 울창한 산림식생으로 덮여 있다. 지도에서 섬들의 형태와 분포를 연구하든 이 섬에서 저 섬으로 직접 여행하든 우리의 첫인상은 모든 부분이 서로 긴밀하게 연결되어 전체를 이룬다는 것이다.

말레이 제도와 섬들의 범위: 말레이 제도는 동서 길이가 6,000킬로미터를 넘으며 남북 길이는 약 2,900킬로미터다[2]. 전체 길이는 서쪽 끝에서 중앙아시아에 이르는 유럽 전체와 맞먹거나, 남아메리카에서 너비가 가장 넓은 지역을 덮고도 남는다. 그레이트브리튼 섬보다 큰 섬이 세 곳 있는데, 그중 한 곳인 보르네오 섬에는 영국 제도를 집어넣고도 남아 숲의 바다로 둘러쌀 수 있다. 뉴기니 섬은 형태는 덜 일정하지만 아마도 보르네오 섬보다 넓을 것이다. 수마트라 섬은 넓이가 그레이트브리튼 섬과 거의 같으며 자와 섬, 루손 섬, 술라웨시 섬은 각각 아일랜드와 비슷하다. 그 밖에 열여덟 곳의 섬은 평균적으로 자메이카만 하고 1백여 곳은 와이트 섬만 하며, 그보다 작은 섬과 소도는 헤아릴 수 없이 많다.

---

2 원전의 1,300마일(약 2,100킬로미터)은 1,800마일(약 2,900킬로미터)의 오기이다. _옮긴이

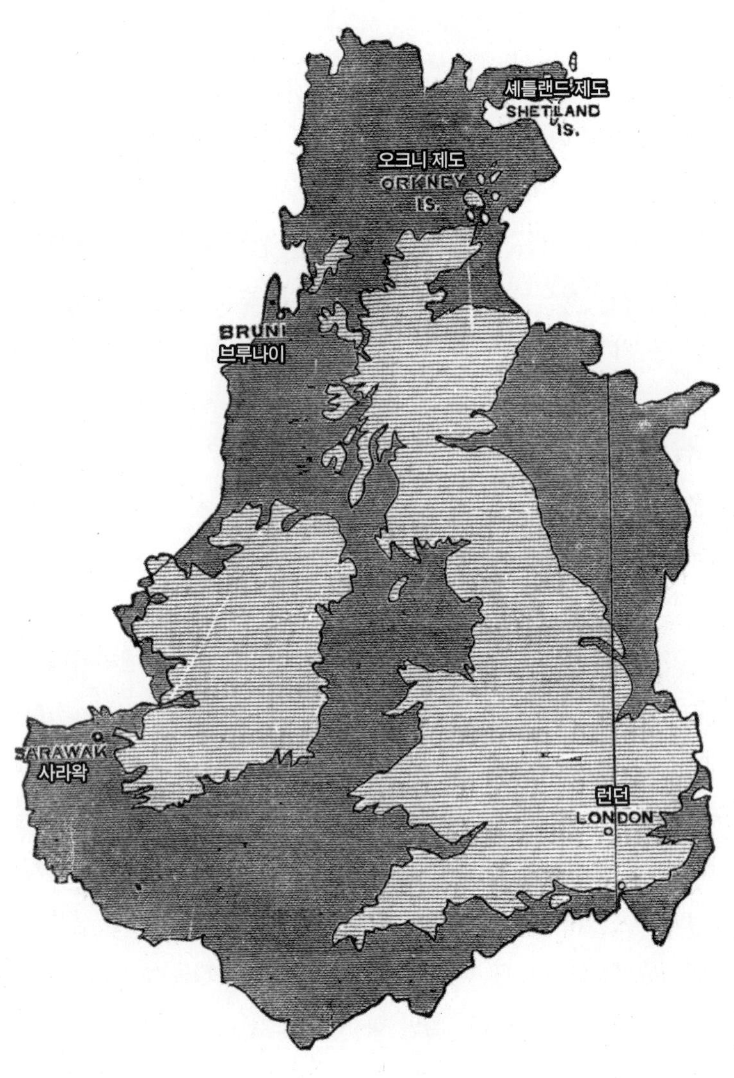

영국 제도와 보르네오 섬을 겹친 지도

육지만 놓고 보자면 말레이 제도의 넓이는 헝가리에서 스페인까지의 서유럽보다 크지 않지만, 땅이 갈라지고 나뉘어 있기에 동식물의 다양성은 육지 면적보다는 섬들이 퍼져 있는 거대한 전체 면적에 비례한다.

지질학적 차이: 지구상의 주요 화산대 중 하나가 말레이 제도를 지나며, 화산섬과 나머지 섬은 풍경이 뚜렷이 대조된다. 활화산 수십 개와 사화산 수백 개가 이루는 곡선이 수마트라 섬에서 자와 섬까지 걸쳐 있으며, 그곳에서 발리 섬, 롬복 섬, 숨바와 섬, 플로레스 섬, 세르와티 제도, 반다 제도, 암본 섬, 바찬 섬, 마키안 섬, 티도레 섬, 트르나테 섬, 할마헤라 섬, 모로타이 섬 등을 잇는다. 이곳에서 화산대가 약 300킬로미터 서쪽으로 작지만 뚜렷하게 꺾이는데, 술라웨시 섬 북부에서 다시 시작된 화산대는 시아우 섬과 생귀르 제도를 거쳐 필리핀 제도에 이르러서는 동쪽 면을 따라 휘돌아 북쪽 끝에 이른다. 화산대의 동쪽 끝인 반다 제도에서 1,600킬로미터의 비非화산대를 지나면 1699년에 댐피어가 뉴기니 섬 북동해안에서 관찰한 화산들이 있다. 그곳에서 뉴브리튼 섬, 뉴아일랜드 섬, 솔로몬 제도를 통과하여 말레이 제도 동쪽 경계에 이르는 또 다른 화산대가 뻗어 있다.

화산으로 이루어진 이 기다란 선에 포함된 전체 지역과 선 양쪽의 꽤 넓은 영역에서는 지진이 끊임없이 일어나 몇 주나 몇 달마다 약한 진동이 느껴지며, 마을을 폭삭 무너뜨리고 인명과 재산에도 피해를 입히는 더 큰 지진이 여기저기에서 거의 해마다 틀림없이 일어난다. 여러 섬에서는 대지진이 일어난 해가 원주민에게 달력 역할을 한다. 대지진으로 아이들의 나이를 기억하고 중요한 사건의 날짜를 헤아리기 때문이다.

이 지역에서 숱하게 일어난 무시무시한 분화에 대해 짧게 언급하겠다. 이로 인한 인명 및 재산 피해의 양과 그 결과의 규모를 능가하는 기록은 이제껏 전무하다. 1772년에 자와 섬의 파판다얀 산에서 화산이 폭발하여 마을 마흔 곳이 파괴되었는데, 거듭된 폭발로 산 전체가 날아간 자리에 커다란 호수가 남았다. 1815년에 숨바와 섬의 탐보라 산이 대폭발했을 때는 12,000명이 목숨을 잃었고 하늘을 뒤덮은 화산재가 인근 500킬로미터의 땅과 바다에 두껍게 내려앉았다.[3]

심지어 내가 그곳을 떠난 뒤인 최근에도 200년 넘게 잠잠하던 산이 갑자기 화산 활동을 시작했다. 말루쿠 제도의 마키안 섬은 1646년에 격렬한 분화로 땅이 갈라졌는데 한쪽으로 산의 중심부까지 거대한 틈이 벌어졌다. 1860년에 마지막으로 방문했을 때는 봉우리까지 식물로 덮여 있었으며 말레이 촌락 열두 곳에 많은 사람이 살고 있었는데, 215년 동안 화산 활동이 전혀 없다가 1862년 12월 29일에 갑자기 폭발이 일어나 산을 날려버리고 모습을 완전히 바꿔놓았으며 거주지의 대부분을 파괴하고 어마어마한 화산재를 뿜어 60킬로미터 떨어진 트르나테 섬의 하늘을 뒤덮고 인근 섬들의 작물을 모조리 쑥대밭으로 만들었다.[4]

자와 섬에는 같은 면적의 (알려진) 어떤 지역보다 많은 (활화산과 사화산을 망라한) 화산이 있다. 개수는 약 45개이며 상당수는 거대한 화산추火山錐[5]의 아름다운 본보기를 보여준다. 원뿔은 하나 아니면 둘

---

3 탐보라 산은 1815년 4월 10일에 분화했다. _옮긴이

4 더 최근인 1883년에는 크라카타우 화산섬이 거세게 분출했는데, 실론, 뉴기니, 마닐라, 서(西)오스트레일리아에서까지 폭발음을 들을 수 있었으며 독일 제국만 한 넓이가 화산재에 뒤덮였다. 주된 파괴 요인은 거대한 파도로, 자와 섬과 수마트라 섬 해안의 여러 마을이 전파(全破)되었고 3만~4만 명이 목숨을 잃었다. 대기 교란이 어찌나 심했던지 공간파가 지구를 3과 4분의 1바퀴 돌았으며, 2년이 지난 뒤에도 전 세계에서는 대기 상층부를 떠다니는 가는 입자 때문에 저녁 하늘이 독특한 빛으로 물들었다.

5 화산의 형태 가운데 모양이 원뿔인 지형. _옮긴이

이며, 봉우리가 온전한 것도 있고 잘려 나간 것도 있다. 높이는 평균 3,000미터다.

지금은 거의 모든 화산이 화산 자체에서 뿜어져 나온 물질(진흙, 화산재, 용암)이 천천히 쌓여 이루어졌다는 사실이 잘 알려져 있다. 하지만 분화구는 위치가 곧잘 바뀌기 때문에 어떤 지역은 언덕들이 사슬이나 덩어리 모양으로 다소 불규칙하게 놓이고 여기저기 높다란 원뿔이 솟았을 수도 있지만, 지형 전체는 진짜 화산 활동에서 생겼을 것이다. 자와 섬의 지형은 대부분 이런 식으로 형성되었다. 일부 지역에서는 특히 남해안에서 지대가 위로 솟았는데, 이곳에는 산호 석회암이 거대한 절벽을 이루고 있으며 아래에는 더 오래된 퇴적암이 깔려 있는 경우도 있지만 자와 섬은 기본적으로 여전히 화산섬이다. 이 웅장하고 비옥한 섬-그야말로 에덴동산이며, 아마도 전 세계 열대 섬 중에서 가장 부유하고 가장 개화開化했으며 가장 훌륭하게 통치되는 곳-은 (아직도 이따금 섬 표면을 파괴하는) 바로 그 격렬한 화산 활동으로 생겼다.

큰 섬인 수마트라 섬은 크기에 비해 화산 개수가 훨씬 적으며 상당 부분은 화산 활동에서 비롯하지 않은 듯하다.

동쪽으로 가면 자와 섬에서 티모르 섬 북부를 지나 반다 제도까지 길게 이어진 섬들은 모두 화산 활동 때문에 생겼을 것이다. 티모르 섬 자체는 오래된 퇴적암으로 이루어졌지만 중심부 근처에 화산이 하나 있다고 한다.

북쪽으로 가면 부루 섬의 일부인 암본 섬과 스람 섬의 서쪽 끝, 할마헤라 섬의 북부 지역, 주변의 모든 작은 섬들, 술라웨시 섬의 북쪽 끝, 시아우 섬과 생귀르 제도가 모두 화산섬이다. 필리핀 제도에는 활화산과 사화산이 많이 있으며, 지금처럼 조각조각으로 갈라진 것은 화산 활동으로 지반이 침강했기 때문일 것이다.

이 기다란 화산의 줄을 따라 육지가 융기하고 침강한 흔적이 관찰된다. 수마트라 섬 남쪽의 섬들, 자와 섬의 남해안 일부와 동쪽의 섬들, 티모르 섬의 서쪽과 동쪽 끝, 말루쿠 제도의 전 지역, 카이 제도와 아루 제도, 와이게오 섬, 할마헤라 섬의 남쪽과 동쪽 전부는 대부분 산호암이 솟아오른 것으로 이는 인근 바다에서 형성되고 있는 지형과 정확히 일치한다. 나는 융기한 산호초의 표면이 고스란히 남아 있는 것을 여러 지역에서 관찰했는데, 거대한 산호 군체가 원래의 위치에서 솟아올랐으며 수백 개의 뼈대는 어찌나 신선해 보이는지 물 밖에 나온 지 몇 해 지나지 않은 것 같았다. 실제로 이런 변화는 몇백 년 이내에 일어났을 가능성이 매우 크다.

이 화산대의 총 길이는 약 90도, 즉 지구 전체 둘레의 4분의 1이다. 너비는 약 80킬로미터이지만 양쪽으로 300킬로미터에 이르는 지역에서는 최근에 융기한 산호암이나 보초堡礁에서 지하 활동의 증거를 찾아볼 수 있는데, 이로써 최근에 침강했음을 알 수 있다. 거대한 화산 곡선의 한가운데에는 큰 섬인 보르네오 섬이 있다. 이곳에서는 최근 화산 활동의 흔적이 전혀 관찰되지 않았으며 주변 지역에서 흔한 지진도 전혀 일어나지 않았다. 이에 못지않게 큰 섬인 뉴기니 섬도 고요한 지대에 자리 잡고 있으며, 화산 활동의 징후는 아직까지 전혀 발견되지 않았다. 크기가 크고 모양이 신기한 술라웨시 섬은 북쪽 반도의 동쪽 끝 외에는 화산이 전혀 없다. 화산 지대는 예전에 다른 섬이었으리라고 볼 만한 이유가 있다. 말레이 반도도 화산 지대가 아니다.

따라서 말레이 제도를 일차적으로 또한 가장 뚜렷하게 구분하면 화산 지대와 비非화산 지대로 나눌 수 있으며, 이런 구분은 식생의 특징과 생물의 형태에 차이를 낳을 것이라고 예상할 수 있다. 하지만 이러한 영향은 매우 제한적이다. 지하의 불이 엄청난 규모로 작용하기는 했지만-3,000~3,600미터 높이의 산맥을 쌓았고, 대륙을 쪼갰으며, 바다에서 섬을 솟아오르게 했다-우리는 이 모두가 최근 활동의 특징일 뿐 육지와 바다의 더 오래된 분포의 흔적을 지우지는 못했음을 알게 될 것이다.

식생의 차이: 위치가 적도 바로 위이고 드넓은 바다로 둘러싸인 것을 보건대 말레이 제도의 여러 섬이 해수면 높이부터 높은 산의 봉우리까지 두루 산림식생으로 덮여 있다는 것은 놀랄 일이 아니다. 이것은 일반 법칙이다. 수마트라 섬, 뉴기니 섬, 보르네오 섬, 필리핀 제도, 말루쿠 제도, 그리고 자와 섬과 술라웨시 섬의 미개간지는 작고 중요하지 않은 일부 지대를 제외하면-아마도 그중 일부는 오래전에 경작을 했거나 산불이 났기 때문일 것이다-모두 숲 지대다. 하지만 티모르 섬과 주변의 모든 작은 섬들은 중요한 예외인데, 이곳은 여느 섬과 달리 숲이 전혀 없으며 플로레스 섬, 숨바와 섬, 롬복 섬, 발리 섬도 정도는 덜하지만 같은 특징이 있다.

티모르 섬에서 가장 흔한 나무는 오스트레일리아의 대표적 수종인 유칼립투스이며 단향*Santalum* sp., 아카시아 등도 간간이 눈에 띈다. 이런 나무가 전 지역에 흩어져 있지만 숲이라고 부르기에는 턱없이 부족하다. 메마른 언덕에서는 나무 아래로 거친 풀이 듬성듬성 자라며 그보다 습한 지역은 식물이 무성하다. 티모르 섬과 자와 섬 사이에 있는 섬들은 가시나무가 풍부하며 나무가 좀 더 빽빽한 경우가 많다. 나무들은 좀처럼 높게 자라지 않으며, 건기에는 잎이 거의 다 떨어지고 땅바닥이 바싹 마른다. 이는 다른 섬의 축축하고 어둑어둑하고 늘푸른 숲과 뚜렷이 대조된다. 술라웨시 섬 남쪽 반도와 자와 섬 동쪽 끝까지 (정도는 덜하지만) 이어지는 이 유별난 특징은 오스트레일리아 옆에 있기 때문일 가능성이 크다. 3월부터 11월까지 1년의 약 3분의 2

에 이르는 기간 동안 계속 부는 동남계절풍이 오스트레일리아 북부 지역을 지나가는데, 이 때문에 공기가 데워지고 건조해져 인근 섬의 식생과 자연적 특징이 오스트레일리아와 비슷해진다. 좀 더 동쪽으로 티모르 해海와 카이 제도에 이르면 더 습한 기후가 우세한데, 태평양에서 불어오는 동남풍이 토러스 해협을 통과하여 뉴기니 섬의 눅눅한 숲을 지나기 때문에 작은 바위섬은 모두 꼭대기까지 푸른 초목으로 덮여 있다. 좀 더 서쪽에서는 똑같은 마른바람이 불기는 하지만 바다 위를 지나는 경우가 점점 많아지기 때문에 신선한 수분을 흡수할 시간이 길어진다. 그래서 자와 섬은 건조한 기후가 차츰 줄어들어, 자카르타 근처의 서쪽 끝에 이르면 1년 내내 비가 내리고 산의 모든 부분이 유례없이 무성한 숲으로 덮여 있다.

바다 깊이의 차이: 큰 섬인 수마트라 섬, 자와 섬, 보르네오 섬은 얕은 바다를 통해 아시아 대륙과 연결되어 있어서 자연환경이 대체로 비슷한 반면에, 뉴기니 섬과 일부 섬은 마찬가지로 얕은 바다를 통해 오스트레일리아와 연결되어 있어서 유대류가 서식한다. 이 사실은 조지 윈저 얼 씨가 1845년에 왕립지리학회에서 낭독한 논문과 뒤이어 1855년에 발표한 소논문 「동남아시아와 오스트레일리아의 자연지리에 대하여On the Physical Geography of South-Eastern Asia and Australia」에서 처음 언급되었다.

여기서 우리는 말레이 제도에서 가장 극적인 차이의 실마리를 찾을 수 있으며, 나는 이를 꼼꼼히 추적하여 섬들 사이에 선을 그을 수 있다는 결론에 도달했다. 이렇게 나뉜 한쪽 절반은 진실로 아시아에 속하고 나머지 절반은 확실히 오스트레일리아와 한 종류일 것이다. 나는 말레이 제도의 두 구획을 각각 인도말레이 군과 오스트로말레이 군으로 명명한다(다음 쪽 자연지도 참고).

그런데 얼 씨는 소논문에서 아시아와 오스트레일리아가 일찍이 육

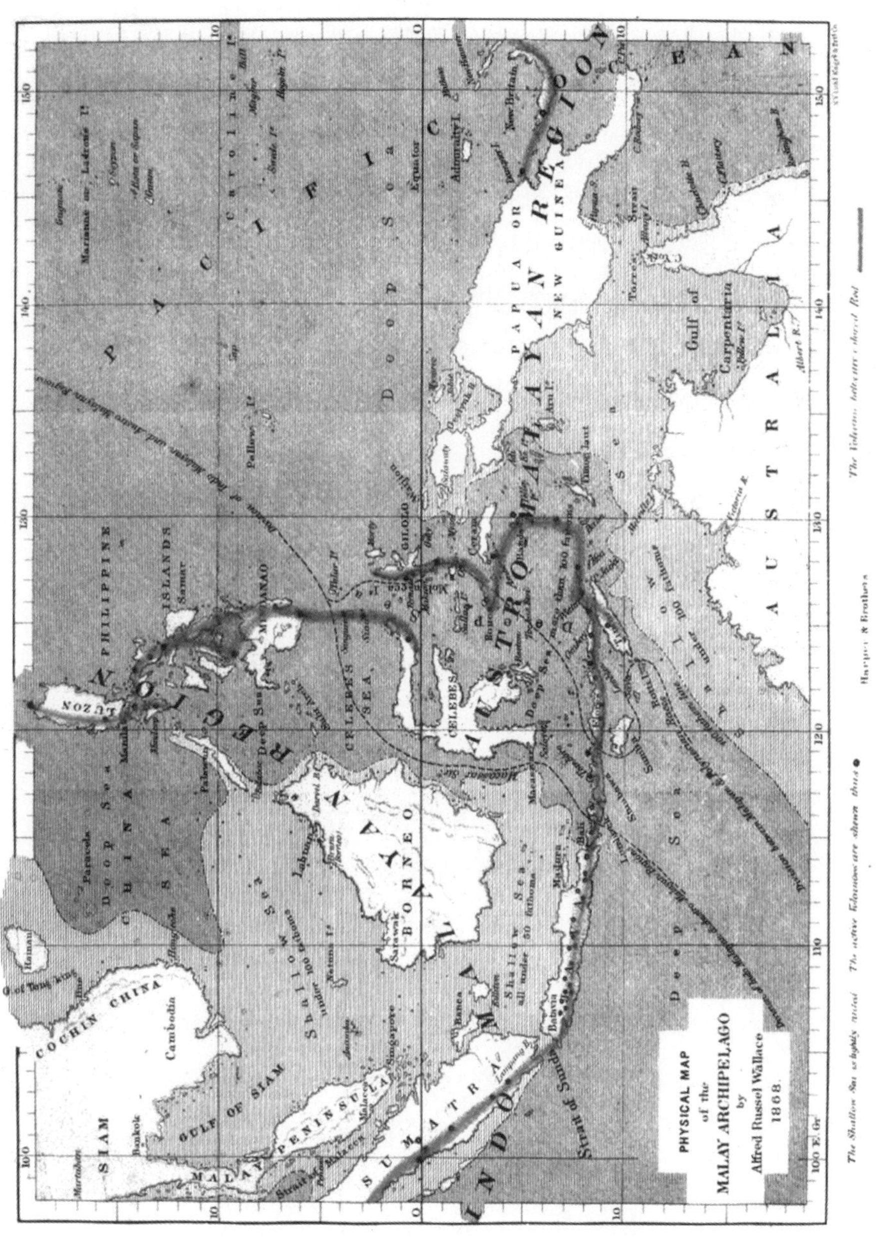

말레이 제도 자연지도. 연한 색깔이 얕은 바다다. ●표시는 활화산이며 이것을 연결한 선이 화산대다(자료 출처: Macmillan & Co.).

지로 연결되어 있었을 것이라고 주장하지만, 증거를 전체적으로 보면 두 대륙은 오랫동안 떨어져 있었던 것 같다. 얼 씨와 나 사이에는 이것을 비롯하여 중요한 견해 차이가 있지만, 말레이 제도를 오스트레일리아 군과 아시아 군으로 처음 나눈 것은 틀림없이 얼 씨의 공로다. 운좋게도 나는 더 자세한 관찰을 통해 이를 확실히 입증할 수 있었다.

동식물의 차이: 이 차이가 얼마나 중요한지 또한 이것이 육지와 바다의 예전 분포와 관련하여 어떤 의미가 있는지 이해하려면 세계의 다른 지역에서 지질학자와 자연사학자가 도출한 결론을 살펴보아야 한다.

현재 지표면의 생물 분포가 '최근에 일어난 일련의 변화'로 인한 결과임은 널리 인정되고 있다. 지질학에 따르면 지표면과, 땅과 물의 분포가 어디에서나 천천히 바뀌고 있음을 알 수 있다. 그 표면에 사는 생명체가 기록이 남아 있는 모든 시기에 천천히 바뀌었음도 알 수 있다.

이런 변화가 **어떻게** 일어났는지 지금 당장 알아야 할 필요는 없다. 이에 대해서는 의견이 다를 수 있다. 하지만 최초의 지질학적 시대부터 현대에 이르기까지 변화 자체가 **실제로** 일어났으며 지금도 일어나고 있다는 사실에 대해서는 이견이 전혀 없다. 퇴적암과 모래, 자갈이 차례로 층을 이룬 것은 높이가 달라졌다는 증거이며 이 퇴적층에서 잔해로 발견된 동식물 종이 다른 것은 이에 상응하는 변화가 생물계에서도 실제로 일어났다는 증거다.

따라서 두 일련의 변화를 자명한 것으로 받아들이면 지금 나타나는 종 분포의 독특함과 변칙은 대부분 두 변화에서 직접 비롯했을 것이다. 영국의 모든 네발짐승, 새, 파충류, 곤충, 식물은 몇 가지 사소한 예외가 있기는 하지만 인접한 대륙에서도 발견된다. 반면에 작은 섬인 사르데냐 섬과 코르시카 섬의 일부 네발짐승과 곤충, 많은 식물은 매우 독특하다. 영국과 유럽이 가까운 것보다 더 가깝게 인도와 붙어 있는 실론 섬(스리랑카)에서는 많은 동식물이 인도와 다른 고유종이다. 갈라파고스 섬에서는 거의 모든 토착 생물이 고유종이다(아메리카 대륙의 최근접 지역에서 발견되는 생물과 매우 닮기는 했지만).

이제 대다수 자연사학자는 섬들이 바다 밑에서 솟아올랐거나 가장 가까운 육지에서 분리된 이후로 시간이 얼마나 흘렀느냐로-이는 대체로 (언제나 그런 것은 아니지만) 섬과 육지 사이에 있는 바다의 수심으로 알 수 있다-이 사실을 설명할 수 있다는 데 동의한다. 넓은 면적에 걸쳐 많은 해양 퇴적층이 어마어마하게 두꺼운 것을 보면 엄청나게 오랜 기간 동안 침강이 자주 지속되었음을 (간간이 휴지기도 있었지만) 알 수 있다. 따라서 이런 침강으로 인한 바다 깊이는 대체로 시간 측정의 기준이 되며, 이와 마찬가지로 유기체의 변화도 시간 측정의 기준이 된다. 찰스 라이엘 경과 다윈 씨가 훌륭하게 설명한 자연적인 (종의) 전파Dispersal에 의해 주변 지역에서 새로운 동식물이 지속적으로 유입되는 것을 당연하게 받아들인다면, 두 측정 기준이 이토록 맞아떨어진다는 것은 놀라운 일이다. 영국은 매우 얕은 바다를 사이에 두고 대륙과 떨어져 있으며, 우리의 동식물 중에서 대륙의 대응종과 다른 형태를 나타내기 시작한 것은 극히 일부에 지나지 않는다. 코르시카 섬과 사르데냐 섬은 훨씬 깊은 바다를 사이에 두고 이탈리아와 떨어져 있는데 생물이 아주 많이 다르다. 쿠바는 더 넓고 깊은 해협을 사이에 두고 유카탄 반도와 분리되어 있는데 차이가 더 뚜렷하여 대다수 동식물이 고유종이다. 반면에 마다가스카르는 너비가 500킬로미터 정도인 깊은 해협을 사이에 두고 아프리카와 갈라져 있는데, 고유한 특징이 이토록 많다는 것은 두 지역이 아주 오래전에 분리되었음을 시사하거나, 심지어 완전히 붙어 있던 적이 있었는지조차 의심케 한다.

다시 말레이 제도로 돌아와서, 우리는 자와 섬, 수마트라 섬, 보르네오 섬을 서로 나누고 믈라카 및 타이와 분리한 저 넓은 바다가 수심 70미터를 넘는 곳이 거의 없을 정도로 얕아서 어디에서나 배가 닻을 내릴 수 있음을 안다. 수심 180미터를 기준으로 삼으면 필리핀 제도와 자와 섬 동쪽의 발리 섬까지 포함된다. 따라서 이 섬들이 서로 또한 대륙에서 분리된 것이 가운데 육지의 침강 때문이라면 분리가 비교적 최근에 일어났다고 결론 내려야 한다. 땅이 침강한 깊이가 매우 얕기 때문이다. 또한 수마트라 섬과 자와 섬의 거대한 활화산맥이 그러한 침강의 충분한 원인을 제공한다는 사실을 눈여겨보아야 한다. 화산에서 어마어마한 양의 물질이 분출하면서 주변 지반이 유실되었을 테니 말이다. 이는 화산과 화산맥이 언제나 바다 가까이에 있다는 곧잘 지적되는 사실에 대한 올바른 설명인지도 모른다. 아직 바다가 있지 않다면, 화산 주위가 시간이 지남에 따라 침강하면서 바다가 생길 것이다.[6]

하지만 우리에게 가장 필요한 것-이 큰 섬들이 한때 대륙의 일부였으며 지질학적으로 매우 최근에 떨어져 나갔으리라는 매우 놀라운 추론의 증거-이 발견되는 것은 이 지역들에 대한 동물학 연구에서다. 수마트라 섬과 보르네오 섬의 코끼리와 맥貘, 수마트라 섬의 코뿔소와 자와 섬의 근연종, 보르네오 섬의 들소와 오랫동안 자와 섬의 고유종으로 알던 종 등이 모두 남아시아에 서식하고 있음이 알려졌다. 이 대형 동물들이 이 나라들 사이의 바다를 건넜을 가능성은 전무하므로 이 종들이 생긴 뒤에 육상 통로가 존재했음이 분명하다. 소형 포유류도 상당수가 섬과 대륙 양쪽에 서식하지만, 넓은 지역이 갈라지고 침강하는 동안 거대한 자연 변화가 일어나면서 하나 이상의 섬에서 일부 소형

6 대다수 지질학자는 바다나 육지에서 새로 퇴적되는 물질의 무게 때문에 침강이 일어난다고 생각한다. 따라서 화성암이나 화산재가 쌓이는 것은 그 자체로 침강의 원인일 것이다.

포유류가 멸종했고 경우에 따라서는 종의 변화가 일어날 만큼 시간이 흘렀을 것이다. 새와 곤충도 같은 견해를 뒷받침한다. 이 섬들에서 발견되는 모든 과와 거의 모든 속이 아시아 대륙에서도 발견되며 두 종이 정확히 일치하는 경우가 비일비재하기 때문이다. 조류에서는 분포 법칙을 정하는 최상의 수단을 얻을 수 있는데, 언뜻 보기에는 네발짐승의 출입을 막는 바다라는 경계를 새들은 쉽사리 넘을 수 있을 것처럼 보이지만 현실적으로는 그렇지 않기 때문이다. 행동반경이 유독 넓은 수생 조류를 제외한 나머지 조류(특히 대다수를 차지하는 연작류)는 곧잘 네발짐승 못지않게 해협과 안바다에 갇혀 산다. 이를테면 내가 이야기하는 섬들 중에서 자와 섬에 서식하는 수많은 새들은 결코 수마트라 섬으로 건너가지 않는다. 둘 사이의 해협은 너비가 24킬로미터밖에 안 되고 중간 중간에 섬들이 있는데도 말이다. 사실 자와 섬은 고유종 새와 곤충이 수마트라 섬이나 보르네오 섬보다 더 많으며, 이로부터 자와 섬이 대륙에서 가장 먼저 떨어져 나왔음을 알 수 있다. 생물학적 개별성이 다음으로 큰 곳은 보르네오 섬이며, 수마트라 섬은 모든 동물의 형태가 믈라카 반도와 거의 똑같아서 가장 최근에 분리되었다고 결론 내려도 무방할 것이다.

따라서 우리가 도달하는 일반적 결론은 큰 섬인 자와 섬, 수마트라 섬, 보르네오 섬의 동식물이 대륙의 인접 지역과 매우 비슷하기에 이토록 멀리 떨어져 있어도 여전히 아시아의 일부로 간주할 수 있다는 것이다. 동식물이 매우 비슷하다는 사실, 섬들을 가르는 넓은 바다가 한결같이 유난히 얕다는 사실, 마지막으로 수마트라 섬과 자와 섬에 넓은 화산 지대가 있어서 엄청난 양의 땅속 물질을 뿜어내어 드넓은 고원과 높다란 산맥을 쌓고 이로 인해 침강의 평행선에 대한 **참원인** Vera causa이 된다는 사실로 보건대 지질학적으로 매우 최근까지도 아시아 대륙이 남동쪽으로 지금보다 훨씬 멀리 뻗어 있어서 자와 섬, 수마트라 섬, 보르네오 섬, 어쩌면 지금의 수심 180미터 경계에 속하는 모든 섬을 포함하고 있었다는 결론을 내릴 수밖에 없다.

필리핀 제도는 여러 면에서 아시아 및 그 밖의 섬과 비슷하지만, 몇 가지 특이점이 있는데 이는 필리핀 제도가 더 일찍 분리되었으며 그 뒤로 자연지리상의 많은 변화를 겪었음을 시사한다.

말레이 제도의 나머지 부분으로 눈길을 돌리면, 서쪽의 섬들이 아시아와 닮은 것과 꼭 마찬가지로 술라웨시 섬과 롬복 섬에서 동쪽에 이르는 모든 섬이 오스트레일리아 및 뉴기니 섬과 닮았음을 알 수 있다. 오스트레일리아의 동식물이 세계의 네 대구분大區分과 다른 것 못지않게 아시아와도 다르다는 사실은 잘 알려져 있다. 사실 오스트레일리아는 독자적인 대륙이다. 유인원이나 원숭이도, 고양이나 호랑이, 늑대, 곰, 하이에나도, 사슴이나 영양도, 양이나 소도, 코끼리나 말이나 다람쥐나 토끼도, 그러니까 세계 나머지 지역에 서식하는 친숙한 네발짐승 중에서 어느 것도 이곳에서는 찾아볼 수 없다. 그 대신 캥거루와 쿠스쿠스, 웜뱃과 오리너구리 같은 유대류만 서식한다. 새도 그에 못지않게 독특하다. 세계 어디에서나 찾아볼 수 있는 딱다구리류와 꿩류가 없는 대신, 지구상 어디에서도 발견할 수 없는 무덤새류, 꿀빨이새류, 코카투앵무류, 솔혀장수앵무류가 있다. 말레이 제도의 오스트로말레이 군을 이루는 섬들에서도 이 놀라운 특징들을 모두 찾아볼 수 있다.

인도말레이 군과 오스트로말레이 군의 커다란 차이가 가장 난데없이 나타나는 곳은 바싹 붙어 있는 발리 섬과 롬복 섬이다. 발리 섬에는 오색조류, 과일지빠귀류, 딱다구리류가 있지만 롬복 섬에는 하나도 없다. 그 대신 발리 섬 이서以西의 모든 섬에는 없는 코카투앵무류,

꿀빨이새류[7], 무덤새류[8]가 있다. 이곳의 해협은 너비가 24킬로미터밖에 안 되어 두 시간이면 이쪽에서 저쪽으로 건너갈 수 있지만 두 곳의 동물상은 유럽과 아메리카만큼이나 다르다. 자와 섬이나 보르네오 섬을 떠나 술라웨시 섬이나 말루쿠 제도로 가면 차이가 더욱 뚜렷이 드러난다. 전자의 숲에는 여러 종류의 원숭이, 야생고양이, 사슴, 사향고양이, 수달이 풍부하며, 수많은 다람쥐 변종을 끊임없이 만날 수 있다. 후자의 숲에는 이런 동물이 하나도 없으며, 모든 섬에서 발견되는 멧돼지와, 술라웨시 섬과 말루쿠 제도에서 발견되는 사슴(아마도 최근에 유입되었을 것이다)을 제외하면 쿠스쿠스가 거의 유일한 육상 포유류다. 서쪽 섬들에 가장 풍부한 새는 딱다구리류, 오색조류, 비단날개새류, 과일지빠귀류, 나뭇잎개똥지빠귀류로, 매일같이 관찰되며 이 지역의 중요한 조류학적 특징을 이룬다. 동쪽 섬들에는 이 새들이 전혀 없으며 꿀빨이새류와 장수앵무류가 가장 흔하다. 그래서 자연사학자들은 자신이 새로운 지역에 온 것으로 착각한다. 며칠 만에, 그것도 육지를 한 번도 시야에서 놓치지 않은 채 한 지역에서 다른 지역으로 왔다는 사실을 좀처럼 납득하지 못하는 것이다.

이 사실들에서 당연히 도출되는 추론은 자와 섬과 보르네오 섬의 동쪽에 있는 섬들이 (아마도 술라웨시 섬을 제외하고는) 전부 원래는 오스트레일리아 대륙 또는 태평양 대륙의 일부였다는 것이다. 그중 일부는 실제로는 한 번도 연결되지 않았을 수도 있다. 오스트레일리아 대륙이 쪼개진 것은 서쪽 섬들이 아시아에서 갈라지기 전일 뿐 아니라

---

7 이것은 저자의 착오다. 저자는 인도네시아꿀빨이새*Lichmera limbata*를 발리 섬과 롬복 섬 둘 다에서 채집했다. _옮긴이

8 하지만 발리 섬 서부의 한 지점에 코카투앵무류 몇 마리가 있다는 얘기를 들었다. 이는 이 섬들의 동식물이 섞이고 있음을 보여준다.

아시아의 남동쪽 극단이 바닷물 위로 솟아오르기도 전이었을 것이다. 보르네오 섬과 자와 섬의 대부분 지역이 지질학적으로 매우 최근에 형성된 반면에, 말레이 동쪽 섬들과 오스트레일리아의 동식물 사이에 종의 차이가 매우 클 뿐 아니라 많은 경우에 속屬까지 다른 것을 보면 비교적 오랫동안 고립되었음을 알 수 있기 때문이다.

섬들끼리만 놓고 보더라도, 얕은 바다는 흥미롭게도 이 섬들이 최근에 육지로 연결되어 있었음을 암시한다. 아루 제도, 미솔 섬, 와이게오 섬, 야펜 섬의 포유류와 조류 종은 말루쿠 제도보다는 뉴기니 섬과 훨씬 비슷한데, 이 섬들은 모두 얕은 바다로 뉴기니 섬과 연결되어 있다. 실제로 뉴기니 주변의 수심 180미터 경계선은 참극락조의 서식 범위와 정확히 일치한다.

생물의 특수한 형태가 외부 조건에 의존한다는 이론과 관련하여 매우 흥미로운 또 다른 사실은 동식물의 뚜렷한 차이를 기준으로 말레이 제도를 두 구획으로 나누는 것이 주된 자연적 구분이나 기후적 구분과는 전혀 일치하지 않는다는 것이다. 거대 화산맥은 두 구획을 다 통과하며 동식물의 유사성과는 아무 관계가 없는 듯하다. 보르네오 섬은 크기가 크고 화산이 없다는 것뿐 아니라 지질 구조가 다양하고 기후가 일정하다는 것, 또한 지표를 덮은 산림식생의 전반적 특징이 뉴기니와 매우 닮았다. 말루쿠 제도는 화산 지대이고 땅이 매우 기름지고 숲이 무성하고 지진이 잦다는 점에서 필리핀 제도와 판박이이며, 자와 섬 동쪽 끝의 발리 섬은 티모르 섬처럼 기후가 건조하고 토양이 메말랐다. 하지만 이렇듯 같은 기후와 같은 바다로 인해 같은 패턴으로 형성되었으면서도 두 지역의 동물상은 상상할 수 있는 가장 큰 차이를 보인다. '두 지역에 서식하는 다양한 생물의 차이점과 유사점은 이에 상응하는 지역 자체의 자연적 차이점과 유사점 때문이다.'라는 오래된 신조가 이토록 직접적이고 뚜렷한 모순과 맞닥뜨리는 곳은 어디에도 없다. 보르네오 섬과 뉴기니 섬은 자연적 특성이 더할 나위 없이 닮았으나 동물학적으로는 완전히 동떨어져 있으며, 오스트레일리아는 건조한 바람, 탁 트인 평지, 돌이 많은 사막, 온화한 기후 등이 특징적인데도 이곳의 새와 네발짐승은 뉴기니 섬의 들판과 산을 덮은, 덥고 축축하고 무성한 숲에 서식하는 것들과 매우 비슷하다.

이 커다란 차이가 생겨난 원인을 더 분명히 이해하려면, 매우 대조적인 두 구획이 자연적 이유로 가까워졌을 때 어떤 일이 일어날지 생각해 보라. 세계의 어떤 두 지역도 아시아와 오스트레일리아만큼 동식물이 판이하게 다르지는 않지만, 아프리카와 남아메리카도 차이가 매우 크며 이 두 지역을 들여다보면 우리가 고민하는 문제의 실마리를 찾을 수 있을 것이다. 한쪽에는 개코원숭이, 사자, 코끼리, 물소, 기린이 있고 다른 쪽에는 거미원숭이, 퓨마, 맥, 개미핥기, 나무늘보가 있다. 새는 아프리카의 코뿔새류, 부채머리새류, 꾀꼬리류, 꿀빨이새류가 아메리카의 큰부리새류, 큰앵무류, 꼬리치레류, 벌새류와 뚜렷이 대조된다.

이제 대서양 지층이 서서히 융기하는 동시에 땅에서는 지진의 충격과 화산 활동으로 강에 쏟아지는 퇴적물의 양이 증가하여, 두 대륙이 새로 형성되는 육지로 인해 점차 확장되고 이에 따라 지금은 둘을 가르고 있는 대서양이 수백 킬로미터 너비의 안바다로 쪼그라든다고 상상해보자. 이와 동시에 해협 중앙에서 바다 밑이 융기하여 섬이 생기고, 땅속 힘의 세기와 집중 지점이 저마다 다르기 때문에 이 섬들이 어느 때는 해협의 이쪽저쪽 육지에 연결되고 또 어느 때는 다시 분리된다고 가정할 수 있다. 여러 섬들이 어느 때는 합쳐지고 또 어느 때는 쪼개지면서 오랜 세월이 지나면, 마침내 불규칙한 섬들의 무리가 대서양 해협을 가득 메우는데 이 섬들의 모양과 배열을 가지고는 어느 것이 예전에 아프리카와 연결되었고 어느 것이 아메리카와 연결되었는지 도저히 알 수 없다. 하지만 섬들에 사는 동식물을 보면 과거 지리의 역사를 분명히 알 수 있다. 남아메리카 대륙의 일부이던 섬에는 꼬리치레류, 큰부리새류, 벌새류 같은 흔한 새와 아메리카 고유의 일부 네발짐승이 틀림없이 서식할 것이고, 아프리카에서 떨어져 나간 섬에는 코뿔새류, 꾀꼬리류, 꿀빨이새류를 반드시 찾아볼 수 있을 것이다. 융기한 땅 중에서 일부 지역은 때에 따라 이 대륙이나 저 대륙과 일시적으로 연결되었을 테니 동식물이 어느 정도 섞여 있을 것이다. 술라웨시 섬과 필리핀 제도에서 이런 현상이 일어난 듯하다. 하지만 다른 섬들은 발리 섬과 롬복 섬처럼 가깝더라도 각각 직간접적으로 연결되었던 대륙의 동식물이 고스란히 서식하고 있을 수도 있다.

나는 방금 가정한 것과 꼭 맞아떨어지는 사례가 말레이 제도에 있다고 믿는다. 우리에게는, 독특한 동물상과 식물상을 가진 거대한 대륙이 점차 불규칙하게 갈라졌으며 술라웨시 섬이 서쪽 끝에서 넓은 바다를 마주하고 있었으리라는 단서가 있다.[9] 이와 동시에 아시아가 동남쪽으로 뻗었는데, 처음에는 한 덩어리로, 그 다음에는 지금 보는 것과 같은 섬으로 분리되어 거대한 남쪽 육지의 조각들과 거의 맞닿게 된 듯하다.

이렇듯 주제를 개관하면 자연사가 지질학에 얼마나 중요한지-지각에서 발견되는 멸종 동물의 잔해를 해독할 때뿐 아니라 지질 기록이 전혀 남지 않은 지표면에서 과거의 변화를 판단할 때에도-분명히 알

9 이 주제를 더 깊이 연구했더니 술라웨시 섬이 결코 오스트로말레이 육지의 일부로서 형성되지 않았으며 이에 따라 이 섬이 매우 초기에는 아시아 대륙의 동쪽 끝이었을 가능성이 더 크다는 결론을 내리게 되었다(내가 쓴 『섬의 생물(*Island Life*)』 427쪽 참고).

수 있을 것이다. 새와 곤충의 분포를 정확히 알면 인류가 등장하기 오래전에 바다 밑으로 사라진 땅과 대륙을 지도상에 그릴 수 있다니 얼마나 놀랍고 뜻밖인가. 지질학자는 지표면을 탐사할 수 있는 곳 어디에서나 그 지역의 과거 역사를 적잖이 판독할 수 있으며 해수면 위아래에서 이루어진 최근의 이동을 대략적으로 판단할 수 있다. 하지만 대양과 바다로 덮인 곳에서는 수심으로 알 수 있는 매우 제한된 자료를 가지고 추론하는 것이 고작이다. 이때 자연사학자가 나서서 지구의 과거사에 놓인 거대한 틈을 메우게 해준다.

내가 탐사를 진행한 중요한 목적 한 가지는 이런 성격의 증거를 얻는 것이었으며, 이런 증거를 찾으려는 탐구가 대단한 성공을 거둔 덕에 나는 지구에서 가장 흥미로운 지역 중 한 곳에서 일어난 과거의 변화를 어느 정도의 확률로 추적할 수 있었다. 여기서 제시하는 사실과 일반화는 이 사실들의 원천이 된 탐사 이야기의 처음보다는 끝에 두는 것이 더 적절하리라 생각할 수도 있다. 경우에 따라서 그럴 수도 있겠지만, 나는 말레이 제도의 수많은 섬과 군群의 자연사에 대해 내가 바라는 만큼의 설명을 하려면 (나의 설명에 무척이나 흥미를 더하는) 일반화를 끊임없이 언급하지 않을 수 없음을 알게 되었다. 이렇듯 주제에 대한 일반적 스케치를 제시해두면, 동일한 원리가 말레이 제도 전체와 마찬가지로 군의 개별 섬에 어떻게 적용되는지 보여줄 수 있을 것이며 그곳에 서식하는 새롭고 신기한 많은 동물에 대한 나의 설명이 이들을 고립된 사실로 취급할 때보다 더 흥미롭고 유익해질 것이다.

민족의 차이: 말레이 제도의 동쪽 절반과 서쪽 절반이 지구상의 독자적인 대구분에 각각 속한다는 확신에 도달하기 전에 나는 말레이 제도의 원주민들을 뚜렷이 구별되는 두 민족으로 구분한 바 있다. 이 점에

서 나는 나보다 먼저 이 주제를 다룬 대다수 민족학자와 달랐다. 지금까지는 빌헬름 폰 훔볼트와 프리처드의 선례를 따라 모든 오세아니아 민족을 한 유형의 변종들로 분류하는 것이 거의 상례였기 때문이다. 하지만 조금만 관찰해도 말레이인과 파푸아인이 모든 신체적, 정신적, 도덕적 측면에서 사뭇 다르다는 사실을 알 수 있었다. 그 뒤로 8년에 걸쳐 자세히 조사한 끝에 말레이 제도와 폴리네시아의 모든 주민을 두 유형으로 분류할 수 있다는 확신에 이르렀다.[10] 두 민족을 나누는 선은 동물학적 지역을 나누는 선과 거의 일치하지만 조금 동쪽에 치우쳐 있다. 이는 동물의 서식 범위를 결정한 것과 같은 요인들이 인간의 분포에도 영향을 미친 결과로, 내게는 무척 중요하게 보인다.

두 선이 정확히 똑같지 않은 이유는 충분히 짐작할 수 있다. 인간은 바다를 가로지를 수단이 있지만 동물은 그럴 수단이 없으며, 우월한 민족은 열등한 민족을 쫓아내거나 흡수할 힘이 있다. 말레이 민족들은 해상 활동과 높은 문명 수준 덕에 인접 지역을 석권할 수 있었다. 토착민이 있으면 완전히 몰아내고 자기네 언어와 가축, 관습을 태평양 멀리 있는 섬들에까지 퍼뜨렸으나 자신들의 신체적, 도덕적 특징은 거의 또는 전혀 바뀌지 않았다.

따라서 나는 여러 섬의 모든 민족을 말레이인과 파푸아인으로 분류할 수 있으며 두 민족은 과거로 아무리 거슬러 올라가도 근친 관계가 전혀 없다고 확신한다. 또한 내가 그린 선의 동쪽에 있는 모든 민족은 선의 서쪽에 있는 어떤 민족에 비해서도 상호 근친도가 더 높다고 믿는다. 사실 아시아 민족에는 말레이인이 포함되며 이들은 모두 대륙에

10 이미 크로퍼드가 1820년에 말레이 제도의 민족을 말레이인과 파푸아인으로 나눈 바 있다. _옮긴이

서 기원한 데 반해, 이들의 동쪽으로 피지 군도까지 모든 민족을 포함하는 파푸아인은 기존 대륙이 아니라 태평양에 현재 있거나 최근에 있던 육지에서 기원했다. 이 사전 설명을 통해 독자는 내가 여러 섬의 주민들을 묘사하면서 세부적인 신체적 형태나 정신적 특징에 중요성을 부여할 때 이를 더 잘 이해할 수 있을 것이다.

Tambelan Is
St. Esprit
St. Barbe
C. Sambas
Sambas
Landak
Mampawa
Pontianak
C. Sapu
Kubu
R. Mejak
Panambangan
Sukadana
Carimata Isles
SARAWAK
Kuching
Sadong
Palabahan
Sirhasan
Malo
Silat
Sintang
Sekadau
Sangau
Tajong
Meliau
Simpang
Muwara Rajung
Kotta Waringin
Bauwal
C. Sambar
R. Djelli
Pembuan
Sampit
Mendawi
Flat Point
R. Pembuan
R. Mendawi
C. Malatajan
BORNEO
Bilitong
Gaspar Strait
Banca Strait
Caramata or Biliton Strait
Montiwaran Is
North Watcher
Thousand Is
Brothers
BATAVIA
Krawang
Bantam
Buitenzorg
Cheribon
Tegal
Samarang
Japara
Sourabaya
Madura Strait
Bawean
Carimon Java Is
Sunda Strait
Wyn-koops Bay
Pt. Anjer
Cilacap
Jokjokarta
Sourakarta
Madion
Kediri
Malang
Pasuruan
Probolingo

The Malay Archipelago

인도말레이 군

인도말레이 군

오빌 산
말레이 반도
믈라카
사라왁
싱가포르 섬
보르네오 섬
수마트라 섬
팔렘방
술라웨시 섬
루북라만
자카르타
수라바야
보고르
자와 섬
티모르 섬

2장

싱가포르 섬

(1854년부터 1862년까지 이곳을 여러 차례 방문하면서 관찰한 도시와 섬의 개요)

유럽 여행객에게 싱가포르의 도시와 섬보다 흥미로운 곳은 드물다. 이곳에는 온갖 동양 민족이 살고 있으며 다양한 종교와 생활양식을 관찰할 수 있다. 정부, 군대, 대상大商은 영국인이지만 인구의 절대다수는 중국인으로, 가장 부유한 상인의 일부와 내륙의 농민, 대부분의 기계공과 노동자가 이에 해당한다. 토착 말레이인은 대체로 어부와 뱃사공이며, 경찰의 주력 부대이기도 하다. 믈라카의 포르투갈인은 점원과 소규모 상인의 대부분을 차지한다. 서인도의 켈링[1]은 이슬람교인이 매우 많으며, 많은 아랍인과 마찬가지로 행상을 하거나 점포를 운영한다. 마부와 세탁부는 모두 벵골인이며, 배화교 상인들도 적지만 무시할 수 없다. 이 밖에도 자와족 뱃사람과 하인, 술라웨시 섬과 발리 섬을 비롯한 말레이 제도 여러 섬의 무역상도 많다. 항구는 유럽 여러 나라의 군함과 무역선, 수백 척의 말레이 프라우선, 수백 톤의 짐을 실을

1 말레이시아, 싱가포르, 인도네시아 원주민들이 인도 아대륙 출신을 일컫는 말. _옮긴이

수 있는 대형 선박에서부터 소형 어선과 여객용 삼판선[2]에 이르기까지 다양한 중국 범선으로 북적인다. 시내에는 근사한 공공건물과 교회, 이슬람 모스크, 힌두교 사원, 중국식 절, 훌륭한 유럽풍 저택, 거대한 창고, 켈링과 중국인의 낡고 괴상한 상점가가 들어섰고 교외에는 중국식과 말레이식의 오두막이 기다랗게 늘어섰다.

싱가포르의 온갖 민족 중에서 단연 눈에 띄고 이방인의 주목을 가장 많이 끄는 것은 중국인이다. 인구가 많고 쉴 새 없이 활동하기 때문에 마치 중국의 어느 도시처럼 보일 정도다. 중국인 상인은 대체로 얼굴이 넓고 살쪘으며 거만하고 사무적인 표정을 짓고 있다. (헐렁한 흰색 겉옷에 파란색이나 검은색 바지를 입은) 행색은 비천한 막일꾼 같지만 소재가 더 고급이며 늘 깨끗하고 단정하다. 긴 머리카락은 붉은 비단으로 묶어 발뒤꿈치까지 늘어뜨렸다. 이들은 시내에 근사한 창고나 상점이 있고 시골에는 좋은 주택이 있다. 멋진 말과 마차를 가지고 있으며, 저녁마다 맨머리에 서늘한 바람을 쐬며 마차를 탄다. 부유하고, 소매점과 교역용 스쿠너[3]가 여럿 있으며, 고율의 이자와 확실한 담보로 돈을 빌려주고, 값을 후려치며, 해마다 살이 찌고 부자가 된다.

중국 상점가에 가면 작은 점포 수백 곳에서 갖가지 쇠붙이와 마른 식료품을 파는데, 많은 물건이 놀랄 만큼 값싸다. 나사송곳 하나에 1페니, 무명실 네 타래에 반 페니, 거기다 주머니칼, 코르크 따개, 화약, 필기 용지 등 수많은 물건이 잉글랜드만큼 싸거나 더 싸다. 가게 주인은 성품이 서글서글해서 물건을 보여달라는 대로 다 보여주며 아무것도 안 사도 개의치 않는다. 조금 깎아주기는 하지만 켈링만큼은 아니

2 배와 배 또는 배와 육지 사이처럼 가까운 거리에서 사람을 태워 나르는 갑판이 없는 작은 배로 중국에서 흔히 볼 수 있다. _옮긴이

3 서양식 범선. _옮긴이

다. 켈링은 거의 언제나 값을 두 배 이상 높게 부른다. 이곳에서 물건을 몇 개 사면, 다음에는 가게 앞을 지날 때마다 들어와서 차 한잔 하라고 부른다. 이 많은 사람들이 다들 똑같은 자질구레한 물건을 팔아서 어떻게 먹고사는지 신기하다. 양복장이는 탁자 '위'가 아니라 '옆'에 앉으며, 양복장이와 구두장이 둘 다 솜씨가 좋고 값이 싸다. 이발사는 이발에서 귀 청소까지 하는 일이 많다. 귀 청소용으로 작은 핀셋과 귀이개, 솔 일습을 갖춰놓았다. 읍내 근교에는 목수와 대장장이가 수십 명 있다. 목수는 주로 관과 (화려한 색깔과 장식의) 옷궤를 만든다. 대장장이가 주로 제작하는 것은 총기인데, 쇠막대기로 된 총열에 손으로 구멍을 뚫는다. 이 고달픈 작업을 하루도 쉬지 않으며 수발총燧發銃[4]을 근사하게 마무리한다. 온 길거리에서 물, 채소, 과일, 비누, 우무 따위를 파는데, 뭐라고 외치는지 알아들을 수 없기는 런던이나 마찬가지다. 한쪽은 막대기로 대고 반대쪽은 테이블로 받쳐 균형을 잡는 이동용 조리대를 가지고 다니면서 조개, 쌀, 채소로 만든 음식을 1~1.5페니에 파는 사람들도 있다. 어딜 가나 막일꾼과 뱃사공이 일거리를 찾는다.

섬 내륙에서는 중국인들이 밀림의 나무를 잘라 톱질하여 널빤지로 만들고, 채소를 재배하여 시장에 내다 팔고, 중요한 수출품인 후추와 감비르[5]를 재배한다. 프랑스 예수회는 이 내륙 중국인들을 대상으로 선교 활동을 벌여 큰 성공을 거두었다.[6] 나는 섬 한가운데쯤에 있는 부

4 부싯돌식 점화 장치에 의해 격발되는 총. _옮긴이

5 염색과 무두질에 사용하는 식물 추출물인 담색 아선약과 갬비어나 테라자포니카를 얻을 수 있는 잎. _옮긴이

6 싱가포르 부킷티마 지역에서 선교 활동을 벌인 것은 예수회가 아니라 파리해외선교회(Société des Missions Étrangères de Paris)다. _옮긴이

킷티마에서 한 번에 몇 주씩 선교사와 함께 지냈다. 부킷티마에는 예쁜 교회가 건립되어 있었으며 300명가량이 개종했다. 그곳에서 만난 한 선교사는 통킹에서 여러 해를 지내다 막 도착했다. 예수회는 지금도 예전과 마찬가지로 임무에 만전을 기한다. 코친차이나,[7] 통킹, 중국에서는 모든 기독교인 교사가 은밀히 살아야 하며 박해와 추방과 때로는 처형까지 감수해야 하는데,[8] 주州마다 심지어 내륙 깊숙한 곳에도 영구적 예수회 선교원이 있어서 풋내기 예비 선교사들이 끊임없이 이곳을 지킨다. 이들은 피낭이나 싱가포르에서 파견지 언어를 배운다. 중국에는 개종자가 100만 명 가까이 되며 통킹과 코친차이나에도 50만 명이 넘는다고 한다. 이들의 선교가 성공을 거둔 비결 중 하나는 허리띠를 꽁꽁 졸라맸다는 것이다. 선교사는 어느 나라에서 살든지 1년에 약 30파운드만 쓸 수 있다. 이 덕분에 쥐꼬리만 한 예산으로 수많은 선교사를 파견할 수 있으며, 교사가 가난하게 살고 사치품이 전혀 없는 것을 본 원주민들은 이들이 진실하게 가르치고 다른 사람들의 유익을 위하여 자신의 집과 친구와 안락과 안전을 정말로 포기했다고 철석같이 믿는다. 그러니 이들이 사람들을 개종시킨다는 것은 놀랄 일이 아니다. 이들의 선교 대상인 가난한 사람들에게는 문제가 생기거나 괴로울 때 찾아갈 수 있는 사람, 자신에게 위로하고 조언해줄 사람, 아플 때 찾아와주는 사람, 궁핍함을 덜어주는 사람, 자신의 교육과 복지를 위해 온 삶을 바치는 사람이 있다는 것이 대단한 축복일 테니 말이다.

부킷티마에 있는 내 친구는 신도에게 아버지나 다름없었다. 일요일마다 중국어로 설교했으며 주중에는 저녁마다 종교에 대한 토론과 대

---

7 프랑스 식민지 시대의 베트남 남부 지역을 유럽인들이 부르던 이름. _옮긴이

8 프랑스인이 코친차이나에 정착한 뒤로는 상황이 달라졌다.

화를 나누었다. 신도의 자녀를 가르칠 학교도 운영했다. 그의 집은 밤낮으로 문이 열려 있었다. 누군가 찾아와 "오늘 가족 먹을 쌀이 떨어졌습니다."라고 말하면 그는 집에 남은 쌀이 아무리 적더라도 절반을 나누어준다. 또 누군가 "빚 갚을 돈이 없습니다."라고 말하면 그는 지갑에 있는 돈이 그의 전 재산이더라도 절반을 내준다. 그 자신이 쪼들리면 신도 중에서 가장 부자인 사람에게 전갈을 보내어 "집에 쌀이 없습니다."라거나 "돈을 다 줘서 이러저러한 물건이 없습니다."라고 전한다. 그 덕에 신도는 그를 신뢰하고 사랑했다. 그가 자신들의 진짜 친구이며 자신들과 함께 살아가는 것에 꿍꿍이셈이 전혀 없다고 확신했기 때문이다.

싱가포르 섬에는 90~120미터 높이의 야산이 수없이 많은데 상당수는 꼭대기가 여전히 원시림으로 덮여 있다. 부킷티마의 선교원 주위에도 봉우리가 숲으로 덮인 야산이 여러 곳 있었다. 벌목꾼과 톱장이가 뻔질나게 드나드는 덕에 곤충 채집에 안성맞춤인 장소를 구할 수 있었다. 여기저기 호랑이 함정도 있는데 나뭇가지와 잎을 조심스럽게 덮어 어찌나 감쪽같이 위장했던지 나도 여러 번 빠질 뻔했다. 함정은 용광로처럼 생겼는데 위가 아래보다 좁고 높이가 4.5~6미터여서 사람이 빠지면 혼자서 나오기는 불가능에 가깝다. 전에는 뾰족한 꼬챙이를 바닥에 꽂아뒀지만 운 나쁜 여행객이 떨어져 숨진 뒤로 꼬챙이 사용이 금지되었다. 싱가포르에서는 늘 호랑이들이 돌아다니며 하루에 평균 한 명씩 중국인을 살해한다.[9]

감비르 농장에서 일하는 사람들이 주로 희생되는데, 이는 밀림을

9 이런 속설이 널리 퍼져 있었으나 실은 1855년 한 해에 싱가포르에서 호랑이에 희생된 사람은 21명에 불과했다. _옮긴이

새로 개간한 곳에 늘 농장을 짓기 때문이다. 우리는 저녁에 호랑이가 으르렁거리는 소리를 한두 번 들었으며, 쓰러진 나무와 오래된 톱질 구덩이에서 곤충을 찾을 때면 저 맹수들이 가까이에 숨어서 우리를 덮칠 기회를 노린다는 생각에 오금이 저렸다.

화창한 날이면 한낮에 몇 시간씩을 숲 속에서 보냈다. 시내에서 가는 길은 맨땅이었지만 그곳은 대조적으로 상쾌한 그늘이었다. 거대한 나무와 온갖 양치식물, 칼라디움속*Caladium*, 그 밖의 떨기나무(관목), 덩굴이 무성한 등나무 등 초목이 무성했다. 곤충은 어마어마하게 풍부하고 매우 흥미로웠으며, 새롭고 신기한 종이 매일같이 수십 종씩 등장했다. 나는 두 달 남짓 만에 700종 넘는 딱정벌레를 채집했는데, 그중 대다수는 전혀 새로운 종이었으며 수집가들이 애호하는 근사한 하늘소도 130종에 이르렀다. 이 모든 종을 250헥타르도 안 되는 밀림 한구석에서 채집했다. 그 뒤로도 동양을 탐사했으나 어디에서도 이만큼 수확을 거두지는 못했다. 이렇게 곤충이 극도로 풍부한 이유는 물론 토양, 기후, 식생의 조건이 양호하고 계절이 화창해서 모든 식물이 햇빛을 충분히 쬘 수 있기 때문이다. 하지만 중국인 벌목꾼의 수고도 큰 몫을 했다고 확신한다. 이들이 여러 해 동안 이곳에서 일하면서, 말라 죽은 채 썩어가는 잎과 나무껍질, 풍부한 목재와 톱밥을 지속적으로 공급한 덕분에 곤충과 애벌레가 영양을 충분히 섭취할 수 있었다. 좁은 장소에 어마어마한 종이 서식한 것은 이 때문이다. 나는 벌목꾼이 마련해준 수확물을 거둔 최초의 자연사학자였다. 나는 똑같은 장소에서 여러 방향으로 걸으며 나비와 그 밖의 곤충 목目을 매우 많이 채집했고, 말레이 제도 자연사에 대한 지식을 얻으려는 첫 시도에서 전반적으로 꽤 만족스러운 성과를 거뒀다.

3장

믈라카와 오빌 산

(1854년 7월부터 9월까지)

싱가포르 섬에는 새를 비롯한 대부분의 동물이 희귀한데, 나는 7월에 믈라카로 가서 내륙에서 두 달 넘게 지낸 뒤에 오빌 산[10]에 올랐다. 믈라카의 오래되고 그림 같은 시내는 작은 강의 방죽을 따라 인구가 밀집해 있으며 좁은 길거리에 늘어선 상점과 주택의 주인은 포르투갈인의 후손과 중국인이다. 변두리에는 영국 공무원과 소수 포르투갈 상인의 주택이 야자나무와 유실수 숲 사이에 들어서 있다. 온갖 종류의 아름다운 잎은 눈을 편안하게 할 뿐 아니라 고마운 그늘을 드리운다.

옛 요새, 커다란 총독 관저, 대성당 유적[11]을 보면 예전에 이곳이 지금의 싱가포르 못지않은 동양 무역의 중심지로서 부유한 요충지였음을 알 수 있다. 린스호턴이 270년 전에 쓴 다음의 묘사는 믈라카가 겪은 변화를 생생하게 보여준다.

---

10 지금의 구눙레당으로, 구약성서에 나오는 금의 명산지인 오빌로 추정되었다. _옮긴이

11 사실은 대성당이 아니라 성 바울 교회의 유적이었다. _옮긴이

"믈라카에는 포르투갈인과 이 나라 원주민인 말레이인이 산다. 포르투갈인들은 모잠비크에서처럼 이곳에 요새를 지었으며, 모잠비크와 호르무즈의 요새 이후에는 인도 제국 어디에도 요새가 없다. 모잠비크와 호르무즈 요새에서 지휘관들은 믈라카에서보다 임무를 더 훌륭하게 수행한다. 이곳 믈라카는 인도 전역, 중국, 말루쿠 제도, 기타 주변 섬들의 시장으로, 이 모든 곳과 반다 제도, 자와 섬, 수마트라 섬, 타이, 페구, 벵골, 코로만델, 인도에서 온 배들이 수많은 상품을 실은 채 끊임없이 들고 난다. 이곳이 불편하지 않고 공기가 몸에 해롭지 않았다면 포르투갈인이 훨씬 많았을 것이다. 이곳의 공기는 외국인뿐 아니라 원주민에게도 해롭다. 그래서 이 나라에 사는 사람들은 모두 건강을 대가로 치르는데 피부가 헐거나 머리카락이 빠지는 병을 앓는다. 병에 걸리지 않으면 기적이다. 이 때문에 많은 사람들이 이 나라를 떠나지만, 이문利文을 열렬히 탐하는 사람들이 건강을 담보로 이곳의 공기를 견뎌 보려 한다. 원주민들 말로는 이 시내는 원래 매우 작았다고 한다. 공기가 해로운 탓에 어부 예닐곱 명만이 살고 있었다. 하지만 타이, 페구, 벵골의 어부들이 모여들면서 수가 늘었다. 이들은 도시를 건설했으며 각국의 가장 우아한 화술을 바탕으로 독자적 언어를 확립했다. 그 덕에 말레이인의 언어는 현재 동양에서 가장 정교하고 정확하고 명성이 높다. 이 읍내에는 말라카[12]라는 이름이 붙었는데, 입지 조건이 좋아서 짧은 시간에 큰 부를 쌓았으며 인근에서 가장 힘센 도시나 지역에도 꿀리지 않는다. 원주민은 남녀 할 것 없이 매우 예의 바르다. 칭찬하는 솜씨가 세상에서 제일 훌륭하다고 알려져 있으며 시구와 연가戀歌를 짓고 부르는 일에 정성을 쏟는다. 이들의 언어는 이곳에서

12 믈라카의 옛 이름. _옮긴이

프랑스어가 유행하는 것처럼 인도 제국에서 유행한다."

현재 100톤 넘는 배가 항구에 들어오는 일은 거의 없으며 무역상품은 자질구레한 임산물 몇 가지와 과일이 고작이다. 싱가포르 주민들은 옛 포르투갈인이 심은 나무의 덕을 보고 있다. 열병에 걸릴 위험이 있긴 하지만, 예전처럼 건강에 무척 해롭지는 않다고 한다.

믈라카에는 여러 민족이 산다. 어디에나 있는 중국인이 아마도 가장 많을 텐데, 이들은 자기네 관습과 풍습, 언어를 유지한다. 토착 말레이인은 인구수로는 두 번째이며 이들의 언어가 이곳 공통어다. 세 번째는 포르투갈인의 후손-피가 섞이고 퇴화하고 퇴보한 민족이기는 하지만-인데, 애석하게도 문법이 훼손되기는 했지만 여전히 모어를 사용한다. 그 다음으로, 영국인 통치자들과 네덜란드인 후손들이 있는데 이들은 모두 영어를 쓴다. 믈라카의 포르투갈어는 언어학적으로 흥미로운 현상이다. 동사는 어미변화가 대부분 사라졌으며 법, 시제, 수, 인칭을 모두 한 가지 형태로 나타낸다. 'Eu vai'는 '간다'도 되고 '갔다'도 되고 '갈 것이다'도 된다. 형용사도 여성형과 복수형 어미가 없어져서 언어가 극히 단순해졌다. 여기다 말레이어 단어가 몇 개 섞인 탓에, 순수한 포르투갈어만 들어본 사람은 어리둥절할 것이다.

옷도 말 못지않게 다채롭다. 영국인은 딱 붙는 코트와 조끼, 바지에다 밉살스러운 모자와 넥타이를 고집하며, 포르투갈인은 간편한 재킷을 즐겨 입는데 셔츠와 바지 차림인 경우가 더 많다. 말레이인은 전통 재킷과 사롱[13]에다 드로어즈[14]를 입는 반면에 중국인은 전통 복장에서 조금도 벗어나지 않는다. 사실 중국옷은 편의를 위해서든 외모를 위해

13 말레이시아 등지에서 허리에 두르는 의상. _옮긴이

14 반바지식 여자용 속옷. _옮긴이

서든 열대기후에 맞게 개량하는 것이 불가능하다. 이 저위도 지역에 맞는 복장은 헐렁한 바지에다 흰색의 단정한 반팔 셔츠와 반팔 재킷이다.

나는 내륙에 들어갈 때 포르투갈인 두 명을 대동했다. 한 명은 요리사였고, 또 한 명은 새를 사냥하여 가죽 벗기는 일을 하는 사람인데 믈라카에서는 꽤 짭짤한 일이었다. 처음에는 가딩이라는 촌락에서 두 주를 보냈는데, 예수회 선교사의 추천을 받아 중국인 개종자의 집에서 묵었다. 집은 오두막에 불과했지만 깨끗했으며 내가 지내기에는 충분히 안락했다. 집주인은 후추와 감비르를 재배하는 농장을 짓고 있었고 인근에 있는 대규모 주석 세척장들에서는 중국인을 1,000명 이상 고용했다. 주석은 석영질 모래층에서 검은 알갱이의 형태로 채취하여 조잡한 진흙 용광로에서 녹여 덩어리로 만든다. 토양은 척박했으며 숲은 떨기나무로 빽빽했다. 곤충은 거의 없었지만 새는 풍부했다. 나는 말레이 지역의 풍요로운 조류 보물 창고로 즉시 안내받았다.

처음으로 총을 쏘아서 믈라카에서 가장 신기하고 아름다운 붉은배넓적부리새*Cymbirhynchus macrorhynchos*(말레이인들은 '비새雨鳥'라고 부른다)를 잡았다. 크기는 찌르레기만 하고 검고 짙은 포도줏빛에 흰 어깨 줄무늬가 있으며 매우 크고 넓은 부리는 위쪽은 가장 순수한 진파랑, 아래쪽은 귤색이며 홍채는 에메랄드빛 초록색이다. 피부를 건조시키면 부리가 칙칙한 검은색으로 바뀌지만 그래도 여전히 근사하다. 갓 죽었을 때는 선명한 푸른색과 깃옷羽衣의 화려한 색깔이 뚜렷한 대조를 이루어 무척 아름답다. 등이 진갈색이고 날개 무늬가 아름답고 가슴이 진홍색인 사랑스러운 동양비단날개새Eastern trogon[15]와 초록색의 커다란 붉은머리오색조*Megalaima rafflesii*도 금세 손에 넣었다. 붉은머리

15 지금은 싱가포르 섬에서 멸종했다. _옮긴이

오색조는 열매를 먹는 새로, 작은 큰부리새류처럼 생겼는데 뻣뻣한 부리가 짧고 곧으며 머리와 목은 더없이 선명한 푸른색과 진홍색 무늬로 알록달록하다. 하루나 이틀이 지나자 내 사냥꾼이 초록머리넓적부리새*Calyptomena viridis*[16] 한 마리를 가져왔다. 생김새는 작은 바위새속 *Rupicola*을 닮았지만 몸 전체가 아주 선명한 초록색이고 날개에는 검은색 줄무늬가 정교하게 새겨졌다. 예쁜 딱다구리류와 화사한 물총새류, 빨간색 얼굴은 벨벳 같고 부리는 초록색이며 몸에는 초록색과 갈색이 어우러진 뻐꾸기류[17], 가슴이 붉은 비둘기류[18], 반짝거리는 꿀빨이새류 등이 하루가 멀다 하고 입수되었다. 유쾌한 흥분이 가실 새가 없었다. 두 주가 지나 일꾼 한 명이 열병에 걸렸다. 그가 믈라카로 돌아간 뒤에 나머지 일꾼과 나도 같은 병에 걸렸다. 나는 키니네를 듬뿍 복용하여 금세 회복되었으며, 에어파나스[19]의 정부 방갈로에 머물며 일꾼을 물색했다. 이곳 출신으로 자연사에 취미가 있는 젊은 신사가 나와 함께 지냈다.

에어파나스의 주택은 안락했으며 표본을 말리고 보존 처리할 장소도 충분했지만 나무를 벨 성실한 중국인이 하나도 없어서 곤충이 비교적 드물었다. 단, 나비는 매우 훌륭한 표본들을 채집할 수 있었다. 나는 묘한 계기로 근사한 곤충을 손에 넣었는데, 이 일화에서는 여행자의 채집물이 얼마나 단편적이고 불완전할 수밖에 없는지 알 수 있다. 어느 날 오후에 엽총을 몸에 지니고선 내가 즐겨 찾는 숲길을 따라 걷다가 땅 위에서 나비를 보았다. 크고 멋지고 처음 보는 나비였는데, 가

---

16 지금은 싱가포르 섬에서 멸종했다. _옮긴이

17 아마도 꽃뻐꾸기속*Phaenicophaeus*일 것이다. _옮긴이

18 아마도 잠부비둘기*Ptilinopus jambu*일 것이다. _옮긴이

19 '온천'이라는 뜻. _옮긴이

까이 다가가자 날아가버렸다. 다시 살펴보니 녀석이 앉아 있던 곳은 육식동물의 똥이었다. 녀석이 같은 장소에 돌아오리라 생각하고는 이튿날 아침을 먹고 그물을 챙겨 그곳으로 갔다. 기쁘게도 녀석이 똑같은 똥 위에 앉아 있기에 포획에 성공했다. 매우 아름다운 신종이었다. 휴잇슨 씨가 '님팔리스칼리도니아*Nymphalis calydonia*'[20]로 명명했다. 다른 표본은 한 번도 보지 못했다. 12년이 지난 뒤에야 두 번째 개체가 보르네오 섬 북서부에서 이곳을 찾았다.

우리는 믈라카에서 동쪽으로 약 80킬로미터 떨어진 반도의 한가운데에 있는 오빌 산에 가기로 마음먹고는 짐을 나르고 동행할 말레이인 여섯 명을 고용했다. 오빌 산에서 일주일 이상 머물 작정이었기에 충분한 쌀과 비스킷 약간, 버터, 커피, 말린 생선, 브랜디 약간, 거기다 담요와 갈아입을 옷, 곤충과 새를 넣을 상자, 그물, 엽총, 탄약을 챙겼다. 에어파나스에서의 거리는 약 50킬로미터라고 했다. 첫날은 숲을 개간한 지역과 말레이인 촌락을 지났는데 유쾌한 여정이었다. 밤에는 말레이인 촌장의 집에서 잤다. 그는 베란다를 내주고 가금과 알도 주었다. 이튿날이 되자 길이 험하고 가팔라졌다. 무릎까지 빠지는 진창길을 따라 넓은 숲을 지나는데 거머리 때문에 고역이었다. 이 지역은 거머리로 유명하다. 거머리는 길옆의 잎과 풀에 달라붙어 있다가 사람이 지나가면 몸을 쭉 늘인다. 옷이나 몸에 닿으면 잎을 버리고 옮겨간다. 그러고는 사람의 발이나 다리 같은 신체 부위에 기어올라 피를 양껏 빠는데, 처음에는 걷는 데 정신이 팔려 물린 것도 모르기 십상이다. 저녁에 몸을 씻으면서 보면 사람마다 6~12군데씩 물려 있기가 예사였다. 대부분 다리를 물렸지만 몸통에 자국이 나 있기도 했다. 한번은

---

20 지금의 아가타사칼리도니아*Agatasa calydonia*. _옮긴이

오빌 산의 희귀한 양치식물

목에서 피를 빨렸는데 다행히 경정맥은 비켜 갔다. 이곳의 숲거머리는 종류가 다양하다. 크기는 전부 작지만 어떤 녀석들은 연노랑 줄무늬가 아름답게 새겨져 있다. 평소에는 숲길에 자주 나타나는 사슴 같은 동물에 달라붙을 텐데, 그런 탓에 발소리나 잎이 바스락거리는 소리가 나면 몸을 늘이는 특이한 습성이 생겼을 것이다. 이른 오후에 산기슭에 도착하여 개울 옆에 캠프를 차렸다. 돌밭 강기슭에는 양치식물이 무성했다. 나이가 가장 많은 말레이인은 믈라카 상인을 위해 이 근처에서 새를 사냥하는 일에 익숙했으며 산꼭대기에도 가본 적이 있었다. 우리가 사냥과 곤충 채집을 하는 동안 그는 두 사람을 데리고 이튿날 오를 등산로를 정비했다.

이튿날 일찌감치 아침을 먹고 출발했다. 산에서 잘 요량이었기에 담요와 식량을 가져갔다. 일꾼들이 닦아놓은 길을 따라 복잡한 밀림과 질척질척한 덤불을 통과하자 떨기나무가 자취를 감추고 키 큰 나무들이 늘어선 멋진 숲이 나타났다. 이제야 홀가분하게 걸을 수 있었다. 우리는 완만한 경사를 따라 꾸준히 몇 킬로미터를 올라갔다. 왼쪽에는 깊은 협곡이 나 있었다. 평탄한 고원을 지난 뒤에는 경사가 더 가팔라지고 숲은 더 빽빽해졌다. 마침내 돌밭이라는 뜻의 파당바투에 이르렀다. 이름은 많이 들어봤지만 누구도 알아듣게 설명해주지는 못했다. 파당바투는 반반한 암석이 급경사를 이루었고 산비탈을 따라 시야 밖까지 이어져 있었다. 일부 지역은 민둥했지만, 바위가 갈라진 곳에서는 식물이 매우 무성하게 자랐으며 그중에서도 벌레잡이 식물이 가장 눈에 띄었다. 이 경이로운 식물은 우리 온실에서는 결코 잘 자라지 못하여 온실 덕을 거의 보지 못하는 듯하다. 하지만 여기서는 반半덩굴 떨기나무로 자랐으며, 크기와 모양이 제각각인 신기한 벌레잡이 주머니를 잎에 잔뜩 매달았다. 우리는 그 크기와 아름다움에 연신 감탄사를 내뱉었다. 처음에는 다크리디움속*Dacrydium* 침엽수가 몇 그루 보였다. 돌투성이 지표면 바로 위의 덤불에서 우리는 근사한 양치식물인 우산고사리*Dipteris horsfieldii*와 빗살고사리*Matonia pectinata* 숲을 헤치며 나아갔다. 1.8~2.4미터 높이의 가느다란 줄기에서 손바닥 모양 양치잎이 넓게 뻗었다. 빗살고사리는 가장 크고 우아하며 이 산에서만 자란다. 둘 다 영국의 온실에는 아직 도입되지 않았다.

출발점부터 줄곧 이어진 어둡고 서늘하고 그늘진 숲에서 벗어나 덥고 탁 트인 돌투성이 비탈에 들어서니 두 지역의 차이가 뚜렷했다. 한 발짝을 사이에 두고 저지대 식생과 고지대 식생이 나뉘는 듯했다. 유압 기압계[Sympiesometer]로 측정한 고도는 약 850미터였다. 파당바투에 틀림없이 물이 있다고 들었던 터라, 하도 목이 말라서 물을 찾아보았지만 헛수고였다. 급기야 벌레잡이 식물을 들여다보았으나, 주머니에 담긴 물(주머니마다 약 230밀리리터씩 들어 있었다)에는 벌레가 가득했으며 비단 그 때문이 아니더라도 도저히 마실 엄두가 나지 않았다. 하지만 억지로 맛을 보았더니 미지근하지만 의외로 맛이 있었다. 우리는 모두 이 천연 물병으로 목마름을 달랬다. 숲속으로 더 깊이 들어갔으나 이번에는 식물이 아래에서보다 더 땅딸막했다. 산등성이를 지나다 계곡으로 내려가기를 반복한 끝에 봉우리에 도달했다. 꽤 깊은 협곡만 지나면 진짜 정상이었다. 그런데 이곳에서 짐꾼들이 퍼질러 앉더니 더는 짐을 못 나르겠다고 버텼다. 하긴 정상까지는 깎아지른 오르막이었다. 하지만 이곳에는 물이 하나도 없었으며 우리는 정상 근처에 샘이 있다는 사실을 잘 알고 있었으므로 꼭 필요한 짐만 가지고 짐꾼 없이 계속 가기로 했다. 담요를 하나씩 챙기고 식량과 물품을 나눈 뒤에 늙은 말레이인과 그의 아들만 데리고 출발했다.

두 봉우리 사이의 안부鞍部[21]까지 내려가서 보니 오르막은 여간 고역이 아닐 것 같았다. 경사가 하도 가팔라서 기어올라야 하는 곳이 한두 군데가 아니었다. 무성한 식물 아래로는 썩어가는 잎과 울퉁불퉁한 바위가 무릎 높이까지 이끼에 덮였다. 한 시간을 힘겹게 올라 정상 바로 밑 바위턱에 도달했다. 튀어나온 바위가 안락한 보금자리를 이루었으며 물방울이 똑똑 떨어져 작은 웅덩이에 고였다. 우리는 짐을 부리고는 잠시 뒤에 해발 1,200미터의 정상에 올라섰다. 꼭대기는 바위가 많은 작은 턱으로 만병초속*Rhododendron* 식물을 비롯한 떨기나무로 덮여 있었다. 이날 오후는 날이 화창해서 시야가 탁 트였다. 산등성이와 골짜기는 어디나 끝 모를 숲으로 덮였으며 사이사이로 강물이 반짝거리며 굽이굽이 흘렀다. 숲 지대는 멀리서 보면 매우 단조로우며, 내가 이제껏 열대지방에서 오른 산 중에서 스노든 산[22]에 필적할 만한 전경을 보여주는 곳은 하나도 없었다. 전망은 스위스야말로 이루 말할 수 없이 뛰어나지만. 나는 성능 좋은 끓는점 온도계와 유압 기압계를 보면서 커피를 끓이고는 저녁 식사와 근사한 전망을 만끽했다. 밤은 고요하고 매우 포근했으며 잔가지와 큰 가지에 담요를 깔아 만든 이부자리에서 아주 편안한 밤을 보냈다. 짐꾼들은 휴식을 취한 뒤에 우리를 따라왔는데, 자기네 쌀밖에 가져오지 않았지만 다행히도 두고 온 짐은 필요하지 않았다. 아침에 나비와 딱정벌레를 몇 마리 잡았으며 친구는 육상패류를 몇 마리 채집했다. 우리는 파당바투의 양치식물과 벌레잡이 식물 몇 점을 가지고 내려왔다.

산기슭에서 처음 캠프를 친 장소는 매우 어두침침했기 때문에 이번

21 산의 능선이 움푹 꺼져서 형태가 말안장처럼 된 부분. _옮긴이

22 영국 웨일스에서 가장 높은 산. _옮긴이

에는 생강과Zingiberaceae 식물로 무성한 개울 옆 습지에 자리를 잡았다. 이곳에서는 쉽게 풀을 베어 바닥을 정비할 수 있었다. 일꾼들은 벽 없이 비만 막아주는 작은 오두막을 두 동 지었다. 우리는 일주일 동안 이곳에 머물면서 새를 사냥하고 곤충을 채집하고 산기슭의 숲을 탐색했다. 이곳은 청란*Argusianus argus*의 고장이어서 끊임없이 울음소리가 들렸다. 노인에게 총으로 한 마리 잡아달라고 했더니 자신이 이 숲에서 20년 동안 새 사냥을 했는데 청란을 맞힌 적은 한 번도 없으며 포획되지 않은 상태의 청란은 한 번도 못 봤다고 말했다. 청란은 극도로 수줍고 경계심이 많고 숲에서 가장 울창한 지역을 엄청난 속도로 내달리기 때문에 가까이 다가가기가 불가능하다. 그것의 수수한 색깔과 박물관에서 봤을 때 매우 장식적으로 보였던 눈알처럼 생긴 무늬의 풍성함이 서식지의 낙엽과 잘 어우러지기 때문에 좀처럼 눈에 띄지 않는다. 믈라카에서 파는 표본은 모두 올무로 잡은 것이다. 나의 안내인은 한 마리도 사냥하지 못했지만 올무는 많이 가지고 있었다.

이곳에서는 아직도 호랑이와 코뿔소가 발견되며, 몇 해 전까지만 해도 코끼리가 많았으나 최근에 전부 사라졌다. 우리는 코끼리 똥으로 보이는 무더기를 몇 개 찾아냈고 코뿔소 발자국을 발견했지만, 한 번도 실제로 보지는 못했다. 하지만 만일을 대비하여 밤새 불을 피워놓았으며, 일행 중 두 사람은 코뿔소를 보았다고 장담했다. 쌀이 떨어지고 상자가 표본으로 꽉 차자 우리는 에어파나스로 돌아와서 며칠 뒤에 믈라카를 거쳐 싱가포르 섬으로 왔다. 오빌 산은 열병으로 악명이 자자하기에 친구들은 우리가 무모하게도 산기슭에 그토록 오래 머문 것에 놀랐다. 하지만 우리는 조금도 앓지 않았다. 동양의 열대지방에서 산경山景을 처음 접한 이번 여정은 즐거운 추억으로 남을 것이다.

내가 싱가포르 섬과 말레이 반도 여행에 대해 간략하게 쓸 수밖에 없었던 것은 사신私信과 공책만 믿고 있다가 그만 잃어버렸기 때문이다. 믈라카와 오빌 산에 대한 논문을 왕립지리학회에 보냈지만 회기 말에 경황이 없어서 회람되지도 출간되지도 않았으며 원고는 아직도 행방이 묘연하다. 이 지역에 대해 수많은 문헌이 기록되었기에 그나마 덜 아쉽다. 어차피 잘 알려진 말레이 제도 서부 지역의 여정은 간단히 넘어가고 영어로 기록된 글이 거의 없는 더 외딴 지역에 지면을 할애할 생각이었기 때문이다.

4장

보르네오 섬-오랑우탄

1854년 11월 1일에 사라왁에 도착하여 1856년 1월 25일까지 머물렀다.[23] 그 사이에 여러 지역을 방문하여 다야크족과 보르네오 말레이인을 많이 관찰했다. 나는 제임스 브룩 경에게 환대를 받았으며 일정 중간중간 사라왁에 들를 때마다 그의 집에서 묵었다. 하지만 내가 떠난 뒤로 보르네오의 이 지역에 대해 수많은 책이 출간되었기에 사라왁과 통치자에 대해 내가 보고 듣고 생각한 것을 시시콜콜 언급하기보다는 자연사학자로서 패류, 곤충, 새, 오랑우탄을 탐구한 경험과 유럽인이 거의 찾지 않은 내륙 지방의 여정을 주로 다룰 것이다.

처음 넉 달 동안은 강어귀의 산투봉에서 바우와 비디의 그림 같은 석회암 산과 중국인 금광에 이르기까지 사라왁 강의 여러 지역을 돌아다녔다. 이 지역은 숱하게 묘사된 바 있으므로 그냥 넘어가겠다. 무엇보다 장마가 심해서 채집물이 상대적으로 부실하고 변변찮았다.

23 실제로는 1854년 10월 29일에 도착하여 1856년 2월 10일에 떠났다. _옮긴이

1855년 3월에 사당 강의 작은 지류인 시문잔 강 근처에 있는 탄광을 방문하기로 했다(사당 강은 사라왁 강 동쪽으로 바탕루파르 강과의 사이에 있다). 시문잔 강은 약 30킬로미터 위에서 사당 강에 합류한다. 매우 좁고 구불구불하며, 높은 숲이 그늘을 드리웠다. 이따금 강 이편과 저편의 수관樹冠이 서로 만나기도 한다. 시문잔 강과 바다 사이는 모두 숲으로 덮였으며 완전히 평평한 습지로, 산이 외따로 몇 개 솟아 있는데 그중 하나의 기슭에 탄광이 자리 잡았다. 다야크족이 나루터에서 산까지 길을 냈는데 처음부터 끝까지 오로지 통나무만 깔아놓았다. 원주민은 이 길을 따라 맨발로도 무거운 짐을 수월하게 나르지만, 유럽인에게는 신발을 신어도 미끄러우며 온갖 흥미로운 주위 사물에 연신 한눈팔다가 수렁에 빠지는 사람이 꼭 생긴다. 나는 이 길을 처음 걸었을 때 곤충과 새는 거의 보지 못했지만 매우 아름다운 난 꽃이 핀 모습을 몇 번 보았다. 난은 셀로지네속*Coelogyne*으로, 알고 보니 이 지역 특유의 매우 흔한 종류였다. 산기슭 근처의 비탈면에는 숲 한 자락이 개간되어 있었으며 허름한 주택이 여러 채 있었다. 그곳에 엔지니어 쿨슨 씨와 다수의 중국인 인부가 기거했다. 나는 처음에는 쿨슨 씨의 집에서 환대를 받으며 묵었으나, 이곳이 내게 매우 적당하며 채집 여건도 훌륭히 갖추어진 것을 알고는 방 두 개와 베란다가 딸린 작은 집을 지었다. 이곳에서 아홉 달 가까이 머물면서 곤충을 어마어마하게 채집했다. 환경이 특별히 양호한 탓에 곤충에 주력했다.

열대지방에서는 모든 목目의 곤충 대부분, 특히 사람들이 선호하는 커다란 딱정벌레가 식물, 그중에서도 다양한 부식 단계의 나무줄기, 나무껍질, 잎에서 살아간다. 발길이 닿지 않은 원시림에서는 이런 환경에 종종 출몰하는 곤충들이 드넓은 영역에 흩어져 있는데, 거기에는 나무가 늙고 썩어서 쓰러져 있거나 폭풍의 위력에 굴복해 있다. 5,000

헥타르나 되는 면적에도 이 작은 개간지만큼 쓰러진 나무와 썩은 나무가 많이 있지는 않을 것이다. 열대 지방에서 일정한 시간 안에 채집할 수 있는 딱정벌레류와 그 외 여러 곤충의 양과 종류를 좌우하는 것은 첫째로는 넓은 원시림과 인접해 있는가의 여부, 둘째로는 지난 몇 달간 벌목되었고 지금도 벌목되어 땅 위에 방치된 채 말라서 썩어가는 나무의 양이다. 서양과 동양의 열대지방에서 꼬박 20년 동안 채집 활동을 하는 동안, 이 점에서 시문잔 강의 탄광만큼 이점을 누린 적은 한 번도 없었다. 탄광에서는 여러 달 동안 중국인과 다야크족 20~50명을 고용했는데 이들이 한 일은 오로지 숲의 넓은 면적을 개간하고 3킬로미터 떨어진 사당 강까지 철로를 깔 넓은 공터를 내는 것이었다. 게다가 밀림의 여러 지점에 톱질 구덩이를 파고 거목을 베어 각목과 널빤지를 만들었다. 사방 수백 킬로미터에는 거대한 숲이 들판과 산, 바위와 늪에 펼쳐져 있었다. 채집 장소에 도착하자 비가 잦아들고 일조시간이 늘기 시작했다. 채집에 가장 알맞은 시기였다. 공터와 양달, 오솔길이 많아서 말벌과 나비도 꾀었다. 곤충 한 마리당 1센트를 지급하기로 하고 다야크족과 중국인에게서 상태 좋은 메뚜기와 대벌레, 딱정벌레를 손에 많이 넣었다.

3월 14일에 탄광에 도착했는데, 그 전까지 넉 달 동안 채집한 딱정벌레가 320종이었다. 그런데 두 주도 지나지 않아 수가 두 배로 늘었다. 신종을 하루 평균 24종씩 발견한 것이다. 어느 날은 76종을 채집했는데 그중에서 34종이 처음 보는 것이었다. 나는 4월 말까지 1,000종 이상을 손에 넣었으며 그 뒤로도 채집물의 수가 꾸준히 늘었다. 보르네오에서 채집한 전체 종 수는 약 2,000종이었으며 100종가량을 제외하면 모두 면적이 250헥타르를 간신히 넘는 이곳에서 채집했다. 딱정벌레류 중에서 가장 많고 흥미로운 것은 하늘소류와 야자바구미류*Rhynchophorus*였다. 둘 다 나무를 주식으로 한다. 하늘소류는 우아한 형태와 긴 더듬이가 특징인데 특히 종류가 많아서 300종에 육박했다. 그중에서 10분의 9는 전혀 새로운 종이었으며 상당수가 큰 몸집, 신기한 모양, 아름다운 색깔을 자랑했다. 야자바구미류는 잉글랜드로 치면 바구미의 근연종에 해당하는데, 열대지방에서는 엄청나게 많고 다양하며 죽은 나무에 우글거리는 경우가 많아서 하루에 50~60종씩 채집하기도 했다. 이 집단에 속하는 나의 보르네오 채집물은 500종이 넘는다.

나비는 많이 채집하지 못했지만 매우 희귀하고 근사한 것을 몇 마리 손에 넣었다. 가장 눈에 띄는 것은 알려진 종 중에서 가장 우아한 브룩새날개나비*Trogonoptera brookiana*였다. 이 아름다운 나비는 날개가 매우 길고 뾰족한데 모양은 박각시와 거의 비슷하다. 색깔은 진하고 매끄러운 검은색이며 밝고 반짝거리는 초록색 반점으로 이루어진 띠가 날개 끝에서 끝까지 곡선을 이루는데, 각 반점은 작은 세모 깃털을 빼닮았으며 마치 멕시코비단날개새Mexican trogon의 날개덮깃을 검은 벨벳에 한 줄로 늘어놓은 것 같다. 유일하게 다른 무늬는 심홍색의 넓은 목깃과 뒷날개의 섬세한 흰색 테두리뿐이다. 이 나비는 당시에 전혀 새로운 종이었으며 나는 제임스 브룩 경의 이름을 따서 명명했는데, 매우 희귀했다. 개간지에서 잽싸게 날아다니거나 웅덩이와 진창에서 잠깐 쉬는 모습을 이따금 볼 수 있을 뿐이어서 두세 마리밖에 못 잡았다. 하지만 이 나라의 딴 지역에는 이 종이 풍부하다는 사실이 확인되었으며 나는 꽤 많은 표본을 잉글랜드에 보냈다. 다만 지금까지 구한 표본은 전부 수컷이어서 암컷이 어떻게 생겼는지는 추측할 수 없다. 이 종은 극단적으로 고립되어 있으며 알려진 어떤 곤충과도 근연성이 없기

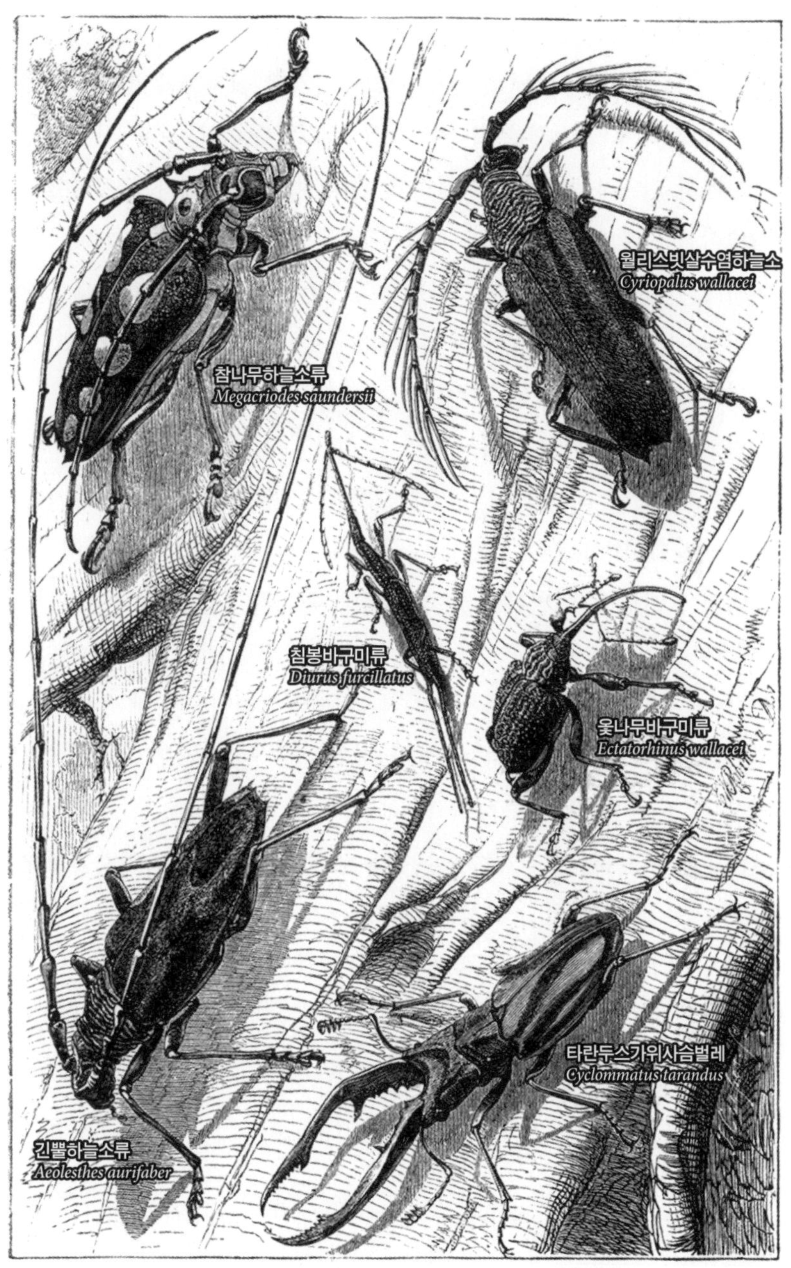

보르네오 시문잔 강에서 발견한 인상적인 딱정벌레들

때문이다.[24]

보르네오 섬에서 만난 양서류[25] 중에서 가장 신기하고 흥미로운 것은 중국인 인부가 가져온 커다란 청개구리[26]였다. 인부는 녀석이 키 큰 나무에서 마치 나는 듯 비스듬하게 활강하는 것을 봤다고 장담했다. 자세히 들여다보니 발가락이 매우 길고 물갈퀴가 발가락 끝까지 나 있어서 발가락을 쫙 펴면 면적이 몸보다 훨씬 넓었다. 앞다리에도 막이 달려 있어서 몸을 크게 부풀릴 수 있었다. 등과 팔다리는 매우 짙고 반짝이는 초록색이고 배와 발바닥은 노란색이지만, 물갈퀴는 검은색에 노란색 줄무늬가 나 있었다.

몸길이는 약 10센티미터였으나 뒷발 물갈퀴를 완전히 편 넓이는 25제곱센티미터였으며 모든 발의 물갈퀴 넓이를 합치면 약 80제곱센티미터에 이르렀다. 발가락 끝이 다른 물체에 달라붙기 쉽도록 부풀어서 진짜 청개구리처럼 보이기에 이 거대한 발가락 막이 오로지 헤엄치는 용도로만 쓰이리라고는 상상하기 힘들다. 그러니 나무에서 날아 내려왔다는 중국인의 말이 더 그럴듯하다. 이것은 '날개구리'의 알려진 첫 번째 사례일 것이다. 헤엄과 달라붙기에 알맞게 변형된 발가락이 날도마뱀처럼 허공을 가르는 데 활용된다는 것은 다윈주의자에게 매우 흥미로운 사실이다. 녀석은 라코포루스속*Rhacophorus*의 신종인 듯하다. 이 속은 크기가 훨씬 작으며 발가락 물갈퀴가 덜 발달한 몇몇 개구리로 이루어졌다.

나는 보르네오 섬에 머무는 동안 나를 위해 정식으로 사냥해줄 사

24 그 뒤로는 암컷이 꽤 많이 잡혔다. 암컷은 수컷을 닮았지만 더 희고 색깔이 덜 화려하다.

25 원전의 '파충류'는 저자의 오기이다. _옮긴이

26 지금은 월리스날개구리*Rhacophorus nigropalmatus*로 알려져 있다. _옮긴이

날개구리

람을 찾지 못했으며 곤충에 전념하느라 새나 포유류는 많이 채집하지 못했다. 하지만 상당수는 잘 알려진 것으로 믈라카에서 발견된 종과 같다. 포유류 중에는 다람쥐 5종, 호랑고양이 2종[27], 돼지와 폴캣의 교잡종처럼 생긴 짐누라고슴도치*Echinosorex gymnurus*, 키노갈레*Cynogale bennetti*-수달을 닮은 희귀종으로 주둥이가 매우 넓고 수염이 길다-가 있다.

내가 시문잔을 찾은 주목적은 자연 상태의 오랑우탄(보르네오큰원인Great man-like ape of Borneo이라고도 한다)을 관찰하고 습성을 연구하며 암컷과 수컷 그리고 성체와 어린 개체들과 변종의 훌륭한 표본을 입수하는 것이었다. 나는 이 모든 목표를 기대 이상으로 달성했으며 이제 오랑우탄 사냥 경험을 풀어놓겠다(원주민들은 오랑우탄을 '미아스'라고 부르는데, 이름이 짧고 발음하기 쉬워서 시미아사티루스*Simia satyrus*나 보르네오오랑우탄*Pongo pygmaeus*보다 이 이름을 자주 쓸 것이다).

탄광에 도착한 지 한 주 만에 처음으로 미아스를 목격했다. 숙소에서 400미터가량 떨어진 곳에서 곤충을 채집하고 있는데 근처 나무에서 부스럭거리는 소리가 나길래 올려다보니 붉은 털의 커다란 짐승 한 마리가 팔로 가지에 매달린 채 천천히 이동하고 있었다. 이 나무에서 저 나무로 건너다니다 결국 밀림 속으로 사라졌는데 바닥이 너무 질퍽질퍽해서 쫓아갈 수 없었다. 하지만 이런 이동 방식은 매우 이례적이며, 오랑우탄보다는 긴팔원숭이속*Hylobates*에 더 가깝다. 이것은 오랑우탄마다 개별적으로 특이한 버릇이 있거나 이곳 나무의 성질이 그런 식으로 다니기에 가장 편하도록 되어 있기 때문인 듯하다.

두 주쯤 지나서 숙소 바로 밑 습지에 있는 나무에서 오랑우탄 한 마

---

27 그중 하나는 보르네오삵*Catopuma badia*으로 아직도 세상에서 가장 희귀한 고양이다. _옮긴이

리가 먹이를 먹고 있다는 말을 들었다. 총을 가지고 나왔는데 다행히 녀석을 볼 수 있었다. 내가 접근하자 녀석이 나뭇잎 사이로 몸을 감추려 했지만 잽싸게 총을 발사했다. 두 번째로 쏘았을 때 녀석이 떨어졌다. 총알 두 발이 몸에 박힌 채 숨을 거두기 직전이었다. 반쯤 자란 수컷으로 0.9미터가 될락말락했다. 4월 26일에 다야크족 두 명과 사냥을 나갔다가 비슷한 크기의 오랑우탄을 또 발견했다. 첫 발에 떨어졌지만 심하게 다친 것 같지는 않았다. 즉시 일어나 바로 옆 나무로 오르기에 내가 총을 발사했다. 녀석은 팔이 부러지고 몸에 부상을 입은 채 다시 떨어졌다. 다야크족 두 명이 달려가 녀석의 손을 한쪽씩 잡고는 내게 막대기를 하나 잘라주면 거기다 녀석을 결박하겠다고 했다. 하지만 녀석은 한쪽 팔이 부러지고 성체가 아님에도 이 젊은 야만인들이 감당하기에는 너무 힘이 셌다. 두 사람이 용을 썼지만 녀석이 이들을 입 쪽으로 끌어당기는 바람에 다시 놓아줄 수밖에 없었다. 안 그랬으면 물려서 중상을 입었을 것이다. 녀석이 또 나무에 올라가기 시작했다. 나는 말썽을 피하기 위해 심장을 쏘았다.

5월 2일에 매우 높은 나무에서 오랑우탄을 또 한 마리 발견했다. 내게는 80구경의 작은 총밖에 없었다. 하지만 내가 총을 발사하자 녀석은 나를 쳐다보더니 기침 소리 같은 이상한 소리로 울부짖기 시작했다. 화가 머리끝까지 난 것처럼 손으로 가지를 부러뜨려 내게 던지다 이내 나무 꼭대기로 올라갔다. 땅이 질척질척하고 부분적으로는 위험했기 때문에 좇아갈 생각이 없었다. 추적에 정신이 팔렸다가는 길을 잃기 십상이었으리라.

5월 12일에 또 한 마리를 발견했다. 이번에도 소리를 지르고 나뭇가지를 아래로 던지는 등 매우 비슷하게 행동했다. 나는 다섯 방을 쏘았다. 녀석은 죽은 채 나무 꼭대기에 얹혀 있었다. 가지의 갈라진 틈에 끼어 있어서 도무지 떨어질 성싶지 않았다. 그래서 숙소로 돌아가다가 다행히 다야크족을 몇 명 만났다. 이들은 나와 함께 현장으로 돌아와서는 나무에 올라가 녀석을 끌어내렸다. 처음으로 다 자란 표본을 손에 넣었다. 하지만 암컷이었으며 다 자란 수컷만큼 크거나 인상적이지는 않았다. 하지만 키가 107센티미터였으며 양팔 너비는 198센티미터였다. 표본의 가죽은 아라크주[28] 통에 보관하고 완벽한 골격을 제작했는데, 골격은 나중에 더비박물관에 팔았다.

불과 나흘 뒤에 다야크족 몇 명이 같은 장소 근처에서 또 미아스를 발견하여 내게 알려주었다. 매우 큰 녀석이었다. 키 큰 나무의 매우 높은 곳에 있었다. 두 번째 총알을 맞고 굴러떨어졌지만 곧장 일어나 다시 오르기 시작했다. 세 발째 맞고서야 죽었다. 이번에도 다 자란 암컷이었다. 녀석을 숙소로 옮기려고 준비하다가 어린 오랑우탄이 수렁에 엎어져 있는 것을 발견했다. 키는 30센티미터에 불과했으며, 어미에게 매달려 있다가 함께 떨어진 것이 분명했다. 다행히 부상을 입지는 않은 것 같았다. 입에서 진흙을 끄집어내자 울음을 터뜨렸다. 녀석은 꽤 튼튼하고 활동적으로 보였다. 숙소로 데려오는데 손을 뻗어 내 턱수염을 얼마나 꽉 쥐던지 떼어놓기가 여간 힘들지 않았다. 손가락 마지막 마디가 원래 안쪽으로 구부러져 있어 완벽한 고리 모양이기 때문이다. 이때는 이빨이 하나도 안 났지만 며칠 지나자 아래 앞니가 두 개 났다. 안타깝게도 녀석에게 줄 우유가 없었다. 말레이인도 중국인도 다야크족도 우유를 마시지 않았다. 새끼에게 젖을 물릴 암컷 동물을 물색했지만 허사였다. 그래서 병에 쌀뜨물을 넣고 코르크 마개에 깃대羽幹를 꽂아서 주었다. 몇 차례의 시도 끝에 녀석이 쌀뜨물을 빠는 데 성공했

---

28 코코넛 증류주의 일종. _옮긴이

오랑우탄 암컷

다. 식사가 너무 빈약해서 새끼 오랑우탄은 잘 자라지 못했다. 영양을 보충하려고 이따금 설탕과 코코넛 밀크를 타줬지만 소용이 없었다. 내 손가락을 녀석의 입에 넣으면 녀석은 젖이 돌게 하려는 듯 볼이 홀쭉해지도록 있는 힘껏 빨았다. 오랫동안 안간힘을 쓰다 결국 넌더리를 내고는 비슷한 상황에 처한 아기처럼 소리를 질렀다.

만져주거나 돌봐줄 때는 아주 조용하고 만족스러워했지만 혼자 내려놓으면 여지없이 울음을 터뜨렸다. 덕분에 첫 몇 밤은 매우 부산하고 소란스러웠다. 나는 요람으로 쓸 작은 상자를 마련하여 부드러운 매트를 깔았다. 매트는 매일 빨아서 갈아주었다. 얼마 지나지 않아 새끼 미아스도 아기처럼 목욕시켜야 한다는 사실을 깨달았다. 몇 번 씻겼더니 이제는 일과가 되어 몸이 더러워지면 이내 울기 시작했다. 샘으로 데리고 가면 그제야 뚝 그쳤다. 찬물을 끼얹으면 움찔하고, 머리에 물을 부으면 우스꽝스럽게 얼굴을 찡그렸다. 닦아주는 것을 굉장히 좋아했으며, 털을 빗겨줄 때면 더없이 행복해 보였다. 등과 팔의 긴 털을 꼼꼼히 빗질할 때는 팔다리를 쭉 펴고 가만히 엎드려 있었다. 처음 며칠 동안은 매달릴 수 있는 것이면 무엇에든 네 발로 필사적으로 매달리는 통에 나는 수염이 뽑히지 않도록 조심해야 했다. 녀석의 손가락은 무엇보다 끈질기게 털을 잡아당겼으며, 나 혼자 힘으로는 벗어나는 것이 불가능했다. 녀석은 불안해지면 손을 휘저으며 붙잡을 것을 찾았다. 그러다 두세 번 만에 막대기나 걸레가 잡히면 아주 만족해했다. 딴 게 필요하면 곧잘 제 발을 잡더니 이윽고 끊임없이 팔짱을 끼고는 반대쪽 어깨 밑에 자라는 긴 털을 손으로 움켜쥐었다. 엄청난 아귀힘은 금세 약해졌다. 녀석을 운동시키고 팔다리 힘을 길러줄 방법을 찾아야 했다. 그래서 서너 단짜리 짧은 사다리를 만들어서 한 번에 25분씩 매달려 있게 했다. 처음에는 아주 좋아하는 것 같았지만 네 발로 편안하게 매달리지 못했다. 여러 번 자세를 바꾸더니 차례로 발을 떼고 바닥에 떨어졌다. 이따금 두 손으로만 매달린 상태에서 한 손을 떼어 반대쪽 어깨로 가져가 자기 털을 붙잡기도 했다. 이게 막대기보다 훨씬 맘에 들었는지 나머지 손까지 떼고 굴러떨어져 팔짱을 낀 채 만족스러운 듯 누워 있기도 했다. 수없이 굴러떨어져도 결코 다치지 않는 것 같았다. 녀석이 털을 무척 좋아하는 것을 알고서 나는 가짜 어미를 만들어주기로 했다. 물소 가죽을 말아서 덩어리를 만든 다음 바닥에서 약 30센티미터 높이로 매달았다. 처음에는 멋지게 어울리는 것처럼 보였다. 녀석이 다리를 벌린 채 털을 찾아 힘껏 움켜쥘 수 있었기 때문이다. 이제야 저 어린 고아를 아주 행복하게 해주었다는 생각이 들었다. 한동안은 그런 것처럼 보였다. 그러다 녀석은 사라진 부모가 기억나 젖을 빨려 들었다. 가죽에 바싹 달라붙어서는 젖이 있을 만한 곳이면 어디든 입을 갖다 댔다. 하지만 털만 잔뜩 먹게 되자 심히 넌더리가 나서 사납게 소리를 질렀다. 두세 번 시도하고는 아예 포기했다. 어느 날 털이 목에 걸렸다. 숨이 막힌 줄 알았는데 숨을 헐떡거리더니 원래대로 돌아왔다. 나는 가짜 엄마를 해체해야 했다. 녀석을 운동시키려는 마지막 시도는 실패로 돌아갔다.

첫 주가 지나자 녀석은 숟가락으로 받아먹을 수 있게 되었다. 나는 더 다양하고 된 먹이를 줄 수 있었다. 듬뿍 적신 비스킷에 작은 달걀과 설탕을 섞고 이따금 고구마를 곁들이면 한 끼 식사로 그만이었다. 녀석이 표정을 묘하게 바꾸어 좋거나 싫은 표현을 하는 것은 언제 보아도 즐거웠다. 입맛에 맞는 먹이를 양껏 먹으면 입술을 핥고 뺨을 홀쭉하게 만들고 눈을 치켜떠 최고의 만족감을 표현했다. 반면에 먹이가 달콤하거나 맛있지 않으면 입안에 든 먹이를 혀로 굴리며 맛을 알아내려는 듯하다가 전부 뱉었다. 그래도 똑같은 먹이를 다시 주면 아기가 투정을 부릴 때처럼 사납게 소리 지르고 발길질을 했다.

새끼 미아스를 얻은 지 3주가량 지났을 때 운 좋게도 어린 필리핀원숭이*Macaca fascicularis*를 손에 넣었다. 녀석은 작았지만 매우 활발했으며 혼자서 먹이를 먹을 수 있었다. 미아스와 같은 상자에 넣었더니 서로를 조금도 두려워하지 않고 금세 친한 친구가 되었다. 새끼 원숭이는 미아스의 기분을 아랑곳하지 않고 배나 심지어 얼굴에 앉기가 예사였다. 내가 미아스에게 먹이를 먹이고 있으면 녀석이 옆에 앉아 떨어지는 것을 모조리 주워 먹고 이따금 손을 뻗어 숟가락을 낚아채기도 했다. 먹이 주기가 끝나면 미아스의 입술에 달라붙은 찌꺼기를 떼어 먹고, 입을 강제로 벌려서 남은 게 없나 살펴보았다. 그런 뒤에 가련한 미아스의 배를 푹신한 쿠션 삼아 드러누웠다. 속수무책의 미아스는 이 모든 굴욕을 꿋꿋이 참아냈다. 팔로 다정하게 끌어안을 수 있는 따뜻한 것이 곁에 있다는 것만으로 감지덕지했다. 하지만 복수를 할 때도 있었다. 원숭이가 딴 데 가려고 하면 미아스는 등이나 머리의 늘어진 가죽이나 꼬리를 붙잡고 늘어졌다. 원숭이는 여러 차례 격렬히 뛰어오른 뒤에야 벗어날 수 있었다.

나이가 별로 다르지 않은 두 녀석의 행동이 사뭇 다르다니 신기했다. 미아스는 어린 아기처럼 무방비 상태로 누워 무언가를 잡으려는 듯 네 발을 허공으로 뻗은 채-하지만 손가락으로 구체적인 물체를 가리키지는 못했다-이쪽저쪽으로 한가롭게 뒤척였으며, 불만이 있을 때면 이빨이 거의 나지 않은 입을 크게 벌려 아기처럼 고함을 질러 욕구를 표현했다. 반면에 새끼 원숭이는 늘 분주했다. 내키는 대로 달리고 뛰어오르고 모든 것을 살펴보고 아무리 작은 물체라도 정확하게 집었으며 상자 귀퉁이에서 균형을 잡거나 기둥 위로 기어올랐고 먹을 수 있는 것을 발견하면 다짜고짜 입에 넣었다. 이보다 더 대조적일 수는 없었다. 새끼 미아스는 상대적으로 더 아기 같아 보였다.

새끼 미아스와 함께 지낸 지 한 달쯤 되었을 때 녀석이 혼자 달리는 법을 연습하는 시늉을 하기 시작했다. 바닥에 내려놓으면 다리로 몸을 밀거나 굴러서 힘겹게 앞으로 나아갔다. 상자에 누워 있다가는 최대한 몸을 일으켜 거의 꼿꼿이 선 자세로 있었으며 한두 번은 밖으로 넘어가기까지 했다. 안 씻어주거나 배고프거나 방치하면 돌봐줄 때까지 시끄럽게 고함을 질렀다. 다 자란 동물과 매우 비슷하게 기침 소리나 헐떡이는 소리를 여러 가지로 냈다. 숙소에 아무도 없거나 반응이 없으면 잠시 뒤에 잠잠해졌지만 발소리가 나면 전보다 더 크게 소리를 질렀다.

5주가 지나자 앞니가 위에도 두 개 났다. 하지만 몸은 전혀 자라지 않아서 크기와 몸무게가 처음 데려왔을 때와 같았다. 물론 젖이나 그에 해당하는 영양을 섭취하지 못해서일 것이다. 쌀뜨물, 쌀, 비스킷은 부실한 대체품에 지나지 않았으며 이따금 먹인 코코넛 밀크는 소화가 잘 안 됐다. 거기다 설사로 고생한 탓도 있다. 아주까리기름을 조금 먹였더니 나았다. 한두 주 뒤에 다시 병에 걸렸는데 이번에는 더 심했다. 증세는 간헐열과 똑같았으며, 머리끝부터 발끝까지 물종기가 났다. 식욕을 완전히 잃고 일주일 동안 비참한 상태로 앓다가 죽었다. 내 손에 들어온 지 석 달 가까이 지난 때였다. 나는 작은 애완동물을 잃어서 상심이 컸다. 성체가 될 때까지 키워서 잉글랜드에 데려갈 생각이었기 때문이다. 녀석은 여러 달 동안 신기한 습성과 작은 얼굴에서 나타나는 독특한 표정으로 날마다 즐거움을 선사했다. 몸무게는 1.6킬로그램, 키는 36센티미터, 양팔 너비는 58센티미터였다. 나는 가죽과 골격을 보존 처리했는데, 그 과정에서 녀석이 나무에서 떨어지다 팔과 다리가 부러진 것을 알게 되었다. 하지만 뼈가 하도 빨리 붙어서 다리뼈가 어긋나 딱딱하게 부어오른 것밖에 보지 못했다.

이 흥미로운 어린 동물을 잡은 지 정확히 일주일 뒤에 다 자란 수컷 오랑우탄을 사냥하는 데 성공했다. 곤충 채집을 갔다가 숙소에 막 돌아왔는데 찰스[29]가 달려와 숨을 헐떡거리며 외쳤다. "나리, 총 가져오세요. 빨리요. 엄청 큰 미아스예요!" 나는 총을 들며 물었다. "어디야?" 다행히 총신 하나에는 총알이 장전되어 있었다. "근처예요, 나리. 탄광 가는 길이요. 멀리 못 갔을 거예요." 마침 다야크족 두 명이 숙소에 있어서 같이 가자고 했다. 나는 찰스에게 탄약을 전부 챙겨서 얼른 따라오라고 이르고는 출발했다. 우리의 개간지에서 탄광까지 가는 오솔길은 산비탈 약간 위를 지나는데 산기슭에는 도로를 내기 위해 오솔길과 평행하게 넓은 공터가 나 있었고 중국인 여러 명이 일하고 있었다. 그래서 미아스는 아래로 내려가 도로를 가로지르거나 위로 올라가 개간지를 우회하지 않고서는 숲으로 들어갈 방법이 없었다. 우리는 소리 죽여 살금살금 걸어가면서 미아스의 소리를 들으려고 귀를 쫑긋 세웠다. 이따금 위를 쳐다보기도 했다. 찰스가, 녀석을 보았던 장소에서 금세 우리와 합류했다. 탄약을 챙기고 나머지 총신에 총알을 장전하고는 조금 흩어졌다. 녀석은 아마도 비탈을 내려갔을 테니 근처 어딘가에 있으리라는 확신이 들었다. 그리고 다시 돌아올 것 같지는 않았다. 잠시 뒤에 머리 위에서 약하게 부스럭거리는 소리가 들렸지만 올려다보니 아무것도 없었다. 옆에 있는 나무를 샅샅이 살피려고 주위를 맴도는데 똑같은 소리가 다시 들렸다. 이번에는 더 큰 소리였다. 덩치 큰 동물이 옆 나무로 건너가는 듯 잎이 흔들렸다. 즉시 소리를 질러 다들 불러 모았다. 내가 총을 쏠 수 있게 녀석을 찾으라고 했다. 쉬운 일은 아니었다. 녀석은 잎이 빽빽하게 우거진 자리를 찾는 재주가 있었기

29 찰스 앨런. 나의 조수로 동행한 16세의 영국인 청년.

때문이다. 하지만 금세 다야크족 한 명이 나를 부르며 위쪽을 가리켰다. 올려다보니 우람하고 붉은 털투성이 몸과 검고 커다란 얼굴이 저 위에서 내려다보고 있었다. 아래에서 무슨 소동이 벌어지는지 궁금한 듯했다. 나는 바로 총을 발사했다. 녀석이 곧장 자리를 떴기 때문에 명중했는지는 알 수 없었다.

녀석은 큰 덩치에 걸맞지 않게 매우 잽싸고 조용히 움직였다. 나는 다야크족에게 내가 장전하는 동안 녀석을 시야에서 놓치지 말라고 했다. 이곳 밀림은 산 위에서 굴러떨어진 크고 모난 바위 조각으로 가득했으며 덩굴이 두껍게 늘어지고 감겨 있었다. 그 사이를 달리고 오르고 기어서 도로 근처의 키 큰 나무 꼭대기에 있는 녀석 쪽으로 다가갔다. 중국인들이 녀석을 발견하고는 놀라서 입을 벌린 채 소리쳤다. "야, 야, 투안[30]. 오랑우탄, 투안." 녀석은 아래로 내려오지 않고서는 이곳을 건너갈 수 없다는 것을 알고 언덕 쪽으로 다시 올라갔다. 나는 두 발을 쏘고는 재빨리 쫓아가면서 녀석이 오솔길에 도착할 때까지 두 발을 더 쏘았다. 하지만 녀석은 늘 나뭇잎에 가려져 있었으며 커다란 나뭇가지 위를 걷고 있어서 총에 맞지 않았다. 총을 장전하다가 녀석을 똑똑히 목격했다. 반쯤 선 자세로 굵은 나무줄기를 따라 이동하고 있었는데 이제껏 본 것 중에서 덩치가 가장 큰 듯했다. 녀석은 오솔길에 이르자 숲에서 가장 높은 나무에 올라갔다. 한쪽 다리가 총에 맞아 부러져 대롱대롱 매달려 있었다. 이제 가지가 갈라진 사이에 몸을 고정하고는 빽빽한 잎 뒤에 숨었다. 움직일 생각이 없는 것 같았다. 저 자세로 가만히 있다가 죽으면 어떡하나 걱정이 들었다. 저녁이 다 되었기에 오늘은 나무를 벨 수 없었다. 그래서 다시 총을 발사했다. 녀석이

30 말레이어로 '나리'라는 뜻. _옮긴이

움직이기 시작했다. 비탈 위로 올라가려니 아까보다 낮은 나무로 옮길 수밖에 없었다. 그중 한 나무의 가지에 이르러 떨어지지 않도록 몸을 고정한 채 죽은 듯, 아니면 죽어가는 듯 웅크려 누웠다.

다야크족이 올라가서 녀석이 누워 있는 가지를 잘라주기를 바랐건만 그들은 녀석이 죽지 않았다며 자신들을 공격할까 봐 두려워했다. 그래서 옆에 있는 나무에 총을 쏘고 덩굴을 잡아당기고 녀석을 귀찮게 하려고 온갖 수단을 동원했으나 모두 헛수고였다. 중국인 두 사람에게 도끼를 가지고 오라고 하여 나무를 베는 것이 최선일 것 같았다. 하지만 사람을 보낸 뒤에 다야크족 한 명이 용기를 내어 녀석을 향해 올라갔다. 하지만 미아스는 그가 가까이 올 때까지 기다리지 않고 딴 나무로 옮겨 갔다. 가지와 덩굴이 빽빽해서 녀석이 시야에서 거의 사라졌다. 다행히 나무가 작아서 우리는 도끼를 받자마자 나무를 베었다. 하지만 밧줄과 덩굴 때문에 옆 나무들에 얽혀 비스듬히 기울어지는 것이 고작이었다. 미아스는 움직이지 않았다. 저녁이 다 되었기 때문에 녀석을 잡지 못할까 봐 걱정되기 시작했다. 녀석이 있는 나무를 쓰러뜨리려면 대여섯 그루를 베어야 했다. 최후의 수단으로 모두 달라붙어 덩굴을 잡아당기기 시작했다. 몇 분간 나무를 세차게 흔들다 결국 희망을 버리려는 찰나에 거인이 추락하듯 녀석이 쿵 소리를 내며 떨어졌다. 녀석은 실제로 거인이었다. 머리와 몸은 사람만 했다. 다야크족이 '미아스 차판' 또는 '미아스 파판'이라고 부르는 종류로, 얼굴 피부가 양쪽으로 돌출해 있다. 양팔 너비는 221센티미터였으며 머리끝부터 발끝까지 잰 키는 127센티미터였다. 겨드랑이 높이의 가슴둘레는 97센티미터였고, 몸통은 사람만큼 길었으나 다리는 몸에 비해 극히 짧았다. 자세히 살펴보니 치명상을 입었다. 다리는 둘 다 부러졌고, 한쪽 고관절과 어깨뼈 안쪽이 완전히 바스라졌으며, 목과 턱에서는 찌그러진 총알 두 발이 발견되었다! 하지만 녀석은 땅에 떨어진 뒤에도 여전히 살아 있었다. 중국인 두 명이 녀석을 장대에 묶어 숙소로 데려갔다. 나는 완벽한 골격을 만들기 위해 이튿날 하루 종일 찰스와 함께 가죽을 벗기고 뼈를 삶았다. 이 골격은 현재 더비박물관에 소장 중이다.

이로부터 열흘가량 지난 6월 4일에 다야크족 몇 명이 나를 찾아와 미아스 한 마리가 다야크족 한 명을 죽일 뻔했다고 말했다. 강을 따라 몇 킬로미터 내려가면 다야크족 주택이 있는데, 커다란 오랑우탄 한 마리가 강가에서 야자나무의 어린 싹을 먹다가 그 집 사람들에게 목격되었다. 놀란 녀석이 가까운 밀림으로 달아나자 남자 여러 명이 창과 정글도[31]를 든 채 녀석을 가로막으려고 달려갔다. 맨 앞에 있던 남자가 창을 던져 녀석의 몸통을 꿰뚫으려 했지만 녀석은 창을 손으로 잡고는 순식간에 다른 손으로 남자의 팔을 움켜쥐었다. 팔을 입으로 물고 팔꿈치 위쪽으로 살에 이빨을 박아 갈기갈기 찢었다. 남자는 속수무책이었기에 나머지 사람들이 바로 뒤에 있지 않았다면 죽거나 중상을 입었을 것이다. 하지만 사람들이 금세 창과 정글도로 녀석을 물리쳤다. 남자는 오랫동안 앓았으며 팔을 영영 제대로 쓰지 못했다.

미아스 사체가 그 자리에 여전히 널브러져 있다기에 당장 우리 나루터로 가져다주면 사례하겠다고 제안했다. 그들은 그러겠노라고 약속했지만 이튿날이 지나도록 찾아오지 않았다. 그러다 부패가 시작되고 털이 뭉텅뭉텅 빠지는 바람에 가죽은 쓸모가 없어졌다. 완전히 자란 근사한 수컷이었기에 아쉬움이 컸다. 나는 머리를 숙소에서 세척하려고 잘라냈으며, 사람들에게 녀석의 몸통 주위에 약 1.5미터 높이로 빽빽한 울타리를 치라고 했다. 구더기, 작은 도마뱀, 개미가 살을 먹어치

31 마체테나 파랑처럼 베고 자르는 용도로 쓰는 칼. _옮긴이

워 곧 뼈만 남을 터였다. 녀석의 얼굴에는 뼛속 깊이 상처가 나 있었지만, 두개골은 매우 양호했으며 이빨은 매우 크고 완벽했다.

6월 18일에도 훌륭한 성체 수컷을 손에 넣는 대성공을 거두었다. 중국인 한 명이 강으로 가는 길옆에서 녀석이 먹이를 먹고 있는 것을 보았다고 말했다. 내가 첫 오랑우탄을 쏘았던 바로 그 자리에서 녀석을 발견했다. 녀석은 계란형의 초록색 열매를 먹고 있었다. 열매는 육두구를 둘러싼 껍질처럼 자잘한 빨간색 육질肉質 씨껍질에 싸여 있었다. 녀석은 혼자서 먹이를 먹고 있는 것 같았는데 두꺼운 겉껍질을 물어뜯어 바닥에 우수수 떨어뜨렸다. 내가 사살한 다른 오랑우탄의 위장에서도 똑같은 열매를 본 적이 있었다. 총을 두 발 쏘자 녀석은 한 손은 가지를 놓쳤지만 나머지 손으로 꽤 오랫동안 매달려 있었다. 그러다 엎어져 늪에 얼굴을 반쯤 처박았다. 녀석은 몇 분간 신음하고 헐떡이며 엎드려 있었다. 우리는 녀석이 마지막 숨을 내뱉기를 기다리며 둘러서 있었다. 그런데 갑자기 녀석이 격렬히 움직이며 몸을 일으켰다. 우리는 모두 1~2미터 뒤로 물러났다. 녀석은 몸을 거의 곧게 세우고는 작은 나무를 붙잡더니 위로 올라가기 시작했다. 등에 한 발을 더 맞고서야 죽어 나자빠졌다. 납작해진 총알 하나가 혀에서 발견되었는데, 이 총알이 아랫배를 뚫고 들어가 몸을 관통하여 1번 경추를 부러뜨렸다. 이 어마어마한 부상을 입고도 일어나 버젓이 나무에 올랐던 것이다. 녀석은 다 자란 수컷으로 앞서 측정한 두 마리와 크기가 거의 똑같았다.

6월 21일에 키 작은 나무에서 열매를 먹던 성체 암컷을 사살했다. 한 발에 죽인 것은 이번이 유일했다.

6월 24일에 중국인 한 명이 미아스를 사냥하라며 나를 불렀다. 탄광 근처 자기 숙소 가까이에 있는 나무에 녀석이 있다고 했다. 현장에 도착했지만 이미 밀림으로 사라진 터라 녀석을 찾기란 쉬운 일이 아니었다. 밀림은 바위투성이이어서 지나가기 힘들었다. 마침내 아주 키 큰 나무에서 녀석을 찾았다. 이제껏 본 수컷 중에서 덩치가 가장 컸다. 내가 총을 쏘자마자 녀석이 더 위로 올라가기에 한 발 더 쐈다. 녀석의 팔 하나가 부러졌다. 녀석은 우람한 나무의 꼭대기에 도착하자 즉시 주위의 가지를 모조리 꺾고 포개어 보금자리를 만들었다. 안성맞춤인 장소를 고르고, 다치지 않은 팔을 잽싸게 뻗어 적당한 크기의 가지를 수월하게 꺾고 엇갈리게 포개어 몇 분 만에 촘촘한 가리개를 만들어 우리의 시야에서 완전히 사라지는 과정이 무척 흥미로웠다. 녀석은 틀림없이 거기서 밤을 지낼 작정이었다. 상처가 너무 심하지만 않다면 이튿날 아침 일찍 달아날 터였다. 그래서 녀석이 보금자리를 벗어나도록 여러 발을 더 쏘았다. 난 분명히 맞힌 것 같았지만 내가 총을 쏠 때마다 녀석은 조금씩 움직일 뿐 자리를 떠나지 않았다. 마침내 녀석이 몸을 일으켜 상반신을 드러냈다가 천천히 주저앉았다. 머리만 보금자리 가장자리에 걸쳐 있었다. 녀석이 확실히 죽은 것 같아서 중국인과 동료에게 나무를 베라고 설득했지만 나무가 워낙 크고 하루 종일 일한 터라 어떤 감언이설도 통하지 않았다. 이튿날 동틀 무렵에 그 자리에 갔더니 미아스는 틀림없이 죽어 있었다. 머리가 어제와 똑같은 자리에 놓여 있었기 때문이다. 중국인 네 명에게 한꺼번에 나무를 베면 하루치 품삯을 주겠다고 제안했다. 햇볕을 몇 시간만 쬐면 피부 표면이 부패할 터였다. 하지만 그들은 나무를 쳐다도 보고 톱질도 해 보더니 너무 크고 단단하다며 내 제안을 거절했다. 품삯을 두 배로 올렸으면 아마도 수락했을 것이다. 두세 시간 이상 걸리지 않았을 테니 말이다. 이곳을 잠깐 방문한 참이었다면 그렇게 했을 테지만, 나는 장기 체류 중이었으며 몇 달 더 머물 작정이었기 때문에 터무니없는 금액을 지불하기 시작하면 대책이 없었다. 나중에는 헐값으로는 아무 일도 못 시킬 터였다.

몇 주 뒤에 파리 떼가 하루 종일 미아스 사체 위에서 붕붕거렸다. 하지만 한 달가량 지나자 모든 상황이 정리되었으며 사체는 수직의 햇빛과 열대의 비를 번갈아 맞으며 바싹 말라가고 있었다. 두세 달 뒤에 말레이인 두 명이 1달러를 받고 나무에 올라가 마른 사체를 끌어내렸다. 피부는 거의 온전한 채로 뼈대를 둘러싸고 있었다. 안에는 파리를 비롯한 곤충 수백만 마리의 고치와 사체를 먹는 두세 종의 작은 딱정벌레 수천 마리가 들어 있었다. 두개골은 총알에 산산조각 났지만 골격은 작은 손목뼈 하나를 제외하면 멀쩡했다. 떨어져 나간 것은 도마뱀이 가져간 모양이었다.

이 오랑우탄을 쏘았다 놓친 지 사흘 뒤에 작은 오랑우탄 세 마리가 함께 먹이를 먹고 있는 것을 찰스가 발견했다. 우리는 오랫동안 뒤를 쫓았으며 녀석들이 이 나무에서 저 나무로 넘나드는 장면을 관찰할 좋은 기회를 얻었다. 녀석들은 늘 가지가 다른 나무와 얽힌 큰 가지를 고른 뒤에 잔가지 여러 개를 붙잡고서 몸을 날렸다. 하지만 동작이 어찌나 빠르고 정확한지 나무를 타는 속도가 시속 8~10킬로미터는 족히 되었다. 그래서 따라가는 내내 뛰어야 했다. 한 마리를 사살했지만 녀석은 나무에 높이 걸려 있었다. 어린 동물에는 별로 흥미가 없었기에 나무를 베어 끌어내리지는 않았다.

이때 쓰러진 나무에 발이 미끄러져 발목을 다치는 불운을 겪었다. 처음에는 신경 쓰지 않았으나 심한 염증성 궤양으로 덧나 낫지 않는 바람에 7월 내내 또한 8월 들어서까지 숙소에 갇혀 있어야 했다. 바깥 출입을 할 수 있게 되자 나는 시문잔 강의 지류를 거슬러 올라 세마방까지 가보기로 마음먹었다. 그곳에는 다야크족의 커다란 집과 열매가 풍부한 산이 있고 오랑우탄과 근사한 새가 많다고 들었다. 강이 매우 좁아서 아주 작은 배를 타야 했고 짐도 거의 실을 수 없었기에 중국인 소년 한 명만 심부름꾼으로 데려갈 수 있었다. 나는 미아스 가죽을 담글 약물처리 된 아라크주 한 통과 두 주 동안 쓸 물품과 탄약을 챙겼다. 몇 킬로미터를 나아가자 강줄기가 아주 좁고 구불구불해졌으며 양쪽으로 온 사방이 물에 잠겨 있었다. 강기슭에는 원숭이가 바글바글했다. 필리핀원숭이와 검은 사라왁잎원숭이*Presbytis chrysomelas*도 있었고, 유별난 코주부원숭이*Nasalis larvatus*는 세 살배기 아이만 한데 꼬리가 아주 길고 코는 아주 불룩하여 어떤 사람보다도 길었다. 앞으로 나아갈수록 강줄기가 더 좁아지고 구불구불해졌다. 쓰러진 나무가 이따금 길을 막았고, 또 어떤 때는 가지와 덩굴이 얽혀 강을 완전히 가로지르는 바람에 잘라내고서야 지나갈 수 있었다. 세마방까지는 이틀이 걸렸는데 가는 내내 마른땅을 거의 보지 못했다. 여정의 후반부 몇 킬로미터 동안은 양옆의 덤불에 손이 닿을 정도였다. 물에서 무성하게 자란 판다누스가 강줄기에 가로 쓰러져 진행 속도가 느려질 때도 많았다. 다른 곳에서는 떠다니는 풀들이 뗏목처럼 빽빽하게 뭉쳐 물길을 완전히 막아 끊임없이 어려움을 겪기도 했다.

나루터 근처에서 근사한 집을 발견했다. 길이는 76미터로 말뚝을 밑에 받쳐 땅 위로 높이 솟아 있었다. 넓은 베란다 앞에는 대나무로 베란다보다 더 넓은 단을 깔았다. 주민들이 거의 전부 식용 새집이나 꿀밀을 찾으러 나가서 집 안에는 노인 두세 명과 아이 몇 명만 남아 있었다. 근처에 야트막한 산이 있었는데 온통 유실수 숲으로 덮여 있었으며 그중에서도 두리안과 망고스틴이 가장 풍부했다. 하지만 군데군데 몇 개 말고는 과일이 아직 익지 않았다. 나는 이곳에서 일주일을 보내면서 다른 뱃사공들이 돌아올 때까지 나와 함께 있던 말레이인과 매일같이 산 여기저기를 돌아다녔다. 우리는 사흘 동안 오랑우탄을 한 마리도 발견하지 못했지만 사슴 한 마리와 원숭이 여러 마리를 사냥했다. 나흘째 되는 날 미아스 한 마리가 아주 높은 두리안 나무에서 먹이를 먹고 있는 것을 발견하여 여덟 발을 쏜 끝에 사살하는 데 성공했다. 안타깝게도 녀석은 여전히 나뭇가지를 잡은 채 매달려 있었다. 숙소까지는 몇 킬로미터나 되었기에 녀석을 내버려두고 돌아올 수밖에 없었다. 나는 녀석이 밤에 떨어지리라 확신하여 이튿날 아침 일찍 그 장소로 돌아갔다. 과연 나무 아래 땅에서 녀석을 발견했다. 놀랍고 또한 기쁘게도 녀석은 이제껏 본 것과 다른 종류 같았다. 완전히 발달한 이빨과 아주 큰 송곳니를 보건대 다 자란 수컷이었지만 얼굴 양옆에 돌기의 흔적이 전혀 없었으며 모든 면에서 다른 성체 수컷의 약 10분의 1밖에 되지 않았기 때문이다. 하지만 위 앞니는 덩치가 큰 다른 종보다 더 넓어 보였다. 이는 오언 교수가 시미아모리오*Simia morio*를 구별하는 특징이다. 그는 암컷 표본의 두개골을 가지고 이 종을 기재했다. 녀석을 숙소로 가져오기에는 너무 멀었기 때문에 그 자리에서 머리와 손, 발을 그대로 둔 채 가죽을 벗겨 숙소에서 마무리했다. 이 표본은 현재 영국자연사박물관에 있다.

그 뒤로는 오랑우탄을 한 마리도 발견하지 못했으며 나는 일주일 만에 원래 숙소로 돌아왔다. 그러고는 물품을 새로 챙기고 이번에는 찰스를 대동하여 시문잔 강의 또 다른, 메닐이라는 곳과 성격이 매우 비슷한 지류를 거슬러 올라갔다. 이곳에는 다야크족의 작은 집 여러 채와 큰 집 한 채가 있었다. 이곳의 나루터는 낡아빠진 장대로 만든 다리로 수면에서 꽤 높이 솟아 있다. 아라크주 통은 나뭇가지 사이에 단단히 고정해두는 편이 더 안전하겠다는 생각이 들었다. 원주민이 아라크주를 마시지 못하게 하려고 몇 사람이 보는 앞에서 뱀과 도마뱀을 많이 넣었다. 하지만 소용은 없었으리라 생각한다. 우리는 큰 집의 베란다에 묵었는데 사람 머리 말린 것을 넣어둔 커다란 바구니가 여럿 있었다. 앞선 세대의 머리 사냥꾼들이 획득한 전리품이었다. 이곳에도 유실수로 가득한 작은 산이 있었으며, 집 근처에는 우람한 두리안 나무가 몇 그루 있었다. 열매는 다 익었다. 다야크족은 자기네 열매를 못쓰게 만드는 미아스를 내가 사살하는 것을 고맙게 여겨 열매를 마음껏 먹도록 해주었고 덕분에 완벽하게 익은 과일의 황제 두리안을 실컷 먹을 수 있었다.

이곳에 도착한 이튿날, 다야크족이 '미아스카시르'라고 부르는 작은 오랑우탄의 성체 수컷을 운 좋게 또 한 마리 사냥했다. 녀석은 죽어 고꾸라졌지만 그대로 나뭇가지 사이에 걸려버렸다. 녀석을 무척 손에 넣고 싶어서 곁에 있던 다야크족 청년 두 명에게 나무를 베어달라고 부탁했다. 나무는 키가 크고 줄기가 곧게 뻗었으며 껍질이 매끄러웠다. 땅에서 15~18미터까지는 가지도 없었다. 놀랍게도 그들은 나무에 올라가는 쪽이 낫겠다고 말했다. 하지만 힘겨운 일일 터였다. 그들은 잠시 이야기를 나누더니 해 보겠다고 말했다. 우선 가까이에 있는 대나무 숲으로 가서 가장 큰 줄기를 잘랐다. 끄트머리를 잘라내어 둘로 갈라 길이 약 30센티미터에다 한쪽 끝이 뾰족하고 튼튼한 나무못을 두 개 만들었다. 두툼한 나뭇조각을 잘라 만든 나무망치를 가지고 나무줄기에 나무못을 박고는 디디고 올라섰다. 나무못은 몸무게를 지탱했다. 두 사람은 만족스러운 듯 곧장 같은 종류의 나무못을 잔뜩 만들기 시작했다. 그동안 나는 나무못을 박는 것만으로 저 높은 나무에 어떻게 올라갈 수 있을지 흥미롭게 지켜보았다. 높은 데서 하나라도 잘못되면 떨어져 죽을 것이 틀림없었기 때문이다. 나무못 스무남은 개를 만든 뒤에 한 명이 또 다른 대나무 숲에서 매우 길고 가느다란 줄기를 자르기 시작했다. 작은 나무의 껍질로 끈도 만들었다. 이제 나무못을 땅 위로 약 1미터 높이에 단단히 박고는 기다란 대나무를 하나 가져와 나무 옆에 똑바로 세운 뒤에 나무껍질 끈과 나무못 대가리 근처에 낸 작은 칼집을 이용하여 처음의 두 말뚝에 꽉 묶었다. 다야크족 한 명이 첫 번째 나무못에 올라서서 얼굴 높이쯤에 세 번째 나무못을 박고는 같은 식으로 대나무를 묶었다. 그러고는 한 단 더 올라가 한 발만 디딘 채 바로 위 나무못 높이에서 대나무에 기댄 채 다음 나무못을 박았다. 이런 식으로 6미터가량을 올라가 대나무가 가늘어지자 동료가 건넨 새 대나무를 받아서 두 대나무를 나무못 서너 개에 묶어 합쳤다. 두 번째 대나무도 거의 끝나가자 세 번째 대나무를 더했다. 잠시 뒤에 나무의 가장 낮은 가지에 손이 닿았다. 다야크족 청년이 가지로 기어올라 곧장 미아스를 떨어뜨렸다. 나는 이 기발한 나무 타기 솜씨와 대나무의 특징을 훌륭하게 활용한 것에 무척 감탄했다. 나무못 사다리는 더없이 안전했다. 나무못 하나가 헐거워지거나 부러져 빠져도 위아래의 나무못들이 지탱해줄 것이기 때문이었다. 대나무 나무못이 나무에 나란히 박혀 있는 것을 볼 때마다 무엇에 쓰는 것인지 궁금했는데 이제야 쓰임새를 알았다. 녀석은 크기와 겉모습이 세마방에서 잡은 것과 거의 똑같았으며 내가 입수한 마지막 시미아모리오 수컷 표본이었다. 지금은 더비박물관에 있다.

그 뒤에 성체 암컷 두 마리와 나이가 다른 새끼 두 마리를 사살하여 전부 보존 처리했다. 암컷 하나는 두리안 나무에서 새끼 여러 마리를 데리고 덜 익은 열매를 먹고 있었는데, 우리를 보자마자 사나운 표정으로 나뭇가지와 커다랗고 뾰족뾰족한 열매를 떼어내어 포탄처럼 던져댔다. 그 때문에 나무 가까이 갈 수가 없었다. 화가 났을 때 가지를 아래로 집어던지는 이러한 습성에 대해 의문을 제기하는 사람도 있었지만 여기서 밝히듯 나는 이런 광경을 적어도 세 차례 직접 목격했다. 하지만 이런 식으로 행동하는 것은 늘 암컷 미아스였다. 수컷은 무지막지한 힘과 억센 송곳니를 믿기에 다른 동물을 두려워하지 않고 쫓아버리려 들지 않는 반면에 암컷은 어미로서의 본능 때문에 자신과 새끼를 보호하려고 이런 방어법을 쓰는 듯했다.

이번에 잡은 녀석들의 가죽과 뼈대를 손질하는데 다야크족의 개들이 여간 말썽이 아니었다. 늘 반쯤 굶주려 있기에 동물성 먹이를 보면 정신을 못 차린다. 나는 커다란 철제 프라이팬에 뼈를 삶아 골격을 만들었는데 밤에는 널빤지를 덮고 무거운 돌덩이를 올려두었다. 하지만 개들은 장애물을 치우고 표본 하나의 큰 부위를 약탈해갔다. 한번은 나의 질긴 목구두의 위쪽 가죽을 왕창 뜯어 먹었고 심지어 모기장까지 먹어치웠다. 몇 주 전 등유를 발라뒀지만 소용이 없었다.

강으로 돌아오는 길에 운 좋게도 매우 늙은 수컷 미아스가 물에서 자라는 키 작은 나무에서 먹이를 먹고 있는 것을 발견했다. 안쪽 깊숙한 곳까지 물에 잠겨 있기는 했지만, 나무와 그루터기가 하도 많아서 짐 실은 배로는 들어갈 수 없었다. 설령 다가갈 수 있었더라도 미아스가 겁에 질려 달아났을 것이다. 그래서 나는 허리까지 차는 물에 들어가 녀석을 쏠 수 있는 거리까지 다가갔다. 그런데 총을 다시 장전하는 게 문제였다. 물이 깊어서 화약을 넣을 수 있을 만큼 총을 기울일 수 없었기 때문이다. 따라서 얕은 곳을 찾아야 했다. 힘든 조건에서 몇 발 쐈더니 기쁘게도 저 어마어마한 녀석이 물속으로 굴러떨어졌다. 녀석을 끌고 강으로 돌아왔는데 말레이인들이 배에 싣기를 거부했다. 너무 무거워서 나 혼자서는 실을 수 없었다. 주위를 둘러보며 가죽 벗길 장소를 찾았지만 마른 땅은 전혀 보이지 않았다. 그러다 오래된 나무와 그루터기 두세 그루가 모여 있는 것을 발견했다. 그 사이로 수면 바로 아래에 흙이 몇십 센티미터 쌓여 있었는데 녀석을 끌어올릴 수 있을 만큼 충분히 넓었다. 맨 먼저 치수를 쟀다. 녀석은 이제껏 본 미아스 중에서 가장 컸다. 선키는 127센티미터로 다른 녀석들과 같았지만 양팔 너비가 236센티미터로 앞선 녀석보다 15센티미터 길었다. 넓디넓은 얼굴은 너비가 33센티미터였는데 지금껏 본 것 중에 가장 큰 것도 28센티미터가 고작이었다. 몸통 둘레는 109센티미터였다. 따라서 나는 팔의 길이와 근력, 얼굴 너비는 나이가 많이 들 때까지 계속 증가하는 반면에 머리끝부터 발끝까지의 선키는 127센티미터를 넘는 경우가 거의 없다고 확신한다.

이 녀석은 내가 사살한 마지막 미아스였고 살아 있는 성체를 본 것도 이번이 마지막이었으므로 녀석의 일반적 습성 및 이와 연관된 사실들을 간략히 설명하겠다. 오랑우탄은 수마트라 섬과 보르네오 섬에 서식하는 것으로 알려져 있으며 이 큰 섬 두 곳에 국한되어 있다고 믿을 이유가 충분하다. 하지만 수마트라 섬에는 훨씬 희귀한 듯하다. 보르네오 섬에는 남서부, 남동부, 북동부, 북서부 해안의 여러 지역에 서식하며 넓은 범위에 걸쳐 있지만 낮고 질퍽질퍽한 숲에서 주로 서식하는 듯하다. 미아스가 서쪽으로 삼바스와 동쪽으로 사당 강에 많이 서식하는데도 사라왁 강 유역에서는 거의 알려지지 않았다는 사실이 언뜻 보기에는 납득하기 힘들 것이다. 하지만 미아스의 습성과 생활양식을 알면 사라왁 지역의 자연지리적 특징에서 이 표면상의 예외가 나타나는 이유를 충분히 찾아볼 수 있다. 사당 강에서 지대가 낮고 평평하고 질퍽질퍽한 동시에 키 큰 원시림으로 덮인 곳에서만 미아스를 발견할 수 있었다. 이 습지에는 외딴 산이 많이 솟아 있는데 그중 몇 곳에 다야크족이 정착하여 유실수 농장을 지었다. 미아스는 덜 익은 열매를 먹으려고 유실수 농장을 찾지만 밤이 되면 늘 습지로 돌아간다. 지대가 약간 높아져서 땅이 마르면 더는 미아스를 찾아볼 수 없다. 이를테면 사당 강 유역의 저지대에는 미아스가 많이 서식하지만, 물줄기의 한계선을 지나 땅이 마를 만큼-여전히 평평하기는 하지만-높이 올라가자마자 전부 자취를 감춘다. 사라왁 강 유역의 특징은 다음과 같다. 저지대는 질퍽질퍽하지만 온통 키 큰 숲으로 덮여 있지는 않고 주로 니파야자*Nypa fruticans*가 자란다. 땅이 말라 있는 사라왁 읍내 근처는 곳곳이 울퉁불퉁하며 좁은 원시림 지대와 한때는 말레이인이나 다야크족이 경작하던 땅에 생긴 이차림[32]으로 덮여 있다.

이제는 미아스가 편안하게 살아가려면 키 큰 원시림이 끊기지 않고 두루 넓게 펼쳐져 있어야 한다는 사실이 타당하게 여겨진다. 이런 숲은 미아스에게는 공터와 같아서, 미아스는 한 번도 땅으로 내려오지 않고서 이 나무 꼭대기에서 저 나무 꼭대기로 이동하며 마치 프레리의 인디언이나 사막의 아랍인처럼 손쉽게 사방을 돌아다닐 수 있다. 높고 더 마른 지역은 사람이 자주 드나들고 개간과 미아스의 독특한 이동 방식에 알맞지 않은 낮은 이차림 밀림 때문에 이동로가 차단되는 경우가 더 많아서, 위험에 더 많이 노출되며 땅에 내려와야 하는 경우가 더 많다. 아마도 미아스 서식지에는 열매가 더 다양할 것이다. 섬처럼 솟은 작은 산들이 정원이나 농장 역할을 하기 때문이다. 이곳에서는 질퍽질퍽한 들판 한가운데에서 고지대 나무를 찾아볼 수 있다.

미아스가 느긋하게 숲을 가로지르는 광경은 무척 독특하고 흥미진진하다. 미아스는 긴 팔과 짧은 다리 때문에 구부정하게 선 채 큰 가지를 따라 조심스럽게 걷는다. 사람과 달리 손바닥이 아니라 손가락 관절로 땅을 짚으며 걷기 때문에 팔다리의 불균형이 더욱 두드러진다.

---

32 산불 등으로 숲이 훼손되고 나서 그 땅속에 있던 종자 등으로부터 새롭게 조성된 숲. _옮긴이

미아스는 늘 옆의 나무와 얽혀 있는 가지를 선택하는 듯하다. 가지에 접근하면 긴 팔을 뻗어 양쪽 가지를 잡아 양손으로 움켜쥐고는 얼마나 질긴지 검사하는 듯하더니 조심스럽게 그네를 타서 옆 가지로 건너가 아까처럼 걸어간다. 뛰거나 솟구치거나 심지어 서두르는 일은 전혀 없으면서도 사람이 숲 바닥을 달리는 것만큼 빠르게 나아간다. 길고 억센 팔은 가장 쓸모가 많은데 그 덕에 아무리 키 큰 나무도 쉽게 올라가고, 몸무게를 버티지 못하는 가느다란 가지에서 열매와 어린잎을 따고, 보금자리를 만들 잎과 가지를 모을 수 있다. 부상당한 미아스가 보금자리를 만드는 과정은 이미 설명했지만 녀석들은 거의 매일 밤 비슷한 방식으로 잠잘 보금자리를 만든다. 잠자리는 작은 나무 위에다 짓는데 높이가 땅에서 6~15미터도 안 된다. 아래쪽이 위쪽보다 따뜻하고 바람도 덜 불기 때문일 것이다. 미아스는 밤마다 새로 보금자리를 만든다고 알려져 있지만 나는 그럴 리 없다고 생각한다. 이것이 사실이라면 흔적이 훨씬 많아야 하기 때문이다. 탄광 근처에서 보금자리 흔적을 여럿 보기는 했지만, 수많은 오랑우탄이 매일같이 돌아다닌 것을 보건대 1년이면 버려진 보금자리가 수도 없었을 것이다. 다야크족에 따르면 미아스는 습도가 매우 높아지면 판다누스속*Pandanus*의 잎이나 큰 양치식물을 덮고 잔다. 미아스가 나무 위에 보금자리를 짓는다고 알려진 것은 이 때문일 것이다.

오랑우탄은 해가 높이 떠서 잎 위의 이슬이 마르고 나서야 잠자리를 떠난다. 낮에는 종일 먹이를 먹지만 이틀 연달아 같은 나무로 돌아가는 일은 거의 없다. 몇 분 동안 나를 물끄러미 내려다보고서야 느릿느릿 옆 나무로 건너가는 경우가 많았던 것으로 보건대 사람을 그다지 무서워하지 않는 듯하다. 나는 오랑우탄을 발견하면 총을 가지러 800미터 넘게 갔다 오는 일이 많았는데, 돌아와 보면 녀석은 거의 언제나 같은 나무 위나 반경 100미터 이내에 있었다. 다 자란 오랑우탄이 함께 있는 것은 한 번도 못 봤지만 암컷과 수컷이 반쯤 자란 새끼들을 데리고 다니는 것은 이따금 보았으며 새끼 서너 마리가 함께 있는 것을 본 적도 있다. 이들은 거의 오로지 열매만 먹으며 이따금 잎, 싹, 눈을 먹기도 한다. 덜 익은 열매를 더 좋아하는데 어떤 것은 매우 시고 어떤 것은 쓰디쓰다. 그중에서도 크고 빨간 고기 질감의 육질씨껍질을 특히 좋아하는 듯했다. 또 어떤 때는 큰 열매의 작은 씨앗만 먹는데, 먹는 양보다 버리는 양이 더 많아서 녀석들이 먹이를 먹는 나무 아래에 서 있으면 먹다 버린 찌꺼기가 우수수 떨어진다. 두리안은 녀석들이 아주 좋아하는 먹이로 숲에 둘러싸인 곳에서는 이 맛있는 열매가 동이 나지만 두리안을 먹으려고 미아스가 개간지를 건너지는 않는다. 딱딱하고 뾰족한 가시가 빼곡히 나 있는 두껍고 질긴 껍질을 미아스가 열어젖히는 광경은 경이롭다. 우선 몇 개를 물어 가지에서 떼어낸 뒤에 작은 구멍을 뚫고 억센 손가락으로 벌려 쪼갠다.

미아스는 굶주려서 강가의 물기 많은 싹을 먹으러 갈 때나 매우 건조한 날씨에 물을 찾아야 할 때 말고는 일반적으로 잎의 오목한 부분에서 충분한 양의 물을 얻기에 땅에 내려오는 일이 거의 없다. 오랑우탄이 땅에 내려온 것을 본 적은 반쯤 자란 오랑우탄 두 마리가 시문잔산 기슭의 마른 웅덩이에 있는 것을 보았을 때가 유일하다. 두 녀석은 꼿꼿이 서서 팔로 서로를 붙잡은 채 놀고 있었다. 하지만 오랑우탄은 머리 위의 가지를 손으로 붙잡아 몸을 지탱할 때나 공격받았을 때 말고는 똑바로 선 채 걷는 일이 결코 없다고 보아도 무방할 것이다. 오랑우탄이 지팡이를 짚고 걷는 그림은 순전히 상상의 산물이다.

다야크족은 미아스가 두 가지 드문 예외를 제외하고는 숲의 어떤 동물에게도 결코 공격받지 않는다고 이구동성으로 단언한다. 미아스가 아주 많은 지역에서 평생을 살아온 늙은 다야크족 촌장들이 내 정보통인데, 그들에게 들은 이야기가 하도 신기해서 그들의 말을 그대로 옮긴다. 먼저 촌장은 이렇게 대답했다. "미아스를 다치게 할 만큼 힘센 동물은 하나도 없습니다. 유일하게 싸우는 동물은 악어입니다. 밀림에 열매가 하나도 없으면 미아스는 먹이를 찾아 강기슭에 가는데 그곳에는 미아스가 좋아하는 싹과 물가에서 자라는 열매가 많습니다. 이따금 악어가 미아스를 잡으려 들지만 오히려 미아스가 녀석을 올라타 손과 발로 때리고 찢어발겨 죽입니다." 촌장은 자신도 그런 싸움을 본 적이 있으며 미아스가 언제나 이기리라고 확신한다고 덧붙였다.

두 번째 정보통은 시문잔 강에 사는 발로다야크족 촌장 오랑카야[33]였다. 그는 이렇게 말했다. "미아스는 천적이 없습니다. 악어와 비단뱀 말고는 어떤 동물도 미아스를 감히 공격하지 못합니다. 미아스는 언제나 있는 힘을 다해 악어를 죽입니다. 위에 올라타서 주둥이를 벌려 찢고 멱을 뜯어냅니다. 비단뱀이 공격하면 손으로 붙잡고 물어서 금방 죽입니다. 미아스는 힘이 엄청나게 셉니다. 밀림에서 그만큼 힘센 동물은 아무것도 없습니다."

오랑우탄처럼 크고 독특하고 고등한 동물이 이토록 제한된 영역-섬 두 곳-에 갇혀 산다는 것은 매우 이채롭다. 게다가 이 두 섬은 고등 포유류가 서식하는 곳으로는 거의 끝자락이다. 보르네오 섬과 자와 섬 동쪽으로는 사수류四手類[34], 반추동물, 육식동물을 비롯한 여러 분류군의 포유류가 급속히 사라지고 있으며 금세 자취를 감출 것이기 때문이다. 게다가 예전에는 나머지 거의 모든 동물이 비슷하지만 별개의 형태로

33 '부자'라는 뜻. _옮긴이

34 네 발을 손처럼 자유롭게 쓰는 동물. _옮긴이

대표되었음을 고려하면-제3기 후반부에 유럽에는 곰, 사슴, 늑대, 고양이가 살았고, 오스트레일리아에는 캥거루를 비롯한 유대류가 살았으며, 남아메리카에는 대형 나무늘보와 개미핥기가 살았는데, 모두 현생종과 매우 가깝기는 하지만 별개의 종이다-오랑우탄, 침팬지, 고릴라도 조상이 있었으리라고 생각할 이유가 충분하다. 모든 자연사학자는 열대지방의 동굴과 제3기 퇴적층이 속속들이 조사되어 대형 유인원의 과거 역사와 최초 모습이 마침내 밝혀지기를 간절히 바라고 있다.

이제 고릴라만큼 큰 보르네오오랑우탄이 있다는 주장에 대해 몇 마디 언급하겠다. 나는 갓 죽은 오랑우탄 사체 열일곱 구를 직접 살펴보고 치수를 면밀히 측정했으며 일곱 구의 골격을 보존 처리했다. 다른 사람들이 죽인 골격도 두 구 손에 넣었다. 이 다양한 표본 중에서 열여섯 구는 다 자란 성체로 아홉 구는 수컷, 일곱 구는 암컷이었다. 큰 오랑우탄의 성체 수컷은 똑바로 섰을 때 머리끝에서 발끝까지의 키가 124~127센티미터, 양팔 너비가 218~234센티미터, 얼굴 너비가 25~34센티미터였다. 다른 자연사학자가 제시한 수치도 거의 비슷하다. 테밍크가 측정한 오랑우탄은 가장 큰 녀석의 키가 122센티미터였다. 슐레겔과 뮐러가 채집한 표본 스물다섯 점 중에서 가장 큰 늙은 수컷은 124센티미터였으며, 블라이스 씨에 따르면 인도박물관Calcutta Museum에 소장된 골격 중에서 가장 큰 것은 126센티미터였다. 내 표본은 모두 보르네오 섬 북서해안에서 채집했고 네덜란드인[35]의 표본은 서해안과 남해안에서 채집했으며, 가죽과 골격의 전체 개수는 틀림없이 100점을 넘을 텐데도 이보다 큰 표본은 유럽에 반입된 적이 한 번도 없다.

하지만 묘하게도 훨씬 큰 오랑우탄을 측정했다는 사람들이 적지 않

35 테밍크. _옮긴이

다. 테밍크는 오랑우탄에 대한 논문에서 키가 160센티미터인 표본의 입수 소식을 들었다고 말한다. 그 뒤에 아무 얘기가 없었던 것을 보면 안타깝게도 그 표본은 네덜란드에 도착하지 못한 듯하다. 세인트 존 씨는 『극동 숲 지대의 생태*Life in the Forests of the Far East*』 제2권 237쪽에서 친구가 쏜 오랑우탄이 머리끝에서 발끝까지 157센티미터, 팔 둘레가 43센티미터, 손목 둘레가 12센티미터라고 말한다. 머리만 사라왁에 가져와서 세인트 존 씨가 측정을 도왔는데 너비가 38센티미터, 길이가 36센티미터였다고 한다. 안타깝게도 이 두개골마저도 보존되지는 못한 듯하다. 이 치수에 해당하는 표본은 결코 잉글랜드에 반입된 적이 없기 때문이다.

제임스 브룩 경은 나의 오랑우탄 논문이 「자연사 연보와 자료Annals and Magazine of Natural History」에 채택되었음을 알리는 1857년 10월 자 편지에서 자기 조카가 죽인 표본의 수치를 언급했다. 문구를 그대로 옮기면 다음과 같다. "1857년[36] 9월 3일, 오랑우탄 암컷을 죽였다. 머리끝에서 발끝까지 키는 137센티미터. 가로로 손가락 끝에서 끝까지는 185센티미터. 애벌뼈를 포함한 얼굴 너비는 28센티미터." 지금 보면 이 수치에는 명백한 오류가 하나 있다. 자연사학자가 측정한 모든 오랑우탄에서 양팔 너비가 185센티미터이면 키는 약 107센티미터이고 키가 122~127센티미터인 최장신 표본들은 양팔 너비가 항상 221~234센티미터에 이르렀기 때문이다. 오랑우탄속은 팔이 하도 길어서 선 채로 손가락을 땅에 댈 수 있다. 따라서 키가 137센티미터이려면 양팔 너비는 적어도 244센티미터여야 한다! 그 키에 양팔 너비가 고작 183센티미터이면 그 동물은 오랑우탄이 아니라 새로운 유인원

36 원전의 '1867년'은 저자의 오기이다. _옮긴이

속으로 습성과 이동 방식이 전혀 다를 것이다. 하지만 녀석을 사살한 존슨 브룩 씨는 오랑우탄을 잘 아는데도 녀석을 틀림없이 오랑우탄이라고 생각했다. 따라서 우리는 그가 양팔 너비를 **약 60센티미터** 틀렸거나 키를 **약 30센티미터** 틀렸을 것이라고 결론 내렸다. 두 번째 실수가 저지르기 가장 쉬운데, 그러면 녀석의 신체 비율과 크기가 유럽의 나머지 오랑우탄과 맞아떨어진다. 오랑우탄의 키를 착각하기가 얼마나 쉬운가는 클라크 에이블 박사가 묘사했던 가죽의 주인인 수마트라오랑우탄*Pongo abelii*의 사례에서 잘 알 수 있다. 녀석을 죽인 선장과 승무원은, 녀석이 살아 있을 때는 가장 키 큰 사람보다 더 컸으며 213센티미터는 되어 보였으나, 사살되어 땅에 쓰러졌을 때는 약 183센티미터밖에 안 됐다고 말했다. 하지만 이 녀석의 박제가 인도박물관에 소장되어 있는데, 큐레이터를 지낸 블라이스 씨는 "녀석은 결코 덩치가 가장 크지 않다."라고 말했다. 약 122센티미터에 불과하다는 것이었다!

이처럼 오랑우탄의 치수를 착각한 분명한 예가 있으므로 세인트 존 씨의 친구 역시 비슷한 측정 실수를 저질렀거나 기억에 착오가 있었다고 결론 내려도 지나친 일은 아닐 것이다. **측정 시점에** 치수를 적었다는 얘기를 들은 적이 없으니 말이다. 세인트 존 씨가 이름을 걸고 제시한 유일한 치수는 "머리의 너비가 38센티미터, 길이가 36센티미터였다."는 것뿐이다. 내 수컷 중에서 가장 큰 녀석의 얼굴 너비가 사살 직후에 측정했을 때 33센티미터였고, 바탕루파르 강에서 줄잡아 이틀 만에 사라왁에 도착했을 때는 부패로 인해 팽창하여 갓 죽었을 때보다 2.5센티미터 이상 커졌으리라 짐작할 수 있다. 따라서 이 모든 상황을 종합하건대, 보르네오 섬의 오랑우탄 중에서 키가 127센티미터를 넘는 녀석이 있다는 조금이라도 신뢰할 만한 증거는 지금껏 없었다고 보아도 무방할 것이다.

5장
보르네오 섬-내륙 탐사
(1855년 11월부터 1856년 1월까지)

우기가 다가와서 사라왁으로 돌아가기로 마음먹고는 모든 채집물을 찰스 앨런 편에 배에 실어 보내고 나는 사당 강 발원지로 올라갔다가 사라왁 계곡을 따라 내려오기로 했다. 길이 다소 험했기 때문에 짐은 최소한으로 챙기고 심부름꾼도 부장[37]이라는 이름의 말레이인 청년 한 명만 데려갔다. 부장은 사당 강에 사는 다야크족과 무역을 했기에 그들의 말을 할 줄 알았다. 우리는 11월 27일에 탄광을 출발하여 이튿날 구당이라는 말레이인 마을에 도착하여 잠깐 머물며 과일과 계란을 사고 '다투 반다르', 즉 그곳의 말레이인 총독을 방문했다. 그는 크고 튼튼하며 안팎이 무척 지저분한 주택에 살았는데 내가 하는 일에 대해, 특히 탄광에 대해 꼬치꼬치 캐물었다. 원주민들은 탄광을 도무지 이해하지 못한다. 태울 수 있는 석탄을 만드느라 엄청난 준비와 비용을 들이는 것을 이해하지 못하며, 나무가 지천에 널려 있어 얼마든지 구할

37 말레이어로 '미혼남' 또는 '하인'이라는 뜻이다. _옮긴이

수 있는데 석탄을 오로지 연료로만 쓴다는 말을 믿지 못한다. 유럽인들은 이곳을 거의 찾지 않은 것이 분명했다. 마을을 걷다 보면 많은 여인들이 나를 피해 허둥지둥 달아났기 때문이다. 열 살에서 열두 살쯤 되어 보이는 소녀가 강가에서 대나무 통에 물을 가득 긷고 있었는데, 나를 보자마자 겁에 질려 소리를 지르며 대나무 통을 내팽개치고 뒤로 돌아 강물에 첨벙 뛰어들었다. 헤엄치는 모습이 예뻤다. 소녀는 내가 따라오는지 계속 뒤를 살피며 줄곧 사납게 소리 질렀다. 많은 성인 남자와 소년이 그녀의 어수룩한 공포심을 비웃었다.

다음 마을인 자히는 범람의 여파로 유속이 너무 빨라서 우리의 무거운 배로는 조금도 나아갈 수 없었다. 어쩔 수 없이 배를 돌려보내고 갑판 없는 매우 작은 배로 갈아탔다. 지금까지는 강이 무척 단조로웠다. 강기슭은 논으로 개간되었으며 키 큰 풀로 덮인 진창의 무미건조한 선을 끊는 것은 작은 초가 오두막뿐이었다. 개간지 뒤로 숲 꼭대기가 보였다. 자히를 지나 몇 시간을 가니 개간지가 끝나고 야자와 덩굴, 웅장한 나무, 양치식물, 착생식물이 있는 아름다운 원시림이 물가까지 뻗어 있었다. 하지만 강기슭은 여전히 대부분 범람해 있어서 마른 잠자리를 찾느라 애를 먹었다. 아침 일찍, 시문잔 강 어귀에서 보이던 외딴 산 어귀에 위치한 작은 말레이 마을 엠푸그난에 도착했다. 이곳을 지나고부터는 물살이 느껴지지 않았다. 이제 식생이 더 섬세한 고산지대에 들어섰다. 큰 나무들이 강물을 가로질러 팔을 뻗었으며 흙으로 된 가파른 강기슭은 양치식물과 생강과 식물로 덮여 있다.

오후 일찍 산山 다야크족의 첫 마을인 타보칸에 도착했다. 강 근처의 공터에서 소년 스무 명가량이 '포로 구하기Prisoner's base' 비슷한 놀이를 하고 있었다. 구슬과 놋쇠줄로 만든 장신구와 머리와 허리에 두른 화사한 색깔의 천이 돋보였으며 눈을 즐겁게 했다. 부장이 부르자 소년들은 그 자리에서 놀이를 그만두고 내 짐을 '회관'으로 날랐다. 회관은 대부분의 다야크족 마을에 딸린 원형 건물로 방문객 숙소, 상거래 장소, 미혼 청년 침실, 회의실 역할을 한다. 건물은 높은 말뚝으로 떠받쳤으며 가운데에 커다란 벽난로가 있고 천장에는 사방으로 창문이 나 있어서 지내기에 매우 안락하다. 저녁에는 청년들과 소년들이 나를 보러 와서 회관이 북적거렸다. 이들은 대부분 훌륭한 젊은이였으며 이들의 단순하고 우아한 복장은 내 마음에 꼭 들었다. '차왓'이라고 하는 허리수건 하나만 걸치고 있는데 앞뒤로 천이 길게 늘어졌다. 재질은 대체로 파란색 면으로 끝에는 빨간색, 파란색, 흰색의 넓은 띠가 달렸다. 여유가 있는 사람들은 머리에 머릿수건을 썼는데 빨간색에다 가느다란 금색 레이스를 둘렀거나 차왓처럼 세 가지 색깔이었다. 크고 납작한 달 모양의 놋쇠 귀고리, 흑백의 구슬로 만든 무거운 목걸이, 여러 줄의 놋쇠 팔찌와 발찌, 흰 조가비로 만든 팔찌를 차고 있으니 붉은 기가 도는 갈색 피부와 새까만 머리카락이 더욱 두드러져 보였다. 여기에다 베텔[38] 재료를 담는 작은 주머니와 길고 가느다란 칼을 양쪽에 차면 젊은 다야크족 신사의 일상 복장이 완성된다.

족장을 일컫는 '오랑카야', 즉 부유한 사람이 노인 몇 명과 함께 들어오자 이튿날 나를 태울 배와 뱃사공을 구하는 문제로 비차라, 즉 회담이 시작되었다. 말레이어와 전혀 달라서 한 마디도 알아들을 수 없었기에 회담에 끼어들 수는 없었지만, 심부름꾼 부장이 나를 대변했으며 대화 내용을 대부분 통역해주었다. 회관에는 중국인 무역상이 한 명 있었는데 그도 이튿날 사람이 필요했다. 하지만 그가 오랑카야에게

38 동남아시아에는 빈랑나무 열매를 베틀후추 잎인 시리에 싸서 씹는 풍습이 있다. 한국어판에서는 재료를 '빈랑'과 '시리'로, 완성품을 '베텔'로 번역했다. _옮긴이

다야크족 청년의 초상화

그렇게 운을 띄웠더니 오랑카야는 지금 백인의 일을 논의하고 있으니까 하루 있다가 생각해 보겠다고 단호하게 말했다.

비차라가 끝나고 늙은 족장들이 떠나자 나는 청년들에게 놀이를 하거나 춤추거나 아니면 늘 하던 대로 유희를 해 보라고 주문했다. 그들은 잠시 망설이더니 그러겠다고 했다. 처음에는 힘겨루기를 했다. 소년 두 명이 마주 보고 앉아 발과 발을 맞대고는 튼튼한 막대기를 양손으로 쥐었다. 둘은 몸을 뒤로 젖히면서 힘으로 잡아당기거나 상대방의 힘을 역이용하여 상대방을 일어서게 하려고 안간힘을 썼다. 그러다 소년 한 명이 두세 명을 상대로 힘을 겨루었다. 그 다음에는 각자 한 손으로 발목을 잡고서 한 사람은 최대한 똑바로 서 있고 또 한 사람이 외다리로 앙감질하며 상대방의 자유로운 다리를 쳐서 쓰러뜨리려 들었다. 이기기도 하고 지기도 하면서 놀이를 마친 뒤에 우리는 새로운 종류의 음악회를 했다. 몇몇이 한쪽 다리를 무릎에 올린 채 손가락으로 발목을 세차게 두드리고, 또 몇몇은 수탉이 울듯 팔로 옆구리를 쳐서 다양한 소리를 냈다. 어떤 이는 손을 겨드랑이에 넣어 깊은 나팔 소리를 냈다. 박자가 딱딱 맞아서 결코 귀에 거슬리지 않았다. 이들에게는 매우 즐거운 오락거리인 듯 신이 나서 연주했다.

이튿날 아침에 길이가 약 9미터에 너비가 70센티미터밖에 안 되는 배를 타고 출발했다. 그런데 이곳에서 물살이 갑자기 달라졌다. 지금까지는 유속이 빠르기는 했지만 물이 깊고 잔잔했으며 가파른 기슭이 옆을 막고 있었다. 그런데 이제는 자갈이나 모래, 바위가 깔린 강바닥 위로 물살이 몰아쳐 물결을 일으키며 이따금 작은 폭포와 여울이 생기기도 하면서 기슭에 색색의 자갈을 넓게 뿌렸다. 여기서는 아무리 노를 저어도 앞으로 나아갈 수 없을 것 같았지만 다야크족은 대나무 장대를 민첩하게 놀려 배를 밀어냈다. 좁고 흔들리는 배 위에서 똑바로 선 채 온 힘을 쏟으면서도 결코 중심을 잃지 않았다. 화창한 날이었다. 사람들의 활기찬 몸놀림, 몰려오는 물보라, 양쪽 강기슭에서 우리 머리 위로 뻗은 화사한 색색의 잎들을 보니 짜릿한 느낌이 들면서 남아메리카의 더 웅장한 강에서 카누 여행을 하던 때가 떠올랐다.

이른 오후에 보로토이 마을에 도착했다. 밤이 되기 전에 다음 마을에 도착하고도 남을 것 같았지만 이곳에 머물 수밖에 없었다. 짐꾼들이 돌아가고 싶어 했고 이곳 사람들은 미리 대화를 나누지 않고는 나와 함께 가려 하지 않았기 때문이다. 게다가 백인은 그냥 보내면 아까울 만큼 희귀했기 때문에 이렇게 신기한 존재를 붙잡아두지 않은 것을 밭에서 돌아온 여자들이 알면 남편들을 결코 용서하지 않을 터였다. 초대를 받아 집에 들어가니 남녀노소 60~70명이 내게 몰려들었다. 호기심 많은 구경꾼 앞에 처음 선보인 신기한 동물처럼 반 시간을 앉아 있었다. 여기서는 놋쇠 팔찌와 발찌가 매우 흔했는데, 많은 여자들이 팔찌로 팔을 완전히 감쌌으며 발목에서 무릎까지 발찌를 찼다. 허리에는 가는 등덩굴을 붉게 염색하여 만든 고리를 여남은 개 둘렀는데, 거기에다 속치마를 달았다. 그 아래에는 놋쇠줄로 만든 고리 여러 개, 작은 은화로 만든 거들, 이따금 놋쇠 고리로 장식한 넓은 허리띠를 찼다. 머리에는 위가 뚫린 원뿔 모자를 썼다. 색색의 구슬을 등덩굴 고리로 꿰어 만들었는데 근사하지만 무미건조하지 않은 머리 장식이었다.

논으로 개간된 마을 근처의 작은 언덕으로 걸어가자 멋진 전망이 눈에 들어왔다. 언덕이 꽤 가팔랐으며 남쪽으로는 산악 지대가 펼쳐졌다. 나는 보이는 것을 모조리 측량하고 스케치했다. 나를 따라온 다야크족은 이 모습에 매우 놀랐던지 돌아와서 나침반을 보여달라고 했다. 나는 아까보다 더 많은 군중에 둘러싸였는데, 100명가량의 구경꾼이 나의 일거수일투족을 흥미롭게 관찰하고 한 입 먹을 때마다 품평하는 가운데 저녁 식사를 하노라니 먹이를 먹는 사자의 모습이 뜻하지 않게 떠올랐다. 그 고귀한 동물처럼 나도 시선에 익숙해졌으며 입맛이 달아나지도 않았다. 여기 아이들은 타보칸보다 더 수줍어서 내가 구슬려도 놀이를 하려 들지 않았다. 그래서 내가 아이들을 즐겁게 해주려고 개가 먹이 먹는 모습을 그림자놀이로 보여주었다. 사람들이 어찌나 즐거워하던지 온 마을 사람들이 보러 나왔다. 토끼 모양은 보르네오 섬에서 통하지 않았다. 토끼를 닮은 동물이 전혀 없기 때문이다. 소년들이 쓴 것은 팽이처럼 생겼지만 실로 짠 모자였다.

이튿날 아침에 여느 때처럼 길을 나섰지만 강물이 하도 빠르고 얕은 데다 배가 전부 너무 작아서 옷가지 몇 벌과 총, 조리 도구 몇 개만 챙겼는데도 두 척이 필요했다. 강기슭 여기저기에 솟은 바위는 경화된 점판암이었으며 어떤 것은 결정이 되어 있었는데 거의 수직으로 서 있었다. 좌우로 외딴 석회암 산이 솟아 있었다. 흰 벼랑이 햇빛에 반짝였으며 무성한 식물로 덮인 다른 곳과 아름답게 대조를 이루었다. 강바닥에는 자갈이 깔려 있었는데 대부분 새하얀 석영이었지만 벽옥과 마노도 풍부하여 알록달록한 색깔이 아름다웠다. 부두Budw에 도착한 시각이 오전 10시밖에 안 되어 사람들이 많았음에도 다음 마을로 보내달라고 부탁할 수 없었다. 오랑카야는 내가 사람들을 굳이 데려가겠다면 자기가 불러 모으겠다고 말했지만, 그 말만 믿고 사람들이 꼭 필요하다고 했더니 불평이 터져 나왔다. 그날 출발하는 것을 너무 힘겨워해서 그들의 뜻에 따를 수밖에 없었다. 그래서 논까지 걸어갔다. 이곳의 논은 매우 넓었으며 작은 언덕과 골짜기로 덮여 있어 지역 전체가 조각조각 갈라진 듯했다. 사방 어디를 둘러보아도 언덕과 산을 훤히 볼 수 있었다.

저녁에 오랑카야가 복장을 갖춰 입고(스팽글로 장식된 벨벳 상의를 걸쳤지만 바지는 입지 않고) 나를 찾아와 자기 집에 초대했다. 그는 흰

캘리코 면직물과 색색의 천을 드리운 상석에 나를 앉혔다. 널찍한 베란다는 사람으로 가득했으며 쌀, 요리한 달걀, 날달걀이 담긴 커다란 접시가 선물로 땅에 놓여 있었다. 아주 늙은 노인이 화사한 색깔의 옷을 걸치고 장신구를 주렁주렁 단 채 문가에 앉아 기도인지 주문인지를 오랫동안 중얼거리며 손에 든 그릇에서 쌀을 집어 뿌렸다. 그때 커다란 공[39] 여러 개가 요란하게 울렸으며 머스킷 총에서 예포가 발사되었다. 큰 병에 담은 미주米酒를 돌려가며 마셨는데 매우 시었지만 맛은 좋았다. 나는 춤을 좀 보여달라고 청했다. 이들의 춤은 여느 야만인의 공연과 마찬가지로 매우 단조롭고 볼품없었다. 남자들은 꼴사납게 여장을 했고 소녀들은 더할 나위 없이 뻣뻣하고 우스꽝스러웠다. 춤추는 내내 커다란 중국식 공 6~8개를 청년들이 힘껏 쳐대는 통에 귀가 먹먹할 정도로 소음이 진동했다. 숙소로 피신하니 살 것 같았다. 훈제된 사람 두개골 여남은 개가 머리 위에 매달려 있었지만 숙면을 취할 수 있었다.

강은 하도 얕아서 배를 띄우기 힘들었다. 그래서 볼거리를 기대하며 다음 마을까지 걸어가는 게 낫겠다 싶었다. 하지만 실망스럽게도 길에는 대나무 숲만 빽빽했다. 다야크족은 두 가지 작물을 연이어 재배한다. 하나는 벼이고 다른 하나는 사탕수수, 옥수수 또는 채소다. 그런 다음에 8~10년 동안 땅을 놀리면 대나무와 떨기나무가 자라는데, 곧잘 길 위로 완전히 아치를 이뤄 아무것도 보이지 않는다. 세 시간 동안 걸어서 세난칸 마을에 도착했다. 오랑카야가 이튿날 사람들을 시켜 마을 두 곳을 지나 사라왁 강 발원지에 있는 세나까지 나를 데려가주겠다고 약속했기에 이곳에서도 하루 종일 머무르기로 했다. 근처의 고지대를 걸으며 풍경을 감상하고 높은 산들을 측량하면서 저녁까지 최대

39 말레이, 자와 등지에서 발달한 청동이나 놋쇠로 만든 원반형 타악기. _옮긴이

한 즐겁게 지냈다. 이번에도 환영 행사가 벌어져 쌀과 달걀을 선물로 받고 미주를 마셨다. 이 다야크족은 경작 면적이 넓어서 많은 양의 쌀을 사라왁에 공급한다. 공, 놋쟁반, 은화를 비롯하여 다야크족이 부의 징표로 여기는 물품이 풍부했다. 여인과 아이는 구슬 목걸이, 조가비, 놋쇠줄로 화려하게 장식했다.

아침에 한참을 기다렸는데도 나와 동행할 사람들이 나타나지 않았다. 오랑카야에게 사람을 보냈는데 그는 또 다른 장로와 함께 나가고 없었다. 이유를 물었더니 여정이 멀고 고되어서 아무에게도 나와 함께 가라고 설득할 수 없었다고 했다. 어쨌든 가기로 마음먹고서, 남아 있던 몇 사람에게 족장들이 내게 매우 섭섭하게 해서 라자[40]에게 일러바칠 것이며 당장 출발하고 싶다고 말했다. 그 자리에 있던 사람들은 모두 핑계를 댔지만 나는 딴 사람들을 불러오라고 했다. 협박과 약속, 부장의 감언이설을 동원하여 두 시간 지체한 뒤에 출발하는 데 성공했다.

처음 몇 킬로미터는 논을 만들려고 개간이 되어 있었는데 작지만 깊고 날카롭게 파인 산등성이와 골짜기뿐 평평한 땅은 한 뼘도 없었다. 사당 강의 주 지류인 카얀 강을 건너 세보란 산의 산자락을 올랐다. 좁지만 적당히 가파른 산등성이를 따라 길이 이어져 있어서 경치가 훌륭했다. 마치 후커 박사 등의 여행자가 묘사한 히말라야 산맥의 축소판 같았는데, 그 거대한 산맥을 약 10분의 1로 줄여 수천 킬로미터를 수백 킬로미터로 표현한 자연 모형처럼 보였다. 오는 동안 강바닥에 깔린 아름다운 자갈에 눈이 즐거웠고 여기서 그 근원을 발견했다. 이곳에서는 점판암이 자취를 감추었으며 산이 사암 덩어리로 이루어진 듯했다. 어떤 곳에서는 자갈 더미가 뭉쳐 있을 뿐이었다. 이렇게 작은 개

40 사라왁 왕국의 초대 국왕인 제임스 브룩 경. _옮긴이

울에서 이렇게 딱딱한 재료로 그렇게 많은 둥글 자갈을 만들어낼 리 없었다. 틀림없이 보르네오 섬이 바다에서 솟아오르기 전에 대륙 이동이나 해변의 작용으로 인해 누대에 걸쳐 형성되었을 것이다. 거대한 산악 지대의 모든 특징을 축소판으로 재현한 산과 골짜기의 얼개는 땅의 형태가 지하 활동보다는 주로 대기 활동 때문이라는 현대 이론과 관련하여 중요한 의미가 있다. 250헥타르 안에서 저마다 다른 방향으로 가지를 뻗은 수많은 계곡과 협곡을 보면 그 형성이 또는 심지어 그 기원이 지진으로 인한 균열 때문이라고는 도무지 생각하기 힘들다. 다른 한편으로 물에 의해 쉽사리 분해되고 없어지는 암석의 성질과 풍부한 열대 강우의 작용은 적어도 이 경우에 이러한 계곡을 생성하는 원인으로서 충분하다. 하지만 계곡들의 형태와 윤곽, 분기 방식, 계곡을 가르는 비탈과 산등성이가 히말라야 산맥의 거대한 풍경을 빼닮은 것을 보면 두 경우에 동일한 힘이 작용했으며 작용 시기와 대상 물질의 성질만 달랐으리라는 결론에 호소력이 있다.

정오쯤에 메네리 마을에 도착했다. 골짜기 위로 약 180미터 솟은 산의 산부리에 위치한 아름다운 마을로 보르네오 섬의 이 부분에 있는 산들의 근사한 전망을 볼 수 있었다. 사라왁 강의 발원지에 있으며 높이가 해발 약 1,800미터로 이 지역 최고봉의 하나인 펜리센 산이 보였다. 로완 강 남쪽으로 더 내려가면 네덜란드 영토에 있는 운토완 산이 같은 높이로 솟아 있다. 메네리에서 내려와, 돌출부를 굽이도는 카얀 강을 다시 건너 사당 강과 사라왁 강을 가르는 길로 올라갔다. 높이는 약 600미터였다. 이 지점부터 내리막길은 매우 훌륭했다. 바위 협곡 깊숙한 곳을 흐르는 개울이 우리 양쪽에서 몰아쳤다. 그중 하나를 따라 조금씩 내려갔다. 우리는 마른 도랑을 여러 개 지나고 원주민의 대나무 다리 위로 벼랑면을 따라 걸었다. 어떤 다리는 길이가 100~200미터에 높이가

15~18미터였으며 지름 10센티미터인 매끈한 대나무 하나가 유일한 발판이었는데, 같은 재료로 만든 가느다란 난간은 어찌나 흔들리던지 지지대 노릇을 못하고 방향 안내가 고작이었다.

오후 늦게 소도스에 도착했다. 두 개울 사이의 돌출부에 자리 잡았지만 유실수에 빽빽이 둘러싸여 풍경이 거의 보이지 않았다. 집은 널찍하고 깔끔하고 안락했으며 사람들은 무척 친절했다. 많은 여자와 아이가 백인을 한 번도 본 적이 없어서 나의 몸 전체가 얼굴처럼 하얗다는 것을 좀처럼 믿으려 들지 않았다. 그들은 내게 팔과 몸통을 보여달라고 부탁했는데, 어찌나 다정하고 착한 사람들이었던지 그들을 기쁘게 해야겠다는 의무감에서 바지를 걷어 올리고 다리 색깔을 보여주었다. 그들은 지대한 관심을 보이며 내 다리를 관찰했다.

아침 일찍 수려한 계곡을 따라 계속 내려갔다. 사방에 산이 600~900미터 높이로 솟아 있었다. 작은 강은 세나에 이를 때까지 크기가 부쩍부쩍 커지더니 결국 작은 카누를 띄울 수 있을 만큼 어엿한 자갈밭 개울이 되었다. 여기에서도 솟아오른 점판암을 볼 수 있었는데 깊이와 방향은 사당 강에서와 같았다. 하류로 타고 갈 배가 있느냐고 물었더니, 세나 다야크족은 강기슭에 살기는 하지만 배를 만들지도 이용하지도 않는다고 했다. 골짜기로 내려온 지 약 20년밖에 안 되는 산악 부족이기에 아직 풍습을 바꾸지 않은 것이다. 이들은 메네리와 소도스의 주민과 같은 부족이다. 훌륭한 길과 다리를 만들고 산지를 개간하여, 배로만 이동하며 강기슭만 개간하는 부족들보다 풍경을 더 보기 좋고 세련되게 바꾼다.

얼마간 애를 먹은 끝에 말레이인 무역상에게서 배를 빌리고 여러 번 말레이인과 사라왁에 갔던 다야크족 세 명을 찾아냈다. 이 사람들이라면 잘할 것 같았다. 하지만 이들은 매우 서툴렀으며 툭하면 배를 좌초

시키고 바위에 충돌시키고 균형을 잃어 하마터면 배와 함께 뒤집어질 뻔했다. 바다 다야크족의 솜씨와는 영 딴판이었다. 이윽고 배들이 곧잘 가라앉는 위험한 급류에 이르자 이자들은 겁을 먹고서 통과하려 들지 않았다. 배에 쌀을 싣고 가던 말레이인 몇 명이 이곳에서 우리를 추월했다. 그들은 안전하게 지나간 뒤에 친절하게도 뱃사공 한 명을 우리에게 보내어 항해를 돕게 했다. 이번에도 나의 다야크족들은 결정적인 때에 중심을 잃었다. 이자들만 있었다면 틀림없이 배가 뒤집혔을 것이다. 이제 강은 그야말로 그림 같았다. 양쪽의 땅을 일부는 논으로 개간한 덕에 시야가 탁 트였다. 강 위로 드리운 나무 위에는 작은 곡물 저장고가 수없이 지어져 있었으며 강기슭에서 그곳까지 대나무 다리가 비스듬하게 놓여 있었다. 여기저기에 대나무 현수교가 강을 가로질렀는데 나무들이 위로 드리워 있어서 다리 짓는 데 유리했다.

그날 밤은 세붕고 다야크족 마을에서 자고 이튿날 사라왁에 도착했다. 지나온 길에는 근사한 형태의 석회암 산과 흰 절벽이 사방으로 솟았고 산과 절벽에는 식물이 무성하게 드리워 있었다. 사라왁 강의 기슭은 어디나 유실수로 덮여 있었는데 이 열매들은 다야크족의 식단에서 큰 몫을 차지했다. 망고스틴, 랑삿, 람부탄, 밋, 잠부, 블림빙 등이 모두 풍부하지만 가장 많고 가장 높이 치는 것은 두리안이다. 잉글랜드에는 거의 알려지지 않았지만 원주민과 말레이 제도의 유럽인은 최고로 손꼽는 과일이다. 늙은 여행자 린스호턴은 1599년에 이렇게 썼다. "맛본 사람들의 말에 따르면 맛이 어찌나 좋은지 세계 어느 과일보다 뛰어나다고 한다." 의사 팔뤼다뉘스는 이렇게 덧붙였다. "이 과일은 성질이 뜨겁고 습하다. 익숙하지 않은 사람에게는 처음에는 썩은 양파 냄새가 나지만 맛을 보는 순간 어떤 과일보다 좋아하게 된다. 원주민들은 이 과일에 명예로운 이름을 짓고 이 과일을 칭송하고 노래를 지어 부른다." 두리안을 집에 가져오면 냄새가 어찌나 지독한지 입도 대지 않으려는 사람이 꼭 몇 명은 있다. 내가 믈라카에서 처음 맛봤을 때가 그랬다. 하지만 보르네오 섬에서는 익은 두리안이 땅에 떨어진 것을 주워 야외에서 먹어보고는 그 자리에서 푹 빠졌다.

두리안이 열리는 나무는 크고 높은데 전반적 특징은 느릅나무를 다소 닮았지만 껍질이 더 매끈하고 비늘처럼 생겼다. 열매는 둥글거나 약간 계란형이며 크기는 큰 코코넛만 하고 색깔은 초록색인데 온통 짧고 딱딱한 가시로 덮여 있다. 가시의 밑동은 서로 맞닿아 있기에 육각형에 가깝지만 꼭대기는 매우 단단하고 날카롭다. 완전 무장을 갖추고 있어서 줄기가 떨어져 나간 두리안을 땅에서 들어올리는 것은 여간 힘든 일이 아니다. 겉껍질은 아주 두껍고 질겨서 아무리 높은 곳에서 떨어져도 깨지는 법이 없다. 열매 밑동에서 꼭대기까지 매우 희미한 선이 다섯 개 나 있는데 이 선을 따라 가시가 약간 굽어 있다. 이곳이 심피[41]의 봉합 부위로 큰 칼이 있고 손힘이 세면 이곳을 따라 두리안을 쪼갤 수 있다. 다섯 개의 방 안쪽은 윤기 나는 흰색이며 계란형의 크림색 펄프 과육으로 꽉 차 있다. 씨앗이 두세 개 들어 있는데 크기가 밤만 하다. 이 펄프 과육이 먹는 부위이고 그 농도와 맛은 말로 표현할 수 없을 정도다. 버터 같은 진한 커스터드에 아몬드 향을 진하게 첨가했다고 하면 대충 이해가 되겠지만 여기에다 크림치즈, 양파 소스, 브라운 셰리, 그 밖의 독특한 맛이 어우러진다. 과육에는 어떤 과일에도 없는 진하고 차진 부드러움이 있는데 이것이 풍미를 더한다. 시지도 달지도 즙이 많지도 않지만 전혀 아쉽지 않다. 그 자체로 완벽하기 때문이다. 메스껍거나 그 밖의 안 좋은 풍미는 전혀 없으며 먹을수록 더

41 암술을 구성하는 잎. _옮긴이

먹고 싶어진다. 사실 두리안을 먹는 것은 새로운 감각을 경험하는 것이며 이 맛을 보려고 동양을 여행할 만한 가치가 충분하다.

두리안은 익으면 저절로 떨어지고 완벽한 상태로 먹으려면 떨어질 때 받아야 한다. 그러면 냄새가 덜 지독하다. 덜 익었을 때는 요리해 먹으면 채소로 제격이다. 다야크족은 생으로 먹기도 한다. 과일 물이 좋으면 소금에 절여 병이나 대나무에 1년 내내 대량으로 보관하는데, 유럽인에게는 냄새가 아주 역겹지만 다야크족에게는 쌀과 곁들여 먹는 별미다. 숲에는 열매가 훨씬 작은 야생 두리안이 두 종류 있는데, 그중 하나는 안쪽이 귤색이며 야생에서는 결코 발견되지 않는 크고 맛있는 두리안이 아마도 여기서 비롯했을 것이다. 두리안이 최고의 과일이라고 말하는 것은 옳지 않을지도 모른다. 오렌지, 포도, 망고, 망고스틴처럼 새콤하고 즙이 많은 과일을 대신할 수는 없기 때문이다. 이런 과일은 상큼하고 시원하여 원기를 돋우고 기분을 좋게 한다. 하지만 가장 절묘한 맛을 낸다는 점에서 두리안은 독보적이다. 각 부류의 완벽함을 대표하는 과일을 두 가지만 골라야 한다면 두리안과 오렌지를 과일의 왕과 왕비로 꼽을 것이다.

하지만 두리안은 위험할 때도 있다. 두리안이 익기 시작하면 매일같이, 아니 시시각각 떨어지는데 사람들이 나무 아래에서 걷거나 일하다가 사고를 당하는 일이 드물지 않다. 두리안에 맞으면 큰 부상을 입는다. 억센 가시가 살을 찢고 타격의 충격도 상당하기 때문이다. 하지만 두리안에 맞아서 죽는 일은 거의 없다. 심한 출혈이 염증을 막아주기 때문이다. 다야크족 촌장 한 명이 말하길, 머리에 두리안을 맞았는데 그때는 죽었구나 싶었지만 금세 회복했다고 했다.

시인과 수필가는 잉글랜드의 나무와 과일을 기준으로 판단하여 키 큰 나무에서는 항상 작은 과일이 열리므로 떨어져도 사람에게 해롭지 않으며 큰 과일은 땅바닥에 붙어 열린다고 생각했다. 하지만 알려진 과일 중에 가장 크고 무거운 브라질너트와 두리안은 둘 다 키 큰 나무로 자라며 익자마자 떨어져 원주민에게 부상을 입히거나 목숨을 앗아가는 경우가 많다. 여기서 우리는 두 가지를 배울 수 있다. 첫째, 자연에 대한 매우 편협한 시각에서 일반적 결론을 이끌어내지 말 것. 둘째, 나무와 과일은 동물계의 다양한 산물과 마찬가지로 오로지 인간의 용도와 편의에 따라 구성되지 않는다는 것.

보르네오 섬을 여러 번 여행하면서 특히 다야크족의 다양한 주택에 머물면서 처음 눈에 띈 것은 대나무의 뛰어난 성질이었다. 전에 방문한 남아메리카 지역에서는 대나무가 비교적 드물었으며 있어도 거의 활용하지 않았다. 그 대신 한 용도로는 온갖 야자나무를 썼고 다른 용도로는 박과 조롱박을 썼다. 반면에 거의 모든 열대지방에서는 대나무가 자라는데 대나무가 풍부한 곳에서는 어디서나 원주민들이 대나무를 다양하게 활용한다. 대나무는 억세고 가볍고 매끈하고 곧고 둥글고 속이 비었고 쉽게 규칙적으로 쪼갤 수 있으며 크기가 다양하고 마디 길이가 제각각이며 쉽게 잘리고 구멍을 뚫을 수 있고 겉이 딱딱하며 거슬리는 맛과 냄새가 전혀 없고 아주 풍부하고 생장 속도가 빠르기 때문에 100가지 용도로 쓰일 수 있다. 다른 재료를 쓰려면 훨씬 공을 들이고 다듬어야 할 것이다. 대나무는 열대지방에서 가장 놀랍고 아름다운 산물 중 하나이며 문명화하지 않은 인간에게 자연이 주는 가장 귀한 선물 중 하나다.

다야크족의 집은 모두 말뚝 위에 올려져 있으며 대체로 높이가 60~90미터이고 너비가 12~15미터다. 바닥은 언제나 커다란 대나무를 쪼개어 깔았는데 각 조각은 거의 평평하고 너비가 약 8센티미터이며 등덩굴로 아래 들보에 단단히 묶는다. 잘 만든 바닥은 맨발로 걷기에 좋다. 대나무의 둥근 표면은 매우 매끄럽고 발이 편하면서도 미끄러지지 않는다. 하지만 더 중요한 사실은 대나무 위에 매트를 깔면 침구로 제격이라는 것이다. 대나무는 탄력성이 있고 표면이 둥글어서 딱딱하고 납작한 바닥보다 훨씬 뛰어나다. 다른 재료는 침구로 쓰려면 엄청나게 공을 들여야 한다. 야자나무 같은 대체물은 자르고 다듬기 힘들 뿐 아니라 완성해도 대나무에 미치지 못한다. 하지만 평평하고 촘촘한 바닥이 필요할 때 큰 대나무를 한쪽만 쪼개어 펴서 너비 45센티미터, 길이 180센티미터의 널빤지를 만들면 훌륭한 바닥이 된다. 어떤 다야크족은 집에 이런 바닥을 깔았다. 끊임없이 발로 비비고 몇 해 동안 연기를 쐬어 호두나무나 오래된 참나무처럼 검고 윤기가 나면 진짜 재료가 무엇인지 알아보기 힘들다. 대나무는 가진 연장이라고는 도끼와 칼밖에 없는 야만인의 수고를 덜어주는 훌륭한 재료다. 대나무 널빤지의 매끈하고 아름다운 표면을 다른 나무로 흉내 내려면 단단한 나무줄기를 자르고 며칠에서 몇 주 동안 공을 들여야 한다. 원주민이 농장에서 지내거나 여행자가 숲에서 묵을 임시 거처가 필요하면 대나무만큼 간편한 것이 없다. 다른 재료를 쓸 때보다 시간과 노력을 4분의 1만 들이면 집을 지을 수 있다.

앞에서 말했듯 사라왁 내륙 지역에 사는 산 다야크족은 이 마을에서 저 마을로, 또 경작지까지 길게 길을 낸다. 그 과정에서 도랑과 협곡 심지어 강을 많이 건너야 한다. 멀리 돌아가지 않으려면 절벽 면을 따라 길을 내야 할 때도 있다. 이럴 때마다 다야크족은 대나무로 다리를 만든다. 재료가 쓰임새에 어찌나 꼭 어울리는지, 대나무가 없었다면 다리를 지을 엄두도 못 냈을 것이다. 다야크족 다리는 단순하지만 디자인이 뛰어나다. 튼튼한 대나무를 지상 몇 미터 위에서 X자 모양으로 겹치도록 세운 게 전부다. 겹친 부분을 단단히 묶고 그 위에 커다란 대나무를 고정시킨다. 이것이 유일한 발판이며 가늘고 낭창낭창하는

대나무 다리를 건너는 다야크족

대나무를 난간으로 댄다. 강을 건너려면 위에 드리운 나무를 골라서 다리를 부분적으로는 나무에 매달고 부분적으로는 강기슭에 세운 수직 버팀목으로 지탱한다. 버팀목을 강에 세우면 홍수에 떠내려 갈 수 있기 때문이다. 절벽 면을 따라 길을 낼 때는 나무와 뿌리를 지지대로 이용한다. 바위에 난 적당한 틈새에 버팀목을 세운다. 이걸로 충분하지 않으면 15~18미터 길이의 거대한 대나무를 강기슭이나 아래쪽 나뭇가지에 고정한다. 사람들이 무거운 짐을 들고 매일같이 다리를 건너기 때문에 불안정한 부분이 있으면 금세 알 수 있으며 재료가 근처에 있어서 그 자리에서 고칠 수 있다. 가파른 지대에 길을 내거나 매우 습하거나 건조한 날씨에 길이 미끄러워지면 대나무를 다른 식으로 활용한다. 약 90센티미터 길이로 잘라서 양쪽 끝에 마주 보고 구멍을 뚫어 말뚝을 통과시키면 튼튼하고 편리한 발판을 쉽고 재빨리 만들 수 있다. 대나무는 한두 철이 지나면 대부분 썩지만 금방 교체할 수 있으므로 더 단단하고 질긴 목재를 쓰는 것보다 경제적이다.

다야크족이 대나무를 활용하는 방식 중에서 가장 놀라운 것은 114쪽에서 묘사한 것처럼 높은 나무에 오를 때 지지대로 쓰는 것이다. 이 방법은 이 지역에서 가장 귀한 산물인 밀랍을 얻기 위해 꾸준히 쓰이고 있다. 보르네오 섬의 꿀벌은 주로 타판나무 가지 밑에 벌집을 짓는데, 타판나무Tappan tree는 숲에서 가장 우뚝 솟은 나무로, 땅에서 30미터까지는 가지가 하나도 없이 매끄러운 원통형 줄기가 솟아 있다. 다야크족은 밤에 자기네 방식으로 대나무 사다리를 만들어 타판나무에 올라가 거대한 벌집을 가지고 내려온다. 그러면 밀랍뿐 아니라 맛있는 꿀과 애벌레까지 얻을 수 있다. 이것을 무역상에게 팔아 놋쇠줄, 귀고리, 금색 테두리 머릿수건을 사서 몸을 치장한다. 땅에서 9~15미터 높이에 가지가 달린 두리안 나무와 그 밖의 유실수에 오를 때는 대나무를 세워 지지대로 이용하지 않고 대나무 나무못만 이용한다.

줄기에서 벗겨내어 얇게 저민 대나무 겉껍질은 더없이 튼튼한 바구니 재료다. 한 군데만 묶어주면 닭장, 새장, 통발을 금방 만들 수 있다. 껍질을 가늘게 벗겨내되 한쪽 끝은 붙여두고 대나무나 등덩굴을 규칙적인 간격으로 꼬아 고리를 만들면 된다. 물을 집까지 공급하는 작은 수로는 커다란 대나무를 반으로 갈라 만드는데 물이 아래로 흐르도록 높이가 다른 막대기들을 교차하여 떠받친다. 가늘고 마디 사이가 긴 대나무는 다야크족의 유일한 물통이다. 집집마다 여남은 개씩 구석에 서 있다. 대나무 물통은 깨끗하고 가볍고 옮기기 쉬우며 흙으로 만든 물병보다 여러 면에서 뛰어나다. 조리 도구로도 안성맞춤이다. 대나무 통에 채소와 쌀을 넣고 삶으면 속속들이 익으며 이동할 때에도 대나무 통을 곧잘 이용한다. 절인 과일이나 생선, 설탕, 식초, 꿀은 단지나 병 대신 대나무 통에 보관한다. 다야크족은 예쁘게 깎고 장식한 작은 대나무 상자를 가지고 다니는데 여기에 시리와 소석회를 넣어두고 꺼내어 씹는다. 날이 긴 작은 칼은 대나무 칼집에 넣는다. 다야크족이 즐겨 쓰는 파이프는 커다란 물담뱃대로, 사발로 쓸 작은 대나무 조각을 15센티미터가량의 커다란 원통에 비스듬히 끼워 넣으면 몇 분 만에 만들 수 있다. 이곳을 통해 연기가 길고 가느다란 대나무 대롱으로 전달된다. 대나무를 일상에서 쓰는 자잘한 방법은 이것 말고도 많지만 이 정도면 대나무의 가치를 입증하는 데 충분할 것이다. 말레이 제도의 다른 지역에서 대나무를 새로운 쓰임새에 이용하는 것을 직접 목격한 일이 있는 걸 보면, 나의 관찰 수단이 제한된 탓에 사라왁 다야크족의 대나무 활용법 중에서 절반조차 접하지 못했을지도 모른다.

식물 이야기가 나왔으니 보르네오 섬에서 가장 신기한 식물 몇 가지를 언급하도록 하겠다. 식물학자들이 벌레잡이통풀속*Nepenthes*으로 묶는 이 놀라운 벌레잡이 식물은 이곳에서 최고로 발달했다. 산꼭대기마다 잔뜩 자라는데 땅을 기기도 하고 떨기나무나 말라 죽은 나무에 기어오르기도 하며 우아한 벌레잡이주머니를 사방으로 늘어뜨린다. 어떤 것은 길고 가늘며 아름다운 해로동굴해면(해로동굴해면속*Euplectella*)을 닮았는데 지금은 매우 흔해졌다. 또 어떤 것은 넓고 짧다. 색깔은 초록색이며 빨간색이나 자주색이 다채롭게 박혀 있다. 지금껏 알려진 것 중에서 가장 고운 것은 보르네오 섬 북서부 키나발루 산 정상에서 채집했다. 넓은 종류 중 하나인 라자벌레잡이통풀*Nepenthes rajah*은 벌레잡이주머니에 물을 2리터나 담아둔다. 또 다른 종류인 투구벌레잡이통풀*Nepenthes edwardsiana*은 주머니 길이가 50센티미터이고 너비가 좁으며 식물 자체는 6미터까지 자란다.

양치식물도 풍부하지만 자와 섬의 화산만큼 다양하지는 않다. 나무고사리Tree-fern는 자와 섬만큼 풍부하지도 크지도 않지만 해수면 높이까지 서식하며 대체로 2.4~4.5미터 높이의 가늘고 우아한 식물이다. 나는 탐사에 시간을 별로 들이지 않고서 보르네오 섬에서 양치식물 50종을 채집했는데 솜씨 좋은 식물학자라면 두 배는 채집했을 것이다. 흥미로운 난 집단이 매우 풍부하지만 늘 그렇듯 열에 아홉은 꽃이 작고 수수하다. 예외적으로 멋진 셀로지네속은 노란 꽃이 커다랗게 무리 지어 음침한 숲을 장식하며 가장 특이한 식물인 디모르포르키스 난류*Dimorphorchis lowii*는 페닌자우 산[42] 기슭의 온천 근처에 특히 무성하다. 나무의 낮은 가지에서 자라며 펜던트 같은 신기한 꽃차례를 땅에 닿을 정도로 늘어뜨린다. 길이는 대체로 1.8~2.4미터이며 크고 아름다운 꽃을 피우는데 꽃은 너비가 7.6센티미터이며 색깔은 귤색에서 빨간색까지 다양하고 짙은 자주색과 빨간색 반점이 박혀 있다. 꽃차례 하나를 측정했더니 길이가 무려 295센티미터였으며 실처럼 가느다란 줄기에 꽃 서른여섯 송이가 나선형으로 달렸다. 잉글랜드 온실에서 재배하는 표본과 꽃차례 길이가 같았으며 꽃이 훨씬 많이 달렸다.

적도 지방의 숲이 으레 그렇듯 꽃은 드물며 눈에 띄는 꽃을 만나는 일은 가물에 콩 나듯했다. 이따금 멋진 덩굴식물, 특히 진홍색과 노란색의 근사한 아이스키난투스속*Aeschynanthus*이 눈에 띄고 육계나무*Cassia*를 닮은 커다란 진자주색 꽃이 무리 지어 핀 예쁜 콩과 식물도 있다. 한번은 폴리알티아속*Polyalthia*의 작은 포포나무류가 많이 있는 것

42 진짜 이름은 '세람부 산'인데 저자가 착각했다. _옮긴이

디모르포르키스난류

을 보았는데 음침한 숲 응달과 무척 대조적이었다. 키는 약 9미터였으며 가느다란 줄기는 별을 닮은 커다란 진홍색 꽃으로 덮여 있었다. 꽃은 화환처럼 줄기에 다닥다닥 붙어 있었는데 천연물이라기보다는 인공 장식과 비슷했다.

숲에는 줄기가 원통형이거나 뿌리로 지탱되거나 골이 파여 있는 거대한 나무가 많지만, 여행객은 이따금 멋진 무화과나무Fig tree를 마주치는데 몸통 자체가 줄기와 공기뿌리로 하나의 숲을 이룬다. 더 희귀한 것은 허공에서 자라기 시작하여 같은 지점에서 위로 가지를 넓게 펴고 아래로 땅을 향해 피라미드처럼 복잡하게 얽힌 뿌리를 20~25미터나 뻗는 나무들이다. 위아래로 가지와 뿌리를 어찌나 넓게 뻗는지 뒤집어 놓아도 그 자리에 그대로 설 수 있을 정도다. 이런 성질의 나무가 말레이 제도 전역에서 자란다. (아루 제도에서 내가 자주 찾아간 나무를 그린) 다음 쪽의 삽화를 보면 이 나무들의 일반적 특징을 알 수 있을 것이다. 나는 이 나무들이 본디 기생목이었으리라 추측한다. 처음에는 새가 씨앗을 날라다 키 큰 나무의 가지 사이에 떨어뜨렸을 것이다. 그곳에서 아래로 공기뿌리를 뻗어 자신을 지탱하는 나무를 움켜쥐고 결국은 고사시켜 시간이 지나면 주인과 객이 완전히 뒤바뀐다. 이렇듯 식물계에서도 사투가 벌어진다. 우리가 쉽게 관찰하고 알 수 있는 것은 동물들의 투쟁이지만 식물들의 투쟁도 패배자에게는 그에 못지않게 치명적이다. 빛과 온기와 공기에 더 빨리 접하는 이점을-덩굴식물도 이를 위한 나름의 방식을 발달시켰다-여기서는 나무가 누린다. 이 나무는 다른 나무들이 몇 해 동안 자란 뒤에야 다다를 수 있는 높이에서 생을 시작할 수단이 있으며 다른 나무들이 쓰러져 자리를 내어준 뒤에야 독자적으로 살아가기 시작한다. 그래서 따뜻하고 습하고 고른 열대 기후에서는 나무마다 빈자리가 하나도 없으며 모든 자리는 그곳

(왼쪽부터) 폴리알티아, 신기한 나무, 나무고사리

에 꼭 알맞은 새로운 생명 형태가 발달하는 수단이 된다.

12월 초에 사라왁에 도착하고 보니 1월 말까지는 싱가포르 섬에 돌아갈 기회가 없었다. 그래서 제임스 브룩 경의 초청을 받아들여 페닌자우에 있는 그의 집에서 그와 세인트 존 씨와 함께 일주일을 지내기로 했다. 이 산은 매우 가파른 피라미드 모양으로, 결정화된 현무암으로 이루어져 있으며 높이는 약 300미터에 무성한 숲으로 덮여 있다. 다야크족 마을이 세 곳 있는데, 꼭대기 근처의 작은 턱에는 영국인 라자가 휴식을 취하고 상쾌한 공기를 쐬려고 찾는 소박한 나무 산장이 있다. 강을 따라 30킬로미터만 올라가면 되지만 산을 올라가려면 절벽에 설치한 사다리, 협곡과 바위틈을 건너는 대나무 다리, 돌과 나무줄기와 집채만 한 바위를 지나는 미끌미끌한 길을 통과해야 한다. 산장 바로 밑에 있는 바위 아래에서는 차가운 샘물이 솟는다. 우리는 이 물을 목욕물과 맛있는 식수로 썼다. 다야크족들은 새콤한 열대 과일 중에서 가장 맛있는 망고스틴과 랑삿을 매일같이 바구니 가득 가져다주었다. 우리는 (제임스 브룩 경과 두 번째로 맞는) 성탄절을 지내려고 사라왁에 돌아왔는데, 읍내와 변두리에 있는 모든 유럽인이 라자의 환대를 누렸다. 라자는 주위 사람들을 모두 편안하고 행복하게 하는 뛰어난 재주가 있었다.

며칠 뒤에 알리라는 이름의 말레이 청년과 찰스와 함께 산으로 돌아가서 세 주간 머물며 육상패류, 나비, 나방, 양치식물, 난을 채집했다. 산에는 양치식물이 꽤 풍부하여 40종가량을 채집했다. 하지만 내 마음을 가장 사로잡은 것은 어마어마하게 많은 나방이었다. 동양을 돌아다닌 8년을 통틀어 나방이 이만큼 풍부한 곳은 어디에도 없었으니, 내가 나방을 채집한 정확한 조건을 언급한다면 독자에게 흥미로울 것이다.

산장 한쪽 베란다에서는 산 전체를 내려다볼 수 있고 산꼭대기 오른

쪽을 볼 수 있는데 모두 울창한 숲으로 덮여 있다. 산장에 널빤지를 댄 부분은 회칠을 했으며, 베란다는 지붕이 낮았는데 역시 널빤지를 대고 회칠을 했다. 어두워지자마자 벽에 붙은 탁자에 램프를 올려놓고 핀과 채집 집게, 그물, 채집 상자를 옆에 둔 채 앉아서 책을 읽었다. 첫날은 저녁 내내 이따금 외로운 나방 한 마리가 찾아올 뿐이었지만 다른 날 밤에는 끊임없이 쏟아져 들어오는 통에 나방을 잡고 핀으로 고정하느라 한밤이 지나도록 진땀을 뺐다. 나방의 수는 말 그대로 수천을 헤아렸다. 하지만 이렇게 실적이 좋은 밤은 매우 드물었다. 산에서 보낸 4주 중에서 정말 좋은 밤은 나흘뿐이었으며 그마저 늘 비가 왔기 때문에 최고의 표본은 흠뻑 젖어 있었다. 하지만 비 오는 밤이 늘 좋은 것은 아니었다. 달빛이 없는 밤이나 마찬가지였기 때문이다. 주요한 나방 종류는 모두 볼 수 있었는데 이 종들은 무척 아름답고 다양했다. 좋은 밤에는 100~250마리를 잡을 수 있었으며, 2분의 1에서 3분의 2는 별개의 종이었다. 일부는 벽에 붙었고 일부는 탁자에 앉았지만, 대부분은 천장으로 날아올랐기 때문에 온 베란다를 팔짝팔짝 뛰어다니고서야 잡을 수 있었다. 기상 조건과 나방이 빛에 끌리는 정도 사이에는 신기한 연관성이 있었다. 이를 밝히기 위해 산에 머무는 동안 매일 밤 채집한 나방 목록을 첨부한다.

따라서 겉보기에는 26일 동안 나방 1,386마리를 채집한 것 같지만 매우 습하고 캄캄한 나흘 밤에 800마리 이상을 채집했다. 이렇게 성공을 거두고 보니 비슷한 수법으로 모든 섬에서 나방을 잔뜩 잡을 수 있겠다는 생각이 들었다. 하지만 신기하게도 그 뒤로 6년 동안 사라왁에 필적할 만큼 나방을 채집한 적은 한 번도 없었다. 그 이유는 이곳에서는 모든 조건이 온전히 갖추어진 데 반해 다른 곳에서는 한두 가지가 빠졌기 때문일 것이다. 어떤 때는 건조한 기후가 걸림돌이었고, 읍내

나 촌락의 숙소가 원시림과 가깝지 않고 다른 집의 불빛이 조명의 효과를 반감시킨 경우도 많았으며, 더 흔하게는 숙소가 어두침침한 야자 지붕에다 천장까지 높아 나방이 틈새에 숨으면 찾을 도리가 없었

날짜		나방 마릿수	비고
1855년	12월 13일	1	좋음, 별빛
	12월 14일	75	이슬비와 안개
	12월 15일	41	소나기, 구름
	12월 16일	158	(120종) 꾸준한 비
	12월 17일	82	습함, 달빛 약간
	12월 18일	9	좋음, 달빛
	12월 19일	2	좋음, 쾌청한 달빛
	12월 31일	200	(130종) 캄캄하고 바람, 큰비
1856년	1월 1일	185	매우 습함
	1월 2일	68	구름과 소나기
	1월 3일	50	구름
	1월 4일	12	좋음
	1월 5일	10	좋음
	1월 6일	8	매우 좋음
	1월 7일	8	매우 좋음
	1월 8일	10	좋음
	1월 9일	36	소나기
	1월 10일	30	소나기
	1월 11일	260	밤새 큰비, 캄캄함
	1월 12일	56	소나기
	1월 13일	44	소나기, 달빛 약간
	1월 14일	4	좋음, 달빛
	1월 15일	24	좋음, 달빛
	1월 16일	6	소나기, 달빛
	1월 17일	6	소나기, 달빛
	1월 18일	1	소나기, 달빛
	총계	1,386	

다. 마지막 조건이 가장 큰 걸림돌이었으며 내가 다시는 나방을 채집하지 못한 진짜 이유였다. 천장이 낮고 회칠을 한 베란다를 갖춘 호젓한 밀림 산장에서는 나방이 집 위쪽으로 달아나더라도 내 손을 벗어날 수 없었는데, 그 뒤로 난 이곳에서 지낸 적이 한 번도 없었기 때문이다. 오랜 경험과 숱한 실패와 한 번의 성공을 겪고 보니 자연사학자들이 요트로 말레이 제도나 그 밖의 어떤 열대지방을 탐사하되 곤충학을 주력으로 삼는다면 야행성 나비목Lepidoptera의 곤충(나방)을 채집하고 딱정벌레목Coleoptera 곤충 등의 희귀 표본을 손에 넣는 수단으로서 소형 베란다나 흰 천으로 만든 베란다 모양 텐트를 모든 알맞은 장소에 세울 수 있도록 가지고 다니는 것이 유리하리라는 확신이 든다. 내가 여기서 이런 조언을 하는 이유는 이런 장비가 어마어마한 차이를 만들어낼 수 있음을 아무도 의심하지 않을 것이며 이런 장비가 필요함을 알게 된 것은 채집가에게 흥미로운 경험이라고 생각하기 때문이다.

나는 싱가포르 섬으로 돌아오면서 알리라는 이름의 말레이 청년을 데리고 왔는데 그는 말레이 제도 탐사 내내 나와 동행했다. 찰스 앨런은 선교원에 머물고 싶어 했으며 그 뒤에 사라왁과 싱가포르에서 일자리를 얻었다가 4년 뒤에 말루쿠 제도 암본 섬에서 나와 합류했다.

6장

보르네오 섬-다야크족

보르네오 섬 원주민의 풍습은 제임스 브룩 경, 로 씨, 세인트 존 씨, 존슨 브룩 씨 등 많은 사람들이 나보다 훨씬 많은 정보를 가지고 자세히 기술한 바 있다. 나는 그들의 전철을 밟지 않고 다야크족의 일반적 특징과 자주 언급되지 않은 신체적, 정신적, 사회적 특징에 대해 개인적 관찰을 바탕으로 개략적으로 묘사하는 데 그칠 것이다.

다야크족은 말레이인과 매우 가까운 혈통이며 타이인, 중국인, 그 밖의 몽골 인종과 먼 친척뻘이다. 이들은 모두 살갗이 밝기는 다르지만 적갈색이나 황갈색이고, 머리카락이 새까맣고 곧으며, 턱수염이 성글거나 없고, 코가 다소 작고 넓으며, 광대뼈가 튀어나왔다. 하지만 말레이 인종 중에는 몽골인의 전형적 특징인 눈꼬리가 치켜 올라간 눈을 가진 사람이 하나도 없다. 다야크족의 평균 키는 말레이인보다 꽤 크지만 대다수 유럽인보다는 훨씬 작다. 체형은 균형이 잘 잡혀 있으며 손과 발이 작다. 말레이인과 중국인에게서 흔히 볼 수 있는 몸집을 가진 사람은 거의 또는 전혀 없다.

정신력에서는 다야크족을 말레이인보다 위에 놓고 싶다. 도덕성은 의심할 여지없이 뛰어나다. 이들은 단순하고 솔직하며 말레이인과 중국인 무역상의 먹잇감이 되어 늘 속고 탈탈 털린다. 말레이인보다 더 활기차고 수다스럽고 덜 음흉하고 덜 의심하기 때문에 이들과 사귀면 즐겁다. 말레이 소년들은 활동적인 운동과 놀이를 별로 좋아하지 않지만, 다야크족 청년들에게는 삶의 중요한 부분이다. 이들은 힘과 기술을 겨루는 야외 놀이 이외에 실내 오락도 많이 한다. 비 오는 어느 날 다야크족 집에서 소년과 청년 여러 명과 함께 있었는데, 무언가 새로운 것으로 그들을 즐겁게 해주고 싶어서 끈으로 실뜨기 하는 법을 보여주었다. 놀랍게도 이들은 실뜨기 하는 법을 나보다 더 잘 알고 있었다. 나와 찰스가 우리가 아는 모든 꼴을 다 만들어 보이자 소년 한 명이 끈을 가져가서는 놀랍게도 새로운 꼴을 여러 개 만들었다. 그러고는 끈으로 하는 다른 놀이도 여러 가지 선보였다. 평소에 즐기는 오락거리인 듯했다.

사소하게 보이는 이 일화만 가지고도 다야크족의 성격과 사회상을 더 올바르게 판단할 수 있을 것이다. 그리하여 우리는 이 사람들이, 생존 투쟁이 모든 능력을 빨아들이고 모든 생각과 개념이 전쟁이나 사냥 또는 직접적 필수품의 조달과 연관되어 있는, 야만적 삶의 1단계를 넘어섰음을 알 수 있다. 이 오락들에서 보듯 이들에게는 문명의 능력, 즉 단순한 감각적 쾌락 이상의 것을 즐기고 이를 활용하여 전반적인 지적·사회적 삶을 고양하려는 성향이 있다.

다야크족의 도덕성이 높다는 것은 의심할 여지가 없다. 이들을 머리 사냥꾼이나 해적으로만 알고 있는 사람들에게는 이상하게 들릴 것이다. 하지만 내가 말하는 산 다야크족은 해적인 적이 한 번도 없다. 바다 가까이 가는 법이 전혀 없기 때문이다. 머리 사냥은 마을 대 마을, 부족 대 부족의 사소한 전쟁에서 비롯한 관습으로, 이걸 가지고 이들의 도덕성이 나쁘다고 말할 수는 없다. 100년 전 노예무역의 관습을 가지고 모든 노예상에게 도덕성이 없었다고 말할 수는 없지 않은가. 이 성격상의 결함 하나(사라왁 다야크족에게는 있지도 않은 결함)에 대해 수많은 좋은 점을 맞세울 수 있다. 다야크족은 아주 진실하고 솔직하다. 이 때문에 이들에게서 정확한 정보나 심지어 의견을 듣기란 불가능할 때가 많다. 이런 식이다. "내가 모르는 것을 말씀드리려다가는 거짓말을 하게 될지도 모르겠습니다." 이들이 자발적으로 사실을 언급할 때는 진실을 말하고 있다고 확신해도 좋다. 다야크족 마을에는 과일나무마다 주인이 있는데 이웃에게 과일 좀 따달라고 하면 이런 대답이 돌아온다. "나무 주인이 없어서 안 됩니다." 달리 행동하는 것은 이들에게 상상도 못할 일일 것이다. 또한 이들은 유럽인에게 속한 것은 아무리 작은 것도 취하지 않는다. 시문잔에서 지낼 때 다야크족이 내 숙소에 뻔질나게 찾아왔는데 내가 버린 찢어진 신문지 조각이나 휘어져버린 핀을 주워서는 가져도 되겠느냐고, 마치 내가 커다란 은혜라도 베푼 듯이 물어보았다. (머리 사냥을 제외한) 폭력 범죄는 거의 벌어지지 않는다. 제임스 브룩 경이 통치한 이래 20년 동안 다야크족에게서 살인 사건이 일어난 것은 단 한 번이며 그것도 다야크족에게 입양된 이방인이 저지른 것이었다. 그 밖의 도덕 분야에서도 다야크족은 대다수 미개인보다, 심지어 상당수 문명국보다 높은 경지에 있다. 이들은 음식과 술을 절제하며 중국인과 말레이인의 추잡한 성욕은 이들에게서 찾아볼 수 없다. 반半야만 상태에 있는 모든 민족의 흔한 결함인 무관심과 게으름은 이들에게도 있지만, 이들과 접촉한 유럽인에게 이것이 아무리 성가신 문제이더라도 이를 매우 중대한 잘못으로 여기거나 이들의 많은 장점을 묻어서는 안 된다.

산 다야크족과 지내는 동안 인구 증가를 억제하는 것으로 대체로 여겨지는 원인들이 없음에도 인구가 정체되어 있거나 느리게 증가한다는 사실이 무척 놀라웠다. 빠른 인구 증가에 가장 유리한 조건으로는 풍부한 식량, 몸에 좋은 기후, 이른 결혼 등이 있는데 다야크족은 이 조건을 모두 갖추었다. 이들은 소비하는 것보다 훨씬 많은 식량을 생산하여 잉여 식량을 공과 황동 대포, 오래된 단지, 금은 장신구 같은 재산으로 바꾼다. 전반적으로 이들은 질병에 거의 걸리지 않고 일찍 결혼하며(지나치게 일찍 하지는 않는다), 노처녀와 노총각은 찾아볼 수 없다. 그렇다면 왜 인구가 더 많아지지 않는지 의문이 들 수밖에 없다. 지역의 10분의 9가 여전히 숲으로 덮여 있는데 다야크족 마을이 이토록 작고 널리 흩어져 있는 이유는 무엇일까?

맬서스는 야만국에서 인구를 억제하는 요인으로 기근, 질병, 전쟁, 영아 살해, 부도덕, 여성 불임 등을 언급하면서 마지막 요인이 가장 덜 중요하고 효과가 의심스럽다고 여겼다. 하지만 사라왁 다야크족의 인구 상태를 설명할 수 있는 것은 이 마지막 요인뿐인 듯하다. 그레이트브리튼 섬 인구는 약 50년 만에 두 배가 될 만큼의 증가 속도를 보인다. 이렇게 되려면 모든 부부가 자녀를 평균 세 명 낳고 이들이 살아남아 약 25세에 결혼해야 한다. 여기다 유아기에 죽는 인원수, 결혼하지 못하는 인원수, 늦게 결혼해서 자녀를 못 낳는 인원수를 감안하면 모든 부부가 낳는 자녀 수는 평균 네 명이나 다섯 명이어야 한다. 그런데 우리가 아는바 예닐곱 명을 낳는 가정이 매우 흔하며 여남은 명을 낳는 경우도 결코 드물지 않다. 하지만 내가 방문한 거의 모든 다야크 부족을 조사한 바로는 여자들은 자녀를 서너 명보다 많이 낳는 경우가 드물었으며 나이 든 족장은 자녀를 일곱 넘게 낳은 여인을 알지 못한다고 단언했다. 150가구로 이루어진 마을에서 자녀가 여섯 명인 가구는 하나뿐이었고 다섯 명인 가구는 고작 여섯이었으며 대부분은 두서너 명이었다. 이것을 유럽 나라들의 알려진 비율과 비교하면 각 결혼에서 생기는 자녀 수는 평균 서너 명을 넘을 수 없으며, 문명국에서도 인구의 절반이 스물다섯 살 이전에 죽으므로 부모를 대체할 자녀는 두 명밖에 남지 않는다. 이 추세가 계속되면 인구가 정체할 수밖에 없다. 물론 이것은 일례에 불과하지만, 내가 언급한 사실들은 실제로 일어나는 현상을 시사하는 듯하다. 만일 그렇다면 다야크족 인구가 적고 거의 정체해 있는 이유를 이해하기란 어렵지 않다.

다음으로는 한 가족에서 태어나는 자녀의 수와 살아남는 자녀의 수가 적은 이유를 물어야 한다. 기후와 인종이 관계가 있을 수도 있지만 더 실질적이고 효과적인 이유는 여성이 고된 노동을 하고 끊임없이 무거운 짐을 지고 다닌다는 사실인 듯하다. 다야크족 여인은 대체로 온종일 들에서 일하며 매일 밤 무거운 채소와 땔나무를 가지고서 험한 길을 몇 킬로미터씩 걸어 귀가해야 한다. 바위산을 사다리로 오르거나 미끄러운 돌계단을 오르거나 300미터 높이까지 올라가야 하는 경우도 드물지 않다. 게다가 저녁마다 한 시간씩 무거운 나무 절굿공이로 쌀을 찧어야 하는데 이 때문에 온몸에 무리가 간다. 9~10세에 이런 노동을 시작하며 늙을 때까지 쉬지 못한다. 그러니 자녀를 많이 낳지 못하는 것은 놀랄 일이 아니다. 놀랄 일은 이 민족이 절멸하지 않도록 자연이 성공적으로 막아냈다는 것이다.

문명 발달의 가장 확실하고도 이로운 효과 중 하나는 여인들의 여건이 개선되었다는 것이다. 다야크족에게 고등한 인종의 교훈과 본보기를 접하게 하면 힘이 약한 아내의 고된 노동을 대가로 누린 자신의 게으른 삶을 부끄러워할 것이다. 남자의 욕구가 증가하고 기호가 세련되어지면 여자들은 집안일이 더 많아질 것이고 밖에서 일하는 것을 중단할 것이다. 이 변화는 혈통이 비슷한 말레이인, 자와족, 부기족에게서 이미 상당한 정도로 일어나고 있다. 그러면 인구는 틀림없이 더 빨리 증가할 것이고, 생존 수단을 공급하기 위해 농사 체계의 개선과 노동 분업이 필요해질 것이다. 또한 더 복잡한 사회적 조건이 현재의 단순한 조건을 대체할 것이다. 하지만 이렇게 해서 생존 투쟁이 더 치열해지면 다야크족 전체의 행복은 증가할까, 감소할까? 경쟁심 때문에 못된 심보가 발동하고, 지금은 휴면 상태인 범죄와 악덕이 활동하기 시작하지 않을까? 이런 문제들은 시간만이 해결할 수 있겠지만 교육과 수준 높은 유럽의 본보기를 통해 비슷한 사례에서 곧잘 생기는 악덕을 상당 부분 없앨 수 있으리라 기대한다. 그러면 우리는 유럽 문명을 접하고서도 도덕적으로 타락하거나 절멸하지 않은 미개인의 사례를 마침내 제시할 수 있을 것이다.

결론으로 사라와 정부에 대해 몇 마디 덧붙인다. 제임스 브룩 경은 다야크족이 잔혹하기 그지없는 독재자에게 탄압받고 학대받고 있음을 알게 되었다. 말레이 무역상들은 이들을 등쳐먹고 말레이 족장들은 이들을 수탈했다. 아내와 자녀는 붙잡혀 노예로 팔리기 일쑤였으며 적대적 부족들은 자기네 잔인한 통치자에게서 이들을 짓밟고 노예로 만들고 살해할 권리를 샀다. 정의 따위는, 이러한 불의를 바로잡는 일 따위는 생각도 할 수 없었다. 하지만 제임스 경이 이 지역을 점령한 뒤로 이 모든 만행이 중단되었다. 말레이인, 중국인, 다야크족에게 동등한 정의가 부여되었다. 저 멀리 동쪽에서 온 무자비한 해적들이 처벌받았으며 급기야 자기네 영역을 벗어나지 못하게 되었다. 사상 처음으로 다야크족이 다리 뻗고 잘 수 있게 되었다. 아내와 자녀는 노예가 될 염려가 없어졌으며 집이 불타는 일도 사라졌다. 작물과 과일은 이제 자신의 소유가 되어 마음대로 팔거나 먹을 수 있게 되었다. 생판 모르는 이방인이 다야크족에게 이 모든 은혜를 베풀고 그 대가로 아무것도 요구하지 않았다니 어떻게 그럴 수 있을까? 이들이 그의 동기를 이해하는 것이 어찌 가능했을까? 그가 인간임을 믿지 않으려 드는 것이 당연하지 않았을까? 거대한 권력이 순수한 호의와 결합한 것을 인간에게서는 경험한 적이 없었을 테니 말이다. 자연스럽게 이들은 그가 인간 이상의 존재이며 고통받는 자에게 축복을 내려주기 위해 이 땅에 내려왔다고 결론 내렸다. 그를 보지 못한 많은 마을에서 나는 그에 대한 괴상한 질문을 받았다. "그는 산처럼 나이가 많은가요?" "죽은 사람을 살릴 수 있나요?" 이들은 그가 풍작을 가져다주고 과일나무에 과일이 주렁주렁 열리게 할 수 있다고 철석같이 믿었다.

제임스 브룩 경의 정부를 온당하게 평가하자면, 그가 오로지 원주민의 선의에 의해 사라왁을 차지했음을 감안해야 한다. 그는 두 민족을 상대해야 했는데 이슬람 말레이인은 다야크족을 '강탈하고 짓밟아 마땅한 야만인'이자 노예로 멸시했다. 제임스 브룩 경은 다야크족을 효과적으로 보호했으며 자신의 시각에서 그들을 말레이인과 늘 동등하게 대했다. 그러면서도 두 민족 모두에게서 애정과 선의를 누렸다. 그는 이슬람 말레이인의 종교적 편견을 무릅쓰고 그들의 가장 추악한 법률과 관습을 대폭 교정하고 그들의 형법이 문명 세계에 동화되도록 유도했다. 제임스 브룩 경의 정부가 27년 뒤에도 여전히 건재하다는 것은-그는 곧잘 병환으로 자리를 비우고 말레이 족장들이 음모를 꾸미고 중국인 금 채굴업자들이 반란을 일으켰으나 이 모든 것은 원주민의 도움으로 진압했고, 재정적·정치적·내무적 어려움이 있었음에도 불구하고-내가 믿기로 오로지 제임스 브룩 경이 지닌 여러 고귀한 성품 덕분이며, 특히 그가 자신의 이익을 위해서가 아니라 원주민의 이익을 위해 통치한다는 사실을 자신의 모든 행동을 통해 원주민들에게 확신시킨 덕분이다.

이 글을 쓴 뒤에 그의 고귀한 영혼이 하늘로 돌아갔다. 그를 알지 못하는 자는 그를 열정적 모험가로 여겨 무시하거나 무자비한 폭군이라는 오명을 씌울지도 모르나 유럽인이든, 말레이인이든, 다야크족이든 그가 취한 지역에서 그를 접한 모든 사람은 라자 브룩이 위대하고 현명하고 훌륭한 통치자-진실하고 미더운 친구-였고, 정직과 용기로 존경받고 순수한 환대와 다정한 성품과 온화한 마음으로 사랑받는 사람이었다고 한결같이 증언할 것이다.[43]

43 현 라자 찰스 존슨 브룩은 제임스 경의 조카로, 건국자의 정신을 이어받아 정부를 다스리는 것으로 보인다. 브루니의 술탄과 우호 협정을 맺어 보르네오 섬 북서부 대부분까지 영토를 확장했으며 모든 곳에서 평화와 번영이 지속되었다. 적대적인 이방 민족을 그들의 동의하에 또한 원주민 촌장의 지속적 지지하에 50년 동안 통치한다는 것은 제임스 브룩 경의 벗과 동포가 자랑스러워할 만한 성과다.

7장

자와 섬

나는 1861년 7월 18일부터 10월 31일까지 3개월 반을 자와 섬에서 보냈다. 이 장에서는 나의 이동 경로, 이곳 사람들과 자연사에 대한 관찰 결과를 짧게 서술하겠다. 네덜란드가 현재 자와 섬을 어떻게 통치하는지, 인구가 증가하는 데도 어떻게 매년 큰 수입을 거두고 주민들도 만족하는지 알고 싶은 사람들에게는 머니 씨의 빼어나고 흥미로운 책 『식민지 경영법*How to Manage a Colony*』을 추천한다. 나는 그 책의 주된 사실과 결론에 진심으로 동의하며, 네덜란드 체제야말로 근면하지만 반半야만적인 민족이 사는 나라를 유럽국이 정복하거나 그 밖의 방법으로 차지할 때 채택할 수 있는 최선의 체제라고 믿는다. 북北술라웨시를 설명할 때, 자와족과 전혀 다른 문명 상태에 있는 민족에게도 똑같은 체제가 얼마나 성공적으로 적용되었는지 언급할 것이다. 우선 네덜란드 체제가 어떤 것인지 가능한 한 짧게 서술하겠다.

현재 자와 섬에 채택된 정부 형식은 촌장에서 군주에 이르기까지 모든 토착 통치자의 서열을 유지하는 것이다. 군주는 섭정이라는 이름으로 잉글랜드의 작은 군郡만 한 지역을 다스린다. 각 섭정에 대해 네덜란드 지사나 부지사가 임명되는데, 그는 섭정의 '맏형'으로 간주되며 그의 '명령'은 '권고'의 형태를 띠지만 암묵적으로 준수된다. 부지사와 더불어 모든 하위 토착 통치자를 감독하는 통제관이 있는데, 그는 지구 내 모든 촌락을 정기적으로 방문하여 원주민 법정의 재판 경과를 점검하고 장로나 원주민 촌장에 대한 소원訴願을 수리하고 정부 농장을 관리한다. 농장 얘기가 나왔으니 '강제 경작 체제'를 언급하고 넘어가야겠다. 이 체제는 네덜란드가 자와 섬에서 얻는 모든 부의 원천이며, 이 지역에서 지탄받는 이유다. '자유무역'의 정반대이기 때문이다. 강제 경작 체제의 쓰임새와 유익한 효과를 이해하려면 우선 유럽인과 미개인이 자유무역을 할 때 공통적으로 어떤 결과가 나타나는지 간단하게 언급해야 한다.

적도 기후의 원주민은 필요한 것이 거의 없으며, 필수품이 공급되면 어지간히 강한 유인책이 없으면 잉여 생산을 위해 일하려 들지 않는다. 이런 민족에게 새롭거나 체계적인 경작 방식을 도입하는 것은, 자녀가 부모에게 복종하듯 이들이 관례적으로 복종하는 촌장의 폭압적 명령이 아니고서는 거의 불가능하다. 하지만 유럽 무역상들이 자유경쟁을 벌이면서 두 가지 강력한 유인책이 도입되었다. 술이나 아편은 대다수 야만인에게는 저항할 수 없을 만큼 강한 유혹이어서, 이것을 얻기 위해서는 가진 것을 무엇이든 팔고 더 많이 얻으려고 기꺼이 일한다. 야만인이 저항하지 못하는 또 다른 유혹은 외상이다. 무역상은 야만인에게 화려한 옷, 칼, 공, 총, 화약을 주면서 아직 심지 않은 작물이나 아직 숲에 있는 산물로 대금을 치르도록 한다. 야만인은 적당한 양만 취해야겠다는 심사숙고가 없고 빚에서 벗어나기 위해 밤낮으로 일할 수 있는 원기가 없어서, 빚이 계속 쌓이고 쌓여 몇 년 동안 때로는 평생 동안 빚쟁이이자 거의 노예로 살아가야 한다. 세상 어디에서나 우월한 인종이 열등한 인종과 자유무역을 할 때는 이런 일이 예사로 벌어진다. 물론 한동안 무역이 확대되는 것은 분명하지만, 이것은 원주민을 타락시키고 참된 문명의 걸림돌이 되고 그 지역의 영구적 부 증가로 이어지지 않는다. 그래서 이런 지역의 유럽 정부는 손실을 보면서 운영될 수밖에 없다.

네덜란드에서 도입한 체제는 촌장을 통해 사람들을 구슬려 일정 시간을 할애하여 커피나 설탕 같은 환금 작물을 경작하도록 하는 것이다. 정부의 감독하에 땅을 개간하고 농장을 조성하는 인부에게는 고정급-임금이 낮기는 하지만, 유럽인들의 경쟁 때문에 인위적으로 임금이 상승하지 않은 곳은 어디나 비슷한 수준-을 지급한다. 생산물은 낮은 고정 가격으로 정부에 판매된다. 순이익에서 일정한 몫이 촌장에게 지급되며 나머지는 일한 사람들에게 분배된다. 풍년이 들면 이렇게 거두는 잉여 소득이 상당하다. 전반적으로 사람들은 잘 먹고 좋은 옷을 입으며 근면한 습관과 과학적 경작 기술을 습득한다. 이는 미래에 그들에게 유익할 것이다. 정부가 어떠한 수익을 얻기 전에 여러 해 동안 자본을 투자했음을 간과해서는 안 된다. 그리하여 이제 정부가 큰 수입을 거두고 있는 방식은 어떤 형태의 세금보다 원주민에게 훨씬 덜 부담스럽고 훨씬 더 유익하다.

하지만 이 체제가 좋은 것일 수 있고 마치 통치국의 물질적 이익에 알맞은 것처럼 반半문명화된 사람들의 기술과 산업 발전에 알맞을 수도 있지만, 현실에서 이 체제가 완벽하게 작동한다고 말할 수는 없다. 촌장과 사람들 사이의 억압적이고 복종적인 관계는 아마도 1,000년은 이어져 왔을 것이기에 일시에 철폐할 수는 없다. 교육을 전파하고 유럽인의 피를 점차 주입하여 이 관계를 자연스럽고 눈에 띄지 않게 없

얘기 전에는 이 관계가 나쁜 결과를 가져올 수밖에 없다. 지사가 관할 지역의 생산량을 부쩍 늘리고 싶어서 농장 일꾼들을 쉬지 못하게 하고 일하도록 압박하여 쌀 수확량이 훌쩍 감소하고 기근이 일어났다는 말이 있다. 이것이 사실이더라도 결코 흔한 일은 아니며, 지사의 판단력 결여나 인간성 결여로 인한 체제의 남용 사례에 불과하다.

『막스 하벨라르: 네덜란드 무역 회사의 커피 경매*Max Havelaar; or, The Coffee Auctions of the Dutch Trading Company*』라는 책이 네덜란드에서 최근에 저술되고 영어로도 번역되었는데, 그 자체로 미덕이 있을뿐더러 자와 섬의 네덜란드 정부가 저지른 불의를 가차 없이 폭로함으로써 네덜란드 식민주의 체제와 관련된 것이라면 으레 편파적으로 보는 우리에게 엄청난 찬사를 받았다. 아주 놀랍게도 그 책은 매우 지루하고 장황한 이야기였으며 온통 횡설수설이었다. 책의 유일한 요점은 네덜란드 지사와 부지사가 토착 군주의 착취를 눈감아주고 있으며 일부 지역에서 원주민들이 보수 없이 노동을 강요받고 보상 없이 자신의 생산물을 빼앗기고 있음을 밝혀낸 것이다. 이런 종류의 언급은 모조리 이탤릭체와 대문자로 강조되었으나, 이름은 전부 허구이며 날짜와 수치, 세부 사항을 전혀 제시하지 않아서 확인하거나 대응하기가 불가능하다. 이것이 과장이 아니더라도, 언급된 사실들은 (몇 해 전에 잉글랜드 신문에서 보도한) 자유무역을 하는 쪽Indigo 농장 소유주의 억압이나 영국 통치하 인도에서 원주민 세리의 학대에 비하면 그다지 나쁜 것도 아니다. 하지만 어느 경우이든 이런 억압의 책임을 특정 정부 형태에 돌리는 것은 부당하며, 그보다는 인간 본성의 결함 탓으로 또한 오랜 세월에 걸친 폭정의 흔적과 촌장에 대한 노예적 복종을 일소하는 것이 불가능한 탓으로 보아야 한다.

우리는 네덜란드가 자와 섬에서 권력을 완전히 확립한 시기가 영국이 인도를 통치한 시기보다 훨씬 최근이며 통치 형태와 수익 창출 양식에 몇 가지 변화가 있었음을 명심해야 한다. 주민들은 최근까지도 토착 군주의 통치하에 있었으므로 오랜 주인에게 느끼는 지나친 숭배를 일소하거나 토착 군주의 일상적 착취를 줄이는 것은 쉬운 일이 아니다. 하지만 공동체의 번영과 행복까지 판정하는 훌륭한 기준을 여기에 적용할 수 있다. 그것은 바로 인구 증가율이다.

인구가 급속히 증가하면 사람들이 억압에 시달리거나 부당하게 통치받는다고 볼 수 없음은 주지의 사실이다. 커피와 설탕을 경작하여 정부에 고정 가격으로 판매하여 수익을 얻는 지금의 체제는 1832년에 시작되었다. 직전인 1826년에 조사한 인구는 550만 명이었는데, 19세기 초에는 350만 명이었던 것으로 추정된다. 강제 경작 체제가 18년 동안 시행된 1850년에 조사한 인구는 950만 명으로, 24년 만에 73퍼센트가 증가했다. 1865년의 마지막 인구 조사에서는 1,416만 8,416명에 달해 15년 만에 50퍼센트 가까이 증가했다. 약 26년 만에 인구가 두 배로 는 것이다. (마두라 섬을 포함한) 자와 섬의 면적은 132,176제곱킬로미터로, 1제곱킬로미터당 평균 107명이 거주하는 셈인데 이는 손턴의 『인도 제국 지리지*Gazetteer of India*』에 의하면 인구가 많고 비옥한 벵골 직할령의 두 배이며 마지막 인구 조사에 따르면 그레이트브리튼 섬과 아일랜드보다 3분의 1이 더 많다. 이 많은 인구가 내가 생각하는 것처럼 전반적으로 만족하고 행복하다면 네덜란드 정부는 이렇게 훌륭한 결과를 가져온 체제를 갑작스럽게 바꾸기 전에 충분히 재고해야 할 것이다.[44]

이것을 전체적으로 바라보고 모든 측면에서 조사하면 자와 섬은 세

44 인구는 계속 증가하여 1879년에는 1,900만 명을 넘었고 1894년에는 2,500만 명이 되었다.

상에서 가장 좋고 흥미로운 열대 섬일 것이다. 크기에서 으뜸은 아니지만 길이가 1,000킬로미터이고 너비가 96~160킬로미터이며 면적으로는 잉글랜드와 맞먹는다. 열대지방에서는 의심할 여지없이 가장 기름지고 생산적이고 인구가 많은 섬이다. 전체 표면에서 산과 숲의 다채로운 풍경이 화려하게 펼쳐진다. 화산섬이 38개 있는데 몇몇 산은 높이가 3,000~3,600미터에 이른다. 그중 일부는 끊임없이 활동하고 있으며 한둘에서는 지하의 불로 인한 거의 모든 현상이 관찰된다. 단, 본격적 용암류는 자와 섬에서 전혀 생기지 않는다. 매우 습한 기후와 열대성 더위 때문에 산에는 식생이 무성하며 종종 꼭대기까지 식물이 자란다. 산자락은 숲과 농장으로 덮여 있다. 동물, 특히 새와 곤충이 아름답고 다양하며 지구상 어디에서도 볼 수 없는 독특한 형태를 지닌 것이 많다. 섬 어딜 가나 토양이 매우 기름지며 열대지방의 모든 산물과 온대지방의 상당수 산물을 쉽게 재배할 수 있다. 또한 자와 섬에는 나름의 문명과 역사, 유물이 있는데 이 또한 매우 흥미롭다. 미지의 고대부터 1478년경까지 브라만교가 융성했으며 그 뒤에 이슬람교로 대체되었다. 브라만교에서 비롯한 문명은 정복자들이 필적할 수 없었다. 섬 전역, 특히 동부의 높은 숲에서는 매우 아름답고 웅장한 신전, 무덤, 조각상이 출토되며, 호랑이, 코뿔소, 들소가 자유롭게 뛰노는 곳에 거대한 도시 유적이 있다. 또 다른 종류의 현대 문명이 섬에 퍼지고 있다. 튼튼한 도로가 끝에서 끝까지 섬 전역을 지나며, 유럽인 통치자와 원주민 통치자가 조화롭게 협력한다. 생명과 재산은 유럽에서 가장 훌륭하게 통치되는 나라만큼이나 안전하게 보호된다. 따라서 자와 섬은 세상에서 가장 좋은 열대 섬으로 손색이 없으며, 새롭고 아름다운 풍광을 찾는 관광객과 열대 자연의 다양성과 아름다움을 조사하려는 자연사학자, 새롭고 다양한 조건에서 인간을 어떻게 통치하는 것이 최선인가의 문제를 해결하고자 하는 도덕가와 정치인에게도 흥미로울 것이다.

나는 네덜란드 우편 증기선을 타고 트르나테 섬을 출발하여 자와 섬 동부의 수도이자 항구 수라바야에 와서 마지막 채집물을 포장하고 발송하느라 2주일을 보낸 뒤에 내륙 단기 답사를 시작했다. 자와 섬에서 이동하는 것은 매우 호사스럽지만 돈이 매우 많이 든다. 유일한 방법은 마부를 고용하거나 마차를 빌리는 것인데, 역마로 1.6킬로미터를 가는 데 반半크라운[45]을 내야 한다. 역마는 10킬로미터마다 설치된 정식 역참에서 갈아타고, 섬 끝에서 끝까지 시속 16킬로미터로 이동할 수 있다. 나머지 짐을 모두 나르려면 달구지나 짐꾼이 필요하다. 이런 여행 방식은 내 형편에 걸맞지 않았기에 아르주나 산 기슭까지 도보로 짧은 여행만 다녀오기로 했다. 그 산에는 숲이 넓게 펼쳐져 있다고 들어서 좋은 표본을 채집할 수 있을 것 같았기 때문이다. 수라바야에서 몇 킬로미터까지는 완전히 평지였으며 모든 땅이 개간되어 있었는데, 많은 지류의 물을 공급받는 삼각주나 충적평야였다. 읍내 바로 인근에서 부와 근면성의 뚜렷한 증거를 보니 매우 즐거웠다. 하지만 앞으로 나아갈수록 대나무가 줄지어 선 공터가 끝없이 펼쳐지고 설탕 정제소의 흰 건물과 높은 굴뚝만 간간이 보이는 단조로운 풍경이 이어졌다. 도로는 수 킬로미터를 직선으로 뻗었는데, 가로수는 흙투성이 타마린 나무Tamarind tree[46]였다. 1.6킬로미터마다 작은 경비 초소가 있고 경찰이 배치되어 있다. 이곳에는 나무 공이 놓여 있는데, 여러 초소에서 함께 신호를 울리면 섬 전역에 정보를 재빨리 전달할 수 있다. 약 10~11킬

---

45 영국의 옛날 주화로 당시에 2.5실링이었으며 지금은 12.5펜스에 해당한다. _옮긴이

46 콩과의 상록성 큰키나무. _옮긴이

로미터마다 역참이 있어서, 오래전 잉글랜드에서 우편 마차를 몰 때처럼 신속하게 말을 교체할 수 있다.

나는 수라바야 남쪽으로 약 64킬로미터 떨어진 작은 도시 모조케르토에서 멈추었다. 이곳은 목적지로 향하는 주요 도로에서 가장 가까운 지점이다. 내게는 자와 섬에서 오래 살면서 네덜란드 여인과 결혼한 영국인 볼 씨 앞으로 된 소개장이 있었다. 볼 씨는 친절하게도 내가 적당한 장소를 찾을 때까지 자기 집에 머물게 해주었다. 네덜란드 부지사와 원주민 자와족 군주이기도 한 섭정이 이 읍내에 살았다. 읍내는 깨끗했으며 마을 광장 같은 근사한 너른 풀밭이 있었다. 이곳에 우람한 무화과나무(인도의 벵갈고무나무Banyan tree와 근연종이지만 키가 더 컸다)가 서 있었는데, 그늘 아래에서는 늘 장이 열리고 주민들이 모여 쉬며 담소를 나누었다. 도착 이튿날 볼 씨가 모조아궁 마을로 나를 데려갔다. 볼 씨는 그곳에서 담배 무역을 위한 건물을 짓고 부지를 조성하는 중이었다. 담배 무역은 영국령 인도의 쪽 무역과 비슷하게 원주민이 경작하고 선매先買하는 방식이었다. 돌아오는 길에 모조파힛의 고대 도시 유적을 둘러보았다. 높다란 벽돌 덩어리가 두 개 놓여 있었는데 관문關門의 측면 같았다. 벽돌은 놀랍도록 완벽하고 아름다웠다. 매우 섬세하고 단단했으며 각이 예리하고 표면이 일정했다. 모르타르나 시멘트의 흔적이 보이지 않는데도 매우 정확하게 놓여 있었으며 어찌나 아귀가 들어맞는지 틈이 보이지 않을 정도였다. 이따금 두 표면이 신기하게 합쳐져 있기도 했다. 이렇게 훌륭한 벽돌 건물은 전에도 후에도 본 적이 없다. 조각품은 하나도 없었지만 굵은 돌출부와 정교한 쇠시리[47]는 얼마든지 있었다. 사방으로 몇 킬로미터씩 건물의 흔적이

47 나무나 돌을 깎아서 요철이 있는 모양을 낸 것. _옮긴이

남아 있었으며 거의 모든 도로와 길 밑에서 옛 도시의 포장도로인 벽돌 토대를 찾아볼 수 있었다. 웨도노, 즉 모조아궁 구장區長의 사택에는 용암에 고부조高浮彫로 새긴 아름다운 조각상이 있었다. 마을 인근에서 출토된 것이었다. 그런 표본을 몇 개 얻고 싶다고 했더니 볼 씨가 구장에게 부탁했고 놀랍게도 선뜻 그 조각상을 내게 주었다. 조각상은 자와어로 '로로종그랑'('고귀한 처녀'라는 뜻)이라고 하는 힌두 여신 두르가를 표현한 것이었다. 팔이 여덟 개 달렸으며 무릎 꿇은 소 등에 서 있었다. 아래쪽 오른손으로 소꼬리를 잡고 맞은편 왼손으로 포로인 데와 마히쉬아수라의 머리카락을 움켜쥐었다. 그는 악의 화신으로 그녀의 소를 죽이려 했었다. 허리는 밧줄에 묶였으며 애원하듯 그녀의 발치에 쭈그리고 앉았다. 여신의 나머지 오른손은 이중 갈고리 또는 작은 닻, 넓은 직도直刀, 굵은 밧줄 올가미를 쥐었으며 왼손은 큰 구슬이나 조가비로 만든 허리띠 또는 팔찌, 시위를 걸지 않은 활, 군기軍旗를 들었다. 옛 자와족은 두르가 여신을 특별히 좋아했으며 섬 동부의 많은 신전 폐허에서 두르가 여신상이 종종 발견된다.

내가 입수한 표본은 작은 것으로 높이는 약 60센티미터, 무게는 45킬로그램가량이었다. 이튿날 모조케르토로 운반하도록 했다. 수라바야에 돌아갈 때 가져갈 생각이었다. 아르주나 산의 자락에 자리 잡은 워노살람에서 잠시 머물기로 마음먹었다. 숲이 있고 사냥감이 많을 거라는 얘기를 들었기 때문이다. 처음에는 부지사가 섭정에 내리는 권고를 얻어야 했고, 그 다음에는 섭정이 웨도노에게 내리는 명령을 받아내야 했다. 일주일 늦게 짐과 일꾼들을 데리고 모조아궁에 도착했는데, 웨도노의 동생과 사촌의 할례를 축하하는 닷새짜리 축제가 한창이었다. 내게는 옥외의 작은 방을 내어주었다. 마당과 널따란 손님맞이 오두막은 한밤에 열릴 축제를 준비하느라 오고 가는 원주민으로 가

고대 부조

득했다. 나도 초대를 받았지만 그냥 잠자리에 들고 싶었다. 가믈란[48]이라는 토착 악단이 저녁 내내 음악을 연주했다. 악기와 연주자를 관찰할 좋은 기회였다. 악기는 주로 다양한 크기의 공이었는데, 낮은 나무 틀에 8~12개가 한 벌로 걸려 있었다. 연주자 한 명이 한 벌씩 맡아 채 한두 개를 가지고 연주했다. 북과 가마솥북(케틀드럼) 사이에 놓여 단독으로 또는 쌍으로 연주되는 커다란 공도 있었다. 넓은 금속 막대기로 된 악기도 있었는데 틀을 가로질러 매단 줄로 지탱했다. 비슷한 식으로 설치된 대나무 조각은 가장 높은 음을 냈다. 이 밖에도 피리와 신기하게 생긴 두 줄짜리 바이올린이 있어서 연주자는 총 스물네 명이 필요했다. 지휘자가 연주를 시작하고 박자를 조율하면 각 연주자가 맡은 부분을 연주했다. 이따금 몇 마디는 함께 어우러져 화음을 내기도 했다. 곡은 길고 복잡했으며 몇몇 연주자는 아직 소년이었는데도 맡은 부분을 정확하게 연주했다. 전반적 효과는 매우 흥겨웠지만, 악기가 대부분 비슷했기 때문에 우리의 악단보다는 거대한 오르골과 더 비슷했다. 곡을 완벽하게 감상하려면 연주에 참여하는 많은 연주자들을 바라보아야 했다. 이튿날 아침에 나와 짐을 목적지에 데려다줄 인부와 말을 기다리고 있는데 열네 살쯤 되어 보이는 소년 두 명이 들어왔다. 허리 아래로 사롱을 입었으며 온몸에 노란색 가루를 바르고 흰 화관, 목걸이, 팔찌로 장식했다. 처음에는 야만인 신부처럼 보였다. 사제 두 명이 청년들을 집 앞 공터의 의자로 데려가서는 군중 앞에서 할례식을 거행했다.

워노살람으로 가는 길은 웅장한 숲을 통과하는데, 숲속 깊은 곳에서 우리는 왕릉이나 영묘였을 아름다운 폐허를 스쳐 지나갔다. 오로지 돌

48 목제, 금속제 등의 타악기를 중심으로 한 인도네시아 민속음악. _옮긴이

로만 지었으며 정교하게 조각되어 있었다. 기단 근처에는 고부조로 조각된 돌조각이 불쑥 튀어나와 있었다. 조각은 망자의 삶을 묘사한 것으로 보이는 일련의 장면으로 이루어졌다. 모든 장면이 아름다웠으며, 특히 일부 동물 형상은 쉽게 알아볼 수 있고 매우 정확했다. 윗부분이 손상되어 온전한 형태를 확인할 수는 없었지만 전체 디자인은 매우 훌륭했으며 수많은 네모난 돌을 쇠시리 대신 들쭉날쭉하게 배치하여 근사한 효과를 냈다. 이 구조물의 크기는 가로세로가 각각 2.8미터에 높이가 6미터였다. 길가의 약간 솟아오른 곳에서 어둑어둑한 숲을 배경으로 우람한 나무의 그늘에서 식물과 덩굴로 덮인 채 놓인 이 구조물을 문득 쳐다본 여행자는 엄숙하고 그림 같은 아름다운 장면에 넋을 잃고 발전이 오히려 퇴보가 아닌가 숙고하게 된다. 세상의 수많은 머나먼 지역에서 고도의 예술성과 건축 기술을 갖춘 민족이 절멸하거나 쫓겨나고 우리가 판단하기에 훨씬 열등한 민족이 그 자리를 차지하지 않았던가.

자와 섬의 건축물 유적이 얼마나 많고 아름다운지 아는 영국인은 거의 없다. 글이나 그림으로 대중에게 소개된 적이 한 번도 없기에, 이들의 작품이 중앙아메리카나 심지어 인도를 훌쩍 뛰어넘는다는 사실을 알면 대부분은 깜짝 놀랄 것이다. 이 유적을 간략하게 소개하고, 너무 늦기 전에 부유한 아마추어가 이 유적을 철저히 탐사하고 아름다운 조각을 정확한 사진 기록으로 남기도록 장려하기 위해 가장 중요한 유적들을 스탬퍼드 래플스 경의 『자와의 역사*History of Java*』에 간단히 언급된 대로 나열하겠다.

프람바난: 자와 섬 한가운데, 원주민들의 주요 읍내인 요그야카르타와 수라카르타 사이에 프람바난 마을이 있다. 근처에 유적이 많은데 가장 중요한 것은 로로종그랑 신전과 찬디세우 신전이다. 로로종그랑

에는 별도의 건물이 스무 채, 즉 큰 신전 여섯 채와 작은 신전 열네 채가 있었다. 지금은 폐허 더미이지만 가장 큰 신전은 높이가 27미터였을 것으로 추정된다. 모두 단단한 돌로 지었으며 사방이 조각과 부조로 장식되었다. 수많은 조각상이 새겨졌는데 상당수는 지금도 고스란히 남아 있다. 찬디세우는 '1,000채의 신전'이라는 뜻으로, 아름답고 거대한 형상이 많다. 베이커 선장은 이 유적을 조사하고서 "인간 노동과 오래전에 잊힌 과학과 취향의 산물 중에서 이렇게 어마어마하고 완성된 표본이 이곳처럼 좁은 면적에 모여 있는 것"은 평생 한 번도 본 적이 없다고 말했다. 찬디세우는 가로세로가 각각 55미터에 달하며, 84채의 작은 신전이 맨 바깥 줄을 이루고 76채가 둘째 줄을, 64채가 셋째 줄을, 44채가 넷째 줄을 이루며, 28채가 다섯째 줄로 안쪽에서 평행사변형을 그린다. 총 296채의 작은 신전이 다섯 개의 규칙적인 평행사변형을 이루고 있다. 한가운데에는 십자형의 커다란 신전이 있는데, 조각으로 화려하게 장식한 높다란 계단이 주위를 둘러쌌으며 안에는 방이 여러 개 있다. 열대식물 때문에 작은 신전은 대부분 폐허가 되었으나 일부는 꽤 온전한 상태로 남았으며 이를 통해 전체 모습을 상상할 수 있다.

800미터쯤 떨어진 곳에 찬디칼리베닝이라는 또 다른 신전이 있는데, 가로세로가 각각 7미터에 높이가 18미터이며 보존 상태가 매우 양호하다. 신전을 덮은 힌두교 신화의 조각상들은 인도의 조각보다 훨씬 훌륭하다. 인근에는 왕궁, 회당, 신전이 더 있으며 신상神像도 풍부하다.

보로부두르: 서쪽으로 약 129킬로미터를 가면 케두 주에 보로부두르 대신전이 있다. 작은 언덕에 세워졌으며 중앙 돔과 일곱 단의 테라스식 벽으로 이루어졌다. 테라스 벽은 비탈을 덮었으며 층층이 노천 화랑을 이룬다. 계단과 출입구로 드나들 수 있다. 중앙 돔은 지름이 15

미터이며, 탑 72개가 세 겹의 원으로 주위를 둘러쌌다. 전체 건물은 가로세로가 각각 58미터이고 높이가 약 30미터다. 테라스 벽의 벽감에는 실물보다 큰 가부좌상이 약 400개 들어 있으며 테라스 벽 양면에는 단단한 돌에 부조로 새긴 형상이 가득했다. 길게 펴면 5킬로미터에 이를 것이다! 이집트의 대피라미드를 짓는 데 들어간 인간의 노고와 기술은 자와 섬 한가운데에 있는 이 조각 신전을 완공하는 데 들어간 것에 비하면 새 발의 피다.

구눙프라우: 사마랑 남서쪽으로 약 64킬로미터 떨어진 구눙프라우라는 산에 가면 넓은 고원이 유적으로 덮여 있다. 이 신전들에 이르려면 산 양쪽에서 네 단의 돌계단을 올라야 하는데, 각 단의 계단 수는 1,000개를 넘는다. 이곳에서 400채에 이르는 신전 흔적이 발견되었으며 상당수(어쩌면 전부)는 화려하고 정교한 조각으로 장식되었다. 이곳과 프람바난 사이 97킬로미터에 이르는 전 지역이 유적으로 가득하다. 훌륭한 조각상이 하수도에 널브러져 있거나 담벼락 대용으로 쓰이고 있다.

자와 섬 동부의 케디리와 말랑에도 고대 유적이 풍부하지만 건축물 자체는 대부분 무너졌다. 하지만 조각상은 얼마든지 있어서 요새, 왕궁, 목욕탕, 수로, 신전의 유적이 어디에서나 발견된다. 내가 직접 관찰하지 않은 것을 묘사하는 것은 이 책의 기조에 어긋나지만, 어차피 기조를 어겼으니 이 놀라운 예술품들에 이목을 집중시킬 수 있었길 바란다. 단단하고 다루기 힘든 조면암에 정교하고 예술적인 감성을 불어넣어 만든 이 수많은 조각을 생각하면, 게다가 전부가 열대 섬 한 곳에서 발견되었음을 생각하면 말문이 막힌다. 그 사회는 어떤 상태였을지, 인구는 얼마나 되었을지, 생계 수단이 무엇이었기에 이토록 거대한 작품을 남겼을지는 영영 수수께끼로 남을지도 모른다. 이 작품들은 종교 사상이 사회생활에 미치는 위력을 보여주는 놀라운 사례다. 500년 전만 해도 이 위대한 작품들이 해마다 건설된 바로 그곳에서 이제는 주민들이 대나무와 짚으로 남루한 집을 지을 뿐, 선조들의 유물을 몰라보고 경탄하며 거인이나 악마의 작품이라고 철석같이 믿는다. 네덜란드 정부가 열대식물의 파괴 작용으로부터 이 유적을 보존하고 온 땅에 흩어진 훌륭한 조각을 수집하려는 적극적인 조치를 취하지 않는 것은 개탄스러운 일이다.

워노살람은 해발 약 300미터에 위치해 있지만 안타깝게도 숲과는 거리가 멀고 커피 농장, 대나무 덤불, 잡초로 둘러싸여 있다. 매일 숲까지 걸어가기는 너무 멀었으며 다른 방향으로는 곤충을 채집할 장소를 찾을 수 없었다. 하지만 워노살람은 공작으로 유명했는데, 내 심부름꾼은 금세 이 아름다운 새를 몇 마리 사냥했다. 고기는 연하고 희고 맛있는 것이 칠면조 고기와 비슷했다. 자바공작*Pavo muticus*은 인도공작과 다른 종으로, 목이 비늘 같은 초록색 깃털로 덮였으며 볏의 형태가 다르다. 하지만 눈동자 모양의 꽁지깃은 인도공작 못지않게 크고 아름답다. 수마트라 섬이나 보르네오 섬에서는 자바공작을 찾아볼 수 없는 데 반해 이 섬들에 서식하는 근사한 청란, 부채꼬리꿩*Lophura ignita*, 쇠공작속*Polyplectron*의 꿩이 자와 섬에 전혀 없는 것은 지리적 분포로 볼 때 기이한 현상이다. 이와 정확하게 일치하는 현상으로, 실론 섬과 인도 남부에는 공작이 많지만 북인도에 서식하는 근사한 비단꿩속*Lophophorus* 등의 아름다운 꿩은 하나도 찾아볼 수 없다. 이것은 공작이 영역 내에 경쟁자를 허락하지 않기 때문인 듯하다. 이 새들이 원산지에서 희귀하고 유럽에서 산 채로 알려져 있지 않다면 깃털 달린 동물의 진짜 군주로 여겨졌을 것이 분명하다. 그 위엄과 아름다움은 따라올 새가 없다. 하지만 세상에서 가장 아름다운 새를 꼽으라고 했을 때 공작을 꼽는 사람은 거의 없을 것이다. 이는 파푸아의 야만인이나 부기족 무역상이 극락조를 으뜸으로 꼽지 않는 것과 마찬가지다.

워노살람에 도착한 지 사흘이 지났을 때 친구 볼 씨가 나를 찾아왔다. 볼 씨는 이틀 전에 모조아궁 근처에서 한 소년이 호랑이에게 잡아먹혔다고 말했다. 소년이 해거름에 달구지를 타고 큰길로 집에 돌아가고 있었는데, 마을까지 800미터도 남지 않은 곳에서 호랑이가 달려들어 가까운 밀림으로 끌고 가서는 먹어치웠다고 했다. 이튿날 아침에 사체가 발견되었는데 토막 난 뼈 몇 개만 남아 있었다. 웨도노는 남자 700명가량을 불러 모아 호랑이를 추적했다. 나중에 듣기로 녀석을 찾아내어 죽였다고 한다. 이런 식으로 호랑이를 쫓을 때는 창만 쓴다. 넓은 지역을 둘러싸고는 조금씩 좁혀들어 결국 무장한 사내들의 작은 원 안에 가둔다. 호랑이는 달아날 곳이 없다는 것을 알면 대개는 뛰어오르는데 여남은 개의 창을 맞고는 그 자리에서 숨이 끊어진다. 물론 이렇게 죽인 호랑이의 가죽은 쓸모가 없다. 볼 씨에게 녀석의 두개골을 고스란히 남겨달라고 부탁했는데, 주민들이 이빨을 뽑으려고 난도질해버렸다. 그들은 이빨을 부적처럼 달고 다닌다.

워노살람에서 일주일을 보내고 산기슭으로 돌아와 자파난이라는 마을을 찾았다. 여러 조각숲으로 둘러싸인 것이 나의 탐사에 적격인 듯했다. 촌장은 자기 마당 쪽에 대나무로 지은 작은 방 두 칸을 내어주었으며 힘닿는 데까지 나를 도와주고 싶어 했다. 날씨는 지독하게 덥고 건조했으며 몇 달째 비가 전혀 내리지 않았다. 그 결과 곤충, 특히 딱정벌레의 씨가 말랐다. 그래서 나는 새를 채집하는 데 주력하여 꽤 괜찮은 표본들을 입수했다. 전에 사냥한 공작은 모두 꽁지가 짧거나 불완전했는데, 이번에 손에 넣은 두 표본은 길이가 2.1미터를 넘었다. 한 마리는 고스란히 보존했으나 나머지 한 마리의 꽁지깃은 두세 마리

자와족 촌장의 초상화

의 꽁지에 붙였다. 공작이 땅에서 먹이를 먹는 모습을 보노라면, 저렇게 길고 거추장스러운 꽁지깃을 달고 어떻게 공중으로 날아오를 수 있는지 놀라울 따름이다. 하지만 공작은 정말로 날 수 있다. 짧은 거리를 잽싸게 달리다 비스듬히 솟아올라 꽤 높은 나무를 훌쩍 넘는다. 나는 이곳에서 희귀한 녹색야계*Gallus varius* 표본도 구했다. 등과 목에는 청동색 깃털이 비늘처럼 아름답게 나 있고 끝이 뭉툭한 계란 모양 볏은 보랏빛 자주색인데 밑동으로 가면 초록색으로 바뀐다. 빨간색, 노란색, 파란색이 화사하게 어우러진 커다란 육수肉垂[49]가 멱 아래에 하나 달린 것도 이채롭다. 적색야계*Gallus gallus*도 손에 넣었다. 여느 싸움닭과 거의 똑같이 생겼지만 소리가 훨씬 짧고 딱딱 끊어진다. 현지어로는 '베케코'라고 한다. 딱다구리 여섯 종과 물총새 네 종도 발견했다. 큰뿔코뿔새*Buceros rhinoceros*는 길이가 1.2미터를 넘었고, 예쁘고 작은 노랑가슴사탕앵무*Loriculus pusillus*는 여남은 센티미터에 불과했다.

어느 날 아침에 표본을 준비하고 정리하던 중에 재판이 열린다는 말을 들었다. 곧 사내 네댓 명이 들어와 마당에 있는 청중 오두막 아래에 깔린 멍석 위에 쭈그리고 앉았다. 그러자 촌장이 직원을 데리고 들어와 그들을 마주 보고 앉았다. 사내들은 돌아가면서 자기 이야기를 했는데, 처음 들어온 자들은 죄수, 고발인, 경찰, 증인이었으며 죄수만 손목에 줄이 (묶이진 않고) 느슨하게 감겨 있어서 표시가 났다. 절도 사건이었다. 증거를 제시하고 촌장이 몇 가지 질문을 던진 뒤에 피고인이 몇 마디 하고 나서 판결이 내려졌다. 벌금형이었다. 사람들은 일어나더니 매우 다정한 모습으로 함께 걸어 나갔다. 그들의 태도에서는 울화나 악감정의 기미가 전혀 보이지 않았다. 이 재판은 말레이인의

49 칠면조, 닭과 같은 수컷 조류에서 목 부분의 늘어진 피부. _옮긴이

성격을 보여주는 좋은 예다.

워노살람과 자파난에서 한 달간 채집한 결과 조류 98종을 모았지만 곤충은 한심한 수준이었다. 그래서 자와 섬 동부를 떠나 서쪽 끝의 습하고 울창한 지역을 탐사하기로 마음먹었다. 나는 물길로 수라바야에 돌아왔다. 널찍한 배에 나와 일꾼들, 짐까지 실었는데도 뱃삯은 모조케르토에 올 때의 5분의 1에 불과했다. 강은 배를 띄울 수 있도록 공들여 둑을 쌓았지만 이 때문에 인근 지역은 이따금 범람에 시달려야 했다. 이 강은 교통량이 엄청났으며 우리가 지나온 갑문에서는 짐 실은 배들이 두세 줄로 1~2킬로미터를 늘어서 있었다. 갑문은 한 번에 여섯 척씩 통과할 수 있었다.

며칠 뒤에 증기선을 타고 자카르타에 도착하여 고급 호텔에서 일주일가량 머물며 내륙 탐사 일정을 준비했다. 읍내의 상업 지구는 항구 근처이지만, 호텔과 공직자 및 유럽인 상인의 모든 숙소는 3킬로미터 떨어진 교외에 있다. 이곳은 널찍한 길과 광장이 넓은 범위에 펼쳐져 있다. 방문객에게는 매우 불편하다. 근사한 쌍두마차가 유일한 운송 수단인데 반나절 최저 운임이 5길더(8실링 4펜스)[50]여서 아침에 한 시간 업무를 보고 저녁에 방문 일정을 잡으면 마찻삯만 하루에 16실링 8펜스가 든다.

자카르타는 머니 씨의 생생한 설명과 거의 일치하나, 그가 말한 '깨끗한 운하'는 진흙투성이였으며 주택 단지로 가는 '평탄한 자갈 길'은 하나같이 뾰족뾰족한 돌멩이가 깔려 있어서 발을 디디면 무척 아팠다. 이것은 자카르타에서 누구나 마차를 타고 다닌다는 사실로는 설명하기가 힘들다. 사람들이 정원에서 걸어 다니지 않을 리 없으니 말이다.

---

50 길더는 네덜란드의 화폐 단위. _옮긴이

오텔데쟁드 호텔은 매우 안락했고 객실마다 거실 겸 침실이 있는데 베란다로 연결되어 아침 커피와 오후 차를 즐길 수 있다. 안뜰 한가운데 건물에는 언제나 쓸 수 있는 대리석 욕조가 여럿 구비되어 있으며, 열 시 아침 식사와 여섯 시 저녁 식사를 훌륭한 정식定食으로 먹을 수 있다. 저렴한 하루 숙박료에 이 모든 서비스가 포함되어 있다.

마차로 보고르에 갔다. 읍내는 내륙으로 60킬로미터 들어간 곳에 있으며 높이는 해발 약 300미터다. 온화한 기후와 식물원으로 유명하지만, 식물원은 다소 실망스러웠다. 산책로에는 온통 자갈이 듬성듬성 깔려 있어서 열대의 태양 아래에서 오래 걸어 다니면 몹시 피곤하고 고생스러웠다. 물론 열대식물과 특히 말레이 식물이 아주 풍부했지만 전시하는 솜씨가 형편없었다. 장소를 정돈할 인력이 충분치 않았고 식물 자체도 번식과 아름다움 면에서 잉글랜드의 온실에서 기르는 같은 종에 비교가 되지 않았다. 그 이유는 쉽게 설명할 수 있다. 식물은 자연 그대로의 조건이나 매우 양호한 조건에 놓이는 일이 드물다. 대부분 기후가 너무 덥거나 너무 춥고, 너무 습하거나 너무 건조하다. 딱 알맞은 양의 그늘이나 꼭 맞는 흙을 얻기도 힘들다. 잉글랜드의 온실에서는 각 식물에 맞는 다양한 조건을 큰 식물원보다 훨씬 훌륭하게 제공할 수 있는 데 반해 현지 식물원에서는 식물이 대부분 원산지나 근처에서 자라기 때문에 개별적으로 관심을 기울이지 않아도 된다고 생각한다. 하지만 이곳에도 감탄스러운 것이 있다. 위풍당당한 야자나무가 줄지어 있고 50종은 될 듯한 대나무가 숲을 이루고 있으며 수없이 다양한 열대 떨기나무와 신기하고 아름다운 잎을 뽐내는 나무들이 있다. 보고르는 자카르타의 지독한 열기에서 벗어날 수 있어서 지내기에 쾌적하다. 고도는 저녁과 밤에 서늘할 만큼 높지만 옷을 갈아입어야 할 만큼 높지는 않다. 더운 평야 지대에서 오래 지낸 사람에게는 공기가 늘 신선하고 상쾌하며 하루 중 어느 때 산책해도 괜찮다. 주위 풍경은 그림처럼 초목이 우거졌다. 정상에 잘려나간 자리가 삐죽빼죽한 대大화산 구눙살락은 많은 풍경들의 독특한 배경을 이룬다. 1699년에 거대한 진흙 분화가 일어났는데 그 뒤로 이 산은 활동을 완전히 멈췄다.

보고르를 떠나면서 짐 실을 달구지와 내가 탈 말을 구했다. 둘 다 10~11킬로미터마다 교체할 요량이었다. 도로는 점차 높아졌으며 첫 고갯마루를 넘자 언덕이 양쪽으로 좁아져 넓은 계곡을 이루었다. 기온이 서늘하고 상쾌한 데다 주위가 흥미로워서 말에서 내려 걷기로 했다. 유실수 사이에 박힌 원주민 마을과 농장주나 네덜란드 공무원이 사는 예쁜 빌라가 기분 좋은 문명의 분위기를 더했다. 하지만 무엇보다 눈길을 끈 것은 이곳 어디에서나 볼 수 있는 다랑논이었다. 세상 어디에도 이에 비길 만한 것은 없을 것 같았다. 주 계곡과 지곡支谷의 비탈은 어디나 꽤 높은 곳까지 계단 모양으로 깎아냈으며, 지대가 둥글게 휘어진 곳에서는 언덕이 움푹 들어가 마치 거대한 원형 극장 같았다. 수만 헥타르의 면적에 들어선 다랑논을 보니 사람들의 노고와 유구한 문명이 사무치게 느껴졌다. 다랑논은 인구가 증가하는 만큼 해마다 넓어지는데 각 마을의 주민들은 촌장의 지휘에 따라 일사불란하게 일한다. 이렇게 방대한 다랑논을 조성하고 관개하려면 이런 식의 공동 경작이 필수적이었으리라. 다랑논은 인도 브라만이 들여왔을 것이다. 문명인이 살았던 흔적이 전혀 없는 곳에서는 다랑논을 찾아볼 수 없기 때문이다. 이런 경작 방식을 처음 본 것은 발리 섬과 롬복 섬에서였는데, 나중에 자세히 설명할 테니(10장 참고) 여기서는 더 말할 필요가 없을 것이다. 다만, 자와 섬 서부 지역의 윤곽이 더 섬세하고 초목이 무성하기에 가장 두드러지고 아름다운 효과를 낸다. 자와 섬의 산자락은 기후가 적당하고 흙이 기름지다. 생활비가 적게 들고 재산이 안전하기 때문에 정부 일자리에서 근무한 유럽인 중에 많은 사람이 유럽으로 돌아가지 않고 이곳에 눌러앉는다. 이들은 자와 섬에서 접근성이 좋은 곳이면 어디든 진출해 있으며 원주민의 점진적 발전과 나라 전체의 꾸준한 평화와 번영에 크게 기여한다.

보고르를 지나 30킬로미터를 가면 역로驛路는 약 1,370미터 높이의 메가멘둥 산을 지난다. 이 지역은 수려한 산악 지대이며 산 위쪽에 원시림이 많이 남아 있다. 자와 섬에서 가장 오래된 커피 농장 몇 군데가 이곳에 있는데 커피나무가 거의 숲에 있는 나무만큼 크게 자랐다. 길의 가장 높은 곳에서 약 150미터 아래에 도로지기의 오두막이 있다. 채집을 많이 할 수 있을 것 같아서 오두막의 절반을 두 주 동안 빌렸다. 자와 섬 서부의 동식물이 동부와 전혀 다르다는 사실은 금세 알 수 있었다. 이곳에서는 더 인상적이고 독특한 새와 곤충을 발견할 수 있었다. 첫날, 내 사냥꾼들이 노란색과 초록색의 우아한 자바비단날개새 *Apalharpactes reinwardtii*, 덤불 사이를 팔랑팔랑 날아다닐 때면 마치 불꽃처럼 작고 아름다운 순다할미새사촌*Pericrocotus miniatus*, 희귀하고 신기한 붉은가슴검은꾀꼬리*Oriolus cruentus*를 잡아다주었다. 이 종들은 전부 자와 섬에서만 발견되며 심지어 서부에만 서식하는 것으로 보인다. 일주일 만에 스물네 종 이상의 조류를 손에 넣었다. 동부에서는 보지 못한 녀석들이었다. 두 주가 지나자 이 수는 마흔 종으로 늘었다. 거의 전부 자와 섬 고유종이었다. 크고 멋진 나비도 꽤 많았다. 어두운 협곡과 이따금 길가에서는 최상의 파리스보라제비나비*Papilio paris*를 잡았다. 날개는 금빛 초록색 알갱이를 뿌린 듯했으며 띠와 달 모양 점이 선명했다. 그늘진 오솔길에서는 우아한 모양의 가는꼬리사향제비나비류*Losaria coon*(177쪽 삽화 참고)가 날개를 느릿느릿 팔락거리며 날았다. 어느 날 소년 하나가 손가락 사이에 나비를 끼워 가져왔다. 나비는 하나도 다치지 않고 멀쩡했다. 길가 진창에서 날개를 세운 채 앉아 물을 빨고 있는 것을 잡아 왔다고 했다. 최고의 열대 나비 중 상당수가 이런 습성이 있다. 먹이에 얼마나 열중하는지 쉽게 접근하여 잡을 수 있다. 녀석은 희귀하고 신기한 캘리퍼스나비*Polyura kadenii*였다. 뒷날개에 캘리퍼스(측경기)처럼 흰 꼬리가 달린 것으로 유명하다. 내가 본 유일한 표본이었으며, 지금도 잉글랜드에서는 유일한 표본이다.

나는 자와 섬 동부에서 건기의 극심한 더위와 가뭄 때문에 고생했는데 이런 기후는 곤충에게도 매우 해로웠다. 반대로 이곳은 습하고 구름이 많은 날씨였는데 이 또한 좋지 않기는 마찬가지였다. 자와 섬 서부의 내륙에서 한 달을 지내는 동안 하루 종일 덥고 화창한 적은 한 번도 없었다. 거의 매일 오후에 비가 내리거나 산에서 짙은 안개가 내려왔는데 그러면 채집을 중단해야 했다. 표본을 말리기가 매우 힘들었기에 상태 좋은 곤충 표본을 얻을 기회가 전혀 없었다.

자와 섬에서 겪은 가장 흥미로운 사건은 팡그랑고 산과 게데 산 꼭대기에 올라간 일이었다. 팡그랑고 산은 높이가 약 3,000미터인 사화산이며 게데 산은 팡그랑고 산의 자락에 있는 활화산 분화구다. 메가멘둥 길을 따라 약 6.4킬로미터를 가면 산기슭에 치파나스가 있다. 이곳에 총독의 작은 별장과 식물원 분원이 있는데, 관리인이 하룻밤 묵을 침실을 내주었다. 여기에는 아름다운 나무와 떨기나무를 많이 심었으며 총독의 밥상에 올릴 유럽 채소를 대량으로 기른다. 식물원의 경계 역할을 하는 작은 개울 옆에는 난을 많이 재배하고 있었다. 난이 나무줄기에 붙어 있거나 가지에 매달려 멋진 야외 난초 온실이 되었다. 산에서 이틀이나 사흘 밤을 머물기로 하고 짐을 나를 달구지 두 대를 마련했다. 이튿날 일찍 사냥꾼 두 명과 함께 출발했다. 첫 1.6킬로미터는 탁 트인 지대였는데, 이곳을 지나자 숲이 나타나 약 1,500미터 높이

캘리퍼스나비

부터 산 전체를 덮고 있었다. 다음 2~3킬로미터는 꽤 가파른 오르막을 따라 거대한 원시림을 통과했다. 나무는 매우 컸으며 숲 바닥에는 멋진 초본 식물, 나무고사리, 떨기나무가 자라고 있었다. 길옆에서 양치식물이 어마어마하게 많이 자라는 것을 보고 놀랐다. 종류가 무궁무진했다. 새롭고 흥미로운 형태를 관찰하려고 끊임없이 멈춰 서야 했다. 이 산 한 곳에서 300종이 발견되었다는 식물원 직원의 말이 이제야 납득되었다. 정오를 조금 앞두고 가파른 경사가 시작되는 작은 고원 치브름에 도착했다. 이곳에는 관광객이 묵을 수 있는 목조 주택이 있었다. 근처에 그림 같은 폭포와 신기한 동굴이 있었으나 시간이 없어서 들어가 보지는 못했다. 계속 올라가니 길이 좁고 험하고 가팔라졌으며 경사를 따라 지그재그로 휘어들었다. 들쭉날쭉한 돌덩어리로 덮였는데 식물이 빽빽하게 웃자랐으나 키는 크지 않았다. 개울을 지나는데 수온이 끓는점에 가까웠으며 울퉁불퉁한 바닥 위로 거품이 끓어오르고 수증기 구름을 피우는 모습이 무척 이채로웠다. 다른 어느 곳보다 무성하게 늘어진 양치식물과 석송이 이따금 수증기 구름을 가렸다.

약 2,300미터 높이에 칸당바닥, 즉 '코뿔소 들판'이라는 곳에 대나무로 지은 또 다른 오두막이 있었다. 우리는 이곳을 임시 숙소로 삼을 작정이었다. 작은 공터가 있었는데 나무고사리가 무성하고 기나나무속*Cinchona*의 어린 나무가 몇 그루 서 있었다. 안개가 자욱하고 보슬비가 내리고 있었기에 그날 저녁 꼭대기에 오르는 것은 포기했다. 하지만 머무는 동안 두 번 꼭대기에 올랐으며 한 번은 게데 산의 활화산 분화구를 방문했다. 이곳은 거대한 반원형 구멍으로, 검은 수직 암벽이 경계를 이루고 스코리아[51]로 덮인 울퉁불퉁한 비탈이 수 킬로미터

---

51 기공이 많고 무겁고 어두운 색을 띤 유리질의 화산쇄설성 화성암. _옮긴이

에 걸쳐 둘러쌌다. 분화구 자체는 그다지 깊지 않았다. 황과 여러 색깔의 화산 분출물이 여기저기 깔려 있었으며 여러 분기공噴氣孔[52]에서 연기와 수증기가 끊임없이 뿜어져 나왔다. 하지만 사화산이 되어버린 팡그랑고 산이 내게는 더 흥미로웠다. 꼭대기는 불규칙하게 기복을 이룬 평원이고 낮은 산등성이로 둘러싸였으며, 옆에는 깊은 구멍이 나 있었다. 안타깝게도 산에 있는 내내 위에서든 아래에서든 끊임없이 안개가 끼거나 비가 내려서 평원을 내려다볼 수 없었으며 맑은 날 꼭대기에서 볼 수 있는 장려한 풍경을 감상할 수도 없었다. 이런 단점이 있었음에도 이번 나들이는 무척 즐거웠다. 적도 근처의 산에 올라서 열대 식생이 온대 식생으로 바뀌는 광경을 본 것이 처음이었기 때문이다. 이제 자와 섬에서 관찰한 이 변화를 간단히 묘사하겠다.

고작 900미터만 올랐는데 초본식물의 온대 형태를 처음 맞닥뜨렸다. 이곳에서는 딸기류와 제비꽃류가 자라기 시작하나 딸기류는 맛이 없고 제비꽃류는 아주 작고 창백한 꽃을 피운다. 야생 국화가 길가에 나타나면서 유럽 느낌이 나기 시작한다. 열대식물은 600~1,500미터 사이의 숲과 협곡에서 가장 무성하고 아름답게 자란다. 우람한 나무고사리는 15미터까지 자라며 웅장한 느낌을 더한다. 모든 열대식물 중에서 나무고사리야말로 가장 놀랍고 아름다울 것이다. 큰 나무가 벌채된 깊은 협곡 중 몇 곳은 나무고사리가 아래위로 빼곡했으며, 도로가 계곡 한곳과 교차하는 곳에서 눈높이 위아래로 여기저기에 놓인 나무고사리의 솜털 같은 수관은 평생 잊지 못할 아름다운 장면이다. 넓고 멋진 잎을 가진 파초과Musaceae와 생강과의 신기하고 화사한 꽃, 베고니아속*Begonia*과 들모란속*Melastoma* 계열의 우아하고 다채로운 형태

52 화산 등에서 화산 가스가 뿜어져 나오는 구멍. _옮긴이

는 이 지역에서 끊임없이 눈길을 끈다. 수많은 난과 양치식물, 석송은 모든 줄기와 둥치와 가지에 매달려 얽히고설키며 나무와 큰 식물 사이의 공간을 채운다. 약 1,500미터에서 속새류*Eguisetum*를 처음 보았는데 잉글랜드의 속새류와 매우 비슷했다. 1,800미터 높이에는 산딸기가 많고, 그 위로 꼭대기까지는 먹을 수 있는 산딸기속*Rubus* 3종이 자란다. 2,100미터에서는 사이프러스가 나타나고 나무 크기가 작아지며 이끼와 지의류가 더 넓게 퍼져 있다. 위로 올라갈수록 이끼와 지의류가 급속히 증가하여, 산비탈을 이루는 암석과 스코리아는 이끼에 덮여 전혀 보이지 않는다.

2,400미터가 되면 유럽에서 볼 수 있는 식물이 많아진다. 인동, 물레나물, 백당나무 여러 종이 풍부하며, 2,700미터에서는 희귀하고 아름다운 프롤리페라앵초*Primula prolifera*를 처음 만났다. 전 세계 어디에도 없고 오로지 이 호젓한 산꼭대기에만 서식하는 종이다. 줄기는 길고 탄탄하며 90센티미터를 넘기도 한다. 근생엽根生葉[53]은 45센티미터이며, 황산앵초를 닮은 꽃은 줄기 끝에만 모여 피는 것이 아니라 돌려나기로 줄기를 둘렀다. 나무는 비틀리고 덤불 크기로 쪼그라들었으며 옛 분화구 가장자리까지 다가갔지만 꼭대기의 구멍을 넘어가지는 않았다. 이곳에는 공터가 많은데, 잉글랜드의 서던우드나 떡쑥을 닮았지만 키는 1.8~2.4미터밖에 안 되는 쑥속*Artemisia*과 왜떡쑥속*Gnaphalium*이 떨기나무 같은 덤불을 이룬다. 그런가 하면 미나리아재비류, 제비꽃류, 산앵도나무류, 방가지똥, 별꽃, 흰색과 노란색의 십자화과Brassicaceae, 플랜틴, 그 밖의 한해살이풀이 어디에나 풍부하다. 덤불과 떨기나무가 있는 곳에는 물레나물과 인동이 많이 자라는 반면에, 프롤

53 뿌리 등에서 돋아 땅 밖으로 나온 잎. _옮긴이

프롤리페라앵초

리페라앵초는 축축한 덤불 그늘에서만 기품 있는 꽃을 피운다.

모틀리 씨는 건기에 이 산에 올라 식물을 꼼꼼히 관찰하고는 멀리 떨어진 온대지역에서 볼 수 있는 속屬의 목록을 다음과 같이 제시했다. 제비꽃속*Viola* 2종, 미나리아재비속*Ranunculus* 3종, 봉선화속*Impatiens* 3종, 산딸기속 8~10종, 그리고 앵초속*Primula*, 물레나물속*Hypericum*, 쓴풀속*Swertia*, 은방울꽃속*Convallaria*, 산앵도나무속*Vaccinium*, 만병초속, 왜떡쑥속, 싱아속*Polygonum*, 디기탈리스속*Digitalis*, 인동속*Lonicera*, 질경이속*Plantago*, 쑥속, 숫잔대속*Lobelia*, 괭이밥속*Oxalis*, 참나무속*Quercus*, 주목속*Taxus*. 몇몇 작은 식물(왕질경이, 창질경이, 방가지똥, 머그워트)은 유럽의 종과 똑같다.

유럽의 식물과 이토록 가까운 종種이 적도 남쪽의 섬에서, 그것도 외딴 산꼭대기에서 자라는데 사방 수천 킬로미터의 저지대는 전혀 다른 성격의 식물상이 자리 잡고 있다는 사실은 매우 이례적이며, 최근 들어서야 납득할 만한 설명이 제시되었다. 테네리페 봉은 더 높이 솟았고 유럽에 훨씬 가까운데도 알프스 식물상이 전혀 없다. 레위니옹 섬과 모리셔스 섬의 산들도 마찬가지다. 따라서 자와 섬의 화산 봉우리는 예외적이다. 하지만 정확히 대응하지는 않더라도 비슷한 사례가 있으니, 이를 통해 이 현상이 어떻게 해서 일어났는지 좀 더 이해할 수 있을 것이다. 알프스 산맥과 심지어 피레네 산맥의 높은 봉우리에는 라플란드와 완전히 똑같지만 중간의 평원에서는 전혀 찾아볼 수 없는 식물이 많다. 미국 화이트 산맥 꼭대기에 있는 식물은 래브라도에서 자라는 종과 하나같이 똑같다. 이 경우는, 평범한 운반 수단은 하나도 통하지 않는다. 대부분의 식물은 씨앗이 무거워서 바람으로는 그 먼 거리를 이동할 수 없다. 마찬가지로 알프스 고봉에 효과적으로 씨를 뿌리는 새의 역할도 배제된다. 씨앗의 전파가 여간 힘든 일이 아니었기에 몇몇 자연사학자는 이 종들이 모두 멀리 떨어진 산꼭대기에서 독자적으로 생겼다고 믿기에 이르렀다. 하지만 최근 빙하기의 연대가 확인되면서 학계에서 보편적으로 인정되는 훨씬 흡족한 해법이 제시되었다. 그 시기에는 웨일스의 산들이 빙하로 가득했으며 중中유럽 산악 지대와 오대호 이북 아메리카의 대다수 지역이 눈과 얼음으로 덮여 있었다. 기후는 지금의 래브라도나 그린란드와 비슷하여, 이 지역 전체가 북극 식물상으로 이루어져 있었다. 빙하기가 지나가고 이 지역의 설층雪層이 모든 산꼭대기에서 내려온 빙하와 함께 비탈을 거슬러 북극 쪽으로 물러나자 식물도 후퇴하여 지금처럼 항설선恒雪線[54] 아래에 머물게 되었다. 유럽과 아메리카 온대지방의 산꼭대기와 메마른 북극 지방에서 동일종이 발견되는 것은 이런 까닭이다.

하지만 자와 섬 산지山地 식물상을 이해하는 데 한발 더 나아가려면 알아야 할 것이 또 있다. 히말라야 산맥의 산비탈, 중中인도와 에티오피아의 산 정상 등에서는 유럽의 산과 똑같지는 않지만 같은 속에 속하는 식물이 많이 보이며 식물학자들 말로는 대표종이라고 한다. 대부분 중간의 온난한 평원에서는 자라지 못한다. 다윈 씨는 이 부류의 현상도 같은 식으로 설명할 수 있다고 생각했다. 가장 극심한 빙하기에는 온대식물이 열대의 범위에까지 퍼졌을 것이고 빙하기가 지나갔을 때는 이 남부의 산까지 또한 북쪽으로는 유럽의 평야와 언덕까지 물러났으리라는 것이다. 하지만 이 경우에 시간이 많이 흐르고 여건이 부쩍 달라지면 많은 식물이 심하게 변이하여 별개의 종으로 분류된다. 비슷한 성격의 여러 현상을 고려한 끝에 다윈 씨는 북쪽의 일부 온대식물이 적도를 건너(지대가 가장 높은 경로를 따라) 지금 이 식물들이

54 사계절 내내 눈이 녹지 않는 곳과 녹는 곳의 경계선. _옮긴이

발견되는 남극 지역에 도달하는 데 기온 하락이 한때 충분한 요인이었다고 믿게 되었다. 이 믿음의 바탕이 되는 증거는 『종의 기원*The Origin of Species*』 2장 후반부에서 찾아볼 수 있으며, 당분간 이를 가설로서 받아들인다면 유럽 식물상이 자와 섬 화산에 서식하는 이유를 설명할 수 있다.

하지만 자와 섬과 대륙 사이에 드넓은 바다가 있다는 반론이 당연히 제기된다. 빙하기에 온대식물이 바다를 건너 이주하는 것은 사실상 불가능했다. 자와 섬이 예전에 아시아와 연결되어 있었고 그 결합이 빙하기 즈음에 일어났다는 충분한 증거가 없다면 이는 결정적 반론일 것이다. 이러한 연결의 가장 놀라운 증거는 자와 섬의 대형 포유류인 코뿔소, 호랑이, 반텡(야생 소) 등이 타이와 버마에서도 서식한다는 것이다. 사람이 들여왔을 리는 없다. 자와 섬의 공작과 몇몇 조류도 두 섬에 흔하나, 대부분의 경우 가깝기는 하지만 별개의 종이다. 이는 분리가 일어난 뒤에 (이러한 변형에 필요한) 꽤 오랜 시간이 흘렀으되 완전한 변화를 일으킬 만큼 오래지는 않았음을 시사한다. 이 시간은 온대식물이 자와 섬에 들어온 뒤로 필요한 시간과 정확히 일치한다. 이 식물들은 이제는 거의 모두 별개의 종이지만, 이들이 현재 겪어야 하는 변화된 조건과 이 중 일부가 그 뒤에 인도 대륙에서 사멸했을 확률을 고려하면 자와 섬의 종이 다른 이유를 충분히 납득할 수 있다.[55]

나는 더 범위를 좁혀 탐사했지만, 날씨가 극히 나쁘고 체류 기간이 짧아서 산에서는 거의 성공을 거두지 못했다. 나는 2,100~2,400미터 높이에서 작고 아주 예쁜 분홍머리과일비둘기*Ptilinopus porphyreus*를 잡

55 이제는 이 사례와 유사 사례에 대한 또 다른 설명을 생각해냈는데 전보다 더 완벽하고 더 현실성이 크다(내가 쓴 『섬의 생물』 23장과 『다윈주의(*Darwinism*)』 362~373쪽 참고).

았다. 머리와 목은 온통 진한 분홍색으로 나머지 부분의 초록색 깃옷과 아름다운 대조를 이루었다. 바로 그 꼭대기에서, 그곳에서 자라는 딸기를 먹던 칙칙한 색깔의 지빠귀도 잡았다. 녀석은 형태와 습성이 섬지빠귀류*Turdus poliocephalus*를 닮았다. 곤충은 통 보이지 않았다. 필시 지독하게 습한 기후 때문일 것이다. 여정을 통틀어 나비 한 마리를 잡았을 뿐이다. 하지만 건기에 이 산에서 일주일만 머물면 자연사의 어떤 분야에서든 수집가는 만족스러운 성과를 거둘 것이다.

토에고로 돌아온 뒤에 또 다른 채집 장소를 물색하다 북쪽으로 몇 킬로미터 떨어진 커피 농장으로 이동하고 뒤이어 높고 낮은 산악 지대를 탐사했다. 하지만 곤충을 많이 입수하는 데는 한 번도 성공하지 못했으며 새도 메가멘둥 산보다 훨씬 적었다. 비가 어느 때보다 심해지고 우기가 절정에 이른 탓에 자카르타에 돌아와 짐을 싸고 채집물을 부치고는 11월 1일에 증기선을 타고 방카 섬과 수마트라 섬을 향해 출발했다.

8장

수마트라 섬

(1861년 11월부터 1862년 1월까지)

자카르타 발 싱가포르 행 우편 증기선은 나를 방카 섬의 주요 읍내이자 항구인 멘톡(잉글랜드 지도에는 '민토Minto'로 표기되어 있다)에 데려다주었다. 이곳에서 하루 이틀 머물면서 해협을 건너고 강을 따라 팔렘방까지 타고 갈 배를 구했다. 교외로 조금 걸어 나가니 산지가 많고 온통 화강암과 라테라이트[56] 암석이었다. 숲 식생은 메마르고 왜소했으며 곤충은 거의 찾아볼 수 없었다. 갑판 없는 큰 돛단배를 타고 팔렘방 강 어귀를 건너 한 어촌에서 노 젓는 배를 빌렸다. 여기서 팔렘방까지는 수백 킬로미터를 가야 한다. 바람이 강하고 순풍일 때를 제외하면 물결을 타고 나아가는 수밖에 없었다. 강기슭은 대체로 범람으로 인한 니파야자 습지였기에 닻을 내리고 있어야 하는 시간이 무척 힘겨웠다. 11월 8일에 팔렘방에 도착하여 소개장을 가지고 가서 의사 집에 짐을 풀고는 채집하기에 좋은 장소를 물색했다. 건조한 숲을 찾으려면

56 적갈색을 띠는 풍화토로 사바나 기후지대나 열대 우림에 분포한다. _옮긴이

아주 오래 가야 한다고 사람들이 이구동성으로 말했다. 이 계절에는 수 킬로미터에 이르는 내륙 전 지역이 범람하기 때문이다. 그래서 일주일 동안 팔렘방에 묵으면서 앞으로의 일정을 짜야 했다.

도시는 컸다. 팔렘방 강의 섬세한 굴곡을 따라 5~6킬로미터를 뻗었는데, 강은 템스 강의 그리니치 부근만큼 넓다. 하지만 말뚝에 올린 집들이 강 쪽으로 나와 있어서 물길은 훨씬 좁다. 이곳에서도 커다란 대나무 뗏목 위에 지은 집들이 늘어서 있다. 등덩굴 밧줄로 기슭이나 말뚝에 잡아맸는데 물결을 따라 오르락내리락한다. 양쪽 강기슭에 온통 이런 집들이 들어서 있다. 주로 강을 바라보는 상점으로, 수면 위로 30센티미터만 올라와 있어서 작은 배로 접근하면 팔렘방에서 필요한 것을 무엇이든 간편하게 살 수 있다. 이곳 원주민은 토종 말레이인으로, 물이 있으면 결코 마른땅에 집을 짓지 않으며 배로 갈 수 있으면 결코 걸어가지 않는다. 중국인과 아랍인 비율이 꽤 높은데, 이들은 온갖 무역에 종사한다. 유럽인은 네덜란드 정부의 관료와 장교뿐이다. 읍내는 삼각주 머리에 위치해 있으며, 바다와의 사이에는 최고 수위선보다 높은 땅이 거의 없다. 내륙으로 몇 킬로미터에 걸쳐 본류와 수많은 지류의 기슭은 질척질척하며 우기에는 멀리까지 물에 잠긴다. 팔렘방은 강의 북쪽 기슭으로 몇 킬로미터에 걸친 고지대에 건설되었다. 읍내에서 약 5킬로미터 떨어진 지점에서 지대가 작은 언덕을 이루어 솟아오르는데 꼭대기는 원주민들이 신성시하는 곳이다. 멋진 나무 몇 그루가 그늘을 드리웠고, 반쯤 길들인 다람쥐 무리가 산다. 빵 부스러기나 과일을 내밀면 나무에서 쪼르르 내려와 내 손가락에서 먹이를 낚아채어 홱 달아난다. 꼬리는 곧게 섰고 털은 회색, 노란색, 갈색의 고리를 이루고 고르게 퍼져 무척 아름답다. 동작은 생쥐를 약간 닮아서, 살짝 움직이다가 커다랗고 검은 눈으로 지그시 응시한 뒤에 조심스럽게 앞으로 더 나아간다. 말레이인이 야생동물의 마음을 얻는 것은 성격상 매우 유쾌한 특성 덕분인데, 이것은 어느 정도 자신의 태도에 대한 고요한 숙고와, 행위보다는 휴식을 좋아하는 성격에서 비롯한다. 젊은이는 연장자의 뜻에 복종하며 유럽의 아이들과 달리 못된 짓을 하려는 충동을 전혀 느끼지 않는 듯하다. 길들인 다람쥐가 잉글랜드의 마을 근처에서 심지어 교회 가까이에서 얼마나 오랫동안 나무에서 서식할 수 있을까? 금세 공격받고 쫓겨나거나 올가미에 걸려 쳇바퀴 우리에 갇힐 것이다. 이 귀여운 동물이 잉글랜드에서 길들여졌다는 얘기는 들어본 적이 없지만, 어떤 공원에서든 쉽게 길들일 수 있으리라 생각한다. 흔하지 않기에 틀림없이 더욱 유쾌하고 매력적일 것이다.

여러 차례 수소문한 끝에 팔렘방 위쪽으로 물길을 따라 하루를 가면 군사 도로가 시작된다는 사실을 알아냈다. 도로는 산을 넘어 심지어 벵쿨루까지 뻗어 있었다. 이 길을 택하여 적당한 채집 장소를 찾을 때까지 계속 가보기로 마음먹었다. 이렇게 하면 마른땅과 훌륭한 도로를 확보하고 강을 피할 수 있다. 이 계절에는 물살이 세차서 강을 거슬러 올라가기가 매우 고역이며, 주변 지역이 대부분 물에 잠겨 있기에 채집할 것도 거의 없다. 아침 일찍 출발했지만 도로가 시작되는 마을 로록에는 밤늦게야 도착했다. 그곳에서 며칠 묵었지만 주변 땅 중에서 물에 잠기지 않은 곳은 거의 모두 개간되었으며 유일한 숲도 늪이 되어 들어갈 수 없었다. 로록에서 손에 넣은 조류 중에서 새로운 것은 오목눈이달마쇠앵무*Psittacula longicauda*뿐이었다. 이곳 주민들은 한참-일주일 넘게-가도 여기와 똑같다고 잘라 말했다. 사람들에게는 '수목이 자라는 고지대'라는 개념이 전혀 없는 듯했다. 그래서 계속 가는 것은 무의미하겠다는 생각이 들기 시작했다. 내가 쓸 수 있는 시간이 너무 짧아서 이동하다가 다 써버릴 것 같았다. 하지만 이 지역을 잘 알고 더 똑똑한 사람을 마침내 찾아냈다. 그는 숲에 가고 싶으면 렘방으로 가야 한다고 말했다. 알아보니 약 40~48킬로미터 떨어진 곳이었다.

도로는 16~20킬로미터마다 정식 역참이 있는데, 달구지를 미리 보내어 대기시키지 않으면 하루에 이 거리밖에 주파할 수 없다. 각 역참에는 나그네가 머물 수 있는 숙박 시설이 있는데, 조리실과 마구간이 갖춰져 있고 6~8명이 늘 경비를 선다. 달구지를 고정 가격에 대여하고 인근 마을 주민들이 모두 돌아가면서 달구지를 몰고 한 번에 닷새씩 역참에서 경비를 서는 체계가 확립되어 있다. 덕분에 매우 간편하게 여행할 수 있으며 내게도 무척 편리했다. 나는 아침에 상쾌한 기분으로 16~20킬로미터를 걷고 하루의 나머지는 마을과 인근 지역을 거닐며 탐사했다. 이곳에는 어떤 절차도 밟지 않고 머물 수 있는 숙소가 있었다. 사흘 만에 렘방의 첫 마을 무아라두아에 도착했다. 이곳은 건조하고 기복이 있었으며 여기저기 숲이 꽤 자리 잡고 있었기에 잠시 머물며 주변을 살펴보기로 마음먹었다. 역참 맞은편에는 작지만 깊은 강과 훌륭한 욕장浴場이 있었다. 마을 뒤의 근사한 숲 사이로 도로가 나 있었는데 우람한 나무가 그늘을 드리웠다. 이 때문에라도 머물고 싶었지만, 두 주가 지나도록 곤충을 채집할 좋은 장소를 찾지 못했으며 조류도 믈라카의 흔한 종과 다른 것이 거의 없었다. 그래서 다른 역참으로 이동하여 루북라만에 도착했다. 이곳의 경비 초소는 마을 세 곳에서 1.6킬로미터 가까이 떨어진 숲에 외따로 놓여 있다. 내게는 매우 잘된 일이었다. 남녀노소 군중에게 나의 일거수일투족을 관찰당하지 않고 돌아다닐 수 있기 때문이었다. 또한 각 마을과 주변 농장도 훨씬 자유롭게 가볼 수 있었다.

수마트라 말레이인의 마을은 다소 독특하고 매우 아름답다. 1~2헥타르의 땅에다 높은 울타리를 쳤으며 여기에 집들이 무질서하게 다닥

수마트라 촌락에 있는 촌장의 집과 헛간

다닥 붙어 있다. 키 큰 코코야자나무Coconut palm tree가 집들 사이에서 무성하게 자라며 맨땅은 뭇 사람의 발에 짓밟혀 만질만질하다. 집들은 말뚝에 얹혀 1.8미터가량 솟아 있는데, 가장 좋은 집은 판자로만 지었고 나머지 집들은 대나무로 지었다. 판잣집은 전부 조각으로 장식되었으며 지붕이 높이 솟고 처마가 드리웠다. 박공지붕의 끄트머리와 모든 주요 기둥과 들보는 이따금 매우 우아한 조각으로 덮였는데, 서쪽으로 들어간 미낭카바우 지역에서 더 자주 볼 수 있다. 마루는 쪼갠 대나무를 깔았으며 약간 흔들거린다. 가구라고 부를 만한 것은 전혀 없다. 소파도 의자도 걸상도 없다. 그저 바닥에 멍석을 깔고 앉거나 눕는다. 마을 자체의 풍경은 아주 단정하며 촌장 집 앞은 자주 빗질을 한다. 하지만 집집마다 악취 나는 진구렁이 있어서 고약한 냄새가 진동한다. 집에서 온갖 하수와 쓰레기를 쏟아 버리는 탓이다. 이것만 제외하면 말레이인은 대체로 깨끗하며 때로는 깐깐할 정도로 깨끗하다. 말레이인에게 거의 보편적인 이 독특하고 더러운 관습은 틀림없이 이들이 해양 민족이고 물을 좋아했다는 사실에서 비롯했을 것이다. 이들은 물속에 말뚝을 박고 집을 짓고 살다가 점차 뭍으로 올라왔는데, 처음에는 강과 개울을 따라 올라오다가 그 다음에는 건조한 내륙으로 들어왔다. 한때 무척 편리하고 깔끔하여 가정생활의 일부가 될 만큼 오래 지속된 습관은 첫 정착민이 내륙에 집을 지을 때에도 당연히 계속되었다. 정식 배수 시설이 없고 집들이 다닥다닥 붙어 있으니 다른 식으로 하수를 배출하기는 매우 불편할 것이다.

수마트라 마을에서는 먹을 것을 구하기가 어디에서나 여간 힘들지 않았다. 채소가 나는 철이 아니었기 때문이다. 고생 끝에 여러 종류의 마Yam를 약간 손에 넣었는데 딱딱하고 도무지 먹을 수 없었다. 가금도 매우 귀했으며 과일은 질 낮은 바나나 한 종류뿐이었다. 아일랜드의 가난한 사람들이 감자로 연명하듯 이곳 원주민은 (적어도 우기에는) 쌀만 먹고 산다. 연중 대부분의 기간에는 쌀을 매우 건조하게 쪄서 소금과 고춧가루를 곁들여 하루에 두 번 먹는 것이 유일한 식사다. 하지만 이것은 가난의 징표가 아니라 관습일 뿐이다. 아내와 자식은 손목에서 팔꿈치까지 은팔찌를 차고 있으며 은화 수십 개를 목과 귀에 걸고 다니니 말이다.

팔렘방에서 멀어질수록 일반인이 구사하는 말레이어가 점점 잡탕이 되더니 마침내 알아들을 수 없는 언어가 되어버렸다. 하지만 친숙한 단어 여러 개가 계속 나오는 것을 보면 말레이어의 일종임이 분명했고 대화의 주제도 추측할 수 있었다. 이 지역은 몇 해 전에 평판이 매우 나빴다. 여행자들이 강도를 만나고 목숨을 빼앗기는 일이 부지기수였다. 경계선 분쟁이나 여자 문제로 마을 간에 곧잘 싸움이 벌어졌으며 많은 이들이 목숨을 잃었다. 하지만 지금은 전 지역이 통제관 관할의 구역으로 나뉘고 통제관이 각 마을을 방문하여 고충을 듣고 분쟁을 해결하기 때문에 불미스러운 일이 전혀 일어나지 않는다. 나는 네덜란드 정부가 좋은 영향을 미친 사례를 이것 말고도 무수히 접했다. 네덜란드 정부는 아무리 먼 소유지도 엄격히 감독하고 민족의 성격에 알맞은 통치 형태를 확립하고 폐습을 개량하고 범죄를 처벌하여 어디서나 원주민에게 존경을 받는다.

루북라만은 수마트라 섬 동쪽 끝의 가운데 지점으로, 동쪽, 북쪽, 서쪽으로 바다에서 약 200킬로미터 떨어져 있다. 지면은 기복이 있고 산이나 심지어 언덕이 없으며 바위가 전혀 없고 토양은 전반적으로 잘 부서지는 붉은 진흙이다. 여러 개울과 강이 이곳에서 만나며, 개간지와 조각숲이 고르게 나뉘어 있다. 숲은 원시림도 있고 이차림도 있는데, 유실수가 풍부하며 사방으로 길이 나 있다. 모든 조건을 따져보건대 이곳은 자연사학자에게 가장 유망한 장소다. 연중 더 유리한 시기에는 엄청난 수확을 거둘 수 있으리라 확신한다. 하지만 지금은 우기여서 최적의 입지조차도 곤충이 드물며 나무에 열매가 전혀 없어서 새도 거의 없다. 한 달 동안 채집을 했는데 조류는 서너 종밖에 추가하지 못했다. 다만 상태가 매우 훌륭한 표본들을 손에 넣었는데, 상당수는 희귀하고 흥미로웠다. 나비는 좀 더 성공적이어서 처음 보는 멋진 종을 얼마간 입수했으며, 매우 희귀하고 아름다운 곤충을 많이 잡았다. 여기서 나비 두 종에 대해 잠깐 설명하겠다. 이 나비들은 채집물 중에는 매우 흔하지만 아주 흥미로운 특징을 지니고 있다.

첫 번째는 근사한 멤논제비나비*Papilio memnon*로, 새까만 색깔에다 뚜렷한 회청색 비늘의 줄무늬와 점무늬가 박혀 있는 훌륭한 나비다. 날개를 편 길이는 12.7센티미터이며 뒷날개는 부채 모양 가장자리를 둥글게 둘렀다. 이 형태는 수컷에 해당하고 암컷은 사뭇 다르다. 어찌나 다른지 한때는 서로 다른 종인 줄 알았다. 이 나비들은 형태가 수컷을 닮은 집단과 날개 윤곽이 수컷과 전혀 다른 집단으로 분류할 수 있다. 첫 번째는 색깔이 무척 다양하여 종종 거의 흰색에다 탁한 노란색과 빨간색 무늬가 있지만 이런 차이는 나비에게서 흔히 볼 수 있다. 두 번째 집단은 훨씬 특이한데 뒷날개가 커다란 숟가락 모양으로 늘어나 있어서 같은 곤충이라고 볼 수 없을 정도다. 이 기관은 수컷이나 일반적 형태의 암컷에서는 전혀 찾아볼 수 없다. 이런 꼬리가 달린 암컷은 (수컷에 흔하고 같은 형태의 암컷에서 종종 나타나는) 어둡고 파르스름한 색조를 전혀 띠지 않으며, 예외 없이 (뒷날개 표면의 대부분을 차지하는) 흰색이나 담황색의 줄무늬와 점무늬로 장식되어 있다. 이렇게 독특한 색깔 덕분에 나는 이 특이한 암컷이 같은 속의 나비를 매우 닮았으되-날아다닐 때는-다른 분류군(가는꼬리사향제비나비류)이며

멤논제비나비 암컷들

이것은 베이츠 씨가 훌륭하게 도해하고 설명한 것과 비슷한 의태의 사례임을 발견했다.[57] 이 유사성이 우연이 아니라는 사실은 가는꼬리사향제비나비류의 노란색 대신 빨간색 점이 있는 근연종(더블데이제비나비*Losaria coon doubledayi*)으로 대체된 북인도에서 멤논제비나비의 가까운 근연종이나 변종(여왕제비나비*Papilio androgeus*)의 꼬리 달린 암컷 또한 빨간색 점이 있다는 사실로 충분히 입증된다. 이 유사성의 용도와 이유는 모방되는 나비가 어떤 이유로든 새에게 공격받지 않는 제비나비속*Papilio*의 아속에 속한다는 것이다. 암컷 멤논제비나비와 근연종은 파필리오속의 형태와 색깔을 매우 비슷하게 흉내 내어 새의 공격을 피한다. 같은 아속의 다른 두 종(파필리오안티푸스*Papilio antiphus*와 파필리오폴리폰테스*Papilio polyphontes*)을 파필리오폴리테스테세우스*Papilio polytes theseus*(멤논제비나비와 같은 아속에 속한다)의 두 암컷이 얼마나 비슷하게 흉내 냈던지 네덜란드의 곤충학자 더한은 깜박 속아 넘어가 이들을 같은 종으로 분류했다!

하지만 분명히 다른 이 두 가지 형태와 연관된 가장 흥미로운 사실은 자식의 형태가 둘 중 하나라는 것이다. 네덜란드 곤충학자가 자와섬에서 한배의 애벌레를 길렀는데 수컷과 더불어 꼬리 달린 암컷과 꼬리 없는 암컷이 나왔다. 이것이 정상적 현상이며 중간적 특징을 가진 형태가 결코 나타나지 않는다고 믿을 만한 이유는 충분하다. 이 현상을 이해하려면 잉글랜드인 방랑자가 외딴 섬에서 아내 두 명과 살고 있는데-한 여자는 머리가 검고 피부가 붉은 인도인이고, 다른 여자는 머리가 꼬불꼬불하고 피부가 새까만 흑인이다-이들의 자녀는 부모의 특징이 적당히 섞여 갈색이나 거무죽죽한 혼혈이 되는 게 아니라 남자

57 Trans. Linn. Soc. vol. 18. p. 495; *Naturalist on the Amazons*, vol. 1. p. 298.

가는꼬리사향제비나비류

아이는 전부 아빠처럼 피부가 희고 눈동자가 파란 반면에 여자아이는 전부 엄마를 닮는다고 가정해 보자. 이상하게 생각되겠지만, 이 나비의 사례는 더욱 괴상하다. 각 어미는 아비를 닮은 수컷 새끼와 자신을 닮은 암컷 새끼를 낳을 수 있을 뿐 아니라 또 다른 아내를 닮아 자신과 전혀 다른 암컷 새끼를 낳을 수도 있으니 말이다!

여러분에게 소개하고 싶은 또 다른 종은 남방나뭇잎나비*Kallima paralekta*다. 영국의 번개오색나비Purple Emperor와 같은 과이며 크기는 거의 비슷하거나 크다. 위쪽 표면은 짙은 자주색에다 다양한 잿빛을 띠고 있으며 진한 귤색의 넓은 띠가 앞날개를 가로지른다. 그래서 날개를 펴면 눈에 잘 띈다. 이 종은 건조한 숲과 덤불에서는 드물지 않았는데 여러 번 잡으려다 실패했다. 녀석은 짧은 거리를 난 뒤에 덤불에 들어가 마른 잎 사이에 앉는데, 아무리 살금살금 기어가도 내가 발견하기 전에 불쑥 날아올라 비슷한 장소에 몸을 숨긴다. 결국 운 좋게도 녀석이 숨은 정확한 장소를 볼 수 있었다. 잠시 시야에서 놓치긴 했지만 눈앞에 가까이 있는 것을 발견했다. 하지만 쉬고 있는 모습이 잔가지에 붙은 마른 잎을 빼닮아서 눈을 부릅뜨고 노려보았는데도 속을 뻔했다. 나는 날개를 잡아 여러 마리를 포획했으며 이 놀라운 유사성이 어떻게 생기는지 온전히 이해할 수 있었다.

위 날개 끄트머리는 많은 열대 떨기나무와 나무의 잎처럼 뾰족한 반면에 아래 날개는 좀 더 뭉툭하며 짧고 굵은 꼬리가 달려 있다. 이 두 점 사이로, 잎의 주맥主脈을 꼭 빼닮은 검은 곡선이 지나가며 곡선 양쪽으로는 지맥支脈을 흉내 낸 비스듬한 자국이 몇 개 뻗어 있다. 날개 밑동은 바깥쪽에서, 중앙 및 끝부분은 안쪽에서 이 자국이 더 뚜렷이 보인다. 자국을 이루는 선과 무늬는 근연종에 매우 흔하지만 여기서는 잎맥을 더 정확히 모방하도록 변형되고 강화되었다. 밑면의 색조는 다

날아다니는 가랑잎나비와 쉬고 있는 가랑잎나비

양하지만 낙엽 색깔과 비슷한 회갈색이나 불그스름한 색깔은 빠지는 법이 없다. 이 종은 늘 잔가지에 앉거나 마른 잎 사이에 숨는 습성이 있는데, 이런 장소에서 날개를 바싹 붙이고 있으면 윤곽이 마치 약간 휘어지거나 쪼글쪼글해진 중간 크기의 잎을 방불케 한다. 뒷날개의 꼬리는 완벽한 잎자루 모양으로, 녀석은 꼬리를 가지에 붙이고 가운뎃다리로 몸을 지탱하는데, 가운뎃다리는 주변의 잔가지나 섬유 조직에 가려 보이지 않는다. 머리와 더듬이는 날개 사이에 욱여넣어 꼭 감춘다. 날개 밑동에는 작게 움푹 들어간 곳이 있어서 머리를 넉넉히 집어넣을 수 있다. 이 모든 다양한 수법을 동원하여 감쪽같이 가장하기에 녀석을 관찰하는 사람은 누구나 경탄한다. 녀석의 습성은 이 모든 특징을 활용하는 것이므로 이 유일무이한 의태 사례의 목적에 대해서는 한 점의 의혹도 없다. 그것은 바로 자신을 보호하는 것이다. 녀석은 날갯짓이 힘차고 빨라서 비행 중에는 적으로부터 안전하지만, 쉴 때에도 날 때처럼 눈에 잘 띈다면 오랫동안 멸종을 면하지는 못했을 것이다. 열대 숲에는 곤충을 잡아먹는 새와 파충류가 많기 때문이다. 매우 가까운 근연종인 가랑잎나비*Kallima inachus*는 인도에 매우 흔하며 히말라야 산맥에서 들어오는 모든 채집물에 이 표본이 들어 있다. 이 중 상당수를 관찰하면 똑같이 생긴 것은 하나도 없지만 모든 변종이 마른 잎처럼 생겼음을 알 수 있을 것이다. 여기서는 노란색, 회색, 갈색, 빨간색의 모든 색조를 볼 수 있으며 많은 표본에는 작고 검은 점으로 이루어진 조각과 얼룩이 있다. 이것은 잎에서 자라는 소형 균류를 어찌나 빼닮았던지 처음에는 나비에서 균류가 자라고 있다고 믿지 않을 도리가 없다!

이렇게 이례적인 적응 사례가 하나뿐이라면 설명을 제시하기가 매우 힘들 테지만, 이보다는 불완전할지라도 자연에는 비슷한 사례가 수백 가지 있으며 이로부터 이 특징들이 천천히 생겨난 과정에 대해 일반 이론을 이끌어낼 수 있다. 다윈 씨가 명저 『종의 기원』에서 상술한 바 변이와 '자연선택' 또는 적자생존의 원리에서 이런 이론의 토대를 찾아볼 수 있다. 나는 1867년에 「웨스트민스터 리뷰Westminster Review」에 발표된 논문 '동물의 의태와 그 밖의 보호적 유사성Mimicry, and other Protective Resemblances among Animals'에서 모든 주요한 모방 사례에 이를 적용하려 했다. 이 주제에 대해 자세히 알고 싶은 독자는 내 논문을 참고하기 바란다.[58]

수마트라 섬에는 원숭이가 매우 풍부하며, 루북라만에서는 경비 초소 위로 드리운 나무에 곧잘 올라가기 때문에 녀석들이 뛰어다니는 모습을 잘 관찰할 수 있다.

잎원숭이속*Presbytis* 2종[59]이 가장 많은데, 이 녀석들은 몸통이 호리호리하고 꼬리가 매우 길다. 사냥당하는 일이 별로 없어서 꽤 대담하며, 근처에 원주민만 있을 때는 별로 신경을 쓰지 않는다. 하지만 내가 관찰하러 가면 1~2분간 나를 쳐다보다가 내뺀다. 녀석들은 한 나무의 가지에서 조금 낮은 나무의 가지로 훌쩍 뛰어내리며, 힘센 지도자 원숭이가 대담하게 점프하면 나머지도 망설이다가 따라 뛰는 모습이 무척 재미있다. 종종 마지막 한두 마리는 나머지가 사라질 때까지도 용기를 내지 못하다가 홀로 남고서야 자포자기하여 무턱대고 몸을 날리는데 가느다란 가지에 부딪혔다가 땅에 떨어지는 일이 종종 있다.

호기심이 매우 많은 영장류 큰긴팔원숭이*Symphalangus syndactylus*도 꽤 풍부했지만, 잎원숭이속 원숭이보다는 훨씬 소심하여 마을에 들어

58 이 논문은 나의 『자연선택과 열대의 자연(*Natural Selection and Tropical Nature*)』 3장에 실렸다.

59 수마트라잎원숭이*Presbytis melalophos*와 은색잎원숭이*Trachypithecus cristatus*. _옮긴이

오지 않고 원시림에만 머물러 있었다. 이 종은 작고 팔이 긴 긴팔원숭이속과 관계가 있으나 몸집이 상당히 크며, 라틴어 이름 'Siamanga syndactylus'에서 알 수 있듯 첫째 발가락과 둘째 발가락이 거의 끝까지 붙어 있다는 점이 다르다. 녀석은 부산한 긴팔원숭이보다 훨씬 느리게 움직이며, 나무의 낮은 곳을 돌아다닐 뿐 먼 거리를 뛰어내리는 일은 없다. 하지만 활발하기는 마찬가지여서 엄청나게 긴 팔을 이용하여-키가 90센티미터인 성체의 양팔 너비가 168센티미터나 된다-이 나무에서 저 나무로 쉭쉭 이동한다. 원주민에게 잡혀 어찌나 꼭 묶였던지 상처를 입고 만 작은 큰긴팔원숭이 한 마리를 샀다. 녀석은 처음에는 사나웠으며 나를 물려고 했다. 하지만 녀석을 풀어주고, 녀석이 쉽게 움직일 수 있도록 고리가 달린 말뚝에 연결된 짧은 줄로 묶어 안전하게 하여 베란다 아래의 말뚝 두 개에 매달릴 수 있게 해줬더니 만족하여 더 빨리 돌아다녔다. 열매와 쌀은 아무거나 잘 먹었다. 잉글랜드에 데려가고 싶었으나 출발 직전에 죽었다.[60] 처음에는 나를 싫어하기에 끊임없이 직접 먹이를 주어 길들이려 시도했다. 하지만 어느 날 먹이를 주는 내 손을 아주 세게 물어서 그만 자제력을 잃고 녀석을 사정없이 팼다가 나중에 후회했다. 그 뒤로 나를 더 싫어하게 됐기 때문이다. 녀석은 나의 말레이인 소년들과는 함께 놀았는데, 몇 시간 동안이나 팔을 이용하여 이 말뚝에서 저 말뚝으로, 또는 베란다의 서까래로 뛰어다녔다. 어찌나 수월하고 잽싸게 움직이는지 바라보노라면 늘 즐거웠다. 싱가포르 섬에 돌아왔을 때 녀석은 관심을 한 몸에 받았다. 살아 있는 큰긴팔원숭이를 본 사람이 아무도 없었기 때문이다. 하지만 말레이 반도 일부 지역에는 드물지 않다.

---

60 사실 저자는 큰긴팔원숭이를 배에 실어 보냈으나 항해 중에 죽었다. _옮긴이

수마트라 섬에는 오랑우탄이 산다고 알려져 있으며 실제로 이곳에서 처음 발견되었기 때문에 여러 번 오랑우탄에 대해 물어봤다. 하지만 원주민 중에는 그런 동물을 들어본 사람이 아무도 없었으며 네덜란드 관리 중에서도 오랑우탄을 아는 사람은 없었다. 그러니 오랑우탄이 서식하리라 당연히 예상되는 수마트라 섬 동부의 넓은 평지 숲에는 살지 않으며 북서부의 제한된 영역-원주민 통치자가 전적으로 지배하는 곳-에 국한되어 있다고 결론 내릴 수 있을 것이다. 수마트라 섬의 다른 대형 포유류인 코끼리와 코뿔소는 더 널리 분포하지만, 코끼리는 몇 해 전보다 훨씬 드물며 문명이 전파되기 전에 급속히 자취를 감출 듯하다. 이따금 루북라만 등지의 숲에서 엄니와 뼈가 발견되기는 하지만 살아 있는 코끼리는 결코 목격되지 않는다. 코뿔소(수마트라코뿔소 *Dicerorhinus sumatrensis*)는 여전히 많다. 나는 코뿔소의 발자국과 똥을 끊임없이 보았으며 한번은 먹이 먹는 녀석을 방해하기도 했다. 녀석이 밀림을 뚫고 내뺀 탓에 빽빽한 덤불 사이로 잠깐 본 것이 다였다. 나는 원주민이 주운 꽤 완벽한 두개골과 이빨 여러 개를 손에 넣었다.

또 다른 흥미로운 동물은 순다날원숭이*Galeopterus variegatus*였다. 싱가포르 섬과 보르네오 섬에서도 보았지만 순다날원숭이는 이곳에 더 풍부했다. 이 동물은 몸 전체에 걸쳐 발가락 끝까지, 또한 긴 꼬리 끝까지 넓은 막이 있다. 그 덕에 이 나무에서 저 나무로 비스듬히 날 수 있다. 움직임이 굼떠서-적어도 낮에는-짧게 1~2미터를 달려 나무에 올라가서는 마치 힘들었다는 듯 잠깐 쉰다. 낮 동안에는 나무줄기에 매달려 쉬는데, 올리브색(녹갈색)이나 갈색 털에 희끄무레한 점과 얼룩이 불규칙하게 박혀 있어 얼룩덜룩한 나무껍질 색깔을 빼닮았다. 이것은 보호색임이 틀림없다. 한번은 밝은 어스름에 한 마리가 공터에서 줄기 위로 올라간 뒤에 다른 나무를 향해 비스듬하게 활강하여 나무둥

치 근처에 착지하더니 즉시 위로 올라가는 것을 보았다. 나무 사이의 거리를 걸음으로 쟀더니 64미터였다. 하강 거리는 10~12미터 또는 5분의 1의 경사도를 넘지는 않는 듯했다. 이것은 녀석이 공중에서 방향을 바꿀 능력이 있다는 증거인 듯하다. 그렇지 않다면 그렇게 먼 거리를 날면서 정확하게 줄기에 착지할 가능성이 희박하기 때문이다. 말루쿠주머니쥐와 마찬가지로 순다날원숭이는 잎을 주식으로 하고 위가 매우 크며 장이 길고 꼬불꼬불하다. 뇌는 아주 작으며, 목숨이 아주 질겨서 평범한 방법으로는 죽이기가 여간 힘들지 않다. 꼬리는 물건을 잡을 수 있으며 먹이를 먹을 때 몸을 지탱하는 용도로 쓰는 듯하다. 새끼는 한 번에 하나씩 낳는다고 하는데 내가 관찰했더니 정말 그랬다. 암컷을 한 마리 사냥했는데 눈도 못 뜨고 털도 안 난 아주 조그만 새끼가 가슴께에 바싹 매달려 있었다. 벌거숭이이자 주름투성이인 것이 유대류 새끼를 연상시켰다. 마치 유대류로 이행하는 중인 듯했다. 등에서 다리와 막에 걸쳐 나 있는 털은 짧지만 무척 부드러운 것이 친칠라 털의 질감과 비슷하다.

나는 물길을 따라 팔렘방으로 돌아왔으며 마을에서 하루 머물면서 배 한 척을 물이 새지 않도록 보수하게 했는데 그동안 운 좋게도 커다란 코뿔새의 암컷, 수컷, 새끼를 손에 넣었다. 사냥꾼들을 보냈더니, 내가 아침을 먹고 있을 때 큰코뿔새*Buceros bicornis*의 크고 근사한 수컷을 가져왔다. 사냥꾼 한 명이 말하길 자신이 총을 쏘았을 때 녀석이 암컷에게 먹이를 먹이고 있었고, 암컷은 나무 구멍에 틀어박혀 있었다고 했다. 이 신기한 습성에 대해 종종 읽은 적이 있었기에 원주민 여러 명을 데리고 당장 그곳으로 돌아갔다. 개울과 습지를 건너자 커다란 나무 한 그루가 물 위로 기울어 있었는데 아래쪽 6미터쯤 되는 높이에 작은 구멍이 보였다. 진흙이 잔뜩 박혀 있는 것처럼 보였는데 이것

큰코뿔새 암컷과 새끼

은 큰 구멍을 틀어막은 것이라고 했다. 잠시 뒤에 구멍 안에서 새소리가 시끄럽게 울렸으며 흰 부리 끝이 삐져나오는 것을 볼 수 있었다. 나무에 올라가서 암컷과 알 또는 새끼를 꺼내 오는 사람에게 1루피를 주겠다고 했지만 다들 너무 힘들다며 난색을 표했다. 그래서 내키지 않지만 그냥 돌아왔다. 그런데 한 시간쯤 뒤에 놀랍게도 엄청나게 크고 거친 울음소리가 들리더니 구멍에서 본 암컷과 새끼가 수중에 들어왔다. 새끼는 매우 신기하게 생겼다. 크기는 비둘기만 했지만 몸에 깃털이 하나도 없었다. 매우 포동포동하고 부드러웠으며 피부가 반투명해서 실제 새라기보다는 젤리에 머리와 다리를 붙여놓은 것 같았다.

암컷과 알을 가둬놓고 새끼가 날 수 있을 때까지 포란 기간 내내 암컷에게 먹이를 가져다주는 수컷의 독특한 습성은 여러 큰코뿔새에게서 찾아볼 수 있으며 자연사에서 "허구보다 더 신기한"[61] 현상 중 하나다.

61 바이런의 시 「돈 주앙(Don Juan)」에서 인용한 표현. _옮긴이

9장

인도말레이 군의 자연사

이 책 1장에서는 말레이 제도 서부의 큰 섬들-자와 섬, 수마트라 섬, 보르네오 섬-과 말레이 반도, 필리핀 제도가 최근에 아시아 대륙에서 떨어져 나왔으리라고 결론 내리게 된 이유를 전반적으로 언급했다. 이제 이곳(나는 이곳을 '인도말레이 군'이라고 명명한다)의 자연사를 개괄하고, 이것이 나의 견해를 얼마나 뒷받침하는지 또한 각 섬들의 과거와 기원에 대해 얼마나 많은 정보를 줄 수 있을지 밝히고자 한다.

말레이 제도의 식물상에 대해서는 지금껏 알려진 것이 너무 불완전하고 나 자신도 거의 관심을 기울이지 않았기에 중요한 사실을 많이 도출할 수는 없다. 하지만 말레이 유형의 식물은 매우 중요하다. 후커 씨가 『플로라 인디카*Flora Indica*』에서 밝히고 있듯 이 식물상은 더 습하고 기후가 일정한 인도 지방 전역으로 퍼져 나가며 실론 섬, 히말라야 산맥, 닐기리 산맥, 카시아 산맥에서 발견되는 많은 식물은 자와 섬과 말레이 반도에서 발견되는 것과 동일하다. 이 식물상 중에서 더 특징적인 것으로 등나무(칼라무스속*Calamus* 덩굴 식물)와 키가 크고 줄기

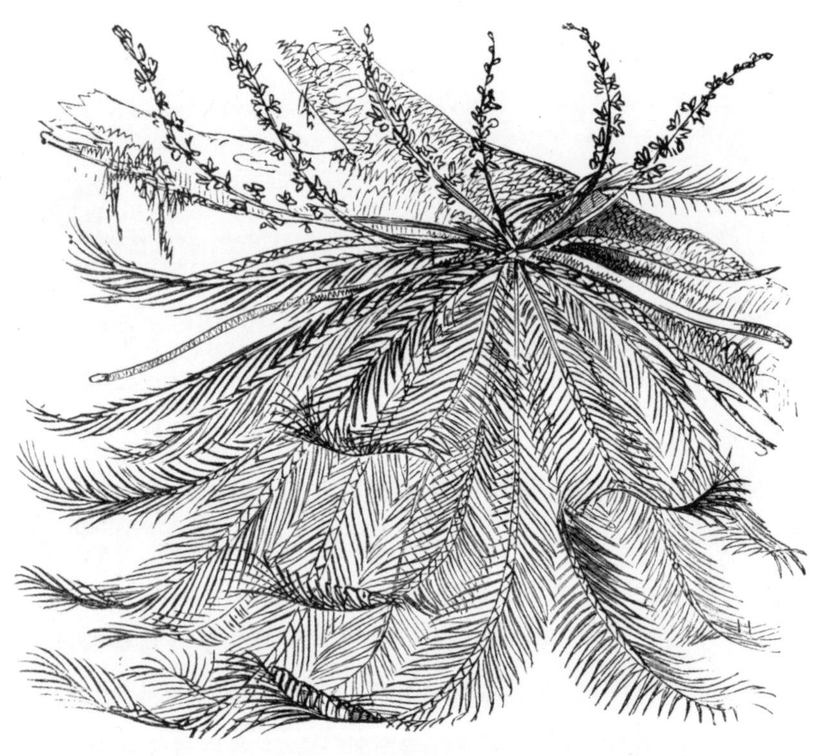

호랑이난*Grammatophyllum speciosum*(대형 난)

가 없는 다양한 야자나무가 있다. 난, 천남성과Araceae, 생강과, 양치식물이 특히 풍부하며 그라마토필룸속*Grammatophyllum*-거대한 착생 난으로, 잎과 꽃대 다발의 길이가 3~3.7미터에 이른다-은 이곳 고유종이다. 또한 근사한 벌레잡이 식물(벌레잡이통풀과Nepenthaceae)의 주 서식지로, 다른 곳에서는 실론 섬, 마다가스카르 섬, 세이셸 섬, 술라웨시 섬, 말루쿠 제도에서 고립된 종으로 서식할 뿐이다. 이름난 과일인 망고스틴과 두리안은 이곳 토종으로 말레이 제도 밖에서는 자라는 법이 없다. 자와 섬의 산지 식물이 아시아 대륙과의 과거 연관성을 보여주는 증거임은 이미 암시된 바 있으며, 로 씨가 보르네오 섬에서 가장 높은 산인 키나발루 산 정상에서 가져온 채집물에서 보듯 오스트레일리아와는 더 뚜렷하고 오래된 연관성이 제기되었다.

식물은 든바다를 건너는 능력이 동물보다 훨씬 뛰어나다. 가벼운 씨앗은 쉽게 바람에 실려 날아가며 상당수 씨앗은 바람을 타도록 적응했다. 또 어떤 씨앗은 오랫동안 손상되지 않고 물에서 떠다닐 수 있으며 바람과 해류에 떠밀려 먼 해안에 당도한다. 비둘기를 비롯한 열매 먹는 새들도 식물을 전파하는 수단이다. 씨앗이 새의 몸속을 통과하면 발아할 준비가 되기 때문이다. 그래서 해안과 저지대에서 자라는 식물은 분포 범위가 넓으며, 식물상의 관계를 정확히 파악하려면 각 섬의 종에 대해 폭넓게 알아야 한다. 아직은 말레이 제도 여러 섬의 식물을 그만큼 완벽하게 알지 못한다. 자와 섬에 있는 산들의 정상에서 북부와 심지어 유럽의 속이 발견되는 것 같은 놀라운 현상이 일어나야만 우리는 자와 섬이 아시아 대륙과 과거에 연결되었음을 입증할 수 있다. 하지만 육상 동물의 경우는 사뭇 다르다. 먼 바다를 건너는 수단이 훨씬 제한적이기 때문이다. 동물의 분포는 식물보다 더 정확하게 조사되었으며, 우리는 대다수 섬의 포유류와 조류 등 동물 집단을 식물보다 훨씬 완벽하게 알고 있다. 유기체가 이 지역에서 지리적으로 어떻게 분포하는지에 대한 대부분의 지식은 이들 두 동물 집단이 알려줄 것이다.

인도말레이 군에 서식하는 것으로 알려진 포유류 수는 약 250종으로 꽤 많다. 박쥐를 제외하면, 이 중에서 수 킬로미터의 바다를 건널 정상적 수단을 가진 포유류는 없다. 따라서 이들의 분포를 고찰하면 현생 종의 출현 이후에 이 섬들이 서로 또는 대륙과 연결되어 있었는지 판단하는 데 큰 도움이 될 것이다.

사수류나 원숭이 무리는 이 지역의 가장 두드러진 특징 중 하나다. 24종이 이곳에 서식하는 것으로 알려져 있는데 섬들에 꽤 고루 분포해 있다. 자와 섬에서는 9종, 말레이 반도에서는 10종, 수마트라 섬에서는 11종, 보르네오 섬에서는 13종이 발견되었다. 사람을 닮은 커다란 오랑우탄은 수마트라 섬과 보르네오 섬에서만 발견되고, 신기한 큰긴팔원숭이(오랑우탄 다음으로 크다)는 수마트라 섬과 믈라카에서만, 코주부원숭이는 보르네오 섬에서만 발견된다. 반면에 긴팔원숭이와 원숭이는 모든 섬에서 발견된다. 여우원숭이를 닮은 늘보로리스속 *Nycticebus*, 안경원숭이속*Tarsius*, 순다날원숭이는 모든 섬에서 찾아볼 수 있다.

말레이 반도에서 발견되는 7종은 수마트라 섬에도 서식하고, 4종은 보르네오 섬에, 3종은 자와 섬에도 서식한다. 한편 2종은 타이와 버마에, 1종은 북인도에도 서식한다. 오랑우탄, 큰긴팔원숭이, 유령안경원숭이*Tarsius tarsier*, 순다날원숭이를 제외하면 말레이 제도의 모든 사수류의 근연종이 인도에 서식하나 이 동물들의 서식 범위가 제한적이어서 완전히 똑같은 경우는 거의 없다.

육식동물은 33종이 인도말레이 군에 서식하는 것으로 알려져 있으며, 그중 약 8종은 버마와 인도에서도 발견된다. 이 중에는 호랑이, 표범, 호랑고양이, 사향고양이, 수달이 있으며, 말레이 육식동물 20속 중에서 13속의 근연종이 인도에 서식한다. 이를테면 신기한 말레이족제비오소리*Helictis orientalis*의 경우 근연종 네팔족제비오소리*Helictis nipalensis*가 북인도에 서식한다.

유제류[62]는 22종이 있는데, 그중에서 7종가량이 버마와 인도에 들어와 산다. 사슴은 2종을 제외하면 모두 고유종으로 믈라카에서 인도까지 분포한다. 소과 동물 중에서는 인도의 1종이 믈라카에 서식하며, 자와 섬과 보르네오 섬의 발리소*Bos sondaicus*[63]도 타이와 버마에서 발견된다. 수마트라 섬의 염소를 닮은 동물은 인도에 대표종이 있으며, 수마트라 섬의 쌍각雙角 코뿔소와 자와 섬의 단각單角 코뿔소는 이 섬들에만 서식하는 것으로 오랫동안 알려져 있었으나 지금은 버마, 페구, 모울메인에도 존재하는 것이 확인되었다. 수마트라 섬, 보르네오 섬, 믈라카의 코끼리는 이제 실론 섬과 인도의 코끼리와 똑같은 것으로 판단된다.

나머지 모든 포유류 집단에서도 전반적으로 같은 현상이 되풀이된다. 몇 종은 인도와 똑같다. 근연종이거나 대표종인 것은 훨씬 많으며, 세계 어디에서 발견되는 것과도 다른 동물로 이루어진 고유 속은 언제나 소수다.

박쥐는 50종가량이 서식하는데 그중에서 인도에 있는 종은 4분의 1 미만이다. 설치류(다람쥐, 쥐 등)는 34종 중에서 6~8종만이 인도에

---

62 일반적으로 발굽이 있는 모든 포유류. _옮긴이

63 초판에서는 '*Bos sondiacus*'로 오기했으나 찰스 다윈이 1869년 3월 22일에 저자에게 "초판에서 *sondiacus*라고 쓰신 것은 오타가 아닙니까?"라고 묻는 편지를 보냈으며 10판에서 수정되었다. _옮긴이

서식한다. 식충류는 1종을 제외하면 전부 말레이 지역 고유종이다. 다람쥐는 매우 풍부하고 특징적이며, 25종 중에서 2종만이 타이와 버마에 전파되었다. 청서번티기속*Tupaia*은 신기한 식충류로, 다람쥐를 꼭 닮았으며 거의 말레이 제도 내에서만 서식한다. 꼬리에 털이 난 보르네오 섬의 붓꼬리나무쥐*Ptilocerus lowii*와 주둥이가 길고 꼬리에 털이 없는 짐누라고슴도치도 마찬가지다.

말레이 반도는 아시아 대륙의 일부이기 때문에 예전에 섬들이 본토와 하나였는지 여부를 밝혀내려면 말레이 반도에서 발견되는 종이 섬 일부에서도 발견되는지 조사하는 것이 최선일 것이다. 날 수 있는 박쥐를 고려 대상에서 완전히 제외해도, 말레이 반도와 세 곳의 큰 섬에 공통으로 서식하는 포유류는 48종이나 된다. 이 중에는 사수류(유인원, 원숭이, 여우원숭이)가 7종 있는데, 녀석들은 평생 숲에서 살고 헤엄을 못 치기 때문에 1킬로미터 너비의 바다조차 건너지 못한다. 육식동물은 19종이 있는데, 일부는 한 지점을 제외하면 틀림없이 헤엄쳐서 물을 건널 수 있지만 너비가 50~80킬로미터에 이르는 해협을 그렇게 많은 종이 이런 식으로 건넜으리라 가정할 수는 없다. 또한 맥을 비롯한 유제류 5종, 코뿔소 2종, 코끼리 1종이 있다. 이 밖에도 땃쥐 1종과 다람쥐 6종을 비롯하여 설치류 13종과 식충류 4종이 있는데, 녀석들이 30킬로미터 넘는 바다를 혼자 힘으로 건넌다는 것은 대형 동물의 경우보다 더 상상하기 힘들다.

하지만 더 멀리 떨어진 두 섬에 같은 종이 서식한다는 것은 더더욱 상상하기 힘들다. 보르네오 섬은 벨리퉁 섬에서 거의 240킬로미터 떨어져 있고, 벨리퉁 섬은 방카 섬에서 약 80킬로미터 떨어져 있으며, 방카 섬은 수마트라 섬에서 24킬로미터 떨어져 있다. 하지만 보르네오 섬과 수마트라 섬에는 36종 이상의 포유류가 공통으로 서식한다.

또한 자와 섬은 보르네오 섬에서 400킬로미터 이상 떨어져 있지만, 두 섬에는 원숭이, 여우원숭이, 들소, 다람쥐, 땃쥐를 비롯하여 22종이 공통으로 서식한다. 이 사실들로 보건대 과거 어느 시기에 이 모든 섬들이 본토와 연결되어 있었음이 절대적으로 확실하며, 둘 이상의 섬에 공통으로 서식하는 대부분의 동물이 변이를 거의 또는 전혀 나타내지 않고 종종 완전히 똑같다는 사실은 섬이 분리된 것이 지질학적으로 최근 즉, 육상 동물이 현생 동물에 가깝게 동화되기 시작한 신新플라이오세(신제3기 플라이오세)보다 앞서지 않은 시기임을 시사한다.

심지어 박쥐도 필요하다면 논증에 일조한다. 예전에 섬과 대륙이 연결되지 않았다면 섬끼리 또한 대륙과 섬 사이에 박쥐가 이동할 수 없었을 것이기 때문이다. 이런 식으로 동물이 전파된 것이 사실이라면, 먼 거리를 날 수 있는 동물이야말로 이 섬에서 저 섬으로 가장 먼저 퍼져 전 지역에 걸쳐 거의 완벽하게 동일한 종이 서식할 테니 말이다. 하지만 그런 균일성은 전혀 존재하지 않으며, 각 섬의 박쥐는 다른 포유류 못지않게 (완전히는 아니더라도) 거의 독자적이다. 이를테면 보르네오 섬에는 16종이 알려져 있고 이 중에서 10종이 자와 섬과 수마트라 섬에서 발견되는데, 이 비율은 직접적 이주 수단이 없는 설치류와 대동소이하다. 이 사실에서 알 수 있듯 섬과 섬 사이의 바다는 날 수 있는 동물조차 건너지 못할 만큼 넓으며 우리는 두 집단의 현재 분포에 대해 같은 원인을 찾아야 한다. 상상할 수 있는 충분한 원인 중에서 유일한 것은 모든 섬이 예전에 대륙과 연결되었다는 것이며, 이러한 변화는 지구의 과거 역사에 대해 우리가 알고 있는 것과 완벽하게 조화를 이룬다. 또한 해저가 90미터만 융기하면 섬을 분리하던 넓은 바다가 너비 약 480킬로미터에 길이 약 1,900킬로미터의 어마어마하게 굽은 계곡이나 평원으로 바뀐다는 놀라운 사실이 여기에 신빙성을 더한다.

아주 먼 거리를 날 수 있는 능력을 가진 조류는 서식 범위가 바다의 거리에 국한되지 않으며 따라서 이들이 서식하는 섬들이 과거에 하나였는지 둘이었는지에 대해 알려주는 것이 거의 없다고 생각될지도 모른다. 하지만 그렇지 않다. 아주 많은 조류가 네발짐승과 마찬가지로 물 장벽의 엄격한 제약을 받는 듯하며, 조류를 훨씬 공들여 채집했기에 우리는 더 완벽한 연구 자료를 입수했고 이로부터 훨씬 결정적이고 만족스러운 결과를 이끌어낼 수 있다. 하지만 물새류, 물떼새류, 맹금류 같은 일부 집단은 아주 먼 거리를 이동하며, 또 어떤 집단은 조류학자에게 말고는 거의 알려져 있지 않다. 따라서 가장 잘 알려졌고 눈에 띄는 몇몇 집단을 전체 조류에 대한 결론의 표본으로서 주로 제시하겠다.

인도말레이 군의 조류는 인도의 조류와 밀접한 유사성이 있다. 상당수는 꽤 독자적이지만, 고유속은 약 15속밖에 안 되며 인도말레이 군에만 서식하는 과는 하나도 없기 때문이다. 하지만 섬들을 버마, 타이, 말레이 나라들과 비교하면 차이가 더 적음을 알 수 있고 이 모든 지역이 과거에 하나로 연결되어 있었음을 확신할 수 있을 것이다. 딱다구리류, 앵무류, 비단날개새류, 오색조류, 물총새류, 비둘기류, 꿩류처럼 잘 알려진 과에서는 일부 동일종이 인도 전역과 자와 섬, 보르네오 섬까지 퍼져 있는 것을 알 수 있으며 상당수는 수마트라 섬과 말레이 반도에 공통으로 서식한다.

이 사실들이 얼마나 설득력 있는지 실감하려면 오스트로말레이 군의 섬들을 조사하여, 비슷한 장벽이 이 섬에서 저 섬으로의 조류 이동을 얼마나 완전히 차단했는지 그리하여 자와 섬과 보르네오 섬에 서식하는 350종 이상의 육상 조류 중에서 동쪽으로 술라웨시 섬까지 건너간 것은 10종 이하에 머물도록 했는지 보여주어야 한다. 하지만 마카사르 해협은 자와 해만큼 넓지 않으며 100종 이상이 보르네오 섬과 자와 섬에 공통으로 서식한다.

이제 동물의 분포에 대한 지식을 통해 지구의 과거 역사에 대한 뜻밖의 사실을 밝혀낼 수 있음을 보여주는 사례 두 가지를 제시하겠다. 수마트라 섬 동쪽 끝에는 너비 약 24킬로미터의 해협을 사이에 두고 작은 바위섬인 방카 섬이 있다. 이곳은 주석 광산으로 유명하다. 그곳의 네덜란드 거주민 한 명이 새와 동물의 몇몇 채집물을 라이덴에 보냈는데, 그중에는 수마트라 섬의 맞은편 해안에 서식하는 것과 전혀 다른 것이 몇 종 있었다. 그중 하나는 다람쥐(아시아삼색청설모*Callosciurus prevostii*)로 말레이 반도, 수마트라 섬, 보르네오 섬에 각각 서식하는 3종과 매우 가까운 근연종이었지만 3종이 서로 다른 것만큼 이들과 꽤 달랐다. 팔색조속*Pitta*의 신종 호랑지빠귀류가 2종 있었는데, 수마트라 섬과 보르네오 섬에 서식하는 다른 2종과 근연종이지만 꽤 달랐다. 멀리 떨어진 두 큰 섬에 서식하는 종 사이에서는 차이를 감지할 수 없었다. 이것은 마치 맨 섬에 서식하는 지빠귀와 대륙검은지빠귀가 잉글랜드와 아일랜드에 공통으로 서식하는 종과는 별개의 종인 것과 같다.

이 흥미로운 사실로 보건대 방카 섬은 수마트라 섬과 보르네오 섬보다 훨씬 오래 별개의 섬으로 존재했으며, 이를 뒷받침할 지질학적·지리학적 사실도 있다. 지도에서 보면 방카 섬은 수마트라 섬과 바싹 붙어 있는 것처럼 보이지만 이것은 최근에 갈라졌기 때문이 아니다. 인접한 팔렘방 지역은 새로운 땅으로, 160킬로미터 떨어진 산에서 흘러 내려오는 급류로 형성된 드넓은 충적 습지이기 때문이다. 이에 반해 방카 섬은 믈라카, 싱가포르 섬 그리고 중간의 링엔 섬처럼 화강암과 라테라이트로 이루어졌으며, 이 섬은 모두 한때 말레이 반도의 연장이었을 가능성이 크다. 보르네오 섬과 수마트라 섬의 강들이 오랫동안 중간의 바다에 흘러들었으므로 우리는 그 깊이가 최근에 더 깊어졌으리라 확신할 수 있으며, 이 두 큰 섬은 말레이 반도를 통하는 경우를 제외하고는 결코 서로 직접 연결되지 않았을 가능성이 매우 크다. 그 시기에는 동일종의 다람쥐와 팔색조가 이 모든 지역에 서식했을 테지만, 지하에서 지각변동이 일어나 수마트라 섬의 화산이 솟으면서 작은 섬 방카가 먼저 떨어져 나가고 큰 섬의 분리가 완료되기 전에 이곳의 생물이 점차 달라졌을 것이다. 수마트라 섬 남부는 동쪽으로 뻗어 방카 섬의 좁은 해협들을 이루었으므로 많은 새와 곤충, 일부 포유류가 이쪽에서 저쪽으로 건너가 전반적으로 비슷한 생물상을 이루었을 것이며, 몇몇 오래된 생물은 여전히 남아서 고유한 형태로 별개의 기원임을 나타낼 것이다. 자연지리의 이러한 변화가 일어났다고 가정하지 않으면 방카 섬 같은 곳에 조류와 포유류의 고유종이 있다는 사실을 설명할 도리가 없다. 나는 이 현상을 설명하는 데 필요한 변화가 결코 단순히 지도를 보고 추측하는 것만큼 비현실적이지는 않음을 밝혔다고 자부한다.

다음 예로는 큰 섬인 수마트라 섬과 자와 섬을 살펴보자. 두 섬은 매우 가까이 붙어 있으며 두 섬을 지나는 화산맥에서 둘이 하나라는 인상을 강하게 받기 때문에 두 섬이 최근에 갈라졌으리라는 생각이 즉시 떠오른다. 하지만 자와 섬의 원주민들은 여기서 한발 더 나아간다. 이들에게는 자신을 파멸시킨 재앙이 구전으로 전해지는데, 그 시기가 1,000년 전을 훌쩍 웃돌지는 않는다. 따라서 두 섬의 동물을 비교하여 이 견해를 어떻게 뒷받침할 수 있는지 살펴보면 흥미로울 것이다.

두 섬의 포유류는 전반적 비교로 큰 성과를 얻을 만큼 충분히 입수되지 않았으며 많은 종의 살아 있는 표본은 포획 상태로만 입수되었기 때문에 서식지가 잘못-종의 실제 원산지가 아니라 종이 입수된 섬으로-기록된 경우가 많다. 분포가 더 정확히 알려진 동물만을 고려하면 수마트라 섬이 동물학적 의미에서 자와 섬보다는 보르네오 섬에 더 가깝게 연관되어 있음을 알 수 있다. 대형 유인원, 코끼리, 맥, 태양곰은 모두 수마트라 섬과 보르네오 섬에 공통으로 서식하나 자와 섬에서는 찾아볼 수 없다. 수마트라 섬에 서식하는 꼬리가 긴 원숭이(잎원숭이속) 3종 중에서 1종은 보르네오 섬에도 서식하지만 자와 섬의 2종은 이곳에만 서식한다. 삼바사슴*Rusa unicolor*과 작은쥐사슴*Tragulus kanchil*도 수마트라 섬과 보르네오 섬에 공통으로 서식하지만 자와 섬에는 없으며 대신 자바쥐사슴*Tragulus javanicus*[64]이 서식한다. 물론 호랑이가 수마트라 섬과 자와 섬에 서식하지만 보르네오 섬에는 없다는 것은 사실이다. 하지만 호랑이가 헤엄을 잘 치는 것으로 알려져 있으므로 순다해협을 건넜을 수 있으며, 자와 섬이 본토에서 갈라지기 전에 자와 섬에 서식했으나 알 수 없는 이유로 보르네오 섬에서는 사라졌을 수도 있다.

조류학의 관점에서는 자와 섬과 수마트라 섬의 새가 보르네오 섬의 새보다 훨씬 잘 알려져 있기 때문에 애매한 점이 거의 없지만, 수마트라 섬과 보르네오 섬에서 발견되지 않는 상당수 종이 자와 섬에서 발견되는 것으로 보건대 자와 섬이 오래전에 갈라졌음을 알 수 있다. 자와 섬에는 고유종 비둘기가 7종 이상 있지만 수마트라 섬에는 1종밖에 없다. 앵무류 2종 중에서 1종은 보르네오 섬에도 서식하지만 수마트라 섬에는 1종도 없다. 수마트라 섬에 서식하는 딱다구리류 15종 중에서 자와 섬에도 있는 것은 4종에 불과한데, 8종이 보르네오 섬에서,

---

64 저자는 틀림없이 큰쥐사슴*Tragulus napu*을 염두에 두었을 것이다. _옮긴이

12종이 말레이 반도에서 발견된다. 자와 섬에서 발견되는 비단날개새류 2종은 고유종이며 수마트라 섬에 서식하는 비단날개새류 중에서 적어도 2종은 믈라카에 서식하며 1종은 보르네오 섬에 서식한다. 청란, 부채꼬리꿩, 쇠공작, 뿔숲자고새*Rollulus rouloul*, 필리핀진청색꼬마앵무*Psittinus cyanurus*, 긴꼬리코뿔새*Rhinoplax vigil*, 땅뻐꾸기[65], 붉은수염벌잡이새*Nyctyornis amictus*, 검은넓적부리새*Corydon sumatranus*, 초록머리넓적부리새를 비롯하여 믈라카, 수마트라 섬, 보르네오 섬에 공통으로 서식하지만 자와 섬에서는 전혀 찾아볼 수 없는 새가 수없이 많다. 이에 반해 자바공작, 녹색야계, 호랑지빠귀류 2종(순다휘파람지빠귀*Myophonus glaucinus*와 푸른휘파람지빠귀*Myophonus caeruleus*), 분홍머리과일비둘기, 뻐꾸기비둘기속*Macropygia* 3종, 그 밖에도 자와 섬 말고는 말레이 제도 어디에서도 발견되지 않은 흥미로운 새가 많다.

곤충의 경우도 데이터를 충분히 얻은 경우는 예외 없이 비슷한 현상을 나타낸다. 다만 자와 섬에서 입수한 채집물이 많아서 비중이 부당하게 커질 우려가 있으나, 참호랑나비과Papilionidae는 그런 사례가 아닌 듯하다. 호랑나비류는 크기가 크고 색깔이 화려해서 다른 곤충보다 더 즐겨 채집되었다. 자와 섬에서는 27종이 보르네오 섬에서는 29종이 알려져 있으나 수마트라 섬에서는 21종밖에 발견되지 않는다. 4종은 자와 섬에서만 서식하며, 보르네오 섬 고유종은 2종, 수마트라 섬 고유종은 1종에 불과하다. 하지만 다음과 같이 섬들을 쌍으로 묶어 각 쌍에 공통되는 종의 수를 표시하면 자와 섬이 고립되어 있음을 가장 확실하게 확인할 수 있다.

65 지금은 수마트라땅뻐꾸기*Carpococcyx viridis*와 보르네오땅뻐꾸기*Carpococcyx radiceus*로 분화했다. _옮긴이

보르네오 섬 수마트라 섬	29종 21종	두 섬에 공통으로 서식하는 종은 20종
보르네오 섬 자와 섬	29종 27종	두 섬에 공통으로 서식하는 종은 20종
수마트라 섬 자와 섬	21종 27종	두 섬에 공통으로 서식하는 종은 11종

수마트라 섬의 종에 대한 우리의 불완전한 지식을 감안하면, 자와 섬이 두 큰 섬으로부터 고립된 정도는 두 섬이 서로 고립된 정도보다 크며 이는 조류와 포유류의 분포에서 도출한 결과를 완전히 확증한다. 또한 자와 섬이 최초로 아시아 대륙에서 완전히 분리되었으며 자와 섬이 최근에 수마트라 섬에서 분리되었다는 원주민의 구전은 근거가 없음이 거의 확실하다.

이제 우리는 어느 정도 개연성을 가지고 사건의 과정을 추적할 수 있게 되었다. 자와 해, 타이 만, 믈라카 해협 전역이 보르네오 섬, 수마트라 섬, 자와 섬을 연결하며 아시아 대륙의 드넓은 남부 지역을 이루던 때를 시작으로 첫 번째 지각 운동은 이 땅의 남쪽 끝을 따라 자와 섬 화산들이 활동하면서 자와 해와 순다 해협이 침강하고 이로 인해 자와 섬이 완전히 분리된 것이었으리라. 자와 섬과 수마트라 섬의 화산대가 점점 활발하게 활동하면서 더 많은 땅이 가라앉아 처음에는 보르네오 섬이, 뒤이어 수마트라 섬이 완전히 떨어져 나갔다. 첫 지각변동의 시대 이후로 별도의 융기와 침강이 몇 차례 일어났을 테고, 섬들은 두 번 이상 본토와 합쳐졌다가 분리되었을지도 모른다. 잇따른 동물 이주로 각 지역의 동물상이 달라지고 이는 한 번의 융기나 침강으로는 설명하기 힘든 변칙적 분포로 이어졌을 것이다. 산맥이 넓은 충적 계곡을 사이에 두고 사방으로 퍼져 나가는 보르네오 섬의 형태는 한때 이곳이 지금보다 훨씬 침강해 있었으며(당시에는 술라웨시 섬이나 할마헤라 섬의 윤곽을 닮았을 것이다), 땅이 점차 융기하면서 퇴적물이 만을 메워 지금의 크기로 커졌음을 시사한다. 수마트라 섬도 북동부 해안을 따라 충적 평야가 형성되면서 크기가 훨씬 커진 것이 분명하다.

자와 섬의 동식물에는 매우 헷갈리는 특징이 하나 있으니, 타이 지역이나 인도에는 특징적이지만 보르네오 섬이나 수마트라 섬에서는 찾아볼 수 없는 종이나 집단이 여럿 나타난다는 점이다. 포유류 중에는 자바코뿔소*Rhinoceros sondaicus*가 가장 두드러진 예다. 보르네오 섬과 수마트라 섬에서는 **독자적인** 종이 발견되지만 자와 섬의 종은 버마와 심지어 벵골에서 발견되기 때문이다.[66] 조류 중에는 작은 땅비둘기인 줄무늬비둘기*Geopelia striata*와 구릿빛의 신기한 라켓꼬리물까치*Crypsirina temia*가 자와 섬과 타이에 공통으로 서식하며[67] 고대때까치류*Pteruthius*, 아렝가속*Arrenga*[68], 휘파람지빠귀속*Myophonus*, 호랑지빠귀속*Zoothera*, 찌르레기속*Sturnus*, 에스트렐다속*Estrelda*은 자와 섬에 종이 있고, 이들의 가장 가까운 근연종이 인도 여러 지역에서 발견되는 반면에 보르네오 섬이나 수마트라 섬에는 이와 비슷한 종이 하나도 알려져 있지 않다.

이 흥미로운 현상을 이해하려면 자와 섬이 떨어져 나간 뒤에 보르네오 섬이 거의 완전히 침강했다가 다시 융기할 때 한동안 말레이 반도

66 저자는 자바코뿔소가 수마트라 섬에서도 발견된다는 사실을 몰랐다. _옮긴이

67 줄무늬비둘기는 수마트라 섬과 말레이 반도에도 서식하는 것으로 알려져 있다. _옮긴이

68 현재는 휘파람지빠귀속과 합쳐졌다. _옮긴이

와 수마트라 섬과는 연결되었으나 자와 섬이나 타이와는 연결되지 않았다고 가정해야 한다. 지층이 어떻게 뒤틀리고 기우는지 또한 융기와 침강이 어떻게 해서 자주-한두 번이 아니라 수십 번이나 심지어 수백 번-일어나는지 아는 지질학자라면 여기서 설명한 것 같은 변화가 그 자체로 비현실적이지 않음을 쉽게 받아들일 수 있을 것이다. 보르네오 섬과 수마트라 섬의 넓은 탄층은 아주 최근에 생긴 것이어서 이 탄층의 셰일에 많이 들어 있는 잎이 현재 이 지역을 덮은 숲과 좀처럼 구별되지 않는다는 사실은 이런 높이 변화가 실제로 일어났다는 증거다. 이런 변화의 순서를 머릿속에 그리고 이것이 실제 동물상의 실제 분포에서 어떻게 나타날 것인지 이해할 수 있다는 것은 지질학자에게나 이론적 자연사학자에게나 무척 흥미로운 일이다. 이 분포는 종종 아주 이상하고 모순적인 현상을 빚어내기에 이런 변화를 고려하지 않고서는 이 현상이 어떻게 일어날 수 있는지 상상할 수조차 없다.

B O R N E O
C O T I
Dutch Steamer reached here in March
Tanjong
Tulysuang
C. Dumaring
Dumaring
Bilang
Marpu
Markaman
Miang
Mala
Sawau
Salimbau
Lantontu
Tongarong
Salan
Samarinda
Coti
Pamarong
R. Djawa
C. Mantu
MACASSAR STRAIT
Kajung
Pembuan
Sampit
Mendawi
BANJER
Passir
C. Meratu
C. Aru
Little Paternosters
Pamukan B.
Klumpang B.
Banjer massin
Martapura
Pagatan
(Mangkab
Sebukot)
Alike I.
Trudjong I.
R. Mendawi
C. Malatajor
Gt. Dayak R.
Little Dayak R.
Riv. Banjer or Burito
C. Salatan
Pulang R.
Sambambau
LAUT I.
Brothers
50 fathom line
100 fathom line
C. Mandhar
Tanakeke
Java Sea
Bawean
Madura Strait
MADURA
Kalkuan Is.
Kangelang
Deep
Paternosters
low wooded I. all coral
Tombora Volcano
Bali Strait
BALI
Lombok Strait
LOMBOK
Allas Strait
SUMBAWA
Sapy Strait
A

The Malay Archipelago

티모르 군

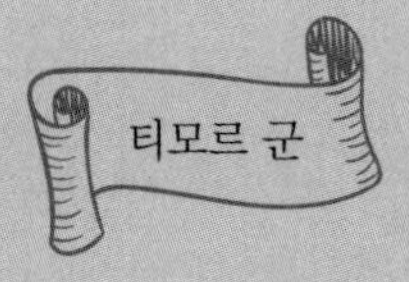

티모르 군

보르네오 섬
마카사르
해협
술라웨시 섬
자와 섬
숨바와 섬
플로레스 섬
발리 섬
롬복 섬
암페난
숨바 섬
쿠팡
티모르 섬
딜리

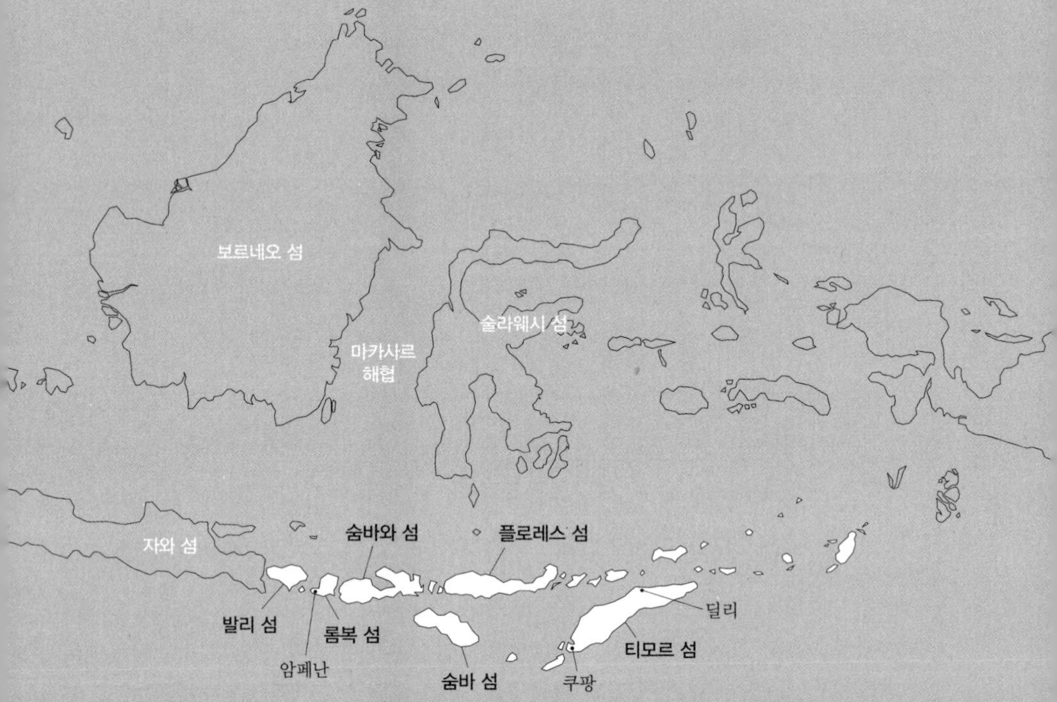

10장

발리 섬과 롬복 섬

(1856년 6월, 7월)

자와 섬의 동쪽 끝에 자리 잡은 발리 섬과 롬복 섬은 매우 흥미로운 곳이다. 말레이 제도를 통틀어 힌두교가 아직 남아 있는 유일한 섬이며, 동반구의 두 거대한 동물학적 구분에 해당하는 두 극점을 이룬다. 겉모습과 모든 자연적 특징은 비슷하지만 두 섬의 동식물은 판이하게 다르다. 나는 보르네오 섬, 믈라카, 싱가포르 섬에서 2년을 보낸 뒤에 마카사르로 가는 길에 본의 아니게 두 섬에 들렀다. 싱가포르 섬으로 곧장 가는 항로를 탈 수 있었다면 결코 두 섬 근처에 가지 않았을 테고, 그랬다면 동양 탐사를 통틀어 가장 중요한 발견을 놓쳤을 것이다.

켐방 제푼('일본의 장미'라는 뜻)[1] 호는 중국인 상인이 소유한 스쿠너로 영국인 선장의 지휘하에 자와족 승무원들이 운항했는데, 난 싱가포르에서 이 배를 타고 스무 날을 항해하여 1856년 6월 13일에 발리 섬 북부의 위험한 정박지 빌렐링에 닻을 내렸다. 선장과 중국인 화물

1 켐방 제푼의 정확한 뜻은 '일본의 꽃'이다. _옮긴이

관리인을 따라 해안에 발을 디디자마자 새롭고 흥미진진한 광경이 펼쳐졌다. 우선 상인 우두머리인 중국인 반다르의 집을 찾았다. 그곳에는 원주민이 여러 명 있었다. 옷을 잘 차려입고 모두 크리스[2]로 무장했는데 상아나 금 또는 아름답게 조각하고 광을 낸 나무로 만들어진 커다란 손잡이가 눈에 띄었다.

중국인들은 전통 복장을 버리고 말레이 의복을 입은 탓에 섬 원주민과 좀처럼 구별되지 않았다. 이로부터 말레이인과 몽골 민족이 혈연적으로 매우 가까움을 알 수 있다. 집 가까이 망고나무가 드리운 짙은 그늘에서 여자 상인 몇 명이 면 제품을 팔고 있었다. 여기서는 여인들이 남편을 위해 장사와 노동을 하는데, 이슬람 말레이인은 결코 받아들이지 않는 풍습이다. 과일, 차, 과자, 사탕이 차려졌으며, 싱가포르 섬에서 우리가 한 사업과 무역 현황에 대한 질문이 쏟아졌다. 그런 뒤에 마을을 살펴보려고 산책을 했다. 매우 따분한 곳이었다. 좁은 길 양쪽으로 높이 쌓은 흙벽들이 대나무 가옥을 둘러싸고 있었다. 몇 집에 들어갔는데 무척 환대를 받았다.

이곳에 머문 이틀 동안 주변 지역으로 걸어가 곤충을 잡고 새를 사냥하고 토양이 메말랐는지 기름진지 살펴보았다. 나는 놀라움과 반가움을 동시에 느꼈다. 자와 섬을 방문한 것은 몇 해 뒤여서 유럽 바깥에서 이토록 아름답고 잘 개간된 지역은 처음 보았기 때문이다. 다소 기복을 이룬 들판은 해안에서 16~20킬로미터 안쪽으로 펼쳐져 있으며, 내륙 경계의 언덕은 훌륭한 숲과 경작지로 이루어져 있다. 코코야자나무와 타마린나무를 비롯한 유실수로 빽빽한 숲이 특징적인 집과 마을이 사방에 점점이 박혔으며, 그 사이에 무성한 논이 펼쳐져 있다. 논에

2 칼날이 물결 모양인 단도. _옮긴이

물을 대는 정교한 관개수로는 유럽에서 농업이 가장 발달한 지역과 비교해도 손색이 없을 듯하다. 지표면 전체는 굴곡을 따라 들쭉날쭉한 다랑논으로 나뉘었는데-넓이는 백에서 수백 헥타르 사이-논 하나하나는 완전히 평평하지만 옆 논보다는 수 센티미터에서 수 미터 높거나 낮다. 산에서 내려오는 개울의 물길을 전부 돌려서 만든 도랑과 작은 수로 체계를 이용하여 각 논에 원하는 대로 물을 대거나 뺄 수 있다. 논마다 생장 단계가 달라서 어떤 곳은 이미 수확할 때가 되었다. 어디나 벼의 생장이 왕성했으며 아름답기 그지없는 푸른빛을 띠었다.

길 양쪽으로 곧잘 가시투성이 선인장과 잎 없는 대극속*Euphorbia*의 식물이 자라고 있었지만, 개간이 많이 이루어진 탓에 해변을 제외하고는 자생식물이 자랄 곳은 많지 않았다. 자와 섬 발리소의 후손이며 훌륭한 품종의 가축 소를 많이 볼 수 있었는데, 반쯤 벌거벗은 소년들이 몰거나 목초지에 매여 있었다. 소들은 크고 잘생겼으며 몸은 연한 갈색이고 다리는 흰색이었다. 등에서 같은 색깔의 달걀 모양 반점이 눈에 띄었다. 산에서는 같은 품종의 야생 소를 여전히 찾아볼 수 있다고 한다. 나는 이렇게 개간이 잘 된 지역에서는 자연사에 대해 밝혀낼 것이 별로 없을 줄 알았다. 게다가 이 지역이 동물의 지리적 분포를 해명하는 데 얼마나 중요한지 몰랐기에 다시는 얻지 못할 표본을 입수하는 일에 게을렀다. 그중 하나는 머리가 연노란색인 베짜기새다. 녀석은 해변 근처의 나무 수십 그루에 병 모양 둥지를 지었다. 이름은 아시아노랑베짜기새*Ploceus hypoxanthus*로, 자와 섬 토착종이며 이곳은 한계선이거나 서쪽 서식 영역이다.

할미새류Wagtail-thrush 한 마리, 꾀꼬리 한 마리, 찌르레기 몇 마리를 사냥하여 표본으로 보존했는데 전부 자와 섬에서 발견되는 종이었다. 섬 고유종도 몇 마리 손에 넣었다. 아름다운 나비도 몇 마리 입수했다.

흰색 배경에 검은색과 귤색이 화려하게 수놓아졌으며, 길에서 가장 흔히 볼 수 있는 곤충이었다. 이 중에 신종이 있어서 '피에리스타마르 *Pieris tamar*'로 명명했다.[3]

빌렐링을 떠나 이틀 동안 즐겁게 항해한 끝에 롬복 섬의 암페난에 도착했다. 나는 마카사르로 가는 배편을 구할 때까지 여기 머물겠다고 했다. 발리 섬과 롬복 섬의 쌍둥이 화산은 빼어난 경관을 자랑했다. 높이는 약 2,400미터이며 열대의 하루 중에서 가장 매혹적인 순간인 해뜰 녘과 해 질 녘에 안개와 구름을 뚫고 솟아올라 다채로운 색조로 빛나는 모습이 장관이다.

암페난 만(또는 정박지)은 매우 넓으며 이 계절에 부는 남동풍을 땅이 막아주는 덕에 호수처럼 잔잔하다. 검은 화산사火山沙가 깔린 모래사장은 경사가 매우 급하며 이따금 큰 파도가 밀려온다. 봄철에는 조수 간만의 차가 심해서 배를 댈 수 없을 때가 종종 있고 심각한 사고가 많이 일어난다. 해안에서 400미터가량 떨어져 닻을 내렸을 때는 물이 붇는 것을 전혀 느낄 수 없었지만, 가까이 가자 물결이 오르락내리락하기 시작했고 급속히 강해져 주기적으로 천둥소리를 내며 해변을 덮쳤다. 이따금 완전히 잔잔하던 파도가 갑자기 거세어지고 돌풍이 불 때처럼 사납게 몰아쳐 해안가 높은 곳에 매어두지 않은 배를 모조리 산산조각 내고 부주의한 원주민을 쓸어 가기도 한다. 이 사나운 파도는 드넓은 남쪽 대양의 너울과 롬복 해협을 흐르는 거센 해류의 영향을 받는 듯하다. 파도가 어찌나 예측 불허인지 만에 정박하려던 배가 갑자기 해협에 휩쓸려 들어가 두 주가 지나도록 돌아오지 못하는 경우도 있다! 뱃사람들이 '잔물결Ripple'이라 부르는 것도 해협에서는 매우

---

3 지금은 세포라테메나*Cepora temena*의 아종으로 분류된다. _옮긴이

거세다. 바다는 마치 부글부글 끓는 것처럼 보이며 폭포 아래 여울처럼 춤을 춘다. 배들이 하릴없이 쓸려 나가며 작은 배들은 화창하기 그지없는 날에도 이따금 파도에 뒤집어진다.

나의 모든 상자와 나 자신이 무시무시한 파도를 통과하자 적잖이 안심이 되었다. 원주민들은 파도에 약간의 자부심을 느끼며 이렇게 말한다. "바다는 늘 굶주려서 잡을 수 있는 것을 모조리 집어삼킨답니다." 다행히 영국인 반다르(허가받은 항구 무역상) 카터 씨가 체류 기간 동안 숙식과 모든 편의를 제공해주었다. 그의 집과 창고, 사무실은 키 큰 대나무 울타리로 둘러싸였으며, 유일하게 구할 수 있는 건축 재료인 대나무와 짚으로만 지었다. 이마저도 매우 귀했다. 몇 달 전에 큰불이 나서 한두 시간 만에 읍내의 모든 건물이 무너진 터라 도시 재건에 자재를 쏟아부어야 했기 때문이다.

이튿날 소개장을 들고 또 다른 상인 S 씨를 만나러 갔다. 그는 약 11킬로미터 떨어진 곳에 살고 있었다. 카터 씨가 친절하게도 말을 빌려주었고 암페난에 사는 젊은 네덜란드 신사가 안내인을 자처하여 동행했다. 흙벽 사이로 곧게 뻗은 도로와 나무가 높게 우거진 길을 따라 읍내와 교외를 통과하니 빌렐링에서 본 것과 같은 방식으로 관개하는 논이 나왔다. 그 다음에는 바다 가까운 모래질 목초지를 건넜는데 이따금 해변을 지나기도 했다. S 씨는 우리를 다정하게 맞아주었으며, 이곳이 채집에 적합하다며 자신의 집에서 묵으라고 제의했다. 이른 아침을 먹고서 우리는 총과 포충망을 가지고 탐사를 떠났다. 가장 양호해 보이는 낮은 언덕에 올라 습지와 거친 사초가 웃자란 모래밭을 지나 목초지와 개간지를 통과하면서 새와 곤충을 샅샅이 찾았다. 가는 길에 작은 대나무 울타리에 둘러싸인 인골 한두 개를 지나쳤다. 운 나쁜 자의 옷가지, 베개, 매트, 빈랑 상자도 함께 놓여 있었다. 살해당했거나 처형당했을 것이다. 집에 돌아오니 발리 섬 촌장과 수행원들이 방문해 있었다. 지위가 높은 사람은 의자에 앉고 나머지는 바닥에 쪼그려 앉았다. 촌장은 매우 쌀쌀맞게 맥주와 브랜디를 달라고서는 수행원들과 함께 마셨다. 맥주는 그저 호기심 때문에 마신 것 같았지만-그들에게는 맛이 고약한 듯했다-브랜디는 큰 잔으로 맛있게 마셨다.

나는 암페난으로 돌아온 뒤 며칠 동안 근처에서 새들을 사냥하는 데 열중했다. 장이 서는 길거리의 훌륭한 무화과나무에는 짙은 귤색의 근사한 꾀꼬리(오리올루스브로데리피*Oriolus broderpii*)[4]가 세들어 살고 있었다. 녀석은 이 섬, 인접한 숨바와 섬과 플로레스 섬의 고유종이다. 오스트레일리아의 필레몬꿀빨이새속*Philemon*과 근연종인 신기한 흰어깨뻐꾹때까치*Lalage sueurii*를 읍내 어디에서나 많이 볼 수 있었다. 크고 괴상한 소리를 내기 때문에 이곳에서는 '콰이치콰이치'라고 부른다. 새들은 다양하고 가락 없는 억양으로 이 소리를 반복한다.

길가나 울타리와 도랑 옆을 걸으며 끈끈이로 잠자리를 잡는 아이들이 매일같이 보였다. 아이들은 가느다란 막대기의 가지 끝에 기름을 잔뜩 발라 가지고 다니는데 살짝만 닿아도 잠자리가 달라붙는다. 그러면 날개를 떼어 작은 바구니에 넣는다. 벼가 개화하는 시기에는 잠자리가 어찌나 많은지 이런 식으로 수천 마리를 금방 잡는다. 몸통은 양파와 절임 새우를 곁들이거나 그냥 기름에 튀기는데 별미로 통한다. 보르네오 섬, 술라웨시 섬을 비롯한 많은 섬에서는 벌과 말벌의 애벌레를 먹는다. 벌집에서 꺼내 생으로 먹기도 하고 잠자리처럼 튀겨 먹기도 한다. 말루쿠 제도에서는 대나무에 담은 야자바구미류 애벌레를

4 정확한 철자는 '*Oriolus chinensis broderipi*'이며 지금은 꾀꼬리*Oriolus chinensis*의 아종으로 분류된다. _옮긴이

시장에서 음식으로 흔히 팔며, 큰 뿔이 난 라멜리콘소똥구리류가 보이면 언제나 잉걸불에 살짝 구워 먹는다. 따라서 섬 주민들은 풍부한 곤충의 덕을 입고 있다.

새는 그다지 많지 않았다. 또한 만 남단의 라부안테렝에 개간되지 않은 곳이 많고 새와 사슴, 멧돼지가 풍부하다는 얘기를 여러 번 들었기에 일꾼 두 명, 보르네오 섬 출신의 말레이인 청년 알리와 새 가죽 벗기기에 능한 믈라카 출신 포르투갈인 마누엘과 함께 그곳에 가기로 했다. 아우트리거[5]가 달린 재래식 배를 빌려 소량의 짐을 싣고 하루 동안 해안을 따라 노를 저어 라부안테렝에 도착했다.

암본 섬에 사는 말레이인에게 소개장을 가지고 가서, 그의 집 한 켠에서 묵으며 작업하도록 허락받았다. 그는 '인치 다우드'(데이비드 씨)[6]라고 불렸으며 매우 친절했다. 하지만 집이 좁아서 거실 일부를 내어주는 것이 고작이었다. 거실은 대나무 집(아주 넓은 여섯 단짜리 사다리로 출입했다)의 앞쪽으로 만의 아름다운 풍경을 내려다볼 수 있었다. 하지만 이용할 수 있는 시설이 무엇인지 서둘러 파악하고는 작업에 착수했다. 인근 지역은 아름답고 낯설었으며 가파른 화산 언덕이 평평한 계곡이나 들판을 감싸고 있었다. 언덕에는 대나무, 가시나무, 덤불이 빽빽하게 우거졌으며 들판에는 키 큰 야자나무 수백 그루가 서 있었다. 곳곳에 떨기나무도 무성했다. 새들은 풍부하고 매우 흥미로웠다. 서쪽의 섬들에서는 전혀 찾아볼 수 없던 오스트레일리아의 많은 새를 처음으로 볼 수 있었다. 작은 유황앵무*Cacatua sulphurea*가 풍부했는데, 큰 울음소리와 눈에 띄는 흰색, 예쁜 노란색 볏 덕분에 풍경

5 안정성을 위해 선체 옆에 장착하는 나무. _옮긴이

6 인치는 '씨(Mister)'를 일컫는 말레이어. _옮긴이

을 이루는 매우 중요한 요소다. 이곳은 지구상에서 앵무과 개체를 발견할 수 있는 가장 서쪽 지점이다.

프틸로티스꿀빨이새속*Ptilotis*의 작은 꿀빨이새[7] 몇 마리와 신기한 무덤새인 주황발무덤새*Megapodius reinwardt*를 동양 탐사에서 처음으로 만난 곳도 여기였다. 마지막으로 언급한 새는 좀 더 자세히 살펴볼 필요가 있다.

무덤새과Megapodiidae는 오스트레일리아와 주변 섬들에서만 발견되었지만 필리핀 제도와 보르네오 섬 북서부까지 퍼져 있는 작은 조류 과다. 순계류鶉鷄類[8]와 유연관계가 크지만, 결코 알을 품지 않는다는 점에서 어떤 새와도 다르다. 녀석들은 모래나 흙, 잡동사니에 알을 묻고는 태양열이나 발효열로 부화되도록 내버려둔다. 모두 발이 매우 크고 발톱이 길고 흰 것이 특징이며, 대부분의 무덤새과는 온갖 종류의 잡동사니, 낙엽, 작대기, 돌멩이, 흙, 썩은 나무 등을 긁어모아 1.8~3.6미터 높이의 커다란 둔덕을 쌓고 한가운데에 알을 묻는다. 원주민들은 둔덕의 상태를 보고 알이 있는지 없는지 알 수 있으며 기회만 생기면 알을 훔친다. (고니 알만 한) 벽돌색 알은 대단한 별미로 통하기 때문이다. 둔덕을 쌓을 때 여러 마리가 참여하여 함께 알을 낳기 때문에 이따금 둔덕이 40~50개씩 발견되기도 한다. 둔덕은 울창한 덤불 여기저기에서 눈에 띄는데, 한 수레 분량의 잡동사니가 왜 이렇게 엉뚱한 장소에 놓여 있는지 이해하지 못하는 사람은 어리둥절할 것이다. 원주민에게 물어봐도 궁금증이 별로 해소되지 않는데, 이걸 전부 새들이 쌓았다는 것이 영 믿기지 않기 때문이다. 롬복 섬에서 발견되는 종

7 이 섬에 서식하는 리크메라꿀빨이새속*Lichmera*의 꿀빨이새 중 하나. _옮긴이

8 조류의 한 목(目)으로 메추라기, 닭, 꿩, 뇌조 따위가 이에 속하는데 일반적으로 날개가 짧고 몸이 무거워 나는 힘이 약하다. _옮긴이

은 크기가 작은 닭만 하며 몸 전체가 짙은 올리브색과 갈색이다. 잡식성이어서 낙과落果, 지렁이, 달팽이, 순각류 등을 먹어치우지만, 제대로 요리하면 고기가 희고 풍미가 좋다.

녹색의 큰 비둘기는 맛이 더 좋고 개체수도 훨씬 많았다. 이 근사한 새[9]는 가장 큰 집비둘기보다 크며 야자나무에 많이 살았다. 야자나무에는 지금 거대한 열매 다발이 달렸는데 지름이 약 2.5센티미터인 공 모양의 딱딱한 견과로, 마른 초록색 열매껍질로 덮였으며 펄프 과육은 매우 작다. 비둘기의 부리와 머리를 보면 이렇게 큰 덩어리를 삼키거나 여기서 영양소를 얻는 것이 불가능해 보인다. 하지만 모이주머니에 야자열매가 들어 있는 새를 몇 마리 사냥했는데, 새가 땅에 떨어지면 모이주머니가 터져 야자열매가 드러났다. 이곳에서 물총새류 8종을 입수했다. 그중 매우 아름다운 종은 굴드 씨가 '할키온풀기두스 *Halcyon fulgidus*'(흰배물총새*Caridonax fulgidus*)로 명명했다. 녀석은 늘 물에서 떨어진 덤불에서 발견되었으며 오스트레일리아의 큰 웃음호반새*Dacelo novaeguineae*처럼 땅에서 달팽이와 곤충을 쪼아 먹는 듯했다. 보라색과 귤색의 작고 아름다운 종(붉은등물총새*Ceyx rufidorsa*)도 비슷한 조건에서 발견되며 불꽃처럼 날쌔게 날아다닌다. 오스트레일리아의 예쁜 벌잡이새(무지개벌잡이새*Merops ornatus*)도 여기서 처음 보았다. 이 작고 우아한 새는 공터의 잔가지에 앉아 열심히 주위를 둘러보다 가까이 날아오는 곤충이 있으면 잽싸게 몸을 날려 낚아채고는 원래 가지에 돌아와 삼킨다. 길고 뾰족하고 구부러진 부리, 두 개의 길고 좁은 꽁지깃, 멱에는 진갈색과 검은색과 선명한 파란색이 섞인 아름다운 초록색 깃옷이 있어서 자연사학자가 처음 보는 가장 근사하고 흥미로

9 예쁜과일비둘기*Ptilinopus pulchellus*로 추정된다. _옮긴이

운 생물이다.

하지만 롬복 섬의 모든 새 중에서 내가 가장 열심히 찾아다닌 것은 아름다운 호랑지빠귀류인 콩키나팔색조*Pitta concinna*[10]였다. 녀석을 손에 넣으면 언제나 재수가 좋다는 기분이 들었다. 녀석은 덤불이 빽빽하고 이 계절에는 낙엽이 깔린 마른 땅에서만 발견되었다. 경계심이 많아서 사냥하기가 매우 힘들었으며 오래 연습한 뒤에야 잡는 법을 터득했다. 녀석은 땅을 깡총깡총 뛰어다니며 곤충을 쪼아 먹는 습성이 있는데, 조금만 낌새가 이상해도 빽빽한 덤불로 뛰어들거나 가까운 곳으로 날아오른다. 이따금 한번 들으면 금방 알 수 있는 독특한 두 음짜리 울음소리를 내며 마른 잎을 뛰어다니는 소리도 들을 수 있다. 그래서 내가 쓴 방법은 그 지역에 많은 좁은 오솔길을 따라 살금살금 걷다가 피타가 근처에 가만히 서 있는 기척을 느끼면 녀석의 울음소리를 최대한 흉내 내어 잔잔한 휘파람 소리를 내는 것이다. 반 시간 기다리면 예쁜 피타(콩키나팔색조)가 덤불 속에서 깡총깡총 뛰는 광경을 곧잘 볼 수 있었다. 다시 시야에서 놓치기도 하지만, 총을 들어올려 사격 준비를 하고는 두 번째로 녀석을 포착하면 틀림없이 전리품을 손에 넣고 녀석의 폭신폭신한 깃옷과 사랑스러운 색깔을 감상할 수 있었다. 윗부분은 짙고 부드러운 녹색이며 머리는 새까만데 눈 위에 파란색과 갈색의 줄무늬가 있다. 꽁지 밑동과 어깨에는 연한 은빛 파란색 띠가 나 있으며 아래쪽 양옆에는 은은한 담황색에 진홍색 줄무늬가 나 있고 배에는 검은색 테두리가 있다. 아름다운 풀색 비둘기, 진홍색과 검은색의 작은 꽃새류Flower-peckers, 커다란 검은색 뻐꾸기, 반들거리는 검은바람까마귀King-crow, 황금색 꾀꼬리, 멋진 멧닭-모든 가금 계통의 기

10 멋쟁이팔색조*Pitta elegans*의 아종. _옮긴이

원-은 라부안테렝에 머무는 동안 내 눈길을 주로 사로잡은 새들이다.

밀림의 가장 큰 특징은 가시였다. 떨기나무도 덩굴도 심지어 대나무도 가시투성이였다. 뭐든 갈지자로 들쭉날쭉하게 자랐으며 뗄 수 없을 만큼 엉켜 있었기에 총이나 그물을 들거나 심지어 안경을 쓴 채 수풀을 헤치는 것은 금물이었으며 이런 지역에서 곤충을 채집하는 것은 아예 불가능했다. 피타는 이런 곳에 곧잘 숨어 있었으며, 총으로 맞히더라도 회수하는 일이 고역이었다. 전리품을 손에 넣으려면 으레 찔리고 긁히고 옷이 찢기는 대가를 치러야 했다. 마른 화산성토와 건조 기후는 이렇게 땅딸막하고 가시 많은 식물의 생장에 유리한 듯하다. 원주민 말로는 이 가시들은 숨바와 섬의 가시에 비하면 아무것도 아니기 때문이다. 숨바와 섬의 지표면은 40년 전 탐보라 산 대폭발 때 쏟아져 나온 화산재가 아직도 쌓여 있다. 가시가 없는 떨기나무와 나무 중에서는 협죽도과Apocynaceae가 가장 풍부했다. 이열편二裂片 열매는 모양과 색깔이 다양하고 종종 아주 매혹적이었는데, 여기에 독이 있다는 사실을 모르는 지친 여행자를 꾀려는 듯 길가 어디에나 매달려 있었다. 그중에서도 황금빛 귤색의 매끄러운 껍질에 싸인 열매는 헤스페리데스[11]의 황금 사과 못지않게 탐스러워, 유황앵무에서 작고 노란 동박새속 *Zosterops*에 이르는 많은 새가 뻔질나게 찾아와 열매가 터졌을 때 드러나는 진홍색 씨앗을 배불리 먹는다. 원주민들이 '구봉'[12]이라고 부르는 코리파속*Corypha*의 커다란 야자나무가 들판에서 가장 눈에 띄는데, 수천 그루가 자라며 잎, 꽃, 열매의 세 가지 상태이거나 죽어 있다. 원통형 줄기는 높이가 30미터에 지름이 60~90센티미터로 우뚝 솟았으며

---

11 헤라가 제우스와 결혼할 때 가이아에게서 받은 황금 사과들이 열리는 나무를 지킨 처녀들. _옮긴이

12 '게붕'이라고도 한다. _옮긴이

넓은 잎은 부채모양인데 꽃이 피면 떨어진다. 생의 마지막 절정기에 단 한 번 꽃을 피우는데 이때 지름이 2.5센티미터가량 되는 둥글고 매끄러운 녹색 열매가 가득 열린다. 열매가 익어 떨어지면 나무는 죽으며, 한두 해 서 있다가 쓰러지고 만다. 잎만 달고 있는 나무가 꽃이나 열매를 달고 있는 나무보다 훨씬 많으며, 죽은 나무가 그 사이 여기저기에 흩어져 있다. 열매가 달린 나무는 앞에서 언급한 초록색의 큰 과일비둘기가 휴식을 취하는 곳이다. 원숭이 떼(필리핀원숭이)가 종종 나무를 차지하고는 열매를 우수수 떨어뜨리기도 한다. 방해를 받으면 재잘거리다가 요란하게 바스락 소리를 내며 야자나무 낙엽 사이로 내뺀다. 과일비둘기의 우렁찬 소리는 새소리보다는 들짐승 울음소리에 가깝다.

이곳에서의 채집 활동은 여느 때보다 더 힘들었다. 좁은 방 하나에서 먹고 자고 일하고 채집물을 보관하고 해부해야 했다. 선반도 찬장도 의자도 탁자도 없었고, 어디에나 개미가 들끓었으며, 개, 고양이, 닭이 멋대로 드나들었다. 게다가 이곳은 주인네 응접실이어서 그의 편의와 우리를 찾아오는 수많은 손님의 편의를 봐주어야 했다. 나의 주요한 가구는 상자였는데 밥상으로도 쓰고 새의 가죽을 벗길 때 의자로도 썼으며 가죽 벗긴 새를 말리는 통으로도 썼다. 개미가 접근하지 못하도록 낡은 벤치를 어렵사리 빌렸다. 물을 채운 코코야자 껍질에 벤치의 네 다리를 올렸더니 개미가 좀처럼 접근하지 못했다. 하지만 상자와 벤치는 무언가를 치워둘 수 있는 그야말로 유일한 장소였으며, 늘 곤충 상자 두 개와 건조 중인 새 가죽 약 100개가 빼곡히 놓여 있었다. 따라서 부피가 크거나 특이한 것을 채집했을 때 "어디 두어야 하지?"라는 질문에 대답하기 힘들었을 것이라고 쉽게 상상할 수 있을 것이다. 게다가 모든 동물 성분은 바싹 말리는 데 시간이 걸리고 그 과정에서 고약한 악취를 풍기며 개미, 파리, 개, 쥐, 고양이, 기타 해충이 꾀기 때문에 특별한 주의와 꾸준한 감독을 요하지만 위에서 묘사한 상황에서는 불가능한 일이었다.

이제 독자들은 넉넉지 않은 형편으로 여행하는 나 같은 자연사학자가 자신이나 타인의 기대에 훨씬 못 미치는 이유를 조금이나마 납득했을 것이다. 많은 새와 동물의 골격, 알코올 속의 파충류와 어류, 대형 동물의 가죽, 인상적인 열매와 목재, 제조업과 상업의 가장 신기한 제품 등을 보존하는 것은 흥미로운 일일 테지만, 내가 방금 묘사한 상황에서는 이것들을 나의 우선순위 채집물에 덧붙이는 것이 불가능함을 알 수 있으리라. 배로 이동할 때는 어려움이 같거나 더 크며, 육로로 다니더라도 어려움이 줄지는 않는다. 따라서 내가 꾸준히 개인적 관심을 쏟을 수 있는 일부 집단으로 채집물을 제한할 수밖에 없다. 그래야만 힘겹게 얻은 채집물이 훼손되거나 썩지 않도록 보관할 수 있다.

마누엘은 오후면 으레 말레이인과 사사크족(롬복 섬 토박이를 일컫는다) 몇 명에게 둘러싸인 채 앉아서 새 가죽을 벗겼는데, 종종 현자의 기운을 풍겼으며 사람들은 그의 가르침에 귀를 기울였다. 마누엘은 매일같이 자신이 주인공으로 등장하는 '특별한 섭리'에 대해 이야기하는 것을 매우 좋아했다. "알라께서 오늘 자비롭게도"-마누엘은 기독교인이지만 이슬람 말투를 썼다-"우리에게 아주 좋은 새를 주셨지. 알라 없이는 우리는 아무것도 할 수 없어." 그러면 말레이인 한 명이 이렇게 대답한다. "틀림없이 새는 인간과 같아요. 죽을 때가 정해져 있어서 그때가 되면 무슨 짓을 해도 구할 수 없고 그때가 오지 않았으면 죽일 수 없죠." 동의한다는 뜻으로 웅얼거리는 소리와 "부툴! 부툴!" (맞아, 맞아) 하는 외침이 들린다. 그러면 마누엘은 멋진 새를 발견하고 한참을 따라갔다가 놓쳤는데 다시 발견해서 두세 발을 쏘았으나 한 발도 맞히지 못했다며 실패한 사냥 이야기를 길게 늘어놓는다. 말레이인 노인이 말한다. "아! 때가 오지 않았군. 그래서 죽이지 못한 거야." 이런 논리는 실력 없는 포수砲手에게 무척 위안이 된다. 다만, 일어난 사실을 그럴듯하게 설명하기는 하되 완전히 만족스럽지는 않다.

롬복 섬에서는 악어로 변신하는 능력을 지닌 사람들이 있다고들 믿는다. 악어로 변해서 적을 잡아먹는다고 한다. 이런 변신에 대해 신기한 얘기가 많이 전해진다. 그래서 어느 날 저녁에 다음과 같은 흥미로운 사연을 듣고 꽤 놀랐다. 그 자리에 있던 사람 중에서 누구도 이의를 제기하지 않았기에 일단 사실로 받아들이고 롬복 섬의 자연사에 기록해두고자 한다. 몇 해째 이곳에서 살고 있는 보르네오 섬 출신 말레이인이 마누엘에게 말했다. "이곳에는 이상한 게 하나 있어요. 귀신이 드물다는 거죠." 마누엘이 물었다. "얼마나 드물기에?" 말레이인이 말했다. "저희 동네와 서부 지방에서는 사람이 죽거나 살해당하면 밤에 감히 근처를 지나가지 못해요. 온갖 소리가 들리는 걸 보면 귀신들이 있는 게 틀림없으니까요. 하지만 여기서는 수많은 사람이 죽임을 당하고 들판과 길가에 시체가 널브러져 있는데도 밤에 근처를 지날 때 아무 소리도 안 들려요. 아시다시피 저희 동네에서는 이런 일이 없거든요." 마누엘이 말했다. "알다마다." 이렇게 해서 롬복 섬에는 귀신이 아예 없지는 않더라도 매우 드물다는 것이 통설이 되었다. 하지만 증거가 순전히 부정적이기 때문에 이 통설을 충분히 확립된 사실로 받아들이는 것은 과학적 신중함이 결여된 태도다.

어느 날 저녁에 마누엘, 알리, 말레이인 남자 한 명이 문밖에서 진지하게 소곤거리는 소리가 들렸다. 크리스, 멱 따기, 머리 등등을 다양하게 암시하는 말을 알아들을 수 있었다. 마침내 마누엘이 아주 심각하고 겁에 질린 표정으로 들어와 내게 영어로 말했다. "나리, 조심하세요. 여기 안전하지 않아요. 멱을 따고 싶어 합니다요." 더 캐물었더니 라자가 풍작을 기원하며 신전에 바칠 머리를 구해 오라는 명령을 마을에 내렸다는 것이었다. 다른 말레이인과 부기족 두세 명, 그리고 집주인인 암본 사람도 그렇다고 말했다. 그러면서 이것이 해마다 으레 있는 일이며 단단히 경계하고 절대 혼자 나가면 안 된다고 신신당부했다. 나는 웃음을 터뜨리고는 헛소문일 뿐이라고 그들을 설득하려 했지만 아무 소용이 없었다. 그들은 목숨이 위험하다고 철석같이 믿었다. 마누엘이 혼자서는 사냥하러 나가지 않으려 들어서 아침마다 내가 함께 가야 했다. 하지만 밀림에 들어서자마자 일부러 뒤처졌다. 알리는 동행이 없이는 땔감을 찾으러 나가기를 두려워했으며 어마어마하게 큰 창으로 무장하지 않고서는 집에서 몇 미터 떨어지지 않은 우물에서 물을 길어 오려 들지도 않았다. 나는 그런 명령이 내려진 적도 받아들여진 적도 없으며 그들이 철저히 안전하다고 확신했다. 나의 확신은 얼마 뒤에 사실로 밝혀졌다. 미국인 선원이 롬복 섬 동쪽에서 배를 탈출하여 비무장 상태로 걸어서 암페난까지 왔는데 오는 내내 융숭한 대접을 받았기 때문이다. 어디서나 음식과 잠자리를 기꺼이 내어주었으며 사례는 한 푼도 요구하지 않았다. 마누엘에게 이 이야기를 해주었더니 이렇게 대답했다. "그 사람 나쁜 사람이에요. 배에서 도망쳤어요. 그 사람 말 아무도 안 믿어요." 그러니 언제든 멱이 따일지도 모른다는 불안한 확신 속에 내버려두는 수밖에 도리가 없었다.

암페난에서 파도가 거세게 몰아치는 현상의 원인을 알아내는 데 실마리를 던지는 사건이 이곳에서 일어났다. 어느 날 저녁에 우르릉거리는 낯선 소리가 들리면서 동시에 집이 약간 흔들렸다. 천둥인가 생각하면서 "뭐죠?" 하고 물었더니 집주인 인치 다우드는 "지진입니다."라고 대답했다. 그러고는 약한 진동은 이따금 발생하지만 심각한 진동은 겪은 적이 없다고 덧붙였다. 이날은 달이 하현이어서 조수가 낮고 파도가 대체로 가장 약했다. 나중에 암페난에서 조사한 결과, 지진이 관측되지 않았는데도 어느 날 밤에 큰 파도가 몰아쳐 집이 흔들리고 이튿날 조수가 매우 높아져 카터 씨의 땅이 물에 잠겼다는 사실을 알아냈다. 밀물은 카터 씨가 이제껏 본 것 중에서 가장 높았다. 이 이례적인 조수는 이따금 일어나며 그다지 주목받지 않는다. 하지만 꼼꼼히 탐문한 덕에 30킬로미터 떨어진 라부안테렝에서 내가 지진을 느낀 바로 그날, 이곳에서 파도가 몰아쳤다는 사실을 확인했다. 그렇다면 일반적인 거센 파도는 좁은 해협에 갇힌 남대양Great Southern Ocean이 팽창하고 해변 근처의 바다 밑바닥 형태가 특이하여 발생하는 것일지 모르지만, 바람 한 점 없는 잔잔한 날씨에 이따금 난데없이 일어나는 거센 파도와 높은 조수는 이 화산 지대의 해저가 약간 솟아 있기 때문이 아닐까 싶다.[13]

13 지금은 이 현상을 '쓰나미'라고 한다. _옮긴이

11장

롬복 섬-민족적 풍습

라부안테렝에서 매우 양호하고 흥미로운 새들을 채집한 뒤에 상냥한 집주인 인치 다우드와 작별하고 암페난으로 돌아와 마카사르에 갈 기회를 기다렸다. 마카사르 항으로 가는 배가 한 척도 오지 않아서, 로스 씨를 데리고 섬 내륙을 여행하기로 했다. 로스 씨는 코코스 제도에서 태어난 영국인으로 지금은 네덜란드 정부에 고용되어 이곳에서 불운하게 파산한 선교사[14]의 뒤치다꺼리를 하고 있었다. 카터 씨는 친절하게도 말을 빌려주었으며 로스 씨는 원주민 마부를 대동했다.

가는 길은 얼마 동안 완전히 평평했으며 벼가 풍성하게 익어 있었다. 쭉 뻗은 길에는 키 큰 가로수가 근사하게 늘어섰다. 길은 처음에는 모래밭이었고 그 뒤로는 풀밭이었으며 이따금 개울과 진흙 구덩이도 있었다. 약 6킬로미터를 이동하여 롬복 섬의 수도이자 라자의 거주지인 마타람에 도착했다. 이곳은 큰 촌락으로, 우람한 가로수 사이로 대

14 실제로는 프레이스라는 네덜란드 상인. _옮긴이

로가 펼쳐졌으며 흙벽 뒤로는 낮은 집들이 숨어 있었다. 이곳은 왕가의 도시Royal city여서 신분이 낮은 원주민은 말을 탈 수 없었다. 수행원인 자와족은 내려서 말을 끌어야 했으며 우리는 천천히 나아갔다. 라자와 고위 사제의 거처는 고급 적벽돌 기둥이 있어서 다른 건물과 구별되지만, 관저 자체는 일반 주택과 거의 달라 보이지 않았다. 마타람을 지나 카랑가셈 근처로 가면 발리인이 롬복 섬을 정복하기 전에 살던 원주민 사사크족의 라자가 살던 옛 거주지가 있다.

마타람을 지나자 지대가 점차 완만한 기복을 이루며 높아졌으며 이따금 낮은 언덕을 이루면서 섬의 북부와 남부에 있는 두 산악 지대로 이어졌다. 이제야 세상에서 가장 놀라운 경작 방식 중 하나를 제대로 파악할 수 있었다. 이것은 중국의 농경 방식과 맞먹으며 내가 알기로 유럽에서 가장 문명화된 (같은 면적의) 어느 지역에 투여된 것보다 많은 노동이 투여되었다. 나는 이 신기한 정원을 지나가면서 감탄을 금할 수 없었다. 항구에 있는 무역상 몇 명 말고는 유럽인에게 전혀 알려지지 않은, 이 이름 없는 외딴 섬에서 수만 헥타르의 울퉁불퉁한 지대에 이토록 솜씨 좋게 층을 만들고 땅을 고르고 속속들이 인공 수로를 파서 어디나 마음대로 물을 대고 뺄 수 있도록 했다니 도무지 눈을 믿을 수 없었다. 이곳은 경사가 꽤 급하기 때문에 다랑논 하나의 넓이는 백에서 수백 헥타르까지 다양하다. 이곳에서는 모든 경작 단계를 볼 수 있다. 어떤 논은 벼 그루터기만 남았고, 어떤 논은 쟁기질을 하고 있었고, 어떤 논은 벼가 다양한 생장 단계에서 자라고 있었다. 이곳에는 담배가 무성한 밭이 있고, 저곳에서는 오이, 고구마, 마, 콩, 옥수수가 다채로운 풍경을 이루었다. 어떤 곳은 수로가 말랐고 다른 곳에서는 작은 개울이 도로를 지나, 씨를 뿌리거나 심을 땅으로 갈라져 들어갔다. 각 다랑논을 둘러싼 둑은 일정한 수평선을 이루며 논 위로 솟아 있다. 다랑논은 때로는 가파른 둔덕으로 둥글게 솟아 요새처럼 보이기도 하고, 때로는 움푹 파여 거대한 규모의 원형 극장 객석처럼 보이기도 한다. 모든 개울과 시내는 원래 물줄기에서 갈라져 나와 가장 낮은 곳을 따라 흘러가는 게 아니라 도로를 가로질러 반쯤은 위로 올라갔으나 늙은 나무와 이끼 덮인 바위 사이를 지나는 덕에 꼭 자연 수로처럼 보였는데, 이로써 수로가 얼마나 오래전에 건설되었는지 짐작할 수 있었다. 내륙으로 더 들어가자 난데없는 바위 언덕, 가파른 협곡, 집이나 촌락 근처의 대나무와 야자나무 숲 등으로 풍경이 다채로워졌는데, 멀리서 바라보면 2,400미터로 롬복 섬에서 가장 높고 멋진 산악 지대를 배경으로, 사람의 관심사로 보나 그림 같은 아름다움으로 보나 비길 데 없는 풍경이 펼쳐진다.

여정의 초입에서는 쌀, 과일, 채소를 시장에 가지고 가는 여인 수백 명을 지나쳤으며, 그 뒤로는 쌀자루나 벼 이삭을 짊어지고 암페난 항구로 가는 말의 행렬이 끝없이 이어졌다. 몇 킬로미터마다 나무 그늘이나 남루한 오두막에 상인들이 앉아 사탕수수, 야자술, 찐 쌀, 절인 계란, 플랜틴[15] 튀김과 몇 가지 전통 별미를 팔았다. 이런 노점에서는 1페니면 배를 든든히 채울 수 있었으나, 우리는 더위가 한창인 한낮에 매우 맛있는 음료인 달콤한 야자술을 마시는 것에 만족했다. 30킬로미터쯤 가니 높고 건조한 지대에 이르렀다. 이곳은 물이 귀해서 개울가의 좁은 평지에서만 농사를 지을 수 있었다. 풍경은 아까만큼 아름다웠지만 성격이 달랐다. 키 작은 잔디로 덮인 낮은 구릉지대에 나무와 덤불이 군데군데 군락으로 있었으며, 어떤 곳은 숲을 이루고 어떤 곳은 탁 트인 평지를 이루었다. 진짜 숲은 작은 자락 한 곳뿐이었는데 키 큰 나

15 바나나와 근연종인 식물의 열매. _옮긴이

무가 그늘을 드리웠으며 무성한 식물로 주위가 어두웠다. 탁 트인 들판에서 강렬한 햇빛과 뜨거운 열에 시달리던 터라 무척 반가웠다.

마침내 오후 1시쯤에 목적지-섬의 거의 한가운데에 위치한 쿠팡 마을-에 도착했다. 우리는 내 친구 로스 씨와 약간 친분이 있는 촌장의 집 바깥뜰에 들어섰다. 우리는 대나무 마루가 있는 정자로 안내되었다. 손님을 맞고 연설을 할 때 쓰는 곳이었다. 말에게 마당의 무성한 풀을 뜯게 해주며 기다리고 있으니 촌장의 말레이어 통역자가 나타났다. 그는 우리가 하는 일을 묻고는 페메켈(촌장)[16]이 라자의 집에 갔으나 금방 돌아올 거라고 말했다. 아직 아침을 먹지 않았기에 먹을 것 좀 달라고 부탁했더니 최대한 빨리 내어주겠다고 약속했다. 하지만 두 시간 동안 아무 기척도 없다가 쌀밥 두 접시, 작은 생선 튀김 네 개, 채소 몇 개가 놓인 작은 쟁반이 들어왔다. 우리는 아침을 양껏 먹고는 마을을 둘러보았다. 주위에 모인 많은 남자 어른이랑 소년이랑 대화를 나누고 반쯤 열린 문과 그 밖의 틈새로 우리를 엿보는 많은 여인이랑 소녀랑 시선과 미소를 교환하면서 즐거운 기분이 되어 돌아왔다. 무사와 이사(모세와 예수)라는 이름의 두 남자아이는 우리와 친한 친구가 되었으며 카창(콩)이라는 건방진 악동이 흉내와 익살로 내내 우리를 웃겼다.

4시쯤 되었을 때 페메켈이 모습을 드러냈다. 우리는 여기서 며칠 머물면서 새를 사냥하고 주변 지역을 살펴보고 싶다는 뜻을 전했다. 그는 약간 짜증스럽다는 듯 롬복 섬의 라자, 아낙아궁(천자天子)[17]의 편지를 가져왔느냐고 물었다. 편지가 필요 없으리라 여겨 가져오지 않았다

16 '보좌역'을 일컫는 사사크어. _옮긴이

17 발리어로 '위대한 귀인'이라는 뜻. _옮긴이

고 대답하니 그는 불쑥 라자에게 가서 물어봐야겠다고 했다. 시간이 흘러 밤이 되어도 그는 돌아오지 않았다. 우리에게 무슨 꿍꿍이가 있다고 의심하는 것이 아닐까 하는 생각이 들기 시작했다. 페메켈은 말썽에 휘말리는 것을 두려워하는 것이 틀림없었기 때문이다. 그는 사사크족 군주인데 현 라자를 지지하기는 하지만 몇 해 전에 진압된 음모의 지도부와 연계되어 있다.

5시경에 나의 총과 옷가지를 실은 짐말이 도착했다. 알리와 마누엘은 걸어서 왔다. 해가 저물고 금세 어두워졌다. 배가 고파서 기진맥진한 채 정자에 앉아 있었으나 아무도 오지 않았다. 하염없이 기다리다 아홉 시경이 되어 페메켈, 라자, 군주 몇 명, 여러 수행원이 찾아와 우리를 둘러싸고 앉았다. 악수를 하고 몇 분간 침묵이 흘렀다. 그러다 라자가 우리에게 무엇을 원하느냐고 물었다. 로스 씨는 우리가 누구이고 왜 왔으며 나쁜 의도는 전혀 없음을 이해시키려고 애썼다. 아낙아궁의 편지를 가져오지 않은 것은 단지 필요 없으리라 생각해서였다고 말했다. 발리어로 긴 대화가 오간 뒤에 사람들은 내 총이 무엇인지, 어떤 화약을 넣는지, 산탄을 쓰는지 일반 탄환을 쓰는지, 어떤 새를 찾는지, 어떻게 보존하는지, 새를 가지고 잉글랜드에서 무엇을 하는지 물었다. 내가 대답하고 설명할 때마다 낮은 어조로 심각한 대화가 이어졌다. 무슨 말인지 알아들을 수는 없었지만 취지는 추측할 수 있었다. 그들은 꽤 당황한 것이 분명했으며, 우리 말을 하나도 믿지 않았다. 우리가 네덜란드인이 아니라 정말 영국인이냐고 물었다. 그렇다고 잘라 말했음에도 믿지 못하는 눈치였다.

하지만 한 시간가량 지난 뒤에 저녁을 가져다주었으며(생선이 없는 것만 빼고 아침과 같았다), 식사가 끝나자 아주 연한 커피에다 찐 호박과 설탕을 주었다. 앞선 논의가 끝나고 두 번째 회담이 열렸다. 다시 질문과 대답, 논평이 이어졌다. 중간중간에 사소한 주제를 논의하기도 했다. 노인 서너 명이 번갈아 내 안경(오목 렌즈)을 써봤는데, 이들은 안경을 쓰면 왜 안 보이는지 이해하지 못했다. 이것은 틀림없이 나를 미심쩍게 여긴 또 다른 이유였으리라. 이들은 나의 수염에도 관심을 보였으며 유럽 사회에서라면 실례가 될 개인적 사항에 관한 많은 질문을 던졌다. 결국 새벽 한 시경에 다들 자리에서 일어섰다. 문간에서 잠시 환담을 나누고는 모두 돌아갔다. 남자 어른과 소년 몇 명 그리고 통역이 남아 있었는데, 우리는 통역에게 잘 곳을 안내해달라고 부탁했다. 그는 깜짝 놀라면서 이곳이 매우 훌륭한 잠자리라고 말했다. 날씨가 꽤 추웠는데 우리는 옷을 매우 얇게 입고 담요도 전혀 가져오지 않았다. 하지만 한 시간의 설득 끝에 얻어낸 것은 전통 요와 베개, 그리고 정자의 삼면을 가리고 찬바람을 막아줄 낡은 커튼 몇 장이 전부였다. 우리는 매우 불편하게 밤을 보내고는 이렇게 초라한 대우를 감내하지 않고 아침에 돌아가기로 마음먹었다.

우리는 동틀 녘에 일어났지만 통역은 한 시간이 지나서야 나타났다. 우리는 통역에게 커피를 달라고 요청하고 페메켈을 만나게 해달라고 말했다. 알리가 발을 절어서 말이 한 마리 필요했기 때문이다. 그리고 통역에게 작별 인사를 했다. 그는 듣도 보도 못한 요구에 어안이 벙벙하여 안뜰로 사라지더니 우리를 또 버려두고 문을 잠갔다. 한 시간이 지나도록 아무도 오지 않아서 말에 안장을 얹고 짐말에 짐을 실으라고 지시하고는 떠날 채비를 했다. 바로 그때 통역이 말을 타고 돌아와 우리의 여장을 보고서 놀란 표정을 지었다. 우리가 물었다. "페메켈은 어디 갔습니까?" 통역이 대답했다. "라자에게 갔어요." 내가 말했다. "우린 가겠습니다." 그가 말했다. "아, 그러지 마세요. 잠깐만 기다리세요. 지금 회의 중입니다. 사제 몇 분이 선생님을 보러 오실 것이고, 촌장한 명이 마타람에 가서 아낙아궁에게 선생님이 머물러도 되는지 허락을 구할 것입니다." 이걸로 사태가 일단락될 거라고? 또 대화를 나누고, 또 기다리고, 또 8~10시간 동안 회의하는 것을 참아낼 생각은 없었기에 당장 출발했다. 불쌍한 통역은 우리가 완강하게 서두르는 것을 보고 울먹거리며 말했다. "페메켈이 무척 유감스러워하실 겁니다. 라자도 유감스러워하실 테고요. 그저 기다려만 주시면 다 잘될 겁니다." 나는 알리에게 말을 넘겨주고는 걷기 시작했지만 나중에 알리는 보스 씨의 마부 뒤에 탔다. 우리는 꽤 덥고 지치기는 했으나 무사히 숙소에 돌아왔다.

마타람에서 롬복 섬의 군주 중 한 명인 구스티 게데 오카의 집에 들렀다. 그는 카터 씨의 친구로, 원주민 장인이 총 만드는 광경을 보여주겠다고 약속한 적이 있었다. 총 두 정이 전시되어 있었는데 하나는 길이가 1.8미터, 또 하나는 2.1미터였으며 구경이 꽤 컸다. 총열은 우리 것처럼 말끔하지는 않았지만 강선을 파고 마무리도 잘했다. 개머리판은 잘 만들어졌으며 총열 끝까지 뻗어 있었다. 표면에는 대부분 금은 장식을 새겼으나 공이치기는 영국제 머스킷 총에서 떼어낸 것이었다. 하지만 구스티는 공이치기와 강선 총열을 만드는 사람이 라자에게 있다고 말했다. 그러고는 총 만드는 작업장과 도구를 보여주었는데 매우 인상적이었다. 사방이 트인 헛간에 작은 흙 노爐가 두 개 있었는데 이것이 가장 눈에 띄었다. 풀무는 대나무 원통 두 개로 이루어졌으며 손으로 피스톤을 조작했다. 피스톤은 매우 쉽게 움직일 수 있으며, 두껍게 채운 성긴 깃털 뭉치가 밸브 역할을 하여 규칙적으로 바람을 일으킨다. 두 원통은 같은 노즐을 통해 작동하는데 피스톤 하나가 올라가면 나머지 하나가 내려간다. 땅에 놓인 직사각형 쇠뭉치는 모루였으며 바깥의 나무에서 삐져나온 뿌리에 작은 바이스가 고정되어 있었다. 노인은 여기다 줄과 망치 몇 개만 가지고 거친 쇠와 나무를 직접 다듬어 이 근사한 총을 만들었다.

이렇게 긴 총열에 어떻게 구멍을 뚫는지 궁금했다. 총열은 진짜이며 발사도 잘 된다고 했다. 구스티에게 물었더니 알쏭달쏭한 대답이 돌아왔다. "돌을 채운 바구니를 씁니다." 무슨 말인지 도무지 이해가 되지 않아 어떻게 하는지 볼 수 있겠느냐고 물었다. 구스티는 주위에 있던 소년 여남은 명 중 한 명을 보내어 바구니를 가져오도록 했다. 소년은 이 독특하기 그지없는 보링 머신으로 곧 돌아왔다. 그러자 구스티가 사용법을 설명했다. 이것은 단순히 튼튼한 대나무 바구니였는데, 바닥에 약 90센티미터 길이의 막대기를 꽂고 위쪽은 작대기 몇 개를 등덩굴로 묶어 고정했다. 막대기 밑에는 쇠고리가 끼워져 있으며, 무쇠로 만든 네모난 송곳을 끼울 수 있도록 구멍이 나 있다. 구멍 뚫을 총열을 땅에 수직으로 묻고, 송곳을 꽂고, 구멍 난 대나무를 막대기에 수직으로 끼우고는 무게에 맞게 바구니에 돌을 채운다. 소년 두 명이 대나무를 돌린다. 총열은 약 45센티미터 길이의 조각들로 이루어졌으며 첫 번째 총열에 구멍을 작게 뚫은 뒤에 곧은 쇠막대에 용접한다. 그 다음 송곳 크기를 점차 키워가며 총열 전체를 만드는데, 사흘이면 구멍 뚫기가 끝난다. 모든 과정에 대해 정확한 설명을 들으니 이 방법이 실제로 쓰인다는 것을 확신할 수 있었다. 하지만 영국인 대장장이가 편자를 만드는 데에도 부족할 연장을 가지고 근사하고 말끔하고 쓸 만한 총을 처음부터 끝까지 만들어냈다니 볼수록 믿기지 않았다.

탐사에서 돌아온 이튿날, 라자가 암페난에 거주하는 구스티 게데 오카의 만찬에 참석하려고 암페난에 왔다. 그가 도착하자 우리는 곧 그를 알현하러 갔다. 라자는 넓은 마당의 나무 그늘 아래에서 멍석에 앉아 있었다. 300~400명에 이르는 수행원들은 모두 그의 주위에 큰 원

총열 구멍 뚫기

을 그리며 땅바닥에 쪼그려 앉았다. 라자는 말레이인의 페티코트인 사롱을 입고 녹색 윗도리를 걸쳤다. 나이는 서른다섯쯤 되었으며 용모가 준수했다. 지성과 우유부단함이 섞인 모습이었다. 우리는 절을 하고는 친분 있는 촌장들 옆 땅바닥에 앉았다. 라자가 앉아 있을 때는 누구도 서거나 더 높이 앉을 수 없기 때문이다. 라자는 우선 내가 누구인지, 롬복 섬에서 무엇을 하는지 묻고는 내 새를 보여달라고 했다. 그래서 사람을 보내어 새 가죽이 든 상자 하나와 곤충 상자 하나를 가져왔다. 라자는 꼼꼼히 살펴보더니 표본을 이렇게 훌륭하게 보존할 수 있다는 것에 놀란 표정이었다. 그러고는 유럽과 러시아 전쟁에 대해 잠시 대화를 나누었다. 이것은 모든 원주민의 관심사였다. 나는 라자의 휴양지 구능사리에 대해 이야기를 많이 들었기에 이 기회를 놓치지 않고 그곳을 방문하여 새를 사냥하게 해달라고 부탁했고 라자는 즉석에서 허락했다. 나는 감사를 표하고 물러났다.

한 시간 뒤에 라자의 아들이 수행원 100명가량을 이끌고 카터 씨를 찾아왔다. 수행원들이 모두 땅바닥에 앉아 있는 동안 그는 마누엘이 새 가죽을 벗기는 헛간에 들어갔다. 잠시 뒤에는 집에 들어가, 침소를 마련하도록 하여 잠시 눈을 붙인 뒤에 술을 좀 마시고는 한두 시간 있다가 구스티의 집에서 저녁을 가져오도록 하여 고위 성직자와 군주 여덟 명과 함께 먹었다. 그는 밥을 축복하고는 먼저 먹기 시작했다. 그 뒤에 나머지도 식사를 시작했다. 그들은 밥을 손으로 굴려 경단 모양으로 만들어 국물에 찍고는 다양하게 요리한 고기와 닭고기를 곁들여 재빨리 삼켰다. 젊은 라자가 식사하는 동안 소년이 부채질을 했다. 젊은 라자는 약 열다섯 살밖에 안 되었는데 벌써 아내가 세 명이었다. 모두 말레이인의 물결 모양 칼인 크리스를 차고 있었다. 이들은 크리스의 아름다움과 가치에 무척 자부심을 느꼈다. 라자의 동행 한 명은 금

손잡이가 달린 크리스를 가지고 있었는데 손잡이에 다이아몬드 스물 여덟 개와 그 밖의 보석 여러 개가 박혀 있었다. 이 칼을 사는 데 700 파운드가 들었다고 했다. 칼집들은 장식된 나무와 상아로 만들었는데 한쪽에 금을 씌운 경우도 많았다. 칼날은 철에 흰 금속으로 아름다운 무늬를 넣었으며 애지중지 간수한다. 한 명도 예외 없이 크리스를 가지고 있는데 다들 넓은 허리수건 뒤에 찼다. 크리스는 사람들이 가진 것 중에서 대체로 가장 값나가는 물건이다.

며칠 뒤에 오랫동안 입에 올리던 구능사리 여행을 떠났다. 중국으로 쌀을 운반하는 함부르크 배의 선장과 화물 관리인이 동행하는 바람에 인원이 늘었다. 우리는 롬복 섬의 다양한 조랑말을 타게 되었는데 안장 등의 마구를 구하기가 쉽지 않았다. 대부분은 뱃대끈[18], 굴레, 등자끈을 수선하여 쓰는 것이 고작이었다. 마타람을 지나는 길에 우리의 벗 구스티 게데 오카가 합류했다. 그는 멋진 검정말을 타고 있었는데, 여느 원주민처럼 안장이나 등자 없이 근사한 안장깔개와 무척 화려한 굴레만 씌운 채였다. 아름다운 샛길을 따라 5킬로미터쯤 가니 목적지에 도착했다. 우리는 무시무시한 힌두교 신 석상이 떠받치고 있는 근사한 벽돌 출입문으로 들어섰다. 울타리 안에는 네모난 양어지養魚池 두 곳과 멋진 나무 몇 그루가 있었다. 또 다른 문을 지나자 공원이 나왔다. 오른쪽에 벽돌집이 있었는데, 힌두 식으로 지었으며 높은 테라스가 깔려 있었다. 왼쪽에는 넓은 양어지가 있었다. 작은 시내에서 물이 흘러들었는데, 벽돌과 돌로 근사하게 만든 거대한 악어 주둥이에서 물이 나왔다. 양어지는 가장자리를 벽돌로 둘렀으며 가운데에는 괴상한 조각으로 장식한 환상적이고 그림 같은 구조물이 서 있었다. 양어지에

18 안장을 말 등에 고정하기 위해 말의 배에 걸쳐서 두르는 끈. _옮긴이

는 훌륭한 물고기가 많았는데, 아침마다 목판을 두드리면 먹이 먹으러 몰려든다. 목판을 치자 금세 여기저기 수초에서 물고기들이 나타나 먹이를 받아먹으려고 우리를 따라 가장자리를 돌았다. 그때 옆의 숲에서 사슴 몇 마리가 나왔다. 사냥하는 일이 거의 없고 규칙적으로 먹이를 주기 때문에 매우 온순했다. 정원을 둘러싼 밀림과 숲에 새가 많은 것 같아서 몇 마리 사냥하러 갔다가 근사한 신종인 흰배물총새와 신기하고 잘생긴 호랑지빠귀인 순다지빠귀*Zoothera andromedae*를 몇 마리 잡았다. 흰배물총새는 이름과 달리 물에 자주 찾아오거나 물고기를 잡아먹지 않으며, 낮고 축축한 덤불에 머물면서 육상 곤충, 순각류, 작은 연체동물을 쪼아 먹는다. 이곳에 오게 되어 무척 기뻤다. 이곳 사람들의 취향에 대해서도 예전보다 높이 평가하게 되었다. 비록 건물과 조각의 양식은 자와 섬의 웅장한 유적보다 훨씬 못하지만 말이다. 이제 이 흥미로운 사람들의 성격, 태도, 풍습에 대해 몇 가지 언급하겠다.

롬복 섬 원주민은 '사사크족'이라고 부른다. 이들은 말레이 인종으로 믈라카와 보르네오 섬의 민족과는 외모가 거의 구별되지 않는다. 이슬람교를 믿으며 인구의 대부분을 차지한다. 이에 반해 통치 계급은 인접한 발리 섬 출신으로 브라만교를 믿는다. 통치 체제는 절대 군주제이지만 여느 말레이 나라보다는 슬기롭고 온건하게 통치하는 듯하다. 현 라자의 아버지가 섬을 정복했으며 사람들은 이제 새 통치자를 받아들인 것으로 보인다. 라자는 종교에 간섭하지 않으며 예전의 원주민 촌장보다 무거운 세금을 물리지도 않는 듯하다. 롬복 섬에서는 법을 매우 가혹하게 집행한다. 절도죄에 대한 형벌은 사형이다. 카터 씨는 자기 집에서 철제 커피 주전자를 훔친 사람 이야기를 해주었다. 도둑은 붙잡혔고 주전자는 돌아왔다. 도둑이 카터 씨에게 끌려왔다. 어떤 처벌을 내려도 무방했다. 원주민들은 모두 그 자리에서 크리스 형에 처하라고 권고했다. "그러지 않으면 나리 물건을 또 훔칠 겁니다." 하지만 카터 씨는 자신의 집에 또 침입하면 총으로 쏘겠다는 경고와 함께 그를 풀어주었다. 몇 달 뒤에 그는 카터 씨에게서 말을 훔쳤다. 말은 되찾았지만 도둑은 잡지 못했다. 해가 진 뒤에 주인 몰래 남의 집에 있다가 발각되는 사람은 칼로 찔러도 된다는 것이 이곳의 확립된 규칙이다. 시체는 길거리나 바닷가에 버리며 아무도 문제 삼지 않는다.

남자들은 의처증이 심하며 아내에게 매우 엄격하게 대한다. 유부녀가 외간 남자에게서 담배나 시리 잎을 받았다가는 목숨을 잃는다. 몇 해 전에 영국인 무역상이 번듯한 집안의 발리인 여인과 동거했다. 원주민들은 둘의 관계를 매우 명예롭게 여겼다. 축제가 열리는 동안 이 소녀는 딴 남자에게서 꽃이나 자질구레한 선물을 받아 규칙을 어겼다. 이 일이 라자의 귀에 들어가자(라자의 아내 몇 명이 소녀의 친척이었다), 그는 영국인의 집에 사람을 보내어 소녀를 당장 크리스 형에 처하라고 명령했다. 영국인은 빌고 애원하고 라자가 부과하는 대로 벌금을 내겠다고 했지만 소용이 없었다. 마침내 그는 결코 제 손으로 소녀를 내어주지 않겠다고 버텼다. 라자는 강제력을 쓰고 싶지는 않았다. 자신의 명예만큼 영국인의 명예도 존중해야 한다고 생각했기 때문이다. 그래서 일단 문제를 덮었다. 하지만 시간이 좀 흐른 뒤에 수행원 한 명을 그 집에 보냈다. 수행원은 소녀를 문으로 부른 뒤에 "라자께서 이걸 보내셨다."라며 그녀의 심장을 찔렀다. 더 심각한 불륜은 더 잔인한 처벌을 받는다. 여인과 정부情夫는 등을 대고 묶어 바다에 던지는데, 그곳에서는 커다란 악어들이 희생자들을 먹어치우려고 늘 기다린다. 내가 암페난에 있을 때에도 이런 처형이 행해졌는데, 나는 처형이 끝날 때까지 자리를 피하려고 멀리 걸어갔다 왔다. 그래서 나의 다소 지루한 이야기에 생기를 불어넣을 오싹한 이야기를 독자에게 들려

줄 기회를 놓치고 말았다.

어느 날 아침에 우리가 아침 밥상에 앉아 있는데 카터 씨의 하인이 마을에 '아묵'[19]이 있다고 말했다. 어떤 남자가 미쳐 날뛰고 있다는 것이었다. 그 즉시 우리가 있는 곳의 문을 걸어 잠그라는 명령이 떨어졌다. 하지만 시간이 지나도록 아무 소리도 들리지 않아서 밖으로 나갔는데 알고 보니 거짓 경보였다. 노예가 주인이 자신을 팔려 한다는 소리에 달아났는데 그가 아묵이 되었다는 소문이 난 것이었다. 얼마 전에 노름판에서 어떤 남자가 가진 것보다 반 달러를 더 잃고서 아묵이 되었다가 살해당했다. 또 다른 사람은 열일곱 명을 죽이거나 다치게 하고서 자신도 목숨을 잃었다. 전쟁이 벌어지면 아묵이 되는 것에 모든 사람이 합의하기도 한다. 그러면 자기네만큼 흥분하지 않은 사람들이 상대하지 못할 만큼 필사적으로 덤벼들 수 있기 때문이다. 고대인들은 아묵을 '나라를 위해 희생하는 영웅이나 반신半神'으로 여겨 우러러보았을 것이다. 여기서는 단순히 "그들이 아묵을 했다."라고 말한다.

마카사르는 동양에서 아묵으로 가장 이름난 곳이다. 한 달에 평균 한두 번 아묵이 일어나며 한 번에 다섯 명, 열 명, 아니 스무 명이 죽거나 다치기도 한다. 이것은 술라웨시 섬 원주민들이 스스로 목숨을 끊는 보편적인, 따라서 명예로운 방법이며 난국에서 벗어나는 방법으로 애용된다. 로마인은 자신의 칼에 엎어졌고, 일본인은 스스로 배를 가르며, 영국인은 권총으로 자신의 머리통을 박살낸다. 부기족의 방식은 자살을 생각하는 사람에게 많은 이점이 있다. 사회에서 부당한 처우를 당했다고 생각하거나, 빚을 졌는데 갚을 길이 막막하거나, 자신이 노

19 '살상욕을 수반하는 심한 정신착란'을 뜻하는 영어 'amok'은 '미친 사람'을 뜻하는 말레이어 'Amuk'에서 비롯했다. _옮긴이

예가 되었거나 아내나 자식이 노름빚에 노예가 되었거나, 잃은 것을 되찾을 방법이 없을 때 사람은 자포자기한다. 이런 사람은 이런 가혹한 처사를 감내하는 것이 아니라 인류에게 복수하고 영웅처럼 죽는다. 크리스 손잡이를 움켜쥐고는 다음 순간에 크리스를 꺼내어 어떤 이의 심장을 찌른다. 피투성이 크리스를 손에 쥔 채 달리면서 마주치는 사람들을 마구잡이로 찌른다. 그러면 거리에 "아묵! 아묵!" 하는 소리가 울려퍼진다. 창, 크리스, 칼, 총이 그에게 겨누어진다. 그는 미친 듯 내달리며 남녀노소를 막론하고 죽일 수 있는 사람을 모두 죽이다가 전투의 흥분 상태에서 중과부적으로 목숨을 잃는다. 그 흥분이 무엇인지는 겪어본 사람이 가장 잘 알겠지만, 격렬한 열정에 빠져봤거나 폭력적이고 흥분된 행위를 해 본 사람이라면 어떤 것인지 능히 짐작할 수 있으리라. 이것은 정신착란으로 인한 도취 상태이며 모든 생각과 에너지를 빨아들이는 일시적 광증이다. 크리스를 휴대하고 못 배우고 암담한 말레이인이 압도적인 고난에서 벗어나고 싶을 때 냉철하게 자살을 감행하는 것보다 또는 법에 호소하지 않고 적에게 직접 복수했을 때 교수대의 무자비한 밧줄에 목이 졸리고 공개 처형의 굴욕을 당하는 것보다 명예로운 행위로 여겨지는 이런 죽음을 선호하는 것은 당연하다. 어느 경우든 그는 아묵을 선택한다.

롬복 섬과 발리 섬에서 주로 무역하는 품목은 쌀과 커피다. 벼는 들판에서 자라고 커피는 산지에서 자란다. 쌀은 말레이 제도의 다른 섬들, 싱가포르 섬, 심지어 중국에까지 널리 수출되며 항구에서는 늘 한 척 이상의 배가 쌀을 싣고 있다. 쌀은 짐말에 실려 암페난까지 운반되며 이런 행렬이 매일같이 카터 씨의 마당에 도착한다. 원주민이 쌀을 팔아서 받는 돈은 중국의 구리 동전뿐인데 1,200개가 1달러에 해당한다. 매일 아침에 커다란 자루 두 개에 든 돈을 세어 지불하기 편한 금액으로 나누어야 한다. 발리 섬에서는 말린 소고기와 소꼬리를 대량으로 수출하고, 롬복 섬에서는 오리와 조랑말을 많이 수출한다. 오리는 고유종으로, 몸통이 매우 길고 납작하며 펭귄처럼 꼿꼿이 서서 걷는다. 색깔은 대체로 희끄무레한 적회색이며 대규모로 밀집 사육한다. 값이 매우 싸며 쌀 수송선의 승무원들이 주로 먹는데, 이들은 이 오리를 '발리 군인Baly-soldier'이라고 부르지만 다른 곳에서는 '펭귄오리Penguin-duck'라는 이름이 더 일반적이다.

포르투갈인 조류 박제사 페르난데스가 계약을 깨고 싱가포르 섬으로 돌아가겠다고 우겼다. 향수병 때문이라지만 내가 보기엔 몇 달 치 품삯을 벌려다 이렇게 피에 굶주리고 미개한 사람들에게 목숨을 잃을 수는 없다고 생각했을 듯하다. 그가 떠나는 것은 내게 큰 손실이었다. 석 달 치 통상 임금의 세 배를 미리 지급했는데, 계약 기간의 절반은 배에서 지냈고 나머지는 (곤충이 적어서 내가 직접 새를 사냥하고 가죽을 벗길 수 있으니) 그가 필요 없는 곳에 있었기 때문이다. 페르난데스가 떠나고 며칠 뒤에 내가 가려는 마카사르 행의 소형 스쿠너 한 척이 입항했다. 현 라자에 대해 전해 들은 일화로 이 흥미진진한 섬들에 대한 개요를 마무리하겠다. 이 일화는 사실이든 아니든 원주민의 성격을 잘 보여주며, 내가 아직 언급하지 않은 이들의 태도와 풍습을 자세히 설명하기 위한 도입부 역할을 할 것이다.

12장
롬복 섬-라자의 인구 조사

롬복 섬의 라자는 매우 현명한 사람으로, 인구 조사를 시행한 방식에서 그의 지혜를 확인할 수 있었다. 라자의 주 수입원은 인두세로 거두는 쌀인데 남녀노소 할 것 없이 섬의 모든 주민이 해마다 소량의 쌀을 납부한다. 모두가 이 세미稅米를 납부했다는 것은 의심할 여지가 없었다. 납부할 세미가 매우 소량이었고 땅이 기름졌으며 사람들은 부유했기 때문이다. 하지만 쌀이 정부의 미곡 창고에 도달하기까지는 여러 단계를 거쳐야 했다. 수확이 끝나면 마을 사람들은 쌀을 마을의 우두머리인 카팔라 캄풍에게 가져갔다. 틀림없이 그는 이따금 빈민이나 환자를 동정하여 쌀이 부족하더라도 눈감아주었을 것이다. 항의하는 사람에게는 특혜를 베풀기도 했을 것이다. 위엄을 유지하려면 자신의 창고를 이웃 마을보다 더 많이 채워두어야 했는데, 그래서 자신의 마을을 다스리는 웨도노에게 보내는 쌀은 정해진 양보다 훨씬 적었다. 물론 웨도노도 제 앞가림을 해야 했다. 다들 빚을 지고 있었기 때문이다. 정부의 쌀에서 조금 챙기는 것은 식은 죽 먹기였다. 그래도 라자에게 보낼 쌀은 얼마든지 있었다. 웨도노에게 쌀을 받은 구스티, 곧 군주도 이런 식으로 제 몫을 챙겼으니, 수확이 다 끝나고 쌀이 모두 진상되면 해마다 전해보다 양이 적을 수밖에 없었다. 물론 아랫사람들은 한 지역에서 질병이 퍼지고 다른 지역에서 역병이 돌고 또 다른 지역에서 흉작이 들었다는 식으로 변명을 늘어놓았지만, 라자가 큰산 산기슭에 사냥을 가거나 섬 반대편의 구스티를 방문하러 가보면 마을은 늘 주민으로 가득했고 다들 잘 먹고 행복해 보였다. 라자는 촌장과 관리의 크리스가 날로 호화스러워지는 것도 눈치챘다. 손잡이는 나한송에서 상아로, 상아에서 금으로 바뀌었으며 다이아몬드와 에메랄드가 박힌 것도 많았다. 라자는 쌀이 어디로 갔는지 잘 알았다. 하지만 입증할 방법이 없었기에 입을 다물고 있었다. 그러면서 언젠가는 인구 조사를 실시하여 주민의 수를 파악하고, 쌀의 양을 정당하지 않게 속이지 못하도록 하겠노라고 다짐했다.

하지만 어떻게 조사할 것인가가 문제였다. 몸소 마을마다 집집마다 방문하여 일일이 머릿수를 셀 수는 없는 노릇이었다. 정식 관리들에게 명령을 내리면 라자의 의중을 재빨리 알아차리고는 작년의 쌀 양과 딱 맞아떨어지는 조사 결과를 보고할 터였다. 따라서 인구 조사를 왜 하는지 아무도 눈치채지 못하게 해야 했다. 그러려면 인구 조사를 한다는 것 자체를 아무도 몰라야 했다. 이것은 매우 힘든 문제였다. 라자는 생각에 생각을 거듭했지만 해법을 떠올릴 수 없었다. 결국 실의에 빠져 자신이 특히 좋아하는 아내와 담배를 피우고 베텔을 씹는 것 말고는 아무 일도 하지 않았으며 밥도 거의 먹지 않았다. 닭싸움鬪鷄을 보러 가서도 자신의 최고 싸움닭이 이기든 지든 신경 쓰지 않았다. 라자는 몇 날 며칠을 울적하게 지냈으며 궁정에서는 라자가 '악마의 눈'에 씌었다고 생각했다. 심한 사팔뜨기인 아일랜드인 선장이 쌀을 실으러 왔다가 크리스 형을 당하려던 차에 왕실로 소환되는 일도 있었다. 그는 배로 돌아가 항구에 정박하는 동안 머무르라는 너그러운 처분을 받았다.

그러던 어느 날 설명할 수 없는 우울이 일주일가량 이어진 끝에 반가운 변화가 일어났다. 라자가 수도 마타람에 있는 모든 촌장과 사제와 군주를 불러 모은 것이다. 기대 반 우려 반으로 모여든 사람들 앞에서 라자가 말했다.

"며칠 동안 마음이 심히 괴로웠으나 이유를 알지 못했다. 하지만 이제 고통이 깨끗이 사라졌다. 어젯밤에 꾼 꿈 덕분이다. 꿈에서 구눙아궁-위대한 불의 산-의 신령이 나타나 정상에 올라가라고 말씀하셨다. 정상 근처까지는 전부 따라와도 좋지만 그 다음에는 나 혼자 가야 한다. 그러면 신령께서 다시 나타나 나와 그대들과 롬복 섬의 모든 주민에게 아주 중요한 것이 무엇인지 말씀하실 것이다. 이제 모두 돌아가 섬 전체에 이 사실을 알리라. 우리가 숲을 통과하여 큰산에 오르도록 길을 내야 하니 모든 마을에서 장정을 차출하도록 하라."

라자가 신령을 만나러 산 정상에 가야 한다는 소식이 섬 전체에 퍼졌으며 모든 마을은 남자들을 보내어 밀림을 개간하고 계곡에 다리를 놓고 라자가 지나갈 길을 닦았다. 가파르고 험한 돌밭이 나오면 어떤 때는 급류를 따라, 어떤 때는 절벽에서 검은 바위로 이루어진 좁은 턱을 따라 가장 좋은 길을 찾았다. 어떤 곳에서는 키 큰 나무를 잘라 골짜기를 건널 다리를 놓았고 또 어떤 곳에서는 미끌미끌한 벼랑을 올라갈 사다리를 만들었다. 작업을 감독하는 촌장들은 도로의 성격에 따라 그날 작업량을 미리 정했으며 깨끗한 개울이 흐르는 기슭과 나무 그늘이 우거진 쾌적한 장소를 선택하여 대나무와 야자나무 잎을 엮어 오두막을 지었다. 라자와 수행원들이 매일 저물녘에 식사를 하고 잘 곳이었다.

모든 준비가 끝나자 군주와 사제와 촌장은 다시 라자를 찾아가 작업이 완료되었다고 보고하고는 언제 산에 올라가실 거냐고 물었다. 라자는 날짜를 정해, 지위 고하를 막론하고 모든 사람이 자신을 따라 산에 올라 (라자에게 이번 행차를 명령한) 신령에게 예를 표하고 신령의 명령을 얼마나 성심으로 따랐는지 보이라고 지시했다. 섬 전역에서 행차 준비로 법석이 일었다. 최상의 소를 도축하여 고기를 절이고 말렸으며, 고추와 고구마를 듬뿍 거두고, 키 큰 빈랑나무Betelnut tree에 올라가 매운 빈랑 열매를 따고, 시리 잎을 다발로 묶었으며, 모든 남자가 담배 주머니와 소석회 상자[20]를 가득 채웠다. 여정의 중간에 기분 전환으로 씹는 베텔의 재료가 부족해지면 곤란하기 때문이다. 비품은 하루 먼저 보냈다. 출발일 하루 전에 높고 낮은 모든 촌장이 왕의 거소 마타람에 왔다. 이들의 말과 하인, 시리 상자와 침구, 비품을 나르는 짐꾼도 따라왔다. 이들은 마타람 여기저기에서 키 큰 가로수 벵갈고무나무 아래에 천막을 치고는 밤중에 어두운 길거리에 출몰하는 마귀와 악령을 쫓아내기 위해 불을 활활 피웠다.

아침에 라자를 산에 모시고 갈 거대한 행렬이 늘어섰다. 왕실의 군주와 라자의 친척은 꼬리가 땅에 끌리는 검은 말을 탔다. 안장과 등자는 쓰지 않고 화려한 색깔의 안장깔개에 앉았다. 재갈은 은이었고 굴레는 여러 색깔의 밧줄로 만들었다. 그보다 신분이 낮은 사람들은 산행에 알맞은 여러 색깔의 작고 힘센 말을 탔으며, 모두(심지어 라자까지도) 무릎 위까지 맨살이었다. 사람들은 화려한 색깔의 면 허리수건, 비단이나 면으로 만든 윗도리, 멋지게 접은 머릿수건 차림이었다. 다

20 시리에 소석회를 발라 빈랑을 싼다. _옮긴이

들 시리 상자와 빈랑 상자를 든 하인 한두 명을 대동했는데 하인들도 조랑말을 탔다. 더 많은 하인들은 미리 떠났거나 후위를 맡으려고 기다리고 있었다. 신분 높은 사람이 수백 명, 수행원이 수천 명에 이르렀으며 섬의 모든 주민은 어떤 대단한 일이 벌어질지 궁금해 했다.

첫 이틀 동안은 도로 상태가 좋았으며 마을들은 깨끗이 청소되고 창문에 밝은색 천이 걸려 있었다. 라자가 지나가자 모든 주민이 땅바닥에 쪼그려 앉아 존경을 표했으며 말을 타고 있던 사람들도 다들 말에서 내려 바닥에 쪼그려 앉았다. 마을을 지날 때마다 많은 사람들이 행렬에 합류했다. 밤을 보내기 위해 멈춘 곳에서 사람들이 도로 양쪽을 따라 집 앞에 말뚝을 세웠다. 말뚝 꼭대기를 십자 모양으로 쪼개어 작은 진흙 램프를 고정시키고 그 사이에 초록색 야자 잎을 끼워 넣었다. 저녁 이슬에 흠뻑 젖은 잎은 반짝이는 많은 조명에 아름답게 빛났다. 그날 밤에 자러 간 사람은 거의 없었다. 집집마다 수다쟁이가 있었고 빈랑 열매를 열심히 씹었으며 무슨 일이 일어날지 추측이 난무했기 때문이다.

이튿날 마지막 마을을 뒤로하고 큰산을 둘러싼 자연 지대에 들어섰다. 우선 차갑고 반짝거리는 개울물 옆에 마련된 오두막에서 휴식을 취했다. 길고 무거운 총으로 무장한 라자의 사냥꾼들이 사슴과 들소를 찾아 숲에 들어가 아침 일찍 고기를 가져와서는 점심 식사를 준비하도록 미리 보냈다. 셋째 날에 말이 갈 수 있는 데까지 나아가 높은 바위의 기슭에 천막을 쳤다. 정상에 오르는 길은 바위를 지나는 좁은 오솔길뿐이었다. 넷째 날 아침에 라자가 사제와 군주 몇 명만 거느리고 사제와 군주도 직속 수행원 몇 명만 데리고 나와서 길을 떠났다. 그들은 험한 길을 힘겹게 걸었으며 이따금 하인에게 실려 올라가기도 했다. 우람한 나무들을 뒤로하고 가시덤불을 통과하여 산의 가장 높은 부분인 검고 불에 탄 바위에 올랐다.

정상 가까이에 이르렀을 때 라자가 다들 멈추라고 명령했다. 그는 정상에 있는 신령을 만나러 홀로 올라갔다. 라자는 시리와 빈랑을 나르는 소년 두 명만 대동하고 올라가 금세 큰 바위로 둘러싸인 꼭대기에 도착했다. 그곳은 거대한 틈새의 가장자리로, 연기와 수증기가 끊임없이 뿜어져 나왔다. 라자는 시리를 달라고 하고는 소년들에게 바위 밑에 앉아서 산을 내려다보되 자신이 돌아올 때까지 움직이지 말라고 말했다. 따뜻하고 상쾌한 햇살을 쬐고 바위가 차가운 바람을 막아주는 데다 피곤했던지라 소년들은 잠이 들었다. 라자는 좀 더 올라가 또 다른 바위 밑으로 갔다. 햇살이 따뜻하고 상쾌하여 그도 잠이 들었다.

라자를 기다리던 사람들은 그가 정상에서 오랫동안 머무른다고 생각했다. 신령께서 그에게 하실 말씀이 많거나 그를 영영 산에 두고 싶어 하시거나 그가 내려오는 길을 잃었다고 생각했다. 그들이 올라가서 라자를 찾아야 하는지 갑론을박하고 있을 때 라자가 두 소년을 데리고 내려왔다. 라자는 그들을 보고서 매우 굳은 표정을 지었으나 아무 말도 하지 않았다. 그들은 모두 함께 내려왔으며, 행렬은 왔던 대로 돌아갔다. 라자는 궁으로, 촌장은 마을로, 사람들은 집으로 돌아가 아내와 자식에게 어떤 일이 일어났는지 말했으며 또 어떤 일이 일어날지 궁금해 했다.

사흘 뒤에 라자가 신령께서 정상에서 하신 말씀을 들려주겠다며 마타람의 사제와 군주와 촌장을 소집했다. 모두 모이고 빈랑과 시리가 배분되자 라자가 무슨 일이 있었는지 이야기했다. 산 정상에서 그가 무아지경에 빠지자 신령께서 번쩍거리는 황금 같은 얼굴로 나타나 이렇게 말씀하셨다고 했다. "라자여! 엄청난 역병과 질병과 열병이 온 땅에, 사람과 말과 소에게 내릴 것이나, 너와 너의 민족은 내 말에 순종하여 큰산에 올랐으니 너와 롬복 섬의 모든 사람들이 이 곤경에서 벗어날 수 있는 방법을 일러주겠다." 그토록 두려운 재앙에서 살아날 방법을 듣고자 다들 귀를 쫑긋 세웠다. 라자는 잠시 뜸을 들인 뒤에, 신령께서 거룩한 크리스 열두 자루를 만들되 이를 위해 모든 촌락과 지구에서 바늘을 일인당 하나씩 거두어 올려 보내라고 명령하셨다고 말했다. 그러고는 어느 촌락에서든 중병이 발생하면 거룩한 크리스 한 자루를 보낼 것인데, 촌락의 모든 집에서 정확한 개수의 바늘을 보냈다면 질병이 즉시 사라질 테지만 바늘 개수가 정확하지 않으면 크리스가 전혀 효험이 없을 것이라고 덧붙였다.

군주와 촌장은 모든 촌락에 사람을 보내어 이 놀라운 소식을 전했으며, 모든 사람이 서둘러 바늘을 정확한 개수대로 모았다. 하나라도 모자라면 마을 전체가 고통에 빠질 터였기 때문이다. 그리하여 각 마을의 우두머리가 차례로 바늘을 보냈다. 마타람에서 가까운 자들이 먼저 도착하고 멀리 떨어진 자들이 마지막에 도착했다. 라자는 바늘을 손수 받아 조심스럽게 내실內室에 들어가서는 은으로 만든 경첩과 죔쇠가 달린 녹나무 상자에 넣고서 신령의 명령을 모두 듣고 따랐는지 알 수 있도록 모든 바늘 다발에 촌락과 지구 이름을 표시했다.

모든 마을에서 바늘을 보낸 것이 확인되자 라자는 바늘을 12등분하고는 마타람에서 제일가는 대장장이에게 노와 풀무와 망치를 가지고 왕궁에 들어와 라자가 보는 앞에서 또한 보기를 원하는 모든 사람 앞에서 크리스 열두 자루를 만들라고 명령했다. 완성된 크리스는 새 비단으로 감싸 유사시를 대비하여 고이 간직했다.

산행이 이루어진 시기는 동풍이 불 때로, 이때는 롬복 섬에 비가 전혀 내리지 않는다. 크리스가 완성된 직후 벼 수확철이 되었으며 촌락과 지구의 수장들은 주민 수에 따라 라자에게 세미를 바쳤다. 라자는 정량에서 조금만 모자라는 사람에게는 아무 말도 하지 않았지만, 절반이나 4분의 1밖에 바치지 않은 자에게는 나지막한 목소리로 이렇게 말했다. "네가 마을에서 보낸 바늘은 저 마을에서 보낸 것보다 훨씬 많았는데 네가 바친 쌀은 그곳보다 적다. 돌아가 누가 세미를 내지 않았는지 알아보라." 그러자 이듬해에 세미의 양이 부쩍 늘었다. 이번에도 정확한 양을 바치지 않으면 라자가 정당하게 자신을 죽일까 봐 두려웠기 때문이다. 그리하여 라자는 매우 부유해졌으며 병사 수를 늘리고 아내들에게 황금 장신구를 선물하고 흰 피부의 네덜란드인에게서 좋은 검은 말을 사고 자녀가 태어나거나 결혼했을 때 성대한 잔치를 열었다. 말레이 제도의 라자나 술탄 중에서 롬복 섬의 라자만큼 위대하거나 강력한 사람은 아무도 없었다.

거룩한 크리스 열두 자루는 효험이 뛰어났다. 마을에 질병이 발생하면 크리스 한 자루를 보냈는데, 이따금 질병이 사라지면 거룩한 크리스는 고이 반환되었으며 마을의 우두머리는 라자를 찾아와 크리스의 영검을 칭송하고 라자에게 감사했다. 이따금 질병이 사라지지 않으면 마을에서 보낸 바늘 숫자에 착오가 있어 크리스가 효험이 없었다고 다들 믿었다. 마을의 우두머리는 무거운 마음으로 크리스를 반환했으나 존경심은 변함없었다. 크리스가 효험이 없었던 것은 제 탓이었기 때문이다.

13장

티모르 섬

(쿠팡 1857~1859년, 딜리 1861년)

티모르 섬은 길이가 약 500킬로미터에 너비가 100킬로미터이며, 서쪽으로 3,200킬로미터 떨어진 수마트라 섬에서 시작된 거대한 화산섬 지대가 끝나는 곳으로 생각된다. 하지만 섬 한가운데에 있는 티모르 봉 하나를 제외하면 활화산이 하나도 없다는 점에서 화산섬 지대의 나머지 섬들과 사뭇 다르다. 티모르 봉은 예전에는 활화산이었으나 1638년 분화 때 폭발한 뒤로 지금껏 잠잠하다. 티모르 섬의 다른 지역에서는 최근에 생성된 화성암을 전혀 찾아볼 수 없으므로 티모르 섬은 화산섬으로 분류하기 힘들다. 실제로 티모르 섬의 위치는 플로레스 섬에서 알로르 섬을 지나 웨타르 섬과 반다 제도에 이르는 대大화산대의 바로 바깥이다.

나는 1857년에 처음으로 티모르 섬을 방문하여 서쪽 끝에 있는 네덜란드령 주요 도시 쿠팡에서 하루를 묵었다. 1859년 5월에 다시 방문했을 때도 같은 곳에서 두 주를 보냈다. 1861년 봄에는 섬 동부의 포르투갈령 수도인 딜리에서 넉 달을 지냈다.

쿠팡 인근 지역은 산호암珊瑚巖의 거친 표면으로 이루어져 있으며 최근에 융기한 것처럼 보이는데 바닷가와 마을 사이에 수직 벽으로 솟아 있다. 붉은 타일을 붙인 낮고 흰 집들은 동양의 다른 네덜란드 정착지와 매우 닮았다. 식물은 어디나 빈약하고 작달막하다. 협죽도과와 대극과 식물이 많이 자라지만 숲이라 부를 만한 것은 전혀 없으며, 전 지역이 건조하고 황량하여 말루쿠 제도나 싱가포르 섬의 웅장한 나무나 다년생 초목과 극명한 대조를 이룬다. 식물의 가장 두드러진 특징은 다라수*Borassus flabelliformis*가 풍부하다는 것이다. 이 나무의 잎으로는 튼튼하고 오래가는 범용 물바가지를 만드는데 다른 야자 잎으로 만든 것보다 훨씬 뛰어나다. 다라수에서는 야자술과 설탕도 나며, 이 잎으로 이엉을 올린 집은 보수하지 않고도 6~7년을 버틴다. 읍내 근처에서 최고 수위선 아래에 있는 폐가廢家 터를 보았는데 이는 이 지역이 최근에 침강했음을 의미한다. 지진은 심하지 않은데 매우 드물고 피해가 없어서 주로 돌로 집을 짓는다.

쿠팡 주민은 토착민 외에도 말레이인, 중국인, 네덜란드인으로 이루어졌으며, 이 민족들이 신기하고 복잡하게 어우러져 있다. 영국인 상인이 한 명 살고 있는데 고래잡이배와 오스트레일리아 배가 물품과 물을 얻기 위해 종종 들른다. 티모르 섬 토착민은 수적으로 우세하며, 대충 훑어보니 말레이인과는 공통점이 거의 없었으며 아루 제도나 뉴기니 섬의 토종 파푸아인과 매우 가까운 것으로 보인다. 이들은 키가 크고 이목구비가 뚜렷하며 코가 크고 다소 매부리코다. 머리카락은 곱슬곱슬하며 대체로 탁한 갈색이다. 여자들이 자기들끼리 또는 남자들과 이야기할 때 큰소리를 내고 웃음을 터뜨리고 자기주장을 확실히 내세우는 것을 들으면, 노련한 관찰자는 이들을 보지 않고서도 말레이인이 아니라고 알아맞힐 수 있을 것이다.

정부 소속의 독일인 의사 아른트 씨가 내게 쿠팡에 있는 동안 자기 집에 묵으라며 초대했다. 나는 잠깐 머물 작정이었기에 기꺼이 그의 청을 수락했다. 처음에는 프랑스어로 이야기했지만 그의 프랑스어 실력이 형편없어서 차츰 말레이어로 바꿨다. 나중에는 문학, 과학, 철학의 문제들에 대해 이 반半야만적 언어로 긴 토론을 했는데 부족한 부분은 프랑스어나 라틴어 단어를 자유롭게 채워 넣었다.

주변 지역을 다녀보니 곤충과 새가 너무 빈약해서 티모르 섬 서쪽 끝에 있는 스마우 섬에 며칠 다녀오기로 마음먹었다. 쿠팡에는 없는 새가 그곳의 숲 지대에 서식한다는 얘길 들었기 때문이다. 약 30킬로미터를 가야 했기에 아우트리거가 달린 커다란 마상이[21]를 어렵게 구했다. 그곳은 숲이 꽤 우거졌지만 큰키나무보다는 떨기나무와 가시덤불로 덮여 있었으며 건기가 오래 지속된 탓에 어디나 바싹 말라 있었다. 나는 비누샘으로 이름난 우이아사 마을에서 머물렀다. 비누샘 중 하나는 마을 한가운데에 있는데, 작은 진흙 원뿔에서 물이 부글부글 거품을 내며 뿜어져 나온다. 마치 화산을 축소한 것처럼 주위 땅이 솟아 있다. 물은 비눗물처럼 미끌미끌하며 기름 묻은 것을 씻으면 거품이 많이 생긴다. 알칼리와 아이오딘이 아주 많이 함유되어 있어서 근처에서는 식물이 전혀 자라지 못한다. 마을 가까운 곳에는 이제껏 본 것 중에서 가장 아름다운 샘이 있는데 바닥에는 돌이 깔려 있고 가느다란 물길로 서로 연결되어 있다. 적당히 벽이 세워져 있고 어떤 곳은 평평해서 천연 목욕탕으로 제격이다. 물은 맛이 좋고 수정처럼 투명하며, 샘 주변은 가지가 무성하고 키가 큰 벵갈고무나무 숲으로 둘러싸여 늘 시원하고 그늘이 지고 풍경이 무척 아름답다.

---

21 나무 속을 파서 만든 배. _옮긴이

마을의 작은 민가들은 내가 어디에서 본 것과도 달리 흥미롭게 생겼다. 형태는 달걀 모양이며, 약 1.2미터 높이의 작대기를 다닥다닥 세워 벽을 만들었다. 여기다 이엉으로 원뿔 모양의 높은 지붕을 이었다. 90센티미터가량의 출입문이 유일하게 뚫린 곳이다. 사람들은 티모르 섬 원주민처럼 머리카락이 곱슬곱슬하고 구릿빛 갈색이다. 상위 계급은 용모가 훨씬 개선된 우월한 민족과 섞인 듯하다. 더 서쪽에 있는 사부 섬에서 온 촌장 몇 명을 만나 보니 이들은 말레이인이나 파푸아인과 전혀 다르게 생겼다. 인도인을 가장 많이 닮았는데 균형 잡힌 몸매에 콧날이 얇고 곧으며 피부색은 연갈색이다. 브라만교가 한때 자와 섬 전역에 퍼졌고 지금도 발리 섬과 롬복 섬에 남아 있는 것으로 보아, 인도 원주민이 우연히 또는 박해를 피해 이 섬에 당도하여 영구 정착지를 건설했을 가능성을 결코 배제할 수 없다.

우이아사에서 나흘을 머물렀으나 곤충을 하나도 채집하지 못하고 새도 몇 마리 건지지 못하여 쿠팡으로 돌아가 다음 우편 증기선을 기다렸다. 돌아가는 길에 하마터면 배가 침몰할 뻔했다. 속이 움푹 파이고 관처럼 생긴 우리 배는 내 짐에다 쿠팡 시장에서 산 채소와 코코넛, 과일로 가득했는데 꽤 거친 바다를 지나던 중 배에 물이 찼다. 물을 퍼낼 수단이 없어서 배가 점점 깊이 잠겼다. 양쪽에서 파도가 들이쳤다. 아무 일 아니라고 호언장담하던 뱃사공도 화들짝 놀라 뱃머리를 스마우 해변으로 돌렸는데 다행히 그리 멀지 않았다. 짐을 일부 버려서 물을 약간 퍼낼 수 있었지만 물이 차는 속도가 너무 빨랐다. 해안이 가까워졌는데 보이는 것이라고는 수직의 돌벽뿐이었다. 파도가 돌벽을 사납게 때려댔다. 해안을 따라 조금 이동하자 작은 후미가 보여서 배를 갖다 대고 해변에 끌어올렸다. 짐을 전부 빼고 들여다보니 바닥에 커다란 구멍이 뚫려 있었다. 출항했을 때는 코코넛이 마개 역할을 하여 잠깐 막혀 있던 것이었다. 물이 새는 것을 알아차리기 전에 400미터만 더 갔어도 짐을 대부분 포기해야 했을 것이다. 목숨을 잃었을지도 모른다. 우리는 구멍을 단단히 틀어막은 뒤에 다시 출항했다. 반쯤 갔을 때 거센 조류와 높은 횡파橫波 때문에 두 번째로 침몰 위기를 맞았다. 다시는 이렇게 작고 형편없는 배에 목숨을 맡기지 않으리라 맹세했다.

우편 증기선은 일주일이 지나도록 오지 않았다. 나는 조류 채집에 열중했는데 매우 흥미로운 새도 있었다. 이 중에는 대부분 이 섬 고유종인 여러 속의 비둘기 5종과 앵무 2종-오스트레일리아 종의 근연종인 티모르붉은날개앵무*Aprosmictus jonquillaceus*와 앵무새속*Geoffroyus*의 초록색 종인 붉은얼굴앵무*Geoffroyus geoffroyi*-가 있었다. 흰어깨빼꾹때까치는 어디에나 있었으며 롬복 섬에서 봤을 때만큼 시끄러웠다. 털이 없는 빨간색 눈구멍이 신기한 초록색 꾀꼬리 초록무화과새*Sphecotheres viridis*를 잡은 것은 큰 수확이었다. 예쁜 되새류, 개개비류, 솔딱새류도 몇 종 있었는데, 그중에서 파란색과 빨간색의 우아한 티모르파랑솔딱새*Cyornis hyacinthinus*를 잡았다. 하지만 내 채집물 중에서 댐피어가 언급한 종은 찾지 못했다. 댐피어는 티모르 섬에 작은 명금鳴禽이 많은 것에 놀란 듯하다. 그는 이렇게 말했다. "이 작고 예쁜 새 중에서 한 종류를 나의 일꾼들은 '종 울리는 새'라고 불렀다. 음이 여섯 개였고, 모든 음을 두 번 반복했는데 높고 새된 소리로 시작하여 낮은 소리로 끝났기 때문이다. 이 새는 크기가 종다리만 했으며 작고 뾰족하고 검은 부리와 파란 날개가 달렸다. 머리와 가슴은 연한 빨간색이었으며 목에 파란 줄무늬가 있었다." 스마우 섬에는 원숭이가 많다. 녀석들은 필리핀원숭이로, 말레이 제도의 서쪽 섬 전역에서 발견된다. 원주민들은 종종 필리핀원숭이를 사로잡은 채로 데리고 다니는데, 녀석들은 아마도 이런 원주민들에 의해 전파되었을 것이다. 사슴도 있지만 자와 섬에서 본 것과 같은 종인지는 확실치 않다.

1861년 1월 12일에 티모르 섬의 포르투갈령 수도 딜리에 도착하여 이곳에 오래 거주한 영국인 하트 선장의 환대를 받았다. 그는 산기슭에서 커피를 재배하며 이곳의 산물을 무역한다. 하트 선장은 상품성 있는 매장량의 구리를 찾으려고 2년째 시도하고 있는 채광 기술자 기치 씨를 내게 소개해주었다.

딜리는 가장 가난한 네덜란드령 도시와 비교해도 훨씬 비참한 곳이다. 집은 모두 흙과 짚으로 지었으며 요새要塞는 흙으로 둘러싼 것이 고작이다. 세관과 교회도 마찬가지로 조잡한 재료로 지었으며 장식이 전혀 없는 데다 단정하지도 않다. 전반적으로 가난한 원주민 마을의 인상을 풍기며 경작이나 문명의 흔적은 전혀 없다. 총독 관저는 유일하게 봐줄 만한 건물인데 회칠한 낮은 오두막이나 방갈로에 지나지 않는다. 하지만 문명이 스스로를 드러내는 것이 하나 있다. 흑백의 유럽풍 의복을 입은 관료와 근사한 제복 차림의 장교가 장소 규모나 외관에 걸맞지 않게 아주 많이 돌아다닌다.

근처에 늪과 갯벌이 있어서 읍내는 건강에 매우 해롭다. 이곳에 처음 온 사람은 단 하룻밤을 지내고 열병에 걸리는 경우가 비일비재한데 그러다 목숨을 잃기도 한다. 이 말라리아를 피하기 위해 하트 선장은 읍내에서 3킬로미터 가량 떨어지고 지대가 약간 높은 자신의 농장에서만 잤다. 기치 씨도 그곳에 작은 집이 있었는데 친절하게도 내게 공간을 내어주었다. 우리는 저녁에 기치 씨 집에 갔으며 나의 짐은 이틀에 걸쳐 운반되었다. 이제 채집할 만한 것이 있는지 주변을 둘러볼 수 있게 되었다.

처음 몇 주는 몸이 영 안 좋아서 집에서 멀리 나갈 수 없었다. 이 지역은 키 작은 가시덤불과 아카시아로 덮였는데, 산에서 개울이 흘러내리는 작은 계곡만 예외였다. 이곳은 멋진 나무와 떨기나무가 물에 그늘을 드리워 산책하기에 매우 좋았다. 주변에는 새가 많았으며 종도 꽤 다양했다. 하지만 색깔이 알록달록한 녀석은 거의 없었다. 한두 예외를 제외하면 이 열대 섬의 새들은 영국의 새만큼 화려하지도 않았다. 딱정벌레류는 아주 드물었으며 채집할 만한 것은 하나도 없었다. 평범하거나 흥미롭지 않은 몇 종은 탐사의 결실이라기에는 미흡했다. 눈에 띄거나 흥미로운 유일한 곤충은 나비였다. 종 수는 비교적 적었지만 개체수가 풍부했으며 신종이나 희귀종이 상당 부분을 차지했다. 개울 기슭은 최고의 채집 장소였다. 나는 그늘진 개울 주변을 매일같이 돌아다녔는데 1.6킬로미터가량 올라가면 돌이 많고 경사가 가팔라졌다. 이곳에서 희귀하고 아름다운 호랑나비인 티모르제비나비*Papilio oenomaus*와 티모르사향제비나비*Atrophaneura liris*를 잡았다. 두 종의 수컷은 꽤 다르게 생겼으며 실제로 제비나비속의 별개 아속에 속하는 반면에, 암컷은 매우 닮아서 날개만 봐서는 구별이 되지 않으며 전문가가 아니면 표본을 보아도 알 수 없다. 그 밖에도 아름다운 나비를 여러 마리 잡아서 노력이 헛되지 않았다. 그중에서 특별히 언급한 만한 것으로 세토시아네발나비*Cethosia leschenaultii*가 있다. 날개는 짙디짙은 자주색인데, 테두리가 담황색이어서 언뜻 보기에는 영국의 신선나비*Nymphalis antiopa*를 닮았지만 실제로는 다른 속이다. 가장 풍부한 나비는 흰나비과Pieridae에 속하는 흰나비와 노랑나비였는데 몇몇은 롬복 섬과 쿠팡에서 본 것이었으나 처음 보는 것도 있었다.

2월 초에 발리바라는 마을에서 일주일 머물기로 했다. 산지에서 6킬로미터가량 떨어진 곳으로 높이는 600미터다. 우리는 짐과 모든 필수품을 짐말에 실었다. 우리가 선택한 경로로는 10~11킬로미터에 불과했지만 가는 데 반나절이나 걸렸다. 도로는 변변찮은 오솔길로, 이따금 가파른 돌계단이 나타나기도 하고 때로는 말발굽에 닳은 좁은 협곡을 만나기도 했다. 그럴 때면 다리가 끼어 으스러질까 봐 말 목에 엎어야 했다. 어떤 곳에서는 짐을 내려야 했고 또 어떤 곳에서는 짐이 떨어졌다. 오르막이나 내리막이 하도 가팔라서 조랑말 등에 매달려 있느니 차라리 걷는 게 나을 때도 있었다. 조약돌로 덮이고 군데군데 유칼립투스가 서 있는 메마른 언덕을 오르내리노라면 말레이 제도가 아니라 오스트레일리아 내륙에 있는 것 같았다.

마을에는 집이 세 채밖에 없었다. 벽은 말뚝에서 1~2미터로 낮게 솟았으며, 지붕은 매우 높았는데 이엉이 땅에서 60~90센티미터 높이까지 늘어졌다. 완공되지 않아 뒤가 부분적으로 뚫린 집이 숙소로 배정되었다. 우리는 그 집에 탁자, 벤치, 방충망을 설치했으며 칸막이가 쳐진 안쪽 구역을 침실로 삼았다. 딜리와 그 너머 바다가 내려다보이는 전망은 훌륭했다. 지대는 기복이 있고 탁 트였는데 분지에만 숲이 몇 자락 있었다. 기치 씨는 티모르 섬 동부 지역을 다 가봤지만 이만큼 울창한 숲은 없다고 호언장담했다. 나는 이곳에서 곤충을 찾을 수 있으리라 기대했지만 무척 실망하고 말았다. 아마도 기후가 습해서였을 것이다. 해가 높이 뜬 뒤에야 안개가 걷혔으며 정오가 되면 다시 구름이 꼈다. 햇빛이 비치는 시간은 한두 시간에 불과했다. 새와 사냥감을 찾아 사방을 쏘다녔지만 통 눈에 띄지 않았다. 오는 길에 멋진 흰가슴과일비둘기Banded fruit dove와 작고 예쁜 옆은먹색작은오색앵무*Trichoglossus euteles*를 사냥했다. 유칼립투스 꽃에서 몇 마리를 더 잡았으며, 근연종인 노랑뒷목줄무늬앵무*Psitteuteles iris*와 작지만 흥미로운 새 몇 마리도 손에 넣었다. 적색야계도 발견했는데 먹을거리로 그만이었다. 하지만 사슴은 한 마리도 못 잡았다. 감자는 산 위쪽에서 풍부하게 자라며 상태가 매우 좋다. 우리는 이틀마다 양을 잡아, 불을 피워 추위를 녹이며 맛있게 먹었다.

딜리에 사는 유럽인 주민의 절반이 끊임없이 열병을 앓고 포르투갈인이 이곳을 300년 동안 차지했지만, 이 근사한 산지에 집을 지은 사람은 아무도 없었다. 도로가 양호하게 깔린다면 도심에서 한 시간이면 올 수 있으며, 30분 거리에 있는 낮은 지대도 이곳 못지않게 훌륭할 것이다. 빼어난 품질의 감자와 밀이 해발 900~1,000미터에서 풍부하게 자란다는 사실에서, 제대로 경작하기만 한다면 기후와 토양이 얼마나 큰 성과를 낼지 알 수 있다. 해발 300~600미터에서는 커피가 잘 자란다. 이곳에는 커피에 알맞은 기후와 밀에 알맞은 기후의 중간에 해당하는 온갖 식물이 무성하게 자라지만, 도로 1킬로미터를 깔거나 농장 1헥타르를 만들려는 시도는 전혀 없었다!

티모르 섬의 기후에는 이토록 적당한 고도에서 밀이 자랄 수 있는 매우 이례적인 성질이 있음이 분명하다. 낟알은 품질이 뛰어나고 이 밀로 만든 빵은 이제껏 맛본 빵 중에서 으뜸이었으며, 유럽이나 미국에서 수입한 밀로 만든 어떤 빵에도 뒤지지 않는 것으로 널리 인정된다. 원주민이 밀과 감자 같은 외래종 작물을 (대체로 자발적으로) 선택했다는 사실은-이들은 얼마 안 되는 수확물을 조랑말에 싣고 험한 산길을 내려와 바닷가에서 헐값에 판다-좋은 도로를 내고 사람들을 가르치고 고무하고 보호했을 때 어떤 일이 일어날 것인지 잘 보여준다. 양羊도 산에 잘 적응하며, 말레이 제도 전역에서 이름 높은 튼튼한 조랑말 품종은 반쯤 가축화되었다. 따라서 이 섬이 매우 메마르고 일반적 열대식물이 없는 것처럼 보이지만, 실은 유럽인에게 꼭 필요한 (다른 섬들에서는 생산할 수 없기에 말레이 제도 바깥에서 수입하고 있는) 다양한 생산물을 공급하기에 제격이었던 것이다.

2월 24일에 친구 기치 씨가 수익성 있는 광물을 끝내 발견하지 못하고 티모르 섬을 떠났다. 예나 지금이나 이곳에 구리가 풍부하다고 믿는 포르투갈인들은 무척 실망했다. 딜리에서 동쪽으로 약 50킬로미터 떨어진 해안에서는 태곳적부터 순수한 자연동自然銅이 발견된 것으로 보인다. 원주민들은 협곡 바닥에서 구리가 난다고 말하며, 오래전에 어떤 배의 선장이 구리 수백 킬로그램을 손에 넣었다고 한다. 하지만 기치 씨가 이곳에 머문 2년 동안 구리가 하나도 발견되지 않은 것을 보면 이제는 매우 희귀해졌음이 분명하다. 몇 킬로그램짜리 구리 덩어리를 누가 보여준 적이 있는데 오스트레일리아의 금덩어리를 빼닮았지만 금이 아니라 순수한 구리였다. 원주민과 포르투갈인은 이 덩어리가 원래 있던 곳에 구리가 더 있을 거라고 당연히 상상했다. 협곡 발원지에 있는 산이 거의 순수한 구리로만 이루어져 있으며 어마어마한 값어치가 있다는 이야기가 전해지기도 했다.

천신만고 끝에 동산銅山을 채굴하기 위해 회사가 설립되었다. 싱가포르에 있는 포르투갈인 상인[22]이 대부분의 자금을 댔다. 그들은 구리가 있으리라 철석같이 믿었기에 시추를 먼저 하는 것은 돈과 시간의 낭비라고 생각했다. 그래서 잉글랜드에서 채광 기술자를 영입했다. 그는 필요한 연장과 기계, 실험 도구, 기계공 여러 명, 2년 동안 쓸 비품을 모조리 가지고 왔다. 구리 광산이 이미 발견되었다고 들어서 곧장 일을 시작할 작정이었기 때문이다. 싱가포르 섬에 도착한 배는 사람과 물품을 싣고 티모르 섬으로 향했다. 지독한 연착과 기나긴 항해를 겪고 거액의 비용을 들인 끝에 목적지에 도착했다.

채굴 개시일이 정해졌다. 하트 선장이 통역자로 기치 씨를 동행했다. 총독, 사령관, 판사를 비롯한 모든 주요 인사들이 공식 행사차 산에 올랐으며 기치 씨와 인부 몇 명이 거들었다. 일행이 계곡 위로 올

22 이름난 사업가 알메이다로 추정된다. _옮긴이

라서자 기치 씨는 암석을 살펴보았다. 하지만 구리의 흔적은 전혀 없었다. 계속 올라갔지만 형편없는 원광의 흔적 몇 개가 고작이었다. 마침내 일행은 동산銅山에 당도했다. 총독이 걸음을 멈추고 관료들이 둥글게 모여 섰다. 총독은 매우 과장스러운 포르투갈어로 그들이 그토록 기다린, 티모르 섬의 땅속 보물이 빛을 보는 날이 드디어 찾아왔다고 연설했으며 마지막으로 기치 씨를 돌아보며 당장 채굴을 시작하여 구리 원광을 대량으로 캐낼 만한 적소를 지목해달라고 요구했다. 협곡과 벼랑을 지나오면서 꼼꼼히 살펴본 결과 이 섬의 성질과 광물 조성을 똑똑히 알게 된 기치 씨는 구리의 흔적이 한 점도 없으며 채굴을 시작하는 것은 완전한 헛일이라고 잘라 말했다. 일행은 말문이 막혔다! 총독은 귀를 의심했다. 기치 씨가 자신의 발언을 되풀이하자 총독은 그가 잘못 알고 있다고, 구리가 이곳에 풍부하게 **있다는** 사실은 누구나 알고 있으며 채광 기술자로서 그에게 원하는 것은 **최선의 채굴 방법**을 찾아내는 것뿐이고, 무슨 일이 있어도 채굴을 시작하라고 근엄한 어조로 말했다. 기치 씨는 지시를 거부하고는 자신이 몇 해 동안 파헤쳤을 만큼의 땅이 이미 협곡에 의해 파였으며 이런 쓸모없는 시도에 돈과 시간을 버릴 생각이 없다고 말했다. 기치 씨의 말이 통역되자 총독은 가망이 없음을 깨닫고는 한마디도 하지 않고 말을 돌려 혼자 산을 내려갔다. 일행은 모종의 음모가 있다고, 저 영국인은 일부러 구리를 찾지 않는 것이며 자신들은 처절하게 배신당했다고 믿었다.

기치 씨는 자신을 고용한 싱가포르 상인에게 편지를 써서, 기계공을 돌려보내고 직접 광물을 탐사하기로 했다. 정부는 처음에 그를 방해하고 아무 데도 못 가게 했지만 결국 여행을 허가했다. 기치 씨는 조수와 함께 1년 넘도록 티모르 섬 동부 지역을 탐사했다. 이쪽 해안에서 저쪽 해안까지 여러 곳을 넘나들고 주요 계곡은 다 올랐지만 노고를 보상할 광물은 찾지 못했다. 동광銅鑛이 여러 곳에 묻혀 있기는 했으나 예외 없이 상태가 너무 열악했다. 최상품은 잉글랜드에서라면 값을 잘 받았겠지만, 이 황량한 지대의 내륙에 도로를 깔고 숙련된 노동력과 재료를 모두 수입하려면 수지가 맞지 않는다. 금도 있지만 매우 희소하고 품질이 열악하다. 내륙 깊은 곳에서 순수한 석유가 나는 근사한 유정油井이 발견되었으나 이 지역이 문명화되기 전에는 이용할 도리가 없다. 채굴 사업이 틀림없이 성공하리라 확신하여 네덜란드 우편증기선을 딜리에 입항하도록 계약까지 한-새로 문을 여는 광산의 인부들에게 물건을 팔 수 있다며 다양한 화물을 싣고 오라고 오스트레일리아의 선박 여러 척을 설득하기도 했다-포르투갈 정부로서는 실망스럽기 그지없는 결과였다. 하지만 토산품 구리 덩어리의 정체는 여전히 미스터리였다. 기치 씨는 방방곡곡을 조사했으나 구리 덩어리의 출처를 찾을 수 없었다. 이것은 구리가 함유된 옛 지층의 **파편**일 뿐으로 오스트레일리아나 캘리포니아의 금덩어리만큼 풍부하지 않다고 보아야 할 듯했다. 구리 덩어리를 발견하고 정확한 발견 장소를 알려주는 원주민에게는 거액의 보상을 하겠다고 제안했으나 효과가 없었다.

티모르 섬의 산악 부족은 파푸아인 유형의 민족으로, 몸매가 호리호리하고 머리카락이 덥수룩하고 곱슬곱슬하며 피부는 탁한 갈색이다. 코가 길고 콧부리가 튀어나왔는데 이는 파푸아인의 특징으로 말레이 계통의 민족에게서는 전혀 찾아볼 수 없다. 해안에는 말레이 민족과 아마도 힌두인, 포르투갈인이 많이 섞였다. 키는 대체로 작고 머리카락은 반곱슬이며 이목구비가 덜 뚜렷하다. 집은 땅바닥에 짓지만, 산악 부족은 9~12미터 높이의 말뚝 위에 집을 짓는다. 평소 복장은 사진을 모사한 257쪽 삽화에서 보듯 긴 천을 허리에 감고 무릎까지 늘어뜨린다. 두 사람 다 전통 우산을 가지고 있는데, 이것은 부채모양 야

티모르 섬의 남자들

자 잎을 통째로 써서 만들었으며 찢어지지 않도록 작은잎[23]의 겹친 부분을 꼼꼼히 꿰맸다. 소나기가 오면 이것을 펼쳐 머리 위에 비스듬히 치켜든다. 작은 물바가지는 벌어지지 않은 야자 통잎으로 만들었으며, 뚜껑 덮은 대나무 통에는 내다 팔 꿀이 들어 있을 것이다. 다들 신기하

23 겹잎을 구성하는 작은 잎. _옮긴이

게 생긴 지갑을 들고 다니는데, 네모난 천을 단단히 꿰매고 네 모서리를 끈으로 묶고는 곧잘 구슬과 술로 화려하게 장식한다. 오른쪽 사람 뒤쪽으로 벽에 기대어 있는 대나무들은 물통 대용품이다.

이곳에 널리 퍼진 관습으로 '포말리'가 있는데, 태평양 섬들의 '터부'와 정확히 일치하며 똑같은 존중을 받는다. 포말리는 일상적으로 쓰이며, 야자 잎 몇 장을 포말리의 표시로 밭 바깥쪽에 꽂아두면 도둑을 효과적으로 퇴치할 수 있다. 잉글랜드에서 함정, 용수철 총, 사나운 개 등의 경고문을 붙이는 것과 마찬가지다. 시신을 땅에서 1.8~2.4미터 높이의 단에 두는데 지붕은 덮을 때도 있고 안 덮을 때도 있다. 시신은 친척들이 장례식 잔치를 열 형편이 될 때까지 방치된다. 티모르인들은 대체로 손버릇이 나쁘지만 잔인하지는 않다. 끊임없이 싸움을 벌이고 무방비 상태의 다른 부족을 납치하여 노예로 삼을 기회를 놓치지 않지만, 유럽인은 어디에서든 안전하다. 티모르 섬에는 시내의 혼혈 몇 명 말고는 원주민 기독교인이 하나도 없다. 원주민은 상당한 정도로 독립을 유지하고 있으며, 자신들의 장래 통치자를 포르투갈인이든 네덜란드인이든 싫어하고 경멸한다.

티모르 섬의 포르투갈 정부는 매우 한심하다. 나라를 개량하는 것에 조금이나마 관심이 있는 사람은 아무도 없으며, 이 섬을 점령한 지 300년이 지난 지금까지도 시내 밖으로는 도로가 1킬로미터도 깔리지 않았다. 독립적 유럽인 거주지는 내륙 어디에도 없다. 모든 정부 관료는 원주민을 최대한 탄압하고 착취하나, 티모르인이 공격을 시도할 것에 대비한 방책은 전무하다. 군 장교는 어찌나 무식한지 작은 박격포와 포탄 몇 발을 지급받아놓고도 쓰는 법을 아는 사람을 한 명도 구하지 못했다. (내가 딜리에 있을 때) 원주민이 봉기를 일으켰는데 진압 작전에 투입하기로 되어 있던 장교가 공교롭게도 병에 걸렸다! 봉기

세력은 시내에서 5킬로미터도 떨어지지 않은 요충지를 장악했으며 그곳에서 열 배나 많은 병력을 막아냈다. 산에서 보급을 전혀 받지 못하고 기근이 임박하자 총독은 암본 섬의 네덜란드 총독에게 사람을 보내어 지원을 애걸해야 했다.

지금 상태의 티모르 섬은 네덜란드와 포르투갈의 통치자들에게 복덩이가 아니라 골칫덩이이며, 다른 체제를 강구하지 않으면 앞으로도 그럴 것이다. 내륙의 고지대에 훌륭한 도로를 몇 개 건설하고, 원주민에게 유화책을 쓰고 정의를 엄정하게 집행하고, 자와 섬과 북술라웨시에서처럼 좋은 경작 체계를 도입하면 티모르 섬은 생산적이고 귀중한 섬이 될지도 모른다. 종종 해안에 걸쳐 있는 습지에서는 벼가 잘 자라고 저지대에서는 예외 없이 옥수수가 잘 자란다. 댐피어가 1699년에 이 섬을 방문했을 때와 마찬가지로 옥수수는 원주민의 주식이다. 현재 재배 중인 적은 양의 커피는 품질이 매우 뛰어나며 재배 수량을 얼마든지 늘릴 수 있을 것이다. 양도 잘 자라는데, 양은 늘 고래잡이들에게 신선한 식량을 공급하고 인근 섬들에 양털이나 양고기를 공급하는 귀중한 자원이다. 신중하게 교배하면 곧 산지에서도 양털과 양고기를 얻을 수 있을 것이다. 말은 놀라울 정도로 번식하며, 원주민이 경작 규모를 확대할 동기가 충분하고 생산물을 해안으로 값싸게 운송할 좋은 도로가 건설되면 말레이 제도 전체를 먹여 살리기에 충분한 밀을 재배할 수 있을 것이다. 이런 체제에서는 유럽 정부가 자신들에게 이익임을 원주민이 금세 알아차릴 것이다. 원주민은 돈을 절약하기 시작할 것이며, 소유권이 안전하게 보장되면 재빨리 새로운 욕구와 취향을 발전시키고 유럽산 상품의 거대 수요자가 될 것이다. 이것은 이들의 통치자가 세금과 강탈로 거둬들이는 것보다 훨씬 확실한 이익의 원천일 것이며, 이와 동시에 평화와 복종을 이끌어낼 가능성이 (지금껏 지독하게 무능한 것으로 드러난) 준準군사적 통치보다 클 것이다. 하지만 이런 체제를 도입하려면 즉시 자본을 투자해야 하는데 네덜란드인도 포르투갈인도 그럴 의향은 없어 보인다. 청렴하고 정력적인 관료도 많이 필요한데, 적어도 포르투갈 정부는 그런 관료를 배출할 능력이 없는 듯하다. 따라서 티모르 섬이 앞으로도 오랫동안 만성적 봉기와 실정失政이라는 현 상태에 머물 가능성이 농후하다.[24]

딜리의 도덕성은 브라질의 내륙 깊숙한 곳만큼 타락했으며 유럽에서라면 악명을 얻고 형사처분을 받을 만한 범죄가 묵인된다. 내가 그곳에 있을 때 장교 두 명이 내연녀의 남편을 독살했으며 연적이 죽자마자 내연녀와 동거했다는 소문이 돌았다. 하지만 그 범죄에 대해 반감을 드러내거나 심지어 그 행위를 범죄로 여긴 사람은 아무도 없었다. 독살당한 남편들은 하층 혼혈인이었기에 높으신 분들의 쾌락을 위해 기꺼이 사라져줘야 했던 것이다.

내가 직접 관찰한 것과 기치 씨가 묘사한 것으로 판단컨대 티모르 섬의 토착 식물은 빈약하고 단조롭다. 산악 저지대는 어디나 유칼립투스 덤불로 덮였는데 키 큰 나무로 자라는 경우는 많지 않다. 여기에다 수량은 적지만 아카시아와 향기 나는 단향이 어우러져 자란다. 한편 약 1,800~2,100미터의 산악 고지대는 거친 풀로 덮였거나 완전히 메말랐다. 평야 저지대에는 여러 잡초가 덤불을 이루고 있으며 버려진 공터는 어디나 쐐기풀을 닮은 야생 박하가 자란다. 이곳에서 콜키쿰과Colchicaceae의 아름다운 불꽃백합*Gloriosa superba*이 자라는데 덤불 속에서 줄기를 구부리며 활짝 핀 커다란 꽃을 과시한다. 야생 포도에는 크고

---

24 H. O. 포브스 씨가 1883년에 딜리를 방문했을 때는 적극적인 총독 치하에서 다소나마 개선이 이루어졌다.

털이 난 포도송이가 불규칙하게 매달려 있다. 거칠지만 맛은 달콤하다. 계곡 중에는 식물이 더 무성한 곳도 있다. 가시덤불과 덩굴식물이 하도 많아서 도무지 틈이 안 보인다.[25]

흙은 매우 메마른 듯하며, 주로 부식 중인 점토질 셰일로 이루어졌다. 어디서나 흙과 바위가 고스란히 드러난 것을 볼 수 있다. 더운 계절에는 가뭄이 어찌나 심한지 대부분의 개울이 바다에 도달하지도 못하고 들판에서 말라버린다. 모든 것이 바싹 타들어가며 큰 나무의 잎들이 잉글랜드의 겨울처럼 깡그리 떨어진다. 600~1,200미터 높이의 산지는 대기가 훨씬 습하기 때문에 감자를 비롯한 유럽 작물을 일 년 내내 기를 수 있다. 조랑말을 제외하면 티모르 섬의 수출품은 단향과 꿀밀뿐이다. 단향은 키가 작은 나무인데, 티모르 섬과 극동 여러 섬의 산지에서 드문드문 자란다. 목재는 멋진 노란색이며, 잘 알려진 기분 좋은 향기가 놀라울 정도로 오래간다. 작은 통나무 상태로 딜리까지 운반하여 주로 중국에 수출한다. 중국에서는 절이나 부잣집에서 땔감으로 즐겨 쓴다.

꿀밀은 더 중요하고 귀중한 생산물로, 꿀밀을 만드는 야생 벌(큰꿀벌*Apis dorsata*)은 가장 키 큰 나무의 높은 가지 아래쪽에 거대한 벌집을 매단다. 벌집은 반원형이며 지름은 대체로 90~120센티미터다. 원주민이 벌집을 채집하는 광경을 본 적이 있는데 아주 흥미로웠다. 내가 곤충을 채집하던 계곡에서 어느 날 티모르인 성인 남성과 소년 서너 명이 키 큰 나무 아래에 있는 것을 보았다. 위를 올려다보니 아주

25 H. O. 포브스 씨는 티모르 섬 동부 지역에서 6개월 동안 열심히 식물을 채집하여 꽃식물 약 255종을 입수했는데, 열대 섬 치고는 종 수가 매우 적었다. 1803년에는 저명한 로버트 브라운이, 그 뒤에는 대륙의 수많은 식물학자와 수집가가 티모르 섬을 찾았지만, 섬 전체에서 알려진 총 종 수는 1,000종에 훨씬 못 미친다(포브스의 『자연사학자의 말레이 제도 동부 탐사(*Naturalist's Wanderings in the Eastern Archipelago*)』 497~523쪽 참고).

높은 곳에서 수평으로 뻗은 가지에 커다란 벌집이 세 개 보였다. 나무는 곧고 껍질이 매끄러웠으며 벌집이 달린 20~24미터 높이까지는 가지가 하나도 없었다. 남자들이 벌들을 주시하고 있는 것이 틀림없었기에 나는 어떻게 하나 보려고 기다렸다. 처음에는 한 명이 자신이 가져온 작은 나무나 덩굴의 줄기처럼 보이는 기다란 막대기를 꺼내더니 여러 방향으로 쪼개기 시작했다. 막대기는 아주 튼튼하고 질겼다. 그 다음에 막대기를 야자 잎으로 싸고는 가느다란 덩굴을 둘러 묶었다. 이제 옷을 허리에 단단히 감고는 또 다른 천을 꺼내어 머리와 목, 몸통을 감싸고 목둘레에 꼭 묶었다. 얼굴, 팔, 다리는 맨살이 고스란히 드러났다. 그는 허리띠에 길고 가느다란 밧줄을 매달고 다녔는데, 그가 준비를 하는 동안 동료 한 명이 질긴 덩굴 밧줄을 7~9미터 길이로 잘라 한쪽 끝에 횃불을 묶고 횃불 아래쪽에 불을 붙여 끊임없이 연기를 피웠다. 횃불 바로 위에는 식칼을 짧은 밧줄로 묶었다.

이제 벌 사냥꾼들은 덩굴 밧줄을 횃불 바로 위로 움켜쥐고는 반대쪽 끝을 나무줄기에 둘러 양쪽 끝을 한 손으로 잡았다. 덩굴 밧줄을 머리보다 조금 위쪽에 올리더니 발로 나무줄기를 디디고는 몸을 뒤로 젖힌 채 올라가기 시작했다. 나무껍질의 사소한 불규칙함이나 줄기의 경사를 이용하여 나무를 타는 솜씨가 놀라웠다. 맨발을 단단히 디딜 곳을 찾자 그는 딱딱한 덩굴을 몇 미터 위로 던져 올렸다. 그가 땅에서 10미터, 12미터, 15미터까지 잽싸게 올라가는 광경을 보고 있자니 내가 아찔할 지경이었다. 다음 몇 미터의 곧고 매끄러운 줄기는 어떻게 올라가려는지 궁금했다. 하지만 그는 사다리를 오르듯 침착하고 여유 있게 벌집 아래쪽 3~5미터까지 접근했다. 잠시 멈추었다가 (발 아래에 늘어져 있던) 횃불을 이 위험한 곤충 쪽으로 조심스럽게 휘둘러 연기가 위로 올라가도록 했다. 그러더니 가지 아래로 더 올라가 내가 이해할 수 없는 방법으로 양

손에 덩굴 밧줄을 잡아 쥐어 몸을 단단히 지탱하고는 벌집에 도달했다.

이즈음 벌들이 위험을 알아차리고는 그의 머리 위에 몰려들어 붕붕거렸지만, 그는 횃불을 더 가까이 끌어올리고는 팔다리에 앉은 벌들을 차분하게 털어냈다. 그러고는 가지를 따라 몸을 펴서 가장 가까운 벌집으로 기어가 벌집 바로 밑에서 횃불을 휘둘렀다. 연기가 벌집에 닿는 순간 연기 색깔이 신기하게도 검은색에서 흰색으로 바뀌면서 벌집을 덮고 있던 수많은 벌들이 밖으로 나와 위쪽과 주위에 짙은 구름을 이루었다. 남자는 가지에 몸을 완전히 얹은 채, 남은 벌들을 손으로 털어내고는 칼을 꺼내어 벌집을 잘라내고 가는 끈으로 묶어 아래에 있는 동료들에게 내려보냈다. 그는 작업하는 내내 성난 벌 무리에 덮여 있었다. 벌침을 맞고도 멀쩡하게 저 아찔한 높이에서 침착하게 임무를 수행한 비결은 내가 이해할 수 있는 차원을 넘어선다. 벌들은 연기에 마비되거나 멀리 달아나지 않았으며, 횃불의 가느다란 연기로 그의 온몸을 방어하는 것은 불가능했다. 그 나무에는 벌집이 세 개 더 있었는데 모두 차례로 거둬들였다. 다들 달콤한 꿀과 새끼 벌, 귀한 꿀밀을 얻었다.

벌집 두 개를 떼어내자 벌들이 아래쪽으로 내려와 미친 듯 날아다니며 사납게 침을 쏘아댔다. 몇 마리가 내게 날아와 곧장 쏘아대기에 그물을 휘둘러 표본감으로 잡으면서 달아나야 했다. 어떤 녀석들은 800미터 이상 따라와 머리카락 속에 침투하여 집요하게 나를 괴롭혔다. 원주민들이 벌에 쏘이고도 무사하다는 사실이 더더욱 놀라웠다. 천천히 신중하게 움직이고 탈출 시도를 하지 않는 것이 최선의 방책인 듯하다. 가만히 있는 원주민에게 앉아 있는 벌은 나무나 무생물에 앉은 것처럼 행동하며 쏘려고 시도하지 않는다. 그래도 종종 벌이 쏠 때가 있지만, 원주민들은 통증에 익숙해지고 대수롭지 않게 참는 법을 배웠다. 안 그랬다면 아무도 벌 사냥꾼이 되지 못했을 것이다.

14장

티모르 군의 자연사

말레이 제도의 지도를 보았을 때 가장 믿기 힘든 것은 자와 섬에서 티모르 섬까지 밀접하게 연결된 열도의 동식물이 매우 다르다는 사실이다. 기후와 자연지리가 어느 정도 다른 것은 사실이지만, 이 차이는 자연사학자의 구분과 일치하지 않는다. 열도의 양 끝은 기후가 사뭇 대조적이어서, 서쪽은 극도로 습하고 건기가 짧고 불규칙한 반면에, 동쪽은 건조하고 땅이 바싹 말랐으며 우기가 짧다. 하지만 이 변화는 자와 섬의 한가운데에서 일어난다. 이 섬의 동부는 롬복 섬과 티모르 섬의 독특한 기후를 나타낸다. 자연지리에도 차이가 있지만, 이 차이는 열도의 동쪽 끝에서 나타난다. 자와 섬, 발리 섬, 롬복 섬, 숨바와 섬, 플로레스 섬의 특징인 화산은 구눙아피를 지나 반다 제도까지 북쪽으로 향하는 반면에 티모르 섬은 한가운데에 화산 봉우리가 하나 있을 뿐 대부분의 지역은 오래된 퇴적암으로 이루어졌다. 기후의 차이와 자연지리의 차이 중 어느 것도 (롬복 섬과 발리 섬을 가르는) 롬복 해협에서 일어나는 자연 산물의 눈에 띄는 변화와 일치하지 않는다. 발리 섬은 규모가 거대하고 성질이 독특하여 지구 동물지리에서 중요한 특징을 형성한다.

발리 섬에서 오랫동안 체류한 네덜란드의 자연사학자 졸링어르는 발리 섬의 동식물이 자와 섬과 똑같으며 자와 섬에 사는 동물 중에서 발리 섬에 살지 않는 것은 하나도 못 봤다고 말한다. 나는 롬복 섬 가는 길에 발리 섬 북부 해안에서 며칠 머물렀는데, 자와 섬 조류의 특징을 잘 보여주는 새들을 여러 마리 보았다. 그중에는 아시아노랑베짜기새, 동양까치울새*Copsychus saularis*, 장미오색조*Megalaema rosea*[26], 꾀꼬리, 알락찌르레기*Sturnus contra*, 붉은등딱다구리*Dinopium javanense* 등이 있었다. 너비가 30킬로미터 미만인 해협을 사이에 두고 발리 섬과 떨어져 있는 롬복 섬으로 건너가면서 나는 당연히 이 새 중에서 몇 마리를 볼 수 있으리라 기대했다. 하지만 그곳에 머문 석 달 동안 이 새들은 한 마리도 보지 못했으며 전혀 다른 종을 발견했다. 대부분은 자와 섬뿐 아니라 보르네오 섬, 수마트라 섬, 믈라카 반도에서도 전혀 찾아볼 수 없다. 이를테면 롬복 섬에서 가장 흔한 새 중에 유황앵무와 꿀빨이새과Meliphagidae 3종은 말레이 제도의 서부인 인도말레이 군에는 전혀 없는 과에 속한다. 플로레스 섬과 티모르 섬을 지나면 자와 섬 동식물과의 차이가 점차 뚜렷해지며 두 섬이 자연적 집단을 이루고 있음을 알 수 있다. 이곳의 새들은 자와 섬 및 오스트레일리아와 연관되어 있긴 하나 어느 쪽과도 꽤 구별된다. 롬복 섬과 티모르 섬에서 내가 채집한 것 말고도 조수 앨런 씨가 플로레스 섬에서 동식물을 많이 채집했다. 여기다 네덜란드 자연사학자들이 입수한 몇 가지를 보태면 이 섬 집단의 자연사를 매우 정확히 파악하고 이로부터 매우 흥미로운 결과

26 붉은가슴오색조*Megalaima haemacephala*의 아종. _옮긴이

를 몇 가지 도출할 수 있다.

지금까지 이 섬에서 알려진 새의 수는 롬복 섬에서 63종, 플로레스 섬에서 86종, 티모르 섬에서 118종, 티모르 군 전체에서는 188종이다.[27] 말루쿠 군에서 유래한 것으로 보이는 두세 종을 제외하면, 이 모든 새들은 직접적으로든 근연종을 통해서든 한편으로는 자와 섬으로, 다른 한편으로는 오스트레일리아로 추적해 들어갈 수 있다. 단, 이 작은 섬 집단 바깥에서는 전혀 발견되지 않는 것도 82종이나 된다. 하지만 티모르 군에 고유한 속 또는 이곳에 대표종이 존재하는 속은 하나도 없다. 이 사실로 볼 때 이곳의 동물상은 다른 곳에서 유래한 것이며, 그 기원은 가장 최근의 지질학적 시대 이전으로 거슬러 올라가지 않는다. 물론 말레이 제도 대부분에 널리 분포하기에 특정 지역을 출처로 지목할 수 없는 종도 많다(대다수 물떼새류, 상당수의 맹금, 일부 물총새류와 제비류 등). 내 목록에는 그런 종이 57종 있으며, 이것 말고도 티모르 군에 고유하기는 하지만 다양한 형태로 연관된 종이 35종 더 있다. 이 92종을 제외하고, 나머지 100종 가까운 새들이 다른 지역의 새들과 어떤 관계인지 살펴보자.

우선 우리가 알기로 오로지 각각의 섬 한 곳에만 서식하는 종을 따져보자.

	롬복 섬	플로레스 섬	티모르 섬
속 및 종의 수	2속 4종	7속 12종	20속 42종
오스트레일리아에 속한 속의 수	1속	5속	16속
인도에 속한 속의 수	1속	2속	4속

27 그 뒤로 숨바와 섬에서 신종 네댓 종이 추가되었다(길마의 『마르케자 호 항해기(*Cruise of the Marchesa*)』 2권 364쪽 참고).

각 섬의 실제 고유종 수를 정확히 판단할 수는 없다. 종 수가 급격히 증가하는 것은 롬복 섬보다 플로레스 섬에서, 플로레스 섬보다 티모르 섬에서 채집되는 새가 많기 때문이다. 더 확실하고 흥미로운 사실은 서부에서 동부로 갈수록 오스트레일리아 속의 비율이 부쩍 커지고 인도 속의 비율이 작아진다는 것이다. 각 섬의 새 중에서 자와 섬과 오스트레일리아의 새와 동일한 종이 얼마나 되는지 세면 이 현상이 더 뚜렷이 드러난다.

	롬복 섬	플로레스 섬	티모르 섬
자와 섬의 새	33종	23종	11종
오스트레일리아의 새	4종	5종	10종

이로부터 우리는 새들의 이주가 수백 년 또는 수천 년 동안 진행되었고 지금도 진행 중임을 똑똑히 알 수 있다. 자와 섬에서 들어온 새는 자와 섬과 가장 가까운 섬에 가장 많다. 다른 섬에 도달하려면 건너야 하는 각 해협이 장애물이기에 다음 섬까지 이동하는 새의 종 수는 감소한다.[28] 그렇다면 오스트레일리아에서 들어온 것으로 보이는 새의 수는 자와 섬에서 들어온 것으로 보이는 새의 수보다 훨씬 적을 것이며, 우리는 이것이 오스트레일리아와 티모르 섬을 가르는 넓은 바다 때문이라고 단박에 가정할지도 모른다. 하지만 이것은 성급하고 곧 알게 되겠지만 근거 없는 가정이다. 자와 섬에 서식하는 종 및 오스트레일리아에 서식하는 종과 똑같은 이 새들 말고도, 두 나라의 고유종과

28 이 섬들에 서식하는 모든 조류의 이름은 「런던 동물학회보(Proceedings of the Zoological Society of London)」 1863년 판에서 찾을 수 있다.

가까운 근연종인 새들이 꽤 많으며 우리는 이 문제에 대해 결론을 내리기 전에 이 사실을 고려해야 한다. 이 수치를 앞의 표와 합치면 아래와 같다.

	롬복 섬	플로레스 섬	티모르 섬
자와 섬의 새와 같은 종	33종	23종	11종
자와 섬의 새와 가까운 근연종	1종	5종	6종
합계	34종	28종	17종
오스트레일리아의 새와 같은 종	4종	5종	10종
오스트레일리아 새와 가까운 근연종	3종	9종	26종
합계	7종	14종	36종

위 표에서는 자와 섬에서 유래한 것으로 보이는 새의 총 수와 오스트레일리아에서 유래한 것으로 보이는 새의 총 수도 거의 같음을 알 수 있으나 둘 사이에는 눈에 띄는 차이가 있다. 자와 집합의 새 중에는 아직도 그 나라에 서식하는 것과 동일한 종의 비율이 훨씬 큰 반면에 오스트레일리아 집합의 새 중에는 별개인 종의 비율이 거의 똑같은 정도로 크다. 물론 매우 가까운 근연종인 경우가 많지만 말이다. 오스트레일리아에서 멀어질수록 대표종이나 근연종의 수가 감소하는 반면에 자와 섬에서 멀어질수록 수가 증가하는 것에도 주목해야 한다. 여기에는 두 가지 이유가 있다. 첫 번째 이유는 티모르 섬에서 롬복 섬으로 가면서 섬의 크기가 부쩍 작아지며 따라서 지탱할 수 있는 종의 수가 감소할 수 있다는 것이다. 더 중요한 두 번째 이유는 오스트레일리아와 티모르 섬의 거리 때문에 새로운 이주가 차단되어 변이가 자유롭게 일어난 반면에 롬복 섬은 발리 섬 및 자와 섬과 가까워서 새로운 개체

가 끊임없이 유입되어 앞서 이주한 새들과 교잡됨으로써 변이가 억제되었다는 것이다.

이 섬들의 조류가 본디 다른 곳에서 비롯했다는 우리의 견해를 단순하게 표현하려면 섬들을 하나의 전체로 간주해 보자. 그러면 자와 섬과 오스트레일리아와의 관계가 더 분명하게 나타날 것이다.

티모르 군의 섬에 서식하는 조류의 현황은 아래와 같다.

자와 섬의 조류	36종	오스트레일리아의 조류	13종
근연종	11종	근연종	35종
자와 섬에서 유래	47종	오스트레일리아에서 유래	48종

위 표에서는 오스트레일리아 집단과 자와 섬 집단에 속하는 새의 종수가 놀랍도록 일치하지만, 정확히 반대로 나뉜다. 자와 섬의 새는 4분의 3이 동일종이고 4분의 1이 대표종인 반면에, 오스트레일리아의 새는 4분의 1만이 동일종이고 4분의 3이 대표종이다. 이것은 이 섬들의 새를 연구하여 알아낼 수 있는 가장 중요한 사실이다. 섬들의 과거 역사를 이해하는 아주 완벽한 단서가 되기 때문이다.[29]

종의 변화는 느린 과정이다. 여기에 대해서는 모두 동의하지만 종의 변화가 어떻게 일어났는가에 대해서는 의견이 다를 수 있다. 따라서 이 섬들에서 오스트레일리아의 종이 주로 달라진 반면에 자와 섬의 종은 거의 달라지지 않았다는 사실로부터 본디 오스트레일리아의 생물이 티모르 군으로 이주하여 서식했음을 알 수 있다. 하지만 이것이 사

29 이 책을 쓴 뒤로 이 집단에서 발견된 조류 신종은 거의 없고 두 지역에 거의 똑같이 분포하므로 여기서 내린 결론에 영향을 미치지 않는다.

실이려면 자연조건이 지금과는 사뭇 달랐어야 한다. 지금은 500킬로미터 가까이 되는 난바다가 오스트레일리아와 티모르 섬을 가르고 있으며, 티모르 섬은 쪼개진 땅의 사슬로 자와 섬과 연결되어 있는데 이 땅들을 가르는 해협은 너비가 30킬로미터를 넘는 곳이 없다. 자와 섬의 동식물이 섬들 전체에 퍼져 자리 잡기에 매우 좋은 조건임은 분명한 반면에, 오스트레일리아의 동식물은 바다를 건너기가 매우 힘들다. 현재 상태를 설명하려다 보면 오스트레일리아가 티모르 섬과 지금보다 훨씬 가까이 붙어 있었다고 가정하는 것이 당연하다. 해저 뱅크[30]가 오스트레일리아의 북해안과 서해안 전역에 걸쳐 있고 한 군데에서는 티모르 섬 해안으로부터 30킬로미터 이내까지 접근한다는 사실로 볼 때 이 가정은 사실일 가능성이 매우 크다. 이는 북오스트레일리아가 최근에 침강했음을 시사한다. 이 지역은 한때 이 뱅크 가장자리까지 뻗어 있었을 것이나, 지금은 깊이를 알 수 없는 바다를 사이에 두고 티모르 섬과 마주보고 있다.

티모르 섬이 실제로 오스트레일리아와 연결되어 있었으리라고는 생각지 않는다. 오스트레일리아의 조류 중에서 매우 풍부하고 특징적인 집단의 상당수를 티모르 섬에서는 찾아볼 수 없으며 오스트레일리아의 포유류는 단 하나도 티모르 섬으로 건너가지 않았기 때문이다. 두 땅덩어리가 실제로 하나였다면 이럴 리가 없다. 오스트레일리아가 티모르 섬과 붙어 있었거나 심지어 오랫동안 30킬로미터 이내로 접근해 있었다면 바우어새속*Ptilonorhynchus*, 검은유황앵무속*Calyptorhynchus*, 요정굴뚝새속*Sipodotus*, 피리까치속*Cracticus*, 오스트레일리아의 때까치류인 때까치박새속*Falcunculus*과 때까치지빠귀속*Colluricincla* 등 오스트레

30 대륙붕에서 언덕 모양으로 높게 솟아오른 부분. _옮긴이

일리아 전역에 많이 서식하는 집단이 티모르 섬에 퍼졌어야 한다. 오스트레일리아의 곤충 중에서 가장 특징적인 집단은 티모르 섬에서 전혀 발견되지 않는다. 이 모든 사실을 종합하면 티모르 섬과 오스트레일리아 사이에는 늘 해협이 가로놓여 있었으나 어느 시기에 이 해협의 너비가 약 30킬로미터로 줄었음을 알 수 있다.

하지만 바다가 좁아지는 현상이 한 방향으로 일어났을 때 열도의 반대쪽에서는 더 큰 분리가 일어나고 있었음이 분명하다. 그렇지 않다면 양쪽 끝에서 유래한 동일종과 대표종의 수가 더 비슷해야 할 것이다. 오스트레일리아 쪽 끝에서 침강으로 인해 해협이 넓어지면서 개체들이 모국에서 이주하여 교잡하는 것이 중단됨으로써 종이 변화할 충분한 여지가 생긴 것은 사실이다. 다만 자와 섬으로부터 끊임없는 이주가 일어나면서 지속적 교잡으로 인해 그러한 변화가 억제되었을 것이다. 하지만 이 관점으로는 모든 현상을 설명할 수 없다. 티모르 군 동물상의 성격은 결여된 형태뿐 아니라 포함된 형태로도 드러나며, 이러한 증거로 보건대 인도보다는 오스트레일리아에 훨씬 가까운 것으로 보이기 때문이다. 자와 섬에 정도는 다르지만 풍부하며 대부분 넓은 지역에 분포하는 무려 29속을 티모르 군에서는 전혀 찾아볼 수 없는 반면에 그에 못지않게 널리 퍼진 오스트레일리아의 속 중에서 티모르 군에 없는 것은 약 14속에 불과하다. 이는 티모르 군이 최근까지 자와 섬과 멀리 떨어져 있었음을 시사한다. 발리 섬과 롬복 섬이 작고 거의 대부분 화산섬이며 다른 섬보다 변이형이 적다는 사실은 비교적 최근에 생겼음을 나타낸다. 티모르 섬이 오스트레일리아에 가장 가까이 붙어 있었을 때에는 두 섬의 자리에 바다가 넓게 펼쳐져 있었을 것이며, 지하의 불이 지금은 기름진 발리 섬과 롬복 섬을 조금씩 쌓아 올리면서 오스트레일리아 북해안이 바다 밑으로 가라앉았을 것이다. 여기에서 언급한 변화 중 일부를 보면 이 과정 즉, 티모르 군의 새들은 전반적으로 오스트레일리아 유형 못지않게 인도 유형이 있음에도 이곳에 고유한 종은 대부분 오스트레일리아 유형이 된 과정이 어떻게 진행되었는지, 또한 자와 섬에서 발리 섬에 이르기까지 공통으로 서식하는, 그토록 많은 인도 유형 생물 중에서 더 동쪽의 섬들로 전파된 대표종이 하나도 없는 이유를 이해할 수 있다.

티모르 섬과 티모르 군에 속한 그 밖의 섬들에 서식하는 포유류는 박쥐를 제외하면 극히 희소하다. 박쥐는 꽤 풍부하며, 아직 발견하지 못한 종이 많다는 것은 의심할 여지가 없다. 티모르 섬에 서식하는 것으로 알려진 15종 중에서 9종은 자와 섬이나 그 서부의 섬들에서도 발견되며, 3종은 말루쿠 종인데 대부분은 오스트레일리아에서도 발견되며 나머지는 티모르 섬 고유종이다.

육상 포유류는 다음의 6종뿐이다. 1) 필리핀원숭이는 인도말레이 제도 전역에서 발견되며, 자와 섬에서 발리 섬을 거쳐 롬복 섬과 티모르 섬으로 퍼졌다. 이 종은 강 유역에 곧잘 출몰하며, 홍수 때 떠내려온 나무를 타고 이 섬에서 저 섬으로 이동했을지도 모른다. 2) 사향고양이의 일종인 아시아야자사향고양이*Paradoxurus hermaphroditus*는 말레이 제도의 상당수 지역에 매우 흔하다. 3) 티모르사슴*Cervus timorensis*은 자와 섬 및 말루쿠 제도의 종과 별개의 종인지는 몰라도 매우 가까운 근연종이다. 4) 티모르멧돼지*Sus celebensis timoriensis*는 말루쿠 제도의 일부 종과 같은 듯하다. 5) 티모르땃쥐*Crocidura tenuis*는 티모르 섬 고유종인 듯하다. 6) 동양의 쿠스쿠스속*Phalanger*인 북부회색쿠스쿠스*Phalanger orientalis*는 말루쿠 제도에서도 발견되는데, 별개의 종일 수도 있다.

이들 종 중에서 오스트레일리아산이거나 오스트레일리아산과 밀접하게 연관된 것이 하나도 없다는 사실은 티모르 섬이 오스트레일리아의 일부였던 적이 한 번도 없다는 의견을 강하게 뒷받침한다. 만일 티모르 섬이 오스트레일리아의 일부였다면 캥거루나 그 밖의 유대류가 티모르 섬에서도 발견될 것이 거의 확실하기 때문이다. 티모르 섬에 실제로 서식하는 몇 안 되는 포유류, 특히 사슴의 존재를 설명하기가 매우 까다롭다는 것은 의심할 여지가 없다. 하지만 수천 년, 어쩌면 수십만 년 동안 이 섬들과 섬들 사이의 바다가 화산 활동을 겪었다는 사실을 감안해야 한다. 땅은 솟았다 가라앉았다 했고, 해협은 좁아졌다 넓어졌다 했으며, 많은 섬이 합쳐졌다 분리되었다 했을 테고, 자와 섬의 화산 분화에서 보듯 용암이 무섭게 흘러넘쳐 산과 들판을 쑥대밭으로 만들고 수많은 나무를 바다로 쓸어버렸다. 하지만 1,000년, 아니면 10,000년에 한 번 상황이 맞아떨어져 육상동물 두세 종이 이 섬에서 저 섬으로 이주했을 가능성이 없지는 않다. 큰 섬인 티모르 섬에 서식하는 포유류의 집단이 매우 희귀하고 단편적인 이유는 이것으로 충분히 설명된다. 말레이인이 새끼 사슴을 곧잘 길들이는 걸 보면 사슴이 인간의 손에 도입되었을 가능성도 얼마든지 있다. 티모르 섬처럼 기후와 식생이 말루쿠 제도와 전혀 다른 곳에 이주한 동물이 새로운 특징을 지니는 데는 1,000년, 심지어 500년도 채 걸리지 않을지도 모른다. 나는 티모르 섬에서 야생으로 서식한다고들 생각하는 말은 언급하지 않았는데 이는 그렇게 생각할 근거가 전혀 없기 때문이다. 티모르 섬의 조랑말은 한 마리도 빼놓지 않고 전부 주인이 있으며, 남아메리카 아시엔다[31]의 소 못지않게 가축화된 동물이다.

내가 티모르 동물상의 기원을 자세히 살펴본 이유는 이것이 내가 보

31 라틴아메리카의 대농원. _옮긴이

기에 매우 흥미롭고 시사적인 주제이기 때문이다. 어떤 지역에 서식하는 동물의 두 가지 명확한 출처를 이번 경우처럼 뚜렷하게 추적할 수 있는 경우는 매우 드물다. 도입의 시기와 방식, 비율에 대해 이토록 결정적인 증거가 있는 경우는 더더욱 드물다. 이곳은 대양도大洋島 집단의 축소판이다. 이 섬들은 인접한 육지에 가까이 접근했을지언정 한 번도 육지의 일부인 적이 없었으며 이곳의 산물은 순수한 대양도의 특징을 약간 변형되기는 했지만 간직한다. 그 특징이란 박쥐를 제외하면 포유류가 전무하다는 것과 다른 어디에서도 발견되지 않지만 가장 가까운 육지의 조류, 곤충, 육상패류와 명백한 근연종인 독특한 동물 종이 서식한다는 것이다. 실제로 이곳에는 오스트레일리아의 포유류가 하나도 없으며 서쪽에서 우연히 흘러든 몇 종이 고작이다. 이는 앞에서 언급한 방식으로 설명할 수 있다. 박쥐는 꽤 풍부하다. 조류는 독특한 종이 많은데 가장 가까운 땅덩어리 두 곳과 분명한 관계가 있다. 곤충도 조류와 비슷한 관계다. 이를테면 호랑나비과 중에서 4종은 티모르 섬에만 서식하며 나머지 중 3종은 자와 섬에서, 1종은 오스트레일리아에서도 발견된다. 고유종 4종 중에서 2종은 자와 섬의 종이 변이한 것이 분명하며 나머지는 말루쿠 제도와 술라웨시 섬의 종과 근연종인 듯하다. 알려진 극소수의 육상패류는 흥미롭게도 모두 말루쿠 제도나 술라웨시 섬의 종과 근연종이거나 동일종이다. 흰나비과(흰나비와 노랑나비를 포함한다)는 더 많이 돌아다니며 탁 트인 지대에 곧잘 출몰하여 바다로 날려 갈 가능성이 큰데 자와 섬, 오스트레일리아, 말루쿠 제도의 종들과 두루 비슷하게 관계가 있는 듯하다.

다윈 씨의 이론-대양도가 본토와 연결된 적이 한 번도 없다-에 맞서, 그렇다면 대양도의 동물 개체군이 우연의 산물이라는 결론이 도출된다는 반론이 제기되었다. 다윈 씨의 이론에는 '표류물漂流物 및 표착

물漂着物 이론'이라는 이름이 붙었으며, 비판자들은 자연의 작용은 '우연'이 아니라고 주장했다. 하지만 내가 서술한 사례에서 우리는 동식물이 섬에 이렇게 **실제로 전파되었음**을 보여주는 가장 확고한 증거를 가지고 있다. 이 섬들의 동식물은 그런 기원에서 예상되는 다양한 성격을 **실제로 가지고 있다**. 이 섬들이 오스트레일리아나 자와 섬의 일부였다고 가정하면 전혀 불필요한 난점을 도입하게 되며 가장 잘 알려진 동물 집단(조류)이 나타내는 흥미로운 관계를 설명하는 것이 아예 불가능해진다. 반면에 주변 바다의 깊이, 침강한 뱅크의 형태, 대다수 섬이 화산섬이라는 사실 등은 모두 독자적인 기원설을 뒷받침한다.

결론을 내리기 전에 오해를 방지하기 위해 한마디 해두겠다. 내가 티모르 섬이 한 번도 오스트레일리아의 일부인 적이 없다고 말하는 것은 최근의 지질학적 시대에만 해당한다. 제2기 또는 에오세나 마이오세에는 티모르 섬과 오스트레일리아가 붙어 있었을지도 모른다. 하지만 그랬더라도 그런 통합의 흔적은 뒤이은 침강으로 모두 사라졌다. 어느 지역에서든 육상 동식물의 존재를 설명할 때 우리는 마지막으로 해상에 융기한 이후의 변화만을 고려하면 충분하다. 나는 티모르 섬이 이러한 최종 융기 이후로 한 번도 오스트레일리아의 일부인 적이 없다고 확신한다.

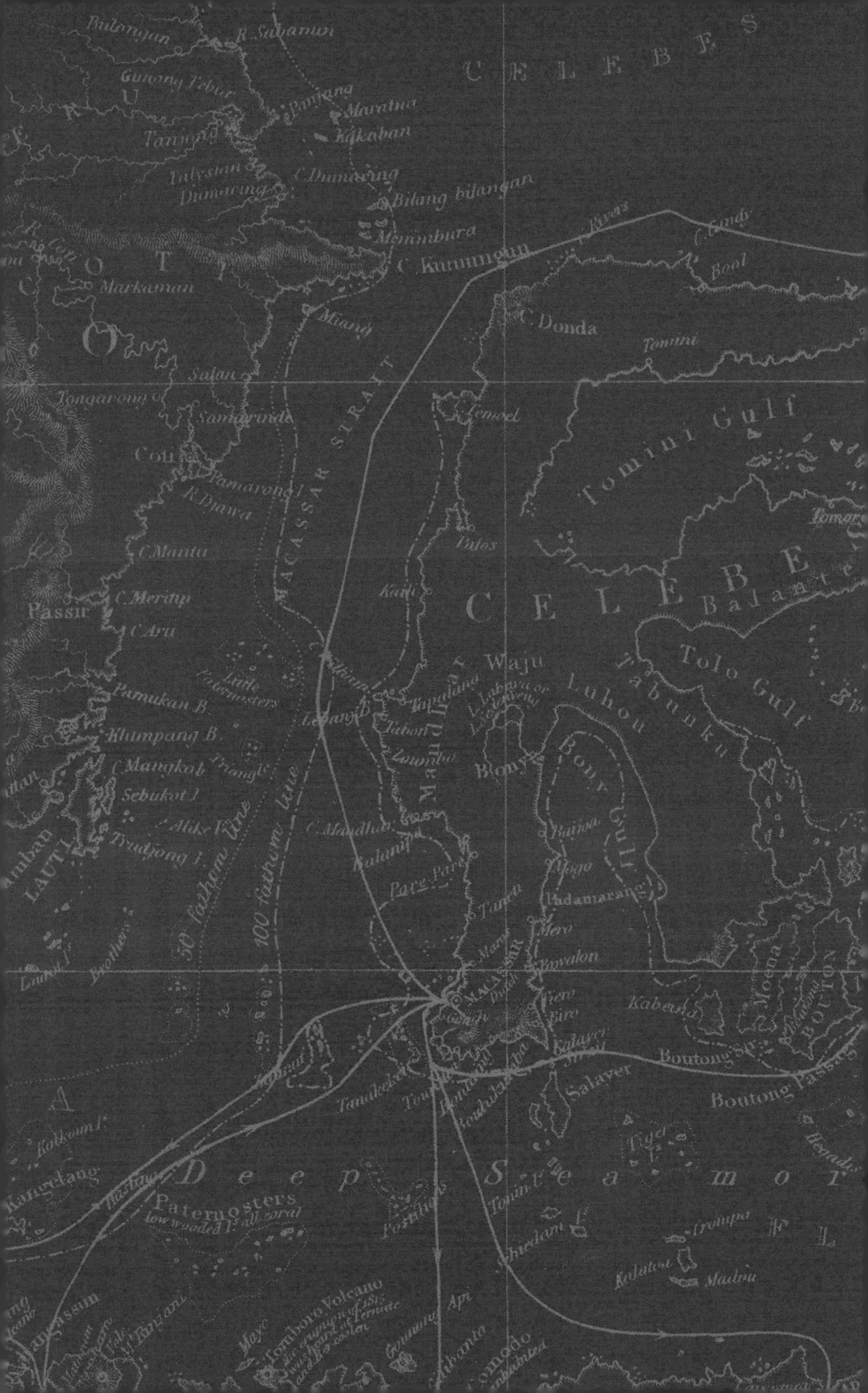

CELEBES

Bulongan
R. Sabanun
Gunong Tebur
Panjang
Maratua
Kakaban
Tanjong
C. Dumaring
Dumaring
Bilang bilangan
Menimbura
C. Kurunngan
C. Rivers
C. Sandy
Bool
KOTI
Markaman
Miang
C. Donda
Tomini
Salan
Tongarong
Samarinda
Tomini Gulf
Coti
Pamarong I.
R. Djawa
MACASSAR STRAIT
C. Mantu
Passir
C. Merinp
C. Aru
Little Paternosters
Pamukan B.
Klumpang B.
Mangkok
Sebuku I.
Alike I.
Trangle
Laut I.
LAUT I.
Brothers
50 fathom line
100 fathom line
Tomori
CELEBES
Balante
Tolo Gulf
Tabunku
Waju
Luhou
Tapalulu
Jabon
Loumba
Mandhar
Blony
Bony Gulf
C. Mandhar
Pare Pare
Bajoa
Mogo
Padamarang
Tanen
Mero
Maros
MACASSAR
Tawalon
Kabeena
Moena
BOUTON
Salayer Strait
Boutong Str.
Salayer
Boutong Passage
Tanakeke
Tiger Is.
Kalkoum I.
Deep Sea of Flores
Kangelang
Paternosters
low wooded Is. all coral
Postillons
Tonin I.
Schiedam
Tiger Is.
Crompo
Kalatoa
Madou
Hegadis
Tombora Volcano
Gounong Api
Comodo
Manggarai

The Malay Archipelago

술라웨시 군

술라웨시 군

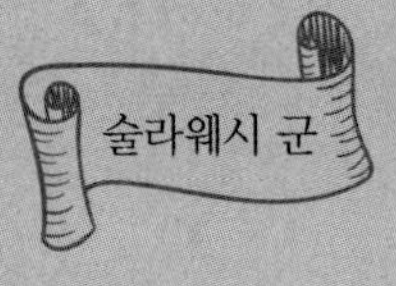

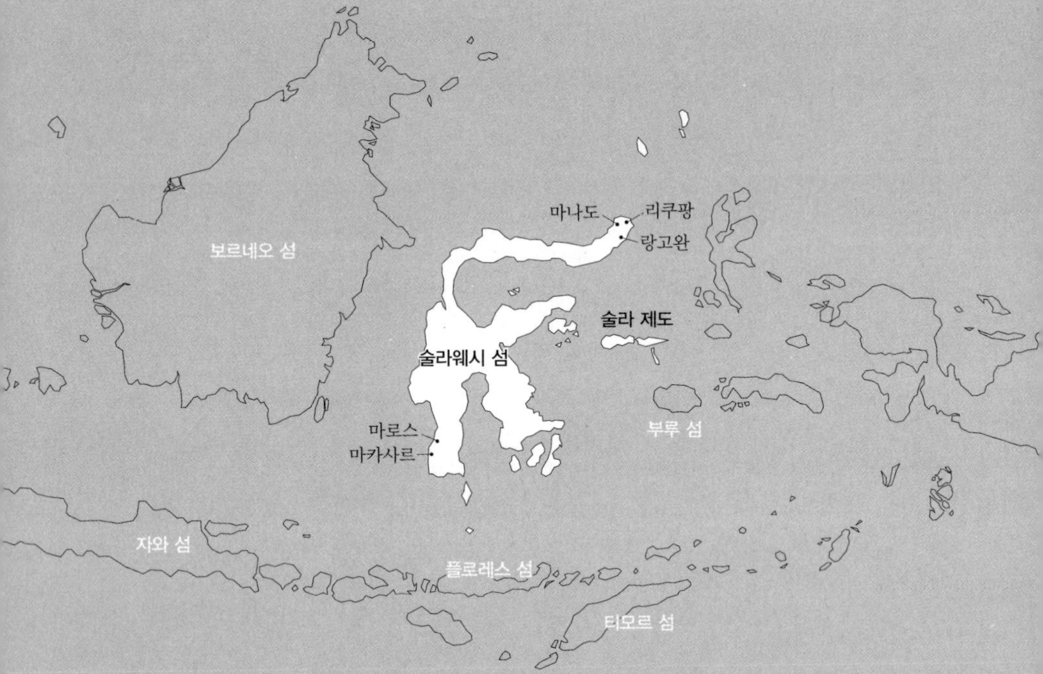
마나도
리쿠팡
랑고완
보르네오 섬
술라 제도
술라웨시 섬
마로스
마카사르
부루 섬
자와 섬
플로레스 섬
티모르 섬

15장

술라웨시 섬-마카사르

(1856년 9월부터 11월까지)

나는 8월 30일에 롬복 섬을 출발하여 사흘 만에 마카사르에 도착했다. 2월 이후로 줄곧 이 해안에 도착하려 시도했으나 번번이 실패했는데 드디어 발을 디디게 되어 무척 기뻤다. 새롭고 흥미로운 동식물도 많을 것 같았다.

술라웨시 섬의 이쪽 해안은 낮고 평평하며 나무와 마을이 줄지어 있어 안쪽이 보이지 않았다. 이따금 뚫린 틈으로 황량한 논이 넓게 펼쳐졌고 그 뒤로 별로 높지 않은 언덕 몇 개가 보이지만, 이 시기에는 땅에 늘 안개가 껴 있어서 반도의 중앙 고지대나 남쪽 끝의 이름난 반타엥 산은 도무지 분간할 수 없었다. 마카사르 정박지에는 경비정인 42문짜리 훌륭한 프리깃함과 소형 증기선 군함, 근처 바다에 출몰하는 해적을 쫓기 위한 커터[1] 서너 척이 정박하고 있었다. 가로돛이 여러 개 달린 무역선 몇 척과 다양한 크기의 원주민 프라우선 20~30척도 있

1 소형 쾌속정. _옮긴이

었다. 나는 네덜란드인 신사 메스만 씨에게 보내는 소개장과 영어를 구사하는 덴마크인 상점 주인에게 보내는 소개장을 가져왔다. 상점 주인은 나의 체류 목적에 알맞은 숙소를 물색해주겠다고 약속했다. 그때까지는 근처에 호텔이 하나도 없어서 일종의 회관에 짐을 풀었다.

내가 네덜란드령 도시를 방문한 것은 마카사르가 처음이었다. 이곳은 동양에서 이제껏 본 어떤 도시보다 아름답고 깨끗했다. 네덜란드인은 이곳 현지에서 훌륭한 규정을 시행하고 있다. 유럽인 가옥은 모두 회칠을 해야 하며 모든 사람은 오후 4시 이후에 집 앞 도로를 물로 청소해야 한다. 길거리는 쓰레기가 전혀 없으며 모든 불순물은 폐쇄된 하수구를 통해 커다란 개방 하수구로 흘러가는데, 만조 때 물이 밀려들었다가 간조 때 흘러 나가면서 쓰레기를 모두 바다로 쓸어 간다. 읍내에는 바닷가를 따라 난 길고 좁은 길 하나가 전부인데, 대개 장사에 쓰이며 네덜란드인과 중국인 상인의 사무실과 창고, 원주민의 가게나 노점이 주로 늘어서 있다. 길은 1.6킬로미터 이상 북쪽으로 뻗어 그곳에서 점차 원주민 주택과 섞인다. 집들은 누추하기 이를 데 없지만, 곧은길을 따라 가지런히 놓여 있고 뒤에는 유실수가 서 있어서 보기에는 깔끔하다. 이 길에는 주로 부기족과 마카사르족 원주민이 산다. 이들은, 길이가 30센티미터가량으로 엉덩이에서 허벅지 절반까지만 덮는 면바지를 입고, 화려한 체크무늬의 말레이 사롱을 다양한 방법으로 허리에 두르거나 어깨에 걸친다. 이 길과 나란하게 뻗은 짧은 길 두 곳이 네덜란드 옛 도시를 이루며 관문으로 둘러싸여 있다. 이곳에는 민가가 있고 남쪽 끝에는 요새와 교회가 있으며 바닷가와 수직을 이루는 도로에는 총독과 주요 관료의 관사가 있다. 요새 너머에는 바닷가를 따라 원주민들의 오두막과 무역상과 상인의 별장이 늘어선 또 다른 길이 길게 뻗어 있다. 어디에나 평평한 논이 펼쳐져 있으나 지금은 메마르고 휑하며 흙투성이 그루터기와 잡초만 무성하다. 몇 달 전만 해도 이곳은 초목이 무성했다. 이맘때의 황량한 풍경은 기후가 비슷한 롬복 섬과 발리 섬에서 작물을 연중 재배하는 것과 극명한 대조를 이룬다. 그곳은, 계절은 거의 비슷하지만 정교한 관개 수로 덕에 1년 내내 봄이나 마찬가지다.

도착 이튿날 총독을 의례상 방문했는데 영어를 훌륭하게 구사하는 네덜란드인 상인을 대동했다. 총독은 매우 점잖았으며 모든 여행 편의를 제공하고 나의 자연사 연구를 적극 지원했다. 우리는 프랑스어로 대화를 나눴다. 네덜란드인 관리들은 모두 프랑스어에 능통했다.

시내에 머무는 것은 매우 불편하고 비용도 많이 들었기에 일주일 뒤에 메스만 씨가 친절하게도 내어준 작은 대나무 집으로 옮겼다. 집은 3킬로미터가량 떨어진 작은 커피 농장에 있었는데, 메스만 씨의 집에서 약 1.6킬로미터를 더 가야 했다. 방은 두 개였으며 땅바닥에서 2미터가량 솟아 있었다. 낮은 부분은 부분적으로 뚫려 있었으며(새의 가죽을 말리기에 안성맞춤이었다) 일부는 쌀 창고로 쓰였다. 부엌과 그 밖의 별채가 있었고 근처에는 메스만 씨의 인부들이 묵는 오두막이 몇 채 있었다.

새 집에서 며칠 묵어보니 내륙으로 훨씬 들어가지 않고서는 동물을 전혀 채집하지 못할 것 같았다. 반경 몇 킬로미터에 펼쳐진 논은 그루터기만 남은 잉글랜드의 가을밭을 닮았는데 새나 곤충을 찾아보기 힘든 것도 마찬가지였다. 원주민 마을이 여기저기 흩어져 있었으며 유실수에 폭 둘러싸인 것이 멀리서 보면 마치 덤불이나 조각숲 같았다. 이곳이 나의 유일한 채집 장소였으나 종 수가 얼마 되지 않아 금방 씨가 말랐다. 조금이라도 유망한 지역으로 옮기려면 고와의 라자[2]에게 허락을 받아야 했다. 그의 영토는 마카사르에서 3킬로미터 이내까지 미친다. 그래서 총독 집무실을 찾아가 내가 라자의 보호를 받고 원하는 때에 여행할 허가를 얻을 수 있도록 라자에게 편지를 써달라고 청했다. 청은 즉시 수락되었다. 편지를 가지고 나와 동행할 특사가 지명되었다.

내 친구 메스만 씨는 라자하고도 절친한 사이였는데, 친절하게도 내게 말을 빌려주었으며 라자 방문에 동행했다. 라자는 야외에 앉은 채 새 저택이 지어지는 광경을 보고 있었다. 허리 위로는 벌거벗었으며 평상복인 짧은 바지와 사롱만 입고 있었다. 우리를 위해 의자 두 개가 마련되었지만 촌장과 원주민은 전부 땅바닥에 앉아 있었다. 전령은 라자의 발밑에 쭈그린 채 노란 비단에 밀봉된 편지를 내밀었다. 고위 관료 중 한 명이 편지를 받아 개봉한 뒤에 라자에게 건넸다. 라자는 편지를 읽더니 메스만 씨에게 보여주었다. 메스만 씨는 마카사르어를 말로나 글로나 유창하게 구사했는데 내게 필요한 것을 소상히 설명했다. 고아의 영토에서 내가 가고 싶은 곳은 어디든 갈 수 있다는 허락이 즉시 떨어졌으나, 라자는 내가 어느 곳에 머물고자 한다면 우선 자신에게 알려주기를 바랐다. 그래야 내가 해를 입지 않도록 사람을 보내어 조치할 수 있기 때문이었다. 이윽고 과실주가 나오고 맛없는 커피와 볼품없는 사탕이 차려졌다. 사실 커피를 재배하는 곳에서는 맛있는 커피를 맛본 적이 한 번도 없다.

건기가 한창이었고 온종일 바람이 불었지만 건강에 좋은 시기는 결코 아니었다. 심부름꾼 알리는 해변에 하루도 있지 않았는데 열병에 걸리고 말았다. 이 때문에 여간 불편하지 않았다. 내가 묵고 있는 집

2 그는 라자가 아니라 술탄이다. _옮긴이

에서는 식사 시간을 제외하면 아무것도 얻을 수 없었기 때문이다. 알리를 치료하고 우여곡절 끝에 밥 지을 일꾼을 새로 구한 뒤에 시골 숙소에 정착하자마자 새 일꾼이 같은 병에 걸렸다. 아내가 시내에 있어서 그는 시내로 돌아갔다. 그가 떠나자 이번에는 내가 앓았다. 하루걸러 심한 간헐열이 찾아왔다. 키니네를 아낌없이 써서 한 일주일 만에 나았지만 내가 병석에서 일어나자마자 알리가 더 심한 열병에 걸렸다. 매일 열이 올랐지만, 아침에는 멀쩡해서 하루 치 식사를 준비해둘 수 있었다. 일주일 만에 알리를 치료하고, 요리와 사냥을 할 소년을 새로 구했다. 그는 내륙으로 들어가는 것에도 이의가 없었다. 그의 이름은 바데룬으로 미혼이었고, 해삼을 캐러 북오스트레일리아에 간 적도 여러 번 있는 등 떠돌이 생활에 익숙했기에 곁에 둘 수 있을 것 같았다. 열두 살이나 열네 살짜리 건방진 악동도 한 명 구했다. 그는 말레이어를 할 줄 알았으며 총이나 포충망을 운반하고 여러 잡일을 했다. 이즈음 알리는 새 가죽 벗기는 솜씨가 꽤 늘었기에 일꾼은 충분했다.

새와 곤충을 채집하기에 알맞은 장소를 찾으려고 내륙으로 여러 차례 탐사를 떠났다. 몇 킬로미터 안쪽으로 들어간 마을 몇 곳이 한때 원시림이던 숲 지대에 흩어져 있지만 원래 나무는 대부분 유실수, 특히 커다란 야자나무인 사탕야자*Arenga pinnata*로 대체되었다. 이 나무에서는 과실주와 설탕이 나며 밧줄을 만드는 거친 검은색 섬유도 얻을 수 있다. 생활필수품인 대나무도 많이 심었다. 이런 곳에서는 훌륭한 새를 많이 찾아볼 수 있다. 그중에는 멋진 크림색의 알락황제비둘기*Ducula bicolor*가 있었으며, 희귀한 보라날개파랑새*Coracias temminckii*는 울음소리가 요란하고 늘 쌍으로 이 나무에서 저 나무로 날아다니는데, 쉴 때는 '크고 주둥이가 깊게 갈라진Great fissirostral' 부류에 걸맞게 머리와 꽁지를 갑자기 부르르 떨면서 과시 행위를 한다. 이 습성만 놓고 보면 물총새류, 벌잡이새류, 파랑새류, 비단날개새류, 남아메리카 뻐끔새류를 자연 상태에서 관찰했으되 형태와 구조를 자세히 살펴볼 기회가 없던 사람이라면 이들을 하나로 묶을지도 모른다. 잉글랜드의 떼까마귀보다는 작은 까마귀[3] 수천 마리가 농장에서 끊임없이 까악까악 울어댄다. 습성과 비행 동작이 제비를 빼닮았지만 형태와 구조가 사뭇 다른 신기한 숲제비속*Artamus*은 나무 꼭대기에서 지저귄다. 반면에 바람까마귀*Dicrurus hottentottus*는 반짝이는 검은색 깃옷과 우윳빛 눈을 가지고 있으며 장단이 맞지 않는 다양한 음으로 끊임없이 자연사학자를 속인다.

더 그늘진 곳에는 나비가 꽤 많다. 가장 흔한 종은 까마귀왕나비속*Euploea*과 끝검은왕나비속*Danaus*의 나비로, 정원과 떨기나무숲에 자주 찾아오는데 잘 날지 못해서 쉽게 잡힌다. 덤불 사이로 낮게 날면서 이따금 꽃에 앉아 쉬는 연한 파란색과 검은색의 아름다운 나비가 눈에 가장 잘 띄었으며, 시커먼 색깔을 배경으로 화사한 귤색 줄이 그어진 나비도 그에 못지않았다. 둘 다 잉글랜드에 흔한 흰나비를 포함하는 흰나비과에 속하지만 겉모습은 매우 다르다. 둘 다 유럽의 자연사학자에게는 아주 낯선 종이었다.[4] 이따금 총과 포충망을 든 소년 두 명과 함께 몇 킬로미터 더 안쪽으로 걸어 들어갈 때도 있었다. 그곳은 내가 찾을 수 있는 유일한 진짜 숲이었다. 우리는 아침 도시락을 가지고 일찍 출발하여 그늘과 물이 있는 곳을 찾으면 그 자리에서 식사를 했다. 그때마다 나의 마카사르족 소년들은 소량의 쌀과 고기 또는 생선을 나뭇잎에 얹어 돌이나 그루터기에 올려 그곳의 신에게 바쳤다. 마카사르

3 아마도 큰부리까마귀*Corvus macrorhynchos*. _옮긴이

4 전자는 에로니아트리타이아*Eronia tritaea*, 후자는 타키리스이토메*Tachyris ithome*로 명명되었다.

사람들은 명목상으로는 이슬람교인이지만 이교도 미신을 많이 간직하고 있으며 계율에 얽매이지 않기 때문이다. 돼지고기를 혐오하는 것은 사실이지만, 과실주는 주면 마다하지 않을 것이다. 이들은 여느 맥주나 사과주만큼 도수가 높은 야자술을 엄청나게 마셔댄다. 야자술은 잘 빚으면 원기 회복에 매우 좋다. 우리는 장터Bazaar라고 불리는 작은 오두막에서-사람들이 다니는 곳이면 어디든 이런 '장터'가 들어서 있었다-곧잘 한 모금씩 마셨다.

어느 날 메스만 씨가 이따금 사슴을 사냥하러 가는 넓은 숲이 있다고 알려주었다. 하지만 훨씬 멀고 새는 전혀 없다고 덧붙였다. 그래도 탐사하기로 결심했다. 이튿날 새벽 5시에 아침 도시락과 그 밖의 물품을 가지고 출발했다. 밤에는 숲 초입에 있는 숙소에서 묵을 작정이었다. 놀랍게도 두 시간을 열심히 걸었더니 숙소에 도착했다. 우리는 숙박 허가를 얻고는 계속 걸어갔다. 알리와 바데룬은 총을 한 정씩 들었고 바소는 물품과 곤충 상자를 가지고 갔다. 나는 곤충에 집중하리라 생각하고 포충망과 채집 병만 챙겼다. 숲에 들어서자마자 원시침봉바구미류*Pachyrhynchus*와 근연종으로, 초록색과 금색 반점이 난 작고 아름다운 바구미를 찾았다. 원시침봉바구미류는 필리핀 제도에 국한되어 있으며 보르네오 섬, 자와 섬, 믈라카 반도에는 전혀 알려져 있지 않다. 도로는 그늘졌으며 말과 소가 다닌 흔적이 뚜렷했다. 나는 한 번도 보지 못한 나비 몇 마리를 금세 손에 넣었다. 이내 부르는 소리가 들렸다. 소년들에게 가보니 뻐꾸기 중에서 아름답기로 손꼽히는 노랑부리말코아*Phaenicophaeus calyorhynchus* 두 마리를 사냥해놓았다. 이 새는 이름에 걸맞게 커다란 부리에 밝은 노란색, 빨간색, 검은색이 얼추 같은 비율로 섞여 있다. 꽁지는 매우 길며 멋진 금속성 자주색인 반면에 몸통 깃옷은 연한 커피색이다. 녀석은 술라웨시 섬 고유종 중 하나다.

두어 시간 어슬렁거리며 걷다 보니 작은 강에 이르렀다. 하도 깊어서 건너려면 말이 헤엄쳐야 했기에 돌아서야 했다. 배가 고파졌지만 괸물死水이다시피 한 강물은 못 마실 정도로 흙탕물이어서 몇백 미터 떨어진 집으로 갔다. 말뚝 위에 세운 작은 오두막이 농장에 있었는데 아침 먹기에 적당할 것 같아서 안으로 들어갔다. 안에는 젊은 여인이 아기와 함께 있었다. 그녀는 내게 물병을 내밀었지만 표정이 잔뜩 겁에 질려 있었다. 그래도 문간에 앉아 음식을 가져오라고 했다. 바데룬이 음식을 건네다 아기를 보더니 마치 뱀을 본 것처럼 뒤로 물러섰다. 그 순간 이 오두막이 산모를 일정 기간 격리하는 곳이며-보르네오 섬의 다야크족과 여러 야만인 부족에 이런 풍습이 있다-이곳에 들어와서는 안 된다는 것을 깨달았다. 그래서 밖으로 나와 근처에 있는 가족의 집에서 아침을 먹게 해달라고 부탁하여 승낙을 얻었다. 아침을 먹고 있는데 남자 세 명, 여자 두 명, 아이 네 명이 내가 식사를 마칠 때까지 눈을 떼지 않고 나의 일거수일투족을 지켜보았다.

한낮에 돌아오는 길에 운 좋게도 나비 중에서 가장 크고 완벽하고 아름다운 비단제비나비속*Ornithoptera* 표본 세 마리를 잡았다. 포충망에서 꺼낸 첫 번째 녀석이 완벽한 상태임을 확인하자 흥분에 몸이 떨렸다. 이 거대한 곤충의 배경 색깔은 화사하게 반짝이는 청흑색이었으며, 아래 날개에는 흰색 무늬가 정교하게 새겨져 있었고 가장 밝고 윤기 나는 노란색의 커다란 반점이 한 줄로 나 있었다. 몸통은 흰색, 노란색, 불타는 듯한 귤색 반점으로 얼룩덜룩했으며 머리와 가슴은 새까맸다. 아래 날개 밑부분은 윤기 나는 흰색이었는데, 절반은 검고 절반은 노란 무늬가 끄트머리에 박혀 있었다. 전리품을 무척 흥미롭게 뜯어보며 처음에는 신종인 줄 알았다. 하지만 이 귀한 속屬 중에서 가장 희귀하고 빼어난 배얼룩장수제비나비*Troides hypolitus*의 변종으로 밝혀졌다. 그 밖에도 새롭고 예쁜 나비를 몇 마리 입수했다. 숙소로 돌아온 뒤에 곤충 보물이 염려되어 상자를 대나무에 매달아두었는데, 개미의 흔적이 전혀 없는 것을 확인하고는 새 가죽을 벗기기 시작했다. 작업하는 틈틈이 나의 귀한 상자를 쳐다보면서 침입자가 없는지 검사했다. 조금 오래 작업에 열중하다가 상자를 보았는데 작은 불개미 떼가 줄을 따라 내려와 상자에 들어가고 있는 경악스러운 광경을 목격했다. 녀석들은 이미 내 보물의 몸통에 달라붙어 있었다. 이대로 반 시간이 지나면 하루 종일 채집한 성과가 물거품이 될 참이었다. 그래서 곤충 표본을 전부 꺼내어 곤충과 상자를 깨끗이 청소한 뒤에 안전한 보관 장소를 찾았다. 유일한 수단으로 집주인에게 쟁반과 그릇을 빌려 쟁반에 물을 채우고 그릇을 뒤집어 세운 뒤에 맨 위에 상자를 놓으니 밤새도록 안심할 수 있었다. 깨끗한 물이나 기름 몇 센티미터는 이 끔찍한 해충이 건너지 못하는 유일한 장애물이다.

마마잠(내 숙소의 이름이다)으로 돌아와서는 간헐열을 약하게 앓아 며칠 실내에 머물렀다. 몸이 좋아지자마자 메스만 씨를 데리고 다시 고와에 가서 숲 근처에 작은 집을 짓도록 도와달라고 라자에게 청했다. 라자는 궁전 근처의 헛간에서 닭싸움鬪鷄을 하고 있었지만, 즉시 우리를 맞이하러 나와서는 비스듬히 놓아둔 널빤지를 계단 삼아 우리와 함께 자신의 집으로 올라갔다. 이곳은 높고 널찍하게 잘 지었으며 바닥은 대나무이고 창은 유리였다. 대부분은 넓은 홀인 듯했는데 말뚝으로 나뉘어 있었다. 창문 옆에는 왕비가 조잡한 나무 안락의자에 쪼그리고 앉아 시리와 빈랑을 끊임없이 씹고 있었다. 옆에는 놋쇠 타구唾具가, 앞에는 언제든 쓸 수 있도록 시리 상자가 놓여 있었다. 라자는 왕비 맞은편에 있는 비슷한 의자에 앉았다. 옆에서는 소년이 비슷하게 생긴 타구와 시리 상자를 든 채 쪼그려 앉아 있었다. 우리를 위해 의자

두 개가 마련되었다. 라자의 딸들과 몸종 등 젊은 여인 몇 명이 여기저기 서 있었는데 몇 명은 틀 앞에서 사롱을 만들고 있었지만 대부분은 빈둥거리고 있었다.

(대다수 여행자들의 선례를 따르자면) 여기서 이 처녀들의 매력, 그녀들이 입은 근사한 복장, 그녀들이 두른 금은 장신구를 열렬히 묘사해야 마땅할 것이다. 이런 묘사에서는 봉긋한 가슴을 드러내는 자주색 천의 윗도리를 언급하고 '반짝이는 눈', '칠흑 같은 머리', '작은 발' 같은 표현을 남발해야 제격이리라. 하지만 오호통재라! 진리를 추구하고자 한다면 이런 주제에 대해 극찬을 늘어놓을 수는 없을 것이다. 나는 내가 방문하는 민족과 장소에 대해 최대한 진실한 모습을 보여주기로 마음먹었기 때문이다. 물론 공주들의 용모가 꽤 훌륭한 것은 사실이지만, 이들의 신체나 의복이 그 밖의 어떤 매력도 허락하지 않을 만큼 참신하고 깔끔하지는 않았다. 모든 것에 우중충하고 후줄근한 분위기가 깃들었으며 유럽인의 눈에는 매우 거슬리고 왕족답지 않았다. 찬탄을 자아내는 유일한 특징은 라자의 차분하고 위엄 있는 태도와 그가 늘 받는 대단한 존경뿐이었다. 그의 앞에서는 누구도 똑바로 서지 못하며, 그가 의자에 앉아 있을 때면 모든 참석자가 땅바닥에 쪼그리고 앉는다(물론 유럽인에게도 관례를 따르기를 기대한다). 이 사람들이 보기에 가장 높은 의자는 말 그대로 영예로운 장소이자 지위의 상징이다. 이 점에서 규정이 어찌나 엄격한지, 롬복 섬의 라자가 보낸 영국식 마차가 마부석이 가장 높다는 이유로 퇴짜를 맞고는 마차 보관소에 전시용으로 보관된 일도 있다. 라자는 나의 방문 목적을 듣더니 날 위해 집 한 채를 비우라는 명령을 내리겠다고 즉석에서 이야기했다. 집을 지으려면 시간이 많이 걸릴 테니 이 편이 훨씬 나은 방법이었다. 커피와 사탕은 예전처럼 형편없었다.

이틀 뒤에 라자를 찾아가 나를 숙소로 데려가 줄 안내인을 보내달라고 청했다. 라자는 그 자리에서 안내인을 지목하고 지시를 내렸다. 잠시 뒤에 우리는 숙소를 향해 떠났다. 안내인이 말레이어를 전혀 못해서 우리는 한 시간 동안 말없이 걸었다. 근사한 집에 들어서자 그는 내게 앉으라고 손짓했다. 이곳에는 지역의 우두머리가 살고 있었다. 반 시간쯤 있다가 다시 출발하여 한 시간 뒤에 내가 묵을 마을에 도착했다. 우리는 촌장의 거처로 갔다. 촌장은 안내인과 한참 이야기를 나눴다. 나는 피곤했기에 내가 묵을 집을 보여달라고 부탁했다. 하지만 두 사람은 잠시 기다리라고 대답하더니 대화를 계속했다. 그래서 나는 기다릴 수 없으며 집을 확인하고 숲으로 사냥하러 가고 싶다고 말했다. 그들은 놀란 표정이었다. 말레이어를 약간 할 줄 아는 구경꾼 한두 명이 어설프게 설명하기로, 준비된 숙소는 없으며 어떻게 숙소를 마련할지 아는 사람도 없다는 것이었다. 나는 라자를 더 귀찮게 하고 싶지는 않았기에 그들에게 겁을 조금 주는 편이 낫겠다고 생각했다. 그래서 라자가 명령한 숙소를 당장 찾아내지 않으면 돌아가서 라자에게 불만을 제기할 것이되 숙소를 마련해주면 대가를 지불하겠다고 말했다. 협박이 효과가 있어서 마을의 우두머리 중 한 명이 자신과 집을 찾아보러 가자고 청했다. 그는 다 허물어져 가는 폐가 한두 채를 보여주었는데 나는 그 자리에서 거절하며 이렇게 말했다. "좋은 숙소, 그것도 숲 근처에 있는 것이 필요하단 말이오." 다음에 보여준 집은 내게 안성맞춤이었기에 이튿날 비워달라고 말했다. 모레 그 집에 들어갈 생각이었다.

약속한 날이 되었지만 들어갈 준비가 되지 않아서 마카사르 소년 두 명에게 빗자루를 들려 대청소하라고 보냈다. 그들은 저녁에 돌아와서는 집에 사람이 있었으며 물건 하나 치우지 않은 상태였다고 말했다. 청소하고 입주하러 왔다는 말을 듣고서 집을 비우기는 했지만 무척 툴

틀거렸다고 했다. 내가 마을에 침입한 것에 대해 사람들이 어떻게 받아들일지 생각하니 마음이 찜찜했다. 이튿날 짐말 세 마리에 짐을 싣고서, 말이 몇 차례 엎어진 끝에 정오쯤 목적지에 도착했다.

물건을 모두 정돈하고 서둘러 식사를 한 뒤에, 가능하다면 사람들과 친해져야겠다고 생각했다. 그래서 집주인에게 사람을 보내어 누구든 데려와서 '비차라', 그러니까 대화를 나누자고 청했다. 그들이 모두 자리에 앉자 나는 담배를 조금씩 나눠주고는 바데룬을 통역 삼아 내가 이곳에 온 이유를 설명했다. 그들을 집에서 내보내게 되어 무척 유감이지만 라자가 내 요청과 달리 새 집을 짓지 않고 그렇게 명령했다고 해명하고는 집주인의 손에 다섯 달 치 집세로 루피 은화 다섯 개를 얹어주었다. 그리고는 내가 이곳에 머무르는 동안 그들에게서 계란과 닭과 과일을 살 테니 그들에게도 이익이라고 설명했다. 표본을 보여주면서 아이들이 패류와 곤충을 가져오면 구리를 잔뜩 벌 수 있을 거라고도 말했다. 나의 취지를 소상히 설명했더니-한 문장이 끝날 때마다 오랜 논의가 이어졌다-분위기가 우호적으로 바뀐 것을 알 수 있었다. 그날 오후에, 작고 하찮은 달팽이 껍질도 사들이겠다는 나의 약속을 시험하려는 듯 아이 여남은 명이 한 명씩 작은 헬릭스속*Helix* 달팽이 표본 몇 개를 가져왔다. 약속대로 '구리'를 주었더니 놀란, 하지만 기쁜 표정으로 돌아갔다.

며칠 탐사해 보니 주변 지역이 친숙해졌다. 이곳은 처음 방문한 숲의 도로에서 멀리 떨어졌으며 숙소에서 조금 가면 옛 개간지와 오두막이 있었다. 훌륭한 나비를 몇 마리 발견했지만 딱정벌레는 매우 드물었으며 썩은 고목과 (대개는 곤충이 바글바글한) 갓 쓰러진 나무에서도 건질 만한 것이 거의 없었다. 인근에 숲이 넓게 펼쳐져 있지 않아서 오래 머물 가치가 없겠다는 생각이 들었지만 더 들어가기에는 이미 늦었다. 한 달쯤 있으면 우기가 시작될 터였기 때문이다. 그래서 여기 머물면서 손에 넣을 수 있는 것만 입수하기로 마음먹었다. 운 나쁘게도 며칠 뒤에 미열이 나면서 몸이 나른하고 아무것도 하기 싫어졌다. 무기력을 떨쳐버리려 했지만 허사였다. 매일 한 시간 동안 정원을 살살 거니는 것이 고작이었다. 우물에서는 훌륭한 곤충을 이따금 발견할 수 있었다. 나머지 시간은 집에서 조용히 기다리며 꼬마 채집가들이 매일 가져오는 딱정벌레와 패류를 건네받았다. 내가 아픈 것은 얕은 우물에서 길어 마신 물 때문인 것 같았다. 주변 웅덩이에서 물소가 늘 뒹굴고 있었으니 말이다. 숙소 근처에 울타리 친 진구렁이 있었는데 매일 밤 물소 세 마리를 가둬두었다. 뚫린 대나무 바닥으로 악취가 들어왔다. 말레이 청년 알리도 같은 병에 걸렸다. 알리가 주로 새 가죽을 벗겼기 때문에 채집물을 가공하는 일은 지지부진했다.

마을 사람들의 일하는 방식과 생활 방식은 여느 말레이 민족과 대동소이했다. 여자들은 늘 하루하루 먹을 쌀을 빻고 씻고, 땔나무와 물을 가져오고, 청소하고, 염색하고, 실을 잣고, 토산물 면을 짜서 사롱을 만들었다. 베 짜기는 아주 단순한 틀을 바닥에 늘어놓고 했는데 매우 느리고 지루한 과정이었다. 흔히 쓰는 체크무늬 패턴을 만들려면 색실을 하나하나 손으로 당기고 북을 통과시켜야 했다. 1.4미터 너비의 천을 하루에 2.5센티미터씩 만드는 것이 고작이었다. 남자들은 작은 시리(빈랑 열매와 함께 씹는 후추 잎으로, 톡 쏘는 맛이 난다)와 몇 가지 채소를 길렀다. 1년에 한 번씩 물소를 부려 작은 논뙈기를 대충 갈고는 볍씨를 뿌렸는데 수확 때까지 신경 쓸 것이 거의 없었다. 이따금 집을 수리하고 멍석과 바구니, 그 밖의 집안 물품을 만들었지만 대개는 빈둥거리며 지냈다.

마을에서 말레이어를 몇 단어 이상 구사하는 사람은 한 명도 없었으며, 전에 유럽인을 본 적이 있는 사람도 전혀 없는 듯했다. 이로 인한 가장 불쾌한 결과는 사람이나 짐승이나 나를 보면 기겁했다는 것이다. 어딜 가든 개가 짖고 아이들이 소리 지르고 여자들이 달아나고 남자들이 웬 낯설고 무시무시한 식인 괴물 보듯 날 쳐다봤다. 도로의 짐말마저도 내가 나타나면 질겁하여 밀림으로 돌진했다. 흉악하고 못생긴 야수인 물소에게조차 접근이 불허되었다. 나의 안전이 아니라 녀석들의 안전을 염려해서였다. 녀석들은 처음에는 고개를 쭉 빼고 나를 쳐다보지만, 내가 더 가까이 가면 고삐나 말뚝에서 빠져나와 마치 악귀에게 쫓기듯 혼비백산하여 마구잡이로 내달렸다. 짐을 싣고 길을 걸어가거나 마을의 집으로 돌아가는 물소를 만나면 밀림에 들어가 녀석이 지나갈 때까지 숨어 있어야 했다. 소란이 벌어졌다가는 나에 대한 마을 사람들의 반감이 더 커질 터였으니 말이다. 매일 한낮에 사람들이 물소를 마을에 데리고 와서 숙소 주변 그늘에 매어두었는데, 그러면 나는 도둑처럼 뒷길로 살금살금 다녀야 했다. 물소가 나를 발견하면 아이나 가옥에 무슨 해코지를 할지 몰랐기 때문이다. 여자들이 물을 긷거나 아이들이 멱을 감는 우물에 내가 갑자기 나타나면 순식간에 달아날 것이 뻔했다. 나는 혐오의 대상이 되는 것을 바라지 않고 괴물 취급 받는 것에 익숙한 적이 없었기에 매일같이 이런 일을 당하는 것이 무척 불쾌했다.

11월 중순이 되었을 때, 건강이 도무지 나아지지 않고 곤충과 새, 패류도 통 보이지 않자 나는 마마잠으로 돌아가기로 마음먹고는 채집물을 정리하기 시작했다. 그때 큰비가 내리기 시작했다. 이미 서쪽에서 바람이 불어오기 시작했으며, 여느 때보다 일찍 우기가 찾아오리라는 조짐이 많이 보였다. 모든 것이 축축해져서 채집물을 제대로 건조하기가 거의 불가능했다. 친절한 벗 메스만 씨가 이번에도 짐말을 보냈다. 채집물을 말 등에 싣는 것만으론 안심이 되지 않았기에 몇 사람의 도움을 받아 새와 곤충을 안전하게 가지고 올 수 있었다. 소파에 몸을 쭉 누이는 것과 다섯 주 동안 바닥에서 불편하게 식사를 하다가 안락한 대나무 의자에 앉아 편안하게 식사를 하는 것이 얼마나 호사스러운 일인지 상상할 수 있는 사람은 거의 없을 것이다. 건강할 때는 이런 일이 대수롭지 않지만, 병으로 몸이 약해졌을 때는 평생의 습관을 쉽사리 버리기 힘든 법이다.

내 숙소는 이 지역의 여느 대나무 구조물과 마찬가지로 한쪽으로 기울어 있었다. 우기에 불어오는 세찬 서풍을 맞아 말뚝이 전부 수직을 벗어나 있었기에 언젠가 와르르 무너지지 않을까 걱정스러웠다. 술라웨시 섬 원주민들이 대각선 버팀목을 써서 구조를 강화하는 법을 발견하지 못했다니 의아했다. 이곳에서 2년 동안 바람을 고스란히 맞으면서도 똑바로 서 있을 원주민 주택이 하나라도 있을지 의심스러웠다. 말뚝과 들보를 수직이나 수평으로 대고 등덩굴로 얼기설기 묶은 것이 고작이었으니 말이다. 주택들은 약간 기운 것에서부터 집을 버려야 할 정도로 위험하게 기운 것까지 상태가 제각각이었다.

이곳 사람들이 공학적 창의성을 발휘하여 찾아낸 해결책은 두 가지뿐이었다. 하나는 집이 기울기 시작한 뒤에 집을 바람 불어오는 쪽 말뚝에 등덩굴이나 대나무 줄로 묶는 것이다. 다른 하나는 예방책인데, 대체 어떻게 발견했는지, 왜 진짜 해결책을 발견하지 못했는지는 수수께끼다. 이 방법은 집을 일반적 방식대로 짓되 곧은 말뚝으로만 받치는 게 아니라 그중 두세 개는 최대한 휜 걸 쓰는 것이다. 집을 휜 말뚝으로 받치는 경우를 많이 보았지만, 곧은 양질의 목재가 부족해서 그런 줄 알았다. 그런데 어느 날 남자 몇 명이 개의 뒷다리처럼 생긴 말뚝을 가지고 가는 것을 보았다. 원주민 소년에게 저 나무를 가지고 뭘 하려는 거냐고 물었다. 그가 대답했다. "집에 쓸 말뚝이요." 내가 물었다. "하지만 곧은 것도 많은데 왜 저걸 쓰지?" 그가 대답했다. "집에는 저런 말뚝이 나아요. 쓰러지지 않으니까요." 휜 목재에 어떤 신비한 성질이 있다고 여기는 것이 틀림없었다. 하지만 조금만 생각해보고 그림을 그려보면 휜 말뚝에 정말로 그런 효과가 있을 수도 있음을 알 수 있다. 정사각형은 마름모나 평행사변형으로 쉽게 변형되지만, 수직 말뚝 한두 개가 휘거나 기울어서 서로 밀어내는 방향으로 세워져 있으면 조잡하나마 버팀목의 효과를 낼 수 있다.

예전에 내가 마마잠을 떠나기 직전에 사람들이 옥수수 씨앗을 많이 뿌렸다. 옥수수는 이틀이면 싹이 나고 기후가 좋으면 두 달 안에 열매가 익는다. 일주일 일찍 비가 내린 탓에, 내가 돌아왔을 때는 땅이 온통 물바다였으며 이삭이 팬 옥수수는 누렇게 말라 죽어 있었다. 온 마을에서 옥수수 한 톨도 수확하지 못할 형편이었지만 다행히 옥수수는 주식이 아니라 별미였다. 비는 논을 갈 때가 되었다는 신호다. 이곳과 읍내 사이의 모든 평지에 볍씨를 심어야 하기 때문이다. 쟁기는 조잡한 나무 연장으로, 매우 짧은 손잡이 하나에 꽤 잘 만든 보습을 달았으며 끝은 단단한 야자나무로 만들고 쐐기로 고정했다. 물소 한두 마리가 느릿느릿 쟁기를 끌었다. 씨앗은 노가리로 뿌리며 조잡한 나무 써레로 땅을 고른다.

12월 초가 되자 본격적으로 우기가 시작되었다. 이따금 서풍과 폭우가 며칠씩 몰아쳤으며, 수 킬로미터에 이르는 들판이 물에 잠겼다. 오리와 물소는 한껏 신이 났다. 마카사르로 가는 도로를 따라 진흙과 물속에서 매일같이 쟁기질이 이루어지고 있었다. 나무 쟁기가 수월하게 땅을 가르는데, 농부는 한 손으로 손잡이를 잡고 다른 손에 든 긴 대나무로 물소를 몰았다. 물소를 움직이게 하려면 계속 고함을 지르며 추임새를 아주 많이 넣어야 한다. "오! 아하! 옳지! 워!" 하는 소리가 하루

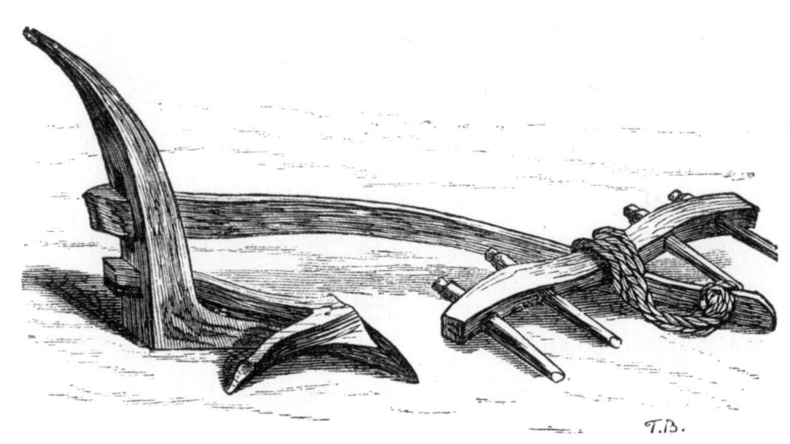

원주민의 나무 쟁기

종일 다양한 높낮이로 끊임없이 들린다. 밤에는 다른 종류의 음악회가 열렸다. 숙소 주위의 마른땅이 습지로 변하면 개구리가 찾아와 저녁부터 새벽까지 엄청난 소음을 냈다. 깊게 진동하는 음이 이따금 교향악단의 콘트라베이스 두세 대가 함께 울리듯 음악적으로 들릴 때도 있었다. 믈라카와 보르네오 섬에서는 이런 소리를 한 번도 못 들었다. 이 개구리들은 술라웨시 섬의 대다수 동물과 마찬가지로 고유종인 듯하다.

다정한 벗이자 집주인 메스만 씨는 마카사르 태생 네덜란드인의 훌륭한 표본이었다. 나이는 서른다섯 살가량으로, 대가족을 이루고 시내 근처의 널찍한 주택에서 살았다. 집은 유실수 숲 한가운데 자리 잡았는데 사무실, 마구간이 있고 그의 수많은 하인, 노예, 직원이 사는 원주민 오두막이 미로처럼 주위를 둘러쌌다. 메스만 씨는 해가 뜨기 전에 일어나 커피를 한잔 마신 뒤에 하인, 말, 개를 돌본다. 7시가 되면 시원한 베란다에 푸짐한 쌀과 고기가 아침 식사로 준비된다. 아침을 먹고 나면 깔끔한 흰색 리넨 정장을 입고서 마차를 타고 시내로 간다. 사무실에서는 중국인 직원 두세 명이 업무를 본다. 그가 하는 일은 커피와 아편을 거래하는 것이다. 반타엥에는 커피 농장이 있으며, 소형 프라우선 한 척으로 뉴기니 섬 근처의 동부 섬들을 다니며 자개와 거북딱지를 무역한다. 오후 1시쯤 집에 돌아와 커피에다 케이크나 플랜틴 튀김을 먹고는 색깔 있는 면 셔츠와 바지로 갈아입고 맨발 차림으로 책을 읽다가 낮잠을 잔다. 4시경에 차를 한잔 마시고는 구내를 순찰한 뒤에 대개는 마마잠에 걸어와 나를 만나고는 농장을 살피러 간다.

그의 농장은 커피 농장과 과수원, 말 여남은 마리, 소 스무 마리, 티모르인 노예와 마카사르족 하인이 사는 작은 마을로 이루어져 있다. 한 가족이 소를 키우고 메스만 씨 집에 우유를 공급했는데 매일 아침 내게도 큰 잔으로 한 잔씩 가져다주었다. 내가 누린 최고의 호사 중 하나였다. 다른 가족은 말을 돌봤는데 매일 오후에 데리고 들어와 베어 놓은 풀을 먹였다. 마카사르에서 주인의 말을 위해 풀을 베는 가족들도 있었다. 건기에는 온 땅이 구운 진흙처럼 바싹 마르고 우기에는 사방 수 킬로미터가 물에 잠기니 쉬운 일은 아니었다. 도무지 비결을 알 수는 없었지만, 그들은 풀을 반드시 구해 와야 한다는 것을 알고 있으며 어떻게든 구한다. 절름발이 여인은 오리 떼를 돌본다. 하루에 두 번씩 습지에서 오리에게 먹이를 먹이고 한두 시간 동안 놀린 다음 데리고 돌아가 작고 어두운 우리에 가두고는 먹이를 소화하도록 한다. 이따금 꽥꽥 소리가 구슬프게 들릴 때도 있다. 밤마다 불침번을 서는데 주로 말을 지키기 위해서다. 고작 3킬로미터 떨어진 고와의 사람들은 도둑으로 악명 높으며 말은 무엇보다 손쉽고 귀한 장물이기 때문이다. 마카사르의 많은 사람들은 내가 외딴 곳에서 못된 사람들을 이웃으로 두고 혼자 지내는 것이 위험하다고 생각했지만 불침번 덕분에 안전하게 잘 수 있었다.

내 숙소는 장미와 재스민 등의 꽃이 멋대로 자란 생울타리로 둘러싸였는데, 아침마다 여인 한 명이 메스만 씨 가족을 위해 꽃을 한 광주리 땄다. 나는 대개 두어 송이를 가져다 아침 식탁에 꽂았는데, 내가 머무는 동안은 꽃이 끊이지 않았으며 그 뒤로도 그럴 것 같았다. 메스만 씨는 거의 일요일마다 열다섯 살 난 큰아들과 사냥을 갔는데 나도 대개는 동행했다. 네덜란드인은 개신교인이기는 하지만, 잉글랜드나 영국 식민지만큼 엄격하게 주일을 지키지는 않는다. 이곳 총독은 일요일 저녁마다 공식 연회를 연다. 주로 하는 오락은 카드 게임이다.

12월 31일에 아루 제도로 가는 프라우선을 탔다. 이 여정에 대해서는 이 책 후반부에서 설명하겠다. 일곱 달 뒤에 돌아와 마카사르 북부의 또 다른 지역을 방문했는데, 이것은 다음 장의 주제다.

16장
술라웨시 섬-마로스
(1857년 7월부터 11월까지)

7월 11일에 마카사르에 다시 도착하여 옛 본거지 마마잠에 자리를 잡고는 아루 제도에서 채집한 생물을 분류하고 정리하고 세척하고 포장했다. 이 일에는 한 달이 걸렸다. 채집물을 싱가포르 섬에 보내고 총기를 수리하고 잉글랜드에서 새 총기와 핀, 비소, 그 밖의 채집 용품을 받으니 다시 일할 의욕이 샘솟기 시작했다. 나는 그해 말까지 어디서 시간을 보낼지 궁리했다. 마카사르를 떠난 것은 일곱 달 전이었다. 물에 잠긴 습지에 볍씨를 뿌리려고 쟁기질을 하던 때였다. 비는 다섯 달 동안 계속 내렸지만 이제는 벼를 전부 벴으며, 내가 그곳에 처음 도착했을 때처럼 마른 흙투성이 그루터기가 땅을 덮었다.

수소문 끝에 마카사르에서 북쪽으로 50킬로미터가량 떨어진 마로스를 방문하기로 했다. 그곳에는 내 벗의 형 야코프 메스만이 살고 있었는데, 그는 친절하게도 내가 찾아오면 숙소를 내어주고 편의를 봐주겠다고 제안했다. 그래서 지사에게서 통행증을 발급받고 배를 빌려 어느 날 저녁에 마로스로 출발했다. 알리가 열이 심하게 나는 바람에 병원에서 내 친구인 독일인 의사에게 치료를 받아야 해서 나는 아무것도 모르는 새 일꾼 두 명을 대신 데려가야 했다. 우리는 밤에 해안을 따라 항해하여 동틀 녘에 마로스 강에 들어섰으며 오후 3시에 마을에 도착했다. 나는 즉시 부지사를 찾아가 짐을 나를 남자 열 명과 내가 탈 말을 요청했다. 아침 일찍 출발할 수 있도록 그날 밤까지 준비해주기로 약속을 받았다. 커피 한잔 마시고 부지사와 헤어져 배에서 잤다. 밤에 남자 몇 명이 약속대로 왔지만, 나머지는 이튿날 아침이 되어도 도착하지 않았다. 짐을 고루 나누는 데는 시간이 꽤 걸렸다. 다들 무거운 상자를 기피하려 들었기 때문이다. 작은 물건을 들고 성큼성큼 걸어가는 것을 불러 세워 짐을 공평하게 나눠야 했다. 8시경이 되어서야 짐을 모두 정리하고는 메스만 씨의 농장으로 출발했다.

이 지역은 처음에는 불태운 논이 균일하게 펼쳐진 들판이었으나 몇 킬로미터 지나자 가파른 언덕이 나타났다. 뒤로는 반도의 높은 중앙 지대가 보였다. 우리가 가야 할 길은 그곳으로 나 있었다. 10~12킬로미터를 갔더니 언덕이 우리 좌우의 들판으로 비집고 들어오고 이곳저곳에서 석회암 바위와 기둥이 솟았다. 원뿔 모양으로 삐죽 솟은 언덕과 야산은 섬처럼 보였다. 그중 한 언덕의 윗부분을 이루는 고지대를 지나자 그림 같은 풍경이 펼쳐졌다. 우리는 산으로 둘러싸인 작은 골짜기를 내려다보았다. 산은 깎아지른 듯 불쑥 솟아 무척 다양하고 환상적인 형태로 이어져 둔덕, 봉우리, 돔을 이루었다. 골짜기 한가운데에 커다란 대나무 집이 있었으며 대나무 오두막 여남은 채도 여기저기 흩어져 있었다.

야코프 메스만 씨는 나를 다정하게 맞아주었다. 그가 있는 곳은 통풍이 잘되는 정자로, 집에서 떨어져 있었으며 오로지 대나무를 풀로 엮어 지었다. 메스만 씨는 아침을 먹고 나서 나를 100미터쯤 떨어진 감독관 집에 데려갔다. 내가 쓸 오두막을 어디 지을지 정할 때까지는 이 집의 절반을 쓰도록 내어주었다. 나는 이곳이 바람과 먼지에 너무 많이 노출되어 있음을 금세 알아차렸다. 문서 작업과 곤충 작업을 하기가 무척 힘들 것 같았다. 게다가 오후에는 날이 푹푹 쪘다. 며칠 뒤에 급성 열병에 걸려 숙소를 옮기기로 했다. 1킬로미터쯤 떨어진 곳에 숲으로 덮인 언덕 기슭이 있는데 그곳에 자리를 잡았다. 며칠 뒤에 메스만 씨가 근사한 작은 집을 지어주었다. 벽을 세운 널찍한 베란다(또는 개방된 방)와 작은 실내 침실, 작은 실외 주방으로 이루어진 집이었다. 집이 완성되자마자 숙소를 옮겼다. 바뀐 숙소는 무척 맘에 들었다.

주변 숲은 트여 있었으며 덤불이 없고 커다란 나무들로 이루어졌으며, 야자술과 설탕의 원료인 사탕야자가 넓게 퍼져 많이 자라고 있었다. 야생 잭프루트*Artocarpus heterophyllus* 나무도 아주 많았다. 커다란 그물 모양 열매가 많이 열렸는데 채소로 제격이었다. 땅은 11월의 잉글랜드 숲처럼 마른 잎이 두껍게 쌓여 있었다. 작은 돌개울은 완전히 말랐으며 물 한 방울이나 심지어 축축한 곳조차 전혀 찾아볼 수 없었다. 숙소에서 50미터가량 떨어진 언덕 기슭에 수로로 통하는 깊은 구멍이 뚫려 있어서 깨끗한 물을 얻을 수 있었다. 매일같이 멱을 감으러 가서 양동이로 물을 퍼 몸에 끼얹었다.

메스만 씨는 전원생활을 완벽하게 즐겼다. 총과 사냥개만으로 밥상을 꾸렸다. 덩치 큰 멧돼지가 많아서 일주일에 한두 마리씩 잡았으며 이따금 사슴도 사냥했다. 그 밖에도 멧닭, 코뿔새, 큰 과일비둘기가 많았다. 물소는 우유를 많이 공급했으며, 메스만 씨는 우유로 버터를 만들었다. 또한 자기가 먹을 벼와 커피를 재배했고 오리, 닭을 많이 키우면서 알도 많이 얻었다. 야자나무로는 맥주 대신 1년 내내 야자술을 빚었으며 야자나무로 만든 설탕은 사탕 만들기에 제격이다. 품질 좋은

사탕야자

열대 채소와 제철 과일이 풍부했으며 메스만 씨는 직접 재배한 담배로 시가를 만들었다. 그는 친절하게도 아침마다 물소 젖을 대나무 통에 넣어 가져다주었다. 크림처럼 빽빽했으며 물을 타지 않으면 하루 만에 굳어버렸다. 차나 커피와 잘 섞이기는 하지만 약간 독특한 풍미가 났다. 그래도 시간이 지나면 거슬리지 않았다. 나는 달콤한 야자술을 얼마든지 마실 수 있었고 메스만 씨는 돼지를 잡을 때마다 고기를 보내주었다. 여기다 닭과 달걀, 우리가 직접 사냥한 새, 두 주에 한 번씩 보내준 물소 고기 덕에 식량은 전혀 부족하지 않았다.

평지는 모조리 논으로 개간되었으며 산자락에서는 담배와 채소를 재배했다. 비탈은 대부분 우람한 바위로 덮여 있어서 올라가기가 여간 고역이 아니었다. 수많은 언덕은 경사가 어찌나 급한지 아예 올라갈 엄두도 낼 수 없었다. 이런 상황에 지독한 가뭄까지 겹쳐 탐사에는 아주 불리한 상황이었다. 새는 드물었으며, 처음 보는 종은 거의 잡지 못했다. 곤충은 꽤 많았지만 들쭉날쭉했다. 대체로 수가 많고 흥미로운 딱정벌레는 무척 희귀했으며, 일부 과는 아예 없었고 나머지도 종 수가 얼마 되지 않았다. 이에 반해 파리와 벌은 풍부해서 새롭고 흥미로운 종을 매일같이 손에 넣었다. 술라웨시 섬의 희귀하고 아름다운 나비는 탐사의 주목적이었으며 난생 처음 보는 종을 많이 발견했다. 하지만 대체로 활발하고 경계심이 많아서 채집하기가 여간 힘들지 않았다. 나비를 잡기에 알맞은 장소는 숲의 마른 개울 바닥이 유일하다시피 했다. 이곳의 습한 장소나 진흙 웅덩이, 심지어 마른 바위 위에서도 온갖 종류의 곤충을 발견할 수 있었다. 이 바위 숲에는 세상에서 가장 멋진 나비들이 산다. 비단제비나비속의 3종은 날개 너비가 18~20센티미터로, 검은색 배경에 반짝이는 노란색 반점이 아름답게 찍혀 있는데 바람을 타고 덤불 사이를 쌩쌩 날아다닌다. 축축한 곳에는 파란색 띠가 있는 아름다운 안테돈청띠제비나비*Graphium anthedon*와 에우리필루스청띠제비나비*Graphium eurypylus*, 금색과 초록색의 빼어난 청보라날개제비나비*Papilio peranthus*, 작고 희귀한 호랑나비인 레수스제비나비*Graphium rhesus*가 무리 지어 있는데, 매우 활동적이기는 했지만 이 모든 종에 대해 양호한 표본을 입수할 수 있었다.

이곳에 묵는 동안은 어느 때보다 안락했다. 새벽 6시에 앉아서 커피를 마시노라면 가까운 나무에서 희귀한 새들을 볼 수 있었다. 그러면 슬리퍼 발로 급히 달려가 몇 주 동안 찾던 전리품을 손에 넣었다. 술라웨시 섬의 혹코뿔새*Rhyticeros cassidix*는 종종 날개를 시끄럽게 퍼덕거리며 찾아와 내 바로 앞에 있는 키 큰 나무에 앉는다. 검은 개코원숭이 무어마카크*Macaca maura*는 자신의 영역에 침입자가 들어오면 놀라서 아래를 내려다본다. 밤이면 멧돼지 무리가 숙소 주변을 돌아다니며 찌꺼기를 먹어치우기 때문에 먹을 수 있는 것이나 부서지는 것은 우리의 작은 부엌에서 모조리 치워야 했다. 해 뜰 녘과 해 질 녘에 숙소 주변의 쓰러진 나무를 몇 분만 뒤지면 하루 종일 만날 수 있는 것보다 더 많은 딱정벌레를 채집할 수 있었다. 그 덕에, 마을에서 묵었거나 숲에서 멀리 떨어진 곳에서 지냈다면 흘려보낼 수밖에 없었을 순간을 귀하게 활용할 수 있었다. 사탕야자에서 수액이 뚝뚝 떨어지면 파리가 엄청나게 꼬였는데, 여유가 있을 때 반 시간만 투자하여 이제껏 본 것 중에서 가장 멋지고 훌륭한 표본을 손에 넣을 수 있었다.

물웅덩이와 바위와 쓰러진 나무가 가득하고 웅장한 식물이 그늘을 드리운 마른 강줄기를 오르락내리락하며 배회하는 시간은 어찌나 즐겁던지! 나는 금세 모든 웅덩이와 바위와 그루터기를 눈에 익혔으며 그 속에 어떤 보물이 있는지 보려고 숨죽인 채 살금살금 다가갔다. 어떤 장소에서는 희귀한 나비인 주홍뾰족흰나비*Appias zarinda*의 작은 무리를 발견했다. 내가 가까이 가면 솟구쳐 올라 짙은 주황색과 선홍색 날개를 과시했다. 멋진 파란색 띠가 있는 제비나비속 몇 마리가 무리 속을 펄럭거리며 날아다녔다. 잎이 무성한 가지가 물길 위로 드리운 곳에서는 휴식을 취하고 있는 거대한 비단제비나비속 나비를 쉽게 잡을 수 있었다. 썩은 줄기에서는 작고 신기한 길앞잡이 플라빌라브리스 길앞잡이*Therates flavilabris*를 어김없이 발견할 수 있었다. 빽빽한 덤불에서는 잎에 앉아 있는 금속성 파란색의 작은 나비(남방남색부전나비속*Amblypodia*), 가시잎벌레아과Hispinae와 잎벌레과Chrysomelidae의 희귀하고 아름다운 잎벌레를 잡을 수 있었다.

썩은 잭프루트는 많은 딱정벌레에게 매우 매력적인 먹이였기에 살짝 쪼개어 숙소 근처의 숲 여기저기에 놓아두어 썩혔다. 아침에 잭프루트를 뒤지면 종종 스무남은 종을 발견할 수 있었는데 반날개과Staphylinidae, 밑빠진벌레과Nitidulidae, 소똥풍뎅이속*Onthophagus*, 작은 딱정벌레과Carabidae가 가장 흔했다. 이따금 야자술 빚는 사람들이 (달콤한 수액을 핥던) 근사한 꽃무지(샤우미꽃무지*Sternoplus schaumii*)를 가져왔다. 한동안 새로운 새는 잘생긴 호랑지빠귀 붉은배팔색조*Pitta erythrogaster celebensis*와 정수리가 보라색인 아름다운 비둘기(자주색머리과일비둘기*Ptilinopus superbus*)뿐이었다. 둘 다 아루 제도에서 최근에 채집한 녀석들과 매우 비슷했지만 종이 달랐다.

9월 하순에는 습한 기후를 경고하듯 폭우가 쏟아졌다. 바싹 마른 땅을 적시는 단비였다. 그래서 마로스 강의 폭포에 찾아가기로 했다. 폭포는 산에서 강이 발원하는 지점에 있는데 관광객이 자주 찾는 매우 아름다운 장소로 알려져 있다. 메스만 씨가 말을 빌려주었고 이웃 마을에서 안내인을 구했다. 내 일꾼 한 명을 데리고 새벽 6시에 출발하여 왼쪽에 우뚝 솟은 산의 둘레로 평평한 논을 따라 두 시간 동안 말을 타고 마로스 강과 폭포의 중간 지점에 도착했다. 말이 다니는 좋은 길을 따라 한 시간 만에 목적지에 도착했다. 앞으로 나아갈수록 산이 가까이 다가왔다. 방문객의 편의를 위해 지은 허름한 오두막에 도착했는데, 이 지역은 바닥이 약 400미터 너비로 평평한 계곡이었으며 가파르고 위로 튀어나온 석회암이 종종 벽을 이루었다. 여기까지는 땅이 개간되어 있었으나 이제부터는 덤불과 여기저기 커다란 나무로 덮여 있었다.

빈약한 짐이 도착하여 오두막에 부리자마자 약 400미터 앞에 있는 폭포를 향해 홀로 출발했다. 강은 너비가 약 18미터로 수직으로 솟은 두 석회암 벽 사이의 틈에서 발원한다. 석회암 벽 아래에는 약 12미터 높이의 풍화된 현무암 덩어리가 작은 바위턱을 사이에 두고 두 곡선으로 갈라진다. 물은 얇은 거품 막을 이룬 채 표면 위로 아름답게 퍼지는데, 일련의 동심원 원뿔 형태로 휘고 소용돌이치다가 결국 아래쪽의 깊은 웅덩이로 떨어진다. 폭포 가장자리 가까이에는 위쪽의 강으로 통하는 좁고 매우 울퉁불퉁한 길이 있는데, 물길 옆의 벼랑이나 때로는 물속으로 수백 미터를 이어지다가 그 뒤로는 바위들이 약간 뒤로 물러나고 한쪽 기슭에서는 나무들이 자란다. 기슭을 따라 약 800미터를 가면 작은 두 번째 폭포가 나온다. 이곳에서는 강이 동굴에서 발원하는 듯한데 위에서 떨어진 바위가 물길을 막았다. 폭포 자체에 접근하려면 산에서 반쯤 굴러떨어진-60~90센티미터 너비의 공간이 남아 있기는 하지만 땅속으로 통하는 캄캄한 구멍이 보인다-거대한 바위 조각 뒤로 길을 따라 올라가야 한다. 이런 곳은 몇 번 가본 적이 있었으므로 별로 호기심이 동하지 않았다.

위쪽 폭포의 약간 아래에 있는 개울을 지나면 약 150미터의 가파른 비탈을 올라가 틈새를 통해 좁은 계곡에 들어서는데 완전히 수직이고 매우 높은 암벽이 둘러쳐 있다. 800미터를 더 가면 계곡이 갑자기 오른쪽으로 꺾여 산속의 갈라진 틈이 되고 만다. 이 틈이 또 800미터를 이어지는데, 벽 사이가 점차 좁아져 60센티미터까지 좁아지고 바닥이 급격히 높아져 아마도 또 다른 계곡으로 통하는 길이 나오지만 시간이 없어서 탐사하지는 못했다. 틈이 시작되는 곳으로 돌아오니 주된 길은 일종의 물길을 이루어 왼쪽으로 올라가 정상에 이른다. 바위로 이루어진 자연 아치가 약 15미터 높이로 드리워 있다. 여기부터 울창한 밀림을 지나 가파른 내리막이 나오는데, 절벽과 먼 바위산이 언뜻 눈에 들어오는 것으로 보건대 본류인 강 계곡으로 다시 이어지는 듯하다. 이곳은 무척 탐사하고 싶었지만 몇 가지 이유 때문에 돌아설 수밖에 없었다. 안내인이 없었고 부기족 영토에 들어갈 허가를 받지 못했으며 어느 때든 비가 내릴 수 있어 강이 넘치면 하산하지 못할 우려가 있었다. 그래서 짧은 방문 시간 동안 이곳의 자연 산물을 최대한 파악하는 데 주력했다.

좁은 틈새에서는 처음 보는 근사한 곤충 몇 종과 새로운 새 한 종을 발견했다. 이 새는 신기한 술라웨시땅비둘기*Gallicolumba tristigmata*로 가슴과 정수리가 노란색이고 목이 자주색인 커다란 땅비둘기다. 이 험한 길은 마로스에서 산 너머 부기족 지역으로 가는 큰길이다. 우기에는 통행이 거의 불가능하다. 강이 바닥을 채우고도 모자라 수직 절벽 사이로 100~200미터 높이로 몰아치기 때문이다. 내가 찾아갔을 때에도 경사가 매우 급하고 길이 험했지만, 여자와 아이는 매일같이 이곳을 지나다녔으며 남자들은 값어치가 거의 없는 야자 설탕을 무겁게 짊어지고 산길을 올랐다. 내가 주로 곤충을 발견한 곳은 아래쪽 폭포와 위쪽 폭포 사이의 길과 위쪽 웅덩이 가장자리에서였다. 커다란 반투명 나비 톤다나이데아왕나비*Idea tondana*가 수십 마리씩 한가로이 날아다냈다. 간절히 바랐지만 기대하지 않은 곤충을 손에 넣고 만 것도 이곳에서였다. 알려진 호랑나비 중에서 가장 크고 희귀한 것 중 하나인 거대한 큰칼꼬리제비나비*Graphium androcles*였다. 폭포에서 머문 나흘 동안 운 좋게도 훌륭한 표본 여섯 마리를 채집했다. 이 아름다운 나비가 날 때마다 길고 하얀 꼬리가 색 테이프처럼 펄럭거리는데 물가에 앉아 있을 때면 꼬리가 다치지 않도록 보호하려는 듯 위로 치켜들고 있다. 녀석은 이곳에서도 희귀하여 전부 해서 여남은 마리밖에 보지 못했다. 강기슭을 따라 몇 번이고 쫓아다닌 뒤에야 잡을 수 있었다. 햇볕이 가장 뜨겁게 내리쬐는 한낮에는 위쪽 폭포 아래의 습기 찬 웅덩이 기슭에서 아름다운 광경이 펼쳐졌다. 주황색, 노란색, 흰색, 파란색, 초록색 등 화려한 나비들이 점점이 무리를 이루고 있었는데 쫓으면 수백 마리가 공중으로 날아올라 색색의 구름을 피웠다.

이곳의 많은 협곡, 틈새, 절벽은 말레이 제도 어디에서도 보지 못한 것들이었다. 어디에서도 비탈진 지표면을 찾아볼 수 없으며, 산기슭과 계곡 초입은 늘 거대한 벽과 울퉁불퉁한 바위 덩어리에 둘러싸여 있다. 150~180미터 높이의 수직 또는 튀어나온 절벽이 여러 곳에 있는데 온갖 색깔의 식물로 빼곡히 덮여 있다. 양치식물, 판다누스과Pandanaceae, 떨기나무, 덩굴식물, 심지어 큰키나무가 어우러져 늘푸른 나무 숲을 이룬다. 사이사이로 하얀 석회암이나 캄캄한 구멍과 틈새가 많이 보인다. 이 절벽들이 이토록 많은 식물을 지탱할 수 있는 것은 독특한 구조 덕분이다. 표면은 매우 불규칙하며 구멍과 틈새가 나 있고 바위턱이 캄캄한 동굴 입구 위로 드리워 있다. 하지만 튀어나온 부분에서는 어김없이 종유석이 내려와 동굴과 구멍 위로 천연의 고딕 장식을 이루며 떨기나무와 나무, 덩굴식물의 뿌리를 단단히 떠받친다. 이 식물들은 바위에서 끊임없이 스며 나오는 따뜻하고 순수한 공기와 부드러운 습기 덕에 무성하게 자란다. 절벽의 표면이 단단한 바위로 이루어져 매끈한 곳은 민둥하게 남아 있거나 작은 바위턱과 작은 틈새에서 자라는 지의류와 양치식물 무리가 점점이 박혀 있다.

책과 식물원을 통해서만 열대 자연을 접한 독자는 이런 장소에서 이와 다른 여러 가지 자연적 아름다움을 상상할 것이다. 심홍색, 황금색, 하늘색의 근사한 무리를 이룬 채 초록색 절벽을 장식하고 폭포 위로 늘어지고 개울 가장자리에 늘어선 화려한 꽃을 내가 이유 없이 빼먹었다고 생각할 것이다. 하지만 진실은 무엇일까? 늘어진 덩굴식물과 우거진 떨기나무 사이로, 폭포 사방으로, 강기슭이나 깊은 동굴과 캄캄한 틈새로 거대한 초록색 벽을 뚫어져라 쳐다보았지만 허사였다. 밝은 색깔로 이루어진 점은 단 하나도 없었다. 나무나 덤불이나 덩굴식물은 눈길을 끌 만큼 두드러진 꽃을 단 한 송이도 피우지 않았다. 사방을 둘러보아도 초록색 식물과 얼룩덜룩한 바위밖에 보이지 않았다. 초록색은 무한히 다채로웠으며 바위 덩어리와 무성한 식물에서는 장엄한 분위기가 느껴졌으나 화려한 색깔은 전혀 없었다. 열대지방에서 으레 볼 수 있으리라 기대되는 밝은색의 근사한 꽃 무리는 하나도 찾아볼 수 없었다. 나는 초목이 무성한 열대 풍경을 현장에서 기록한 대로 정확하게 묘사했다. 색깔과 관련하여 이곳의 일반적 특징이 남아메리카와 (수천 킬로미터 떨어진) 동부 열대지방에서도 되풀이되는 것을 보건대, 이것이 열대지방 적도대(즉, 가장 열대적인 지역)의 일반적 성격을 나타낸다는 결론이 도출된다. 그렇다면 여행자들의 묘사에서 전혀 다른 인상을 받는 것은 왜일까? 열대지방에 서식한다는 화려한 꽃들은 대체 어디에 **있을까**? 이 물음은 쉽게 대답할 수 있다. 근사한 열대 꽃식물은 우리의 온실에서 재배되었으며 매우 다양한 지역에서 선별되었으므로 한 지역의 풍부성에 대해서는 잘못된 인상을 준다.

이 중 상당수는 매우 희귀하거나 극히 일부 지역에 국한되었으며, 꽤 많은 종은 아프리카와 인도의 더 건조한 지대에 서식한다. 그런 곳에서는 여느 열대지방과 달리 열대식물이 무성하게 자라지 않는다. 열대식물이 가장 발달한 지역에서는 화려한 꽃보다는 수수한 온갖 식물이 더 특징적이다. 이런 지역에서는 어떤 꽃이든 완벽한 상태로 몇 주 또는 때로는 며칠 이상 유지되는 경우가 드물다. 어느 지역에서든 오래 머물면 아름답고 화려한 꽃을 피우는 식물을 많이 볼 수 있겠지만 그러려면 찾아다녀야 하며, 이런 식물이 풍경에서 눈에 띌 만큼 풍부한 시기나 장소는 거의 없다. 하지만 여행자들은 오랜 여정에서 만난 모든 근사한 식물을 한꺼번에 묘사함으로써 꽃이 만발한 화려한 풍경을 그리는 것이 관행이었다. 식물이 가장 무성하고 아름다운 장소를 연구하고 묘사하고 꽃이 어떤 효과를 냈는지 제대로 서술한 경우는 드물다. 나는 그런 노력을 곧잘 기울였으며, 이러한 연구를 통해 꽃의 밝은 색깔이 열대기후보다는 온대기후에서 자연의 일반적 성격에 훨씬 큰 영향을 미친다는 확신을 얻었다. 가장 화려한 열대식물 속에서 12년을 지내는 동안 잉글랜드의 가시금작화, 양골담초, 히더, 히아신스, 산사나무, 자주색 나비난초, 미나리아재비가 풍경에 미친 영향에 비견할 만한 것은 하나도 보지 못했다.

술라웨시 섬의 이 지역은 지질 구조가 흥미롭다. 석회암 산들은 넓게 뻗어 있긴 하지만 오로지 표층만을 이루는 듯하다. 아래를 떠받친 것은 현무암인데, 어떤 곳에서는 더 가파른 산들 사이에서 낮고 둥근 언덕을 이루기도 한다. 물길의 돌바닥에서는 어김없이 현무암이 발견되는데 이 바위의 층계가 앞서 묘사한 폭포를 이룬다. 여기서 석회암 절벽이 불쑥 솟아오른다. 폭포 옆을 따라 작은 계단을 올라가면 한 바위에서 다음 바위로 두세 걸음 디디게 되는데, 석회암은 말랐고 표면

이 거칠며 물과 비에 풍화되어 날카로운 이랑과 벌집 모양 구멍이 생긴 데 반해 현무암은 축축하며 심지어 사람들이 맨발로 다녀서 매끈하고 미끌미끌하게 닳았다. 산에 다가가면서 충적평야의 흙을 뚫고 두껍게 솟아오른 작은 덩어리와 봉우리에서는 석회암이 빗물에 녹는다는 사실을 똑똑히 확인할 수 있다. 전부 볼링 핀 모양으로, 밑동보다 가운데가 굵으며 우기에 물에 잠기는 높이에서 지름이 가장 크고 아래로 내려갈수록 일정하게 줄어든다. 상당수는 가분수 꼴이며 가느다란 기둥 중 일부는 밑동이 바늘처럼 뾰족해 보인다. 덜 단단한 암석은 겨울마다 비에 녹아 신기한 벌집 모양이 되었는데, 덩어리 몇 개는 아예 돌멩이들의 그물망이 되어버려 사방으로 빛이 새어 나왔다. 이곳의 산에서 바다까지는 완전히 평평한 충적평야가 펼쳐져 있으며, 그 밑에 물이 깊이 들어차 있을 기미는 전혀 보이지 않는다. 하지만 마카사르 당국은, 런던과 파리의 유역에 자분정自噴井을 파서 물을 얻는 것처럼 상수원을 공급받을 수 있으리라는 기대감에 거액을 들여 300미터 깊이까지 우물을 팠다. 그 시도가 성공을 거두지 못한 것은 당연하다.

숲 오두막으로 돌아와 늘 하던 대로 새와 곤충을 찾아다녔다. 하지만 날씨가 지독하게 덥고 건조하여 웅덩이와 바위 구멍에서 물이 한 방울도 남지 않고 사라졌으며 곤충도 자취를 감췄다. 극심한 가뭄에도 멀쩡한 집단은 하나뿐이었다. 파리목, 즉 두 날개 파리는 여느 때처럼 들끓었으며 한두 주 동안은 녀석들에게 관심을 집중하여 파리목 채집물을 200종가량 늘렸다. 또한 새로운 조류를 몇 종 손에 넣었는데, 그중에는 수리매류와 매류 두세 종, 아름다운 검은머리오색장수앵무 *Trichoglossus ornatus*, 희귀한 흑백 까마귀인 피리소리까마귀*Corvus typicus*가 있었다.

그러다 10월 중순이 되자 며칠 날이 흐리더니 비가 억수같이 쏟아졌다. 오후마다 비가 오는 것을 보니 우기의 전반기가 시작되었음을 알 수 있었다. 이제는 곤충을 흡족하게 채집할 수 있으리라 기대했는데, 보기에 따라서는 실망스럽지 않은 결과를 얻었다. 딱정벌레류는 훨씬 많아졌으며, 숲 개울가 바위 위에 두껍게 쌓인 나뭇잎 층 아래에서는 열대지방에 희귀한 딱정벌레과를 많이 발견했다. 하지만 나비류는 보이지 않았다. 일꾼 두 명이 열병과 이질에 걸리고 발이 부었고, 때마침 세 번째 일꾼이 나를 떠났다. 두 명은 며칠 동안 집 안에서 누워 끙끙댔다. 이들이 조금 회복되자 내가 병에 걸렸다. 식량이 거의 바닥나고 모든 것이 축축해지자 마카사르로 돌아갈 준비를 해야 했다. 세찬 서풍이 불기 시작하면 갑판 없는 작은 배로 항해하기가 위험하지는 않더라도 불편해질 터였다.

비가 시작된 뒤로, 굵기가 손가락만 하고 길이가 20~25센티미터에 이르는 거대한 노래기가 길이며 나무며 집이며 온 사방을 기어다녔다. 어느 날 아침에는 이부자리 속에서 발견되기까지 했다! 녀석들은 대체로 칙칙한 납빛이나 짙은 벽돌색이었으며, 해를 끼치지 않았음에도 볼 때마다 무척 징그러웠다. 뱀도 모습을 드러내기 시작했다. 머리가 크고 색깔이 밝은 초록색인 매우 흔한 종 두 마리를 죽였다. 녀석들은 나뭇잎과 떨기나무에 똬리를 틀고 누워 있으며 여간 가까이 있지 않으면 잘 안 보인다. 갈색뱀이 곤충을 찾아 낙엽을 헤치다 그물에 걸리는 경우가 있었기 때문에 어떤 사냥감이 잡혔는지 확인하기 전에는 함부로 그물에 손을 넣지 않았다. 바싹 말랐던 들판과 풀밭이 순식간에 긴 풀로 덮였으며, 수없이 강바닥을 걸으며 뜨겁게 달궈진 바위를 디디던 곳에서는 물살이 깊고 빠르게 흐르고 있었다. 사방에서 수많은 초본식물과 떨기나무가 솟아올라 꽃망울을 터뜨렸다. 나는 새로운 곤충을 많이 발견했으며, 양호하고 널찍하고 물과 바람이 들어오지 않는 숙소가 있었다면 우기 내내 이곳에 머물렀을지도 모른다. 다른 때에는 결코 채집할 수 없는 동물이 매우 많다고 확신했기 때문이다. 하지만 나의 여름 오두막에서는 불가능한 일이었다. 폭우가 내릴 때는 고운 안개가 사방을 채웠기에 표본을 건조하게 보관하기가 여간 힘들지 않았다.

나는 11월 초에 마카사르에 돌아와 채집물을 포장하고는 네덜란드 우편 증기선을 타고 암본 섬과 트르나테 섬으로 출발했다. 이번 여정에 대해서는 일단 이것으로 줄이고, 다음 장에서는 2년 뒤에 방문한 북단 지방을 묘사하면서 술라웨시 섬에 대한 서술을 마무리하겠다.

17장
술라웨시 섬-마나도
(1859년 6월부터 9월까지)

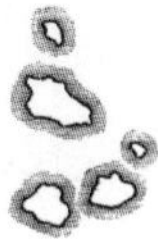

반다 제도, 암본 섬, 트르나테 섬을 지나다 술라웨시 섬 북동쪽 끝을 방문한 것은 티모르 섬 쿠팡에 머문 뒤였다. 1859년 6월 10일에 마나도에 도착하여 타워 씨의 환대를 받았다. 그는 영국인이지만 오래전부터 마나도에서 살며 종합상사를 운영했다. 타워 씨는 자연사에 흥미가 많은 L. 다위벤보더 씨(다위벤보더 씨의 아버지는 트르나테 섬에서 나와 알고 지냈다)와 네이스 씨에게 나를 소개했다. 네이스 씨는 마나도 토박이이지만 콜카타에서 교육을 받았으며 네덜란드어, 영어, 말레이어에 능통했다. 이 신사들은 모두 내게 크나큰 친절을 베풀고 이 지역을 초창기 답사할 때 동행했으며 힘닿는 데까지 나를 도와주었다. 나는 시내에서 탐사를 하고 채집 장소를 물색하면서 매우 유쾌하게 일주일을 보냈다. 하지만 커피와 카카오가 널리 재배되고 있어서 읍내 주변으로 수 킬로미터까지, 또한 내륙으로 넓은 면적에 걸쳐 숲이 개간되는 바람에 적당한 채집 장소를 찾는 데 어려움을 겪었다.

작은 읍 마나도는 동양에서 가장 아름다운 곳으로 손꼽힌다. 이곳은 널따란 정원을 닮았는데, 전원 빌라가 늘어서고 그 사이로 넓은 길이 바둑판 모양으로 교차한다. 상태가 양호한 도로가 내륙을 향해 여러 방향으로 뻗어 있으며 예쁜 오두막, 깔끔한 정원, 유실수 천연림 사이사이로 번창하는 농장이 줄지어 있다. 서쪽과 남쪽은 산악 지대로, 1,800~2,100미터 높이의 화산이 모여 웅장하고 그림 같은 배경을 이룬다.

미나하사(이 지역을 일컫는 이름이다) 주민들은 섬의 나머지 모든 주민들과 사뭇 다른데 실은 말레이 제도의 어떤 민족과도 다르다. 피부색은 연갈색이나 연황색이며 유럽인 못지않게 하얀 경우도 많다. 키는 꽤 작고 탄탄하며 표정은 개방적이고 유쾌하나 나이가 들면서 광대뼈가 튀어나와 다소 변형된다. 머리카락은 말레이 민족처럼 대체로 길고 곧고 새까맣다. 가장 순수한 민족이 살고 있다고 볼 만한 일부 내륙 마을에서는 남녀 둘 다 꽤 잘생겼으나, 다른 민족과 섞여 혈통의 순수성이 훼손된 해안 쪽으로 가면 주변 나라들의 일반적인 원주민 유형에 근접한다.

정신적·도덕적 성격도 매우 독특하다. 기질이 꽤 차분하고 부드러우며, 자신보다 우월하다고 간주되는 권위에 복종한다. 또한 문명인의 관습을 배우고 받아들이도록 유도하기가 수월하다. 손재주가 뛰어나며 지적 교육도 상당히 습득할 수 있을 듯하다.

이 사람들은 최근까지 완전한 야만인이었으며 마나도에 사는 사람들 중에는 16~17세기 저술가들이 묘사한 것과 똑같은 상황을 기억하는 사람들도 있다. 여러 마을의 주민들은 부족이 달랐으며 저마다 족장이 있었고 서로 언어를 알아듣지 못했으며 거의 언제나 전쟁 상태였다. 적의 공격을 방어하기 위해 높은 말뚝 위에 집을 지었다. 이들은 보르네오 섬의 다야크족 같은 머리 사냥꾼이었으며 이따금 사람도 잡아먹는다고 한다. 족장이 죽으면 갓 죽인 사람의 머리 두 개로 무덤을 장식했는데 적의 머리를 구하지 못하면 노예를 죽였다. 사람 두개골은 족장의 집을 장식하는 좋은 재료였다. 옷은 나무껍질을 엮어 만들었다. 이 지역은 길이 없는 황무지로, 벼와 채소를 재배하는 땅뙈기나 유실수 군락을 제외하면 온통 숲으로 덮여 있었다. 이들의 종교는 거대한 자연 현상과 열대 자연의 풍부함을 미개인의 정신으로 사유하면서 자연스럽게 생겼다. 불타는 산과 급류, 호수는 신의 거처였으며, 어떤 나무와 새는 사람들의 행동과 운명에 특별한 영향을 미친다고 여겨졌다. 신이나 악마를 달래기 위해 격렬하고 흥분되는 축제를 열었으며, 신이나 악마가 사람을 살아생전에나 죽은 뒤에 동물로 변하게 할 수 있다고 믿었다.

이들은 진짜 야만적인 삶의 본보기다. 이들은 작고 고립된 집단을 이루어 주위의 모든 집단과 전쟁을 벌이며, 이런 여건에 따른 필요와 궁핍에 종속되고, 기름진 땅에서 아슬아슬하게 목숨을 부지하며, 신체적 개선의 욕망과 도덕적 향상의 가망이 전혀 없이 한 세대 한 세대 살아갔다.

이런 상황이 1822년까지 이어지다 커피나무가 처음 도입되고 커피 재배가 시도되었다. 커피나무는 해발 450~1,200미터에서 잘 자랐다. 족장들은 커피를 재배하라는 설득을 받았다. 자와 섬에서 씨앗과 원주민 지도자가 들어왔으며 개간과 파종에 종사하는 노동자들에게 식량이 공급되었다. 정부에서 수매하는 커피 가격은 일률적으로 고정되었으며, 이제 '메이저Major'라는 호칭을 얻은 마을 족장들은 생산물의 5퍼센트를 챙겼다. 시간이 지나자 마나도 항구에서 고원까지 도로가 건설되었으며 작은 길들이 마을과 마을을 연결했다. 선교사들은 인구가 많은 지역에 정착하여 학교를 열었으며 중국인 무역상들은 내륙에 자리를 잡고는 옷과 사치품을 공급하고 이들이 커피로 벌어들인 돈을 가져갔다. 이와 동시에 지역이 여러 지구로 나뉘었으며, 자와 섬에서 성공을 거둔 '통제관' 체제가 도입되었다. 통제관은 유럽인이나 유럽인 혈통의 원주민으로 그 지역의 커피 재배를 총감독하고 족장을 자문하고 주민을 보호하고 이들과 유럽 정부 사이의 연락을 맡았다. 통제관은 한 달에 한 번씩 각 마을을 방문하여 마을의 여건에 대한 보고서를 지사에게 보낼 의무가 있었다. 이제는 인근 마을과 분쟁이 생겼을 때 상위 기구에 호소하여 해결할 수 있게 되었으므로 오래되고 불편한 반半요새 가옥은 쓸모가 없어졌다. 통제관의 지시에 따라 대부분의 가옥은 깔끔하고 일관된 계획에 따라 다시 지어졌다. 이 흥미로운 지역을 이제부터 내가 방문하게 된다.

나는 경로를 정하고는 6월 22일 오전 8시에 출발했다. 첫 5킬로미터는 타워 씨가 마차로 데려다주었으며 로타 마을까지 5킬로미터는 네이스 씨가 말을 타고 동행했다. 이곳에서 톤다노 지구 통제관을 만났다. 그는 월례 순방을 마치고 돌아가는 참이었는데, 내 안내인이자 동행 역을 맡아주기로 했다. 로타에서 줄곧 오르막으로 10킬로미터를 가서 약 700미터 높이의 톤다노 고원에 이르렀다. 우리는 마을 세 곳을 통과했는데 놀랄 만큼 단정하고 아름다웠다. 내륙의 모든 커피를 물소 달구지로 실어 나르는 주 도로는 언제나 마을 어귀에서 꺾어져 뒤로 돌아갔다. 그래서 마을 길 자체는 깨끗하게 유지된다. 길 양쪽에 늘어선 단정한 생울타리는 장미 나무로만 이루어졌으며 늘 꽃이 피어 있다. 넓은 중앙 통로와 고운 가장자리 잔디밭은 늘 깨끗하게 청소하고 깔끔하게 깎았다. 집은 모두 나무로 지었으며 파란색을 깨끗하게 칠한 말뚝 위에 약 1.8미터 높이로 얹혀 있었다. 벽은 회칠을 했다. 모든 집에는 단정한 난간으로 둘러싸인 베란다가 있다. 주위에는 대체로 오렌지 나무와 꽃 피는 떨기나무가 자란다. 주변 경관은 파릇파릇하고 그림 같다. 어디를 보든 울창한 커피 농장, 우람한 야자나무와 나무고사리, 숲 언덕과 화산 봉우리가 눈에 들어온다. 이 지역이 아름답다는 얘기는 익히 들었지만 직접 보니 예상을 훌쩍 뛰어넘었다.

오후 1시쯤에 이 지구의 중심지 토모혼에 도착했다. 이곳에는 '메이저'라 불리는 원주민 족장이 있는데 그의 집에서 저녁을 먹기로 했다. 놀랄 일은 또 있었다. 집은 널찍하고 쾌적하고 단단한 토종 목재를 솜씨 좋게 자르고 짜서 튼튼하게 지었다. 실내는 유럽풍 가구로 장식했는데 멋진 샹들리에와 의자, 탁자는 모두 원주민 장인이 멋들어지게 만들었다. 우리가 들어서자 곧 마데이라 포도주와 비터스[5]가 나왔다. 다음으로 흰옷을 깔끔하게 차려입고 새카만 머리카락을 가지런히 빗은 잘생긴 소년 두 명이 물통과 깨끗한 냅킨을 쟁반에 받쳐 우리에게 건넸다. 저녁 식사는 근사했다. 여러 방식으로 조리한 가금, 굽고 삶고 튀긴 멧돼지, 박쥐와 감자와 쌀과 채소를 넣은 프리카세가 전부 좋은 자기瓷器에 담겨져 나왔고, 손가락을 씻는 그릇과 양질의 냅킨, 넉넉한 고급 클라레 포도주와 맥주가 술라웨시 섬 산악 지대의 원주민 족장의 밥상에 오르다니 신기했다. 족장은 검은색 양복에 에나멜가죽 구두를 차려입었는데 전혀 어색한 기색이 없었으며 거의 신사처럼 보였다. 그는 상석에 앉아 환영 인사를 했으나 말을 많이 하지는 않았다. 우리는 말레이어로만 대화를 나누었다. 말레이어는 이곳의 공식 언어이며 혼혈 토박이인 통제관의 모어이자 유일하게 구사할 수 있는 언어다. 메이저의 아버지는 선대 족장으로, 나무껍질만을 걸쳤으며 높은 말뚝에

5 주로 알칼로이드·글리코사이드나 착물 등의 쓴맛이 나는 물질을 포함하고 있는 수많은 방향성 액체와 일부 알코올성 액체 중의 하나. _옮긴이

올린 누추한 오두막에서 살았다. 그의 집에는 사람 머리가 잔뜩 장식되어 있었다. 물론 우리는 초대받은 손님이었으며 식사는 최상급으로 준비되었다. 하지만 족장들은 모두 유럽 풍습을 받아들이고 손님을 융숭하게 대접하는 데 자부심을 느끼는 것이 분명했다.

저녁을 먹고 커피를 마신 뒤에 통제관은 톤다노로 갔고, 나는 마을을 거닐며 짐이 오기를 기다렸다. 소달구지에 실은 짐은 자정이 지나서야 도착했다. 야참은 저녁 식사와 매우 비슷했다. 내가 잘 곳은 근사한 작은 방으로 안락한 침대와 파란색과 빨간색 장식이 달린 비치는 커튼, 그 밖의 모든 편의 시설이 갖춰져 있었다. 이튿날 동틀 녘에 베란다의 온도계는 20도를 가리켰다. 해발 760미터를 넘는 이 지역에서는 대략 최저 기온이라고 한다. 널찍한 베란다에서 커피, 달걀, 갓 구운 빵과 버터로 훌륭한 아침 식사를 했다. 장미, 재스민, 그 밖의 달콤한 꽃향기가 앞쪽 정원에 가득 찼다. 8시경에 여남은 명에게 짐을 들린 채 토모혼을 떠났다.

도로는 해발 약 1,200미터의 능선을 따라 이어지다가 약 150미터를 내려가 루루칸이라는 작은 마을에 이르렀다. 이곳은 미나하사, 아니 술라웨시 섬 전체에서 가장 높은 지역일 것이다. 여기서 잠시 머물며 이 고도 때문에 동물상에 변화가 일어나는지 알아보기로 했다. 마을은 고작 10년 전쯤에 형성되었으며 앞서 지나온 마을들만큼 깔끔했고 훨씬 아름다웠다. 좁고 평평한 지대에 자리 잡았는데, 여기서부터 아름다운 톤다노 호수까지 급경사 숲이 펼쳐지고 그 너머에는 화산들이 서 있다. 한쪽에는 협곡이 있고 그 뒤에 근사한 산악 지대와 숲 지대가 보인다.

마을 근처에는 커피 농장이 있다. 나무는 줄을 맞춰 심었는데 약 2미터 높이에서 가지치기를 했다. 이 덕분에 옆으로 뻗은 가지가 아주

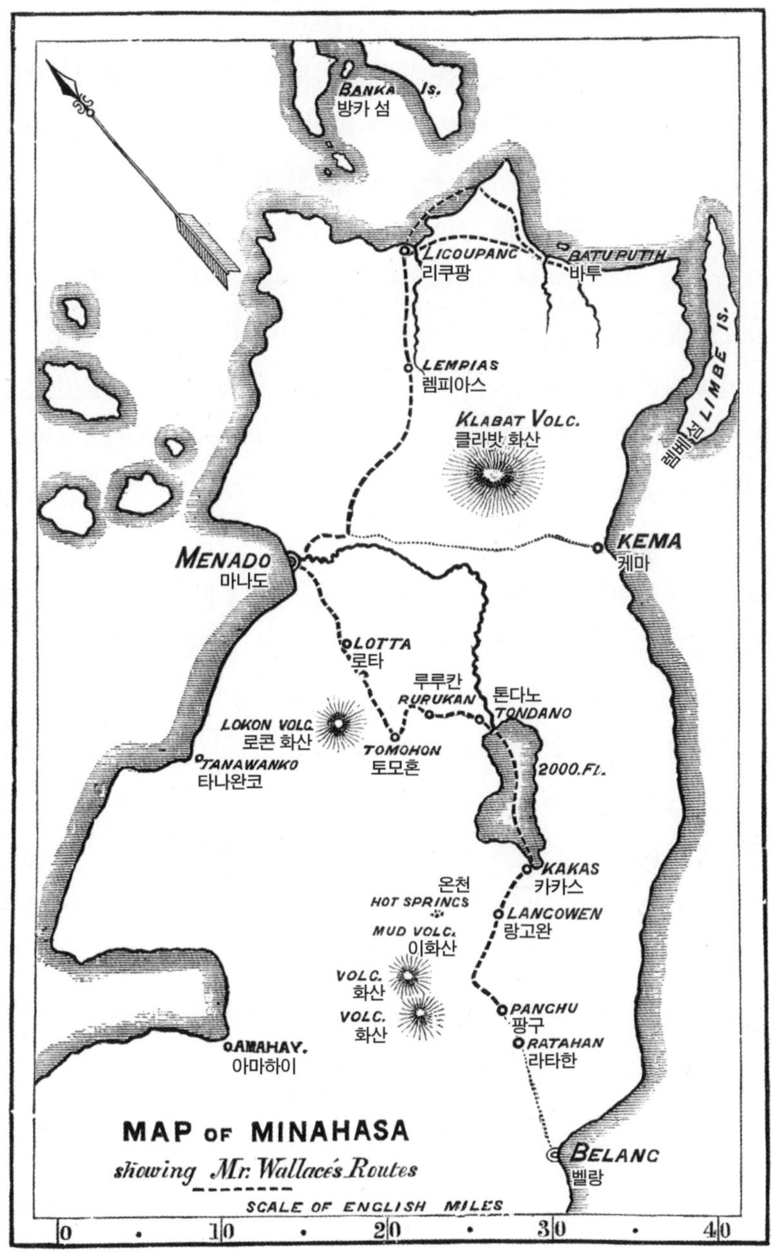

술라웨시 섬 북부 미나하사 지도(월리스 이동 경로)

튼튼하게 자라서 어떤 나무는 완벽한 반구형이 되어 위아래로 열매를 가득 맺으며, 해마다 생산되는 세척된 커피의 양은 4.5~9킬로그램에 이른다. 이 농장들은 모두 정부에서 지었으며 마을 주민들이 족장의 지도를 받아 경작한다. 김매기나 수확을 할 날짜가 정해지면 공을 울려 노동 가능 인력을 전부 소집한다. 각 가정의 노동 시간이 기록되며 이에 따라 연말에 판매 수익을 배분한다. 커피는 전국에 설치된 정부 창고로 운반되어 낮은 고정가에 수매된다. 여기서 일정 비율이 족장과 메이저에게 지급되고 나머지가 주민들에게 분배된다. 이 체제는 순조롭게 돌아가며, 주민들에게 자유무역보다 훨씬 유리한 것으로 보인다. 이곳에는 넓은 논도 있으며, 70가구가 사는 이 작은 마을에서 쌀을 해마다 한 가구당 100파운드어치 팔았다고 한다.

내 숙소는 마을 끝에 있는 작은 집이었는데, 개울 위 급경사의 끝에 걸쳐 있다시피 했으며 베란다에서 보는 전망이 훌륭했다. 아침 기온은 종종 17도까지 내려갔으며 27도까지 올라간 적은 한 번도 없었다. 그래서 열대 평원에서 입던 얇은 옷을 걸치고 있으면 늘 시원했고 때로는 기분 좋게 쌀쌀하기도 했다. 매일 샘에 가서 몸을 씻었는데 물이 얼음장처럼 차가웠다. 멋진 산과 숲에서 즐거운 시간을 보냈지만 채집 성적은 다소 실망스러웠다. 이 온대 지역과 아래의 열대 평원 사이에는 동물상의 차이가 거의 눈에 띄지 않았으며, 그나마 있는 차이도 대부분의 측면에서 내게 불리했다. 이 고도에서만 서식하는 종은 하나도 없는 듯했다. 새와 네발짐승은 개체수가 적었으나 종은 똑같았다. 곤충은 차이점이 좀 더 큰 것 같았다. 주로 나무껍질과 썩은 목질부에서 발견되는 개미붙이과의 신기한 딱정벌레는 딴 데서 본 것보다 좋았다. 아름다운 하늘소는 평소보다 드물었으며 얼마 안 되는 나비는 모두 열대 종이었다. 이 중 하나인 블루메이제비나비*Papilio blumei*는 이제껏 본 것 중에서 가장 아름다웠다. 녀석은 초록색과 금색의 호랑나비로, 꼬리는 하늘색 스푼 모양이며 해가 떴을 때 마을 곳곳을 날아다녔지만 상태가 영 시원찮았다. 습하고 우중충한 날씨가 대부분이어서 루루칸에 있는 내내 채집에 어려움을 겪었다.

심지어 식물도 고도에 따른 특징이 거의 없었다. 나무는 지의류와 이끼로 더 많이 덮였으며, 양치식물과 나무고사리는 저지대에서 익숙하게 보던 것보다 더 곱고 무성했다. 둘 다 연중 습한 기후 덕분인 듯하다. 맛없는 산딸기와 파랗고 노란 국화과Compositae 식물이 풍부한 것은 어느 정도 온대의 성격이며, 작은 양치식물과 난초족Orchideae과 바위 위의 난쟁이 베고니아는 아고산대 식물에 가깝다. 하지만 숲은 매우 울창하다. 우람한 야자나무, 판다니나무Pandani tree, 나무고사리가 풍부하며 큰키나무는 난초족, 파인애플과, 천남성과, 석송속, 이끼로 장식이 되어 있다. 줄기 없는 평범한 양치식물이 풍부한데, 3~3.7미터 길이의 거대한 양치 잎이 달린 것도 있고 2.5센티미터가 안 되는 것도 있다. 어떤 것은 온전한 넓은 잎이 달려 있고, 또 어떤 것은 잘게 갈라진 잎을 우아하게 흔들며 숲길에 끝없이 다양성과 흥미를 더한다. 코코야자나무는 여전히 열매를 많이 맺지만, 기름은 들어 있지 않다고 한다. 오렌지는 저지대보다 잘 자라며 맛있는 열매가 듬뿍 열리지만, 왕귤나무는 열대의 태양을 온전히 받아야 하기에 300미터 아래의 톤다노에서도 제대로 자라지 않을 것이다. 산비탈에서는 벼를 많이 재배하는데, 기온이 27도까지 올라가는 일이 거의 또는 전혀 없는데도 무럭무럭 자란다. 그러니 잉글랜드에서도 기후가 좋은 여름철에는 특히 볏모를 유리온실에서 기를 경우 벼를 재배할 수 있으리라 생각함 직하다.

산에는 이례적으로 많은 흙과 부엽토가 흩뿌려져 있다. 아무리 경사가 급한 비탈이라도 어디나 진흙과 모래로 덮여 있으며 대체로 부엽토가 두껍게 깔려 있다. 숲이 고루 울창하고 아고산대 식물이 뒤늦게야 나타나는 것은 이 때문일 것이다. 아고산대 식물은 기후가 달라야 하는 것 못지않게 바위가 많고 토양이 노출되어야 하기 때문이다. 고도가 훨씬 낮은 믈라카의 오빌 산에서는 다크리디움속과 만병초속, 풍부한 벌레잡이통풀속, 양치식물, 지생란地生蘭이 높은 산악 지대에서 불쑥 나타났지만, 이것은 주로 900미터 이하의 높이에서 거대한 노암露巖이 넓은 비탈을 이루기 때문이다. 가파른 경사와 언덕마루, 협곡 양쪽에 부엽토와 성긴 모래, 진흙이 많이 깔려 있는 것은 흥미롭고도 중요한 현상이다. 이것은 미진微震이 끊임없이 일어나 암석의 풍화를 촉진하기 때문인지도 모른다. 하지만 이 지역이 오랫동안 온화한 대기 활동에 노출되었고 융기가 극단적으로 느리고 지속적이었음을 시사하는 듯하다.

루루칸에 머무는 동안 꽤 예리한 지진을 겪으면서 궁금증이 해소되었다. 6월 29일 저녁에 앉아서 글을 읽고 있는데 8시 15분에 집이 매우 부드럽게, 하지만 점차 세게 흔들리기 시작했다. 몇 초 동안은 새로운 감각을 즐기면서 앉아 있었지만 30초도 지나기 전에 의자에 앉은 몸이 흔들릴 정도로 진동이 심해졌으며 집이 울렁거리는 것이 눈에 보였다. 건물이 와르르 무너질 것처럼 삐걱거렸다. 그때 마을 곳곳에서 "타나 고양! 타나 고양!"(지진이다! 지진이다!) 하는 외침이 울려퍼지기 시작했다. 다들 집 밖으로 뛰쳐나왔다. 여인들은 비명을 지르고 아이들은 울음을 터뜨렸다. 나도 밖으로 나가는 게 좋을 것 같았다. 의자에서 일어서자 머리가 어지럽고 다리가 기우뚱했다. 걸으면서 자꾸 쓰러졌다. 진동은 1분가량 지속되었는데 그동안 몸이 빙글빙글 도는 느낌이 들었으며 멀미가 날 지경이었다. 다시 집으로 들어갔더니 램프와 아라크주 통이 쓰러져 있었다. 램프로 쓰던 텀블러가 접시에서 튕겨져 나와 있었다. 진동은 거의 수직이고 빠르고 덜덜거리고 갑작스럽게 느껴졌다. 교회 탑의 벽돌 굴뚝과 벽이 무너지고도 남겠다 싶었지만, 이곳의 집들은 모두 낮고 나무로 단단하게 틀을 짰기 때문에 유럽 도시를 완전히 파괴할 만한 진동이 아니고서는 큰 손상을 입을 리 없다. 사람들은 10년 전에 이보다 더 큰 지진이 일어났다고 말했다. 그때는 집이 많이 무너지고 몇 사람이 목숨을 잃었다고 한다.

10~30분 간격을 두고 약한 진동과 미진이 느껴졌으며 이따금 다들 집 밖으로 뛰쳐나올 정도로 강한 진동이 일어나기도 했다. 우리가 처한 상황은 무시무시하기도 하고 우스꽝스럽기도 했다. 어느 때든 훨씬 큰 진동이 닥쳐 지붕이 무너지거나 (더 두려운 상황으로는) 산사태가 일어나 깊은 협곡으로 쓸려 내려갈 수도 있었지만 사람들이 작은 진동에 뛰쳐나왔다가 몇 분 뒤에 다시 뛰어 들어갈 때마다 웃음을 참을 수 없었다. 이곳에서는 경외와 조소嘲笑가 말 그대로 종이 한 장 차이였다. 한편으로는 가장 끔찍하고 파괴적인 자연 현상이 우리 주위에서 벌어지고 있었다. 바위, 산, 땅이 흔들리고 떨렸으며 우리는 어느 때든 우리를 집어삼킬지도 모를 위험 앞에서 속수무책이었다. 다른 한편으로는 전혀 불필요한 경고에도-진동은 우리를 겁에 질리게 할 만큼 강해지는가 싶다가도 이내 사그라들었다-수많은 남녀노소가 집에서 뛰쳐나왔다 들어가는 광경이 벌어지고 있었다. 마치 '지진 놀이'를 하는 것 같았다. 많은 사람들이 웃을 일이 아니라고 말하면서도 나를 따라 배꼽이 빠져라 웃어댔다.

이윽고 저녁이 되어 날이 쌀쌀해지자 무척 졸려서 들어가기로 마음먹었다. 문 가까이에서 자는 일꾼들에게 집이 무너질 것 같으면 깨우라고 지시를 내렸다. 하지만 예상과 달리 긴장을 풀고 푹 잠들 수 없었다. 30분이나 한 시간 간격을 두고 밤새 진동이 계속되었다. 매번 잠이 달아날 정도로 강한 진동이었다. 그러면 위험이 닥쳤을 때 벌떡 일어날 수 있도록 경계를 늦추지 않았다. 그래서 아침이 찾아오자 무척 기뻤다. 주민들은 대부분 한숨도 자지 못했으며, 밤새 문밖에 나와 있던 사람들도 있었다. 그 뒤로 이틀 밤낮 동안 여진이 짧은 간격을 두고 계속되었으며 일주일 동안은 하루에 여러 차례 이어졌다. 이는 우리가 있는 지각 아래에서 매우 거대한 교란이 일어나고 있음을 보여준다. 얼마나 커다란 힘이 실제로 작용하고 있는지 실감하려면, 이 힘의 효과를 느낀 뒤에 넓게 펼쳐진 언덕과 계곡, 들판, 산을 둘러보고 어마어마한 덩어리가 기울고 흔들렸음을 조금이나마 감지해야 한다. 지진에서 느끼는 감각은 결코 잊히지 않는다. 우리를 쥐고 흔드는 힘 앞에서는 가장 사납게 몰아치는 바람과 파도마저도 아무것도 아니지만, 그 효과는 더 요란한 기상 현상이 일으키는 공포보다는 경외감에 가깝다. 우리가 맞닥뜨리는 위험의 양은 측량할 수 없다. 그래서 상상력이 더욱 발동하고 희망과 두려움의 영향이 더 커진다. 이런 언급은 중간 규모의 지진에만 해당한다. 강진은 인간이 겪을 가능성이 있는 가장 파괴적이고 끔찍한 재난이다.

지진이 발생하고 며칠 뒤에 톤다노에 갔다. 이곳은 인구 약 7,000명의 큰 마을로, 같은 이름의 호수 아래쪽 가장자리에 있다. 토모혼까지 나를 안내해준 통제관 벤트스네이더르 씨와 저녁을 먹었다. 그의 사택은 근사하고 넓었으며 그는 종종 이곳에서 손님을 맞았다. 정원은 열대에서 본 꽃들에 안성맞춤이었으나 다양성은 적었다. 마을을 매력적으로 꾸미는 데 일조한 장미 생울타리를 도입한 것은 바로 벤트스네이더르 씨였다. 어딜 가나 깔끔하고 질서 정연한 것도 주로 그의 공로다. 루루칸은 날이 무척 우중충하고 지독하게 습하고 어둑어둑하며 새와 곤충이 별로 없어서 벤트스네이더르 씨에게 새로운 장소를 문의했다. 그는 호수 너머로 좀 떨어진 마을을 추천했다. 근처에 큰 숲이 있는데 그곳에서 새를 찾을 수 있을 거라고 했다. 며칠 뒤에 그가 그곳에 가기로 되어 있다기에 나도 따라가기로 했다.

저녁을 먹고 나서 호수에서 물이 흘러 나가는 개울에 있는 이름난 폭포로 안내해달라고 청했다. 폭포는 마을 아래쪽으로 약 2.4킬로미터 떨어져 있는데, 약간 솟아오른 땅이 유역에서 끝나는 것을 보면 한때 호숫가였던 것이 분명하다. 여기서 강은 매우 좁고 구불구불한 협곡으로 접어들어 잠깐 동안 세차게 몰아치다가 커다란 틈새로 쏟아져 내려 커다란 계곡의 초입을 이룬다. 폭포 바로 위의 물길은 너비가 3미터를 넘지 않는데 여기에 널빤지 몇 개가 물을 가로질러 걸쳐져 있다. 무성한 식물에 반쯤 가려졌지만 아래에서는 물줄기가 사납게 몰아치다가 1~2미터 앞에서 낭떠러지로 쏟아져 내릴 것이다. 소리와 광경 둘 다 거대하고 인상적이다. 내가 방문하기 4년 전에 말루쿠의 전 총독이 이곳의 급류에 뛰어들어 스스로 목숨을 끊었다. 적어도 이것이 통설이다. 그는 고통스러운 질병을 앓았기 때문이다. 이 때문에 삶을 비관하게 되었을 것이다. 시신은 이튿날 하류에서 발견되었다.

안타깝게도 이제는 나무와 키 큰 풀이 절벽 가장자리에서 줄지어 자라는 통에 호수를 잘 볼 수 없었다. 호수는 두 개가 있는데 아래 호수가 더 높다. 먼 길을 따라 골짜기로 내려가면 아래에서 호수를 볼 수 있다. 전망이 가장 좋은 지점을 찾아서 접근 가능하게 한다면, 이 폭포들은 말레이 제도에서 가장 아름다운 폭포로 손꼽힐지도 모른다. 골짜기는 매우 깊어 보였다. 아마도 150~180미터는 될 것이다. 아쉽게도 골짜기를 탐사할 시간은 없었다. 채집 성적이 부실해서 날이 화창할 때 채집에 전념하고 싶었기 때문이다.

루루칸의 내 숙소 맞은편에는 학교가 있었다. 교장은 원주민으로 토모혼에서 선교사에게 교육을 받았다. 학교는 매일 아침 세 시간가량

수업했으며 일주일에 두 번씩 저녁 때 교리문답과 설교를 했다. 일요일 아침에는 예배도 드렸다. 아이들은 모두 말레이어로 수업을 받았으며 구구단을 20단까지 유창하게 반복하는 소리가 들렸다. 수업은 언제나 노래로 시작했는데, 우리의 오래된 찬송가를 이 외딴 산골에서 말레이어로 듣고 있자니 무척 즐거웠다. 노래는 선교사들이 이 야만국에 들여온 진짜 축복 중 하나다. 원주민의 노래는 거의 다 단조롭고 구슬프다.

저녁에 교리문답을 할 때면 교장은 마치 영국 감리교인처럼 떠들썩하게 세 시간 동안이나 연달아 설교하고 가르쳤다. 설교자는 열변을 토했지만 청중은 무덤덤했다. 이 원주민 교사들은 연설 능력과 무궁무진한 종교적 상투어를 습득하여 청중은 안중에도 없이 말솜씨를 뽐내는 것이 아닌가 싶었다. 하지만 선교사들은 이 나라에서 자부심을 가질 만하다. 정부를 도와 놀라울 만큼 짧은 시간에 야만인 집단을 문명인 집단으로 탈바꿈시켰으니 말이다. 40년 전에 이곳은 황무지였고 사람들은 벌거벗은 야만인이었으며 조잡한 집을 사람 머리로 장식했다. 이제 이곳은 '미나하사'라는 근사한 이름에 걸맞은 정원이 되었다. 훌륭한 길과 도로가 사방으로 뻗었으며 세상에서 가장 멋진 커피 농장들이 마을을 둘러싸고 있다. 사이사이에는 이곳 인구를 먹여 살리고도 남을 만큼 넓디넓은 논이 자리 잡았다.

이곳 사람들은 이제 말레이 제도 전체에서 가장 근면하고 평화롭고 개화되었다. 가장 좋은 옷을 입고 가장 좋은 집에 살고 가장 잘 먹고 가장 좋은 교육을 받으며 복지 수준도 향상되었다. 이토록 놀라운 결과를 이토록 짧은 시간에 달성한 곳은 어디에도 없으리라 생각한다. 이는 전적으로 네덜란드가 동양을 식민지화하면서 채택한 정부 체제 덕분이다. 이 체제는 '부성적 독재Paternal despotism'라고 부를 수 있을 것이다. 우리 영국인은 이제 독재를 좋아하지 않는다. '독재'라는 이름과 그 자체를 증오한다. 우리는 정신적 영향력 이외의 것을 써서 사람들을 슬기롭고 근면하고 훌륭하게 만드느니 차라리 그들을 무지하고 게으르고 사악하게 내버려두려 한다. 우리와 같은 인종, 사상이 우리와 비슷하고 능력이 우리와 동일한 사람들을 대할 때는 우리 방식이 옳다. 본보기와 규칙, 여론의 힘, 느리지만 틀림없는 교육의 전파 등은 적대감을 전혀 발생시키지 않고 또한 독재 정부의 불가피한 결과인 노예근성, 위선, 의존성을 낳지 않고서도 결국 무엇이든 이룰 수 있다. 하지만 이러한 완벽한 자유의 원칙을 가정이나 학교에서 견지해야 하는 사람에 대해서는 어떻게 판단해야 할까? 이때 그는 훌륭한 일반 원칙이 불가능한 경우에, 즉 피치자被治者가 치자보다 열등한 정신적 상태에 있으며 무엇이 자신의 영구적 안녕에 최선인지 판단하지 못하는 경우에 그 원칙을 적용하고 있는 것이다. 아동은 일정 정도의 권위와 지도에 따라야 하며, 제대로 통제한다면 기꺼이 따를 것이다. 자신이 열등하다는 사실을 알고 연장자가 오로지 아동 자신의 유익을 위해 행동한다고 믿기 때문이다. 아동이 배우는 것 중에서 상당수는 쓰임새를 모르면서 무작정 배우는 것들이고, 또 상당수는 신체적 압박은 아니더라도 어느 정도의 도덕적·사회적 압박을 받지 않으면 결코 배우지 못할 것들이다. 질서, 근면, 청결, 존중, 복종의 습관을 심어주는 것도 비슷한 방법에 의해서다. 성인에게 허용되는 것처럼 행위의 절대적 자유가 아동에게 허용된다면 아동은 결코 예절과 교양을 갖춘 성인으로 자라지 못할 것이다. 최상의 교육하에서 아동은 자신과 사회에 유익한 부드러운 독재를 받으며, 이 독재를 제정하고 행사하는 사람의 지혜와 선의를 확신하기에 덜 호의적인 여건에서와 달리 악감정과 모멸감이 중화된다.

이것은 단순한 유추가 아니다. 한편으로 스승과 제자, 부모와 자녀 사이에, 다른 한편으로 미개한 민족과 문명인 통치자 사이에는 여러 면에서 관계의 동일성이 존재한다. 우리는 문명인의 교양과 근면성, 습속이 야만인보다 우월하다는 사실을 알며(또는 안다고 생각하며) 야만인 자신도 문명인과 친숙해지면 이를 인정한다. 야만인은 문명인의 우월한 성취를 존경하며 자신의 게으름, 정념, 편견에 지나친 간섭이 되지 않는 한 문명인의 습속을 기꺼이 받아들일 것이다. 하지만 한 번도 복종을 배우지 않았고 자의에 의하지 않은 일을 한 번도 강요당하지 않은 고집 센 아동이나 게으른 학생은 대부분의 경우에 교양도 예절도 습득하지 않을 것이다. 즉, 성인의 확고한 습관과 자기 인종의 전통적 편견을 모두 지닌 야만인이 본보기로서 매우 불완전하게 뒷받침되는 규율보다 큰 자극을 받지 않고서는 문명의 조금이나마 이로운 관습 몇 가지를 모방하는 것에서 더 나아갈 가능성은 희박하다.

우리가 야만 민족에 대한 통치권을 주장하고 이들의 나라를 점령하는 것이 옳다는 생각에 만족한다면, 더 나아가서 우리의 미개한 신민을 향상시키고 이들을 우리 수준으로 끌어올리기 위해 할 수 있는 일을 하는 것을 우리의 임무로 여긴다면 우리는 '독재'와 '노예제'라는 비판에 너무 괘념치 말고 우리가 가진 권위를 이용하여 이들이 노동하도록 유도해야 한다. 일하는 것을 모두가 좋아하지는 않겠지만 정신적·신체적 향상을 위해서는 불가피한 과정임을 우리는 알고 있다. 네덜란드인은 이런 시도에서 훌륭한 솜씨를 발휘했다. 대부분의 경우에 원주민 족장의 권위를 유지하고 강화했다. 사람들은 족장에게 자발적 복종을 바치는 데 익숙해 있었기 때문이다. 또한 네덜란드인은 족장의 지성과 이기심을 활용하여 사람들의 태도와 관습을 변화시켰는데, 외국인이 이런 변화를 직접 강요했다면 반감과 어쩌면 폭동이 일어났을 것이다.

이런 체제를 운영하는 데는 사람들의 성격이 크게 작용한다. 한 곳에서는 보기 좋게 성공하는 체제가 딴 곳에서는 별 효과를 거두지 못할 수도 있다. 미나하사에서는 이 민족이 유순함과 지능을 타고났기에 빠르게 발전했다. 이에 반해 바로 인접한 읍인 마나도의 반텍족은 기질이 훨씬 사나워서 체계적 문명화를 유도하려는 네덜란드 정부의 모든 노력에 지금껏 저항했다. 이 사실은 성격의 중요성을 잘 보여준다. 반텍족은 미개한 상태에 머물러 있지만, 이따금 짐꾼과 일꾼으로 기꺼이 일하는데 이는 힘과 활력이 더 뛰어나서 이런 일에 적합하기 때문이다.

여기서 간략하게 묘사한 체제에 심각한 반론이 제기될 수 있음은 분명하다. 이 체제는 어느 정도까지는 독재적이며 자유무역, 자유노동, 자유 이동을 저해한다. 원주민은 통행증 없이는 마을을 떠날 수 없으며 정부의 허가를 받지 않고서는 상인이나 선장 밑에서 일할 수 없다. 커피는 현지 상인이 지불하려는 가격의 절반도 못 미치는 가격에 모두 정부에 수매된다. 그러니 상인들은 '독점'과 '강압'에 대해 불평을 늘어놓는다. 하지만 그들은 커피 농장이 세워진 것이 정부가 자본과 기술을 대규모로 쏟아부은 덕분이라는 사실, 정부가 사람들에게 무상교육을 제공한다는 사실, 독점이 없으면 세금을 내야 한다는 사실을 간과한다. 자신이 사들여 이익을 얻고자 하는 상품이 정부가 만들어낸 것이며 정부가 없었다면 사람들이 여전히 야만인이리라는 사실도 간과한다. 이들은 자유무역의 첫 결과로 아라크주가 수입될 것이고 이것이 온 나라에 운반되어 커피와 교환될 것임을 잘 안다. 모든 사람이 술독과 가난에 빠질 것이며, 공영 커피 농장은 유지되지 못할 것이며, 커피의 품질과 양이 조만간 하락할 것이며, 무역상과 상인은 부자가 될 것이지만 사람들은 가난해지고 포악해질 것임을 안다. 토산품이든 문명화된 상품이든 귀한 생산물을 가진 야만 부족과 자유무역을 할 때 반드시 이런 결과가 생기리라는 사실은 이들을 방문한 사람들에게 잘 알려져 있다. 하지만 일반적 원칙에서 보더라도 나쁜 결과가 생기리라는 것을 예상할 수 있다. 지속이나 발전의 대법칙이 적용되는 것이 하나 있다면 그것은 바로 인간 진보다. 사회가 야만에서 문명으로 나아가는 과정에는 반드시 거쳐야 하는 단계들이 있다. 그중 하나는 언제나 봉건제나 노예제 같은 이런저런 형태의 독재, 또는 부성적 독재 정부였다. 인류가 이 과도기적 시대를 뛰어넘어 순전한 야만에서 자유 문명으로 단번에 이행하는 것이 가능하지 않다고 믿을 만한 이유는 얼마든지 있다. 네덜란드 체제는 이러한 빠진 고리를 채워 넣고 점진적 단계를 밟음으로써 사람들을 더 높은 문명으로 끌어올리려 한다. 이에 반해 우리(영국인)는 이를 일시에 강제로 달성하려 한다. 우리 체제는 늘 실패했다. 우리는 타락시키고 절멸시킬 뿐, 결코 진정한 문명화를 이루지 못했다. 하지만 네덜란드 체제가 영구적으로 성공할 것인가는 매우 의심스럽다. 열 세기의 과업을 한 세기로 압축하는 것이 가능하지 않을 수도 있기 때문이다. 하지만 어쨌든 네덜란드 체제는 본성을 지침으로 삼기에 우리 체제보다 성공의 자격이 더 많으며 성공할 가능성도 더 크다.[6]

이 물음과 관련하여 선교사들이 대단한 신체적·정신적 결실을 얻을 수도 있는 일이 하나 있다. 이 아름답고 건강한 나라에서, 식량과 생필품도 풍부한 상황에서 문제는 인구가 예상만큼 늘지 않는다는 것이다.

---

6 길마 박사가 25년 뒤에 미나하사를 방문했는데, 내가 묘사한 것과 거의 마찬가지로 주정뱅이와 범죄자가 거의 없었고 사람들은 만족하고 행복했다(『마르체사 호 항해기(*The Cruise of the Marchesa*)』 2권 181쪽 참고).

내가 지목할 수 있는 원인은 단 하나다. 그것은 유아 사망률이다. 이는 엄마들이 농장에서 일하며 아기를 방치하고 아기의 건강에 대해 전반적으로 무지하기 때문이다. 여성은 늘 그랬듯 모두 일한다. 이것은 전혀 고생이 아니며, 곧잘 기쁨과 휴식이 된다고 생각한다. 아기를 데려갈 경우는 땅바닥의 그늘진 곳에 두고 중간중간에 젖을 먹이고, 아기를 집에 둘 경우는 일하기에는 어린 손위 자녀들이 돌보게 한다. 두 경우 모두 유아가 적절한 보살핌을 받지 못하며 이는 높은 사망률로 이어진다. 이 때문에 나라가 전반적으로 번성하고 대다수 사람이 결혼하는 조건에서 예측되는 것보다 인구 증가율이 훨씬 낮다. 이것은 정부의 직접적 관심사다. 커피 생산량을 대규모로 또한 영구적으로 증가시키는 방법은 인구 증가뿐이기 때문이다. 선교사들은 이 문제에 관심을 쏟아야 한다. 결혼한 여자들에게 집안일만 하도록 유도하면 반드시 문명의 향상이 촉진될 것이며 전체 공동체의 건강과 행복이 직접적으로 증진될 것이기 때문이다. 이곳 사람들은 매우 온순하고 유럽인의 예절과 풍습을 기꺼이 받아들일 것이므로 이것이 도덕과 문명의 문제이며 백인 통치자와 동등하게 되는 진보의 필수적 단계임을 알려주기만 하면 쉽게 변화를 이끌어낼 수 있을 것이다.

나는 루루칸에서 두 주 동안 머문 뒤에 이 아름답고 흥미로운 마을을 떠나 새와 곤충이 더 많은 지역과 기후를 찾아 나섰다. 톤다노 통제관과 저녁을 함께 보내고서 이튿날 오전 9시에 작은 배를 타고 약 16킬로미터 떨어진 호수의 수원水源으로 향했다. 호수의 아래쪽 끝에는 늪과 습지가 넓게 펼쳐져 있었지만, 언덕으로 조금만 올라가면 물의 가장자리가 나오고 너비가 약 3.2킬로미터인 넓은 강의 모습을 띤다. 위쪽 끝에는 카카스라는 마을이 있는데, 이곳에 있는 앞서 묘사한 것과 같은 근사한 집에서 장로와 식사를 하고는 평평한 들판을 따라 6.4

킬로미터 떨어진 랑고완으로 갔다. 이곳에 묵으라는 추천을 받은 적이 있었기에 방문객 전용의 너른 집에 여장을 풀었다. 사냥해줄 사람을 한 명 구했고, 이튿날 숲에 동행할 사람을 한 명 더 구했다. 이곳에서는 훌륭한 채집 장소를 찾을 수 있으리라 기대했다.

아침에 식사를 마치고 출발했지만, 커피 농장을 통과하여 따분한 직선 도로를 따라 6.4킬로미터를 걷고서야 숲에 도착했다. 그런데 도착하자마자 비가 퍼붓기 시작하여 밤까지 그치질 않았다. 매일 이 거리를 걷는 것은 수지가 맞지 않았다. 게다가 날씨마저 오락가락했다. 그래서 숲 근처나 숲 안에 있는 장소를 찾을 때까지 더 가야겠다고 마음먹었다. 오후에 친구 벤트스네이더르 씨가 다음 지구인 벨랑의 통제관과 함께 찾아왔다. 통제관 말로는 거기서 10킬로미터를 더 가면 팡구라는 마을이 있는데 최근에 조성되어 근처에 넓은 숲이 있다고 했다. 그는 내가 오겠다면 작은 숙소를 내어주겠다고 약속했다.

이튿날 아침에 이곳의 명소인 온천과 진흙 화산을 보러 갔다. 농장과 협곡을 통과하는 그림 같은 길을 따라 가니 지름 12미터가량의 아름다운 원형 분지가 나타났다. 분지를 둘러싼 석회질 바위턱은 매우 균일하고 곡선이 완벽해서 미술 작품을 방불케 했다. 분지에는 끓는점에 가까운 맑은 물이 차 있었으며 유황 냄새가 강하게 나는 수증기 구름이 피어올랐다. 한쪽에서 물이 흘러나와 작은 열탕 개울이 생겼는데 90미터를 내려가도 너무 뜨거워서 손을 담글 수 없었다. 들쭉날쭉한 숲으로 좀 더 들어가자 샘이 두 개 더 있었다. 가장자리가 고르지는 않았으나 활발한 분출 현상이 끊임없이 일어나는 것으로 보건대 훨씬 뜨거워 보였다. 몇 분 간격으로 수증기나 가스가 세차게 뿜어져 나와 90~120센티미터 높이의 물기둥을 쏘아 올렸다.

그러고는 1.6킬로미터가량 떨어진 진흙 온천에 갔는데 이곳은 더 신기했다. 살짝 파인 땅의 비탈면에 진흙물로 된 작은 연못이 있는데, 파란색, 빨간색, 흰색이 어우러졌고 여기저기에서 부글부글 거품이 끓었다. 딱딱하게 굳은 점토 주위에는 작은 우물과 끓는 진흙으로 가득한 구덩이가 잔뜩 널려 있다. 이런 것들은 끊임없이 생기는 것으로 보이는데, 맨 먼저 작은 구멍이 생겨 수증기와 끓는 진흙을 분출하다가 굳으면 가운데 구덩이가 있는 작은 원뿔이 생긴다. 약간 떨어진 곳도 매우 불안정하다. 조금만 파고들면 틀림없이 땅이 액체 상태이며, 압력을 받으면 얇은 얼음처럼 휘어지니 말이다. 주변의 작은 분출구에 간신히 다가가 정말 겉모습처럼 뜨거운지 확인하려고 손을 갖다 댔다. 작은 진흙 방울이 손가락에 튀었는데 끓는 물에 닿은 것처럼 데고 말았다. 조금 떨어진 곳에는 평평한 바위 표면이 노출되어 있었는데 오븐 바닥처럼 매끄럽고 뜨거웠다. 오래된 진흙 웅덩이가 말라 딱딱해진 것이 틀림없었다. 사방 수백 미터로는 분粉으로 쓰는 붉은색과 흰색의 진흙이 쌓여 있었다. 표면이 하도 뜨거워서 몇 센티미터 깊이의 틈새에도 손가락을 넣을 수 없었다. 틈새에서는 유황 냄새가 강하게 나는 수증기가 피어올랐다. 몇 해 전에 이 온천을 찾아온 프랑스 신사가 진흙물에 너무 가까이 다가갔다가 땅껍질이 꺼지는 바람에 끓는 가마솥에 빠지는 신세가 되었다고 들었다.

넓은 면적에 걸쳐 이토록 지표면 가까이에 극심한 열기가 있다는 증거는 매우 인상적이었으며, 끔찍한 재앙이 어느 때라도 이곳을 집어삼킬 수 있다는 생각을 떨쳐버리기 힘들었다. 하지만 이 모든 구멍이 실은 안전밸브이며, 지각의 다양한 부분마다 저항이 불균등하여 넓은 지역을 밀어올리고 뒤집을 만한 힘이 축적되는 것을 방지하는 것일 수도 있다. 여기서 서쪽으로 약 11킬로미터 가면 내가 방문하기 약 30년 전에 분출한 화산이 있다. 이 분출은 규모가 어마어마했으며 주변 지역을 재로 뒤덮었다. 화산 분출물이 섞이고 분해되어 생긴 호수 주변 들판들은 놀랄 만큼 기름지며 윤작을 조금만 관리하면 쉬지 않고 경작을 이어갈 수 있을 것이다. 지금은 벼를 3~4년 연달아 재배하는데 그 뒤에 다시 3~4년 동안 휴경하면 다시 벼나 옥수수를 재배할 수 있다. 비료를 주거나 경작 활동을 거의 하지 않아도 좋은 벼는 30배의 결실을 내며 커피나무는 10~15년 동안 계속해서 열매를 잔뜩 맺는다.

비가 그치지 않아서 하루를 지체한 뒤에 팡구로 출발했다. 오전 11시에 팡구에 도착하자 매일 내리는 비가 막 시작되었다. 도로는 호수 유역의 정상부에서 벗어나 아름다운 숲 협곡의 비탈을 따라 이어졌다. 내리막이 길어서 마을은 해발 450미터를 넘지 않는 것으로 추정되었지만 아침 기온은 종종 20도로, 적어도 180~210미터 높은 톤다노와 같았다. 넓은 숲을 야생의 자연이 둘러싸고 있는 광경을 보니 흡족한 기분이 들었다. 베란다와 뒷방으로만 이루어진 작은 숙소가 마련되어 있었다. 방문객이 쉬거나 하룻밤 묵는 용도였으나 내게는 안성맞춤이었다. 하지만 안타깝게도 바로 이때에 사냥꾼 둘을 다 잃었다. 한 명은 열병과 설사 때문에 톤다노에 남았고, 또 한 명은 랑고완에서 가슴에 염증이 생겼다. 이 사람은 상태가 나빠 보여서 마나도로 돌려보냈다. 이곳 사람들은 모두 벼를 수확하느라 분주했다. 비가 일찍 시작되기 때문에 그 전에 수확을 끝내야 해서 사냥해줄 사람을 찾을 수 없었다.

팡구에 머문 세 주 동안 거의 매일 비가 왔다. 오후에만 내릴 때도 있었고 하루 종일 내릴 때도 있었다. 하지만 아침에는 몇 시간씩 해가 났기에 이 틈을 타서 도로와 길, 바위, 협곡을 다니며 곤충을 찾았다. 곤충은 그다지 풍부하지 않았지만, 건기의 끄트머리가 아니라 첫머리에 이곳에 왔다면 틀림없이 좋은 결과를 얻었을 것이다. 원주민들은 술 빚는 야자나무에서 매일같이 곤충 몇 마리를 잡아 왔다. 그중에 근사한 꽃무지속*Cetonia*과 사슴벌레가 있었다. 어린 소년 두 명이 바람총의 명수였는데 진흙 총알로 작은 새를 아주 많이 잡아다 주었다. 그중에는 작고 예쁜 신종 노랑허리꽃새*Dicaeum aureolimbatum*와 이제껏 본 것 중에서 가장 사랑스러운 꿀빨이새류가 있었다. 하지만 조류 채집물 수는 거의 정체 상태였다. 마침내 사냥해줄 사람을 한 명 구하기는 했지만 총 솜씨가 서툴러서 하루에 한 마리 이상 잡는 일이 드물었다. 그가 잡은 새 중에서 가장 좋은 것은 북술라웨시에만 사는 크고 희귀한 과일비둘기인 흰배황제비둘기*Ducula forsteni*로 오랫동안 찾던 녀석이었다.

내가 큰 성과를 거둔 것은 아름다운 곤충인 길앞잡이류였다. 말레이 제도 어느 곳보다 풍부하고 다양해 보였다. 처음에는 도로 절개지에서 발견했다. 단단한 진흙 둔덕이 이끼와 작은 양치식물로 듬성듬성 덮여 있었다. 여기서 작은 올리브그린 색의 종이 달리는 광경을 보았는데 녀석은 한 번도 날지 않았다. 자줏빛 검은색의 날개 없는 곤충은 더 희귀했는데, 언제나 틈새에 가만히 숨어 있는 것으로 보아 야행성인 듯했다. 내가 보기에는 새로운 속 같았다. 숲속 도로 근처에서 크고 잘생긴 헤로스길앞잡이*Cicindela heros*를 발견했다. 마카사르에서 간간이 채집하기는 했지만 이곳의 협곡 급류에서 채집한 것이 가장 훌륭했다. 물 위로 드리운 죽은 줄기와 개울 기슭, 나뭇잎에서 매우 아름다운 길앞잡이속*Cicindela* 3종을 잡았다. 크기, 모양, 색깔은 제각각이었으나 흰 점의 패턴은 거의 똑같았다. 더듬이가 매우 긴 아주 신기한 종의 표본도 하나 발견했다. 하지만 이곳에서 최고의 발견은 글로리오사길앞잡이*Cicindela gloriosa*였다. 물 위로 고개만 내민 이끼투성이 돌에서 찾아냈다. 이 근사한 곤충의 첫 표본을 손에 넣은 뒤로, 물길을 거슬러 올라가며 이끼 낀 바위와 돌이 있을 때마다 유심히 살펴보았다. 녀석은 꽤 수줍음이 많아서 곧잘 이 돌에서 저 돌로 내뺐는데 벨벳 같은 짙은 초록색 때문에 빽빽한 이끼 위에 앉으면 통 보이지 않았다. 어떤 날은 몇 번 보는 것이 고작이었고 어떤 날은 한 마리만 잡았으며 두 마리를 잡을 때도 있었지만 녀석이 순순히 잡힌 적은 한 번도 없었다. 이것과 몇몇 종은 이 협곡 말고 다른 곳에서는 한 번도 보지 못했다.

이곳 사람들은 유형이 다양했는데, 언어의 특이함으로 보건대 기원을 유추할 수 있을 듯했다. 가장 최근까지도 문명 수준이 아주 낮았음을 보여주는 놀라운 증거는 언어가 매우 다양하다는 데서 찾을 수 있다. 5~6킬로미터 떨어진 마을들이 서로 다른 사투리를 쓰며 이런 마을 서너 곳으로 이루어진 집단의 언어는 나머지 집단들이 전혀 알아듣지 못할 만큼 독특하다. 그래서 최근에 선교사들이 말레이어를 들여오기 전에는 자유로운 의사소통에 걸림돌이 있었을 것이다. 이 언어들에는 여러 특징이 있다. 술라웨시말레이어적 요소와 파푸아어적 요소와 더불어, 북쪽의 시아우 섬과 생귀르 제도 언어에서 발견되는 극단적 독특함을 갖추고 있는 것을 보면 아마도 필리핀 제도에서 유래한 듯하다. 신체적 특징도 일치한다. 덜 개화된 부족들은 용모와 머리카락이 반半파푸아적인 반면에, 어떤 마을에서는 토종 술라웨시인이나 부기족의 얼굴형이 지배적이다. 톤다노 고원에 사는 사람들은 주로 중국인 못지않게 희며, 매우 보기 좋은 반半유럽적 외모의 소유자다. 시아우 섬과 생귀르 제도의 주민들은 이들과 무척 닮았는데 북폴리네시아의 일부 섬에서 이주했으리라는 생각이 든다. 파푸아인 유형은 원주민의 나머지를 대표하는 반면에, 부기족의 특징을 지닌 사람들은 우월한 말레이 민족이 북쪽으로 확산되었음을 보여준다.

날씨가 궂고 사냥꾼들이 아파서 팡구에서 귀중한 시간을 허송하다가 세 주 뒤에 마나도로 돌아왔다. 여기서 약한 열병에 걸렸는데, 수집물을 건조·포장하고 새 일꾼을 구하다 보니 두 주 뒤에야 출발 준비가 끝났다. 클라밧 대大화산 기슭의 울퉁불퉁한 지대를 따라 동쪽으로 가서 렘피아스라는 마을에 도착했다. 화산의 자락을 덮은 넓은 숲 가까운 곳이었다. 짐이 이 마을에서 저 마을로 번갈아 가며 운반되고 그때마다 시간이 지체되는 바람에 (30킬로미터 떨어진) 목적지에 도착했을 때는 이미 해가 진 뒤였다. 나는 온몸이 젖은 채로 첫 짐이 도착할 때까지 불편한 상태에서 한 시간을 기다려야 했다. 다행히 첫 짐에 옷이 들어 있었지만, 나머지 짐은 한밤이 되도록 오지 않았다.

이 지역에는 아주 고유한 동물인 바비루사[7]가 서식하고 있었기에 두개골을 수소문하여 금세 상태가 양호한 두개골을 여러 개 입수했다. 희귀하고 신기한 셀레베스들소류Sapiutan(셀레베스들소*Bubalus depressicornis*)의 좋은 두개골도 하나 손에 넣었다. 이 동물의 살아 있는 표본 두 마리를 마나도에서 보았다. 작은 소를 무척 닮아서 놀랐는데 남아프리카의 일런드영양과 더 닮았다. 말레이어 이름으로는 '숲소'를 뜻하며, 아주 작은 순종 소와 중요하게 다른 점은 낮게 늘어진 목살과 목너머까지 뒤로 기운 곧고 뾰족한 뿔이다. 이곳 숲은 기대만큼 곤충이 풍부하지는 않았다. 내 사냥꾼들은 새를 몇 마리 잡아 오지 않았지만 잡은 것들은 매우 흥미로웠다. 그중에는 희귀한 숲물총새(분홍뺨물총새*Cittura cyanotis*), 작은 무덤새속*Megapodius* 신종(필리핀무덤새*Megapodius nicobariensis gilbertii*), 크고 신기한 말레오무덤새*Macrocephalon maleo* 표본 한 마리가 있었다. 마지막 녀석을 손에 넣는 것은 내가 이 지역을 방문한 주목적이기도 했다. 하지만 더는 소득이 없어서 열흘 동안 탐색한 뒤에 반도 끝에 있는 리쿠팡으로 갔다. 이곳은 말레오무덤새 말고도 바비루사와 셀레베스들소류가 많기로 유명하다. 여기서 말루쿠

7 북술라웨시바비루사*Babyrousa celebensis*. _옮긴이

총독의 장남 홀드만 씨를 만났다. 그는 정부 염전 만드는 일을 감독하고 있었다. 이곳은 여건이 더 양호해서 멋진 나비와 상태가 훌륭한 새를 몇 마리 손에 넣었다. 남술라웨시의 마로스 폭포 근처에서 처음 채집한 희귀한 술라웨시땅비둘기의 표본도 하나 더 입수했다.

내가 특별히 무엇을 찾고 있는지 들은 홀드만 씨는 친절하게도 말레오무덤새가 아주 풍부한 곳에 사냥을 하러 가자고 제안했다. 약 30킬로미터 떨어진 인적 없는 외딴 바닷가였다. 이곳 기후는 산악 지대와 사뭇 달라서 넉 달 동안 비가 한 방울도 내리지 않았다. 그래서 표본을 넉넉히 얻기 위해 일주일 동안 머물기로 했다. 우리 중 일부는 배로, 일부는 숲을 통과하여 갔는데 리쿠팡의 장로인 메이저와 원주민 여남은 명, 개 스무 마리가량이 함께했다. 가는 길에 새끼 셀레베스들소류 한 마리와 멧돼지 다섯 마리를 잡았다. 이 셀레베스들소류의 머리는 내가 보존 처리했다. 녀석은 술라웨시 섬 그리고 같은 군을 이루는 인접한 섬 두 곳의 외딴 산속 숲에만 서식한다. 성체는 머리가 검은색이고 두 눈 위쪽, 뺨, 멱에 흰색 무늬가 있다. 어릴 때는 뿔이 매우 매끈하고 뾰족하지만 나이가 들면서 밑동이 굵어지고 굴곡이 생긴다. 자연사학자들은 대부분 이 신기한 동물을 작은 소로 여기지만 뿔의 특징과 고운 털가죽, 늘어진 목살로 보건대 영양과 가까운 듯하다.

목적지에 도착하여 오두막을 짓고 며칠 묵을 준비를 했다. 나는 말레오무덤새를 잡아 가죽을 벗기기로 했으며, 홀드만 씨와 메이저는 멧돼지, 바비루사, 셀레베스들소류를 사냥할 계획이었다. 이곳은 렘베섬과 방카 섬 사이의 넓은 만에 있으며, 길이가 1.6킬로미터 이상인 가파른 해변으로 이루어졌다. 성기고 거친 검은색의, 자갈에 가까운 화산사가 깊이 덮여 있어서 걷기가 힘들었다. 양쪽 끝으로 실개천이 흐르고 강 너머에는 언덕이 있다. 바닷가 너머의 숲은 꽤 평탄하며 나무는 왜소하다. 이곳은 오래전에 클라밧 화산에서 계곡을 따라 바다로 용암이 흘렀을 것이다. 이 용암이 분해되어 성긴 검은색 모래를 형성했으리라. 이 견해를 뒷받침하자면, 양쪽 실개천 너머의 바닷가가 흰색 모래로 덮여 있음을 언급할 수 있을 것이다.

독특한 새인 말레오무덤새는 이 성기고 뜨거운 검은색 모래에 알을 낳는다. 비가 거의 또는 전혀 내리지 않는 8월과 9월이면 내륙에서 쌍쌍이 이곳으로 또는 마음에 드는 한두 곳의 다른 장소로 내려와 최고 수위선 바로 위쪽에 90~120센티미터 깊이로 구멍을 파고 암컷이 커다란 알을 하나 낳고는 약 30센티미터 두께로 모래를 덮은 뒤에 숲으로 돌아간다. 열흘에서 열이틀이 지나면 같은 장소에 돌아와 알을 또 낳는다. 이 시기에 암컷마다 6~8개의 알을 낳는다고 한다. 수컷은 암컷과 함께 다니면서 구멍 파는 일을 도와준다. 바닷가를 걷는 녀석의 모습은 매우 근사하다. 깃옷의 윤기 나는 검은색과 장밋빛 흰색, 닭처럼 솟은 머리와 치켜든 꽁지가 인상적이며, 이 때문에 위엄 있고 차분한 걸음걸이가 더욱 두드러진다. 암컷과 수컷은 다른 점이 거의 없으나, 수컷의 경우 뒤통수의 투구와 콧구멍의 혹이 좀 더 크며 아름다운 장밋빛 분홍색이 더 짙다. 하지만 차이가 하도 미미해서 해부하지 않고서는 암컷과 수컷을 구별할 수 없을 때도 있다. 녀석들은 달음질이 빠르지만, 총을 쏘거나 갑자기 놀라게 하면 날개를 펴고 시끄러운 소리를 내며 가까운 나무로 날아올라 낮은 가지에 앉는다. 밤에도 비슷한 상황에서 홰를 치는 듯하다. 알이 여남은 개씩 한꺼번에 발견되는 것으로 보건대 같은 구멍에 알을 낳는 경우가 많은 듯하다. 알이 하도 커서 완전히 발달한 알을 두 개 이상 몸속에 품지 못한다. 내가 쏘아 잡은 모든 암컷에서 커다란 알 한 개 말고는 완두콩 크기를 넘는 알이 하나도 없었으며 개수도 8~9개에 불과했다. 이것이 한 계절에 낳을 수 있는 최대 개수인 듯하다.

원주민들은 해마다 알을 얻으려고 80킬로미터를 걸어온다. 그들은 이 알을 대단한 별미로 치는데 신선할 때는 정말 맛있다. 달걀보다 진하고 풍미가 더 뛰어나며 보통 크기의 찻잔 하나를 가득 채운다. 빵이나 밥에 곁들이면 훌륭한 식사가 된다. 껍데기 색깔은 연한 벽돌색이나 아주 드물게는 순백색이다. 모양은 길쭉하고 한쪽이 약간 작으며 길이는 10~11센티미터, 너비는 5.7~6.4센티미터다.

어미는 모래에 알을 낳은 뒤에는 전혀 돌보지 않는다. 새끼는 껍데기를 깨고 모래를 빠져나와 즉시 숲으로 달려간다. 트르나테 섬의 다위벤보더 씨는 녀석들이 부화한 당일에 날 수 있음을 확인시켜주었다. 그가 스쿠너에 가지고 탄 알 몇 개가 밤중에 부화했는데 아침에 새끼새들이 선실을 유유히 날아다녔다고 한다. 일반적 상황에서 알을 낳기 위해 머나먼 거리(종종 16~24킬로미터)를 오가는 것을 감안할 때 더는 알을 돌보지 않는 것이 의아하게 생각된다. 하지만 어미가 알을 돌보지 않고 돌볼 수도 없음은 분명하다. 암컷 여러 마리가 같은 구멍에 연달아 알을 낳기 때문에 어느 게 자기 알인지 구별하기가 불가능하며, 이렇게 큰 새가 먹이를 찾으려면(녀석들은 낙과落果만 먹는다) 넓은 지역을 훑고 다녀야 하기 때문에 번식기에 이 바닷가 한곳에 수백 마리에 이르는 수많은 개체가 찾아와 가까이 붙어 지내야 한다면 상당수가 굶어 죽을 것이다.

발의 구조를 보면 가장 가까운 근연종인 무덤새속이나 숲칠면조속 *Talegalla*과 습성이 다른 이유를 짐작할 수 있다. 이 두 새들은 흙, 잎, 돌, 막대기로 커다란 둔덕을 쌓고는 알을 묻는다. 말레오무덤새의 발은 비율 면에서 이 새들만큼 크거나 힘세지 않으며, 길고 구부러진 발톱이 아니라 짧고 곧은 발톱을 가지고 있다. 하지만 발가락 밑동에 튼튼한 물갈퀴가 달려서 발이 넓고 강하며, 다리가 꽤 길어서 성긴 모래를 긁어내기에 알맞다(녀석들이 구멍을 팔 때면 모래가 소나기처럼 우수수 떨어진다). 하지만 무덤새속의 크고 구부러진 발로는 쉽게 움켜쥘 수 있는 온갖 잡동사니로 둔덕을 쌓아야 한다면 여간 고역이 아닐 것이다.

또한 무덤새과 전체의 독특한 체내 구조에서 녀석들의 습성이 조류의 일반적 습성과 전혀 다른 이유를 알 수 있을지도 모른다. 알이 하도 커서 배 안을 가득 채우고 골반 벽을 통과하기 힘들기 때문에 다음 알이 성숙하기까지 꽤 시간이 필요하다(원주민들 말로는 약 열사흘이 걸린다고 한다). 암컷 하나가 번식기마다 알을 6~8개 또는 그 이상을 낳기에 첫 산란에서 마지막 산란까지 두세 달이 걸리기도 한다. 이 알들이 일반적 방식으로 부화하면 즉, 부모가 오랜 부화 기간 내내 앉아서 알을 품거나 마지막 알을 낳은 뒤에야 품기 시작한다면 첫 번째 알은 악천후에 손상되거나 이곳에 많이 사는 큰 도마뱀이나 뱀 등의 동물에게 잡아먹힐 것이다. 이렇게 큰 새들은 먹이를 찾아 넓은 지역을 돌아다녀야 하기 때문이다. 그렇다면 이것은 새의 습성이 예외적 체내 구조와 직접 연관된 경우라고 볼 수 있다. 무덤새과가 모성애를 발휘하지 않도록 하기 위하여 또는 조류의 매우 일반적인, 우리의 경탄을 자아내는 본능을 가지지 않도록 하기 위하여 이 비정상적 구조와 특이한 먹이가 무덤새과에게 주어졌다고 주장하기는 힘들 것이기 때문이다.

동물의 습성과 본능을 고정점으로 여기고 이들의 체외 구조와 체내 구조를 이 고정점에 부합하도록 특별히 적응한 것으로 간주하는 것은 자연사 저술가들의 일반적 관습이었다. 하지만 이 가정은 자의적인 것이며 '본능과 습성'을 '제1원인'에 직접 귀속되는, 따라서 우리가 이해할 수 없는 것으로 치부함으로써 본능과 습성의 성질과 원인에 대한 탐구를 질식시키는 나쁜 결과를 낳는다. 나는 종의 구조와 그 종을 둘러싸고 있거나 과거에 둘러싼 독특한 신체적·유기적 조건을 꼼꼼히 들여다보면, 이 경우처럼 습성과 본능의 기원에 대해 많은 실마리를 얻을 수 있다고 믿는다. 이것은 다시 외부 조건의 변화와 맞물려 구조에 작용하고 '변이'와 '자연선택'을 통해 조화롭게 유지된다.

나의 일행은 사흘간 머물면서 멧돼지 여러 마리와 셀레베스들소류 두 마리를 잡았지만 셀레베스들소는 개에게 중상을 입은 탓에 머리만 보존할 수 있었다. 사흘째 시도한 대규모 사냥은 사냥감을 제대로 몰지 못하여 실패로 돌아갔다. 처음에는 돼지, 바비루사, 셀레베스들소가 수십 마리씩 지나가리라 자신했지만, 나무 사이에 자리를 잡고 다섯 시간 동안 앉아 있으면서도 한 마리를 잡지 못했다. 나는 말레오무덤새 표본을 더 입수하기 위해 두 사람과 함께 사흘 더 머물러 상태가 매우 좋은 표본 26점을 보존 처리하는 데 성공했다. 고기와 알은 든든한 식량이 되었다.

메이저는 약속대로 배를 보내어 내 짐을 숙소로 날랐으며, 나는 소년 두 명과 안내인을 데리고 숲 사이로 약 20킬로미터를 걸었다. 처음 절반은 길이 없어서 걸핏하면 얽힌 등나무나 대나무 덤불을 베면서 나아가야 했다. 가장 좋은 길을 찾아 방향을 바꿀 때 나는 우리가 길을 잃는 게 아닌가 하는 우려를 몇 차례 표명했다. 해가 중천에 떠 있어서 방향을 알 수 있는 단서가 전혀 없었기 때문이다. 하지만 일행은 말도 안 되는 소리라는 듯 코웃음 쳤다. 과연 절반쯤 가니 리쿠팡 사람들이 사냥하고 멧돼지를 훈제하는 작은 오두막이 나타났다. 안내인은 예전에 이 두 지점 사이로 숲을 가로지른 적이 한 번도 없었다고 말했다. 어떤 여행자들은 이것을 야만인의 '본능'으로 여기지만 이것은 폭넓은 일반적 지식의 결과에 지나지 않는다. 안내인은 근처에서 종종 사냥을 했기에 땅의 경사, 개울의 방향, 대나무나 등나무의 덩굴, 그 밖에 위치와 방향을 알려주는 여러 표시를 알고 있었으며, 그래서 오두막을 곧장 찾아올 수 있었다. 전혀 모르는 숲에서는 그 또한 유럽인처럼 갈피를 잡지 못할 것이다. 인디언이 길 없는 숲속에서 목적지를 찾는다는 놀라운 이야기도 틀림없이 전부 이런 식일 것이다. 그들은 이전에 두 지점 사이를 직선으로 지난 적은 없을지라도 두 곳 주변을 잘 알고 있으며 그 지역 전체, 물줄기, 흙과 식물 등에 대해 일반적 지식이 있기에 자신이 가려는 지점에 가까워지면 쉽게 식별할 수 있는 여러 단서를 동원하여 확실하게 목적지에 도착할 수 있는 것이다.

이 숲의 주된 특징은 등나무가 많다는 것이다. 나무에 걸쳐 있거나 땅에서 뒤틀리고 꼬여 있었는데 풀 수 없을 정도로 복잡할 때도 많았다. 어떻게 이렇게 기묘한 형태를 이루었는지 의아하겠지만, 이것은 처음에 등나무가 타고 올라간 나무가 썩어 쓰러진 뒤에 등나무가 땅을 기어 다니다 또 다른 줄기를 만나 위로 올라갔기 때문임이 틀림없다. 따라서 살아 있는 등나무가 뒤엉켜 있는 것은 예전에 커다란 나무가 이곳에 쓰러졌다는 표시다. 나무의 흔적은 하나도 남지 않았을 수도 있지만 말이다. 등나무는 생장 능력이 무한한 것처럼 보인다. 등나무 한 그루가 여러 나무에 잇따라 올라가며 엄청난 길이로 자랄 때도 있다. 등나무는 해안에서 바라보는 숲의 풍경을 훨씬 향상시킨다. 단조로울 수도 있는 나무 꼭대기를 깃털 같은 잎의 왕관으로 다채롭게 장식하고 피뢰침처럼 삐죽삐죽 솟아 있기 때문이다.

숲에서 가장 흥미로운 것 중 또 하나는 아름다운 야자나무다. 완벽하게 매끄럽고 원통형인 줄기가 30미터 이상 곧게 솟아 있는데 굵기는 20~25센티미터에 불과하다. 수관을 이루는 부채모양 잎은 완벽한 원형에 가까우며 지름은 15~20센티미터다. 길고 가느다란 잎자루가 높이 달려 있으며, 작은잎 끝 가장자리를 따라 뾰족뾰족한 모양이 아름답다. 작은잎은 원둘레에서 몇 센티미터까지만 벌어져 있다. 아마도 식물학자들이 비로야자*Livistona rotundifolia*라고 부르는 것으로, 이제껏 본 것 중에서 가장 완벽하고 아름다운 부채잎이었다. 잎을 접으면 물바가지와 **즉석** 바구니로 만들 수 있으며 지붕을 이는 등 여러모로 활용할 수 있다.

며칠 뒤에 말을 타고 마나도로 돌아와 짐을 배편으로 부쳤다. 때마침 채집물을 모두 꾸려 다음 번 암본 행 우편 증기선에 실어 보낼 수 있었다. 다음 장에서는 몇 쪽을 할애하여 술라웨시 섬 동물상의 주된 특징과 주변 지역과의 관계를 설명할 것이다.

18장

술라웨시 군의 자연사

술라웨시 섬의 위치는 말레이 제도 정중앙이다. 바로 위 북쪽에는 필리핀 제도가, 서쪽에는 보르네오 섬이, 동쪽에는 말루쿠 제도가, 남쪽에는 티모르 군이 있으며, 사방으로 이 섬들과 부속 도서, 작은 섬, 산호초로 촘촘하게 연결되어 있어서 지도를 보거나 해안을 실제로 관찰하는 것으로는 정확히 어디까지 술라웨시 섬에 포함해야 하고 어디까지 주변 지역에 포함해야 하는지 알 수 없다. 이런 탓에 우리는 이 한가운데 섬의 동식물이 말레이 제도 전체의 풍부함과 다양성을 어느 정도 대표할 것이라 예상하기 마련이며, 이런 위치에 있는 섬은 사방에서 종이 유입되기에 안성맞춤이므로 독자성은 별로 기대하지 않을 것이다.

하지만 자연에서 으레 그렇듯 실제는 우리가 예상한 것과 정반대다. 동물상을 조사하면 말레이 제도의 모든 큰 섬 중에서 술라웨시 섬의 종 수가 가장 빈약하며 특징 면에서도 가장 고립되었음을 한눈에 알 수 있다. 술라웨시 섬은 부속 도서와 더불어 보르네오 섬 못지않은 길이와 너비로 바다를 향해 뻗어 있으며 실제 육지 면적은 자와 섬의 두 배에 가깝다. 하지만 포유류와 육조陸鳥의 종 수는 자와 섬의 절반을 가까스로 넘는다. 술라웨시 섬은 위치상 사방에서 이주하는 생물을 받아들이기가 자와 섬보다 수월하지만, 자와 섬에 서식하는 종과 비교하면 다른 섬에서 이주한 종 수는 훨씬 적고 고유종은 훨씬 많은 듯하다. 상당수 동물은 세계 어디에서도 근연종을 찾을 수 없을 만큼 독특하다. 이제 술라웨시 섬에서 가장 잘 알려진 동물 집단을 자세히 살펴보고, 다른 섬에 서식하는 동물과의 관계와 여러 흥미로운 점을 들여다보자.

술라웨시 섬에 서식하는 동물 집단 중에서 우리가 단연 잘 아는 것은 조류다. 무려 205종이 발견되었으며, 그 밖에도 훨씬 많은 섭금류와 물새가 추가되어야 하겠지만 현재 우리의 취지에서 가장 중요한 144종의 육조 목록은 거의 완전하다고 볼 수 있다. 나는 술라웨시 섬에서 10개월 가까이 열심히 새를 채집했으며 조수 앨런 씨는 술라 제도에서 2개월을 보냈다. 네덜란드 자연사학자 포르스턴은 북술라웨시에서 2년을 지내면서(나보다 20년 전에 이곳을 찾았다) 마카사르에서 네덜란드로 조류 채집물을 보냈다. 프랑스 탐사선 라스트롤라브 호도 마나도에 기항하여 채집물을 조달했다. 내가 영국에 돌아온 뒤로 네덜란드 자연사학자 로젠베르크와 베른슈타인은 북술라웨시와 술라 제도에서 폭넓은 채집 활동을 벌였으나 그들의 모든 연구 결과는 내가 채집한 것에 육조 8종을 추가했을 뿐이다. 이 사실에서 보듯 더 발견할 것은 거의 남아 있지 않은 것이 틀림없다.[8]

남쪽의 셀라야르 섬과 부퉁 섬, 동쪽의 펠렝 섬과 방가이 섬 말고도 술라 제도의 세 섬은 위치상으로는 말루쿠 제도에 묶는 것이 더 자연

8 그 뒤로 B. 마이어 박사를 비롯한 자연사학자들은 이 섬과 주변 소도를 탐사하여 조류의 총 수를 400종 가까이로 끌어올렸는데 그중 288종이 육조다.

스러워 보이나 동물학적으로는 술라웨시 섬에 속한다. 술라 군에서는 육조 약 48종이 알려져 있으며, 말레이 제도에 널리 퍼져 있는 5종을 제외하면 나머지는 말루쿠 제도보다는 술라웨시 섬의 특징이 훨씬 많다. 31종은 술라웨시 섬과 일치하며 4종은 술라웨시 섬 동물의 대표종이지만, 말루쿠 종은 11종에 불과하며 대표종이 둘 더 있다.

하지만 술라 제도가 술라웨시 섬에 속하기는 하나, 부루 섬과 할마헤라 군 남부의 섬들과 하도 가까워서 술라웨시 섬 자체에는 전혀 서식하지 않던 순수한 말루쿠 종 몇 종이 이주했을 가능성이 있다. 말루쿠 섬의 13종 모두가 이 범주에 해당하며 이들은 실제로는 술라웨시 섬에 속하지 않는 외래종이다. 따라서 술라웨시 섬 동물상의 특징을 조사할 때는 본도本島의 종만을 고려해야 할 것이다.

술라웨시 섬의 육조는 128종이며 이 중에서 말레이 제도 전역(종종 인도에서 태평양까지)을 활동 무대로 삼는 소수의 종을 가려낼 수 있는데, 이 때문에 개별 섬의 독특함이 가려질 우려가 있다. 이들은 20종이며 나머지 108종은 술라웨시 섬의 특징을 잘 보여준다고 간주할 수 있다. 이 새들을 주변 모든 지역과 정확히 비교하면 서쪽 섬으로 전파된 것은 9종, 동쪽 섬으로 전파된 것은 19종에 불과하며 무려 80종이 술라웨시 섬 동물상에 전적으로 국한되었음을 알 수 있다. 이 섬의 위치를 감안할 때 이 정도의 개별성은 전 세계적으로 타의 추종을 불허한다. 이 80종을 더 꼼꼼히 조사하면 이들의 여러 독특한 구조와 이들 상당수에서 발견되는 지구상 먼 지역과의 신기한 근연성에 놀랄 것이다. 이 점은 무척이나 흥미롭고 중요하기 때문에 이 섬의 고유한 모든 종을 들여다보아야 할 것이며 언급할 만한 모든 점에 주목해야 할 것이다.

수리매류 6종은 술라웨시 섬 고유종인데 이 중 3종은 인도 전역에서 자와 섬과 보르네오 섬에 걸쳐 있는 근연종과 사뭇 다르다. 이들은 술라웨시 섬에 들어오면서 갑자기 달라진 것으로 보인다. 또 다른 종인 알락꼬리참매*Accipiter trinotatus*는 아름다운 수리매로, 꽁지에 크고 둥근 흰색 반점이 근사하게 줄지어 나 있어서 매우 눈에 띄며 같은 부류의 알려진 어떤 새와도 전혀 다르다. 올빼미류 3종도 고유종이다. 가면올빼미의 일종인 술라웨시올빼미*Tyto rosenbergii*는 인도에서 멀리 롬복 섬까지의 모든 섬에 서식하는 근연종 인도가면올빼미*Tyto alba*보다 훨씬 크고 힘세다.

술라웨시 섬에 서식하는 앵무류 10종 중에서 8종이 고유종이다. 그중에는 프리오니투루스속*Prioniturus*의 독특한 라켓꼬리앵무류 2종이 있다. 녀석들은 꽁지에 숟가락 모양의 긴 깃털이 두 개 있는 것이 특징이다. 필리핀 제도에 속하는 인근 섬 민다나오에서 근연종 2종이 발견되는데, 이런 꽁지 형태는 전 세계 어떤 앵무에서도 발견되지 않는다. 작은 오색앵무 종인 황록색오색앵무*Trichoglossus flavoviridis*는 오스트레일리아에 가장 가까운 근연종이 있는 듯하다.

술라웨시 섬에 서식하는 딱다구리류 3종은 모두 고유종이며 자와 섬과 보르네오 섬에서 발견되는 종과 근연종이지만 이들과 사뭇 다르다.

뻐꾸기류 고유종은 3종 중에서 2종이 매우 이채롭다. 노랑부리말코아는 해당 속에서 가장 크고 근사하며 특이하게 부리 색깔이 연노란색, 빨간색, 검은색 세 가지다. 검은부리코엘뻐꾸기*Eudynamys melanorhynchus*는 부리가 새까만 반면에, 이 속의 나머지 종은 모두 초록색이나 노란색, 불그스름한 색이다.

보라날개파랑새는 속의 나머지 종과 동떨어진 흥미로운 사례다. 유럽, 아시아, 아프리카에는 코라키아스속*Coracias*에 속한 종이 있지만 말레이 반도, 수마트라 섬, 자와 섬, 보르네오 섬에는 하나도 없다. 따라서 현존하는 종은 난데없이 등장한 것처럼 보인다. 더 신기한 사실은 아시아의 종과는 전혀 닮지 않았고 아프리카 종과 더 비슷하다는 것이다.

다음 분류군인 벌잡이새류에서는 이에 못지않게 고립된 술라웨시벌잡이새*Meropogon forsteni*가 있다. 이 새는 아프리카 벌잡이새류와 인도 벌잡이새류의 특징을 겸비했으며 유일한 근연종인 검은머리벌잡이새*Merops breweri*는 뒤 샤위 씨가 서아프리카에서 발견했다!

술라웨시 코뿔새류 2종은 인근 지역에 서식하는 코뿔새 중에서 근연종을 찾을 수 없다. 유일한 지빠귀류인 붉은등지빠귀*Zoothera erythronota*는 티모르 섬 고유종의 매우 가까운 근연종이다. 솔딱새류 2종은 말레이 섬들에서는 발견되지 않는 인도 종과 근연종이다. 까치류와 다소 연관된 2속(스트렙토키타속*Streptocitta*과 카리토르니스속*Charitornis*)은-하지만 근연성이 매우 의심스러워서 슐레겔 교수는 이들을 찌르레기류로 분류한다-오로지 술라웨시 섬에만 서식한다. 녀석들은 아름답고 꽁지가 길며 깃옷이 검은색과 흰색이고 머리 깃털은 약간 딱딱하고 비늘처럼 생겼다.

의심스럽긴 하지만 찌르레기류와 근연종으로 매우 고립되고 아름다운 종이 둘 있다. 그중 붉은눈썹찌르레기*Enodes erythrophris*는 깃옷이 잿빛과 노란색이지만 눈 위에 주황빛 빨간색의 넓은 줄무늬가 있다. 술라웨시쇠찌르레기*Basilornis celebensis*는 암청색에다 가슴 양쪽에 흰색 무늬가 있으며 머리는 비늘 모양으로 아름답게 눌린 볏 깃털로 장식되었다. 형태는 남아메리카에서 잘 알려진 바위새속을 닮았다. 술라웨시쇠찌르레기의 유일한 근연종은 스람 섬에서 발견되는데 볏 깃털이 매우 다른 형태로 삐죽 솟았다.

더 신기한 새는 큰부리찌르레기*Scissorostrum dubium*로 지금은 찌르레기류로 분류되지만, 부리와 콧구멍 형태가 나머지 모든 종과 다르며 일반적 구조 면에서 열대 아프리카의 소등쪼기새류와 아주 가까운 근연종인 듯하다. 저명한 조류학자 보나파르트 공이 마침내 둘을 한데 분류했다. 색깔은 거의 전부가 암회색이며 부리와 발은 노란색이지만 엉덩이 깃털과 위 꽁지덮깃의 끝부분은 딱딱하고 반짝거리는 연필 모양이나 심홍색 술이다. 이 작고 예쁜 새들은 칼로르니스속*Calornis*의 금속성 초록색 찌르레기류의 자리를 차지하고서 말레이 제도의 나머지 섬 대부분에서 발견되지만 술라웨시 섬에는 서식하지 않는다.[9] 녀석들은 무리를 지어 다니며 곡식과 열매를 먹고 종종 죽은 나무를 찾아 구멍에 둥지를 짓는다. 또한 딱다구리류나 나무타기류처럼 수월하게 가지에 매달린다.

술라웨시 섬에서 발견되는 비둘기류 18종 중에서 11종이 고유종이다. 그중 2종인 오버홀저과일비둘기*Ptilinopus epius*, 흰빰뻐꾸기비둘기*Turacoena manaensis*와 가장 가까운 근연종은 티모르 섬에 서식한다. 흰배황제비둘기와 술라웨시땅비둘기는 필리핀 제도의 종들과 무척 닮았으며, 회색머리황제비둘기*Ducula raiata*는 뉴기니 분류군에 속한다. 마지막으로 순계류 중에서 신기한 뿔이 달린 말레오무덤새는 매우 고립된 종이며 무덤새 중에서 가장 가까운(그래도 여전히 멀다) 근연종은 오스트레일리아와 뉴기니 섬에 있다.

따라서 이 새들을 기재하고 분류한 이름난 자연사학자들의 의견으로 판단컨대 상당수 종은 술라웨시 섬 주변 지역에서 근연종을 전혀 찾을 수 없으며, 꽤 고립되어 있거나 뉴기니 섬, 오스트레일리아, 인

---

9 칼로르니스네글렉타*Calornis neglecta*는 술라 제도에서 처음 발견되었으며 술라웨시 섬에서는 마이어 박사가 발견했다.

도, 아프리카 같은 먼 지역의 종과 관계가 있다. 이와 비슷하게 먼 지역의 동물 사이에 원거리 근연성이 존재하는 경우가 또 있음은 의심할 여지가 없지만, 지구상에서 내게 친숙한 어느 지점에서도 이렇게 많은 사례가 한꺼번에 나타나거나 자연사에서 이렇게 두드러진 특징을 이룬 경우는 하나도 없다.

술라웨시 섬의 포유류는 수가 매우 적어서 육상 포유류가 14종, 박쥐류가 7종 있다. 육상 포유류 중에서는 적어도 11종이 고유종이며, 그 중 2종은 최근에 사람에 의해 다른 섬으로 전파되었으리라고 믿을 만한 이유가 있다. 말레이 제도에 꽤 널리 분포하는 3종은 다음과 같다. 1) 신기한 여우원숭이인 유령안경원숭이는 서쪽으로 믈라카에 이르는 모든 섬과 필리핀 제도에서 발견된다. 2) 말레이사향고양이*Viverra tangalunga*는 서식 범위가 더 넓다. 3) 사슴은 자와 섬의 루사사슴*Rusa timorensis*과 같은 종으로 보이며, 이른 시기에 사람이 들여온 듯하다.

술라웨시 섬에 특징적인 종들은 아래와 같다.

참개코원숭이이거나 개코원숭이를 닮은 신기한 원숭이 무어마카크는 술라웨시 섬 전역에 서식하며 작은 섬인 바찬 섬 한 곳 말고는 어디에서도 발견되지 않는다. 바찬 섬에는 우연히 들어갔을 것이다. 필리핀 제도에서 근연종이 발견되지만, 말레이 제도의 어떤 섬에서도 이와 비슷한 종을 찾아볼 수 없다. 녀석들은 스패니얼만 한 크기에 새까맣고 개처럼 주둥이가 삐죽 나왔으며 개코원숭이처럼 이마가 튀어나왔다. 엉덩이 굳은살은 크고 빨간색이며, 꼬리는 짧고 두툼한데 길이가 2.5센티미터도 안 되어 거의 보이지 않는다. 대규모 집단을 이루어 다니며 주로 나무에서 살지만 종종 땅에 내려와 밭과 과수원에서 서리를 한다.

말레이 들소, 즉 '사피우탄'이라고도 하는 셀레베스들소는 소, 물소,

영양 중에서 무엇으로 분류해야 하는지를 놓고 큰 논란이 인 동물이다. 크기는 어떤 들소보다도 작으며 여러 면에서 소를 닮은 아프리카 영양에 가까운 듯하다. 산악 지대에서만 발견되며 사슴이 있는 곳에서는 결코 서식하지 않는다고 한다. 작은 하일랜드소Highland cow보다 약간 더 작은데, 곧고 긴 뿔은 밑동이 고리 모양이며 목 뒤로 기울어져 있다.

멧돼지는 술라웨시 섬 고유종인 듯하지만 이 중에서 훨씬 신기한 동물은 바비루사다. 말레이어로 '돼지사슴'이라는 뜻인데, 다리가 길고 가늘며 구부러진 엄니가 뿔을 닮아서 붙은 이름이다. 이 별난 동물은 전체적 생김새는 돼지를 닮았지만 낙과를 먹을 때 주둥이로 땅을 파지 않는다. 아래턱 엄니는 매우 길고 뾰족하지만, 위턱 엄니는 여느 동물처럼 아래로 자라는 것이 아니라 완전히 뒤집어져 이틀齒槽에서 위로 자라 주둥이 살을 뚫고 눈 근처에서 뒤로 구부러지는데, 늙은 개체의 경우 길이가 20~25센티미터에 이르기도 한다. 뿔처럼 생긴 이 기묘한 이빨은 쓰임새가 아리송하다. 과거의 몇몇 저술가는 바비루사가 이 엄니를 갈고리로 써서 머리를 가지에 대고 휴식을 취한다고 추측했다. 하지만 엄니가 대체로 눈 앞 바로 위에서 구부러지는 것을 보면, 등나무처럼 가시가 있는 식물의 얽히고설킨 덤불 사이로 낙과를 찾아다닐 때 눈이 가시에 찔리지 않도록 보호하는 용도라는 견해가 더 그럴듯하다. 하지만 이것도 만족스럽지는 않다. 암컷도 똑같은 식으로 먹이를 찾지만 이런 엄니가 없기 때문이다. 나는 이 엄니가 한때는 쓰임새가 있었으며 자라는 족족 닳아 없어졌으나 서식 조건이 달라지면서 쓸모가 없어져 지금의 기괴한 형태로 변했다는 쪽으로 생각이 기운다. 비버나 토끼의 앞니가 서로 맞닿아 닳지 않으면 계속 자라는 것과 같은 이치다. 늙은 개체는 엄니가 엄청난 크기로 자라며 대개는 마치 싸움이라도 한 것처럼 부러진다.

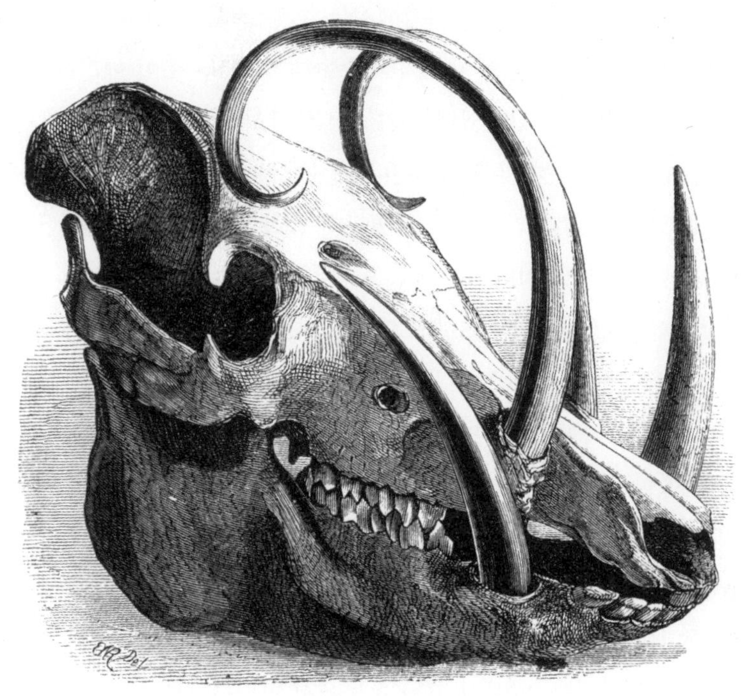

바비루사 두개골

아프리카의 혹멧돼지Wart-hog와도 비슷하다. 위 송곳니가 밖으로 자라 위로 구부러진 것이 바비루사의 엄니가 자라다 만 것 같다. 하지만 다른 면에서는 바비루사와 혹멧돼지 사이에 근연성이 전혀 없어 보이며, 바비루사는 세계 어느 곳의 돼지와도 전혀 닮지 않은 완전히 고립된 종이다. 녀석은 술라웨시 섬 전역과 술라 제도, 그리고 부루 섬에서도 발견되는데 술라웨시 군 바깥에서는 부루 섬이 유일하다. 또한 부루 섬은 새의 종류가 술라 제도와 비슷한데 이는 두 곳이 예전에 지금보다 더 가깝게 연결되어 있었을 가능성을 암시한다.

술라웨시 섬의 나머지 육상 포유류 중에서 다람쥐 5종은 전부 자와 섬 및 보르네오 섬의 다람쥐와 구별되며 술라웨시 섬은 열대지방에서 이 속의 동쪽 한계선이다.

쿠스쿠스속 2종은 말루쿠 제도의 종과 다르며, 술라웨시 섬은 이 속과 유대류의 서쪽 한계선이다. 따라서 술라웨시 섬의 포유류는 조류 못지않게 독자적이고 특이하다. 가장 크고 흥미로운 3종은 주변 지역에 근연종이 전혀 없으며 아프리카 대륙의 종과 어렴풋이 관계가 있으니 말이다.

많은 곤충 집단은 국소적 영향을 특히 많이 받는 듯하다. 조건이 달라질 때마다 심지어 조건이 거의 같아도 위치가 달라지면 형태와 색깔이 변하기 때문이다. 따라서 고등 동물에서 나타나는 독자성은 곤충처럼 덜 안정적인 동물에게서는 더 뚜렷하게 나타날 것이라 예상해야 한다. 하지만 다른 한편으로 곤충의 분산과 이주가 포유류나 심지어 조류보다 훨씬 쉽게 영향을 받는다는 사실을 감안해야 한다. 곤충은 세찬 바람에 훨씬 쉽게 휩쓸리고, 곤충 알은 잎에 붙은 채로 폭풍이나 떠다니는 나무와 함께 운반될 수 있으며, 애벌레와 번데기는 나무줄기에 파묻히거나 방수 고치에 싸여 며칠이나 몇 주 동안 바다를 고이 떠다닐 수도 있다. 이렇게 널리 퍼지는 능력 덕에 인근 육지들의 곤충은 두 가지 방식으로 동화되는 경향이 있다. 첫째, 종이 직접 상호 교환된다. 둘째, 다른 섬들에 공통으로 서식하는 종의 개체가 계속해서 새로 이주한다. 그러면 서식 조건이 달라져서 형태와 색깔이 변했더라도 교잡을 통해 변화가 원상으로 돌아가는 경향이 있다. 이 사실을 염두에 두면 술라웨시 섬 곤충의 독자성이 우리가 예상하는 것보다 훨씬 크다는 사실을 알 수 있다.

다른 섬과의 비교에서 정확성을 기하기 위해 가장 잘 알려졌거나 내가 직접 면밀히 조사한 집단에 국한하여 살펴보겠다. 우선 호랑나비과는 술라웨시 섬에 24종이 있는데 무려 18종이 다른 어떤 섬에서도 발견되지 않는다. 보르네오 섬의 경우 29종 중에서 2종만이 고유한 것과 비교하면 엄청난 차이인 것이다. 흰나비과는 아마도 돌아다니는 습성 탓에 차이가 그 정도로 크지는 않지만 그래도 꽤 눈에 띈다. 술라웨시 섬에 서식하는 30종 중에서 19종이 고유종이다. 반면에 (수마트라 섬이나 보르네오 섬보다 더 많은 종이 알려져 있는) 자와 섬에서는 37종 중에서 13종만이 고유종이다. 왕나비과Danainae는 몸집은 크지만 잘 날지 못하는 나비로 숲과 밭에 자주 찾아온다. 날개 색깔은 소박하지만 종종 매우 다채롭다. 내 채집물 중에서 술라웨시 섬에서 채집한 것은 16종이고 보르네오 섬에서 채집한 것은 15종이지만, 전자는 14종이 고유종인 반면에 후자는 2종만이 고유종이다. 네발나비과Nymphalidae는 매우 방대한 집단으로 대체로 날개 힘이 강하며 색깔이 매우 밝다. 열대에 많이 서식하며 잉글랜드에는 패모속*Fritillary*, 멋쟁이나비속*Vanessa*, 번개오색나비로 대표된다. 내가 발견한 신종까지 모두 포함하여 이 집단 중에서 동양에 서식하는 종의 목록을 몇 달 전에 작성했고, 다음과 같은 비교 결과를 얻었다.

	네발나비과 종 수	각 섬의 고유종 수	고유종 비율
자와 섬	70종	23종	33%
보르네오 섬	52종	15종	29%
술라웨시 섬	48종	35종	73%

딱정벌레류는 아주 방대하기 때문에 면밀히 연구된 집단이 거의 없다. 그래서 내가 최근에 직접 조사한 꽃무지아과Cetoninae 하나만 언급하겠다. 이 과는 매우 아름답기 때문에 많은 사람들이 찾아다녔다. 자와 섬에서는 37종이 알려져 있으며 술라웨시 섬에는 30종만 알려져 있으나, 자와 섬은 13종(35퍼센트)만이 고유종인 반면에 술라웨시 섬은 19종(63퍼센트)이 고유종이다.

이렇게 비교한 결과, 술라웨시 섬은 가까이 있는 작은 섬 몇 곳과 묶인 하나의 큰 섬이지만 지위나 중요성 면에서 말루쿠 군이나 필리핀 군 전체, 파푸아 제도, 인도말레이 군(자와 섬, 수마트라 섬, 보르네오 섬, 말레이 반도)과 맞먹는, 말레이 제도의 대분류군 중 하나로 간주해야 마땅하다. 다음의 표는 가장 잘 알려진 곤충과 새의 과를 토대로 술라웨시 섬을 다른 섬들과 비교했다.

	호랑나비과와 흰나비과 고유종 비율	수리매, 앵무, 비둘기 고유종 비율
인도말레이 지역	56%	54%
필리핀 군	66%	73%
술라웨시 섬	69%	60%
말루쿠 군	52%	62%
티모르 군	42%	47%
파푸아 군	64%	47%

크고 잘 알려진 이 과들은 술라웨시 섬 동물상의 일반적 특징을 잘 나타내며, 술라웨시 섬이 말레이 제도 한가운데에 있긴 하지만 실은 가장 고립된 지역 중 하나임을 보여준다.

하지만 술라웨시 섬의 곤충에서는 구체적인 독자성보다 더 신기하고 설명하기 힘든 현상이 관찰된다. 이 섬의 나비는 윤곽이 독특한 경우가 많아서 세계 어느 곳의 나비와도 한눈에 구별된다. 이 특징은 제비나비속과 흰나비과에서 가장 뚜렷한데, 앞날개가 밑동 근처에서 심하게 휘어지거나 갑자기 구부러지며 극단적인 경우 삐죽 나와 갈고리 모양을 이루기도 한다. 주변 섬들의 가장 가까운 근연종과 비교하면 술라웨시 섬의 제비나비속 14종 중에서 13종이 정도는 다르지만 이 특징을 나타낸다. 흰나비과 10종도 같은 특징을 나타내며 네발나비과 5종 중에서 4종도 매우 뚜렷하게 구분된다.

거의 모든 경우에 술라웨시 섬에서 발견되는 종은 서쪽의 섬에 서식하는 종보다 훨씬 크며 말루쿠 제도에 서식하는 종과 맞먹거나 더 크다. 하지만 가장 눈에 띄는 특징은 형태의 차이이다. 한 지역에 서식하는 종들의 전체 집합이 주변의 모든 지역에 서식하는 대응하는 종들과 정확히 똑같은 방식으로 다르다는 것은 완전히 새로운 현상이기 때문이다. 이 차이가 하도 뚜렷하기 때문에 색깔을 자세히 살펴보지 않아도 술라웨시 섬의 제비나비와 많은 흰나비를 다른 섬의 나비와 형태만으로 한눈에 구별할 수 있다.

다음 쪽의 각 삽화에서 바깥쪽 선은 술라웨시 섬에 서식하는 나비 앞날개의 정확한 크기와 형태를 나타내며 안쪽 선은 인접한 섬에 서식하는 가장 가까운 근연종의 크기와 형태를 나타낸다. 삽화 1에서는 술라웨시 섬에 서식하는 파필리오기곤*Papilio gigon*의 날개 가장자리가 심하게 휘어진 반면에 싱가포르 섬과 자와 섬의 줄무늬호랑나비*Papilio*

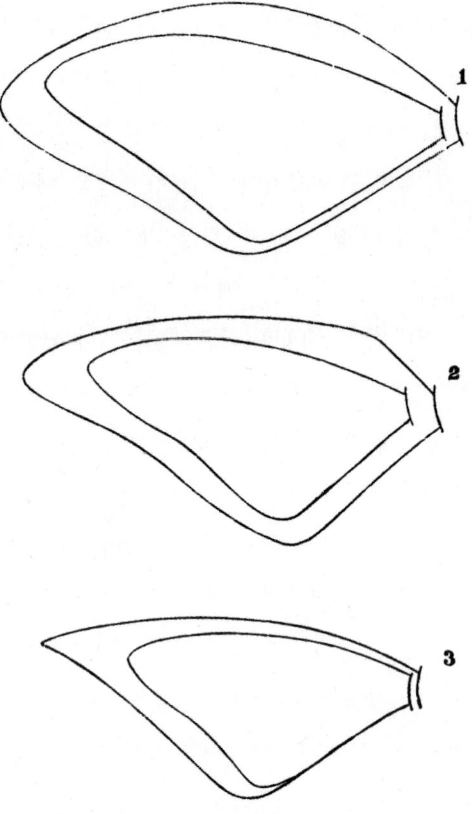

술라웨시 나비들의 독특한 날개 형태

*demolion*는 날개 가장자리가 훨씬 곧음을 알 수 있다. 삽화 2에서는 술라웨시 섬에 서식하는 안테돈청띠제비나비 아종의 날개 밑동이 불쑥 구부러진 데 반해 청띠제비나비*Graphium sarpedon*는 살짝 굽어 있음을 알 수 있다. 이 종은 인도에서 뉴기니 섬, 오스트레일리아에 이르기까지 거의 똑같다. 삽화 3에서는 술라웨시 섬 토착종인 주홍뾰족흰나비[10]의 날개가 삐죽 튀어나온 반면에 서쪽의 모든 섬에서 발견되는 매우 가까운 근연종 검은날개주홍뾰족흰나비*Appias nero*의 날개는 이보다 훨씬 짧음을 알 수 있다. 삽화만 보아도 형태의 차이가 분명히 드러나지만 실물을 직접 비교하면 이 부분적인 윤곽을 볼 때보다 훨씬 뚜렷이 구별된다.

새에 빗대어 추측하자면 날개가 뾰족할수록 비행 속도가 더 빠를 것이다. 뾰족한 날개는 제비갈매기류, 제비류, 매류, 빨리 나는 비둘기류의 특징이기 때문이다. 이에 반해 힘이 약하고 날갯짓을 힘겹게 하며 공중에서 몸을 잘 가누지 못하는 새들은 예외 없이 날개가 짧고 둥글다. 따라서 날개가 뾰족한 나비는 포식자를 훨씬 잘 피할 수 있으리라 가정할 수 있다.

하지만 그러기에는 곤충을 잡아먹는 새가 유달리 많아 보이지 않는다. 이렇게 신기한 특징에 아무 의미가 없다고는 생각할 수 없으므로 이것은 섬의 동물상이 훨씬 풍부했던-현재 이 섬에 서식하는 고립된 조류와 포유류에서 그 흔적을 찾아볼 수 있다-또한 곤충을 잡아먹는 생물이 많아서 날개가 크고 눈에 잘 띄는 나비에게 특별한 도피 수단이 있어야 했던 예전의 조건에 따른 결과인 듯하다. 매우 작거나 색깔이 아주 칙칙한 나비 집단은 날개가 뾰족하지 않으며 날개가 강해서 이미

---

10 검은날개주홍뾰족흰나비의 아종. _옮긴이

힘이 세고 비행 속도가 빠른 집단에서는 눈에 띄는 어떤 변형도 없다는 사실이 이 견해를 뒷받침한다. 녀석들은 이미 적에게서 너끈히 달아날 수 있었으므로 비행 속도를 더 늘릴 필요가 없었다. 날개의 독특한 만곡彎曲이 비행에 어떤 변화를 가져왔는지는 분명하지 않다.

술라웨시 섬 동물상의 또 다른 신기한 특징도 주목할 만하다. 무슨 말이냐 하면 술라웨시 섬에는 좌우의 인도말레이 제도와 말루쿠 제도 양쪽에서 발견되는 여러 집단을 찾아볼 수 없다는 것이다. 이 집단들은 이유는 알 수 없지만 중간의 섬에서 자리를 잡지 못한 듯하다. 조류 중에서는 넓은부리쏙독새과Podargidae와 때까치과Laniidae의 두 분류군이 말레이 제도 전역과 오스트레일리아에 이르기까지 넓게 분포하면서도 술라웨시 섬에는 대표종이 전무하다. 물총새류 중에서는 꼬마물총새속*Ceyx*, 지빠귀류 중에서는 크리니게르속*Criniger*, 솔딱새류 중에서는 부채꼬리딱새속*Rhipidura*, 되새류 중에서는 붉은가슴앵무속*Erythrura*이 말루쿠 제도와 보르네오 섬, 자와 섬에서 두루 발견되나 술라웨시 섬에서는 이 속에 속한 종이 단 하나도 발견되지 않는다. 곤충 중에서는 꽃무지류의 대규모 속인 로맙테라풍뎅이속*Lomaptera*이 술라웨시 섬을 제외한 인도와 뉴기니 섬 사이의 모든 나라와 섬에서 발견된다. 많은 집단이 분포 지역의 한가운데에 있는 제한적 구역에 부재한다는 예상 밖의 현상이 여기서만 관찰되는 것은 아니지만 이처럼 두드러진 곳은 없으리라 확신한다. 이 놀라운 섬이 더더욱 신기한 것은 이 때문이다.

이 장에서 간략히 기술한 술라웨시 섬 자연사의 기이한 특징은 모두 아주 오래전의 기원으로 수렴된다. 멸종 동물의 역사를 살펴보면 시공간에서 이들의 분포가 놀랄 정도로 비슷하다는 사실을 알 수 있다. 여기에 적용되는 법칙은 인접한 지역의 동식물이 대개 서로 밀접하게 닮은 것과 마찬가지로 같은 지역 내에서 일련의 시기에 배출된 동식물도 서로 밀접하게 닮았다는 것이다. 또한 멀리 떨어진 지역의 동식물이 일반적으로 썩 다른 것과 마찬가지로 같은 지역 내에서 멀리 떨어진 시기에 배출된 동식물도 썩 다르다는 것이다. 따라서 종의 변화가, 속과 과 형태의 변화는 더더욱 시간의 문제라는 결론을 내리려는 유혹을 억누를 수 없다. 하지만 시간이 한 나라에서는 종의 변화를 낳았으되 다른 나라에서는 형태가 더 영구적이었거나, 변화가 같은 속도로 벌어지되 각 나라에서 다른 방식으로 벌어졌을 가능성이 있다. 어느 경우든 어떤 지역의 동식물이 가진 독자성의 정도는 그 지역이 주변 지역으로부터 고립된 시간의 양과 어느 정도 비례할 것이다.

이 기준으로 판단컨대 술라웨시 섬은 말레이 제도에서 가장 오래된 지역 중 하나일 것이 틀림없다. 아마도 보르네오 섬, 자와 섬, 수마트라 섬이 대륙에서 분리되기 전일 뿐 아니라 이 섬들을 이루는 육지가 아직 바다 위로 솟아오르지 않았던 훨씬 먼 과거로 거슬러 올라갈 것이다. 술라웨시 섬의 동물 중 상당수가 인도나 오스트레일리아와 전혀 무관하고 오히려 아프리카와 관계가 있다는 사실을 설명하려면 이렇게 오래전으로 거슬러 올라가야 한다.

또한 우리는 이 멀리 떨어진 나라들을 연결하는 다리 역할을 했을 대륙이 한때 인도양에 있었을 가능성을 떠올리게 된다. 여우원숭이과를 이루는 신기한 사수류의 분포를 설명하기 위해 이런 육지의 존재가 필요하다고 생각되었다는 것은 흥미로운 사실이다. 여우원숭이의 본거지는 마다가스카르이지만 아프리카, 실론 섬, 인도 반도, 말레이 제도에서도 발견된다. 술라웨시 섬은 여우원숭이의 동쪽 한계선이다. 슬레이터 박사는 멀리 떨어진 이 지점들을 연결하며 마스카렌 제도와 몰디브 산호군에서 그 흔적을 찾을 수 있는 가상의 대륙에 '레무리아'라는 이름을 붙이자고 제안했다. 그 대륙이 여기서 제시하는 정확한 형태로 존재했다고 믿든 믿지 않든, 지리적 분포를 연구하는 사람은 술라웨시 섬의 유별나고 고립된 동식물에서 옛 대륙의 존재에 대한 증거를 볼 수밖에 없다. 이 대륙에서 술라웨시 섬 동식물의 조상들과 그 밖에 수많은 중간 형태가 유래했을 것이다.[11]

술라웨시 섬 자연사의 가장 놀라운 특징을 간략하게 살펴보면서 나는 일반 독자는 관심이 없을 주제를 자세하게 파고들어야 했다. 하지만 이렇게 하지 않았다면 나의 설명이 힘과 가치를 많이 잃었을 것이다. 이렇게 자세히 설명하지 않고서는 술라웨시 섬의 유별난 특징을 입증할 도리가 없었기 때문이다. 술라웨시 섬은 말레이 제도 한가운데에 위치하고 다양한 생물로 가득한 섬들이 사방으로 바짝 붙어 있는데도 동식물이 놀랄 정도로 독자적이다. 실제 종 수는 빈약하지만 독특한 형태는 매우 풍부하며, 상당수는 희귀하거나 아름답고 때로는 지구상에서 유일무이하다. 이곳에서 우리는 곤충 집단의 윤곽이 일제히 비슷한 방식으로 주변 섬들의 곤충 집단에 비해 달라지는 신기한 현상을 목격했다. 이는 다른 곳에서는 결코 정확히 똑같은 방식으로 작용하지 않은 공통 원인이 있었음을 시사한다. 따라서 술라웨시 섬에서는 동물의 지리적 분포 연구와 관련하여 매우 놀라운 사례를 볼 수 있다.

우리는 지구상의 현재 동물 분포가 지구 표면이 최근에 겪은 변화의 결과임을 알 수 있으며, 이 현상을 면밀히 조사하면 이따금 지금과 같은 분포가 존재하기 위해서는 과거에 어떤 변화가 일어났어야 하는지 대략적으로 추측할 수도 있다. 단순하게 비교할 수 있는 티모르 군의 사례에서는 특정한 접근법을 가지고 이러한 변화를 확실하게 추론

11 나는 그 뒤로 이 사실을 설명하는 데 레무리아처럼 두 지역을 연결하는 육지가 필요하지 않다는 결론에 이르렀다(『섬의 생물』 395쪽과 427쪽 참고).

할 수 있었다. 하지만 술라웨시 섬은 훨씬 복잡한 사례이기 때문에 내가 보여줄 수 있는 것은 일반적 성질에 불과하다. 우리가 보고 있는 것은 하나의 또는 최근의 변화뿐 아니라 동반구의 현재 육지 분포를 낳은 후대의 모든 격변으로 인한 결과이기 때문이다.

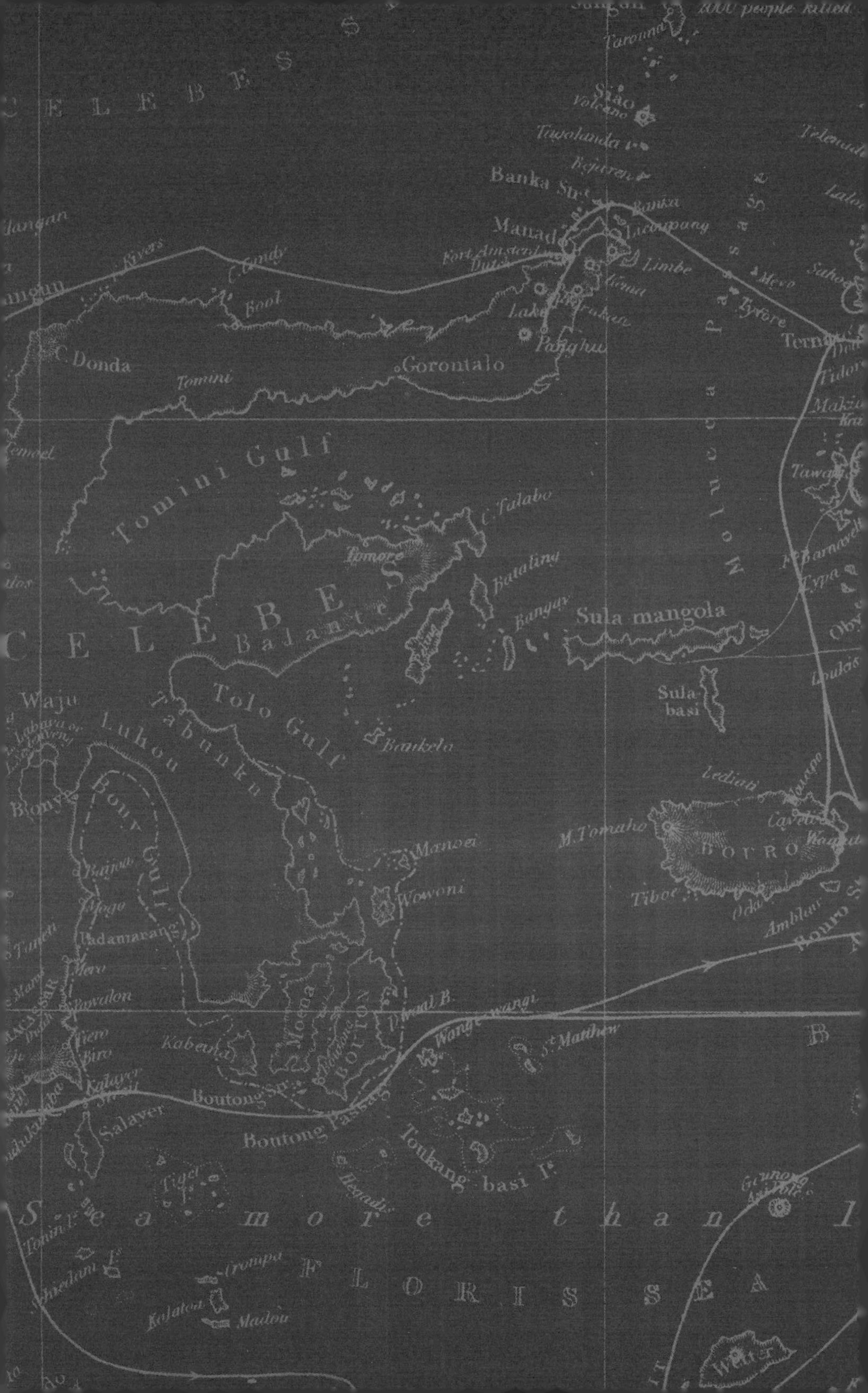

2000 people killed
Tarouna
Siao Volcano
Tagolanda I.
Kepiteren
Banka Str.t
Banka
Manad
Lieoupang
Fort Amsterdam
Limbe
Mevo
Kivers
C. Candy
Bool
Lake
Tyfore
Panghu
Terna
C. Donda
Gorontalo
Tomini
Tidor
Makia
Tomini Gulf
C. Talabo
Tawali
Tomore
Bataling
Banggai
Sula mangola
C E L E B E S
Bajante
Tolo Gulf
Tabunku
Luhou
Waju
Sula basi
Baukela
Lediau
Bony
Bony Gulf
M. Tomaho
Manoei
Cayeli
BOURO
Bajow
Wowoni
Tibor
Amblau
Mogo
Padamarang
Bouro St.
Mero
Tavalon
Moena
BOUTON
Wangi wangi
St. Matthew
Kabeena
Tiero
Biro
Salayer
Boutong Str.
Boutong Passage
Salayer
Tonkang basi I.s
Tiger I.s
Gunong Api Volc.
Hegadis
S e a m o r e t h a n 1
Tanah Ke
F L O R I S S E A
Crompa
Kalatoa
Madou
Wetter

The Malay Archipelago

말루쿠 군

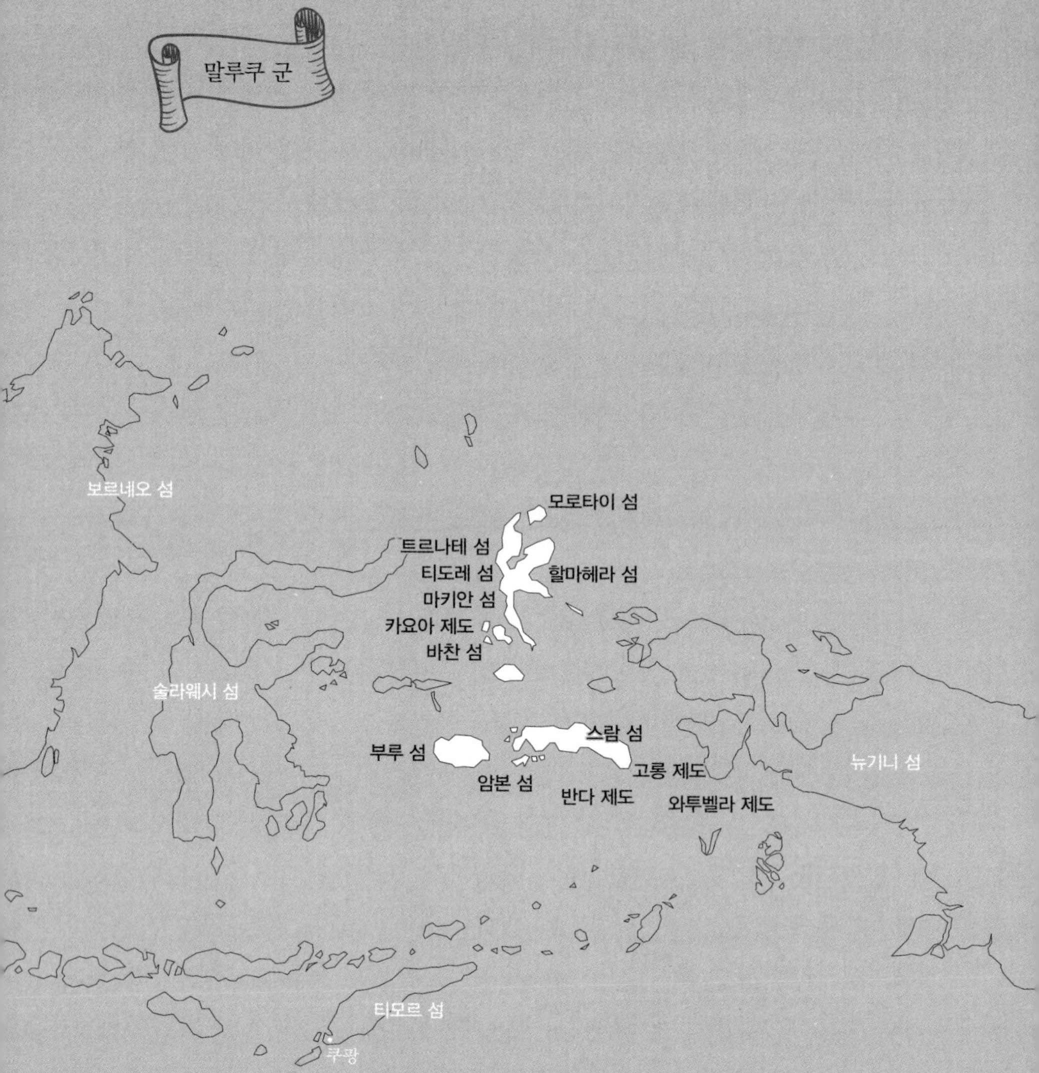

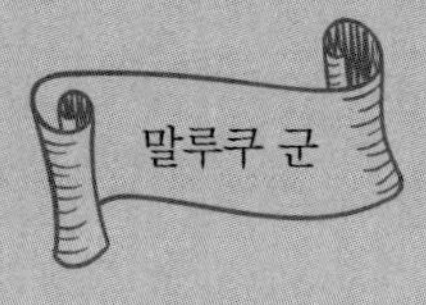

말루쿠 군
보르네오 섬
모로타이 섬
트르나테 섬
티도레 섬
할마헤라 섬
마키안 섬
카요아 제도
바찬 섬
술라웨시 섬
스람 섬
부루 섬
고롱 제도
뉴기니 섬
암본 섬
반다 제도
와투벨라 제도
티모르 섬
쿠팡

19장

반다 제도

(1857년 12월, 1859년 5월, 1861년 4월)

마카사르에서 반다 제도와 암본 섬까지 타고 간 네덜란드 우편 증기선은 널찍하고 안락한 배였지만, 날씨가 좋을 때에도 시속 10킬로미터가 최고 속도였다. 나 말고 승객은 세 명뿐이었으므로 선실은 넉넉했고 어느 때보다 항해를 즐길 수 있었다. 이 배의 체계는 영국이나 인도의 우편 증기선과 조금 다르다. 승객이 모두 하인을 데리고 탑승하기 때문에 선실 하인이 하나도 없으며 승무원은 휴게실과 식당에서만 시중을 든다. 오전 6시에는 차나 커피가 원하는 사람에게 제공되고, 7시부터 8시까지는 차, 달걀, 정어리 등으로 이루어진 간단한 아침 식사가 제공된다. 10시에 갑판에서 마데이라 포도주와 진Gin, 비터스로 식욕을 돋우고 11시에 아침 정찬을 먹는다. 저녁 식사와 다른 점은 수프가 없다는 것뿐이다. 오후 3시에 차와 커피가, 5시에 다시 비터스 등이 제공된다. 6시 30분에 맥주와 클라레 포도주를 곁들인 훌륭한 저녁 식사가 나오며 8시에 차와 커피로 마무리된다. 그 사이에도 요청하면 맥주와 소다수가 나오기 때문에 항해의 지루함을 달랠 소소한 미각 자극은 전혀 부족하지 않다.

처음 들른 곳은 큰 섬인 티모르 섬의 서쪽 끝에 있는 쿠팡이었다. 그러고는 섬의 해안을 따라 수백 킬로미터를 이동했는데, 식물이 듬성듬성 자라는 산지가 늘 보였으며 1,800~2,100미터 높이의 산마루가 겹겹이 서 있었다. 반다 제도 쪽으로 방향을 틀어 황량하고 메마른 화산섬인 아타우로 섬, 웨타르 섬, 로망 섬을 통과했다. 이곳은 아덴만큼이나 척박하며 여느 말레이 제도의 무성한 신록과는 영 딴판이다. 이틀을 더 항해하여 반다 화산군火山群에 도착했다. 유별나게 울창하고 밝은 초록색 식물로 덮인 것으로 보건대, 중앙오스트레일리아 평원에서 불어온 고온 건조한 바람의 세력권에서 벗어난 모양이다. 반다 제도는 작고 아름다운 지역으로, 안정된 항구를 섬 세 곳이 둘러싸고 있는데 항구에서는 하구河口가 전혀 보이지 않으며 물이 어찌나 맑은지 13~15미터 깊이의 바닥에 화산사火山沙를 배경으로 살아 있는 산호가 똑똑히 보이고 아무리 작은 물체도 알아볼 수 있다. 한쪽에서는 늘 연기를 내뿜는 민둥한 화산추火山錐가 솟았으나 더 큰 섬 두 곳은 꼭대기까지 식물로 덮였다.

나는 바닷가로 가서 예쁜 길을 걸어 섬의 가장 높은 곳으로 올라갔다. 그곳에는 마을이 있는데 전신국이 있고 전망이 근사하다. 빨간색 타일을 붙인 단정한 흰색 가옥과 원주민의 초가 오두막으로 이루어진 작은 마을 아래쪽으로 포르투갈의 옛 요새가 한 면을 둘러쌌다. 그 뒤로 800미터가량 떨어진 곳에 말편자 모양의 큰 섬이 있다. 가파른 산지가 멋진 숲과 육두구 밭으로 덮여 있다. 마을 맞은편에는 거의 완전한 원뿔 모양의 화산추가 있는데 화산은 아래쪽만 연녹색 덤불로 덮여 있다. 북쪽은 윤곽이 울퉁불퉁하고, 아래쪽으로 5분의 1쯤 내려간 지점에 작은 구멍이 있어서 연기 기둥 두 개가 끊임없이 뿜어져 나온다.

주변의 험한 표면과 꼭대기 근처 지점보다는 연기 양이 적다. 산 위쪽에는 황으로 보이는 흰색 백태[1]가 두껍게 깔려 있으며 그 위로 수로의 좁고 검은 수직선이 뚜렷이 보인다. 연기는 위로 올라가면서 하나로 뭉쳐 짙은 구름이 된다. 바람이 없고 습한 날에는 넓게 퍼져 덮개처럼 산꼭대기를 가린다. 밤과 이른 아침에는 연기가 곧장 솟아 산의 전체 윤곽이 고스란히 보이기도 한다.

활화산을 직접 보지 않고서는 그 무시무시함과 웅장함을 온전히 실감할 수 없다. 이 앙상하고 황량한 봉우리에서 짙은 유황 연기를 내뿜는 이 꺼지지 않는 불은 어디서 오는 것일까? 저 봉우리를 만들고 지금도 이따금 화도火道[2] 근처에서 지진을 일으키는 어마어마한 힘은 어디서 오는 것일까? 화산과 지진이 존재한다는 사실에 대해 어릴 적에 배운 지식으로는 화산과 지진이 실제로 가진 기묘하고 예외적인 속성을 이해할 수 없다. 북유럽 대다수 지역의 주민들은 땅을 안정과 휴식의 상징으로 여긴다. 평생 동안의 경험, 동년배와 동세대 전체의 경험을 통해 땅이 굳고 단단하며 거대한 바위에 물이 풍부하게 들어 있으되 불은 전혀 들어 있지 않음을 안다. 땅의 이러한 기본적 속성은 자기 나라의 모든 산에서 드러나는 바이다. 화산은 이 모든 집적된 경험과 정반대의 사실이다. 너무도 무시무시한 속성을 가지고 있기에, 이것이 예외가 아니라 규칙이었다면 땅은 살 수 없는 곳이 되었을 것이다. 이 사실은 너무나 이상하고 불가해 하기에, 먼 나라에서 일어나는 자연현상으로 처음 우리에게 소개된다면 누가 말해도 곧이들리지 않을 것이다.

---

1 비바람 때문에 자주 생기는 백색의 결정. 황산칼슘, 황산마그네슘, 수산화칼슘 등이 물에 녹아 침출되어 공기 중의 탄산가스와 화합한 것. _옮긴이

2 화산 분출물의 통로. _옮긴이

작은 섬의 꼭대기는 심하게 결정화된 현무암으로 이루어졌지만, 아래쪽에는 단단하게 퇴적된 점판질 사암이 있고 바닷가에는 거대한 용암 덩어리가 있으며 흰 산호질 석회암 덩어리가 널브러져 있다. 큰 섬은 90~120미터 높이까지 산호암으로 이루어졌으며 그 위는 용암과 현무암이다. 따라서 네 섬으로 이루어진 이 작은 군도는 아마도 한때 스람 섬과 연결되었을 더 큰 지역의 일부이나, 화산추를 형성한 바로 그 힘 때문에 떨어져 나왔을 가능성이 있다. 다른 때에 큰 섬을 방문했더니 넓은 지역이 (죽었지만 여전히 서 있는) 큰 나무들로 덮여 있었다. 이것은 고작 2년 전에 일어난 대지진의 흔적이다. 바닷물이 이곳으로 밀려 들어와 모든 저지대의 식물을 익사시켰다. 이곳에서는 거의 해마다 지진이 일어나는데, 몇 해에 한 번씩은 정도가 매우 심하여 집을 무너뜨리고 항구에 있던 배를 통째로 길바닥에 올려놓는다.

이 섬들은 작고 고립되었으며 무시무시한 지진의 피해를 겪었지만, 네덜란드 정부는 예나 지금이나 이곳을 상당히 중시한다. 세계적으로 중요한 육두구 생산지이기 때문이다. 거의 섬 전역에 육두구가 심겨 있는데 키 큰 카나리나무*Canarium commune*의 그늘에서 자란다. 이 섬에는 가벼운 화산성토와 그늘이 있고 연중 비가 내려 습도가 무척 높으므로 육두구나무에 안성맞춤이다. 육두구는 비료가 전혀 필요 없으며 손도 거의 가지 않는다. 1년 내내 꽃이 피고 익은 열매가 달려 있으며, 자연적이지 않은 강제 경작 방식을 쓰는 싱가포르와 피낭의 육두구 농장을 덮친 병해도 겪지 않는다.

재배하는 식물 중에서 육두구나무보다 아름다운 것은 드물다. 육두구나무는 모양이 근사하고 잎에 윤기가 흐르며 6~9미터 높이까지 자라는데 작고 노란 꽃을 피운다. 열매는 크기와 색깔이 복숭아와 비슷하나 더 길쭉하다. 억세고 과육이 조밀하지만, 익으면 열매가 벌어져 속에 있는 진갈색 씨가 진홍색 씨껍질에 싸인 채 드러나는데 무척이나 아름답다. 얇고 딱딱한 씨껍질 안에 들어 있는 씨앗이 상업적으로 거래된다. 반다 제도의 큰 비둘기는 육두구 열매를 먹는데, 씨껍질은 소화하지만 씨는 고스란히 배설한다.

육두구 무역은 지금껏 네덜란드 정부가 철저히 독점했으나 내가 이 나라를 떠난 뒤로 이 독점이 부분적으로나 전적으로 중단된 듯하다. 이것은 무척 부절적하고 전혀 불필요한 처사다. 독점을 완벽하게 정당화할 수 있는 경우가 있는데 이것이야말로 그중 하나라고 생각한다. 네덜란드같이 작은 나라는 멀리 떨어지고 비용이 많이 드는 식민지를 손해보면서 유지할 여력이 없다. 귀중하지만 **필수품은 아닌** 산물을 저비용에 얻을 수 있는 매우 작은 섬을 소유하고 있다면 이를 독점화하는 것은 국가의 의무라고 보아도 무방하다. 누구도 피해를 입지 않으며, 네덜란드와 속국의 전 국민은 큰 이익을 본다. 국가 독점의 생산물 덕에 무거운 세금의 부담에서 벗어날 수 있기 때문이다. 네덜란드 정부가 반다 제도의 육두구 무역을 직접 관할하지 않았다면 반다 제도 전체가 오래전에 대자본가의 소유가 되었을 것이다. 자본가가 독점해도 다른 점은 거의 없었을 테지만-지구상의 알려진 지역 중에서 육두구를 반다 제도만큼 싸게 생산할 수 있는 곳은 어디에도 없다-독점의 이익은 나라가 아니라 몇몇 개인에게 돌아갔을 것이다. 국가 독점이 어떻게 해서 국가의 의무가 될 수 있는지 설명하기 위해, 오스트레일리아에 금이 하나도 없는데 어떤 작고 척박한 섬에서 영국 선박이 금을 대량으로 발견했다고 가정해 보자. 이 경우에 공공의 이익을 위해 금광을 관리하고 운영하는 것은 당연히 국가의 의무가 될 것이다. 그 이익은 세금 감면을 통해 전체 인구에 고르게 분배될 테니 말이다. 반면에 금광을 자유무역에 맡겨두고 섬의 통치권만 유지한다면 우선이 귀금속을 차지하려는 경쟁이 치열하게 벌어지고 결국 일부 부유한 개인이나 대기업이 독점하게 되어 엄청난 피해가 발생할 수밖에 없다. 이들의 막대한 수입은 국민들에게 고른 혜택으로 돌아가지 않을 것이다. 반다 제도의 육두구와 방카 섬의 주석은 이 가상의 사례와 비슷한 점이 있으며, 나는 네덜란드 정부가 독점을 포기하는 것은 미련하기 그지없는 처사라고 생각한다.

심지어 독점 산업을 손쉽게 감시할 수 있도록 경작지를 한두 곳으로 제한하기 위해 여러 섬에서 육두구나무와 정향나무를 베어버리는 것도-이 때문에 네덜란드는 곧잘 공분을 샀다-비슷한 원칙으로 옹호할 수 있으며, 우리 영국이 매우 최근까지 고수한 많은 독점만큼 나쁘지는 않음이 분명하다. 육두구와 정향은 생활필수품이 아니다. 말루쿠 원주민들은 향신료로 쓰지도 않는다. 그러니 육두구나무와 정향나무를 베는 것은 누구에게도 물질적인 피해나 영구적 피해를 입히지 않는다. 육두구와 정향 못지않게 귀중하고 사회적 관점에서는 훨씬 이로운 생산물을 얼마든지 대신 재배할 수 있기 때문이다. 이것은 잉글랜드에서 재정적 이유로 담배 재배를 금지하는 것과 똑같은 사례이며 도덕적으로나 경제적으로나 더 좋지도 나쁘지도 않다. 우리가 인도에서 오랫동안 고수한 소금 독점은 훨씬 나빴다. 매일 쓰는 물품에 소비세와 관세를 물리는 한-이를 위해서는 공무원과 해안 경비대를 치밀하게 운용해야 하며, 순전히 법률상의 범죄가 숱하게 양산된다-훨씬 정당하고 덜 해로우며 식민지에 더 유익한 네덜란드의 조치에 분노하는 것은 어리석음의 극치다. 내 의견에 반대하는 사람은 이 사안에서 네덜란드 정부의 조치로 인해 발생한 실질적·도덕적 악덕을 하나라도 지목해 보기 바란다. 반면에 우리의 독점과 제한 조치는 이런 악덕을 낳지 않는 경우가 없다.[3] 두 실험은 조건이 완전히 다르다. 우월한 민족의 옳은 '정치경제'가 열등한 민족을 통치하는 데 동원된 적은 한 번도 없다. 우리의 '정치경제'를 이런 경우에 적용하면 열등한 민족은 예외 없이 절멸하거나 쇠락한다. 그러니 "정치경제가 올바르기 위한 필요조건은 이를 적용할 사회의 전반적인 정신적·사회적 통합이다."라는 주장에 타당성이 있을 것이다. 오래된 향신료 섬 중에서 가장 이름난 곳 중 하나인 트르나테 섬을 묘사하는 장에서 이 주제를 다시 언급할 것이다.

반다 제도의 원주민은 혈통이 매우 많이 섞였으며, 인구의 4분의 3 이상이 정도는 다르지만 말레이인, 파푸아인, 아랍인, 포르투갈인, 네덜란드인의 혼혈일 가능성이 있다. 말레이인과 파푸아인은 대다수 인구의 기반이며, 파푸아인의 검은 피부, 도드라진 이목구비, 다소 곱슬한 머리카락이 많이 보인다. 반다 제도의 본디 원주민이 파푸아인이라는 것은 의심할 여지가 없으며, 그중 일부는 포르투갈에 나라를 빼앗기고 카이 제도로 이주하여 아직도 그곳에서 살고 있다. 이런 사람들은 말레이인과 파푸아인 같은 전혀 다른 민족 사이의 과도기적 형태로 종종 간주되지만 실은 혼합의 사례에 불과하다.

반다 제도의 동물 종은 매우 적지만 흥미롭다. 박쥐를 제외하면 진짜 토종 포유류는 하나도 없는 듯하다. 돼지와 말루쿠 제도 사슴은 사람이 들여왔을 것이다.

---

3 「데일리 뉴스(Daily News)」의 1890년 3월 28일 의회 보도에서 이런 글을 읽었다. "H. 드 웜스 남작은 실론 네와라 엘리야 지구에서 논세(畓稅) 미납을 이유로 토지 매각이 이루어져 남자, 여자, 아동 10,283명이 피해를 입었는데 981명이 궁핍과 질병으로 목숨을 잃었고 2,539명이 극빈층이 된 것이 사실이라고 말했다." 이것은 사람들의 식량에 세금을 매기는 일이 어떤 결과를 낳는지 보여주는 무미건조한 공식 성명이며, 우리의 입법권자들에게는 너무나 일상적인 일이었기에 어떤 추가 조치도 없었다. 그런데도 향신료 나무를 베었다는 이유로 300년 동안 네덜란드를 비난하고 있으니 어불성설 아닌가! 네덜란드는 벌목에 대해 정당한 보상금을 지급했으며 그 결과는 경작자들에게 피해가 아니라 이익을 가져다주었을 것인데도! (21장 참고.)

유대류인 쿠스쿠스 1종도 반다 제도에서 발견되는데, 사람이 들여오지 않았다는 점에서 진짜 토종인지도 모른다. 새 중에서는 하루이틀씩 세 차례 방문하는 동안 8종류를 채집했고, 네덜란드 채집가들은 몇 종을 더 손에 넣었다. 가장 눈에 띄는 것은 아름답고 매우 근사한 과일비둘기인 멋쟁이황제비둘기*Ducula concinna*로, 육두구나 그 씨껍질을 먹으며 늘 우렁찬 울음소리를 낸다. 반다 제도뿐 아니라 카이 제도와 와투벨라 제도에서도 발견되지만 스람 섬이나 큰 섬에서는 전혀 발견되지 않는다. 이런 섬들에는 근연종이되 뚜렷이 구별되는 종이 서식한다. 작고 아름다운 과일비둘기인 장미빛왕관과일비둘기*Ptilinopus regina*도 반다 제도 고유종이다.

20장
암본 섬
(1857년 12월, 1859년 10월, 1860년 2월)

반다 제도에서 20시간을 항해하여 말루쿠 제도의 수도이자 동양에서 가장 오래된 유럽 정착지 중 하나인 암본 섬에 도착했다. 암본 섬은 두 반도로 이루어졌는데, 바다의 후미[4]로 거의 나뉘다시피 하여 동쪽 끝 근처에는 약 1.6킬로미터 너비의 모래 지협地峽[5]만 남아 있다. 서쪽 후미는 길이가 수 킬로미터여서 항구로 훌륭하며 남쪽에는 암본 읍내가 있다. 나는 모니케 박사 앞으로 된 소개장을 가지고 있었다. 그는 독일인으로 말루쿠 제도의 수석 의료 담당관이자 자연사학자다. 모니케 박사는 나처럼 언어 재능이 없어서 영어를 읽고 쓸 줄은 알았지만 말하지는 못했기에 프랑스어로 의사소통을 해야 했다. 친절하게도 내가 암본 섬에 머무는 동안 방을 내주었으며 헝가리인 곤충학자인 자신의 직원 돌레샬 박사를 소개해주었다. 돌레샬 박사는 똑똑하고 아주 상냥한

4 바다의 일부가 육지 쪽으로 휘어져 들어간 곳. _옮긴이

5 두 육지를 연결하는 좁은 땅. _옮긴이

젊은이였으나 충격적이게도 폐결핵으로 죽어가고 있었다. 하지만 직무는 여전히 수행할 수 있었다. 저녁에 모니케 박사가 나를 총독 홀드만 씨의 관저에 데려갔다. 홀드만 씨는 나를 매우 다정하게 맞아주었으며 모든 편의를 제공했다. 암본 읍은 상점가 몇 곳, 꽃 피는 떨기나무 생울타리 사이에 직각으로 뻗은 도로로 이루어졌으며 변두리에는 시골집과 오두막이 야자나무와 유실수에 둘러싸여 있다. 사방 어디나 언덕과 산이 배경을 이루고 있으며, 암본 고대 도시의 외곽에 있는 모래질 도로와 그늘진 오솔길은 아침저녁으로 산책하기에 이만한 곳이 드물다.

섬에는 활화산이 하나도 없으며 지진도 잦지 않지만, 매우 심한 지진이 일어난 적이 있으며 다시 일어날지도 모른다. 윌리엄 퍼넬 씨는 1705년에 댐피어와 함께 태평양으로 항해하던 중에 이런 글을 남겼다. "이곳(암본 섬)에 있을 때 대지진이 이틀 동안 일어나면서 큰 피해를 입혔다. 여러 곳에서 땅이 갈라져 주택 여러 채를 일가족과 함께 집어삼켰다. 몇 명은 구조되었지만 대부분은 목숨을 잃었으며, 집이 무너지면서 팔이나 다리가 부러진 사람도 많았다. 성벽 여러 군데가 산산조각 났는데 우리는 성벽과 모든 가옥이 무너진 줄 알았다. 우리가 있던 곳의 땅이 바다에서 파도가 일듯 부풀었으나 우리 근처에서는 아무 피해도 없었다." 섬 서부에서 화산이 분출한 기록도 많이 남아 있다. 1674년에 화산 폭발로 마을이 파괴되었다. 1694년에 또 폭발이 일어났다. 1797년에 수증기와 열기가 많이 분출되었다. 1816년과 1820년에도 분출이 일어났으며 1824년에는 분화구가 새로 생겼다고 한다. 하지만 이 지하의 불은 변덕이 매우 심하기 때문에 1824년 이후로는 분출 활동이 모조리 멈추었으며, 암본 섬에 거주하는 가장 똑똑한 유럽인 중에서는 이 섬에서 화산 같은 것은 한 번도 들어본 적이 없다고 말하는 사람이 많았다.

나는 내륙을 방문할 채비를 갖추는 며칠 동안 두 의사와 즐거운 시간을 보냈다. 둘 다 상냥하고 교양 있는 사람이었으며 열정적인 곤충학자였다. 다만 곤충 채집은 전적으로 원주민에게 의존했다. 돌레샬 박사는 파리류와 거미류를 주로 연구했지만 나비류와 나방류도 수집했다. 그의 상자에는 에메랄드색 초록새날개나비*Ornithoptera priamus*와 하늘색 율리시스제비나비*Papilio ulysses*의 커다란 표본, 이 풍요로운 섬에 서식하는 최상의 나비들이 잔뜩 들어 있었다. 모니케 박사는 딱정벌레류를 주로 채집했는데 자와 섬, 수마트라 섬, 보르네오 섬, 일본, 암본 섬에 여러 해 동안 체류하면서 어마어마한 수량을 수집했다. 일본에서 수집한 것이 특히 흥미로웠다. 그중에는 북부 지방의 근사한 카라부스속*Carabus*과 열대지방의 아름다운 비단벌레과Buprestidae와 하늘소과Cerambycidae가 있었다. 모니케 박사는 나가사키에서 육로로 에도까지 갔으며 일본인의 성격과 태도, 습속, 일본의 지질, 자연 특성, 자연사에 정통했다. 자신이 수집한 값싼 채색 목판화들을 보여주었는데, 한 점에 4분의 1페니도 나가지 않았으며 일본의 풍경과 풍속을 무척 다양하게 묘사했다. 투박하기는 하지만 매우 독특하며 해학적인 것도 많다. 모니케 박사는 일본의 식물을 그린 채색화도 많이 소장하고 있는데, 일본인 여인이 그렸으며 이제껏 본 그림 중에서 가장 뛰어난 솜씨였다. 줄기, 가지, 잎 하나하나를 한 번의 붓질로 그렸으며, 무척 복잡한 식물의 성질과 모습을 훌륭히 나타내고 줄기와 잎을 매우 학구적으로 정밀하게 묘사했다.

섬 북쪽 절반의 내륙에 새로 개간한 농장에 작은 오두막이 있어 그곳에서 세 주를 묵기로 했으나 물을 건네줄 배와 사람들을 구하기가 힘들었다. 암본 사람들은 지독한 게으름뱅이이기 때문이다. 항구 위로

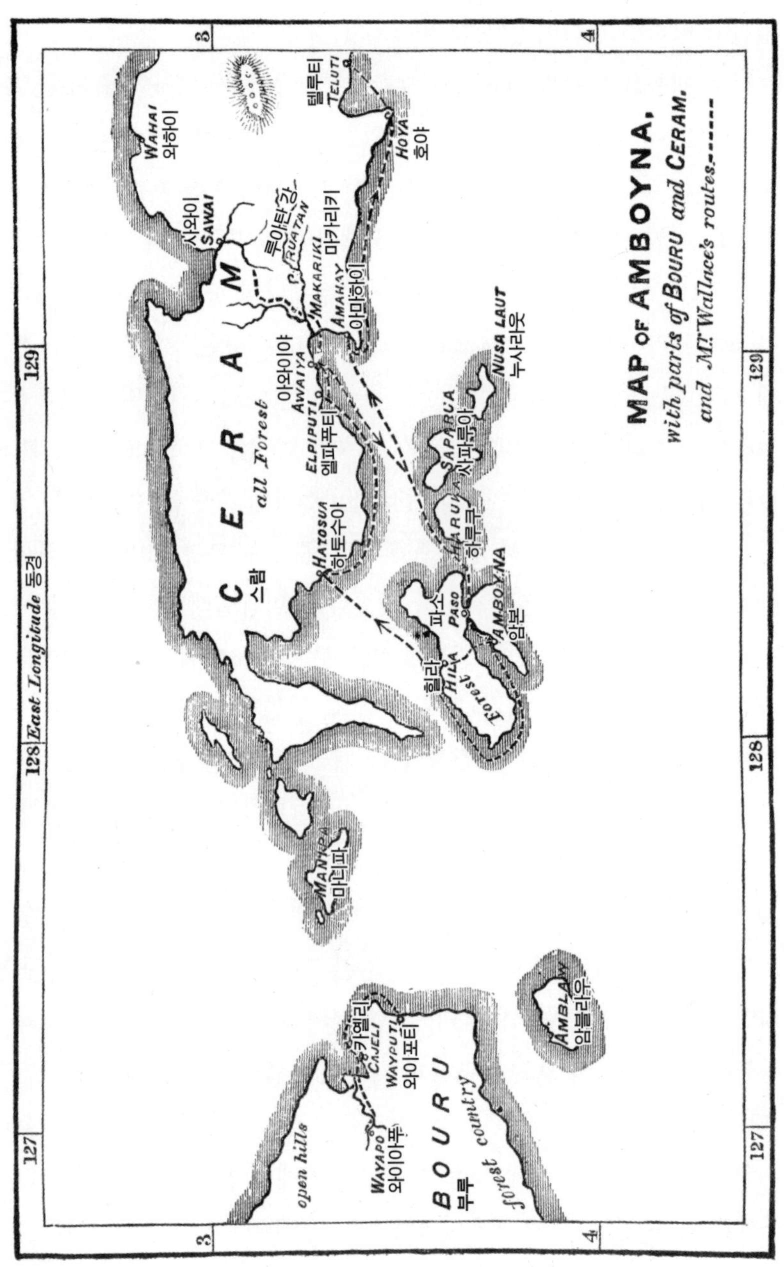

암본 섬 지도(월리스 이동 경로)

훌륭한 강처럼 보이는 물길을 따라 올라가는데 물이 어찌나 맑은지 이제껏 본 것 중에서 가장 놀랍고 아름다운 광경으로 꼽을 만했다. 엄청나게 크고 형태가 다양하고 색깔이 화려한 산호, 해면, 말미잘 등의 바다 생물이 바글바글하여 바닥이 하나도 보이지 않았다. 깊이는 6~15미터로 다양했으며 바닥은 매우 울퉁불퉁했다. 바위와 구멍, 작은 둔덕과 골짜기는 이 동물 숲이 자라는 온갖 보금자리가 되었다. 그 사이사이로 파란색, 빨간색, 노란색에다 눈에 확 띄는 반점과 띠와 줄무늬가 박힌 수많은 물고기가 지나다녔으며, 커다란 귤색이나 장밋빛의 투명한 해파리가 수면 가까이 떠다녔다. 몇 시간이라도 바라볼 수 있을 만한 광경이었다. 이 빼어난 아름다움과 흥밋거리는 어떤 묘사로도 제대로 표현할 수 없다. 지금 내 눈 앞의 현실은 산호바다의 신비에 대해 이제껏 읽은 것 중에서 눈부신 묘사조차 뛰어넘었다. 산호, 패류, 물고기 등의 해양 생물이 암본 항구보다 풍부한 곳은 세계 어디에도 없을 것이다.

항구 북쪽에서 출발하여 언덕과 골짜기를 넘고 습지와 개간지, 숲을 지나 섬 반대쪽까지 넓고 훌륭한 길이 나 있으며, 구멍마다 들어차고 들판과 비탈면에 흩뿌려진 심홍색 흙을 뚫고 산호암이 끊임없이 삐죽삐죽 솟아 있다. 이곳의 숲 식생은 더할 나위 없이 풍부하다. 양치식물과 야자가 무성하며, 덩굴 등나무는 이제껏 본 것 중 가장 많아서 큰 나무에는 거의 예외 없이 등나무가 걸려 있었다. 내가 묵을 오두막은 40헥타르의 넓은 개간지에 자리 잡았는데, 이미 일부 땅에는 어린 카카오나무와 플랜틴나무가 심겨 있어 그늘을 드리웠으며 나머지 땅은 죽고 반쯤 불탄 나무로 덮여 있었다. 한쪽에는 나무가 최근에 쓰러지고 아직 불타지 않은 지대가 있었다. 내가 도착한 길은 이 개간지의 한쪽을 따라 이어졌으며 다시 원시림으로 들어가 언덕과 골짜기를 지나 섬의 북쪽으로 연결되었다.

내 숙소는 작은 초가집에 지나지 않았는데 앞쪽에는 뚫린 베란다가 있고 뒤쪽에는 작고 어두운 침실이 있었다. 땅에서 1.5미터가량 솟아 있고, 조잡한 계단을 따라 베란다 가운데로 올라가도록 되어 있었다. 벽과 바닥은 대나무로 만들었으며 탁자와 대나무 의자 두 개, 긴 의자 한 개가 놓여 있었다. 나는 곧 여장을 풀고 최근에 쓰러진 나무에서 곤충을 찾으러 나섰다. 바구미과Curculionidae, 하늘소과, 비단벌레과의 멋진 곤충들이 바글거렸는데 대부분 모양이 근사하고 색깔이 화려했으며 거의 다 처음 보는 종이었다. 뜨거운 햇볕 아래서 몇 시간 동안 쓰러진 나무의 가지와 잔가지, 껍질을 뒤지며 곤충을 채집하는 즐거움은 곤충학자만이 공감할 수 있으리라. 희귀하거나 유럽 수집가들에게 새로운 곤충들을 몇 분이 멀다 하고 손에 넣었다.

그늘진 숲길에는 훌륭한 나비류가 많았다. 그중에서도 특히 눈에 띈 것은 제비나비속의 제왕이라 할 만한, 반짝이는 파란색의 율리시스제비나비였다. 율리시스제비나비는 당시 유럽에서는 매우 희귀했으나 암본 섬에서는 흔하디흔한 종이었다. 하지만 상태가 좋은 녀석을 입수하기란 쉬운 일이 아니어서 상당수 표본은 날개가 찢기거나 꺾인 채 채집되었다. 녀석은 힘없이 나풀거리며 날며, 덩치가 크고 날개에 꼬리가 달렸고 색깔이 화려해서 자연사학자들이 볼 수 있는 것 중에서 가장 열대 곤충답게 보인다.

암본 섬의 딱정벌레류는 마카사르의 딱정벌레류와 극명한 대조를 이루는데, 후자는 대체로 작고 칙칙한 반면에 전자는 크고 화려하다. 암본 섬의 곤충은 전반적으로 아루 제도의 곤충과 매우 비슷하지만 거의 언제나 종이 다르다. 서로 가장 가까운 근연종일 경우에는 암본 섬의 종이 더 크고 화려하다. 그래서 토양과 기후가 열악한 동쪽과 서쪽으로 갈수록 딱정벌레의 형태가 덜 화려한 쪽으로 퇴보했으리라는 결론을 내릴 만도 하다.

어느 저녁, 여느 때처럼 베란다에 앉아 책을 읽고 있었다. 나는 곤충이 빛에 이끌려 다가오면 모조리 붙잡을 준비가 되어 있었다. 밤 9시쯤 되었을 때 머리 위에서 이상한 소음과 바스락거리는 소리가 들렸다. 무거운 동물이 초가지붕 위를 느릿느릿 기어가는 것 같았다. 소음은 곧 잦아들었으며, 나는 더는 머리를 굴리지 않고 곧 잠자리에 들었다. 이튿날 오후, 하루 일과로 좀 피곤해서 저녁을 먹기 직전에 책을 손에 들고 긴 의자에 누웠는데, 위를 올려다보니 한 번도 본 적 없는 커다란 무언가가 머리 위에 있었다. 더 자세히 살펴보자 노란색과 검은색 무늬가 보였다. 마룻대와 지붕 사이에 뜬금없이 거북 등껍질이 놓여 있는 줄 알았다. 그런데 계속 쳐다보니 갑자기 커다란 뱀의 모습이 눈에 들어왔다. 매듭처럼 단단히 똬리를 틀고 있었다. 똬리의 한가운데에 머리와 밝은색 눈을 알아볼 수 있었다. 전날 저녁에 들은 소리의 정체를 이제야 알았다. 비단뱀은 집의 기둥을 타고 올라가 내 머리에서 1미터도 떨어지지 않은 초가지붕 속으로 파고들어 지붕에서 편안한 자세를 취했다. 나는 녀석 바로 밑에서 밤새도록 고이 잤던 것이다.

아래쪽에서 새 가죽을 벗기던 소년 두 명을 불러 "지붕에 큰 뱀이 있어."라고 말했다. 하지만 뱀을 가리키자마자 둘 다 집 밖으로 줄행랑을 치더니 내게도 얼른 나오라고 재촉했다. 소년들이 겁에 질려 아무 대처도 하지 못하는 걸 알고서 농장 인부를 몇 명 불렀다. 금세 대여섯 명이 모여 밖에서 회의를 했다. 그중에서 부루 섬 원주민 한 명이 뱀을 끌어내겠다며-부루 섬에는 뱀이 아주 많다-대수롭지 않은 듯 작업을 시작했다. 그는 등덩굴로 튼튼한 올가미를 만들어 한 손에 들고 다른 손으로 기다란 막대기를 집어 뱀을 쿡쿡 찔렀다. 뱀은 천천히 똬리를

침입자를 몰아내다.

풀기 시작했다. 그러자 그는 뱀 머리에 올가미를 씌우고는 몸통까지 내려 아래로 끌어당겼다. 뱀이 적에게 저항하려고 의자와 기둥을 감는 바람에 한창 실랑이가 벌어졌으나, 결국 그가 뱀 꼬리를 잡고 집 밖으로 달려나가(어찌나 빠른지 뱀은 어리둥절한 듯했다) 뱀 머리를 나무에 내리쳤다. 하지만 빗나가는 바람에 뱀을 놓쳤는데, 뱀은 근처의 죽은 나무줄기 아래로 기어 들어갔다. 녀석이 다시 기어 나오자 부루 섬 사람은 이번에도 꼬리를 잡고는 잽싸게 휘둘러 뱀 머리를 나무에 처박았다. 그러고는 손도끼로 쉽게 녀석을 죽였다. 뱀은 길이가 3.6미터 가량이었으며 몸통이 매우 굵었다. 개나 어린이를 삼키거나 큰 피해를 입힐 수 있을 정도였다.[6]

이곳에서는 새를 그다지 많이 잡지 못했다. 가장 눈에 띄는 것은 근사한 진홍색 장수앵무류인 붉은장수앵무*Eos bornea*였다. 심홍색의 솔혀장수앵무로 이곳에 매우 풍부했다. 큰 무리가 농장 주위를 돌아다녔으며, 꿀을 빨려고 꽃나무에 앉을 때는 거대한 덩어리를 이룬다. 암본 섬의 근사한 라켓꼬리물총새Racket-tailed kingfisher인 낙원물총새*Tanysiptera galatea nais* 표본도 한두 점 입수했다. 녀석들은 (대개 꽁지가 짧은) 여느 물총새와 달리 가운데 꽁지깃 두 개가 엄청나게 길고 매우 가늘지만, 벌잡이새사촌류나 일부 벌새류처럼 꽁지깃 끝이 숟가락 모양으로 부풀었다. 녀석들은 큰물총새류Kinghunters라는 분류군에 속하며 주로 곤충과 작은 육상 연체동물을 잡아먹는데, 물총새가 물고기를 물 밖으로 낚아채듯 쏜살같이 낙하하여 먹잇감을 물어 올린다. 말루쿠 제도, 뉴기니 섬, 북오스트레일리아의 매우 좁은 지역에만 서식하며 10종 가

---

6 뱀의 종류는 말루쿠비단뱀*Morelia clastolepis*으로 지금은 런던 린네학회에 소장되어 있다. _옮긴이

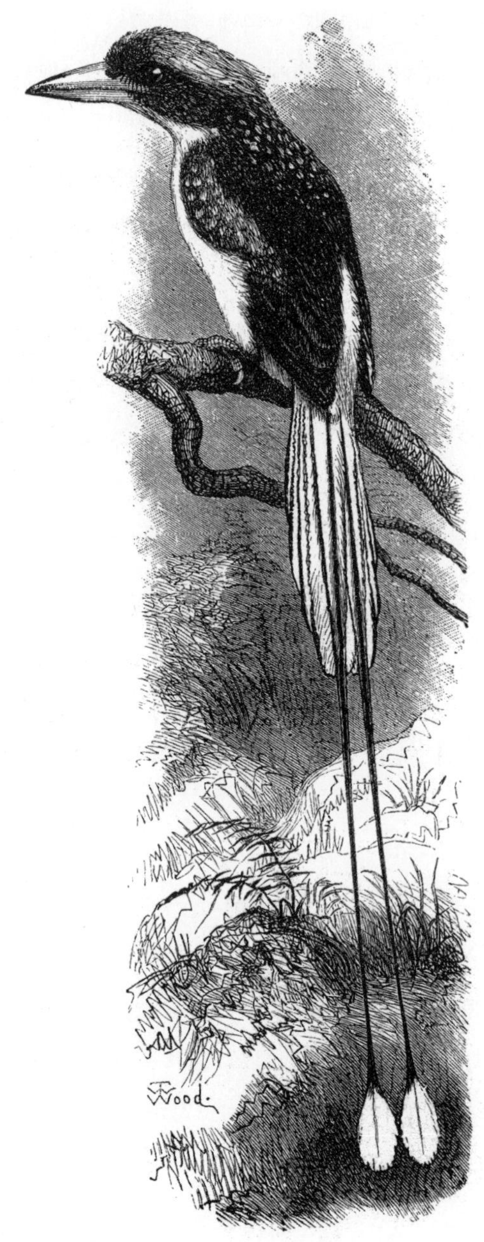

라켓꼬리물총새

량이 현재 알려져 있는데, 다들 서로 매우 비슷하게 생겼지만 각 지역마다 뚜렷이 구별된다. 암본 섬의 종은 가장 크고 잘생긴 부류로 다음에서 매우 정확하게 기술하고 있다. 꽁지깃까지 길이는 40센티미터가 족히 되며, 부리는 산호빛 빨간색, 배는 순백색, 등과 날개는 진자주색인 반면에 어깨와 머리, 목덜미, 등과 날개의 위쪽 일부는 순수한 하늘빛 파란색이다. 꽁지는 흰색이고 깃털에는 파란색 테두리가 가늘게 나 있으나 긴 깃털의 좁은 부분은 진한 파란색이다. 전혀 새로운 종으로, G. R. 그레이 씨가 해신海神[7]의 이름을 따서 명명했다.

크리스마스이브에 암본 섬으로 돌아와 다정한 벗 모니케 박사와 열흘 동안 함께 지냈다. 스무 날만 나가 있었고 그중 닷새나 엿새 동안은 날씨가 습하고 가벼운 열병에 걸려 아무 일도 못한 것을 감안하면 곤충 채집 성과는 꽤 훌륭했다. 예전에 이렇게 짧은 기간에 채집한 것에 비해 크고 화려한 종의 비율이 훨씬 컸다. 아름다운 금속성의 비단벌레과에 속한 근사한 표본을 여남은 점 얻었는데 모니케 박사의 채집물에서는 매우 훌륭한 표본이 네댓 점 더 있던 것으로 보아 암본 섬은 이 멋진 분류군이 유별나게 풍부한 듯하다.

이곳에 머무는 동안은 유럽인이 네덜란드 식민지에서 어떻게 사는지 관찰할 좋은 기회였다. 이들은 영국의 열대 식민지에 거주하는 영국인보다 기후에 훨씬 적합한 관습을 채택했다. 거의 모든 업무를 오전 7시부터 12시 사이에 처리하며, 오후에는 휴식을 취하고 저녁에는 지인을 방문한다. 한낮의 뙤약볕 아래 집에 있을 때뿐 아니라 저녁을 먹을 때조차 헐렁한 면직물 옷을 입으며, 외출복과 야회복으로는 유럽에서 만든 얇은 정장을 걸친다. 해 진 뒤에는 곧잘 맨발로 산책하며 검

7 그리스 신화에 나오는 물의 요정 나이아데스. _옮긴이

은 모자는 예식 때에만 쓴다. 그 덕에 삶이 훨씬 유쾌해졌으며 기후로 인한 피로와 불편이 부쩍 줄었다. 크리스마스는 조용히 지나가지만 설날에는 공식 축하연이 열린다. 우리는 해 질 녘에 총독 관저에 갔는데 신사와 숙녀가 운집해 있었다. 연회에서 으레 그렇듯 차와 커피를 대접받았으며, 네덜란드 식민지에서는 흡연이 금지되지 않았기에 담배도 제공되었다. 손님의 절반이 여성이었는데도 대체로 저녁 식사가 시작되기 전에 시가에 불을 붙였다. 여기서 처음으로 뉴기니 섬의 희귀한 검은장수앵무*Chalcopsitta atra*를 보았다. 깃옷에서는 윤이 났고 노르스름한 색과 자주색이 은은히 섞여 있었으며 부리와 발은 새까맸다.

시내에 사는 암본 섬 원주민은 신기하고 반半문명 반半야만의 게으른 사람들이었다. 포르투갈인, 말레이인, 파푸아인 또는 스람인의 적어도 세 인종이 혼합되고 이따금 중국인이나 네덜란드인의 피가 섞인 듯했다. 포르투갈인의 요소는 옛 기독교 인구에서 특히 두드러졌는데, 외모와 습관, 현재 이들의 언어인 말레이어에 포르투갈어 단어가 많이 남아 있는 것으로 알 수 있었다.

이들은 자기네끼리 있을 때는 독특한 복장을 하는데 꼭 맞는 흰색 셔츠에 검은색 바지, 검은색 프록코트를 입는다. 여자들은 온통 검은색 드레스를 즐겨 입는 듯하다. 축제와 축일에는 모든 남자가 연미복을 입고 높은 실크해트를 쓰며 일행은 근사한 유럽식 드레스를 우스꽝스러울 정도로 차려입는다. 이제는 신교를 받아들였지만, 축제와 결혼식 때는 가톨릭의 전례와 음악을 여전히 쓰는데 여기에 공과 원주민 춤이 흥미롭게 어우러진다.

250년 넘게 네덜란드와 가깝게 교류했는데도 언어에는 네덜란드어보다는 포르투갈어의 요소가 훨씬 많이 남아 있다. 심지어 새와 나무,

그 밖의 자연물, 많은 집 안 물품의 이름도 포르투갈어가 많다.[8] 포르투갈인은 놀라운 식민화 능력과 자신의 국가적 특성을 모든 피정복국에 또는 잠시 정착한 곳에도 심는 능력을 가진 듯하다. 암본 섬 변두리에는 이슬람교를 믿는 말레이 원주민 마을이 있다. 이들은 말레이어와 더불어, 스람어와 관계가 있는 독특한 언어를 구사한다. 주로 어업에 종사하는데 원주민 기독교인보다 근면하고 정직하다고들 한다.

초대를 받아 암본 섬 신사가 수집한 패류와 어류를 보러 일요일에 그의 집에 찾아갔다. 어류는 다양성과 아름다움 면에서 지구상에서 비길 데가 없었다. 블레이커르 씨는 이름난 네덜란드인 어류학자로, 암본 섬에서 발견되는 780종의 목록을 보여주었는데 이는 유럽의 모든 바다와 강에 서식하는 어류 종 수에 필적한다. 이 중 상당 부분은 색깔이 더없이 화려하며, 가장 순수한 노란색, 빨간색, 파란색의 띠와 반점이 나 있다. 형태는 해양 생물답게 무척 신기하고 끝없이 다채로웠다. 패류도 무척 풍부하며 세계에서 가장 근사한 종이 여럿 있다. 특히 막트라속*Mactra*과 오스트레아속*Ostrea*은 색깔이 놀랄 정도로 다양하고 아름다웠다. 패류는 오래전부터 암본 섬의 여행 상품이었으며, 많은 원주민은 패류를 채집하고 세척하여 생계를 유지한다. 방문객은 거의 다 소소한 수집물을 가지고 떠난다. 그런 탓에 흔한 종류의 패류는 상당수가 아마추어 눈에 별 볼 일 없게 되어버렸다. 런던 길거리에서 1페니에 팔리는, 근사하지만 평범한 나사조개류, 개오지류, 대추고둥류는 암본 섬 외딴 소도의 토산물인데 정작 그곳에서는 이렇게 싸게 살

---

8 암본 섬을 비롯한 말루쿠 제도에서 말레이어를 쓰는 원주민들이 흔히 구사하는 포르투갈어 단어는 다음과 같다. 폼부(비둘기), 밀루(옥수수), 테스타(이마), 오라(시간), 알피네트(핀), 카데이라(의자), 렝쿠(수건), 프레스쿠(시원하다), 트리구(밀가루), 소누(잠), 파밀리아(가족), 이스토리(말), 보스(너), 메즈무(심지어), 쿠냐두(매형), 세뇨르(나리), 니오라 포르 시뇨라(부인). 하지만 이 단어들이 유럽 언어라는 인식을 조금이라도 가진 사람은 아무도 없다.

수 없다. 어류 수집물은 수백 개의 유리병 속에서 맑은 알코올 용액에 잘 보존되었으며, 패류는 사고야자나무Sago palm tree 고갱이로 만든 크고 얕은 상자에 종이를 깔고 표본을 하나하나 실로 고정했다. 어림짐작컨대 패류의 종 수는 1,000종 가까이 되고, 표본 수는 10,000점은 되는 듯했다. 암본 섬 어류 수집물은 완벽에 가까웠다.

1월 4일에 암본 섬을 떠나 트르나테 섬으로 향했다. 하지만 2년 뒤인 1859년 10월에 마나도 섬 체류에 이어 다시 방문하여 한 달간 작은 집에서 머물며 북술라웨시, 트르나테 섬, 할마헤라 섬에서 가져온 다양하고 많은 채집물을 정리하고 포장했다. 내가 이렇게 해야 하는 이유는, 다음 달에 암본 섬을 거쳐 트르나테 섬으로 가는 우편 증기선이 들를 터였는데 내가 두 달 늦게 암본 섬에 도착했기 때문이다. 그 다음에 스람 섬을 처음으로 방문하고, 더 온전한 두 번째 탐사를 준비하기 위해 돌아오는 길에 암본 섬의 두 땅덩어리를 연결하는 지협에 있는 파소에서 (본의 아니게) 두 달을 머물렀다. 이 마을은 지협의 동쪽 모래질 땅에 있으며, 바다 너머 하루쿠 섬의 모습이 무척 근사했다. 지협의 암본 섬 쪽으로 작은 강이 흐르는데, 반대편 최고 수위선에서 30미터 안쪽까지 얕은 수로가 이어져 있다. 모래질이지만 약간 솟아 있는 이 좁은 장소에서는 작은 보트와 프라우선을 쉽게 끌 수 있으며, 스람 섬과 사파루아 섬, 하루쿠 섬에서 오는 작은 배들은 모두 파소를 거친다. 수로는 완전히 뚫려 있지는 않은데, 그 이유는 한사리[9] 때마다 지금 같은 사주沙洲가 생기기 때문이다.

이곳에 근사한 초록새날개나비와 라켓꼬리물총새, 목도리장수앵무Ring-necked lory가 많다는 얘기를 들었지만, 초록새날개나비는 때를 놓쳐

9 태양과 달과 지구 간의 상호작용으로 간만의 차가 커져 밀물이 가장 높아지는 때. _옮긴이

서 못 잡았고 새는 종류를 불문하고 매우 드물었는데도 앞에서 언급한 희귀조 한두 마리를 비롯하여 상태 좋은 표본을 몇 점 손에 넣었다. 매우 기쁘게도 이곳에서 근사한 롱기마누스앞장다리풍뎅이*Euchirus longimanus*를 잡았다. 이 보기 드문 곤충은 좀처럼 또는 통 잡히지 않는데 유일한 예외가 사탕야자 수액을 먹으려고 올 때다. 밤새 수액이 들어찬 대나무를 가지러 아침 일찍 나온 원주민들에게 발견된다. 한때는 매일 한두 마리를 산 채로 내게 가져오기도 했다. 롱기마누스앞장다리풍뎅이는 동작이 굼뜬 곤충으로, 거대한 앞다리로 느릿느릿 몸을 끌어당긴다. 녀석을 비롯한 말루쿠 딱정벌레 삽화는 이 책 27장에 실려 있다.

나는 옴진드기 같은 작은 진드기에게 끊임없이 공격받고-스람 섬의 숲은 진드기로 악명이 자자하다-섬에 있을 때 영양가 있는 음식을 먹지 못한 탓에 염증성 발진에 걸려 파소에서 발이 묶였다. 한번은 심한 종기가 몸을 뒤덮었다. 눈, 뺨, 겨드랑이, 팔꿈치, 등, 허벅지, 무릎, 발목에 종기가 나서 앉을 수도 걸을 수도 없었으며, 누울 때에도 아프지 않은 자세를 찾느라 애를 먹었다. 종기는 몇 주나 계속되었으며 하나가 나으면 하나가 새로 생겼다. 하지만 잘 먹고 바닷물로 목욕한 덕에 결국 완치되었다.

1월 말경, 믈라카와 보르네오 섬에서 내 조수로 일한 찰스 앨런이 3년 계약으로 다시 합류했다. 몸이 꽤 회복되자마자 물품을 장만하고 잇따른 탐사를 준비하는 등 할 일이 많았다. 가장 힘든 일은 사람을 구하는 것이었지만 마침내 각자 두 사람씩 영입하는 데 성공했다. 암본 섬의 기독교인 테오도루스 마타케나는 나와 함께 지내며 새 가죽 벗기는 일을 훌륭히 배웠는데 앨런과 함께 가는 데 동의했다. 내가 마나도에서 데려온, 매우 차분하고 성실한 코르넬리우스라는 청년도 동참했다. 내게는 암본 섬 주민 베드로 베하타와 메삭 마타케나 두 명이 있었는데, 마타케나에게는 형제가 두 명 있었다. 이름은 사드락과 아벳느고였다. 이곳 사람들은 자식에게 성경에 나오는 이름을 붙이는 것이 관습이었다.

이곳에 머무는 동안 전무후무한 사치를 즐겼다. 바로 진짜 빵나무 Breadfruit였다. 이곳과 주변 마을에는 빵나무를 많이 심었으며 매일같이 구입할 기회가 있었다. 암본 섬으로 가는 모든 배가 내 문 바로 맞은편에서 짐을 부려 해협으로 끌고 가기 때문이다. 빵나무는 말레이 제도의 여러 지역에서 자라지만 이곳만큼 풍부한 곳은 없는 데다 수확까지의 기간도 짧다. 열매는 뜨거운 잉걸불에 바짝 구워 속을 숟가락으로 파먹는다. 내가 요크셔 푸딩[10]과 비슷하다고 했더니 찰스 앨런은 우유를 넣은 매시트포테이토 같다고 말했다. 열매 크기는 대체로 멜론만 하며, 한가운데로 갈수록 약간 질기지만 나머지 부위는 꽤 부드럽고 말랑말랑하다. 농도는 효모 덤플링[11]과 배터[12] 푸딩의 중간이었다. 이따금 빵나무 열매로 카레나 스튜를 만들거나 얇게 저며서 튀기기도 했지만, 그냥 굽는 게 가장 맛있었다. 열매는 달콤하게 해서 먹을 수도 있고 짭짤하게 해서 먹을 수도 있다. 고기와 그레이비소스[13]를 곁들이면 온대지방과 열대지방을 통틀어 내가 아는 채소 중에 으뜸이다. 설탕이나 우유, 버터, 당밀을 넣으면 맛있는 푸딩이 되는데 매우 은은하고 미묘하면서도 독특한 향미가 난다. 훌륭한 빵과 감자 같아서 결코 질리지 않는다. 빵나무가 비교적 드문 이유는 씨앗을 심으면 늘 실패하고 접붙이기로만 번식시킬 수 있기 때문이다. 종자 번식이 가능한

---

10 영국 요리 중 하나로, 짭짤한 맛이 나는 푸딩. _옮긴이

11 발효시킨 작은 가루반죽 덩어리. _옮긴이

12 밀가루에 물을 많이 부어 묽게 반죽할 때 팽창제, 쇼트닝, 소금 등을 넣은 것. _옮긴이

13 육류를 구울 때 생기는 국물에 후추, 소금 등의 양념을 가미하여 만든 소스. _옮긴이

변종이 열대지방 전역에 흔하며 씨앗이 밤을 닮아서 먹기에 아주 좋기는 하지만 열매가 채소로서는 아무짝에도 쓸모가 없다. 이제 증기蒸氣와 워드[14] 덕분에 묘목을 쉽게 운송할 수 있으니 타의 추종을 불허하는 이 채소의 최고 변종을 우리의 서인도 제도에 이식하여 그곳에서 대규모로 번식시킬 수 있을 가능성이 크다. 그렇다면 열매는 수확한 뒤에도 어느 정도 보존되므로 코벤트 가든[15] 시장에서 이 열대의 진미를 살 수 있을지도 모른다.

암본 섬에서 여러 번에 걸쳐 보낸 몇 개월이 채집의 관점에서 늘 매우 유익한 것은 아니었지만, 동양 여행을 돌이켜 볼 때마다 늘 밝은 추억으로 남을 것이다. 멋진 말루쿠 제도가 자연사학자의 고전적 탐사지가 되고 이곳의 동물상이 지구상에서 가장 특이하고 아름다운 것으로 손꼽히게 된 계기인 저 아름다운 새와 곤충을 처음으로 접한 곳이니 말이다. 2월 20일에 마침내 암본 섬을 떠나 스람 섬과 와이게오 섬으로 향했다. 나는 찰스 앨런과 헤어져 정부 선박을 타고 스람 섬 북해안에 있는 와하이에 갔다가 미탐사지인 미솔 섬으로 갔다.

---

14 영국의 의사이자 식물학자로, 식물을 안전하게 멀리까지 운반할 수 있는 유리 상자를 1840년대에 개발했다. _옮긴이

15 영국 런던에 있는 광장으로, 300년 이상 런던의 중요한 과일·화초·야채 시장이 이곳에 있었다. _옮긴이

21장
말루쿠 군-트르나테 섬

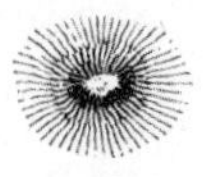

1858년 1월 8일 아침에 트르나테 섬에 도착했다. 이곳은 크고 거의 알려지지 않은 할마헤라 섬 서해안에 인접한 일련의 원뿔형 화산섬 중 네 번째 섬이다. 가장 크고 완벽한 원뿔 모양인 티도레 섬은 높이가 1,500미터를 넘는데, 트르나테 섬도 거의 같은 높이이지만 꼭대기가 더 둥글고 불규칙하다.[16] 두 섬 사이로 들어서면 산기슭 해안까지 뻗은 트르나테 읍내가 모습을 드러낸다. 입지는 훌륭하고 사방으로 근사한 전망이 펼쳐진다. 바로 맞은편에는 티도레 섬의 울퉁불퉁한 곶과 아름다운 화산추가, 동쪽에는 할마헤라 섬의 산악 해변이 길게 이어져 있다. 북쪽으로 해변의 끝에는 높은 화산 봉우리가 세 개 모여 있으며, 읍내 바로 뒤로 거대한 산이 솟아 있다. 처음에는 완만한 경사를 이루고 빽빽한 유실수 숲으로 덮여 있지만, 금세 가팔라지고 깊은 협곡이

16 챌린저 호 장교들이 측량한 바에 따르면 트르나테 섬의 고도는 1,707미터, 티도레 섬의 고도는 1,798미터다.

주름살처럼 패어 있다. 늘 희미한 연기 화환이 피어오르는 정상 부근까지 식물이 자라고 있으며 고요하고 아름다워 보인다. 하지만 그 밑에는 불이 숨어 있다. 이 불은 이따금 용암류를 쏟아내긴 하지만 주로 자신의 존재를 드러내는 것은 마을을 여러 번 쑥대밭으로 만든 지진을 통해서다.

나는 다위벤보더 씨 앞으로 된 소개장을 가지고 왔다. 그는 트르나테 섬 토박이로, 오래된 네덜란드 가문 출신이지만 잉글랜드에서 교육을 받았으며 영어를 완벽하게 구사한다. 그는 읍내의 절반, 많은 선박, 100명 이상의 노예를 소유한 갑부였다. 게다가 학식이 풍부했으며 문학과 과학을 애호했다-이것은 이 지역 유행이었다. 그는 트르나테 섬의 왕으로 통했다. 이것은 막대한 소유물 덕분이기도 했고, 원주민 라자와 그의 신민에게 미치는 엄청난 영향력 때문이기도 했다. 그가 도와준 덕에 나는 다소 허름하기는 했지만 내 목적에 꼭 들어맞는 숙소를 얻었다. 읍내에서 가깝긴 하지만 시골과 산지에 자유롭게 드나들 수 있는 곳이었다. 필요한 몇 가지 수리를 금세 끝내고 대나무 가구와 기타 필수품을 장만하고 지사와 치안판사를 방문하고 나니 지진으로 만신창이가 된 트르나테 섬의 주민이 되었다는 느낌이 들었다. 이제 나 자신을 돌아보고 앞으로의 탐사 계획을 세울 수 있게 되었다. 나는 이 숙소를 3년간 썼다. 말루쿠 제도 여러 섬과 뉴기니 섬으로 항해한 뒤에 복귀하여 채집물을 포장하고 건강을 챙기고 향후 여정을 준비할 장소가 있는 것이 매우 편리했기 때문이다. 중언부언을 피하기 위해 트르나테 섬에 대해 내가 기록한 정보를 이 장에서 뭉뚱그려 설명하겠다.

내 숙소를 묘사하면(다음 쪽의 평면도 참고) 독자는 이 섬들에서 집을 짓는 일반적 방식을 이해할 수 있을 것이다. 물론 층은 1층밖에 없

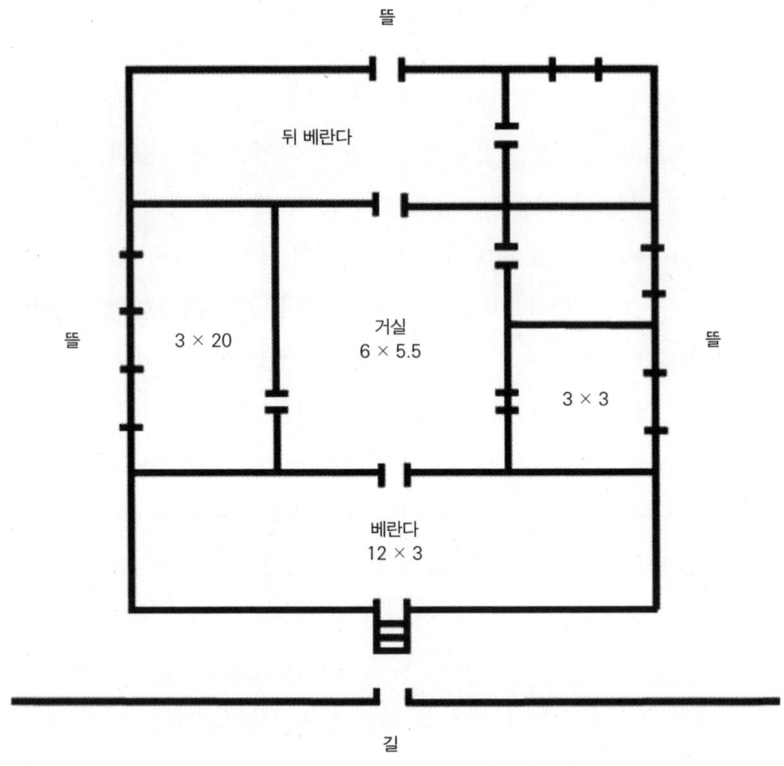

트르나테 섬에서 3년간 머물렀던 숙소의 평면도(길이 단위: m)

다. 벽은 돌로 지었으며 높이는 최대 90센티미터다. 여기에 튼튼한 사각 기둥을 세워 지붕을 떠받친다. 베란다를 뺀 나머지 모든 곳은 나무틀에 꼭 들어맞는 사고야자나무 잎줄기로 채워져 있었다. 바닥은 스투코[17]로 마감했으며 천장은 벽처럼 돌로 올렸다. 면적은 가로세로 12미터로, 공간은 방 넷, 홀 하나, 베란다 둘로 이루어졌고 유실수 숲이 주위를 둘러쌌다. 깊은 우물에서 맑고 시원한 물을 얻을 수 있었는데 이 기후에서는 대단한 사치였다. 도로를 따라 5분을 걸으면 시장과 해변이 나왔으며, 반대 방향으로는 숙소와 산 사이에 유럽인 가옥이 하나도 없었다. 나는 이 집에서 행복한 나날을 보냈다. 미개한 지역에서 서너 달을 지내다 이곳으로 돌아오면 우유와 갓 구운 빵, 게다가 생선, 달걀, 고기, 채소가 나오는 정찬의 특별한 사치를 만끽했다. 이것만으로도 건강과 활력을 회복하기에 충분했다. 나의 보물을 풀고 분류하고 정리할 공간과 편의 시설은 넉넉했으며, 운동을 하고 싶거나 채집할 시간이 생겼을 때 읍내 바깥이나 산지의 야트막한 비탈을 산책하는 일은 즐거웠다.

트르나테 읍내 뒤쪽의 산자락은 유실수 숲으로 거의 완전히 덮였으며, 수확철이 되면 남녀노소 수백 명이 매일 산에 올라 익은 과일을 가지고 내려온다. 열대 과일 중에서 으뜸인 두리안과 망고는 내가 본 어느 곳보다 트르나테 섬에 풍부하며, 망고는 세계 어느 곳과 비교해도 품질이 떨어지지 않는다. 랑삿과 망고스틴도 풍부하지만 익는 시기가 좀 늦다. 유실수 위쪽으로는 60~90미터 높이에 개간지와 경작지가 띠를 이루고 있으며, 그 위로는 원시림이 거의 정상까지 이어져 있다. 마을을 바라보는 정상 부근은 갈대를 닮은 키 큰 풀로 덮여 있다.

17 건축 공사에서 벽이나 바닥 등에 바르는 미장 재료. _옮긴이

옆으로 돌아가면 지대가 솟아 있으며 메마르고 황량한데 분화구 자리가 살짝 패어 있다. 여기에서 아래쪽으로 검은 스코리아[18] 지대가 뻗어 있다. 매우 울퉁불퉁하며 바다에 이르기까지 드문드문 덤불로 덮여 있다. 이것은 한 세기 가까이 전에 일어난 대폭발의 용암으로, 원주민들은 '바투 앙구스'(불탄 바위)라고 부른다.

숙소 바로 아래에는 포르투갈인이 지은 요새[19]가 있으며, 그 밑으로는 해변까지 공터가 펼쳐져 있다. 이곳 너머로는 원주민 마을이 북동쪽으로 약 1.6킬로미터 펼쳐져 있다. 마을 한가운데쯤에 술탄의 궁전이 있는데 크고 어수선하고 반쯤 무너진 돌 건물이다. 술탄은 네덜란드 정부에서 연금을 받지만, 트르나테 섬과 할마헤라 섬 북부의 원주민들에게 여전히 통치권을 행사한다. 트르나테 섬의 술탄과 티도레 섬의 술탄은 한때 권력과 제왕적 위엄으로 동양 전역에서 칭송받았다. 드레이크가 1579년에 트르나테 섬을 방문했을 때는 포르투갈인이 섬에서 쫓겨난 상태였지만 티도레 섬에는 여전히 정착해 있었다. 드레이크는 술탄을 극찬한다. "왕의 머리 위에는 금으로 양각된 화려한 캐노피가 있었으며 창을 든 병사 열두 명이 그를 호위했다. 허리부터 발끝까지 온통 금으로 된 화려한 옷을 걸쳤으며, 머리에 쓴 의관은 금을 꼬아 만든 온갖 고리로 장식했다. 너비는 2.5센티미터나 그 이상으로, 모양은 왕관을 닮았으며 멋지고 위엄 있는 모습을 연출했다. 목에는 순금 사슬을 걸었는데 고리가 매우 멋졌으며 한 가닥을 둘로 접었다. 왼손은 다이아몬드, 에메랄드, 루비, 터키석으로 장식했으며, 오른손에는 크고 완벽한 터키석이 박힌 반지 하나와 작은 다이아몬드 여러 개

18 기공이 많고 무겁고 색이 어두운 화산쇄설성 화성암. _옮긴이

19 오렌지 요새는 포르투갈인이 아니라 네덜란드인이 1607년에 지었다. _옮긴이

가 박힌 또 다른 반지를 꼈다."

이 모든 조잡한 금장식은 향료 무역의 산물이었다. 술탄들은 향료 무역을 독점하여 부자가 되었다. 트르나테 섬은 남쪽에 일렬로 바찬 섬까지 늘어선 작은 섬들과 더불어 옛 말루쿠 제도를 이룬다. 이곳은 정향의 원산지로 재배도 이곳에서만 한다. 육두구와 씨껍질은 뉴기니 섬과 인접 섬의 원주민들이 야생에서 채취한 것으로 조달했는데, 향료 무역은 막대한 이익이 남기 때문에 유럽 무역상들은 금과 보석, 또한 유럽과 인도의 최상품을 기꺼이 내어주었다. 네덜란드인은 이 바다에서 영향력을 확립하고 원주민 군주를 포르투갈 압제자에게서 해방시키고 나서, 가장 쉽게 보답받을 수 있는 방법은 향료 무역을 손에 넣는 것임을 깨달았다. 이를 위해 자신들이 완벽하게 통제할 수 있는 지점에만 이 귀중한 산물의 재배를 집중하는 현명한 원칙을 채택했다. 효과를 높이려면 나머지 모든 지역에서 재배와 무역을 하지 못하도록 해야 했다. 네덜란드인은 원주민 통치자와 조약을 맺음으로써 이를 달성했다. 원주민 통치자들은 자기네 소유지에 있는 향료 나무를 모두 베어버리는 데 합의했다. 이들은 두둑하지만 들쭉날쭉한 수입을 포기하는 대신 고정된 보조금, 포르투갈인의 끊임없는 공격과 가혹한 탄압으로부터의 해방, 신민에 대한 왕권과 배타적 권위의 유지를 얻어냈다. 원주민 통치자의 지배는 트르나테 섬을 제외한 모든 섬에서 오늘날까지 지속되고 있다.

막연한 공포심에 사로잡혀 네덜란드인의 이러한 행위를 마구잡이에다 야만적이라고 치부하는 데 익숙한 대다수 영국인들은 원주민들이 이 귀한 소유물을 포기함으로써 막대한 고통을 겪었으리라 추측할 것이 틀림없다. 하지만 그렇지 않았음이 분명하다. 술탄은 이 짭짤한 무역을 철저히 독점했으며, 신민에게 통상 임금 이상을 주려 들지 않으면서도 최대한 많은 향료를 얻어내려 했다. 드레이크를 비롯한 초기 항해자들은 향료를 늘 술탄과 라자에게서 사들였지 경작자에게서 사들이지 않았던 듯하다. 이 한 가지 산물을 재배하는 데 노동력이 집중되다 보니 식량과 기타 필수품의 가격이 오를 수밖에 없었는데, 재배를 금지하면서 벼를 더 많이 재배하고 사고야자나무를 더 많이 심고 물고기를 더 많이 잡고 거북딱지, 등籐, 다마르[20], 그 밖에 바다와 숲의 귀한 산물을 더 많이 얻을 수 있게 되었다. 따라서 나는 말루쿠 제도에서 향료 무역을 금지한 것이 주민들에게 실제로 유익했으며 그 자체로 현명할 뿐 아니라 도덕적·정치적으로 정당한 행위였다고 믿는다.[21]

하지만 네덜란드인은 경작지를 고를 때에는 그만큼 운이 좋거나 지혜롭지 못했다. 반다 제도는 육두구 생산지로 선정되었는데 이는 매우 성공적이었다. 이곳에서는 오늘날까지도 육두구를 생산하며 두둑한 수입을 거두고 있기 때문이다. 반면에 암본 섬은 정향 재배지로 정해졌지만, 토양과 기후가 원산지인 섬들과 매우 비슷함에도 알맞지 않았으며 몇 해 동안 정부는 경작자들에게 다른 곳보다 많은 대가를 치르고 정향을 수매했다. 네덜란드 정부가 몇 해 동안의 지급률을 고정시킨 뒤로 정향 가격이 폭락했기 때문이다. 네덜란드 정부는 지금도 손해를 보면서 정향을 수매하고 있다.

트르나테 섬 교외를 산책하다 보면 돌과 벽돌로 지은 거대한 건물, 관문, 아치의 잔해를 어디서나 발견할 수 있는데, 이를 보면 지금보다 더 큰 부를 누리던 고대 도시가 지진으로 파괴되었음을 한눈에 알 수 있다. 내가 지진을 처음으로 느낀 것은 뉴기니 섬에서 돌아와 두 번째

20 다마르나무는 주로 동남아시아에서 자라는데, 이 나무의 진을 '다마르'라고 한다. _옮긴이

21 이 책의 373쪽 주석 참고.

로 머물 때였다. 이 지역에서 경험한 다른 지진보다 심하지 않은 매우 약한 지진이었지만, 지진으로 여러 차례 파괴된 장소에서 겪으니 기분이 남달랐다. 새벽 5시 예포 소리에 막 잠을 깼는데, 고양이들이 떼 지어 달리는 것마냥 난데없이 지붕이 부스럭거리고 흔들리기 시작했다. 잠시 뒤에는 침대도 흔들렸다. 잠깐 동안 이곳이 뉴기니 섬의 허술한 숙소인 줄 착각했다. 그곳에서는 늙은 수탉이 용마루에 홰를 치면 숙소가 흔들렸다. 하지만 지금 단단한 땅바닥에 있다는 사실을 기억해내고는 이렇게 혼잣말했다. "이런, 지진이잖아." 또 다른 진동을 기다리며 누워 있었지만 이것이 트르나테 섬에서의 처음이자 마지막 지진이었다.

마지막 대지진은 1840년 2월에 일어났는데 집이 거의 모두 무너졌다. 지진은 중국 춘절春節 축제날 자정쯤에 시작되었다. 춘절에는 모든 사람이 중국인의 집에서 밤새도록 잔치를 벌이며 축제를 구경하는데 이 덕분에 인명 피해는 전혀 없었다. 별로 심하지 않은 첫 진동을 느꼈을 때 다들 집 밖으로 대피했기 때문이다. 몇 분 뒤에 닥친 두 번째 진동으로 수많은 집이 무너졌으며, 밤새도록 계속된 지진은 이튿날까지 이어지면서 마을을 쑥대밭으로 만들었다. 지진이 일어난 지대가 매우 좁아서 동쪽으로 1.6킬로미터 떨어진 원주민 마을은 거의 피해를 입지 않았다. 지진파는 북쪽에서 남쪽으로 티도레 섬과 마키안 섬을 지나 바찬 섬에서 끝나는데, 바찬 섬에서는 이튿날 오후 4시까지도 진동이 느껴지지 않았다. 따라서 지진파는 꼬박 열여섯 시간 만에 160킬로미터를 이동했다. 시속 10킬로미터인 셈이다. 이번에는 독특하게도 여느 대지진과 달리 조류가 몰아닥치거나 바다가 격동하지 않았다.

트르나테 섬 사람들은 트르나테 말레이인, 오랑 세라니, 네덜란드인의 사뭇 다른 세 민족으로 이루어졌다. 트르나테 말레이인은 마카사르족과 혈통을 공유하는 말레이 이민족으로, 매우 이른 시기에 이 지역에 정착하여 토착민을 몰아내고-토착민은 인접한 할마헤라 본도本島와 같은 민족이었음이 분명하다-군주제를 세웠다. 독특한 언어를 쓰는 것을 보면, 이들은 많은 원주민을 아내로 삼았을 것이다. 이들의 언어는 어떤 면에서는 할마헤라 섬 원주민의 언어와 매우 가깝지만 말레이어의 요소도 많이 들어 있다. 이 사람들은 대부분 무역 관련 용어는 어쩔 수 없이 익히지만 말레이어를 전혀 알아듣지 못한다. '나사렛 사람'이라고도 하는 오랑 세라니[22]는 말레이인이 포르투갈인의 기독교인 후손에게 붙인 이름이다. 이들은 암본 섬 사람들을 닮았으며 그들처럼 말레이어만 쓴다. 상당수는 이곳 토박이인 많은 중국인 상인, 약간의 아랍인, 이 모든 민족과 원주민 여인의 많은 혼혈도 찾아볼 수 있다. 여기에다 파푸아인 노예와 이곳에 정착한 다른 섬 원주민도 일부 있어서 인구 구성이 잡다하고 뒤죽박죽이다. 이 때문에 탐문하고 관찰하지 않고서는 각 특징의 정확한 기원을 밝힐 수 없다.

나는 트르나테 섬에 처음 도착하자마자 다위벤보더 씨의 두 아들과 내게 배와 뱃사람들을 내어준 집주인의 형제인 젊은 중국인을 데리고 할마헤라 섬에 갔다. 뱃사람들은 전부 노예로 대부분 파푸아인이었다. 출발하면서 나는 이 지역에서 주인과 노예가 어떤 관계인지 그 일면을 보았다. 뱃사람들은 새벽 3시까지 대기하라는 명령을 받았으나 5시가 되도록 아무도 나타나지 않았다. 우리 모두는 추위와 어둠 속에서 두 시간을 기다려야 했다. 마침내 그들이 나타났는데 주인은 나무라면서도 말투가 다정했으며 그들은 웃으며 주인에게 농담을 건넸다. 배가 출발하려는 찰나에 가장 힘센 사람 중 한 명이 가지 않겠다고 우

22 저자는 'Sirani'라고 썼지만 말루쿠어로는 'Serani'라고 한다. _옮긴이

겼다. 그러자 주인은 내가 선물을 줄 거라며 어르고 달래어 간신히 설득했다. 이렇게 약속을 받아내고, 먹고 마실 것은 많은데 할 일은 거의 없다는 것을 알고서 이 흑인 신사는 우리와 동행하며 도와주는 데 동의했다. 세 시간 동안 노를 젓고 범주帆走한 끝에 목적지 시당골리에 도착했다. 이곳에는 티도레 섬 술탄의 별장이 있는데 그는 이따금 사냥하러 온다. 더럽고 남루한 오두막이었으며, 가구라고는 대나무 침대 몇 개가 전부였다. 안쪽으로 걸어 들어가자마자 이곳이 내가 올 곳이 아님을 알아차렸다. 수 킬로미터에 이르는 들판은 거칠고 키 큰 풀로 덮였고 여기저기 나무가 빽빽했으며 숲 지대는 내륙으로 한참 들어간 산지에서나 볼 수 있었다. 이런 곳에는 새가 거의 없고 곤충은 아예 없기 때문에, 이틀만 머문 뒤에 할마헤라 섬의 좁은 중앙 지협에 있는 도딩가로 가기로 했다. 나머지 일행은 그곳에서 트르나테 섬으로 돌아갈 예정이었다. 우리는 앵무류, 장수앵무류, 비둘기류를 사냥하면서 즐거운 시간을 보냈다. 사슴도 사냥하려 했는데 수가 많았지만 한 마리도 못 잡았다. 뱃사람들이 그물로 고기를 잡았기에 먹을거리는 부족하지 않았다. 떠날 시간이 되자 또 다른 문제가 생겼다. 노예들이 일제히 우리와 함께 가기를 거부한 것이다. 무슨 일이 있어도 트르나테 섬으로 돌아가겠다는 것이었다. 주인들은 요청을 따를 수밖에 없었으며, 나는 혼자 힘으로 도딩가까지 가야 했다. 다행히 작은 배를 한 척 빌려 일꾼 두 사람과 짐을 싣고 그날 밤 도딩가에 갔다.

이 일이 있고서 2~3년 뒤, 그러니까 내가 동양을 떠나기 2~3년 전에 네덜란드 정부는 노예를 모두 해방시키고 주인들에게 소액의 보상금을 지급했다. 말썽은 전혀 없었다. 주인과 노예의 관계가 늘 원만했기에-의심할 여지없는 한 가지 이유는 네덜란드 정부가 노예들에게 법적 권리를 부여하고 잔학 행위와 학대를 당하지 않도록 보호했기 때문이다-많은 노예가 같은 일을 계속했으며, 일부 경우에 일시적으로 조금 어려움을 겪기도 했지만 그 뒤에 거의 모두가 옛 주인이나 새 주인 밑으로 돌아갔다. 정부는 모든 해방 노예를 치안판사의 감독하에 두는, 지극히 적절한 조치를 취했다. 이들은 자신이 생계를 위해 일하고 있으며 생계 수단을 정직하게 얻었음을 입증해야 했다. 이를 입증하지 못하면 저임금에 공공 근로를 해야 했다. 이 덕분에 새로 얻은 자유의 흥분이나 노동에 대한 염증으로 인한 횡령 등의 범죄의 유혹에 빠지지 않았다.

22장

할마헤라 섬

(1858년 3월과 9월)

할마헤라 섬은 크고 거의 알려지지 않은 곳으로, 나는 비교적 짧은 기간 동안 그것도 몇 번 방문하지 않았는데도 이곳의 자연사에 대해 꽤 많은 지식을 얻었다. 처음에 보낸 심부름꾼 알리와 다음으로 보낸 조수 찰스 앨런이 북쪽 반도에서 두세 달 머물면서 새와 곤충을 많이 채집하여 보내준 덕분이었다. 이 장에서는 내가 직접 방문한 지역을 간략히 설명하겠다. 내가 처음 머문 곳은 도딩가였다. 이곳은 트르나테 섬의 바로 맞은편 깊은 만의 들머리에 있는데, 내륙으로 몇 킬로미터 파고드는 작은 개울을 따라 조금만 올라가면 된다. 마을은 규모가 작으며, 낮은 언덕에 완전히 둘러싸였다.

나는 도착하자마자 마을의 우두머리를 찾아가 묵을 집을 내어달라고 요청했는데 빈집이 한 곳도 없어서 숙소를 찾느라 애를 먹었다. 그동안 해변에 짐을 부리고 차를 마신 뒤에 작은 오두막을 발견했다. 주인은 한 달 임대료로 5길더를 내면 집을 비워주겠다고 말했다. 5길더는 토지 소유권 가격Fee-simple value보다는 저렴했기에 당장 입주하기로 하되 지붕 방수 공사를 해달라고 조건을 달았다. 주인은 그러겠노라고 하고는 매일같이 찾아와 집을 들여다보고 이야기를 나눴다. 그때마다 계약에 따라 당장 지붕을 수리해달라고 요구했지만 그의 대답은 언제나 "에아 난티."(그래, 이따가)였다. 지붕을 수리할 때까지 임대료에서 매일 4분의 1길더를 깎고 내 물건이 젖으면 1길더를 더 제하겠다고 을렀더니 기세가 꺾여서 공사에 착수했는데 30분 만에 끝났다.

수면에서 약 30미터 높이에 있는 강기슭 꼭대기에는 포르투갈인이 지은, 매우 작지만 튼튼한 요새가 있다.[23] 총안과 포안은 오래전에 지진으로 무너졌고 거대한 구조물도 산산조각 났지만 요새는 높이가 3미터가량에 가로세로 12미터가량 되는 어마어마한 돌덩이여서 제자리에서 꿈쩍도 하지 않는다. 홍예문 아래의 좁은 계단으로 올라가면 초가지붕 막사들이 한 줄로 늘어서 있다. 이곳에 네덜란드 하사관 한 명과 자와인 병사 네 명으로 이루어진 소규모 수비대가 주둔하고 있다. 이 섬에서 네덜란드 정부의 유일한 대표자들인 셈이다. 마을에는 트르나테 섬 주민만 산다. 여기서는 '알푸로'라고 부르는 할마헤라 섬의 진짜 토박이는 동해안이나 북쪽 반도 내륙에 산다. 이 지점은 지협의 너비가 3킬로미터밖에 안 되며 길이 좋아서 동쪽 마을에서 이 길을 따라 쌀과 사고[24]가 들어온다. 지협 전체는 높지 않지만 매우 험하여, 작고 가파른 언덕과 골짜기가 이어져 있고 모난 석회암 덩어리가 곳곳에 솟아 있는데 이따금 길을 아예 막기도 한다. 대부분 원시림으로 매우 울창하고 아름다우며, 이맘때는 다홍색의 커다란 익소라속*Ixora* 식물(정글제라늄*Ixora concinalla*)이 흐드러지게 꽃을 피워 한껏 화사함을 뽐낸다. 이

23 실제로는 포르투갈이 아니라 네덜란드 요새였다. _옮긴이

24 사고야자나무에서 나오는 하얀 전분. _옮긴이

곳에서 매우 근사한 곤충을 몇 마리 구하긴 했지만 앓는 시간이 대부분이어서 채집물 양은 적었다. 알리는 동양에서 가장 아름다운 새로 손꼽히는 기가스팔색조*Pitta gigas*[25] 한 쌍을 잡았다. 몸 윗부분의 깃옷은 벨벳 같은 검은색이지만 가슴은 순백색, 어깨는 하늘색, 배는 심홍색이다. 다리가 매우 가늘고 튼튼하며 빽빽하게 얽히고설킨 숲에서 저벅저벅 돌멩이를 밟으며 뛰어다니기 때문에 맞히기가 여간 힘들지 않다.

뉴기니 섬에서 돌아온 이후인 1858년 9월에 북쪽 반도의 만에 위치한 질롤로 마을에서 잠시 지내려고 찾아갔다. 트르나테 섬 지사가 너그럽게도 명령을 내려주어 숙소를 구했다. 새로운 지역에 있는 미답의 숲을 처음 밟는 것은 자연사학자에게 무척 흥분되는 순간이다. 신기하거나 지금까지 알려지지 않은 무언가를 발견할 가능성이 100퍼센트에 가깝기 때문이다. 이곳에서 처음 본 것은 작은 쇠앵무류 무리였다. 한 쌍을 사냥했는데 작고 매우 아름다운 긴 꽁지의 표본을 손에 넣어 만족스러웠다. 녀석은 초록색, 빨간색, 파란색으로 장식되었으며 난생 처음 보는 종류였다. 솔혀장수앵무류 중에서 가장 작고 우아한 붉은날개오색앵무*Charmosyna placentis*의 변종이었다. 그 밖에도 사냥꾼들은 멋진 새를 금세 여러 마리 잡았으며 나는 희귀하고 아름다운 주행성晝行性 나방 뒤르빌꽃나방*Cocytia durvillii* 표본을 한 마리 찾았다.

질롤로 마을은 트르나테 섬 술탄의 주主 거주지였는데 8년쯤 전에 네덜란드 정부의 요청으로 지금의 장소로 옮겼다. 인근에 개간지가 넓게 펼쳐진 것으로 보건대 당시의 질롤로 마을은 틀림없이 인구가 훨씬 많았을 것이다. 하지만 지금은 거칠고 키 큰 풀로 덮여 걷기에 매우 불편하며 자연사학자의 눈에는 황량하기 이를 데 없다. 며칠 탐사해 보

25 저자가 언급한 새는 실제로는 상아색가슴팔색조*Pitta maxima*였을 것이다. _옮긴이

니 사방 몇 킬로미터 거리에는 작은 조각숲 몇 곳만 남아 있었으며 곤충은 드물었고 새는 종류가 제한적이어서 장소를 옮기는 수밖에 없었다. 육로로 약 20킬로미터를 가면 '사후'라는 또 다른 마을이 있는데 새를 잡기에 좋은 곳이라는 추천을 받았다. 이슬람교인과 알푸로의 인구도 많다고 했다. 나는 알푸로 민족을 무척 보고 싶었다. 어느 날 아침에 이곳을 탐사하려고 길을 나섰다. 가는 길에 숲을 통과할 수 있으리라는 기대감이 있었다. 하지만 매우 실망스럽게도 도로 양옆으로는 풀과 덤불뿐이었다. 사후 마을에 도착한 뒤에야 꽤 높은 숲 지대가 북쪽 산들을 향해 뻗어 있는 것을 볼 수 있었다. 반쯤 가다가 대나무 뗏목을 타고 깊은 강을 건너야 했는데 뗏목이 물에 잠길락말락했다. 물길은 북쪽으로 한참을 올라간다고 했다.

사후는 기대와 영 딴판이었지만 그래도 시도해 보기로 했다. 며칠 뒤에 배를 구하여 짐을 배편으로 보내고 나는 육로로 걸어갔다. 해변에서 술탄 소유의 큰 집을 얻었다. 집은 독채였으며 사방이 뚫려 있어서 사생활이 거의 보장되지 않았다. 하지만 잠깐만 머물 작정이었으므로 상관없었다. 이곳에서 좋은 표본을 채집할 수 있으리라는 희망은 며칠 지나지 않아 산산이 사라졌다. 사방 어디에서도 새와 곤충을 발견할 수 없었다. 유일하게 가 보지 않은 곳은 갈대를 닮은 2.4~3미터 높이의 풀이 끝없이 펼쳐진 들판이었는데 사이에 난 좁은 길을 지나기란 불가능에 가까웠다. 여기저기에 유실수 무리, 키 작은 조각숲, 수많은 논밭이 있었지만, 열대지방을 찾은 곤충학자에게는 사막이나 마찬가지였다. 내가 찾던 원시림은 저 멀리 꼭대기와 가파른 암벽에만 있었기에 도무지 접근할 수 없었다. 그나마 마을 외곽에서는 벌과 말벌을 꽤 많이 보았으며, 작지만 흥미로운 딱정벌레도 있었다. 사냥꾼들이 새로운 종의 새를 두세 마리 잡았으며, 끊임없이 탐문하고 약속하여 원주민들에게서 육상패류를 몇 점 얻는 데 성공했다. 그중에는 상태가 매우 좋고 모양이 근사한 피로스토마달팽이*Helix pyrostoma*도 있었다. 하지만 다른 좋은 장소에 갔을 때와 비교하면 완전히 시간 낭비였다. 할마헤라 섬에서의 첫 채집 시도에 낙담한 채 일주일 만에 트르나테 섬으로 돌아왔다.

사후 주변 지역과 내륙에는 토박이가 많이 사는데 많은 사람들이 매일같이 생산물을 팔러 마을에 왔다. 중국인과 트르나테인 무역상 밑에서 노동자로 일하는 사람들도 있었다. 자세히 살펴보니 이 사람들은 어떤 말레이 민족과도 퍽이나 달랐다. 키와 외모, 기질과 습관은 파푸아인과 거의 같으며, 머리카락은 반쯤 파푸아인이어서 토종 말레이인 같은 곧고 부드럽고 반짝이는 머리카락이 아니고, 순혈 파푸아인 같은 꼬불꼬불한 머리카락도 아니었으며 늘 곱슬하고 뻣뻣했다. 이런 머리카락은 토종 파푸아인에게서 종종 볼 수 있으나 말레이인에게서는 전혀 볼 수 없다. 머리카락 색깔만 놓고 보면 대체로 말레이인과 똑같은데 더 흰 경우도 있다. 물론 피가 섞이기도 했으며 민족을 분류하기가 힘든 사람들도 이따금 있다. 하지만 대부분의 경우에는 큰 약간의 매부리코, 긴 콧대, 큰 키, 곱슬머리, 수염, 체모 그리고 스스럼없는 태도와 우렁찬 목소리에서 파푸아인 유형임을 분명히 알 수 있다. 이곳에서 나는 어떤 저술가도 예상하지 못한 지점에서 말레이 민족과 파푸아 민족을 나누는 정확한 경계선을 발견했다. 나는 이 발견에 무척 흡족했다. 민족학에서 가장 까다로운 문제 중 하나의 실마리를 얻었으며 그 밖의 많은 지역에서 두 민족을 구분하고 혼혈의 정도를 판단할 수 있었기 때문이다.

1860년에 와이게오 섬에서 돌아오는 길에 할마헤라 섬 남단에서 며칠 묵었으나, 섬의 구조와 일반적 특징을 좀 더 관찰한 것 이외에 추가 정보는 거의 얻지 못했다. 토박이는 이 북쪽 반도에만 살고, 트르나테 섬과 티도레 섬의 주민들과 혈통을 공유하는 말레이 부족은 섬의 나머지 지역 전부와 바찬 섬, 서쪽의 섬들은 독차지하고 있다. 이는 알푸로가 비교적 최근에 이주했으며 이들이 북쪽이나 동쪽, 아마도 태평양의 섬들 중 한 곳에서 왔음을 시사하는 듯하다. 그렇지 않다면 이토록 많은 기름진 땅에 진짜 토박이가 하나도 없는 이유를 설명하기 힘들다.

할마헤라 섬은 최근에 융기와 침강으로 지형이 변형된 것으로 보인다. 1673년에 북쪽 반도에 있는 감코노라에서 땅이 솟아 산이 생겼다고 한다. 내가 본 모든 지역은 화산 지대이거나 산호 지대였으며, 해안을 따라 산호초가 테두리를 이루고 있어 항해하기에 매우 위험하다. 한편 자연사의 특징으로 보건대 이 섬은 꽤 오래된 곳임이 틀림없다. 이 섬 고유종이거나 주변의 작은 섬들에 공통되지만 동쪽의 뉴기니섬, 남쪽의 스람 섬, 서쪽의 술라 제도와는 거의 언제나 구별되는 동물이 많이 서식하기 때문이다.

할마헤라 섬 북동쪽 끝에 바짝 붙어 있는 모로타이 섬은 조수 찰스 앨런과 베른슈타인 박사가 방문한 바 있는데 그곳에서 얻은 채집물과 본도本島의 채집물 사이에는 흥미로운 차이가 있었다. 이 섬에는 약 56종의 육조가 서식하는 것으로 알려져 있는데, 이 중에서 물총새(낙원물총새의 아종인 도리스극락물총새*Tanysiptera doris*), 꿀빨이새(더스키꿀빨이새*Philemon fuscicapillus*의 아종인 트로피도린쿠스푸스키카필루스*Tropidorhynchus fuscicapillus*), 까마귀를 닮은 큰 찌르레기(까마귀극락조*Lycocorax pyrrhopterus*의 아종인 리코코락스모로텐시스*Lycocorax morotensis*)는 할마헤라 섬의 근연종과 사뭇 구별된다. 이 섬은 산호질에다 모래질이므로 꽤 오래전에 할마헤라 섬에서 떨어져 나왔다고 보아야 한다. 한편 자연사를 보면 바다 너비가 40킬로미터에 이르기에 날개 힘이 아주 센 새들조차도 두 섬을 넘나들지 못했음을 알 수 있다.

23장
트르나테 섬에서 카요아 제도와 바찬 섬으로
(1858년 10월)

사후에서 트르나테 섬으로 돌아오자마자 바찬 섬 일정을 준비하기 시작했다. 말루쿠 제도 남부에 도착한 이후로 바찬 섬에 가보라는 권고를 끊임없이 받은 터였다. 모든 준비를 끝낸 뒤에 배를 한 척 빌려야 한다는 사실을 깨달았다. 배를 얻어 탈 기회가 전혀 없었기 때문이다. 그래서 원주민 마을에 갔는데 빌릴 수 있는 배는 두 척뿐이었다. 하나는 내게 필요한 것보다 훨씬 컸고 다른 하나는 내가 바라는 것보다 훨씬 작았다. 나는 작은 배를 골랐다. 비용이 큰 배의 3분의 1에 불과할 터였기 때문이다. 게다가 해안을 항해할 때는 작은 배가 몰기 쉬우며 세찬 돌풍이 불 때 안전한 장소에 정박하기도 쉽다. 이제는 내게 매우 유용한 존재인 보르네오 청년 알리, 우직한 명사수이자 나와 뉴기니 섬에 갔다 온 트르나테 섬 토박이 라하기, 나무꾼 겸 일반 보조로서 말레이어를 할 줄 아는 할마헤라 섬 토박이 랄리, 요리를 맡을 소년 가로를 데리고 갔다. 배가 하도 작아서 내 짐을 다 싣고 나니 우리가 비집고 들어갈 틈도 거의 없었다. 키잡이로는 라치라는 남자 한 명만 데려갔다. 그는 키 크고 튼튼한 파푸아인 노예로 매우 공손하고 신중했다. 배는 라우컹통이라는 중국인에게 5길더를 주고 한 달간 빌렸다.

10월 9일 아침에 출발했지만, 뭍에서 100미터도 떨어지지 않았는데 강한 맞바람이 몰아쳐 노를 저을 수가 없었다. 그래서 해변을 따라 엉금엉금 마을 아래로 가서 조류가 바뀌어 티도레 섬 해안까지 건너갈 수 있을 때까지 기다렸다. 오후 3시경에 다시 출발했는데 이번에는 비스듬히 바람을 받아 순조롭게 범주했다. 한참 가다가 바람이 잦아들어 다시 노를 들어야 했다. 험한 화산 언덕 뒤로 해가 저물 무렵에, 저녁밥을 지으려고 티도레 섬의 대大화산추 남쪽에 있는 멋진 모래 해변에 상륙했다.[26] 얼마 지나지 않아 초승달이 밝게 빛나는 저물녘 하늘에서 샛별이 반짝이며 뚜렷한 그림자를 던지는 장면을 목격했다. 7시를 조금 앞두고 다시 출발했다. 산 그림자를 빠져나오자 산등성이 한쪽에 깔린 밝은 빛이 보였다. 이내 산꼭대기에서 눈에 띄게 하얀 불 같은 것이 보였다. 나는 사람들에게 저것 좀 보라고 했다. 그들도 그냥 불이라고 생각했다. 하지만 해변을 떠난 지 몇 분이 지났을 때 빛은 산등성이 위로 솟아 있었다. 희뿌연 구름이 걷히자 모습을 드러낸 것은 당시에 온 유럽을 놀라게 한 아름다운 혜성이었다.[27] 혜성의 핵은 맨눈으로 보면 밝은 흰 빛의 뚜렷한 원반처럼 보였으며, 거기에서 꼬리가 수평선과 약 30~35도의 각도로 솟았다가 약간 아래로 휘더니 희미한 빛을 솔처럼 넓게 뿌렸다. 꼬리의 곡선은 점차 밋밋해지더니 마지막에는 거의 직선이 되었다. 혜성 꼬리의 밑동은 은하수에서 가장 밝은 부분보다 서너 배 밝아 보였으며, 위쪽 가장자리가 핵에서 꼬리 끝까지 뚜렷

---

26 실제로는 남쪽이 아니라 북쪽이다. _옮긴이

27 이것은 도나티 혜성으로, 당시 지구에 가장 가까이 접근하여 가장 밝은 상태였다. _옮긴이

하고 날카롭게 구분되는 반면에 아래쪽 가장자리는 차츰 희미해지다 사라지는 것이 이채로웠다. 혜성이 산등성이 위로 솟아오르는 것을 보자마자 사람들에게 말했다. "저건 불이 아니야. 빈탕 베레코르('꼬리 달린 별'이라는 뜻으로, 혜성을 일컫는 말레이어 숙어)라고." 그들이 말했다. "그렇네요." 다들 혜성 얘기는 종종 들었지만 직접 본 것은 이번이 처음이라고 했다. 수중에 망원경이나 관측 도구가 하나도 없었지만 어림하건대 꼬리 길이는 약 20도, 끝부분의 너비는 약 4~5도인 듯했다.

이튿날은 바람이 어찌나 거세던지 티도레 마을 근처에서 하루 종일 발이 묶였다. 이 지역은 모두 개간되었으며, 잡을 만한 곤충을 찾아봤지만 허사였다. 일꾼 하나가 사냥하러 갔지만 새 한 마리도 못 잡고 돌아왔다. 해 질 녘에 바람이 잦아들자 우리는 티도레 섬을 떠나 다음 섬인 마치 섬에 도착하여 이튿날 아침까지 머물렀다. 혜성은 다시 모습을 드러냈지만 구름에 가려지고 초승달 빛에 바래 어제만큼 밝지는 않았다. 우리는 노를 저어 모티 섬에 갔다. 이곳은 산호초로 둘러싸여 가까이 가면 위험하다. 산호초는 완전히 평평하며 만조 때만 물에 잠기는데, 깊은 물속으로 들어가면 울퉁불퉁한 수직 벽을 이루고 있다. 바람이 조금이라도 불 때 이 바위들 근처에 오는 것은 위험하지만, 다행히도 바다가 매우 잔잔해서 가장자리에 정박했다. 일꾼들은 산호초를 기어 뭍으로 올라가서 불을 피우고 저녁을 요리했다. 배에 있는 장비로는 아침과 오후에 내가 마실 커피의 물을 데우는 것이 고작이었다. 그러고는 산호초 가장자리를 따라 노를 저어 섬 끝부분에 갔다. 기쁘게도 서쪽에서 알맞은 미풍이 불어와 우리는 해협을 지나 오후 8시경에 마키안 섬에 도착했다. 하늘이 무척 맑았고 달이 밝게 빛나고 있었으나 혜성은 처음 보았을 때만큼 찬란해 보였다.

이 작은 섬들은 지질 형성 과정에 따라 해안의 형태가 사뭇 다르다. 화산은 활화산이든 사화산이든 검은색의 가파른 화산사 해변이나 용암과 현무암의 울퉁불퉁한 덩어리가 테두리를 이룬다. 산호는 잔잔한 만에서 작은 조각으로 관찰될 뿐, 없는 경우가 많으며 초를 이루는 경우는 거의 또는 전혀 없다. 트르나테 섬, 티도레 섬, 마키안 섬이 이 부류에 속한다. 화산에서 기원한 섬, 즉 그 자체가 화산은 아니지만 아마도 최근에 융기했을 섬들은 대체로 정도는 다르지만 산호초로 완전히 둘러싸여 있으며 해변에는 반짝이는 흰 산호모래가 깔려 있다. 해안에서는 화산성 역암과 현무암이 보이며 곳에 따라 층상 퇴적암을 바탕으로 융기한 산호가 박혀 있다. 마레 섬과 모티 섬이 이런 종류인데, 모티 섬은 윤곽이 진짜 화산처럼 생겼으며 포러스트는 1778년에 섬에서 돌이 굴러 떨어졌다고 말했다. 이튿날인 10월 12일에 마키안 섬 해안을 따라 항해했다. 마키안 섬은 거대한 화산 하나로 이루어졌다. 지금은 잠잠하지만, 두 세기쯤 전에(1646년) 끔찍한 폭발이 일어나 산꼭대기가 통째로 날아가고 삐죽삐죽하게 잘려 나간 정상과 거대하고 어두침침한 분화구 계곡만 흔적으로 남았다. 모티 섬은 이 재난이 일어나기 전에만 해도 티도레 섬만큼 높았다고 한다.[28]

나는 산에서 경사가 매우 가파른 곳에 있는 새 개간지에서 잠시 머물며 흥미로운 곤충을 몇 마리 잡았다. 저녁에는 남단으로 가서 24킬로미터의 해협을 건너 카요아 제도로 갈 채비를 했다. 이튿날 새벽 5시에 출발했지만, 지금까지 서풍이던 바람이 남풍과 남서풍으로 바뀌

28 내가 말레이 제도를 떠나고 얼마 지나지 않은 1862년 12월 29일에 이 산에서 또 다른 폭발이 일어나 섬이 쑥대밭이 되었다. 온 마을과 농작물이 파괴되었으며 수많은 주민이 목숨을 잃었다. 모래와 재가 두껍게 쌓여 80킬로미터 떨어진 트르나테 섬까지 작물이 피해를 입었다. 트르나테 섬은 이튿날까지도 어두컴컴해서 한낮에도 불을 켜야 했다. 이 섬과 인근 섬들의 위치는 37장의 지도 참고.

는 바람에 찌는 듯한 뙤약볕 아래서 내내 노를 저어야 했다. 뭍에 가까이 다가가자 산뜻한 미풍이 불어왔으며 우리는 속도를 부쩍 올렸다. 하지만 한 시간이 지나도록 조금도 나아가지 못했다. 거센 조류가 우리를 바다로 밀어내고 있었던 것이다. 결국 조류를 이겨내고 해 질 녘에 해안에 도착했다. 24킬로미터 오는 데 꼬박 열세 시간이 걸렸다. 우리는 딱딱한 산호암 해변에 상륙했다. 절벽도 카이 제도(24장)를 닮은 거친 산호암이었다. 그 섬들에서 본 것처럼 식물이 화려하고 무성했다. 나는 흡족하여 본本마을에서 며칠 머물며 동물상이 카이 제도만큼 흥미로운지 알아보기로 했다. 밤에 안전하게 정박할 장소를 찾다가 다시 혜성을 보았다. 여전히 처음처럼 밝았지만 꼬리는 더 높은 각도로 올라가 있었다.

10월 14일에는 하루 종일 카요아 제도를 따라 항해했다. 이곳의 모습과 윤곽은 카이 제도의 축소판이었는데, 여기에다 해변을 따라 평평한 습지와 외딴 산호초가 자리 잡고 있었다. 맞바람이 치고 조류가 반대 방향이어서 정상 경로인 서쪽으로 가지 못하고 한 섬의 남쪽 끝을 빙 돌아 우회하는 경로를 택해야 했다. 이따금 산호초 때문에 바다 멀리 나가야 한 적도 있었다. 이 산호초 중 하나를 지나는 물길을 통과하려는데 배가 좌초했다. 다들 물속으로 들어가야 했는데, 얕은 해협이어서 물이 햇볕에 너무 달궈진 탓에 기분 나쁠 정도로 미지근했다. 물풀과 해면, 산호, 뾰족뾰족한 산호암 사이로 한참 동안 배를 끌었다. 밤 늦게서야 작은 마을 항구에 도착했다. 힘든 노동에 시달리고 온종일 소금기 가득한 물만 마신 탓에-그나마 마지막 정박지에서 구한 최상의 물이었다-다들 녹초가 되었다. 바닷가 근처에 집이 하나 있었다. 트르나테 섬 지사가 공무상 방문할 때 쓰도록 지었지만, 지금은 원주민 행상 몇 명이 차지하고 있었다. 그들 사이에 끼어서 잤다.

이튿날 아침 일찍 마을에 가서 카팔라, 즉 촌장을 찾았다. 나는 정박지에 있는 집에서 며칠 머물고 싶으며 내가 쓸 수 있도록 해달라고 부탁했다. 촌장은 매우 협조적이었으며 즉시 집을 비우도록 했다. 가보니 내가 이런 요청을 했다는 얘기를 듣고 상인들은 이미 떠난 상태였다. 문이 하나도 없어서 개와 그 밖의 동물을 막기 위해 울타리를 두어 개 빌렸다. 많은 나무들이 짠물에 잠긴 채 죽었거나 죽어가는 것으로 보건대 이곳의 땅은 빠르게 내려앉고 있는 것이 분명했다. 아침을 먹고 나서 소년 두 명을 안내인으로 대동하고 마을 너머의 숲 언덕으로 걸어갔다. 두 달간 비가 한 번도 오지 않았기에 지독하게 덥고 건조했다. 약 60미터 높이까지 올라가니 해변을 둘러싼 산호암은 일종의 사암의 변성암인 단단한 결정질암으로 바뀌어 있었다. 이는 최근에 땅이 60미터 이상 융기했다가 더 최근에 침강하기 시작했음을 시사한다. 언덕은 매우 험했으나 마른 작대기와 도목 사이에서 근사한 곤충을 몇 마리 발견했다. 대부분 트르나테 섬과 할마헤라 섬에서 이미 접한 형태와 종이었다. 좋은 길을 찾지 못하여 돌아와서는 마을 동쪽의 저지대를 탐사했다. 긴 플랜틴과 담배 밭을 지나는데 쓰러지고 불탄 나무가 걸리적거렸다. 여기서 비단벌레과 딱정벌레 6종의 개체를 잔뜩 발견했다. 그중 하나는 처음 보는 것이었다. 이번에는 나비를 찾을 수 있을까 하여 질척한 숲으로 들어갔는데 실망만 하고 말았다. 지독한 열기로 기진맥진한 터라 돌아가 다음 날 탐사를 준비하는 편이 낫겠다는 생각이 들었다.

오후에 앉아서 곤충을 정리하는데 마을의 남녀노소가 숙소에 몰려들어 나의 작업 광경을 신기한 듯이 쳐다보았다. 표본을 핀으로 고정하고는 작은 원형 이름표에 이름을 적어서 부착했는데, 심지어 늙은 카팔라와 이슬람교 사제, 말레이 상인까지도 경탄을 금치 못했다. 이들이 백인의 방식과 견해에 대해 좀 더 알았다면 나를 바보나 미치광이로 여겼을지도 모른다. 하지만 무지한 탓에 나의 작업을 전혀 이해할 수 없었음에도 존경해 마땅한 것으로 받아들였다.

이튿날인 10월 16일에 습지 너머에서 원시림을 새로 개간하고 있는 곳을 발견했다. 길고 더운 길이었으며 쓰러진 나무줄기와 가지를 뒤지는 일은 무척 힘들었지만, 딱정벌레류 70종가량을 손에 넣는 수확을 거두었다. 그중에서 적어도 10여 종은 처음 보는 것이었으며 나머지도 희귀하고 흥미로운 것이 많았다. 이곳만큼 딱정벌레가 풍부한 곳은 난생 처음 봤다. 큼직한 황금색 비단벌레과, 초록색 꽃무지속(로맙테라풍뎅이속), 소바구미과Anthribidae의 여남은 종은 어찌나 많은지 내가 지나가면 떼 지어 날아올라 시끄럽게 웅웅거리며 공중을 가득 채웠다. 훌륭한 하늘소류 몇 종도 그에 못지않게 흔했다. 어찌나 다채로운지 구색을 잘 갖춘 캐비닛의 서랍을 훑어볼 때 느끼게 되는 열대의 풍부함을 한눈에 실감할 수 있을 정도였다. 나무줄기 아래쪽에는 작거나 굼뜬 하늘소들이 달라붙어 있었으며, 개간지 끝자락의 가지에 앉은 하늘소들은 여차하면 날아오르려는 듯 더듬이를 쫙 편 채 앉아 있었다. 이곳은 근사한 장소였으며 비할 데 없이 풍부한 열대 곤충상을 가진 곳으로 평생 기억에 남을 것이다. 그 뒤로 사흘간 이 지역을 계속 찾았는데 그때마다 많은 신종을 발견했다. 다음의 기록은 곤충학자에게 흥미로울 것이다. 10월 15일에 딱정벌레류 33종, 16일에 70종, 17일에 47종, 18일에 40종, 19일에 56종, 모두 해서 약 100종을 채집했으며 그중 40종은 처음 보는 것이었다. 하늘소류는 44종이었으며, 마지막 날에 28종을 잡았는데 그중 5종이 처음 보는 것이었다.

사냥하러 간 소년들은 나만큼 운이 좋지는 않았다. 이곳에 흔한 새는 말루쿠 제도 대부분에서도 발견되는 빨간색의 큰 앵무(뉴기니아앵무*Eclectus roratus*)와 까마귀, 무덤새속(무덤새)뿐이었다. 예쁜 라켓꼬리물총새(낙원물총새)도 몇 마리 잡았지만 깃옷 상태가 열악했다. 하지만 다른 섬에서 발견되는 것과는 종이 달랐는데, 트르나테 섬이 원산지로 린네가 본디 '알케도데아*Alcedo dea*'로 명명한 새와 가장 비슷했다.[29] 이는 할마헤라 섬과 평행한 작은 열도에 몇 가지 고유종이 공통으로 있음을 시사할 것이다. 이 현상은 곤충에서 분명히 드러난다.

카요아 제도의 주민들도 내게는 무척 흥미로웠다. 이들은 틀림없이 말레이인 및 파푸아인과 근연성이 있는 혼혈 민족으로 트르나테 섬과 할마헤라 섬 사람들과 혈연관계가 있다. 이들은 독특한 언어를 쓰는데 주변 섬들과 약간 닮았지만 꽤 구별된다. 이들은 이제 이슬람교인이 되었으며 트르나테 섬에 종속된다. 땅이 돌밭이고 기후가 건조하여 과일 농사에 알맞지 않기에 여기서 볼 수 있는 과일은 파파야와 파인애플뿐이다. 벼, 옥수수, 플랜틴은 잘 자라지만 지금 같은 건기에는 종종 피해를 입는다. 목화를 조금 재배하는데 이걸로 여인들이 사롱(말레이인의 페티코트)을 짓는다. 섬들에는 맑은 물이 담긴 우물이 하나뿐으로 정박지 근처에 있는데 모든 주민이 마실 물을 뜨러 이곳에 온다. 남자들은 배를 잘 만들며 정기적으로 배를 팔아서 돈을 많이 버는 듯하다.

카요아 제도에서 닷새를 보내고 다음 목적지로 출발했는데 금세 좁은 해협과 섬들을 지나 바찬 섬에 당도했다. 저녁 때 갈렐라인 정착지에 머물렀다. 이들은 할마헤라 섬 북단에 사는 원주민으로 말레이 제도의 이 지역을 널리 누비고 다닌다. 아우트리거가 달린 크고 널찍한 프라우선을 만들어 맘에 드는 해안이나 섬이 있으면 어디에나 자리 잡는다. 사슴과 멧돼지를 사냥하여 고기를 말리고, 거북과 해삼을 잡고,

29 지금은 낙원물총새의 아종인 *Tanysiptera galatea sabrina*으로 분류된다. _옮긴이

숲을 벌목하여 벼나 옥수수를 심는데, 다들 엄청나게 활발하고 부지런하다. 피부색이 연하고 키가 크고 외모가 파푸아인을 닮은 매우 근사한 민족으로, 내가 이제껏 본 것 중에서 타히티 섬이나 하와이 섬의 토종 폴리네시아인을 묘사한 그림이나 설명과 가장 흡사했다.

이번 항해 중에 일꾼들이 마찰열로 불을 피우는 장면을 볼 기회가 여러 번 있었다. 대나무의 오목한 면에 작은 흠집을 내고는 끝이 뾰족한 대나무를 그 위에서 문지른다. 처음에는 천천히 시작하여 점차 빠르게, 그러다 속도를 부쩍 올리면 고운 가루가 떨어져 나와 불이 붙은 채 대나무를 돌려서 생긴 구멍 속으로 떨어진다. 이 동작을 매우 빠르고 정확하게 수행한다. 반면에 트르나테 섬 사람들은 대나무를 다른 식으로 쓴다. 부싯돌처럼 단단한 표면을 사금파리로 쳐서 불꽃을 일으켜 부싯깃에 옮겨 붙인다.

항해 열이틀 만인 10월 21일 저녁에 목적지에 도착했다. 내내 날씨가 좋아서 무척 덥긴 했지만 매우 즐겁게 지낼 수 있었다. 게다가 이번에 섬과 산호초 사이에서 뱃일 경험을 쌓은 덕에 다음에는 이런 종류의 훨씬 오랜 항해도 해낼 수 있게 되었다. 바찬 마을은 넓고 깊은 만 들머리에 있는데, 북부의 산악 지대와 남부의 산악 지대가 이곳에서 낮은 지협으로 연결된다. 남쪽으로는 멋진 산등성이가 펼쳐졌는데, 여러 정박지에서 관찰한 바로는 섬의 지질 형성이 주변의 지대와 전혀 달랐다. 보이는 돌은 모두 남쪽으로 기운 얇은 사암이거나 자갈 덩어리였다. 이따금 작은 산호질 석회암도 있었지만 화성암은 하나도 없었다. 숲은 트르나테 섬과 할마헤라 섬의 마르고 다공성인 용암이나 융기한 산호초와는 사뭇 달리 울창하고 키가 컸다. 새와 곤충도 그만큼 풍부할 것 같았기에 만족감과 기대감으로 가득한 채 미답지인 바찬 섬을 탐사하기 시작했다.

24장

바찬 섬

(1858년 10월에서 1859년 4월까지)

트르나테 섬 지사가 쓰는 숙소 맞은편에 상륙했는데, 중년의 점잖은 말레이인이 우리를 맞았다. 그는 자신이 술탄의 보좌관이라며 내가 가지고 온 공식 서한을 달라고 했다. 서한을 건네자 비어 있는 공식 관사를 써도 좋다고 즉시 내게 통보했다. 금세 해안에 짐을 부렸지만 주변을 둘러보니 숙소는 오래 머물 만한 곳이 아니었다. 물을 길으려면 멀리까지 가야 해서 일꾼 한 명은 물과 땔감 구하는 일만 해야 했으며, 나는 매일 숲에 갈 때마다 마을을 통과해야 했고 사생활이 거의 보장되지 않았는데 이렇게 사는 것이 무척 싫었다. 방은 모두 널빤지를 둘렀으며 천장이 있었는데 이 때문에 여간 번거로운 게 아니었다. 못을 박지 않고서는 물건을 걸 방법이 없었기 때문이다. 대나무와 풀로 지은 원주민의 오두막이 두 배는 편리했다. 그래서 마을 바깥으로 탄광 가는 길에 숙소가 없느냐고 물었다. 보좌관은 술탄 소유의 작은 집이 있으며 이튿날 아침 일찍 자기랑 보러 가자고 말했다.

조잡하지만 튼튼한 다리를 건너 큰 강을 통과하여 고운 자갈이 깔려 있고 맑은 물이 흐르는 개울을 지나자 작은 오두막이 있었다. 오두막은 매우 작았고, 말뚝에 올리지 않고 땅바닥에 접해 있었으며, 이곳에서 '가바가바'라고 부르는 사고야자나무의 잎줄기로만 거의 지어졌다. 뒤쪽에 있는 강 너머로 숲으로 덮인 기슭이 솟아 있었으며, 숙소 앞쪽에 바짝 붙어 난 훌륭한 도로를 따라 경작지를 통과하여 약 800미터를 가면 숲이 있었고 그곳에서 6킬로미터를 더 가면 탄광이 나왔다. 장점이 한눈에 들어왔기에 보좌관에게 이 숙소를 쓸 수 있으면 좋겠다고 말했다. 그리하여 당장 두 사람을 보내어 지붕 고칠 '아탑스'(야자잎 이엉)를 사 오게 했으며 이튿날 술탄의 부하 여덟 명의 도움을 받아 나의 모든 짐과 가구를 나르고는 쓰기 편하게 정리했다. 간단한 대나무 침대가 뚝딱 완성되었고 내가 가져온 널빤지로 만든 탁자는 창문 아래에 두었다. 대나무 의자 두 개, 편안한 등의자 한 개, 개미가 접근하지 못하게 기름칠한 잔에 올린 선반을 놓으니 가구 배치가 끝났다.

오후에 보좌관과 함께 술탄을 만나러 갔다. 옥외 경비실에서 잠시 기다린 뒤에 소박하고 반쯤 요새화되고 회칠한 건물의 현관으로 안내되었다. 넓은 실외 복도에 작은 탁자와 의자 세 개가 놓여 있었으며 백발에 때 묻은 수염, 더러운 얼굴의 노인이 파란색 얼룩의 면 윗도리와 헐렁한 빨간색 바지 차림으로 나타나 악수를 하고는 내게 앉으라고 권했다. 내가 할 일에 대해 15분 동안 대화를 나눈 뒤에-술탄은 지대한 관심을 보였다-여느 때보다 훌륭한 차와 과자가 들어왔다. 나는 숙소를 내어준 것에 감사를 표하고는 나의 채집물을 보여주겠다고 제안했다. 술탄은 꼭 보러 오겠다고 약속했다. 그러고는 자신에게 지도 만드는 법을 가르쳐주고 잉글랜드에서 작은 총을, 벵골에서 젖염소를 구해다 달라고 부탁했다. 나는 요령껏 그의 부탁을 얼버무렸으며 우리는 좋은 분위기에서 헤어졌다. 술탄은 분별력 있는 노인이었는데 섬의 인구가 적은 것을 한탄했다. 금을 비롯한 귀한 광물이 많지만 탐사하고 채굴할 사람이 없다고 말했다. 오스트레일리아 금광을 발견하려는 골드러시와 그곳에서 커다란 금덩어리들이 발견된 이야기를 들려주었더니 술탄은 무척 흥미를 보이며 이렇게 외쳤다. "아! 우리에게도 그런 사람들이 있었다면 우리 나라도 그만큼 부유해졌을 텐데!"

이튿날 아침에 새 숙소에 들어가 일꾼들을 사냥 보내고 나는 탄광으로 이어지는 도로를 탐사하러 갔다. 800미터를 채 못 가서 원시림에 접어들었는데 웅장한 나무들이 천연 가로수를 이루고 있었다. 초입은 평탄하고 질척질척했으나 금세 지대가 조금 높아졌으며 내 숙소 뒤로 흐르는 개울을 따라 이어졌다. 개울물은 돌과 자갈이 깔린 물길을 콸콸 몰아쳤으며 이따금 가장자리에 넓은 모래톱을 남겼고 또 이따금 다양하고 거대한 숲 식물을 왕관처럼 쓴 높은 기슭 사이를 흘렀다. 3킬로미터가량 가자 계곡이 좁아졌으며, 물가에서 불쑥 솟아오른 가파른 비탈면을 따라 도로가 이어졌다. 어떤 곳에서는 바위가 깎여 나갔지만 표면은 이미 근사한 양치식물과 덩굴식물로 덮여 있었다. 우람한 나무고사리가 많았으며, 무성하고 다채로운 분위기가 온 숲에 감돌았다. 최근에 친숙해진 메마른 화산성토에서는 결코 볼 수 없는 풍경이었다. 좀 더 들어가자 길은 개울을 가로지르는 다리를 건너-중간에 거대한 돌무더기가 쌓여 다리를 든든히 떠받쳤다-골짜기 맞은편으로 이어졌으며 무척이나 아름답고 흥미진진한 길을 따라 3킬로미터를 더 가니 탄광이 나타났다.

탄광은 두 지류가 본류로 합쳐지는 지점의 넓은 공터에 자리 잡았다. 숲길 여러 곳과 새 개간지는 채집하기에 안성맞춤이었으며, 나는 새롭고 흥미로운 곤충을 몇 마리 잡았다. 하지만 시간이 많이 흘러서 더 철저한 탐사는 나중으로 미뤄야 했다. 석탄은 몇 해 전에 발견되었는데 네덜란드 증기선에서 공정하게 평가할 수 있을 만큼 충분한 양을 운반하기 위해 도로가 건설되었다. 하지만 석탄의 품질은 충분히 좋지 않은 것으로 판명되었으며 탄광은 버려졌다. 최근에 더 나은 광맥을 찾을 수 있으리라는 기대로 또 다른 지점에서 작업이 시작되었다. 80명가량이 고용되어 있었는데 주로 감옥살이한 자들이었다. 하지만 이런 나라에서 탄광을 운영하기에는 턱없이 부족했다. 도로 몇 킬로미터를 수리하는 데만도 여러 명이 계속 매달려야 했기 때문이다. 품질이 뛰어난 석탄을 찾으려면 광차鑛車 궤도를 건설해야 했는데 계곡이 일정한 경사로 내리막을 이루고 있었기에 매우 쉬운 일이었다.

숙소에 돌아오자마자, 사냥 갔던 알리가 허리띠에 새 몇 마리를 매단 채 돌아왔다. 알리는 무척 흐뭇한 표정으로 말했다. "보세요, 나리. 신기한 새예요." 나는 그가 내민 새들을 보고서 처음에는 어안이 벙벙했다. 한 마리는 가슴에 근사한 초록색 깃털이 풍성하게 나 있고 이 깃털이 길어져 두 개의 반짝이는 술을 이루었는데, 어깨에서 똑바로 삐죽 솟은 한 쌍의 긴 깃털은 도무지 이해가 되지 않았다. 알리는 새가 날개를 퍼덕거리면서 스스로 깃털을 내밀었으며 자신이 새를 건드리지 않았는데도 깃털이 줄곧 삐죽 나와 있었다고 단언했다. 알려진 어떤 새와도 전혀 다른, 완전히 새로운 형태의 극락조였다. 엄청난 선물이었다. 깃옷은 전반적으로 수수했는데 순수한 잿빛 올리브색에다 등에는 자줏빛이 감돌았다. 정수리는 창백한 금속성 보라색으로 아름답게 반짝였으며, 같은 과科의 대다수 종처럼 머리 앞쪽 깃털이 불쑥 튀어나와 부리를 덮었다. 목과 가슴에는 고운 금속성 초록색 깃털이 비늘처럼 나 있었으며 가슴 아래쪽의 깃털이 두 가닥 넥타이처럼 양쪽으로 길게 삐져나왔다. 이 깃털은 날개 아래에 말아 넣을 수도 있고 대다수 극락조의 옆 깃털처럼 약간 곧게 벌릴 수도 있다. 이 새만의 특징

월리스흰깃발극락조 암컷과 수컷

인 네 가닥의 긴 흰색 깃털은 어깨의 위쪽 가장자리와 날개의 굴곡 부위 가까이에 난 작은 혹에서 솟아 있다. 이 깃털은 가늘고 살짝 구부러졌으며 좌우가 똑같이 볼록하다. 색깔은 순수한 크림빛 흰색이다. 길이는 15센티미터가량으로 날개와 거의 같다. 날개와 직각으로 치켜들 수도 있고 편하게 몸통에 붙일 수도 있다. 부리는 뿔색, 다리는 노란색, 홍채는 연한 올리브색이다. G. R. 그레이 씨는 이 진기한 새를 '세미옵테라월리시*Semioptera wallacei*', 즉 '월리스의 깃발 날개'(월리스흰깃발극락조)라고 명명했다.

며칠 뒤에 무척 아름다운 신종 나비를 잡았다. 파란색의 근사한 율리시스제비나비와 근연종이지만 색깔이 더 진하고 아래 날개 가장자리 주변에 파란색 줄무늬가 한 줄로 나 있었다.[30] 하지만 행운은 오래가지 않았다. 나는 곤충, 특히 나비가 드물고 새의 종류가 예상보다 훨씬 빈약하다는 사실을 금세 깨달았다. 그럼에도 근사한 말루쿠 종 여럿을 손에 넣었다. 날개가 초록색이고 등에 노란 반점이 있는 빨간색의 멋진 장수앵무(수다장수앵무*Lorius garrulus*)는 드물지 않았다. 로즈애플이라고도 하는 구아바(에우게니아속*Eugenia*)가 마을에서 꽃을 피우자 이미 할마헤라 섬에서 만난 적이 있는 작은 오색앵무(붉은날개오색앵무)가 꿀을 먹으러 왔기에 원하는 만큼 잡았다. 앵무족의 아름다운 새 중에는 부리와 머리가 빨간색이고 몸이 초록색인 붉은얼굴앵무도 있었다. 정수리의 하늘색은 등의 녹청색과 파란색으로 점차 짙어졌다. 금속성 초록색, 회백색, 적갈색 깃옷을 가진 크고 잘생긴 과일비둘기류 2종(안경황제비둘기*Ducula perspicillata*와 황토색배황제비둘기*Ducula basilica*)은 드물지 않았다. 운 좋게도 진청색의 근사한 파랑새

30 파필리오텔레고누스*Papilio telegonus*로 현재는 율리시스제비나비의 아종. _옮긴이

(자주색파랑새*Eurystomus azureus*), 황금색 모자를 쓴 듯한 사랑스러운 태양새[31], 멋진 라켓꼬리물총새[32]를 손에 넣었는데 전부 조류학자들에게 완전히 새로운 종이었다. 곤충은 흥미로운 딱정벌레를 꽤 많이 채집했다. 이 중에는 근사한 하늘소가 많았는데 특히 글레네아속*Glenea*의 가장 크고 잘생긴 종(픽타하늘소*Glenea picta*)을 처음으로 발견했다. 나비 중에서는 작고 아름다운 다니스세바이*Danis sebae*가 풍부하여 흰색과 선명한 금속성 파란색의 섬세한 날개로 숲을 물들였으며, 화려한 제비나비속, 아름다운 흰나비과, 어둡고 진한 까마귀왕나비속은 상당수가 신종이었고 언제 보아도 흥미로웠으며 채집에 재미를 더했다.

바찬 섬에는 진짜 토박이가 하나도 없으며 내륙에는 아무도 살지 않는다. 바닷가 여기저기에 작은 마을이 몇 곳 있을 뿐이다. 하지만 나는 이곳에서 네 민족을 발견했는데, 이들의 기원에 대한 정보를 얻지 못한 민족학자라면 터무니없는 오해를 할 만했다. 첫 번째 민족은 바찬 말레이인으로, 이 섬에 처음으로 들어왔을 것이며 트르나테말레이인과 거의 다르지 않았다. 하지만 이들의 언어는 파푸아어의 요소가 더 많으며 순수한 말레이어가 혼합되어 있는데, 그렇다면 이 정착민들은 지금은 충분히 균일화되었지만 다양한 민족의 혼혈일 것이다. 다음으로는 트르나테 섬이나 암본 섬과 마찬가지로 '오랑 세라니'가 있다. 이 중 상당수는 포르투갈인의 얼굴형을 놀랄 만큼 많이 간직하고 있으나 피부색은 대체로 말레이인보다 짙다. 국가적 관습도 일부 유지하고 있으며, 이들의 유일 언어인 말레이어에는 포르투갈어의 단어와 숙어가 많이 들어 있다. 세 번째 민족은 앞에서 설명한 할마헤라 섬 북부 출신

---

31 아우리켑스태양새*Nectarinea auriceps*로 검은태양새*Leptocoma sericea*의 아종. _옮긴이

32 타니시프테라이시스*Tanysiptera isis*로 낙원물총새의 아종. _옮긴이

의 단일 민족인 갈렐라인이며, 네 번째 민족은 술라웨시 섬 동쪽 반도의 토모레에 정착한 사람들이다. 이들은 몇 해 전에 딴 민족의 박해를 피해 자청하여 이곳에 왔다. 피부색은 매우 하얗고 타타르인처럼 시원시원한 얼굴형에 키가 작으며 부기족 같은 언어를 쓴다. 부지런한 농업 민족으로, 읍내에 채소를 공급한다. 폴리네시아인의 타파와 비슷한 나무껍질 천을 많이 만드는데, 알맞은 나무를 베어 커다란 껍질을 떼어낸 뒤에 나무망치로 두드려 목질부에서 분리한다. 그 다음 물에 담근 뒤에 꾸준히 정기적으로 두드리면 양피지만큼 얇고 질겨진다. 이런 모양으로 만들어서 천을 싸는 데 즐겨 쓰며, 깔끔하게 바느질하고 또 다른 종류의 나무껍질 수액으로 물들여 윗도리를 만들기도 한다. 이렇게 만든 윗도리는 진한 빨간색으로, 방수 효과가 뛰어나다.

바찬 섬 읍내와 주변에서는 언제든 이 네 민족을 전부 볼 수 있다. 말레이어를 모르는 여행자가 여기저기서 '바찬어' 한두 마디를 주워듣고 '바찬인의 신체적·정신적 특징, 태도, 관습'을 기록한다면-(24시간 안에 이 모든 일을 해낼 수 있는 여행자들이 있으니)-얼마나 정확하고 유익한 글이 되겠는가! 민족의 변천을 속속들이 밝혀내고 민족의 기원에 대한 이론을 발전시키지 않겠는가! 하지만 두 번째 여행자는 첫 번째 여행자의 기록이 모조리 모순임을 알아차리고 완전히 정반대 결론에 도달할지도 모른다.

내가 이곳에 도착한 직후에 네덜란드 정부는 **도이트** 대신 **센트**라는 새 동전을 도입했다(길더의 120분의 1에서 100분의 1로 변경). 옛 동전을 모두 트르나테 섬에 보내어 교환하라는 명령이 내려졌다. 나는 6,000도이트가 담긴 자루를 보내고 정확한 액수의 새 화폐를 배편으로 받았다. 하지만 알리가 돈을 받으러 가자 선장은 서면 명령서가 있어야 한다며 빈손으로 돌려보냈다. 그래서 이튿날 다시 보내려고 기다렸는데 이게 천만다행이었다. 그날 밤에 숙소에 괴한이 침입하여 상자를 전부 꺼내어 뒤졌다. 아침에 일어난 우리는 숙소가 휑해진 사실을 발견하고서 뛰쳐나와 도둑의 흔적을 추적했는데 약 20미터 떨어진 도로에 온갖 물건이 널브러져 있었다. 도둑들은 내게 있을 줄로만 알았던 동전을 찾지 못하자 무명천 몇 마에다 검은색 코트와 바지만 챙겨 달아났다. 코트와 바지는 며칠 뒤에 풀숲에 숨겨져 있던 것을 찾아냈다. 도둑의 정체는 뻔했다. 트르나테 섬에서 배가 도착할 때면 죄수들이 정부 창고를 지키는 경비원으로 고용된다. 두 사람이 밤새 불침번을 서는데 종종 돌아다니다 도둑질을 하기도 한다.

이튿날 동전을 찾아 와서는 튼튼한 상자에 넣어 침대 밑에 단단히 고정시켰다. 매일 지출용으로 500~600센트를 꺼내어 작은 옻칠 상자에 넣는데 이 상자는 늘 탁자 위에 두었다. 상자와 열쇠를 대수롭지 않게 탁자에 내버려두고 오후에 잠깐 산책을 하고 돌아왔는데 둘 다 사라지고 없었다. 일꾼 두 명이 숙소에 있었지만 아무 소리도 듣지 못했다고 한다. 두 건의 절도에 대한 내용을 즉시 탄광 감독관과 요새 지휘관에게 알렸는데 도둑을 절도 현장에서 잡으면 총살해도 좋다는 답변을 얻었다. 마을에서 범인을 탐문했더니 마을 내 정부 미곡 창고를 경비하던 죄수 한 명이 경비 일을 그만두었는데 내 숙소로 향하는 다리를 건너는 광경이 목격되었고 숙소에서 200미터도 안 되는 거리에서 다시 목격되었으며 다리를 건너 마을로 들어오는 길에 사롱으로 고이 감싼 무언가를 품에 안고 있었다고 했다. 내 상자가 없어진 시각은 그가 나갔다 들어오는 광경이 목격된 시각 사이였으며, 상자 크기가 작아서 품에 안고 나르기도 수월했다. 매우 분명한 정황 증거였다. 나는 그자를 고발하고는 목격자들을 데리고 지휘관에게 갔다. 그자는 심문을 받았으며 내 숙소 근처에 있는 강에 멱을 감으러 갔다고 털어놓았다. 하지만 그 이상은 가지 않았으며, 코코야자나무에 올라가 코코넛 두 개를 땄는데 **남부끄러워서** 몰래 감싼 채 집에 가져갔다고 말했다. 그럴듯한 해명이었기에 그는 풀려났다. 나는 현금과 상자, 무척 아끼는 인장, 그 밖에 소소한 물건, 그리고 열쇠 전부를 잃었다. 열쇠를 잃어버린 것이 가장 큰 타격이었다. 다행히도 커다란 돈궤는 잠긴 채였으나 상자를 전부 당장 열어야 했다. 무척 똑똑한 대장장이가 탄광에서 철공鐵工으로 일하고 있었는데 내 부탁에 자물쇠를 열어주고 며칠 뒤에는 열쇠도 새로 만들어주었다. 그 뒤로 외국에 있는 내내 이 열쇠들을 썼다.

11월 말이 가까워지면서 우기가 시작되었다. 매일같이 거의 쉬지 않고 비가 내렸으며 아침 한두 시간만 해가 났다. 숲의 평평한 부분은 물에 잠겼고 도로는 진창이 되었으며 곤충과 새는 더더욱 보기 힘들어졌다. 12월 13일 오후에 강한 지진이 일어나 숙소와 가구가 5분 동안 흔들리고 달그락거렸으며 나무와 떨기나무가 바람에 흔들리듯 휘청거렸다. 12월 중엽에 마을로 숙소를 옮겼다. 서부를 쉽게 탐사하고 트르나테 섬에 가고 싶을 때를 대비하여 바다에 가까이 있기 위해서였다. 캄퐁 세라니(기독교인 마을)에 있는 적당한 크기의 숙소를 얻었는데 크리스마스와 설날에는 주민들의 끊임없는 축포와 북소리, 바이올린 소리를 견뎌야 했다.

이 사람들은 음악과 춤을 무척 좋아했다. 유럽인이 사람들 모인 곳을 방문하면 어안이 벙벙할 것이다. 우리는 야자 잎을 덮은 어두컴컴한 오두막 한 곳에 들어갔다. 희미한 램프 두세 개로 간신히 내부를 분간할 수 있었다. 바닥은 검은 모래질 흙이었으며 천장은 뿌옇고 시커먼 어둠에 가려 보이지 않았다. 의자 두세 개가 벽 쪽에 서 있었으며 연주단은 바이올린, 피리, 북, 트라이앵글로 구성되어 있었다. 젊은 남녀가 쌍쌍이 모여 있었는데 다들 포르투갈인의 관습에 맞춰 흰색과 검은색으로 깔끔하게 차려입었다. 사람들은 카드리유, 왈츠, 폴카, 마주르카를 매우 신나고 능숙하게 추었다. 다과로는 탁한 커피와 몇 가지 과자가 차려져 있었다. 무도회는 몇 시간 동안 계속되었는데 격식을 제대로 차려 진행되었다. 이런 연회가 일주일에 한 번씩 열린다. 마을 유지들이 돌아가면서 개최하고 누구나 스스럼없이 참가한다.

300년 동안 언어가 달라지고 자기네 국적에 대한 지식이 전부 사라졌는데도 이 사람들이 거의 달라지지 않았다는 사실이 놀랍다. 이들에게는 거의 순수한 포르투갈인의 관습과 외모가 남아 있으며, 아마존 강 유역에서 본 사람들과 매우 비슷했다. 집과 가구만 놓고 보자면 매우 가난하게 살고 있지만, 준準유럽풍 복식을 간직하고 있으며 일요일마다 검은색 정장을 거의 완벽하게 차려입는다. 명목상으로는 개신교인이지만, 일요일 저녁은 음악과 춤으로 성대하게 보낸다. 남자들은 종종 사냥 솜씨를 발휘하여 일주일에 세 번씩 사슴이나 멧돼지를 잡아오며, 여기다 물고기와 닭도 있어서 풍요로운 삶을 누린다. 이들은 우리가 '날여우Flying fox'라고 부르는 커다란 과일박쥐를 말레이 제도에서 거의 유일하게 먹는 자들이다. 녀석들은 추하게 생겼지만 대단한 별미로 통하며 사냥감으로 인기가 많다. 연초에 과일을 먹으려고 떼 지어 찾아오는데 낮에는 만에 있는 작은 섬에 모여 수천 마리가 나무에 매달려 있다. 죽은 나무를 특히 좋아한다. 녀석들은 쉽게 잡히거나 막대기로 때려눕힐 수 있으며, 이렇게 잡은 박쥐를 바구니 가득 집에 가져온다. 피부와 털에서 여우 냄새가 지독하게 나기 때문에 손질을 꼼꼼히 해야 하지만, 대체로 향신료와 양념을 듬뿍 넣어 요리하기에 토끼고기처럼 맛이 훌륭하다. 오랑 세라니는 요리 솜씨가 뛰어나며 맛있는 음식이 말레이인보다 훨씬 다양하다. 사고로 만든 빵을 주식으로 삼고 이따금 밥을 먹으며 채소와 과일도 많이 먹는다.

신기하게도 동양에서 포르투갈인이 토착 민족과 섞인 곳에서는 예외 없이 부모 중 한쪽의 혈통보다 피부색이 진해진다. 말루쿠 제도의 '오랑 세라니'와 믈라카의 포르투갈인에게서는 이 현상이 거의 언제나 나타난다. 남아메리카에서는 정반대 현상이 일어나는데, 포르투갈인이나 브라질인이 인디오와 교잡하여 태어난 '마멜루코'는 부모 중 한쪽보다 흰 경우가 적지 않으며 인디오 쪽보다는 언제나 더 희다. 바찬 섬의 여인들은 대체로 피부색이 남자보다 희기는 하지만 이목구비가 수수하며 네덜란드인과 말레이인의 혼혈이나 상당수의 순수한 말레이인보다도 훨씬 못생겼다.

마을에서 내가 묵은 곳은 코코야자 숲이었다. 밤이면 이따금 낙엽을 모아 태웠는데 이 광경이 장관이었다. 기다란 줄기, 멋진 수관, 거대한 열매 송이가 어두운 하늘을 배경으로 찬란하게 빛을 발했다. 100개의 기둥으로 떠받치고 잎의 아치가 활처럼 드리운 요정의 궁전처럼 보였다. 다 자란 코코야자나무는 아름다움으로나 쓰임새로나 야자의 군주임이 틀림없다.

바찬 섬에 있는 숲에 처음 걸어 들어가는 동안 어두운 색깔에 흰색과 노란색 반점이 박힌 커다란 나비가 손 닿지 않는 곳의 잎에 앉아 있는 것을 보았다. 높이 날아 숲으로 들어가버렸기에 붙잡지는 못했지만 비단제비나비속, 즉 동양 열대지방의 자랑인 '비단제비나비'의 신종 암컷임을 한눈에 알아보았다. 나는 녀석을 잡고 수컷을 찾고 싶어서 안달이 났다. 이 속의 수컷은 모두 엄청나게 아름답기 때문이다. 그 뒤로 두 달 동안 이 나비를 단 한 번밖에 보지 못했는데 얼마 뒤에 탄광촌에서 수컷이 하늘 높이 날고 있는 것을 발견했다. 너무 희귀하고 팔팔했기에 어떻게든 표본을 얻고 싶었다. 그러던 어느 날 1월 초쯤에 크고 무성한 흰색의 포[33]와 노란색 꽃이 달린 아름다운 떨기나무를 보았다. 무사엔다속*Mussaenda*에 속한 종이었다. 그때 이 고귀한 곤충 한 마리가 그 위를 맴도는 광경을 보았다. 하지만 너무 빨라서 잡을 수 없었다. 녀석은 날아가버렸다. 이튿날 그 떨기나무에 다시 찾아가 드디어 암컷 한 마리를 잡는 데 성공했다. 다음 날에는 근사한 수컷을 잡았다. 예상대로 완전히 새롭고 무척 아름다운 종이었으며, 세상에서 가장 화려한 색깔의 나비 중 하나였다. 훌륭한 수컷 표본은 양 날개 너비가 18센티미터를 넘으며 날개 색깔은 벨벳 같은 검은색과 불꽃 같은 귤색이다. 근연종은 귤색 부위가 초록색이다. 이 나비의 아름다움과 화려함은 말로 표현할 수 없다. 마침내 녀석을 잡았을 때 내가 느낀 희열은 자연사학자가 아닌 사람은 이해하지 못할 것이다. 녀석을 그물에서 꺼내어 멋진 날개를 펼치자 심장이 쿵쾅쿵쾅 뛰고 피가 머리로 솟구치기 시작했다. 임박한 죽음을 예감할 때보다 훨씬 어질어질했다. 지나치게 흥분한 탓에 그날 내내 머리가 지끈거렸다. 보통 사람들은 내가 흥분한 이유에 전혀 공감하지 못할 것이다.

원래는 한 주나 두 주 더 있다가 트르나테 섬으로 돌아가기로 했지만, 이번 채집에서 대성공을 거두면서 내가 '오르니톱테라크로에수스*Ornithoptera croesus*'로 명명한 이 신종 나비(크로에수스비단제비나비)를 여러 마리 입수할 때까지 머물기로 작정했다. 무사엔다속 덤불은 장소가 좋아서 숲에 가는 길에 매일 들를 수 있었다. 떨기나무와 덩굴식물의 빽빽한 덤불에 자리 잡고 있었기에 일꾼 라히를 시켜 주변을 깨끗이 청소했다. 그러면 곤충이 찾아오는 족족 수월하게 잡을 수 있기 때문이었다. 그러다 종종 시간을 두고 기다릴 필요가 있다는 사실

33 꽃의 기부에 있는, 잎과 같은 구조. _옮긴이

을 알고서 덤불 옆 나무 아래에 작은 의자를 가져다 두고 매일 그곳에서 점심을 먹었다. 덕분에, 아침에 지나가면서 살펴보는 것 말고도 정오쯤에 반 시간가량 주변을 관찰할 수 있었다. 이렇게 해서 오랫동안 하루에 평균 한 종씩 손에 넣을 수 있었지만, 이 중 절반 이상은 암컷이었고 나머지의 절반 이상은 손상된 표본이었다. 그러니 완벽한 수컷을 많이 입수하려면 딴 장소를 찾아야 했다.

녀석들이 꽃을 찾아오는 것을 보면 나는 즉시 라히에게 그물을 들려 보내어 주변을 탐색하도록 했다. 바닷가에 있는 꽃나무에서도 본 적이 있었기 때문이다. 훌륭한 표본을 잡아 올 때마다 반일 치 품삯을 얹어주겠다고 약속했다. 하루이틀 뒤에 라히가 매우 근사한 표본 두 점을 가져왔는데 산에서 바다로 흘러내리는 커다란 돌개울 바닥에서 잡았다고 했다. 마을 아래 약 1.6킬로미터 지점이었다. 녀석들은 이 강을 따라 내려와 이따금 물속에 있는 돌과 바위에 앉는데 이 때문에 라히는 물살을 헤치거나 이 바위에서 저 바위로 뛰어야 했다. 어느 날 라히와 함께 갔는데 물살이 너무 빠르고 돌이 너무 미끄러워서 내가 할 수 있는 일이 없었다. 그래서 라히에게 일임했다. 우리가 바찬 섬에 머무는 동안 라히는 온종일 밖에 있으면서 표본을 보통 한 점이나 운 좋은 날에는 두세 점씩 가져왔다. 그 덕에 암수 100마리 이상을 손에 넣었다. 그중에는 매우 훌륭한 수컷도 스무 마리가량 있었다(흠잡을 데 없이 완벽한 표본은 대여섯 점을 넘지 않았지만).

내가 매일같이 걷는 길은 처음에는 바닷가 모래밭을 따라 800미터가량 가다가 사고야자나무 습지를 지나고 흔들거리는 말뚝 위 둑길을 건너 토모레인 마을로 이어진다. 그 너머에는 새 개간지, 그늘진 오솔길, 꽤 많은 도목이 있는 숲이 나온다. 이곳은 특히 딱정벌레 채집에 안성맞춤이었다. 개간지에 쓰러진 나무줄기에는 황금빛 비단벌레과에다 신기한 침봉바구미과Brentidae와 하늘소류가 득시글거렸으며, 숲에서는 풍부한 작은 바구미과, 다수의 하늘소류, 초록색의 멋진 딱정벌레과 몇 마리를 발견할 수 있었다.

나비류는 풍부하지 않았지만, 파란색의 근사한 제비나비속 몇 마리와 작고 아름다운 부전나비과Lycaenidae, 그리고 매우 희귀한 월리스청띠제비나비*Graphium wallacei* 표본 하나를 입수했다. 마지막 표본은 지금껏 아루 제도에서 채집한 것이 유일했다.

이곳에서 채집한 새 중에서 가장 흥미로운 것은 파란색의 아름다운 청백물총새*Todiramphus diops*, 초록색과 자주색의 멋진 자주색머리과일비둘기와 회색머리과일비둘기*Ptilinopus hyogastrus*, 작은 크기의 신종 몇 마리 등이다. 사냥꾼들은 여전히 월리스흰깃발극락조 표본을 가져다주었으며, 원주민 사냥꾼 여러 명은 훨씬 예쁘고 화려한 또 다른 종이 있다고 말했다. 나는 대단히 흥분했다. 사냥꾼들은 녀석의 깃옷이 윤기 나는 검은색이고 가슴은 여느 월리스흰깃발극락조처럼 금속성 초록색이지만 흰 어깨깃이 두 배나 길며 몸통 아래로 늘어져 있다고 단언했다. 그들은 숲 깊숙이 들어가 돼지나 사슴을 사냥하다가 이따금 보았지만 드문 일이었다고 말했다. 그 자리에서 나는 표본 하나에 12길더(1파운드)를 주겠다고 했지만 아무런 소득이 없었다. 그런 새가 정말 있는지는 지금까지도 불확실하다. 내가 떠난 뒤에 독일인 자연사학자 베른슈타인 박사는 레이덴 박물관에 조달할 채집물을 얻기 위해 대규모 사냥팀을 이끌고 섬에서 여러 달을 머물렀다. 그래도 나를 뛰어넘는 성과를 거두지 못한 것을 보면 그 새가 극히 희귀하거나 순전히 허구라고 보아야 할 것이다.

바찬 섬은 지구상에서 사수류가 서식하는 동쪽 끝이라는 점에서 이채롭다. 숲 일부 지역에는 검은색의 커다란 개코원숭이(검정짧은꼬리

원숭이*Macaca nigra*)가 풍부하다. 엉덩이 굳은살은 빨간색 맨살이며, 짧은 꼬리는 길이가 2.5센티미터 남짓이다. 살덩어리 혹에 불과하기에 못 보고 지나치기 쉽다. 녀석은 술라웨시 섬의 숲 전역에서 발견되는 것과 같은 종이며, 술라웨시 섬의 포유류 중에서 바찬 섬까지 전파된 것은 이것 말고는 하나도 없으므로 이 종은 방랑하는 말레이인들이 우연히 들여온 것이 아닌가 싶다. 이들은 길들인 원숭이와 그 밖의 동물을 곧잘 데리고 다니기 때문이다. 매우 좁은 해협을 사이에 두고 바찬 섬과 마주보고 있는 할마헤라 섬에서 녀석이 전혀 발견되지 않는다는 점도 내 추측을 뒷받침한다. 기름지고 인적이 드문 섬에서는 이런 동물이 급속히 증식하기 마련이므로 검정짧은꼬리원숭이가 유입된 것은 최근의 일인지도 모른다.

이곳에서 입수한 또 다른 포유류는 그레이 박사가 '쿠스쿠스오르나투스'로 명명한 말루쿠쿠스쿠스*Phalanger ornatus*, 작은 날주머니쥐Flying opossum인 유대하늘다람쥐*Petaurus breviceps*, 인도사향삵*Viverra zibetha*, 박쥐류 9종이 전부다. 작은 박쥐는 대부분 어스름에 숙소 앞을 날아다니다 포충망에 잡혔다.

날씨가 궂고 일꾼 한 명이 아파서 일정이 많이 지체되었기에 바찬 섬 북해안 근처 섬의 작은 개울 위쪽에 있는 카시루타(예전에는 본마을이었다)를 방문하기로 했다. 이곳에서 희귀한 새가 많이 발견되었다고 들었다. 배에 짐을 싣고 만반의 준비를 다 끝냈는데 사흘간 거센 스콜[34]이 몰아쳐 출발하지 못했다. 3월 21일에야 배를 띄울 수 있었다. 이튿날 아침 일찍 작은 강에 들어섰으며 한 시간쯤 뒤에야 사전에 이용 허가를 받아두었던 술탄의 집에 도착했다. 숙소는 강기슭에 자리

34 열대지방에서 갑작스레 강풍 등을 수반하여 세차게 쏟아지는 소나기. _옮긴이

잡고 있었으며 유실수 숲이 주위를 둘러쌌다. 그중에는 이제껏 본 것 중에서 가장 키 크고 근사한 코코야자나무도 있었다. 이날은 온종일 비가 내려서 짐을 부리고 포장을 푸는 것 말고는 할 일이 없었다. 오후가 되면서 하늘이 개자 여기저기 둘러보았지만 실망스럽게도 유일한 길이 순 진창길이 되어 도무지 걸을 수 없을 지경이었다. 주변의 숲은 습하고 어두워서 곤충이 많을 성싶지 않았다. 탐문해 보니 이곳 사람들은 개간을 전혀 하지 않았고 사고, 과일, 생선, 야생 동물만 먹고 산다고 했다. 길 따라 가봐야 가파른 돌산으로, 아무 소득이 없을 터였다. 이튿날 좋은 새를 잡을 수 있을까 싶어 일꾼들을 산에 보냈지만 흔한 종 둘만 가지고 돌아왔다. 나 자신은 아무것도 얻지 못했다. 오솔길은 전부 빽빽한 사고야자나무 습지로 이어졌다. 여기서 머물다가는 시간만 낭비할 듯하여 이튿날 떠나기로 마음먹었다.

이곳은 유럽인 자연사학자가 도무지 상상하기 힘든 장소다. 열대식물이 이토록 풍부한데도, 어쩌면 식물이 이토록 풍부하기 때문에 유럽에서 가장 척박한 지역만큼 곤충이 드물며 눈에 띄는 곤충도 거의 없다. 온대 기후에서는 비슷한 식물이 자라는 지역들에서 곤충의 분포도 꽤 균일하기 때문에 특정 곤충이 없는 이유를 수목의 결핍이나 지표면의 균일성 결여로 쉽게 설명할 수 있다. 이런 지역은 주마간산으로 지나치면서도 어디서 채집을 해야 이곳의 곤충상을 적절히 파악할 수 있는지를 한눈에 알 수 있다.

하지만 이곳은 상황이 다르다. 좋은 채집 장소인지 알아보려면 각 마을의 인근 지역을 며칠씩 살펴보아야 한다. 원시림이 전혀 없는 질롤로나 사후 같은 곳도 있고, 탁 트인 길이나 개간지가 없는 여기 같은 곳도 있다. 바찬 섬에는 그럭저럭 괜찮은 채집 장소가 두 곳뿐이다. 한 곳은 탄광으로 통하는 도로이고 다른 한 곳은 토모레 사람들이 새로

닦은 개간지로, 채집에는 후자가 훨씬 유리하다. 이 사실은 이렇게 해석할 수 있다. 이 지역은 곤충의 분포가 매우 들쭉날쭉하며(숲이 개간되지 않은 경우) 이 때문에 어느 곳에 가도 곤충이 드물어 아무리 탐사해 봐야 소득이 없다. 숲이 전부 개간되면 거의 모든 곤충이 숲과 함께 사라진다. 하지만 작은 개간지와 오솔길을 만들면 죽음과 부패의 다양한 단계를 겪는 도목, 썩어가는 잎, 조직이 느슨해지는 나무껍질과 그 위에서 자라는 균류, 양달에서 훨씬 무성한 꽃 등이 반경 수 킬로미터에 이르기까지 곤충을 끌어들이기에 종 수와 개체수가 놀랍도록 증가한다. 곤충학자가 이런 지점을 찾을 수만 있다면 훼손되지 않은 깊은 숲속에서 1년을 찾아다닐 때보다 더 많은 곤충을 한 달 만에 찾을 수 있을지도 모른다.

우리는 이튿날 아침 일찍 출발하여 한 시간가량 뒤에 작은 강의 어귀에 도착했다. 강물이 흐르는 유역은 완전히 평평한 충적평야이지만, 강어귀 근처는 산기슭으로 이어져 있다. 낮은 지대에는 만조 때 짠물이 들어오는 습지가 있는데 키가 3~5미터나 되는 근사한 나무고사리가 많이 자란다. 나무고사리는 산지 식물이어서 적도에서는 300~600미터보다 낮은 지대에는 거의 서식하지 않는다는 것이 통설이다. 그런데 나는 보르네오 섬, 아루 제도, 아마존 강 유역에서 나무고사리를 해수면 높이에서 관찰한 바 있다. 따라서 300~600미터라는 고도 조건은 평야와 저지대가 널리 개간되고 토종 식물이 대부분 사멸한 지역에서 관찰한 현상에서 도출되지 않았을까 싶다. 자와, 인도, 자메이카, 브라질의 대다수 지역도 마찬가지다. 이곳들의 열대식물은 아직 철저히 탐구되지 않았다.

우리는 바다로 나와 북쪽을 향했다. 두 시간쯤 범주하여 도착한 곳에는 '랑군디'라는 오두막이 몇 채 있었다. 이곳에서 갈렐라인들이 다마르를 채집하여 홰[35]로 만들어 트르나테 섬 시장에 내다 판다. 100미터쯤 뒤로 꽤 가파른 비탈이 솟았는데, 조금 걸어가 보니 지나갈 만한 길이 나 있기에 이곳에서 며칠 머물기로 했다. 우리 맞은편으로는 바찬 섬의 해안을 따라 무인도가 늘어서 있다. 왜 아무도 살러 가지 않느냐고 물었는데 대답은 한결같았다. "마긴다나오 해적들이 무서워서요." 말레이 제도의 이 골칫거리들은 해마다 바다를 누비는데, 사람이 살지 않는 섬을 근거지 삼아 주변의 소규모 정착지를 모조리 쑥대밭으로 만든다. 만나는 사람들 모두 약탈하거나 폭행하거나 죽이거나 사로잡는다. 범선으로 쫓으면 기다란 프라우선을 맞바람 부는 쪽으로 솜씨 좋게 저어 달아나고, 증기선의 연기를 보면 얕은 만이나 좁은 강, 또는 숲으로 덮인 후미에 숨어 위험이 지나갈 때까지 기다린다. 마긴다나오 해적의 약탈을 중단시킬 유일한 방책은 이들의 본거지와 마을을 공격하여 해적 행위를 포기하도록 하고 단단히 감시하는 것이다. 제임스 브룩 경은 이런 식으로 보르네오 섬 북서해안의 해적을 물리쳤다. 말레이 제도 주민들의 적 절반을 퇴치했으니 모든 이의 감사를 받아 마땅하리라.

이곳의 해안을 따라, 또한 인접한 모래질 저지대에는 판다누스가 눈에 띈다. 어떤 것은 키가 12~15미터로 가지 달린 거대한 촛대를 닮았는데 가지 끝마다 커다란 칼 모양 잎들이 다발을 이루고 있다. 다발의 너비는 15~20센티미터, 길이는 1~2미터에 이른다. 또 어떤 것은 가지 없이 줄기 하나로, 키는 1.8~2미터이며 윗부분에 잎이 나선형으로 나 있고 끝에는 고니 알만 한 마루열매[36]가 하나 달렸다. 키가 중간쯤

35 화톳불을 놓기 위해 필요한 물건. _옮긴이

36 정과(頂果). 줄기 끝에 달린 열매. _옮긴이

되는 어떤 것은 빨간색의 질긴 열매가 제멋대로 달려 있는데 잎은 뾰족뾰족하고 줄기는 고리 모양이다. 큰 종의 어린나무는 잎이 매끄럽고 윤기가 나며 두껍다. 키는 3미터, 너비는 20센티미터에 이르기도 하며 말루쿠 제도와 뉴기니 섬 전역에서 '코코야'라고 부르는, 잘 때 까는 요를 만들 때 쓴다. 채색 무늬로 코코야를 매우 아름답게 장식하기도 한다. 비탈을 더 올라가면 우람한 나무들이 숲을 이루는데 그중에서도 다마르라는 나뭇진을 내는 다마르나무*Dammara* sp.가 많이 자란다. 바찬 섬의 여러 작은 마을에 사는 주민들은 전부 다마르 찾는 일을 업으로 삼고 있는데, 다마르를 떡메 치고 길이 1미터가량의 야자 잎 대롱에 채워 넣어 만드는 홰는 많은 원주민들의 유일한 조명이다. 다마르는 4.5~9킬로그램이나 나가는 커다란 덩어리로 뭉쳐 있는 경우도 있는데 줄기에 붙어 있거나 둥치 근처 땅속에 묻혀 있다. 하지만 숲에서 가장 특이한 나무는 무화과나무의 일종인데, 공기뿌리가 30미터 높이의 피라미드를 이룬다. 피라미드 끝에서 위로 가지를 뻗기에 진짜 줄기는 전혀 없다. 이 뿌리의 형태를 이루는 피라미드 또는 원뿔은 크기가 제각각이며, 대부분 수직으로 내려가지만 약간 비스듬한 각도를 이루어 서로 엇갈리기도 한다. 줄기는 뿌리와 같은 모양이지만 위로 뻗는다. 이런 식으로 빽빽하고 복잡하게 얽혀 있기에 사진이 아니고서는 제대로 묘사할 도리가 없다(122쪽 삽화 참고). 이 숲에는 카나리나무도 많다. 열매는 맛이 매우 좋으며 여기서 짠 기름은 품질이 뛰어나다. 과육이 많은 외종피[37]는 이 섬에 사는 커다란 초록색 비둘기(안경황제비둘기)가 좋아하는 먹이다. 나뭇가지에서 걸걸한 울음소리와 힘찬 날갯소리가 끊이지 않는다.

---

37 씨를 감싸는 가장 바깥쪽의 껍질. _옮긴이

랑군디에서 열흘이 지나도록 내가 특별히 찾던 새(니코바르비둘기 *Caloenas nicobarica* 또는 근연종인 신종)를 얻지 못했으며 새로운 새는 전혀 없고 곤충도 거의 없어서 4월 1일 아침 일찍 이곳을 떠나 저녁에 바찬 본도本島의 강에 들어섰다(랑군디는 카시루타처럼 별개의 섬이다). 이곳에는 몇몇 말레이인과 갈렐라인이 작은 마을을 이루고 있으며 논과 플랜틴 밭이 넓게 펼쳐져 있다. 강기슭 근처에서, 신선하고 깨끗한 물을 구할 수 있는 좋은 주택을 발견했다. 주인은 점잖은 바찬 말레이인으로, 내가 머물고 싶다면 침실에 묵고 베란다를 써도 좋다고 말했다. 짧은 반경 내의 숲을 모두 둘러보고서 주인의 제안을 받아들였다. 이튿날 아침, 식사 전에 밖을 돌아다녔는데 숲 가장자리에서 흥미로운 곤충을 몇 마리 채집했다.

나중에 매우 근사한 숲 사이로 1.6킬로미터 이상 이어진 오솔길을 발견했다. 이곳은 말루쿠 제도 어느 곳보다 야자나무가 풍부했다. 이 중 한 그루가 우아한 모습으로 특별히 눈길을 끌었다. 줄기가 내 손목보다 굵지 않은데도 키가 무척 컸으며 연홍색 열매가 송이송이 달려 있었다. 빈랑나무의 한 종이 틀림없었다. 키가 엄청나게 큰 또 다른 나무는 남아메리카의 에우테르페속*Euterpe*을 닮았다. 부채잎 야자나무도 있었는데, 작고 거의 한 장으로 된 잎은 다마르 홰를 만들거나 다용도 양동이로 썼다. 이번 산책에서는 야자나무과 여남은 종과 랑군디와 다른 판다니나무 두세 종을 보았다. 근사한 실고사리속*Lygodium*과 진짜 야생 플랜틴(파초속*Musa*)도 있었다. 플랜틴에는 먹을 수 있는 열매가 달렸는데 크기는 엄지손가락보다 작았으며 펄프 과육과 껍질 안에 커다란 씨가 들어 있었다. 주민들은 이 종을 파종하여 재배하려고 시도했으나 품종을 개량할 수 없었다고 말했다. 아마도 충분한 양을 기르지 않고 충분히 오랫동안 지켜보지 않아서일 것이다.

바찬 섬은 식물학자에게 말레이 제도의 어느 곳보다 보람을 줄지도 모른다. 이 섬은 지표면과 토양이 무척 다양하며, 크고 작은 물길이 풍부하여 상당수는 배를 타고 멀리까지 들어갈 수 있다. 야만족이 전혀 없어서 어딜 가도 안전하다. 이곳에는 금, 구리, 석탄, 온천과 간헐천, 퇴적암과 화산성암과 산호질 석회암, 충적평야, 가파른 언덕과 높은 산, 습한 기후, 다양하고 울창한 숲 식생이 있다.

이곳에서 며칠 머무는 동안 새로운 곤충을 몇 마리 잡았지만 새는 좀처럼 보지 못했다. 이 숲에는 나비와 새가 눈에 띄게 드물다. 하루 종일 걸어도 나비와 새를 두세 종도 보기 힘들다. 이 동부의 섬들은 딱정벌레 말고는 모든 것이 서부의 섬들(자와 섬, 보르네오 섬 등)에 비해 현저히 부족하며 남아메리카의 숲에 비하면 훨씬 더 빈약하다. 남아메리카에서는 나비 20~30종을 매일 잡을 수 있으며 날이 매우 좋으면 100종까지도 잡을 수 있지만, 이곳에서는 몇 달간 부지런히 찾아다녀도 그만큼 잡기 힘들다. 새도 마찬가지다. 아메리카 열대지방에서는 대부분 딱다구리류, 풍금조류, 덤불때까치류, 꼬리치레류, 비단날개새류, 큰부리새류, 뻐꾸기류, 산적딱새류 몇 종을 늘 발견할 수 있으며, 며칠만 열심히 찾으면 이곳에서 몇 달간 돌아다니는 것보다 더 다양한 새들을 입수할 수 있다. 하지만 이곳에는 개체수와 종 수가 무척 빈약하기는 해도 과와 목마다 지극히 아름답거나 독특한 종이 한두 종은 꼭 있어서 남아메리카에 서식하는 어떤 종에도 뒤지지 않거나 심지어 능가하기도 한다.

어느 날 오후에 호기심 많은 구경꾼들에 둘러싸인 채 곤충을 정리하다가 그중 한 명에게 작은 곤충을 돋보기로 보는 법을 알려주었다. 그랬더니 다들 놀라워하며 자기들도 보고 싶어 했다. 그래서 연한 나뭇조각에 렌즈를 초점이 맞도록 단단히 고정하고는 아래에 작고 가시가 달린 히스파속*Hispa* 딱정벌레 한 마리를 놓은 뒤에 사람들에게 돌려 보도록 했다. 사람들은 지대한 관심을 보였다. 딱정벌레가 1미터는 된다고 단언하는 사람도 있었고, 겁에 질려 금세 떨어뜨리고 만 사람도 있었다. 다들 대단히 놀라서 무언극이나 크리스마스 산수소 현미경[38] 전시회를 본 아이들처럼 소리를 지르고 손짓 발짓을 해댔다. 초점 거리가 4센티미터밖에 안 되어 배율이 4~5배에 불과한 휴대용 돋보기 때문에 이 모든 소동이 일어난 것이다. 돋보기를 처음 보는 사람들의 눈에는 100배는 확대된 것으로 보였으리라.

이곳에 머무는 마지막 날, 내 사냥꾼 한 명이 아름다운 니코바르비둘기를 발견하여 명중시켰다. 내가 오랫동안 찾던 새였다. 주민들은 아무도 니코바르비둘기를 본 적이 없었다니 희귀하고 경계심이 많은 새임을 알 수 있다. 내 표본은 상태가 훌륭한 암컷으로, 윤기 나는 구리색과 초록색의 깃옷, 새하얀 꽁지, 아름다운 목둘레 깃털이 경이로웠다. 뒤이어 뉴기니 섬에서 표본 한 점을 얻었으며 카요아 제도에서도 한 마리 보았다. 녀석들은 마카사르 근처의 작은 섬과 보르네오 섬 근처의 작은 섬, 니코바르 제도에서도 발견된다. '니코바르비둘기'라는 이름은 니코바르 제도에서 왔다. 땅에 있는 먹이를 먹기에 홰칠 때만 나무에 올라가며 매우 무겁고 뚱뚱하다. 니코바르비둘기가 주로 매우 작은 섬에서 발견되고 말레이 제도의 서쪽 절반을 통틀어 큰 섬에서는 전혀 찾아볼 수 없는 것은 이 때문인지도 모른다. 땅에 있는 먹이를 먹다 보면 육식 네발짐승에게 공격받기 쉬운데 매우 작은 섬에는 육식 네발짐승이 없다. 하지만 니코바르비둘기가 극서에서 동쪽까지 말레이 제도 전역에 널리 분포하는 것은 매우 특이한 현상이다. 몇

38 산수소 석회광을 이용하여 확대 영상을 투사하는 현미경. _옮긴이

몇 맹금류를 제외하면 이렇게 서식 범위가 넓은 육조는 하나도 없기 때문이다. 땅에서 먹이를 먹는 새는 오래 나는 힘이 대체로 부족한데, 니코바르비둘기는 덩치가 크고 무거워서 언뜻 보기에는 1킬로미터도 못 날 것 같다. 하지만 자세히 살펴보면 날개가 눈에 띄게 크다. 몸 크기와 비교하면 어떤 비둘기보다도 클 것이다. 가슴 근육도 거대하다. 트르나테 섬의 지인 다위벤보더 씨의 아들이 알려준 바에 따르면 니코바르비둘기는 이런 신체적 특징에 걸맞게 먼 거리를 날 수 있다고 한다. 다위벤보더 씨는 뉴기니 섬 북쪽에서 160킬로미터 떨어진 작은 산호섬에 기름 공장을 세웠다. 산호섬과 뉴기니 섬 사이에는 육지가 전혀 없다. 산호섬에 사람들이 정착하여 사방으로 뻗어나간 지 1년째 되었을 때 그의 아들이 산호섬을 방문했다. 그런데 스쿠너가 닻을 내리는 순간 새 한 마리가 바다 쪽에서 날아오는 것이 보였다. 녀석은 기진맥진하여 해변에 닿지 못하고 물에 빠지고 말았다. 보트를 보내어 건지고 보니 니코바르비둘기였다. 뉴기니 섬에서 160킬로미터를 날아온 것이 분명했다. 이 섬에는 이런 새가 산 적이 없었기 때문이다.

이것은 드물고 이례적인 필요에 적응이 이루어진, 매우 흥미로운 사례임이 틀림없다. 니코바르비둘기는 숲에서 살며 낙과를 먹고 여느 땅비둘기처럼 키 작은 나무에서 홰를 치므로 대단한 비행 능력이 필요하지는 않다. 따라서 바람에 날려 바다로 떠밀려 가거나 육식동물이 유입되어 억지로 이주하게 되거나 식량이 부족해지는 등의 예외적인 사태가 일어나지 않는 한 대다수 개체는 엄청나게 힘센 날개를 온전히 쓸 일이 전혀 없다. 이곳에서는 날개 없는 새(키위, 화식조, 도도)의 경우와 정반대의 변형이 일어난 듯하다. 두 경우 다 섬 서식처가 작용인이 되었다는 점에서 흥미롭다. 이에 대해서는 다윈 씨가 마데이라 섬에 서식하는 딱정벌레들의 경우에 대해 제시한 것과 같은 설명이 가능할 것이다. 마데이라 섬의 딱정벌레들 상당수는 날개가 없으며, 날개가 달린 것 중 일부는 대륙에 서식하는 같은 종보다 날개가 더 많이 발달했다. 마데이라 섬의 딱정벌레들은 전혀 날지 않아서 바다로 날려 갈 위험을 겪지 않든지, 아주 잘 날아서 땅으로 돌아오거나 대륙으로 안전하게 이주할 수 있든지 해야 유리했다. 서툴게 나느니 차라리 안 나는 게 나았다. 이렇듯 뉴질랜드와 모리셔스처럼 육지에서 멀리 떨어진 섬에서는 땅에서 먹이를 먹는 새가 전혀 날지 않는 것이 더 안전했기에 날개가 짧은 개체가 꾸준히 살아남아 날개 없는 집단의 출현으로 이어졌다. 반면에 섬과 소도가 빽빽이 들어찬 말레이 제도에서는 이따금 이주할 수 있는 것이 유리했으며 날개가 길고 힘센 변종이 가장 오래 살아남아 결국 나머지 모든 종을 대체하고 말레이 제도 전역에 퍼졌다.

니코바르비둘기를 제외하면 이번 여정에서 손에 넣은 신종 조류는 희귀한 말루쿠부엉이쏙독새*Aegotheles crinifrons*뿐이었는데, 부엉이쏙독새속*Aegotheles* 중에서 말루쿠 제도에서 발견된 종은 이것이 유일하다. 내가 채집한 곤충 중에서 최고는 희귀한 황금이세벨*Delias aruna*로, 날개는 진한 크로뮴황 색깔이고 날개 테두리는 검은색이며 흰색 더듬이가 눈에 띈다. 아마도 델리아스속*Delias*에서 가장 고운 나비일 것이다. 말벌을 닮은 커다란 검은색 곤충은 사슴벌레처럼 거대한 턱이 달렸는데 F. 스미스 씨가 '메가킬레플루토*Megachile pluto*'(월리스왕벌*Chalicodoma pluto*)로 명명했다. 처음 보는 딱정벌레류를 100종가량 채집했으나 대부분 매우 작았으며, 희귀하고 잘생긴 종은 바찬 섬에서 이미 발견한 것이 많았다. 열이레 동안의 탐사는 전반적으로 꽤 만족스러웠다. 매우 편안했으며 섬을 속속들이 관찰할 수 있었기 때문이다. 나는 탐사를 시작하면서 널찍한 배를 빌리고 작은 탁자와 등나무 의자를 가져왔다. 지붕만 있으면 즉시 자리를 잡고 쉽게 작업하거나 식사할 수 있어서 무척 편리했다. 해변에서 묵을 곳을 찾지 못하면 배에서 잤다. 한곳에서 며칠 묵게 되면 항상 배를 바닷가에 끌어올렸다.

바찬 섬으로 돌아와 채집물을 포장하고 트르나테 섬으로 돌아갈 준비를 했다. 첫 번째로 왔을 때는 키잡이 편에 배를 돌려보냈다. 두세 명도 함께 보냈는데 그들은 돌아갈 기회에 반색했다. 하지만 이번에는 정부 선박이 군량미를 싣고 막 도착했기에 승선 허가를 얻어냈다. 그리하여 4월 13일에 출발했다. 6개월에서 단 일주일 모자라는 기간을 바찬 섬에서 보낸 것이다. 배는 '코라코라'라는 종류로, 위가 탁 트였고 선체가 매우 낮으며 적재 용량은 4톤가량이었다. 길이 약 1.5미터짜리 대나무 아우트리거를 양옆에 달아 앞뒤로 뻗은 대나무 갑판을 지탱했다. 선체의 바깥쪽 끝에 노잡이 스무 명이 앉았으며 안쪽은 고물에서 이물까지 편하게 지나다닐 수 있었다. 중간 부분은 이엉을 씌웠는데 그 속에 짐과 승객을 실었다. 뱃전은 수면에서 30센티미터 이상 올라오지 않았으며, 꼭대기와 양옆이 매우 무겁고 전반적으로 엉성해서 악천후에는 위험하며 침몰하는 경우도 드물지 않다. 순풍이 불면 세모 돛대에 베돛을 폈는데 계절풍에 따르면 바람이 좋아야 마땅했지만 (늘 그렇듯) 한 번도 순풍이 불지 않았다. 대나무에 보관된 물은 이틀 치뿐인데 항해 기간은 일주일이어서 여러 번 기항해야 했다. 선장은 의욕이 별로 없었으며 노잡이들은 노 젓기를 귀찮아했다. 안 그랬다면, 날씨가 좋고 바람이 거의 불지 않았으니 사흘이면 트르나테 섬에 도착했을 것이다.

승객은 나 말고 일곱 명이 더 있었는데, 일본인 군인 서너 명, 형기를 채운 죄수 두 명(흥미롭게도 그중 한 명이 내 돈궤와 열쇠를 훔친 자였다), 트르나테 섬을 방문하는 교장 아내와 하인, 물건을 사러 가는 중국인 무역상이었다. 우리는 선실에서 다 함께 부대끼며 자야 했으나 승객들은 친절하게도 내 매트리스를 깔 자리를 비워주었다. 선내 분위기는 매우 화기애애했다. 뱃머리에 있는 작은 조리실에서는 밥을 하고 커피를 끓일 수 있었는데, 물론 다들 자기 식량을 챙겨 왔으며 저마다 편한 때에 식사를 했다. 항해 중에 유일하게 거슬린 것은 나무 북 '톰톰'에서 나는 끔찍한 소리였다. 노 저을 때면 톰톰을 끊임없이 두들겨댔기 때문이다. 두 사람이 항상 북을 쳤는데, 나는 항해 내내 소음에 시달려야 했다. 노잡이들은 트르나테 섬 술탄이 보낸 사람들이었다. 이들은 하루에 약 3펜스를 받으며 식량은 스스로 해결한다. 각자 나무로 만든 튼튼한 베텔 상자(평상시에 앉는 용도였다)와 이부자리, 여벌 옷을 가지고 있었다. 노를 저을 때는 사롱이나 허리수건만 걸친 반半나체였다. 잠은 제자리에서 이불을 덮고 잤는데, 이불은 비를 잘 막아주었다. 이들은 끊임없이 베텔을 씹거나 담배를 피웠으며, 말린 사고와 작은 생선 절임을 먹었다. 신이 났을 때나 정박지에 가고 싶을 때 말고는 노 젓는 중에 노래하는 법이 좀처럼 없었으며 말도 많이 하지 않았다. 대부분 말레이인으로 할마헤라 섬 출신의 알푸로, 게베 섬과 와이게오 섬 출신의 파푸아인이 간간이 섞여 있었다.

어느 날 오후, 마키안 섬에 정박했는데 많은 사람들이 바닷가에 가서 플랜틴과 바나나, 그 밖의 과일을 잔뜩 가지고 돌아왔다. 그 다음에 좀 더 항해하여 저녁에 다시 닻을 내렸다. 밤에 잠자리에 들면서 초를 껐는데 램프가 여전히 희미하게 타고 있었다. 손수건을 찾다가 침상 벽으로 삼은 상자에서 본 기억이 나 손을 뻗었다. 그런데 뭔가 차갑고 미끌미끌한 것이 느껴져 얼른 손을 뺐다. 그것은 내가 만지자 꿈틀했다. 나는 소리를 질렀다. "불 켜요! 여기 뱀이 있어요." 정말 뱀이었다. 단단히 똬리를 튼 채 누가 자기를 방해했는지 확인하려는 듯 고개를 쳐들고 있었다. 잡거나 깨끗이 죽이지 않으면, 녀석은 온갖 짐 더미에 숨어들 테고 우리는 다리 뻗고 잘 수 없을 터였다. 죄수 출신 한 명이 손에 헝겊을 감고 뱀을 잡겠다고 나섰지만, 불안한 기색이 엿보이고 일을 그르칠 것 같았기에 만류했다. 나는 식칼을 든 채 뱀 바로 위에 매달린 포충망을 조심조심 치웠다. 칼을 힘껏 휘두를 수 있게 되자 소리 없이 뱀의 등을 찔러 움직이지 못하게 했다. 내 일꾼 한 명이 또 다른 칼로 뱀 머리를 찍었다. 녀석을 살펴보니 커다란 독니가 나 있었다. 처음 건드렸을 때 물리지 않은 것이 신기했다.

뱀 두 마리가 한꺼번에 배에 오를 리는 없으니 다시 잠자리에 들었다. 하지만 또 다른 뱀을 만질지도 모른다는 막연한 불안감에 평상시와는 딴판으로 밤새 한 번도 뒤척이지 않고 가만히 누워 있었다. 이튿날 트르나테 섬에 도착하여 안락한 숙소에 들어앉아 내 보물을 샅샅이 점검하고 고국으로 보낼 수 있도록 꽁꽁 포장했다.

25장

스람 섬, 고롱 제도, 와투벨라 제도

(1859년 10월에서 1860년 6월까지)

10월 29일 새벽 3시에 암본 섬을 떠나 처음으로 스람 섬을 방문했다. 뱃사람들이 말을 듣지 않아 며칠을 허비한 뒤였다. 나를 태워주기로 한 판데르베이크 선장은 온종일 뱃사람들을 쫓아다녔다. 한밤중에는 마지막 순간에 내뺀 내 일꾼 두 명을 찾아다녀야 했다. 한 명은 자기 집에서 한잔하고 있었는데 이별주로 아라크주를 마셔 약간 알딸딸했다. 하지만 다른 한 명은 만을 건너가버렸기 때문에 내버려두고 갈 수밖에 없었다. 우리는 암본 섬 동쪽 끝에 있는 마을 두 곳에서 몇 시간 머물렀는데 한 곳에서는 선교사 사택에 나무를 가져다주어야 했다. 사흘째 오후에 스람 섬의 하토수아에 있는 판데르베이크 선장의 농장에 도착했다. 맞은편에 암본 섬이 보였다. 농장은 평평하고 다소 질척질척한 숲을 개간한 곳으로, 넓이는 약 8헥타르였으며 카카오와 담배를 주로 심었다. 인부들이 묵는 작은 오두막 옆에 담뱃잎을 말리는 큰 헛간이 있었는데 그 구석을 내게 내어주었다. 근처를 훑어보니 좋은 채집 장소가 있을 것 같아서 임시 탁자와 의자, 침대를 가져다놓고 몇 주

머물 준비를 갖췄다. 하지만 며칠 있어 보니 결과는 실망스러웠다. 딱정벌레류는 꽤 풍부해서 긴 뿔의 근사한 소바구미과와 예쁜 하늘소류를 많이 채집했지만, 암본 섬에 처음으로 잠깐 방문했을 때 채집한 것과 똑같은 종이 대부분이었다. 숲에는 오솔길이 거의 없었으며 그마저도 새와 나비는 찾기 힘들었다. 일꾼들이 매일같이 가져오는 것 중에서 쓸 만한 것은 하나도 없었다. 그래서 다른 데로 옮겨야겠다는 생각이 일찌감치 들었다. 여기 머물러서는 거의 탐사되지 않은 스람 섬의 진면목을 알 수 없었기 때문이다.

주인은 이제껏 만난 사람 중에서 가장 멋지고 유쾌한 말동무였기에 떠나기가 아쉬웠다. 그는 플랑드르 태생으로, 여느 플랑드르인과 마찬가지로 언어에 뛰어난 재능이 있었다. 아주 어릴 적에 지중해의 무역과 상업을 조사하러 파견된 정부 관료를 따라다니면서 몇 주씩 머무르는 곳마다 그곳의 구어口語를 습득했다. 그 뒤에는 상트페테르부르크를 항해했고, 런던에서 몇 주 머물렀던 것을 포함하여 유럽 여러 곳을 항해하고는 동양에 와서 여러 섬을 다니며 무역과 투자에 종사했다. 그는 현재 네덜란드어, 프랑스어, 말레이어, 자와어를 똑같이 잘한다. 영어는 외국어 억양이 살짝 있지만 조금도 막힘이 없으며 숙어도 아주 완벽하게 알고 있어서, 이따금 놀려먹으려 했지만 허사였다. 독일어와 이탈리아어도 꽤 친숙하며 유럽 언어 중에서는 현대 그리스어, 터키어, 러시아어, 히브리어와 라틴어 구어를 알아듣는다. 그의 언어 능력을 확인할 수 있는 일화가 있다. 그는 일전에 살리바부라는 외딴 섬에 가서 몇 주 동안 무역하며 지낸 적이 있었다. 내가 어휘를 수집하고 있는데, 그가 단어 몇 개를 암기할 수 있을 것 같다며 꽤 많은 단어를 읊었다. 얼마 뒤에 이 섬들에서 수집한 짧은 단어 목록을 확인해 보니 그가 말한 것과 꼭 맞아떨어졌다. 그는 히브리어 권주가를 즐겨 불렀는

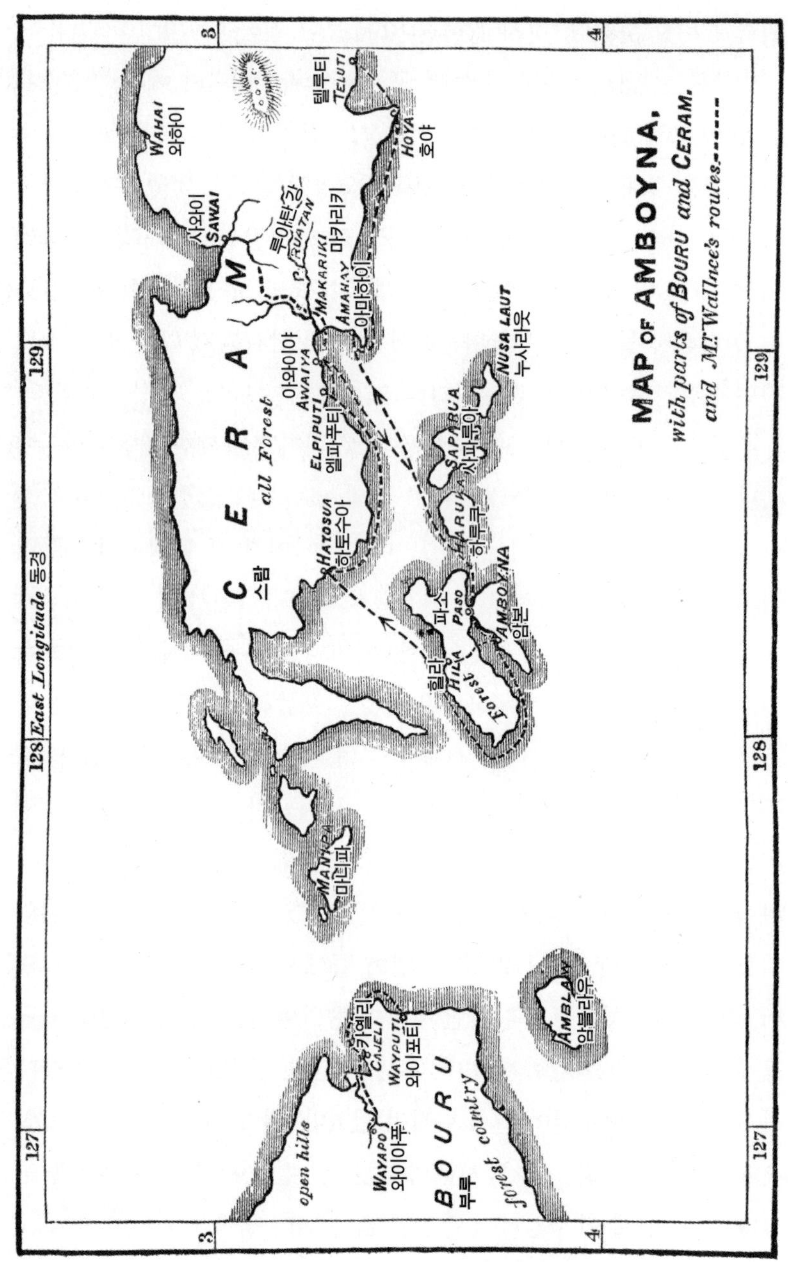

암본 섬 및 부루 섬과 스람 섬의 일부(월리스 이동 경로)

데 예전에 함께 여행한 유대인들에게서 배운 것이었다. 유대인들은 그가 대화에 끼어들어 놀랐다고 한다. 그는 자신이 만난 사람과 방문한 장소에 대한 이야기와 일화를 들려주었는데 결코 싫증을 내는 법이 없었다.

스람 섬의 이 지역에 있는 대부분의 마을에는 학교와 원주민 교장이 있으며 주민들은 오래전에 기독교로 개종했다. 큰 마을에는 유럽인 선교사가 있지만, 기독교인 마을과 알푸로 마을 사이에는 또한 주민 사이에는 겉보기에 차이점이 거의 또는 전혀 없다. 이곳 사람들은 할마헤라 섬 사람들에 비해 파푸아인의 특징이 더 뚜렷하다. 피부색이 더 검고 상당수는 파푸아인 같은 곱슬머리이며, 이목구비도 더 투박하고 우락부락하다. 특히 여자들은 말레이 민족보다 훨씬 덜 매력적이다. 판데르베이크 선장은 기독교인 마을 주민들을 도둑에 거짓말쟁이에 주정뱅이에 형편없는 게으름뱅이로 비하하는 일에 지치는 법이 없었다. 암본 시에 사는 지인 모니케 박사와 돌레샬 박사, 유럽인 거주민과 무역상 대부분도 똑같은 불평을 제기했으며 하인이 필요하면 원주민 기독교인보다는 차라리 이슬람교인을 설령 죄수일지라도 선택하겠다고 말했다. 가장 큰 이유 중 하나는 이슬람교에서 술을 금하며 이 율법이 정착되어 결코 위반되는 일이 없다는 것이다. 따라서 욕구의 무진장한 원천이자 게으름과 범죄의 크나큰 동기가 한 집단에는 있으나 다른 집단에는 없는 것이다. 그런데 이것 말고도 기독교인들은 자기네가 유럽인과 같은 종교를 믿고 거의 동등하며 이슬람교인보다는 훨씬 우월하다고 생각하기에 노동을 경멸하고 무역이나 자영농으로 먹고 살려든다. 문명 수준이 이토록 낮은 사람들에게 종교란 한갓 의례에 불과하며 이들이 기독교 교리를 이해하지도, 도덕적 계율을 따르지도 않는다는 것은 말할 필요도 없다. 또한 내가 경험한바 더 나은 계층인 오랑 세라니는 주벽酒癖만 빼면 말레이인만큼 점잖고 친절하고 부지런하다.

사파루아 섬 부지사(맞은편의 스람 섬 해안도 그의 관할이다)에게 배를 내어달라는 편지를 보냈더니 뱃사람이 스무 명이나 딸린, 필요 이상으로 큰 배가 왔다. 그래서 다정한 벗 판데르베이크 선장에게 작별을 고하고, 저녁에 엘파푸티 마을을 향해 출발하여 이틀 뒤에 목적지에 도착했다. 이곳에 머물 작정이었으나, 근처에 원시림이 하나도 없어서 마음에 들지 않아 아마하이 만에서 위로 20킬로미터가량을 더 올라가기로 했다. 그곳은 최근에 조성된 마을로, 내륙 출신의 토박이가 살았으며 암본 섬의 신사 몇 명이 넓은 카카오 농장을 짓고 있었다. 그날 오후에 ('아와이야'라 불리는) 목적지에 도착하여 페터르스 씨(농장 관리인)와 원주민 촌장의 도움으로 작은 숙소를 얻었다. 나는 짐을 모두 해변에 내리고 뱃사람 스무 명에게 품삯을 주어 돌려보냈다. 그중 두 명은 항해 내내 톰톰을 두드려 정신을 산란케 한 장본인이었다.

이곳 사람들은 자연 상태 그대로였으며 거의 벌거벗다시피 했다. 남자들은 꼬불꼬불한 머리카락을 왼쪽 관자놀이 위에서 납작하고 둥근 매듭으로 꼬아 뭔가 아는 듯한 표정을 연출하며 귀에는 손가락 굵기만 하고 끝을 빨갛게 칠한 나무 막대기가 꽂혀 있다. 풀을 엮거나 은으로 만든 팔찌와 발찌, 구슬이나 작은 열매로 만든 목걸이가 복장의 전부다. 여자들도 비슷한 장신구를 걸치지만 머리카락은 길게 늘어뜨린다. 다들 키가 크고 피부색은 진갈색이며 파푸아인 특유의 얼굴형이 뚜렷하다. 마을에는 암본인 교장이 있으며 매일 아침 꽤 많은 학생들이 등교한다. 기독교인이 된 주민들은 머리카락을 늘어뜨리고 원주민 기독교인의 복장인 바지와 헐렁한 셔츠를 입은 것으로 분간할 수 있다. 말레이어를 쓰는 사람은 거의 없다. 이 모든 해안가 마을은 접근 불가능한 내륙에 사는 원주민을 나오도록 유도하여 최근에 조성했다. 스람 섬의 중심부에는 인구가 많은 마을 한 곳만이 산악 지대에 남아 있다. 동쪽과 서쪽 끝에 몇 곳이 있기는 하지만, 이를 제외하면 스람 섬의 주민은 모두 해안에 몰려 있다. 북부와 동부에는 이슬람교인이 주로 살며 암본 섬과 가장 가까운 남서해안에 사는 사람들은 명목상 기독교인이다.

말레이 제도의 이 모든 지역에서 네덜란드는 원주민의 여건을 개선하기 위해 모든 마을에 교장(대부분 암본 섬이나 사파루아 섬 원주민으로, 현지 선교사들에게 교육받았다)을 임명하고 원주민에 의한 천연두 예방 접종을 시행하는 갸륵한 노력을 기울였다. 또한 유럽인의 정착과 카카오 및 커피 농장 조성을 장려하는데, 농장은 원주민의 여건을 개선하는 최상의 방책 중 하나로, 이 덕분에 원주민들은 정당한 임금을 주는 일자리를 얻고 유럽인의 기호와 취미를 습득할 기회를 누린다.

이곳에서의 채집 성과는 앞선 장소보다 훨씬 뛰어나지는 않았지만 나비는 좀 더 풍부했으며 아침 바닷가에서는 매우 근사한 종이 젖은 모래에 가만히 앉아 있어서 손가락으로 잡을 수 있었다. 이런 식으로 아이들이 잡아 온 훌륭한 제비나비속 표본을 많이 손에 넣었다. 하지만 딱정벌레는 드물었으며 새는 더 드물었다. 스람 섬에 있다는 근사한 종들은 동쪽 끝에만 서식하는 게 아닌가 하는 생각이 들기 시작했다.

북쪽으로 몇 킬로미터 올라간 아마하이 만 어귀에 마카리키 마을이 있는데, 이곳에서 섬을 가로지르다시피 하여 북해안까지 천연 오솔길이 나 있다. 뉴기니 섬에서 알게 되었으며 지금은 스람 섬 북부 지역의 정부 감독관인 로젠베르크 씨는 내가 아와이아에서 세 주를 보낸 뒤에 북해안의 와하이에서 돌아와 내륙의 산간 개울에서 채집한 멋진 나비들을 보여주었다. 그는 섬 한가운데에 며칠 머무를 만한 곳이 있다고 말했다. 그래서 이튿날 그와 함께 마카리키를 찾아갔는데, 그는 짐을 나르고 탐사에 동행할 일꾼 몇 명을 내게 딸려 보내라고 촌장에게 지시했다. 마을 사람들이 크리스마스를 집에서 보내고 싶어 했기에 최대한 일찍 출발해야 했다. 그래서 사람들에게 이틀 안에 준비를 끝내라고 말해두고는 나도 채비를 하러 돌아왔다.

엿새 일정에 필요한 최소한의 짐을 싸고 12월 18일 아침에 마카리키를 출발했다. 여섯 명이 내 짐과 자기네 물품을 날랐으며 나비 잡기에 익숙한 아와이야 출신 청년 한 명이 동행했다. 암본 섬에서 온 사냥꾼 두 명은 내가 없는 동안 새를 사냥하고 가죽을 벗기도록 두고 왔다. 마을을 벗어나 빽빽하게 얽힌 덤불 속을 한 시간 동안 힘차게 걸었다. 전날 밤에 폭우가 쏟아져 무척 축축했으며 사방에 진흙 구덩이가 널려 있었다. 작은 개울을 몇 개 건너 스람 섬에서 가장 큰 강 중 하나인 루아탄 강에 도착했다. 이곳도 건너야 했다. 강은 깊고 유속이 빨랐다. 먼저 짐을 머리에 이고 하나씩 날랐다. 사람들은 겨드랑이 높이까지 물에 잠겼다. 두 사람이 돌아와 나를 부축했다. 물이 나의 허리 위까지 올라왔는데, 어찌나 세찬지 혼자 건너려 했다가는 틀림없이 물살에 휩쓸렸을 것이다. 이 사람들이 어떻게 나를 부축하는지 신기했다. 발을 바닥에서 떼면 다시 디디기가 여간 힘들지 않았기 때문이다. 이 사람들은 늘 맨발로 다니면서 발의 근력과 아귀힘이 세진 덕에 빠른 물살에서도 단단히 발을 디딜 수 있었음이 분명하다.

젖은 옷을 꽉 짜서 다시 걸치고는 전과 비슷한 좁은 숲길을 따라 나아갔다. 썩은 잎과 죽은 나무가 길을 막았으며, 트인 곳은 얽히고설킨 식물이 웃자라 있었다. 한 시간을 더 가서 넓은 자갈 바닥을 흐르는 작은 개울에 도착했다. 저 위로 길이 나 있었다. 여기서 30분 동안 아침을 먹고 끊임없이 개울을 건너거나 돌과 자갈이 깔린 강기슭을 걸었다. 정오쯤 되자 길은 바위투성이가 되고 낮은 언덕으로 둘러싸였다. 좀 더 걸어 평범한 산골짜기에 들어섰다. 바위를 기어오르고 매번 물을 건너고 또 건너거나 숲을 지름길로 가로질러야 했다. 고된 여정이었다. 오후 3시쯤 되자 하늘이 흐려지더니 폭풍우를 예고하듯 산에서 천둥소리가 났다. 야영지를 찾아야 했는데 금세 로젠베르크 씨의 옛 야영지에 도착했다. 그의 작은 오두막은 다행히 뼈대가 남아 있었다. 일꾼들이 잎을 자르고 대충 지붕을 올리는데 막 비가 시작되었다. 짐은 잎으로 덮었고 일꾼들은 폭풍우가 지나갈 때까지 알아서 비를 피했다. 폭풍우가 지나가자 이번에는 강이 범람하여 아무리 가고 싶어도 더는 나아갈 도리가 없었다. 그래서 불을 피우고 나는 커피를 끓였으며 일꾼들은 자기네 생선과 플랜틴을 구웠다. 어두워지자마자 여장을 풀고 잘 준비를 했다.

이튿날 아침 6시부터 세 시간을 어제처럼 걸었다. 적어도 30~40번 강을 건넜는데 물이 대체로 무릎까지 찼다. 길이 개울과 갈라지는 지점에서 멈추어 아침을 먹었다. 그러고는 오랫동안 산길을 걸었다. 다닐 만한 길을 따라 해발 약 450미터 높이에 이르렀다. 여기서 이제껏 본 것 중에 가장 작고 멋진 나무고사리를 보았다. 줄기는 엄지손가락만 할락 말락 했으나 높이는 4.5~6미터에 달했다. 배추흰나비속*Pieris* 나비 신종과 근사한 청줄박이제비나비*Papilio gambrisius* 암컷 표본도 손에 넣었다. 청줄박이제비나비는 지금까지 수컷밖에 못 봤는데 암컷은 크기가 작고 색깔이 사뭇 달랐다. 매우 가파른 길을 따라 산등성이 반대편으로 내려가자 섬의 한가운데쯤 되는 지점에 또 다른 강이 있었다. 우리가 이틀이나 사흘 머물게 될 장소였다.

두어 시간 동안 일꾼들이 내가 잘 작은 오두막을 지었다. 크기는 가로 2.4미터, 세로 1.2미터였으며, 막대기를 쪼개어 의자도 만들었다.

일꾼들도 앞선 여행자들이 지은, 더 작은 오두막 두세 곳에 자리를 잡았다.

이곳의 강은 너비가 18미터가량으로, 자갈과 이따금 바위가 깔린 바닥 위를 흘렀다. 좌우로 가파른 비탈이 서 있었으며 산기슭과 물길 사이에 평평한 습지가 가로놓이기도 했다. 이곳은 온통 울창하고 온전하고 매우 습하고 어두침침한 원시림이었다. 우리가 머무는 곳 바로 앞으로 물길 한가운데에 덤불로 덮인 작은 섬이 있었다. 그래서 강을 따라 숲의 뚫린 곳이 다른 곳보다 넓었으며 그 사이로 햇살이 새어 들어왔다. 이곳에서 멋진 나비 몇 마리가 날아다녔는데 가장 근사한 녀석은 놓치고 말았으며 이곳에 머무는 동안 다시는 보지 못했다. 여기서 머문 이틀과 반나절 동안 온종일 강을 오르락내리락하며 나비를 찾아다녔다. 모두 해서 50~60종을 잡았는데 처음 보는 종도 여럿이었다. 한 번밖에 못 보고 잡지도 못한 녀석도 많았기에 이 내륙의 계곡에 한 달간 머물 수 있는 마을이 없다는 사실이 안타까웠다. 이른 아침에는 총을 가지고 새를 찾아 나섰고, 일꾼 두 명은 온종일 사슴을 쫓았다. 하지만 다들 운이 나빠서 숲에 있는 내내 아무것도 잡지 못했다. 이곳에서 본 새 중에서 좋은 것은 멋진 암본장수앵무Amboyna lory뿐이었으나 언제나 너무 높이 있어서 쏘지 못했다. 이것 말고는 덩치 큰 파푸아코뿔새*Rhyticeros plicatus*가 유일했는데 녀석은 잡고 싶지 않았다. 호랑지빠귀나 물총새, 비둘기는 한 마리도 보지 못했다. 이곳만큼 동물상이 빈약한 숲은 한 번도 본 적이 없었다. 나비 말고는 다른 곤충 집단도 전부 드물었다. 술라웨시 섬에 있을 때 비슷한 조건에서 희귀한 길앞잡이를 발견했으니 여기서도 그러리라 기대했지만 숲과 강바닥, 개울을 샅샅이 뒤졌는데도 암본 섬의 흔한 두 종 말고는 전혀 찾지 못했다. 다른 딱정벌레는 단 한 마리도 없었다.

물속과 바위 위, 자갈 위를 계속 걸었더니 가지고 온 신발 두 켤레가 너덜너덜해졌다. 돌아오는 길에는 아예 분해되어버렸다. 마지막 날에는 양말만 신고 걸어야 했는데 무척 아팠으며 숙소에 도착할 즈음에는 발을 절기까지 했다. 마카리키에서 돌아오는 길에 갈 때와 마찬가지로 바닷가에서 폭풍우를 만났다. 저녁 늦게 아와이야에 도착했을 때는 짐이 모두 흠뻑 젖었으며 우리도 온몸이 찝찝했다. 스람 섬에 있는 내내 눈에 보이지 않는 진드기속*Acarus* 진드기에 물려 고생했다. 막을 방법이 없었기에 모기나 개미, 그 밖의 해충보다 더 괴로웠다. 숲에서 마지막 일정을 치르고 나니 머리부터 발끝까지 염증으로 퉁퉁 부었다. 암본 섬에 돌아온 뒤에는 중병이 되어 두 달 가까이 숙소에 갇혀 있어야 했다. 1859년에 끝난 스람 섬 첫 방문에서 가히 즐거운 순간은 아니었다.

1860년 2월 24일에서야 다시 출발할 수 있었다. 해안을 따라 이 마을에서 저 마을로 다니다 알맞은 장소를 발견하면 머물 작정이었다. 내게 배와 짐꾼을 내어주라고 모든 촌장에게 고하는 말루쿠 총독 명의의 편지를 지닌 채였다. 첫 번째 배를 타고 이틀에 걸쳐 아마하이에 갔다. 만을 사이에 두고 아와이야를 마주보는 곳이었다. 놀랍게도 이곳 촌장은 핑계를 대며 시간을 끌지 않고, 즉시 내가 탈 배를 가져오라고 명령하고는 내 짐을 싣고 해거름에 돛대를 세우고 돛을 펴고는 그날 밤에 일꾼들을 대령했다. 덕분에 이튿날 새벽 5시에 출항할 수 있었다. 이런 경우에 원주민 촌장에게서 이만한 정력과 활기를 본 것은 이번이 처음이었다. 우리는 세파에 기항했다가 스람 섬 남해안에 있는 이슬람교인 마을 두 곳 중 첫 번째인 타밀란에서 밤을 보냈다. 이튿날 정오쯤에 호야에 도착했다. 지금의 배와 뱃사람으로는 여기까지가 최선이다. 정박지는 마을에서 약 1.6킬로미터 떨어져 있으며 산호초가 가로막고 있어서 저녁 때 조수가 높아질 때까지 기다렸다가 신기하게 생긴 썩은 나무로 된 방문객용 구조물에 배를 댔다.

이곳에는 내 짐을 실을 만큼 큰 배가 하나도 없었다. 두 척이면 충분하겠다 싶었지만 라자는 굳이 네 척을 보냈다. 나중에 그 이유를 알았는데, 그가 다스리는 작은 마을이 네 곳이어서 마을마다 배 한 척씩 보내도록 하면 두 곳을 고르느라 골머리를 썩이지 않아도 되기 때문이었다. 다음 마을인 텔루티에는 알푸로가 많으며 장수앵무류를 비롯하여 새를 많이 구할 수 있으리라는 얘기를 들은 터였다. 라자는 이곳에서 검은장수앵무와 노란장수앵무, 검은유황앵무가 발견되었다고 장담했지만 그 스스로도 자신이 거짓말을 하고 있음을 잘 알고 있었으며 나의 애초 바람대로 일정을 하루 연장하는 것이 아니라 나를 그 마을에 데려가려는 수작이었던 것 같다. 여느 마을에서처럼 이곳에서도 영혼에 대한 질문을 받았다. 사람들은 이름만 이슬람교인이었으며, 돼지고기와 몇 가지 금기 식품을 제외하고는 전혀 교리에 구애받지 않았다. 이튿날 아침에 고생스럽게 짐을 싣고는 스람 섬 중앙의 거대한 산을 바라보며 깊은 텔루티 만을 가로질러 흥겹게 노를 저었다. 배 네 척에 60명이 노를 저었는데, 누군가는 사기를 북돋우려고 깃발을 흔들고 톰톰을 두드리고 힘차게 소리치고 노래했다. 바다는 잔잔했고 아침 하늘은 밝았으며 어딜 보든 신바람이 났다. 배가 뭍에 닿자 오랑카야와 촌장 몇 명이 근사한 비단 윗도리 차림으로 우리를 맞이하려고 기다리다가 손님용 숙소로 안내했다. 이 숙소에서 며칠 머물며 새로운 동물이 있는지 살펴보기로 했다.

우선 장수앵무류에 대해 물었지만 흡족한 정보는 통 얻지 못했다. 알려진 종류는 목도리장수앵무와 흔한 적록오색앵무밖에 없었는데 둘 다 암본 섬에도 있는 것들이었다. 검은장수앵무와 검은유황앵무에 대해서는 전혀 아는 바가 없었다. 알푸로는 닷새나 엿새 거리의 산악 지대에 들어가 살았으며, 마을에서는 살아 있는 새를 한두 마리밖에 보지 못했는데 이마저도 가치가 없었다. 내 사냥꾼들은 평범한 새 몇 마리를 잡는 것이 고작이었다. 산이 훌륭하고 숲이 울창하고 동쪽으로 160킬로미터 떨어진 지역인데도 새로운 곤충을 하나도 발견하지 못했으며 암본 섬과 스람 섬 서부에 흔한 종도 거의 찾아볼 수 없었다. 이런 곳에 머물 이유가 전혀 없었기에 최대한 일찍 떠나기로 마음먹었다.

텔루티 마을은 인구가 많지만 낙후되었고 무척 지저분하다. 이곳에서는 사고야자나무가 평상시처럼 낮은 습지에서 자라는 것이 아니라 산비탈을 덮었으나, 자세히 들여다보니 여기저기 땅을 덮은 바위 사이로 비가 내리고 실개천에서 물이 뚝뚝 떨어져 언제나 눅눅한 습지대에서 자라고 있었다. 이 사고야자나무는 주민들의 유일한 호구지책이다시피 한데, 이들은 밭뙈기 몇 곳에 옥수수와 고구마를 재배하는 것 말고는 아무것도 재배하지 않는 듯하다. 앞에서 설명한 것처럼 곤충이 부족한 것은 이 때문이다. 오랑카야는 좋은 옷과 근사한 램프, 그 밖에 값비싼 유럽 상품을 가지고 있지만 나머지 주민과 마찬가지로 사고와 생선으로 하루하루 연명한다.

이 황량한 곳에서 사흘을 지낸 뒤 3월 6일 아침에 나를 텔루티에 데려다준 것과 같은 크기의 배 두 척을 타고 출발했다. 어려움을 겪기는 했지만 이 배를 타고 토보까지 가도 된다는 허가를 받아냈다. 그곳에서 한동안 머물 작정이었기에 서둘러 출발하여 라이무 마을에서 사람들을 교체하고 폭우를 맞으며 아티아고 마을에 도착했다. 이곳은 파도가 심했으며 밤에 바람이 세게 불면 파도가 더 심해질 것 같아서 배를 해변에 끌어올렸다. 오랑카야의 집에서 저녁을 먹고 내륙 산악 지대에 사는 알푸로어의 어휘를 받아 적은 뒤에 배로 돌아가 눈을 붙였다. 이튿날 아침에 항해를 재개하여 와레나마에서 한 번, 하토메텐에서 또한 번 사람들을 교체했다. 두 곳 다 파도가 심하고 항구가 없어서 사람들이 헤엄쳐 가고 헤엄쳐 와야 했다. 3월 7일 저녁에 토보의 라자에게 속한 첫 번째 마을이자 반다 제도 정부의 관할인 바투아사에 도착했다. 서쪽으로 향하는 거센 너울 때문에 파도가 매우 심했다. 그래서 마을이 있는 바위 곶을 돌아서 뒤로 갔지만 그곳도 별반 다르지 않았다. 하지만 이곳 해변에 상륙하여, 해변에 있는 사람들이 물가부터 통나무를 깔아 배를 끌어올릴 수 있도록 해줄 때까지 기다리는 수밖에 없었기에 가장 높은 파도가 지나가는 것을 지켜본 뒤에 최대한 빨리 해변을 향해 곧장 노를 저었다. 배가 뭍에 닿는 순간 우리 쪽 사람들이 모두 뛰어내려 해변에 있는 사람들의 도움을 받아 배를 물 밖으로 끄집어내려 했지만 일손이 모자라 파도가 연신 고물에 들이쳤다. 하지만 해변이 가팔라서 배가 손상을 입지는 않았으며, 나머지 한 척은 양쪽 배의 뱃사람들이 함께 끌었기에 수월하게 올릴 수 있었다.

이튿날 아침에는 수위가 낮아졌으며 쇄파碎波는 해변에서 좀 떨어져 있었다. 우리는 배를 물가에 대고 물결이 잔잔할 때를 기다렸다가 안전하게 배를 띄웠다. 다음의 두 마을인 토보와 오송에서도 새로 사람들을 들였다. 이들은 파도를 뚫고 헤엄쳐 왔다. 오송에서는 라자가 승선하여 키사라웃까지 동행했다. 라자는 키사라웃에 있는 집을 내가 머무는 동안 빌려주었다. 이곳도 파도가 거세어서 배를 뭍에 끌어올리기가 여간 힘들지 않았다. 암본 섬에 있을 때 이 계절에는 바다가 잔잔하고 바람이 먼바다에서 분다는 확언을 들을 수 있었는데, 이 경우에는 (늘 그렇듯) 이틀이나 사흘 거리 떨어진 장소 간의 바람과 계절에 대해 미더운 정보를 전혀 얻을 수 없었다. 하지만 스람 섬의 전반적 방향(동남동과 서북서)으로 보건대 서西계절풍이 부는 시기에는 남해안의 파도가 거세고 피난처가 거의 없어서 동쪽으로만 안전하게 항해할 수 있는 반면에 동東계절풍이 부는 시기에는 와하이 북해안을 따라 돌아오기로 했으니 똑같은 파도와 위험을 겪을 터였다. 하지만 반다 해에서 서계절풍의 일반적 방향으로 인해 너울이 일고 해변의 파도가 거셌음에도 바람의 덕은 거의 보지 못했다. 추측컨대 만과 곶이 많아서 온종일 반대 방향의 남동풍이나 심지어 정正동풍이 분 탓에 암본 섬에서부터 줄곧 노의 힘으로 항해해야 했으니 말이다. 서계절풍 덕에 빠르고 즐겁게 항해할 수 있으리라는 얘길 들었는데 덕은 하나도 못 보고 손해만 잔뜩 입었다.

키사라웃에서 사흘을 지내 보니 여기 머물 하등의 이유가 없을 듯하여 나를 고롱 제도에 데려다줄 프라우선과 뱃사람을 내어달라고 라자에게 간청했건만 네 주를 머물고 말았다. 라자는 근처에 있는 배가 아니라 몇 킬로미터 떨어진 곳에 있는 배를 보내겠다고 우겼다. 여러 번 연기된 끝에 배가 도착했는데 내 짐을 싣기에는 너무 작고 전혀 적합하지 않았다. 라자는 다른 배를 즉시 가져오라고 명령했고 사흘 안에 가져오겠다는 약속을 받았지만, 엿새가 지나도록 배는 오지 않았으며 우리는 결국 옆 마을에서 배를 빌려야 했다. 애초에 여기서 빌렸으면 훨씬 수월했을 터였다. 뒤이어 틈새와 파손 부위를 수선하고 선주와 라자의 수하들이 실랑이를 벌이느라 열흘이 또 지나갔다. 그동안 나는 무엇 하나 손에 넣지 못했다. 이 지역은 매우 아름답고 식물이 아주 풍부하지만 동물학적으로는 완전한 사막이었다. 이것은 오늘날까지도 도저히 이해할 수 없는 수수께끼다. 이곳에서 한 달간 머물면서 입수한 것 중에 쓸 만한 것이라고는 괜찮은 육상 패류 몇 점이 전부였다.

마침내 4월 4일에 작은 배에 짐을 4톤가량 싣고 출항하는 데 성공했다. 잠자고 요리할 공간을 남겨둔 채로 수많은 상자를 차곡차곡 정리하느라 무척 애를 먹었다. 배는 1그램의 철도, 1미터의 밧줄도 쓰지 않고 만들었으며 한 줌의 역청이나 페인트도 칠하지 않았다. 널빤지는 늘 그렇듯 핀과 등덩굴을 기발하게 활용하여 묶었다. 돛대는 대나무를 세모로 엮었는데, 슈라우드[39]가 하나도 필요 없었으며 긴 돛을 달았다. 키 두 개를 뒷갑판에 등덩굴로 달았고 닻은 나무로 만들었으며 길고 굵은 등덩굴을 닻줄로 썼다. 승무원은 네 명이었는데 이들의 유일한 거처는 이물과 고물에 가로 90센티미터, 세로 120센티미터짜리 공간에 이엉을 비스듬히 얹은 것이 고작이었다. 이들은 이곳에서 이따금 휴식을 취했다. 우리는 반다 해의 너울을 고스란히 맞으며 160킬로미터 가까이 더 가야 했다. 이따금 파도가 엄청난 높이로 몰아쳤지만, 다행히 우리가 지나는 동안에는 바다가 고요하고 잔잔해서 꽤 편안하게 항해할 수 있었다.

이틀째에 석회암 언덕들로 이루어진 스람 섬 동쪽 끝을 지나 초목이 무성한 두 섬, 콰모르 섬과 케핑 섬을 돌자 작은 읍 킬리와라가 눈에 들어왔다. 베네치아 시골처럼 바다에서 솟은 듯 보였다. 이곳은 모습이 매우 독특한데, 땅이나 식물을 조금도 볼 수 없을뿐더러 바다 멀리에서 바라보면 커다란 마을이 물 위에 떠 있는 것처럼 보이기 때문이다. 물론 넓이가 수 헥타르인 작은 섬이 아래에 있지만, 집들이 하도 다닥다닥 붙어 있어서 섬은 전혀 보이지 않는다. 이 섬은 교통의 요충지로, 동쪽 바다의 생산물 중 상당수를 거래하는 시장이며 부기족과 스람 섬 무역상이 많이 거주한다. 스람라웃 섬의 넓은 여울과 스람 섬 동쪽 끝을 둘러싼 여울 사이에는 깊은 수로가 딱 하나 있는데 그 근처에 있어서 요충지가 되었을 것이다. 우리는 이제 정반대로 동풍을 맞아 스람라웃 섬의 얕은 산호초 위로 50킬로미터 가까이를 삿대질하

39 돛대의 측면을 지지해주는 강철 밧줄. _옮긴이

며 나아가야 했다. 이번 항해의 유일한 위험이 끝을 앞두고 있었다. 고롱 제도에서 가장 큰 섬인 마나보카를 향해 노를 저어 가는데 거센 서향 해류에 휘말려 틀림없이 섬을 지나쳐버렸다는 생각이 들었다. 그런 경우라면 우리의 상황은 불편하고도 위험했을 것이다. 동풍이 막 불기 시작했으니 여러 날 동안 돌아갈 수 없을 터였는데 배에는 하루 치 식수도 없었기 때문이다. 이 절체절명의 순간에 나는 일꾼들의 사기를 북돋웠고 이들은 팔에 새 힘을 얻어 늦지 않게 해류의 영향권에서 빠져나왔다.

고롱 제도 마나보카 섬

마나보카 섬에 도착하고 보니 라자는 맞은편의 고롱 제도에 있었다. 하지만 당장 그에게 사람을 보냈고 그동안은 넓은 오두막에 여장을 풀었다. 밤에 라자가 돌아와 이튿날 나를 찾아왔다. 예상대로 3년 전에 아루 제도에서 만난 그 사람이었다. 라자는 매우 다정했으며 우리는 오랫동안 이야기를 나눴다. 하지만 나를 카이 제도에 데려다줄 배와 뱃사람을 청하자 온갖 이유를 갖다붙였다. 프라우선이 모두 카이 제도나 아루 제도에 가서 남은 게 하나도 없으며 배가 있더라도 다들 무역하러 떠나서 뱃사람이 하나도 없다는 것이었다. 하지만 알아보겠다고 약속했고 나는 기다리는 수밖에 없었다. 그 뒤로 이틀에서 사흘 동안 더 많은 대화를 나누고 또 다른 문제가 생기면서 섬과 주민들을 살펴볼 시간이 생겼다.

마나보카 섬은 길이가 약 24킬로미터이며 산호초가 약간 융기한 것에 불과하다. 내륙으로 200~300미터 들어가면 산호암 절벽이 솟아 있는데 상당수는 30~60미터 높이에 수직으로 우뚝 솟았다. 다른 종류의 암석과 어떤 수로도 없어서 섬 전체가 이런 지형이라고 했다. 몇 군데 갈라진 틈과 구멍으로 절벽 꼭대기까지 올라갈 수 있는데 꼭대기는 탁 트였으며 기복을 이루었다. 이곳에 주민들의 주된 채소밭이 있다.

이곳 사람들은-적어도 통치자들은-스람 본도의 이슬람교인보다 훨씬 순수한 말레이 민족이었다. 이는 첫 정착민이 도착했을 때 이 작은 섬들에 토박이가 하나도 없었기 때문일 것이다. 스람 섬은 파푸아 민족의 알푸로가 지배적 유형이고 말레이인의 얼굴형은 좀처럼 나타나지 않는 반면에, 이곳에서는 그 반대로 말레이인과 부기족이 어우러진데다 파푸아인의 모습이 약간 섞여 매우 잘생긴 외모가 되었다. 하층계급은 대부분 주변 섬 토박이로 이루어졌다. 이들은 파푸아인의 이목구비, 곱슬머리, 갈색 피부를 가진 훌륭한 민족이다. 고롱어는 스람 섬 동부와 인근 섬에서 쓴다. 스람 섬의 언어들과 대체로 비슷하나 말레이 제도의 다른 언어에서는 접하지 못한 독특한 특징이 있다.

일정이 많이 지체되자 이 시기에는 하루하루가 중요하다는 생각에 허름한 배와 일꾼 다섯 명을 구했다. 꼭 필요한 짐만 간신히 실었는데, 앉거나 잘 자리도 거의 없었다. 이 배는 범주 능력이 뛰어나다는 소리를 들었으며, 지금 같은 계절에는 작은 배가 훨씬 항해에 성공하기 쉽다고 했다. 우선 섬 주위를 따라 항해하여 이튿날(4월 11일) 오전에 동쪽 끝에 도착했다. 서남서풍이 세게 불어서 약 30킬로미터 떨어진 와투벨라 제도까지 갈 수 있었다. 흐린 하늘과 거친 바다의 풍경이 썩 맘에 들지 않았으며 뱃사람들은 좀처럼 배를 띄우려 들지 않았다. 하지만 기다려봐야 뾰족한 수가 없을 것 같아서 출항을 고집했다. 하지만 우리의 조각배가 금세 요동치기 시작하자 나는 자포자기 상태가 되어 될 대로 되라는 심정으로 드러누웠다. 서너 시간이 지나 거의 다 왔다는 말을 들었지만 두 시간 뒤 해 질 녘에 일어났더니 반대 방향의 거센 해류 때문에 목적지까지는 아직도 한참이었다. 날이 저물고 맞바람이 강해진 탓에 돛을 거둬야 했다. 이윽고 바다가 잔잔해졌으며 우리는 상황에 따라 노를 젓기도 하고 범주하기도 했다. 새벽 4시에 키시보이 마을에 도착했다. 열두 시간 동안 5킬로미터도 채 오지 못한 셈이었다.

와투벨라 제도

낮에 보니 이곳은 해변에서 약 200미터까지 산호초가 쌓여 생긴 작고 아름다운 항구였으며 사방 어디에서 바람이 불어도 안전했다. 전날 아침부터 한 끼도 먹지 못했기에 해변에서 편안하게 아침밥을 지어 먹고 정오쯤에 출발하여 와투벨라 제도에 속한 섬 두 곳을 휘돌았다. 두 섬은 좁은 해협을 사이에 두고 같은 선상에 놓여 있다. 둘 다 산호암이 융기하여 형성되었으나, 해변에서 제각각 거리를 두고 보초堡礁[40]가 뻗은 것으로 보건대 그 뒤에 침강이 일어난 것이 틀림없다. 보초는 이따금 바다에서 작은 너울이 일 때 쇄파가 이루는 선으로만 알 수 있다. 다른 곳에서는 죽은 산호 등성이가 물 위로 솟아 있는데, 낮은 떨기나무가 몇 그루 자랄 만큼 높은 곳도 있다. 다윈 씨가 명확하게 밝힌바 '침강으로 인한 진짜 보초'를 내가 접한 것은 이번이 처음이었다. 큰 바다에서는 거대한 해안파와 쇄파가 부서진 산호 조각들을 평상시의 최고 수위선보다 훨씬 높이 밀어올리지만, 이곳처럼 사방이 막혀 높은 파도가 일지 않는 제도諸島에서는 해수면 위로 솟아오르는 일이 거의 없어서 좀처럼 분간되지 않는다.

---

40 해안에서 약간 떨어진 바다에서 발달하는 산호초로 고리 모양이다. _옮긴이

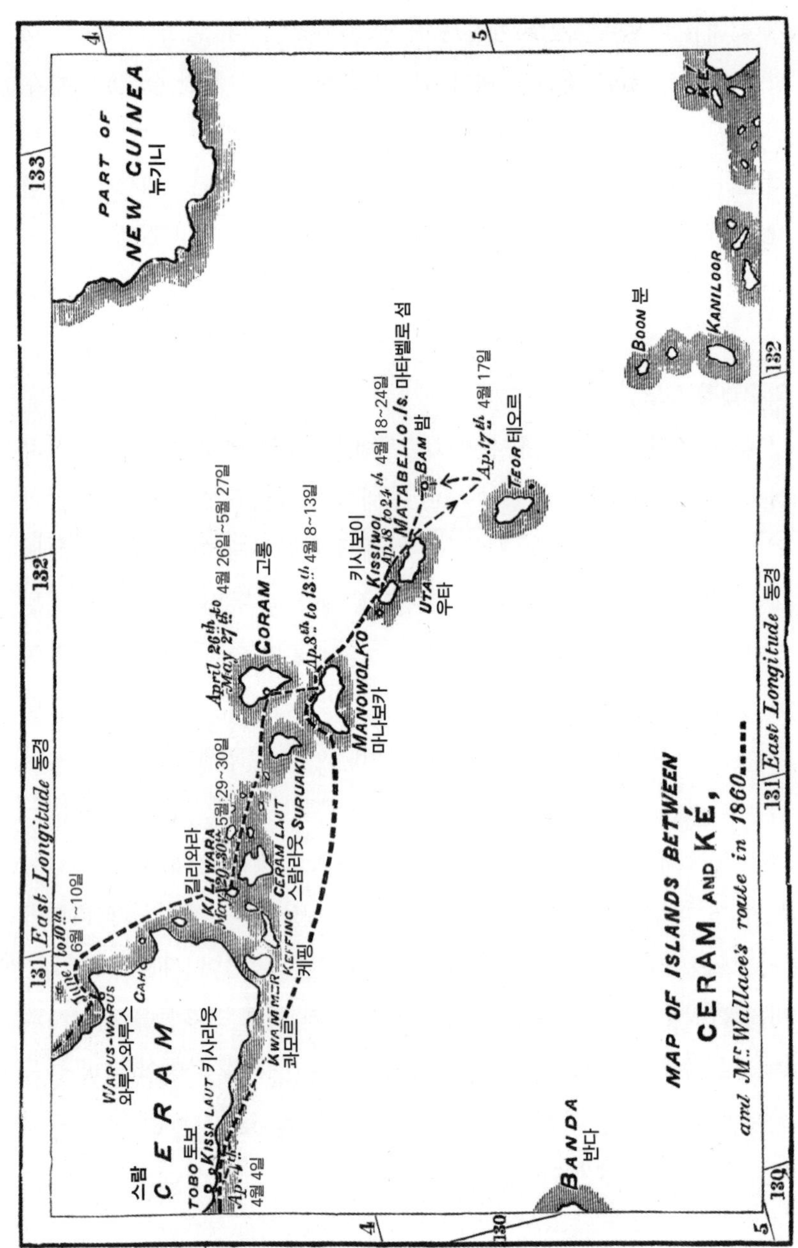

스람 섬과 카이 제도 사이의 섬들(1860년 월리스 이동 경로)

'우타'라는 남쪽 섬의 끝에 도착하여 우리를 다음 섬인 테오르 섬에 실어다 줄 바람이 불 때까지 이틀을 기다렸다. 도무지 카이 제도까지 갈 수 있을 것 같지 않아 배를 돌리기로 마음먹었다. 남풍과 함께 출발했는데 갑자기 바람이 북동풍으로 바뀌었다. 이를 시작으로 며칠간 순풍이 불겠다 싶어 다시 남쪽으로 선수를 돌렸다. 한 시간가량 테오르 섬을 향해 순조롭게 범주하는가 싶더니 바람이 서남서풍으로 바뀌어 항로를 벗어나고 말았다. 해 질 녘에도 배는 아직 난바다에 떠 있었는데 목적지까지는 바람을 타고 16킬로미터를 꼬박 가야 했다. 뱃사람들은 잔뜩 겁에 질렸다. 이대로 계속 가다가는 물이 차도록 짐을 가득 실은 갑판 없는 작은 배로 일주일을 항해해야 할 수도 있었기 때문이다. 아니면 뉴기니 섬 해안으로 흘러들지도 몰랐는데 그러면 모두 살해당할 것이 분명했다. 나는 이 가능성을 부인할 수 없었다. 바람 때문에 출발지로 돌아갈 수는 없음을 알려주었는데도 이들은 돌아가겠다고 고집을 피웠다. 그래서 방향을 돌렸는데 알고 보니 우타 섬까지 가는 거리나 테오르 섬까지 가는 거리나 거의 비슷했다. 하지만 천운으로 10시경에 작은 산호섬을 발견하여 오전 내내 바람을 피했다가 순풍을 타고 우타 섬으로 돌아갔다. 4월 18일 저녁에 첫 기항지인 와투벨라 제도에 도착했다. 며칠 머물렀다가 고롱 제도로 돌아갈 작정이었다. 카이 제도와 중간 섬들을 둘러보려던 계획을 포기한 것은 무척 후회스러웠다. 아루 제도에 잠깐 방문하여 살펴본 바로는 희귀하고 아름다운 곤충이 아주 많았기에 스람 섬에서의 실망을 만회할 수 있으리라 기대했기 때문이다.

와투벨라 원주민들은 거의 대부분 코코야자유 만드는 일에 종사했다. 부기족과 고롱인 무역상들이 코코야자유를 사서 반다 제도와 암본 섬에 내다 팔았다. 울퉁불퉁한 산호암은 코코야자나무가 자라기에 매우 유리한 듯하다. 코코야자나무는 가장 높은 곳에 이르기까지 섬 전역에 풍부하게 자라며 1년 내내 열매를 맺는다. 빈랑나무도 무척 많다. 열매는 저미고 말린 뒤에 빻아서 반죽으로 만드는데, 이렇게 만든 베텔은 말레이인과 파푸아인이 즐겨 씹는다. 이곳의 어린아이들은 걸음마를 간신히 떼었을 때부터 지저분한 빨간색 덩어리를 입에 물고 다닌다. 같은 나이에 담배를 피우는 아이들보다 훨씬 역겨운 모습이다. 젖을 떼기 전에 담배를 피우는 경우도 매우 흔하다. 코코야자, 고구마, 가끔은 사고 빵, 그리고 견과를 끓여 기름을 짜고 남은 찌꺼기가 주민들의 주식이다. 식단이 부실하고 영양소가 불균형한 탓에 발진과 괴혈병이 잦으며 무수한 궤양 때문에 아이들 얼굴이 일그러졌다.

마을들은 높고 험한 산호암 봉우리에 자리 잡고 있어서 가파르고 좁은 길을 따라서만 올라갈 수 있는데, 까마득한 협곡은 사다리와 다리로 건너간다. 마을은 썩은 껍질과 기름 찌꺼기가 지저분하게 널려 있으며 오두막은 지독히 어둡고 번들거리고 더럽다. 사람들은 남루하고 추하고 더러운 야만인으로, 넝마를 갈아입지도 않으며 더없이 비참하게 살아간다. 맑은 물은 전부 바닷가에서 길어 와야 하며 씻는 것은 꿈도 못 꾼다. 하지만 이들은 실제로는 부유하며 필수품과 사치품을 무엇이든 살 재력이 있다. 닭이 많고, 내가 갈 때마다 달걀을 주었으나 닭고기를 먹는 법은 없으며 애완동물로 기르거나 내다 판다. 여자들은 거의 모두 큼직한 금 귀고리를 걸었으며, 모든 마을에는 작은 청동 대포 여남은 문이 땅바닥에 놓여 있다. 문당 평균 10파운드는 주었을 것이다. 각 마을의 촌장들이 나를 찾아왔다. 비단과 꽃무늬 새틴으로 만든 옷을 입었지만 집과 일상생활은 여느 주민과 별반 다르지 않다. 이에 반해 보르네오 섬 산山 다야크 족 중 최상의 부족이나 남아메리카 바우페스 강의 깨끗한 기슭에 사는 인디오는 몸과 집을 깨끗이 하고 영양이 풍부한 음식을 푸짐하게 먹는 덕에 피부가 건강하고 몸매와 용모가 아름답다. 와투벨라 원주민들과는 천양지차다! 여러 야만인 민족 간에는 문명인만큼이나 큰 차이가 있으며, 전자의 우월한 표본이 후자의 열등한 표본보다 훨씬 뛰어나다고 단언해도 무방할 것이다.

와투벨라 제도의 몇 안 되는 사치품 중 하나는 야자술로, 코코야자나무의 꽃대에서 얻은 수액을 발효시켜 빚는다. 매우 맛있는 음료이며 맥주보다는 사과주에 가깝지만 맥주만큼 독하다. 어린 코코야자나무도 매우 많아서 섬 어디에서든 몇 미터만 가면 나무에 올라 맛있는 음료를 찾을 수 있다. 펄프 과육이 딱딱해지기 전에 어린 열매의 즙을 마시는 것이다. 그때는 즙이 더 풍부하고 깨끗하고 상쾌하며 젤라틴 같은 과육의 얇은 껍질은 대단한 고급품으로 통한다. 다 자란 코코야자의 즙은 마실 수 없어서 버리지만, 이 지역에서 우리가 유일하게 구할 수 있는 오래된 마른 열매보다는 맛있다. 처음에는 코코야자 과육을 좋아하지 않았지만, 특정 계절을 제외하면 과일이 하도 드물어서 과일 비슷한 것이면 무엇이든 달갑게 먹는 법을 배우게 된다.

많은 유럽인은 맛있는 과일이 열대 숲에 많으리라 생각하기에 이 드넓고 울창한 말레이 제도의 천연 야생 과일이-이곳의 식생은 세계 어느 지역에도 뒤지지 않을 것이다-어느 섬에서 난 것이든 영국의 과일보다 수량과 품질 면에서 열등하다는 사실을 알면 다들 놀랄 것이다.[41] 곳에 따라 야생 딸기와 산딸기가 있긴 하지만 영 맛이 없어서 먹고 싶은 생각이 들지 않으며, 영국의 검은딸기류와 산앵도나무류의 열매에 견줄 만한 것은 하나도 없다. 카나리 열매는 개암에 뒤지지 않을지도 모르지만, 그 밖에는 영국의 꽃사과, 산사자, 너도밤나무 열매, 야생

41 다윈은 이 쪽에 "열대 과일은 모두 선택을 통해 개량되었다."라는 메모를 남겼다. _옮긴이

자두, 도토리보다 뛰어난 것을 하나도 보지 못했다. 이 섬들의 원주민은 이 열매들을 접한다면 귀하게 여기고 즐겨 먹을 것이다. 맛있는 열대 과일은 모두 영국의 사과, 복숭아, 자두처럼 재배종이며, 원래 야생종을 우연히 발견하며 맛보면 맛이 없거나 아예 먹을 수가 없다.

흥미롭게도 와투벨라 제도 사람들은 스람 섬 동부와 고롱 제도의 대다수 이슬람 마을에 사는 주민들처럼 크림전쟁에 대해 색다른 의견을 가지고 있었다. 이들은 러시아인이 투르크인에게 흠씬 두들겨 맞았을 뿐 아니라 완전히 정복되어 전부 이슬람교로 개종했다고 믿는다! 또한 이것이 사실이 아니며 프랑스와 잉글랜드가 지원하지 않았다면 가련한 술탄이 시련을 겪었으리라고는 도무지 곧이듣지 않는다. 이들의 또 다른 통념은 투르크인이 세상에서 가장 크고 강한 민족, 실은 거인족이며 식사량이 어마어마하고 매우 사나우며 도무지 무찌를 수 없는 민족이라는 것이다. 이런 터무니없는 견해가 어디서 비롯했는지는 알기 힘들다. 아랍 성직자나 하지[42]가 온 유럽을 떨게 한 투르크 군대의 오래전 위용을 전해 듣고서 이들의 성격과 전쟁술이 지금도 여전하리라고 추측했는지도 모르겠다.

고롱 제도

남동풍이 꾸준히 불기 시작하여 4월 25일에 마나보카 섬에 돌아와 이튿날 고롱 제도의 본마을 온도르로 건너갔다.

해변에서 400미터가량 거리를 두고 산호초가 담녹색 물의 띠처럼

---

42 성지 순례를 뜻하는 '하지'는 이슬람교에서 메카 순례 혹은 그 순례를 한 사람을 높여 부르는 말이기도 하다. _옮긴이

섬을 둘러쌌다. 최저 간조 때만 수면 위로 바위가 보일락 말락 한다. 수심이 깊은 입구를 통해 산호초 안으로 들어갈 수 있는데 안쪽은 어떤 날씨에도 안전한 정박지다. 육지는 적당한 높이로 완만한 경사를 이루며 수많은 실개천이 사방으로 흘러내린다. 실개천이 있다는 것만 봐도 이 섬이 산호로만 이루어지지 않았음을 알 수 있다. 완전한 산호섬이라면 마나보카 섬이나 와투벨라 제도처럼 다공질 암석을 통해 물이 전부 아래로 빠져나갔을 것이기 때문이다. 게다가 개천 바닥의 자갈과 돌멩이는 여러 층상 구조를 가지는 결정질암이 있다는 또 다른 증거다. 해변에서 100미터쯤 가면 산호암 벽이 3~6미터 높이로 서 있으며, 주위에 거친 산호가 울퉁불퉁한 표면을 이루고 있다. 산호는 내륙을 향해 **내리막**을 이루다 살짝 오르막이 되는데 여기서 두 번째 산호 벽을 만난다. 더 올라가면 비슷한 벽이 또 나오며, 섬에서 가장 높은 곳에서도 산호를 볼 수 있다.

이 독특한 구조로 보건대 산호가 형성되기 전에 이곳에 땅이 있었으며, 이 땅이 물 아래로 점차 가라앉았으되 중간중간에 휴지기가 있었는데 휴지기 동안 땅 주위로 산호초가 형성되어 다양한 고도에서 산호를 볼 수 있게 되었고, 다시 땅이 지금의 높이로 솟았다가 다시 가라앉고 있음을 알 수 있다. 이렇게 추론하는 이유는 보초가 침강의 증거이기 때문이다. 땅이 다시 30미터가량 융기했다면 지금의 산호초와 그 사이의 얕은 바다는 산호암 벽과 물결치는 산호질 들판(섬 꼭대기에 이르기까지 다양한 고도에 남아 있는 것과 비슷한 지형)이었을 것이다. 또한 이 변화들은 비교적 최근에 일어났을 것이다. 산호 표면이 기후의 영향을 거의 받지 않았으며 조개껍데기 수백 개가 해변에 있는 것들을 꼭 닮았으며 상당수는 광택과 심지어 색깔까지 간직한 채 정상 근처에 이르기까지 섬 지표면에 흩어져 있으니 말이다.

고롱 제도가 본디 뉴기니 섬의 일부였는지 스람 섬의 일부였는지는 판단하기 힘들며, 내 예상대로 섬들이 현생 동물이 살던 시기에 완전히 물에 잠긴 적이 있다면 이곳의 동식물을 살펴보아도 실마리를 찾기 힘들 것이다. 그렇다면 지금의 동식물상은 주변 육지에서 최근에 동식물이 이주한 결과일 수밖에 없으며 이 견해는 이 섬들에 종이 빈약하다는 사실과 잘 맞아떨어지기 때문이다. 이곳에는 스람 섬 동부와 공통되는 종이 많지만 카이 제도와 반다 제도와도 무척 비슷하다. 근사한 멋쟁이황제비둘기는 카이 제도, 반다 제도, 와투벨라 제도, 고롱 제도에 서식하며 스람 섬에서는 별개의 종인 스람황제비둘기*Ducula neglecta*로 대체되었다. 네 제도의 곤충도 겉모습에 공통점이 있는데 이는 육지 면적이 지금보다 넓어서 몇 가지 고유종이 생겼음을 시사하는 듯하다.

고롱 제도 사람들(나는 이들과 한 달을 지냈다)은 무역상 족속이다. 해마다 테님베르 제도, 카이 제도, 아루 제도, 오에타나타에서 살라와티까지 뉴기니 섬의 북서해안 전체, 와이게오 섬, 미솔 섬을 방문한다. 티도레 섬, 트르나테 섬, 반다 제도, 암본 섬까지도 이들의 세력권에 있다. 이들의 프라우선은 뛰어난 배무이[43] 족속인 카이 제도 사람들이 전부 만들었는데, 이 배무이들이 해마다 뭇는 크고 작은 선박 수백 척은 아름다운 형태와 훌륭한 솜씨 면에서 타의 추종을 불허한다. 주 무역품은 해삼, 약용 마소이아나무*Cryptocarya massoia* 껍질, 육두구, 거북딱지로 스람라웃 섬이나 아루 제도의 부기족 무역상에게 판매하며 다른 시장에 내다 파는 경우는 거의 없다. 다른 측면에서 이들은 게으른 민족이며 매우 한심하게 살아간다. 아편에 중독된 사람도 많다. 이들

---

43 배 만드는 사람. _옮긴이

이 전통적으로 제작하는 것은 돛, 조잡한 무명천, 예쁘게 칠하고 자개로 장식한 판다누스 잎 상자뿐이다.

고롱 제도는 길이가 13~16킬로미터밖에 안 되는데 라자가 여남은 명이나 있다. 이들의 살림살이는 나머지 주민과 별반 다르지 않으며 명목상의 영향력을 휘두를 뿐이다. 네덜란드 정부에서 명령이 내려올 때만, 즉 상위 권력의 뒷받침이 있을 때만 단호한 권위를 보인다. 내 친구인 아메르 라자(대개 '고롱 라자'라고 부른다) 말로는 네덜란드가 섬 일에 간섭하지 않던 몇 해 전에는 무역이 지금처럼 평화적으로 이루어지지 않았으며 경쟁 관계인 프라우선들이 같은 지역에 가거나 같은 마을에서 장사를 하다가 싸움이 나는 경우가 많았다고 한다. 지금은 이런 일을 상상도 할 수 없다. 이는 문명국 정부의 관리가 가져온 좋은 결과 중 하나다. 하지만 마을 간에는 여전히 분쟁이 일어나며 싸움으로 해결되는 경우도 있다. 한번은 남자 50명가량이 장총과 무거운 탄띠를 가지고 마을을 행진하는 광경을 보기도 했다. 침입이나 경계선 문제로 섬 저편에서 온 사람들인데 평화 협상이 실패하면 전쟁을 벌일 각오였다.

마나보카 섬에 있는 동안 100플로린(9파운드)을 주고 작은 프라우선을 한 척 사서 이튿날 수령했다. 카이 제도의 장인들이 여러 명 정착해 있는 고롱 제도에서는 필요한 개조를 하기가 쉽다는 얘기를 들었기 때문이다.

프라우선의 수선이 시작되자마자 채집은 포기해야 했다. 내가 현장에 없으면 도무지 작업이 진척되지 않았기 때문이다. 이 배로 꽤 먼 거리를 항해할 작정이었기에 안락하게 꾸미기로 마음먹었다. 내부 작업은 암본 소년 두 명의 도움을 받아 어쩔 수 없이 내가 직접 해야 했다. 방문객이 많았는데 이들은 백인이 일하는 것을 보고 놀랐으며 자기네 재래식 선박에 새로운 설비가 달리는 것을 보고 입을 다물지 못했다. 다행히 작은 톱과 끌 몇 개를 비롯하여 연장이 내게 있어서 세모 돛대를 지탱할 바닥과 기둥에 필요한 단단한 널빤지를 열심히 자르고 다듬었다. 연장은 런던제 최고급품이어서 말을 잘 들었다. 이 연장이 없었다면 시간을 두 배로 들이거나 두 배로 엉성하게 작업하고도 배를 완성하지 못했을 것이다. 카이 제도 장인에게 늑골을 새로 넣으라고 지시하고는 이를 위해 부기족 무역상에게서 파운드당 8펜스에 못을 샀다. 하지만 내 송곳들은 너무 작았고 나사송곳은 하나도 없어서 달군 쇠로 일일이 구멍을 뚫어야 했는데 무척 지루하고 어설픈 작업이었다.

프라우선이 완성될 때까지 일하고 나와 함께 미솔 섬, 와이게오 섬, 트르나테 섬에 간 사람은 다섯 명이었다. 하지만 이들은 일을 대하는 태도가 나와 사뭇 달라서 함께 일하기가 무척 힘들었다. 두세 명 이상이 작업장에 와 있는 일이 드물었으며, 작업장에 나타나더라도 오만 가지 핑계를 대며 반나절만 일하려 들었다. 그런 주제에 먹을 게 없다며 끊임없이 삯을 선금으로 달라고 요구했다. 돈을 주면 어김없이 이튿날 코빼기도 안 보였으며 선금을 안 주겠다고 하면 일을 안 하겠다고 버텼다. 완성이 가까워지면서 이 사람들을 다루기도 점점 힘들어졌다. 한 사람의 삼촌이 일종의 파벌 다툼을 시작하여 조카에게 도움을 청했으며, 또 한 사람은 아내가 아파서 남편을 못 가게 했고, 세 번째 사람은 열병과 학질, 두통, 요통에 걸렸다. 네 번째 사람은 빚쟁이에게 코가 꿰어서 그의 시야 밖으로 벗어나지 못했다. 다들 한 달 치 품삯을 미리 받은 상태였다. 금액이 크지는 않았지만 다시 토해내도록 해야 했다. 안 그랬다가는 인부를 한 사람도 구하지 못할 터였다. 그래서 두 사람에게 마을 순경을 보내어 유치장에 하루 동안 가두었더니 4분의 3가량을 토해냈다. 환자도 품삯을 돌려주었으며, 키잡이는 빚을 떠안을 대리인을 찾아내어 차액만을 받았다.

이즈음에 뉴기니 무역이 얼마나 위험한지 보여주는 생생한 증거를 접했다. 여섯 명이 작은 배를 타고 마을에 도착했는데 굶어 죽기 직전이었다. 프라우선 한두 척에서 탈출한 사람들로, 열네 명의 나머지 뱃사람은 뉴기니 원주민들에게 살해당했다. 프라우선은 몇 달 전에 이 마을에서 출발했으며, 피살자 중에는 라자의 아들과 여러 마을 주민의 친척이나 노예가 있었다. 이 소식이 전해지자 애끓는 울음소리에 가슴이 미어지는 듯했다. 남편, 형제, 아들, 친척을 잃은 여인 스무 명이 일제히 처참한 비명과 신음과 통곡을 내뱉기 시작하여 밤늦게까지 그치지 않았다. 내가 묵는 숙소 주변의 집들에 사람들이 몰려들어 분위기가 여간 어수선하지 않았다.

공격이 벌어진 마을은 작은 섬인 라카히아 섬을 거의 마주보고 있었는데, 위험한 곳으로 알려져 있으며 배들은 고작 며칠 전에 해삼을 사려고 그곳에 갔었다. 뱃사람들은 해변에서 지냈으며 프라우선은 근처의 작은 강에 두었는데 낮에 파푸아인과 흥정을 하던 중에 공격을 받아 살해당한 것이다. 살아남은 여섯 명은 프라우선에 있다가 목숨을 건졌으며 작은 보트를 타고 탈출하여 바다로 노 저어 나갔다.

뉴기니 섬 남서부는 원주민 무역상들에게 '파푸아 코위아이'나 '파푸아 오닌'으로 알려져 있으며 가장 음흉하고 잔혹한 부족이 산다. 이곳에서 여러 초창기 탐사선의 지휘관과 승무원이 살해당했다. 지금도 해마다 몇 사람씩 목숨을 잃는다. 고롱 제도와 스람 섬의 무역상들은 대체로 호전적이지 않다. 이곳 원주민들의 성격을 잘 알기에 모욕을 주거나 절도나 사기를 대놓고 시도하여 도발하지 않는다. 같은 장소를 해마다 방문하기에 원주민들은 이들을 두려워할 이유가 없다. 원주민들은 두려워서 유럽인들을 공격했다고 핑계를 대지만 말이다. 미솔 섬, 살라와티 섬, 와이게오 섬, 또한 이 섬들과 인접한 뉴기니 섬 해안 지역처럼 이곳과 동일한 파푸아 민족이 사는 그 밖의 넓은 지역에서는 사람들이 문명화의 첫발을 내디뎠다. 어쩌면 혼혈인 무역상이 정착했기 때문인지도 모르겠다. 이런 공격은 여러 해 동안 일어나지 않았다. 하지만 남서해안과 큰 섬인 야펜 섬에 사는 원주민은 매우 야만적이며 틈만 나면 강도와 살인을 저지른다. 험산과 숲 지대가 넓게 펼쳐져 있어 잡히거나 처벌받을 염려가 없기에 마음 놓고 만행을 저지른다. 바로 이 마을에서 4년 전에 고롱 사람 50명 이상이 살해당했다. 이 야만인들은 프라우선에 있는 어마어마한 노획물과 온갖 물품을 손에 넣을 수 있기 때문에 무역상들이 같은 지역을 방문하고 복수를 시도하지 않는 한 이런 공격은 앞으로도 계속될 것이다. 이자들에 대한 처벌은 계략을 써서 족장 몇 명을 이편으로 만들어 목숨을 걸고 살인자들을 잡도록 하는 등의 임기응변식 조치에 따라 시행될 수밖에 없다. 하지만 이런 조치는 네덜란드 정부가 원주민을 다루는 체계적 방식에 어긋날 것이다.

고롱 제도에서 스람 섬 와하이로

마침내 배를 진수하고 짐을 실은 뒤에 사람들을 불러 모아 이튿날인 5월 27일 닻을 올렸다. 고롱 사람들은 시간을 이처럼 엄수하는 것을 본 적이 없었기에 무척 놀랐다. 암본 섬의 청년 두 명에다 남자 세 명과 소년 한 명을 뱃사람으로 모집했다. 바람으로 항해하기에는 충분한 인원이었지만 노를 많이 저어야 한다면 턱도 없었다. 이튿날은 매우 습했으며 스콜, 무풍 상태, 맞바람을 겪으며 부기족 무역상들의 극동 중심지 킬리와라에 힘겹게 도착했다. 몇 가지 살 것이 있어서 이틀을 머물렀다. 표본 상자 두 개를 마카사르 프라우선에 실어 트르나테 섬으로 보냈기에 한결 홀가분했다. 물물교환용으로 구입한 칼, 대야, 수건에다 내가 가져온 정글도, 헝겊, 구슬을 더하니 꽤 구색이 맞았다. 내 뱃사람들이 해적의 습격에 대비하여 무장해야 한다고 우기기에 이들을 안심시키려고 튼튼한 타워 머스킷[44] 총도 두 정 샀다. 여기다 항해를 위한 향신료와 식재료 몇 가지를 사고 나니 돈이 다 떨어졌다.

작은 섬 킬리와라는 한갓 모래톱으로, 작은 마을 하나가 간신히 들어갈 만한 넓이이며, 너비가 500미터가량 되는 해협을 각각 사이에 두고 스람라웃 섬과 키사 섬 사이에 있다. 킬리와라 섬은 산호초로 둘러싸였으며 어느 계절풍이 불든 정박지로 제격이다. 너비가 50미터도 안 되고 최고 수위 때 뭍의 높이가 90~120센티미터를 넘지 않지만 훌륭한 식수가 나오는 우물이 있다. 이것은 독특한 현상으로, 이 섬을 다른 섬들과 연결하는 심층 지하 수로가 있음을 시사한다. 파푸아인 무역 지대의 한가운데에 위치한 것과 더불어 식수의 이점이 있기에 부기족 무역상들이 이 섬에 뻔질나게 드나든다. 고롱 사람들은 소박한 항해의 산물을 이곳에 가져와 옷감, 사고 빵, 아편과 교환한다. 인근 모든 섬의 주민들도 같은 물건을 가지고 이곳에 들른다. 이곳은 뉴기니 섬 각지로 무역을 떠나는 프라우선들이 집결하는 장소다. 여기서 화물을 정리하고 말린 뒤에 돌아갈 채비를 한다. 해삼과 마소이아나무 껍질은 이곳에 들어오는 상품 중에서 비교적 양이 많으며 야생 육두구, 거북딱지, 진주, 극락조는 그보다 적다. 스람 본도 주민들은 사고를 가져와 동쪽 섬들에 보내며 발리 섬과 마카사르에서 온 쌀도 적당한 가격에 구입할 수 있다. 고롱 사람들은 아편을 구하려고 이곳에

44 영국군의 수발총으로, 런던탑 무기고에 빗댄 이름이다. _옮긴이

오는데 직접 피우기도 하고 미솔 섬과 와이게오 섬에서 물물교환 하기도 한다. 고롱 사람들이 미솔 섬과 와이게오 섬에 아편을 소개하여 촌장과 부자들은 아편에 푹 빠졌다. 발리 섬 스쿠너는 파푸아인 노예를 사러 오고, 바다를 누비는 부기족들은 머나먼 싱가포르 섬에서 거대한 프라우선을 타고 오는데, 중국인 공방과 켈링 시장의 상품이나 랭커셔와 매사추세츠의 직기織機를 가져온다.

며칠 전에 미솔 섬에 도착한 부기족 상인 한 명이 조수 찰스 앨런의 소식을 가져왔다. 그는 앨런과 친분이 두터웠으며 앨런이 새와 곤충을 많이 채집했다고 전했다. 다만 극락조는 한 마리도 못 잡았다고 했다. 앨런이 있던 실린타는 극락조 채집하기에 알맞은 장소가 아니었기 때문이다. 전반적으로 만족스러운 성과였다. 얼른 앨런을 만나고 싶었다.

6월 1일 아침 일찍 킬리와라를 출발하여 세찬 동풍을 타고 정오경에 스람 곶을 돌았다. 거센 파도에 우리 프라우선이 요동치는 바람에 그릇들이 깨졌다. 악천후가 예상되어 산호초 안쪽으로 들어가 와루스와루스 마을 맞은편에 닻을 내리고 날씨가 바뀌기를 기다렸다. 밤에도 폭풍우가 몰아쳐 든든한 항구에 있었는데도 배가 불안하게 흔들렸다. 하지만 아침이 되고 보니 더 큰 걱정거리가 벌어져 있었다. 고롱 뱃사람들이 자기네 짐뿐 아니라 우리 것까지 일부 가지고 달아난 것이다. 상륙할 작은 보트 한 척 없었다. 즉시 암본 일꾼들에게 머스킷 총을 장전하고 발포하여 조난 신호를 보내라고 지시했다. 금세 마을 촌장이 배를 보내어 나를 해변에 데려다주었다. 도망자들을 추적하기 위해 당장 인근 마을에 전령을 보내달라고 요청했고 즉시 시행되었다. 내 프라우선은 작은 만에 접안되어 간조 때 펄에 안착했다. 잠시 묵을 수 있도록 주택의 일부가 내게 제공되었다. 큰 문제가 해결되었다 싶은 찰나에 이번에도 갑작스럽게 일정에 차질이 생긴 것이다. 나는 뱃사람들을 더없이 친절하게 대하고 달라는 것은 거의 무엇이든 주었기에, 그들이 달아난 것은 유럽인 주인의 속박에 전혀 적응하지 못하고 자신들에 대한 나의 궁극적 의도에 대해 막연한 두려움을 품었기 때문일 것이라 추측된다. 가장 나이 많은 남자는 아편을 피웠으며 손버릇이 나쁘다고 알려져 있었지만 마지막 순간에 대체 인력으로 뽑을 수밖에 없었다. 그가 남들에게 달아나자고 꾀었을 것이 틀림없었다. 이 지역을 잘 아는 데다 우리보다 몇 시간 먼저 출발했으니 따라잡을 가능성은 희박했다.

이곳은 스람 섬 동부의 드넓은 사고야자나무 재배지로, 주변 섬 대부분에 매일 빵을 공급한다. 일주일 머무는 동안 사고로 빵 만드는 과정을 전부 지켜볼 수 있었고 흥미로운 통계도 몇 가지 알아냈다. 사고야자나무는 야자나무의 일종으로, 코코야자나무보다 굵고 크지만 키는 그만 못하며 넓고 뾰족뾰족한 깃모양 잎이 오랫동안 줄기를 완전히 덮는다. 니파야자처럼 덩굴 뿌리줄기를 뻗으며 10~15살이 되면 꼭대기에서 우람한 이삭꽃차례를 낸 뒤에 죽는다. 습지나 돌 비탈의 습한 우묵땅에서 자라는데 짠물이 섞여도 똑같이 잘 자라는 듯하다. 거대한 잎의 주맥主脈은 이 지역에서 가장 요긴한 재료로 대나무 대신 쓰이는데 대나무보다 뛰어난 경우도 많다. 길이는 4~5미터이며 튼실한 잎은 밑동이 어른 다리만큼 굵다. 단단하고 얇은 껍질로 덮인 굳은 속髓이 전부여서 매우 가볍다. 집은 이걸로만 짓는다. 이엉을 올릴 서까래가 되고, 쪼개어 잘 지탱해주면 바닥재가 되며, 크기가 똑같은 걸로 골라서 나무 뼈대에 나란히 고정하면 매우 깔끔한 외벽이 된다. 수축하지 않고 페인트나 니스도 필요 없으며 돈도 전혀 들지 않기에 벽이나 칸막이를 세울 때 널빤지보다 낫다. 잘 쪼개어 매끈하게 다듬으면 껍질 자체의 고리가 달린 가벼운 널빤지가 되는데, 고롱 제도에서는 이 널빤지를 바닥으로 깔고 잎을 덮어 상자를 만든다. 말루쿠 제도에서 사용한 곤충 상자는 모두 이런 방법으로 암본 섬에서 만들었는데, 질긴 종이를 안팎에 대면 튼튼하고 가벼우며 곤충핀을 안전하게 보관할 수 있다. 작은 주맥을 중심으로 사고야자나무 잎을 접어 묶으면 범용으로 쓸 수 있는 '아타프'[45]가 되며 줄기에 달리는 열매는 수십만 명의 주식이다.

사고를 만들기 위해서는 꽃이 피기 직전의 다 자란 나무를 고른다. 땅 가까이 밑동을 베어 잎과 잎자루를 버리고 줄기 윗부분에서 넓은 껍질 조각을 떼어낸다. 그러면 속髓이 드러나는데 밑동 근처는 적갈색이지만 위로 올라갈수록 새하얗고 말린 사과처럼 딱딱해지며, 약 6밀리미터 안으로 들어가면 목질 섬유가 가운데를 관통하고 있다. 이 속을 자르거나 부수어 거친 가루로 만드는데, 여기에 쓰는 전용 도구는 단단하고 무거운 나무로 만든 곤봉으로, 굵은 쪽 끝에 날카로운 석영암을 1.2센티미터가량 튀어나오도록 단단히 박았다. 이 곤봉으로 계속 두드리면 가느다란 속이 잘라져 나와 껍질로 만든 통에 떨어진다. 꾸준히 두드려 속을 다 빼고 남은 줄기 껍질은 두께가 1.2센티미터밖에 안 된다. 이렇게 빼낸 속은 (잎집으로 만든 바구니에 담아) 가까운 물에 가져가는데, 그곳에 있는 세척기도 거의 사고야자나무로만 만들었다. 커다란 잎집이 홈통 역할을 하고 어린 코코야자나무 잎자루의 섬유질 껍질이 거름망 역할을 한다. 속 무더기에 물을 부으면 속이 반죽되어 거름망에서 걸러져 녹말이 전부 분해되어 빠져나가는데 그러면 섬유질 찌꺼기를 버리고 속 무더기를 새로 올린다. 사고 녹말이 풀어진 물은 홈통을 지나는데 홈통은 가운데가 아래로 처져 있어서 그곳에

45 니파야자 이엉을 뜻하는 말레이어. _옮긴이

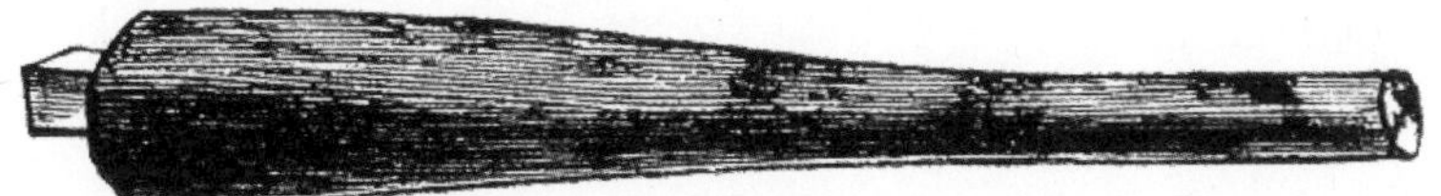

사고 곤봉

사고 세척

앙금이 고이고 나머지 물은 얕은 출구로 빠져나간다. 홈통이 거의 다 차면 연한 붉은빛을 띤 녹말 덩어리를 14킬로그램가량의 원기둥으로 뭉치고 사고야자나무 잎으로 꼭 감싼다. 이 상태의 사고를 생으로 팔기도 한다.

이 사고를 물에 넣고 끓이면 두껍고 걸쭉한 덩어리가 되는데 약간 떫은맛이 난다. 여기에 소금과 소석회, 고추를 곁들여 먹는다. 사고 빵은 작은 진흙 오븐에서 대량으로 구워 만든다. 오븐에는 너비 약 2센티미터에 가로세로 15~20센티미터인 구멍이 6~8개 나 있다. 생사고는 잘라서 햇볕에 말려 가루로 만든 뒤에 곱게 체질한다. 활활 타는 숯불에 오븐을 달구어 사고 가루를 살짝 채운다. 사고야자나무 껍질의 평평한 부분으로 구멍을 덮고 5분가량 기다리면 빵이 다 익는다. 뜨거운 빵에 버터를 곁들여 먹어도 좋고, 설탕과 코코넛 가루를 약간 넣어 구우면 훌륭한 별미가 된다. 사고 빵은 부드럽고 옥수수빵과 비슷하지만 독특한 향미가 살짝 난다. 하지만 이 지역에서 쓰는 정제한 사고는 이 향미가 없다. 당장 쓸 것이 아니라면 사고는 햇볕에 며칠 말려서 스무 개씩 묶어둔다. 이렇게 하면 몇 해는 보관할 수 있다. 말린 사고는 매우 딱딱하고 질기고 메말랐지만 사람들은 아기 때부터 여기에 길들어져 있으며, 우리가 버터 바른 빵을 오물거리듯 이곳의 어린아이들이 사고 빵을 만족스럽게 갉아 먹는 광경을 얼마든지 볼 수 있다. 물에 담갔다 구우면 갓 구운 것 못지않게 맛있는데 이렇게 만든 사고 빵을 매일같이 밀가루 빵 대신 커피와 함께 먹었다. 물에 넣고 끓이면 아주 좋은 푸딩이나 채소가 되며, 극동에서 구하기 힘든 쌀 대신 저렴한 재료로 제격이다.

길이 6미터에 둘레가 1.2~1.5미터나 되는 나무줄기가 이토록 간단한 수고와 조리를 통해 통째로 음식으로 탈바꿈하는 것은 정말 놀라

사고 오븐

운 광경이다. 큰 나무에서는 14킬로그램짜리 토만(덩어리)이 30개 나오는데 토만 하나로는 1.4킬로그램짜리 빵을 60개 만들 수 있다. 사고빵 두 개면 성인 남성의 한 끼 식사로 충분하며 다섯 개는 하루 치에 해당한다. 따라서 나무 한 그루에서 빵이 1,800개(270킬로그램) 나온다고 치면 성인 남성의 1년 치 식량을 충당할 수 있다. 하지만 이만한 분량을 만드는 데 들어가는 수고는 그리 크지 않다. 남자 두 명이 닷새 만에 나무 한 그루를 처리할 수 있고 여자 두 명이 닷새 만에 이 토만을 전부 빵으로 구울 수 있다. 하지만 생사고는 보존이 잘 되고 언제든 원할 때마다 구울 수 있으므로 열흘이면 남자 한 명이 1년 치 식량을 생산할 수 있다고 보아도 무방하다. 단, 이것은 사고야자나무가 자기 것이라는 가정하에서다. 사고야자나무는 전부 개인 소유이기 때문이다. 자기 나무가 없으면 한 그루당 7실링 6펜스를 내야 한다. 이곳에서는 하루 치 품삯이 5펜스이므로 성인 남성 한 명이 1년 동안 먹을 식량을 생산하는 데 드는 총 비용은 약 20실링이다. 식량을 이렇게 싸게 생산할 수 있다는 것은 이 사람들에게 불리한 것이 분명하다. 사고야자나무가 자라는 지역의 주민들은 벼를 재배하는 주민들만큼 잘사는 경우가 결코 없기 때문이다. 이곳 사람들은 상당수가 채소와 과일을 전혀 먹지 않으며 오로지 사고와 생선 약간으로 연명하다시피 한다. 고향에는 일자리가 거의 없어서 인근 섬을 다니며 자질구레한 물건을 사고팔거나 원정 어업에 종사한다. 안락함의 측면에서 보자면 이들의 삶은 보르네오 섬의 원시 부족인 산山 다야크 족이나 말레이 제도의 더 미개한 많은 부족보다 훨씬 열악하다.

와루스와루스 주변 지역은 지대가 낮고 질척질척하며, 경작을 하지 않기에 숲으로 난 길을 찾아보기 힘들다. 그래서 본의 아니게 머무는 동안 채집을 많이 하지는 못했으며 스람 섬이 채집 장소로 알맞지 않다는 견해를 불식시킬 희귀한 새나 곤충은 전혀 발견하지 못했다. 이곳에서는 항해 내내 동행할 사람을 도무지 찾을 수 없어서 와하이까지 가는 뱃사람들에 만족하는 수밖에 없었다. 와하이는 스람 섬 북해안 한가운데에 있으며 이 섬의 주요 네덜란드 주둔지다. 바다가 잔잔하고 바람이 약해서 항해에는 닷새가 걸렸으며 별다른 사건도 전혀 일어나지 않았다. 기항지에서는 채집할 만한 새와 곤충이 하나도 없었다. 6월 15일에 와하이에 도착했는데 사령관이자 오랜 벗 로젠베르크 씨가 반갑게 맞아주었다. 그는 이곳을 공식 방문 중이었는데 나의 일꾼들에게 지급할 품삯을 빌려주었다. 다행히도 트르나테 섬까지 기꺼이 항해하겠다는 사람을 세 명 구할 수 있었으며 미솔 섬에서 돌아가겠다는 사람도 한 명 찾았다. 하지만 암본 섬 청년들이 떠나는 바람에 여전히 일손이 부족했다.

이곳에서 찰스 앨런의 편지를 받았다. 미솔 섬 실린타에 있으며 쌀과 생필품이 떨어지고 곤충핀도 부족해져 나를 간절히 기다리고 있다고 했다. 게다가 몸이 아파서, 내가 얼른 오지 않으면 와하이로 돌아오겠다고 했다.

이곳에서 와이게오 섬까지의 항해는 파푸아 민족이 사는 섬들을 통과했으며 우여곡절이 많았기에 주요한 사건은 파푸아 제도를 다루는 부분에서 별도의 장으로 서술할 것이다. 지금은 와이게오 섬과 티모르 섬에서 보낸 1년을 건너뛰고 말루쿠 제도의 탐사를 마무리하는 부루 섬 방문에 대해 쓰겠다.

26장

부루 섬

(1861년 5월과 6월, 464쪽 지도)

큰 섬인 부루 섬은 오래전부터 방문하고 싶었다. 이 섬은 스람 섬 정서향에 있으며, 술라웨시 섬과 매우 비슷한 바비루사가 서식한다는 것 말고는 자연사학자들에게 알려진 것이 거의 없다. 그래서 1861년에 티모르 섬 딜리를 떠난 뒤에 두 달간 머물 계획을 짰다. 네덜란드 우편 증기선이 한 달에 한 번씩 말루쿠 제도를 돌기 때문에 가뿐한 일정이었다.

5월 4일에 카옐리 항에 도착했다. 예포와 함께 요새 사령관이 원주민 배를 타고 찾아와 우편물을 수령하고 나와 짐을 해변에 건네주었으며 우편 증기선은 닻도 내리지 않고 떠났다. 우리는 옵지너르, 즉 감독관의 집에 갔다. 그는 암본 섬 원주민이었다. 부루 섬은 하도 가난해서 부지사도 두지 못했지만 마을 겉모습은 총독이 있는 딜리보다 훨씬 뛰어났다. 완벽한 질서를 갖춘 작은 요새는 반듯한 잔디밭과 곧은길로 둘러싸였으며, 자와족 병사 여남은 명과 사령관 대행 부관만 주둔하고 있는데도 중위, 대위, 소령이 즐비한 딜리의 너절한 흙벽 요새에 비하면 세바스토폴[46]이나 마찬가지였다. 하지만 말루쿠 제도의 여느 요새와 마찬가지로 이곳도 원래는 포르투갈인이 지었다. 루시타니아(로마 속주로, 지금의 포르투갈)여, 그대는 어찌하여 몰락했는가!

옵지너르가 편지를 읽는 동안 나는 안내인과 함께 마을을 둘러보며 숙소를 물색했다. 마을은 온통 음습하고 질척했다. 늪지대에 조성되었는데, 땅이 30센티미터 솟은 곳조차 하나도 없었으며 사방이 늪이었다. 집들은 대부분 나무 뼈대에 가바가바(사고야자나무의 잎줄기)를 채워 튼튼하게 지었지만, 회칠은 하지 않았으며 바닥은 길과 마찬가지로 검은 흙 맨땅인 데다 높이도 대체로 땅바닥과 같아서 지독히 습하고 우중충했다. 마침내 바닥을 30센티미터가량 높인 집을 찾아 그날 밤 편안하게 쉴 수 있도록 집주인이 당장 집을 비우는 조건으로 흥정하는 데 성공했다. 의자와 탁자는 내가 쓰도록 남겨두었으며, 남은 가구라고는 작은 그릇과 옷상자 몇 개가 고작이어서 집주인이 친척 집에 묵는 것은 어려운 일이 아니었다. 루피 은화 몇 냥을 거저 번 셈이었다. 마을 어디나 집 사이의 공간에 과일나무를 빼곡히 심어놓아 햇빛과 공기가 스며들 틈이 없다. 건기에는 매우 시원하고 쾌적할 테지만 다른 시기에는 눅눅하고 건강에 해롭다. 안타깝게도 두 달 일찍 이곳에 오는 바람에 우기가 아직 끝나지 않아 온통 진흙과 물 천지였다. 약 1.6킬로미터 뒤에 마을 동쪽으로 산악 지대가 시작되지만, 거친 풀이 듬성듬성 나 있고 잎에서 귀한 카유풋 기름을 짤 수 있는 카유풋나무*Melaleuca cajuputi*가 여기저기 자라고 있을 뿐 매우 황량하다. 이런 지대는 동물학자에게 전혀 흥미를 불러일으키지 않는다. 몇 킬로미터 더 가면 숲이 꽤 울창한 높은 산이 솟아 있지만, 사람이 전혀 살지 않고

46 우크라이나 크림 주에 있는 항구 도시로, 철통같은 요새로 유명하다. _옮긴이

길도 없어서 시간과 수단이 제한된 여행자는 사실상 접근 불가능하다. 따라서 더 나은 채집 장소를 찾아 카옐리를 떠나야 한다는 것이 분명했다. 동쪽으로 몇 킬로미터 떨어진 곳에 산과 숲이 있는 해안 마을이 있는데, 그곳에 간다는 사람이 있기에 심부름꾼 알리를 딸려 보내어 가능성을 타진하고 보고하도록 했다. 나는 북쪽으로 8킬로미터가량 떨어진 만으로 흘러드는 강을 따라 토박이 알푸로가 사는 마을을 탐사하기로 했다. 그곳은 훌륭한 채집 장소일 것 같았다.

카옐리의 라자는 점잖은 노인으로 나와 동행하겠다고 제안했다. 그 마을이 자신의 통치하에 있었기 때문이다. 우리는 어느 날 아침 일찍 여덟 명이 노를 젓는 좁고 기다란 배를 타고 출발했다. 두 시간쯤 지나 강에 접어들어 매우 거센 물살을 거슬러 올라갔다. 물길은 너비가 90미터가량이었는데 좌우에는 키 큰 풀이 자라고 있었으며 이따금 덤불과 야자나무도 있었다. 주변 지대는 평평하고 다소 질척거렸으며 나무와 떨기나무가 드문드문 보였다. 물살에 휩쓸리지 않도록 굽이마다 뭍으로 질러갔으며 4시경에 폭우 속에서 정박지에 도착했다. 구멍 난 멍석 아래 쭈그린 채 한 시간 동안 기다리니 짐을 나르기로 한 알푸로들이 마을에 도착하여 함께 출발했다. 출발 전에 이곳이 엄청난 진창길이라는 얘기를 들었다.

바지를 바싹 걷어붙이고, 꼴사납게 넘어지지 않도록 튼튼한 지팡이를 쥐고, 과감하게 첫 번째 진흙 웅덩이에 몸을 던졌다. 곧이어 또 다른 진흙 웅덩이가 연이어 나타났다. 진흙과 흙탕물은 무릎까지 잠겼으며 그 사이에 단단한 땅이 거의 없어서 앞으로 나아가기가 여간 힘들지 않았다. 길 양옆에 키 크고 억센 풀이 자라는데 물을 사이에 두고 빽빽이 무리 지어 있었기에 다져진 길을 벗어나 봐야 얻을 것이 전혀 없었다. 그러니 버둥거리며 나아가는 수밖에 없었다. 진창이 몇 센티미터에서 60센티미터로 깊어지고 바닥이 울퉁불퉁하여 가장 낮은 위치로 발이 미끄러져 균형을 맞추기 힘들었기에 어디를 디뎌야 할지 통 알 수 없었다. 숨은 작대기나 통나무를 밟아 발목을 삘 뻔하는가 하면 말랑말랑한 진흙에 다리가 무릎 위까지 쑥 빠지기도 했다. 늘 비가 내려서 높이가 1.8미터나 되는 풀들이 머리 위에서 만나 아치를 이루었다. 그래서 한 발짝 앞도 보이지 않았으며 두 배로 흠뻑 젖었다. 마을에 닿기 전에 날이 저물었는데 작지만 깊고 불어난 개울을 좁은 통나무 다리로 건너야 했다. 다리는 30센티미터 넘게 물에 잠겨 있었다. 흔들거리는 가느다란 작대기가 난간으로 달려 있었으며 어둠 속 세찬 물살을 맞으며 발을 디딜 안전한 지점을 더듬어 찾다 보니 신경이 곤두섰다. 한 시간 동안 고생길을 걸어 마을에 도착했다. 총, 탄약, 상자, 침구를 들고 뒤따라온 사람들도 다들 흠뻑 젖었다. 우리는 뜨거운 차와 찬 닭고기로 속을 달래고 일찍 잠자리에 들었다.

이튿날 아침은 화창했다. 나는 해가 뜨자마자 인근을 탐사했다. 마을은 새로 조성된 것이 분명했는데 곧은길 하나가 전부였고 허름한 오두막들은 불편하기 그지없었으며 안이나 밖이나 삭막하고 우중충했다. 거친 돌이 섞인 흙바닥이 (이곳에 흔한) 키 크고 억센 풀로 덮였는데 마을은 그 위에 조성되었으며 집들의 뒤쪽까지 풀이 바짝 붙어 자라고 있었다. 사방으로 조금만 가면 조각숲이 있었으나 땅이 전부 낮고 질척질척했다. 내가 유일하게 찾아낸 길을 따라 가봤지만 곧 깊은 진흙 웅덩이를 만났다. 지나가려면 맨발로 걸어야 했기에 그냥 돌아왔으며 추가 탐사는 아침 식사 이후로 미뤘다. 아침을 먹고 나서 밀림에 들어가 사고야자나무 군락지와 키 작은 숲 식물을 발견했지만, 길이 진흙 웅덩이 천지인 데다 흙탕물 개울과 늪으로 끊겨 있어 걷기 불편했으며, 발을 내디딜 때 신경을 곤두세워야 해서 곤충을 잡기에도 불리했다. 곤충을 채집하려면 무엇보다 움직임이 자유로워야 하기 때문이다. 새 몇 마리를 사냥하고 나비 몇 마리를 잡았지만 카옐리 인근에서 잡은 것들과 같은 종류뿐이었다.

마을로 돌아와 물어 보니 사방 수 킬로미터가 똑같은 지형이라고 했다. 와이아푸는 머물 만한 곳이 아니라는 생각이 들었다. 이튿날 아침 일찍 진창과 길고 축축한 풀을 뚫고 배가 있는 곳으로 돌아가 한낮에 카옐리에 도착했다. 다음 일정은 알리가 돌아온 뒤에 정하기로 했다. 이튿날 알리가 돌아왔는데 자신이 다녀온 펠라에 대해 혹평을 했다. 해변을 따라 작은 덤불과 나무가 늘어섰으며 내륙 산지는 키 큰 풀과 카유풋나무로 덮였다고 했다. 끔찍했다. 믿을 만한 정보를 줄 수 있는 사람을 물으니 버거인[47] 중위를 소개해주었다. 섬을 전부 여행했고 매우 똑똑한 친구라고 했다. 부루 섬에서 '쿠수쿠수'(이 지역의 거친 풀을 일컫는 단어)가 없는 곳이 있느냐고 그에게 물었다. 그는 남해안에는 숲 지대가 꽤 많지만 북해안은 대부분 습지와 풀밭이라고 잘라 말했다. 상세한 질문을 던진 끝에 펠라에서 불과 수 킬로미터 떨어진 와이포티라는 곳에서 숲이 시작된다는 사실을 알아냈다. 하지만 그곳과 가까운 해안이 동東계절풍에 노출되어 프라우선으로는 위험하기 때문에 걸어서 가야 한다고 했다. 즉시 옵지너르를 찾아갔다. 그는 라자를 불렀다. 협의 끝에 나를 다다음 날 저녁에 펠라에 데려다줄 배를 마련했다. 나는 펠라에서 도보로 이동하고 라자는 하루 전에 가서 내 짐을 나를 알푸로들을 부르기로 했다.

계획된 일정에 따라 5월 19일에 와이포티에 도착했다. 우리는 해변을 지나고, 바다에 면해 있어 이따금 내륙으로 1~2킬로미터 파고드는

47 식민지에서 유럽인과 현지인 사이에 태어난 혼혈. _옮긴이

돌밭 숲을 통과하면서 약 16킬로미터를 걸었다. 마을은 하나도 없었으나 집과 농장이 드문드문 보였으며 구릉지는 울창한 숲으로 덮인 것이 조짐이 좋았다. 지붕이 썩어 여기저기 하늘이 보이는 낮은 오두막이 유일하게 구할 수 있는 숙소였다. 다행히 그날 밤에는 비가 오지 않았다. 이튿날 지붕을 수리하기 위해 벽을 조금 허물었다. 지붕 특히 침대와 탁자 위쪽 부분의 수리가 급선무였기 때문이다.

숙소에서 800미터가량 떨어진 곳에 멋진 개울이 있었다. 물은 바위와 자갈 바닥을 빠르게 흘렀으며 그 뒤로는 근사한 숲으로 덮인 언덕이 있었다. 경로를 신중하게 고른 덕에 무릎 위까지 푹 잠기지는 않은 채, 이따금 바위에서 미끄러지고 구멍에 허리까지 빠지기도 했지만 강을 건널 수 있었다. 일주일에 두 번 정도 강을 건너 숲을 탐사했다. 아쉽게도 이 숲에는 길이 하나도 없었다. 곤충이나 새는 그다지 풍부하지 않았다. 설상가상으로 유일하게 갖고 있던 질긴 신발을 멍청하게 우편 증기선에 두고 내렸다. 다른 신발은 이즈음 전부 갈가리 찢겼기에 맨발로 걸어다닐 수밖에 없었으며 발을 다칠까 늘 걱정스러웠다. 부상을 입으면 보르네오 섬, 아루 제도, 마노콰리에서처럼 여러 주를 누워 있어야 할지도 몰랐다. 옥수수와 플랜틴 농장이 무수히 많았지만 새 개간지는 하나도 없었다. 개간지가 없으면 최상의 곤충 중 상당수는 찾기가 불가능에 가깝기 때문에 직접 하나 만들기로 했다. 천신만고 끝에 두 사람을 시켜 조각숲을 개간했다. 떠나기 전에 좋은 딱정벌레를 많이 얻을 수 있기를 바랐다.

하지만 이곳에 머무는 동안 곤충이 풍부한 적은 한 번도 없었다. 내 개간지에서는 전에 본 어떤 것과도 다른 훌륭한 하늘소와 비단벌레, 그리고 암본 섬의 몇 종이 나왔지만 그 작은 섬에서 본 것처럼 풍부하거나 아름답지는 않았다. 이를테면 부루 섬에서는 두 달 머무는 동안 딱정벌레류를 210종밖에 채집하지 못했지만, 1857년에 암본 섬에서는 3주 만에 300종 넘게 발견했다. 부루 섬에서 발견한 가장 근사한 곤충 중 하나는 커다란 하늘소로 짙게 반짝이는 밤색에 더듬이가 무척 길다. 크기가 다양했는데 가장 큰 표본은 길이가 8센티미터였으며 가장 작은 표본은 3센티미터에 불과했다. 더듬이는 4센티미터에서 13센티미터였다.

하루는 심부름꾼 알리가 커다란 뱀 이야기를 들려주었다. 키 큰 풀 사이를 걷다가 뭔가를 밟았는데 처음에는 작은 도목인 줄 알았지만 차갑고 물컹물컹한 것이 발에 느껴지고 오른쪽과 왼쪽 멀리에서 풀이 흔들리고 바스락거렸다고 했다. 놀라서 뒤로 펄쩍 뛰어 사격 준비를 했지만 녀석을 잘 볼 수 없었다고, 녀석은 나무가 끌려가듯 풀 사이로 사라졌다고 했다. 알리는 큰 뱀을 여러 차례 사냥한 적이 있었는데 녀석에 비하면 전부 아무것도 아니라는 걸 보니 정말 괴물 같은 뱀이었나 보다. 이곳은 큰 뱀이 꽤 많다. 근방에 사는 남자 한 명이 집 근처에서 뱀에게 허벅지 물린 자국을 보여주었다. 녀석은 허벅지를 입에 넣을 만큼 컸으며, 비명 소리를 듣고 이웃들이 달려와 정글도로 죽이지 않았다면 그를 잡아먹었을지도 모른다. 내가 보기에 녀석의 길이는 6미터가량이었지만 알리의 뱀은 훨씬 컸을 것이다.

숙소를 얻은 뒤 며칠 지나지 않아 원주민 오두막이 꽤 안락한 보금자리처럼 느껴지는 건 때로 흥미롭다. 와이포티의 숙소는 앙상한 오두막으로 한쪽에 넓은 대나무 단이 있다. 높이가 1미터가량인 이 단의 한쪽 끝에 모기장을 걸고 넓은 격자무늬 천으로 일부를 가려 작고 안락한 침실을 만들었다. 소박한 탁자의 다리를 흙바닥에 박고 나의 편안한 등나무 의자를 놓았다. 구석에 줄을 매달아 매일 빤 무명옷을 널었으며 대나무 선반에 소소한 그릇과 연장을 올려두었다. 상자는 이엉

벽 쪽에 두었으며, 건조 중인 채집물을 개미에게서 보호하기 위해 숙소 안팎에 선반을 매달았다. 탁자에는 책, 주머니칼, 가위, 펜치, 곤충과 새의 이름표가 달린 핀을 놓아두었는데 원주민들에게는 전부 수수께끼 같은 물건이었다.

이곳 사람들은 대부분 핀을 한 번도 못 봤으며, 좀 더 아는 사람은 자기보다 무식한 사람에게 유럽에서 온 신기한 물건(대가리는 있지만 귀가 없는 바늘!)의 특징과 쓰임새를 알려주며 잘난 체했다. 우리가 예사로 구겨 버리는 종이도 그들에게는 신기했다. 숙소 밖에 떨어진 종잇조각을 베텔 쌈지에 고이 담아두는 사람도 종종 봤다. 아침 커피와 저녁 차를 마실 때면 그들의 눈앞에 펼쳐진 이상한 물건들이 어찌나 많던지! 찻주전자, 찻잔, 찻숟가락이 전부 그들 눈에는 신기했으며 차, 설탕, 비스킷, 버터는 많은 이들에게 생전 처음 보는 음식이었다. 저 희끄무레한 가루가 굴라 파시르(모래 설탕)냐고 묻는 사람이 있었는데, 전통 방식으로 만드는 사탕야자나 당밀의 굵은 덩어리와 구별하려는 것이었다. 비스킷은 유럽식 사고 빵의 일종으로 여겼다. 저 먼 나라의 주민들은 사고가 없어서 밀가루를 쓸 수밖에 없다고 생각한 것이다. 내가 하는 일을 도무지 이해하지 못한 것은 당연하다. 내가 애지중지 보관하는 새와 곤충을 백인들이 무엇에 쓰느냐는 질문을 끊임없이 받았다. 아름다운 것만 모으면 이해할 수 있었을지도 모르지만 개미와 파리, 그 밖의 작고 못생긴 곤충까지 고이 간직하는 이유는 그들에게 크나큰 수수께끼였다. 그들은 내가 비밀에 부친 의학적 효능이나 주술적 효과가 있는 게 틀림없다고 굳게 믿었다. 이 사람들은 로키 산맥의 인디언이나 중앙아프리카의 야만인처럼 문명인의 삶을 전혀 접하지 못했지만, 인류의 창의성이 만들어낸 최고의 위업이자 유럽 문명의 떠다니는 축소판인 증기선이 30킬로미터 떨어진 카옐리에 매달 들르고, 고작 100킬로미터 떨어진 암본 섬에서는 유럽인과 유럽 정부가 300년 넘도록 정착해 있다.

부루 섬의 여러 마을과 섬 내 먼 지역에서 온 원주민을 많이 살펴보니 이들은 지금은 부분적으로 융합된 두 민족으로 이루어졌다는 확신이 들었다. 인구의 대부분을 차지하는 술라웨시인 유형의 말레이인은 바찬 섬에 정착한 동東술라웨시의 토모레인을 빼닮은 반면에 다른 사람들은 전반적으로 스람 섬의 알푸로와 비슷하다. 두 민족이 유입된 과정은 쉽게 설명할 수 있다. 동술라웨시와 바싹 붙어 있는 술라 제도는 부루 섬 북해안에서 64킬로미터 이내로 접근해 있는 한편 마니파 섬은 스람 섬 주민들이 출발지로 삼기에 알맞기 때문이다. 부루 섬의 언어들에 술라 제도 및 스람 섬과 뚜렷한 유사점이 있다는 사실이 이를 뒷받침한다.

와이포티에 도착하자마자 알리가 팔색조속의 작고 아름다운 새를 보았다. 거의 모든 섬마다 종이 다르며 부루 섬에서는 전혀 알려지지 않았기에 꼭 손에 넣고 싶던 녀석이었다. 알리와 사냥꾼 한 명이 일주일에 두세 번 녀석을 보았으며 독특한 울음소리는 훨씬 자주 들었지만 표본은 하나도 얻지 못했다. 녀석은 빽빽한 가시덤불에만 출몰했으며-가시덤불은 녀석이 목격된 유일한 장소였다-거리가 너무 가까워서 녀석을 쏘았다가는 몸이 산산조각 날 터였기 때문이다. 알리는 녀석을 쫓다가 가시덤불에 발을 심하게 다치기까지 했는데 표본을 하나도 얻지 못하자 무척 속상해했다. 머물 기간이 이틀밖에 남지 않았을 때 알리가 몇 킬로미터 떨어진 숲속의 작은 오두막에서 자겠다며 제 스스로 길을 나섰다. 먼동이 틀 무렵에 많은 녀석들이 먹이를 먹으려고 나오며 녀석들은 아침 식사에 무척 몰두하기에 마지막 시도를 하기 위해서였다. 이튿날 저녁에 알리가 표본 두 마리를 가져왔다. 하나는 머리가 완전히 날아갔으며 나머지 부분도 손상이 심해서 보존할 가치가 없었으나 다른 하나는 상태가 매우 양호했다. 보자마자 신종임을 알았다. 붉은배팔색조를 무척 닮았지만 목덜미에 연홍색의 네모난 무늬가 박혀 있었다.

이 전리품을 확보한 다음 날 카옐리로 돌아가 채집물을 포장하여 증기선을 타고 부루 섬을 떠났다. 트르나테 섬에서 이틀 머무는 동안 그곳에 남겨둔 짐을 배에 싣고 모든 벗들에게 작별을 고했다. 그 다음 마카사르와 자와 섬에 가는 길에 마나도에 들렀으며 말루쿠 제도를 영영 떠났다. 이 울창하고 아름다운 섬들을 탐사한 지 어언 3년여가 흘렀다.

부루 섬 채집물은 많지는 않지만 꽤 흥미로웠다. 이곳에서 채집한 조류 66종 중에서 17종 이상이 신종이거나 말루쿠 제도 어디에서도 발견된 적 없는 종이었다. 이 중에는 물총새인 낙원물총새와 말루쿠난쟁이물총새*Ceyx lepidus*, 아름다운 태양새 프로세르피나태양새*Nectarinea proserpina*, 작고 예쁜 흑백의 솔딱새 검은꼬리까치딱새*Monarcha loricatus*(녀석의 부푼 멱은 금속성 파란색의 비늘로 아름답게 덮여 있었다), 그 밖에 덜 흥미로운 몇 종이 있었다. 바비루사 두개골도 하나 입수했으며 카옐리에 있을 때 원주민 사냥꾼들이 표본 하나를 사냥했다.

27장

말루쿠 군의 자연사

말루쿠 군은 할마헤라 섬, 스람 섬, 부루 섬의 세 큰 섬과-할마헤라 섬과 스람 섬은 길이가 약 320킬로미터다-수많은 작은 섬 및 소도로 이루어졌다. 이 중에서 가장 중요한 섬으로는 바찬 섬, 모로타이 섬, 오비 섬, 카이 제도, 타님바르 섬, 암본 섬이 있으며 더 작은 섬으로는 트르나테 섬, 티도레 섬, 카요아 제도, 반다 제도가 있다. 이 섬들은 위도로 10도, 경도로 5도에 해당하는 면적을 차지하고 있으며 작은 소도 무리를 통해 동쪽으로는 뉴기니 섬과 북쪽으로는 필리핀과 서쪽으로는 술라웨시 섬과 남쪽으로는 티모르 섬과 연결되어 있다. 이곳의 동물상을 살펴보고 거의 등거리에 있는 사방의 지역들과 어떤 관계인지 논의할 때 면적과 지리적 위치의 이러한 주요 특징을 염두에 두어야 할 것이다.

우선 포유류, 즉 온혈 네발짐승을 살펴보자. 여기서는 몇 가지 독특한 변칙을 찾아볼 수 있다. 육상 포유류는 수가 극히 적어서 말루쿠 군을 통틀어 10종밖에 알려져 있지 않다. 이에 반해 비행 포유류인 박쥐는 수가 많아서 이미 알려진 것만 해도 25종을 넘는다. 하지만 육상 포유류의 극단적 빈곤은 이보다 훨씬 심하다. 곧 살펴보겠지만, 여러 종이 고의로 또는 우연히 사람 손에 유입되었으리라 볼 충분한 이유가 있다.

이에 해당하는 사수류로는 흥미로운 개코원숭이인 검정짧은꼬리원숭이가 유일한데 앞서 술라웨시 섬의 특징적 동물 중 하나로 설명했다. 녀석은 바찬 섬에서만 발견되며, 어찌나 생뚱맞아 보이는지-대체 어떤 자연적 전파 수단으로 이 섬에 도착할 수 있었는지, 그런데도 왜 좁은 해협을 건너 할마헤라 섬에 가지 못했는지 이해하기 힘들다-감금에서 탈출한 사람들 때문에 퍼졌을 가능성이 커 보인다. 말레이인은 이런 동물을 애완용으로 즐겨 키우며 배에 태우고 다니기 때문이다.

말레이 제도의 육식동물 중에서 말루쿠 군에서 발견되는 것은 말레이사향고양이가 유일하다. 녀석은 바찬 섬과 부루 섬에 서식하며 어쩌면 다른 섬에서도 발견될 것이다. 녀석들도 우연히 유입되지 않았을까 싶다. 말레이인은 애완용 사향고양이를 얻기 위해 말레이사향고양이를 포획하는데, 성마르고 길들이기 힘들어서 곧잘 도망치기 때문이다. 안토니오 데 모르가가 1602년에 이것이 필리핀의 풍습이라고 말한 것도 나의 견해에 신빙성을 더한다. 그는 "민다나오 원주민들은 사향고양이를 우리에 넣어 데리고 다니며 섬에서 판다. 애완용 사향고양이를 얻고 어미는 놓아준다."라고 말한다. 같은 종이 필리핀 제도와 인도말레이 군의 모든 큰 섬에 서식한다.

말루쿠 군의 유일한 반추동물은 사슴으로, 한때는 고유종인 줄 알았으나 이제는 자와 섬 루사사슴의 약한 변종이라는 것이 통설이다. 사슴은 종종 길들여 애완동물로 삼으며 사슴 고기는 모든 말레이인들의 별미여서 자신들이 정착한 외딴 섬에 사슴을 들여오려고 애쓰는 것은 당연하다. 게다가 울창한 숲은 사슴이 살아가기에 매우 적합하다.

술라웨시 섬의 신기한 바비루사는 부루 섬에서 발견될 뿐 말루쿠 군의 다른 섬에서는 전혀 발견되지 않는다. 어떻게 부루 섬에 갔는지는 수수께끼다. (바비루사가 발견되는) 술라 제도의 새와 부루 섬의 새가 다소 비슷한 것은 사실이다. 그렇다면 이 섬들이 최근에 더 가까이 붙어 있었거나 중간에 있던 육지가 사라졌으리라 추측할 수 있다. 이 시점에 바비루사가 부루 섬에 들어왔을지도 모른다. 바비루사는 근연종인 돼지만큼 헤엄을 잘 치기 때문이다. 돼지는 말레이 제도 전역에 퍼져 있으며 심지어 몇몇 작은 섬에도 들어왔는데 많은 경우에 고유종이다. 따라서 돼지에게는 자연적 전파 수단이 있음이 분명하다. 돼지가 헤엄칠 수 없다는 것이 통념이지만, 찰스 라이엘 경은 이것이 오해임을 밝혀냈다. 라이엘 경은 『지질학 원리*Principles of Geology*』(10판 2부 355쪽)에서 돼지가 바다에서 몇 킬로미터를 헤엄쳤으며 매우 수월하고 빠르게 헤엄칠 수 있다는 증거를 제시했다. 나 또한 싱가포르 섬과 믈라카 반도를 가르는 바다를 헤엄쳐 건너는 야생 돼지를 본 일이 있다. 동양구[48]의 모든 대형 포유류 중에서 오로지 돼지만이 말루쿠 제도를 넘어 뉴기니 섬까지 진출했다는 흥미로운 사실과 한편 오스트레일리아까지는 가지 않았다는 신기한 사실이 이렇게 설명된다.

작은 땃쥐인 사향땃쥐*Sorex myosurus*는 수마트라 섬, 보르네오 섬, 자와 섬에 서식하는데 말루쿠 군의 더 큰 섬들에서도 발견된다. 아마도 원주민들의 프라우선을 타고 우연히 들어왔을 것이다.

동양구의 특징적인 태반 포유류는 이게 전부인데 단 하나의 예외인 돼지를 제외하면 사람이 들여왔을 가능성이 매우 높다. 돼지 이외의

---

48 특징적인 동물상을 근거로 나눈 세계 6개 동물지리구의 하나로, 열대 아시아와 인도오스트레일리아 점이 지대를 포함하며 술라웨시·말루쿠·소순다·서파푸아 제도로 구성된다. _옮긴이

모든 태반 포유류는 말레이 제도의 큰 섬들이나 술라웨시 섬에 서식하는 것과 동일종이기 때문이다. 나머지 포유류 4종은 포유강 유대류로, 이는 오스트레일리아 동물상의 뚜렷한 특징이다. 이 유대류는 아마도 말루쿠 군의 진짜 토종일 것이다. 고유종이거나 다른 곳에서 발견될 경우 오직 뉴기니 섬과 북오스트레일리아의 토종이기 때문이다. 말루쿠 군의 첫 번째 유대류는 작은 날주머니쥐인 유대하늘다람쥐다. 녀석은 작고 아름다운 동물로 날다람쥐를 빼닮았지만 유대하강에 속한다. 나머지 셋은 신기한 쿠스쿠스속 종으로, 오스트로말레이 군의 고유종이다. 녀석들은 주머니쥐를 닮은 동물로, 길고 물건을 잡을 수 있는 꼬리가 달렸는데 끝의 절반은 대체로 맨살이다. 머리가 작고 눈이 크고 털이 수북하다. 털은 순백색에 검은색 반점이나 얼룩이 불규칙하게 박혀 있거나 잿빛 갈색에 흰 반점은 있을 수도 있고 없을 수도 있다. 나무에 살면서 잎을 먹는데 엄청난 양을 먹어치운다. 느릿느릿 움직이지만 털가죽이 두껍고 목숨이 질겨서 죽이기 힘들다. 화약을 잔뜩 재서 쏴도 총탄이 가죽에 박혀 아무런 타격을 못 줄 때가 많으며, 심지어 척추를 부러뜨리고 뇌를 꿰뚫어도 몇 시간 동안 숨이 붙어 있는 경우가 있다. 어디에서나 원주민은 녀석의 고기를 먹으며 움직임이 하도 느려서 나무에 올라 쉽게 잡을 수 있기에 녀석들이 멸종하지 않은 것이 의아할 정도다. 촘촘한 털이 맹금으로부터 보호해주고 녀석들이 사는 섬의 인구밀도가 하도 낮아서 멸종되지 않은 듯하다.

다음 쪽의 삽화는 내가 바찬 섬에서 발견한 신종인 말루쿠쿠스쿠스로, 트르나테 섬에서도 서식한다. 말루쿠 고유종이지만 스람 섬에 서식하는 다른 2종은 뉴기니 섬과 와이게오 섬에서도 발견된다.

말루쿠 군은 포유류가 극히 적은 대신 깃털 달린 동물이 매우 풍부하다. 말루쿠 군의 여러 섬에서 현재 알려진 조류 종 수는 265종이지

말루쿠쿠스쿠스

만, 일반적으로 풍부한 종류인 물떼새류와 물새류에 속하는 것은 70종뿐이므로 이 수치는 매우 불완전하다. 물떼새류와 물새류는 행동반경이 유독 넓어서 제한된 면적의 동물지리학적 분포를 나타내기에는 알맞지 않기에, 여기서는 논외로 하고 195종의 육조만 살펴보기로 한다.

기후와 식생이 다양하고 속속들이 탐사된 유럽 전역과 새들을 끊임없이 공급하는 창고 역할을 하는 드넓은 아시아와 아프리카 온대지방에 서식하거나 이주한 육조가 257종뿐임을 감안하면, 비교적 덜 알려진 작은 제도인 말루쿠 군에서 이미 이만한 종 수가 밝혀진 것으로 볼 때 이 지역의 동물상이 전반적으로 풍부하다고 판단해야 마땅할 것이다. 하지만 이 수치를 구성하는 과科를 들여다보면 어떤 과는 신기하게도 빈약한 대신 다른 과는 종류가 무척 많아서 균형이 맞음을 알 수 있다. 따라서 저던 씨의 논문에서처럼 말루쿠 군의 조류를 인도의 조류와 비교하면 앵무류, 물총새류, 비둘기류의 세 집단이 말루쿠 군 전체 육조의 **3분의** 1에 육박하는 반면에 인도에서는 **20분의** 1에 불과함을 알 수 있다. 한편 지빠귀류, 개개비류, 되새류처럼 널리 퍼진 집단은 인도에서는 모든 육조의 **3분의** 1에 육박하는 반면에 말루쿠 군에서는 **14분의** 1에 불과하다.

조류의 구성이 이토록 독특한 이유는 말루쿠 군의 동물상이 거의 전적으로 뉴기니 섬에서 비롯했기 때문인 듯하다. 뉴기니 섬에서도 똑같은 불균등을 관찰할 수 있기 때문이다. 말루쿠 군의 육조가 속하는 78속 중에서 70속 이상이 뉴기니 섬의 특징적 조류인 반면에 인도말레이 군에 속하는 것은 6속에 불과하다. 하지만 뉴기니 속과의 깊은 유사성이 종까지 확대되지는 않는다. 육조 195종 중에서 140종 이상이 말루쿠 군의 고유종인 반면에 뉴기니 섬에서도 발견되는 것은 32종, 인도말레이 군에서 발견되는 것은 15종에 불과하기 때문이다.[49] 이 사실에서 보듯 말루쿠 군의 조류는 주로 뉴기니 섬에서 비롯한 것이 분명하되 이주가 최근에 일어나지는 않았다. 대부분의 종이 달라질 만큼 시간이 흘렀어야 하기 때문이다. 또한 뉴기니 섬의 독특한 종 중에서 상당수가 말루쿠 군에 전혀 상륙하지 않은 반면에 스람 섬과 할마헤라 섬에서 발견되는 종은 부루 섬까지 서쪽으로 전파되지는 않았음을 알 수 있다. 더 나아가 뉴기니 포유류의 대부분을 말루쿠 군에서 찾아볼 수 없다는 사실을 감안하면 이 섬들이 뉴기니 섬에서 갈라져 나온 조각이 아니라 별도의 섬 지대로, 꽤 최근에 독자적으로 융기했으며 모

49 H. O. 포브스 씨, 길마 박사, 네덜란드와 독일의 자연사학자들이 부루 섬, 오비 섬, 바찬 섬, 그 밖에 덜 알려진 섬들에서 몇 종을 더 발견하기는 했지만 수치는 별반 달라지지 않았으며 여기서 내린 결론에 전혀 영향을 미치지 않는다.

든 변화 시기에 걸쳐 뉴기니라는 거대하고 생산적인 섬에서 끊임없이 동식물을 유입받았다는 결론에 도달한다. 말루쿠 군이 고립되어 있던 기간이 꽤 길다는 사실은 이곳의 고유속인 흰깃발극락조속*Semioptera*과 리코코락스속*Lycocorax*이 세계 어디에서도 발견되지 않는다는 사실로 뒷받침된다.

이 작은 제도諸島는 뚜렷이 구분되는 두 집단으로 나눌 수 있는데, 스람 집단에는 부루 섬, 암본 섬, 반다 제도, 카이 제도가 포함되며 할마헤라 집단에는 모로타이 섬, 바찬 섬, 오비 섬, 트르나테 섬, 그 밖의 작은 섬들이 포함된다. 두 집단에는 고유종이 각각 꽤 많이 있는데, 55종 이상이 스람 집단에서만 발견될 뿐 아니라 대부분의 섬마다 고유종이 있다. 모로타이 섬에는 물총새, 꿀빨이새, 찌르레기 고유종이 있고, 트르나테 섬에는 호랑지빠귀(팔색조속)와 솔딱새 고유종이 있고, 반다 제도에는 비둘기, 때까치, 팔색조 고유종이 있고, 카이 제도에는 산적딱새류 2종, 동박새속 1종, 솔딱새 1종, 검은바람까마귀 1종, 뻐꾸기 1종이 있고, 말루쿠 군에 포함되어야 한다고 생각되는 외딴 섬, 타님바르 제도에는 유일하게 알려진 새로 코카투앵무와 장수앵무가 있는데 둘 다 고유종이다.[50]

말루쿠 군은 앵무족이 특히 풍부한데 10속 22종 이상이 서식한다. 이 중에는 유럽에서 살아 있는 개체를 흔히 볼 수 있는 큰 큰관유황앵무*Cacatua moluccensis*, 에클렉투스속*Eclectus*의 잘생긴 빨간색 앵무류 2

50 H. O. 포브스 씨는 1882년에 이 섬들을 방문하여 훌륭한 조류 채집물을 입수했는데 지금은 80종에 달한다. 이 중에서 62종이 육조이며 그중 26종은 섬 고유종이다. 주로 말루쿠 제도 및 뉴기니 섬과 근연성을 보이지만 티모르 섬과 오스트레일리아와도 어느 정도 유사성이 있다(포브스의 『자연사학자의 말레이 제도 동부 탐사』 355쪽 참고). 포브스 씨가 채집한 나비는 비슷한 근연성을 보이지만 티모르 섬 및 오스트레일리아에 더 가까운데 이는 나비가 식생에 더 직접적으로 의존하기 때문일 것이다.

종, 아름다운 진홍색 장수앵무류 5종이 있는데, 이들은 거의 전적으로 이 섬들과 뉴기니 섬에만 서식한다. 비둘기도 이에 못지않게 풍부하고 아름다운데 21종이 알려져 있으며 그중 12종은 아름다운 초록색 과일 비둘기류다. 이 중 작은 종류는 머리와 배가 무척 화사한 무늬로 장식되어 있다. 그 다음으로 물총새류가 있는데 16종 거의 모두가 아름다우며 상당수는 세상에서 가장 근사한 색깔을 자랑한다.

가장 신기한 새 중 하나인 무덤새류는 말루쿠 군에 매우 풍부하다. 녀석들은 순계류에 속하며 크기는 작은 닭만 하고 대체로 짙은 잿빛이거나 거무스름한 색깔이다. 발이 유달리 크고 튼튼하며 발톱이 길다. 앞에서 설명한 술라웨시 섬의 말레오무덤새와 근연종이지만, 습성이 달라서 대부분 바닷가 덤불숲에 출몰하는데 이곳은 흙이 모래질이고 작대기, 조개껍데기, 해조류 잎 등의 **쓰레기**가 많다. 무덤새류는 이 쓰레기로 거대한 둔덕을 만든다. 높이는 1.8~2.4미터, 지름은 6~9미터에 이르지만, 녀석들은 커다란 발로 재료를 움켜쥐고 뒤로 던져 비교적 쉽사리 둔덕을 완성한다. 둔덕 한가운데를 60~90센티미터 깊이로 파서 알을 낳는데 식물성 두엄이 발효하면서 생기는 은은한 열로 부화된다. 롬복 섬에서 이 둔덕을 처음 보았을 때 이렇게 작은 새가 만들었으리라고는 도무지 믿을 수 없었다. 하지만 나중에 둔덕을 많이 볼 수 있었으며 한두 번은 새들이 둔덕을 만드는 광경까지 목격했다. 녀석들은 몇 발짝 뒤로 물러나 성긴 재료를 한 발로 잔뜩 움켜쥐고는 뒤로 휙 던진다. 알은 일단 제대로 묻은 뒤에는 전혀 돌보지 않는 듯하다. 새끼는 쓰레기 더미를 헤치고 나와 단숨에 숲속으로 뛰어든다. 알에서 갓 나왔을 때는 두꺼운 솜털로 덮여 있으며 꽁지는 없지만 날개는 온전히 발달했다.

운 좋게도 신종(월리스덤불닭*Eulipoa wallacei*)을 발견했는데, 녀석은 할마헤라 섬, 트르나테 섬, 부루 섬에 서식한다. 등과 날개에 적갈색 띠가 화려하게 나 있어서 이 속의 새 중에서 가장 잘생겼으며, 어떤 종과도 다른 습성을 가지고 있다. 내륙의 숲에 자주 출몰하며 알을 낳으려고 바닷가에 내려오지만, 둔덕을 짓거나 구멍을 파지 않고 모래 속으로 90센티미터가량 비스듬하게 굴을 파서 굴 바닥에 알을 둔다. 그 다음 굴 입구를 얼기설기 덮고는, 원주민들 말로는 주변에 발자국을 내고 땅을 긁어서 제 발자국을 지우고 숨긴다고 한다. 밤에만 알을 낳는데 부루 섬에서는 이른 아침에 굴에서 나오다 잡힌 적도 있다. 굴속에는 알이 여러 개 들어 있었다. 녀석들은 모두 반半야행성인 듯하다. 큰 소리로 울부짖는 듯한 소리가 밤늦도록 들리고 아침에도 동 트기 한참 전에 울려퍼지기 때문이다. 알은 모두 적갈색이며 세로 길이가 7.6~8.3센티미터에 가로 길이는 5~5.7센티미터로, 어미에 비해 무척 크다. 맛이 매우 좋아서 원주민들이 열심히 찾으러 다닌다.

크고 특이한 또 다른 새로, 스람 섬에만 서식하는 화식조가 있다. 녀석은 통통하고 힘이 세며 선키가 150~180센티미터에다 길고 굵고 머리카락 같은 검은색 깃털로 덮여 있다. 머리는 뿔처럼 생긴 커다란 투구로 장식되었으며 목의 맨살은 선명한 파란색과 빨간색이어서 눈에 확 띈다. 날개는 없다시피 하며 뭉툭한 호저 가시 같은 단단한 검은색 가시가 대신 나 있다. 녀석들은 스람 섬을 덮은 넓은 산악 지대 숲을 돌아다니며 주로 낙과를 먹는데 곤충이나 갑각류도 잡아먹는다. 암컷은 잎이 깔려 있는 위에다 크고 가죽 질감인 초록색 알을 3~5개 낳으며, 한 달가량 암수가 번갈아 가며 알을 품는다.[51] 자연사학자들은

51 다윈은 1869년 3월 22일에 저자에게 이런 편지를 보냈다. "암컷 화식조가 수컷과 함께 알을 품는다고 확신하시는지 알려주시기 바랍니다. 팔렛은 (목 색깔이 덜 화려한) 수컷만이 알을 품는다고 분명히 말했기 때문입니다." 남방화식조는 수컷만 둥지를 짓고 알을 품는다. _옮긴이

'관머리화식조Helmeted cassowary'(남방화식조*Casuarius casuarius*)라고 부르며 오랫동안 이 한 종만 알려졌다. 그 뒤로 뉴기니 섬, 뉴브리튼 섬, 북오스트레일리아에서 다른 종이 발견되었다.[52]

나는 새들이 **의태**를 한다는 명백한 사례를 말루쿠 군에서 처음 발견했으며 무척 흥미롭기에 간단하게 서술하고자 한다. 하지만 우선 자연사에서 의태가 무엇을 뜻하는지 설명하겠다. 이 책 178쪽에서는 나비가 쉴 때는 죽은 잎을 빼닮아 적의 공격을 피한다고 설명했다. 이를 '보호 유사성Protective resemblance'이라 한다. 하지만 실제로는 새에게 맛있는 먹이인 나비가 새에게 맛없는 나비를 빼닮아서 결코 잡아먹히지 않는다면 녀석은 잎을 닮았을 때 못지않게 스스로를 보호하는 셈이다. 베이츠 씨는 여기에 '의태Mimicry'라는 적절한 이름을 붙였다. 그는 곤충이 다른 속이나 과, 심지어 다른 목에 속한 곤충의 겉모습을 모방하는 흥미로운 현상의 목적을 처음으로 발견했다. 날개가 투명하여 말벌을 닮은 나방은 영국에서 관찰할 수 있는 의태의 가장 좋은 예다.

어떤 생물이 전혀 다른 생물을 빼닮은 현상은 곤충에만 해당한다고 오랫동안 알려져 있었기에 부루 섬에서 내가 2종류의 새를 늘 헷갈렸는데 둘이 별개의, 또한 꽤 먼 과에 속한다는 사실을 발견하고는 무척 기뻤다. 하나는 검은빰꿀빨이새*Philemon moluccensis*라는 꿀빨이새이고 다른 하나는 검은귀꾀꼬리*Oriolus bouroensis*라는 꾀꼬리다. 검은귀꾀꼬리와 검은빰꿀빨이새는 둘 다 등과 배가 진갈색과 연갈색의 똑같은 색조다. 검은빰꿀빨이새는 눈 주위에 검은색의 큰 맨살 무늬가 있는데 검은귀꾀꼬리는 검은색 깃털로 이를 흉내 낸다. 검은빰꿀빨이새는 머리 꼭대기가 비늘 형태의 좁은 깃털 때문에 비늘처럼 보이는데 검은귀

52 현재는 말루쿠화식조(Moluccan cassowary)가 파푸아에서 이식되었다고 알려져 있다. _옮긴이

꾀꼬리는 넓은 깃털에 칙칙한 줄이 그어져 있다. 검은빰꿀빨이새는 목덜미에 신기하게 뒤로 휜 연한 색의 주름이 있는데(필레몬꿀빨이새속은 모두 이런 특징이 있다), 검은귀꾀꼬리는 같은 위치에 희뿌연 줄무늬가 있다. 마지막으로 검은빰꿀빨이새의 부리는 밑동이 불룩 튀어나왔는데, 검은귀꾀꼬리는 꾀꼬리속*Oriolus*의 여느 종과 달리 똑같은 특징이 있다. 그래서 두 새는 중요한 구조적 차이가 있어서 생물학적으로는 결코 나란히 분류될 수 없는데도 언뜻 보면 똑같아 보인다.

인접한 스람 섬에서는 이 두 속에 해당하는 전혀 다른 종을 발견할 수 있는데 신기하게도 둘은 부루 섬의 새처럼 서로 꼭 닮았다. 흰줄무늬꿀빨이새*Melitograis gilolensis*는 흙빛 갈색에 황토색이 배어 있고 눈구멍이 맨살이며 빰이 거무스름하고 목덜미 주름이 대체로 뒤로 휘어 있다. 녀석과 짝을 이루는 회색목도리꾀꼬리*Oriolus forsteni*는 온몸 구석구석 색깔이 똑같으며 세세한 부분까지 그대로 베꼈다.

두 새 중에서 어느 쪽이 진짜이고 어느 쪽이 가짜인지 구별할 수 있는 증거는 두 가지가 있다. 검은빰꿀빨이새와 흰줄무늬꿀빨이새는 자신이 속한 과 전체의 일반적 특징과 일치하는 색깔인 데 반해 검은귀꾀꼬리와 회색목도리꾀꼬리는 근연종에 공통되는 밝은 노란색과 딴판이다. 따라서 후자가 전자를 흉내 냈다고 결론 내려야 마땅하다. 하지만 만일 이것이 사실이라면 녀석들은 흉내 행위에서 이득을 보아야 한다. 녀석들은 분명히 연약한 새이므로 흉내가 필요할지도 모른다. 검은빰꿀빨이새와 흰줄무늬꿀빨이새는 매우 힘세고 활발한 새로, 발톱의 움켜쥐는 힘이 강하고 부리가 길고 뾰족하고 구부러졌다. 무리를 이루고, 아주 멀리까지 울려퍼지는 매우 시끄러운 울음소리를 내며, 위험이 닥치면 한데 뭉친다. 수가 많고 호전적이며, 몇 마리가 모여 있는 나무에 까마귀나 심지어 매가 앉으면 곧잘 쫓아내기도 한다. 따라서 그보다 작은 맹금은 이 새들을 얕잡아보지 않고 내버려둘 가능성이 크다. 그러니 약하고 소심한 검은귀꾀꼬리와 회색줄무늬꾀꼬리가 녀석들로 오인받는 것은 매우 유리한 일일 것이다. 이것이 사실이라면, 새들이 자발적 행위를 했다고 전혀 가정하지 않고도 변이와 적자생존의 법칙으로 유사성이 어떻게 해서 생겨났는지 충분히 설명할 수 있다. 다윈 씨의 『종의 기원』을 읽은 사람이라면 전체 과정을 이해하는데 아무 어려움이 없을 것이다.

말루쿠 군의 곤충은 유달리 아름다워서 말레이 제도 나머지 지역의 다채롭고 아름다운 곤충들과 비교해도 손색이 없다. 웅장한 비단제비나비류(비단제비나비속)는 크기와 아름다움 면에서 최고이며, 제비나비속, 흰나비과, 왕나비과, 네발나비과의 많은 종도 이에 못지않게 빼어나다. 암본 섬만큼 작은 섬에 근사한 곤충이 이렇게 많은 곳은 세상 어디에도 없을 것이다. 이곳에는 가장 멋진 비단제비나비속(초록새날개나비, 헬레네비단제비나비*Ornithoptera helena*, 배얼룩장수제비나비*Ornithoptera remus*), 가장 크고 잘생긴 제비나비속(율리시스제비나비, 데이포보스제비나비*Papilio deiphobus*, 청줄박이제비나비), 흰나비과에서 가장 잘생긴 나비 중 하나인 잎붉은큰흰나비*Hebomoia leucippe*, 왕나비과에서 가장 큰 종이연나비*Idea leuconoe*, 유달리 크고 잘생긴 네발나비과(판다루스오색나비*Hypolimnas pandarus*, 갈색청띠나비*Charaxes euryalus*)가 산다. 딱정벌레류 중에는 커다란 다리를 20센티미터 넘게 벌릴 수 있는 특이한 롱기마누스앞장다리풍뎅이가 있으며, 크고 잘생긴 하늘소류, 소바구미과, 비단벌레과가 이례적으로 많다.

다음 삽화 속의 딱정벌레는 말루쿠 군의 특징적인 종으로 각각 다음과 같다. 1) 롱기마누스앞장다리풍뎅이의 작은 표본으로, 암본 섬에 머물 때 이미 언급했다(20장). 암컷은 앞다리가 길지 않다. 2) 멋진 바

말루쿠 딱정벌레들

구미(에우폴루스속*Eupholus*의 미기재 종). 진한 파란색과 에메랄드빛 초록색에 검은색 띠가 있다. 원산지는 스람 섬과 고롱 제도이며 나뭇잎에서 발견된다. 3) 크세노케루스세밀룩투오수스*Xenocerus semiluctuosus* 암컷. 소바구미과의 일종으로, 색깔은 비단 같은 은은한 흑백이다. 스람 섬과 암본 섬에서 땅바닥에 떨어진 줄기와 밑동에 많이 산다. 4) 크세노케루스속*Xenocerus*의 미기재 종 수컷. 더듬이가 매우 길고 신기하게 생겼으며 흑백의 무늬가 우아하다. 바찬 섬에 서식하며 땅바닥에 떨어진 줄기에서 발견된다. 5) 아라크노바스속*Arachnobas*의 미기재 종. 말루쿠 제도와 뉴기니 섬에 고유한 특이한 속의 바구미. 긴 다리가 눈에 띄며 잎에 앉아 있다가 방해를 받으면 잽싸게 아래로 숨는 습성이 있다. 할마헤라 섬에서 발견되었다. 삽화의 곤충은 모두 실물 크기다.

조류와 마찬가지로 말루쿠 군의 곤충은 말레이 제도 서부의 큰 섬들보다는 뉴기니 섬의 곤충과 분명한 근연성을 보인다. 하지만 동부와 서부의 형태적, 구조적 차이가 조류만큼 뚜렷하지는 않다. 이것은 곤충이 기후와 식생에 더 직접적으로 의존하고, 알, 번데기, 성충의 여러 단계를 거치기에 전파 수단이 다양하기 때문일 것이다. 이 덕분에 말레이 제도 전체의 곤충상은 전반적으로 균일해졌으며 이는 기후와 식생의 전반적 균일성과 맞아떨어진다. 한편 곤충의 신체 구성은 외부 조건의 작용에 크게 좌우되므로 형태와 색깔이 엄청나게 세분화되었다. 이로 인해 많은 경우에 인접한 섬들의 곤충이 매우 다양해졌다.

말루쿠 군에 주로 서식하는 앵무류, 비둘기류, 물총새류, 태양새류는 거의 전부 색깔이 밝거나 은은하고 상당수가 화려한 깃옷으로 장식되었으며 어디서도 보기 힘든 매우 크고 화려한 나비가 많기 때문에 말루쿠 군의 숲은 열대동물상의 풍부함과 아름다움을 보여주는 좋은 예다. 하지만 딱다구리류, 지빠귀류, 어치류, 박새류, 꿩류 같은 흔한 조류와 포유류가 전무하다시피 한 것을 보면 이곳이 아시아 대大대륙과 열도로 연결되어 있으되 실제로는 공통점이 거의 없음을 알 수 있다.

2nd March 1856 Great 2000 people killed
Sanguir
Siao Volcano
Banka Str.
Banka
Manado
Limbe
Ternate
C E L E B E S S E A
C. Kummingan
C. Donda
Gorontalo
Tomini Gulf
Pangha
Sula mangola
Sula basi
C E L E B E S
Balante
Tolo Gulf
Tabunku
Waju
Luhou
Bony
Bony Gulf
Manoei
Wowoni
M. Tomaho
B O U R O
Tibor
Amblau
Boutong Str.
Boutong Passage
Wangi wangi
St. Matthew
Toukang basi I.s
Salayer
Sea more than
F L O R I S S E A
Groupo
F L O R E S
Flores Strait
Alloo Str.
Pantar Strait
Ombay Strait
Wetter
T I M O R
Volcano

The Malay Archipelago

파푸아 군

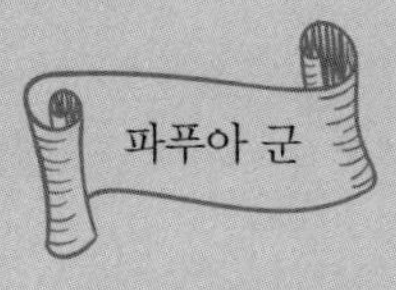
파푸아 군

트르나테 섬
와이게오 섬
미솔 섬
마노콰리
술라웨시 섬
뉴기니 섬
스람 섬
도보
카이 제도
아루 제도
티모르 섬

28장
재래식 프라우선을 타고 마카사르에서 아루 제도까지
(1856년 12월)

12월에 접어들자 마카사르에서 우기가 시작되었다. 석 달 가까이 해가 야자나무 숲 위로 떠서 천정天頂까지 올라갔다가 불공火球처럼 바닷속으로 내려가는 것을 보았는데 이제는 어두운 납빛 구름이 온 하늘을 덮어 태양을 영영 감춰버린 듯했다. 따뜻하고 건조하고 먼지를 품은 세찬 동풍이 해가 뜨듯 어김없이 이곳으로 불어왔으나 이제는 오락가락하는 거센 돌풍과 억수 같은 비가 사흘 밤낮으로 이어지는 일이 많다. 건기에는 마을 사방으로 몇 킬로미터까지 논바닥이 바싹 말라 쩍쩍 갈라졌지만 이제는 물이 하도 불어서 다니려면 배를 타거나 미로처럼 얽힌 좁은 논두렁길을 걸어야 했다.

남술라웨시에서는 이런 날씨가 다섯 달 동안 이어질 터였기에 그 기간 동안 채집에 더 유리한 기후를 찾고 다음 건기에 돌아와 이 지역 탐사를 마무리하기로 했다. 다행히도 나는 말레이 제도의 원주민 무역이 이루어지는 큰 시장 중 하나에 머물고 있었다. 보르네오 섬의 등덩굴, 플로레스 섬과 티모르 섬의 단향과 꿀밀, 카펜테리아 만의 해삼,

부루 섬의 카유풋 기름, 뉴기니 섬의 야생 육두구와 마소이아나무 껍질을 마카사르의 중국인 상인과 부기족 상인의 가게에서 모두 찾아볼 수 있으며 쌀과 커피는 인근 지역의 주산물이다. 하지만 무엇보다 중요한 것은 아루 제도와의 무역이다. 아루 제도는 뉴기니 섬 남서해안에 위치한 섬들로, 이곳의 산물은 거의 모두가 재래식 선박으로 마카사르에 운반된다. 이 섬들은 유럽과의 무역에 전혀 참여하지 않으며, 더벅머리의 검은 야만인만 산다. 하지만 이들은 가장 개화된 민족의 사치스러운 취향에 부응한다. 진주, 자개, 거북딱지는 유럽으로 팔려나가며 식용 새집과 해삼은 중국인의 혀를 즐겁게 한다.

이 섬들은 아주 오래전부터 무역을 했으며 린네가 접한 극락조 2종(큰극락조*Paradisaea apoda*와 왕극락조*Cicinnurus regius*)이 처음 입수된 것도 이곳에서다. 재래식 선박은 계절풍 때문에 1년에 한 번만 항해할 수 있다. 서계절풍이 불기 시작하는 12월이나 1월에 마카사르를 떠나 동계절풍이 한창인 7월이나 8월에 돌아오는 것이다. 아루 제도로 항해하는 일은 마카사르 사람들에게도 신기한 볼거리와 기이한 모험으로 가득한 흥미진진하고 낭만적인 여행으로 통한다. 이 항로를 만든 사람은 권위자로 추앙받으며, 아루 제도 항해는 많은 사람들에게 일생의 꿈으로 남아 있다. 동양의 '울티마 툴레Ultima Thule'[1]에 가보는 것은 나의 바람이었지만 감히 기대하지는 못했다. 그래서 부기족 프라우선을 타고 수천 킬로미터를 항해하고 무법의 무역상과 사나운 야만인이랑 6~7개월을 보내겠다는 용기를 낼 수만 있다면 그토록 바라던 아루 제도에 갈 수 있는 절호의 기회가 찾아왔을 때, 나는 어린 시절에 생전 처음 역마차에서 내려 어린 마음에 새롭고 신기하고 놀라운 모든 광

1 알려진 세계의 경계 너머에 있는 멀리 떨어진 장소. _옮긴이

경을-바로 런던을!-볼 수 있도록 허락받았을 때와 같은 심정이었다.

친절한 지인 몇 명의 도움으로 며칠 안에 출항 예정인 대형 프라우선의 선주를 소개받았다. 그는 자와족 혼혈로, 명석하고 다정하고 점잖았다. 그는 젊고 예쁜 네덜란드인 아내를 집에 두고 항해를 떠나야 했다. 뱃삯 얘기를 꺼냈더니 액수를 정하지 않고 내가 돌아오는 길에 원하는 만큼만 내라고 했다. 그러고는 이렇게 덧붙였다. “1달러를 내시든 100달러를 내시든 저는 만족할 것이며 결코 더 달라고 요구하지 않을 겁니다.” 항해 전까지 남은 기간에는 물품을 사들이고 일꾼을 고용하고 문명의 변두리조차 넘어선 곳에서 일곱 달을 지낼 만반의 준비를 갖추느라 분주했다. 12월 13일 오전 동틀 녘에 배에 올랐다. 비가 억수같이 쏟아지고 있었다. 돛을 올리자 마구 펄럭이기 시작했다. 보트가 달아나고 돛이 찢어졌으며 저녁에 마카사르 항구로 돌아와야 했다. 종일 비가 내려 넓은 베돛을 말리고 수선할 수 없었기에 나흘을 더 머물렀다. 나는 우중충한 날씨 속에 배에 틀어박혀 있었는데, 아주 이따금 비가 오지 않을 때면 이 신기한 선박을 요모조모 살펴보았다. 그중에서 몇 가지 특이한 점을 서술하겠다.

배는 약 70톤의 무게를 실을 수 있으며 중국 삼판선과 약간 비슷하게 생겼다. 갑판은 뱃머리 쪽으로 심한 내리막 경사를 이루었으며, 그래서 뱃머리가 배에서 가장 낮다. 커다란 키가 두 개 있는데, 배꼬리에 달지 않고 뒷갑판에서 튼튼한 가로대에 매달아 양쪽으로 60~90센티미터 삐져나왔으며 선체 중앙부의 갑판이 그만큼 옆으로 확장되어 있다. 키는 경첩식으로 달지 않고 등덩굴 밧줄로 매달았는데 마찰력 때문에 키의 방향이 유지되며 이 덕분에 방향 전환이 수월한 듯하다. 키손은 갑판에 있지 않고 네모 구멍 두 곳을 통해 배 속으로 들어가 90센티미터 높이의 하下갑판이나 반半갑판에 위치해 있었으며 이곳에 키잡이 두 명이 앉았다. 배의 뒷부분에 낮은 선미루船尾樓가 있는데 높이는 1미터가량이며 선장실로 쓰인다. 상자, 매트, 베개 등이 들어 있다. 선미루와 메인마스트 앞으로 갑판 위에 작은 초가집이 있다. 꼭대기까지의 높이는 1.2미터가량으로, 길이 약 2미터에 너비 약 1.6미터짜리 선실이 내 독방이다. 바다에서 가져본 작은 공간 중에서 가장 아늑하고 편안했다. 이엉으로 만든 낮은 미닫이문이 한쪽에 달려 있으며 반대편에는 아주 작은 창문이 나 있다. 바닥에는 쪼갠 대나무를 깔았는데 기분 좋게 낭창낭창하며 갑판 위로 15센티미터 올라와 있어서 습하지 않다. 마카사르 특산물인 멋진 등나무 멍석이 덮여 있으며, 먼 쪽 벽에는 나의 엽총 상자, 곤충 상자, 옷가지, 책을 쌓아두었다. 한가운데에 멍석을 깔고, 문 옆에는 수통, 램프, 항해에 필요한 소소한 사치품을 놓았으며, 엽총, 권총, 사냥칼은 천장에 간편하게 매달았다. 우중충한 나흘간이었지만 나의 작은 보금자리에서 매우 쾌적하게 지냈다. 최고급 증기선의 금박 입힌 불편한 휴게실에서 같은 시간을 보냈다면 이만큼 즐겁지는 않았을 것이다. 이에 비해 이 배에서는 모든 것이 어찌나 감미롭던지! 페인트도, 타르도, 메스꺼운 냄새가 지독한 새 밧줄도, 그리스도, 기름도, 니스도 없는 대신 대나무와 등나무, 코이어[2] 밧줄과 야자나무 이엉, 순수한 식물성 섬유에서 초록의 그늘진 고요한 숲 풍경을 떠올리게 하는 상쾌한 향기가 풍긴다.

우리 배에는 돛대가 두 개 달렸는데 이걸 '돛대'라 부를 수 있다면 움직이는 커다란 세모꼴이다. 여느 배에서 슈라우드와 백스테이[3]를 튼튼한 나무로 대체하고 돛대를 아예 없애면 프라우선의 돛대 구조가 된

2 코코야자의 열매인 코코넛의 겉껍질에서 얻어지는 섬유. _옮긴이

3 마스트가 앞쪽으로 넘어지는 것을 방지하기 위하여 요트의 뒤쪽에 매는 로프. _옮긴이

다. 내 선실 위로는 돛대에 부착된 가로대 위에 대부분 대나무로 만든 활대들이 널브러져 있었다. 길이가 30미터 가까운 주 활대는 여러 조각의 나무와 대나무를 등덩굴로 솜씨 좋게 묶어 만들었다. 한가운데에 직사각형 돛을 매다는데, 짧은 쪽 끝을 갑판으로 끌어당기면 긴 쪽 끝이 공중으로 부풀어 오르기 때문에 돛대가 낮아도 괜찮다. 앞돛은 모양이 같지만 더 작다. 둘 다 멍석으로 만들었으며 여기에 삼각돛 두 개와 무명 캔버스로 만든 배꼬리의 세로돛까지 하면 의장艤裝이 완성된다.

뱃사람은 서른 명가량이었는데 마카사르와 인근 해안 및 섬의 원주민이었다. 대부분 젊었으며 키가 작고 얼굴이 넓으며 쾌활한 인상이었다. 복장은 대체로 일할 때만 바지를 입었으며 머리에 머릿수건을 둘렀는데 저녁에는 여기에다 무명 윗도리를 걸쳤다. 노인 네 명이 '주루무디', 즉 키잡이였는데 앞에서 묘사한 작은 조타실에 두 명씩 쪼그리고 앉아 있었으며 여섯 시간마다 교대했다. '주라간', 즉 선장으로 불리는 노인이 한 명 있었는데 우리의 일등 항해사에 해당한다. 그는 갑판에 있는 작은 집의 나머지 절반을 차지했다. 점잖은 사람들이 열 명가량 있었는데, 중국인이나 부기족 주인은 '우리 사람'이라고 불렀다. 주인은 이들을 무척 우대하고 식사를 함께했으며 언제나 정중하게 이야기했다. 하지만 대부분은 일종의 채무 노예로, 치안판사의 명령에 따라 명목상의 임금만 받고 채무가 청산될 때까지 그를 위해 일해야 한다. 이것은 네덜란드의 제도이며 순조롭게 돌아가는 듯하다. 무역상에게는 매우 요긴한 수법이다. 이 지역은 인구밀도가 낮기 때문에 대리인과 잡상인에게 판매를 위탁하지 않고서는 장사를 할 수가 없는데 이들은 곧잘 노름과 유흥으로 돈을 허비한다. 하층민은 거의 모두 늘 빚을 지고 있다. 상인은 판매 위탁을 하고 또 하다가 금액이 커지면 법원에 제소하여 채무 변제 명목으로 자신에게 용역을 제공하도록 한다.

채무자는 이를 치욕스러워하지 않은 듯하며, 오히려 채무에서 벗어난 것을 기뻐하며 부유하고 이름난 상인 밑에서 일하는 것을 뿌듯하게 여긴다. 이들은 제 몫으로도 얼마간 장사를 하며, 두 사람 다 큰 이익을 얻는 듯하다. 채무자를 감옥에 가두어 사실상 채무 변제를 방해하는 영국의 방식보다 네덜란드의 방식이 합리적이다.

내 일꾼은 세 명이었다. 보르네오 섬에서 뽑은 말레이 청년 알리가 우두머리였다. 그는 이미 1년을 나와 함께 지냈기에 못 하는 일이 없으며 매우 신중하고 믿음직스러웠다. 총 솜씨가 뛰어났으며 사냥을 좋아했다. 새 가죽 벗기는 법도 가르쳤더니 곧잘 했다. 두 번째 일꾼은 마카사르 청년 바데룬인데 썩 훌륭한 친구이긴 하지만 노름에 푹 빠졌다. 어머니에게 집을 사드리고 자신은 옷을 사겠다며 항해 일주일 전에 넉 달 치 품삯을 받더니 하루이틀 만에 노름으로 한 푼도 남김없이 탕진했다. 항해에 꼭 필요한 옷, 베텔, 담배, 생선 절임을 하나도 안 가지고 배에 타는 바람에 알리를 보내 물품을 사 와야 했다. 두 청년은 나이가 열여섯가량으로 짐작된다. 세 번째는 바소라는 작고 똑똑한 악동으로 나이가 가장 어리고 나와 한두 달 지냈으며 요리법을 그럭저럭 습득했다. 이렇게 외딴 곳에서는 정식 일꾼을 구할 방법이 없기에-주방장을 파타고니아에 데려가는 것이 차라리 쉬울 것이다-바소에게는 요리와 집안일이라는 중책을 맡겼다.

배에 오른 지 닷새째 되는 날(12월 15일) 비가 그치고 출항 준비가 끝났다. 돛은 말려 말아놓았으며, 보트가 뻔질나게 오가면서 항해 물품, 과일, 채소, 생선, 야자 설탕을 배에 실었다. 오후에 여인 두 명이 친구와 친척을 잔뜩 데리고 찾아왔는데 떠날 때가 되자 코를 비비는 말레이식 입맞춤을 하며 눈물을 흘렸다. 이튿날 출항하리라는 희망찬 징조였다. 과연 새벽 3시에 선주가 배에 올라 닻을 올렸으며 4시에 닻을 걸었다. 나머지 프라우선이 보이지 않는 곳까지 나오자 늙은 주라간이 기도문을 읊고 다들 "라 일라하 일라 알라."(알라 외에 신은 없도다.) 하고 화답하며 반주로 공을 몇 번 두드렸다. 마무리로 다들 서로에게 '슬라맛 잘란'(안전하고 행복한 여정)을 기원했다. 산들바람이 불고 바다는 잔잔했으며 아침 날씨는 화창했다. 이름난 아루 제도를 향한 약 1,600킬로미터의 항해가 의기양양하게 시작되었다.

바람은 온종일 가볍고 오락가락했으며 저녁이 되자 잔잔하던 바다에서 뭍바람이 치솟았다. 술라웨시 섬 남단에 있는 '타나카키'('땅의 발'이라는 뜻) 섬을 지나는 참이었다. 이곳에는 위험한 바위가 있는데, 현장舷牆 옆에 서 있다가 밖에다 침을 뱉었더니 한 사람이 밖에다 뱉지 말고 갑판에 뱉으라고 간청했다. 그들은 이곳을 무척 두려워했다. 이해가 되지 않아 다시 말해달라고 했다. 그가 간절한 표정을 짓기에 이렇게 말했다. "알았어요. 여기는 '한투스'(정령)가 있나 보군요." 그가 말했다. "네, 그들은 배에서 물건 던지는 것을 좋아하지 않아요. 그러다 침몰한 프라우선이 많답니다." 나는 조심하겠다고 약속했다. 해 질 녘에 독실한 이슬람교인들이 기도문을 메기고 받고 하는 것을 들으니 가톨릭 국가에서 부르는 즐겁고 인상적인 성모송이 떠올랐다.

12월 20일—동틀 녘에 술라웨시 섬에서 가장 높은 축에 든다는 반타엥 산 맞은편을 지났다. 오후에 셀라야르 해협을 건너다 잠시 스콜을 만나는 바람에 큰 돛대와 돛, 무거운 활대를 내려야 했다. 그것 말고는 저녁 내내 좋은 서풍이 불어 우리의 오래된 느림보 마상이가 낼 수 있는 최고 속력인 시속 5노트 가까이로 항해했다.

12월 21일—남서쪽에서 세찬 너울이 일어 배가 울렁거리는 바람에 무척 불편했다. 하지만 바람이 일정하여 무척 순조롭게 나아갔다.

12월 22일—너울이 잠잠해졌다. 넓고 높고 숲이 우거지고 인구가 많은 부퉁 섬을 지났다. 부퉁 섬은 선원 몇 명의 고향이기도 하다. 발리 섬에서 고롱 제도로 돌아가는 소형 프라우선이 우리를 앞질렀다. 나코다(선장)는 우리 선주와 아는 사이였다. 저 배는 2년 동안 물 위에 있었으나 사람으로 가득했으며 파푸아 흑인 여러 명이 타고 있었다. 저녁 6시에 왕기왕기 섬을 지났다. 낮지만 평평하지는 않으며 부퉁 섬의 속도屬島로 유인도였다. 이제 말루쿠 해에 접어들었다. 어두워진 뒤에 키 아래를 내려다보니 아름다운 광경이 펼쳐졌다. 키에서 세차게 소용돌이치는 인광燐光 물결이 빙글빙글 도는 불꽃과 어우러졌다. 고성능 망원경으로 바라보는 불규칙한 거대 성운을 꼭 닮았다. 시시각각 바뀌는 형태와 춤추는 듯한 움직임이 매력을 더했다.

12월 23일—붉은 석양이 아름다웠다. 어제 저녁에 떠나온 섬은 이제 보일락 말락 했다. 우리 남쪽으로 약 1.6킬로미터 지점에 고롱 제도의 프라우선이 떠 있었다. 나침반이 없는데도 밤에 항로를 제대로 찾아간다. 우리 선주는 그들이 너울을 보고 방향을 안다고 했다. 해 질 녘에 조수의 방향을 확인하고는 밤에 그 방향으로 항해한다는 것이었다. 이런 바다에서는 날씨만 좋으면 이틀 넘게 뭍을 보지 못하는 일은 결코 없다. 물론 맞바람이나 역류에 뒷걸음질할 수도 있지만, 이내 어떤 섬에든 당도하게 되며 항로를 아는 늙은 선원이 늘 있게 마련이어서 그 섬에서부터 새 항로를 타면 된다. 어젯밤에 길이가 1.5미터가량 되는 상어를 잡아서 오늘 아침에 잘라 요리했다. 오후에 또 한 마리를 잡았다. 내가 조금 튀겼는데 단단하고 퍼석하긴 했지만 아주 맛있었다. 저녁에 웅장한 구름 뒤로 해가 지고 어둠이 찾아와 사방이 으스스할 정도로 컴컴해졌다. 이것은 거센 바람이나 비의 전조라는 통설이 있어서 큰 돛들을 말고 활대를 갑판에 내려놓고는 작은 네모꼴 앞돛만 그대로 두었다. 넓은 베돛을 궂은 날씨에 다루기란 여간 까다롭지 않다. 돛을 지탱하는 활대는 길이가 20미터이며 물론 매우 무겁다. 돛을 말려면 하활[4]로 말아 올리는 수밖에 없는데 스콜이 몰아칠 때 서 있는 것은 매우 위험하다. 뱃사람은 70톤이 아니라 700톤짜리 배를 몰기에도 충분할 만큼 많았지만 다들 제멋대로여서 한 번에 여남은 명 넘게 작업하는 경우가 드물었다. 하지만 중요한 임무가 생기면 다들 기꺼이 동참한다. 단, 저마다 내키는 대로 의견을 제시해도 된다고 생각하여 대여섯 명이 한꺼번에 지시를 내리는 통에 이런 고함과 혼란 속에서 작업이 완수된다는 것이 놀라울 따름이다.

부족과 언어가 제각각이고 반半야만인이며 도덕이나 교육의 굴레에 속박되지 않는 사람 50명이 타고 있는 것 치고는 대단히 순조로운 항해였다. 이만한 수의 유럽인이 이처럼 행동의 제약에서 자유롭다면 틀림없이 싸움이나 말다툼이 일어날 법하건만 이 배에서는 한 번도 일어나지 않았으며 그런 소리나 함성도 거의 들리지 않았다. 날씨가 좋으면 대부분 가만히 휴식을 취했다. 몇몇은 돛 그늘에서 잠을 자고, 몇몇은 삼삼오오 모여 담소를 나누거나 베텔을 씹었다. 한 사람은 칼로 새 손잡이를 깎았고 또 한 사람은 바지와 윗도리를 새로 지었으며 다들 가장 점잖은 영국인 상인만큼 차분하고 예의 발랐다. 두세 명이 돌아가며 뱃머리에서 망을 보았는데 큰돛主帆의 아딧줄[5]과 마룻줄[6]을 살펴보는 것이 일이었다. 아래의 조타실에는 키잡이가 두 명 들어가 있었다. 선장, 즉 주라간은 나침반과 풍향으로 항로를 결정했으며 선미루에 있는 망꾼 두세 명이 돛의 상태를 점검하고 물시계를 보며 시각을 알렸다. 물시계는 매우 기발한 장치로, 날씨가 궂건 좋건 시간을 잘 맞

4 돛 맨 아래의 활죽. _옮긴이

5 돛단배에서 바람의 방향을 잡아주는 줄. _옮긴이

6 돛을 올리거나 내리기 위해 돛대에 매어 돛과 배를 연결하는 줄. _옮긴이

혔다. 구조는 간단하다. 양동이에 물을 반쯤 채우고 반으로 잘라 속을 잘 파낸 코코넛 껍데기를 띄운다. 껍데기 바닥에 아주 작은 구멍을 뚫어두어서 물에 띄우면 가는 물줄기가 새어 들어온다. 물이 점점 차올라 정확히 한 시간 뒤에 바닥에 가라앉도록 구멍 크기를 조절한다. 껍데기가 가라앉으면 당번이 일출로부터 몇 시간이 지났는지 외치고는 물을 비우고 껍데기를 다시 띄운다. 이렇게 하면 시간을 매우 정확하게 잴 수 있다. 내 시계와 맞춰봤는데 한 시간에 1분의 오차도 나지 않았다. 양동이에 든 물이 수평을 유지하기에 배가 아무리 흔들려도 영향을 받지 않는다. 쉽게 이해할 수 있고, 꽤 커서 잘 보이며, 마침내 가라앉으면 작은 거품이 올라오고 수면이 흔들려 눈에 띄기 때문에 무식한 사람들이 쓰기에 제격이다. 정박 중에 잃어버려도 금세 대체할 수 있다.

우리의 선장 겸 선주는 차분하고 점잖은 사람으로, 누구와도 잘 지내는 듯했다. 바다에서는 과실주나 증류주를 전혀 마시지 않고 아침저녁으로 화물 관리인 및 조수들과 함께 커피와 케이크만 먹었다. 교육을 조금 받아서 네덜란드어와 말레이어를 읽고 쓸 줄 알았으며 나침반을 이용하고 해도를 볼 줄 알았다. 여러 해 동안 아루 제도와 무역을 했기에 그 지역의 유럽인과 원주민에게 잘 알려져 있었다.

12월 24일—맑고 바람 약간. 마카사르를 떠난 지 처음으로 육지가 전혀 보이지 않았다. 정오에 바람이 전혀 불지 않는 가운데 폭우가 내려 뱃사람들은 빗물에 옷을 빨았다. 오후가 되자 프라우선은 색색의 윗도리, 바지, 사롱으로 덮였다. 오늘 꽤 놀라운 발견을 했다. 양옆의 키에 연결된 키손이 들어오는 구멍은 수면에서 90~120센티미터가 채 되지 않았는데 그래서 물이 배 안으로 자유롭게 드나들었다. 나는 좌우의 뚫린 공간이 당연히 방수 칸막이벽으로 짐칸과 격리되었으리라 생각했다. 한쪽으로 들어온 바닷물이 반대쪽으로 빠져나가지 않으면 키잡이가 물에 젖는 것뿐 아니라 큰 피해가 생길 테니 말이다. 하지만 놀랍고도 당혹스럽게도 조타실은 짐칸과 완전히 통해 있었다. 폭풍우 치는 밤에 바닷물이 밀려들어 오면 우리는 꼼짝없이 물에 잠길 터였다. 배가 한 달간 바다에 떠 있는데 수면에서 90센티미터 높이에 가로세로 90센티미터짜리 구멍이 두 개 뚫려서 짐칸까지 통해 있다고 생각해 보라. 게다가 구멍은 막을 수도 없게 되어 있다! 하지만 선장은 프라우선은 다 이렇다고 말했다. 위험을 인정하면서도 "바꾸는 법을 몰라요. 사람들은 여기 익숙해요. 저는 뱃사람들만큼 배를 잘 알지 못해요. 구조를 그렇게 확 바꾸면 뱃사람을 모집하기 힘들 거라고요!"라고 말했다. 어쨌든 이것은 프라우선이 훌륭한 외항선임을 입증한다. 선장이 10년간 끊임없이 프라우선을 타고 항해했는데도 물이 들어와 피해를 입힌 적은 한 번도 없다니 말이다.

12월 25일—돌풍과 폭우, 천둥, 번개와 함께 크리스마스 날이 밝았다. 거기다 바다가 잠시 요동치는 바람에 배가 사정없이 흔들렸다. 하지만 9시경에 날씨가 개었고 앞쪽으로 60~80킬로미터쯤 떨어져 부루 섬이 보였다. 산은 구름 화환을 둘렀으며 저지대는 여전히 보이지 않았다. 오후는 맑았으며 바람은 다시 서풍으로 바뀌었다. 하지만 서계절풍이 분명한데도 규칙적이거나 꾸준하지 않아서 걸핏하면 무풍지대나 미풍지대가 나타났다. 선장은 개신교라면서도 크리스마스를 전혀 축제로 여기지 않았다. 저녁 식사는 여느 때처럼 카레라이스였으며 기념으로 과실주 한 잔이 더 나왔을 뿐 평소와 다름없었다.

12월 26일—부루 섬의 산들이 잘 보인다. 이제 꽤 가까이 왔다. 뱃사람들은 어딘지 어색해 보인다. 갑판을 영국인 선원처럼 성큼성큼 다니지 않고 뭍사람처럼 우물쭈물하고 비틀거린다. 밤에 큰돛의 하활 아래쪽이 부러져 오전 내내 수리했다. 하활은 대나무 두 개를, 하나는 굵은 쪽을 위로, 다른 하나는 아래로 하여 묶었으며 길이는 20미터가량이었다. 프라우선의 삭구索具는 유럽의 선박과 판이하게 다르다. 유럽의 선박은 온갖 밧줄과 활대가 훨씬 많은데도 서로 걸리적거리지 않게 배치되어 있는 데 반해 이 배에는 슈라우드나 백스테이가 전혀 없는데도 우선 삭구를 치우지 않고서는 아무 일도 할 수가 없다. 큰돛을 다른 밧줄로 옮겨 방향을 바꾸려면 우선 삼각돛을 끌어내려야 하는데 그러려면 세로돛 하활을 내려 완전히 떼어야 한다. 게다가 밧줄이 엉켜 있기 일쑤이며 많지도 않은 돛이 바람을 받아 서로 걸리적거리지 않게 되기 전에는 돛을 전부 제자리에 달 수 없다. 하지만 유럽 선박을 소유했던 사람들조차 프라우선을 훨씬 좋아하는데 이는 구입비와 유지비가 싸기 때문이다. 승무원이 거의 모든 수리를 할 수 있으며 유럽 장비는 거의 필요 없다.

12월 28일—오늘 반다 제도를 보았다. 맨 처음 나타난 것은 화산이었다. 완벽한 원뿔 모양에 이집트 피라미드의 윤곽을 빼닮았으며 그만큼 반듯해 보였다. 저녁에 산꼭대기 위로 연기가 드리워 있었다. 움직이지 않는 작은 구름 같았다. 활화산을 본 것은 이번이 처음이었다. 하지만 그림과 사진으로 인상이 단단히 박힌 탓에 마침내 보았음에도 아무 감흥이 없었다.

12월 30일—테오르 섬과 근처 제도를 지났다. 해도는 매우 부정확했다. 오늘은 날치가 많았다. 대서양 날치보다 작은 종으로, 동작이 더 활발하고 우아하다. 수면을 스치며 날 때는 아름다운 지느러미를 한껏 자랑하듯 몸을 모로 뉘어 약 100미터를 가는데 아주 근사한 동작으로 올라갔다 내려갔다 한다. 좀 떨어져서 보면 제비를 빼닮았으며, 날치를 본 사람이라면 녀석이 처음에 뛰어오른 높이에서 단지 비스듬히 떨어지는 게 아니라 정말 난다고 생각할 수밖에 없다. 저녁에 물새인 붉은발얼가니새*Sula sula*가 닭장 위에 앉아 있는 것을 일꾼 하나가 목을 붙잡았다.

12월 31일—동틀 녘에 카이 제도가 눈에 들어왔다. 저곳에서 며칠 머물 예정이었다. 정오쯤에 북쪽 끝을 돌아 해안을 따라 정박지로 가려 했지만, 이제는 맞바람을 맞게 된 데다 불규칙한 돌풍이 몰아쳐 떠내려갔다가 강한 해류를 타고 돌아왔다. 바로 그때 원주민들이 배 두 척을 타고 나타났다. 선주가 우리 배를 항구로 예인해달라고 협상하여 우리 쪽 보트까지 합세하여 끌어당겼지만 꿈쩍도 하지 않았다. 그래서 바위가 많은 위험천만한 곳에 닻을 내려야 했다. 물속 바위에 굵은 밧줄을 감느라 어두워질 때까지 애를 먹었다. 우리가 지나온 카이 제도 해안은 매우 아름다웠다. 옅은 색의 석회암이 물 위로 1~2미터나 불쑥 올라와 곳곳에 삐죽삐죽 솟아 있었다. 비바람에 끝이 뾰족해지고 표면에 구멍이 숭숭 뚫렸으며 다양하고 무성한 식물로 표면이 가득 덮였다. 바다 위로 보이는 절벽에는 판다누스와 신기한 형태의 교목성 백합과Liliaceae 식물이 떨기나무와 덩굴식물과 어우러졌으며 비탈 높은 곳에서는 큰키나무가 빽빽하게 자라고 있었다. 여기저기 작은 만과 후미에는 눈부시게 새하얀 해변이 펼쳐졌다. 물은 수정처럼 투명했으며 깊이를 알 수 없는 바닷속으로 내려가는 가파른 돌밭은 에메랄드색에서 청금석색까지 다채로운 색조를 띠었다. 바다는 호수처럼 잔잔했으며 열대의 장엄한 태양이 황금빛을 쏟아부었다. 말로 다할 수 없을 만큼 멋진 광경이었다. 나는 신세계에 들어섰다. 저 바위 숲과 초록의 심연에 숨어 있을 근사한 동식물을 떠올렸다. 하지만 내가 바라보는 저 숲에 발을 디딘 유럽인은 거의 없었다. 저곳의 식물, 동물, 사람은 거의 알려지지 않았다. 며칠간 돌아다니면서 무엇을 발견하게 될지 상상의 나래를 펼쳤다.

29장

카이 제도

(1857년 1월)

우리를 맞이하러 온 원주민 배는 서너 척으로, 전부 해서 쉰 명가량이 타고 있었다. 배는 긴 카누로, 뱃머리와 배꼬리가 1.8~2.4미터 솟았으며 조개껍데기와 바람에 펄럭이는 화식조 깃털로 장식되었다. 파푸아인을 본토에서 본 것은 이번이 처음이었다. 5분도 지나지 않아 티모르 섬과 뉴기니 섬의 노예 몇 명을 관찰하고서 내린 결론이 대체로 정확하다는 확신이 들었다. 사람들을 나란히 비교해 보니 이들이 지구상에서 가장 독특하고 뚜렷이 구별되는 두 민족에 속한다는 것을 알 수 있었다. 섬 주민들이 말레이인이 아님은 보지 않아도 알 수 있었다. 말과 행동에서 드러나는 크고 빠르고 열정적인 어조, 끊임없는 움직임, 격렬하고 생동감 넘치는 활력은 말레이인의 조용하고 차분하고 정적인 태도와 정반대였다. 카이 사람들은 노래하고 고함지르고 노를 물속 깊이 담갔다 끌어올려 물보라를 일으키며 다가왔다. 거리가 가까워지자 카누에서 일어서더니 소리를 높이고 몸짓을 키웠다. 카누가 우리 배와 나란히 붙자 허락도 받지 않고 일말의 망설임도 없이 대부분 (노획한 배를 차지하듯) 우리 갑판으로 기어 올라왔다. 그러더니 말로 표현할 수 없을 정도로 혼란스러운 광경이 펼쳐졌다. 검은 알몸의 더벅머리 야만인 마흔 명은 기쁨과 흥분에 도취된 것 같았다. 누구 하나 잠시도 가만히 있지 못했다. 우리 선원들을 하나하나 둘러싸고 관찰하고 담배나 아라크주를 요구하고 싱긋 웃고는 다음 사람을 둘러쌌다. 다들 한꺼번에 입을 열었으며 족장들은 배를 예인하게 해달라고 돈은 미리 달라고 큰 소리로 조르며 선장을 못살게 굴었다. 담배 몇 갑을 선물로 주자 눈이 반짝반짝 빛나더니 미소를 짓고 고함을 지르고 갑판을 구르고 거꾸로 물속에 뛰어들며 만족감을 표현했다. 뜻밖의 휴일을 맞은 학생이나 장터에 간 아일랜드인이나 해안에 상륙한 해군사관학교 학생에 빗대어도 이 사람들의 열광적인 기쁨을 묘사하기에는 어림없을 것이다.

비슷한 상황에서 말레이인이 파푸아인처럼 행동한다는 것은 **상상도 할 수 없다**. 말레이인은 (허락을 구한 뒤에) 배에 오르면 몇 마디 인사말고는 한마디도 하지 않다가 시간이 좀 흐른 뒤에야 매우 조심스럽게 운을 띄운다. 한 번에 한 사람씩 낮은 목소리로 신중하게 입을 열며, 자신이 받아들일 만한 가격을 제시하지 않으면 말없이 나의 제안을 모조리 거부하거나 심지어 한마디 없이 떠나버린다. 우리 선원들은 이곳이 처음인 사람이 많았기에 처음 보는 무례함에 입을 다물지 못했으며 파푸아인에게 아주 천천히 마음을 열었다. 이 광경을 보자니 얌전하고 정숙한 여자아이들이 놀고 있는데 거칠고 까불거리고 소란스러운 남자아이들이 뛰쳐 들어와 괴상하고 고약한 행실로 난장판을 벌이는 장면이 떠올랐다!

이런 정신적 특징은 두 민족의 차이를 신체적 특징보다 더 극명하고 결정적으로 보여주지만 신체적 차이도 꽤 뚜렷하다. 새까만 피부, 곱슬곱슬한 더벅머리, 무엇보다 중요하게는 말레이인과 사뭇 다른 이

목구비를 보면 기후와 그 밖의 영향만으로 같은 민족이 이렇게 달라졌으리라고는 믿을 수 없다. 말레이인의 얼굴은 몽골계로, 넓고 다소 평평하다. 이마가 꺼졌고 입은 크지만 튀어나오지는 않았으며 코는 작고 반듯하되 콧구멍이 아주 크다. 얼굴은 밋밋하고 수염은 거의 나지 않는다. 머리카락은 검고 굵고 완전히 직모다. 이에 반해 파푸아인은 이목구비가 몰려 있고 튀어나온 얼굴형이다. 이마는 튀어나왔고 입은 크고 돌출했으며 코는 매우 크고 콧부리가 아래로 길게 뻗었고 콧날이 두껍고 콧구멍이 크다. 도드라지고 눈에 띄는 이목구비는 말레이인의 얼굴과 정반대다. 꼬인 수염과 곱슬거리는 머리카락으로 두 민족의 대조가 완성된다. 나는 낯선 사람들이 사는 신세계에 당도한 것이다. 내가 몇 년간 함께 지낸 말레이 민족과 이번에 처음 접한 파푸아 민족 사이에는 남아메리카 홍인종 인디오와 대서양 반대편에 있는 기니 니그로 못지않은 정신적·신체적 차이가 있다고 말할 수 있으리라.

1857년 1월 1일—더없이 즐거운 하루였다. 나는 유럽인이 좀처럼 보지 못한 섬의 숲을 거닐었다. 동트기 전에 정박지를 떠나 한 시간 뒤에 하르 마을에 도착했다. 이곳에서 사나흘 머물 생각이었다. 산등성이가 뒤로 물러나 작은 만을 이루었는데 봉우리와 언덕 사이사이에 평지와 분지가 자리 잡았다. 새하얀 모래가 깔린 넓은 해안이 만 안쪽으로 이어지고 뒤로는 코코야자나무가 군락을 이루었다. 오두막들이 그 속에 숨어 있는데 위로는 울창하고 다양한 나무가 보인다. 온갖 크기의 카누와 보트가 해변에 올라와 있으며 빈둥거리는 사람 한두 명과 아이 몇 명, 개 한 마리가 우리 프라우선이 정박하는 광경을 쳐다보았다.

해변에 올라서자 크고 튼튼한 헛간이 눈길을 끌었다. 아래에서는 기다란 보트를 만들고 있었으며, 여러 건조建造 단계의 배들이 해변에 띄엄띄엄 놓여 있었다. 우리 선장은 아루 제도에서 무역하기에 적당한 크기의 배 두 척이 필요했기에 당장 흥정을 시작하여 금세 황동 총, 공, 사롱, 수건, 도끼, 흰 접시, 담배, 아라크주를 주고 나흘 안에 배 두 척을 받기로 합의했다. 흥정이 끝나고서 우리는 마을로 갔다. 오두막 서너 채가 전부였는데 해변 바로 위의 울퉁불퉁한 돌밭에 자리 잡았으며 코코야자, 야자, 바나나 등의 유실수가 그늘을 드리웠다. 집은 매우 허름하고 시커멓고 반쯤 썩었으며 1~2미터 높이의 말뚝에 올렸는데 벽은 대나무나 널빤지이고 높은 초가지붕을 올렸다. 문은 작았고 창문은 없었으며, 튀어나온 박공널에는 연기를 내보내고 햇빛을 약간 받아들이기 위한 구멍이 뚫려 있었다. 바닥에 깔린 대나무 조각은 얇고 미끌미끌하고 낭창낭창했는데 하도 약해서 걸을 때마다 발이 빠질 뻔했다. 판다누스 잎과 야자 속으로 아주 반듯하게 만든 전통 상자, 같은 재료로 만든 깔개, 전통 방식으로 만든 단지와 솥, 유럽식 접시와 그릇 몇 개가 가구의 전부였으며, 실내는 온통 어둡고 그을음으로 까맸으며 우중충하기 그지없었다.

알리와 바데룬을 데리고 탐사를 떠났는데, 우리가 뭐하는지 보고 싶은 남자아이들이 졸졸 따라왔다. 해변에서 출발하여 발길이 가장 많이 닿은 길을 따라 그늘진 우묵땅으로 들어가니 나무가 엄청난 높이로 뻗었으며 떨기나무가 듬성듬성 자라고 있었다. 나무 꼭대기에서 이따금 낮게 꽝 하는 소리가 났는데 처음에는 놀랐으나 이내 커다란 비둘기 소리임을 알게 되었다. 일꾼들이 총을 쏘아 한두 번 빗맞힌 뒤에 한 마리 잡았다. 길이가 50센티미터가량 되는 근사한 녀석으로, 푸른빛이 감도는 흰색에다 뒷날개와 꽁지는 강렬한 금속성 초록색에 금색, 파란색, 보라색이 어우러졌으며 발은 산호빛 빨간색, 눈은 황금빛 노란색이었다. 내가 '카르포파가콘키나*Carpophaga concinna*'로 명명한 희귀한 종(멋쟁이황제비둘기)으로, 작은 섬 몇 곳에만 서식하지만 서식처에서는 개체수가 많다. 반다 제도에서 '육두구 비둘기'라고 부르는 것과 같은 종인데 육두구 과육을 먹고 씨와 씨껍질은 고스란히 뱉는다고 해서 붙은 이름이다. 부리가 좁지만 턱과 목구멍을 크게 늘일 수 있어서 아주 큰 열매도 삼킬 수 있다. 전에 이보다 훨씬 작은 녀석을 사냥했는데 배 속에 딱딱한 공 모양 야자열매가 잔뜩 들어 있었으며 전부 지름이 2.5센티미터 이상이었다.

좀 더 들어가니 길이 두 갈래로 나뉘었다. 하나는 해변을 따라 이어지다 맹그로브 숲과 사고야자나무 늪을 건너는 길이고 다른 하나는 경작지로 올라가는 길이었다. 산을 올라 내륙으로 들어갈 작정이었기에 마을로 돌아와 다른 길을 택했다. 하지만 이 길은 무척 험했다. 흙이라고는 바위를 덮은 붉은 진흙뿐이었는데 맨발에 쓸려 반들반들해진 탓에 내 신발로는 비탈에서 마찰력을 얻을 수 없었다. 더 들어가자 맨 바위가 나왔다. 설상가상으로 하도 울퉁불퉁하고 깨지고 구멍이 숭숭 나고 풍화되어 끝이 뾰족하고 모서리가 날카로워 평생 맨발로 다닌 내 일꾼들조차 디딜 수 없었다. 발에서 피가 나기 시작하자 이들이 완전히 절름발이가 되는 걸 보고 싶지 않으면 돌아가는 게 현명할 것 같았다. 얇아서 발을 거의 보호하지 못하는 내 신발도 금방 너덜너덜해질 터였다. 하지만 작고 벌거벗은 안내인들은 대수롭지 않은 듯 성큼성큼 걸었다. 이렇게 편한 길을 걷지 못할 정도로 우리가 약해빠진 것에 무척 놀란 듯했다. 섬에서 머문 나머지 기간에는 해변과 경작지 근처, 그리고 흙이 조금 쌓이고 바위가 풍화작용을 덜 받은 평평한 숲 지대만 돌아다녀야 했다.

카이 제도(카이(ké)는 발음이 'K' 자와 똑같지만 영국의 지도에는 'Key'나 'Ki'로 오기되었다)은 남북으로 길고 좁게 뻗은 섬으로, 온통 바위와 산으로 이루어졌다. 어디나 울창한 숲으로 덮였으며, 만과 후미에는 산호질 석회암이 분해되어 만들어진, 눈부시게 새하얀 모래가 깔렸다. 작은 습지 후미와 계곡에는 어김없이 사고야자나무가 울창했으며 이것이 원주민들의 주식이다. 이들은 벼를 재배하지 않고 코코야자, 플랜틴, 마 말고는 경작하는 작물도 거의 없기 때문이다. 집집마다 주변에 심어둔 코코야자나무는 다공성 석회질 토양에서 짠바람의 영향으로 무성하게 자라는데 여기서 짠 기름은 아루 제도의 무역상들에게 좋은 값에 팔린다. 무역상들은 모두 이곳에 들러 자기네 물품을 내려놓고 보트와 전통 그릇을 산다. 칼과 자귀로 단단한 나무조각을 깎아 나무 그릇, 냄비, 쟁반을 많이 만드는데 이것들도 말루쿠 전역으로 팔려나간다. 하지만 카이 제도 원주민들이 가장 뛰어난 솜씨를 발휘하는 것은 보트 제작이다. 숲에는 좋은 목재가 많으며-여느 섬보다 더 많은 것은 아니지만-이유는 알 수 없지만 이 외딴 섬의 야만인들은 매우 어려워 보이는 기술을 숙달했다. 이들이 만든 작은 카누는 모양이 아름다우며 가운데가 넓고 낮으나 양쪽이 솟았는데 뾰족한 뱃머리와 배꼬리는 나무를 깎고 깃털로 장식했다. 나무를 파내는 것이 아니라 널빤지를 죽 이어 붙여 만드는데 어찌나 꼭 들어맞는지 칼날 들어갈 틈도 찾기 힘들다. 큰 배는 짐을 20~30톤 실을 수 있으며, 못이나 쇠붙이를 쓰지 않고 도끼, 자귀, 나사송곳 말고는 어떤 연장도 쓰지 않고 완성한다. 보기에 근사하고 속력이 빠르고 튼튼하며 뉴기니 섬에서 싱가포르 섬까지 말레이 제도 전역을 오랫동안 누비고 다녀도 더없이 안전하다. 이곳을 항해해 본 사람이라면 누구나 증언할 수 있겠지만 이곳의 바다는 여행기 작가들이 묘사하는 것만큼 잔잔하고 고요하지 않다.

카이 제도의 숲에서는 길고 곧고 튼튼한 여러 품종의 근사한 목재가 나는데 일부는 최상의 인도산 티크보다 낫다고 한다. 큰 보트 한 척에 들어가는 널빤지를 전부 얻으려면 나무 한 그루를 몽땅 써야 한다.

해변에서 몇 킬로미터 떨어진 숲에서 나무를 베어 적당한 길이로 토막 낸 뒤에 똑같은 널빤지 두 장씩으로 자른다. 두께가 8~10센티미터로 일정하도록 널빤지를 도끼로 다듬는데 나무가 갈라지지 않도록 끝의 단단한 부분은 남겨둔다. 각 널빤지의 가운데를 따라 8~10센티미터 솟아오른 돌출부를 남겨둔다. 너비는 8~10센티미터, 길이는 30센티미터이며 배를 만들 때 매우 중요한 부위다. 널빤지를 넉넉하게 만들었으면 서너 명이 제작 장소인 해변으로 끌고 온다. 가운데가 넓고 양쪽 끝이 꽤 솟아 있는 배 밑판을 우선 벽돌 위에 올리고 적당히 받친다. 배 밑판 모서리를 자귀로 매끈하게 다듬은 뒤에 알맞게 휘고 양쪽 끝으로 갈수록 가늘어지는 널빤지를 배 밑판에 단단히 대고는 선을 그어 꼭 맞도록 잘라낸다. 손가락만 한 송곳 구멍을 양쪽 가장자리에 뚫고 매우 단단한 나무못을 박아 두 널빤지를 바짝 붙여 단단히 고정시킨다. 조잡한 손기술 말고는 어떤 도움도 받지 않은 채 널빤지 모서리를 꼭 맞는 곡선으로 구부리고 위치와 방향이 정확히 맞도록 구멍을 뚫는 것은 여간 어려워 보이는 일이 아니지만, 어찌나 훌륭하게 해내는지 유럽 최고의 배무이도 연결 부위를 이보다 더 튼튼하거나 꼭 맞게 만들어내지는 못한다. 보트는 알맞은 높이와 너비가 될 때까지 이런 식으로 널빤지와 널빤지를 맞붙여 만든다. 이제 단단한 나무못만으로 널빤지 모서리를 이어 붙여 외판外板을 완성했다. 매우 튼튼하고 낭창낭창하지만, 널빤지가 벌어지지 않도록 하는 데는 나무못의 접착력만으로도 충분하다. 이제 작은 보트에는 좌석을, 큰 보트에는 가로대를 고정한다. 이를 위해 얕은 홈을 파고 질긴 등나무 밧줄로 널빤지의 돌출부에 단단히 묶는다. 늑골은 단단한 나무토막 하나로 이루어졌는데 각 널빤지의 돌출부에 꼭 맞게 고르고 다듬은 뒤에 크기에 맞는 홈을 얕게 파고 등나무 밧줄을 구멍에 통과시켜 널빤지 표면 가까이에 있는 돌출부에 단단히 고정한다. 널빤지 끝을 뱃머리와 배꼬리에서 붙이고 나무못과 등나무 밧줄로 보강하면 배가 완성된다. 키, 돛대, 초가지붕을 장착하면 파도에 맞설 준비가 끝난다. 이런 건조建造 방식의 원리를 곰곰이 생각하고 등덩굴의 강도와 접합 능력을 감안하면(이 점에서는 밧줄보다는 쇠밧줄에 가깝다), 이런 식으로 꼼꼼히 만든 배는 평범하게 못으로 고정한 배보다 실제로 더 튼튼하고 안전하리라 생각된다.

이곳에 머무는 동안 다들 매우 바빴다. 선장은 소형 프라우선 제작을 매일같이 감독했다. 생선, 코코넛, 앵무와 장수앵무, 옹기솥, 시리잎, 나무 그릇, 쟁반 등등을 실은 원주민 배가 하루 종일 들어왔는데 우리 배의 선원 50명 모두 나름대로 살 것이 있는 듯했다. 남는 공간 전부와 필수 공간 대부분이 잡다한 물품으로 채워졌다. 프라우선에 탄 모든 사람은 자신에게 매매의 자유가 있으며 살 수 있는 것이면 무엇이든 사서 가져가도 된다고 생각하니 말이다.

이곳에서는 화폐를 모르며 화폐가 아무런 가치도 없다. 칼, 옷감, 아라크주가 유일한 교환 수단이며 담배가 동전 대신이다. 거래할 때마다 흥정이 새로 이루어지며 대화를 많이 주고받는다. 처음에는 극히 적은 액수를 제안해야 한다. 원주민들은 덤을 얹어주기 전에는 만족하는 법이 없기 때문이다. 처음부터 두 배의 값을 치르고 덤을 거절하는 것보다 나중에 덤을 주었을 때 훨씬 좋아한다.

나도 소소한 흥정을 했는데 원주민 몇 명을 설득하여 곤충을 채집해 오도록 하는 것이었다. 검은색과 초록색의 쓸모없는 딱정벌레를 가져오면 내가 향기롭기 그지없는 담배를 준다는 사실을 알게 되자 금세 남녀노소 할 것 없이 수많은 사람들이 벌레가 가득한 대나무 통을 가지고 찾아왔다. 그런데 이를 어쩌랴! 벌레들이 하루 동안 지루하게 갇혀 있으면서 서로 잡아먹어 흔적만 남는 일이 비일비재했다. 루비색과 에메랄드색으로 반짝이는 커다란 새 딱정벌레를 많이 채집했는데, 처음 알아본 것은 원주민의 담배 주머니를 장식한 딱지날개에서였다. 전혀 새로운 종이었으며 이 작은 섬 말고는 어디에서도 발견된 적이 없었다. 비단벌레과의 일종으로, '카레피가예쁜비단벌레*Cyphogastra calepyga*'로 명명되었다.

매일 아침, 이른 아침 식사를 마치고 혼자서 숲을 거닐었다. 크고 멋진 나비를 채집하느라 즐거운 시간을 보냈다. 이곳은 나비가 꽤 많았으며 대부분 처음 보는 것들이었다. 이곳은 말루쿠 제도와 뉴기니 섬의 한계선으로, 유럽의 표본실에서 가장 귀하고 희귀한 동물들이 이곳에 서식했다. 다홍색의 근사한 장수앵무가 나는 모습을 처음으로 보면서 눈이 호강한 곳도 여기였다. 가장 웅장한 나비로, 수집가들이 '프리아모스'[7]라고 부르는 종이거나 가까운 근연종도 발견했지만 하도 높이 날아서 잡지는 못했다. 한 마리가 대나무 통에 담긴 채 왔는데 수많은 딱정벌레와 함께 들어 있던 터라 아니나 다를까 갈기갈기 찢겨 있었다. 채집하는 데 가장 힘든 점은 좋은 길이 없다는 것이다. 게다가 땅이 지독히 울퉁불퉁해서 발을 어디 디뎌야 할지 늘 신경을 곤두세워야 한다. 그러니 날개 달린 것은 잡기가 여간 힘들지 않다. 다음 발이 구멍이나 낭떠러지를 헛디딜까 봐 살펴보는 사이에 날아가버리니 말이다. 또 다른 불편은 개울이 없다는 것이다. 바위가 하도 다공성이어서 지표수가 전부 틈새로 스며든다. 적어도 우리가 방문한 인근 지역은 다 그랬다. 유일한 물은 바닷가 가까운 작은 샘에서 똑똑 떨어지는 물이었다.

7 그리스 신화에 등장하는 트로이 왕. _옮긴이

카이 제도의 숲에는 교목성 백합과와 판다누스과 식물이 많아서 트인 돌밭의 전형적 식생을 이룬다. 꽃이 드물며, 난은 많지 않지만 흰색 나방란*Phalaenopsis amabilis* 또는 가까운 근연종을 보았다. 식물이 파릇파릇하고 생기가 넘쳐서 기분이 상쾌했으며, 건조한 돌밭에는 영구적으로 습한 기후의 뚜렷한 흔적이 남아 있었다. 판근板根[8]이 상당수를 지탱하고 있는 높고 깔끔한 줄기와 땅 위로 15~30미터 뻗어 서로 얽히고설킨 공기뿌리가 이곳의 특징이었으며, 가시 떨기나무와 뾰족뾰족한 등나무가 없어서 앞에서 설명한 날카로운 벌집 모양 바위만 없었다면 매우 편안하게 다닐 수 있었을 것이다. 습한 곳에서는 잎이 넓은 초본식물이 근사한 덤불을 이루었으며, 하늘색 꼬리가 달린 작은 초록색 도마뱀이 득시글거렸다. 줄기와 잎 사이를 어찌나 재빨리 헤집고 다니던지 꼬리만 언뜻언뜻 볼 수 있었는데 작은 뱀처럼 생겨서 놀랐다. 이 원시림에서 들리는 소리는 두 종류의 새가 내는 울음소리뿐이었다. 붉은장수앵무는 여느 앵무족처럼 새된 비명을 질렀고, 초록색의 큰 육두구 비둘기는 아주 커다란 공을 두드리듯 크고 낮은 쿵쿵 소리를 내거나 두꺼비 같은 요란한 개굴개굴 소리를 냈으며, 둘 다 독특하고 인상적이었다. 원주민들 말로는 섬에 서식하는 네발짐승은 멧돼지와 쿠스쿠스 둘뿐이라고 한다. 어느 쪽도 표본을 구하지는 못했다.

곤충은 더 풍부했으며 매우 흥미로웠다. 나비류는 35종을 채집했는데, 대부분 처음 보는 것이었으며 상당수는 유럽 수집가들에게 전혀 알려지지 않았다. 그중에는 노란색과 검은색의 근사한 파필리오에우케노르*Papilio euchenor*와-이 종의 표본은 거의 잡힌 적이 없었다-크고 잘생긴 여러 종의 나비류, 작고 아름다운 부전나비류, 화려한 주행성晝

8 나무를 받치는 판자 모양 뿌리. _옮긴이

行性 나방류가 있었다. 딱정벌레류는 덜 풍부했으나 매우 멋지고 희귀한 표본을 몇 마리 구했다. 오래된 개간지에 갔는데 호리호리한 떨기나무의 잎에서 파란색과 검은색의 멋진 에우폴루스속 딱정벌레를 몇 마리 찾았다. 아름답기로는 남아메리카의 다이아몬드밤바구미Diamond beetle에 비길 만했다. 해변의 꽃 핀 코코야자나무에는 초록색의 멋진 꽃무지(로맙테라파푸아풍뎅이*Lomaptera papua*)가 자주 찾아왔는데 꽃을 흔들면 작은 벌 떼처럼 날아갔다. 뱃사람 한 명에게 나무에 올라가 달라고 했더니 내게 잔뜩 잡아다 주었다. 귀중한 종임을 알고는 포충망을 주어 다시 올려 보내서는 꽃을 흔들어 포충망에 몰아넣도록 했다. 이런 식으로 아주 많이 손에 넣었다. 하지만 최상의 채집물은 앞에서 원주민들이 잡아다 주었다고 언급한 비단벌레과의 근사한 곤충이었다. 원주민 말로는 산의 썩은 나무에서 발견했다고 했다.

숲에서 흔하고 눈에 띄는 딱정벌레는 길앞잡이류 2종뿐이었다. 그중 하나인 라비아타길앞잡이*Oxycheila labiata*는 영국의 초록색 길앞잡이보다 훨씬 컸는데, 자줏빛 검은색에 금속성 초록색으로 윤이 났으며 넓은 위 주둥이는 연노랑이었다. 늘 축축하고 어둑어둑한 곳에 있는 대체로 잎이 넓은 초본 식물의 나뭇잎에서 발견되었으며, 언제나 먹잇감을 찾듯 툭하면 이 잎에서 저 잎으로 짧게 날면서 경계 태세를 유지했다. 녀석이 가까이 있다는 사실은 눈으로 보기 전에도 분명히 알 수 있을 때가 많았다. 장미유薔薇油 같은 기분 좋은 향기를 끊임없이 내뿜기 때문이다. 먹잇감인 작은 곤충을 유혹하려는 건지도 모르겠다. 다른 하나인 깔따구길쭉길앞잡이*Tricondyla aptera*는 길앞잡이아과Cicindelinae에서 가장 신기한 곤충 중 하나이며 거의 말레이 제도에만 서식한다. 모양은 아주 큰 개미를 닮았는데 길이가 2.5센티미터를 넘으며 자줏빛 검은색이다. 역시 개미와 마찬가지로 날개가 없으며 대체로 덩굴나무에서 발견된다. 내가 다가가면 잡히지 않으려고 줄기를 나선형으로 기어오르기 때문에 표본을 확보하려면 몸놀림이 잽싸고 손가락이 민첩해야 한다. 이 표본은 딱정벌레 특유의 악취를 풍긴다. 카이 제도에서 나흘간 머물면서 채집한 동물은 조류 13종, 곤충 194종, 육상 패류 3종이다.

이곳에는 두 종류의 민족이 사는데 순혈 민족은 파푸아인의 특징이 뚜렷하고 이교도이며, 혼혈 민족은 명목상 이슬람교인이다. 후자가 무명옷을 입는 데 반해 전자는 무명천이나 나무껍질로 만든 아랫도리만 걸친다. 이슬람교인들은 초기 유럽 정착민들 때문에 반다 제도에서 쫓겨났다고 한다. 이들은 아마도 갈색 인종일 것이며 말레이인과 더 가까울 것이다. 이곳의 혼혈 후손들은 말레이인과 파푸아인의 특징을 바탕으로 하되 피부색, 머리카락, 이목구비가 매우 다양하다. 이들의 언어에서 초기 대對포르투갈 무역의 영향을 찾아보는 일은 흥미로운데 이 오지의 야만족 섬사람들에게도 그 흔적이 남아 있다. 수건을 일컫는 '렝코'와 칼을 일컫는 '파카'는 원래의 말레이어 단어 대신 쓰인다. 포르투갈인과 스페인인은 정복과 식민지 개척에서 놀라운 솜씨를 발휘했다. 이들은 자기네가 정복한 나라에서 현대의 어떤 나라보다 빠른 변화를 이끌어냈으며, 미개하고 야만적인 민족에게 자신의 언어, 종교, 풍습을 주입하는 능력 면에서 로마인에 비길 만했다.

이 사람들과 말레이인의 뚜렷한 차이는 여러 사소한 특질에서 잘 나타난다. 어느 날 숲을 거니는데 한 노인이 내가 곤충 채집하는 광경을 보려고 멈춰 섰다. 그는 내가 곤충을 핀으로 꽂아 채집 상자에 넣을 때까지 가만히 서 있더니 더는 참지 못하고 껄껄 웃음을 터뜨렸다. 이것은 누구든 그야말로 토종 니그로의 특질이라 여길 것이다. 반면에 그가 말레이인이었다면 나를 바라보다가 어리둥절한 어조로 내가 무엇을 하고 있느냐고 물었을 것이다. 웃음을 터뜨리는 것은 말레이인의 본성과 거리가 멀기 때문이다. 껄껄 웃는 것은 말할 것도 없다. 게다가 낯선 사람이 있는 데서나 낯선 사람을 보고 웃는 것은 상상도 못할 일이다. 하지만 낯선 사람이 보기에는 경멸적 눈초리나 속삭임보다는 시끌벅적한 유쾌함의 표현에 더 호감이 간다. 이곳 여인들은 말레이 민족과 달리 낯선 사람을 보아도 그다지 겁먹지 않았으며 사람들과의 접촉을 피하지도 않았다. 아이들은 더 명랑했으며 '니그로 미소'를 지었다. 이에 반해 말레이인은 대체로 과묵하고 차분하여, 남자들이 시끄럽게 떠들거나 아무것도 아닌 일에 흥분하는 경우는 전혀 없다.

카이 사람들의 언어는 한 음절, 두 음절, 세 음절 단어의 비율이 엇비슷한데 거센소리가 많고 목구멍소리도 몇 개 있다. 마을마다 방언이 약간씩 다르지만 서로 알아들을 수 있으며, 오랫동안 상거래에서 들어온 단어를 제외하면 말레이어와는 아무런 근연성이 없어 보인다.

1월 6일—소형 보트가 완성되어 오후 4시에 아루 제도로 출항했다. 카이 제도의 해안을 벗어나자 울퉁불퉁한 산악 지대의 전형적 지형을 잘 볼 수 있었다. 900~1,200미터 높이의 산등성이가 남쪽으로 끝없이 뻗었으며, 어디나 키 크고 빽빽하고 한결같은 숲으로 덮여 있었다. 바람이 매우 약해서 아루 제도까지 100킬로미터를 항해하는 데 30시간이 걸렸다. 아루 제도는 낮거나 평평하지만 카이 제도와 마찬가지로 숲으로 덮였다. 우리는 이튿날 밤 9시에 도보 항에 닻을 내렸다.

나의 첫 프라우선 항해는 이렇게 만족스럽게 끝났다. 이 신기한 구식 배와 몇 달간 작별하기 전에 장점들을 열거하고자 한다. 위험하다는 생각을 젖혀두면 어쨌든 여느 배보다 더 위험하지도 않을 듯하지만, 20일간의 항해가 이렇게 즐거운 적은 더 정확히 말해서 불편한 게 이토록 적었던 적은 전에도 후에도 결코 없었다고 단언할 수 있다. 주된 이유는 갑판에 나만의 작은 선실이 있고 내 일꾼들이 나의 시중을 들었으며 페인트, 역청, 수지獸脂, 새 밧줄 등 항해용 물품에서 나는 고약한 냄새가 하나도 없었다는 것이다. 복장이나 식사 시간 등의 제약이 전혀 없었고, 선장이 점잖고 공손했던 것도 한몫했다. 나는 선장과 함께 식사하는 데 동의했지만, 원할 때면 언제든 내 선실에서 내게 편리한 시각에 먹을 수 있었다. 뱃사람들은 모두 예의 바르고 점잖았으며 규율을 강요하지 않아도 매사가 순조롭게 돌아갔다. 배는 매우 깨끗하고 단정하여 이번 여정은 전반적으로 무척 만족스러웠다. 나는 반半야만적인 프라우선에서 누린 사치가 우리 문명의 최고봉인 웅장한 프로펠러 증기선을 앞선다고 평가하고 싶다.

30장

아루 제도-도보 체류

(1857년 1월부터 3월까지)

1857년 1월 8일에 부기족과 중국인의 무역 거점인 도보에 상륙했다. 이들은 해마다 아루 제도를 찾는다. 도보는 작은 섬인 와르마르 섬에서 북쪽으로 삐죽 튀어나온 모래곶에 있는데 모래곶의 너비는 집이 세 줄로 늘어서면 꽉 찰 정도밖에 안 된다. 언뜻 보기에는 마을을 짓기에 무척 괴상하고 황량한 곳 같지만 도보에는 여러 장점이 있다. 뭍을 둘러싼 산호초 사이로 서쪽에서 진입할 수 있는 깔끔한 입구가 있으며, 마을 이편과 저편에 훌륭한 정박지가 있어 동계절풍이 불 때나 서계절풍이 불 때 어느 때나 배를 댈 수 있다. 삼면이 해풍을 고스란히 받아 기후가 좋으며 부드러운 모래사장은 (바다 벌레의 접근을 막고 집으로 돌아가는 항해를 준비하기 위해) 프라우선을 대기에 안성맞춤이다. 남단에서는 사주沙洲가 섬의 해안과 하나가 되며 뒤로는 높고 무성한 숲이 보인다. 집들은 크기가 다양하지만 모두 같은 방식으로 지은 커다란 초가 오두막에 불과하다. 대문 옆에 있는 좁은 공간만 거주 구역으로 쓰고 나머지는 칸막이를 쳤는데 제조품과 토산품을 더 효과적으로 넣으려고 1, 2층으로 나누기도 한다.

무역 철이 본격적으로 시작되기 전이어서 집들은 대부분 비어 있었으며 마을은 을씨년스럽기 이를 데 없었다. 상륙할 때 우리를 맞이한 주민은 부기족과 중국인 대여섯 명이 전부였다. 선장 바르즈베르헌 씨가 내게 숙소를 구해주겠다고 약속했지만 뜻밖의 문제가 생겼다. 빌리기로 한 집에는 지붕이 없었으며 투기 목적으로 집을 지은 집주인은 한 달 이내에 지붕을 얹어주겠다고 확약하지 못했다. 집주인이 죽어서 처음 본 사람이 소유권을 주장할 수 있는 또 다른 집이 있었는데 이 집은 손볼 것이 많았으며 품삯을 네 배나 제시했음에도 수리할 사람을 찾을 수 없었다. 그래서 선장은 자기 숙소 근처에 있는 꽤 훌륭한 집에 들어오라고 추천했다. 집주인이 몇 주 동안 집을 비운다고 했다. 나는 해변에 있고 싶어서 당장 숙소를 청소했으며 저녁까지 짐을 모두 옮겨 도보의 본격적 거점으로 삼았다. 나는 등의자 하나를 가져다 놓고 가벼운 널빤지 몇 개로 뚝딱 탁자와 선반을 만들었다. 넓은 대나무 벤치를 소파 겸 침대로 삼고, 상자들을 쓰기 좋게 배치하고, 매트를 바닥에 깔고, 야자 잎 벽에 창문을 뚫어 탁자에 빛이 비치도록 했다. 숙소는 어느 오두막보다도 허름하고 우중충했으나, 가구가 완비된 맨션에 입주한 것만큼 흡족했으며 한 달간의 체류가 완전히 만족스러우리라 기대했다.

이튿날 오전에 이른 아침을 먹고 아루 제도의 원시림을 탐사하러 출발했다. 숲에서 발견할 보물과 고대하던 탐사가 거둘 성공을 기대하며 들뜬 마음을 애써 달랬다. 원주민 꼬마 악동이 우리의 안내인이었는데, 1.5페니짜리 독일제 주머니칼을 선물로 주겠다며 꾀었다. 마카사르 출신의 심부름꾼 바데룬은 필요시에 길을 내기 위해 정글도를 가져왔다.

마을 뒤쪽으로 해변을 따라 질척질척한 땅을 800미터가량 걸은 뒤, 숲으로 난 길에 들어섰다. 길을 따라 약 5킬로미터를 가면 섬 맞은편의 원주민 마을 와르마르에 닿는다. 길은 좁고 인적이 드물었으며 질척질척하고 여기저기 도목이 쓰러져 있었다. 그래서 약 1.6킬로미터 가다가 완전히 길을 잃었다. 안내인이 도로 돌아가는 바람에 우리도 따라갈 수밖에 없었다. 하지만 나는 그 와중에도 손 놓고 있지 않았다. 오늘의 채집물을 곤충학적 관점에서 평가하자면 이번 탐사는 성공적이었다. 나비를 30종가량 잡았는데, 풍요로운 아마존 강 유역을 떠난 뒤로 하루에 이만큼 많이 잡은 적은 한 번도 없었다. 그중에는 뉴기니 섬의 표본 몇 점으로만 알려진 아주 희귀하고 아름다운 나비도 많았다. 크고 잘생긴 귀신나비 뒤르빌왕나비*Idea durvillei*, 날개가 희끄무레한 공작나비 비단올빼미나비*Taenaris catops*, 날개가 투명한 나방 중에서 가장 화려하고 근사한 뒤르빌꽃나방이 특히 흥미로웠으며 작은 부전나비류 몇 종도 화려하고 아름답기로 어느 나비에도 뒤지지 않았다. 나머지 곤충은 별 성과가 없었지만, 이렇게 한가롭게 거닐면서 탐사할 때는 가장 눈에 띄고 새로운 녀석들이 눈길을 끌기 때문에 당연한 결과였다. 예쁜 딱정벌레류 몇 마리, 근사한 노린재 한 마리, 멋진 육상패류 몇 마리를 손에 넣었으며 약속된 땅의 첫 탐사에 무척 만족한 채 오후에 숙소로 돌아왔다.

다음 날과 다다음 날은 무척 습하고 바람이 심해서 나가지 않았으나 나흘째 되는 날 해가 밝게 빛났다. 운 좋게도 세상에서 가장 근사한 곤충으로 손꼽히는 큰비단제비나비*Ornithoptera priamus arruanus*를 잡았다. 녀석이 위풍당당하게 날아오는 모습을 보았을 때 흥분에 몸이 떨렸다. 포충망에서 꺼내어 쳐다볼 때까지 내가 녀석을 잡는 데 성공했다는 사실을 믿을 수 없었다. 너비가 18센티미터에 이르는 날개의 벨벳 같은 검은색과 화려한 초록색, 그리고 황금색 몸통과 진홍색 가슴을 넋 놓고 바라보았다. 영국에 있을 때 전시실에서 비슷한 곤충을 본 일은 있지만 직접 잡는 것은-손가락 사이에서 녀석이 버둥거리는 것을 느끼고, 캄캄하고 울창한 숲의 고요한 어둠 속에서 밝게 빛나는 보석의 생생한 아름다움을 바라보는 것은-전혀 다른 경험이었다. 그날 저녁 도보 마을에는 행복에 겨운 사람이 적어도 한 명 있었다.

1월 26일—이곳에 온 지 두 주일이 지나자 이곳의 특징이 조금씩 눈에 들어오기 시작했다. 프라우선이 끊임없이 도착했으며 상인 수가 매일같이 늘었다. 이틀이나 사흘마다 집이 새로 문을 열었으며 필요한 수리가 이루어졌다. 사방에서 사람들이 막대기, 대나무, 등덩굴, 니파야자 잎을 가져와 벽, 이엉, 문, 덧문을 잽싸게 만들거나 고쳤다. 도착한 사람 중에는 마카사르족이나 부기족도 있었지만 스람 섬의 동쪽 끝에 있는 작은 섬인 고롱 출신이 더 많았다. 이들은 극동에서 자질구레한 물품을 판다. 그러면 아루 제도 원주민들이 지난 여섯 달 동안 수집한 물품을 가지고 섬 반대편(여기서는 '블라캉 타나', 즉 '벽지僻地'라고 부른다)에서 찾아온다. 이 물품을 무역상들에게 파는데 주민들은 대부분 무역상에게 빚을 지고 있다. 새로 오는 사람들은 거의 모두-'모두'라고 해도 무방할 것이다-'무역을 하지도 않으면서 도보에 머무는 듣도 보도 못한 사람'을 제 눈으로 보려고 나를 찾아온다! 이 사람들은 박제한 새, 딱정벌레, 패각(자개가 아니니 이들 눈에는 올바른 패각이 아니다)이 내게 나름의 쓰임새가 있으리라 생각한다. 그래서 매일같이 죽고 부서진 패각을 내게 가져오는데 바닷가에서 얼마든지 주울 수 있는 것이어서 거절하면 매우 놀라고 실망한다. 하지만 패각 중에서 달팽이껍질이 있으면 받아주고 더 가져오라고 청한다. 그들이 도무지 이해할 수 없는 선택 기준이기에 이해하려는 시도를 포기하거나 내가 애지중지하는 껍질에 비밀스러운 약효가 있다고 추측한다.

무역상은 중국인 몇 명 말고는 모두 말레이 민족이거나 말레이계 혼혈이다. 이에 반해 아루 제도 원주민은 파푸아인으로, 피부색이 검은색이나 거무스름한 갈색이고, 머리카락이 꼬불꼬불하거나 곱슬곱슬하며, 콧대가 넓고 높고, 팔다리가 다소 가늘다. 대부분 허리수건만 걸쳤으며 몇몇은 도보의 한적한 길거리를 온종일 쏘다니며 자질구레한 물건을 판다.

무역상의 집에 머물다 보니 훈제 해삼(소시지처럼 생겼는데 진흙에 싸서 굴뚝에 던져두어 만든다), 말린 상어 지느러미, 자개 등 온갖 물품을 가지고들 찾아오는데, 그중에 극락조도 있지만 더럽고 보존 상태가 열악해서 살 만한 표본은 하나도 없었다. 내가 눈길을 주지 않고 흥정도 걸지 않으면 그들은 이해할 수 없다는 표정을 지으며 자신들이 내 말을 오해했나 싶어 다시 물건을 내밀면서 주머니칼이나 담배, 사고, 수건과 바꾸고 싶다고 말한다. 그러면 나는 옆에 있는 통역을 통해 해삼이나 진주굴 껍데기에는 아무런 흥미도 없으며 거북딱지도 살 생각이 전혀 없으나 생선이나 거북, 채소 등 먹을 수 있는 것이면 뭐든 사겠다고 설명한다. 정기적으로 구할 수 있는 음식은 생선과 새조개뿐인데 품질은 매우 훌륭하다. 매일 식량을 조달하려면 담배, 주머니칼, 사고 빵, 네덜란드 동전의 네 가지 물품을 항상 가지고 있어야 하는데, 상인이 원하는 것을 안 주면 생선이 다른 집 차지가 되고 그날 저녁은 굶어야 하기 때문이다. 여기서 쓰는 바구니와 양동이는 신기하게 생겼다. 새조개는 커다란 고둥 껍데기(아마도 배꼽멜론고둥*Melo umbilicatus*)에 담는 반면에, 등덩굴 손잡이가 달린 거대한 계란고둥(카시스속 *Cassis*의 일종)은 우리 숙소 앞에 매일같이 물을 가져다주는 양동이로 쓰인다. 이 하찮은 쓰임새를 위해 이 근사한 패각 안쪽의 소용돌이무늬를 마구 긁어낸 것을 보고 있으면 자연사학자로서 가슴이 아프다.

하지만 뜻밖에 날씨가 궂어서 채집물은 아주 느리게 증가했다. 사나운 바람과 거센 비가 그치질 않아서 채집을 순조롭게 할 수 있었던 날은 지난 열엿새 중에서 나흘에 불과했다. 하지만 지금의 채집물만 보더라도 날씨가 좋고 시간만 허락된다면 훌륭한 성과를 기대할 만했다. 나는 원주민에게서 매우 훌륭한 곤충과 예쁜 육상 패류 몇 점을 얻었으며, 지금까지 사냥한 소수의 새 중에서 절반 이상은 뉴기니 종으로 알려진 것들이어서 유럽인 수집가들에게 희귀한 것이 틀림없었고 나머지는 신종인 듯했다. 하지만 한 가지 기대는 수포로 돌아갈 운명인 듯했다. 나는 극락조의 훌륭한 표본을 직접 보존 처리하는 즐거움을 기대했으나 이 계절에는 모든 개체가 깃옷을 벗으며 9월과 10월에야 비단결 같은 노란 깃털이 완전한 길이로 난다는 사실을 뒤늦게 알게 되었다. 프라우선은 전부 7월에 돌아가기 때문에 그때까지 아루 제도에 남으려면 1년을 꼬박 머물러야 하는데 그건 불가능했다. 하지만 작고 빨간 왕극락조가 어느 철에나 깃옷을 간직한다는 정보를 얻어 녀석을 손에 넣고 싶었다.

섬의 숲 풍경에 익숙해지면서 보르네오 섬이나 믈라카 반도와는 다른 특징을 알아차릴 수 있었으며, 매우 독특하고 신기하게도 적도 아메리카 숲의 반쯤 잊힌 인상이 떠올랐다. 이를테면 야자나무는 동양에서 일반적으로 본 것보다 훨씬 풍부했고 다른 식물과 어우러진 경우가 많았으며 형태와 특성이 다양했다. 키 크고 웅장하고 줄기가 매끈하고 잎이 깃모양인 종은 아마존 강의 바바수야자*Attalea speciosa*를 연상시켰으나 말레이 제도에서는 지금껏 거의 본 적이 없었다.

동물상을 보자면 거미와 도마뱀이 엄청나게 많고 다양하여 남아메리카의 풍요로운 지역을 연상시켰다. 특히 꽃과 잎에 많으며 완벽한 아름다움을 뽐내는 작은 깡충거미류가 풍부하고 색깔도 다양했다. 거미줄을 잣는 종은 지금껏 본 것 중에서 가장 수가 많았으며 굉장한 골칫거리였다. 오솔길에서 딱 얼굴 높이로 거미줄을 치는데 실이 하도 질기고 끈끈해서 떼어내기가 여간 힘들지 않았다. 거미집 주인은 몸길이가 5센티미터에 노란색 반점이 박힌 커다란 괴물로 다리도 몸만큼 길었다. 근사한 나비를 쫓거나 신기한 울음소리의 새를 찾아 하늘을 쳐다보다가 코가 녀석과 맞닿는 것은 과히 유쾌한 경험이 아니었다. 나는 거미줄만 없애면 안 되고 거미까지 죽여야 한다는 사실을 금세 깨달았다. 거미줄만 없애면 저 부지런한 곤충이 이튿날 아침에 똑같은 장소에 다시 거미줄을 쳐놓기 때문이다.

도마뱀은 개체수와 다양성, 서식 환경 면에서 거미 못지않게 경이로웠다. 카이 제도에 많은 파란색 꼬리의 아름다운 종은 여기서는 보이지 않았다. 아루 제도의 도마뱀은 초록색, 회색, 갈색, 심지어 검은색을 매우 자주 볼 수 있는 등 색깔이 더 다양하지만 더 칙칙하다. 떨기나무와 초본식물에는 어김없이 도마뱀이 살고 있었으며 썩은 줄기나 죽은 가지는 이 작고 활발한 곤충 사냥꾼의 근거지였다. 안타깝게도 녀석은 왕성한 식욕으로 (눈 밝은 곤충학자의 눈을 즐겁게 하고 가슴을 기쁘게 할) 곤충계의 많은 보물을 먹어치운다. 이곳 밀림의 또 다른 흥미로운 특징은 어딜 가든 땅 위나 높은 가지와 나뭇잎에 조가비가 수없이 많다는 것이었다. 조가비에는 어김없이 집게가 살았는데, 녀석은 해변을 떠나 숲을 돌아다녔다. 한번은 거미가 큼지막한 조가비를 가지고 가서 세입자(아마도 새끼일 것이다)를 먹어치우는 광경을 목격했다. 매일 아침, 숲에 가는 길에 해변을 따라 걸었는데 그때마다 집게 수천 마리가 우글거렸다. 가장 큰 것부터 가장 작은 것까지 죽은 조가비는 전부 임자가 있었다. 집게는 작대기나 바닷말 주변에

10~20마리가 작은 군집을 이루지만 발자국 소리가 가까워지면 허둥지둥 흩어진다. 밤에 바람이 분 뒤에는 중국인의 못생긴 별미 해삼이 이따금 해변에 쓸려 올라오는데 이럴 때 나가보면 영국인의 진열장을 장식하는 가장 아름다운 조가비들이 해변에 잔뜩 널려 있었으며, 산호와 신기한 해면의 조각과 덩어리도 눈에 띄기에 스무 종류 넘게 채집했다. 해면과 산호는 아주 비슷하게 생긴 경우가 많아서 만져봐야만 구별할 수 있다. 바닷말도 대량으로 쓸려 올라오지만 이상하게도 영국의 좋은 해안에서 발견되는 것보다 훨씬 못나고 다양성도 떨어진다.

이곳 원주민은 심지어 순혈 파푸아 민족으로 보이는 사람조차도 카이 제도 원주민보다 훨씬 수줍고 과묵했다. 이것은 내가 이들이 낯선 사람들과 함께 있거나 소규모 집단을 이루고 있을 때만 봤기 때문인지도 모른다. 이 야만인의 실체를 알려면 집에서 보아야 할 것이다. 하지만 이곳에서도 파푸아인의 성격이 이따금 드러난다. 어린 소녀들은 걸으면서 신나게 노래하거나 큰 소리로 이야기를 나누며(이것은 니그로의 전형적 특징이다) 성인 남자들은 토종 말레이식 태도에는 숨기지 못하는 감정들이 있다. 어느 날 원주민 여러 명이 내 숙소에 찾아왔는데 해삼이 어떤 맛일지 궁금하여 두어 마리 사면서 담배를 터무니없이 많이 내어주었다. 한마디로 단단히 호구 잡혔다. 그는 기쁨을 감추지 못했으며 향초香草의 냄새를 맡고 동료들에게 한 아름 내보이면서 웃고 몸을 뒤틀고 표현력이 아주 풍부한 무언극으로 말 없는 미소를 지었다. 전에도 말레이인에게서 자질구레한 물건을 살 때 같은 실수를 곧잘 저질렀지만 말레이인은 얼굴에 기쁨을 드러내는 일이 결코 없었다. 굼뜨고 어수룩하게 망설이는 몸짓에서 놀란 기색이 엿보일 뿐이었다. 그는 횡재를 하든 손해를 보든 똑같은 표정을 지었을 것이다. 이 사소한 정신적 특징을 신체적 특징과 비교하면 무척 흥미롭다. 신체적 특징은 외부적 원인으로 설명하는 것이 비일비재하지만, 정신적 특징은 그렇게 간단하게 설명할 수 없다. 민족학 저술가들은 이 나라 저 나라를 주마간산 격으로 다니는 여행자들의 정보에 의존하는 경우가 지나치게 많은데, 이 여행자들은 특수한 민족적 성격에 친숙해지거나 심지어 평균적 신체 구조를 확인할 기회가 거의 없다. 오랫동안 두 민족이 섞인 곳에서는 과도기적 형태와 혼성적 풍습을 (두 개별적 민족의 인위적 혼합이 아니라) 한 민족에서 다른 민족으로의 자연적 이행을 나타내는 증거로 착각하기 십상이다. 이 경우처럼 저술가들이 지리적 근접성에 속아 두 민족을 신체 구조 면에서 밀접하게 연관된, 한 계통의 변종에 불가한 것으로 분류하는 경향이 있는 경우 더더욱 그렇다. 내가 보기에 말레이인과 파푸아인은 신체적, 정신적, 도덕적 성격 면에서 어느 두 민족 못지않게 뚜렷이 구별되는 듯하다.

2월 5일—날씨가 무척 화창하고 고요한 틈을 타 약 1.6킬로미터 떨어진 워캄 섬을 방문했다. 이곳은 아루 제도의 '타나 부사르', 즉 본도本島를 이룬다. 남북으로 약 160킬로미터나 뻗은 큰 섬이지만 지대가 낮은 부분이 많아서 여러 물길이 교차하는데 섬을 완전히 관통하기 때문에 큰 배로 다닐 수 있다. 우리가 있는 서부에는 멀리 떨어진 섬이 몇 곳 있으며 우리 섬(와르마르 섬)이 가장 크다. 동부 해안에는 섬이 매우 많으며 본도에서 몇 킬로미터 밖까지 뻗어 무역상들의 '블라캉 타나'를 이룬다. 이곳은 진주, 해삼, 거북딱지 어업의 중심지다. 이 지역의 새와 동물 중에는 본도에만 서식하는 것이 많다. 극락조, 검은유황앵무, 큰무덤새, 화식조는 와르마르 섬이나 멀리 떨어진 어떤 섬에서도 발견되지 않는다. 하지만 이번 탐사에서 숲과 동식물의 뚜렷한 차이를 확인하리라고는 기대하지 않았기에 꽤 놀랐다. 해변에는 큰 나무의 가지가 늘어져 드리웠으며 난초, 양치식물, 착생식물이 가득했다. 숲속은 더 다양했으며 어떤 부분은 건조하고 나무가 땅딸막한 반면에 다른 부분은 이제껏 본 것 중에서 가장 아름다운 야자나무가 있었다. 완벽하게 곧고 매끈하고 호리호리한 줄기는 높이가 30미터에 이르렀으며 수관에서는 잎들이 근사하게 늘어졌다. 하지만 내 눈에 가장 신기하고 놀라운 것은 나무고사리였다. 열대에서 7년을 보내면서 이렇게 완벽한 것은 처음 봤다. 지금껏 본 것은 모두 호리호리하고 높이가 3.6미터를 넘지 않았으며 전혀 아름답지 않았지만, 이 숲 여기저기에 풍부하게 흩어져 자라는 나무고사리는 근사한 양치 잎 머리를 공중으로 9미터 넘게 쳐들어 최고의 아름다움을 뽐냈다. 열대식물 중에서 이토록 완벽하게 아름다운 것은 결코 없다.

심부름꾼들이 새를 5종 사냥했는데, 와르마르 섬에서 한 달간 사냥하면서 한 번도 얻지 못한 종류였다. 2종은 솔딱새류로, 뉴기니 섬에서 이미 기재되었다. 하나는 황금긴꼬리딱새*Carterornis chrysomela*인데 색깔은 화려한 검은색과 밝은 귤색이며 연구자에 따라서는 솔딱새류 중에서 가장 아름다운 새로 손꼽기도 한다. 다른 하나는 순백색과 벨벳 같은 검은색으로, 눈동자 주위로 하늘색 맨살이 넓은 고리를 이루어 '안경까치딱새*Arses telescopthalmus*'라고 부른다. 2종 다 탐사선 코키유 호를 타고 항해하던 프랑스 자연사학자들이 뉴기니 섬에서 처음 발견했다.

2월 18일—마카사르를 떠나기 전에 암본 섬 총독에게 편지를 보내어 아루 제도의 원주민 촌장들에게 나를 도와주도록 해달라고 요청했다. 이제 암본 섬에서 배편으로 도착한 매우 정중한 답장을 받았는데 내가 필요한 모든 지원을 제공하라고 명령했다는 내용이었다. 마침내 본도에 가서 내륙을 탐사할 배와 인력을 얻게 되었음을 자축하려는 순간에 해적이 출몰했다. 작은 프라우선이 해적의 공격을 받은 채 도착했는데 한 명은 부상을 입었다. 해적선은 다섯 척이었으나 뒤에 더 있을 거라고 했다. 무역상들은 모두 깜짝 놀랐으며 블라캉 타나로 보낸 작은 배들이 약탈당할까 봐 두려워했다. 물론 아루 제도 원주민들은 잔뜩 겁에 질렸다. 이 약탈자들은 자기네 마을을 공격하고 불태우고 사람들을 죽이고 여자와 아이를 노예로 끌고 가기 때문이다. 당분간 남자는 단 한 명도 마을을 떠나지 않으려 들었으며 나는 도보에 갇힌 신세가 되었다. 암본 섬 총독은 '친절하게도' 촌장들에게 나의 안전을 책임지라고 말했는데 이것은 그들이 꼼짝하지 않는 좋은 핑계가 되었다.

프라우선 몇 척이 해적을 찾아 나섰으며 보초가 임명되었다. 야습의 가능성을 대비하기 위해 해변에는 모닥불을 피웠다. 하지만 해적들이 도보를 약탈하려고 시도할 만큼 대담할 것 같지는 않았다. 이튿날 프라우선이 돌아왔는데 동쪽 바다의 골칫거리인 해적이 정말 근방에 와 있다는 소식을 가져왔다. 바르즈베르헌 씨의 소형 프라우선 한 척도 안타까운 일을 당한 채 도착했다. 엿새 전에 블라캉 타나에서 돌아오던 길에 공격을 받아 뱃사람들은 작은 보트로 탈출하여 밀림에 숨었으나 해적들이 배에 올라와 약탈했다고 했다. 해적들은 덩치가 커서 옮길 수 없던 자개를 제외하고 모든 것을 가져갔다. 뱃사람들의 옷가지와 상자, 프라우선의 돛과 밧줄은 싹 사라졌다. 해적은 커다란 전투용 선박을 네 척 가지고 있었는데 머스킷 총을 일제히 쏘며 다가와 작은 보트를 보내어 공격했다고 했다. 해적이 떠난 뒤에 뱃사람들이 은신처에서 보니 해적 세 명이 작은 보트에 타고 뒤처져 있었다. 뱃사람들은 약탈 광경에 자포자기하는 심정이 되었기에 그중에서 한 용감한 사람이 파랑[9]만으로 무장한 채 헤엄쳐 해적들의 보트에 몰래 올라가 필사의 공격을 감행했다. 한 명을 살해하고 나머지 두 명에게 부상을 입혔으며 자신도 여러 군데에 경상을 입은 뒤에 기진맥진한 채 돌아왔다. 프라우선 두 척이 더 약탈당했으며 뱃사람 한 명이 목숨을 잃었다. 해적은 술루인이라고 했으나 부기족도 섞여 있었다. 해적들은 이곳에 오는 길에 스람 섬 동쪽에 있는 작은 섬을 쑥대밭으로 만들었다. 아루 제도가 해적의 공격을 받은 지 11년이 지났다. 해적들은 주민들의 경계심을 없애기 위해 공격 간격을 길고 불확실하게 잡는데 이 때문에 대부분의 섬은 무장하지 않고 위험에 대비하지도 않는다. 소형 무역선 중에는 무기를 비치한 배가 하나도 없다. 마지막 공격 뒤로 한두 해는 무기를 가지고 다니지만 그때야말로 공격이 가장 드문 때다. 일주일 뒤에 작은 해적선이 블라캉 타나에서 나포되었다. 해적 일곱 명이 살해당했고 세 명이 붙잡혔다. 큰 해적선은 곧잘 눈에 띄었음에도 나포할 수 없었다. 해적선 선원들이 매우 건장하며 언제나 바람을 안고 노를 저어 달아났다가 밤에 돌아올 수 있기 때문이다. 그리하여 해적들은 무수한 섬과 해협 사이에 숨어 있다가 계절풍 방향이 바뀌면 돛을 올려 서쪽으로 항해한다.

3월 9일—나흘이나 닷새 동안 강풍이 계속되고 이따금 돌풍이 휘몰아쳐 도보가 바다로 떠밀려 가는 게 아닌가 싶을 정도다. 한 시간이 멀다 하고 비까지 내리는 통에 그다지 상쾌하지는 않다. 이런 날씨에는 할 수 있는 일이 거의 없어서 내륙 탐사용으로 구입한 보트를 손보느라 바쁘게 지내고 있다. 사람들과 문제가 많지만 와르마르 섬의 오랑카야, 즉 우두머리가 나와 동행하며 내가 위험에 빠지지 않도록 살펴

9 생활 도구 또는 무기로 사용하는 크고 묵직한 단도. _옮긴이

주리라 믿는다.

도보에서 꽤 오래 지냈기에 이곳의 풍경과 소리, 주민들의 태도와 풍습을 간략히 묘사하겠다. 이곳은 이제 꽤 들어찼으며, 길거리는 우리가 처음 도착했을 때보다 훨씬 활기가 넘친다. 집마다 가게를 차려 놓고 원주민들이 자기네 생산물과 자기네에게 가장 필요한 물건을 물물교환 한다. 주머니칼, 정글도, 검, 총, 담배, 감비르, 접시, 대야, 수건, 사롱, 캘리코 면직물, 아라크주는 원주민들이 원하는 주요 물품이지만, 무역상을 위해 차, 커피, 설탕, 과실주, 비스킷 등을 구비한 가게도 있다. 또 어떤 가게는 부유한 원주민이 좋아하는 장신구, 중국산 장식물, 거울, 면도기, 우산, 파이프, 지갑으로 가득하다. 날씨가 좋을 때면 문 앞에 자리를 펴고 해삼과 설탕, 소금, 비스킷, 차, 옷감을 비롯하여 지나친 습기에 상할 수 있는 물건을 널어 말린다. 아침저녁으로 말쑥한 중국인들이 돌아다니거나 서로의 문 앞에서 담소를 나눈다. 파란색 바지와 흰색 윗도리를 입었으며 붉은 비단으로 땋은 머리를 발뒤꿈치까지 늘어뜨렸다. 늙은 부기족 하지가 늘 저녁 산보를 하는데 초록색 꽃무늬 비단옷과 화려한 터번을 위풍당당하게 둘렀으며 어린 소년 두 명이 시리 상자와 베텔 상자를 들고 뒤따른다.

빈 땅에는 어김없이 새 집이 지어지고 있으며 기존의 집 앞에는 온갖 종류의 자질구레한 간이식당이 들어섰다. 구석에는 커다란 통나무 우리에 돼지를 키운다. 중국인은 돼지고기 없이는 여섯 달도 버티지 못하는 듯하다. 여기저기에 바나나 파는 노점이 있으며, 아침마다 어린 소년 두 명이 경단과 강판에 간 코코넛, 말린 생선, 플랜틴 튀김 등을 쟁반에 담아 다닌다. 무엇을 팔든 외치는 소리는 한가지다. "초콜리-이-잇!" 틀림없이 스페인어나 포르투갈어에서 유래했을 텐데 수백 년 동안 전해 내려오면서 원래 의미가 사라진 것이다. 부기족 뱃사람은 큰돛을 끌어 올리면서 목소리를 모아 끊임없이 "벨라 아 벨라-벨라, 벨라, 벨라!"라고 외친다. '벨라Vela'가 포르투갈어로 '돛'을 일컬으므로 어원을 찾았다고 생각했지만, 나중에 알고 보니 닻을 내릴 때도 똑같은 표현을 쓰되 곧잘 '헬라'라고 바꿨다. 이것은 용을 쓰며 숨을 세게 내쉴 때 나는 보편적 소리이니 뱃사람들의 외침은 단순한 감탄사일 가능성이 크다.

이제 도보에는 온갖 민족이 500명 가까이 들어와 있는 듯하다. 이 모든 사람들이 동양의 이 외딴 구석에 모여든 이유는 그들 말마따나 "팔자 고칠 방법을 찾고" 어떻게든 돈을 벌기 위해서다. 이 사람들은 대부분 정직함이나 그 밖의 도덕성 면에서는 악평이 자자하지만-중국인, 부기족, 스람인, 혼혈 자와족, 그리고 티모르 섬과 바바르 제도, 그 밖의 섬들에서 온 반半야만 파푸아인 약간-아직까지는 아무런 소동도 벌어지지 않았다. 이 잡다하고 무식하고 잔인하고 손버릇 나쁜 사람들이 정부의 그늘에서 벗어나 경찰도, 법원도, 법률가도 없이 이곳에 모여 살지만, 예상과 달리 서로의 멱을 따거나 밤낮으로 서로 약탈하거나 무정부 상태에 빠지지 않는다. 어찌나 이례적인지! 이들을 보면 유럽에 사는 사람들이 받고 있는 과중한 통치가 이상하게 느껴지고 우리가 과잉 통치되고 있는 게 아닌가 하는 생각이 든다. 우리 잉글랜드인이 서로의 멱을 따거나 자신이 당하고 싶지 않은 일을 이웃에게 저지르지 않도록 수많은 법률이 해마다 제정되고 있는 것을 생각해 보라. 또한 수많은 법률이 무엇을 의미하는지 알려주면서 평생을 살아가는 수천 명의 법률가와 변호사를 생각해 보라. 도보에 법률이 너무 적다면 잉글랜드에는 너무 많다는 생각이 들 것이다.

이곳에서 우리는 상업적 재능이 문명화의 역할을 하고 있음을 가장 단순한 형태로 목격하는 것인지도 모른다. 무역은 모두의 평화를 유지하고, 불화하는 구성원을 점잖은 공동체로 단합시키는 마법이다. 모두가 무역상이고 평화와 질서가 성공적 무역에 필수적임을 모두가 알기에 무법적 행위를 억제하는 여론이 형성된다. 예전에 싱가포르 섬에서 캄퐁글람을 따라 거닐다가 부기족 뱃사람들이 얼마나 거칠고 사나우며 얼마나 믿지 못할 족속인지 생각한 적이 많다. 하지만 지금의 부기족은 매우 점잖고 예의 바른 사람들이다. 나는 매일같이 비무장으로 밀림을 걸으며 부기족을 예사로 만난다. 누구나 들어올 수 있는 야자잎 오두막에서 자면서도, 마치 대도시 경찰의 보호를 받고 있는 듯 절도나 살인의 공포나 위험을 거의 겪지 않는다. 물론 이곳에서도 네덜란드의 영향을 느낄 수 있다. 섬들은 명목상으로는 말루쿠 정부 치하에 있다. 원주민 촌장들은 정부를 승인하며 최근에는 암본 섬에서 감독관을 파견한다. 감독관은 섬들을 순방하면서 고충을 듣고 분쟁을 해결하고 중죄인을 감옥에 가둔다. 올해는 순방을 준비하라는 명령이 내려오지 않은 걸 보면 감독관이 오지 않을 모양이다. 그러니 도보 사람들은 스스로의 힘으로 질서를 유지해야 할 것이다. 어느 날 한 남자가 바르즈베르헌 씨의 집 이엉 벽에 구멍을 뚫어 침입해서는 쇠로 된 물건을 훔치다 붙잡혔다. 저녁에 이 지역의 부기족과 중국인 거상巨商들이 모여 도둑을 재판하고 유죄판결을 내리고는 그 자리에서 채찍 스무 대의 형벌을 내렸다. 길바닥에서 작은 등덩굴로 내리쳤는데, 집행인이 범인을 불쌍히 여겨 심하게 채찍질하지는 않았다. 형벌은 고통 못지않게 망신을 주는 것이 목적인 듯했다. 영리한 잔꾀는 아무리 부려도 잘했다는 소리를 듣는 반면에 노골적 절도와 주거 침입은 예외 없이 처벌을 받으니 말이다.

31장

아루 제도-내륙 탐사와 체류

(1857년 3월부터 5월까지)

마침내 배가 준비되고 오랜 설득과 어려움 끝에 원래 일꾼 말고 두 명을 고용하여 3월 13일 오전에 도보를 떠나 아루 본도로 향했다. 정오에 작은 강(또는 개울)의 어귀에 도착했다. 뭍에 올라 맹그로브 습지를 굽이돌았는데 여기저기에 마른땅이 보였다. 두 시간 뒤에 허름하기 이를 데 없는 집(이라기보다는 작은 오두막)에 도착했다. 키잡이인 와르마르 섬 오랑카야는 이곳이 우리가 머물 곳이라고 말했다. 그는 아루 제도에서 발견되는 모든 종류의 새와 짐승을 여기서 잡을 수 있을 것이라고 호언장담했다. 오두막에는 남녀노소 여남은 명이 들어앉아 있었으며 음식을 하려고 두 군데에 불을 피웠다. 우리가 묵을 수 있을 가능성은 거의 없어 보였다. 그래도 인근 숲을 보고 난 뒤에 살펴보기로 하고, 그물과 엽총을 가지고 일꾼 두 명과 함께 집 뒤의 길을 따라 출발했다. 한 시간 걸어 보니 탐사할 만한 가치가 있겠다는 생각이 들었다. 돌아와 보니 오랑카야는 심한 열성 발작으로 아무것도 할 수 없게 되었기에, 내가 집주인과 흥정에 들어가 너비 1.5미터쯤 되는 집

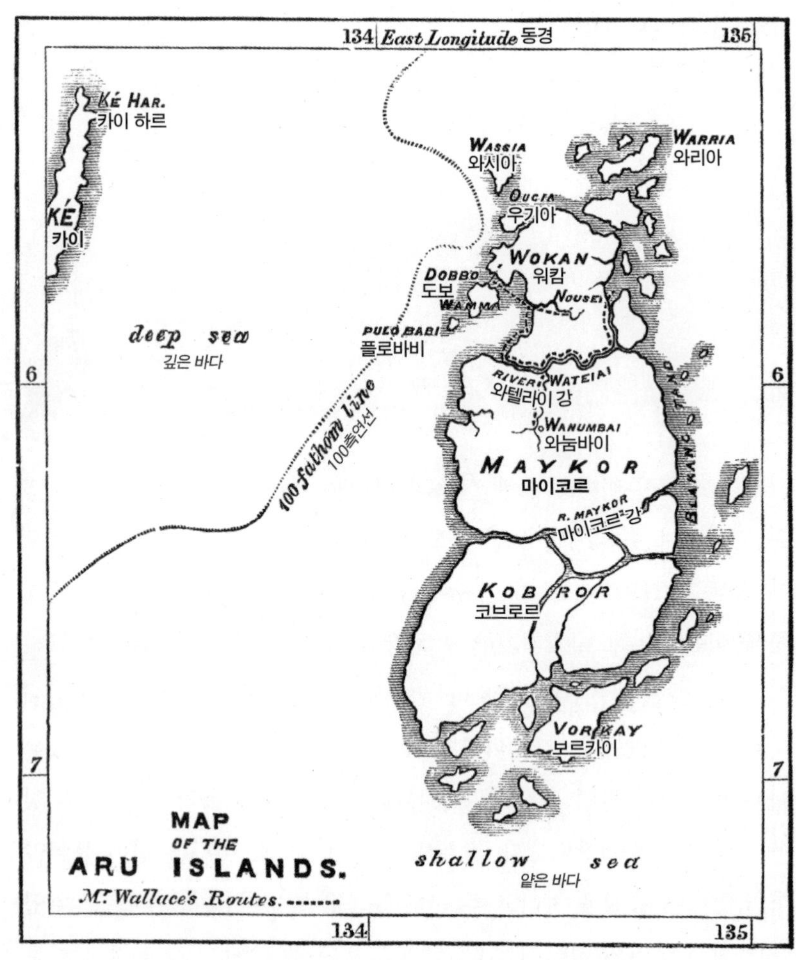

아루 제도 지도(월리스 이동 경로)

의 한쪽 구석을 일주일 동안 빌리기로 하고 집값으로 정글도의 일종인 '파랑' 하나를 주기로 합의했다. 나는 당장 배에 가서 상자와 이부자리를 가져오고 새 가죽과 곤충을 둘 선반을 달고 이튿날 오전 작업에 필요한 모든 준비를 마쳤다. 일꾼들은 남은 짐을 지키려고 배에서 잤다. 근처 나무 아래에는 요리를 할 수 있도록 멍석을 몇 장 쳐두었다. 숱한 고난과 지연 끝에 새로운 지역에서 일을 시작할 수 있게 되어 기쁘고 만족스러웠다.

나의 첫 목표 중 하나는 극락조 사냥 경험이 있는 사람을 물색하는 것이었다. 그들은 밀림 안으로 조금 들어간 곳에 살고 있었기에 사람을 보내어 데려오도록 했다. 그들이 도착하자 오랑카야를 통역 삼아 대화를 나누었다. 그들은 자기네가 극락조를 잡을 수 있을 거라고 말했다. 활로 극락조를 사냥하는데 화살 끝에 찻잔만 한 원뿔형 나무 덮개를 씌워서 상처를 내거나 피를 흘리지 않고 타격의 충격으로 새를 죽일 수 있다고 했다. 극락조가 자주 찾는 나무들은 키가 매우 크기 때문에 가지 사이에 잎으로 작은 가리개를 만들고 아침 동트기 전에 사냥꾼이 나무 위에 올라가 있어야 한다. 그래야 하루 종일 기다리면서 극락조가 앉으면 잡을 수 있다(다음 쪽 삽화 참고). 사냥꾼들은 그날 저녁에 집으로 돌아갔는데 다시는 보지 못했다. 나중에 알고 보니 깃옷 상태가 좋은 극락조를 얻기에는 시기가 너무 일렀다.

이곳에 머문 첫 하루 이틀 또는 사흘은 매우 습했으며 곤충과 새를 별로 잡지 못했다. 하지만 내가 낙담하기 시작할 무렵에 결국 심부름꾼 바데룬이 몇 개월의 기다림과 기대를 보상할 만한 표본을 가져왔다. 그것은 작은 새였다. 지빠귀보다 좀 더 작았다. 깃옷은 대부분 진한 선홍색이었으며 유리실처럼 윤기가 흘렀다. 머리의 깃털은 짧고 벨벳 같았으며 색깔이 짙은 귤색으로 점차 바뀌었다. 가슴 아래는 순백

큰극락조를 활로 사냥하는 원주민

색이었으며 비단처럼 부드럽고 윤이 났다. 가슴을 가로질러 진한 금속성 초록색의 띠가 가슴의 순백색과 멱의 빨간색을 갈랐다. 양 눈 위에는 똑같은 금속성 초록색의 둥근 반점이 나 있었으며, 부리는 노란색, 발과 다리는 산뜻한 진파랑으로 몸의 나머지 부위와 선명한 대조를 이루었다. 깃옷 색깔과 질감의 구성만 놓고 보더라도 이 작은 새는 최고급 보석이었으나 이것은 낯선 아름다움의 절반에 지나지 않았다. 길이가 5센티미터가량 되는 회색빛의 작은 깃털 다발이 평상시에는 날개 아래에 숨겨져 있다가 가슴 양편에서 튀어나왔는데 다발 끝은 진한 에메랄드빛 초록색의 넓은 띠로 장식되어 있었다. 이 깃털 다발은 제 마음대로 올릴 수 있으며 날개를 쳐들면 한 쌍의 근사한 부채 모양으로 펴진다. 하지만 장신구는 이것만이 아니다. 꽁지 가운데의 두 깃털은 길이 13센티미터가량의 가느다란 철사처럼 생겼으며 아름답게 두 번 휘어지며 서로 갈라졌다. 철사 끝의 1.2센티미터가량은 바깥쪽으로만 물갈퀴 모양을 이루었으며 멋진 금속성 초록색인데, 나선형으로 말려들어가 우아하게 반짝이는 한 쌍의 단추가 되어 몸 아래 13센티미터에 대롱대롱 매달렸다. 단추 사이의 거리도 13센티미터였다. 가슴의 부채와 꽁지 끝의 나선형 철사는 아주 독특하며 지구상에 존재하는 것으로 알려진 8,000종의 새 중 어느 것에서도 찾아볼 수 없다. 여기다 깃옷의 우아하기 이를 데 없는 아름다움을 더하면 이 새는 자연의 사랑스러운 산물 중에서도 가장 완벽하게 사랑스러운 것으로 손꼽을 만하다. 내가 기쁨과 경탄으로 어쩔 줄 몰라 하자 아루 제도 주민들은 흡족해했지만 그들이 '부룽 라자'에게서 느끼는 감흥은 우리가 울새나 검은방울새에게서 느끼는 것과 다를 바 없었다.[10]

---

10 680쪽 삽화에서 위에 있는 새 참고.

그리하여 내가 동쪽 끝에 온 목적 중 하나가 달성되었다. 왕극락조의 표본을 손에 넣은 것이다. 린네가 기재할 때 참고한 가죽은 원주민들에게 훼손된 상태였다. 내가 지금 바라보고 있는 이 작고 완벽한 생물을 본 유럽인은 거의 없었으며, 유럽에서는 이 새가 아직도 매우 불완전하게만 알려져 있었다. 묘사나 그림이나 보존 상태가 좋지 않은 박제로만 알던 것의-특히 비할 데 없이 희귀하고 아름다운 것의-실물을 오랫동안 고대하던 끝에 마침내 목격한 자연사학자의 마음속에 일어난 감정을 제대로 묘사하려면 시적 재능이 필요할 것이다. 상선과 해군의 항로에서 훌쩍 떨어져 발길이 거의 닿지 않는 바다 위 외딴 섬, 사방으로 멀리 뻗은 무성한 야생의 열대 숲, 주위에 몰려든 거칠고 미개한 야만인, 이 모든 조건이 이 '아름다운 것'[11]을 응시하는 나의 감정에 영향을 미쳤다. 이 작은 피조물이 세대를 거듭하며 거쳤을 누대의 과거를 생각했다. 이들의 사랑스러움을 보아줄 지적 존재의 눈에 띄지 않은 채 해마다 태어나고 이 캄캄하고 어두침침한 숲에서 살다가 죽었다니, 아무리 생각해도 아름다움이 헤프게 낭비된 것만 같았다. 이런 생각을 떠올리니 비애감이 든다. 한편으로는 이렇게 빼어난 피조물이 이 야생의 인적 없는 지역에서, 오래도록 미개한 채로 남아 있을 이곳에서만 삶을 살아가고 매력을 드러낼 수밖에 없지만, 다른 한편으로는 문명인이 이 오지를 찾아와 이 원시림 귀퉁이에 도덕적, 지적, 물질적 빛을 가져다주면 유기적 자연과 무기적 자연의 조화로운 관계가 교란되어 그만이 즐기고 감상할 수 있는 놀라운 구조와 아름다움을 지닌 바로 이 존재가 사라지고 결국 멸종할지도 모른다는 사실이 서글프다. 이렇게 생각해 보면 모든 생물이 인간을 위해 만들어진 것이 **아님**

---

11 존 키츠의 시 「엔디미온」 첫 행에 빗댄 표현인 듯하다. _옮긴이

을 분명히 알 수 있다. 많은 생물은 인간과 아무런 관계가 없다. 이들의 생명 순환은 인간과 별개로 흘러왔으며 인간의 지적 발달이 진행될 때마다 교란되거나 파괴된다. 이들의 행복과 기쁨, 사랑과 미움, 생존투쟁, 격렬한 삶과 이른 죽음은 자신의 안녕과 영속과만 직접적 관계를 맺으며, 서로 밀접하게 연관된 수많은 생물의 동등한 안녕과 영속에 의해서만 제약될 것이다.

첫 왕극락조를 얻고 나서 일꾼들과 숲에 갔는데 처음 못지않게 완벽한 깃옷을 두른 왕극락조를 또 한 마리 잡았을 뿐 아니라 녀석과 더 큰 종의 습성을 조금 관찰할 수 있었다. 녀석은 덜 울창한 숲의 낮은 나무에 자주 찾아오는데, 매우 활동적이며 윙윙 소리와 함께 힘차게 날고 이 가지에서 저 가지로 끊임없이 뛰거나 날아다닌다. 녀석의 먹이는 구스베리만 한 크기에 돌처럼 딱딱한 껍질에 싸인 열매인데, 곧잘 남아메리카 무희새처럼 날개를 퍼덕거릴 때면 가슴에 장식된 아름다운 부채를 들어올려 활짝 편다. 아루 제도 원주민은 녀석을 '고비고비'라고 부른다.

어느 날 왕극락조가 여러 마리 모여 있는 나무 밑으로 갔다. 하지만 높은 곳 빽빽한 나뭇잎 속에 있는 데다 뻔질나게 날고 뛰어다녀 제대로 볼 수 없었다. 결국 한 마리 사냥했지만 어린 표본이었으며, 몸 전체가 초콜릿 같은 진한 갈색으로 성체에서 볼 수 있는 금속성 초록색 멱이나 노란색 깃털은 전혀 없었다. 내가 본 것은 전부 이 녀석을 닮았다. 원주민 말로는 깃옷을 온전히 덮으려면 두 달가량 지나야 한다고 했다. 그래서 왕극락조를 얻겠다는 희망을 여전히 품었다. 왕극락조는 목소리가 아주 특이하다. 동트기 전 이른 아침이면 '왁왁왁, 웍웍웍' 하는 시끄러운 울음소리가 끊임없이 방향을 바꿔가며 숲에 울려 퍼진다. 왕극락조가 아침 식사를 찾으러 가는 소리다. 다른 새들도 금세 동참한다. 장수앵무류와 쇠앵무류는 카랑카랑한 소리로 울고, 코카투앵무류는 비명을 지르고, 큰물총새류는 깍깍거리고, 여러 작은 새들은 짹짹거리고 휘파람 소리를 낸다. 이 신기한 소리를 들으며 누워 있노라면, 와보고 싶었지만 감히 기대하지는 못한 이곳 아루 제도에서 내가 몇 달을 지낸 최초의 유럽인임을 자각한다. 나 말고 얼마나 많은 사람들이 이 동화 같은 세상을 찾아 내가 매일같이 마주치는 놀랍고도 아름다운 것들을 제 눈으로 보고 싶어 했는지 생각한다. 이때 알리와 바데룬이 와서 엽총과 탄약을 챙기고, 꼬맹이 바소가 불을 피워 내 커피를 끓인다. 어젯밤 늦게 검은유황앵무(야자잎검은유황앵무 *Probosciger aterrimus*) 한 마리를 입수한 생각이 난다. 당장 가죽을 벗겨야 하기에 벌떡 일어나 행복에 겨운 채 하루 일과를 시작한다.

이 녀석은 처음 보는 것으로 대단히 귀한 종이다. 몸통은 다소 작고 연약하며, 다리는 길고 호리호리한데, 날개가 크고, 머리는 엄청나게 발달했으며 근사한 볏으로 장식되었다. 뾰족한 갈고리 모양 부리는 크기와 힘이 어마어마하다. 깃옷은 새까맣지만 여느 코카투앵무처럼 몸 전체에 신기한 흰색 가루 분비물이 묻어 있다. 뺨은 맨살이며 피처럼 새빨갛다. 요란하게 비명을 지르는 흰유황앵무와 달리 어딘지 구슬픈 휘파람 소리를 낸다. 혀는 신기한 기관이다. 짙은 빨간색의 가느다란 원통형 살덩어리에다 끝은 딱딱한 검은색 판인데, 가로로 주름이 나 있고 어느 정도 물건을 잡을 수 있다. 혀 전체는 꽤 많이 늘어난다. 이 새의 습성 중에서 그 뒤로 익숙해진 것을 하나 설명하겠다. 녀석은 숲의 낮은 지역을 주로 찾으며 혼자 있거나 기껏해야 두세 마리가 함께 보인다. 느릿느릿 조용히 날며 꽤 사소한 상처에도 목숨을 잃을 수 있다. 여러 가지 열매와 씨앗을 먹지만, 서식지에 많은 키 큰 나무(카나리나무)에서 자라는 카나리 열매의 알맹이를 특히 좋아한다. 이 씨

야자잎검은유황앵무의 머리

앗을 얻는 방법에서 구조와 습성의 상관관계를 볼 수 있는데 여기서 카나리가 녀석의 별미인 이유를 알 수 있다. 이 열매의 껍질은 무척 딱딱해서 무거운 망치로만 깰 수 있다. 약간 세모꼴이며 겉은 매우 매끈하다. 녀석이 열매를 벌리는 방법은 아주 신기하다. 열매 하나를 부리에 세로로 물고 혀의 압력으로 단단히 고정한 뒤에 뾰족한 아래 부리를 톱으로 썰듯 좌우로 움직여 가로로 흠집을 낸다. 그러고 나면 열매를 발로 잡고는 잎을 물어뜯어 위 부리의 움푹 들어간 곳에 넣는다. 다시 열매를 붙잡고는-잎의 탄력성 있는 조직 때문에 미끄러져 떨어지지 않는다-아래 부리 끝을 흠집에 고정하고 꽉 물어 껍질 조각을 떼어 낸다. 다시 열매를 발톱에 쥐고 부리의 길고 뾰족한 끝을 밀어 넣어 알맹이를 끄집어낸 뒤에 늘어나는 혀로 야금야금 먹는다. 이렇듯 녀석의 독특한 부리는 형태와 구조가 쓰임새와 속속들이 맞아떨어지는 듯하다. 야자잎검은유황앵무가 자기보다 활발하고 개체 수가 많은 근연종 흰유황앵무에 대해 경쟁력을 유지한 비결은 돌처럼 딱딱한 껍질에 들어 있는, 다른 어떤 새도 끄집어낼 수 없는 먹이를 생존 수단으로 삼았기 때문임을 쉽게 알 수 있다. 자연사학자들은 이 종을 '미크로글로숨 아테리뭄*Microglossum aterrimum*'이라 부른다.

이 작은 정착지에서 두 주를 보내는 동안 원주민의 가정생활과 일상생활을 관찰할 기회가 얼마든지 있었다. 야만인의 일상생활은 무척 단조롭고 획일적이며, 참신함의 매력이 걷히고 나면 비참한 실상이 드러났다. 미개한 민족의 생존에서 가장 중요한 음식에서 시작하자 아루 제도 사람들은 인류 대다수의 주식인 빵, 쌀, 카사바, 옥수수, 사고 같은 곡물을 정기적으로 조달하지 못한다. 하지만 여러 종류의 채소, 플랜틴, 마, 고구마, 생生사고가 있으며, 사탕수수, 빈랑 열매, 감비르, 담배를 엄청나게 씹어댄다. 해안에 사는 사람들은 생선을 많이 먹지만,

우리가 있는 이곳 내륙에 사는 사람들은 이따금씩만 바다에 나가 새조개를 비롯한 패류를 보트 가득 싣고 돌아온다. 멧돼지나 캥거루를 잡을 때도 있지만 규칙적 먹거리가 되기에는 너무 드물다. 이들의 식량은 주로 채소이며, 더 중요한 사실은 물기 많은 녹색 채소를 제대로 요리하지 않고 게다가 양도 들쭉날쭉하고 종종 부족하게 먹어서 건강을 해친다는 것이다. 피부병이 흔하고 다리와 관절에 궤양이 많이 생기는 것은 이런 식습관 때문일 것이다. 비듬이 떨어지는 피부병은 야만인에게 매우 흔한데 이는 가난하고 불규칙한 생활과 밀접한 관계가 있다. 밥을 하루도 거르지 않는 말레이인은 이런 병에 거의 걸리지 않는다. 벼를 재배하고 풍족하게 사는 보르네오 섬의 산山 다야크 족은 피부가 깨끗한 반면에 1년 중 특정 기간을 과일과 채소로 연명하는, 덜 부지런하고 덜 깨끗한 부족은 피부병에 매우 취약하다. 다른 여러 측면에서와 마찬가지로 이 점에서도 인간은 짐승과 똑같이 살면서 이를테면 소처럼 풀과 채소 열매를 먹고 내일을 전혀 생각하지 않으면서 멀쩡할 수는 없는 듯하다. 건강과 아름다움을 유지하려면 보관하고 축적할 수 있는 녹말질을 생산하기 위해 노동해야 한다. 그래야 영양가 있는 음식을 규칙적으로 먹을 수 있다. 이 바탕에서 채소, 과일, 고기 등을 식단에 추가하면 더 좋다.

베텔과 담배를 제외하고 아루 제도 사람들의 주된 기호품은 아라크주(자와 럼주)다. 무역상들은 아라크주를 대량으로 들여와 헐값에 판다. 하루 동안 고기를 잡거나 등나무를 자르면 아라크주를 2리터 이상 살 수 있으며, 해삼이나 새집을 제철에 채취하여 팔면 2리터들이 병 열다섯 개가 들어 있는 상자 하나를 살 수 있다. 그러면 집안 식구들이 둘러앉아 술이 다 떨어질 때까지 밤낮으로 마셔댄다. 이들이 제 입으로 털어놓은바 이렇게 술판이 벌어지면 집을 엉망으로 만들고, 손에 닿는 것이면 죄다 부수고 망가뜨리고, 움찔할 만큼 무시무시한 난동을 피운다고 한다.

집과 가구의 상태는 음식과 마찬가지다. 허름한 오두막은 말뚝이 아니라 거칠고 가느다란 막대기로 지탱하며, 외벽이 전혀 없고 바닥이 처마에서 30센티미터 이내로 솟아 있다. 이것이 이들의 일반적인 건축 양식이다. 안에는 이엉으로 칸막이벽을 쳐서 작은 상자 같은 침실을 만드는데, 이렇게 나눈 집에서 두세 가족이 함께 사는 것이 보통이다. 멍석 몇 장, 바구니, 주방 용기, 마카사르 무역상에게 산 접시와 대야가 가구의 전부다. 무기는 창과 활이며, 여자는 사롱이나 베옷을 입고 남자는 허리수건을 두른다. 남자들은 몇 시간이고, 아니 며칠이고 집에 들어앉아 빈둥거리는데 여자들이 식량으로 채소나 사고를 가져온다. 이따금 사냥이나 고기잡이를 하고 집이나 카누를 손보기도 하지만 빈둥거리는 것을 즐기고 될 수 있으면 일을 안 하려 드는 듯하다. 빈둥거리고 노닥거리는 것 말고는 삶의 단조로움을 깨뜨릴 즐길 거리가 거의 없다. 하긴 이 사람들은 대단한 수다쟁이다! 아침마다 근처에 작은 바벨탑이 세워지지만 나는 한 마디도 알아들 수 없어 책을 읽거나 혼자 일한다. 사람들은 이따금 비명과 고함을 지르거나 온갖 소리로 미친 듯 웃기도 한다. 남자, 여자, 아이가 번갈아 가며 요란하게 수다를 떠는데 내가 모기장을 치고 곤히 잠들 때까지 멈추지 않는다.

이곳에서 아루 제도의 복잡한 민족 혼합에 대해 약간의 실마리를 얻었는데 민족학자라면 어안이 벙벙할 것이다. 원주민 중 상당수는 피부색이 남들과 똑같이 검기는 하지만 파푸아인 얼굴형이 거의 없으며 유럽인의 섬세한 특징을 더 많이 지니고 있되 머리카락이 더 매끄럽고 곱슬하다. 처음 보았을 때는 어리둥절했다. 이들은 파푸아인과 닮지 않은 만큼 말레이인과도 닮지 않았기 때문이다. 피부와 머리카락이 까만 것을 보면 네덜란드인과 섞인 것도 아니다. 하지만 이들의 대화를 듣다 보니 친숙한 단어를 몇 개 알아들을 수 있었다. 그중 하나가 '아카보'였다. 이것이 우연한 일치일 리 없다고 생각하여 말레이어를 할 줄 아는 사람에게 '아카보'가 무슨 뜻이냐고 물었더니 '끝냈다'라는 뜻이라고 했다. 토종 포르투갈어 단어이며 의미도 보존된 것이었다. '자포이'라는 단어도 곧잘 들렸는데 묻지 않고도 포르투갈어로 '갔다'라는 뜻임을 알 수 있었다. '포르코'도 흔한 이름인 듯하다. 이 사람들은 유럽인들이 어떤 의미로 쓰는지 전혀 모를 테지만.[12] 이로써 궁금증이 말끔히 해소되었다. 초기 포르투갈인 무역상들이 이 섬들에 들어와 원주민과 섞였고 이들의 언어에 영향을 미쳤으며 여러 세대에 걸쳐 후손들에게 포르투갈인의 외관상 특징을 남겼음을 단번에 이해할 수 있었다. 여기에다 말레이인, 네덜란드인, 중국인에다 토종 파푸아인도 이따금 섞였다고 보면 신기할 만큼 다양한 형태와 이목구비를 아루 제도에서 종종 접하더라도 놀랄 이유가 전혀 없다. 바로 이 집에도 남자는 마카사르족이고 아내는 아루 제도 출신이며 아이들은 혼혈이다. 도보에서는 자와족 남자와 암본 섬 남자를 보았는데 둘 다 아루 제도 출신의 아내와 가족을 이루었다. 이런 혼합이 적어도 300년, 아마도 훨씬 오랫동안 지속되었을 테니 이는 상당수 섬 주민의 특히 도보와 인근 지역 주민의 신체적 특징에 결정적 영향을 미쳤을 것이다.

3월 28일—오랑카야가 열병을 심하게 앓아 집에 돌아가게 해달라고 간청했다. 그는 자신의 하인 한 명을 자기 대신 보내주기로 이미 조치해둔 터였다. 이제 이동하고 싶었으나 해적의 그림자가 드리운 터라 사람들은 옆의 작은 강 너머로 가는 것은 안전하지 않다며 손사래

12 '포르코'는 포르투갈어로 '돼지'라는 뜻이다. _옮긴이

를 쳤다. 나는 '와텔라이'라는 강을 건너 블라캉 타나에 갈 작정이었기에 그럴 수는 없었다. 하지만 안내인은 해적이 두려워서 꿈쩍도 하지 않았다. 배 여러 척과 (내가 도보를 떠난 뒤에 도착한) 네덜란드 포함砲艦이 해적을 추격하려고 나섰기 때문에 나는 위험이 전혀 없음을 알고 있었다. 다행히 이즈음에 네덜란드 코미시(감독위원회)가 이곳에 당도했다는 소식을 들었다. 그래서 안내인에게 당장 나와 함께 가지 않으면 당국에 청원할 것이고 그러면 오랑카야에게 품삯조로 미리 받은 옷감을 돌려주어야 할 것이라고 협박했다. 협박이 통해 문제가 금세 해결되었으며 우리는 이튿날 아침에 출발했다. 하지만 바람이 전혀 불지 않아서 한낮까지 힘겹게 노를 저어야 했다. 밥을 지으려고 오두막 몇 채가 있는 작은 강에 배를 댔다. 별로 전망이 밝아보이진 않았지만 맞바람 때문에 목적지인 와텔라이 강까지 갈 수 없었기에 여기서 하루 이틀 기다리는 게 좋을 것 같았다. 그래서 정글도 하나를 주고 작은 오두막을 빌려 침구와 상자를 해변에 내려놓았다. 날이 저문 뒤에 난데없이 "바작! 바작!"(해적이다! 해적이다!) 하는 고함 소리가 들렸다. 남자들은 모두 활과 창을 쥐고 해변으로 달려갔다. 우리는 총을 들고 행동을 취하려고 준비했지만 몇 분 뒤에 다들 웃고 떠들며 돌아왔다. 작은 보트를 타고 고기잡이에서 돌아오는 마을 사람들이었기 때문이다. 사방이 다시 고요해지자 말레이어를 조금 할 줄 아는 일꾼 한 명이 내게 와서 너무 깊이 잠들지 말라고 당부했다. 내가 물었다. "왜지?" 그는 매우 심각한 표정으로 대답했다. "해적이 정말 올지도 모르니까요." 나는 웃으며 최대한 푹 잘 거라고 말했다.

이곳에서 이틀을 보냈지만 흥미로운 곤충이나 새가 별로 없어서 다른 곳에 가 보기로 했다. 뭍에서 떨어지자마자 순풍이 불어 여섯 시간 만에 와텔라이 강 어귀에 도착했다. 강은 아루 제도 최북단 지역과 중간 지역을 가르며 흘렀다. 강어귀는 너비가 800미터가량이었으나 2~3킬로미터 들어가자 금세 런던 템스 강만큼 좁아졌으며, 낮지만 기복이 있고 종종 산지가 있는 지대를 굽이돌았다. 그야말로 대륙의 내륙에서나 볼 법한 풍경이었다. 강은 고른 너비를 유지하며 직선과 구불구불한 곡선을 이루었다. 강기슭은 가파르거나 심지어 수직 절벽을 이루는 곳이 있는가 하면 평평하여 충적평야처럼 보이는 곳도 있었다. 물은 순수한 짠물이었으며 약한 밀물과 썰물 말고는 흐름이 전혀 없었기에 강이 아니라 해협을 지난다고 착각할 정도였다. 순풍을 받으며 이따금 노를 저어 항해한 끝에 오후 3시경에 뭍에 배를 댔다. 이곳에서는 작은 시내가 산호암에 웅덩이 두세 곳을 만들고는 작은 폭포로 떨어져 짠물 강으로 흘러 들어갔다. 이곳에서 멱을 감고 밥 짓고 한가롭게 쉬다 해 질 녘에 두 시간 더 이동한 뒤에 가지를 강에 드리운 나무에 우리의 작은 배를 매고 밤을 지냈다.

이튿날 새벽 5시에 다시 출발하여 한 시간 만에 코미시를 태운 대형 프라우선 네 척을 따라잡았다. 이들은 도보에서 찾아와 섬들을 공식 순방하고 있었는데 간밤에 우리를 지나친 것이었다. 나는 네덜란드 코미시를 방문했다. 한 명이 영어를 조금 구사했지만 말레이어로 대화하는 것이 훨씬 수월했다. 그들은 해적을 쫓아 북부의 섬에 갔다 오느라 일정이 늦어졌다고 말했다. 해적선을 세 척 보았으나 맞바람 부는 쪽으로 노를 젓는 바람에 나포하지는 못했다고 했다. 해적선에는 노잡이가 한 척당 쉰 명가량이나 있었기 때문이다. 함께 차를 마시고 작별을 고한 뒤에 좁은 물길을 따라 올라갔다. 키잡이 말로는 아루 제도 동쪽의 와텔라이 마을로 이어진다고 했다. 몇 킬로미터를 가자 물길이 산호로 막히다시피 하는 바람에 배 밑바닥이 긁혔다. 그야말로 살아 있는 암초를 만난 격이었다. 이따금 가장 얕은 곳에서는 전부 배에서 내려 배 무게를 줄이고는 들어 옮겨야 했지만 결국 모든 난관을 이겨내고 작은 바위와 소도小島가 흩뿌려진 넓은 만에 도착했다. 강은 동해와 블라캉 타나의 뭇 섬으로 통해 있었다. 우리가 가려는 마을은 몇 킬로미터 떨어져 있었는데 바다로 나가 바위 곶을 휘돌아야 했다. 그런데 스콜의 기미가 보였다. 작은 보트로 바다를 항해하기가 두려웠고 정보를 종합하건대 와텔라이 마을은 들를 만한 곳이 아니었기에(극락조가 한 마리도 발견되지 않았다) 배를 돌려 와텔라이 강 지류에 있다는 마을에 가서 아루 본도 중앙 가까이에 자리 잡기로 마음먹었다. 그곳 사람들은 순하며 사냥과 새 잡기에 능숙하다고 했다. 내륙 깊숙한 곳에 살아서 바다에서는 식량을 조달할 수 없었기 때문이다. 여기까지 머리를 굴리고 있는데 스콜이 닥쳤다. 얕은 물에서 파도가 일렁거리며 기름병과 램프가 흔들리고 식기가 깨져 온통 아수라장이 되었다. 우리는 힘껏 노를 저어 저물녘에 간신히 강 본류에 돌아와 저녁밥 지을 장소를 물색했다. 만조인 데다 수위가 매우 높아서 모래사장은 전부 물에 잠겼다. 어둠 속에서 더듬거리며 엄청나게 애를 먹은 뒤에야 가로세로 60센티미터가량의 약간 경사진 바위를 찾아 불을 피우고 밥을 지었다. 이튿날에도 계속 항해하여 다음 날에 와텔라이 강 남쪽 면 물길에 들어섰다. 더는 배가 갈 수 없는 곳까지 올라가자 와눔바이라는 작은 마을이 있었다. 아루 제도의 원시림 안으로 큰 집 두 채가 농장에 둘러싸여 있었다.

근방을 둘러보고 당분간 머물고 싶었기에 키잡이를 보내어 숙소를 흥정하도록 했다. 집주인과 촌장은 조건을 많이 달았다. 우선 내가 자기 집을 좋아하지 않을까 봐 걱정했으며 지금은 나가 있는 아들이 내가 묵는 것을 좋아할지 확신하지 못했다. 나는 그와 오래 대화를 나누면서 내가 무슨 일을 하는지, 그들에게서 얼마나 많은 물건을 살 것인지 설명했으며 나의 구슬과 주머니칼, 옷감, 담배 등을 보여주면서 방을 내어주면 내가 이 모든 것을 그의 가족이랑 친구에게 쓰겠다고 말했다. 그는 약간 어안이 벙벙한 듯했으며 아내와 상의해 보겠다고 했다. 나는 그동안 잠시 근방을 둘러보러 나왔다. 돌아온 뒤에 다시 키잡이를 보내어 집의 일부를 내어주지 않으면 떠나겠다고 전했다. 키잡이는 반 시간쯤 뒤에 돌아와 집주인이 집의 일부를 몇 주 빌려주는 대가로 집 짓는 비용의 절반가량을 요구했다고 말했다. 남은 문제는 금전뿐이었기에 나는 옷감 열 마가량, 도끼 한 자루, 구슬 몇 개, 담배 얼마간을 챙겨 내가 지목한 집의 일부분에 대한 최후통첩으로 보냈다. 좀 더 대화를 주고받은 뒤에 흥정이 성사되었으며 나는 즉시 집을 빌리기 위한 절차를 밟았다.

집은 꽤 컸으며 말뚝 위로 2미터가량 올라와 있었다. 벽은 약 90~120센티미터 더 올라갔으며 지붕이 삐죽 솟았다. 바닥은 대나무를 엮어 만들었으며 경사진 지붕에는 커다란 덧문이 있었는데 들어올리고 받쳐놓아 빛과 산소를 들어오게 할 수 있었다. 덧문이 있는 쪽 끝은 바닥이 30센티미터가량 들려 있었으며, 너비 3미터에 길이 6미터가량으로 집 어디에서나 훤히 보이는 이 공간이 내가 묵을 곳이었다. 이엉 칸막이벽으로 분리된 한쪽 구석은 부엌으로 진흙 바닥과 조리대가 놓여 있었다. 나는 반대쪽 끝에 모기장을 걸고 벽을 빙 둘러 상자와 그 밖의 물품을 정리하고는 탁자와 의자를 놓았다. 조금 쓸고 닦으니 꽤 아늑해 보였다. 그러고는 보트를 해안에 끌어올려 야자 잎으로 덮고는 돛과 노를 실내에 가져왔다. 그리고 표본을 건조할 발판을 하나는 집 밖에, 하나는 집 안에 세웠다. 일꾼들에게는 엽총 청소를 맡기고 작업을 시작할 만반의 준비를 하도록 했다.

이튿날 드넓은 주변 지역의 길들을 탐사했다. 우리가 올라온 작은 강은 이 지점에서 항해가 불가능해진다. 위쪽에는 작은 돌개울이 있는데 혹서기에는 바짝 마른다. 하지만 지금은 물이 졸졸 흘렀다. 물에 잠기다 말다 한 오솔길에 곤충이 많을 것 같았다. 여기서 근사한 파란색 나비인 율리시스제비나비와 여러 멋진 종이 느긋하게 날아다니다 이따금 물 위로 늘어진 나뭇잎 높은 곳에서 쉬고 또 어떤 때는 축축한 바위나 진흙 웅덩이 가장자리에 앉는 것을 보았기 때문이다. 여러 오솔길로 좀 더 들어가 이차림을 지나자 사탕수수 농장, 밭, 여기저기 흩어진 집들이 나타났다. 그 너머에는 나무줄기가 줄무늬를 이룬 어두운 초록색 벽이 원시림의 경계선을 표시했다. 여러 새의 울음소리가 들리는 걸 보니 사냥 성과가 기대되었다. 숙소에 돌아오니 일꾼들이 이미 전에 보지 못한 두세 종을 잡았으며 저녁에는 원주민 한 명이 뉴기니 섬에서만 알려진 희귀하고 아름다운 호랑지빠귀(뉴기니팔색조*Pitta novaeguineae*)를 가져왔다.

새들에는 익숙해졌기에 이제는 사람들에 대한 관심이 훨씬 커졌다. 이들은 외부와 별로 섞이지 않은 진정한 아루 제도 야만인의 훌륭한 표본이다. 내가 묵는 집에는 네댓 가족이 살고 있었으며 그 밖에도 손님이 으레 여섯 명에서 여남은 명씩 머물고 있었다. 이들은 아침부터 밤까지 쉴 새 없이 이야기하고 웃고 소리 지르며 끊임없이 소란을 피웠다. 가히 유쾌하지는 않았지만 민족성 연구의 측면에서는 흥미로웠다. 심부름꾼 알리가 말했다. "바냑 쿠앗 비차라 오랑 아루."(아루 사람들은 말이 너무 많아요.) 자신의 나라에서도, 그동안 방문한 나라들에서도 이렇게 청산유수인 사람은 처음 보았던 것이다. 어느 날 저녁에 사람들이 처음의 수줍음을 이겨내고 내게 조금씩 말을 걸기 시작하여 우리 나라를 비롯한 몇 가지에 대해 질문을 던졌다. 나는 본디 자신들의 전통이 있느냐고 물었다. 하지만 성과는 거의 없었다. 본디 어디서 왔느냐는 간단한 질문조차 이해시킬 수 없었기 때문이다. 온갖 표현을 써봤지만 이 주제는 그들의 생각 범위를 벗어난 것이었다. 그들은 이런 생각은 한 번도 안 해 봤을 것이다. 자신의 기원에 대해 생각하는 것처럼 아주 까마득하고 불필요한 일은 머릿속에 담을 수 없는 것이 분명했다. 이건 포기하고 아루 제도와 다른 지역과의 무역이 언제 처음 시작되었는지 아느냐고-부기족과 중국인과 마카사르족이 프라우선을 타고 처음 찾아와 해삼과 거북딱지, 새집, 극락조를 샀을 때였나?-물었다. 이 말은 알아들었지만 자신이나 선조가 기억하는 한 똑같은 무역이 늘 계속되었다고 대답했다. 하지만 진짜 백인이 온 것은 처음이라고 했다. "매일같이 모든 마을에서 사람들이 당신을 보려고 찾아오는 것 좀 봐요." 기분이 무척 좋았다. 처음에는 이 많은 방문객이 우연인 줄 알았지만 이제 이유를 알았다. 몇 해 전에 런던에서 줄루족과 아즈텍족을 구경한 적이 있었는데,[13] 이제는 판이 뒤집혀 내가 새롭고 낯선 별종이 되어 이들의 눈요깃감이 되는 영예를 누렸다. 나 자신이 살아 있는 채로 흥미진진한 전시물이 되다니, 그것도 공짜로.

아루 제도의 성인 남자와 소년은 모두 활 솜씨가 뛰어나며 활 없이는 나다니는 법이 없다. 온갖 종류의 새와 이따금 돼지, 캥거루를 사냥하여 채소 식단에 꽤 많은 고기를 곁들인다. 이렇게 삶의 질이 높은 덕에 이 사람들은 매우 건강하고 몸이 건장하며 피부가 대체로 깨끗하다. 구슬이나 담배와 바꾸려고 작은 새를 많이들 가져왔는데 여러 번 당부했는데도 상처가 심하게 나 있었다. 이들은 새를 산 채로 잡으면 다리에 끈을 묶어 하루나 이틀을 둔다. 그러면 깃옷이 질질 끌리고 더

13 저자는 1854년에 수정궁전에서 열린 민족학 전시회에 갔는데 이곳에서 전 세계 사람들의 실물 모형을 전시했다._옮긴이

러워져 거의 쓸모가 없어진다. 이들에게 처음 받은 것 중에는 신기하고 아름다운 라켓꼬리물총새의 살아 있는 표본이 있었다. 내가 어찌나 경탄했던지 나중에 여러 마리를 더 가져왔는데 동트기 전에 개울 기슭의 바위 틈새에서 자는 것을 잡은 것이었다. 내 사냥꾼들도 몇 마리 쏘았는데 거의 전부 빨간색 부리에 진흙과 흙이 꽉 차 있었다. 여기서 녀석의 습성을 알 수 있다. 녀석은 흔히 '왕의 어부Kingfisher'(물총새)라 불리지만 결코 물고기를 잡는 법이 없으며 곤충과 작은 패류를 먹고 산다. 숲에서 낮은 가지에 앉아 있다가 쏜살같이 하강하여 먹이를 낚아챈다. 여느 물총새는 꽁지가 작고 짧은 반면에 녀석이 속한 낙원물총새속*Tanysiptera*은 엄청나게 긴 꽁지가 눈에 띈다. 린네는 자신이 아는 종을 '여신 물총새'(*Alcedo dea*)로 명명했다. 깃옷이 화사한 파란색과 흰색이고 부리는 산호처럼 빨간색으로, 무척 우아하고 아름답기 때문이다. 이 흥미로운 속에 속한 여러 종이 알려져 있는데 전부 말루쿠 제도, 뉴기니 섬, 오스트레일리아 북단의 매우 제한된 지역에서만 서식한다. 서로 무척 닮았기 때문에 꼼꼼히 비교하지 않으면 구별할 수 없는 것이 많다. 하지만 뉴기니 섬에 서식하는 가장 희귀한 종은 배가 흰색이 아니라 밝은 빨간색이어서 나머지와 뚜렷이 구분된다. 내가 손에 넣은 것은 신종이어서 '작은극락물총새*Tanysiptera hydrocharis*'로 명명했다. 하지만 전반적 형태와 색깔은 암본 섬에서 발견한 큰 종과 꼭 닮았다(384쪽 삽화).

일꾼과 원주민이 새롭고 흥미로운 새들을 끊임없이 가져왔으며 주말 오후에는 알리가 근사한 큰극락조 표본을 가지고 의기양양하게 돌아왔다. 장식 깃털이 완전히 자라지는 않았지만, 윤기 나는 귤색의 풍성함과 느슨하게 흔들리는 깃털의 섬세한 아름다움은 타의 추종을 불허했다. 이와 더불어 야자잎검은유황앵무와 멋진 과일비둘기, 작은 새 여러 마리도 가져왔기에 가죽을 전부 벗기느라 해 질 녘까지 열심히 일했다. 가죽을 더 벗기고 이부자리를 폈는데 원주민들이 신기한 짐승을 사냥하여 가져왔다. 크기와 꼬불꼬불한 흰 털로 보건대 작고 살찐 양을 닮았지만, 다리가 짧고 손처럼 생긴 발에 큰 발톱이 났으며 긴 꼬리는 물건을 잡을 수 있었다. 파푸아 지역에 서식하는 신기한 유대류 쿠스쿠스(점박이쿠스쿠스*Spilocuscus maculatus*)였다. 무척 손에 넣고 싶던 가죽이었다. 하지만 가져온 사람들은 녀석을 먹고 싶다고 말했다. 값을 후하게 쳐주고 고기를 전부 주겠다고 약속했는데도 무척 망설였다. 이유를 궁리하다가 지금은 밤이지만 당장 작업을 시작하여 고기를 내어주겠다고 제안하니 그들도 수락했다. 녀석은 온통 난도질당했으며 두 뒷발은 잘려 나가다시피 했다. 하지만 내가 본 것 중에서 가장 크고 상태 좋은 표본이었다. 한 시간 동안 고생한 끝에 고기를 내어주니 즉석에서 잘라 구워 먹었다.

이곳은 새를 채집하기에 매우 좋은 장소였기에 한 달 더 머물기로 작정했다. 도보에 가는 원주민 보트가 있어서 알리를 보내어 탄약과 비품을 새로 가져오도록 했다. 출항 날짜는 4월 10일이었는데, 집은 100명가량의 남녀노소로 바글바글했다. 다들 사탕수수, 플랜틴, 시리 잎, 마 따위를 가지고 왔으며 한 청년은 집집마다 다니며 물건을 사고팔았다. 이루 말할 수 없이 소란스러웠다. 늘 100명 중에서 적어도 50명이 한꺼번에 이야기하고 있었으며 냉담할 정도로 정중한 말레이인의 낮고 차분한 어조가 아니라 시끄러운 목소리, 외침, 껄껄 웃는 웃음을 쏟아냈다. 여자와 아이가 남자보다 훨씬 시끄러웠다. 그나마 조용할 때는 눈에 호기심을 가득 담은 채 나를 쳐다볼 때뿐이었다. 산호암을 덮은 검은 부엽토는 매우 기름지며 사탕수수는 이제껏 본 것 중에서 가장 훌륭했다. 보트에 가져온 사탕수수는 길이가 3미터에서 심지어 3.6미터에 이르렀으며 굵기도 상당했는데, 줄기 전체의 마디사이節間가 짧았고 마디와 마디 사이가 부풀었는데 진한 수액이 가득 들어 있었다. 도보에서는 줄기당 1~3펜스로 가격을 후하게 쳐주는데, 프라우선 뱃사람과 바바(중국인) 어부는 사탕수수에 물리질 않으며 이곳에서도 끊임없이 먹고 있다. 식단의 절반은 사탕수수이며 돼지에게 먹이기도 한다. 집집마다 사탕수수 찌꺼기가 수북이 쌓여 있으며, 설탕을 짤 때 찌꺼기를 담는 커다란 고리버들 바구니는 집에서 흔히 볼 수 있는 가구다. 어느 때든 집을 방문하면 서너 명이 한 손에 사탕수수 줄기를, 다른 손에는 칼을 들고 다리 사이에 바구니를 끼운 채 줄기를 썰고 벗기고 씹고 바구니에 채우는 광경을 볼 수 있다. 이들의 부지런한 끈기를 보면 배고픈 소가 풀을 뜯거나 털애벌레가 잎을 먹는 광경이 떠오른다.

배들이 닷새 만에 도보에서 돌아왔다. 알리와 내가 주문한 물건들도 안전하게 도착했다. 많은 사람이 짐을 숙소로 옮기려고 모였다. 짐 중에는 이곳에서 대단한 사치품인 코코넛도 많이 있었다. 신기하게도 이곳에는 코코야자나무를 전혀 심지 않는데 이유는 간단하다. 12년 뒤의 수확을 기대하면서 맛있는 열매를 땅에 묻을 생각을 하지 못하기 때문이다. 밤낮으로 지키지 않으면 남들이 열매를 파내어 먹어버릴 위험도 있다. 내가 주문한 물건 중에는 아라크주 한 상자가 있었는데 당연히 한 모금 맛보게 해달라는 사람들에 둘러싸이고 말았다. 휴대용 병 하나(대략 두 병 분량)를 주었더니 금세 동났다. 맛보지 못한 사람도 많은 듯했다. 달라는 대로 주었다가는 상자가 금방 빌까 봐, 처음은 그냥 주었지만 두 번째는 대가를 치러야 하며 그 다음에는 휴대용 병 하나당 극락조 한 마리를 가져와야 한다고 말했다. 사람들은 즉시 집집마다 다니며 네덜란드 동전으로 1루피를 모아 두 번째 병을 받아서는 이번에도 금방 다 마셨다. 그러더니 수다가 많아졌지만 내가 예상한 것만큼 소란하고 귀찮지는 않았다. 두세 명이 내게 와서 내 나라의 이름을 알려달라고 스무 번째 부탁했다. 그들은 이름을 제대로 발음할 수 없었기에 내가 자신들을 속이고 있으며 이름을 지어냈다고 우겼다. 터무니없게도 고국의 친구를 닮은 웃긴 노인 한 명은 분통을 터뜨리기 직전이었다. 그가 말했다. "웅룽이라니! 그런 이름을 누가 들어봤단 말이오. 앙랑. 앙거랑. 이게 당신네 나라 이름일 리가 없소. 당신 장난치는 거지?" 그러더니 그럴듯한 근거를 내놓으려 들었다. "우리 나라는 와눔바이요. '와눔바이'는 누구나 발음할 수 있지. 나는 오랑 와눔바이요. 하지만 응글룽이라니! 그런 이름은 금시초문이오! 당신 나라의 진짜 이름을 말해주시오. 그래야 당신이 떠난 뒤에 당신에 대해 이야기할 수 있지 않겠소?" 이 명쾌한 논리와 항의 앞에서 나는 고개를 끄덕이는 수밖에 없었다. 다들 내가 어떤 이유로든 자신들을 속이고 있다고 철석같이 믿었다. 그 다음에는 공격 방향을 바꾸어 저 많은 동물과 새와 곤충과 조개껍데기를 애지중지 간수하는 이유가 무엇이냐고 물었다. 전에도 몇 번 물어본 적이 있었는데 그때마다 나는 속을 채워서 살아 있는 것처럼 보이게 하면 우리 나라 사람들이 보러 온다고 설명했다. 하지만 그들은 곧이듣지 않았다. 우리 나라에는 더 나은 볼거리가 많을 텐데 단지 사람들 보라고 새와 짐승에 그렇게 공을 들인다는 것을 믿을 수 없다고 했다. 그들은 새와 짐승을 보고 싶어 하지 않았다. 캘리코 면직물과 유리와 주머니칼과 온갖 근사한 물건을 만드는 우리가 아루 제도에서 온 것들을 보고 싶어 할 리 없다고 생각했다. 그들은 이 문제를 줄곧 생각했음이 분명했다. 그러다 마침내 매우 만족스러운 이론을 내놓았다. 아까의 노인이 낮고 비밀스러운 목소리로 내게 말했다. "바다로 가면 저것들은 뭐가 되는 거요?" 내가 대답했다.

"그냥 전부 상자에 포장하죠. 뭐가 될 거라고 생각했나요?" 노인이 말했다. "전부 다시 살아나는 거 아니오?" 나는 그게 사실이라면 바다에서 먹을 게 많겠다고 농담하려 했지만 그는 의견을 굽히지 않은 채 확신에 차 이렇게 되풀이했다. "그래요, 전부 다시 살아나는 거요. 그렇게 되는 거였어. 전부 다시 살아난다고."

그는 한참을 골똘히 생각하더니 잠시 뒤에 다시 말을 꺼냈다. "나는 다 안다오. 옳거니! 당신이 오기 전에는 매일 비가 내렸는데-아주 축축했지-당신이 온 뒤로 날이 화창하고 덥잖소. 그랬군! 난 다 알아. 날 속일 순 없소." 그렇게 해서 나는 마법사로 낙인찍혔고 혐의에서 벗어날 수 없었다. 하지만 다음 질문에 마법사는 어안이 벙벙했다. 노인이 말했다. "부기족과 중국인이 자기네 물건을 팔러 가는 저 커다란 배는 뭐요? 늘 큰 바다에 있는데, 이름은 '종'이오. 우리에게 말해주시오." 사람들이 배에 대해 무엇을 아는지 물었지만 허사였다. 그들은 이름이 '종'이고 늘 바다에 떠 있고 아주 커다란 배라는 것 말고는 아무것도 몰랐으며, 이렇게 결론 내렸다. "그게 당신 나라요?" 내가 '종'에 대해 아무것도 말해줄 수 없고 말하려 들지 않음을 알게 되자 내가 우리 나라의 진짜 이름을 말하지 않는 것에 대한 유감이 또 터져 나왔다. 그러고는 이따금 무역하러 오는 부기족과 중국인보다 내가 훨씬 나은 사람이라는 찬사가 줄을 이었다. 나는 물건을 공짜로 주고 속이려 들지도 않는다는 이유에서였다. 다시 진지한 질문이 던져졌다. "얼마나 머물 거요? 두세 달 있을 생각이오?" 그들이 새와 동물을 많이 가져다주면 내가 가져온 물건이 금세 바닥날 거라고 했더니 예의 늙은 대변인이 말했다. "가지 마시오. 도보에서 물건을 더 보내라고 하시오. 여기 1~2년 머무시오." 그러더니 옛 이야기를 또 끄집어냈다. "당신 나라 이름 좀 말해주시오. 우리는 부기족도 알고 마카사르족도 알고 자와족도 알고 중국인도 아는데 오직 당신만, 당신이 어느 나라에서 왔는지만 모른단 말이오. 웅룽이라니! 그럴 리 없소. 그게 당신 나라 이름이 아니라는 걸 알고 있소." 기나긴 대화의 끝이 보이지 않아 피곤해서 자러 가야겠다고 말했다. 저녁거리로 말린 생선 조금과 사고 빵에 곁들여 먹을 소금 약간을 달라고 요청한 뒤에 그들은 아주 고이 돌아갔다. 나는 밖에 나와 달빛 아래에서 이 순진무구한 사람들과 아루 제도의 신기한 동식물을 생각하며 집 주변을 거닐었다. 그러고는 모기장 안으로 들어와 이 착한 야만인들 사이에서 더없는 안전함을 느끼며 잠이 들었다.

덥고 건조한 날씨가 이레나 여드레째 이어지자 작은 강은 얕은 웅덩이들로 바뀌고 웅덩이들 사이로 가느다란 물줄기가 흘렀다. 아루 제도가 마카사르 같은 건기였으면, 아무도 살 수 없었을 것이다. 높이가 30미터를 넘는 곳이 한 군데도 없으며, 온 땅이 다공성 산호암 덩어리여서 지표수가 금세 사라지기 때문이다. 이곳의 유일한 건기는 9월이나 10월의 한두 달로, 그때는 물이 너무 부족해서 새와 동물 수백 마리가 목말라 죽기도 한다. 원주민들은 작은 개울의 수원水源 근처로 집을 옮긴다. 깊은 숲속 웅달에는 아직도 소량의 물이 남아 있기 때문이다. 많은 사람들이 물을 길으려고 수 킬로미터를 걸으며 커다란 대나무에 물을 담아두고 아주 조금씩 아껴 쓴다. 사람들은 물웅덩이를 지켜보거나 주변에 올무를 치면 온갖 동물을 잡을 수 있다고 말했다. 채집물을 확보하기에는 적기였다. 하지만 물이 부족해서 여간 불편하지 않았으며 또 1년 동안 여기에 머물러야 한다는 것은 생각조차 할 수 없었다.

도보를 떠난 뒤로 벌레 때문에 무척 고생을 했다. 마치 내가 자기네 종족을 오랫동안 괴롭힌 것에 복수하려고 마음먹은 듯했다. 처음 머문 곳은 밤에 모래파리Sandfly가 무척 많아서 온몸에 기어 들어왔는데 가려움이 모기보다 오래갔다. 발과 발목이 특히 고생했다. 온통 작고 붉은 반점으로 부어올라 끔찍할 정도로 괴로웠다. 이곳에 도착했을 때 집에 모래파리나 모기가 없어서 기뻤으나, 매일 찾아간 농장에는 낮에 무는 모기가 득시글거렸으며 특히 내 가련한 발을 집중 공략했다. 한 달간 끊임없이 형벌에 시달린 끝에, 묵묵히 일하던 일꾼 두 발이 처우에 반발하여 노골적으로 봉기를 일으켰다. 염증성 궤양이 수없이 생겨 무척 아팠으며 걸을 수도 없었다. 그래서 집에 처박혀 있어야 했으며 당분간은 나갈 수 있을 기미가 보이지 않았다. 더운 기후에서는 발의 상처나 궤양이 유달리 안 낫기 때문에 어느 질병보다 두려웠다. 덥고 화창한 날씨는 곤충 채집에 제격이기에 무척 좀이 쑤셨다. 틀림없이 근사한 채집물을 얻을 수 있을 터였기 때문이다. 게다가 더 작고 희귀하고 흥미로운 표본을 얻으려면 매일같이 끊임없이 찾아다녀야 한다. 멱을 감으러 강가에 내려갔을 때 파란 날개의 율리시스제비나비와 그에 못지않게 희귀하고 아름다운 곤충을 곧잘 보았지만 기다리는 것 말고는 방법이 없었다. 나는 말없이 새 가죽을 벗기거나 실내에서 할 수 있는 일을 했다. 이 해충들이 쏘고 물고 끊임없이 가렵게 하는 것은 군말 없이 견딜 수 있었지만, 어느 숲에서나 희귀하고 아름다운 생물을 만날 수 있는 이 풍요로운 미답의 지역에서-그토록 길고 지루한 항해를 거쳐 도착했으며 이번 세기에는 같은 목적으로 다시는 찾아오지 못할 지역에서-갇혀 지내는 것은 자연사학자가 고분고분 참아내기에는 너무 가혹한 형벌이다.

하지만 일꾼들이 매일같이 가져오는 새를 보면서 위안을 삼았다. 특히 극락조는 마침내 깃옷을 제대로 갖췄다. 극락조를 손에 넣은 것은 큰 위안이었다. 표본을 구하지 못했다면 도저히 아루 제도를 떠나지 못했을 테기 때문이다. 하지만 내게 새 자체만큼 중요한 것은 녀석들의 습성을 아는 것이었다. 나는 사냥꾼들의 설명을 듣고 원주민들과 대화를 나누면서 매일같이 지식을 넓혔다. 이제 숲에서 녀석들의 (이곳 사람들이 '사칼렐리'라고 부르는) 구애 춤이 시작되었다. 구애 춤은 특정한 나무에서 췄는데, 처음에 상상한 것과 달리 유실수가 아니라 수관을 넓게 펼치고 잎이 크지만 듬성듬성한 나무였으며 새들이 춤추고 깃털을 과시할 공간이 충분했다. 깃옷이 온전한 수컷 여남은 내지 스무 마리가 이 중 한 나무에 모여 날개를 쳐들고 목을 쭉 뻗고 아름다운 깃털을 들어 올려 끊임없이 흔들었다. 중간중간에 이 가지에서 저 가지로 호들갑스럽게 날아다니는 통에 온갖 모양과 움직임으로 흔들리는 깃털들이 온 나무에 가득했다(556쪽 삽화 참고). 크기는 거의 까마귀만 하며 색깔은 진한 커피색이다. 머리와 목은 위쪽은 밀짚 같은 샛노랑이고 아래쪽은 풍부한 금속성 초록색이다. 양 날개 아래에서 길고 북슬북슬한 황금빛 귤색 깃털 다발이 돋아났는데 녀석이 쉬고 있을 때면 날개에 가려 전혀 보이지 않는다. 하지만 흥분하면 날개를 등위로 치켜들고 고개를 숙여 쭉 뻗는데 그러면 기다란 깃털 다발이 올라와 펼쳐져 근사한 금색 부채 두 개가 된다. 밑동에는 진빨강 줄무늬가 나 있으며 색깔이 점차 옅어져, 잘게 나뉘고 부드럽게 흔들리는 점들에서는 연갈색으로 바뀐다. 그러면 몸 전체가 깃털 다발에 압도되어, 웅크린 몸과 노란 머리, 에메랄드빛 초록색 멱은 위에서 흔들리는 황금빛 장관의 토대이자 배경에 지나지 않게 된다. 이 자세에서 보면 극락조는 이름값을 톡톡히 한다. 세상에서 가장 아름답고 경이로운 생물로 꼽기에 손색이 없다. 작고 사랑스러운 극락조뿐 아니라 화려한 비둘기, 작고 귀여운 쇠앵무, 그 밖에도 대부분 오스트레일리아와 뉴기니 섬의 새들과 거의 비슷한 여러 작고 신기한 새들의 표본이 속속

입수되었다.

그동안 함께 지낸 여느 야만인과 마찬가지로, 이곳의 야만인들에게서도 나는 인체의 아름다움에 경탄했다. 이것은 제 나라에 틀어박힌 문명인은 상상하지 못할 아름다움이다. 최고의 그리스 조각도 내가 매일같이 본, 살아 있고 움직이고 숨 쉬는 남자들에게는 비길 수 없다. 그날그날 일을 시작하거나 편안하게 쉬고 있는 알몸의 야만인에게서 풍기는 자연스러운 멋은 보지 않고는 상상할 수 없다. 활시위를 당기는 젊은이는 남성미의 극치다. 하지만 여자들은 아주 어릴 때 말고는 결코 남자만큼 보기 좋지는 않다. 우락부락한 이목구비는 전혀 여성스럽지 않으며, 고된 노동과 궁핍, 매우 이른 조혼 때문에 그나마 잠깐 가졌던 아름다움이나 우아함도 금세 사라진다. 옷차림도 매우 단순하며, 이런 말 하기는 유감스럽지만 매우 조잡하고 구질구질하다. 야자 잎을 꼬아 엮은 베를 엉덩이에서 무릎까지 몸에 바싹 붙게 두른 것이 전부다. 해어질 때까지 갈아입지 않는 데다 좀처럼 빨지도 않으며 대체로 매우 더럽다. 특별한 경우에 말레이식 사롱을 걸치는 것 말고는 늘 이 차림이다. 꼬불꼬불한 머리카락은 뒤통수에 틀어 묶었다. 머리 빗는, 아니 포크질하는 것을 좋아하는데 네 갈래의 커다란 나무 포크는 꼬불꼬불하게 자란 두개골 숲을 어떤 빗보다 훌륭하게 가르고 정돈한다. 여자들의 유일한 장신구는 귀고리와 목걸이로, 취향에 따라 다양하게 걸친다. 목걸이 끝은 종종 귀고리에 연결되었다가 목덜미의 땋은 머리 위로 고리를 이룬다. 이렇게 하면 구슬이 머리 양쪽에서 기품 있게 달랑거려 무척 우아하다. 귀고리와 연결되는 것에서 보듯 이 야만적 장신구에서도 쓸모를 찾을 수 있다. 여전히 귀에 구멍을 뚫어 귀고리를 거는 여성들은 이 스타일을 고려해 보시길. 파푸아 여인들의 또 다른 목걸이 스타일은 목걸이를 두 개 걸되 목 양쪽으로 겨드랑이 아래에 늘어뜨려 둘이 엇갈리도록 하는 것이다. 이 스타일은 매우 예쁜데 여기에는 목걸이의 흰 구슬과 캥거루 이빨이 까무잡잡한 피부와 대조를 이루는 탓도 있다. 귀고리는 구리나 은 막대를 양 끝이 만나도록 구부려 만든다. 남자는 여느 야만인과 마찬가지로 여자보다 치장을 더 많이 한다. 목걸이, 귀고리, 반지를 끼며, 풀을 꼬아 만든 끈을 어깨 바로 아래 팔에 감아 머리카락 다발이나 화려한 색깔의 깃털을 장식으로 즐겨 단다. 목걸이는 작은 동물의 이빨만으로 만들거나 여기에다 흰색과 검은색의 구슬을 번갈아 끼워 만드는데 이런 식으로 팔찌를 만들기도 한다. 하지만 팔찌의 재료로는 부적으로도 쓰이는 화식조의 검고 딱딱한 날개 뼈나 놋쇠줄을 선호한다. 놋쇠나 조가비로 만든 발찌를 차고 무릎 아래에 끈을 졸라매면 평상시의 장식이 완성된다.

더 남쪽에 있는 코브로르 원주민들은 아루 제도에서 가장 열악하고 미개한 부족으로 통하는데, 어느 날 우리를 찾아왔다. 이들은 장신구를 더 많이 걸친 탓에 여느 야만인보다 더 야만적인 모습이었다. 가장 눈에 띄는 것은 이마에 붙인 편자 모양의 큰 빗으로, 끝부분은 관자놀이에 닿아 있었다. 빗 뒤쪽은 나뭇조각에 고정했는데 나뭇조각 앞쪽은 주석으로 도금했고 위쪽에는 수탉 꽁지깃을 달았다. 그 밖에는 내가 함께 지내는 사람들과 별반 다르지 않았다. 그들은 새 두어 마리와 조가비, 곤충을 가져왔는데 이는 백인과 그의 활약에 대한 이야기가 그들의 나라까지 퍼졌다는 증거였다. 그때쯤은 아루 제도에서 나에 대해 듣지 못한 사람이 아무도 없었을 것이다.

앞에서 언급한 가정용품을 제외하면 원주민의 동산動產은 매우 빈약하다. 사냥에 쓰는 창과 활, 화살, 그리고 파랑, 도끼는 충분히 있다. 부기족과 그 밖의 말레이 민족이 상업 활동을 벌인 덕에 석기시대는 넘어섰다. 허리띠에 차거나 어깨에 걸친 작은 가죽 주머니와 장식된 대나무에는 빈랑 열매, 담배, 석회를 넣어 다니며 나무껍질 허리수건과 맨살 사이에는 으레 작은 독일제 나무 손잡이 주머니칼을 끼워두었다. 남자들은 '카잔'이라는 멍석도 하나씩 가지고 있다. 카잔은 판다누스의 넓은 잎을 세 겹으로 반듯하게 꿰매어 만든다. 넓이는 가로세로 1.2미터가량으로, 접으면 꿰맨 가장자리가 위로 올라와 한쪽이 뚫린 일종의 자루가 된다. 닫힌 쪽에 머리나 발을 둘 수도 있고, 소나기가 오면 비옷과 우산으로 머리에 쓸 수도 있다. 가지고 다니기 편하게 두 번 포개어 작게 만들 수 있으며, 이렇게 하면 가볍고 푹신푹신한 쿠션이 되기 때문에 옷, 집, 이부자리, 가구가 한꺼번에 해결되는 셈이다.

아루 제도의 주택에서 유일한 장식물은 사냥 기념물로, 멧돼지 턱뼈, 화식조 머리와 등뼈, 극락조와 화식조와 닭의 깃털로 만든 장식 등이 있다. 창, 방패, 칼자루, 기타 도구는 근사한 모양으로 깎았으며 멍석과 시리 상자는 빨간색, 검은색, 노란색의 반듯한 무늬로 칠하거나 도금했다. 야자 잎 속을 엮고 판다누스 잎으로 안감을 대고 판다누스 잎이나 풀을 꼬아 겉감을 대어 만든 이 기발한 상자는 결코 잊지 못할 것이다. 모든 연결부와 모서리는 등덩굴 조각을 깔끔하게 꿰매어 덮었다. 뚜껑에는 빈랑나무의 (가죽 같은) 갈색 불염포佛焰苞[14]를 덮어 물이 스며들지 않으며, 상자는 전체적으로 반듯하고 튼튼하고 마감이 훌륭하다. 길이는 몇 센티미터에서 60~90센티미터까지 다양하며 말레이인이 옷상자로 높이 평가하기에 아루 제도의 주요 수출품이다. 원주민들은 작은 상자에 담배나 빈랑 열매를 넣지만 큰 상자가 필요할 만큼 옷이 많은 경우는 거의 없으므로 큰 상자는 전부 판매용이다.

원주민 집에서 으레 볼 수 있는 가축으로는 화려한 앵무, 초록색과

---

14 꽃차례를 둘러싸는 커다란 비늘 모양 조각. _옮긴이

빨간색과 파란색의 닭(처마에 달린 바구니에 앉아 있으며 용마루에서 잔다), 굶주리고 늑대처럼 생긴 개가 있다. 쥐와 생쥐가 없는 대신 크기가 비슷하고 신기하게 생긴 작은 유대류가 있는데, 밤에 돌아다니면서 먹을 수 있는 것은 (덮어놓지 않으면) 죄다 갉아 먹는다. 네댓 종의 개미는 물로 차단하지 않은 모든 것을 공격하며 한 종은 심지어 물을 헤엄쳐 건너기까지 한다. 바구니와 상자에는 큰 거미들이 숨어 있는데 모기장 주름에 들어가 있을 때도 있다. 순각류와 배각류는 어디에나 있다. 베개와 머리맡에서 잡은 적도 있다. 모든 상자 속과 며칠 동안 내버려둔 모든 판자 밑에서는 작은 전갈이 편안하게 자리 잡고 있다가 무시무시한 꼬리를 재빨리 세워 공격하거나 방어할 준비를 한다. 이런 동반자들이 매우 무섭고 위험하긴 하지만 이들을 다 합쳐도 모기와 숙소에서 곧잘 발견되는 해충으로 인한 짜증에는 미치지 못한다. 모기와 해충은 줄기차게 나를 괴롭히고 귀찮게 하는 반면에 전갈과 거미, 순각류는 징그럽고 독이 있기는 하지만 오랫동안 함께 살아도 아무런 해를 입지 않는다. 열대지방에서 12년을 살았지만 이 녀석들에게 물리거나 쏘인 적은 한 번도 없었다.

앞에서 말한 앙상하고 굶주린 개들은 나의 철천지원수였으며 끊임없이 경계해야 했다. 일꾼들이 새 가죽을 벗기다 잠깐만 놔두면 어김없이 사라졌고, 먹을 수 있는 것은 무엇이든 개들이 올라가지 못하는 지붕에 매달아야 했다. 어느 날 알리가 멋진 왕극락조 가죽을 다 벗긴 순간 가죽을 떨어뜨렸다. 허리를 숙여 가죽을 집으려는 찰나에 굶주린 짐승 한 마리가 달려들었다. 간신히 송곳니에서 빼내긴 했지만 이미 너덜너덜해진 뒤였다. 큰 극락조의 가죽 두 장을 바로 포장할 수 있도록 잘 말렸는데 종이에 싼 채 무심코 밤새도록 탁자에 올려두었다. 이튿날 아침에 보니 가죽은 온데간데없고 널브러진 깃털 몇 개만이 극락조의 운명을 암시했다. 공중에 매단 선반은 본디 개들이 접근할 수 없지만 멍청하게도 (발판 역할을 할 수 있는) 상자를 내버려둔 탓에 이튿날 아침에 완벽한 깃털의 극락조 한 마리가 사라졌다. 집 아래쪽에서 개 한 마리가 고깃점을 우물거리고 있었는데 멋진 황금색 깃털들이 온통 진흙탕에 처박혀 있었다. 밤마다 잠자리에 들라치면 녀석들이 먹을 것을 찾아서 탁자 밑, 상자와 바구니 속을 뒤지는 소리가 들렸다. 귀중한 물품을 무심코 내버려두지 않았나 싶어 아침까지 신경이 곤두섰다. 녀석들은 물 위에 띄운 램프의 기름을 마시고 심지를 먹고 (게으른 일꾼들이 음식 냄새를 미처 없애지 않으면) 식기를 뒤적이거나 깨뜨렸다. 하지만 언젠가 보르네오 섬에서 다야크족의 집에 머물 때는 한술 더 떴다. 방수 목구두 윗부분을 쏠고 낡은 가죽 사냥감 주머니를 왕창 먹어치웠으니 말이다. 모기장을 뜯어 먹은 것은 약과였다!

4월 28일—전날 저녁에 대회의가 열렸다. 사전에 준비하고 논의한 회의였다. 많은 원주민이 몰려와 자기네도 이야기하고 싶다고 말했다. 말레이어를 가장 잘 하는 사람 두 명이 서로 도와가며 발언했고 나머지는 자기네 말로 귀띔하고 의견을 덧붙였다. 그들은 장황하게 이야기를 늘어놓았지만, 그들의 말레이어가 완벽하지 않고 내가 현지 용어를 모르고 그들의 이야기가 오락가락해서 정확히 이해할 수는 없었어도 그것은 전통이었고 그들에게 그런 전통이 있다는 것이 반가웠다. 그들의 말에 따르면 오래전에 낯선 자들이 아루 제도에 찾아와 이곳 와눔바이에 왔다. 와눔바이 촌장은 그들이 마음에 들지 않아 떠나길 바랐지만 그들이 떠나려 들지 않아 싸움이 벌어졌다. 많은 아루 사람이 목숨을 잃었으며 촌장을 비롯한 몇 명은 사로잡혀 낯선 자들에게 끌려갔다. 그때 몇 사람이, 촌장은 끌려간 게 아니라 자기 배를 타고 이방인들에게서 탈출하여 바다로 나가 다시는 돌아오지 않은 것이라고 말했다. 하지만 촌장과 사람들이 여전히 외국에서 살고 있으며 그들을 찾을 수만 있다면 사람을 보내어 다시 데려오겠다는 믿음은 하나같았다. 그들은 백인이 바다 너머 모든 나라를 알 거라는 막연한 추측으로, 내가 우리 나라에서나 바다에서 그 사람들을 만난 적이 있느냐고 물었다. 다른 곳에 있으리라고는 상상할 수 없었기에 반드시 그곳에 있을 거라 생각했다. 육지와 바다, 숲과 산, 공중과 하늘을 다 찾아보았지만 그들을 발견할 수 없었으므로 우리 나라에 있는 게 틀림없다고 했다. 그들은 내가 큰 바다를 건너왔으니 분명히 알 거라며 자기들에게 말해달라고 애걸했다. 나는 작은 보트로는 우리 나라까지 갈 수 없으며 아루 제도 같은 섬들이 근방에 얼마든지 있다고 설명했다. 게다가 아주 오래전 일이니 촌장과 사람들은 모두 죽었을 터였다. 하지만 그들은 이 말에 웃음을 터뜨리면서 그들이 살아 있는 게 확실하고 증거도 있다고 말했다. 여러 해 전 자신들이 소년일 때 고기잡이를 하던 워캄 사람들이 실종자들을 바다에서 만나 이야기를 나눴다고 했다. 촌장은 자신들이 살아 있으며 곧 돌아갈 거라는 표시로 워캄 사람들에게 옷감 3,000마를 주면서 와눔바이 사람들에게 전해달라고 말했다. 하지만 워캄 사람들은 도둑놈이어서 옷감을 빼돌렸으며 와눔바이 사람들은 나중에야 이 사실을 알았다. 워캄 사람들에게 따지자 그들은 부인하며 옷감을 받은 적이 없다고 잡아뗐다. 그래서 와눔바이 사람들은 실종자들이 그 당시에 살아 있었으며 바다 어딘가에 있음을 확신했다. 그러다 얼마 전에 몇몇 부기족 무역상이 실종자들의 아이들을 데려왔다는 이야기가 있었다. 그래서 알아보려고 도보에 갔는데 지금 내게 이야기하는 집주인이 그때 갔던 사람이다. 하지만 부기족은 아이들을 보여주지 않았으며 집 안에 들어오면 죽이겠다고 협박했다고 한다. 부기족은 아이들을 큰 상자에 가둬놓았으며 떠날 때 데려갔다. 이야기를 마친 마을 사람들은 간절한 목소리로 촌장과 실종자들이 지금 어디에 있는지 알면 말해달라고 애원했다.

나는 질문을 던져 그들을 데려간 낯선 자들에 대해 몇 가지 정보를 얻었다. 낯선 자들은 힘이 장사였으며 한 명이 아루 사람 여러 명을 죽일 수 있었다. 아무리 심한 부상을 입어도 상처에 침을 뱉으면 그 자리에서 나았다. 또한 낯선 자들은 등덩굴로 커다란 그물을 만들어 포로를 가두고는 물에 빠뜨렸으며 이튿날 그물을 해안에 끌어올려 익사자들을 살린 뒤에 데리고 갔다.

똑같은 얘기가 거듭되었지만 혼란스럽고 제멋대로여서 도무지 알아들을 수 없었기에 이 모든 일이 언제 일어났느냐고 물었더니 사람들이 부기족에게 잡혀간 뒤에 부기족의 프라우선이 찾아와 무역을 하고 해삼과 새집을 샀다고 말했다. 이들이 말하는 것과 비슷한 사건이, 초기 포르투갈인 탐험가들이 처음 아루 제도에 왔을 때 일어났고 그 뒤로 꾸준히 살이 붙어 전설과 우화가 되었을 가능성이 없지는 않다. 다음 세대에게나 심지어 그 이전 세대에게 나 자신이 주술사나 반신, 기적을 행하는 자, 초자연적 지식을 가진 자로 둔갑하리라는 것은 의심할 여지가 없다. 이들은 이미 내가 보존 처리한 동물이 모두 다시 살아날 것이라 믿으며 자기 자식들에게는 정말 다시 살아났다고 이야기할 것이다. 내가 도착한 것과 때를 같이하여 날씨가 이례적으로 좋아진 탓에 사람들은 내가 계절을 좌우할 수 있다고 믿었다. 내가 늘 숲을 홀로 거니는 것도 그들에게는 놀랍고 신비했으며, 내가 못 본 새와 동물에 대해 묻고 그 동물들의 형태, 색깔, 습성을 알고 있는 것 또한 그들에게는 미스터리였다. 그들이 듣고 싶어 하는 얘기를 내가 알지 못한다고 하자 그들은 이 같은 사실을 들먹였다. 그들이 말했다. "당신은 틀림없이 알고 있소. 당신은 뭐든 알고 있잖소. 당신은 일꾼들이 사냥하도록 좋은 날씨를 만들고 우리의 모든 새와 동물에 대해 우리만큼 잘 알고 있소. 홀로 숲에 들어가서도 두려워하지 않소." 그러니 내가 모른다고 아무리 얘기해 봐야 그들 귀에는 진실을 털어놓지 않으려는 맹목적이고 뻔한 핑계로 들렸다. 나의 필기구와 책도 불가사의한 물건이었다. 내가 돋보기와 자석으로 몇 가지 간단한 실험을 해 보여 그들을 현혹한다면 몇 해 지나지 않아 내가 기적을 행한다는 소문이 끝없이 퍼질 것이다. 그리하여 훗날 여행자들이 와눔바이에 오게 된다면 그들은 수많은 기적을 행한 초자연적 인물이 실은 마을에서 몇 달을 머문 가련한 영국인 자연사학자였음을 좀처럼 믿지 못할 것이다.

며칠 동안 마을에는 흥분이 감돌았으며 낯선 사람들이 창과 단검, 활, 방패로 무장하고 돌아다녔다. 알고 보니 근처에서 전쟁이 벌어지고 있었다. 내가 이해할 수 없는 현지의 정치적 문제로 두 이웃 부족 사이에 다툼이 벌어진 것이었다. 사람들은 이것이 매우 흔한 일이며 근방 어딘가에서 싸움이 벌어지지 않는 것이 오히려 드문 일이라고 말했다. 개인 간 분쟁도 마을과 부족 차원에서 대응하며, 갈등과 유혈 사태의 가장 흔한 원인은 아내를 얻으면서 약속한 대가를 치르지 않는 것이다. 전투용 방패 하나가 손에 들어와 관찰할 기회가 생겼다. 방패는 등덩굴로 만들었으며 꼰 무명실로 덮어 가볍고 튼튼하면서도 매우 질겼다. 웬만한 총알은 막아낼 것 같았다. 가운데쯤에 팔을 넣는 구멍이 뚫려 있고 뚜껑이 덮여 있었다. 이렇게 하면 팔을 넣어 활을 당기면서도 몸통과 얼굴은 눈 높이까지 보호할 수 있다. 여느 방패처럼 뒤쪽에 고리를 달아 팔을 끼우면 이렇게 할 수 없다. 우리 숙소에서도 젊은이 몇 명이 친구를 도우려고 나섰지만 누가 다쳤다거나 심한 싸움이 일어났다는 얘기는 듣지 못했다.

5월 8일—지금까지 와눔바이에서 여섯 주를 보냈으나 절반 이상은

도보의 장날

발의 궤양 때문에 집에 틀어박혀 지냈다. 물품이 동나고 새 상자와 곤충 상자가 가득 찼으며 당장은 다리를 쓸 수 있을 것 같지 않아서 도보에 돌아가기로 마음먹었다. 요즘 들어 새가 귀해졌고 원주민들의 장담과 달리 한 달이 지나도 극락조가 늘지 않았다. 와놈바이 사람들은 내가 떠난다니 무척 서운해 했는데 그럴 만도 했다. 농장을 오가며 주운 조가비와 곤충, 어린 소년들이 활로 사냥한 새 덕분에 담배와 감비르를 듬뿍 얻은 데다가 차후에 쓸 수 있는 구슬과 구리도 모아둘 수 있었으니 말이다. 집주인에게는 달라고 할 때마다 쌀, 생선, 소금을 조금씩 주었다(아주 자주는 아니었지만). 헤어지면서 남은 소금과 담배를 나누어주고 집주인에게는 아라크주를 주었다. 이 순박한 사람들과 지낸 시간은 전반적으로 서로에게 즐겁고 유익했다. 나는 돌아오고 싶은 마음이 굴뚝같았다. 여건이 허락하지 않을 것임을 알았다면 이곳을 떠날 때 무척 아쉬웠으리라. 이곳에서 처음으로 나는 희귀하고 아름다운 생물을 수없이 보았으며, 날마다 새롭고 뜻밖인 보물이 쏟아져 나오는 미개척 지역을 운 좋게 발견했을 때 자연사학자의 가슴을 채우는 기쁨을 만끽했다. 오후에 배에 짐을 싣고 동트기 전에 출발하여 순풍을 타고 그날 저녁 늦게 도보에 도착했다.

32장

아루 제도-도보 이차 체류

(1857년 5월과 6월)

도보는 인파가 차고 넘쳐 감독위원회 회의가 열리는 법원 청사에 묵어야 했다. 감독위원회는 섬을 떠난 뒤였다. 청사가 마을 끝에 위치하여 대로를 내려다볼 수 있었기에 잘된 일이었다. 청사는 오두막에 불과했지만 절반에는 대충이나마 판자를 댄 벽이 있어서 칸막이를 세우고 창문을 달아 매우 쾌적한 숙소로 바꿨다. 바르즈베르헌 씨에게 맡긴 상자 중 하나는 작은 개미 떼가 들어앉아 알을 수백만 개 낳았다. 다행히 날이 덥고 화창해서 상자를 집에서 약간 멀리 가져와 내용물을 햇볕에 한두 시간 두었더니 개미들이 고이 빠져나갔다. 운 좋게도 무해한 종이었다.

도보는 활기가 넘쳤다. 길가에 집 대여섯 채가 새로 들어섰으며, 프라우선은 곶 서편에 모두 입항하여 해변에 끌어올려져 회항을 위해 희고 두툼한 회반죽으로 틈을 메우고 겉을 칠했으며 그 덕에 일대에서 가장 밝고 깨끗해 보였다. 작은 배들은 대부분 뉴기니 쪽 섬들을 일컫는 '블라캉 타나'에 갔다 돌아온 참이었다. 집 뒤에서는 땔나무 더미를 쌓고 있었고, 돛 장인과 목수는 분주했다. 자개용 조개껍데기가 다발로 묶이고 있었으며, 징그러운 검은색 훈제 해삼은 배에 실리기 전에 마지막으로 햇볕을 쬐고 있었다. 일이 없는 뱃사람들은 나무를 베고 자르는 일에 고용되었다. 스람 섬과 고롱 제도에서 온 배들은 무역상들이 본국으로 싣고 갈 사고 빵을 끊임없이 부리고 있었다. 닭, 오리, 염소는 밀집한 인구의 음식물 쓰레기를 먹고서 모두 통통하고 무럭무럭 자랐으며, 중국인의 돼지는 살이 뒤룩뒤룩 찐 걸 보니 죽을 날이 얼마 남지 않은 듯했다. 여남은 종의 앵무와 장수앵무, 코카투앵무가 문간 대나무 횃대에 앉아 있었으며, 금속성 초록색이나 흰색의 과일비둘기는 한낮과 밤에 노래하듯 구구거렸다. 검은색과 갈색 줄무늬가 묘하게 그려진 어린 화식조들이 집 근처를 돌아다니거나 뙤약볕 아래서 새끼 고양이처럼 뛰놀았다. 이따금 작고 예쁜 캥거루도 눈에 띄었는데 아루 제도의 숲에서 잡혔으나 이미 길들어져 애완용 사슴처럼 우아했다.

저녁이 되자 예전에 머물렀을 때보다 생기가 넘쳤다. 톰톰, 구금口琴, 심지어 바이올린 소리가 들렸으며 밤늦도록 울려 퍼지는 구슬픈 말레이 노래는 귀에 거슬리지 않았다. 길거리에서는 매일같이 닭싸움이 벌어졌다. 구경꾼들이 둥글게 둘러섰고, 긴 쇠 박차를 묶은 뒤에 불쌍한 닭들이 서로 공격하고 죽이려고 마주 서면 이곳은 흥분의 도가니가 된다. 돈을 건 사람들은 따거나 잃을 것 같으면 고함을 지르고 펄쩍펄쩍 뛴다. 하지만 싸움은 몇 분 안 돼서 끝난다. 돈을 딴 사람들은 만세를 부르고 닭 주인들은 자기 닭을 움켜쥔다. 이긴 닭은 쓰다듬고 떠받들지만 진 닭은 죽거나 중상을 입기가 예사이며 주인은 걸어가면서 깃털을 뽑는데 아직 숨이 붙어 있는 데도 불쌍한 닭을 솥에 처넣을 준비를 하는 것이다.

하지만 내게 훨씬 흥미로운 것은 대체로 해 질 녘에 벌어지는 족구경기였다. 족구공은 좀 작은데 등덩굴로 만들었으며 속이 비었고 가볍고 낭창낭창하다. 선수는 잠시 발로 재간을 부리다가 이따금 팔이나 허벅지를 쓰기도 한다. 갑자기 족심足心으로 세게 차 공을 하늘 높이 띄운다. 상대편 선수가 달려가 땅에 한 번 튀긴 공을 발로 채어 이번에는 자신이 재간을 부린다. 공을 손으로 건드리면 안 되지만 발을 쉬게 하려고 팔, 어깨, 무릎, 허벅지를 쓰는 것은 얼마든지 허용된다. 두세 명이 무척 뛰어난 솜씨를 발휘하여 공을 줄곧 공중에 띄웠는데 장소가 너무 좁아서 실력을 한껏 과시하지는 못했다. 어느 날 저녁에 경기 중에 말썽이 일어나 말다툼이 심하게 벌어졌다. 두 사람뿐 아니라 양편의 여남은 내지 스무남은 명이 패싸움을 벌일까 봐 우려되는 상황이었다. 단도와 크리스를 휘두르는 진짜 전투가 벌어질 찰나였다. 하지만 많은 대화가 오간 끝에 조용히 넘어갔으며 그 뒤로는 아무 소식도 없었다.

자연으로부터 얼굴에 털이 무성하게 자라는 선물을 받은 유럽인은 대부분 이 때문에 얼굴이 흉해진다고 생각하여 아침마다 지난 24시간 동안 솟아난 터럭을 벌초하는 끊임없는 투쟁을 벌인다. 그런 점에서 몽골 민족 남자들은 우리가 부러워할 만하다. 이들은 대부분 평생 수염이 나지 않아 얼굴이 아기처럼 매끈하다. 하지만 면도는 인류의 본능인가 보다. 깎을 수염이 없는 사람들의 상당수는 머리카락을 대신 미니 말이다. 하지만 자연이 수염을 내놓도록 단호하게 행동을 취한 사람들도 있다. 도보에서 이름난 닭싸움꾼 한 사람은 자와족으로, 경기 의식儀式을 주관했는데 박차를 매고 참가자 중 한 명의 뒷배를 봐주었다. 이 남자는 부지런히 경작한 끝에 기예의 승리라 할 만한 콧수염 한 쌍을 길러냈다. 각 콧수염은 길이가 7센티미터를 넘는 여남은 가닥의 털로 이루어졌으며 공들여 기름 바르고 꼬아서 입의 양옆으로 검은 끈을 늘어뜨린 것처럼 눈에 확 띄었다(너무 멀리서 보지만 않는다면). 하지만 턱수염에서는 그만한 위업을 달성하기 힘들었다. 자연은 무정하게도 그의 턱에는 터럭 하나 내리기를 거부했기 때문이다. 아무리 솜씨 좋은 농사꾼이라도 경작할 작물이 아예 없으면 할 수 있는 일이 많지 않다. 하지만 진정한 재능은 어려움을 이겨내는 법이다. 턱에는 털이라고 할 만한 것이 전혀 없었지만, 우연히 턱 한쪽에 작은 사마귀인지 주근깨인지가 돋아 있었고 (흔히 그렇듯) 뜬금없는 털이 몇 가닥 나 있었다. 이거면 충분했다. 털은 10~13센티미터 길이로 자랐으며 그리하여 그는 턱 왼쪽 가장자리에 또 다른 검은 끈을 늘어뜨렸다. 주인은 이 털을 마치 대단한 것인 양 달고 다녔으며(실제로 대단했다) 애지중지하며 종종 손가락 사이로 쓰다듬었다. 콧수염과 턱수염을 무척 뿌듯해 하는 것이 분명했다!

아루 제도에서 가장 놀라운 것 중 하나는 유럽산이든 토산품이든 모든 제품이 무척 싸다는 것이었다. 이곳은 싱가포르 섬과 자카르타에서 3,000킬로미터 떨어졌으며, 그 자체로 '극동'의 상업 중심지로 유럽인 무역상은 찾지 않고 거의 알지도 못하는 곳이다. 우리 손에 닿는 물건은 전부 두세 번, 종종 그 이상 손을 거쳐서 왔는데도 영국의 캘리코 면직물과 아메리카의 무명천이 필당 8실링, 머스킷 총이 15실링, 가위와 독일제 주머니칼이 개당 1.5페니였으며 그 밖의 식기, 면직물, 도기도 마찬가지였다. 이 오지의 원주민들은 이 모든 물건을 영국의 노동자들과 사실상 거의 같은 가격에 살 수 있으며, 실제로는 훨씬 싸게 살 수 있다. 이 야만인들은 몇 시간만 일하면 자신에게 사치품인 것들을 얼마든지 살 수 있는 반면에 유럽인들에게는 이것이 생활필수품이기 때문이다. 하지만 야만인들은 물건 값이 싸다고 해서 결코 더 행복하거나 더 잘살지 않는다. 오히려 저렴한 가격은 이들에게 해로운 영향을 미친다. 노동을 시키려면 필요라는 자극이 있어야 한다. 철이 은처럼 귀하고 캘리코 면직물이 새틴만큼 비싸면 이것은 그에게 이로운 효과를 낼 것이다. 그런데 그들은 빈둥거릴 시간이 더 많고, 담배를 더 끊임없이 공급받으며, 아라크주에 더 자주 더 진탕으로 취할 수 있다. 아루 남자들은 어중간하게 취하는 것을 경멸한다. 아라크주 한 잔은 간에 기별도 안 가며 2리터 이상 들이부어야 겨우 기분 좋게 취한다.

이런 상황을 고찰하는 것은 유쾌한 일이 아니다. 우리의 거대한 제조 시스템, 막대한 자본, 치열한 경쟁 때문에 우리의 직기와 작업장에서 생산한 물건을 이 수많은 미개인들에게 떠안겨야 하는 상황에서 우리가 공급 가격을 현재의 두 배, 아니 세 배로 올리면 적어도 이들 중 절반은 물질적으로 조금도 열악해지지 않을 것이며 정신적으로는 틀림없이 개선될 것이다. 이와 동시에 가격 이상의 차액이 또는 그 상당 부분이 제조업 노동자들의 호주머니에 들어갈 수 있다면 수천 명이 결핍에서 안락으로, 굶주림에서 건강으로 올라설 것이며 범죄의 주요한 동기 중 하나로부터 벗어날 것이다. 영국인은 우리의 거대하고 나날이 증가하는 제조업과 상업을 생각할 때 자부심을 느낄 수밖에 없으며, 생산 가격을 낮추거나 새로운 시장을 발견함으로써 발전 속도를 가속화하는 모든 것을 좋게 여길 수밖에 없다. 하지만 덜 대중적인 학문들을 추구하는 사람들이 즐겨 묻는 질문인 “퀴 보노?”(누구에게 유리한가?)를 이 자리에서 제기한다면 대답하기가 생각보다 힘들 것이다. 그 유익은 심지어 이를 거두는 소수에게도 대부분 물질적인 것인 반면에 끊임없는 노동과 저임금, 밀집한 주거 환경, 단조로운 업무로 인한 도덕적·지적 해악을 실제 이익을 얻는 사람들 못지않게 많은 사람들에게 미칠 텐데 해악이 이 정도로 크다면 우리의 제조업과 상업을 열렬히 숭배하는 사람들은 앞으로의 발전이 바람직한지 의문을 품어야 마땅하다. 물론 이런 반론이 제기될 수는 있다. “멈출 수는 없다. 자본은 투자되어야 하며 고용은 지속되어야 한다. 잠시라도 머뭇거리면 우리를 맹추격하는 다른 나라들이 우리를 앞질러 국가적 참사가 벌어질 것이다.” 이 말에는 옳은 구석도 있고 그른 구석도 있다. 이것이 우리가 해결해야 할 까다로운 문제임은 분명하다. 사람들이 필연적이고 불가피한 현 상황을 좋은 것으로 판단하고 그 유익이 해악보다 반드시 크다고 결론 내리는 것은 이 어려움 때문인 듯하다. 노예제를 옹호하는 미국인들의 생각이 이랬다. 그들은 노예제에서 벗어나는 쉽고 편안한 방법을 볼 수 없었다. 하지만 우리의 경우 지금의 문제와 모든 귀결을 타당하게 고려했을 때 우리 제조업과 상업의 어마어마한 규모로부터 해악이 더 많이 생긴다는 사실이 밝혀진다면-또한 제조업과 상업의 규모가 커질수록 해악의 규모도 커질 수밖에 없다-영국인이 정치적 지혜와 진정한 박애주의를 발휘하여 남아도는 부를 다른 분야에 돌리려는 마음을 품을 것이라 기대할 수 있다. 이 같은 주장을 낳은 현실은 실로 충격적이다. 지구상의 가장 외딴 구석에 사는 야만인들이 옷을 생산국 사람들보다 더 싸게 살 수 있고, 방직공의 아이는 옷을 살 수 없어서 겨울바람에 떨고 있는데 옷이 장식품이나 사치품에 불과한 열대지방 원주민은 이 옷을 얼마든지 살 수 있는 현실 앞에서 우리는 이런 결과를 낳은 체제를 무작정 우러러보기 전에 다시 생각해 보아야 하며 이 체제를 더 확장해야 하는가에 대해 의심의 눈초리를 보내야 한다. 우리 상업의 성장이 순전히 자연적으로 이루어진 것이 아님도 잊으면 안 된다. 입법자들은 줄곧 상업을 진흥했으며, 영국의 선단과 군대는 상업을 보호하여 부자연스러운 풍요를 억지로 이뤄냈다. 이러한 정책이 지혜롭고 정의로운가에 대해서는 이미 의문이 제기되었다. 따라서 우리의 제조업과 상업을 더욱 확장하는 것은 금세 해악이 될 것이므로 해법을 찾는 것은 시급한 과제다.

숙소에 갇혀 지낸 지 여섯 주 만에 마침내 몸이 좋아져서 일일 숲 탐방을 시작할 수 있었다. 하지만 도보에 처음 도착했을 때만큼 동물과 곤충이 많지는 않았다. 길 여기저기에 질척질척하게 물이 고여 있었으며 곤충은 매우 드물었다. 최고의 채집 장소이던 곳에서는 썩어가는 나무 더미가 어린 싹과 뒤섞였으며 덩굴식물이 위를 덮었으나 매일 무언가는 채집할 수 있었다. 어느 날 본능이 실패하는 신기한 사례를 목격했다. 본능이 틀릴 수 있다면 본능이라는 것은 단순히 미묘한 감각 변화에 의존하는 유전적 습성에 지나지 않을지도 모른다. 뱃사람 몇 명이 큼지막한 나무를 베었는데 나는 늘 그렇듯 곤충을 찾으려고 매일같이 그곳을 찾았다. 여러 딱정벌레와 더불어 작은 원통형 천공충穿孔蟲(긴나무좀속*Platypus*, 테세로케루스속*Tesserocerus* 등) 무리가 찾아와 나무껍질에 구멍을 뚫기 시작했다. 하루 이틀이 지나자 놀랍게도 구멍에 수백 마리가 달라붙어 있었는데, 자세히 살펴보니 나무의 유액乳液에 구타페르카[15]의 성질이 있어서 공기에 노출되면 금세 굳기 때문에 작은 벌레들이 스스로 판 무덤에 달라붙어버린 것이었다. 이 곤충들은 알을 낳으려고 나무에 구멍을 뚫는 습성을 가졌으나 어느 나무가 알맞고 어느 나무가 치명적인지에 대한 본능적 지식은 충분히 갖추지 못했다. 이 나무들이 특정 천공충이 좋아하는 냄새를 풍긴다면-이럴 가능성이 매우 크다-이 천공충들은 멸종할 가능성이 매우 큰 반면에 이 냄새를 좋아하지 않아서 이 위험한 나무를 피한 종들은 살아남을 것이다. 그러면 우리는 이 곤충들이 본능 덕분에 살아남았다고 생각할 테지만 사실 이 곤충들은 단순한 감각을 따랐을 뿐이다.

15 동남아시아에서 야생하는 여러 종류의 고무나무에서 얻는 천연 열가소성 고무. _옮긴이

아루 제도에는 작고 신기한 딱정벌레인 침봉바구미과가 매우 풍부했다. 암컷은 뾰족한 주둥이로 죽은 나무의 껍질에 깊이 구멍을 파고는-눈 있는 데까지 들어가도록 파기도 한다-구멍에 알을 낳는다. 수컷은 더 크며 주둥이 끝이 넓은데 큼지막한 턱이 한 쌍 달려 있는 경우도 있다. 한번은 수컷 두 마리가 싸우는 광경을 보았다. 서로 앞다리를 상대방의 목에 대고 주둥이를 방어하듯 구부린 모습이 무척 우스꽝스러웠다. 또 한 번은 수컷 두 마리가 암컷을 놓고 싸우고 있었는데 암컷은 근처에 서서 구멍을 파느라 바빴다. 수컷들은 주둥이로 서로 밀면서 있는 힘껏 발톱으로 할퀴고 발로 때렸다. 그래도 갑옷 덕분에 상처는 입지 않았을 것이다. 하지만 작은 녀석이 패배를 인정하고는 금세 줄행랑쳤다. 딱정벌레류는 대부분 암컷이 수컷보다 큰데 이번 경우에 수컷이 서로 싸우는 사슴벌레류처럼 수컷이 더 많이 무장했을 뿐 아니라 암컷보다 훨씬 크다는 것은 성 선택의 관점에서 흥미로운 문제다.

우리가 떠나려는 참에 닭벼슬나무속*Erythrina*과 근연종인 잘생긴 나무가 꽃을 피워 진홍색의 커다란 꽃이 숲 여기저기에 무더기로 흩어져 있었다. 위에서 내려다보았으면 장관이었을 테지만 밑에서는 근사한 색깔의 덩어리가 무리 짓고 줄지어 모여 있는 것밖에 안 보였다. 곳곳에서 파란색과 귤색의 장수앵무 떼가 날개를 퍼덕이며 고함을 질렀다.

도보에서는 이 계절에 사람이 많이 죽었다. 스무 명쯤 되나 보다. 이들은 숙소 뒤 작은 목마황속*Casuarinas* 숲에 묻혔다. 무역상 중에 이슬람교 사제가 있어서 장례식을 주관했는데 절차는 매우 간단했다. 시신은 하얀 새 무명천에 싸인 채 상여에 실려 무덤으로 옮겨졌다. 추모객이 모두 땅바닥에 앉자 사제가 코란을 몇 구절 읊었다. 무덤 주위에는 낮은 대나무 울타리를 둘렀으며 나무를 깎아 만든 작은 목비木碑를 세

침봉바구미과 수컷(렙토린쿠스앙구스타투스 *Leptorhynchus angustatus*)의 싸움

워 자리를 표시했다. 마을에는 작은 모스크[16]가 있었는데 금요일마다 신자들이 찾아와 기도했다. 이곳은 세상에서 메카와 가장 먼 모스크이자 이슬람교가 동쪽으로 가장 멀리 전파된 자리일 것이다. 이곳 중국인들은 다른 데서와 마찬가지로 싱가포르에서 들여온 단단한 화강암 비석에 비문을 깊이 새기고 글자를 빨간색, 파란색, 금색으로 칠하여 뛰어난 부와 문명을 과시했다. 이 기묘하고 어디에서나 볼 수 있고 이재理財에 능한 중국인들보다 더 친척과 친구의 무덤을 소중히 여기는 사람들은 어디에도 없다.

도보에 돌아온 지 얼마 지나지 않아 마카사르 심부름꾼 바데룬이 품삯을 챙겨 나를 떠났다. 게으르다고 나무랐다는 이유에서였다. 바데룬은 노름에 빠졌는데 처음에는 운이 좋아서 돈을 많이 따고 장신구도 샀지만, 결국 운이 다해 돈을 전부 잃고 빌린 돈마저 잃고는 빚을 갚을 때까지 채무 노예 신세가 되었다. 마음이 내킬 때는 잽싸고 활기찬 청년이었으나 곧잘 게으름을 피우고 노름을 도무지 끊지 못하기에 평생 노예로 살 가능성이 매우 크다.

6월 말이 다가오고 있었으며 동계절풍이 서서히 불기 시작했다. 한두 주 있으면 도보는 텅 빌 터였다. 어디서나 떠날 준비를 하는 사람들을 볼 수 있었으며 화창한 날이면(이제 꽤 드물어졌다) 길거리가 벌집처럼 북적거렸다. 해삼 무더기가 마침내 건조되어 부대에 담겼으며, 등덩굴로 편리하게 묶은 자개용 조개껍데기가 온종일 해변으로 운반되어 배에 실렸다. 사람들은 세찬 동풍이 불기 전에 고향에 도착할 수 있도록 물통을 채우고 천과 베돛을 수선하고 보강했다. 매일같이 머나먼 섬 저편에서 원주민들이 무리 지어 찾아와 무역상들이 전부 떠나기

16 이슬람교에서 예배하는 사원. _옮긴이

전에 바나나와 사탕수수를 담배, 사고 빵, 그 밖의 사치품과 교환했다. 중국인들은 살찐 돼지를 잡아 송별회를 했으며 친절하게도 내게 고기를 조금 보내주었다. 새집 수프는 베르미첼리[17]와 비슷한 맛이었다. 심부름꾼 알리가 와눔바이에서 돌아왔다. 알리는 두 주 동안 혼자서 극락조를 사고 가죽을 보존 처리했는데 근사한 표본 열여섯 점을 가져왔다. 열병과 학질을 단단히 앓지만 않았어도 두 배는 입수했을 것이다. 알리는 내게 숙소를 내어준 사람들과 함께 지냈는데 그들은 온당하게 대해주면 착한 사람들이었다. 알리가 새 값으로 은화를 많이 가져가서, 마음만 먹으면 얼마든지 몰래 훔칠 수 있었는데도 전혀 훔치려들지 않았으니 말이다. 알리는 아플 때 극진한 대접을 받았으며 돌아올 때는 쓰고 남은 금액을 도로 가져왔다.

와눔바이 사람들은 아루 제도의 여느 주민들과 마찬가지로 완전한 야만인이며 종교의 흔적은 전혀 찾아볼 수 없다. 하지만 해안가 마을 서너 곳은 암본 섬 출신 교장이 살고 명목상 기독교인이며 어느 정도 교육받고 개화했다. 잠깐 머무는 동안 아루 사람들의 풍습을 제대로 알 수는 없었지만 이슬람교인 무역상과 오래 교류하면서 영향을 많이 받은 것은 분명했다. 시신을 단 위에 올려놓아 썩게 내버려두는 것이 관습이지만 매장하는 경우도 종종 있다. 남자가 취할 수 있는 아내의 수에는 제한이 없지만 한둘을 넘는 경우는 드물다. 부모에게 값을 치르고 아내를 사는 것이 일반적인데 공, 식기, 옷감을 비롯한 여러 물건을 내주어야 한다. 어떤 부족은 노인이 너무 늙어서 일하지 못하게 되면 죽인다고 한다. 하지만 매우 늙고 쇠약한 사람들을 잘 보살피는 광경도 많이 보았다. 부기족과 스람인 무역상들과 교류를 많이 하는 사

17 이탈리아 파스타의 일종으로 스파게티보다 얇다. _옮긴이

람들은 예외 없이 전통 풍습의 상당수를 점차 잃을 것이 분명하다. 특히 무역상들은 원주민 마을에 정착하여 원주민 여인과 결혼하는 경우가 많다.

도보에서 이루어지는 무역의 규모는 매우 크다. 올해에는 마카사르에서 대형 프라우선 열다섯 척이 찾아왔으며 스람 섬, 고롱 제도, 카이 제도에서 작은 배 100척가량이 모여들었다. 마카사르에 가는 화물은 한 척당 1,000파운드가량 나가며 나머지 배들은 약 3,000파운드어치를 가져간다. 따라서 전체 수출액은 해마다 18,000파운드로 추산된다. 규모와 부피가 가장 큰 물품은 자개와 해삼이며 거북딱지, 식용 새집, 진주, 장식용 나무, 목재, 극락조도 소량 팔려 나간다. 수입품도 다양하다. 아라크주는 서인도 럼주와 도수가 비슷하고 해마다 3,000상자가 소비되는데, 상자마다 2리터들이 병이 열다섯 개 들어 있다. 술라웨시 섬의 전통 옷감은 질겨서 평이 좋아 많이 팔리며 영국의 흰색 캘리코 면직물과 아메리카의 표백하지 않은 무명천, 식기, 소박한 날붙이, 머스킷 총, 화약, 공, 소형 황동 대포, 상아 등도 거래된다. 끝의 세 가지는 아루 사람들에게 부의 상징으로, 이걸로 아내의 값을 치르며 '진짜 재산'으로 보관한다. 담배를 엄청나게 씹어대는데 웬만큼 독하지 않으면 쳐다보지도 않는다. 이 사람들이 대체로 얼마나 적게 일하는지 안다면 해마다 생산되는 물품의 양으로 보아 섬에 인구가 매우 밀집해 있음을 알 수 있다. 특히 전체 생산물 중에서 열에 아홉이 해산물이므로 해안의 인구밀도가 높다.

7월 2일에 아루 제도를 떠났다. 마카사르의 프라우선 열다섯 척도 함께 항해하기로 하여 모두 우리 뒤를 따랐다. 반다 제도 남쪽을 지나 정서향으로 뱃머리를 돌렸다. 사흘 동안 육지가 보이지 않다가 부퉁 섬 서쪽의 낮은 섬들이 눈에 들어왔다. 세차고 꾸준한 남동풍이 밤낮으로 불어 우리는 시속 5노트가량으로 항해했는데 쾌속범선[18]이었다면 시속 20노트까지도 낼 수 있었을 것이다. 하늘은 줄곧 흐리고 어둡고 을씨년스러웠으며 이따금 소나기를 뿌렸다. 하지만 부루 섬 서쪽에 도착한 뒤로는 구름이 걷히고 화창한 하늘과 건조한 공기가 항해 내내 계속되었다. 따라서 이 근방은 말레이 제도 동부의 계절과 서부의 계절이 나뉘는 지점이다. 이 선 서쪽은 6월부터 12월까지 대체로 맑고 종종 매우 건조하며 나머지 기간은 우기다. 동쪽은 날씨가 극도로 오락가락하여 섬마다 또한 섬의 동서남북마다 제각각이다. 날씨의 차이는 강우량 분포 때문이라기보다는 구름과 대기 습도의 차이 때문인 듯하다. 이를테면 아루 제도는 우리가 떠날 때 날씨가 흐렸는데도 작은 개울이 모조리 말라버린 반면에 햇볕이 가장 따갑고 날이 화창한 1월, 2월, 3월에는 늘 개울물이 흘렀다. 아루 제도에서 연중 가장 건조한 때는 9월과 10월로 자와 섬이나 술라웨시 섬과 같다. 따라서 날씨는 서부의 섬들과 사뭇 다른데도 우기는 맞아떨어진다. 말루쿠 해 색깔은 매우 짙은 파란색으로, 대서양의 맑은 연파랑과 뚜렷이 구별된다. 날씨가 흐리고 우중충할 때는 새까맣게 보이며 거품이 일면 무시무시하고 사나워 보인다. 항해하는 내내 순풍이 세차게 불어 7월 11일 저녁에 마카사르에 무사히 도착했다. 아루 제도에서 1,600킬로미터 이상을 오는 데 아흐레 반이 걸렸다.

아루 제도 탐사는 대단히 성공적이었다. 아파서 여러 달 동안 숙소에 갇혀 있었고 이동 수단이 없어서 시간을 많이 허비했으며 제철을 놓쳤는데도 160종가량의 생물 표본 9,000점 이상을 손에 넣었다. 별나고 거의 알려지지 않은 민족에 대해 알게 되었고, 극동의 무역상과

18 아름답고 우아하며 빠른 속력으로 유명한 19세기의 1급 범선. _옮긴이

친숙해졌으며, 세상에서 가장 근사하고 아름답고 덜 알려진 새로운 동식물을 탐사하는 즐거움에 흠뻑 빠졌고, 멋진 극락조의 훌륭한 표본을 얻고 원산지 숲에서 관찰함으로써 이번 탐사의 주목표를 달성했다. 나는 이번 성공에 고무되어 그 뒤로 5년 가까이 말루쿠 제도와 뉴기니섬 탐사를 계속했으며, 이때를 회상할 때마다 더없는 보람을 느낀다.

33장

아루 제도-자연지리와 자연적 특성

이 장에서는 아루 제도의 자연지리를 대략적으로 서술하고 아루 제도와 주변 지역의 관계를 살펴보고자 한다. 이를 통해 대단히 흥미롭고도 거의 알려지지 않은 이 지역들에 대한 나의 관찰을 무역상들에게서 얻은 정보 및 자연사학자들의 연구에서 얻은 정보와 종합할 수 있을 것이다.

아루 군은 아주 큰 섬이 한가운데에 있고 여러 작은 섬들이 둘레에 흩어져 있는 형태다. 원주민과 무역상은 이 큰 섬을 '타나부사르'(큰 섬)라고 부르는데 이는 섬 전체를 도보, 또는 떨어진 섬들과 구별하기 위해서다. 섬은 불규칙한 직사각형으로, 남북으로 약 130킬로미터, 동서로 65~80킬로미터이며 동서 방향으로 횡단하는 좁은 해협 세 개가 섬을 네 덩어리로 나눈다. 무역상들이 이 해협들을 늘 강이라고 부르는 것이 무척 의아했으나 그중 하나를 지나 보니 그 이름이 얼마나 적절한지 알 수 있었다. 북쪽 해협은 '와텔라이 강'이라고 불리는데 어귀는 너비가 400미터가량이지만 금세 200미터가량으로 좁아지며 거의

80킬로미터에 이르도록 이 너비가 그대로 유지되다가 동쪽 하구에서 다시 넓어진다. 물길은 완만히 굽었으며 유역은 대체로 건조하고 약간 솟아 있다. 곳곳에 딱딱한 산호질 석회암이 낮은 절벽을 이루고 있는데 수화水化 작용으로 다소 닳았다. 한편 이따금 강기슭에서 조금 안쪽의 낮은 언덕들까지 평지가 뻗어 있는 곳도 있다. 작은 개울 몇 줄기가 좌우에서 강과 만나며, 아우라지[19]에는 작은 바위섬이 몇 개 있다. 수심은 18~27미터로 매우 일정하여, 짠물이고 흐르지 않는다는 것만 빼면 진짜 강의 특징을 모두 갖추었다. 나머지 두 강은 '요르카이 강'과 '마이코르 강'으로 불리며 전반적 성격이 매우 비슷하다고들 하는데 서로 꽤 가까이 있으며 둘 사이의 평지를 가로지르는 물길이 많이 나 있다. 마이코르 강 남쪽 유역은 바위가 많으며 그곳에서 아루 제도 남단까지는 다소 융기한 암석 지대가 끊임없이 뻗어 있다. 수많은 작은 개울이 비집고 들어와 있는데 개울의 가장자리를 이루는 높은 석회암 절벽에서 아루 제도의 식용 새집을 주로 채취한다. 내 정보통들은 모두 남쪽의 두 강이 와텔라이 강보다 크다고 말했다.

아루 제도는 전반적으로 낮지만 일반적으로 묘사되거나 바다에서 보는 것만큼 평평하지는 않다. 대부분 건조한 돌밭으로 표면에 다소 기복이 있으며, 여기저기에서 작은 언덕이 불쑥 솟거나 가파르고 좁은 협곡이 쑥 꺼지기도 한다. 대다수 작은 강의 어귀에서 발견되는 습지를 제외하면 완벽한 평지는 전혀 없으나 가장 높은 지대도 60미터를 넘지는 않는 듯하다. 협곡과 개울 어디에나 깔려 있는 바위는 산호질 석회암으로, 어떤 곳에서는 부드럽고 푸석푸석한 반면에 또 어떤 곳에서는 잉글랜드 산의 석회암처럼 단단한 결정질이다.

19 두 갈래 이상의 물길이 한데 모이는 곳. _옮긴이

중앙의 땅덩어리를 둘러싼 작은 섬은 수가 매우 많지만 대부분 동쪽에서 띠를 이루고 본도本島에서 15~25킬로미터까지 뻗은 경우도 많다. 서쪽에는 섬이 매우 드문데 와마 섬과 풀로바비 섬을 중심으로 북서쪽 끝에 우기아 섬과 와시아 섬이 있다. 동쪽 바다는 어디나 얕고 산호가 가득하다. 아루 제도의 주산물 중 하나인 자개용 조개껍데기가 이곳에서 발견된다. 섬 전체는 빽빽하고 아주 키 큰 숲으로 덮여 있다.

여기서 설명한 자연적 특징은 매우 독특하며 내가 아는 한 어느 정도 유일무이하다. 아루 제도만 한 섬을 진짜 강처럼 생긴 해협들이 가르고 있다는 기록은 전혀 찾을 수 없었기 때문이다. 이 해협이 어떻게 생겼는지는 내게 완전한 수수께끼였으나 이 섬들이 나타내는 자연 현상을 총체적으로 오랫동안 고찰한 끝에 결론에 이르렀다. 여기서 그 결론을 설명해 보고자 한다. 화산섬이 아닌 섬이 형성되는, 또는 현재의 상태로 축소되는 데는 세 가지 방법이 있다. 첫째는 융기, 둘째는 침강, 셋째는 대륙이나 큰 섬으로부터의 분리다. 산호암이나 내륙 깊숙한 곳까지 융기해안이 있으면 최근에 융기가 일어났음을 알 수 있으며, 초호 산호섬과 보초는 침강을 겪은 결과다. 한편 영국의 섬들은 모든 동식물이 인접한 대륙에서 왔음을 볼 때 그곳에서 분리되었다. 아루 제도는 모든 지역이 산호암이고 인접한 바다는 얕고 산호로 가득하므로 그다지 멀지 않은 과거에 바다 밑에서 융기한 것이 틀림없다. 하지만 융기가 현재 상태의 일차적이자 유일한 원인이라고 가정하면 섬을 가르는 기묘한 강-해협을 설명할 수 없다. 융기 중에 생긴 틈은 아루 제도의 해협 같은 일정한 너비, 일정한 깊이, 구부러진 물줄기를 이루지 않으며, 융기 중에 일어나는 조류와 해류의 작용은 너비와 깊이가 불규칙한 해협을 형성하지 지금 같은 강-해협을 형성하지 않는다. 반대로 마지막 지각운동이 침강이었으며 이로 인해 섬의 크기가 작아졌다고 가정해도 해협을 설명할 수 없기는 마찬가지다. 침강이 일어나면 옛 강의 유역에 있는 저지대가 모두 범람하여 강줄기가 사라지는데 반해, 이 해협들은 완벽한 상태로 남아 있으며 어귀부터 하구까지 너비가 거의 일정하기 때문이다.

만일 이 해협들이 한때 강이었다면 다른 고지대에서 흘러내렸어야 하며 이 고지대는 동쪽에 있었어야 한다. 북쪽과 서쪽에서는 해안에서 조금만 들어가도 바다 밑바닥이 훌쩍 꺼지는 반면에 동쪽에서는 깊이가 90미터를 넘는 법이 없는 얕은 바다가 약 240킬로미터 떨어진 뉴기니 섬까지 뻗어 있기 때문이다. 땅이 90미터만 융기해도 이 바다는 전부 꽤 높은 육지로 바뀌고 아루 제도는 뉴기니 섬의 일부가 될 것이다. 그랬다면 우타나타와 와니우카에 어귀가 있는 강은 아루 제도를 가로질러 흘렀을 텐데 이곳이 바로 짠물이 담긴 지금의 해협이다. 우리는 중간의 땅이 가라앉았을 때 지금의 아루 제도를 이루는 땅은 거의 제자리에 있었으리라 가정해야 한다. 얕은 바다가 아주 넓게 펼쳐져 있고 땅이 아주 조금만 내려앉아도 중간의 땅이 가라앉을 수 있음을 고려하면 그다지 터무니없는 가정도 아니다.

하지만 아루 제도가 한때 뉴기니 섬과 연결되었음을 뒷받침하는 증거는 이것만이 아니다. 두 지역의 동식물 사이에는 공통된 서식처에서만 찾아볼 수 있는 놀라운 유사점이 있다. 나는 아루 제도에서 육조 100종을 채집했는데 그중 80종가량은 뉴기니 본토에서 발견된 종이었다. 이 중에는 날개 없는 큰 화식조, 큰무덤새류 2종, 짧은 날개 지빠귀류 2종이 있는데, 이 녀석들이 240킬로미터 넘는 망망대해를 지나 뉴기니 섬 해안에 도착했을 리는 없다. 큰물총새류(붉은배호반새 *Dacelo gaudichaud*), 요정굴뚝새속, 서부왕관비둘기*Goura cristata*, 작은 숲비둘기류(분홍점과일비둘기*Ptilinopus perlatus*, 주황이마과일비둘기

Ptilinopus aurantiifrons, 관머리과일비둘기*Ptilinopus coronulatus*)처럼 깊은 숲에서만 서식하는 많은 새들에게도 바다는 넘지 못할 장벽이다. 이런 장벽의 실제 효과를 확인하기 위해 스람 섬을 살펴보자. 스람 섬은 뉴기니 섬에서 똑같은 거리만큼 떨어져 있으나 깊은 바다를 사이에 두고 있다. 스람 섬에 서식하는 육조 70종가량 중에서 뉴기니 섬에서도 발견되는 것은 15종에 불과하며 이 중에서 땅에 사는 종과 숲에 출몰하는 종은 하나도 없다. 화식조는 고유종이며 물총새, 앵무, 비둘기, 솔딱새, 꿀빨이새, 지빠귀, 뻐꾸기는 대부분 고유종에 가깝다. 더 중요한 사실은 뉴기니 섬과 아루 제도에 공통되는 20속 이상이 스람 섬으로 넘어가지 않았다는 것이다. 이는 아루 제도와 스람 섬이 동물상을 전혀 다른 방식으로 받아들였음을 강력하게 시사한다. 자연사학자라면 누구나 수긍할 것이다. 게다가 아루 제도에서는 참캥거루가 발견되는데 (동물상이 파푸아 군과 같은) 미솔 섬에서도 똑같은 종이 서식하고, 같거나 가까운 근연종이 뉴기니 섬에 서식하는 반면에 미솔 섬에서 100킬로미터밖에 떨어지지 않은 스람 섬에서는 이런 동물이 전혀 발견되지 않는다. 작은 유대류(가시반디쿠트*Echymipera kalubu*)도 아루 제도와 뉴기니 섬에 공통으로 서식한다. 곤충도 결과가 똑같다. 아루 제도의 나비는 모두 뉴기니 종이거나 거의 다르지 않은 변이형인 반면에 스람 섬의 나비는 두 곳의 조류보다 더 뚜렷한 고유종이다.

이러한 사실들을 불완전한 지질 기록의 연결 고리로 삼아 추론을 펴도 무방하다는 사실은 널리 인정되고 있다. 특정 지역이 겪은 상하 운동과 이러한 운동의 연쇄를 훨씬 정확하게 파악할 수도 있겠지만 바다 밑으로 완전히 사라진 육지에 대해서는 지질학만 가지고는 아무것도 알아낼 수 없다. 자연지리와 동식물 분포가 가장 크게 기여할 수 있는 것은 바로 이 시점에서다. 한 지역을 다른 지역과 나누는 바다의 깊이를 알면 어떤 변화가 일어나고 있는지 어느 정도 파악할 수 있다. 침강의 증거가 더 있다면 얕은 바다는 인접한 육지가 과거에 연결되어 있었음을 시사한다. 하지만 이런 증거가 없거나 육지가 솟았으리라 생각할 만한 근거가 있다면 얕은 바다는 융기의 결과일 가능성이 있으며 두 지역이 미래에 합쳐질 것이되 과거에는 그렇지 않았음을 시사할 수도 있다. 하지만 두 지역에 서식하는 동식물의 성격을 살펴보면 이 문제를 대부분 해결할 수 있다. 다윈 씨는, 육상 포유류와 파충류가 있느냐 없느냐를 안다면 섬이 대륙이나 큰 육지와 연결되었는지 여부를 거의 모든 경우에 판단할 수 있을 것임을 밝혔다. 그가 '대양도'라고 이름 붙인 곳에는 무성한 식생과 꽤 많은 새, 곤충, 육상 패류가 있을 수 있지만 육상 포유류와 파충류는 하나도 없다. 따라서 우리는 대양도가 대양 한가운데에서 생겨났으며 근처의 땅덩어리와 한 번도 연결된 적이 없었다고 결론 내린다. 대양도의 예로는 세인트헬레나 섬, 마데이라 섬, 뉴질랜드가 있다. 대양도에는 육상 포유류와 파충류를 제외한 나머지 모든 생물이 서식한다. 찰스 라이엘 경의 『지질학 원리』와 다윈 씨의 『종의 기원』에서 완벽하게 설명했듯 이 생물들은 넓은 바다를 건널 전파 수단이 있기 때문이다. 이에 반해 인접한 대륙이나 섬에 실제로 연결된 적이 없는 섬에도 모든 동물 분류군의 대표종이 서식할 수 있는데 이는 많은 육상 포유류와 일부 파충류가 짧은 거리의 바다는 건널 수 있기 때문이다. 하지만 이 경우에는 이렇게 이주한 종의 수가 매우 적을 것이며, 그 정도의 바다를 쉽게 건널 수 있으리라 예상되는 새와 날벌레의 종류도 무척 빈약할 것이다. (13장에서 이미 설명했듯) 티모르 섬이 오스트레일리아와 이런 관계다. 오스트레일리아 형태의 새와 곤충이 티모르 섬에 몇 종 서식하기는 하지만 오스트레일리아의 포유류와 파충류는 전혀 찾아볼 수 없으며 오스트레일리아의 새와 곤충 중에서 가장 풍부하고 특징적인 형태도 대부분 아예 찾아볼 수 없기 때문이다. 이에 반해 영국 제도는 인접한 대륙의 식물, 곤충, 파충류, 포유류 중에서 상당수를 고스란히 찾아볼 수 있지만, 두 육지가 연결된 적이 없을 경우에 나타나는 방대한 집단이 눈에 띄게 빈약한 현상은 전혀 찾아볼 수 없다. 수마트라 섬, 보르네오 섬, 자와 섬 대 아시아 대륙의 경우도 이와 똑같이 명백하다. 많은 대형 포유류, 육조, 파충류가 모든 지역에 공통으로 서식하되 더 많은 종이 가까운 근연종이다. 이제 지질학을 동원하면 동일한 지역에서 나타나는 근연종이 시간의 흐름을 암시한다는 것을 알 수 있다. 따라서 우리는 영국의 모든 종이 대륙과 절대적으로 똑같다는 사실에서 영국과 대륙이 매우 최근에 분리된 반면에 수마트라 섬과 자와 섬에서는 대륙 종의 상당수가 근연종으로 나타난다는 점에서 섬과 대륙이 더 오래전에 분리되었다고 추론한다.

이런 예에서 보듯, 지표면의 과거 조건을 파악하고자 할 때 동식물의 지리적 분포에 대한 연구는 지질학 증거를 보완하는 중요한 근거일 수 있으며, 동식물의 지리적 분포를 감안하지 않고서는 지질학 증거를 결코 이해할 수 없다. 아루 제도의 동식물은 그다지 멀지 않은 과거에 이곳이 뉴기니 섬의 일부였다는 가장 강력한 증거이며, 내가 설명한 독특한 자연 특성은 두 곳이 당시에도 지금과 거의 같은 높이였으며 한때 두 곳을 연결한 대평원의 침강으로 인해 분리되었음을 시사한다.

열대 식생에 대한 통념을 가진 사람, 즉 꽃이 풍부하고 화려하며 큰키나무 수백 그루가 색색의 꽃으로 덮인 채 웅장하게 서 있는 광경을 상상하는 사람은, 아루 제도의 식생이 매우 울창하고 다양하며 영국의 온실을 장식하는 근사하고 신기한 식물을 풍부하게 공급함에도 밝고 화려한 꽃이 일반적으로 전혀 없거나 하도 드물어서 전반적 풍경에 아무런 영향도 미치지 못한다는 사실에 놀랄 것이다. 구체적 예를 들자면 나는 아루 제도의 다섯 개 지역을 방문했고 매일같이 숲을 거닐었으며 6개월 동안 해안과 강가 160킬로미터를 따라 올라갔고 날씨도 대부분 화창했으나, 떠날 때까지도 눈부시게 훌륭하거나 아름다운 식물은 단 하나도 보지 못했다. 그 어떤 떨기나무도 산사나무에 비길 수 없었고 그 어떤 덩굴식물도 인동에 미치지 못했다. 내가 도착한 계절이 꽃 필 때가 아니어서라고 말할 수도 없다. 내가 있는 동안 많은 풀과 떨기나무, 큰키나무가 꽃을 피웠으나 모두 초록색이나 초록빛 흰색으로, 영국의 라임나무만도 못했으니 말이다. 강기슭과 바닷가 여기저기에 핀 메꽃과Convolvulaceae의 꽃은 영국의 밭에서 기르는 고구마속*Ipomoea*[20]과 맞먹지 못하며, 깊숙한 숲속 응달에는 주홍색과 자주색의 근사한 생강과 식물이 자라지만 수가 너무 적고 띄엄띄엄 흩어져 있어서 초록의 민꽃식물 무더기 속에서 전혀 눈에 띄지 않는다. 하지만 키가 9~12미터나 되는 웅장한 소철과Cycadaceae와 판다누스, 우아한 나무고사리, 높다란 야자나무, 어디서나 마주치는 아름답고 신기한 온갖 식물은 열대가 따뜻하고 습한 기후이며 흙이 기름지다는 사실을 입증한다. 아루 제도의 꽃이 이례적으로 빈약하게 보인 것은 사실이지만 정도의 차이가 있을 뿐 이것이 열대의 일반적 특징이다. 서양과 동양의 적도 지방을 두루 다녀보니 식물이 가장 울창한 열대 지역에도 꽃은 많지 않았으며 평균적으로 수수했다. 온대 기후에 비해 풍경에 다채로운 색깔을 더하지도 못했다. 영국의 가시금작화 동산이나 히더 산비탈, 야생 히아신스 무리, 양귀비 밭, 미나리아재비와 난 초원에서 볼 수 있는 화려한 색색의 덩어리를 열대에서는 한 번도 본 적이 없다. 노

---

20 '미국나팔꽃속'이라고도 한다. _옮긴이

란색, 자주색, 하늘색, 불타는 듯한 진홍색 양탄자가 열대에 깔려 있는 경우는 거의 없다. 반면에 영국에서는 이보다 크기는 작지만 산사나무와 꽃사과나무, 감탕나무와 마가목, 골담초, 디기탈리스, 앵초, 자주색 나비나물이 국토 전역을 화사한 색채로 덮는다. 어딜 가나 이런 아름다운 풍경을 볼 수 있다. 이것은 지역과 기후의 특징이다. 구태여 찾지 않아도 발걸음을 내디딜 때마다 눈을 기쁘게 한다. 이에 반해 적도 지방에서는 숲이든 초원이든 칙칙한 초록색이 온 땅을 덮었다. 몇 시간, 아니 몇 날을 걸어도 이 단조로운 풍경을 깨뜨리는 것은 하나도 만나지 못한다. 꽃은 어디에서나 희귀하며, 눈에 띄는 것은 가물에 콩 나듯 한다.

자연이 열대에서 화사한 색깔을 드러내고 열대 자연의 일반적 특징이 영국보다 더 밝고 색조가 다양하다는 통념은 심지어 예술 이론의 기초가 되었으며, 우리는 의복과 주택 장식에 밝은 색깔을 쓰는 것이 금지되었다. 자연의 가르침을 거스르는 짓이라는 이유에서였다. 이 논리는 그 자체로 허술하기 짝이 없다. 우리에게는 색깔을 감상할 능력이 있으므로 자연의 결함을 메우고 가장 단조로운 풍경에 가장 화려한 색깔을 써야 한다고 주장해도 이치에 들어맞을 테기 때문이다. 하지만 이 주장의 토대가 되는 가정이 완전히 틀렸으므로, 설령 저 추론이 정당하더라도 영국의 들판과 산, 생울타리, 숲, 목초지에 화려하게 펼쳐진 저 모든 화사한 색깔을 가지고 집과 의복을 장식하다가 자연의 노여움을 살까 두려워할 필요는 전혀 없다.

열대 식생의 성격을 이렇게 잘못 알게 된 이유는 간단하다. 영국의 온실과 꽃 전시회에서는 세계 방방곡곡의 멋진 꽃식물을 모아다 바싹 붙여놓는데 이는 자연에서는 결코 일어나지 않는 일이다. 화사하거나 신기하거나 근사한 꽃만 잔뜩 모아두면 멋질 수밖에 없지만 이 중 두

가지를 자연 상태에서 함께 볼 수 있는 경우는 어디에도 없을 것이다. 각각의 꽃은 멀리 떨어진 지역이나 다른 서식지에서 온 것이기 때문이다. 또한 일반적으로 추정컨대 유럽 이외의 온난한 지역은 모두 열대와 섞여 있어서 유달리 아름다운 것은 반드시 지구상에서 가장 더운 지역에서 왔을 거라는 막연한 통념이 형성된다. 하지만 사실은 정반대다. 만병초와 진달래는 온대식물이고, 가장 멋진 백합은 온대 기후인 일본에서 왔으며, 영국에서 가장 화려한 꽃식물 상당수는 원산지가 히말라야, 케이프타운, 미국, 칠레, 중국, 일본인데 모두 온대지방이다. 열대지방에 웅장하고 근사한 꽃이 많은 것은 사실이지만 식생 전체에 비하면 새 발의 피다. 따라서 예외로 보이는 것이 실은 법칙이며, 열대지방에서 꽃이 자연의 전반적 성격에 미치는 영향은 온대지방에 비해 훨씬 작다.

34장

뉴기니 섬-도리

(1858년 3월부터 7월까지)

1858년 3월에 할마헤라 섬에서 트르나테 섬으로 돌아온 뒤에 오랫동안 고대하던 뉴기니 본도 항해를 준비했다. 그곳에서는 아루 제도를 뛰어넘는 채집 성과를 거둘 것으로 기대되었다. 트르나테 섬에는 유럽인이 쓰는 제품이 부족해서 밀가루, 쇠숟가락, 주둥이 넓은 유리병, 꿀밀, 펜나이프, 돌이나 금속으로 만든 절구와 절굿공이 같은 흔한 물품을 찾아 온 상점을 돌아다녔으나 허사였다. 일꾼은 우두머리 알리, 사냥을 맡은 트르나테 청년 주맛('금요일'이라는 뜻), 나무를 베고 곤충 채집을 도울 건실한 중년 남자 라하기, 로이사라는 자와족 요리사, 이렇게 네 명을 뽑았다. 목적지인 마노콰리에 숙소를 지어야 한다는 사실을 알았기에 판다누스 잎으로 만든 카잔 여든 장을 챙겼다. 처음 상륙했을 때 짐을 덮고 나중에 숙소의 지붕으로 쓸 작정이었다.

3월 25일에 스쿠너 '에스터르 헬레나' 호를 타고 출항했다. 이 배는 친구 다위벤보더 씨 소유로, 뉴기니 섬 북해안을 다니는 무역선이었다. 공기가 차분하고 가벼워서 사흘 만에 할마헤라 섬 남쪽 끝에 있는 가네에 도착했다. 이곳에 머물면서 물통을 채우고 몇 가지 비품을 샀다. 닭, 달걀, 사고, 플랜틴, 고구마, 호박, 고추, 생선, 말린 사슴 고기를 장만하여 29일 오후에 마노콰리 항으로 출발했다. 하지만 항해는 결코 순조롭지 않았다. 적도 바로 옆이어서 계절풍이 규칙적으로 불지 않았으며, 할마헤라 섬 남단을 지난 뒤에는 바람이 멈추고 이따금 살짝 부는 것이 전부인 데다 해류가 반대여서 할마헤라 섬과 포파 섬 사이에 있는 섬들을 닷새 동안 봐야 했다. 스콜이 찾아와 댐피어 해협 어귀까지 밀려갔는데 그곳에서 다시 바람이 잔잔해져 사흘 동안 다시 거북이걸음이었다. 서로 반대쪽에 있는 와이게오 섬과 바탄타 섬에서 원주민 카누 몇 척이 조개껍데기, 야자 잎 멍석, 코코넛, 호박을 싣고 찾아왔다. 그들은 무엇이든 열 배로 쳐주는 고래잡이배나 중국인 배와 거래하는 데 익숙한 터라 요구 조건이 어마어마했다. 내가 산 것은, 거북을 잡는 창에 달린 (새 모양으로 조각한) 찌와 아주 잘 만든 야자 잎 상자뿐이었는데 값으로 구리 반지 하나와 캘리코 면직물 한 마를 치렀다. 카누는 매우 좋고 아우트리거가 달렸으며 몇 척에는 사람이 한 명만 타고 있었다. 해안에서 13~16킬로미터 떨어진 곳까지 혼자 나오는 것을 전혀 개의치 않는 듯했다. 이들은 파푸아인이었는데 아루 제도 원주민과 무척 닮았다.

해협을 빠져나와 드넓은 태평양에 이르자 트르나테 섬을 떠난 뒤 처음으로 바람이 일정하게 불었다. 하지만 안타깝게도 완전히 맞바람이어서 뉴기니 섬 앞바다를 갈지자로 항해해야 했다. 나는 능선 너머 내륙으로 이어진 험한 산들을 흥분에 찬 눈으로 바라보았다. 문명인의 발이 한 번도 닿지 않은 곳이었다. 저곳이 화식조와 나무타기캥거루속 *Dendrolagus*의 서식처다. 저 어두컴컴한 숲에는 지구상에서 가장 특이하고 아름다운 깃털 달린 동물인 온갖 극락조가 산다. 며칠 지나면 극락조와 그에 못지않게 아름다운 곤충을 찾아다닐 수 있으리라 생각했다. 하지만 며칠 동안 바람이 가시고 약한 맞바람만 불었으며 4월 10일이 되어서야 서쪽에서 좋은 미풍이 불더니 밤에 스콜이 몰아쳐 마노콰리 항 앞에서 발이 묶였다. 이튿날 아침에 입항하여 만시남이라는 작은 섬에 닻을 내렸다. 그곳에는 독일인 선교사 오토 씨와 가이슬러 씨가 지내고 있었다. 오토 씨는 즉시 우리 배를 찾아와 환영 인사를 하고는 상륙하여 자신과 아침 식사를 하자고 초대했다. 그는 동료와 아내를 소개했는데, 동료는 발뒤꿈치 농양을 심하게 앓아 여섯 달 동안 집 안에 갇혀 있었으며 아내는 젊은 독일 여인으로 이곳에 온 지 석 달밖에 안 되었다. 아쉽게도 말레이어와 영어를 전혀 못했기 때문에 근사한 아침 식사에 대한 우리의 정당한 찬사를 정확히 알아듣지 못하여 짐작만 해야 했다.

이 선교사들은 노동자였으며 높은 계층보다는 야만인들 사이에서 더 유용하리라는 판단하에 파견되었다. 이곳에 온 지는 2년 남짓 되었는데 오토 씨는 이미 파푸아어를 유창하게 배워 성경을 번역하기 시작했다. 하지만 파푸아어는 어휘가 빈약하여 말레이어 단어를 많이 써야 한다. 문명 수준이 이토록 낮은 사람들에게 성경 같은 책의 사상을 전달하는 것이 가능할지 무척 의심스럽다. 지금까지 명목상으로라도 개종한 사람은 여인 몇 명이 전부였으며, 아이 몇 명이 학교를 다니면서 읽기를 배우고 있으나 통 발전이 없다. 내가 보기에 이 선교 활동에는 도덕적 효과와 물리적으로 충돌하는 측면이 하나 있다. 선교사들은 유럽에서 받는 쥐꼬리만 한 봉급을 보충하기 위해 무역이 허용되는데, 수익을 거두려면 당연히 싸게 사서 비싸게 파는 장사 원칙을 따라야 한다. 여느 야만인과 마찬가지로 이곳 원주민들은 앞날을 신경 쓰지 않으며, 쌀을 조금 수확하면 대부분 선교사에게 가져가 칼, 구슬, 도끼, 담배 등과 교환한다. 몇 달 지나 우기가 되어 식량이 부족해지면 다시 쌀을 사러 와서는 거북딱지, 해삼, 야생 육두구 등과 교환한다. 물론 쌀은 처음보다 훨씬 비싸게 팔리는데, 이것은 더없이 공정한 처사다. 그러지 않았다면 원주민들이 식량이 풍부할 때는 낭비하다가 나중에 굶주렸을 테니 전반적으로 보면 원주민들에게도 전적으로 이로운 일이었다. 하지만 원주민들은 이런 식으로 생각하지 않는 듯하다. 이들은 장사하는 선교사들을 의혹의 눈초리로 바라보며 선교사들의 가르침이 싱가포르 예수회처럼 공평무사하다고 확신하지 못한다. 선교사들이 야만인을 개선하기 위해 가장 먼저 해야 할 일은 자신이 스스로의 개인적 목적을 위해서가 아니라 오로지 원주민들의 유익을 위해 이곳에 왔음을 행동으로 입증하는 것이다. 그러려면 남들과 달리 행동해야 한다. 물건을 팔고자 하는 사람들의 궁한 처지를 이용하여 장사하는 것이 아니라 이런 사람들에게 식량을 거저 주어야 한다. 어느 정도 원주민 풍습을 따르되 더 건전하고 바람직한 방향으로 점차 바꾸어가려고 노력했다면 좋았을 것이다. 열정적이고 헌신적인 사람 몇 명이 이렇게 행동하면 가장 열등한 야만 부족도 도덕적으로 확실히 개선할 수 있을 테지만 장사하는 선교사는 예수의 말을 가르치면서도 예수의 행동은 하지 않기에 종교의 피상적 모습을 조금 보여주는 것이 고작일 것이다.

마노콰리 항은 훌륭한 만에 자리 잡고 있는데 한쪽 끝에서는 융기한 곶이 삐죽 나와 있고 작은 섬 두세 개가 있어서 안전한 정박지를 이룬다. 우리가 도착했을 때 항구에 있던 유일한 배는 네덜란드 브리그선[21]이었는데 증기선 전함에서 쓰는 석탄이 실려 있었다. 전함은 식민지

21 가로돛만 달려 있는 2개의 돛대를 가진 범선. _옮긴이

건설의 교두보를 마련하기 위해 뉴기니 섬 해안을 매일같이 탐사하고 있었다. 저녁에 전함을 방문했다가 마노콰리 마을에서 내려 숙소 지을 장소를 물색했다. 오토 씨도 원주민 촌장들과 교섭하여 이튿날 내게 나무와 등나무, 대나무를 자를 일꾼들을 보내주도록 했다.

만시남 마을과 마노콰리 마을에는 무척 특이한 점이 있었다. 집은 모두 물에 잠겨 있으며 길고 조잡한 다리로 올라가게 되어 있는데, 높이가 매우 낮으며 지붕은 커다란 보트를 뒤집어 놓은 모양이다. 집, 다리, 단을 받치는 말뚝은 작고 구부러진 막대기로, 제멋대로 놓여 있어 금방이라도 무너질 것 같았다. 바닥도 막대기를 아무렇게나 깔았는데 하도 듬성듬성해서 도무지 디딜 수 없었다. 벽은 널빤지 조각, 낡은 보트, 썩은 멍석, 니파야자, 야자 잎을 여기저기 어떻게든 짜 맞추어 세웠으며 상상할 수 없을 정도로 허름하고 누추했다. 많은 집의 처마 밑에는 사람 두개골을 매달았는데 종종 이들을 공격하러 내려오는 내륙의 야만인 아르팍족과의 전투에서 얻은 전리품이다. 보트 모양의 커다란 회관을 받치는 큰 말뚝에는 벌거벗은 남녀가 저속하게 조각되어 있으며 입구 앞 단에는 더 역겨운 조각이 놓여 있다. 찰스 라이엘 경의 『원시 인류*Antiquity of Man*』 권두 삽화에서 묘사한 고대 호수 거주자들 마을의 풍경은 바로 이 마노콰리 마을의 스케치를 바탕으로 삼았다. 하지만 삽화에서는 집들이 아주 규칙적으로 배열되어 있으나 이는 원본과 전혀 다르며 원래의 호수 마을도 마찬가지였을 것이다.

이 허름한 오두막에 사는 사람들은 카이 제도나 아루 제도에 사는 사람들과 매우 비슷하며, 상당수는 아주 잘생기고 키 크고 몸매가 훌륭하며 이목구비가 반듯하고 코는 큰 매부리코다. 피부색은 짙은 갈색으로 검은색에 가까운 경우도 많으며, 꼬불꼬불한 머리카락 때문에 대걸레처럼 생긴 멋진 머리가 어느 곳보다 흔한데 대단한 장식으로 통하

뉴기니 섬의 파푸아인

며 여섯 갈래의 긴 대나무 포크를 빗 용도로 머리카락에 꽂아둔다. 빽빽하게 자라는 머리카락이 들러붙고 엉키지 않도록 한가할 때마다 열심히 빗질을 한다. 대다수는 머리카락이 짧고 곱슬곱슬한데 이것은 앞의 머리카락처럼 풍성하게 자라지 못하는 듯하다. 머리카락이 이와 비슷하게 생겼고 이에 버금갈 만큼 풍성하게 자라는 경우는 남아메리카에서 인디오와 니그로의 혼혈에게서 찾아볼 수 있다. 이것은 파푸아인이 혼혈 민족임을 시사하는 것일까?

우리가 도착하고서 첫 사흘 동안 나는 파푸아인 여남은 명과 우리 일꾼들의 도움을 받아 아침부터 밤까지 숙소 짓는 일에 열중했다. 일꾼들에게 일을 시키는 것은 여간 골치 아픈 일이 아니었다. 그들 중에서 말레이어를 단어 하나라도 할 줄 아는 사람은 거의 없었기 때문이다. 호들갑스럽게 몸짓을 하고 무엇이 필요한지 무언극으로 보여주고서야 뭐라도 시킬 수 있었다. 말뚝 몇 개가 필요하다는 것을 이해시켜 놓으면, 두 사람이면 충분한데도 여섯이나 여덟 명이 함께 가겠다고 우겼다. 나머지는 딴 일에 필요했는데도 말이다. 어느 날 아침에 열 명이 일하러 왔는데 정글도는 하나만 가져왔다. 내게 없는 걸 알면서도 그랬다. 나는 해변에서 200미터가량 떨어져 지대가 약간 높은 곳을 숙소 부지로 정했다. 마노콰리 마을에서 밭과 숲으로 가는 주된 통로의 가장자리였다. 20미터 옆에 작은 개울이 있어서 맑은 물을 얻고 멱도 감을 수 있었다. 현장에서는 키 작은 덤불만 치우면 충분했지만 바로 근처에 웅장한 큰키나무들이 있었다. 우리는 햇빛과 공기를 통하게 하려고 반경 20미터가량의 나무를 베어냈다. 집은 가로 6미터, 세로 4.5미터이고 나무로만 지었으며 대나무 바닥을 깔고 이엉으로 문을 만들었다. 바다를 내려다보는 커다란 창문 옆에 탁자를 두고 그 곁에는 작은 칸막이벽 안에 침대를 놓았다. 원주민들에게서 아주 커다란 야자

잎 멍석을 많이 샀는데 이것은 근사한 벽이 되었다. 내가 가져온 멍석으로 지붕을 만들고 그 위에 니파야자를 덮었다. 밖에는 약간 뒤쪽으로 작은 오두막이 있었는데 부엌으로 썼으며 지붕 달린 벤치에서는 일꾼들이 앉아 새와 동물의 가죽을 벗겼다. 숙소가 완성되자 짐을 가져와 편리하게 정돈하고는 파푸아인들에게 주머니칼과 정글도를 주어 돌려보냈다. 이튿날 우리 스쿠너는 동쪽 섬들을 향해 떠났다. 이제 나는 드넓은 섬 뉴기니의 유일한 유럽인 거주자가 되었다.

처음에는 원주민들을 완전히 믿을 수 없어서 총을 장전하고 불침번을 세운 채 잤지만, 며칠 지나고 보니 사람들이 친절했고 무장을 갖춘 남자 다섯 명을 공격하려 들지 않으리라는 확신이 생겨서 더는 경계하지 않았다. 여전히 하루 이틀은 숙소를 마무리하고 새는 곳을 메우고 표본을 건조할 선반을 숙소 안팎에 매달고 물 있는 곳까지 길을 내고 숙소 앞에 말끔한 마른땅을 만들어야 했다.

열이레째 되는 날 증기선이 오지 않자 계약에 따라 한 달 동안 정박해 있던 석탄 운반선이 떠났다. 같은 날에 우리 사냥꾼들이 처음으로 사냥을 나가서 멋진 왕관비둘기 한 마리와 평범한 새 몇 마리를 잡아 왔다. 이튿날은 실적이 더 좋아서 깃옷이 다 난 극락조 한 마리, 자주색목파푸아장수앵무*Lorius domicella* 한 쌍, 그 밖의 장수앵무와 쇠앵무 네 마리, 찌르레기(노란뺨찌르레기*Mino dumontii*) 한 마리, 큰물총새(붉은배호반새) 한 마리, 라켓꼬리물총새(낙원물총새) 한 마리, 그 밖에 덜 아름다운 새 두세 마리를 손에 넣어 뿌듯했다. 나는 마노콰리 뒤쪽의 언덕에 있는 원주민 마을을 직접 찾아갔는데 촌장의 환심을 사서 새를 잡거나 사냥할 사람들을 구할 생각에 옷감, 칼, 구슬 등을 작은 선물로 준비했다. 조잡한 개간지 여기저기에 집들이 흩어져 있었다. 내가 방문한 집 두 곳은 중앙 복도 하나로 이루어졌는데 양편의 짧은 복도와 연결된 방 두 개가 각각 한 가족이 사는 집이었다. 집은 수없이 많은 말뚝을 디딘 채 땅 위로 4.5미터 이상 올라와 있었으며 어찌나 조잡하고 허름한지 작은 통로 중에는 듬성듬성한 작대기 바닥으로 아이가 빠질 수 있을 지경이었다. 주민들은 마노콰리 마을보다 더 못생겨 보였다. 이 사람들은 뉴기니 섬 내륙에 사는 진짜 토박이로, 농사와 사냥으로 먹고사는 것이 틀림없다. 이에 반해 마노콰리 사람들은 해안에 거주하고 소규모 어업과 무역에 종사하며 다른 지역에서 이주한 이민자의 성격을 나타낸다. 이 아르팍족, 즉 산악에 사는 사람들은 해안에 사는 사람들과 신체적 특징이 사뭇 달랐다. 피부색은 대체로 검었으나 일부는 말레이인처럼 갈색이었다. 머리카락은 예외 없이 다소 꼬불꼬불했으며 때에 따라서는 길고 성기고 곱슬한 것이 아니라 짧고 뭉쳐 있었다. 이것은 양육과 교육의 영향이 아니라 기질적 차이 때문인 듯했다. 절반 가까이가 비듬이 떨어지는 피부병을 앓았다. 늙은 촌장은 선물을 받고 무척 반색했으며 (내가 데려간 통역 말로는) 우리 일꾼들이 사냥하러 왔을 때 보호해주고 내게 새와 동물을 가져다주겠다고 약속했다. 그들은 대화를 나누는 동안 직접 재배한 담배를 피웠다. 파이프는 나무를 통째로 잘라 만들었으며 기다란 손잡이가 세로로 달려 있었다.

우리가 마노콰리에 도착한 때는 우기 끝 무렵이어서 사방이 흠뻑 젖어 있었다. 원주민들이 다니는 길은 하도 방치되어 있어서 식물로 막힌 터널에 불과한 경우가 많았으며 그런 곳에서는 늘 진흙이 무서울 정도로 쌓여 있었다. 하지만 벌거벗은 파푸아인은 전혀 개의치 않았다. 진흙탕을 성큼성큼 통과하더니 다음 개울에서 발을 씻었다. 하지만 나는 바지를 입고 목구두를 신었기에 아침마다 진흙탕에 무릎까지 빠지는 일이 달갑지 않았다. 벌목하려고 데려온 남자가 도착 직후

파푸아인의 담뱃대

에 병에 걸리지만 않았다면 가장 험한 곳에 길을 새로 내도록 했을 것이다. 처음 열흘은 오후와 밤 내내 비가 내렸지만 날이 갤 때마다 밖에 나가 새와 곤충을 꽤 많이 채집할 수 있었다. 레송이 코키유 호를 타고 찾아와 채집한 것 대부분을 손에 넣고 신종도 많이 발견했다. 하지만 마노콰리는 극락조를 채집하기에 좋은 장소는 아닌 듯하다. 원주민 중에는 극락조 보존에 익숙한 사람이 하나도 없다. 여기서 파는 극락조는 전부 서쪽으로 160킬로미터가량 떨어진 암베르바키에 무역하러 간 마노콰리 사람들이 사 온 것이다.

만 안쪽에 있는 섬들은 해안 근처 저지대와 마찬가지로 산호초가 최근에 융기하여 형성된 듯하며 산호 덩어리가 모습을 그대로 유지한 채 많이 널려 있다. 숙소 뒤쪽의 능선은 곶을 향해 나 있으며 완전히 산호암으로 이루어졌다. 하지만 협곡에는 퇴적층의 흔적이 있으며 바위 자체는 더 치밀한 결정질암이다. 따라서 능선은 더 오래되었을 것이며 저지대와 섬을 드러낸 융기는 더 최근의 일이다. 만 맞은편에서는 아르팍 산맥이 웅장하게 솟아 있는데, 프랑스 항해가들에 따르면 산맥의 높이는 약 3,000미터에 이르며 야만 부족이 산다고 한다. 마노콰리 사람들은 이 부족을 무척 두려워한다. 곧잘 자신들을 공격하고 약탈했으며 집 밖에 자기네 두개골을 걸어두기 때문이다. 내가 숲으로 걸어 들어가는 방향이 산맥 쪽이면 마을 아이들이 나를 쫓아오며 "아르파키! 아르파키!" 하고 외친다. 거의 40년 전에 레송이 받은 것과 똑같은 경고였다.[22]

5월 15일에 네덜란드 증기선 전함 에트나 호가 도착했지만 석탄 운

22 레송에 따르면 '아르파키'는 뉴기니어로 산악 부족을 일컫고 '파푸아'는 해안 부족을 일컫는다고 한다. _옮긴이

반선이 가버려서 돌아올 때까지 머물러야 했다. 함장은 석탄 운반선이 언제 도착하고 얼마나 오랫동안 마노콰리에 머물 수 있는지 알았기에 제시간에 돌아올 수도 있었지만, 자신을 기다려줄 거라 생각했기에 서두르지 않았던 것이다. 증기선이 숙소 바로 맞은편에 정박한 덕에 나는 반 시간마다 울리는 벨 소리를 들을 수 있었다. 숲의 따분한 정적을 깨뜨리는 기분 좋은 소리였다. 함장, 의사, 기사, 그 밖의 장교 몇몇이 나를 방문했으며, 일꾼들은 빨래하러 개울을 찾았고, 티도레 섬 군주의 아들이 동행 한두 명과 멱을 감으러 왔다. 그 밖에는 사람을 거의 볼 수 없었으며 예상보다는 방문객 때문에 방해를 덜 받았다. 이즈음 날씨는 매우 좋아졌으나 새와 곤충이 부쩍 늘지는 않았으며 새로운 새도 매우 드물었다. 극락조는 흔한 종 말고는 하나도 만나지 못했으며, 레송이 이곳에서 잡은 근사한 녀석들을 찾았지만 허사였다. 곤충은 꽤 많았으나 평균적으로 암본 섬만큼 좋지는 않았다. 내키지 않았지만 마노콰리가 좋은 채집 장소가 아니라는 결론을 내릴 수밖에 없었다. 나비는 매우 드물었으며 대부분 아루 제도에서 채집한 것과 같았다.

다른 목의 곤충 중에서 가장 신기하고 참신한 것은 뿔파리였다. 4종을 손에 넣었는데 쓰러진 나무와 썩어가는 줄기에 앉아 있었다. W. W. 손더스 씨가 '과실파리속*Elaphomyia*'('사슴파리'라는 뜻)[23]이라는 새로운 속으로 기재한 이 특이한 곤충은 길이가 1.3센티미터가량으로 몸통이 호리호리하며 다리가 매우 길다. 일어설 때는 다리를 모아 몸을 높이 치켜든다. 앞다리는 훨씬 짧은데 정면으로 내밀어 더듬이처럼 보이게 하는 경우도 많다. 눈 밑에 솟은 뿔은 눈구멍 아랫부분이 늘어난 듯하다. 수사슴뿔파리*Phytalmia cervicornis*라는, 가장 크고 독특한 종은

23 현재 속명은 '*Phytalmia*'로 개정되었다. _옮긴이

뿔이 거의 몸만큼 긴데 뿔이 두 갈래로 갈라져서 수사슴 뿔을 닮았다. 뿔은 검은색에 끝은 색이 바랬고, 몸통과 다리는 누르스름한 갈색이며, 살아 있을 때의 눈은 보라색과 초록색이다. 다음 종(월리스뿔파리 *Phytalmia wallacei*)은 진갈색이고 몸통에 노란색 띠와 반점이 있다. 뿔은 몸길이의 3분의 1가량에 넓고 납작하며 긴 세모꼴이다. 색깔은 아름다운 분홍색에 가장자리가 검은색이며 몸통 가운데에 희끄무레한 줄무늬가 있다. 머리 앞쪽도 분홍색이며 눈은 보랏빛 분홍색에 초록색 줄무늬가 가로로 나 있어서 매우 우아하고 독특한 모습이다. 세 번째 종(말코손바닥사슴뿔파리*Phytalmia alcicornis*)은 앞의 두 종보다 약간 작으나 색깔은 월리스뿔파리를 닮았다. 뿔은 매우 인상적인데 난데없이 납작한 판으로 퍼져 바깥쪽 테두리가 뾰족뾰족한 것이 말코손바닥사슴의 뿔을 빼닮아서 이런 이름이 붙었다. 누르스름한 색깔에 가장자리는 갈색이며 위쪽의 치상齒狀 돌기 세 개는 끝이 검은색이다. 네 번째 종(짧은뿔사슴파리*Diplochora brevicornis*)은 나머지와 사뭇 다르다. 형태가 더 통통하고 몸통은 검은색에 가까우며 배 밑동에 노란색 고리가 있다. 날개에는 칙칙한 줄무늬가 있고, 머리는 납작하고 옆으로 퍼졌으며, 뿔은 아주 작고 납작한데 검은색에 가운데가 희끄무레한 것이 앞선 두 종의 뿔이 퇴화하면 딱 이 모양일 것이다. 암컷은 뿔의 흔적이 전혀 없으며, 손더스 씨는 암수가 다 뿔이 없는 종인 긴목알락파리 *Angitula longicollis*와 같은 속으로 분류한다. 색깔은 번들거리는 검은색이며, 형태, 크기, 전반적 겉모습은 수사슴뿔파리를 닮았다. 다음 삽화는 특징적 자세를 취한 뿔파리들을 실물 크기로 나타낸 것이다.

원주민들은 내게 거의 아무것도 가져오지 않았다. 이 가련한 족속들은 새나 돼지, 캥거루, 심지어 주머니쥐를 닮은 느림보 쿠스쿠스조차 사냥하는 일이 드물다. 나무타기캥거루속이 있다고는 하지만 우리 사

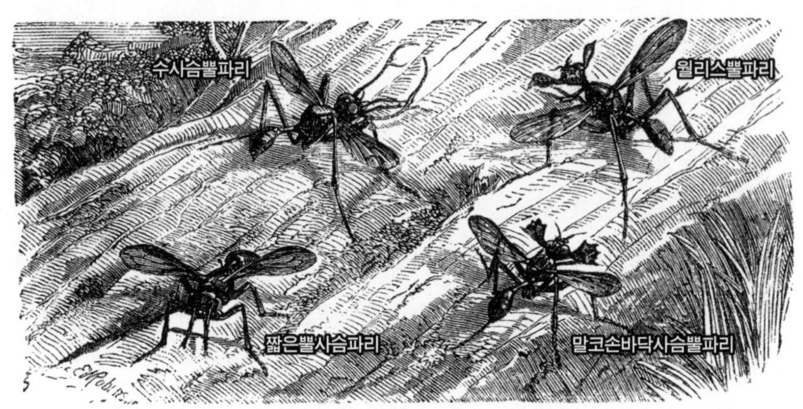

뿔파리들

냥꾼들이 매일같이 숲에 나갔어도 한 번도 발견하지 못한 걸 보면 매우 희귀한 것이 틀림없다. 흔한 새는 코카투앵무류, 장수앵무류, 쇠앵무류뿐이었다. 비둘기류조차 귀했으며 변종도 거의 없었지만, 이따금 근사한 왕관비둘기를 잡으면 얼씨구나 하고 부족한 식량 창고에 넣었다.

증기선이 도착하기 직전에, 쓰러진 나무의 줄기와 가지 사이를 기어가다 발목을 다쳤다(쓰러진 나무는 곤충 채집에 가장 좋은 장소다). 이 기후에 부상을 입으면 늘 그렇듯 발에 난 상처가 지독한 궤양으로 덧나는 바람에 며칠 동안 숙소에 틀어박혀 있어야 했다. 궤양이 낫자 이번에는 발 속에 염증이 생겼다. 의사의 충고에 따라 나흘인가 닷새를 쉬지 않고 찜질했는데 오히려 뒤꿈치 위쪽 힘줄이 심한 염증으로 부풀어 올랐다. 몇 주 동안 거머리를 붙이고 째고 연고를 바르고 찜질하다 보니 자포자기하는 심정이 되었다. 날씨가 좋아지고 현관문을 지나쳐 날아가는 커다란 나비를 보니 좀이 쑤셨다. 새로운 곤충을 매일 20~30종씩 잡을 수 있을 것만 같았다. 게다가 이곳은 뉴기니 아니던가! 다시는 못 올 나라, 어떤 자연사학자도 살아보지 못한 나라, 지구상 어느 곳보다 신기하고 새롭고 아름다운 생물이 많은 나라 아닌가. 아침부터 밤까지 작은 오두막 안에 앉아 목발 없이는 움직이지도 못하고 우리 사냥꾼들이 매일 오후에 가져오는 새와 트르나테 섬 일꾼 라하기가 잡아 오는 곤충 몇 마리를 유일한 낙으로 삼는 심정을 자연사학자라면 공감할 수 있으리라. 라하기는 내 대신 매일 채집을 나갔지만 내가 잡았을 양의 4분의 1밖에 잡지 못했다. 설상가상으로 일꾼들이 모두 크고 작은 병에 걸렸다. 누구는 열병에, 누구는 이질이나 학질을 앓았다. 한번은 내 옆에 세 명이 꼼짝없이 누워 있기도 했다. 요리사만 멀쩡했는데 우리를 시중드는 것만 해도 벅차 했다. 티도레 섬 군주와 반다 제도 지사가 증기선에 올라 극락조를 찾고 사방으로 사람들을 보내는 바람에 가죽을 얻을 가망조차 사라졌다. 마노콰리 사람들은 새, 곤충, 동물을 몽땅 증기선에 가지고 갔다. 그곳에서는 무엇이든 살 사람이 있었기 때문이다. 교환할 물건도 내가 가진 것보다 훨씬 다양했다.

한 달간 숙소에 감금되다시피 한 끝에 잠시 밖에 나올 수 있었다. 그때쯤 보트와 원주민 여섯 명을 구하여 알리와 라하기를 암베르바키에 보내고 한 달 뒤에 데려오도록 했다. 알리의 임무는 극락조를 살 수 있는 데까지 사들이고 그 밖의 희귀하거나 새로운 새를 몽땅 사냥하여 가죽을 벗기는 것이었으며 라하기의 임무는 곤충을 채집하는 것이었다. 곤충이 마노콰리보다는 많으리라 기대했다. 곤충 채집을 위한 일일 산책을 다시 시작하고 보니 주변이 퍽 달라져 있었는데 내게 매우 유리한 변화였다. 내가 꼼짝 못하는 동안 보급선(에트나 호가 도착하고 얼마 지나지 않아 도착한 범선)을 타고 온 승무원과 자와인 군인들이 땔감으로 쓸 커다란 나무를 베고 톱질하고 쪼갰다. 석탄 운반선이 돌아오지 않으면 나무를 때서 암본 섬으로 돌아갈 작정이었다. 또한 숲을 여러 방향으로 통과하는, 넓고 곧은 길을 많이 냈다. 원주민들은 영문을 몰라 어리둥절해 했다. 이제 산책로가 다양해졌으며 곤충이 있을 만한 죽은 나무가 아주 많아졌다. 하지만 이런 호조건에도 곤충은 사라왁이나 암본 섬, 바찬 섬만큼 풍부하지 않았다. 마노콰리가 좋은 지역이 아니라는 생각이 한층 확고해졌다. 하지만 내륙으로 몇 킬로미터 들어가, 최근에 융기한 석회질 암석과 해풍의 영향에서 벗어나면 훨씬 훌륭한 채집 성과를 거둘 가능성도 얼마든지 있다.

어느 날 오후에 함장의 방문에 화답하려고 증기선에 올랐다가 중위 한 명이 남해안과 아르팍 산에서-군인들은 아르팍 산도 탐사했다-그린 멋진 스케치를 감상했다. 스케치와 함장의 설명을 들어보니 아르팍 사람들은 마노콰리 사람들과 비슷한 것 같았다. 직모直毛 민족에 대해서는 아무 얘기도 듣지 못했다. 레송은 내륙에 직모 민족이 산다고 했지만, 아무도 본 적이 없었으며 내 생각에는 잘못 전해진 이야기가 아닌가 싶다. 함장은 남해안 일부를 자세히 측량했다고 말했다. 또한 석탄이 도착하면 당장 동경 141도의 훔볼트 만으로 떠나야 한다고 했다. 네덜란드는 이 경선까지를 뉴기니 영토로 주장하고 있다. 보급선에는 동료 자연사학자가 한 명 있었다. 로젠베르크라는 이름의 독일인으로, 측량 업무를 돕는 제도사製圖士였다. 그는 새를 사냥하고 가죽 벗길 사람 둘을 데려왔으며 원주민에게서 희귀한 가죽을 몇 점 샀다. 그중에는 근사한 극락조인 목도리극락조*Astrapia nigra*가 한 쌍 있었는데 보존 상태가 나쁘지 않았다. 극락조는 야펜 섬에서 가져왔는데 그곳이 원산지인 듯하다. 더 희귀한 왕관비둘기(빅토리아왕관비둘기*Goura stuersii*[24]) 한 마리가 배에서 산 채로 팔렸는데, 이 녀석의 원산지임에는 틀림없기 때문이다. 하지만 야펜 섬은 매우 위험한 곳이어서 뱃사람들이 해안에서 곧잘 살해당하며 배가 공격당하는 경우도 있다. 야펜 섬을 마주보고 본도에 있는 완다멘은 새가 많이 있다고는 하지만 더 위험해서 두 섬 중 어디에서든 마노콰리에서처럼 혼자서 무방비로 지냈다가는 일주일도 목숨을 부지하기 힘들었을 것이다. 증기선에는 살아 있는 나무타기캥거루속 한 쌍이 실려 있었다. 땅캥거루와의 가장 큰 차이점은 꼬리에 털이 많고 밑동이 굵지 않으며 지지대로 쓰이지 않는다는 것이다. 또한 앞발의 힘센 발톱으로 나무껍질과 가지를 움켜쥐고 잎을 뜯어 먹는다. 뒷다리로 종종거리며 뛰어 이동하고, 딱히 나무 타기에 알맞게 적응한 것 같지는 않다. 이 나무타기캥거루속은 마

24 원전의 'steursii'는 오기이다. _옮긴이

른땅에 적응한 여느 캥거루 대신 뉴기니 섬의 질척질척하고 빠지기 쉬운 숲에 특별히 적응했다는 것이 통설이었다. 윈저 얼 씨가 이 이론을 주창했지만, 애석하게도 나무타기캥거루속은 뉴기니 섬 북쪽 반도에서 주로 발견되는데 이곳은 거의 언덕과 산이며 평지가 거의 없는 데 반해, 아루 제도 저지대 평지에 서식하는 캥거루(갈색왈라비*Dorcopsis muelleri*)는 땅캥거루 종이다. 더 그럴듯한 추측은 나무타기캥거루속이 뉴기니 섬의 드넓은 숲에서 나뭇잎을 먹을 수 있도록 변이했다는 것이다. 이것이야말로 뉴기니 섬의 자연이 오스트레일리아와 구별되는 중요한 특징이기 때문이다.

6월 5일에 석탄 운반선이 증기선의 새 연료를 싣고 암본 섬에서 돌아왔다. 배에 거의 다 실은 땔감을 다시 부리고 석탄을 싣고는 17일에 증기선과 보급선 둘 다 훔볼트 만을 향해 떠났다. 우리는 다시 조금 적적해졌으며 먹을 것이 생겼다. 배들이 이곳에 있는 동안 생선이며 채소가 죄다 배에 공급되는 통에 작은 쇠앵무 한 마리로 두 끼를 연명해야 하는 경우도 많았으니 말이다. 암베르바키에서 일꾼들이 돌아왔는데, 맙소사! 거의 아무것도 안 가져왔다. 여러 마을을 방문하고 심지어 이틀 동안 내륙을 탐사했으나 매우 흔한 종을 제외하고는 극락조 가죽을 살 수 없었으며 그마저도 거의 없었다. 그곳에 서식하는 새는 마노콰리와 같은 종류였으나 훨씬 드물었다. 해안 근처에 사는 원주민 중에는 극락조를 사냥하거나 보존 처리하는 사람이 아무도 없다. 극락조는 산을 두세 곳 넘는 내륙 깊숙한 곳에 있어서 마을마다 물물교환을 해가며 해안까지 와야 하기 때문이다. 해안에서 마노콰리 원주민이 가죽을 사서 고향에 돌아와 부기족이나 트르나테 섬 무역상에게 판다. 그러니 여행자가 뉴기니 섬의 아무 해안에나 가서 희귀한 극락조의 갓 잡은 표본을 원주민에게서 사는 것은 무망한 일이다. 또한 암베르바키처럼 극락조 대여섯 종 이상이 나던 명소에서도 올해에 희귀한 종을 하나도 얻지 못한 걸 보면 어느 지역에서든 극락조가 귀해졌음을 알 수 있다. 티도레 섬 군주는 귀한 극락조가 한 마리라도 있었으면 틀림없이 손에 넣었을 테지만 흔한 노란색 몇 마리를 얻는 것에 만족해야 했다. 내륙으로 좀 더 들어가 마노콰리에서 더 머물면 희귀한 극락조를 몇 마리 볼 수 있을 것도 같다. 멋진 멋쟁이군풍조*Ptiloris magnificus* 암컷 한 마리를 얻었으니 말이다. 트르나테 섬에서 유럽에는 아직 알려지지 않은 검은색 왕극락조 얘기를 들었다. 말린 꽁지와 아름다운 옆구리 깃털은 흔한 종과 같지만 나머지 깃옷이 전부 윤기 나는 검은색이라고 했다. 마노콰리 사람들은 대부분의 극락조를 설명만 듣고 알아맞혔지만 이 새에 대해서는 아무것도 몰랐다.

증기선이 떠날 당시에 나는 심한 열병을 앓고 있었다. 일주일쯤 지나 열병이 낫는가 싶더니 이번에는 온 입안과 혀, 잇몸이 쓰라려서 며칠 동안 단단한 음식은 전혀 입에 못 대고 죽만 먹어야 했다. 하지만 다른 곳은 멀쩡했다. 공교롭게도 일꾼 두 명이 다시 병에 걸렸다. 한 명은 열병에, 또 한 명은 이질에 걸렸는데 둘 다 상태가 심각했다. 내가 가진 얼마 안 되는 약을 써 봤지만 두 사람은 몇 주 동안 앓더니 6월 26일에 불쌍하게도 주맛이 죽었다. 나이는 열여덟가량이었고 내가 알기로 부퉁 섬 토박이였다. 과묵하고 소극적이었으나 성실하게 일했으며 능력도 있었다. 일꾼들은 모두 이슬람교인이었기에 그들 식대로 매장하고 새 무명천을 수의로 내어주었다.

7월 6일에 증기선이 동쪽에서 돌아왔다. 여느 때 같으면 맑고 건조해야 할 시기였으나 날씨는 여전히 지독하게 습했다. 먹을 게 거의 없었으며 다들 시름시름 앓았다. 끊임없이 열병, 감기, 이질로 고생했으며 뉴기니 섬에 오고 싶던 만큼이나 이곳에서 벗어나고 싶었다. 에트나 호 함장이 나를 찾아와 매우 흥미로운 항해 이야기를 들려주었다. 그들은 훔볼트 만에서 며칠 머물렀는데, 그곳은 마노콰리보다 훨씬 아름답고 흥미로웠으며 항구도 더 양호했다. 원주민들은 순박했으며 길 잃은 고래잡이들 말고는 찾아오는 사람이 거의 없었다. 원주민들은 신체적으로나 정신적으로나 마노콰리 사람들보다 뛰어났다. 옷은 거의 입지 않았다. 집은 물에 지은 것도 있고 땅에 지은 것도 있었는데 모두 반듯하고 버젓하게 지었다. 밭은 잘 가꾸었으며 밭까지 가는 길은 깨끗하고 탁 트이게 관리되었다(이 점에서 마노콰리는 끔찍하다). 원주민들은 처음에는 경계심이 많았으며, 활시위를 당기고 상륙하려고 하면 활을 쏘겠다고 위협하는 등 적대적 시위를 하며 배를 막아섰다. 함장은 현명하게도 배를 물리고는 선물 몇 개를 해안에 던졌다. 결국 두세 번 시도한 끝에 상륙하여 그 지역을 둘러볼 허가를 얻었으며 과일과 채소를 받았다. 의사소통은 모두 몸짓으로 이루어졌다. 증기선에 동승한 마노콰리 통역자는 원주민 언어를 한마디도 알아듣지 못했다. 새로운 새나 동물은 하나도 얻지 못했지만 원주민의 장신구에서 극락조 깃털이 보였다. 그렇다면 극락조가 이 방향으로 멀리까지, 어쩌면 뉴기니 섬 전역에 서식하고 있을 가능성이 있다.

문명 수준이 이토록 낮은 사람들이 기예에 대해 초보적 애정을 품고 있다니 신기한 일이다. 마노콰리 사람들은 조각과 그림 솜씨가 뛰어나다. 집 바깥쪽은 널빤지만 있다면 전부 (조잡하지만) 독특한 그림으로 덮여 있다. 높이 솟은 보트 뱃머리는 나무 조각으로 장식되었는데 매우 근사한 디자인도 많다. 선수상船首像은 주로 사람의 형상으로, 화식조 깃털로 파푸아인의 '더벅머리'를 흉내 냈다. 낚시찌, 도기를 만들려고 진흙 갤 때 쓰는 나무 젓개, 담뱃갑, 그 밖의 집기는 풍취 있고 종종 우아한 디자인의 조각으로 덮였다. 이런 취향과 기술이 순전한 야만성

조각된 흙 젓개

과 양립할 수 있음을 몰랐다면 이 사람들이 다른 사안에서는 질서, 안락함, 품위를 전혀 갖추지 못했으리라고 믿기 힘들었을 것이다. 하지만 이것이 사실이다. 원주민들은 더없이 비참하고 엉망이고 지저분한 돼지우리에서 살며 가구라고 부를 수 있는 것은 하나도 찾아볼 수 없다. 걸상도, 벤치도, 식탁도 보이지 않으며 빗자루도 모르는 듯하다. 입고 있는 옷은 대부분 꼬질꼬질한 나무껍질 아니면 넝마다. 식량을 구하러 매일같이 오가는 길 위로 드리운 가지나 길바닥에 깔린 덤불을 자르는 법이 없어서 무성한 식물을 헤치고, 쓰러진 나무와 뾰족뾰족한 덩굴식물 아래를 기고, 진흙탕을 밟아야 한다. 해가 들지 않아서 진흙이 마르지 않는다. 식량은 거의 전부 뿌리와 채소이며 생선이나 짐승은 간혹 즐기는 별미에 불과하다. 이 때문에 온갖 피부병에 시달리는데, 특히 아이들은 온몸이 발진과 궤양으로 덮여 꼴이 말이 아니다. 이 사람들이 야만인이 아니라면 어디서 야만인을 찾을 수 있겠는가? 그런데도 이들은 모두 미술을 확실히 좋아하고 여가 시간에 미술 작품을 만드는데, 이들의 훌륭한 취향과 멋진 디자인은 영국의 디자인 학교에서도 높이 평가할 만하다.

뉴기니 섬에 머문 후반부에는 날씨가 매우 습하고 유일한 사냥꾼이 병에 걸리고 새가 귀해져서 할 수 있는 일이 곤충 채집밖에 없었다. 날씨가 좋을 때마다 수시로 열심히 채집하여 매일같이 꽤 많은 신종을 손에 넣었다. 고목과 도목을 샅샅이 뒤지고 또 뒤졌으며, 벌목된 나무에 붙어 있는 마르고 썩어가는 잎에서는 작은 딱정벌레를 숱하게 찾아냈다. 크고 잘생긴 딱정벌레를 보르네오 섬에서만큼 많이 발견한 적은 한 번도 없었지만 이곳에서 매우 다양한 종을 얻었다. 첫 두세 주는 최상의 지역을 탐색하여 하루에 딱정벌레 약 30종과 그 절반가량의 나비, 기타 목 몇 종을 잡았다. 하지만 그 뒤로는 마지막 주가 되기까지 하루 49종이 평균이었다. 5월 31일에 78종을 잡았는데 이제껏 잡은 것 중에서 가장 많았다. 주로 죽은 나무 여기저기와 썩은 나무껍질 아래에서 찾아냈다. 화창한 날에 산에 오르고 원주민 농장을 쏘다니면서 아주 흔하지 않은 것이면 죄다 잡다 보니 약 60종을 얻을 수 있었다. 6월 마지막 날에는 딱정벌레류를 무려 95종이나 잡았는데 하루에 잡은 종 수로는 전무후무한 성과였다. 그날은 맑고 더웠는데 산책하면서 발견한 최고의 채집 장소를 모조리 들러 낙엽을 뒤지고 나뭇잎을 털고 썩은 나무껍질을 들춘 덕이었다. 오전 10시부터 오후 3시까지 밖에 나가 있었으며, 숙소에서 표본을 전부 핀에 꽂고 정리하고 종을 분류하는 데 여섯 시간이 걸렸다. 두 달 반 동안 매일같이 이 장소를 찾아 딱정벌레류 800종 이상을 채집했지만 이날 작업으로 신종 32종을 추가했다. 이 중에는 하늘소류 4종, 딱정벌레과 2종, 반날개과 7종, 바구미과 7종, 코프리다이과Copridae 2종, 잎벌레과 4종, 헤테로메라속*Heteromera* 3종, 방아벌레속*Elater* 1종, 비단벌레속*Buprestis* 1종이 있었다. 마지막으로 밖에 나간 날에도 신종 16종을 얻었다. 마노콰리에 머문 3개월 동안 250헥타르를 조금 넘는 장소에서 1,000종이 넘는 딱정벌레류를 채집했는데, 같은 장소에 실제로 서식하는 종은 그 두 배에 이를 가능성이 있다. 사방 30킬로미터에서는 네 배까지도 잡을 수 있을지 모른다.

7월 22일 스쿠너 에스터르 헬레나 호가 도착하여 닷새 뒤에 우리는 마노콰리에 작별을 고했다. 별로 아쉽지는 않았다. 어느 곳에서도 이토록 고생하고 골치 아팠던 적은 없었기 때문이다. 끊임없이 비가 오고, 끊임없이 아프고, 제대로 된 음식은 거의 없고, 개미와 파리가 들끓어 지금껏 가장 고생스러웠는데 자연사학자로서의 열정을 짜내어 겨우 버틸 수 있었다. 채집 성과로 고생을 보상받지도 못하니 더더욱 견디기 힘들었다. 오랫동안 마음에 품고 고대한 뉴기니 섬 여행은 기대를 하나도 충족하지 못했다. 아루 제도보다 훨씬 낫기는커녕 거의 모든 면에서 훨씬 열악했다. 희귀한 극락조 몇 종을 찾기는커녕 한 마리도 보지 못했으며 최상의 새나 곤충은 하나도 얻지 못했다. 하지만 마노콰리에 개미가 매우 풍부하다는 사실은 부인할 수 없다. 검고 작은 종 하나가 엄청나게 많았다. 떨기나무와 나무 그루마다 들끓었으며 커다란 개미집을 어디서나 볼 수 있었다. 녀석들은 금세 내 숙소를 점령하고 지붕에 커다란 보금자리를 짓고는 말뚝마다 실 같은 구멍을 뚫었다. 내가 곤충 작업을 할 때면 탁자에 모여들어 코앞에서 곤충을 훔쳐갔으며 잠깐이라도 자리를 비우면 카드에 붙인 표본까지 떼어 가져갔다. 손과 얼굴을 끊임없이 기어다니고 머리카락에 기어들고 온몸을 활보했는데, 처음에는 별로 거추장스럽지 않았으나 일단 물기 시작하면-녀석들은 길을 가로막는 것은 모조리 물어버린다-어찌나 따가운지 펄쩍펄쩍 뛰고 황급히 옷을 벗어 공격자를 끄집어내야 했다. 이부자리에도 기어들었기에 밤에도 녀석들의 학대에서 벗어날 수 없었다. 마노콰리에서 묵은 석 달 반 동안 단 한 시간이라도 개미에게서 완전히 벗어난 적은 한 번도 없었다고 확신한다. 다른 개미들처럼 식탐이 왕성하지는 않았지만 수가 많고 어디에나 있어서 한시도 경계를 늦출 수 없었다.

나를 가장 괴롭힌 파리는 커다란 검정파리류였다. 새의 가죽을 말리려고 처음으로 내놓으면 떼 지어 몰려들어 깃옷에 알을 잔뜩 슬어놓는데 그대로 두면 이튿날 구더기가 생긴다. 건조대에 놓은 새의 날개나 몸통 아래에도 들어가 몇 시간 만에 1센티미터 높이로 알을 슬어놓기도 한다. 알이 깃털 섬유에 어찌나 단단히 붙어 있는지 새를 훼손하지 않고 떼어내려면 시간과 인내심을 많이 들여야 한다. 파리 때문에 이렇게 고생한 것은 이번이 처음이었다.

29일에 마노콰리를 떠났다. 남풍과 동풍이 꾸준히 부는 계절이었기에 금세 돌아갈 수 있으리라 생각했다. 하지만 무풍과 잔잔한 서풍 때문에 고작 800킬로미터 떨어진 트르나테 섬에 도착하는 데 열이레가 걸렸다. 바람이 정상적으로 불었다면 닷새 만에 올 수 있는 거리였다. 안락한 숙소에 돌아와 매일 저녁마다 우유를 탄 차와 커피, 갓 구운 빵과 버터, 닭고기와 생선을 먹으니 진수성찬이 따로 없었다. 이번 뉴기니 섬 항해로 다들 기진맥진했기에 새 탐사를 시작하기 전에 휴식을 취하기로 했다. 뒤이은 할마헤라 섬과 바찬 섬 탐사는 이미 썼으니 이젠 극락조를 찾아 방문한 마지막 파푸아 지역인 와이게오 섬만 남았다.

35장

스람 섬에서 와이게오 섬까지의 항해

(1860년 6월과 7월)

25장에서는 파푸아 지대에 속한 미솔 섬과 와이게오 섬에 가는 길에 와하이에 들른 일과 뉴기니 본도를 방문한 이후의 일을 서술했다. 이제 와하이를 떠나던 시점으로 돌아가서, 나는 미솔 섬 실린타에 있는 조수 앨런 씨에게 여러 필수품을 전달하고 와이게오 섬으로 계속 여행할 작정이었다. 내가 고롱 제도에서 구입하여 정비한 소형 프라우선을 타고 항해하다 스람 섬 해안에서 승무원들에게 버림받고 와하이에서 네 명을 구해 암본 섬 사냥꾼과 함께 승무원으로 삼은 일은 잊지 못할 것이다.

스람 섬과 미솔 섬 사이에는 100킬로미터의 넓은 바다가 펼쳐져 있으며 이 넓은 물길을 따라 동계절풍이 세차게 분다. 그래서 맞바람을 타지 못하는 재래식 프라우선으로 이곳을 건널 때는 조심해야 한다. 우리는 풍압을 충분히 받기 위해 스람 섬 해안을 따라 와하이 동쪽으로 뭍바람을 받으며 항해했으나 6월 18일 아침에는 예상만큼 나아가지 못했다. 키잡이는 늙고 경험 많은 뱃사람으로 이름은 구룰람포코였는데, 동쪽으로 향하는 해류가 있어서 미솔 섬 실린타까지 쉽게 건너갈 수 있으리라고 호언장담했다. 뭍을 벗어나자 바람이 세졌으며 우리의 짧고 작은 배는 넓은 바다에서 사정없이 요동쳤다. 해 질 녘에 절반도 가지 못했으나 미솔 섬은 똑똑히 보였다. 밤새도록 초조해 하다 동틀 녘에 불안한 마음으로 밖을 내다보니 밤새 서쪽으로 훌쩍 밀려와 있었다. 키잡이가 조느라 배가 충분히 바람을 비스듬하게 받지 못한 것이 틀림없었다. 산들을 뚜렷이 볼 수 있었지만, 우리가 실린타에 도착할 수 없으며 미솔 섬 서쪽 끝에 닿는 것도 어려울 것이 분명했다. 바다는 이제 무척 거칠어졌으며 우리의 프라우선은 파도에 밀려 자꾸 바람 부는 쪽으로 쏠렸다. 힘겨운 하루가 또 지난 뒤에 도저히 미솔 섬에 갈 수 없음을 알게 되었다. 하지만 북서쪽으로 16킬로미터가량 떨어진 카나리 섬에는 닿을 수 있을 것 같았다. 거기서 순풍을 기다렸다가 미솔 섬 북쪽의 와이가마에 가서 작은 보트로 앨런을 찾아갈 생각이었다.

밤 9시경에 섬 쪽으로 부는 바람을 받아 매우 잔잔한 물에 들어섰다. 나는 무척 아프고 불편했으며 전날 아침 이후로 거의 아무것도 먹지 못했기에 더없이 반가웠다. 우리는 천천히 해안에 다가갔다. 잔잔하고 시커먼 물을 보니, 안전하게 배를 대고 곧장 닻을 내리고는 뜨거운 커피를 마시고 훌륭한 식사를 하고 곤히 잘 수 있을 것 같았으나 그때 바람이 딱 멎는 바람에 노를 꺼내 저어야 했다. 해안에서 200미터도 떨어지지 않은 지점에서 아무리 노를 저어도 앞으로 나아가지지 않고 오히려 서쪽으로 밀려났다. 프라우선이 키잡이 말을 듣지 않고 자꾸 쓰러지는 바람에 세우느라 애를 먹었다. 이내 파도 소리가 요란하게 울려 퍼졌다. 이런 바다에서 뱃사람의 모든 노고를 좌절시키는 위험한 해류에 휘말린 듯했다. 뱃사람들은 자포자기하여 노를 던졌으며 몇 분 뒤에 우리는 바람에 밀려 다시 섬에서 멀어졌다. 미솔 섬에 닿을 수 있는 마지막 기회가 날아갔다! 우리는 삼각돛을 끌어올리고

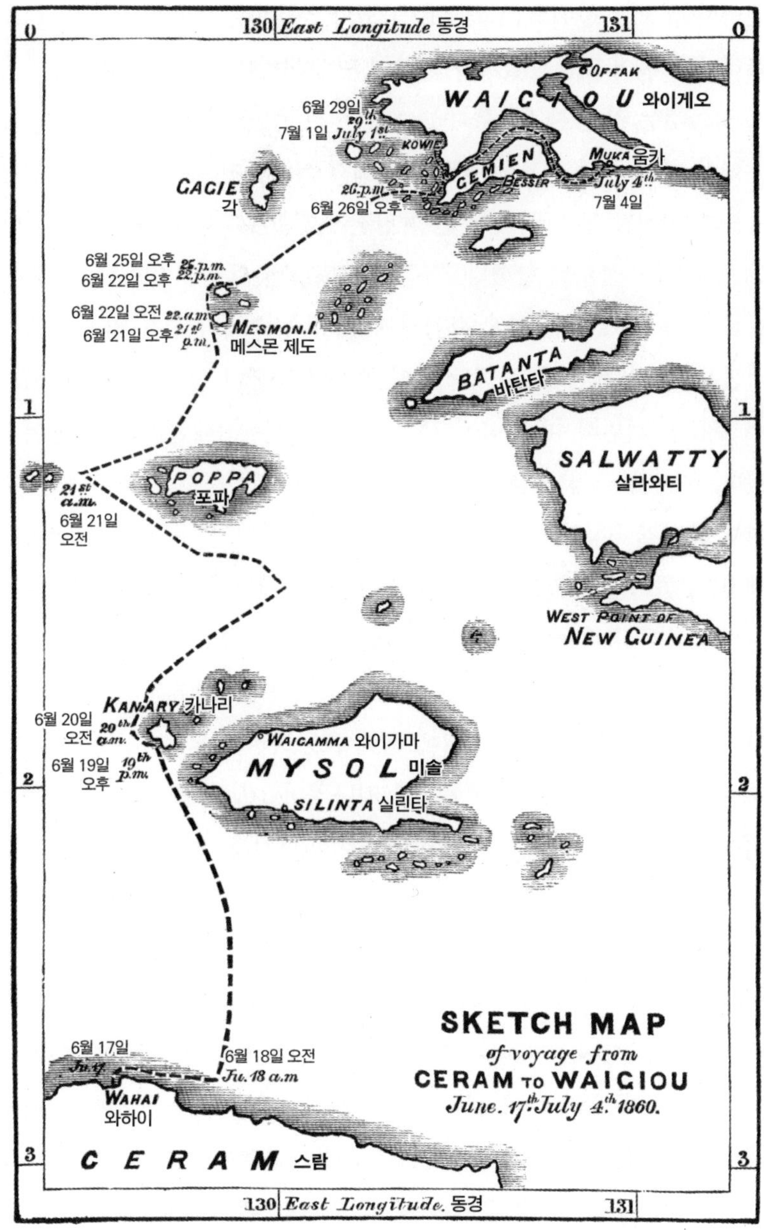

스람 섬에서 와이게오 섬까지의 해로(1860년 6월 17일부터 7월 4일까지)

뱃머리를 바람 불어오는 쪽으로 돌렸다. 아침에 보니 섬에서 몇 킬로미터밖에 떨어지지 않았지만 바람이 반대 방향으로 꾸준히 불고 있어서 돌아가는 것은 불가능했다.

이제 더 남풍에 가까운 바람을 만나길 기대하며 북쪽으로 항해했다. 정오가 되어갈 무렵 바다가 한결 잔잔해졌으며 우리는 남남동풍을 타고 살라와티 섬으로 향했다. 저곳에 도착하면 보트를 얻어 물자와 비품을 미솔 섬의 앨런 씨에게 쉽게 보낼 수 있으리라 생각했다. 하지만 바람은 오래가지 않고 잦아들었다. 그러다 서풍이 살랑살랑 일고 시커먼 구름이 끼면서 미솔 섬에 갈 수 있으리라는 기대감이 다시 피어올랐다. 하지만 금세 실망하고 말았다. 다시 동남동풍이 거세게 불기 시작했으며 불규칙한 돌풍이 밤새 불고 짧은 횡파橫波가 배를 사정없이 때렸다. 돛이 끊임없이 역풍을 맞는 바람에, 무거운 큰돛 때문에 침몰하지 않도록 삼각돛만 가지고 파도를 앞질러야 했다. 처량하고 불안한 밤을 또 보내고 나니 이번에는 포파 섬 서쪽으로 떠내려와 있었다. 바람이 약간 남풍으로 바뀌었기에 섬에 도착하려고 돛을 모두 폈다. 하지만 성공하지 못하고 북서쪽으로 지나쳐버렸다. 그때 다시 동남동풍이 세차게 불어, 날씨가 좋아질 때까지 피난처를 찾으려는 희망은 물거품이 되었다. 내게는 매우 심각한 상황이었다. 앨런이 나를 헛되이 기다리다가 와하이로 돌아가야 하는데 내가 오래전에 떠나 그 뒤로 소식이 없다는 사실을 알면 어떻게 대처할지 알 수 없었기 때문이다. 앨런 씨는 우리가 60킬로미터 떨어진 섬을 놓치리라고는 꿈에도 생각하지 못할 테니 우리 배가 가라앉았거나 뱃사람들이 나를 죽이고 배를 빼앗아 달아났다고 결론 내릴 것이다. 하지만 그에게 가는 것은 물리적으로 불가능했으므로 유일한 방책은 최대한 빨리 와이게오 섬에 가서 무역상에게 내가 안전하다는 소식을 앨런 씨에게 전해달라고 부탁하는 것이었다.

지도에서 포파 섬 북쪽으로 40킬로미터 떨어진 작은 섬 세 곳으로 이루어진 군도를 발견하여 가능하다면 그곳에서 하루 이틀 쉬기로 결심했다. 뱃머리를 북동미북北東微北으로 돌릴 수는 있었으나 동쪽에서 거센 파도가 몰아쳐 자꾸 항로를 벗어났다. 풍압을 한껏 받았기에 군도에 도착하려면 이것이 최선인 것 같았다. 배가 못 나갈 정도로 정면을 향하지도 않고 배가 바람 따라 밀려갈 정도로 측면을 향하지도 않도록 최상의 방향으로 뱃머리를 유지하려면 섬세한 기술이 필요했다. 나는 키잡이에게 계속 지시를 내렸으며 잠시도 방심하지 않은 끝에 해질 녘에 섬 한 곳의 남쪽에서 바람을 피해 정박지에 닿는 데 성공했다. 하지만 정박지는 전혀 좋지 않았다. 간조 때 마르는 거초裾礁[25]가 있어서 그 너머로 바다 밑바닥에 산호 덩어리가 널브러진 곳에 닻을 내려야 했다. 지금까지 갑판도 없는 작은 보트에서 나흘 동안 쉴 새 없이 흔들리며 끊임없이 실망하고 불안에 떨었기에 고요하고 비교적 안전하게 밤을 맞이할 수 있어서 무척 안심이 되었다. 늙은 키잡이는 한 번도 한 시간 넘게 키 자루를 놓은 적이 없었다. 다른 뱃사람들이 교대해줄 때만 잠깐씩 눈을 붙였다. 그래서 이튿날 아침에 안전하고 편리한 항구를 찾아 해안에서 하루 쉬어야겠다고 마음먹었다.

아침에 보니 바위 곶을 돌아서 가야 했기에 뱃사람들을 해안에 올려 보내어 덩굴을 잘라 오라고 시키고 싶었다. 바람이 해안에서 불어오고 있었기에 배가 떠내려가지 않도록 묶을 작정이었다. 하지만 키잡이와 뱃사람들은 다들 이 항해가 식은 죽 먹기라며 몇 분이면 곶을 돌 수 있다고 장담했다. 그래서 뱃사람들 말을 들었는데 그게 실수였다.

25 얕은 바다에서 육지를 둘러싼 산호초. _옮긴이

그들은 닻을 올리고 삼각돛을 펴고 노를 젓기 시작했지만 내가 우려한 그대로 순식간에 바다 쪽으로 떠내려갔다. 우리는 훨씬 먼 곳에서 더 깊은 물에 닻을 내려야 했다. 가장 듬직한 뱃사람 두 명, 파푸아인과 말레이인이 손도끼를 가지고 해안까지 헤엄쳐 가서, 밧줄로 쓸 덩굴식물을 찾아 밀림에 들어갔다. 한 시간쯤 지나자 닻이 헐거워져 질질 끌려가기 시작했다. 나는 소스라치게 놀랐다. 예비 닻을 내리고 닻줄을 다 풀고서야 단단히 고정시킬 수 있었다. 우리는 두 사람이 돌아오기를 학수고대했다. 머스킷 총을 발사하여 신호를 보내려는 참에 해변 저 멀리에서 그들이 보였다. 바로 그 순간 닻이 다시 미끄러져 우리는 서서히 깊은 물로 떠내려갔다. 당장 노를 들었지만 바람과 해류에 맞설 수 없었다. 악을 쓰며 두 사람을 불렀지만 배가 꽤 멀어질 때까지 듣지 못했다. 바닷가에서 조개를 찾고 있는 듯했다. 하지만 금세 우리를 쳐다보더니 곧장 상황을 이해한 듯했다. 헤엄쳐 오려는 듯 물로 내달았지만 두려워졌는지 해안으로 돌아갔다. 우리는 처음에는 노질에 방해가 될까 봐 닻을 올렸지만 할 수 있는 일이 없었기에 닻줄을 끝까지 풀어 닻을 내렸다. 그러자 배가 떠내려가는 속도가 부쩍 느려졌다. 우리는 두 사람이 서둘러 뗏목을 만들거나 무른 나무를 베어 우리에게 노 저어 오기를 바랐다. 아직 해안에서 500미터밖에 떨어지지 않았기 때문이다. 하지만 두 사람은 정신이 나간 듯 해변을 뛰어다니며 우리에게 요란한 몸짓을 하더니 숲으로 들어갔다. 우리를 찾아올 준비를 하려는가 싶었는데 연기가 보였다. 조개를 구우려고 불을 피운 것이었다! 우리를 따라잡으려는 생각을 완전히 버린 것이 틀림없었다. 우리는 스스로 방법을 찾아야 했다.

이제 우리는 해안에서 1.6킬로미터가량 멀어져 두 섬의 중간에 떠 있었으나 바다를 향해 조금씩 서쪽으로 떠내려가고 있었다. 두 사람을 구하려면 반대쪽 해안으로 가는 수밖에 없었다. 그래서 삼각돛을 펴고 열심히 노를 저었다. 하지만 바람이 따라주지 않아 어찌나 빨리 떠내려갔던지 간신히 섬 서쪽 끝에 닿았다. 우리의 유일한 뱃사람이 배에서 내려 밧줄을 가지고 해안으로 헤엄쳐 가서는 곶을 돌아 정박지까지 배를 끌었다. 정박지는 꽤 안전하고 지형이 바람을 막아주었지만 너울이 일어서 닻이 들썩거리는 통에 조금 불안했다. 우리는 애석한 처지에 놓였다. 가장 실력 있는 뱃사람 둘을 잃었으며 큰돛을 끌어올릴 힘이 남았는지도 의심스러웠다. 배에는 이틀 치 물밖에 없었으며 작은 바위투성이 화산섬에서 물을 찾을 가능성은 희박했다. 두 사람이 해안에서 벌인 행동으로 보건대 우리에게 돌아오려고 진지하게 노력할 것 같지는 않았다. 마음만 먹으면 쉽게 할 수 있었겠지만 말이다. 좋은 정글도가 두 개 있으니 하루 만에 작은 아우트리거 뗏목을 만들어서는 섬의 동쪽 끝에서 출발하여 해류를 타면 잔잔한 바다에서 순풍을 받으며 3킬로미터쯤은 안전하게 건널 수 있을 것이다. 두 사람이 이런 시도를 할 만큼 생각이 있기를 바라는 수밖에 없었다. 나는 두 사람에게 기회를 주기 위해 기다릴 수 있는 데까지 기다리기로 마음먹었다.

닻이나 등덩굴 밧줄이 또 끊어질까 봐 초조한 밤을 보냈다. 23일 아침에 닻과 닻줄이 멀쩡한 것을 확인하고는 일꾼 두 사람을 데리고 해안에 상륙했다. 늙은 키잡이와 요리사는 배에 남겨두었다. 무슨 일이 있으면 우리에게 신호할 수 있도록 머스킷 총을 장전해두었다. 처음에는 해변을 따라 걷다가 동쪽 끝 수직 절벽에 다다르니 고기를 구운 흔적이 있었다. 거북딱지는 아직도 기름투성이였고, 나무가 잘려 있었는데 잎이 여전히 파랬다. 아주 최근에 배가 왔다는 표시였다. 밀림으로 들어가 길을 내며 언덕 꼭대기까지 올라갔지만 숲이 빽빽해서 아무것도 보이지 않았다. 돌아와 대나무를 베어 뾰족하게 깎아서는 사고야자나무가 자라는 낮은 지점에 물을 찾으려고 박았다. 시작하자마자 와하이 사람 호이가 물을 찾았다고 외쳤다. 사고야자나무 사이로 뻿뻿한 검은 진흙 구덩이가 깊이 파였는데 그 안에 물이 있었다. 민물이었지만 낙엽과 사고 찌꺼기가 잔뜩 떨어져 있어 지독한 악취가 났다. 이곳이 샘이거나 물이 걸러졌으리라 섣불리 판단하고는 물을 죄다 퍼내고 진흙과 쓰레기도 10~20동이 건졌다. 밤까지는 깨끗한 물을 많이 얻을 수 있으리라 생각했다. 아침을 먹으러 배에 오르면서 일꾼 둘은 남아 대나무 뗏목을 만들도록 했다. 그러면 첨벙거리며 물을 밟지 않고 해안을 왔다 갔다 할 수 있을 터였다. 식사를 채 마치기도 전에 닻줄이 끊어지는 바람에 우리는 바위에 부딪혔다. 다행히 물이 잔잔해서 피해는 전혀 없었다. 닻을 찾아 끌어올리고 보니 밤새 산호에 갈려 닻줄이 끊어진 것이었다. 밤중에 끊어졌으면 닻을 잃은 채 바다로 떠내려가거나 배가 큰 손상을 입을 뻔했다. 저녁에 물을 가지러 우물에 갔는데 실망스럽게도 바닥에 흙탕물만 약간 고여 있었다. 구멍은 빗물을 모으려고 판 것이어서 지금 같은 가뭄이 계속되면 결코 차지 않을 것임이 분명했다. 물이 없으면 어떤 고생을 할지 모르므로 병에 흙탕물을 가득 채워 흙이 가라앉도록 했다. 오후에 섬 반대편에 가서 우리가 아직도 여기 있다는 걸 알리려고 큰 불을 피웠다.

이튿날(24일) 다시 물을 찾기로 마음먹었다. 밀물이 빠졌을 때 바위 곶을 돌아 섬 끝까지 갔지만 물의 흔적이나 개울은 전혀 찾지 못했다. 돌아오는 길에 아주 작은 개울 바닥이 말라 있는 것을 보고는 물을 찾아 따라 올라갔다. 하지만 죄다 말라 있어서 일꾼들은 큰 소리로 여기서 물을 찾는 것은 헛수고라고 외쳤다. 하지만 좀 더 올라갔더니 작은 웅덩이에 물이 1~2리터쯤 고여 있었다. 더 위로 올라가면서 물의 흔적이 남아 있는 구멍과 도랑을 모조리 뒤졌지만 한 방울도 더 찾지는 못했다. 일꾼 한 명을 보내어 큰 물병과 찻잔을 가져오도록 하고는 해변을 탐색하여 마른 개울의 흔적을 또 찾았다. 이곳을 따라 올라가니 다행히도 바위에 뚫린 깊은 구멍에 물이 10~20리터가량 들어 있었다. 물병을 모두 채우기에 충분한 양이었다. 일꾼이 가져온 찻잔으로 시원하고 순수한 물을 쭉 들이켰다. 떠나기 전에 섬의 물을 한 방울도 남기지 않고 다 챙겼다.

저녁에 큼지막한 프라우선이 시야에 들어왔다. 배는 두 사람이 버려진 섬을 향해 가고 있었다. 두 사람을 발견하여 태울지도 모른다고 기대했으나 프라우선은 우리의 신호를 알아차리지 못한 채 섬 사이로 사라져버렸다. 하지만 이제는 두 사람의 운명에 대해 한결 마음이 편해졌다. 우리의 바위섬에는 사고야자나무가 많았는데 두 사람이 남아 있는 평평한 섬도 그럴 것이었다. 그들에게는 정글도가 있으니 나무를 베어 사고를 만들 수 있을 테고 땅을 파서 물도 충분히 찾을 수 있을 터였다. 조개는 얼마든지 있었으며 배가 그곳을 지나거나 우리가 사람을 보낼 때까지 잘 지낼 수 있을 듯했다. 이튿날 우리는 나무를 베고, 섬에서 찾을 수 있는 모든 물을 물병에 채우고, 저녁에 출항할 준비를 했다. 작은 장수앵무 한 마리를 사냥했는데 트르나테 섬에 흔한 종과 매우 닮았다. 윤기 나는 찌르레기도 잡았는데 스람 섬과 와투벨라 제도의 근연종과는 다르게 생겼다. 그 밖에 눈에 띈 새는 큰 숲비둘기와 까마귀뿐이었는데 표본을 얻지는 못했다.

6월 25일 저녁 8시경에 출항했다. 모든 인원이 매달리니 큰돛을 올릴 수 있었다. 밤새 순풍이 불어 북동쪽으로 범주했다. 아침에 보니 와이게오 섬에서 서쪽으로 약 30킬로미터 떨어진 지점이었다. 중간에는 섬이 많이 있었다. 10시경에 배가 산호초를 향해 전속력으로 돌진하여 깜짝 놀랐으나 다행스럽게도 무사히 벗어났다. 오후 2시경에 넓은 산호초에 도달하여 가장자리를 항해하는데 갑자기 바람이 멎었다. 무거운 큰돛을 거두기 전에 산호초로 떠내려가는 바람에 돛을 떨어뜨려 일부는 물에 빠지도록 내버려두어야 했다. 벗어나기가 여간 힘들지 않았으나 마침내 다시 깊은 물로 들어섰다. 하지만 사방이 산호초와 섬으로 가득했다. 밤이 되자 우리는 어찌할 바를 몰랐다. 배에 탄 사람 중에는 여기가 어디인지, 어떤 위험이 도사리고 있는지 아는 이가 아무도 없었기 때문이다. 와이게오 섬 해안을 잘 아는 유일한 선원은 섬에 남아 있었다. 그래서 돛을 모두 거두고 배가 떠내려가도록 두었다. 가장 가까운 육지에서도 몇 킬로미터 떨어져 있었기 때문이다. 하지만 가벼운 미풍이 일어 자정쯤에 다시 산호초에 부딪혔다. 깜깜하고 현재 위치도 전혀 알 수 없었기에 벗어날 길은 추측하는 수밖에 없었다. 바람이 조금만 거셌더라면 배가 산산조각 났을지도 모른다. 하지만 반 시간쯤 뒤에 산호초에서 벗어날 수 있었다. 아침까지 산호초 끄트머리에 닻을 내리는 게 최선일 듯싶었다. 28일 일출 직후에 우리 프라우선이 아무 피해를 입지 않은 것을 확인하고는 불확실한 바람과 스콜을 맞으며 섬과 산호초 사이를 요리조리 항해했다. 길잡이라고는 매우 부정확하고 거의 쓸모없는 작은 해도와 누구에게나 있는 일반적 방향감각뿐이었다. 오후에 작은 섬 아래에서 쓸 만한 정박지를 발견하여 밤을 보냈다. 나는 처음 보는 커다란 과일비둘기를 사냥했는데 훗날 '카르포파가투미다*Carpophaga tumida*'(향료황제비둘기*Ducula myristicivora*)로 명명했다. 머리가 흰 희귀한 물총새(해변호반새*Todiramphus saurophaga*)도 발견하여 쏘았으나 죽이지는 못했다. 이튿날 아침에 계속 항해하여 순풍을 타고 큰 섬 와이게오의 해안에 도착했다. 곶을 지나자 큰돛을 올린 상태에서 다시 산호초를 맞닥뜨렸으나 다행히 바람이 거의 멎어서 천신만고 끝에 무사히 빠져나왔다.

이제 섬 사이의 근처 어딘가에 있다는 좁은 물길을 찾아야 했다. 물길을 따라가면 와이게오 섬 남쪽 마을에 닿을 수 있었다. 그럴듯해 보이는 깊은 만에 들어서 끝으로 갔는데 어스름이 깔려 밤을 지내기 위해 닻을 내렸다. 물이 막 동나서 저녁밥을 지을 수 없었다. 이튿날(29일) 아침 일찍 맹그로브 숲 사이 해안에 올라 안쪽으로 좀 들어갔는데 다행히 물을 찾아서 적잖이 안심이 되었다. 이제 물길 입구나 안내해줄 만한 사람을 찾기 위해 해안을 마음 놓고 다닐 수 있게 되었다. 산호초와 섬 사이에 있던 사흘 동안 우리가 본 것은 작은 카누 한 척이 전부였다. 카누는 아주 가까이 접근했으나 우리 신호가 엉뚱한 방향으로 가버렸다. 해안은 온통 사막이었다. 집도 배도 사람도 연기 한 점도 보이지 않았다. 우리는 시시각각 변하는 바람에 실려 갈 수밖에 없었기에(노를 젓기에는 일손이 너무 부족했다) 목적지에 도달할 가능성은 희박하고 위태로웠다. 우리가 들어선 깊은 만의 동쪽 끝에서 물길 입구의 흔적을 전혀 찾지 못하자 방향을 서쪽으로 돌렸다. 저녁 무렵에 다행히도 집 일곱 채로 이루어진 작은 마을을 발견했다. 집들은 허름했으며 물에 잠긴 말뚝에 얹혀 있었다. 운 좋게도 촌장인 오랑카야는 말레이어를 조금 할 줄 알았다. 그는 우리가 살펴본 만에 정말로 해협 입구가 있지만 연안 가까이 접근하지 않으면 안 보인다고 알려주었다. 해협은 곳곳이 매우 좁고 호수와 바위와 섬을 휘돌며 큰 마을인 움카[26]에 도착하는 데는 이틀, 와이게오 섬에 도착하는 데는 거기서 사흘이 더 걸린다고 말했다. 나는 움카까지 함께 갈 사람 둘을 고용할 수 있었지만-그들은 돌아갈 때 탈 작은 보트를 가져왔다-하루를 기다려야 했기에 엽총을 꺼내어 숲을 잠시 탐사했다. 날이 습하고 이슬비가

26 원전의 'Muka'는 'Umka'의 오기이다. _옮긴이

내려서 작은 새 두 마리를 사냥하는 데 그쳤으나 야자잎검은유황앵무를 목격하고 극락조 한두 마리도 언뜻 보았다. 해안에 처음 다가갔을 때 들린 시끄러운 울음소리의 주인공이었다.

이튿날(7월 1일) 아침에 마을을 떠나 약한 바람을 타고 온종일 걸려 해협 입구에 도착했다. 이곳은 작은 강을 닮았는데 삐죽 나온 곶에 가려 있었기에 섬을 물가까지도 온통 덮은 빽빽한 숲 식생 속에서 발견하지 못한 것은 놀랄 일이 아니었다. 안쪽으로 들어가자 깎아지른 바위가 늘어서 있었다. 3킬로미터가량 돌아가자 호수로 보이는 곳이 나타났으나 실은 깊은 만으로, 남쪽 해안에 좁은 입구가 나 있었다. 만의 해안을 따라 수많은 작은 바위섬이 박혀 있었는데 대부분 버섯처럼 생겼다. 용해성의 산호질 석회암 아랫부분이 바닷물에 녹아 3미터에서 6미터까지의 남은 부분이 툭 튀어나왔다. 작은 섬은 전부 신기하게 생긴 떨기나무와 나무로 덮였으며 키 크고 근사한 야자나무가 위로 우뚝 솟았다. 산악 지형 해안의 능선에도 야자나무가 늘어서 이제껏 본 것 중에서 가장 독특하고 그림 같은 풍경을 연출했다. 좁은 해협을 따라 우리를 데려다준 해류가 이곳에서 끝나는 바람에 노를 저어야 했다. 우리의 짧고 무거운 프라우선은 느릿느릿 나아갔다. 나는 여러 번 해안에 올라갔지만 바위가 가파르고 뾰족하고 듬성듬성 뚫려 있어서 얽히고설킨 채 바위를 뒤덮은 덤불을 헤치고 나아가는 것은 불가능했다. 사흘 걸려 만 입구에 도착하자 바람 때문에 더는 나아갈 수 없었다. 며칠, 아니 몇 주를 기다려야 할지도 모르는 상황에서 놀랍고 기쁘게도 움카에서 보트 한 척이 왔다. 배에는 촌장 한 명이 타고 있었는데 어떻게 된 일인지 모르겠지만 내가 오고 있다는 말을 듣고 도와주러 왔다고 했다. 그는 코코넛과 채소를 선물로 가지고 왔다. 촌장은 해안을 속속들이 알았으며 우리를 도와줄 사람을 몇 명 더 데리고 왔다. 우리는 노를 젓고 작대기로 밀고 범주하여 밤에 항구에 무사히 도착했다. 지루하고 불운한 항해 끝이어서 안도감이 밀려들었다. 와이게오 섬의 산호초와 섬들 사이로 약 80킬로미터를 항해하는 데 여드레나 걸린 뒤였다. 하지만 고롱 제도에서 출항한 뒤로는 고작 40일 만이었다.

움카에 도착하자마자 원주민 세 명에게 작은 보트를 타고 두 사람을 찾아 나서도록 했다. 섬을 제대로 찾을 수 있도록 내 일꾼도 한 명 딸려 보냈다. 그들은 열흘 뒤에 돌아왔지만 안타깝고 실망스럽게도 두 사람을 찾지 못했다. 날씨가 하도 궂어서, 두 사람이 있는 섬이 보이는 섬까지 갔으나 더는 나아가지 못했다. 엿새 동안 날씨가 나아지길 기다리다가 식량이 떨어진 데다 내가 보낸 사람이 중병에 걸려 살 가망이 없어지자 그들은 돌아왔다. 그들이 섬의 위치를 알았으니 나는 다시 시도하기로 마음먹고는 주머니칼, 손수건, 담배에다 식량까지 듬뿍 주면서 당장 다시 출발하여 구출 시도를 해달라고 설득했다. 그들은 돌아오는 길에 자기네 마을인 베시르에서 며칠 머무느라 7월 29일이 되어서야 돌아왔지만 이번에는 두 사람을 데려오는 데 성공했다. 두 사람은 야위고 허약해지기는 했지만 그럭저럭 건강했다. 둘은 섬에서 꼬박 한 달을 살았다. 물을 발견했으며 뿌리, 연한 파인애플 꽃자루, 조개, 거북 알 몇 개로 연명했다. 섬까지 헤엄쳐 갔기에 바지와 윗옷이 단벌이었지만 야자 잎으로 오두막을 만들어서 둘 다 잘 지냈다. 내가 맞은편 섬에서 사흘 동안 기다리는 것을 보았지만 해류에 바다로 떠내려갈까 봐 겁이 나서 건너오지 못했다. 그랬다가는 영영 미아 신세가 되었을 터였다. 두 사람은 내가 기회를 얻자마자 사람을 보낼 거라 확신했으며 내가 정말 그렇게 하자 여느 원주민보다 더 고마워했다. 한편 나는 불운하기 그지없던 항해에서 그나마 인명 피해가 없었던 것을 위안으로 삼았다.

36장
와이게오 섬
(1860년 7월부터 9월까지)

와이게오 섬 남해안에 있는 움카 마을은 허름한 오두막 여러 채가 전부인데, 일부는 물속에 있고 일부는 해안에 있으며 얕은 만에서 약 800미터 넓이에 불규칙하게 흩어져 있다. 주위에는 개간된 조각땅 몇 곳이 있으며 이차림 식생이 넓게 펼쳐져 있다. 뒤쪽으로 800미터가량 떨어진 곳에 원시림이 솟아 있으며 길이 몇 군데 있는데 내륙으로 2~3킬로미터 들어가면 집과 농장이 나온다. 주변 지역은 다소 평평하되 군데군데 습지가 있으며, 작은 개울 한두 곳이 마을 뒤로 흘러 아래쪽 바다로 흘러 들어간다. 내게 맞는 숙소를 찾을 수 없었고 숲 가까이나 안에 사는 것이 이롭다는 것을 여러 번 경험했기에 나를 도와줄 사람 너덧 명을 구했다. 길과 개울 근처이고 (숲 바로 안쪽에 서 있는) 근사한 무화과나무 가까이에 있는 지점을 골라 땅을 정리하고 건축에 착수했다. 이곳에 마노콰리만큼 오래 머물 생각은 없었기에 길고 낮고 좁은 오두막을 지었다. 높이는 한쪽이 2미터가량, 다른 쪽이 1.2미터가량이며 목재가 별로 필요 없어서 금세 지었다. 돛은 마을의 버려진 오두막에서 가져온 낡은 니파야자 몇 장과 더불어 벽으로 삼았으며 야자 잎 멍석인 카잔을 지붕에 덮었다. 사흘째 되는 날 집이 완성되어 짐을 모두 옮기고 일하기 편리하도록 준비를 끝냈다. 이렇게 빨리, 이렇게 좋은 조건으로 준비를 마쳐 무척 흡족했다.

지금까지는 날씨가 좋았는데 밤에 비가 세차게 쏟아졌다. 멍석 지붕으로는 빗물을 막을 수 없었다. 처음에는 물방울이 똑똑 떨어지더니 이내 사방에서 물줄기가 흘러내렸다. 한밤중에 일어나 곤충 상자, 쌀, 그 밖에 상하기 쉬운 물품을 단속하고, 침구가 젖어서 마른 잠자리를 찾았다. 비가 그치지 않아 물 새는 곳이 계속 생겼으며 다들 비참한 꼴이 되어 뜬눈으로 밤을 지새웠다. 아침에 해가 밝게 비추자 물건을 전부 말리려고 내놓았다. 멍석이 왜 샜는지 살펴보니 뒤집어 깐 것이 잘못인 것 같았다. 멍석을 전부 똑바로 얹고 저녁까지는 모든 물건을 말리고 정비하여 다시 잠자리에 들었다. 그런데 자정이 되기 전에 폭우가 쏟아지고 전날과 다름없이 물이 뚝뚝 떨어지는 바람에 또 깨고 말았다. 그날 밤 더는 잠을 이룰 수 없었다. 이튿날 지붕을 다시 뜯어 살펴보니 지붕의 기울기가 작아서 (여느 니파야자 이엉을 올리기에는 충분하지만) 멍석을 덮기에는 알맞지 않다는 결론에 도달했다. 그래서 새 니파야자와 헌 니파야자를 몇 장씩 샀으며 니파야자를 덮지 않은 곳에는 멍석을 두 장 겹쳐 깔았다. 마침내 물 샐 틈 없는 지붕이 완성되어 뿌듯했다.

이제 섬의 자연사 연구를 시작할 수 있게 되었다. 이곳에 처음 도착했을 때 움카에 극락조가 한 마리도 없다는 말을 듣고 놀랐다. 하지만 베시르에는 극락조가 많아서 원주민들이 잡고 가죽을 벗긴다고 했다. 분명히 마을 근처에서 극락조 울음소리를 들었다고 말했지만 사람들은 내가 극락조 울음소리를 알 거라고 믿지 않았다. 하지만 숲에 처음 들어갔을 때 극락조 소리가 들릴 뿐 아니라 모습까지 보였다. 극락조가 많은 것이 분명했다. 다만 경계심이 많아서 잡으려면 시간이 걸릴 터였다. 우리 사냥꾼이 처음으로 암컷 한 마리를 잡았으며 나도 어느 날 훌륭한 수컷을 거의 잡을 뻔했다. 예상대로 녀석은 희귀한 붉은극락조*Paradisaea rubra*였다. 이 섬에만 서식하며 다른 곳에서는 전혀 발견되지 않는다. 몸을 한껏 낮춘 채 나뭇가지를 따라 달리며 곤충을 찾는 모습이 딱다구리를 빼닮았으며, 리본처럼 생긴 길고 검은 꽁지깃은 상상 가능한 가장 우아한 방식으로 두 번 구부러졌다. 녀석에게 총구를 겨누었다. 깃옷을 안 다치게 하려고, 화약이 매우 적게 들어 있고 여덟 번 산탄을 장전한 총열을 쓰기로 했다. 하지만 총알은 빗나갔으며 녀석은 순식간에 빽빽한 밀림으로 내뺐다. 다른 달에는 수컷을 각기 다른 시각에 여덟 마리나 보았으며 네 번 총을 발사했다. 하지만 다른 새 같으면 같은 거리에서 거의 모두 떨어졌는데 녀석들은 전부 도망쳤다. 이 멋진 종을 얻지 못하는 게 아닐까 하는 생각이 들기 시작했다. 이윽고 숙소 근처의 무화과나무에서 열매가 익자 많은 새들이 열매를 먹으려고 찾아왔다.

어느 날 아침에 커피를 마시고 있는데 극락조 수컷이 나무 꼭대기에 앉아 있는 모습이 보였다. 나는 총을 쥐고 나무 아래로 달려가 올려다보았다. 녀석이 이 가지에서 저 가지로 날아다니며 열매를 따는 광경이 보였다. 이런 거리에서 사격할 엄두를 내기도 전에(열대지방에서 가장 키 큰 나무 중 하나였기 때문이다) 녀석은 숲 속으로 날아가버렸다. 이제는 아침마다 극락조가 나무를 찾았지만 잠깐씩만 머무르고 움직임이 재빠른 데다 키 작은 나무가 시야를 가려서 녀석들을 보기 힘들었다. 며칠 동안 주시하고 한두 번 빗맞힌 뒤에야 극락조를 손에 넣었다. 깃옷이 더없이 아름다운 수컷이었다.

붉은극락조

녀석은 이미 입수한 커다란 2종과 사뭇 달랐다. 기다란 황금색 꽁지깃의 우아함은 없지만 여러 면에서 더 인상적이고 더 아름다웠다. 머리, 등, 어깨는 더 진한 노란색이고, 멱의 짙은 금속성 초록색이 머리까지 이어지며, 이마의 깃털이 부풀어 올라 작은 볏을 이룬다. 옆구리 깃털은 짧지만 진한 빨간색이며 끝에는 은은한 흰색 점이 박혀 있다. 억세고 윤기 나는 기다란 리본 두 개가 가운데 꽁지깃를 이루는데 검고 가늘고 반半원통형이며 소용돌이 곡선으로 우아하게 늘어진다. 그 밖에도 흥미로운 새 몇 마리와 신종 대여섯 마리를 잡았으나 작고 사랑스러운 예쁜과일비둘기 말고는 눈에 띄게 아름다운 것은 없었다. 녀석은 그 밖의 비둘기 몇 마리와 함께 숙소 근처의 바로 그 무화과나무에서 사냥했다. 위쪽은 아름다운 초록색이고 이마는 아주 짙은 진홍색이며 아래쪽은 잿빛 흰색과 진한 노란색에다 보랏빛 빨간색 띠가 있다.

움카에 도착한 날 저녁에 북극광 비슷한 것을 보았다. 하지만 적도에서 약간 남쪽으로 내려간 지점에서 북극광을 볼 수 있다는 것이 도무지 믿기지 않았다. 밤하늘은 맑고 고요했으며 북쪽 하늘에 빛이 퍼져 있고 수직의 희미한 깜박거림이 끊임없이 나타났다. 잉글랜드에서 보는 일반적 오로라와 똑같았다. 이튿날은 맑았지만 그 뒤로 날씨가 전례 없이 나빠서 마른장마가 아니었나 싶다. 한 달 남짓 습한 날씨가 계속되어 해가 아예 안 보이거나 한낮에 한두 시간만 고개를 내밀었다. 아침저녁으로 또한 거의 밤새도록 비가 내리거나 이슬비가 뿌려졌으며 거센 바람과 먹구름이 일상이 되었다. 추운 날이 전혀 없다는 것만 빼면 11월이나 2월 잉글랜드의 지독한 날씨와 똑같았다.

와이게오 섬 사람들은 진짜 토박이가 아니다. 이곳에는 '알푸로', 즉 원주민이 전혀 없다.[27] 이들은 할마헤라 섬과 뉴기니 섬의 혼혈 민족인 듯하다. 할마헤라 섬의 말레이인과 알푸로가 이곳에 정착하고 그중 상당수가 살라와티 섬과 마노콰리에서 파푸아인 아내를 얻는 한편 이 섬들에서 주민과 노예가 유입됨으로써 거의 순수한 말레이인에서 완전한 파푸아인에 이르기까지 거의 모든 변이 과정을 나타내는 민족이 형성되었을 것이다. 이들이 구사하는 언어는 완전한 파푸아어로, 미솔 섬과 살라와티 섬, 뉴기니 섬 북서부, 첸데라와시 만의 모든 해안에서 쓰인다. 이로부터 해안 정착이 어떻게 이루어졌는지 짐작할 수 있다. 뉴기니 섬과 말루쿠 제도 사이의 수많은 섬-와이게오 섬, 게베 섬, 포파 섬, 오비 섬, 바찬 섬, 할마헤라 섬의 남쪽 반도와 동쪽 반도-에 토박이 부족이 하나도 없이 혼혈과 이주민만 산다는 사실은 말레이인과 파푸아인이 별개의 민족이며 두 민족이 사는 지리적 영역이 분리되었다는 결정적 증거다. 말레이인과 파푸아인 중 한 민족이 다른 민족의 직접 변이형이라면 두 지역의 중간 지대에서 중간적 특징을 지닌 동질적 원주민을 찾을 수 있어야 한다. 이를테면 유럽의 백인 주민과 남인도의 흑인 켈링 사이의 중간 지대에는 한 민족에서 다른 민족으로 점차 이행하는 동질적 민족이 있는 반면에, 아메리카에서는 앵글로색슨인에서 니그로로, 스페인인에서 인디오로 완벽한 이행이 존재함에도 한 민족에서 다른 민족으로 자연스럽게 이행하는 동질적 민족은 전혀 존재하지 않는다. 말레이 제도에는 완전히 별개인 두 민족이 서로 접근하여 인류 역사상 매우 최근에 미개척지에서 섞인 훌륭한 사례가 있다. 편견에 사로잡히지 않은 사람이 이들을 현지에서 연구하면 이들이 한 민족

27 길마 박사는 진짜 토박이를 자처하는 사람을 몇 명 만났다. 하지만 주변 섬과 언어를 꽤 완전히 파악하지 않고서는 판단하기 힘들 것이다.

의 두 변이형이라는 통념이 아니라 별개의 두 민족이라는 나의 주장이야말로 진정한 해답임을 확신할 것이다. 나는 이런 결론에 흡족했다.

움카 사람들은 사고야자나무가 풍부한 지역이 으레 그렇듯 극심한 빈곤에 시달리며 살아간다. 식물이나 과일을 심는 고생을 감수하는 사람은 거의 없으며 대부분 사고와 생선만 먹고 산다. 이들은 해삼이나 거북딱지를 팔아 변변찮은 의복을 장만한다. 하지만 거의 모든 사람이 파푸아인 노예를 하나 이상 거느리고 있어서 이들 덕에 거의 아무 일도 안 하고 산다. 지루한 일상의 활력소로 물고기를 잡거나 물건을 사고팔려고 여행하는 것이 고작이다. 이들은 티도레 섬 술탄의 통치하에 있으며, 해마다 극락조, 거북딱지, 사고를 조금씩 공물로 바친다. 이 물품을 얻기 위해 좋은 계절에 무역선을 타고 뉴기니 본토에 가서 스람인이나 부기족 무역상에게 외상으로 물건을 받고 원주민을 등쳐서 공물을 낼 만큼 물건을 얻고 자기도 이익을 조금 남긴다.

이런 지역은 살기에 별로 좋지 않다. 잉여가 전혀 없어서 팔 것이 하나도 없기 때문이다. 내가 머무는 동안 이곳에서 지낸 스람 섬 무역상이 없었다면-그는 작은 채소밭이 있고 그의 하인들은 이따금 여분의 물고기를 잡았다-먹을 게 하나도 없는 날이 많았을 것이다. 닭, 과일, 채소는 사치품으로, 움카에서 아주 가끔만 살 수 있다. 동양 요리에 꼭 필요한 코코넛도 구할 수 없다. 마을에는 나무가 수백 그루 있지만 (마을 사람들이 너무 게을러서 채소를 기르지 않기에) 열매가 초록색일 때 전부 먹어버리기 때문이다. 달걀, 코코넛, 플랜틴이 없어 식량난에 쪼들리고 날씨가 궂어서 물고기도 잡히지 않아 사냥할 수 있는 식용 조류 몇 마리로 연명해야 했으며, 돼지를 제외하고 이 섬에 서식하는 유일한 네발짐승인 쿠스쿠스를 잡아먹었다.

우리 나무에서 극락조 수컷 두 마리를 사냥하고 나니 녀석들의 발길이 뚝 끊겼다. 열매가 귀해져서일 수도 있고 위험하다는 사실을 알 만큼 똑똑하기 때문일 수도 있다. 숲에서는 여전히 소리가 들리고 모습이 보였지만 한 달이 지나도록 한 마리도 더 잡지 못했다. 와이게오 섬을 방문한 주목적은 극락조를 얻는 것이었으므로 극락조를 잡고 보존하는 파푸아인이 많은 베시르에 가기로 했다. 이번 여정을 위해 작은 아우트리거 보트를 빌리고 일꾼 한 명을 남겨두어 숙소와 짐을 지키도록 했다. 날씨가 좋아질 때까지 며칠 기다려야 했으나 마침내 어느 날 아침 일찍 출발하여 험하고 불편한 항해 끝에 밤늦게 도착했다. 베시르는 작은 섬의 곶에 있는 물속 마을이었다. 집과 육지 사이의 얕은 물에 조개껍데기가 잔뜩 쌓여 있는 것을 보건대 주식主食은 조개가 틀림없었다. 훗날 어떤 고고학자가 이 '조개무지貝塚'를 본격적으로 탐사하리라. 우리는 촌장의 집에서 묵고 이튿날 아침에 본도로 가 머물 장소를 찾았다. 이 지역은 사실 또 다른 섬으로, 움카에 오면서 통과한 좁은 물길의 남쪽에 있다. 섬은 거의 완전히 산호의 융기로 형성된 것으로 보이나 북부 지역에는 단단한 결정질 암석이 함유되어 있다. 해안에는 낮은 석회암 절벽이 늘어서 있었는데 바닷물에 닳아 윗부분이 대체로 불쑥 튀어나왔다. 작은 후미와 입구가 띄엄띄엄 놓여 있었는데 내륙에서 흘러온 실개천이 이곳에서 바다와 만났다. 우리는 그중 한 곳에 상륙하여 흰 모래사장에 보트를 끌어올렸다. 바로 위에는 마와 플랜틴 농장이 새로 조성되어 있었으며, 촌장이 써도 좋다고 말한 작은 오두막이 있었다. 오두막은 가로세로 2.4미터밖에 안 되는 난쟁이 집으로, 말뚝에 올려져 있어 바닥이 땅에서 1.4미터 떠 있었는데 지붕의 가장 높은 부분이 바닥에서 1.5미터에 불과했다. 나는 양말을 신은 키가 185.4센티미터인지라 집을 보니 낭패스러웠다. 하지만 다른 집들은 물에서 훨씬 멀고 지독하게 더럽고 사람이 북적거렸기에 이 작

와이게오 섬 베시르에 있는 나의 숙소

은 집을 당장 수락하고 최대한 잘 쓰기로 마음먹었다. 처음에는 허리를 숙이지 않고도 드나들 수 있도록 바닥을 뜯어낼 생각이었지만 그러면 공간이 충분하지 않을 것 같아서 그대로 둔 채 내부를 말끔히 청소하고 짐을 들여왔다. 위층은 침실과 창고로 삼았다. (사방이 뚫린) 아래층에는 작은 탁자를 놓고, 상자를 쌓고, 선반을 매달고, 바닥에 매트를 깔아 고리버들 의자를 놓고, 바람 불어오는 쪽에 매트를 한 장 더 널었다. 몸을 웅크리고 조심조심 기어 들어오면 머리가 천장에 닿을락 말락 한 채로 의자에 앉을 수 있었다. 여기서 매우 안락하게 여섯 주를 지냈다. 모든 식사와 작업은 작은 탁자에서 했다. 하루에도 여남은 번 상체를 90도로 숙인 채 기어서 들어가고 나와야 했다. 의자에서 불쑥 일어서다 머리를 몇 차례 세게 부딪힌 뒤로는 환경에 적응하는 법을 배웠다. 밖에는 비스듬한 작은 부엌을 지었으며 일꾼들이 새 가죽을 벗기도록 벤치를 놓았다. 밤이 되면 나는 작은 다락방에 올라가고 일꾼들은 아래층 바닥에 멍석을 깔았으며 아무도 잠자리에 대해 불평하지 않았다.

우선 극락조 사냥에 익숙한 사람들을 불러 모았다. 여러 명이 찾아왔는데 나는 손도끼, 구슬, 주머니칼, 손수건을 보여주며 갓 잡은 표본에 대한 대가라고 몸짓으로 최대한 설명했다. 모든 값을 미리 치르는 것이 보편적 풍습인데 이번에는 한 사람만이 새 두 마리의 값에 해당하는 물건을 가지겠다고 나섰다. 나머지 사람들은 의심이 가시지 않아서 낯선 백인과의 첫 거래가 어떻게 성사되는지 보고 싶어 했는데 나는 그들의 섬에 온 유일한 백인이었다. 사흘 뒤에 마을 주민이 첫 번째 새를 가져왔다. 매우 훌륭한 표본이었는데 살아 있었으나 묶어서 작은 주머니에 넣은 탓에 꽁지와 날개의 깃털이 으스러지고 상했다. 나는 그 사람과 동행인들에게 새를 최대한 완벽한 상태로 원하며, 죽이거나 다리에 끈을 묶어 작대기에 매달아 와야 한다고 설명했다. 모든 과정이 공정하고 내게 꿍꿍이셈이 전혀 없다는 것을 충분히 납득하자 여섯 명이 물건을 가져갔다. 한 마리 분량을 가져간 사람도 있고 더 많이 가져간 사람도 있었으며 한 사람은 여섯 마리 분량을 가져갔다. 그들은 먼 길을 가야 하며 극락조를 잡는 즉시 돌아오겠다고 말했다. 며칠 또는 몇 주 간격을 두고 몇 사람이 돌아왔다. 한 마리 이상씩 가지고 왔는데 주머니에 넣지는 않았지만 상태는 별반 다르지 않았다. 숲속으로 깊숙이 들어가 잡았기에 한 마리만 가지고 오는 게 아니라 다리를 막대기에 묶어서 집에 두고 다른 극락조를 잡을 때까지 보관했다. 가련한 극락조는 달아나려고 몸부림치다 잿더미에 빠지거나, 다리가 부어 반쯤 썩을 때까지 매달려 있거나, 때로는 굶주림과 두려움 때문에 죽기도 했다. 한 녀석은 다마르 횃불의 역청을 아름다운 머리에 온통 뒤집어썼으며 또 한 녀석은 죽은 지 하도 오래되어 배가 초록색으로 변했다. 하지만 다행히도 가죽과 깃옷이 단단하고 질겨서 씻고 소제해도 다른 어떤 새보다 멀쩡했다. 아주 깨끗하게 씻을 수 있었기에 내가 직접 사냥한 새와 거의 달라 보이지 않았다.

몇 사람은 극락조를 잡은 바로 그날 가져왔는데 덕분에 녀석의 아름다움과 생기를 고스란히 살펴볼 수 있었다. 사람들이 극락조를 대부분 산 채로 가져오는 것을 알게 되자 곧장 일꾼 한 명에게 커다란 대나무 새장을 만들게 하고 녀석들이 살아 있을 수 있도록 모이통에 모이와 물을 담아주었다. 원주민들에게 극락조가 아주 좋아하는 열매가 달린 가지를 가져오도록 했는데 녀석들이 게걸스럽게 먹는 것을 보니 흡족했다. 살아 있는 메뚜기도 주는 족족 받아서는 다리와 날개를 뜯어내고 삼켰다. 물도 많이 마셨으며, 이 횃대에서 저 횃대로 뛰어다니고 새장 꼭대기와 옆에 매달리고 밤까지 한시도 쉬지 않으며 끊임없이 움직였다. 이튿날이 되자 식욕은 여전히 왕성했으나 하루 종일 활동량이 줄었으며 사흘째 되는 날 아침이면 어김없이 (뚜렷한 이유 없이) 새장 바닥에 죽어 있었다. 몇 마리는 열매와 곤충뿐 아니라 밥도 먹었으나, 여러 마리를 연달아 키워봤지만 열 마리 중 한 마리조차 사흘을 넘기지 못했다. 이튿째나 사흘째에 색깔이 칙칙해지고 발작을 일으키는 경우도 몇 건 있었으며 횃대에서 떨어져 몇 시간 뒤에 죽었다. 깃옷이 덜 자란 것과 다 자란 것을 다 시험해 봤지만 둘 다 마찬가지였다. 결국 가망 없다고 생각하여 포기하고는 표본을 최대한 좋은 상태로 보존하는 데 주력했다.

붉은극락조는 아루 제도나 뉴기니 섬 여타 지역에서처럼 뭉툭한 화살로 잡는 것이 아니라 매우 기발한 방법으로 올가미를 놓아 잡는다. 큰 덩굴식물인 아룸속*Arum* 식물은 그물무늬의 빨간색 열매가 나는데 붉은극락조가 무척 좋아한다. 사냥꾼들은 끝이 갈라진 튼튼한 작대기에 열매를 고정시키고 가늘지만 질긴 끈을 묶는다. 그런 다음 숲에서 붉은극락조가 즐겨 앉는 나무를 찾아 기어올라서는 가지에 작대기를 단단히 묶고 끈을 솜씨 좋게 엮어 올가미를 만든다. 붉은극락조가 열매를 먹으러 오면 다리가 걸리는데 땅에 늘어진 끈 끄트머리를 잡아당기면 녀석을 가지에서 끌어내릴 수 있다. 이따금 다른 곳의 먹이가 더 풍부하면 사냥꾼은 자신의 나무 아래에서 끈을 손에 쥔 채 아침부터 밤까지 앉아 있기도 한다. 이틀이나 사흘 내리 한 끼도 먹지 않고 기다릴 때도 있다. 반면에 운이 좋으면 하루에 두세 마리를 잡기도 한다. 베시르에서 이 사냥법을 쓰는 사람은 8~10명뿐이며, 섬의 다른 지역에는 전혀 알려져 있지 않다. 그래서 이곳에 최대한 오래 머물기로 했다. 훌륭한 표본을 연달아 얻을 수 있는 유일한 기회였기 때문이다. 문명인이 먹을 수 있는 음식이 귀하거나 아예 없어서 굶주려 죽을 지경이었으나 결국은 성공을 거두었다.

주변 농장의 채소와 과일은 주민들이 먹기에 충분하지 않았으며 익기 전에 파내거나 따는 경우가 대부분이었다. 생선을 조금이라도 살 수 있는 경우는 매우 드물었으며 닭은 한 마리도 없었다. 우리는 질긴 비둘기와 코카투앵무에 쌀과 사고로 연명하는 신세가 되었으며 그마저 얻지 못할 때도 있었다. 이번 항해를 떠난 지 어언 8개월이 지나 가져온 양념, 향신료, 버터가 전부 바닥났다. 맛이 하나도 없는 음식은 도무지 건강을 유지할 만큼 충분히 먹을 수 없었다. 나는 매우 여위고 허약해졌으며 알 수 없는 질병에 걸렸다(나중에 듣기로 편두통이었다고 한다). 아침마다 밥을 먹고 나면 오른쪽 관자놀이의 좁은 부위가 찌르는 듯 아팠다. 최악의 치통에 비길 만큼 지독하게 따가웠는데 통증이 두 시간가량 지속되다 대체로 정오에야 그쳤다. 편두통에서 벗어나자 이번에는 열병에 걸렸다. 너무 허약해지고 식사를 제대로 하지 못했기에, 이런 극단적 상황을 대비해 고이 간직해둔 깡통 수프가 아니었으면 꼼짝없이 목숨을 잃었을 것이다. 나는 종종 채소를 찾으러 나갔는데 운 좋게도 야생 토마토속 식물이 잔뜩 자라고 있는 것을 발견했다. 가지에는 구스베리류만 한 작은 열매가 달려 있었다. 녹색식물 대신 호박속 식물과 양치식물 윗부분을 삶아 먹었으며 이따금 초록색 파파야도 몇 개 구했다. 원주민들은 식량이 궁할 때는 두툼한 바닷말을 연해질 때까지 삶아 먹었다. 나도 해 봤지만 너무 짜고 떫어서 도무지 먹을 수 없었다.

9월 말이 다가오고 있었으므로 동계절풍이 끝나기 전에 돌아가려면 무슨 일이 있어도 떠나야 했다. 내게서 미리 대가를 받아 간 사람들은 대부분 약속대로 극락조를 가져왔다. 가련한 원주민 한 명은 하도 운이 나빠서 한 마리도 잡지 못했는데 정직하게도 자신이 미리 가져간

도끼를 도로 가지고 왔다. 또 한 사람은 여섯 마리를 가져오겠다고 했는데 출발 이틀 전에 다섯 번째 극락조를 가져다주고는 한 마리를 더 잡으려고 곧장 숲으로 들어갔다. 하지만 그는 돌아오지 않았고 우리는 보트에 짐을 실었다. 막 출항하려는 찰나에 그가 손에 새를 든 채 우리를 쫓아 달려왔다. 그는 새를 주면서 흡족한 표정으로 말했다. "이제 당신에게 빚진 거 없소." 들키거나 벌 받을 염려가 없는데도 야만인들이 이렇게 정직하다니 놀랍고 뜻밖이었다.

베시르 인근 지역은 언덕이 매우 많고 험했으며 뾰족뾰족하고 구멍이 숭숭 뚫린 산호암과 신기하게 생긴 작은 구멍과 협곡으로 가득했다. 길은 이 바위틈으로 나 있는 경우가 많았는데, 깊은 숲속은 더없이 어두컴컴했으며, 종종 잎이 가는 초본식물과 푸른 잎의 흥미로운 석송이 빽빽하게 자라고 있었다. 바로 이런 곳에서 프라이탁실라스타티라*Praetaxila statira*, 디칼라네우라풀크라*Dicallaneura pulchra*, 파란색의 근사한 술라웨시부전나비*Arhopala hercules*를 비롯하여 가장 아름다운 작은 나비들을 많이 채집했다. 농장 가장자리에서는 파란색의 잘생긴 노랑잎나비*Deudorix epirus despoena*를, 그늘진 숲에서는 사랑스러운 월리스부전나비*Danis wallacei*를 발견했다. 아름다운 황금이세벨도 손에 넣었는데, 위쪽은 더없이 진한 귤색이고 아래쪽은 강렬한 진홍색과 윤기 나는 검은색이었다. 초록색 비단제비나비의 근사한 표본은 완벽하게 생생하고 흠 하나 없었으며 내 채집물의 자랑거리였다.

여기서 입수한 새들은 종 수가 그다지 많지는 않았지만 무척 흥미로웠다. 희귀한 뉴기니 솔개류(긴꼬리벌매*Henicopernis longicauda*), 부엉이쏙독새속의 커다란 신종(대리석쏙독새*Podargus ocellatus*), 완전한 신종이며 길고 힘센 부리가 인상적인 무척 흥미로운 땅비둘기 표본도 손에 넣었다. 마지막 녀석은 '뉴기니무지개비둘기*Henicophaps albifrons*'로 명명되었다. 부리에 돌기가 있는 큰 과일비둘기(향료황제비둘기)의 좋은 표본을 잇따라 구하고 이 돌기가 지금까지 알려진 것과 달리 성징이 아니라 암수에서 똑같이 발견된다는 사실을 확인하여 무척 기뻤다. 와이게오 섬에서는 새를 73종밖에 채집하지 못했으나 그중 12종이 완전한 신종이었으며 나머지도 상당수가 매우 희귀한 종이었다. 와이게오 섬 방문은 전혀 기대에 미치지 못했지만 붉은극락조의 훌륭한 표본 24점을 얻었기에 후회는 없었다.

37장

와이게오 섬에서 트르나테 섬까지의 항해

(1860년 9월 29일부터 11월 5일까지)

나는 예전에 늙은 키잡이를 와이게오 섬에 남겨두어 숙소를 관리하고 프라우선의 항해 준비-바닥 누수 메우기, 상부 시설물과 이엉, 삭구의 보수-를 하도록 해두었다. 돌아와서 보니 준비가 거의 끝나 있어서 곧장 짐을 싸고 항해 준비를 시작했다. 큰돛은 숙소의 한쪽 벽으로 쓰고 있었지만, 뒤돛과 삼각돛은 지붕에 넣어두었다. 손볼 데가 있는지 보려고 꺼냈는데 끔찍하게도 쥐들이 집을 짓고는 스무 군데나 쏠았다. 그래서 베를 사서 돛을 새로 만들어야 했다. 이 때문에 출항이 늦어져 9월 29일에 마침내 와이게오 섬을 떠났다.

나흘 뒤에 육지에서 완전히 벗어나 산호초와 여울이 가득한 좁은 해협을 통과해야 했다. 해류가 거세어서 역풍을 만나면 조금도 나아갈 수 없었다. 언젠가 구름 한 점 없는 날에는 조류가 반대로 흐르고 맞바람이 불어 전날 머문 정박지를 향해 16킬로미터나 뒷걸음질하기도 했다. 항해가 지지부진하자 이렇게 바다 위에 떠 있다가 물이 동나지 않을까 염려되었다. 그래서 가능하다면 두 사람이 남겨졌던 섬에 들르

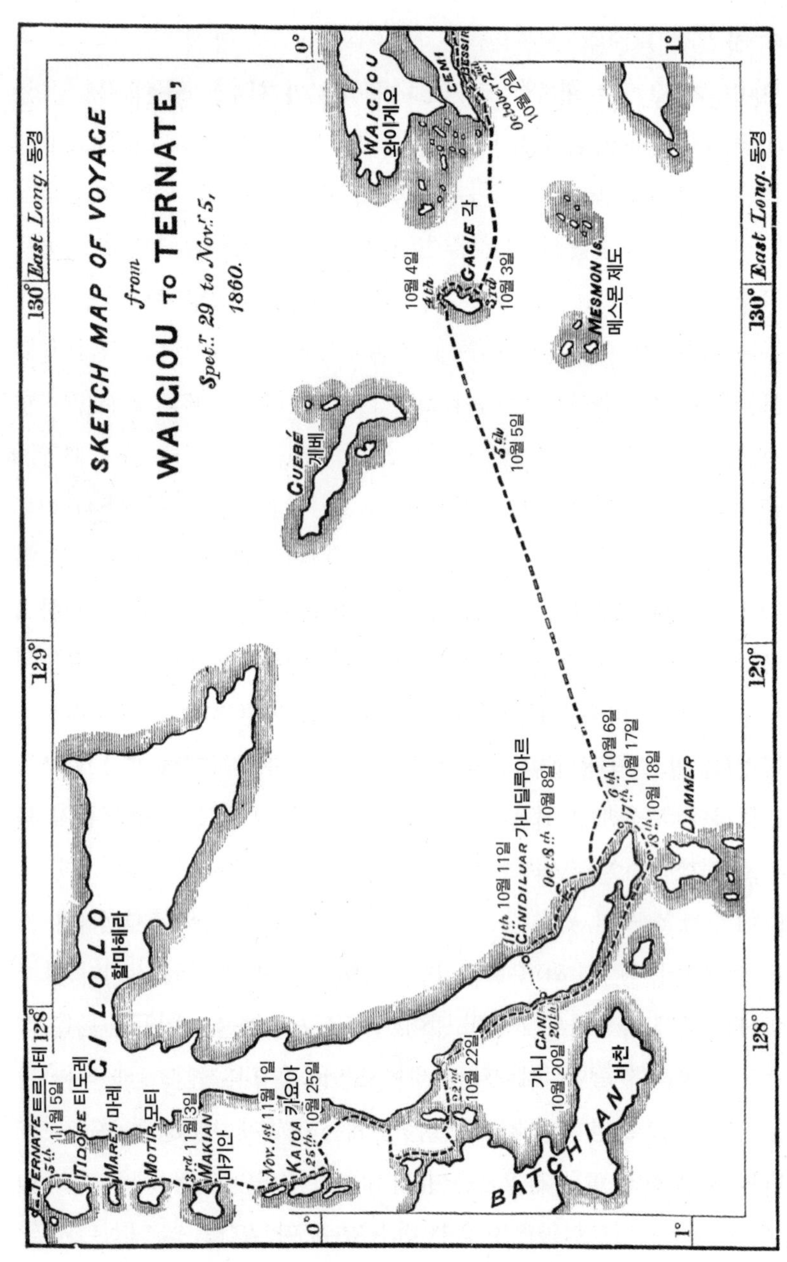

와이게오 섬에서 트르나테 섬까지의 해로(1860년 9월 29일부터 11월 5일까지)

기로 했다(섬은 항로 바로 위에 있었다). 하지만 언제나 그렇듯 이맘때면 남남동풍이어야 할 바람이 남남서풍으로 부는 바람에 각Gagie 섬에 정박하는 것이 최선이었다. 달빛을 받으며 민둥한 화산 아래에 닻을 내렸다. 아침에 깊은 만에 들어가려 했으나-갈렐라인 어부들이 그곳에 물이 있다고 했다-맞바람 때문에 갈 수 없었다. 하지만 어부들은 손수건을 받은 대가로 우리를 자기네 보트에 태워 그곳에 데려가주었다. 우리는 물병과 대나무 통을 가득 채웠다. 먹을 것을 사려고 섬 북해안에 있는 어부들의 야영지로 갔지만 석탄 덩어리만큼 새까맣고 딱딱한 거북 훈제밖에 구할 수 없었다. 좀 더 가자 농장이 있었는데 게베인 소유였으나 파푸아인 노예가 관리하고 있었다. 이튿날 아침에 손수건 한 장과 주머니칼 몇 자루를 주고 플랜틴과 채소를 좀 얻었다. 이곳을 떠나려는데 깊은 물속의 바위나 통나무에 닻이 걸려버렸다. 빼내려고 여러 번 시도했으나 소용이 없자 닻을 포기하고 등덩굴 닻줄을 자르는 수밖에 없었다. 이제 닻이 하나만 남았다.

10월 4일에 일찍부터 예의 남남서풍이 계속 불어 이러다 할마헤라 섬 남쪽 곶에 닿지 못하는 게 아닌가 염려되기 시작했다. 5일 밤은 스콜이 쏟아지고 천둥이 쳤지만 자정 이후로는 잠잠해졌다. 미풍을 안은 채 틀림없이 근처에 있을 할마헤라 섬 해안을 찾고 있는데, 바로 그때 거센 파도 소리 같은 둔중한 굉음이 들렸다. 얼마 안 가 소리가 커지더니 흰 거품 띠가 밀려와 재빨리 우리를 지나쳤다. 우리 보트는 쉽사리 파도에 올라탔기에 아무 피해도 입지 않았다. 짧은 간격으로 파도가 여남은 차례 우리를 획획 지나친 뒤 바다가 전처럼 잠잠해졌다. 그 순간 이것이 지진파가 틀림없다고 결론 내렸다. 늙은 뱃사람들에게 물어보니 이곳 바다는 오래전부터 비슷한 현상을 자주 겪었다고 했다. 댐피어는 미솔 섬과 뉴기니 섬 근처에서 이런 파도를 겪고는 이렇게 썼다. "이곳에서 매우 신기한 조류를 발견했다. 노드리듯 내달리며 거대한 파도를 이루는데 소리가 어찌나 큰지 1킬로미터 밖에서도 들을 수 있다. 주위 바다가 모두 부서진 듯 배를 들었다 놨다 하는 통에 키가 전혀 말을 듣지 않았다. 물결이 대개 10~12분 동안 몰아친 뒤로는 바다가 물방아 저수지처럼 잔잔해졌다. 물결 한가운데에 있을 때 여러 번 수심을 쟀는데 밑바닥을 전혀 찾을 수 없었다. 우리를 어딘가로 데려가는지도 전혀 감지할 수 없었다. 어느 날 밤에 이런 조류를 몇 차례 겪었다. 대부분 서쪽에서 왔는데 바람이 그 방향에서 불어와서 대개는 조류가 닥치기 오래전에 소리를 들을 수 있다. 돌풍인 줄 알고 위돛Topsail을 내린 적도 몇 번 있었다. 조류는 남북으로 길이가 엄청났지만 너비는 200미터를 넘지 않았으며 속도가 무척 빨랐다. 바람이 거의 없어서 배는 제자리였지만 이 조류는 금세 지나갔으며 물은 다시 매우 잔잔해졌다. 조류를 맞닥뜨리기 직전에 큰 너울을 만났으나 이 너울은 부서지지 않았다." 얼마 뒤에 우리가 이 신기한 파도를 만난 바로 그날 할마헤라 섬 해안에서 지진이 느껴졌다는 말을 들었다.

날이 밝자 몇 킬로미터 앞에 할마헤라 섬이 보였으나 안타깝게도 곶은 바람 방향이 반대였다. 곶을 휘돌려고 안간힘을 썼지만 해안에 접근할 때 거센 해류가 북쪽으로 몰아쳐 배를 재빨리 밀어내는 바람에 해류의 영향에서 벗어나려면 다시 섬에서 멀어져야 했다. 이따금 곶이 가까워질 때마다 희망이 되살아났으나 바람이 잦아드는 바람에 우리는 천천히 뒤로 떠내려갔다. 밤이 되었는데도 위치가 아침과 거의 똑같았다. 그래서 배가 떠내려가지 않도록 약 30미터 길이의 닻줄로 닻을 내렸다. 하지만 7일 아침에 해안에서 훌쩍 멀어진 것을 보고는 육지 가까이 가는 것이 유일한 방법이라고 생각했다. 환류가 있을지도 모르니 그곳에서는 노를 저어야 했다. 프라우선은 무거웠고 일꾼들은 약골이어서 해안을 둘러싼 산호초 가장자리로 돌아가는 데 여섯 시간이 걸렸다. 어느 때든 바람이 이쪽으로 불면 매우 위험한 상황이었다. 다행히도 가까운 곳에 모래밭 만이 있었는데 작은 개울 덕에 산호가 더는 자라지 못했다. 저녁에 이곳에 도착하여 닻을 내리고 밤을 지냈다. 여기서 우리는 갈렐라인들이 사슴과 돼지를 사냥한다는 사실을 배웠지만 이들은 말레이어를 못 하거나 하려 들지 않았으며 이들에게서는 정보를 거의 얻어낼 수 없었다. 해안을 따라서는 해류가 조수에 따라 달라지지만 1킬로미터가량 밖에서는 해류가 늘 한 방향으로, 우리 쪽으로 흐른다는 사실을 알아냈는데, 그래서 곶으로 돌아갈 희망이 생겼다. 곶은 여기서 30킬로미터가량 떨어져 있었다. 이튿날 아침에 보니 갈렐라인들은 먼동이 트기 전에 떠났다. 우리가 무슨 짓을 할지 몰라 막연히 두려웠나 보다. 필시 우리가 해적이라고 생각했을 것이다. 아침에 보트 한 척이 지나갔는데 배에 탄 사람들이 말하길 곶 쪽으로 조금 가면 훨씬 좋은 항구가 있다며 갈렐라인이 많아서 도움을 얻을 수 있을지도 모른다고 알려주었다.

오후 3시에 해류가 바뀌어 출항했지만 맞바람 때문에 더디게 나아갔다. 어스름에 항구 입구에 도착했으나 소용돌이와 돌풍에 밀려 바다로 떠내려갔다. 해가 진 뒤에 뭍바람이 불어 남동쪽으로 조금 범주했다. 바람이 잦아들자 해류에 맞서기 위해 닻을 70미터 아래로 내렸지만 거의 소용이 없어 아침에는 해안에서 꽤 멀리 떠내려와 있었다. 전날 정박한 장소 바로 맞은편이었다. 다시 힘겹게 노를 저어서 돌아갔다. 이날은 일꾼들을 쉬게 하고 재웠다. 이튿날(10월 10일) 새벽 2시에 뭍바람을 타고 다시 출발했다. 일꾼들에게 노를 잡게 하고, 해안에 바싹 붙어 절대로 바다에 나가지 말라고 지시한 뒤에 아래로 내려갔다. 속이 편치 않아서였다. 동틀 녘에 나와 보니 어처구니없게도 또 바다로 나와 있었다. 바람이 점차 맞바람으로 바뀌어 떠내려왔다고 했다. 그 상황에서 돛을 내리고 해안 쪽으로 노를 젓거나 나를 부를 만큼 분별력이 있는 사람은 한 명도 없었다. 날이 밝자마자 우리가 뒤로 떠내려왔으며 전의 정박지가 또 맞은편에 있는 것을 확인하고는 세 번째로 그곳을 향해 열심히 노를 저었다. 해안에 접근하자 해류가 유리하게 바뀌었다. 우리는 해안을 따라 내려가 아래쪽 항구의 입구에 가까워졌다. 마침내 항구에 도착한다며 환호성을 지르려는 찰나에 세찬 남동풍 스콜이 몰아쳐 우리를 밀어내는 바람에 도저히 항구에 들어갈 수 없었다. 이번에도 돌아가고 싶지는 않았기에 정박하기로 마음먹고는 산호초 가까이 아주 깊은 물속에 닻을 내렸다. 하지만 맞바람이 우세해서 일부러 배를 붙잡아두지만 않는다면 바다로 나가는 데는 아무 어려움이 없을 터였다. 스콜이 지나갈 즈음에 해류가 역류로 바뀌었다. 오후 4시까지 기다려야 할 처지였기에 그때 항구에 들어갈 생각이었다.

그런데 이때 우리의 난국이 절정에 이르렀다. 스콜로 너울이 생겨 닻줄이 확 당겨지더니 돌연 물속 깊숙이 가라앉아버렸다. 배가 바다로 떠내려가자 곧장 큰돛을 내렸지만 이젠 닻이 하나도 없었다. 노질이 서툴러서 약하디약한 해류나 바람을 거스르는 것조차 힘겨운 터라 바다가 완벽하게 잔잔할 때가 아니고서는 저 위험한 해안에 도달하는 것은 미친 짓이었다. 식량도 사흘 치밖에 없었다. 남들의 도움을 받지 않고 곶을 돌려는 시도가 불가능해졌기에 북쪽으로 16킬로미터쯤 떨어진 가니딜루아르 마을로 노 저어 가서 식량을 구하고 노잡이를 몇 명 충원하기로 했다. 남쪽으로 항해하는 동안은 바람과 해류가 줄곧 반대 방향이었기에 뱃머리를 반대쪽으로 돌리면 순풍과 순류를 탈 수 있으리라 기대했다. 하지만 바람과 해류가 갑자기 잠잠해지더니 잠시 뒤에 이롭지 않은 서풍 뭍바람이 불어왔다. 다시 몇 시간 동안 노를 저어야 했으며 밤늦게야 마을에 도착했다. 하지만 운 좋게도 깊고 안전한 후미를 발견했다. 이곳은 물이 매우 잔잔했다. 바닥짐으로 쓰던 돌을 자루에 채워 임시로 닻을 만들고 등덩굴을 이어 단단히 묶은 덕에 밤새도록 자리를 지킬 수 있었다. 이튿날 아침에 뱃사람들이 해안에 올라가 새 닻을 만들 나무를 베었으며 정오경에 해류가 유리하게 바뀌어 마을을 향해 나아갔다. 그곳에는 훌륭하고 안전한 정박지가 있었다.

사람들에게 물어보니 장로들은 반도 서쪽에 있는 또 다른 가니에 산다고 했다. 내가 도착했음을 알리고 도움을 청하기 위해 저편으로 사람을 보냈다(반나절 걸리는 거리였다). 그 다음에 사고 약간과 말린 사슴 고기와 코코넛을 조금 사서 시장기를 달랬다. 밤에 배에 돌아와서 보니 돌 주머니는 여전히 무사했다. 우리는 곤히 잤다.

이튿날(10월 12일) 일꾼들이 닻과 노를 만들었다. 말레이의 재래식 닻은 끝이 갈라진 단단한 나무로 기발하게 만드는데 닻가지는 꼬인 등덩굴로 자루에 묶어 보강하며 닻돌은 길고 납작한 돌을 마찬가지 방법으로 묶어 만든다. 이렇게 잘 만든 닻은 바다 밑바닥에 단단히 고정되며, 쇠 가격이 비싼 탓에 작은 프라우선에서는 거의 모두 이 닻을 쓴다. 오후에 장로들이 찾아와 노를 프라우선에 필요한 만큼 주겠다고 약속했으며, 달걀 몇 개와 쌀 약간도 가져왔기에 기꺼이 받았다. 14일에 온종일 북풍이 불었다. 며칠 전만 해도 귀한 바람이었을 테지만 지금은 감질만 났다. 16일에 만반의 준비가 끝나 새 닻 두 개와 숙달된 노잡이 열 명과 함께 동틀 녘에 출항했다. 저녁에 곶까지 절반 이상 와서 작은 만에 닻을 내리고 밤을 지냈다. 이튿날 새벽 3시에 닻을 올리라고 명령했지만 등덩굴 닻줄이 바다 밑에서 바위에 쓸려 끊어졌다. 이로써 이번 불운한 항해에서 세 번째로 닻을 잃었다. 낮에는 바람이 잔잔했으며 정오에 할마헤라 섬 남쪽 곶을 통과했다. 열하루 늦게 도

말레이의 재래식 닻

착한 것이었다. 이 계절풍을 탔다면 전체 항해에 절반밖에 걸리지 않았을 것이다. 곶을 돌자 항로가 완전히 반대로 바뀌었다. 이에 따라 여느 때처럼 바람의 방향이 뒤집혀 북풍과 북서풍이 되었다. 그래서 가니 마을을 향해 노를 저어야 했으며 18일 저녁에야 도착할 수 있었다. 그곳에 사는 부기족 무역상과 세나지(촌장)는 매우 친절했다. 무역상은 예비 닻과 닻줄을 지원하고 채소를 선물로 주었으며 세나지는 내 조수들을 위해 신선한 사고 빵을 굽고 내게 닭 두 마리, 기름 한 병, 호박 몇 개를 주었다. 날씨가 여전히 오락가락했기에 네 명을 더 고용하여 20일 오후에 트르나테 섬으로 출발했다.

뭍바람이 너무 약해서 해류를 거슬러 범주할 수 없는 탓에 밤새 노를 저어야 했다. 21일 오후에는 한 시간 동안 순풍이 불었으나 금세 폭우를 동반한 거센 스콜로 바뀌었으며, 우리의 서툰 뱃사람들이 큰돛을 맞바람 방향으로 펼쳐 배가 뒤집어질 뻔했다. 돛이 찢어진 것으로 모자라 한 시간의 순풍이 허사가 되었다. 밤에는 바람이 잦아들어서 거의 나아가지 못했다.

22일에는 가벼운 맞바람이 불었다. 정오를 조금 앞두고 노의 힘을 보태어 파시엔시아 해협을 통과했다. 이곳은 바찬 섬과 할마헤라 섬 사이의 물길에서 가장 좁은 곳이다. 초기 포르투갈 항해가들이 이름을 잘 붙였다. 해류가 매우 거세고 소용돌이가 많아서 순풍을 타고도 통과하지 못하는 경우가 많기 때문이다.[28] 오후에 북풍이 완전한 맞바람으로 세차게 불어 두 번이나 닻을 내려야 했다. 밤에는 바람이 잦아들어 노를 저으며 느릿느릿 나아갔다.

23일에도 바람은 역풍이거나 잠잠했다. 그래서 우리 배에서 해안을

---

28 '파시엔시아'는 포르투갈어로 '인내'라는 뜻이다. _옮긴이

잘 아는 가니 사람의 조언에 따라 할마헤라 본도로 돌아갔다. 바다를 건너는데 북풍 스콜과 폭우가 다시 몰려와서 산호초 가장자리에 닻을 내리고 밤을 보내야 했다. 24일 새벽 3시경에 뱃사람들을 불러 모았으나 바람이 도와주지 않아 느릿느릿 노를 저어 갔다. 동틀 녘에 남쪽에서 미풍이 불었으나 한 시간 만에 잦아들었다. 그 뒤로는 온종일 무풍, 가벼운 역풍, 스콜이 불어서 거의 나아가지 못했다.

25일에 수로 한가운데로 떠내려갔으나 앞으로는 거의 나아가지 못했다. 오후에 범주하고 노 저어 카요아 제도 남단에 갔으며 한밤중에 마을에 도착했다. 날씨가 좋아질 때까지 며칠 머물며 휴식을 취하고 사람을 충원할 작정이었다. 양파와 채소 약간, 달걀 여러 개를 샀으며 일꾼들은 사고 빵을 구웠다. 매일같이 옛 채집 장소에 가서 곤충을 찾았지만 성과는 거의 없었다. 지금은 기후가 습하고 스콜이 몰아쳐 곤충이 별로 활동하지 않는 듯했다. 우리는 닷새를 머물렀는데 그동안 마을에서 열두 명이 죽었다. 대부분 단순한 간헐열이었으나 원주민들은 치료법을 몰랐다. 나는 이번 항해 내내 입술 화상으로 고생했다. 와이게오 섬 근처에서 여울과 산호초를 감시하느라 하루 종일 갑판에 나와 있었기 때문이다. 공기 중의 소금기 때문에 상처가 낫지 않고 지독하게 아팠으며 살짝만 건드려도 피가 났다. 오랫동안 식사도 무척 불편했다. 입을 크게 벌리고 매번 조심조심 음식을 넣어야 했다. 늘 연고를 발랐는데 연고 자체도 매우 역겨웠다. 입술 때문에 한 달 넘도록 끊임없이 고통을 겪었다. 트르나테 섬에 돌아가 일주일 동안 실내에 머문 뒤에야 괜찮아졌다.

우리가 도착한 이튿날 배 한 척이 트르나테 섬으로 떠났는데 날씨가 궂어서 다음 날 돌아와야 했다. 31일에, 기회가 생기면 놓치지 않고 출발할 수 있도록 항구 입구에 있는 정박지로 나갔다.

11월 1일 새벽 1시에 뱃사람들을 불러 모아 유리한 조류를 타고 출발했다. 지금까지는 밤에 대체로 바람이 잔잔했으나 이번에는 세찬 서풍 스콜과 폭우를 만나 프라우선이 모로 도는 바람에 닻을 내려야 했다. 스콜이 지나간 뒤에 밤새 노를 저었지만, 유리한 해류를 맞바람이 상쇄하여 거의 나아가지 못했다. 동트고 얼마 지나지 않아 바람이 더 거세지고 더욱 역풍이 된 데다 바람이 배를 위험한 해안 쪽으로 밀어낸 탓에 방향을 돌려 서남서쪽 앞바다로 나가는 수밖에 없었다. 출발한 뒤로 맞바람과 궂은 날씨가 이어지고 하루도 순풍을 받지 못한 것은 매우 이례적이었다. 뱃사람들은 배에 마가 끼었다고 단단히 믿었으며 출항하기 전에 고사를 지내야 했다고 말했다. 고사는 배 밑바닥에 구멍을 뚫고 성유聖油를 붓는 것이었다. 지금은 남동계절풍이 부는 계절이지만, 와이게오 섬을 떠난 뒤로 남동풍이 분 기간은 반나절도 안 되었다. 나머지 기간에는 맞바람, 스콜, 해류가 미는 대로 떠내려갔다. 밤에도 스콜이 몰아치고 바람의 방향이 오락가락하여 돛을 폈다 걷었다 하느라 애를 먹었다. 사이사이에 노도 저어야 했다.

2일 동틀 녘에 카요아 제도와 마키안 섬 사이 16킬로미터 항로의 가운데에 이르렀다. 아침 내내 스콜과 소나기가 번갈아 가며 몰아쳤다. 정오에 바람이 싹 그치더니 가벼운 서풍이 불어 저녁에 마키안 섬의 한 마을에 도착할 수 있었다. 여기서 포멜로*Citrus maxima*, 카나리 열매, 커피를 사고 일꾼들을 밤새 재웠다.

3일 아침은 날씨가 좋았으며 우리는 마키안 섬 해안을 따라 천천히 노를 저었다. 정박 중인 작은 프라우선의 선장이 갑판에 서 있던 나를 알아보고는 멈추라고 신호를 보냈다. 그는 찰스 앨런에게서 온 편지를 주었다. 앨런 씨는 트르나테 섬에서 스무 날을 기다렸으며 내가 돌아오기를 학수고대한다고 했다. 희소식이었다. 나도 똑같이 앨런 씨를 보고 싶었기에 편지를 받고서 기운이 났다. 가벼운 남풍이 일었으며 날씨가 좋을 것 같았다. 하지만 바람이 금세 전과 같이 서풍으로 바뀌고 싣은 구름이 깔렸으며 30분도 지나지 않아 이번 항해에서 겪은 최악의 스콜이 덮쳤다. 다행히 큰돛을 제때 내렸기에 망정이지 심각한 상황을 맞을 뻔했다. 본격적인 소형 허리케인이었다. 늙은 부기족 키잡이는 "라 일라하 일라 알라."라고 외치며 우리가 무사하기를 빌었다. 우리는 삼각돛만 간신히 걸어둘 수 있었다. 삼각돛은 누더기가 다 되었지만 신중하게 틀면서 계속 바람을 업었다. 프라우선은 제 몫을 톡톡히 해냈다. 가니에서 산 작은 보트를 배꼬리에 매달아두었는데 금세 물이 차서 떨어져 나갔으며 다시는 보지 못했다. 한 시간쯤 지나 바람의 격노가 조금 잦아들었으며 두 시간이 더 지난 뒤에는 큰돛을 돛대 중간까지 끌어올릴 수 있었다. 저녁이 다가오면서 날이 개고 바람이 잦아들었다. 높은 파도가 치던 바다도 금세 잠잠해졌다. 나는 뱃사람 체질은 아니어서 무척 긴장했었다. 늙은 키잡이조차 이렇게 심한 스콜은 생전 처음 본다며 혀를 내둘렀다. 그는 우리 배에 마가 끼었다고 목소리를 더욱 높였으며, 모든 부기족 프라우선은 배 밑바닥에 성유를 부으면 효험이 있다고 우겼다. 위기를 넘긴 뒤에는 우리가 무사하고 스콜이 금방 끝난 것이 오로지 자신의 기도 덕분이라며 너털웃음과 함께 이렇게 말했다. "프라우선을 탈 때면 늘 이런 식이라오. 최악의 상황이 닥치면 일어서서 목소리를 한껏 높여 기도를 하지. 그러면 알라께서 우리를 도와주신다네."

허리케인을 겪고 나서도 트르나테 섬에 도착하기까지는 이틀이 더 걸렸다. 무풍, 스콜, 맞바람은 끝끝내 우리를 괴롭혔으며, 한번은 마을에 거의 다 왔는데 사나운 돌풍이 불어 정박지로 돌아가야 했다. 5월에 고롱 제도를 떠났을 때부터 이 배와 함께한 항해를 모두 되돌아보면 재래식 프라우선으로 여행하는 경험은 달갑지 않았다. 첫 승무원들은 달아났고, 두 사람은 무인도에 한 달간 갇혀 있었으며, 우리는 산호초에 열 번이나 좌초했고, 닻을 네 개 잃었으며, 돛은 쥐가 갉아 먹었고, 소형 보트는 떠내려갔으며, 열이틀이면 충분한 항해가 서른여드레 걸렸고, 식량과 물이 여러 번 부족했으며, 출항할 때 와이게오 섬에 기름이 한 방울도 없어서 나침반 램프를 켜지 못했고, 무엇보다 고롱 제도에서 스람 섬을 거쳐 와이게오 섬에 갔다가 와이게오 섬에서 트르나테 섬에 오는 전 항해 일정 78일, 즉 단 열이틀 모자라는 석 달 동안 **순풍을 받은 적이 단 하루도 없었다**(순풍이 불었어야 하는 계절이었는데도). 우리는 늘 바람을 안고 달렸으며 늘 바람, 조수, 풍압과 싸웠다. 게다가 우리 배는 바람의 각도가 90도 이하이면 거의 범주할 수 없었다. 뱃사람이라면 누구나 내가 내 배를 타고 나선 첫 항해가 매우 불운했다는 데 동의할 것이다.

찰스 앨런은 미솔 섬에서 새와 곤충을 꽤 많이 채집했지만, 내가 운 나쁘게도 그와의 조우에 실패하지만 않았다면 훨씬 많이 잡았을 것이다. 앨런 씨는 한두 주 기다리다가 굶어 죽을 지경이 되어 스람 섬 와하이로 돌아왔는데, 두 주 전에 내가 떠났다는 말을 듣고 깜짝 놀랐다. 그는 한 달 넘게 지체한 뒤에야 훨씬 나은 채집 장소인 미솔 섬 북부 지역으로 돌아갈 수 있었지만 그때는 아직 극락조 철이 아니었다. 평범한 극락조를, 그것도 몇 마리 잡지 못했을 때 트르나테 섬으로 가는 마지막 프라우선이 출항 준비를 마쳤다. 그는 내가 거기서 기다리는 줄 알았기에 그 기회를 놓칠 수 없었다.

나의 방랑기放浪記는 이것으로 끝이다. 이 다음에는 티모르 섬, 그 다음에는 부루 섬, 자와 섬, 수마트라 섬에 갔는데 이 지역들에 대해서는 이미 설명했다. 찰스 앨런은 뉴기니 섬으로 항해했는데 이에 대해서는

왕극락조와 열두가닥극락조

극락조에 대한 다음 장에서 짧게 설명할 것이다. 그는 돌아오는 길에 술라 제도에 들러 매우 흥미로운 표본들을 채집했다. 이는 술라웨시 섬 자연사를 설명하는 장에서 설명했듯 동물학적 관점에서 술라웨시 군의 경계선을 판단하는 데 도움이 되었다. 그 다음에는 플로레스 섬과 솔로르 섬에 가서 귀한 표본을 몇 점 입수했다(티모르 군의 자연사에 대한 장에서 이 표본을 언급했다). 그러고 나서 보르네오 섬 동해안에 있는 코티에 갔다. 이곳은 사라왁에서 가장 멀리 떨어진 완전히 새로운 지역이고 이곳에 대해 매우 상세한 설명을 들은 바 있기에 이곳에서 채집물을 얻고 싶은 마음이 간절했다. 그곳에서 자와 섬 수라바야로 돌아와서는 전혀 알려지지 않은 숨바 섬에 갈 작정이었다. 하지만 운 나쁘게도 코티에 도착하자 지독한 열병에 걸렸으며 몇 주 동안 누워 있다가 위중한 상태로 싱가포르 섬에 이송되었다. 앨런 씨가 도착했을 때 나는 잉글랜드로 떠난 뒤였다. 그는 회복되자 싱가포르에서 일자리를 얻었으며 더는 나를 위해 채집을 해 주지 않았다.

이 책의 나머지 세 장에서는 극락조, 파푸아 제도의 자연사, 말레이 제도의 민족을 다룬다.

38장

극락조

많은 여정에서 나의 뚜렷한 목표는 극락조 표본을 입수하고, 녀석들의 습성과 분포를 파악하고, 이 근사한 조류를 원산지 숲에서 관찰하고 많은 표본을 얻은 유일한 영국인이 되는 것이었으므로 이 자리에서 내 관찰 및 탐구의 결과를 일관성 있게 서술하고자 한다.

당시에 귀하고 값비싼 향신료이던 정향과 육두구를 찾아 말루쿠 제도에 처음으로 도착한 유럽인 항해자들은 신기하고 아름다운 새의 말린 가죽을 보았다. 그 자태는 돈을 좇는 이 방랑자들에게서조차 경탄을 자아냈다. 말레이인 무역상들은 이 새의 이름을 '마눅 데와타Manuk dewata'[29], 즉 신의 새神鳥라고 했으며, 포르투갈인들은 이 새가 발도 날개도 없는 줄 알았으며 옳은 정보를 하나도 얻지 못했기에 '파사로스 데 솔Passaros de Sol', 즉 태양새라고 불렀다. 한편 학식 있는 네덜란드인들은 라틴어를 썼기에 '아비스 파라디세우스Avis paradiseus', 즉 극락조(천국의

---

29 'Manuk dewata'는 자와어이며, 말레이어로는 'Boerong dewata'다. _옮긴이

새)라고 불렀다. 존 판 린스호턴은 1598년에 '극락조'라는 이름을 붙이면서 이 새를 살아 있는 채로 본 사람은 아무도 없다며, 그 이유는 이 새가 공중에서 살고 언제나 하늘을 향해 날아가고 죽을 때까지 한 번도 땅을 밟지 않으며 인도와 이따금 네덜란드에 반입되는 표본에서 보듯(하지만 값이 무척 비싸서 유럽에서는 좀처럼 볼 수 없다고 한다) 이 새에는 발도 날개도 없기 때문이라고 말했다. 100여 년 뒤에, 댐피어와 함께 여행하여 항해기를 남긴 윌리엄 퍼넬 씨가 암본 섬에서 극락조 표본을 보았으며 녀석들이 육두구를 먹으러 반다 제도에 온다는 말을 들었다(육두구를 먹으면 취해 감각을 잃고 땅에 떨어지는데, 그러면 개미에게 죽는다고 한다). 린네가 가장 큰 종(큰극락조)을 '파라디세아아포다*Paradisea apoda*'('발 없는 극락조'라는 뜻)로 명명한 1760년에 이르기까지 유럽에서는 완벽한 표본이 목격된 적이 한 번도 없으며 극락조에 대해 알려진 것도 전혀 없었다. 100년이 지난 지금도 대부분의 책에서는 극락조가 해마다 트르나테 섬, 반다 제도, 암본 섬으로 이주한다고 주장하지만 사실 이 섬들에는 잉글랜드와 마찬가지로 야생 상태의 극락조가 한 마리도 없다. 린네는 작은 종(왕극락조)도 알고 있었으며-'파라디세아레기아*Paradisea regia*'('왕 극락조'라는 뜻)로 명명했다-그 뒤로 9~10종을 더 명명했다. 이 종들은 모두 뉴기니 야만인들이 보존한 가죽을 통해 처음 기재되었으며 대체로 상태가 불완전했다. 말레이 제도에서는 이 새들이 모두 '부롱 마티', 즉 죽은 새로 알려져 있는데 이는 말레이인 무역상들이 극락조를 산 채로 본 적이 없음을 시사한다.

극락조과Paradiseidae는 중간 크기의 새들로, 구조와 습성이 까마귀류, 찌르레기류, 오스트레일리아 꿀빨이새류와 비슷하지만 깃옷이 독특하게 발달한 것이 특징인데 조류 과 중에서 단연 독보적이다. 몇몇 종은 날개 아래 양 옆구리에서 은은한 밝은색 깃털의 커다란 다발이 돋았는데 모양은 꽁지깃이나 부채나 방패를 닮았다. 꽁지의 가운데 깃털은 종종 철사처럼 길게 늘어나 근사한 모양으로 꼬이거나 아주 화려한 금속성 색조로 장식된다. 또 다른 종들은 머리나 등, 어깨에서 이런 치렛깃[30]이 돋았으며, 깃옷 색깔의 강렬함과 금속성 광택은 아마도 벌새 말고는 어떤 새보다 우월하며 심지어 벌새에게도 뒤지지 않는다. 극락조는 대개 극락조과와 긴부리극락조과Epimachidae의 두 과로 분류되는데, 후자는 부리가 길고 가는 것이 특징이며 후투티류와 근연종으로 추정된다. 하지만 극락조과와 긴부리극락조과는 기본적 구조와 습성이 모두 거의 일치하므로 나는 동일한 과의 하위 분류군으로 간주할 것이다. 이제 알려진 종을 각각 간략하게 설명하고 녀석들의 자연사를 전반적으로 부연하겠다.

(린네가 '파라디세아아포다*Paradisea apoda*'로 명명한) **큰극락조**는 알려진 종 중에서 가장 커서 부리에서 꽁지 끝까지가 43~46센티미터에 이른다. 몸통, 날개, 꽁지는 진한 커피색이며 가슴에서는 거무스름한 보라색이나 자줏빛 갈색으로 짙어진다. 머리와 목 윗부분 전체가 극히 미묘한 짚빛 노란색이며 깃털은 짧고 촘촘한 것이 플러시나 벨벳을 닮았다. 멱 아랫부분에서 눈까지는 에메랄드빛 초록색의 비늘 같은 깃털로 덮였으며 금속 느낌의 풍성한 윤기가 흐른다. 이마와 뺨에는 더 진한 녹색의 벨벳 같은 깃털이 띠를 이루어 연노랑 눈까지 이어진다. 부리는 희끄무레한 납빛 파란색이며 발은 연한 잿빛 분홍색인데 꽤 크고 아주 억세고 형태가 단단하다. 가운데 꽁지깃 두 가닥은 밑동과 끄트머리에 달린 아주 작은 깃가지 말고는 깃가지가 하나도 없어서 철

30 비행이 아니라 치장을 위해 붙어 있는 깃. _옮긴이

사 같은 센털剛毛을 이루어 근사하게 두 번 휘어졌다. 길이는 60~86센티미터까지 다양하다. 몸 양옆으로 날개 밑에서 길고 섬세한 깃털이 촘촘한 다발을 이루는데 길이가 60센티미터에 이르는 경우도 있으며, 색깔은 아주 강렬한 금빛 귤색에 윤기가 흐르지만 끝으로 가면서 갈색으로 바랜다. 이 깃털 다발은 마음대로 올리거나 펼 수 있는데 그러면 몸이 거의 가려지다시피 한다.

이 근사한 장식은 수컷의 전유물이어서 암컷은 매우 수수하며 평범하게 생겼다. 색깔은 온통 커피색으로 전혀 변화가 없다. 기다란 꽁지깃도 없으며, 머리에도 노란색이나 초록색 깃털이 한 가닥도 없다. 한 살배기 새끼 수컷은 암컷과 똑같이 생겼기 때문에 해부하지 않고서는 구별할 수 없다. 맨 처음 일어나는 변화는 머리와 멱에 노란색과 초록색이 생기는 것인데 이와 동시에 가운데 꽁지깃 두 가닥이 나머지 꽁지깃보다 몇 센티미터 길어진다. 하지만 양쪽에 깃가지가 다 남아 있다. 시간이 지나면 이 깃털은 성체와 마찬가지로 완전한 길이의 밋밋한 깃대로 바뀐다. 하지만 귤색의 아름다운 옆구리 깃털은 아직 날 기미가 안 보인다. 훗날 이 깃털이 나면 비로소 완벽한 수컷의 옷차림이 완성된다. 이런 변화가 일어나려면 털갈이를 세 번 이상 해야 한다. 내가 모든 털갈이 단계를 한꺼번에 관찰한 것으로 판단컨대 털갈이는 1년에 한 번만 하며 네 살이 되어야 온전한 깃옷을 갖추는 듯하다. 오랫동안 사람들은 고운 꽁지깃이 번식기에만 잠깐 생긴다고 생각했으나, 내 경험상 또한 내가 데려와서 영국에서 2년 동안 산 근연종[31]을 관찰한 결과 여느 새들과 마찬가지로 짧은 털갈이 기간 말고는 1년 내내 완전한 깃옷이 유지된다.

---

31 저자는 작은극락조의 수컷 표본 두 마리를 산 채로 영국에 가져갔다. _옮긴이

큰극락조는 매우 활발하며 하루 종일 쉼 없이 움직이는 듯하다. 개체수가 아주 많아서 암컷과 어린 수컷의 작은 무리를 끊임없이 만날 수 있었다. 깃옷이 온전하게 난 개체는 덜 풍부하지만 시끄러운 울음소리가 매일같이 들리는 것으로 보건대 수가 매우 많다. 큰극락조는 '까악 까악 까악-깍 깍 깍' 하고 우는데 소리가 어찌나 크고 날카로운지 멀리서도 들을 수 있으며 아루 제도의 동물 소리 중에서 가장 돋들리고 독특하다. 둥지 만드는 법은 알려지지 않았으나, 원주민들 말로는 개미집이나 매우 키 큰 나무의 튀어나온 가지 위에 잎으로 짓는다고 한다. 원주민들은 둥지 하나에 새끼 한 마리만 들어 있다고 믿는다. 알은 알려진 것이 거의 없으며 원주민들은 한 번도 못 봤다고 단언했다. 네덜란드 공무원이 거액의 보상금을 내걸었는데도 찾지 못했다. 큰극락조는 1월이나 2월경에 털갈이를 하며, 깃옷이 완성되는 5월이면 수컷들이 아침 일찍 모여 572쪽에서 설명한 독특한 과시 행위를 한다. 이 습성 덕에 원주민들은 표본을 비교적 쉽게 얻을 수 있다. 새들이 모일 나무를 정하면 원주민들은 가지 사이 적당한 장소에 야자 잎으로 작은 은신처를 만든다. 사냥꾼은 활과 끝이 뭉툭한 화살 여러 개로 무장하고서 동트기 전 은신처에 자리 잡는다. 나무 밑동에서는 소년 하나가 대기하고 있다. 해가 뜨고 새들이 많이 모여 춤추기 시작하면 사냥꾼은 뭉툭한 화살을 새가 기절할 정도로 세게 쏜다. 새가 떨어지면 소년이 받아서 죽이는데 깃옷이 상하면 안 되니 피를 묻히지 않도록 조심한다. 나머지 새들도 영문도 모른 채 한 마리씩 떨어지다가 결국 몇 마리가 눈치를 챈다(556쪽 삽화 참고).

큰극락조를 보존하는 전통 방식은 날개와 발을 잘라낸 뒤에 몸통 가죽을 부리까지 벗기고 두개골을 빼내는 것이다. 그 다음 딱딱한 막대기로 표본을 꿰뚫어 입에서 튀어나오게 한다. 입에다 잎을 채우고 몸 전체를 야자 불염포로 싸서는 오두막에서 연기를 쐬어 말린다. 이렇게 하면 커다란 머리통은 안 보일 정도로 쪼그라들고 몸통은 훨씬 작아지고 짧아져 풍성한 깃옷이 더없이 두드러져 보인다. 이렇게 처리한 가죽 중에는 매우 깨끗하고 날개와 발이 달려 있는 것도 있고 연기에 지독하게 변색된 것도 있는데, 어느 쪽이든 살아 있는 새의 몸 비례와는 딴판이다.

우리가 아는 한 큰극락조는 아루 제도 본토에만 서식하며 주위를 둘러싼 작은 섬들에서는 전혀 발견되지 않는다. 말레이인과 부기족 무역상들이 방문한 뉴기니 섬의 어떤 지역에서도, 극락조가 잡히는 다른 어떤 섬에서도 발견되지 않는다. 하지만 이것이 결정적 증거는 아니다. 원주민들이 가죽을 보존 처리하는 것은 일부 지역에만 국한되어 있으며, 다른 지역에서는 큰극락조가 풍부하지만 이 사실이 알려지지 않았을 수도 있으니 말이다.[32] 따라서 뉴기니 섬 남부의 넓은 지역에-아루 제도가 여기서 갈라져 나왔다-큰극락조가 서식할 가능성이 매우 높다. 반면에 다음으로 설명할 가까운 근연종은 북서쪽 반도에만 서식한다.

(베히슈타인이 '파라디세아파푸아나*Paradisea papuana*'로 명명했으며 프랑스 저술가들은 '르 프티 에메로드Le petit Emeraude'(작은 에메랄드)라고 부르는) **작은극락조***Paradisaea minor*는 큰극락조와 아주 비슷하게 생겼지만 훨씬 작다. 차이점으로는 갈색이 연하고 가슴에서 짙어지거나 자주색으로 바뀌지 않는다는 것, 노란색이 등 윗부분 전체와 날개덮깃에까지 이어진다는 것, 옆구리 깃털이 연한 노란색이되 귤색은 살짝만 감돌고 끄트머리는 순백색에 가깝다는 것, 꽁지의 센털이 비교적 짧다

---

32 큰극락조는 뉴기니 섬 남쪽 절반에서 발견된다. _옮긴이

는 것 등이 있다. 암컷은 큰극락조 암컷과 사뭇 다른데 몸 아래쪽이 새하얗기 때문에 훨씬 예쁘다. 어린 수컷은 색깔이 암컷과 비슷하지만 자라면서 갈색으로 바뀌며 앞서 설명한 큰극락조와 똑같은 과정을 거쳐 완벽한 깃옷을 갖춘다. 작은극락조는 영국에서 숙녀의 머리 장식으로 아주 흔히 쓰이며 동양의 중요한 교역품이다.

작은극락조는 서식 범위가 비교적 넓어서 뉴기니 본토뿐 아니라 미솔 섬, 살라와티 섬, 야펜 섬, 비악 섬, 수크 섬에서도 흔한 종이다. 네덜란드의 자연사학자 뮐러는 뉴기니 섬 남해안 동경 136도의 오에타나타 강에서 작은극락조를 목격했다. 나도 마노콰리에서 한 마리를 손에 넣었다. 네덜란드 증기선 에트나 호의 함장은 동경 141도의 훔볼트만에 사는 원주민들에게서 작은극락조 깃털을 보았다고 알려주었다. 따라서 작은극락조는 뉴기니 본토 전역에 서식할 가능성이 매우 크다.

참극락조는 잡식성이어서 열매와 곤충을 먹는데, 열매는 작은 무화과를 좋아하며 곤충은 메뚜기와 대벌레뿐 아니라 바퀴벌레와 털애벌레도 즐겨 먹는다. 나는 1862년에 잉글랜드에 돌아오면서 운 좋게도 싱가포르 섬에서 이 종의 성체 수컷 두 마리를 발견했다. 녀석들은 건강해 보였으며 쌀, 바나나, 바퀴벌레를 주니 게걸스럽게 먹기에 판매자가 요구하는 대로 100파운드의 거액을 주고 내가 직접 육상 인도 통로[33]로 잉글랜드까지 데려가기로 마음먹었다. 돌아가는 길에 뭄바이에서 환승차 일주일을 머물며 녀석들에게 줄 신선한 바나나를 장만했다. 하지만 곤충 먹이를 공급하기는 여간 힘든 일이 아니었다. 퍼닌슐러 앤드 오리엔탈 사社의 증기선에는 바퀴벌레가 드물었기 때문이다. 창고에 덫을 놓고 밤마다 한 시간씩 앞갑판에서 사냥하여 겨우 몇십

33 영국에서 지중해를 거쳐 인도에 이르는 길. _옮긴이

마리를 잡을 수 있었는데 이걸로는 한 끼 식사에도 부족했다. 몰타에서 두 주를 머무는 동안 빵집에서 바퀴벌레를 많이 잡은 덕에, 비스킷 깡통 여러 개에 가득 채워 출발할 수 있었다.

우리는 3월에 차디찬 바람을 맞으며 지중해를 통과했다. 내가 탄 우편 증기선에서 큰 새장을 둘 유일한 장소는 밤낮으로 열려 있는 창구艙口[34] 아래로 거센 바람을 맞아야 하는 곳이었지만, 녀석들은 추위를 타지 않는 것 같았다. 마르세유에서 파리로 가는 야간 항해 때 된서리가 내렸지만 녀석들은 완벽한 건강 상태로 런던에 도착하여 런던동물원에서 각각 1년과 2년을 살면서 아름다운 깃털을 뽐내어 관람객의 탄성을 자아냈다. 따라서 극락조가 매우 튼튼하며 온기보다는 공기와 운동을 필요로 한다는 것은 분명하다. 널찍한 온실을 마련해주든지 수정궁이나 큐 왕립식물원의 열대관에 풀어놓을 수 있었다면 이 나라에서 여러 해를 살았으리라 확신한다.

비에요가 '파라디세아루브라*Paradisea rubra*'로 명명한 **붉은극락조**는 앞의 두 종과 근연종이지만 차이가 훨씬 크다. 크기는 작은극락조와 비슷한 33~36센티미터이지만 여러 면에서 다르다. 옆구리 깃털은 노란색이 아니라 짙은 진홍색으로, 꽁지 끝에서 8~10센티미터밖에 나와 있지 않으며 다소 딱딱한데 끝이 아래쪽과 안쪽으로 휘었으며 끄트머리는 흰색이다. 가운데 꽁지깃 두 가닥은 단순히 길어지고 깃가지가 없는 것이 아니라 검은색의 억센 리본으로 변형되었다. 너비는 6밀리미터이지만 갈라진 깃펜처럼 휘었으며 뿔이나 고래수염으로 만든 얇은 반원기둥처럼 생겼다. 죽은 붉은극락조를 뉘어놓으면 이 리본이 구부러져 두 겹의 원을 그리며 목에서 만나는 것을 볼 수 있다. 하지만

---

34 배 상갑판의 구멍. _옮긴이

살아 있을 때 거꾸로 매달아놓으면 나선형으로 꼬여 매우 우아한 이중 곡선을 이룬다. 길이는 약 55센티미터이며, 붉은극락조의 가장 두드러지고 독특한 특징으로 언제나 눈길을 끈다. 멱의 풍성한 금속성 초록색은 머리의 앞쪽 절반을 지나 눈 뒤로 이어지며, 비늘 모양 깃털이 이마에서 작은 볏 두 개를 이루어 더욱 생기가 넘쳐 보인다. 부리는 불그스름한 노란색이며 홍채는 거무스름한 올리브색이다(655쪽 삽화).

암컷은 꽤 균일한 커피색이지만 머리는 거무스름하며 목덜미와 목, 어깨는 노란색이어서 수컷의 더 밝은 색 배합을 짐작할 수 있다. 깃옷 변화는 나머지 종과 같은 순서를 따르는데, 머리와 목의 밝은 색이 가장 먼저 발달하고 다음으로 꽁지깃이 늘어나며 마지막으로 빨간색 옆구리 깃털이 돋는다. 나는 특이한 검은색 꽁지 리본이 발달하는 과정을 보여주는 일련의 표본을 입수했는데, 매우 인상적이었다. 처음에는 여느 깃털 두 가닥처럼 보이며 오히려 나머지 꽁지깃보다 짧지만, 두 번째 단계는 큰극락조 표본에서 보듯 틀림없이 깃털이 적당히 길어지고 깃가지가 가운데에서 가늘어질 것이다. 세 번째 단계는 주맥의 일부가 밋밋하고 주걱모양 깃가지로 끝나는 표본에서 볼 수 있다. 또 다른 표본에서는 밋밋한 주맥이 약간 팽창하고 반원기둥을 이루며 끝의 깃가지가 매우 작다. 다섯 번째 표본에서 검은색의 딱딱한 리본이 완성되지만 끝에는 갈색의 주걱 모양 깃가지가 남아 있다. 한편 또 다른 표본에서는 검은색 리본 자체에 양쪽 중에서 한쪽에만 갈색의 가느다란 깃가지가 달려 있다. 이 변화가 완전히 끝난 뒤에야 빨간색 옆구리 깃털이 돋기 시작한다.

극락조의 색깔과 깃옷이 발달하는 일련의 과정은 매우 흥미로운데 이 변화가 단순한 변이 작용에 암컷에 의한 선택이 추가로 작용하여-암컷은 장식이 남다른 수컷을 선택한다-생겼다는 이론과 놀랍도록 맞아떨어지기 때문이다.[35] 그중에서도 **색깔**의 변이는 가장 빈번하고 두드러지며 인간의 선택으로도 아주 쉽게 변형하고 가중할 수 있다. 따라서 암수의 **색깔** 차이는 아주 일찍 누적되고 고정될 것이며, 따라서 새끼 새의 가장 이른 발달단계에서 나타날 것이다. 이는 극락조에서 나타나는 현상과 정확히 일치한다. 깃털의 **형태** 변이는 머리와 꽁지에서 가장 자주 나타난다. 이 현상은 모든 조류에게서 많든 적든 나타나며 가축화된 여러 변종에게서도 쉽게 재현할 수 있다. 반면에 몸통 깃털의 이례적 발달은 조류를 통틀어 드문 현상이며 가축화된 종에서는 거의 또는 전혀 일어나지 않았다. 과연 몸통 옆에서 돋는 깃털이 모습을 갖추기 전에 멱의 비늘 모양 깃털과 머리의 볏, 꽁지의 긴 센털이 모두 완전히 발달한다. 반면에 수컷 극락조가 연속적 변이를 통해 독특한 깃옷을 얻은 게 아니라 지구상에 등장한 순간부터 지금과 같았다면 이 연쇄[36]는 우리에게 요령부득일 것이다. 변화들이 동시에 또는 실제 순서와 반대로 일어나면 안 되는 이유를 전혀 찾을 수 없기 때문이다.

붉은극락조의 습성에 대해 알려진 사실과 원주민의 포획 방법은 654쪽에서 이미 서술했다.

붉은극락조는 서식 범위가 제한된 두드러진 예로, 뉴기니 섬 북서쪽 끝에 있는 작은 섬인 와이게오 섬에서만 (다른 섬에서 발견되는 근연종을 대체하여) 산다.[37]

방금 서술한 3종의 조류는 크기가 상대적으로 크고, 몸통과 날개,

35 그 뒤에 나는 암컷의 선택이 수컷 치렛깃 발달의 원인이 아니라는 결론에 이르렀다. 나의 『다윈주의』 10장 참고.

36 머리와 꽁지 깃털의 변화가 몸통보다 먼저 일어나는 것. _옮긴이

37 길마 박사에 따르면 이 종은 바탄타 섬에서도 발견된다고 한다(『마르케자 호 항해기』 2권 225쪽 참고).

꽁지가 갈색이며, 수컷의 특징인 치렛깃의 고유한 특징 등 일반적 구조의 모든 측면에서 일치하는 뚜렷한 집단을 이룬다. 이 집단은 극락조과가 서식하는 거의 전 영역에 걸쳐 있으나, 각 종은 서식지가 제한적이며 근연종과 같은 지역에서 발견되는 경우는 결코 없다. 이 3종은 속명屬名 극락조속*Paradisea*, 또는 참극락조라는 이름과 실상이 서로 꼭 맞는다.[38]

다음 종은 린네가 '파라디세아레기아*Paradisea regia*'로 명명한 **왕극락조**다. 녀석은 앞의 3종과 딴판이어서 별도의 속명을 부여받을 자격이 있으며, 과연 '키키누루스레기우스*Cicinnurus regius*'로 명명되었다. 말레이인들은 '부룽 라자', 즉 '임금새'라고 부르며 아루 제도 원주민들은 '고비고비'라고 한다.

이 작고 사랑스러운 새는 길이가 16.5센티미터밖에 안 된다. 한 가지 이유는 꽁지가 매우 짧기 때문인데 다소 네모진 날개는 더 짧다. 머리, 멱, 윗부분 전체는 더없이 반짝이는 진홍색으로 이마에서 노르스름한 귤색으로 바뀌는데 이마의 깃털은 콧구멍을 가리고 부리를 반 넘게 덮었다. 깃옷은 찬란하기 그지없어서 빛의 방향에 따라 금속이나 유리처럼 윤이 난다. 가슴과 배는 비단처럼 새하얀데 이 색깔과 멱의 빨간색 사이에 진한 금속성 초록색의 넓은 띠를 둘렀으며 양 눈 바로 위에도 같은 색의 작은 반점이 있다. 몸통 양쪽으로 날개 밑에서 넓고 섬세한 깃털 다발이 돋았는데, 길이는 4센티미터가량이며 색깔은 잿빛이지만 끄트머리에 에메랄드빛 초록색의 넓은 띠를 둘렀고 그 사이에 가는 담황색 선을 그었다. 이 깃털은 날개 밑에 숨겨져 있지만 녀

---

38 그 뒤에 극락조속의 매우 독특한 신종 3종이 뉴기니 섬 남동부에서 발견되었으며, 덜 뚜렷한 지역적 변종도 발견되었다.

석이 기분 좋을 때면 위로 쳐들어 펼칠 수 있는데 마치 근사한 반원형 부채가 양 어깨에 달린 것처럼 보인다. 하지만 이보다 더 특이하고 더 아름다운-더 아름다울 수 있다면-또 다른 장식물이 있다. 가운데 꽁지깃 두 가닥은 가늘디가는 철사 같은 깃대로 변형되는데, 길이는 거의 15센티미터에 달하며 끝에는 안쪽에만 에메랄드빛 초록색 깃가지가 달렸다. 깃가지는 완벽한 나선형 원반으로 감겨 무척 독특하고 매력적인 효과를 자아낸다. 부리는 귤색에 가까운 노란색이며 발과 다리는 멋진 진파랑이다(680쪽에서 위 삽화 참고).

이 작은 보석의 암컷은 색깔이 어찌나 수수한지 처음 보면 같은 종이라고 믿기 힘들 정도다. 위쪽 표면은 칙칙한 흙빛 갈색이며 깃대 가장자리에만 노르스름한 빨간색이 살짝 비친다. 그 아래는 더 연하게 노르스름한 갈색이며 좁고 탁한 무늬가 비늘과 띠 모양으로 나 있다. 어린 수컷은 암컷과 똑같이 생겼으며, 붉은극락조만큼이나 독특한 일련의 변화를 겪는 것이 분명하지만 안타깝게도 이를 보여주는 표본은 구할 수 없었다.

이 작고 아리따운 피조물은 숲에서 가장 울창한 지역에 있는 가장 작은 나무를 찾아 온갖 열매를 먹는데 제 몸에 비해 엄청나게 큰 열매도 곧잘 먹는다. 날개와 발을 부산하게 놀리며, 날 때는 남아메리카 무희새류 같은 윙윙 소리를 낸다. 종종 날개를 펄럭거리며 가슴을 장식한 아름다운 부채를 과시하는데, 그럴 때마다 끝이 별 모양인 꽁지 철사가 갈라져 우아하게 두 번 휘어진다. 왕극락조는 아루 제도에 꽤 많아서 큰극락조와 더불어 일찌감치 유럽에 소개되었다. 미솔 섬에서도 서식하며 자연사학자가 방문한 뉴기니 섬 전 지역에서도 발견되었다.

이제 '멋쟁이Magnificent'라는 수식어가 붙은 근사한 극락조 **멋쟁이극락조***Cicinnurus magnificus* 차례다. 이 새는 뷔퐁이 처음 그렸고 보다르트가 '파라디세아스페키오사*Paradisea speciosa*'로 명명했으며 보나파르트 공公이 (등의 신기한 두 겹 망토를 기준으로) '디필로데스속*Diphyllodes*'이라는 별도의 속으로 분류했다.

머리는 짧은 갈색에 벨벳 같은 깃털로 덮였는데 이 깃털은 뒤로 콧구멍까지 덮었다. 목덜미에서 짚빛 노란색의 촘촘한 깃털 뭉치가 돋았는데, 길이는 4센티미터가량이며 망토처럼 등 윗부분을 덮는다. 그 밑으로 약 8밀리미터 두께의 띠가 보이는데, 이것이 두 번째 망토이며 진하고 반짝거리고 불그스름한 갈색 깃털로 이루어졌다. 등의 나머지 부분은 주홍빛 갈색이고 꽁지덮깃과 꽁지는 신한 청동색, 날개는 연한 주홍빛 담황색이다. 가슴 가장자리에서 돋아 몸통 아래를 전부 덮은 풍성한 깃옷은 깊고 풍부한 초록색이며 각도에 따라 다양한 자줏빛을 띤다. 가슴 가운데 아래쪽에는 비늘처럼 생긴 같은 색깔의 깃털이 넓은 띠를 이루었으며 턱과 멱은 진한 금속성 청동색이다. 꽁지 중간에서 가느다란 깃털 두 가닥이 났는데, 색깔은 진한 강철색이고 길이는 25센티미터가량이다. 깃가지는 안쪽으로만 나 있으며 바깥쪽으로 휘어져 두 겹의 원을 그린다.

근연종의 습성에서 추측건대 멋쟁이극락조는 한껏 발달한 깃옷을 화려하게 치켜들어 과시할 것이다. 몸통 아랫면에 있는 깃털 뭉치는 아마도 반구형으로 확대될 테고, 아름다운 노란색 망토를 치켜들면 원주민들이 건조하여 납작하게 만든 것과는 사뭇 다른 모습일 것이다(지금은 원주민의 표본으로만 짐작할 수 있지만). 발은 진파랑인 듯하다.

이 희귀하고 우아한 작은 새는 뉴기니 본토와 미솔 섬에서만 발견된다.

이보다 더 희귀하고 아름다운 종은 캐신 씨가 필라델피아의 대규모 박물관에 보내어 수장되고 있는, 원주민이 보존 처리한 가죽에서 기재한 디필로데스윌스니*Diphyllodes wilsoni*(**붉은도롱이극락조***Cicinnurus*

멋쟁이극락조

respublica)다. 나중에 보나파르트 공이 '디필로데스레스푸블리카*Diphyllodes respublica*'로 명명했으며, 그 뒤에 베른슈타인 박사가 '스클레겔리아칼바*Schlegelia calva*'로 명명했다. 베른슈타인 박사는 운 좋게도 와이게오 섬에서 신선한 표본을 입수했다.

이 종은 겉 망토가 유황색이고 안 망토와 날개는 새빨갛다. 가슴 깃털은 진녹색이며 길게 늘어난 가운데 꽁지깃은 근연종보다 훨씬 짧다. 하지만 가장 흥미로운 차이는 정수리가 대머리라는 것이다. 이 맨살은 진한 진파랑인데 벨벳 같은 검은 깃털 여러 가닥이 머리 위에서 교차한다.

크기는 멋쟁이극락조와 비슷하며 와이게오 섬에만 서식하는 것이 틀림없다. 암컷은 베른슈타인 박사가 그리고 기재한 대로 왕극락조 암컷과 무척 닮았으며 아래쪽에 비슷한 띠가 나 있다. 따라서 가까운 근연종인 멋쟁이극락조 암컷도 (표본은 아직 얻지 못했으나) 적어도 이 정도로 수수할 것이라 결론 내릴 수 있다.

어깨걸이극락조*Lophorina superba*는 뷔퐁이 처음 그렸으며 보다르트가 깃옷의 검은 바탕색에 빗대어 '파라디세아아트라*Paradisea atra*'로 명명했다.[39] 비에요는 로포리나속*Lophorina*으로 분류했는데, 전체 집단 중에서 가장 희귀하고 화려하며 원주민이 보존 처리한 훼손된 가죽으로만 알려져 있다. 크기는 멋쟁이극락조보다 약간 크다. 깃옷의 바탕색은 진한 검은색이지만 목에 아름다운 청동색이 비치며, 밝은 금속성 초록색과 파란색의 깃털이 비늘처럼 머리를 덮었다. 가슴에는 가늘고 꽤 딱딱한 깃털이 방패처럼 달려 있는데 양옆으로 길게 늘어나 있고 색깔은 푸르스름한 초록색 단색이며 비단처럼 윤기가 흐른다. 하지만

39 '아트라'는 라틴어로 '검다'라는 뜻이다. _옮긴이

어깨걸이극락조

더 특이한 장식물이 목 뒤에 돋았는데, 모양은 가슴의 방패와 비슷하지만 훨씬 크고 벨벳 같은 검은색에 청동색과 자주색 광택이 난다. 가장 바깥쪽 깃털은 날개보다 1.3센티미터가량 길며, 이 방패를 치켜들면 가슴 방패와 어우러져 형태와 전체적 모습이 확 달라진다. 부리는 검은색이며 발은 노란색인 듯하다.

이 작고 놀라운 새는 뉴기니 섬 북쪽 반도의 내륙에만 서식한다. 나와 앨런 씨는 어떤 섬이나 어떤 해안 지역에서도 어깨걸이극락조에 대해 전혀 듣지 못했다. 레송이 해안 원주민들에게서 입수한 것은 사실이지만, 1861년 소롱에서 앨런 씨는 내륙으로 사흘 거리를 들어가야 어깨걸이극락조를 발견할 수 있다는 말을 들었다. 원주민들은 어깨걸이극락조를 '검은극락조'라고 부르는데, 상품으로서 가치가 크지 않기에 이제는 원주민들이 좀처럼 보존 처리하지 않는 듯하다. 그래서 뉴기니 섬 해안 지역과 말루쿠 제도에서 7년을 지내는 동안 가죽을 한 점도 얻지 못했다. 따라서 우리는 어깨걸이극락조의 습성에 대해-암컷의 습성에 대해서도-아는 것이 거의 없다. 단, 암컷은 극락조과의 나머지 모든 종과 마찬가지로 수수하고 평범한 것이 틀림없다.

꼬리비녀극락조*Parotia sefilata*도 희귀한 종으로, 뷔퐁이 처음 그렸으며 완벽한 상태의 표본은 한 번도 입수된 적이 없다. 보다르트가 '파라디세아섹스페니스*Paradisea sexpennis*'로 명명했으며 비에요는 파로티아속*Parotia*으로 분류했다. 이 경이로운 새의 크기는 암컷 붉은극락조만 하다. 깃옷은 언뜻 보면 검은색 같지만 빛에 따라 청동색과 진자주색으로 빛난다. 멱과 가슴에는 강렬한 금빛의 넓고 납작한 깃털이 비늘처럼 덮여 있는데 빛에 따라 초록빛과 푸른빛으로 바뀐다. 머리 뒤쪽으로 넓은 깃털 띠가 뒤쪽으로 휘었는데, 형언할 수 없을 만큼 찬란하며 유기물이라기보다는 녹옥과 황옥 같은 광택이 난다. 이마에는 새하

꼬리비녀극락조

얀 깃털로 된 넓은 반점이 비단처럼 빛난다. 머리 양옆에서 근사한 깃털 여섯 가닥이 돋았는데 '여섯가닥극락조'라는 이름은 여기에서 왔다. 이 깃털은 길이가 15센티미터인 가느다란 끈으로, 끄트머리에 작은 타원형 깃가지가 달렸다. 이 장식물 말고도 가슴 양옆에 부드러운 깃털로 이루어진 커다란 다발이 있는데, 이 다발을 치켜들면 날개가 완전히 가려져 덩치가 실제보다 두 배 커 보인다. 부리는 검고 짧으며 약간 납작한데 왕극락조처럼 깃털이 콧구멍을 덮었다. 이 독특하고 화려한 새는 어깨걸이극락조와 같은 지역에 서식하는데, 뉴기니 원주민들이 보존한 가죽을 조사하여 얻은 정보 말고는 아무것도 알려져 있지 않다.

G. R. 그레이 씨가 '세미옵테라월리시'로 명명한 **월리스흰깃발극락조**는 전혀 새로운 형태의 극락조로, 바찬 섬에서 내가 직접 발견했다. 특히 두드러진 특징은 흰색의 길고 가는 깃털 한 쌍으로, 날개의 꺾인 부위를 덮은 짧은 깃털 사이로 비죽 튀어나왔으며 마음대로 바짝 세울 수 있다. 전반적 색깔은 은은한 올리브색인데, 등 한가운데에서는 청동색이 어린 올리브색으로 짙어지며 정수리에서는 금속처럼 광택이 나는 은은한 잿빛 보라색으로 바뀐다. 콧구멍과 부리 절반을 덮은 깃털은 성기고 위로 구부러졌다. 아래쪽은 훨씬 아름답다. 가슴의 비늘 모양 깃털은 가장자리가 진한 금속성 청록색인데, 멱과 목 양옆도 같은 색깔이며 가슴 양쪽에서 돋아 거의 날개 끝까지 뻗은 길고 뾰족한 깃털도 마찬가지다. 하지만 가장 신기한 특징이자 극락조를 통틀어 유일무이한 특징은 양 날개의 꺾인 부위에서 돋은 한 쌍의 길고 가늘고 섬세한 깃털이다. 날개덮깃을 들어 올리면 대롱 모양의 딱딱한 덮개 두 장에서 올라오는데, 손목뼈 이음부 근처에서 둘로 갈라진다.

423쪽에서 설명했듯 곧추세울 수 있으며 흥분하면 날개와 수직으로 뻗어 살짝 벌린다. 길이는 15~17센티미터이며 위쪽이 아래쪽보다 약간 길다. 월리스흰깃발극락조의 전체 길이는 28센티미터다. 부리는 뿔빛 올리브색, 홍채는 짙은 올리브색, 발은 밝은 귤색이다.

암컷은 놀랍도록 수수하며 몸 전체가 칙칙하고 창백한 흙빛 갈색이다. 머리에 잿빛 보라색이 살짝 비쳐 단조로움을 깨뜨린다. 어린 수컷은 암컷과 똑같이 생겼다(422쪽 삽화 참고).

숲의 키 작은 나무들을 즐겨 찾으며 여느 극락조처럼 쉴 새 없이 움직인다. 이 가지에서 저 가지로 날며, 잔가지뿐 아니라 심지어 수직의 매끄러운 줄기에도 딱다구리처럼 손쉽게 매달린다. 쥐어짜는 듯한 쉿 소리를 끊임없이 내뱉는데 큰극락조와 더 음악적인 왕극락조의 중간쯤이다. 수컷은 짧은 간격으로 날개를 펴서 펄럭거리고, 기다란 어깨깃을 곧추세우고, 초록색의 우아한 가슴 방패를 펼친다.

월리스흰깃발극락조는 할마헤라 섬과 바찬 섬에서 발견되는데, 할마헤라 섬의 표본은 모두 초록색 가슴 방패가 다소 길고 정수리가 진 보라색이며 몸통 아래쪽의 초록색 비늘이 더 뚜렷하다. 녀석은 말루쿠 군에서 발견된 유일한 극락조로, 나머지 극락조는 모두 파푸아 제도와 북오스트레일리아에만 서식한다.

이제 긴부리극락조과를 살펴보자. 녀석들은 다른 어떤 새보다 극락조와 가깝다. 이 과에서 가장 돋보이는 종은 **열두가닥극락조***Seleucidis melanoleucus*다. 블루멘바흐는 '파라디세아알바*Paradisea alba*'로 명명했지만 지금은 레송의 분류를 따라 셀레우키데스속*Seleucidis*에 넣는다.

이 새는 길이가 약 30센티미터인데 납작하고 휘어진 부리가 5센티미터를 차지한다. 가슴과 상체의 색깔은 언뜻 보기에는 검은색에 가깝지만, 자세히 들여다보면 색깔 없는 부분이 하나도 없다. 다양한 각도로 빛에 비춰보면 더없이 풍성하고 반짝이는 색조가 드러난다. 머리는 자줏빛 청동색이며 벨벳 같은 짧은 깃털로 덮였는데, 이 깃털은 부리 위쪽보다 턱 쪽이 훨씬 길게 뻗었다. 등과 어깨는 전부 진한 청동빛 초록색이며 접은 날개와 꽁지는 가장 화사한 보랏빛 자주색이다. 깃옷 전체에서 비단처럼 은은한 광택이 난다. 가슴을 덮은 깃털 뭉치는 거의 새까만 데다 희미한 초록색과 자주색 광택이 있지만, 바깥쪽 가장자리에 반짝이는 에메랄드빛 초록색 띠를 둘렀다. 몸의 아랫부분은 전부 진한 담황색으로, 옆구리에서 돋아 꽁지 뒤로 4센티미터 뻗은 깃털 다발도 같은 색깔이다. 거죽이 빛을 받으면 노란색이 희끄무레하게 바래는데, 종명 '알바'는 여기서 왔다.[40] 양 옆구리 가장 안쪽에 약 여섯 가닥씩 돋은 깃털은 주맥이 가늘고 검은 철사로 길어졌는데, 직각으로 꺾이고 25센티미터가량 뒤로 휜 이 철사는 이 집단에서 흔히 볼 수 있는 아주 독특하고 환상적인 장식물이다. 부리는 새까맣고 발은 연노랑이다(680쪽에서 아래 삽화 참고).

암컷은 다른 종처럼 수수하기 짝이 없는 것은 아니지만 수컷의 화려한 색깔이나 치렛깃은 전혀 없다. 정수리와 목덜미는 검은색이고 몸의 나머지 윗부분은 불그스름한 진갈색이며 아랫부분은 죄다 누르스름한 잿빛이다. 가슴은 약간 거무스름한데 가늘고 거무스름한 물결 모양 띠가 가로놓였다.

열두가닥극락조는 살라와티 섬과 뉴기니 섬 북서부에서 발견되는데 꽃나무, 특히 사고야자나무와 판다누스를 즐겨 찾아 꽃꿀을 빤다. 발이 유난히 크고 억세서 꽃 옆과 아래에 매달릴 수 있다. 움직임은 아주 날래다. 한 나무에 오래 머무는 법이 없으며 곧장 잽싸게 날아올라 딴 나무로 이동한다. 크고 날카로운 울음소리는 멀리서도 들을 수 있는데, 하강 음계로 대여섯 번 "까, 까." 하다 마지막 음과 함께 날아오

40 '알바'는 라틴어로 '희다'라는 뜻이다. _옮긴이

른다. 수컷은 독거성 습성이 강하나 경우에 따라서는 참극락조처럼 모이는 듯하다. 조수 앨런 씨가 잡아 해체한 표본은 모두 갈색의 달콤한 액체 말고는 위장에 아무것도 들어 있지 않았다. 이것은 녀석들이 먹은 꽃꿀이었을 것이다. 하지만 네덜란드 증기선에서 산 채로 관찰한 표본이 바퀴벌레와 파파야 열매를 게걸스럽게 먹은 걸 보면 열매와 곤충 둘 다 먹는 것이 틀림없다. 이 녀석은 한낮에 부리를 수직으로 치켜든 채 쉬는 별난 습성이 있었다. 자카르타 가는 길에 죽었는데, 사체를 수습하여 골격을 제작하고 보니 영락없는 극락조였다. 혀는 매우 길고 늘일 수 있지만 참극락조와 똑같이 끝이 납작하고 약간 질기다.

살라와티 섬에서는 원주민들이 열두가닥극락조의 잠자리를 찾을 때까지 숲을 뒤진다. 잠자리 위치는 땅에 떨어진 똥으로 아는데 대개는 키 작고 잎이 무성한 나무다. 원주민들은 밤에 나무에 올라가 뭉툭한 화살을 쏘거나 심지어 헝겊을 가지고 산 채로 잡는다. 뉴기니 섬에서는 녀석들이 자주 찾는 나무에 올무를 놓아 잡는데, 663쪽에서 설명한 와이게오 섬의 붉은극락조 사냥법과 같다.

검은긴꼬리낫부리극락조_Epimachus fastuosus_는 이 놀라운 피조물 중 또 하나로, 원주민이 제작한 불완전한 가죽으로만 알려져 있다. 벨벳처럼 어두운 깃옷이 청동색과 자주색으로 빛나는 모습은 열두가닥극락조를 닮았지만, 길이가 60센티미터를 넘는 우람한 꽁지가 달렸는데 윗면은 더없이 강렬한 오팔빛 파란색으로 반짝거린다. 하지만 가장 멋진 장식물은 가슴 양쪽에서 돋은 넓은 깃털 다발로, 끝부분이 옆으로 퍼졌으며 아주 선명한 금속성 파란색과 초록색 띠를 둘렀다. 부리는 길고 구부러졌으며 발은 검은색이고 근연종과 비슷하다. 이 멋진 새의 전체 길이는 90~120센티미터다.

서식지는 어깨걸이극락조나 꼬리비녀극락조와 마찬가지로 뉴기니

검은긴꼬리낫부리극락조

섬 산악 지역인데 해안가 산지에서 이따금 발견된다는 얘기를 들었다. 여러 원주민이 장담하길, 이 새는 땅굴이나 바위 밑에 둥지를 짓는데 한쪽으로 들어가고 다른 쪽으로 나올 수 있도록 양쪽이 뚫린 장소만 고른다고 했다. 이런 습성이 있으리라고는 생각하기 힘들지만 사실이 아니라면 어떻게 해서 이런 이야기가 생겼는지 짐작하기가 쉽지 않다. 모든 여행자는 원주민이 말해준 동물의 습성이 아무리 이상하게 들리더라도 나중에 알고 보면 대부분 진짜라는 사실을 안다.

퀴비에가 '에피마쿠스마그니피쿠스*Epimachus magnificus*'로 명명한 **멋쟁이군풍조**는 오스트레일리아 군풍조속*Ptiloris*에 속하는 풍조류Rifle birds로 분류된다. 이 새들은 매우 아름답긴 하지만 앞서 설명한 다른 종에 비해 치렛깃이 덜 화려하며, 주된 장식물은 딱딱한 금속성 초록색 깃털로 된 가슴판과-발달 정도는 저마다 다르다-가슴 양쪽으로 약간 털투성이인 작은 깃털 다발이다. 이 종의 등과 날개는 벨벳처럼 새까만데 빛의 각도에 따라 진자주색으로 희미하게 반짝인다. 넓은 가운데 꽁지깃 두 가닥은 벨벳 같은 표면에 오팔 같은 녹청색이며 정수리는 반질반질한 철판 비늘처럼 생겼다. 턱, 멱, 가슴을 덮은 커다란 세모꼴 부위에 비늘 같은 깃털이 빽빽하게 나 있는데 강철색이나 초록색을 띠고 있으며 촉감은 비단결 같다. 아래쪽으로 검은색의 가는 띠가 테두리를 이루는데, 그 다음은 밝은 청동빛 초록색이며 아래를 덮은 털투성이 깃털은 진한 암적색인데 꽁지로 갈수록 짙어져 검은색이 된다. 옆구리의 깃털 다발은 참극락조를 약간 닮았지만 듬성듬성하고 길이는 꽁지만 하며 색깔은 검은색이다. 머리 양옆은 진보라색이며 벨벳 같은 깃털이 부리 양옆으로 뻗어 콧구멍을 덮었다.

마노콰리에서 어린 수컷을 한 마리 입수했는데, 의심할 여지없이 (여느 근연종과 마찬가지로) 깃옷 상태가 성체 암컷과 같았다. 몸의 윗면, 날개, 꽁지는 불그스름한 진갈색이며 아랫면은 바랜 잿빛에다 물결 모양의 가는 검은색 줄무늬가 촘촘하게 나 있다. 눈 위에도 희끄무레한 줄무늬가 하나 있으며, 입에서 목 양옆 아래로도 길고 거무스름한 줄무늬가 나 있다. 몸길이는 36센티미터이지만, 원주민이 말린 성체 수컷은 가슴의 치렛깃을 최대한 돋보이게 하려고 꽁지를 밀어넣는 바람에 약 25센티미터밖에 안 된다.

북오스트레일리아 요크 곶에는 가까운 근연종 **기드림극락조**_Pteridophora alberti_가 서식하는데, 암컷은 멋쟁이극락조의 어린 수컷과 매우 비슷하다. 이 극락조들과 무척 닮은 아름다운 오스트레일리아 군풍조속은 '프틸로리스파라디세우스_Ptiloris paradiseus_'(**극락군풍조**)와 '프틸로리스빅토리아이_Ptiloris victoriae_'(**작은비늘군풍조**)로 명명되었다. 멋쟁이군풍조는 뉴기니 본토에만 서식하는 듯한데 나머지 몇몇 종보다는 덜 희귀하다.

다른 저술가들이 극락조로 분류하는 뉴기니 조류가 3종 있는데, 화려한 깃옷이 극락조 못지않게 인상적이기에 여기서 언급할 가치가 있다. 첫 번째는 레송이 '아스트라피아니그라_Astrapia nigra_'로 명명한 **목도리극락조**로, 크기는 붉은극락조만 하지만 꽁지가 매우 길고 꽁지 윗부분이 강렬한 보라색으로 반짝거린다. 등은 청동빛 검은색이고 아랫부분은 초록색이며 멱과 목 가장자리에는 강렬한 구릿빛의 성기고 넓은 깃털이 났는데 머리와 목덜미 꼭대기에서는 에메랄드빛 초록색으로 반짝거린다. 머리 둘레의 깃옷은 모두 길어졌고 곧추세울 수 있으며, 살아 있는 새가 이 깃옷을 펼치면 참극락조 부럽지 않은 장관일 것이다. 부리는 까맣고 발은 노랗다. 긴꼬리극락조속_Astrapia_은 극락조과와 긴부리극락조과의 중간쯤인 듯하다.

머리에 맨살 육수肉垂가 있는 근연종도 있는데 '파라디갈라카룬쿨라타*Paradigalla carunculata*'(**노란볏극락조**)로 명명되었다. 녀석은 목도리극락조와 마찬가지로 뉴기니 섬 산악 지대에서 서식하는 것으로 생각되지만 극히 희귀하며 필라델피아 박물관에 소장된 표본만이 알려져 있다.

불꽃바우어새*Sericulus aureus*도 아름다운 새로, 이따금 극락조로 분류되기도 한다. 옛 자연사학자들은 '파라디세아아우레아*Paradisea aurea*와 '오리올루스아우레우스*Oriolus aureus*'로 명명했으며 지금은 대체로 오스트레일리아의 섭정바우어새*Sericulus chrysocephalus*와 같은 속으로 분류된다. 하지만 부리의 모양과 깃옷의 성격이 사뭇 달라서 내가 보기엔 별개의 종으로 분류해야 할 듯하다. 이 새는 멱, 꽁지, 날개 일부만 까맣고 나머지 전체가 노랗다. 하지만 가장 큰 특징은 강렬하게 반짝거리는 귤색의 풍성한 긴 깃털로, 목을 덮고 등 가운데까지 늘어진 것이 마치 싸움닭의 곧추선 목털 같다.

이 아름다운 새는 뉴기니 본토에 서식하며 살라와티 섬에서도 발견되지만, 하도 희귀해서 원주민이 제작한 불완전한 가죽 하나만 입수할 수 있었으며 습성은 전혀 알려져 있지 않다.

이제 지금까지 알려진 극락조의 전체 목록과 서식지(로 추정되는 곳)를 열거하겠다. 밑줄 친 종은 이 책 초판이 출간된 뒤에 발견된 것들이다.

1. 큰극락조*Paradisaea apoda* 아루 제도와 뉴기니 섬 중부.
2. 작은극락조*Paradisaea minor* 뉴기니 섬 북서부, 미솔 섬, 야펜 섬.
3. 붉은극락조*Paradisaea rubra* 와이게오 섬과 바탄타 섬.
4. 주홍장식극락조*Paradisaea decora* 당트르카스토 제도. 이 아름다운 종은 붉은 깃털이 붉은극락조보다 풍부하며 깃털 밑동에는 더 진한 붉은색의 짧은 깃털이 많이 나 있다. 가슴은 은은한 라일락색이며 머리와 멱은 작은극락조와 거의 비슷하다.
5. 라기아나극락조*Paradisaea raggiana* 뉴기니 섬 남동부. 이 종은 큰

극락조와 비슷하나 붉은 깃털이 있다.

6. 흰극락조*Paradisaea guilielmi* 독일령 뉴기니. 머리, 목, 멱은 초록색이고 등은 노란색이다. 성체 수컷은 알려지지 않았다.
7. 뉴기니큰극락조*Paradisaea apoda novaeguineae* 큰극락조의 변종으로, 뉴기니 섬 남부에 서식한다.
8. 핀시극락조*Paradisaea minor finschi* 작은극락조의 변종으로, 뉴기니 섬 남동부에서 발견된다.
9. 왕극락조*Cicinnurus regius* 뉴기니 섬 전역, 미솔 섬, 아루 제도.
10. 멋쟁이극락조*Cicinnurus magnificus* 뉴기니 섬 북서부와 미솔 섬.
11. 붉은도롱이극락조*Cicinnurus respublica* 와이게오 섬.
12. 황금날개극락조*Diphyllodes chrysoptera* 뉴기니 섬 남동부. 멋쟁이극락조와 근연종이지만 색깔이 더 풍부하고 다양하다.
13. 조비섬극락조*Manucodia jobiensis* 야펜 섬의 근연종.
14. 훈스타인극락조*Diphyllodes hunsteini*[41] 또 다른 종으로, 날개가 붉은색이고 정수리가 갈색이며 뉴기니 섬 남동부 마굴리 산에 서식한다.
15. 멋쟁이왕극락조*Diphyllodes guilielmi III* 등이 귤색과 붉은색이고 왕극락조처럼 날개 끄트머리가 초록색인 근사한 종으로, 와이게오 섬 동부에 서식한다.
16. 어깨걸이극락조*Lophorina superba* 아르팍 산, 뉴기니 섬 북서부.
17. 작은어깨걸이극락조*Lophorina minor* 뉴기니 섬 남동부 라스트롤라브 산에 서식하는 작은 종으로, 목둘레의 형태와 색깔이 (약간) 다르다.

41 원전의 'Hernsteini'는 'Hunsteini'의 오기로 보인다. _옮긴이

18. 꼬리비녀극락조*Parotia sefilata* 뉴기니 섬 북서부 아르팍 산.
19. 라스트롤라브극락조*Parotia lamesi* 뉴기니 섬 남동부 라스트롤라브 산의 대표종으로, 색 배합과 가슴 깃털 형태가 약간 다르다.
20. 윌리스흰깃발극락조*Semioptera wallacei* 바찬 섬과 할마헤라 섬.
21. 검은긴꼬리낫부리극락조*Epimachus fastuosus* 뉴기니 섬 북서부.
22. 라스트롤라브긴꼬리낫부리극락조*Epimachus macleayi* 형태가 약간 다르며, 뉴기니 섬 남동부 라스트롤라브 산에 서식한다.
23. 갈색긴꼬리낫부리극락조*Epimachus meyeryi* 뉴기니 섬 남동부 마굴리 산에 서식하는 또 다른 근연종. 암컷만 알려져 있다.
24. 엘리엇극락조*Epimachus elliotti* 덜 화려한 종. 서식지 미상.
25. 열두가닥극락조*Seleucidis melanoleucus* 뉴기니 섬 북서부에서 남동부까지 서식한다.
26. 멋쟁이군풍조*Ptiloris magnificus* 뉴기니 섬 전역.
27. 기드림극락조*Pteridophora alberti* 북오스트레일리아.
28. 극락군풍조*Ptiloris paradiseus* 동오스트레일리아.
29. 작은비늘군풍조*Ptiloris victoriae* 북동오스트레일리아.
30. 뉴기니비늘군풍조*Ptiloris intercedens* 뉴기니 섬 남동부에 서식하는 종으로, 멋쟁이군풍조와 매우 가까운 근연종이다.
31. 목도리극락조*Astrapia nigra* 아르팍 산, 뉴기니 섬 북서부.
32. 노란볏극락조*Paradigalla carunculata* 아르팍 산.

다음 종들은 기존에 알려진 종과 전혀 달라서 새로운 속으로 분류해야 한다.

33. 검은낫부리극락조*Drepanornis albertiti*
34. 검은낫부리극락조의 아종*Drepanornis cervinicauda*
35. 회색낫부리극락조*Epimachus bruijnii*

(33–35) 다소 작고 그다지 장식적이지 않은 새로, 뉴기니 섬 여러 지역에 서식한다.

36. 스테파니극락조*Astrarchia stephanie* 오언스탠리 산에 서식하는 근사한 새로, 목도리극락조의 근연종이다.

37. 푸른극락조*Paradisaea rudolphi* 뉴기니 섬 남동부 마굴리 산. 크기는 작지만 옆구리 깃털이 밝은 파란색이고 가운데 꽁지깃이 길게 뻗고 끄트머리에 작은 파란색 주걱 모양 깃가지가 있어서 구별된다.

나는 『과학적 연구와 사회학적 연구Studies Scientific and Social』 제1권 20장에 푸른극락조와 (뉴기니 섬 산악 지대에 서식하는) 신종 극락조 3종의 그림을 실었다. 이 중 하나인 기드림극락조는 이 경이로운 과科에서도 가장 남다른 종으로, 눈테에서 양치식물 모양의 예쁘고 기다란 파란색 부속지附屬肢가 튀어나왔다.

여기에 그 밖의 종을 더하면 극락조 종 수는 50종에 이르며, 그중 40종이 뉴기니 섬에 서식하는 것으로 알려져 있다. 하지만 현재 얕은 바다로 뉴기니 섬과 연결되어 있는 섬들이 실제로 그 일부라고 간주한다면, 극락조 23종이 그 지역에 서식하고 3종이 오스트레일리아 북부와 동부에, 1종이 말루쿠 제도에 서식한다고 볼 수 있다. 하지만 더 특이하고 멋진 종은 모두 파푸아 지역에만 서식한다.

나는 막대한 시간을 들여 이 경이로운 새들을 좇았지만 아루 제도, 뉴기니 섬, 와이게오 섬에 머문 다섯 달 동안 5종을 입수하는 데 그쳤으며 앨런 씨는 미솔 섬에서 1종도 더 얻지 못했다. 하지만 뉴기니 본토에서 살라와티 섬 근처에 있는 소롱이라는 곳에서 우리가 원하는 모든 종을 얻을 수 있다는 얘기를 들었다. 그래서 그곳을 찾아가 극락조를 실제로 사냥하고 가죽을 벗기는 원주민들이 사는 내륙으로 들어가기로 마음먹었다. 앨런 씨는 내가 고롱 제도에서 장만한 소형 프라우선을 타고 갔는데, 친절하게도 트르나테 섬의 네덜란드 지사가 도와준 덕에 티도레 섬 술탄이 중위 한 명과 사병 두 명을 보내어 앨런 씨를 수행 및 호위하고 앨런 씨가 일손을 구하고 내륙을 방문하는 일을 지원하도록 했다.

이런 조치를 취했음에도 앨런 씨는 우리 중 누구도 겪은 적 없는 고충을 이번 항해에서 맞닥뜨렸다. 이것을 이해하려면 극락조가 교역품이며 해안 마을 촌장들이 독점하고 있음을 감안해야 한다. 이 촌장들은 극락조를 산악 부족에게서 헐값에 사들여 부기족 무역상들에게 판다. 수익의 일부는 해마다 티도레 섬 술탄에게도 공물로 바친다. 따라서 원주민들은 이방인, 특히 유럽인이 자기네 무역에 끼어드는 것을 매우 경계하는데, 무엇보다 내륙으로 들어가 산악 부족과 직접 거래할까 봐 신경을 곤두세운다. 앨런 씨가 내륙에서 가격을 올려놓으면 해안에 공급되는 양이 감소하여 큰 손해를 입을 것이라 생각하는 것은 당연하다. 그들은 유럽인이 희귀한 종을 많이 가져가면 공물 할당량이 증가할 것이라고도 생각한다. 게다가 백인이 트르나테 섬이나 마카사르, 싱가포르 섬에서 얼마든지 살 수 있는 극락조(또한 자기네가 귀중하게 여기는 노란 극락조)를 얻겠다는 이유만으로 엄청난 수고와 비용을 들여가며 자기네 나라를 찾는 데는 뭔가 꿍꿍이셈이 있으리라는 막연하고도 매우 자연스러운 불안감을 느낀다.

그래서 앨런 씨가 소롱에 도착하여 내륙에서 극락조를 찾겠다는 자신의 취지를 설명하자 반대가 극심했다. 늪과 산을 사나흘은 걸어야 한다, 산악 부족은 야만인인 데다 식인종이어서 틀림없이 그를 죽일 것이다, 마지막으로 마을에서는 감히 그와 동행할 사람을 하나도 찾지 못할 것이다, 라는 말을 들었다. 며칠 동안 이런 충고를 듣고도 앨런 씨가 뜻을 굽히지 않고, 어디든 갈 수 있고 모든 지원을 받을 수 있다는 티도레 섬 술탄의 인가장認可狀을 내보이자 마을 사람들은 결국 강을 거슬러 오르는 데 필요한 보트를 내어주었다. 하지만 앨런 씨에게 아무것도 팔지 말라고 내륙 마을에 은밀히 전갈을 보냈다. 그러면 앨런 씨가 돌아올 수밖에 없으리라는 속셈이었다. 물길이 끝나고 뭍을 디뎌야 하는 마을에 도착하자 해안 사람들은 앨런 씨를 혼자 내버려두고 돌아갔다. 여기서 앨런 씨는 안내인과 (자신의 짐을 산악 지대까지 날라줄) 짐꾼을 구해달라고 티도레 섬 중위에게 도움을 요청했다. 하지만 일은 쉽게 풀리지 않았다. 실랑이가 벌어졌는데 원주민들이 중위의 고압적 명령을 거부하고는 칼과 창을 꺼내어 중위와 병사를 공격했다. 앨런 씨는 자신을 지키러 온 사람들을 보호하기 위해 개입해야 했다. 백인에 대한 존경심과 시기적절한 선물이 효과를 발휘했으며, 앨런 씨가 안내인과 짐꾼에게 주려던 주머니칼과 손도끼, 구슬을 보여주자 사람들은 평화를 되찾았다. 이튿날 그들은 무시무시한 험지를 통과하여 산악 부족의 마을에 도착했다. 여기서 앨런 씨는 원주민의 말을 전해주고 앨런 씨에게 필요한 것을 원주민에게 알려줄 통역이 없는 채 한 달을 보내야 했다. 하지만 손짓과 선물, 통 큰 물물교환 덕에 아주 잘 지냈으며, 원주민 몇 명은 매일 앨런 씨와 함께 숲에 사냥하러 가서 성공할 때마다 작은 선물을 받았다.

하지만 극락조를 입수하는 중대한 과업에서는 진전이 거의 없었다. 유일하게 추가로 발견한 열두가닥극락조는 살라와티 섬에서 이미 입수한 것이었다. 하지만 앨런 씨가 원주민에게 다른 종의 그림을 보여주었더니 그들은 내륙으로 이틀이나 사흘 들어가면 찾을 수 있다고 말했다. 내가 마노콰리에서 암베르바키로 보낸 사람들도 똑같은 이야기를 들었다. 희귀한 종은 험한 산을 지나 내륙으로 며칠 들어가야만 발견할 수 있으며, 해안 사람들은 가죽을 제작하는 야만 부족을 한 번도 본 적이 없다는 것이었다.

마치 가장 귀한 보물이 너무 흔해져 가치가 낮아지지 않도록 대자연이 손을 쓴 것 같았다. 이 뉴기니 섬 북해안은 태평양의 파도를 고스란히 받기에 지형이 험하고 항구가 없다. 이 지역은 모두 바위투성이에다 산악 지대이며 온통 빽빽한 숲으로 덮였다. 늪과 낭떠러지와 뾰족뾰족한 능선은 미답의 내륙을 가로막는 난공불락의 장벽이며 그곳 사람들은 미개하기 짝이 없는 위험한 야만인이다. 대자연의 경이로운 산물인 극락조는 저런 곳에서 저런 자들 가운데에 있으나, 그 형태와 색깔의 빼어난 아름다움과 기이하게 발달한 깃옷은 가장 문명화되고 가장 지적인 인류의 경이와 찬탄을 자아내고 자연사학자의 끊임없는 연구 소재가 되며 철학자의 무궁무진한 화두가 되도록 계획되었다.

이렇게 해서 이 아름다운 새를 탐사하는 여정이 모두 끝났다. 극락조가 서식하는 여러 지역을 다섯 차례 방문하고 탐사 준비와 항해에 오랜 시간을 소요하고도 뉴기니 지역에 사는 것으로 알려진 14종 중에서 5종밖에 입수하지 못했다. 입수한 종은 뉴기니 섬 해안과 섬에 사는 것으로, 나머지는 북쪽 반도의 중앙 산악 지대에 철저히 국한된 것으로 보인다. 우리는 이 반도의 한쪽 끝에 가까운 마노콰리와 암베르바키, 반대쪽 끝에 가까운 살라와티 섬과 소롱을 조사하여 이 희귀하고 사랑스러운 새들의 원산지를 꽤 정확하게 판단할 수 있었다. 녀석들의 훌륭한 표본은 유럽에서 목격된 적이 한 번도 없다.

술라웨시 섬, 말루쿠 제도, 뉴기니 섬에서 5년을 체류하고 여행하면서 사들인 가죽보다 40년 전에 레송이 같은 지역에서 몇 주 만에 사들인 가죽이 두 배 이상이라는 사실은 이상하다고 볼 수밖에 없다. 흔한 교역품 말고는 전부 20년 전보다 훨씬 구하기 힘들어진 듯하다. 이는 네덜란드 공무원들이 티도레 섬 술탄의 명령에 따라 물건들을 구하러 다녔기 때문이라고 생각한다. 공물을 취합하는 연례 순방의 책임자들은 온갖 종류의 희귀한 극락조를 입수하라는 명령을 받았다. 극락조의 대가는 공짜이거나 헐값이었기 때문에-술탄에게 가는 것이었기 때문이라고만 말해두겠다-해안 마을 촌장들은 앞으로 산악 부족에게서 극락조를 사들이지 않고 (애호가들은 덜 찾으나) 이문이 많이 남는 흔한 종만 입수할 것이다. 같은 이유로 미개한 지역 주민들은 자신들이 알게 된 광물이나 천연물을 숨기는 경우가 많은데, 공물을 더 많이 바쳐야 하거나 새로운 강제 노동이 부과될까 봐 두려워하기 때문이다.

39장

파푸아 제도의 자연사

뉴기니 섬은 얕은 바다로 연결된 섬들과 더불어 파푸아 군을 이루며 매우 닮은 독특한 생물들이 특징이다. 아루 제도와 극락조에 대한 장에서 이 지역의 자연사를 상세히 설명했으니 여기서는 동물상을 전반적으로 살펴보고 파푸아 제도와 나머지 세계의 관계를 간략하게 훑어보겠다.

뉴기니 섬은 지구상에서 가장 큰 섬으로, 보르네오 섬보다 좀 더 클 것이다. 길이는 2,250킬로미터에 이르며 너비는 최대 640킬로미터로, 어디나 울창한 숲으로 덮인 듯하다. 파푸아 제도의 동식물에 대해 지금껏 알려진 것은 전부 북서쪽 반도와 그 주위에 모여 있는 몇 개 섬에서 나왔다.[42] 이곳은 섬 전체의 10분의 1도 안 되며 나머지 지역과 격리되어 있어서 동물상이 다소 다를 수 있으나, (매우 부분적인 탐사에서) 250종이나 되는 육조가 발견되었는데 거의 대부분 다른 곳에는

42 독일령 및 영국령 뉴기니(남동부)에서 방대한 채집물이 입수되어 조류의 종 수가 두 배 이상 늘었기에 이제는 사실과 다르다.

알려지지 않은 종이며 일부는 깃털 달린 동물 중에서 가장 신기하고 아름답다. 이 거대한 섬에서 훨씬 넓은 미답의 영역에 지대한 관심이 쏠리고 있음은 말할 필요도 없다. 이곳은 자연사학자가 탐사하지 못한 최대의 '테라 인코그니타Terra incognita'(미지의 땅)이자, 새롭고 상상하지 못한 생물을 발견할지도 모르는 유일한 지역이다. 기쁘게도 이 거대한 지역이 더는 우리에게 절대적 무지로 남지 않도록 할 수 있는 기회가 찾아왔다. 네덜란드 정부는 시설이 잘 갖춰진 증기선에 자연사학자(앞서 언급한 로젠베르크 씨)와 조수들을 태워 뉴기니 섬으로 보내자는 제안을 수락했다. 이들은 뉴기니 섬을 일주하면서 큰 강을 따라 최대한 내륙까지 올라가고 그곳의 동식물을 방대하게 채집할 계획이다.[43]

뉴기니 섬과 주변 섬들의 포유류 중에서 지금까지 발견된 것은 17종에 불과하다. 여기에는 박쥐 2종(더스키관박쥐*Hipposideros aruensis*와 암본날여우박쥐*Pteropus argentatus*)과 고유종 돼지 1종[44]이 있으며 나머지는 모두 유대류다. 물론 박쥐의 개체수가 훨씬 많지만 새로 발견되는 육상 포유류는 틀림없이 유대류일 것이다. 유대류 중 하나인 참캥거루는 오스트레일리아의 중간 크기 캥거루와 매우 비슷하며 유럽인이 목격한 최초의 캥거루로 유명하다. 미솔 섬과 아루 제도에 서식하며(뉴기니 섬에서 근연종이 발견된다) 1714년에 더브라윈이 자카르타의 살아 있는 표본을 목격하고 기재했다(갈색왈라비). 이보다 훨씬 특이한 동물은 나무타기캥거루속으로, 뉴기니 섬에서 2종이 알려져 있다. 형태는 땅캥거루와 그다지 다르지 않으며 수상생활樹上生活에 완

---

43 그 뒤로 뉴기니 섬을 방문한 자연사 연구자 중에서 가장 중요한 인물은 이탈리아인 베카리와 달베르티스, 독일인 마이어와 핀시, H. O. 포트스 씨 및 잉글랜드와 독일의 수집가 몇 명이다.

44 오세아니아돼지*Sus scrofa papuensis*로, 지금은 멧돼지*Sus scrofa*의 아종으로 분류된다. _옮긴이

전히 적응하지는 못한 듯하다. 동작이 다소 굼뜨며 나뭇가지를 단단히 붙잡지 못하기 때문이다. 근육질 꼬리의 도약력은 사라졌으며 나무에 오르기 위해 발의 힘이 세어졌지만, 다른 면에서는 '테라 피르마Terra firma'(대지)를 걷는 데 더 적응한 듯하다. 이렇게 불완전하게 적응한 이유는 뉴기니 섬에 육식동물이 하나도 없으며 잽싸게 나무에 올라가 몸을 피해야 할 만한 천적이 전혀 없기 때문인지도 모른다. 작은 날주머니쥐처럼 생긴 쿠스쿠스도 뉴기니 섬에 4종이 서식하며 더 작은 유대류도 5종이 있는데, 그중 하나는 크기가 쥐만 하며 쥐처럼 집에 들어와 식량을 먹어치운다.[45]

뉴기니 섬에서 새는 포유류와 정반대로, 지구상의 어떤 섬보다 더 많고 더 아름답고 더 새롭고 신기하고 우아한 종류가 서식한다. 이미 충분히 살펴본 극락조 말고도 신기한 새가 많으며, 조류학자의 관점에서는 이곳을 지구상의 대구분으로 지정하기에 손색이 없다. 앵무류 30종 중 야자잎검은유황앵무와 작은 푸른머리발발이앵무*Micropsitta pusio*가 있는데, 각각 앵무의 거인과 난쟁이다. 독수리앵무*Psittrichas fulgidus*는 알려진 앵무 중에서 가장 독특하며, 작고 아름다운 긴꼬리오색앵무Long-tailed charmosyna와 화려한 색깔의 온갖 장수앵무는 어디 내놔도 뒤지지 않는다. 비둘기류는 약 40종이 있는데, 영국의 조류관에 잘 알려졌으며 크기와 아름다움이 돋보이는 근사한 왕관비둘기, 신기한 큰부리땅비둘기*Trugon terrestris*, 이와 비슷하지만 더욱 기이한 이빨부리비둘기*Didunculus strigirostris*, 그리고 내가 직접 발견했으며 여느 비둘기와 달리 부리가 매우 길고 억센 새로운 속(무지개비둘기속*Henicop-*

45 그 뒤로 발견된 포유류 중에서 흥미로운 것으로는 오스트레일리아 가시두더지와 근연종인 가시두더지 1종이 있다.

haps) 등이 있다.[46] 물총새류 16종 중에는 갈고리부리물총새*Melidora macrorhina*와, 아름다운 낙원물총새속 중에서도 가장 아름다운 노랑가슴낙원물총새*Tanysiptera sylvia*가 있다. 연작류 중에는 까마귀를 닮았으며 화려한 깃옷의 찌르레기 신속新屬(까마귀극락조속*Manucodia*), 창백한 색깔의 신기한 까마귀(잿빛까마귀*Gymnocorvus tristis*), 빨간색과 검은색의 괴상한 솔딱새류(낮은땅숲제비*Peltops blainvillii*), 작고 신기한 넓적부리솔딱새류(마카이리린쿠스속*Machaerirhynchus*), 파란색의 우아한 요정굴뚝새류(요정굴뚝새속) 등이 있다.

자연사학자의 관점에서 이 지역의 동식물이 얼마나 다양하고 흥미로운지 똑똑히 알려주는 사실은 육조가 108속인데 그중 29속이 고유한 속이며 35속이 말루쿠 제도와 북오스트레일리아를 포함하는 제한된 지역에 서식한다는 것이다(이 속에 속하는 종들은 모두 뉴기니 섬에서 유래했다). 뉴기니 속의 절반가량은 오스트레일리아에서, 3분의 1가량은 인도와 인도말레이 제도에서도 발견된다. 지금까지 제대로 언급되지 않은 매우 흥미로운 사실은 뉴기니 조류에서 순수한 말레이적 요소가 나타난다는 것이다. 이런 조류로는 파푸아꼬리치레속*Ptilorrhoa*과 유연관계가 가까운 신기한 말레이 속인 뜸부기꼬리치레속*Eupetes* 2종[47], 인도와 말레이의 굴뚝새와 비슷한 알키페속*Alcippe* 2종[48], 믈라카의 거미잡이꿀빨이새류를 빼닮은 거미잡이태양새속*Arachnothera* 1종[49], 인도의 쇠찌르레기류인 구관조속*Gracula* 2종, 말레이 속과 틀림

---

46 뉴기니 섬과 인근 파푸아 제도에는 90종 가까운 비둘기가 서식하는 것으로 알려져 있으며, 같은 지역의 앵무족은 약 80종으로 증가했다. 파푸아 조류는 800종 가까이가 알려져 있다.

47 파푸아꼬리치레속과 뜸부기꼬리치레속은 예전에는 유연관계가 가까운 줄 알았으나 별개의 속이다. _옮긴이

48 저자의 주장과 달리 알키페속은 뉴기니 섬에 알려진 종이 없다. _옮긴이

49 파푸아긴부리류*Toxorhamphus*는 거미잡이태양새속과 유연관계가 없다. _옮긴이

없이 유연관계가 있으나 아마도 별개의 속일 톱부리과일새류인 검은색의 작고 신기한 프리오노킬루스속*Prionochilus* 1종[50] 등이 있다. 지금은 이 새들이나 근연종 중에서 말루쿠 제도 또는 (1종을 제외하고는) 술라웨시 섬이나 오스트레일리아에 서식하는 것이 하나도 없다. 이 새들은 대부분 비행 거리가 짧으므로 이 새들과 근연종을 가르는 1,600킬로미터 이상의 거리를 어떻게, 언제 건넜는지는 수수께끼다. 이런 사실은 육지와 바다가 대규모로, 또한 종 변화에 필요한 시간의 관점에서 빠른 속도로 변했음을 시사한다. 이런 변화를 고찰하면 어떻게 해서 부분적 이주의 물결이 뉴기니 섬에 들어왔고 어떻게 해서 이러한 이주의 흔적이 (가운데에 있던 육지가 그 뒤에 없어지는 바람에) 전부 사라졌는지 쉽게 알 수 있을 것이다.

지질학이 우리에게 가르쳐주는 것 중에서 지표면이 극단적으로 불안정하다는 사실보다 더 분명하고 인상적인 것은 없다. 지금의 육지가 한때 바다였고 지금의 바다가 한때 육지였다는 사실, 바다에서 육지로의 변화와 육지에서 바다로의 변화가 과거 헤아릴 수 없는 시기 동안 한두 번이 아니라 거듭 일어났다는 사실을 입증하는 증거를 우리의 발밑 어디에서나 발견할 수 있다. 이제 현재 지표면의 동물 분포를 연구하면 육지와 바다의 끊임없는 상호 변화-대륙의 생성과 소멸, 섬의 융기와 침강-를 엄연한 현실로 바라보게 된다. 이 변화는 언제나 모든 곳에서 진행되며, 생물이 지표면에 모이고 흩어지는 방식을 결정하는 주요인이었다. 방금 설명한 것과 같은 사소한 변칙적 분포를 끊임없이 맞닥뜨리다 보면, 자신의 기록을 유기적 자연의 얼굴에 신비하지만 이해할 수 있는 문자로 남긴 거듭된 융기와 침강에서만 그 유일한 합리

---

50 멜라노카리스딸기새류는 말레이꽃새류와 별개인 것으로 알려져 있다. _옮긴이

적 설명을 찾을 수 있다.

뉴기니 섬의 곤충은 새보다는 덜 알려졌지만 근사한 형태와 화려한 색깔 면에서 결코 뒤지지 않는다. 초록색과 노란색의 멋진 비단제비나비류는 뉴기니 섬에 풍부하게 서식하며, 이 지점에서 서쪽으로 인도까지 퍼져 있을 가능성이 매우 크다. 작은 나비 중에는 네발나비과와 부전나비과의 몇몇 고유 속이 커다란 크기와 독특한 무늬, 화려한 색깔로 눈에 띈다. 날개가 투명한 나방 중에서 가장 크고 아름다운 종(뒤르빌꽃나방)과 크고 잘생긴 초록색 나방(오론테스노을나방*Alcides orontes*)이 이곳에서 발견된다. 딱정벌레류는 덩치가 크고 색깔이 아주 화려한 금속성인 종이 많은데, 그중에서도 황금빛 초록색 하늘소인 파푸아뉴기니하늘소*Sphingnotus mirabilis*, 더없이 화려한 꽃무지인 윌리스꽃무지*Ischiopsopha wallacei*와 아나캄프토리나풀기다*Anacamptorhina fulgida*, 비단벌레과 중에서 가장 잘생긴 윌리스보석딱정벌레*Calodema wallacei*, 에우폴루스속의 멋진 파란색 바구미 몇 종이 가장 두드러지는 듯하다. 나머지 목도 거의 모두 덩치가 크거나 형태가 특이하다. 신기한 뿔파리는 앞에서 언급했고, 메뚜기목 중에서는 큰방패메뚜기류가 가장 눈에 띈다. 다음 삽화에 실린 종(그란디스여치*Siliquofera grandis*)은 크고 딱딱한 세모꼴 방패가 가슴을 덮었다. 방패는 길이가 6센티미터이고, 테두리가 뾰족뾰족하고, 표면이 약간 굴곡이 있고 움푹 꺼졌으며, 가운데에 희미한 선이 있어서 나뭇잎을 빼닮았다. 반질반질한 두텁날개는 완전히 펼치면 가로로 23센티미터를 넘는데, 멋진 초록색에 아름다운 잎맥이 있어서 열대식물의 반짝이는 커다란 잎을 고스란히 흉내 냈다. 몸통은 짧으며 암컷은 꽁무니에 칼처럼 생긴 산란관이 달렸다(삽화에서는 보이지 않는다). 다리는 모두 길며 억센 가시가 달렸다. 이 곤충들은 나뭇잎을 닮은 생김새와 딱딱한 방패 및 두텁날개,

그란디스여치

가시 돋힌 다리로 몸을 보호할 수 있기에 동작이 굼뜨다.

뉴기니 섬 동쪽의 큰 섬들은 거의 알려지지 않았지만 오스트레일리아에서 찾아볼 수 없는 진홍색 장수앵무와 뉴기니 섬 및 말루쿠 제도의 코카투앵무와 근연종인 코카투앵무가 서식하는 것으로 보건대 파푸아 군에 속한다. 따라서 말레이 제도는 동쪽으로 솔로몬 제도까지 뻗어 있다고 말할 수 있다. 이에 반해 누벨칼레도니와 바누아투는 오스트레일리아와 더 가까운 듯하며, 태평양의 나머지 섬들은 생물종이 매우 빈약하기는 하지만 별도의 군으로 분류해야 할 만큼 독특한 특징이 몇 가지 있다. 나는 편의상 말루쿠 제도를 뉴기니 섬과 별개의 동물학적 군으로 분리했지만, 티모르 섬의 동물상이 주로 오스트레일리아에서 비롯했듯 이곳의 동물상이 주로 뉴기니 섬에서 비롯했음을 지적했다. 동물학적 관점에서만 보자면 오스트레일리아 지역은 세 군으로 나눌 수 있다. 첫 번째는 오스트레일리아, 티모르 섬, 태즈메이니아로 이루어지고, 두 번째는 뉴기니 섬과 부루 섬에서 솔로몬 제도까지의 섬들로 이루어지며, 세 번째는 태평양 도서군의 대부분으로 이루어진다.

뉴기니 섬의 동물상은 오스트레일리아와 매우 밀접한 관계다. 포유류에서의 가장 큰 특징은 유대류가 풍부하고 나머지 육상 포유류가 전무하다시피 하다는 것이다. 조류에서의 특징은 덜 확연하나 그래도 매우 뚜렷한데 한쪽에 없는 구세계 조류 중 중요한 것들은 모두 다른 쪽에도 없다(이를테면 꿩류, 들꿩류, 독수리류, 딱다구리류). 반면에 육조 중에서 무려 24속을 차지하는 꿀빨이새류와 무덤새류 등은 두 지역에 다 서식하며 다른 곳에서는 찾아볼 수 없다.

예전에는 자연조건이 동물의 형태를 결정한다고 생각했는데, 두 지역의 모든 자연조건이 놀랍도록 다르다는 것을 감안하면-오스트레일리아의 자연조건은 탁 트인 평원, 바위투성이 사막, 마른 강, 변덕스러운 온대 기후인 반면에 뉴기니 섬의 자연조건은 울창한 숲, 일정한 더위와 습기, 늘푸른식물이다-동물상이 이토록 비슷하다는 것은 여간 놀라운 일이 아니며 두 동물상이 공통 기원임을 강력하게 시사한다. 곤충에서는 유사성이 그만큼 뚜렷이 나타나지 않는데 그 이유는 분명하다. 곤충은 고도로 조직화된 조류와 포유류에 비해 식생과 기후에 직접적으로 의존하는 비중이 훨씬 크기 때문이다. 또한 곤충에게는 훨씬 효과적인 전파 수단이 있기에 자신의 발달과 증식에 알맞은 모든 지역으로 널리 퍼졌다. 그리하여 커다란 비단제비나비류는 뉴기니 섬에서 말레이 제도 전역을 통과하여 히말라야 산맥 자락까지 퍼졌으며, 긴 뿔의 우아한 소바구미류는 반대 방향으로 믈라카에서 뉴기니 섬으로 퍼졌으나 오스트레일리아에서는 조건이 알맞지 않아서 자리 잡지 못했다. 반면에 오스트레일리아에서는 온갖 꽃무지류와 비단벌레류,

수많은 크고 신기한 땅바구미류가 발달했다. 녀석들은 뉴기니 섬의 습하고 어둑어둑한 숲에는 적응하지 못했기에 그곳에서는 전혀 다른 형태가 서식한다. 하지만 오스트레일리아 지역 적도대에 오래전에 서식하던 개체군 중에서 남은 곤충 집단이 있는데 이들은 여전히 거의 전부가 이곳에만 서식한다. 이를테면 하늘소류의 흥미로운 아과亞科인 트메시스테르니타이과Tmesisternitae, 비단벌레과에서 가장 특징적인 속인 예쁜비단벌레속*Cyphogastra*, 에우폴루스속을 이루는 아름다운 바구미류가 있다. 나비 중에는 미네스속*Mynes*, 히포키스타나방속*Hypocista*, 엘로디나속*Elodina*, 눈 무늬가 있는 신기한 드루실라속*Drusilla*이 있다(드루실라속은 종 하나가 자와 섬에서 발견되기는 하지만 그 밖에는 서쪽의 어떤 섬에서도 찾아볼 수 없다). 식물은 전파 능력이 곤충보다 더 뛰어나며, 저명한 식물학자들은 식물학으로는 동물학만큼 뚜렷한 지역 경계를 정할 수 없다고 주장한다. 여기서는 전파를 일으키는 요인이 아주 강력하기에, 인접 지역 간에 식물상이 하도 뒤섞여 광범위하고 일반적인 구분 말고는 할 수 없는 형편이다. 이런 견해는 지표면을 동식물의 뚜렷한 차이에 따라 나눈 대구분의 문제점에 대해 중요한 시사점이 있다. 이제 우리는 이런 차이가 정도는 다르지만 건널 수 없는 장벽 때문에 오래 지속된 격리의 직접적 결과임을 안다. 또한 대양과 크나큰 기온 차이는 모든 육상 생물의 전파를 가로막는 가장 철저한 장벽이기에 지구의 대구분은 모든 육상 생물에 적용되어야 마땅하다. 기후의 영향이 아무리 다양하고 전파 수단이 아무리 불균등하더라도 오래 지속된 고립의 극단적 효과를 완전히 없애는 것은 불가능하다. 뉴기니 섬과 주변 섬들의 식물상과 곤충상이 포유류와 조류만큼 잘 밝혀진다면 이들 학문 분야는 말레이 대大제도가 인도말레이 군과 오스트로말레이 군으로 뚜렷이 구분됨을 명백히 시사하리라 굳게 믿는다.

Tambelan Is.
C. Sambas
SARAWAK
Kuching
S A M B A S
Landak
Mampawa
Pontianak
B O R N
Tajong
Sangau
Sintang
Sekadau
Melawi
C. Sapu
Kubu
R. Mejak
Simpang
Panambangan
Sukadana
Carimata Isles
Muwara Kajang
Kotta Waringin
C. Sambas
Bauwal
R. Djelli
Biliton
Banca Strait
Gaspar Strait
Carimata or Biliton Strait
Flat Point
R. Pembuan
R. Mendawi
Pembuan
Sampit
Mendawi
C. Malatajor
Gt. Dayak R.
Little Dayak R.
Riv. Banjer or Burito
C. Salatan
Madura Strait
M A D U R A
BATAVIA
Bantam
Thousand Is.
Karawang
Samarang
Sourabaya
J A V A
A

The Malay Archipelago

말레이 제도의 민족

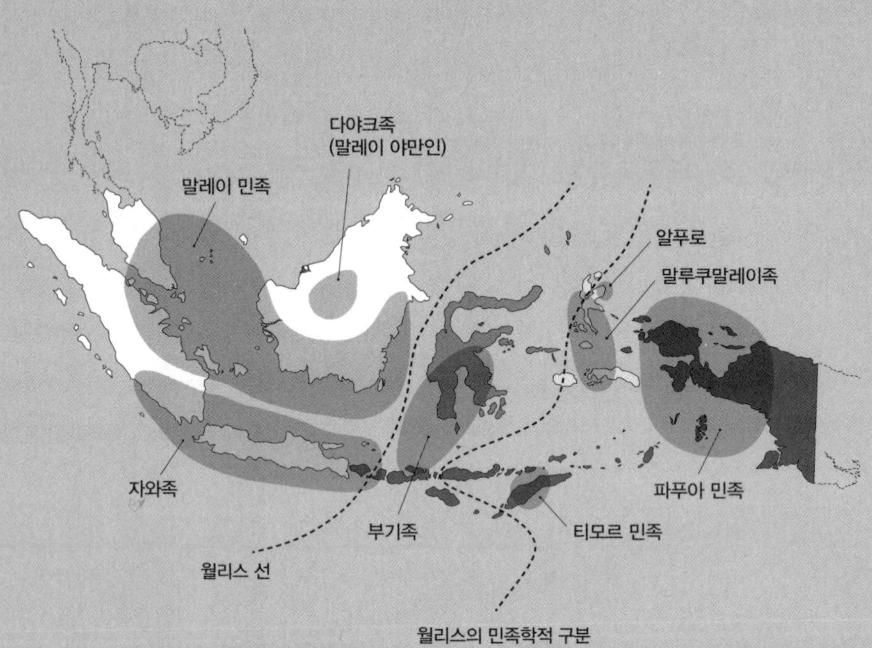

월리스의 민족학적 구분

40장

말레이 제도의 민족

말레이 제도 곳곳에 사는 민족들과 이들의 주된 신체적·정신적 특징, 상호 간 또한 주변 부족과의 근연성, 이주, 추정되는 기원 등에 대한 짧은 논평으로 나의 동양 여행기를 마무리하고자 한다.

말레이 제도에는 판이하게 다른 두 민족이 산다. 말레이인은 오로지 서쪽 절반만을 차지하며, 파푸아인은 뉴기니 섬과 여러 주변 섬들을 본거지로 삼는다. 두 지역 사이에는 두 민족의 주된 특징이 섞인 부족들이 있으며, 이 부족들이 어느 한 민족에 속하는지, 아니면 둘이 섞여서 형성되었는지 판단하기 까다로울 때도 있다.

말레이인이 두 민족 중에서 더 중요함은 의심할 여지가 없다. 이들은 더 문명화되었고 유럽인과 더 교류했으며 이들만이 역사에서 자리를 차지하고 있기 때문이다. 단지 언어에 말레이어의 요소가 있을 뿐인 민족과 구별되는 이른바 '토종 말레이 민족'은 신체적·정신적 특징이 꽤 일정하나 문명과 언어에서는 매우 큰 차이를 나타낸다. 토종 말레이 민족은 네 대부족과 반半문명화된 몇몇 군소 부족, 야만인으로 볼 수 있는 나머지 수많은 부족으로 이루어진다. 순혈 말레이인은 말레이 반도와 보르네오 및 수마트라 섬의 거의 모든 해안 지역에 산다. 이들은 모두 말레이어나 그 방언을 말하고 아랍어를 쓰며 이슬람교를 믿는다. 자와족은 자와 섬, 수마트라 섬 일부, 마두라 섬, 발리 섬, 롬복 섬 일부에 산다. 이들은 자와어와 카위어를 말하며 토착 문자를 쓴다. 자와 섬에서는 이슬람교를 믿지만 발리 섬과 롬복 섬에서는 브라만교를 믿는다. 부기족은 술라웨시 섬 대부분에 살며, 숨바와 섬에도 한 핏줄이 있는 듯하다. 이들은 부기어와 마카사르어, 그 방언을 말하며 그에 따라 서로 다른 토착 문자를 쓴다. 종교는 모두 이슬람교다. 네 번째 대부족은 필리핀 제도의 타갈로그족으로, 나는 필리핀 제도에 가보지 못했기에 이 부족에 대해서는 할 말이 별로 없다. 상당수는 기독교인이며 스페인어와 더불어 자기네 전통 언어인 타갈로그어를 말한다. 말루쿠말레이족은 트르나테 섬, 티도레 섬, 바찬 섬, 암본 섬에 주로 살며 반半문명화된 다섯 번째 말레이 대부족이다. 모두 이슬람교인이지만 온갖 신기한 언어를 말하는데, 부기어와 자와어에 말루쿠 제도 야만족의 언어가 섞인 듯하다.

말레이 야만인은 보르네오 섬의 다야크족, 수마트라 섬의 바타크족과 기타 원시 부족, 말레이 반도의 자쿤족, 그리고 북술라웨시와 술라 제도, 부루 섬 일부의 원주민 등이다.

이 다양한 부족들은 다들 피부색이 연한 적갈색에 올리브색이 다소 배었는데, 남유럽 전체와 맞먹는 큰 지역에 걸쳐 있으면서도 차이가 크지 않다. 머리카락도 한결같이 검은 직모이며 질감이 거칠어서, 옅은 색조나 곱슬머리가 조금이라도 있다면 외국 혈통이 섞였다는 것의 확실한 증거다. 얼굴에는 수염이 거의 나지 않고 가슴과 팔다리도 맨숭맨숭하다. 키도 꽤 비슷비슷하며 다들 유럽인 평균에 훨씬 못 미친다. 몸통은 탄탄하고 가슴이 잘 발달했다. 발은 작고 두껍고 짧으며 손은 작고 꽤 섬세하다. 얼굴은 약간 넓으며 밋밋한 경향이 있다. 이마는 다소 둥글고 눈두덩은 낮으며, 눈은 검은색에 수평이거나 아주 조금 기울었다. 꽤 작은 코는 튀어나오지는 않았으나 곧고 잘생겼으며 콧부리가 약간 둥글고 콧구멍은 넓고 살짝 들렸다. 광대뼈가 다소 돌출했고 입이 크며 입술은 넓고 반듯하지만 튀어나오진 않았다. 턱은 둥글고 형태가 잘 잡혔다.

이렇게 묘사하고 보니 미의 관점에서 점수를 깎을 요소가 거의 없어 보이지만, 전반적으로 보면 말레이인은 결코 잘생기지 않았다. 하지만 어릴 때는 곧잘 용모가 훌륭하여 열두 살에서 열다섯 살까지의 소년 소녀는 아주 매력적이며 몇몇은 완벽에 가까운 외모를 갖췄다. 이들이 좋은 외모를 잃는 이유는 나쁜 습관과 불규칙한 생활 때문인 듯하다. 이들은 아주 어릴 적부터 베텔과 담배를 끊임없이 씹어내며, 식량 부족에 허덕이고 고기잡이 등의 일에 시달린다. 굶주림과 진수성찬, 빈둥거림과 중노동이 번갈아 가며 반복되기에 일찍 늙고 외모가 거칠어질 수밖에 없다.

성격은 무덤덤하다. 내성적이고 숫기가 없고 심지어 수줍음을 타기까지 하는데, 이런 모습이 어느 정도는 매력적이어서 사람들은 이 민족이 흉포하고 잔혹하다는 통설이 터무니없는 과장이라고 생각한다. 말레이인은 감정을 잘 드러내지 않는다. 놀람, 경탄, 두려움의 감정을 결코 대놓고 표출하지 않으며 어쩌면 심하게 느끼지도 않는 듯하다. 말은 느리고 신중하며, 표현하려는 주제가 있으면 에둘러 끄집어낸다. 이러한 성격은 이들의 정신적 성질에서 주된 특징이며 삶의 모든 행위에서 나타난다.

아이와 여자는 겁이 많아서 유럽인을 갑자기 맞닥뜨리면 소리를 지르며 달아난다. 남자와 함께 있을 때는 입을 열지 않으며 대체로 조용하고 순종적이다. 말레이인은 혼자 있을 때 과묵하다. 혼잣말도, 혼자 노래도 하지 않는다. 여러 명이 카누 한 척에서 노를 저을 때면 종종 단조롭고 구슬픈 노래를 부른다. 말레이인은 동료를 불쾌하게 하지 않으려고 조심한다. 돈 문제로 실랑이를 벌이는 일이 드물며, 받을 빚이 있어도 너무 자주 재촉하기를 싫어한다. 빚쟁이와 옥신각신하느니 포기하는 경우도 많다. 짓궂은 농담은 기질적으로 혐오한다. 예의에 어긋나거나 자신이든 남이든 개인의 자유를 침해하는 행위에 유난히 민감하기 때문이다. 이를테면 말레이인 일꾼에게 다른 일꾼을 깨우도록 시키는 것은 여간 힘든 일이 아니었다. 힘껏 소리는 지르지만 동료를 흔들기는커녕 건드리려 들지도 않는다. 그래서 육지나 바다를 여행하는 동안 잠꾸러기는 내가 직접 깨워야 하는 경우가 많았다.

말레이인 상류층은 더할 나위 없이 예의 바르며, 훌륭한 가정교육을 받은 유럽인 못지않게 점잖고 위엄이 있다. 하지만 이런 성격의 이면에는 사람 목숨에 대한 가차 없는 잔혹함과 경멸이 공존한다. 따라서 사람마다 이들의 성격을 정반대로 묘사하는 것은 놀랄 일이 아니다. 한 사람은 이들이 침착하고 공손하고 온순하다고 칭찬하는데 다른 사람은 이들이 기만적이고 음흉하고 잔인하다고 비난할 수도 있다. 옛 여행자 니콜로 콘티는 1430년에 이렇게 썼다. "자와 섬과 수마트라 섬 주민들은 잔인하기로 따지면 누구에게도 뒤지지 않는다. 살인을 장난으로 여기며 사람을 죽여도 전혀 처벌받지 않는다. 새로 산 칼을 시험해보고 싶으면 처음 마주치는 사람의 가슴을 찌른다. 행인들은 상처를 검사한 뒤에 살인자가 칼을 단번에 찔렀다면 그의 실력을 칭송한다." 하지만 드레이크는 자와 섬 남부에 대해 이렇게 말한다. "사람들은 (자신들의 왕과 마찬가지로) 매우 다정하고 진실하고 공정하다.” 크로퍼드 씨는 자신이 자와인을 속속들이 아는데 이들이 “평화롭고 온순하고 차분하고 소박하고 부지런한 사람들”이라고 말한다. 이에 반해 1660년경에 믈라카에서 자와인을 목격한 바르보자는 이렇게 말한다. “이들은 재간이 뛰어나고 수완이 섬세하며 아주 악독하고 지독한 거짓말쟁이로 진실을 말하는 법이 없다. 온갖 악행을 저지를 준비가 되어 있으며 제 목숨도 아까워하지 않는다.”

말레이 민족은 지능이 좀 낮은 듯하다. 가장 단순한 관념의 결합 이상은 생각하지 못하며 지식을 얻는 데 취미가 있거나 정력을 쏟지도 않는다. 지금의 문명은 토착 문명이 아닌 듯하다. 이슬람교나 브라만교로 개종한 지역에만 국한되었기 때문이다.

이제 말레이 제도의 또 다른 대민족인 파푸아인을 똑같이 간략하게 서술하겠다.

전형적인 파푸아 민족은 여러 면에서 말레이인의 정반대이며, 이들에 대한 지금까지의 서술은 매우 불완전하다. 피부색은 거무스름한 진갈색이나 검은색으로, 일부 니그로 민족만큼 새까맣지는 않으나 그에 버금갈 때도 있다. 하지만 말레이인보다는 색조가 다양하며 이따금 탁한 갈색을 띠기도 한다. 머리카락은 매우 독특하여 거칠고 건조하고 꼬불꼬불하며 작은 다발이나 곱슬머리를 이루어 자란다. 어릴 적에는 매우 짧고 촘촘하지만 나중에는 꽤 길게 자라 촘촘하고 꼬불꼬불한 더벅머리가 되는데 파푸아인들은 이 머리를 자랑이자 영광으로 여긴다. 얼굴에 난 수염은 머리카락과 마찬가지로 꼬불꼬불하다. 팔, 다리, 가슴에도 비슷한 털이 나 있다.

키는 말레이인보다 분명히 크며, 유럽인 평균보다 같거나 더 클지도 모른다. 다리는 길고 가늘며 손발은 말레이인보다 크다. 얼굴은 약간 길쭉하고 이마는 납작하며 눈두덩이 매우 튀어나왔다. 코는 크고 활

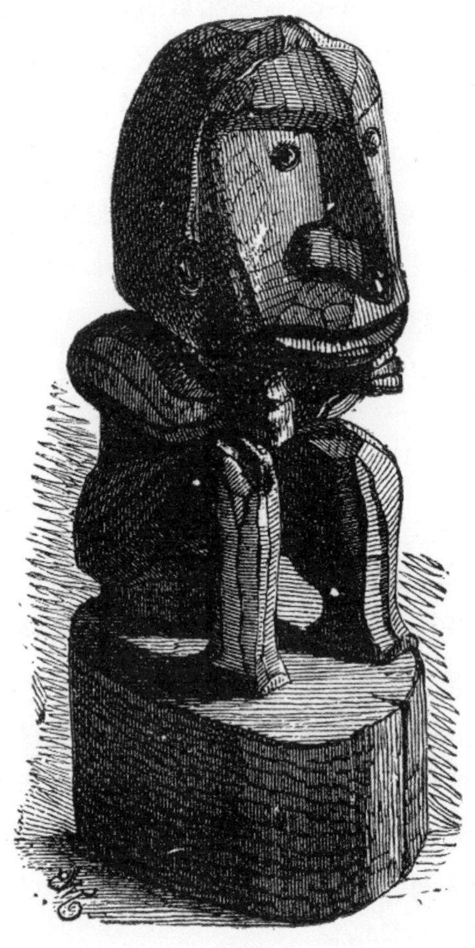

파푸아인의 부적

모양에 높으며 콧방울은 두껍고 콧구멍은 넓다. 콧부리가 길어서 콧구멍은 보이지 않는다. 입은 크고 입술은 두껍고 돌출했다. 그래서 전반적인 얼굴 형태는 큰 코 때문에 말레이인보다는 유럽인에 가깝다. 코의 독특한 모양과 더불어 두드러진 눈두덩과 머리, 얼굴, 몸의 털을 보면 두 민족을 한눈에 구별할 수 있다. 이런 특징은 열 살에서 열두 살의 아이에게서도 어른 못지않게 뚜렷이 나타나며, 집을 장식하는 조각상이나 목에 거는 부적에는 코의 독특한 형태가 늘 표현된다.

파푸아인의 정신적 특징은 형태나 외모와 마찬가지로 말레이인과 뚜렷하게 구분되는 듯하다. 파푸아인은 충동적이며 자신의 감정을 곧잘 말과 행동으로 나타낸다. 소리 지르고 웃고 고함 치고 펄쩍펄쩍 뛰면서 감정과 격정을 표출한다. 여자와 아이도 대화에 빠지지 않으며 낯선 사람과 유럽인을 보아도 별로 놀라지 않는다.

파푸아 민족의 지능은 판단하기가 매우 힘들지만, 파푸아인이 문명을 향해 전혀 진보하지 않았음에도 말레이인보다는 다소 높은 듯하다. 말레이인이 수 세기 동안 인도인, 중국인, 아랍인 이민자들에게 영향을 받은 반면에 파푸아인은 말레이인 무역상의 부분적이고도 국지적인 영향만을 받았음을 감안해야 한다. 파푸아인은 훨씬 생기가 넘치므로 이것이 지적 발달에 틀림없이 매우 유리할 것이다. 파푸아인 노예는 말레이인에 비해 지능이 결코 낮지 않다. 오히려 반대다. 말루쿠 제도에서는 매우 신뢰받는 위치로 올라서는 일도 많다. 파푸아인은 예술에 대한 감각이 말레이인보다 뛰어나다. 카누, 집, 거의 모든 살림살이를 정교한 조각으로 장식하는데 이런 관습은 말레이 민족에게서는 좀처럼 찾아볼 수 없다. 이에 반해 애정과 감성은 무척 부족한 듯하다. 이들은 자녀를 대할 때 폭력적이고 잔인할 때가 많다. 반면에 말레이인은 거의 예외 없이 다정하고 온화하며 자녀가 무엇을 하든 간섭하는 일이 거의 없다. 자녀가 몇 살이든 하고 싶은 대로 내버려둔다. 하지만 말레이인 부모와 자식의 평화로운 관계가 상당 부분 무기력하고 무관심한 성격 탓임은 의심할 여지가 없다. 그래서 연소자는 연장자에게 대드는 일이 없다. 반면에 파푸아인이 자녀를 더 가혹하게 훈육하는 것은 활력과 정력이 더 큰 탓인지도 모른다. 그래서 약자는 늘 머지않아 강자에게 반항한다. 인민이 통치자에게, 노예가 주인에게, 자녀가 부모에게 맞서 일어선다.

따라서 신체적 구성에서나 정신적 특징에서나 지적 능력에서나 말레이 민족과 파푸아 민족은 뚜렷한 차이가 있으며 극명하게 대조되는 듯하다. 말레이인은 키가 작고 피부색이 갈색이며 머리카락이 직모이고 수염이 나지 않으며 몸이 맨숭맨숭하다. 이에 반해 파푸아인은 키가 더 크고 피부색이 검은색이며 머리카락이 꼬불꼬불하고 수염이 나며 몸이 털북숭이다. 말레이인은 얼굴이 넓고 코가 작으며 눈두덩이 납작한 반면에 파푸아인은 얼굴이 길고 코가 크고 오똑하며 눈두덩이 튀어나왔다. 말레이인은 소심하고 냉정하고 소극적이고 조용한 반면에 파푸아인은 대담하고 충동적이고 다혈질이고 시끄럽다. 말레이인은 근엄하고 좀처럼 웃지 않으며 파푸아인은 흥겹고 웃음을 좋아한다. 한쪽은 감정을 숨기고 다른 쪽은 감정을 드러낸다.

말레이인과 파푸아인의 크나큰 신체적, 정신적, 도덕적 차이를 자세히 들여다보았으니 둘 중 어느 민족과도 그다지 비슷하지 않은 수많은 섬 주민들을 살펴보자. 오비 섬, 바찬 섬, 할마헤라 섬의 남쪽 반도 세 곳에는 토종 원주민이 전혀 없지만, 북쪽 반도에는 사후와 갈렐라의 이른바 알푸로라는 토착 민족이 산다. 이 사람들은 말레이인과 사뭇 다르며 파푸아인과도 그에 못지않게 다르다. 이들은 키가 크고 몸이 좋으며 외모는 파푸아인을 닮았고 머리카락은 곱슬머리다. 수염이 났고 팔다리에 털이 있으나 피부색은 말레이인처럼 연하다. 부지런하고 진취적인 민족이어서 벼와 채소를 재배하고 짐승, 물고기, 해삼, 진주, 거북딱지를 지칠 줄 모르고 찾아다닌다.

큰 섬인 스람 섬에도 할마헤라 섬 북부와 매우 비슷한 토착 민족이 산다. 부루 섬에는 별개의 두 민족이 사는 듯하다. 하나는 키가 작고 얼굴이 둥글둥글하며 파푸아인 얼굴형을 하고 있는데 아마도 술라웨시 섬에서 술라 제도를 거쳐 온 듯하다. 다른 하나는 키가 크고 수염이 났으며 스람 섬 사람들을 닮았다.

말루쿠 제도에서 남쪽으로 한참 내려가면 티모르 섬이 있는데 여기 사는 부족은 말루쿠 제도 사람보다는 토종 파푸아인에 훨씬 가깝다.

내륙의 티모르인은 피부색이 탁한 갈색이거나 거무스름하고, 머리카락이 덥수룩하고 꼬불꼬불하며, 파푸아인처럼 코가 길다. 키는 중간이고 체형은 호리호리하다. 옷은 다들 긴 천을 허리에 감는데 끝에 달린 끈을 무릎 아래로 늘어뜨린다. 이 사람들은 손버릇이 무척 나쁘고 부족끼리 늘 전쟁을 벌이지만 용맹하거나 잔혹하지는 않다. 이곳에서 '포말리'라고 부르는 터부가 널리 퍼져 있어서 과일나무, 집, 작물, 모든 소유물을 약탈로부터 보호하기 위해 터부 의식을 행하는데 사람들은 이러한 금기를 무척 존중한다. 도둑질을 막으려면 열린 문에 야자나무 가지를 걸쳐놓아 집에 터부를 행하는 것이 자물쇠와 빗장을 꽁꽁 채우는 것보다 효과적이다. 티모르 섬의 주택은 여느 섬과 다르다. 낮은 벽 너머로 지붕 이엉이 늘어져 땅바닥에 닿은 탓에 온통 지붕밖에 안 보인다. 입구만 이엉을 잘랐다. 티모르 섬 서쪽 끝 일부 지역과 작은 섬 스마우에서는 집들이 호텐토트족 주택과 더 비슷한데, 달걀 모양에 매우 작으며 문은 약 90센티미터밖에 안 된다. 동부 지역의 주택이 약 1미터 길이의 말뚝 위에 있는 반면에 이곳의 집들은 그냥 땅바닥에 놓여 있다. 티모르인은 다혈질과 큰 목소리, 거리낌 없는 태도가 뉴기니 섬 사람들을 빼닮았다.

티모르 섬 서쪽으로 플로레스 섬과 숨바 섬에 이르는 섬들에는 매우 비슷한 민족이 사는데, 동쪽으로 토종 파푸아 민족이 나타나기 시작하는 타님바르 섬까지가 이들의 영역이다. 하지만 이채롭게도 티모르 섬 서쪽으로 작은 섬인 사부 섬과 로테 섬은 이들과 다르고 어떤 면에서는 고유한 민족이 산다. 이 사람들은 매우 잘생겼고 용모가 훌륭하며 여러 특징 면에서 인도인이나 아랍인과 말레이인의 혼혈 같다. 이들은 티모르인이나 파푸아인과는 분명히 다르며 민족학적으로 말레이 제도 동부보다는 서부로 분류해야 한다.

큰 섬 뉴기니, 카이 제도, 아루 제도, 미솔 섬, 살라와티 섬, 와이게오 섬에는 거의 모두 전형적 파푸아인만 산다. 뉴기니 섬 내륙에 다른 부족이 살고 있는 흔적은 전혀 발견하지 못했으나, 해안 부족은 장소에 따라 말루쿠 제도의 갈색 민족과 섞였다. 이 파푸아 민족은 뉴기니 섬 동쪽의 섬들을 지나 피지 제도까지 퍼져 있는 듯하다.[1]

이제 필리핀 제도와 말레이 반도의 곱슬머리 흑인 민족이 남았다. 전자는 '네그리토족'으로, 후자는 '세망족'으로 불린다. 나는 이 사람들을 직접 본 적은 없지만, 지금까지 발표된 수많은 정확한 묘사로 판단컨대 통념과 달리 이들에게는 파푸인과 근연성이나 유사성이 거의 없다고 단언할 수 있다. 대부분의 중요한 특징 면에서 이들과 말레이인의 차이보다는 파푸아인과의 차이가 더 크다. 이들은 키가 난쟁이여서 평균 137~142센티미터밖에 안 된다. 말레이인보다는 20센티미터가

1 뉴기니 섬 남동쪽 반도에는 모투족이 사는데 이들은 폴리네시아 부족이 틀림없다. 이들은 매우 이른 시기에 이곳에 정착하여 토착 파푸아인과 다소 섞였을 것이다.

작다(파푸아인은 말레이인보다도 큰 것이 분명하다). 이들은 예외 없이 코가 작거나 납작하거나 콧부리가 들린 반면에, 파푸아 민족의 가장 보편적 특징은 코가 오똑하고 크며 콧부리가 아래로 튀어나왔다는 것으로 이들의 조잡한 신상神像도 전부 이렇게 생겼다. 이 난쟁이 민족의 머리카락은 파푸아인과 닮았으나 아프리카 니그로와도 비슷하다. 네그리토족과 세망족은 신체적 특징 면에서 서로를 빼닮았고 안다만 제도 부족들과도 무척 비슷하나 파푸아 민족과는 뚜렷이 다르다.

나는 이 다양한 민족을 면밀히 연구하고 이들은 동아시아, 태평양 도서군, 오스트레일리아의 민족과 비교하면서 이들의 기원과 근연성에 대해 비교적 단순한 견해에 도달하게 되었다.

필리핀 제도 동쪽에서 출발하여 할마헤라 섬 서해안을 따라 부루 섬을 통과하여 플로레스 섬 서단을 돌아 숨바 섬에서 다시 꺾어져 로테 섬으로 접어들도록 선을 그으면(31쪽 자연지도 참고) 말레이 제도를 두 부분으로 나눌 수 있는데, 양쪽의 민족은 독특한 특징으로 뚜렷이 구분된다. 이 선은 말레이인과 모든 아시아 민족을 파푸아인과 태평양 모든 민족과 나누며, 이 선을 넘나들며 상호 이주와 혼합이 이루어지기는 했지만 전반적으로 볼 때 이 구분은 인도말레이 군과 오스트로말레이 군의 동물학적 구분과 마찬가지로 명쾌하게 규정되고 뚜렷한 대조를 이룬다.

내가 대양 민족을 이렇게 나누는 것이 옳고 자연스럽다고 생각하게 된 이유를 간단히 설명하겠다. 말레이 민족이 타이에서 만주에 이르는 동아시아 민족과 전반적으로 밀접하게 닮았다는 것은 의심할 여지가 없다. 내가 발리 섬에 있을 때였다. 그 나라 복식을 받아들인 중국인 무역상들이 말레이인과 거의 구별되지 않는 것을 보고서 나는 이들의 유사성에 무척 놀랐다. 다른 한편으로 자와 섬 원주민들은 얼굴형만 놓고 보자면 중국인이라고 해도 손색이 없을 정도였다. 다시 말하자면, 말레이 부족 중에서 가장 전형적인 사람들은 아시아 대륙 자체와 더불어 이 큰 섬들에 살며, 이 섬들의 포유류가 대륙의 인접 지역에 서식하는 대형 포유류와 같은 종인 것으로 볼 때 이 섬들은 인류 활동기에 틀림없이 아시아와 연결되어 있었을 것이다. 물론 네그리토족은 말레이인과 전혀 다른 민족이지만, 이 중 일부가 아시아 대륙에 살고 벵골 만의 안다만 제도에 또 다른 일부가 사는 것으로 보아 이들이 폴리네시아보다는 아시아에서 기원했을 가능성이 농후하다.

이제 말레이 제도 동부로 시선을 돌려 나 자신의 관찰에다 가장 믿을 만한 여행자와 선교사의 기록을 비교하면 모든 주요 특징 면에서 파푸아인과 같은 민족이 동쪽으로 피지 제도에 이르는 모든 섬에서 발견됨을 알 수 있다. 이곳을 넘어서면 갈색의 폴리네시아 민족이나 둘의 중간 유형이 태평양에 이르기까지 모든 곳에 퍼져 있다. 폴리네시아 민족에 대한 묘사는 할마헤라 섬과 스람 섬에 사는 갈색 피부 토박이의 특징과 정확히 일치한다.

특히 주목할 만한 사실은 갈색 피부의 폴리네시아 민족과 흑인 폴리네시아 민족이 서로 무척 닮았다는 것이다. 이들은 외모가 거의 같으며, 뉴질랜드나 타히티 섬 사람들의 초상화를 보면 파푸아인이나 티모르인을 묘사한 것과 똑같을 때가 많다. 후자의 머리색이 진하고 머리카락이 더 꼬불꼬불한 것이 유일한 차이점이다. 두 민족 다 키가 크다. 이들은 예술에 대한 애호와 장식의 양식 면에서 일치한다. 활기차고 적극적이고 유쾌하고 웃기를 좋아하며 이 모든 점에서 말레이인과는 사뭇 다르다.

따라서 태평양 뭇 섬에서 나타나는 수많은 중간 형태는 단순히 이 민족들이 섞인 결과가 아니라 어느 정도는 실제로 중간적이거나 이행

적이며, 갈색 민족과 흑인, 파푸아인, 할마헤라 섬과 스람 섬의 원주민, 피지 제도 주민, 하와이 섬과 뉴질랜드 주민 등은 모두 하나의 거대한 오세아니아 또는 폴리네시아 민족의 변이형이라고 생각된다.

하지만 갈색의 폴리네시아인은 본디 말레이인이나 피부색이 연한 몽골 민족이 피부색이 짙은 파푸아인과 섞여 생겼을 가능성이 있다. 그렇더라도 이러한 혼합은 아주 오래전에 일어났으며 자연조건과 자연선택의 지속적 영향을 받아 조건에 알맞은 특별한 유형이 보존되었기에 잡종의 흔적이 전혀 없는 안정된 민족이 되었으며, 파푸아인의 속성이 단연 우세하게 드러나 파푸아인 유형의 변형으로 분류하는 것이 최선일 것이다. 폴리네시아어에서 말레이어의 요소가 나타나는 것은 이러한 고대의 신체적 연관성과는 아무 관계가 없다. 이것은 전적으로 최근의 현상으로 주요 말레이 부족의 방랑벽에서 비롯한다. 이는 폴리네시아에서 쓰이고 있는 말레이어와 자와어의 현대 어휘에서 입증된다. 이들 어휘가-정신적·도덕적·신체적 측면에서 말레이인과 뚜렷이 구별되는-전혀 다른 민족의 기원만큼 오래전에 도입되었다면 언어학자가 공들여 연구해야만 말레이어 어원을 가려낼 수 있을 테지만, 어들 어휘는 폴리네시아어의 독특한 발음으로도 거의 가려지지 않기에 듣기만 해도 쉽게 분간할 수 있다.

이 문제와 관련하여 말레이 제도의 민족을 구분하는 선과 이미 충분히 설명한 바 있는 동물상을 구분하는 선이 조화를 이루고 있음을 지적하지 않을 수 없다. 물론 두 선이 정확히 일치하지 않는 것은 사실이다. 하지만 두 선이 같은 지역을 가로지르고 서로 이토록 가까이 붙어 있다는 것은 단순한 우연을 넘어서는 놀라운 사실이라고 생각한다. 하지만 동물학적 관점에서 인도말레이 군과 오스트로말레이 군을 나누는 선을 그을 수 있는 지역이 예전에는 지금보다 훨씬 넓은 바다에 잠겨 있었다는 나의 가정이 옳다면, 또한 그 시기에 지구상에 인류가 존재했다면 이는 아시아 지역에 사는 민족과 태평양 지역에 사는 민족이 이제야 경계선 근처에서 만나 부분적으로 섞일 수 있는 충분한 이유가 된다.

얼마 전에 헉슬리 교수는 파푸아인이 어느 민족보다 아프리카의 니그로와 더 가까운 근연성이 있다고 주장했다. 신체적 특징과 정신적 특징이 비슷한 것을 보고 나 자신도 종종 놀랐지만, 이것이 그럴 법하거나 가능하다는 견해를 받아들이기 힘들어서 지금까지는 이들의 유사성에 온전히 주목하지 못했다. 지리학적, 동물학적, 민족학적 고려에 따르면, 이 두 민족이 공통 기원에서 비롯했다면 그 사건은 고대 인류에 부여할 수 있는 어떤 시기보다도 훨씬 오래전에 일어났을 수밖에 없다. 설령 두 민족의 근연성을 입증할 수 있더라도 파푸아 민족과 폴리네시아 민족의 근연성 및 이들과 말레이인의 극단적 구별에 대한 나의 주장은 전혀 달라질 것이 없다.

폴리네시아는 뚜렷한 침강 지대이며, 널리 퍼진 거대한 산호초 군락에서 과거의 육지와 섬의 위치를 알 수 있다. 오스트레일리아와 뉴기니의 풍부하고 다양하지만 기이하게 고립된 동식물도 그런 독특한 형태가 발달한 드넓은 육지의 존재를 시사한다. 따라서 현재 이 지역에 사는 민족들은 이 대륙과 섬들에 살았던 민족의 후손일 가능성이 매우 크다. 이렇게 가정하는 것이야말로 가장 간단하고 자연스럽다. 세계의 다른 어떤 곳에 사는 주민과 폴리네시아인 사이에 직접적 근연성의 흔적이 하나라도 발견되더라도 후자가 전자에서 비롯했다는 결론은 결코 도출되지 않는다. 태평양 도서군 사이에 이주가 널리 행해졌으며 이로 인해 하와이 섬에서 뉴질랜드에 이르는 언어 공동체가 형성된 증거가 존재한다는 것은 엄연한 사실이다. 하지만 주변 지역에서 폴리네시아로 최근에 이주가 일어난 증거는 전혀 없다. 주된 신체적, 정신적 특징 면에서 폴리네시아 민족과 충분히 닮은 민족은 다른 어디에서도 찾아볼 수 없기 때문이다.

이 다양한 민족들의 과거사는 모호하고 불확실할지 모르나 이들의 미래는 그렇지 않다. 태평양 끝자락의 작은 섬들에 사는 토종 폴리네시아인들은 틀림없이 얼마 안 가 멸종할 것이다. 하지만 인구가 더 많은 말레이 민족은 자신의 나라와 정부가 유럽인의 손에 들어갔는데도 땅을 경작하며 생존하는 데 훌륭히 적응한 것으로 보인다. 식민지 개척의 물결이 뉴기니 섬을 향한다면 파푸아 민족이 조기에 멸종하리라는 것은 불 보듯 뻔하다. 호전적이고 정력적이며, 노예로 팔려 가거나 종노릇 하는 것을 감내하지 않는 민족은 백인 앞에서 늑대와 호랑이처럼 사라질 수밖에 없다.

내 임무는 이걸로 끝났다. 이 책에서 나는 우리 지구의 표면에 아로새겨진 가장 크고 풍요로운 섬들에서 보낸 8년을 간략하게 더러는 꼼꼼하게 묘사했다. 이곳의 풍경, 식생, 동물상, 민족에 대한 인상을 독자에게 전달하려고 노력했으며, 이곳이 자연 연구자에게 제기하는 다양하고 흥미로운 문제를 꽤 깊이 들여다보았다. 독자에게 작별을 고하기 전에 더 흥미롭고 심오한 주제에 대해 몇 가지 견해를 밝히고자 한다. 이 견해는 야만인의 삶을 숙고하면서 얻은 것으로, 이를 통해 문명인이 야만인에게서 무언가를 배울 수 있으리라 믿는다.

우리는 대부분 우월한 민족인 우리 자신이 진보했고 진보하고 있다고 믿는다. 그렇다면 우리가 결코 도달하지 못할 것이나 모든 진정한 진보가 지향해야 할 완벽의 상태가 존재해야만 한다. 인류가 지금껏 추구했으며 지금도 추구하고 있는, 이상적으로 완벽한 이 사회 상태는 무엇일까? 우리 시대 최고의 사상가들은 개인 자유와 자치의 상태야

말로 우리의 이상향이며 우리 본성의 지적, 도덕적, 신체적 측면을 고르게 발달시키고 균형을 이룸으로써 그 상태를 이룰 수 있다고 주장한다. 또한 이 상태에서는 무엇이 옳은지 아는 동시에, 옳다고 아는 것을 행하려는 거부할 수 없는 충동을 느낌으로써 개개인이 사회적 존재에 완벽하게 맞아떨어져 모든 법률과 처벌이 불필요해질 것이라고 말한다. 이런 상태에서는 모든 사람이 도덕법을 속속들이 이해할 수 있을 만큼 충분히 균형 잡힌 지적 체계를 갖출 것이며 그 법을 따르려는 (본성에서 우러난) 자유로운 충동 말고는 어떤 동기도 필요하지 않을 것이라고 한다.

그런데 매우 낮은 문명 단계에 있는 사람들에게서 이런 완벽한 사회 상태에 접근하는 방법을 찾을 수 있다니 놀라지 않을 수 없다. 나는 남아메리카와 동양에서 야만인 집단과 함께 지냈는데, 이들은 법도 없고 법정도 없으나 마을 사람들이 자신의 의견을 자유롭게 표현한다. 각 사람은 이웃의 권리를 사려 깊게 존중하며 그러한 권리를 침해하는 일은 거의 또는 결코 없다. 이런 집단에서는 모든 사람이 거의 평등하다. 이곳에는 문명의 보편적 산물인 교육과 무지의 구분, 부와 가난의 구분, 주인과 노예의 구분이 전혀 없다. 부를 늘리지만 다른 한편으로 이해관계의 충돌을 일으키는 노동 분업도 찾아볼 수 없다. 인구가 밀집한 문명국가에서 반드시 생겨나는, 생존이나 부를 위한 치열한 경쟁과 투쟁도 없다. 그러니 중범죄를 저지를 이유가 없으며, 경범죄는 부분적으로는 여론의 영향에 의해, 하지만 주로는 모든 민족에게 어느 정도 내재하는 것으로 보이는 정의와 이웃의 권리에 대한 천부적 감각에 의해 억제된다.

우리는 지적 성취의 측면에서 야만적 단계를 훌쩍 뛰어넘어 진보했음에도 그에 부합하는 도덕적 진보는 이루지 못했다. 물론 모든 필요를 쉽게 충족할 수 있고 여론의 영향을 많이 받는 계층은 타인의 권리를 온전히 존중한다. 우리가 그러한 권리의 범주를 부쩍 넓혔으며 모든 인류를 그 범주에 포함시키는 것 또한 사실이다. 하지만 잉글랜드인의 상당수는 야만적 도덕률을 전혀 넘어서지 못했으며 많은 경우에 그 아래로 주저앉았다고 말해도 과언이 아니다. 도덕성의 결핍은 현대 문명의 크나큰 오점이며 진정한 진보를 가로막는 최대의 걸림돌이다.

18세기, 특히 지난 30년 동안 우리의 지적, 물질적 성취가 너무 급속히 이루어진 탓에 우리는 그 결실을 온전히 거두지 못했다. 우리는 자연의 힘을 장악하여 급속한 인구 증가와 거대한 부의 축적을 이루었으나, 그와 함께 막대한 빈곤과 범죄가 생기고 추악한 감정과 사나운 정념이 자라나 영국인의 정신적·도덕적 상태가 평균적으로 낮아진 것이 아닌지, 악이 선을 능가한 것이 아닌지 묻지 않을 수 없는 지경이 되었다. 자연과학과 그 현실적 응용에서 우리가 거둔 놀라운 진보와 비교하면 우리의 통치 체제, 사법 체제, 국가 교육 체제, 전반적인 사회적·도덕적 조직 체제는 여전히 야만 상태에 머물러 있다. 우리가 자연의 법칙에 대한 지식을 상업과 부의 확장에 활용하는 데에만 정력을 쏟는다면, 이를 지나치게 추구했을 때 필연적으로 따르는 악덕이 어마어마한 규모로 증가하여 걷잡을 수 없게 될지도 모른다.

이제 우리는 문명이 **소수**의 부와 지식과 문화만으로 이루어지지 않으며 소수의 힘만으로 우리를 '완벽한 사회 상태'로 이끌 수 없음을 분명히 깨달아야 한다. 우리의 거대한 제조업 체계, 우리의 대규모 상업, 우리의 북적거리는 도시는 과거 모든 시기를 **절대적으로** 능가하는 참상과 범죄를 부추기고 끊임없이 일으킨다. 우리의 체제는 영구적 노력을 통해 군대를 만들어내고 유지하며 군대의 규모를 한없이 키우는데, 군인들은 사방에서 쾌락과 안락과 사치를 목격하면서도 자신들은 결코 이를 향유할 엄두를 내지 못하는 탓에 자신의 운명을 더더욱 견디기 힘들어한다. 이 점에서는 부족과 더불어 사는 야만인보다 더 열악한 처지다.

이런 결과는 자랑하거나 만족할 만한 것이 아니다. 우리 문명의 이러한 실패를-이 실패의 주된 원인은 우리가 공감과 우리 본성의 도덕적 능력을 더 철저히 갈고닦고 발전시켜 이를 통해 우리의 입법, 상업, 전체 사회 체제에 주도적으로 영향을 미치도록 하는 일을 게을리했기 때문이다-더 많은 사람들이 인식할 때까지는 문명인 전체의 관점에서 우리는 고귀한 야만인 계층에 비해 결코 실질적이거나 중대한 우위를 유지할 수 없을 것이다.

이것이 내가 미개인들을 관찰하면서 배운 교훈이다. 이것으로 독자에게 작별을 고한다.

덧붙임

우리의 사회조건이 완벽에 가까워지고 있다고 믿는 사람들은 위의 말이 가혹하고 과장되었다고 생각할 테지만, 내가 보기에 진실로 우리에게 해당하는 말은 이것뿐이다. 영국은 세상에서 가장 부유한 나라이지만, 인구의 20분의 1 가까이가 빈민 구제법상의 빈민이며 13분의 1이 범죄자로 알려져 있다. 여기에다 적발되지 않은 범죄자와 주로 또는 부분적으로 사적 구제(혹슬리 박사에 따르면 런던에서만 해마다 700만 스털링이 지출된다고 한다)에 기대 살아가는 극빈층을 더하면 영국 인구의 10분의 1 이상이 사실상 빈민이거나 범죄자라고 단언할 수 있을 것이다. 우리는 빈민과 범죄자를 내버려두거나 비생산적 노동에 종사시키고 있으며, 범죄자 한 명을 수감하는 데 드는 연간 비용은 정직한 농업 노동자의 임금을 웃돈다. 우리는 범죄 말고는 호구지책이 없는 수십만 명을 방치하여 사회를 좀먹게 하고, 우리의 눈앞에서 수많은 아이들이 무지와 악덕에 물들어 다음 세대의 훈련된 범죄자가 되도록 한다. 부의 급속한 증가, 어마어마한 상업과 거대한 제조업, 기계적 기술과 과학적 지식, 높은 문명과 순수한 신앙을 자랑하는 나라에서 이런 일이 벌어진다는 것은 '사회적 야만 상태' 말고는 어떤 말로도 표현할 수 없다. 우리는 정의를 사랑하노라 자부하고 법이 부자와 빈민을 똑같이 보호한다고 말하지만, 벌금을 처벌로서 존속시키며 정의를 얻으려는 첫 단계에조차 돈이 들도록 한다. 어느 경우든 이는 야만적인 불의를 행하는 짓이거나 빈민이 정의를 얻지 못하도록 하는 짓이다. 다시 말하지만 우리의 법률에서는 사람들이 법률 양식을 눈여겨보지 않았다는 이유만으로 자신의 의사에 반해 소유를 모두 낯선 사람에게 빼앗기고 그의 자녀는 가난의 구렁텅이에 빠지는 비극이 일어날 수 있다. 이런 일은 토지 재산의 세습에 대한 법률을 집행하는 과정에서 발생했으며, 이런 부자연스러운 불의가 우리 가운데에서 일어날 수 있다는 사실로부터 우리가 사회적 야만 상태에 있음을 알 수 있다. 내가 이런 용어를 쓴 이유를 하나만 더 들고 끝내겠다. 우리는 자국의 토양에 대한 절대적 소유권을 허용함으로써, 이를 소유하지 않은 대다수가 토양에 기대어 생존할 수 있는 법적 권리를 박탈한다. 대지주가 자신의 토지를 전부 숲이나 사냥터로 바꾸어 지금껏 그곳에서 생계를 유지한 모든 사람을 쫓아내더라도 이는 합법적이다. 잉글랜드처럼 인구가 밀집하여 단위면적마다 소유자와 점유자가 있는 나라에서 이는 합법적 살인 권한이다. 아무리 사소한 정도로라도 이러한 권한이 존재하고 개인이 이를 행사할 수 있다면, 진정한 사회과학의 관점에서 우리는 여전히 야만 상태에 있다.

부록

말레이 제도 여러 민족의 두개골과 언어

두개골

몇 해 전까지만 해도 민족을 분류하는 확실한 근거를 얻으려면 두개골을 연구해야만 한다고 생각되었다. 하지만 어마어마한 양의 두개골을 수집하여 측정하고 기재하고 도해하고 보니 두개골 연구가 민족 분류라는 특수한 목적에 별 가치가 없다는 의견이 점차 우세해지고 있다. 헉슬리 교수는 이런 취지의 견해를 대담하게 표명했으며 인류의 새로운 구분법을 제안하면서 두개골 특징에 거의 의미를 부여하지 않았다. 골상학 연구가 오랫동안 부단히 진행되었는데도 노고와 연구를 쏟은 것에 비할 만한 결과가 전혀 나오지 않은 것 또한 분명하다. 두개골의 극단적 변이를 설명하는 이론은 전혀 제시되지 못했으며 어떤 합리적인 민족 분류법도 골상학을 토대로 하지 않았다.

조지프 바너드 데이비스 박사는 인간 두개골을 다년간 열심히 수집하여 『두개골 집성*Thesaurus Craniorum*』이라는 역작을 출간했다. 이 책은 그의 (지금까지의 두개골 수집물 중에서 가장 방대한) 수집물을 나라와 민족에 따라 분류하고 각 표본의 기원과 특징을 표시했으며 서술의 형태로 (표본을 정확하게 비교하고 변이의 한계를 판단할 수 있도록) 총 19개의 수치를 정교하게 배열한 목록이다.

이 흥미롭고 귀중한 저작 덕에 나는 동양 민족 두개골의 형태와 치수가 나의 분류를 뒷받침하는지 반박하는지 스스로 판단할 수 있었다. 단지 비교를 위해서라면 19개 수치를 전부 나열하는 것은 너무 번거로운 일이다. 그래서 골상학이 나의 목적에 알맞은지 검증하는 데 필요한 세 가지 치수만 골랐다. 그 치수는 다음과 같다. ① 두개골 용적. ② 길이를 100으로 했을 때 너비의 비율. ③ 길이를 100으로 했을 때 높이의 비율.

데이비스 박사는 거의 모든 표본에 대해 이 수치들을 기입했으므로 자료는 충분했다. 처음에는 데이비스 박사가 제시한 수치에 따라 각 지역의 민족별로 두개골 집단의 '평균'을 구하면 말레이인과 파푸아인의 대구분을 입증하는 차이를 찾아낼 수 있으리라 생각했지만, 일부 예외 때문에 개인적 편차의 양을 살펴보아야 했는데 편차가 너무 컸기에 이렇게 방대한 수집물에서조차도 신뢰할 만한 평균을 전혀 얻을 수 없음을 금세 알 수 있었다. 이제 비교 대상인 '용적', '너비 대 길이', '높이 대 길이'의 세 가지 기준을 이용하여 이 편차의 예를 몇 가지 보이겠다. 용적의 경우 성차를 배제하기 위해 남성의 두개골만 비교했다. 나머지 두 비례 치수에서는 평균의 범위를 넓히기 위해 남녀의 두개골을 모두 썼다. 두 비율은 성별에 따라 확고하게 달라지지 않았으며 최소값과 최대값은 남성 표본에서만 나타나는 경우가 많았기 때문이다.

말레이인: 수마트라 섬의 남성 열세 명의 두개골 용적은 모래로 1.81~2.57리터, 너비 대 길이는 71 대 86, 높이 대 길이는 73 대 85였다. 술라웨시 섬의 남성 열 명의 두개골 용적은 1.98~2.57리터, 너비 대 길이는 73~92, 높이 대 길이는 76~90으로 편차가 있었다.

수마트라 섬, 자와 섬, 마두라 섬, 보르네오 섬, 술라웨시 섬의 말레이인 두개골 여든여섯 개 전체에서는 용적(두개골 66개)이 모래로 1.77~2.69

리터, 너비 대 길이가 70~92, 높이 대 길이가 72~90으로 편차가 아주 컸다. 최소값과 최대값은 고립된 비정상 표본이 아니라 일정한 증감의 결과였으며, 비교하는 표본의 수가 많을수록 더 완전하게 나타났다. 따라서 단두短頭 말레이 집단에서 극단적 장두長頭 두개골(70)을 제외하고도 나머지의 너비 대 길이가 71, 72, 73이므로 표본이 늘수록 두개골이 더 좁아질 것이라 추정된다. 마찬가지로 2.70리터의 매우 큰 두개골은 2.57리터와 2.60리터 등의 다른 두개골을 감안하면 가능한 수치다.

잉글랜드, 스코틀랜드, 아일랜드 두개골의 방대한 표본에서 용적이 가장 큰 것은 2.74리터에 불과했다.

파푸아인: 수집물에서 토종 파푸아인의 두개골은 네 개에 불과하며 편차가 매우 크다(너비 대 길이가 72~83). 하지만 솔로몬 제도, 누벨칼레도니, 바누아투, 피지 제도의 원주민을 모두 파푸아 민족으로 간주하면 두개골은 28개(남성 두개골 23개)이며, 용적은 1.95~2.37리터, 너비 대 길이는 65~85, 높이 대 길이는 71~85다. 이것은 말레이인 집단 일부와 거의 똑같으므로 뚜렷한 차이점은 전혀 찾을 수 없다.

폴리네시아인, 오스트레일리아인, 아프리카 니그로도 마찬가지로 편차가 크다. 이들 민족과 앞 민족의 두개골 수치를 요약한 다음 표에서 이를 알 수 있다.

	두개골 개수	용적	너비 : 길이	높이 : 길이
83. 말레이인(남성)	66	1.77~2.69	70~92	72~90
28. 파푸아인(남성)	23	1.95~2.37	65~85	71~85
156. 폴리네시아인(남성)	90	1.83~2.69	69~90	68~88
23. 오스트레일리아인(남성)	16	1.74~2.54	57~80	64~80
72. 니그로(남성)	38	1.95~2.57	64~83	65~81

이 표에서 이끌어낼 수 있는 유일한 결론은 오스트레일리아인의 두개골이 가장 작고 폴리네시아인의 두개골이 가장 크며 니그로와 말레이인, 파푸아인은 눈에 띄는 차이가 없다는 것뿐이다. 또한 이 결론은 이들의 정신 활동과 문명 능력에 대해 우리가 아는 바와 맞아떨어진다.

오스트레일리아인은 두개골이 가장 길며 그 다음으로 니그로, 파푸아인, 폴리네시아인, 말레이인 순이다.

오스트레일리아인은 두개골 높이도 가장 낮고, 그 다음으로 니그로, 폴리네시아인, 파푸아인이 매우 높은 수치에서 대등하며, 말레이인이 가장 높다.

따라서 훨씬 방대한 두개골 표본이 있다면 이 평균은 꽤 신뢰할 만한 민족적 특징일지도 모르나, 개인 편차가 커서 개별 사례에서는 결코 이용할 수 없으며 심지어 웬만한 개수를 비교하는 것도 곤란하다.

이 표본들만 놓고 보자면, 내가 이들의 신체적, 정신적 특징을 직접 관찰하여 도달한 결론과 썩 부합하는 듯하다. 나의 결론을 요약하면 다음과 같다. 말레이인과 파푸아인은 극단적으로 다른 민족이다. 폴리네시아인은 파푸아인과 매우 가까우나, 말레이인이나 몽골인 혈통이 섞였을 가능성도 있다.

언어

나는 말레이 제도의 여러 섬을 여행하면서 지금껏 외부인의 발길이 거의 닿지 않은 지역에서 방대한 어휘를 수집했다. 개수로는 약 57개 지역어이며-공통 말레이어와 자와어는 포함하지 않았다-이 중 절반 이상은 언어학자에게 전혀 알려지지 않았으리라 생각한다(몇몇 어휘는 단편적으로 기록된 적이 있지만). 그런데 안타깝게도 저 개수의 절반 가까이가 유실되었다. 몇 해 전에 기록 전부를 고故 존 크로퍼드 씨에게 빌려주었는데,

깜박 잊고 돌려달라는 얘기를 안 하다 몇 달 뒤에 가보니 그가 숙소를 옮겼고 단어 25개가 들어 있는 공책도 없어졌다. 그 뒤로 영영 공책을 찾지 못했다. 오래되고 아주 낡은 공책이었으니 다른 쓰레기와 함께 버려졌을 것이다. 일전에 전체 지역어에서 흔히 쓰이는 단어 9개를 베껴뒀는데 이것과 나머지 31개 어휘를 이 책에 실었다.

경험상 사람들이 완전한 야만인이고 소통 언어가 불완전하게 알려진 곳에서는 명사와 가장 흔한 형용사 몇 개 말고는 단어를 확실하게 알기가 힘들었기에 120개가량의 단어를 정하여 가능한 한 이에 치중했다. 영어 아래에는 다른 언어와 비교할 수 있도록 발레이어 단어를 실었다. 철자 표기는 유럽식 모음 표기법을 대체로 따르되 아래와 같이 몇 가지를 수정했다.

영어 :	a	e	i 또는 ie	ei	o	ŭ	ū
소리 :	아-	어	이-	이	오	에 또는 으	우-

이 소리들은 음절 끝에 올 때 가장 두드러지게 발음되며, 자음 뒤에서는 여느 발음과 거의 다르지 않다. 이를테면 'Api'는 '아피-'로 발음되나 'Minta'는 '민타'로 발음된다. 단음 'ŭ'는 영어 'er'처럼 발음되나, 목구멍 소리의 흔적이 전혀 나타나지 않았다. 장음절, 단음절, 강세 음절은 일반적 표기법을 따른다. 언어들은 서쪽에서 동쪽으로 지역에 따라 묶었으며 같은 섬이나 인접한 섬에 있는 언어들은 최대한 가까이 모았다.

하지만 이 어휘에서 이끌어낼 수 있는 결론은 거의 없다. 섬들이 오랫동안 의사소통하면서 언어가 많이 변형되었기 때문에, 단어가 비슷하다는 사실이 그 단어를 쓰는 사람들의 근연성을 입증하지는 않는다. 널리 퍼진 유사점의 상당수는 자연스러운 의성어에서 비롯했다. '이齒'를 뜻하는 단어에 'g'('ㄱ' 발음), 'ng', 'ni'가 많고, '혀'를 뜻하는 단어에 'l'과 'm'이 많고, '코'를 뜻하는 단어에 'nge', 'ung', 'sno'가 많은 것은 이 때문이다. '은'을 '살라카'와 '링깃'(말레이어 화폐 단위)이라고 부르고 '금'을 '마스'라고 부르는 것처럼, 상업에서 온 단어도 있다. 파푸아 군 언어들은 글자의 조잡한 조합과 자음으로 끝나는 단음절 단어가 특징이다(이 현상은 말레이 군에서는 거의 또는 전혀 찾아볼 수 없다). 트르나테 섬, 티도레 섬, 바찬 섬 주민들처럼 말레이 민족이 분명한 부족 중 일부가 파푸아어 유형이 틀림없는 언어를 쓰기도 하는데, 이는 애초에 소수가 이들 섬으로 이주하여 원주민 여성과 결혼하여 이들의 언어를 많이 받아들였고 훗날 도착한 말레이인들은 이 지역에 정착하기 위해 이 언어를 배우고 받아들여야 했기 때문일 것이다. 여기에 실린 언어를 쓰는 부족의 이름 중에는 이 책에서 거의 언급되지 않은 것도 있어서, 부족의 목록을 나열하고 민족학자에게 유용할 설명을 덧붙였다. 어휘에는 별다른 설명을 달지 않았다.

수집한 어휘 목록

별표(*)를 붙인 어휘는 유실되었다.

1. 말레이어: 싱가포르에서 쓰는 공통 구어 말레이어로, 아랍어로 표기한다.
2. 자와어: 자와에서 쓰는 하층 또는 구어 자와어로, 토착 문자로 표기한다.
3. *사사크어: 롬복 섬 토박이로, 이슬람교인이며 순수한 말레이 민족이 쓰는 언어.
4. *마카사르어: 마카사르 근처 남술라웨시 지역에서 쓰는 언어로, 토착 문자로 표기한다. 언어 사용자는 이슬람교인이다.
5. *부기어: 남술라웨시의 넓은 지역에서 쓰는 언어로, 마카사르어와 다른 토착 문자로 표기한다. 언어 사용자는 이슬람교인이다.
6. 부퉁어: 술라웨시 섬 남쪽의 큰 섬인 부퉁 섬에서 쓰는 언어. 언어 사용자는 이슬람교인이다.

7. 셀라야르 섬 방언: 술라웨시 섬 남쪽의 작은 섬인 셀라야르 섬에서 쓰는 언어. 언어 사용자는 이슬람교인이다.
8. *토모레어: 술라웨시 섬 동쪽 반도와 바찬 섬에서 정착한 이주민이 쓰는 언어. 언어 사용자는 이교도다.

   참고: 4~8번까지 술라웨시 섬의 다섯 개 언어를 쓰는 사람들은 순수한 말레이인 유형으로, 문명의 측면에서 (토모레족을 제외하면) 토종 말레이인과 동등하다.
9. *토모혼 방언, 10. *랑고웬 방언: 미나하사 고원에 있는 마을의 이름이다.
11. *라타한 방언, 12. *벨랑 방언: 미나하사 남동해안 근처에 있는 마을의 이름이다.
13. *다나왕코 방언: 서해안에 있다.
14. *케마 방언: 동해안에 있다.
15. *반텍 방언: 마나도 교외에 있다.
16. 마나도 방언: 수도.
17. 볼랑히탐 방언: 마나도와 리쿠팡 사이 북서해안에 있는 마을.

    참고: 9~17번까지 9개 언어는 다른 여러 언어와 마찬가지로 술라웨시 섬의 북서쪽 반도에서 '알푸로'로 불리는 사람들이 쓴다. 이들은 말레이 민족이며 생귀르 제도 주민들을 통해 필리핀 제도의 타갈로그족과 근연성이 있는 듯하다. 이 언어들은 점차 쓰이지 않고 있으며 말레이어가 보편적 의사소통 수단이 되어간다. 사람들은 대부분 기독교로 개종하는 중이다.
18. 생귀르 제도와 시아우 섬 방언: 술라웨시 섬과 필리핀 제도 사이에 있는 두 제도. 의복이 특이한데 목에서 거의 발까지 늘어지는 헐렁한 무명 가운을 입는다. 신체적 측면에서 마나도 섬 사람들을 닮았다.
19. 살리바부 제도 방언('탈라우드 제도'라고도 한다): 이 어휘는 판데르베이크 선장이 기억을 되살려 내게 알려주었다. 447쪽 참고.

20. 술라 제도 방언: 술라웨시 섬 동쪽에 있으며, 주민들은 말루쿠인 유형의 말레이인인 듯하며 이슬람교를 믿는다.

21. 카옐리 방언, 22. 와이아푸 방언, 23. 마사라티 방언: 부루 섬 동쪽 면에 있는 세 마을. 사람들은 스람 섬 원주민과 근연성이 있다. 카옐리 주민은 이슬람교인이다.

24. 암블라우 섬 방언: 부루 섬에서 약간 남동쪽에 있는 섬. 언어 사용자는 이슬람교인이다.

25. *트르나테 섬 방언: 말루쿠 제도 북쪽 끝에 있는 섬. 주민은 말레이 민족에 이슬람교인이지만, 할마헤라 섬 토박이와 조금 섞였다.

26. 티도레 섬 방언: 말루쿠 제도의 다음 섬. 트르나테 섬 주민과 구별되지 않는다.

27. *카요아 제도 방언: 바찬 섬 북쪽의 작은 제도.

28. *바찬 섬 방언: 주민은 위와 같다. 이슬람교인이며 비슷한 말레이인 유형이다.

29. 가니 방언: 할마헤라 섬 남쪽 반도에 있는 마을. 주민들은 말루쿠말레이인이며 이슬람교를 믿는다.

30. *사후 방언, 31. 갈렐라 방언: 북할마헤라에 있는 마을. 주민은 '알푸로'라 부른다. 폴리네시아인 유형의 토박이로, 피부색이 갈색이나 머리카락과 외모는 파푸아인을 닮았다. 이교도다.

32. 리앙 방언: 암본 섬 북해안에 있는 마을. 근처의 마을 몇 곳이 똑같은 언어를 쓴다. 이슬람교인이나 기독교인이며, 말레이인 유형과 폴리네시아인 유형의 혼혈인 듯하다.

33. 모렐라와 마말라 방언: 암본 섬 북서부에 있는 마을. 주민은 이슬람교인이다.

34. 바투메라 방언: 암본 섬 교외. 주민은 이슬람교인이며 말루쿠말레이인 유형이다.

35. 라리키, 아실룰루, 와카시호 방언: 암본 섬 서부에 있는 마을로, 트르나테 섬 출신이라고 전해지는 이슬람교인이 산다.

36. 사파루아 섬 방언: 암본 섬 동쪽에 있는 섬. 주민은 갈색 피부 폴리네시아인 유형이며 맞은편의 스람 섬 주민과 같은 언어를 쓴다.

37. 아와이야 방언, 38. 카마리안 방언: 스람 섬 남해안에 있는 마을. 주민은 폴리네시아인 유형의 토박이이며, 지금은 기독교인이다.

39. 텔루티와 호야 방언, 40. 아티아고와 토보 방언: 스람 섬 남해안에 있는 마을. 주민은 이슬람교인이며 파푸아인이나 폴리네시아인과 말레이인의 혼혈이다.

41. 아티아고 방언: 이 마을 출신의 토박이 알푸로. 이교도이며, 폴리네시아인 유형이거나 갈색 피부 파푸아인 유형이다.

42. 갈 방언: 스람 섬 동부의 알푸로.

43. 와하이어: 스람 섬 북해안 넓은 지역에 사는 주민. 이슬람교인이며 혼혈이다. 이 언어의 몇 가지 방언을 쓴다.

44. *고롱어: 스람 섬 동쪽의 작은 제도. 주민은 혼혈이며 이슬람교인이다.

45. 와투벨라어: 고롱 제도 남동쪽에 있는 작은 제도. 주민은 갈색 피부 파푸아인 유형이나 폴리네시아인 유형이다. 이교도다.

46. 테오르 섬 방언: 와투벨라 제도 남동쪽에 있는 작은 섬. 주민은 갈색 파푸아인 중에서 키 큰 민족이다. 이교도다.

47. *카이어: 아루 제도 서쪽에 있는 작은 제도. 주민은 토종 흑인 파푸아인이다. 이교도다.

48. *아루어: 뉴기니 섬 서쪽의 제도. 주민은 토종 파푸아인이다. 이교도다.

49. 미솔 섬(해안) 방언: 스람 섬 북쪽에 있는 섬. 주민은 말루쿠말레이인과 혼혈인 파푸아인이다. 반半문명화되었다.

50. 미솔 섬(내륙) 방언: 주민은 토종 파푸아인이다. 야만인이다.

51. *마노콰리어: 뉴기니 섬 북해안. 주민은 토종 파푸아인이다. 이교도다.

52. *테토 방언, 53. *바이퀘노 섬(동티모르) 방언, 54. *브리시 섬(서티모르) 방언: 주민은 토종 파푸아인과 갈색 피부 파푸아인의 중간쯤이다. 이교도다.
55. *사부 섬 방언, 56. *로테 섬 방언: 티모르 섬 서쪽에 있는 섬. 주민은 혼혈이며, 인도인 유형이 우세하다.
57. *알로르 섬 방언, 58. *솔로르 섬 방언: 플로레스 섬과 티모르 섬 사이에 있는 섬. 주민은 까만 파푸아인 유형이다.
59. 바자우어(또는 바다 집시): 말레이인 유형의 방랑 어민 부족으로, 말레이 제도 전역에서 만날 수 있다.

말레이 제도의 59개 언어로 나타낸 9개 단어

	단어	검다(Black)	불(Fire)	크다(Large)	코(Nose)
	말레이어	**Itam**	Api	**Bŭsar**	Idong
	자와어	**Iran**	Gūni	Gedé	Irong
	사사크어(롬복 섬)	**Bidan**	Api	Ble	Idong
남(南) 술라웨시	마카사르어	**Leling**	Pepi	Lompo	**Kamūrong**
	부기어	**Malotong**	Api	**Marája**	Ingok
	부퉁어	**Amáita**	Whá	**Monghi**	Oánu
	셀라야르 섬 방언	**Hitam**	Api	**Bakéh**	**Kumor**
	토모레어	**Moito**	Api	Owhosi	Hengénto
북(北) 술라웨시	토모혼 방언	**Rūmdum**	Api	Tuwón	Ngerun
	랑고웬 방언	**Wūlin**	Api	Wanko	Ngilung
	라타한 방언	**Mahítum**	Pūtong	Loben	Irun
	벨랑 방언	**Mūhónde**	Sūlu	Musolah	Niyun
	타나왕코 방언	**Rūmdum**	Api	Súla	Ngerun
	케마 방언	**Hirun**	Api	Súla	Ngerun
	반텍 방언	**Maitung**	Pūtung	Ramoh	Idung
	마나도 방언	**Maitung**	Pūtung	Raboh	Idong
	볼랑히탐 방언	**Moitomo**	Pūro	Morokaro	Djunga
	생귀르 제도 방언	**Maítum**	Pūtun	Labo	Hirong
	살리바부 제도 방언	**Maitu**	Pūton	Bagewa	
부루 섬	술라 제도 방언	**Miti**	Api	Ea	Ne
	카옐리 방언	**Metan**	Ahú	Lehai	Nem
	와이아푸 방언	**Miti**	Bána	Bagut	Nien
	마사라티 방언	**Miti**	Bána	**Haat**	Nieni
	암블라우 섬 방언	**Kameichei**	Afu	**Plaré**	Neinya téha
	트르나테 섬 방언	**Kokotu**	Uku	Lamu lamu	Nunu
	티도레 섬 방언	**Kokótu**	Uku	Lamu	Un
	카요아 제도 방언	**Kūda**	Lūtan	Lol	Usnod
	바찬 섬 방언	**Ngóa**	Api	**Rá**	Hidom
할마헤라 섬	가니 방언	**Kitkudu**	Lūtan	Talalólo	Usnut
	사후 방언	**Kokótu**	Uhuh	Lamu	Ngūnu
	갈렐라 방언	**Tatataro**	Uku	Elamo	Ngūno
암본 섬	리앙 방언	**Méte**	Aów	Nila	Hiruka
	모렐라 방언	**Méte**	Aów	Hella	Iuka
	바투메라 방언	**Meteni**	Aow	Enda-á	Ninura
	라리키 등의 방언	**Méte**	Aow	Era	Iru
	사파루아 섬 방언	Meteh	Háo	Ilahil	Iri
스람 섬	아와이야 방언	Meténi	Aousa	Iláhe	Nua-mo
	카마리안 방언	Méti	Hao	Eräámei	Hili-mo
	텔루티 방언	Méte	Yafo	Elau	Olicolo
	아티아고(이슬람) 방언	Memétan	Yaf	Aíyuk	Iiin
	아티아고(알푸로) 방언	Meten	Wahum	Poten	Ilnum
	갈 방언	Miatan	Aif	Bobuk	Sonina
	와하이어	Meten	Aow	Maína	Inóre
	고롱어	Meta metan	Hai	Bobok	Suwera
	와투벨라어	Meten	Efi	Lelch	Wiramáni
	테오르 섬 방언	Miten	Yaf	Lēn	Gilinkani
	카이어	Metan	Youf	Lih	Nirun
	아루어	Būré	Ow	Jinny	Djurul
	미솔 섬(해안) 방언	Mūlmetan	Lap	Sala	Shong gulu
	미솔 섬(내륙) 방언	Bit	Yap	Klen	Mot mobi
	마노콰리어	Paisim	Voor	Iba	Snori
티모르 섬	테토(동티모르) 방언	Metan	Hahi	Bot	Inur
	바이퀘노(동티모르) 방언	Meta	Hai	Naiki	Inu
	브리시 섬(서티모르) 방언	Metan	Ai	Naaik-Bena	Panan
	사부 섬 방언	Meddi	Ai	Moneái	Hewonga
	로테 섬 방언	Ngéo	Hai	Matua, Malóa	Idun
	알로르 섬 방언	Mité	Api	Bé	Niru
	솔로르 섬 방언	Mitang	Api	Belang	Irung
	바자우어(바다 집시)	Lawon	Api	Basar	Uroh

작다(Small)	혀(Tongue)	이齒(Tooth)	물(Water)	희다(White)
Kíchil	Lídah	Gígi	Ayer	Pūtih.
Chili	Ilat	Untu	Banyu	Pūteh.
Bri	Ellah	Gigi	Aie	Pūtih.
Chadi	Lelah	Gigi	Yéni	Kebo.
Becho	Lila	Isi	Uwál	Mapūte.
Kidikidi	Lilah	Nichi	Mânu	Mapūti.
Kedi	Lilah	Gigi	Aer	Pūtih.
Odidi	Elunto	Nisinto	Mánu	Mopūtih.
Koki	Lilah	Baan	Rano	Kuloh.
Toyáan	Lilah	Ipan	Rano	Kuloh.
Iok	Rilah	Isi	Aki	Mawuroh.
Mohintek	Lilah	Mopon	Tivi	Pūtih.
Koki	Lilah	Wäán	Rano	Kūloh.
Koki	Dilah	Waang	Dorr	Pūtih.
Kokonio	Dilrah	Isy	Akéi	Mabida.
Dodío	Lilah	Ngísi	Akéi	Mabida.
Moisiko	Dila	Dongito	Sarugo	Mopotiho.
Anióu	Lilah	Isi	Aki	Mawérah.
Kadodo			Wai	Mawirah.
Mahé	Maki	Nihi	Wai	Bóti.
Koi	Mahmo	Nisini	Waili	Umpoti.
Roit	Maän	Nisi	Wai	Boti.
Roi	Maanen	Nisinen	Wai	Boti.
Bakoti	Munartea	Nisnya-teha	Wai	Purini.
Ichi ichi	Aki	Ingin	Namo	Bobūdo.
Kéni	Aki	Ing	Aki	Bubulo.
Kūtu	Mod	Hahlo	Woya	Bulam.
Díkit	Lidah	Gigi	Paisu	Putih.
Wai-waio	Imōd	Afod	Waiyr	Wūlan.
Cheka	Yeidi	Ngedi	Namo	Būdo.
Dechéki	Nangaládi	Ini	Aki	Daari.
Koi	Meka	Niki	Wehr	Pūtih.
Ahuntai	Meka	Nikin	Wehl	Pūtih.
Ana-á	Numawa	Nindíwa	Weyl	Pūtih.
Koi	Méh	Niki	Weyl	Pūtih.
Ihihil	Mé	Nio	Wai	Pūtil.
Olihil	Mei	Nisi-mo	Waëli	Pūtile.
Kokanéii	Meëm	Nikim	Waeli	Pūtih.
Anan	Mecolo	Lilico	Welo	Pūtih.
Nelak	Melin	Nifan	Wai	Babut.
Anaanin	Ninúm	Nesnim	Waiín	Pūtih.
Wota wota	Lemukonína	Nisikonina	Arr	Maphutu.
Kiiti	Mé	Lesin	Tólun	Pūteh.
Tutúin	Kelo	Nisium	Arr	Mehūti.
Enéna	Tumoma	Nifoa	Arr	Maphūti.
Fek	Mēn	Nifin	Wehr	Sélūp.
Kot	Nefan	Oin	Wehr	Neah.
Sie	Gigi	Mulu	Wehr	Eren.
Gūnam	Aran	Kalifin	Wayr	Būs.
Senpoh	Aran	Kelif		Boo.
Besarbamba	Kaprendi	Nasi	Waar	Piūper.
Lüik	Nañal	Nian	Vé	Mūty.
Anâ	Icmal	Nissy	Hoi	Mūty.
Ana	Man	Nissin	Oü	Mūty.
Anaíki	Weo	Ngútu	Uilóko	Pūdi.
Anoána, Loaána	Máan	Nissi	Oée	Fūla.
Kaái	Wewelli	Ulo	Wé	Būráka.
	Ewel	Ipa	Wai	Būrang.
Didiki	Délah	Gigi	Boi	Potih.

말레이 제도의 33개 언어로 나타낸 117개 단어

	단어	개미 (Ant)	재 (Ashes)	나쁘다 (Bad)	바나나 (Banana)
	말레이어	Sŭmut	Hábū	Jáhat	Písang
	자와어	Sūmut	A'vu	Ollo	Gudang
남(南) 술라웨시	부통어	Oséa	Orápu	Madúki	Olóka
	셀라야르 섬 방언	Kalihara	Umbo	Seki	Loka
북(北) 술라웨시	마나도 방언	Singeh	Abū	Dalruy	Lénsa
	볼랑히탐 방언	Tohomo	Awu	Moiatu	Pagie
	생귀르 제도와 시아우 섬 방언	Kiáso	Henáni	Lai	Busa
	살리바부 제도 방언			Reoh	
	술라 제도 방언	Kokoi	Aftúha	Busár	Fía
부루 섬	카옐리 방언	Mosisin	Aptai	Nakié	Umpúlue
	와이아푸 방언	Fosisin	Aptai	Dabóho	Fūat
	마사라티 방언	Misisin	Ogotīn	Dabóho	Fúati
	암블라우 섬 방언	Kakai	Lávu	Behei	Biyeh
	티도레 섬 방언	Bifi	Fíka	Jíra	Koi
할마헤라 섬	가니 방언	Laim	Tapin	Lekat	Lókka
	갈렐라 방언	Golúdo	Kapok	Atoró	Bóle
암본 섬	리앙 방언	Umu	Awmáti	Ahia	Kula
	모렐라 방언	Oön	Armatei	Ahia	Kula
	바투메라 방언	Manisiá	Howaluxi	Akahia	Iáni
	라리키 방언	Aten	Aow matei	Ahia	Kōra
	사파루아 섬 방언	Sumakow	Hamatanyo	Ahía	Kúla
스람 섬	아와이야 방언	Tumúe	Ahwotoí	Ahia	Wūri
	카마리안 방언	Sümukáo	Hao matei	Ahié	U'ki
	텔루티 방언	Phóino	Yafow matán	Ahia	Peléwa
	아티아고(이슬람) 및 토보 방언	Fóin	Laftaín	A'vet	Fūd
	아티아고(알푸로) 방언		Laf teinim	Kafetáia	Phitim
	갈 방언	Niéfer	Aif tai	Nungalótuk	Fúdia
	와하이어	I[illegible]alema	Tókar	Aháti	Uri
	와투벨라어	Otúma	Aow lómi	Ráhat	Phúdi
	테오르 섬 방언	Singa singat	Yaf leit	Yat	Mūk
	미솔 섬(해안) 방언	Kamili	Gelap	Lek	Talah
	미솔 섬(내륙) 방언	Kumlih	Geni	Leak	Máh
	바자우어	Sumut	Habu	Ráhat	Pisang

배 (Belly)	새 (Bird)	검다 (Black)	피 (Blood)	파랗다 (Blue)	배 (Boat)
Prút	Būrung	Itam	Dárah	Bíru	Praū.
Wūtan	Manok	Iran	Gŭte	Biru	Prau.
Kompo	Manumanu	Amaíta	Oráh	Ijan	Búnka.
Pompon	Burung	Hitam	Rara	Láo	Lopi.
Tijan	Mánu	Maitung	Daha	Mabidu	Sakaen.
Teo	Manoko	Moitomo	Dugu	Morono	Bolato.
Tian	Manu	Maitun	Daha	Biru	Sakaen.
	Manu urarutang	Ma-itu		Biru	Kasáneh.
Téna	Mánu	Miti	Póha	Biru	Lótu.
Tihumo	Manúi	Métan	Lála	Biru	Waä.
Tihen	Manúti	Miti	Raha	Biru	Wága.
Fukanen	Mánúti	Miti	Ráha	Biru	Waga.
Remnati kuroi	Manúe	Kame ichei	Hahanatéa	Biroi	Waa.
Yóru	Namo bangow	Kokótu	Yán	Rúru	O'ti.
Tutut	Manik	Kitkúdu	Sislor	Biru	Wōg.
Poko	Namo	Tatatáro	Larahnangow	Biru	Déru.
Hétuáka	Tuwi	Méte	Lala	Mala	Haka.
Tiáka	Mano	Méte	Lala	Mala	Haka.
Tiáva	Burung	Meténi	Lalaí	Amála	Háka.
Tia	Mano	Méte	Lala	Mála	Sepó.
Teho	Mano	Meteh	Lalah	Lala	Tala.
Tia	Manúe	Meténi	Lalah	Meteni	Siko.
Tiámo	Mánu	Méti	Lála	Lála	Tála.
Teocólo	Manúo	Méte	Láia	Lala	Yalopei.
Tian	Nióva	Memétan	Láwa	Biru	Wáha.
Tapura	Manuwan	Meten	Lahim	Masounanini	Waim.
Toniña	Manok	Miatan	Lalai	Biri	Wúna.
Tiare	Malok	Meten	Lasin	Marah	Polútu.
Abúda	Mánok	Meten	Lárah	Biru	Sóa.
Kabin	Manok	Miten	Larah	Biru	Hól.
Nan		Mulmetan	Lomos	Melah	Owé.
Mot ni		Bít	Lemoh		Owáwi.
Bútah	Mano	Lawön	Lahah	Lawu	Bido.

	단어	몸 (Body)	뼈 (Bone)	활 (Bow)	상자 (Box)
	말레이어	Bádan	Túlang	Pánah	Púti
	자와어	Awah	Bálong	Panah	Krobak
남(南) 술라웨시	부퉁어	Karóko	Obúku	Opána	Buéti
	셀라야르 섬 방언	Kaleh	Boko	Panah	Puti
북(北) 술라웨시	마나도 방언	Dokoku, Aoh	Duhy		Mabida
	볼랑히탐 방언	Botanga	Tula		
	생귀르 제도와 시아우 섬 방언	Badan	Buko		Bantali
	살리바부 제도 방언			Papite	
	술라 제도 방언	Kóli	Hoi	Djūb	Burúa
부루 섬	카옐리 방언	Batum	Lolimo	Panah	Bueti
	와이아푸 방언	Fatan	Rohin		Buéti
	마사라티 방언	Fatanin	Rohin	Pánat	Buéti
	암블라우 섬 방언	Nanau	Koknatéa	Busu	Poroso
	티도레 섬 방언	Róhi	Yóbo	Jobi jobi	Barúa
할마헤라 섬	가니 방언	Badan	Momud	Pusi	Barúa
	갈렐라 방언	Nangaróhi	Kovo	Ngámi	Barúa
암본 섬	리앙 방언	Nanáka	Ruri	Husur	Buéti
	모렐라 방언	Dada	Luli	Husul	Buéti
	바투메라 방언	Anáro	Lulivá	Apúsu	Saüpa
	라리키 방언	Anána	Ruri	Husur	Buèti
	사파루아 섬 방언	Inawallah	Riri	Husu	Ruūwai
스람 섬	아와이야 방언	Sanawála	Lila	Husúli	Pūéti
	카마리안 방언	Patani	Nili	Husúli	Buéti
	텔루티 방언	Hatáko	Toicólo	Osio	Huéti
	아티아고(이슬람) 및 토보 방언	Whátan	Lúin	Bánah	Kúnchi
	아티아고(알푸로) 방언	Nufátanim	Lūim	Husūūm	Husum
	갈 방언	Rísi	Lului	Usulah	Kuincha
	와하이어	Hatare	Luni	Helu	Kapai
	와투벨라어	Watan	Lúru	Lóburr	Udiss
	테오르 섬 방언	Telimin	Urut	Fun	Fud
	미솔 섬(해안) 방언	Badan	Kaboom	Fean	Bus
	미솔 섬(내륙) 방언	Padan	Mot bom	Aan	Boo
	바자우어	Badan	Bákas	Panah	Puti

나비 (Butterfly)	고양이 (Cat)	아이 (Child)	정글도 (Chopper)	코코넛 (Cocoa-nut)	춥다 (Cold)
Kūpūkūpū	Kūching	A'nak	Párang	Klápa	Dingin,Tijok.
Kūpu	Kuching	Anak	Parang	Krambil	A'dam.
Kumberá	Ombutá	Oánana	Kapuru	Kalimbúngo	Magári.
Kolikoti	Miaò	Anak	Berang	Nyóroh	Dingin.
Karinboto	Tusa	Dodio	Kompilang	Bángoh	Madadun.
Wieto	Ngeäu	Anako	Boroko	Bongo	Motimpia.
Kalibumbong	Miau	Anak	Pedah	Bángu	Matuno.
	Miau	Pigi-neneh	Galéleh	Nyu.	
Maápa	Não	Ninána	Péda	Núi	Bagóa.
Lahen	Sika	A'nai	Tolie	Niwi	Numniri.
Lahei	Sika	Nánat	Tódo	Niwi	Damóti.
Tapalápat	Mão	Naánati	Katúen	Niwi	Dabridi.
Koláfi	Mau	Emlúmo	Laiey	Niwi	Komoriti.
Kopa kopa	Túsa	Ngófa	Péda	Igo	Góga.
Kalibobo	Tusa	Untúna	Barakas	Níwitwan	Makufin.
Mimáliki	Bóki	Mangópa	Taíto	Igo	Damála.
Kakópi	Túsa	Niana	Lobo	Nier	Periki.
Pepeül	Sie	Wana	Lopho	Niwil	Periki.
Kupo kupo	Temai	Opoliána	Ikíti	Niwéli	Muti.
Lowar lowar	Sía	Wári	Lopo	Nimil	Periki.
Kokohan	Siah	Anahei	Lopo	Muōllo	Puriki.
Korūli	Maōw	Wána	Aáti	Liwéli	Pepéta.
	Sía	Ana	Lopo	Niwéli	Maríki.
Tutupúno	Sia	Anan	Lopo	Nuélo	Pilikéko.
Bubúmái	Sikar	Iniának	Béda	Núa	Bäidik.
	Láfim	Anavim	Tafim	Nuim	Makáriki.
Kowa kowa	Shika	Dúia	Péde	Niūla	Lifie.
Koháti	Sika	A'la	Tulumaina	Lúen	Mariri.
Obaóba	Odára	Enéna	Béda	Dar	Arídin.
Kokop	Sika	Anìk	Funén	Nōr	Giridin.
Kalabubun	Mar	Kachun	Keío	Nea	Kabluji.
	Miau	Wai	Yeu	Nen	Pátoh.
Titúe	Miau	Anáko	Bádi	Salóka	Jérnih,

	단어	오다 (Come)	낮 (Day)	사슴 (Deer)	개 (Dog)
	말레이어	**Mári**	**A'ri (Siang.)**	**Rūsa**	**A'ujing**
	자와어	**Marein**	**Aivan**	**Rusa**	**Asu**
남(南) 술라웨시	부퉁어	**Maivé**	**Héo**	**Orúsa**	**Muntóa**
남(南) 술라웨시	셀라야르 섬 방언	**Maika**	**Allo**	**Rusa**	**Asu**
북(北) 술라웨시	마나도 방언	**Simépu**	**Roū**	**Rusa**	**Kapuna**
북(北) 술라웨시	볼랑히탐 방언	**Arípa**	**Unuveno**	**Rusa**	**Ungu**
	생귀르 제도와 시아우 섬 방언	**Dumahi**	**Rókadi**	**Rusa**	**Kapúna**
	살리바부 제도 방언	**Maranih**			**Assu**
	술라 제도 방언	**Mái**	**Dawíka**	**Munjangan**	**Asu**
부루 섬	카옐리 방언	**Omai**	**Gáwak**	**Mūnjángan**	**Aso**
부루 섬	와이아푸 방언	**Ikomai**	**Dówa**	**Mūnjángan**	**Asu**
부루 섬	마사라티 방언	**Gumáhi**	**Liar**	**Munjangan**	**Asu**
	암블라우 섬 방언	**Buoma**	**Laei**	**Munjaráni**	**Asu**
	티도레 섬 방언	**Ino keré**	**Wellusita**	**Munjangan**	**Káso**
할마헤라 섬	가니 방언	**Mai**	**Balanto**	**Munjangan**	**Iyór**
할마헤라 섬	갈렐라 방언	**Nehíno**	**Taginíta**	**Munjangan**	**Gáso**
암본 섬	리앙 방언	**Uimai**	**Kikir**	**Munjangan**	**Asu**
암본 섬	모렐라 방언	**Oimai**	**Alowata**	**Munjangan**	**Asu**
암본 섬	바투메라 방언	**Omai**	**Watiëla**	**Munjangan**	**Asu**
암본 섬	라리키 방언	**Mai**	**Aoaaóa**	**Munjangan**	**Asu**
	사파루아 섬 방언	**Mai**	**Kai**	**Rusa**	**Asu**
스람 섬	아와이야 방언	**Alowei**	**Apaláwe**	**Maiyáni**	**A'su**
스람 섬	카마리안 방언	**Mai**		**Maiyánani**	**Asúa**
스람 섬	텔루티 방언	**Mai**	**Kíla**	**Meisakano**	**Wasu**
스람 섬	아티아고(이슬람) 및 토보 방언	**Kulé**	**Matalima**	**Rúsa**	**Yás**
스람 섬	아티아고(알푸로) 방언	**Dak Lápar**	**Pília**	**Tusim**	**Nawang**
스람 섬	갈 방언	**Mai**	**Malal**	**Rusa**	**Kafúni**
스람 섬	와하이어	**Mai**	**Kaseiella**	**Mairáran**	**Asu**
	와투벨라어	**Gomári**	**Larnumwá[illegible]**	**Rúsa**	**Afúna**
	테오르 섬 방언	**Yef man**	**Liléw**	**Rusa**	**How**
	미솔 섬(해안) 방언	**Jog mah**	**Seasan**	**Mengangan**	**Yes**
	미솔 섬(내륙) 방언	**Bo mun**	**Kluh**	**Menjangan**	**Yem**
	바자우어	**Paituco**	**Lau**	**Paiów**	**Asu**

문 (Door)	귀 (Ear)	달걀 (Egg)	눈 (Eye)	얼굴 (Face)	아버지 (Father)
Píntu	Telínga	Tŭlor	Máta	Mūka	Bápa.
Lawang	Kūping	U'ndok	Móto	Ral	Baba.
Obámba	Talinga	Ontólo	Máta	Oroku	Amana.
Pintu	Toli	Tanar	Mata	Rupa	Ama.
Raroangen	Túri	Natu	Mata	Duhn	Jama.
Pintu	Boronga	Natu	Mata	Paio	Kiamat.
Pintu	Toli	Tuloi	Mata	Gáti	Yaman.
Yamáta	Telinga	Metélo	Háma	Lúgi	Nibaba.
Lilolono	Telilan	Telon	Lamūmo	Uhamo	A'mam.
Káren	Telingan	Télo	Raman	Pupan	Náma.
Henóloni	Linganani	Telo	Ramani	Pupan lalin	Náama.
Sowéni	Herenatia	Rehöi	Lumatibukói	Ufnati lareni	Amao.
Móra	Ngan	Gósi	Lau	Gái	Baba.
Nára	Tingēt	Toli	Umtowt	Gonaga	Bápa.
Ngóra	Nangów	Magosi	Láko	Nangabío	Nambába.
Metenúre	Terina	Muntiro	Máta	Hihika	Ama.
Metenulu	Telina	Mantirhui	Mata	Uwaka	A'ma.
Lamáta	Telinawa	Munteloá	Matava	Uwaro	Kopapa.
Metoüru	Terina	Momatíro	Mata	U'wa	Ama.
Metoro	Teréna	Tero	Mata	Wáni	Ama.
Aleáni	Terína mo	Telúli	Mata mo	Wámu mo	Ama.
Metanorúi	Terinam	Terúni	Máta	Wamo	Ama.
Untaniyún	Tinacóno	Tin	Matacolo	Facólo	Amacolo.
Lolamatan	Líkan	Tólin	Mátan	U'fan	Iáman.
Motūlnim	Telikeinlúim	Tolnim	Mátara	Uhúnam	Amái.
Yebúteh	Tanomulino	Tolor	Matanina	Funonína	Mama.
Olamatan	Teninare	Latun	Mata	Matalalin	Ama.
Fidin	Tilgár	Atulú	Matáda	Omomanía	Ieí.
Remátin	Karin	Telli	Matin	Matinóin	A'ma.
Batal	Tenaan	Tolo	Tūn	Tunah	Mám.
Bata	Mot na	Tolo	Mut morobu	Mutino	Mām.
Boláwah	Telinga	Untello	Mata	Rúa	Uáh.

	단어	깃털 (Feather)	손가락 (Finger)	불 (Fire)	물고기 (Fish)
	말레이어	Būlū	Jári	A'pi	Ikan
	자와어	Wūlu	Jári	Gúni	Iwa
남(南) 술라웨시	부퉁어	Owhú	Saranga	Whá	Ikáni
	셀라야르 섬 방언	Bulu	Karaami	Api	Jugo
북(北) 술라웨시	마나도 방언	Mombulru	Talrimido	Pūtung	Maranigan.
	볼랑히탐 방언	Burato	Sagowari	Puro	Sea
	생귀르 제도와 시아우 섬 방언	Doköï	Limado	Putún	Kina
	살리바부 제도 방언			Puton	Inásah
	술라 제도 방언	Nifóa	Kokowana	Api	Kéna
부루 섬	카옐리 방언	Bolon	Limam kokon	Ahū	Iáni
	와이아푸 방언	Fulun	Wangan	Bána	Ikan
	마사라티 방언	Folun	Wangan	Bána	Ikan
	암블라우 섬 방언	Boloi	Lemnati kokoli	Afu	Ikiani
	티도레 섬 방언	Gógo	Gia marága	U'ku	Nýan
할마헤라 섬	가니 방언	Lonko	Odeso	Lútan	Ian
	갈렐라 방언	Ló	Raràga	Uku	Náu
암본 섬	리앙 방언	Huru	Rimaka hatu	Aow	Iyan
	모렐라 방언	Manuhrui	Limaka hatui	Aow	Iyan
	바투메라 방언	Hulúni	Limáwa kukualima	Aow	Iáni
	라리키 방언	Manhúru	Lima hato	Aow	Ian
	사파루아 섬 방언	Huruni	Uūn	Hao	Ian
스람 섬	아와이야 방언	Hulúe	Saäti	Aoúsa	Iáni
	카마리안 방언	Phulúi	Tarüni	Haō	Iáni
	텔루티 방언	Wicolo	Limaco hunilo	Yáfo	Yáno
	아티아고(이슬람) 및 토보 방언	Fulin	Uin	Yāf	I'an
	아티아고(알푸로) 방언	Toholim	Tai-ímara likéluni	Wáham	I'em
	갈 방언	Veolūhr	Numonin tutulo	Aif	Ikan
	와하이어	Hulun	Kukur	Aow	Ian
	와투벨라어	Alolú	Taga tagan	Efi	I'an
	테오르 섬 방언	Phulin	Limin tagin	Yaf	Ikan
	미솔 섬(해안) 방언	Guf	Kanin ko	Lap	Ein
	미솔 섬(내륙) 방언	Gan	Kanin ko	Yap	Ein
	바자우어	Bolo	Eríke	Api	Déiah

살 (Flesh)	꽃 (Flower)	파리 (Fly)	발 (Foot)	가금 (Fowl)	과일 (Fruit)
Dáging	Būnga	Lálah	Káki	A'yam	Būa.
Dáging	Kembang	Lálah	Síkil	Pitek	Wowóan.
U'ntok	Obúnga	Oráli	Oei	Mánu	Bakena.
Asi	Bunga	Katinali	Bunkin	Jangan	Bua.
Gisini	Burány	Ralngoh	Raédai	Mánu	Bua.
Sapu	Wringonea	Rango	Teoro	Mano	Bunganea.
Gusi	Lelun	Lango	Laidi	Manu	Buani.
				Manu	Buwah.
Ni'ihi	Saía	Kafini	Yiéi	Mánu	Kao fua.
Isim	Mnúrū	Bena	Bitim	Tehúi	Būan.
Isin	Tatan	Féna	Kadan	Téput	Fūan.
Isinini	Kao tutun	Féna	Fitinen	Téputi	Fuan.
Isnatéa	Kakali	Béna	Beernyáti atani	Rufúa	Buani.
Róhe	Hatimoöto siya	Gúphu	Yóhu	Toko	Hatimoöto sopho
Woknu	Bunga	Búbal	Wed	Manik	Sapu.
Nangaláki	Mabúnga	Gúpu	Nandóhu	Tóko	Masópo.
Isi	Powta	Lari	Aika	Mano	Húa.
Isi	Powti	Lali	Aika	Manu	Hua.
Isíva	Kahuka	Henai	Aíva	Máno	Aihuwána.
Isi	Kupang	Pénah	Ai	Mano	Ai hua.
Isini	Kupar	Upenah	Ai	Mano hena	Hwányo.
Waoúti	Lahówy	Pepénah	Aì	Manulúma	Huváiy.
	Kupáni	Upéna	Ai	Mánu	Huwái.
Isicolo	Tifin	Upéna	Yaicólo	Manuo	Huan.
Isin	Futin	Lákar	Yái	Tóñ	Vúan.
Isnum	Eiheitnum	Phenem	Wáira	Towim	Eifuanum.
Sesiún	Fuiз	Langar	Kaieniña	Manok	Woya.
Héla	Loen	Mumun	Ai	Malok	Huan.
Ahí	Ai wöi	Wéger	Owéda	Manok	Woi imotta.
Henin	Pus	Omiss	Yain	Manok	Phuin.
Wamut	Gáp heu		Kanin pap	Kakep	Gapeah.
Mot nut	Ioh	Kelang	Mat wey	Tekayap	I'po.
Isi	Bunga	Langow	Nai	Mano	Bua.

	단어	가다 (Go)	금 (Gold)	좋다 (Good)	머리카락 (Hair)
	말레이어	Púrgi	Mās	Baik	Rámbut
	자와어	Lungo	Mas	Butjc	Rambut
남(南) 술라웨시	부통어	Lipano	Huláwa	Marápe	Bulwa
	셀라야르 섬 방언	Lampa	Bulain	Baji	Uhu
북(北) 술라웨시	마나도 방언	Máko	Bolraong	Sahenie	Uta
	볼랑히탐 방언	Korunu	Bora	Mopia	Woöko
	생귀르 제도와 시아우 섬 방언	Dako	Mas	Mapiah, Ma holi	Utan
	살리바부 제도 방언	Ma puréteh	Bulawang	Mapyia	
	술라 제도 방언	Láka	Famaká	Pía	O'ga
부루 섬	카옐리 방언	Oweho	Blawan	Ungano	Buloni
	와이아푸 방언	Iko	Balówan	Dagósa	Folo
	마사라티 방언	Wíko	Hawan	Dagósa	Olofólo
	암블라우 섬 방언	Buoh	Bulówa	Parei	Olnáti
	티도레 섬 방언	Tagi	Guráchi	Láha	Hútu
할마헤라 섬	가니 방언	Tahn	Omas	Fiar	Iklet
	갈렐라 방언	Notági	Gurachi	Talóha	Hútu
암본 섬	리앙 방언	Oï	Halowan	Ia	Kaiola
	모렐라 방언	Oi	Halowan	Ia	Keiúle
	바투메라 방언	Awái	Halowani	Amaísi	Huá
	라리키 방언	Oi	Halowan	Mai	Keö
	사파루아 섬 방언	Ai	Halowan	Malopi	Uwóhoh
스람 섬	아와이야 방언	Aeó	Halowáni	Aólo	Uwoleíha mo
	카마리안 방언	Aeo	Halowani	Mái	Keóri
	텔루티 방언	Itái	Hulawano	Fia	Keülo
	아티아고(이슬람) 및 토보 방언	Akó	Masa	Komúin	Ulvú
	아티아고(알푸로) 방언	Teták	Masen	Komia	Ulufúim
	갈 방언	Ketángo	Mas	Guphīn	Uka
	와하이어	Aou	Hulaān	Ia	Húe
	와투벨라어	Fanów	Mása	Fía	U'a
	테오르 섬 방언	Takek	Mas	Phien	Wultáfun
	미솔 섬(해안) 방언	Jog	Plehan	Fei	Peleah
	미솔 섬(내륙) 방언	Bo	Phean	Ti	Mutlen
	바자우어	Molch	Mas	Alla	Buli tokolo

손 (Hand)	단단하다 (Hard)	머리 (Head)	꿀 (Honey)	뜨겁다 (Hot)	집 (House)
Tángan	Kras	Kapála	Mádu	Pánas	Rúmah.
Tángan	Kras	U'ndass	Mádu	Páuas	Umah.
Olima	Tobo	Obaku	Ogora	Mopáni	Bánna.
Lima	Teras	Ulu	Ngongnou	Bumbung	Sapu.
Rilma	Maketihy	Timbónang	Madu	Matéti	Balry.
Rima	Murugoso	Urie	Teoka	Mopaso	Bore.
Lima	Makúti	Tumbo		Matúti	Bali.
					Bareh.
Lima	Kadiga	Nāp		Baháha	U'ma.
Limámo	Namkana	Olum	Madu	Poton	Lúma.
Fahan	Lumé	Ulun fatu		Dapóto	Húma.
Fahan	Digíwi	Olun		Dapótoni	Húma.
Lemnatia	Unkiweh	Olimbukói	Násu	Umpána	Lúmah.
Gia	Futúro	Defólo		Sasáhu	Fola.
Komud	Maséti	Poi		San	U'm.
Gia	Daputúro	Nangasáhi	Mangópa	Dasáho	Táhu.
Rimak	Makána	Uruka	Niri	Putu	Rumah.
Limaka	Makana	Uruka	Keret	Loto	Lumah.
Limáwa	Amakana	Ulúra		Aputu	Lumá.
Lima	Makána	Uru	Miropenah	Pútu	Rumah.
Rimah	Makanah	Uru	Madu	Kuno	Rumah.
A'la	Uru	Ulu mo	Helímah	Maoúso	Lūūma.
Limamo	Makána	Ulu	Násu	Pútu	Luma.
Limacolo	Unté	Oyúko	Penanûn	Pútu	Uma.
Niman	Kakówan	Yúlin	Músa	Bafánat	Umah.
Tai-ímara	Mocolá	Ulukátim	Lukaras	Asála	Feióm.
Numoniña	Kaforat	Luníni	Nasu musun	Mofánas	Lúme.
Mimare	Mukola	Ulure	Kinsumi	Mulai	Luman.
Dumada lomia	Máitan	Alúda	Limlimur	Ahúan	Orúma.
Limin	Keherr	Ulin		Horip	Sarin.
Kanin	Umtoo	Kahutu	Fool	Benis	Kom.
Mot mor	Net	Mullud	Fool	Pelah	Dé.
Tangan	Kras	Tikolo		Panas	Rumah.

	단어	남편 (Husband)	쇠 (Iron)	섬 (Island)	칼 (Knife)
	말레이어	Láki	Bŭsi	Pūlo	Písau
	자와어	Bedjo	Wusi	Pulo	Lading
남(南) 술라웨시	부퉁어	Obawinena	A'sé	Liwúto	Pisau
	셀라야르 섬 방언	Burani	Busi	Pulo	Pisau
북(北) 술라웨시	마나도 방언	Gagijannee	Wasey	Mapuroh	Pahegy
	볼랑히탐 방언	Taroraki	Oäse	Riwuto	Piso
	생귀르 제도와 시아우 섬 방언	Kapopungi	Wasi	Toadi	Pisau
	살리바부 제도 방언	Essah		Taranusa	Lari
	술라 제도 방언	Túa	Mūm	Pássi	Kóbi
부루 섬	카옐리 방언	Umlanei	Awin	Núsa	Iliti
	와이아푸 방언	Mori	Kawil	Núsa	Irit
	마사라티 방언	Gebhá	Momul	Nusa	Katánan
	암블라우 섬 방언	Emanow	Awi	Nusa	Kamarasi
	티도레 섬 방언	Nau	Búsi	Gurumongópho	Dari
할마헤라 섬	가니 방언	Mondemapin	Busi	Wāf	Kobit
	갈렐라 방언	Maróka	Dodiódo	Gurongópa	Díha
암본 섬	리앙 방언	Mahinatima malona	Taä	Nusa	Seë
	모렐라 방언	Amolono	Ta	Nusa	Seëti
	바투메라 방언	Mundai	Saëi	Nusa	Opiso
	라리키 방언	Malona	Mamōr	Nusa	Séi
	사파루아 섬 방언	Manowa	Mamōlo	Nusa	Seit
스람 섬	아와이야 방언	Manowai	Mamóle	Mísa	Amasáli
	카마리안 방언	Malóna	Mamóle	Nusa	Seíti
	텔루티 방언	Ihina manowa	Momollo	Nusa	Sëito
	아티아고(이슬람) 및 토보 방언	Imyóna	Momūm	Túbil	Tuána
	아티아고(알푸로) 방언	Ifnéinin sawanim	Momolin	Tuplim	Macouosim
	갈 방언	Bulana	Momúmi	Tubur	Tuka
	와하이어	Pulahan	Héta	Lusan	Tuluangan
	와투벨라어	Helameranna	Momúmo	Tobūr	Mirass
	테오르 섬 방언	Wehoin	Momúm	Lowánik	Isowa
	미솔 섬(해안) 방언	Man	Seti	Yef	Cheni
	미솔 섬(내륙) 방언	Mo man	Leti	Ef	Yeaói
	바자우어	Ndáko	Bisi	Pulow	Pisau

크다 (Large)	잎 (Leaf)	어리다 (Little)	이蝨 (Louse)	남자 (Man)	멍석 (Mat)
Bŭsar	Daũn	Kíchil	Kũtũ	Orang lákilaki	Tíkar.
Gedé	Godong	Chilí	Kũtu	Wong lanan	Klosso.
Moughí	Tawána	Kidikidi	Okútu	Omani	Kiwaru.
Bákeh	Taha	Kédi	Kutu	Tau	Tupur.
Raboh	Daun	Dodio	Kutu	Taumata esen	Sapie.
Morokaro	Lungianea	Moisiko	Kutu	Roraki	Boraru.
Labo	Decaluni	Aníou	Kutú	Manesh	Sapieh.
Bagewa		Kadodo		Tomatá	Bilátah.
Eá	Kao hósa	Mahé	Kóta	Maona	Saváta.
Léhai	Atétun	Köi	Olta	Umlanai	A'pine.
Bágut	Kroman	Roit	Kóto	Gemana	A'tin.
Haat	Kóman	Roi	Koto	Anamhána	Kátini.
Plaré	Lai obawai	Bakoti	Uru	Remau	Arimi.
Lámu	Hatimoöto merow	Kéni	Túma	Nonán	Junúito.
Talalólo	Nilonko	Waiwáio	Kútu	Mon	Kalása.
Elámo	Misóka	Dechéki	Gáni	Anów	Jungúto.
Nila	Ailow	Koi	Utu	Malona	Päi.
Hella	Ailow	Ahúntai	Utu	Malono	Hilil.
Enda-a	Aitéti	Aná-á	Utu	Mundai	Towai.
Ira	Ai rawi	Koi	Kutu	Malona	Paíl.
Ilahil	Laun	Ihíhil	Utu	Tumata	Pai.
Iláhe	Laíni	Olíhil	U'tu	Tumata	Kaili.
Eräámei	Airówi	Kokaneíi	Utúa	Tumata	Paílí.
Elau	Daun	Anan	Utu	Manusia	Pai-ilo.
Aíyuk	Lan	Nélak	Tínan	Muána	Láb.
Poten	Eilúnim	Anaanin	Kutim	Muruleinum	Lapim.
Bobuk	Lino	Wota wota	Kutu	Beláne	Kiël.
Mäina	Totun	Kiiti	Utun	Ala híeiti	Kihu.
Leléh	Arehín	Enena	U'tu	Marananna	I'ra.
Lēn	Chafen	Fek	Hut	Meránna	Fira.
Sala	Kaluin	Gunam	Ut	Motu	Tin.
Klen	Idun	Senpoh	Uti	Mot	Tin.
Basar	Daun	Didiki	Kutu	Lélah	Tepoh.

	단어	원숭이 (Monkey)	달 (Moon)	모기 (Mosquito)	어머니 (Mother)
	말레이어	Mūnyeet	Būlan	Nyámok	Ma
	자와어	Budéss	Wulan	Nyámok	Mbo
남(南) 술라웨시	부퉁어	Róke	Búla	Burótok	Inaná
	셀라야르 섬 방언	Dáre	Bulan	Kasisili	Undo
북(北) 술라웨시	마나도 방언	Bohen	Bulrang	Tenie	Inany
	볼랑히탐 방언	Kurango	Wura	Kongito	Leyto
	생귀르 제도와 시아우 섬 방언	Babah	Buran	Túni	Inúngi
	살리바부 제도 방언		Burang		
	술라 제도 방언	Mía	Fasina	Samábu	Nieía
부루 섬	카옐리 방언	Kessi	Būlani	Suti	Inámo
	와이아푸 방언	Kess	Fhūlan	Múmun	Neína
	마사라티 방언		Fhulan	Seúgeti	Neína
	암블라우 섬 방언	Kess	Bular	Sphúre	Ina
	티도레 섬 방언	Mía	O'ra	Sisi	Yaíya
할마헤라 섬	가니 방언	Nok	Pai	Nini	Mamo
	갈렐라 방언	Mía	O'sa	Gumóma	Maówa
암본 섬	리앙 방언	Sia	Hulanita	Séne	Ina
	모렐라 방언	Aruka	Hoolan	Sisil	Inaö
	바투메라 방언	Késs	Huláni	Sisili	Inao
	라리키 방언	Rúa	Haran	Sūn	Ina
	사파루아 섬 방언	Rua	Phulan	Sonot	Ina
스람 섬	아와이야 방언	Kesi	Phuláni	Manisíe	Ina
	카마리안 방언	Kesi	Wuláni	Senóto	Ina
	텔루티 방언	Lúka	Hiáno	Sumóto	Inaú
	아티아고(이슬람) 및 토보 방언	Lūkar	Phúlan	Minís	Aína
	아티아고(알푸로) 방언	Meiram	Melim	Manis	Inái
	갈 방언	Lēk	Wúan	Umiss	Nina
	와하이어	Yakiss	Hulan	U'muti	Ina
	와투벨라어	Léhi	Wúlan	U'muss	Nína
	테오르 섬 방언	Lek	Phulan	Rophun	I'na
	미솔 섬(해안) 방언		Pet	Kamumus	Nin
	미솔 섬(내륙) 방언		Náh	Owei	Nin
	바자우어	Mondo	Bulan	Sisil	Máko

입 (Mouth)	손톱 (Nail)	밤 (Night)	코 (Nose)	기름 (Oil)	돼지 (Pig)
Múlūt	Kúkū	Málam	Idong	Mínyak	Bábi.
Sánkum	Kūku	Bungi	Irong	Lūngo	Chilong.
Nánga	Kuku	Maromó	Oánu	Mínak	Abáwhu.
Bawa	Kanuko	Bungi	Kumor	Minyak	Bahi.
Mohong	Kanuku	Máhri	Hidong	Rana	Babi.
Nganga	Kamiku	Gubie	Jjunga	Rana	Rioko.
Mohon	Kanuko	Hubbi	Hirong	Lana	Bawi.
					Bawi.
Beióni	Kowóri	Bohúwi	Né	Wági	Fāfi.
Nūūm	Uloimo	Petū	Nem	Nielwíne	Babúe.
Muen	Utlobin	Béto	Nïen	Newiyn	Fafu.
Naónen	Logini	Béto	Nieni	Newiny	Fafú.
Numátéa	Hernenyati	Pirue	Neínya téha	Nivehöi	Bawu.
Móda	Gulichifi	Sophúto	Ūn	Guróho	Sóho.
Sumut	Kuyut	Becómo	Usnut	Nimósu	Boh.
Nangúru	Gitipi	Daputo	Ngúno	Gosóso	Titi.
Hihika	Terëina	Hatóru	Hirúka	Neerwiyn	Hahow.
Soöka	Tereiti	Hatolu	Iúka	Neerliyn	Hahu.
Suara	Kuku	Hulaniti	Ninúra	Wakéli	Hahu.
Ihi	Terein	Halometi	I'ru	Nimimein	Hahu.
Nuku	Teri	Potu	Iri	Warisini	Hahul.
Ihi mo	Talü	Müte	Nua mo	Wailasini	Hāhu.
So		Améti	Hilimo	Wailisini	Hāwhúa.
Hihico	Talicólo	Humoloi	Olicolo	Fofótu	Hahu.
Vudin	Selíki	Matabūt	I'lin	Kūl	Wār.
Tafurnum		Potūūn	I'lnum	Félim	Fafuim.
Lonina	Wuku	Garagaran	Sonina	Gúa	Bóia.
Siurure	Talahikun	Manemi	Inore	Héli	Hahu.
Ilida	Asiliggir	Olawáha	Werámani	Gúla	Boör.
Huin	Limin kukin	Pogaragara	Gilinkani	Hīp	Faf.
Gulan	Kasebo	Maléh	Shong gulu	Majulu	Boh.
Mot po	Kok nesib	Mau	Mot mobi	Menik	Boh.
Boah	Kuku	Sangan	Uroh	Mánge	Góh.

	단어	말뚝 (Post)	새우 (Prawn)	비 (Rain)	쥐 (Rat)
	말레이어	Tíeng	Udong	Hūjan	Tíkus
	자와어	Soko	Uran	Hudan	Tikus
남(南) 술라웨시	부퉁어	Otúko	Meláma	Waó	Bokóti
	셀라야르 섬 방언	Palayaran	Doön	Bosi	Blaha
북(北) 술라웨시	마나도 방언	Dihi	Udong	Tahíty	Barano
	볼랑히탐 방언	Panterno	Ujango	Oha	Borabu
	생귀르 제도와 시아우 섬 방언	Dihi	Udong	Tahiti	Balango
	살리바부 제도 방언	Pari-arang		Urong	
	술라 제도 방언	H'ii	U'ha	Húya	Saáfa
부루 섬	카옐리 방언	Ateoni	Ulai	U'lani	Boti
	와이아푸 방언	Katehan	Uran	Dekat	Boti
	마사라티 방언	Katéheni	Uran	Dekati	Tíkuti
	암블라우 섬 방언	Hampowne	Ulai	Ulah	Púe
	티도레 섬 방언	Ngasu	Búrowi	Béssar	Múti
할마헤라 섬	가니 방언	Li	Níke	Ulan	Lūf
	갈렐라 방언	Golingáso	Dódi	Húra	Lúpu
암본 섬	리앙 방언	Riri	Méter	Hulan	Maláha
	모렐라 방언	Lili	Metar	Hulan	Malaha
	바투메라 방언	Lili	Metáli	Huláni	Puéni
	라리키 방언	Leileín	Mítal	Haran	Maláha
	사파루아 섬 방언	Riri	Mital	Tiah	Mulahah
스람 섬	아와이야 방언	Lili	Mitáli	Uláne	Maláha
	카마리안 방언	Lili	Mitali	Uláni	Maláha
	텔루티 방언	Hili	Mutáyo	Gia	Maiyáha
	아티아고(이슬람) 및 토보 방언	Fólan	Filúan	U'lan	Meláva
	아티아고(알푸로) 방언	Faolnim	Hoim	Roim	Sikim
	갈 방언	Usa	Gurun	U'an	Karúfei
	와하이어	Hinin	Bokoti	Ulan	Mulahan
	와투벨라어	Faléra	Gúrun	Udáma	Arófa
	테오르 섬 방언	Pelérr	Gurun	Hurani	Fudarúa
	미솔 섬(해안) 방언	Fehan	Kasána	Golim	Keluf
	미솔 섬(내륙) 방언	Felian	Kasana	Golim	Quóh
	바자우어	Tikala	Dóah	Huran	Tikus

붉다 (Red)	쌀 (Rice)	강 (River)	길 (Road)	뿌리 (Root)	침 (Saliva)
Mérah	Brās	Sūngei	Jálan	A'kar	Lúdah.
Abang	Bras	Sungei	Malaku	Oyok	I'du.
Meräí	Bai	Uvé	Dára	Koleséna	Ovilu.
Eja	Biras	Balang	Lalan	Akar	Pedro.
Mahamu	Bogáseh	Raríou	Dalren	Hámu	Edu.
Mopoha	Bugasa	Ongagu	Lora	Wakatia	Due.
Hamu	Bowáseh	Sawán	Dalin	Pungenni	Udu.
Maramutah	Boras				
Mia	Bíra	Sungei	A'ya	Kao akar	Bihú.
Unmíla	Hálai	Wai lé	Lalani	Alamúti	Bulai.
Míha	Hála	Wai fatan	Tuhun		Púhah.
Miha	Pála	Wai	Tóhoni	Kao lahin	Fúhah.
Meháni	Fála	Waibatang	Lahuléa	Owáti	Rnbunatéa.
Kohóri	Bira	Wai	Lolinga	Hatimoöto	Gidi.
Mecoit	Samasi	Waiyr	Lolan	Niwolo	Iput.
Desoélla	Itámo	Siléra	Néko		Kiví.
Kao	Allar	Weyr	Lahan	Waäta	Tehula.
Kao	Allar	Weyl hatei	Lalan	Eiwaäti	Tehula.
Awow	Allái		Laláni	Ai	Tohulá.
Kao	Hála	Wai hatei	Lalan	Ai waat	Tohural.
Kao	Hálal	Walil	Lalano	Aiwaári	Tohulah.
Meranáte	Hála	Waliláhe	Laláni	Lamúti	Tohulah.
Kaō	Hála	Waliráhi	Lalani	Haiwaári	Tohúlah.
Kao	Fála	Wailolún	Latína	Yai	Apícolo.
Dadow	Fála	Wailálan	Lólan	(Ai) waht	Béber.
Lahanín	Hálim	Wailanim	Lalim	Ai liléham	Píto.
Merah	Faasi	Arr lehn	Lāān	Akar	Gunisia.
Mosina	Allan	Tolo maina	Olamatan	Tamun	Aito.
Ulúli	Fáha	Arr sūasūa	Laran	Ai áha	Ananihi.
Fulifúli	Paser	Wehr fofowt	Lagain	Woki	Munini.
Mamé	Fās	Wayr	Lelin	Gaka watu	Clif.
Shei	Fās	Weyoh	Má	Aikówa	Tefoo.
Merah	Buas	Ngusor	Lalan		Lijah.

	단어	소금 (Salt)	바다 (Sea)	은 (Silver)	피부 (Skin)
	말레이어	Gáram	Laut	Pérak	Kúlit
	자와어	Uyah	Segóro	Perak	Kūlit
남(南) 술라웨시	부퉁어	Gára	Andal	Riáli	Okulit
	셀라야르 섬 방언	Sela	Laut	Salaka	Balulan
북(北) 술라웨시	마나도 방언	Asing	Sási	Salraka	Pisy
	볼랑히탐 방언	Simuto	Borango	Ringit	Kurito
	생귀르 제도와 시아우 섬 방언	Asing	Laudi	Perak	Pisi
	살리바부 제도 방언		Tagaroang	Salaba	Timokah
	술라 제도 방언	Gási	Mahi	Salaka	Koli
부루 섬	카옐리 방언	Sasi	Olat	Siláka	Usum
	와이아푸 방언	Sasi	Olat	Siláka	Usam
	마사라티 방언	Sasi	Masi	Silaka	Okonen
	암블라우 섬 방언	Sasieh	Lanti	Siláka	Tinyau
	티도레 섬 방언	Gási	Nólo	Saláka	A'hi
할마헤라 섬	가니 방언	Gási	Wólat	Salaka	Kakutut
	갈렐라 방언	Gási	Teow	Salaka	Makáhi
암본 섬	리앙 방언	Tasi	Mit	Pisiputi	Urita
	모렐라 방언	Tasi	Met	Salaka	Uliti
	바투메라 방언	Tási	Lauti	Salaka	Asáva
	라리키 방언	Tasi	Lautan	Salaka	U'sa
	사파루아 섬 방언	Tasi	Sawah	Salaka	Kutai
스람 섬	아와이야 방언	Tasíe	Lauhaha	Salaka	Lelutini
	카마리안 방언	Tasíe	Lauhaha	Salaka	Wehúi
	텔루티 방언	Lósa	Toweín	Salák	Lilicolo
	아티아고(이슬람) 및 토보 방언	Másin	Tási	Salaka	Ikulit
	아티아고(알푸로) 방언	Teísim	Taisin	Salaka	
	갈 방언	Síle	Tasok	Salak	Likito
	와하이어	Tasi	Laut	Seláka	Unin
	와투벨라어	Síra	Táhi	Saláha	Aliti
	테오르 섬 방언	Siren	Hoak	Silaka	Holit
	미솔 섬(해안) 방언	Lesin	Sol	Sulūp	Kine
	미솔 섬(내륙) 방언	Garam	Belot	Salup	Mot kehin
	바자우어	Garam	Medilaut	Sala'ka	Kulit

연기 (Smoke)	뱀 (Snake)	부드럽다 (Soft)	시다 (Sour)	창 (Spear)	별 (Star)
A'sap	Ū'lar	Lúmbūt	Másam	Tómbak	Bintang.
Kukos	Ulo	Gárno	A'sam	Tombak	Lintang.
Ombu	Sávha	Marobá	Amopára	Pandáno	Kalipopo.
Minta	Saa	Lumut	Kusi	Poki	Bintang.
Pūpūsy	Katoün	Marobo	Maresing	Budiak	Bitūy.
Obora	Noso	Murumpito	Morosomo		Matitie.
	Katóan	Musikomi	Naloso	Malehan	Bitúin.
					Kanumpitah.
Apfé	Túi	Maóma	Manili	Pedwihi	Fatúi.
Melūn	Nehei	Namlomo	Numnino	Tombak	Tūlin.
Fénen	Niha	Lómo	Dumilo	Néro	Tūlu.
Fenen	Wao	Lumlóba	Dumwilo	Nero	Tólóti.
Mipéli	Nife	Maloh	Numliloh	Tuwáki	Maralai.
Munyépho	Yéya	Bóleh	Logi	Sagu-sagu	Ngóma.
Iáso	Bow	Iklūt	Manil	Sagu-sagu	Betól.
Odópo	Inhiar	Damúdo	Dakiopi	Tombak	Ngóma.
Kunu	Nia	Apoka	Marino	Taha	Marin.
Aowaht	Nia	Polo	Marino	Túpa	Marin.
Asaha	Niéi	Maluta	Amokinino	Sapolo	Alanmatána.
Aow pōt	Niar	Máro	Marino	Topar	Mari.
Poho	Niar	Maru	Marimo	Kalēi	Mareh.
Weili	Tepéli	Mamouni	Maalino	Soláni	Oōna.
Poöti	Nia	Máru	Maaríno	Sanóko	Umáli.
Yafoin	Nifar	Málu	Malim	Tupa	Meléno.
Numi	Búfin	Mamálin	Manil	Túba	Tói.
Waham rapoi	Koioim	Mulisnim	Kounim	Leis-ánum	Kohim.
Kobun	Tekoss	Malúis	Mateïbi	Oika	Tilassa.
Honin	Tipolum	Mulumu	Manino	Tite	Teën.
Ef ubun	Tofágin	Malúis	Matilū	Galla galla	Tóin.
Yaf mein	Urubai	Máfon	Metiloi	Gala gala	Tokun.
Las	Pok	Umblo	Embisin	Chei	Toen.
Yap hoi	Pok	Rum	Pep	Dei	Náh.
Umbo	Ular	Lúmah	Gúsuh	Wijah	Kúliginta.

	단어	해 (Sun)	달다 (Sweet)	혀 (Tongue)	이齒 (Tooth)
	말레이어	Máta-ári	Mánis	Lídah	Gígi
	자와어	Sungingi	Lūgi	I'lat	U'ntu
남(南) 술라웨시	부퉁어	Soremo	Maméko	Lilah	Nichi
남(南) 술라웨시	셀라야르 섬 방언	Mata-alo	Tuni	Lilah	Gigi
북(北) 술라웨시	마나도 방언	Mata roú	Manisy	Lilah	Ngisi
북(北) 술라웨시	볼랑히탐 방언	Unu	Mogingo	Dila	Dongito
	생귀르 제도와 시아우 섬 방언	Kaliha	Mawangi	Lilah	Isi
	살리바부 제도 방언	Allo			
	술라 제도 방언	Léa	Mína	Máki	Níhi
부루 섬	카옐리 방언	Léhei	Emmínei	Mahmo	Nisim
부루 섬	와이아푸 방언	Hangat	Dumína	Maan	Nisi
부루 섬	마사라티 방언	Lia	Durianaa	Maanen	Nisinen
	암블라우 섬 방언	Laei	Mina	Munartéa	Nisnyatéa
	티도레 섬 방언	Wángi	Mámi	Aki	Ing
할마헤라 섬	가니 방언	Fowé	Gamis	Imōd	Afod
할마헤라 섬	갈렐라 방언	Wangi	Damúti	Nangaládi	Ini
암본 섬	리앙 방언	Riamata	Masusu	Meka	Niki
암본 섬	모렐라 방언	Liamátei	Masusu	Méka	Nikin
암본 섬	바투메라 방언	Limatáni	Kaséli	Numáwa	Nindiwa
암본 섬	라리키 방언	Liamáta	Masúma	Méh	Niki
	사파루아 섬 방언	Riamatani	Mosuma	Me	Nio
스람 섬	아와이야 방언	Líamateí	Emási	Méi	Nisi mo
스람 섬	카마리안 방언	Liamatei	Masóma	Meëm	Nikim
스람 섬	텔루티 방언	Liamatan	Sunsúma	Mecólo	Lilico
스람 섬	아티아고(이슬람) 및 토보 방언	Liamátan	Merasan	Mélin	Nifan
스람 섬	아티아고(알푸로) 방언	Léum		Nínum	Nesnim
스람 섬	갈 방언	Woleh	Masárat	Lemukonina	Nisikonina.
스람 섬	와하이어	Leān	Moleli	Me	Lesin
	와투벨라어	Olēr	Mateltelátan	Tumomá	Nifóa
	테오르 섬 방언	Lew	Minek	Mēn	Nifin
	미솔 섬(해안) 방언	Seasan	Krismis	Aran	Kalifin
	미솔 섬(내륙) 방언	Kluh	Mis	Aran	Kelif
	바자우어	Matalon	Manis	Délah	Gigi

물 (Water)	밀랍 (Wax)	희다 (White)	아내 (Wife)	날개 (Wing)	여자 (Woman)
A'yer	Lílin	Pūtih	Bíni	Sayap	Purumpuan.
Banyu	Lílin	Puté	Seng wedo	Sewíwi	Wong wedo.
Mánu	Taru	Mapúti	Orakenana	Opáni	Bawíne.
Aer	Pantis	Putih	Baini	Kapi	Baini.
Akéi	Tadu	Mabida	Gagijan	Panidey	Taumatababiney.
Sarúgo	Tajo	Mopotiho	Wure	Poripikia	Bibo.
Aki	Lilin	Mawirah	Sawa	Tula	Mahoweni.
Wai		Mawirah	Babineh		Babineh.
Wai	Tócha	Boti	Nifáta	Sóba	Fina.
Wäili	Lilin	Umpóti	Sówom	Ahiti	Umbinei.
Wai		Bóti	Gefína	Ahit	Gefíneh.
Wai		Bóti	Fínha	Panin	Fíneh.
Wai	Lilin	Purini	Elwinyo	Aféti	Remau elwinyo.
Aki	Tócha	Bubúlo	Foyá	Fila fila	Fofoyá.
Waiyr	Tócha	Wulan	Mapīn	Nifako	Mapīn.
Aki	Tócha	Daári	Mapidéka	Gulupúpo	Opedéka.
Weyr	Kina	Putih	Mahina	Aïna	Mahina.
Weyl	Lilin	Putih	Mahina	Ihóti	Mahina.
Weyl		Putih	Mahinai	Kihoá	Mainai
Weyl	Lilin	Putih	Mahina	I'ho	Mahina.
Wai	Riruiah	Putil	Pipina	Ihol	Pipina.
Wäéli	Lilin	Putíle	Mumahéna	Teyhóli	Mahína.
Wäéli	Lilin	Putih	Nímahína	Ihóri	Mahina.
Wélo	Nínio	Putih	Nihina	Hihóno	Ihina.
Waí	Lilin	Babút	Invína	Yeón	Vína.
Wai-im		Putih	Ifnéinin		Ifnéinin.
Arr	Lilin	Maphutu	Bina	Wákul	Binei.
Tólun	Lilin	Puteh	Pinan	Keheil	Pina híeti.
Arr	Lilin	Maphúti	Ahéhwá	Olilífi	Felelára.
Wehr		Sélup	Wewina	Fanik	Mewina.
Wayr	Telilin	Bus	Pin	Kufeu	Pin.
		Boo	Ji yu	Fieh	Mot yu.
Boi		Potih	Lako	Kapéna	Dindah.

	단어	목재 (Wood)	노랗다 (Yellow)	하나 (One)	둘 (Two)
	말레이어	Káyū	Kūning	Sátu	Dúa
	자와어	Kayu	Kuning	Sa, Sawiji	Loro
남(南) 술라웨시	부퉁어	Okao	Mákuni	Saangu	Ruano
남(南) 술라웨시	셀라야르 섬 방언	Kaju	Didi	Sedri	Rua
북(北) 술라웨시	마나도 방언	Kalun	Madidihey	Esa	Dudua
북(北) 술라웨시	볼랑히탐 방언	Kayu	Morohago	Soboto	Dia
	생귀르 제도와 시아우 섬 방언	Kalu	Ridihi	Kusa	Dua
	살리바부 제도 방언	Kalu	Maririkah	Sembäow	Dua
	술라 제도 방언	Kaō	Kuning	Hía	Gahú
부루 섬	카옐리 방언	Aow	Umpóro	Silei	Lua
부루 섬	와이아푸 방언	Kaō	Konin	Umsiun	Rua
부루 섬	마사라티 방언	Kaō	Koni	Nosiúni	Rua
	암블라우 섬 방언	Ow	Umpotoi	Sabi	Lua
	티도레 섬 방언	Lúto	Kuráchi	Remoi	Malófo
할마헤라 섬	가니 방언	Gagi	Madímal	Lepso	Leplu
할마헤라 섬	갈렐라 방언	Góta	Decokuráti	Moi	Sinuto
암본 섬	리앙 방언	Ayer	Poko	Sa	Rua
암본 섬	모렐라 방언	Ai	Poko	Sa	Lua
암본 섬	바투메라 방언	Ai	Apoo	Wása	Luá
암본 섬	라리키 방언	Ai	Poko	Isa	Dua
	사파루아 섬 방언	Ai	Pocu	Esa	Rua
스람 섬	아와이야 방언	Ai	Poporólo	Lai-isa	Lūūa
스람 섬	카마리안 방언	Ai	Pocu	Isái	Lúa
스람 섬	텔루티 방언	Lyeií	Poko	San	Lua
스람 섬	아티아고(이슬람) 및 토보 방언	A'i	Ununing	San	Lua
스람 섬	아티아고(알푸로) 방언	Ai-im	Uninim	Esá	Elúa
스람 섬	갈 방언	Kaya	Kunukunu	So	Lotu
스람 섬	와하이어	Ai	Masikuni	Sali	Lua
	와투벨라어	A'i	Wuliwulan	Sa	Rua
	테오르 섬 방언	Kai	Kúni	Kayée	Rúa
	미솔 섬(해안) 방언	Gáh	Kumenis	Katim	Lu
	미솔 섬(내륙) 방언	Ei	Flo	K'tim	Lu
	바자우어	Kayu	Kuning	Sa	Dua

셋 (Three)	넷 (Four)	다섯 (Five)	여섯 (Six)	일곱 (Seven)	여덟 (Eight)
Tíga	A'mpat	Líma	A'nam	Túj oh	Delápan.
Talu	Papat	Lima	Nanam	Pitu	Wola.
Taruáno	Patánu	Limánu	Namano	Pituáno	Veluáno.
Tello	Ampat	Lima	Unam	Tujoh	Karna.
Tateru	Pa	Rima	Num	Pitu	Walru.
Toro	Opato	Rima	Onomo	Pitu	Waro.
Tellon	Kopa	Lima	Kanum	Kapitu	Walu.
Tetálu	Apátah	Delima	Annuh	Pitu	Waru.
Gatíl	Gariha	Lima	Gané	Gapítu	Gatahúa.
Tello	Há	Lima	Ne	Hito	Walo.
Tello	Pá	Lima	Né	Pito	Etrúa.
Tello	Pa	Lima	Né	Pito	Trúa.
Relu	Faä	Lima	Noh	Pitu	Walu.
Rangi	Ráha	Runtóha	Rora	Tumodí	Tufkángi.
Leptol	Lepfoht	Leplim	Lepwonan	Lepfit	Lepwal.
Sāngi	Iha	Matóha	Butánga	Tumidingi	Itupangi.
Tero	Hani	Rima	Nena	Itu	Waru.
Telo	Hata	Lima	Nena	Itu	Waru.
Telua	Atá	Limá	Nená	Ituá	Walúa.
Toro	Aha	Rima	Nöo	Itu	Waru.
Toru	Haä	Rima	Noöh	Hitu	Waru.
Te-elu	Aāta	Lima	Nōme	Wītu	Walu.
Tello	A'ä	Lima	Nöme	Itu	Walu.
Toi	Fai	Lima	Noi	Fitu	Wagu.
Tōl	Fet	Lima	Num	Fīt	Wal.
E'ntol	Enháta	Enlima	Ennói	Enhit	Enwol.
Tolo	Faat	Lim	Wonen	Fiti	Alu.
Tolo	Ati	Nima	Lomi	Itu	Alu.
Tolu	Fata	Rima	Onam	Fitu	Allu.
Tel	Faht	Lima	Nem	Fit	Wal.
Tol	Fut	Lim	Onum	Fit	Wal.
Tol	Fut	Lim	Onum	Tit	Wal.
Tiga	Ampat	Lima	Nam	Tujoh	Dolapan.

	단어	아홉 (Nine)	열 (Ten)	열하나 (Eleven)
	말레이어	Sambilan	Sapúloh	Sapúloh sátu
	자와어	Sanga	Pulah	Swalas
남(南) 술라웨시	부퉁어	Sioánu	Sapúloh	Sapúloh sano
남(南) 술라웨시	셀라야르 섬 방언	Kasa	Sapuloh	Sapuloh sedrú
북(北) 술라웨시	마나도 방언	Sio	Mapulroh	
북(北) 술라웨시	볼랑히탐 방언	Sio	Mopuru	
	생귀르 제도와 시아우 섬 방언	Kasiow	Kapuroh	Mapurosa
	살리바부 제도 방언	Sioh	Mapuroh	Ressa
	술라 제도 방언	Gatasía	Póha	Poha di ha
부루 섬	카옐리 방언	Siwa	Boto	Boto lesile
부루 섬	와이아푸 방언	Eshía	Polo	Polo geren en sium
부루 섬	마사라티 방언	Chía	Polo	Polo tem sia
	암블라우 섬 방언	Siwa	Buro	Buro lani sebi
	티도레 섬 방언	Sio	Nigimói	Nigimói seremoi
할마헤라 섬	가니 방언	Lepsiu	Yagimso	Yagimso lepso
할마헤라 섬	갈렐라 방언	Sio	Megió	Megió demoi
암본 섬	리앙 방언	Sia	Husa	Huséla
암본 섬	모렐라 방언	Siwa	Husá	Huselali
암본 섬	바투메라 방언	Siwá	Husa	Husalaisa
암본 섬	라리키 방언	Siwa	Husa	Husaelel
	사파루아 섬 방언	Siwa	Husani	Husani lani
스람 섬	아와이야 방언	Siwa	Hutūsa	Sinleūsa
스람 섬	카마리안 방언	Siwa	Tineín	Salaise
스람 섬	텔루티 방언	Siwa	Hútu	Mesileë
스람 섬	아티아고(이슬람) 및 토보 방언	Siwa	Vūta	Vut säilan
스람 섬	아티아고(알푸로) 방언	Ensiwa	Fotusa	Fotusa elése
스람 섬	갈 방언	Sia	Ocha	Ocha le se
스람 섬	와하이어	Sia	Husa	Husa lesa
	와투벨라어	Sia	Sow	Terwahei
	테오르 섬 방언	Siwer	Hutá	Ocha kilu
	미솔 섬(해안) 방언	Si	Lafu	Lafu kutim
	미솔 섬(내륙) 방언	Sin	Yah	Yah tem metim
	바자우어	Sambilan	Sapuloh	

열둘 (Twelve)	스물 (Twenty)	서른 (Thirty)	백 (One hundred)
Sapúloh dúa	Dúa pūloh	Tiga pūloh	Sarátus.
Rolas	Rongpuluh	Talupuluh	Atus.
Sapúlohruano	Ruapulo	Tellopulo	Sáatu.
Sapuloh rua	Ruampuloh	Tellumpuloh	Sabilangan.
			Mahasu.
			Gosoto.
Mapuro dua	Duampuloh	Tellumpulo	Mahásu.
Ressa dua	Dua puroh	Tetalu puroh	Ma rasu.
Poha di gahú	Poha gahú	Poha gatíl	O'ta.
Betele dua	Botlua	Bot telo	Bot ha.
Polo geren rua	Porúa	Potéllo	U'tun.
Polo tem rua	Porúa	Potello	U'tun.
Bōr lan lua	Borolua	Borélo	Uruni.
Nigimói semolopho	Negimelopho	Negerangi	Ratumoi.
Yagimso leplu	Yofalu	Yofatol	Utinso.
Megió desinoto	Menohallo	Muruangi	Rátumoi.
Husa lua	Huturúà	Hutáro	Hutúna.
Husa lua	Huturua	Hutatilo	Hutūn.
Husalaisa lua	Hotulua	Hotelo	Hutunsá.
Husendua	Hutorua	Hutóro	Hutūn.
Husani elarua	Huturua	Hutoro	Utúni.
Sinlūa	Hutulúa	Hututēlo	Utúni.
Salalua	Hutulua	Hututello	Hutunérs.
Hutulelúa	Hutulúa	Hututoi	Hutún.
Vut sailan lūa	Vut lua	Vut tol	Utin.
Elelúa	Fotulúa	Fotol	Hutnisá.
Husa la lua	Otoru	Otólu	Lutcho.
Ocha siloti	Hutu a	Hutu tololu	Utun.
Ternorua	Teranrua	Terantolo	Rátua.
Arúa	Oturúa	Otil	Rása.
Fufu lu	Lufu lu	Lufu tol	Uton.
Yah mulu	Ya luh	Yatol	Toon.
			Datus.

왕립학회 회원으로 선출된 지 2년 후의 월리스(1895년)

월리스 연보

1807년. 월리스의 부모가 결혼하다.

1823년 1월 8일. 몬머스셔 어스크에서 앨프리드 러셀 월리스가 태어나다.

1836년 말~1837년 초. 그래머 스쿨을 자퇴하고, 형 존과 함께 지내려고 런던에 가다.

1837년 초. 로버트 오언과 추종자들의 유토피아 이상주의를 처음 접하다.

1837년 중엽. 베드퍼드셔에 있는 큰형 윌리엄을 찾아가 측량을 배우다.

1840년~1843년. 웨스트잉글랜드와 웨일스를 측량하다.

1841년. 킹스턴 직업전문학교에 비공식적으로 관여하다.

1844년 초. 레스터 종합학교 교장으로 채용되다.

1844년. 헨리 월터 베이츠를 만나고, 메스머리즘 강연과 시연에 참석하다.

1845년 2월. 윌리엄이 죽다. 월리스가 종합학교를 그만두고 사업을 벌이다.

1848년 4월 25일. 월리스와 베이츠가 잉글랜드를 떠나 남아메리카 아마존에서 자연사 채집 탐사를 시작하다.

1852년 7월 12일. 남아메리카에서 잉글랜드로 돌아오다. 8월 6일에 배가 화재로 가라앉고 월리스는 열흘 뒤에 바다에서 구조되다.

1852년 10월 1일~1854년 3월. 주로 런던에서 지내다. 1853년에 『아마존의 야자나무*Palm Trees of the Amazon*』와 『아마존과 히우네그루 여행기*A Narrative of Travels on the Amazon and Rio Negro*』가 출간되다.

1854년 3월. 잉글랜드를 떠나 극동에 가서 자연사 채집 탐사를 벌이다.

1854년 4월 20일~1862년 2월 20일. 말레이 제도에서 채집 탐사를 벌이다.

1855년 2월. 사라왁에서 논문 「새로운 종의 도입을 좌우하는 법칙에 대하여On the Law which has Regulated the Introduction of New Species」를 쓰다.

1858년 2월. 「변종이 원형에서 끝없이 멀어지는 경향에 대하여On the Tendency of Varieties to Depart Indefinitely From thc Original Type」를 써서 찰스 다윈에게 보내어 논평을 청하다.

1858년 7월 1일. 월리스와 다윈의 자연선택 논문이 린네학회 특별 회의에 제출되다.

1859년 11월. 월리스 선을 설명한 「말레이 제도의 동물지리에 대하여On the Zoological Geography of the Malay Archipelago」가 린네학회에서 발표되다. 다윈의 『종의 기원』이 출간되다.

1862년 4월 1일. 잉글랜드로 돌아오다.

1864년 3월 1일. 「자연선택 이론에서 도출한 인류의 기원The Origin of Human Races Deduced From the Theory of "Natural Selection"」을 런던인류학회에 제출하다.

1866년 4월 5일. 식물학자이자 친구 윌리엄 미튼의 딸 애니 미튼과 결혼하다.

1866년 8월~9월. 「초자연적 현상의 과학적 측면The Scientific Aspect of the Supernatural」을 발표하다.

1869년 3월 9일. 『말레이 제도』가 출간되다.

1870년 초~1872년 초. 런던곤충학회 회장이 되다.

1870년 3월. 바킹으로 이사하다.

1870년 4월. 『자연선택 이론 보론*Contributions to the Theory of Natural Selection*』이 출간되다.

1872년 3월. 에식스 그레이스로 이사하다.

1874년 5월~6월. 「현대 심령주의 옹호A Defence of Modern Spiritualism」를 발표하다.

1875년 3월. 『기적과 현대 심령주의에 대하여*On Miracles and Modern Spiritualism*』가 출간되다.

1876년 3월. 『동물의 지리적 분포*The Geographical Distribution of Animals*』가 출간되다.

1876년 7월. 도킹 로즈힐로 이사하다.

1876년 9월. 영국과학진흥협회 연례 대회 D부(생물학) 의장이 되다.

1878년. 크로이던으로 이사하다. 『열대 자연과 그 밖의 에세이*Tropical Nature and Other Essays*』가 출간되다.

1880년 10월. 『섬의 생물*Island Life*』이 출간되다.

1881년 3월. 토지국유화협회Land Nationalisation Society가 창립되어 월리스가 초대 회장이 된다.

1881년 5월. 고덜밍으로 이사하다.

1882년 4월 19일. 찰스 다윈이 타계하다.

1882년 5월. 『토지 국유화*Land Nationalisation*』가 출간되다.

1886년 한가을~1887년 늦여름. 미국과 캐나다에서 순회 강연을 하다.

1889년 5월. 『다윈주의*Darwinism*』가 출간되다.

1889년 6월. 도싯 파크스톤으로 이사하다.

1890년 2월~5월. 왕립백신위원회에서 증언하다.

1890년 9월. 「인간 선택Human Selection」을 발표하다.

1893년. 왕립학회 회원으로 선출되다.

1893년 11월~12월. 「빙기와 그 작용The Ice Age and Its Work」을 발표하다.

1896년 9월. 스위스 다보스에서 과학의 진보에 대해 강연하다.

1898년 6월 10일. 『경이로운 세기*The Wonderful Century*』가 출간되다.

1902년 12월. 브로드스톤 올드오처드(도싯 윔번 근처)로 이사하다.

1903년 10월. 『우주에서 인간이 차지하는 위치*Man's Place in the Universe*』가 출간되다.

1905년 10월. 『월리스 자서전*My Life*』이 출간되다.

1908년 7월 1일. 런던 린네학회에서 다윈·월리스 메달을 받다.

1908년 12월. 왕립학회에서 코플리 메달을 받고 왕실로부터 메리트 훈장을 받다.

1909년 1월 22일. 왕립연구소에서 「생명의 세계The World of Life」라는 제목으로 강연하다.

1910년 12월. 『생명의 세계*The World of Life*』가 출간되다.

1913년 11월 7일. 올드오처드에서 타계하다.

1913년 11월 10일. 브로드스톤에 묻히다.

1915년 11월 1일. 월리스의 이름이 새겨진 명판이 웨스트민스터 사원에 설치되다.

1923년 6월 23일. 사우스켄싱턴 자연사박물관에서 왕립학회 회장 찰스 S. 셰링턴 경이 월리스 기념 초상화를 제막하다.

출처: 앨프리스 월리스 페이지(http://people.wku.edu/charles.smith/wallace/chronol.htm)

월리스 논문

TENDENCY OF SPECIES TO FORM VARIETIES. 53

(only few will succeed) to seize on as many and as diverse places in the economy of nature as possible. Each new variety or species, when formed, will generally take the place of, and thus exterminate its less well-fitted parent. This I believe to be the origin of the classification and affinities of organic beings at all times; for organic beings always *seem* to branch and sub-branch like the limbs of a tree from a common trunk, the flourishing and diverging twigs destroying the less vigorous—the dead and lost branches rudely representing extinct genera and families.

This sketch is *most* imperfect; but in so short a space I cannot make it better. Your imagination must fill up very wide blanks.

C. Darwin.

III. *On the Tendency of Varieties to depart indefinitely from the Original Type.* By Alfred Russel Wallace.

One of the strongest arguments which have been adduced to prove the original and permanent distinctness of species is, that *varieties* produced in a state of domesticity are more or less unstable, and often have a tendency, if left to themselves, to return to the normal form of the parent species; and this instability is considered to be a distinctive peculiarity of all varieties, even of those occurring among wild animals in a state of nature, and to constitute a provision for preserving unchanged the originally created distinct species.

In the absence or scarcity of facts and observations as to *varieties* occurring among wild animals, this argument has had great weight with naturalists, and has led to a very general and somewhat prejudiced belief in the stability of species. Equally general, however, is the belief in what are called "permanent or true varieties,"—races of animals which continually propagate their like, but which differ so slightly (although constantly) from some other race, that the one is considered to be a *variety* of the other. Which is the *variety* and which the original *species*, there is generally no means of determining, except in those rare cases in which the one race has been known to produce an offspring unlike itself and resembling the other. This, however, would seem quite incompatible with the "permanent invariability of species," but the difficulty is overcome by assuming that such varieties have strict limits, and can never again vary further from the original type, although they may return to it, which, from the

출처: The Complete Work of Charles Darwin Online

1858년 7월 1일 런던 린네학회에서 발표된 앨프리드 러셀 월리스의 논문 1면. 이 논문은 월리스가 말레이 제도를 탐사하고 있던 기간 중 1858년 2월에 찰스 다윈에게 보내어 먼저 보여준 것으로, 찰스 라이엘과 조지프 돌턴 후커가 주선하여 그 해 린네학회에서 다윈의 논문과 이 논문이 공동으로 발표되었다.

옮긴이 주:

이 글은 1858년 7월 1일에 런던 린네학회에서 다윈의 논문과 함께 공동으로 발표된 월리스의 논문을 옮긴 것으로, 자연선택에 의한 진화를 최초로 해명한 역사적 논문이다. 월리스는 이 논문을 다윈에게 먼저 보냈는데, 자연선택에 의한 진화의 아이디어를 오래전에 떠올렸으나 발표를 망설이고 있던 다윈은 평생에 걸친 자신의 연구가 물거품이 되리라는 두려움에 사로잡힌다. 그래서 부랴부랴 미발표 원고를 추려 월리스의 논문과 함께 학회에 제출한다. 월리스의 논문은 다윈의 논문 두 편 뒤에 실렸으며, 최초 발표자가 우선권을 가지는 학계의 관행과 달리 다윈이 명성을 독차지한다. 하지만 우리는 자연선택에 의한 진화를 이야기할 때 다윈의 이름 앞에 앨프리드 러셀 월리스를 두어야 한다.

이 논문에서 월리스는 맬서스의『인구론』에서 제시한 인구의 기하급수적 증가를 동물에 적용하는 기발한 아이디어를 전개한다. 이에 따르면 동물은 생존 가능한 것보다 훨씬 많은 새끼를 낳으며 환경에 가장 잘 적응한 것들만이 살아남음으로써 자연적으로 도태가 이루어진다. 변종이 원종으로 돌아가지 않고 점점 달라지는 현상은 이렇게 설명할 수 있으며, 이것이 바로 자연선택에 의한 진화의 기본 골격이다.

3. 변종이 원형에서 끝없이 멀어지는 경향에 대하여
(Ⅲ. On the Tendency of Varieties to Depart Indefinitely From the Original Type)

앨프리드 러셀 윌리스

종의 구분이 영원불변함을 입증하려고 제시된 논거 중에서 가장 탄탄한 것은 가축에서 생겨난 변종이 불안정하며 그대로 내버려두면 원종原種의 정상적 형태로 돌아가는 경향이 있다는 것이다. 이 논거에 따르면 불안정성은 모든 변종에서, 심지어 자연 상태의 야생동물 변종에서도 나타나며, 각각의 종이 처음 창조된 그대로 불변하는 것은 이 때문이다.

야생동물에서 변종이 나타난다는 증거(와 관찰 결과)가 없거나 적은 탓에 자연사학자들은 이 논거에 설득력이 있다고 생각했으며 이로부터 종이 안정적이라는 통념과 편견이 널리 퍼졌다. 하지만 형태가 변하지 않은 채 계속 번식하면서도 품종Race 간의 차이가 (꾸준하게 나타나기는 하지만) 아주 작은 이른바 '영구변종 또는 참변종'이 있다는 믿음도 이에 못지않게 널리 퍼져 있다. 한 품종의 후손이 어미를 닮지 않고 상대편 품종과 비슷하게 생긴 드문 경우를 제외하면, 어느 쪽이 변종이고 어느 쪽이 원종인지 구별할 방법은 일반적으로는 전혀 없다. 이것이 '종의 영원불변함'과 상충하는 것처럼 보이기는 하지만, 이런 변종에 엄격한 한계가 있고 (원종으로 돌아갈 수만 있지) 결코 원형에서 멀어지지 않는다면-가축에서 추론컨대 이는 확실히 입증되지는 않았으나 매우 그럴 법하다고 간주된다-이 난점은 해결된다.

이 논증은 '자연 상태에서 생기는 변종은 모든 면에서 가축의 변종과 비슷하거나 심지어 동일하며, 가축의 변종이 영속하거나 변이하는 것과 똑같은 법칙을 따른다.'라는 가정에 전적으로 의존한다. 본 논문의 목표는 두 가지를 밝히는 것이다. 첫째, 이 가정은 완전히 틀렸다. 둘째, 야생동물은 변종이 원종보다 오래 존속하고 잇따라 변이하면서 원형에서 점점 멀어지는 경우가 많은 반면에 가축은 변종이 원형으로 돌아가려는 경향이 있는데, 이는 하나의 일반 원리로 설명된다.

야생동물의 삶은 생존 투쟁이다. 자신과 새끼의 목숨을 부지하려면 모든 능력과 에너지를 최대한 발휘해야 한다. 가장 곤궁한 계절에 먹이를 구하고 가장 위험한 적의 공격을 피할 수 있는가가 개체와 종 전체의 생존을 좌우한다. 종의 마릿수도 이에 따라 정해진다. 모든 상황을 곰곰이 따져 보면, 언뜻 보기에 도무지 설명할 수 없을 것 같은 현상, 즉 왜 어떤 종은 매우 흔한데 이들의 근연종은 매우 귀한가를 이해하고 설명할 수 있을 것이다.

동물 집단 간에 일반적 비율이 성립해야 한다는 것은 쉽게 알 수 있다. 몸집이 큰 동물은 작은 동물만큼 흔할 수 없고, 육식동물은 초식동물보다 적을 수밖에 없으며, 독수리와 사자는 결코 비둘기와 영양만큼 많을 수 없고, 타타르 사막의 야생 당나귀는 아메리카의 무성한 초원인 프레리와 팜파스에 서식하는 말의 수를 따라잡지 못한다. 동물의 생식력은 흔하냐 귀하냐를 결정하는 주요인이라고들 하지만, 자연 현상을 들여다보면 거의 또는 아무 상관이 없음을 알 수 있다. 심지어 새끼를 가장 적게 낳는 동물도 내버려두면 급속히 증가한다. 반면에 지구상의 동물 마릿수는 정체하거나 (인간의 영향으로) 감소할 수밖에 없다. 변동이 있을 수는 있겠지만 일부 지역을 제외하면 영구적으로 증가하는 것은 불가능에 가깝다. 이를테면 조류는 강력한 요인 때문에 자연적 증가가 억제되지 않으면 해마다 기하급수적으로 증가해야 하지만, 그렇지 않음을 우리 눈으로 관찰할 수 있다. 새끼를 1년에 한 마리만 낳는 새는 거의 없으며 상당수가 여섯 마리, 여덟 마리, 열 마리를 낳는다. 네 마리는 평균 이하임이 틀림없다. 한 쌍이 평생 네 번만 새끼를 낳는다고 가정하면 이 또한 평균 이하일 것이다(공격이나 먹이 부족으로 죽지 않는 한). 하지만 이런 속도라면 한 쌍이 몇 년 안에 어마어마하게 증가하지 않겠는가! 간단히 계산해 보아도 각 쌍이 15년 뒤에는 거의 1,000만 마리까지 증가함을 알 수 있다! 하지만 어느 지역에서든 새의 마릿수가 15년이나 150년 뒤에 조금이라도 증가하리라고는 믿을 수 없다. 이런 증가율이라면 각 종이 생긴 지 몇 년 지나지 않아 마릿수가 한계에 이를 수밖에 없다. 따라서 해마다 어마어마한 수의 새가-실은 태어나는 만큼 많이-죽어야 한다. 가장 낮게 잡았을 때 후손은 해마다 부모의 두 배씩 증가하므로, 주어진 지역의 평균 마릿수가 얼마이든지 그 두 배가 매년 죽어야 한다는 결론이 나온다. 이것은 충격적인 결과이지만, 사실일 가능성이 매우 크며 실제 수치는 이를 웃돌 것이다. 따라서 종이 존속하고 평균 마릿수가 유지된다고 치면 대부분의 새끼는 잉여인 듯하다. 평균적으로 한 마리를 제외한 나머지는 모두 매와 솔개, 삵과 족제비에게 잡혀먹히거나 겨울에 추위와 굶주림으로 죽는다. 이를 똑똑히 보여주는 종이 있다. 이 종의 사례에서는 개체의 수가 생식력과 전혀 관계가 없음을 알 수 있다. 미국의 나그네비둘기는 조류 중에서도 마릿수가 많기로 유명하다. 그런데 녀석들은 알을 하나 아니면 둘만 낳으며 새끼를 대개 한 마리만 기른다고 한다. 이런 나그네비둘기의 마릿수가 이토록 많은 반면에 새끼를 두세 배 많이 낳는 종들의 마릿수가 훨씬 적은 이유는 무엇일까? 이 현상을 설명하는 것은 어렵지 않다. 나그네비둘기가 가장 좋아하고 나그네비둘기에게 가장 좋은 먹이는 드넓은 지역에 풍부하게 분포하기에, 다양한 토양과 기후 중 어딘가에서는 반드시 먹이를 구할 수 있다. 나그네비둘기는 매우 빨리 오래 날 수 있어서, 서식지 전역을 지치지 않고 가로지를 수 있으며 한 곳에서 먹이가 떨어지기 시작하면 딴 곳에서 먹이를 찾을 수 있다. 이 사례에서 똑똑히 알 수 있듯 몸에 좋은 먹이를 꾸준히 구할 수 있는 것은 종의 급속한 증가를 보장하는 거의 유일한 필수 조건이다. 그러면 생식력이 낮거나 맹금과 인간에게 마구잡이로 공격받아도 마릿수가 억제되지 않는다. 이 드문 조건들이 이토록 절묘하게 맞아떨어지는 경우는 다른 어떤 조류에서도 찾아볼 수 없다. 나머지 조류는 먹이가 떨어지기 쉽거나, 날개 힘이 약해서 먼 거리를 날아다니며 먹이를 찾을 수 없거나, 추운 계절에 먹이가 부족해져서 부실한 먹이로 연명해야 한다. 그러니 나그네비둘기보다 새끼를 더 많이 낳더라도, 결코 가장 열악한 계절의 먹이 공급량을 초과하여 증가할 수 없다. 많은 조류는 먹이가 귀해지면 기후가 온난한-적어도 다른-지역으로 이주해야만 살아남을 수 있다. 하지만 철새의 마릿수가 극히 많아지는 경우가 거의 없는 것으로 보건대 녀석들이 찾아가는 지역도 몸에 좋은 먹이가 꾸준하고 풍부하게 공급되지 않음이 분명하다. 먹이가 철마다 귀해져도 신체적 제약 때문에 이주하지 못하는 조류는 마릿수가 결코 많아질 수 없다. 열대지방에 가장 흔한 텃새 중 하나인 딱다구리가 영국에 그토록 드문 것은 이 때문일 것이다. 마찬가지로 유럽참새가 유럽울새보다 흔한 이유는 먹이가 더 많고 꾸준하기 때문이다. 겨울에도 풀씨가 남아 있고 농장과 벌목장에서는 언제나 먹이를 구할 수 있다. 물새, 특히 바닷새의 마릿수가 매우 많은 것은 무엇 때문일까? 이는 다른 새보다 생식력이 커서가 아니라-대체로 그 반대다-먹이가 결코 떨어지지 않기 때문이다. 바닷가와 강둑에는 작은 연체동물과 갑각류가 매일같이 몰려와 득시글거린다. 똑같은 법칙이 포유류에도 적용된다. 삵은 생식력이 크며 천적이 별로 없는데 왜 결코 토끼만큼 흔해지지 않을까? 유일하게 납득할 수 있는 답은 먹이 공급이 더 들쑥날쑥하다는 것이다. 따라서 물리적 조건이 달라지지 않는 한 동물 개체군의 수가 실질적으로 증가할 수 없음은 분명하다. 한 종이 늘면 같은 먹이를 먹는 다른 종이 그만큼 줄 수밖에 없다. 해마다 엄청난 수의 동물이 죽어야 한다. 개체는 혼자 힘으로 살아가야 하므로, 죽는 것은 가장 약한 개체-매우 어리거나 늙었거나 병든 개체-일 수밖에 없고, 오래 살아남는 개체는 가장 건강하고 튼튼한 개체-먹이를 꾸준히 얻고 천적을 가장 잘 피하는 개체-일 수밖에 없다. 앞에서 말했듯 이것은 '생존 투쟁'이며, 가장 약하고 부실한 개체가 늘 패배하기 마련이다.

종의 개체들 사이에서 일어나는 현상은 집단 내의 여러 근연종 사이에서도 일어날 수밖에 없다. 즉, 먹이를 꾸준히 구하고 천적의 공격과 계절의 곡절로부터 스스로를 지키는 방면으로 가장 잘 적응한 종이 마릿수 측면에서 우위를 점하고 지키는 것은 필연적이다. 반면에 힘이나 신체 구조에 결함이 있어서 먹이 부족 등에 대처할 능력이 가장 부족한 종은 수가 감소하고 극단적인 경우 아예 멸종할 수밖에 없다. 이 극단적 경우를 제외하면 생명 유지 수단을 확보하는 능력은 종마다 천차만별이다. 종이 흔하거나 귀한 것은 이렇게 설명할 수 있다. 아직은 지식이 부족하여 결과로부터 정확한 원인을 도출하지 못하나, 온갖 동물 종의 구조와 습성을 완벽하게 알고 온갖 상황에서 각 종이 안전과 생존을 기하는 데 필요한 행동을 하는 능력을 측정할 수 있다면 (필연적 결과인) 마릿수의 상대적 비율을 계산할 수 있을지도 모른다.

나의 논지는 두 가지다. 첫째, 한 지역의 동물 마릿수는 대체로 일정하며, 먹이의 주기적 부족 같은 요인 때문에 억제된다. 둘째, 여러 종에 속한 개체들이 상대적으로 흔하거나 귀한 것은 신체 구조와 그로 인한 행동에 전적으로 좌우된다(특정 상황에서 먹이의 꾸준한 공급과 개체의 안전을 확보하기 힘들어졌을 때, 이를 상쇄하려면 마릿수가 줄어야 한다). 두 논지를 확립하는 데 성공했다면, 이제 변종에 대한 논의로 나아가도 될 것이다(앞의 설명은 변종에도 직접적이고 매우 중요하게 적용된다).

전형적 형태의 종에서 비롯한 대부분의 또는 (아마도) 모든 변종은 개체의 습성이나 능력에 작으나마 뚜렷한 영향을 미친다. 색깔이 변하기만 해도, 식별되는 정도가 달라져서 안전에 영향에 미친다. 털 길이에 따라 습성이 달라질 수도 있다. 힘이 세지거나 다리나 외부 기관의 크기가 달라지는 등의 더 중요한 변화는 먹이를 구하는 방법이나 서식지 범위에 크든 작든 영향을 미칠 것이다. 대부분의 변화가 생존 가능성에 좋게든 나쁘게든 영향을 미치리라는 것도 분명하다. 영양이 다리가 짧아지거나 약해지면 고양이과 육식동물의 공격에 취약해질 수밖에 없으며 나그네비둘기가 날개가 약해지면 조만간 먹이를 꾸준히 구하기 힘들어질 것이다. 두 경우 다, 종의 마릿수가 줄 수밖에 없다. 이에 반해 생존 능력이 조금 증가한 변종이 생긴다면 이 변종은 시간이 지나면서 반드시 수적 우위를 차지할 것이다. 이것은 노화, 폭음, 식량 부족이 사망률을 높이는 것만큼이나 확실하다. 두 경우 다 개별적 예외가 많이 있을 수 있지만, 평균적으로는 규칙이 예외 없이 적용될 것이다. 따라서 모든 변종은 두 부류로 나뉜다. 하나는 같은 조건에서 원종의 마릿수에 결코 도달하지 못하는 부류이고, 다른 하나는 시간이 지나면서 수적 우위를 차지하고 이를 유지하는 부류다. 이제 그 지역에서 물리적 조건의 변화-가뭄이 길어지거나, 메뚜기가 식물을 먹어치우거나, '새로운 목초지'를 찾는 육식동물이 새로 들어온다-가 일어난다고 해 보자. 이 중에서 어떤 변화가 일어나더라도 종의 생존은 어려워지며, 완전한 절멸을 면하려면 전력을 다해야 한다. 종을 이루는 모든 개체 중에서 가장 수가 적고 가장 허약한 변종이 가장 먼저 타격을 입을 것이며 극심한 압박을 받으면 금세 멸종한다. 같은 요인이 계속 작용하면 원종이 다음으로 타격을 입어 점차 수가 줄 것이며 비슷한 악조건이 다시 찾아오면 원종 또한 멸종할지도 모른다. 그러면 우월한 변종만 남을 것이고, 여건이 좋아지면 급속히 수가 늘어, 멸종한 종과 변종의 자리를 차지할 것이다.

그리하여 변종이 종을 대체했으며, 이 변종은 종보다 더 완벽하게 발달하고 고도로 조직화되었을 것이다. 또한 이 변종은 자신의 안전을 확보하고 개체의 생존과 종의 존속을 연장하는 측면에서 두루 더 낫게 적응했을 것이다. 이런 변종은 원형으로 돌아갈 수 없다. 원형은 열등하기에 변종과의 생존 경쟁에서 결코 이길 수 없기 때문이다. 따라서 종의 원형이 재생산되는 '경향'이 있다 하더라도, 변종이 수적으로 우세할 것이며 물리적 악조건이 닥치면 홀로 살아남을 것이다. 하지만 이 새롭고 낫고 우세한 품종도 시간이 흐르면서 새 변종이 생겨 다양한 형태로 갈라질 것인데, 이 중에서 생존 능력이 커진 변종이 있다면 똑같은 일반 법칙에 따라 자신의 차례에 번성할 것이다. 이로써 자연 상태에서 동물의 생존을 좌우하는 일반 법칙과 변종이 곧잘 생긴다는 명백한 사실로부터 진보와 계속된 분기가 일어난다고 추론할 수 있다. 하지만 이 결과가 불변하는 것은 아니다. 서식지의 물리적 조건이 달라지면 물질적 변화가 일어나 예전 조건에서는 생존에 가장 유리하던 품종이 가장 불리해지고 심지어 더 새롭고 (당분간) 우월하던 품종이 멸종하는 반면에 예전의 종이나 원종, 원종의 열등한 첫 변종이 계속 번성할 수도 있다. 생존 능력에 눈에 띄는 변화를 전혀 일으키지 않는 사소한 부분에서도 변이가 일어날 수 있다. 이런 변이가 일어난 변종은 원종과 나란히 번식하면서 더 많은 변종을 낳을 수도 있고 원형으로 돌아갈 수도 있다. 나의 요지는 특정 변종이 원종보다 더 오래 존속하는 경향이 있다는 것이다. 이 경향은 반드시 나타날 수밖에 없다. 제한된 규모에서는 변화나 평균의 원리를 결코 신뢰할 수 없더라도, 이를 많은 수에 적용하면 그 결과가 이론의 예측에 근접하며 사례가 무한에 가까워지면 결과가 거의 정확해지기 때문이다. 자연은 엄청난 규모에서 작용하기에-자연이 다스리는 개체의 수와 시간의 길이는 무한에 근접한다-어떤 요인이 아무리 사소하더라도, 또한 그 요인이 우연한 상황에 가려지거나 반작용을 겪을 가능성이 아무리 커도 결국은 원리에 들어맞는 결과를 낳을 수밖에 없다.

이제 가축으로 돌아가 가축의 변종이 위에서 상술한 원리에 어떻게 영향을 받는지 살펴보자. 야생동물과 가축의 조건에서 근본적인 차이는 다음과 같다. 야생동물의 안녕과 생존은 모든 감각과 힘을 온전히 발휘하고 몸이 건강한가에 의존하는 반면에 가축은 감각과 힘을 일부만 발휘하고 경우에 따라서는 아예 쓰지 않는다. 야생동물은 먹이를 구하려면 돌아다니면서 찾고 종종 애를 써야 한다. 먹이를 찾고 위험을 피하고 악천후에 대비하여 보금자리를 마련하고 새끼를 먹여 살리고 안전하게 보살피려면 시각, 청각, 후각을 동원해야 한다. 그래서 매일, 매시간 근육을 쓰고 끊임없는 사용으로 감각과 능력이 단련된다. 이에 반해 가축은 먹이가 공급되고, 악천후에서 지켜줄 보금자리나 우리가 있고, 천적의 공격에서 보호받고, 심지어 새끼를 기를 때도 사람의 도움을 받는다. 가축의 감각과 능력 중에서 절반은 쓸모없고 나머지 절반은 이따금 하찮게 동원될 뿐이며 심지어 근육도 가끔씩만 쓰인다.

이런 가축에게서 변종이 생겨 기관이나 감각의 힘과 능력이 커지더라도 이는 아무런 쓸모가 없으며 심지어 동물은 차이를 느끼지도 못한 채 살아갈지도 모른다. 이에 반해 야생동물은 목숨을 부지하기 위해 모든 능력과 힘을 온전히 발휘해야 하므로 이런 변화가 즉시 활용되고 강화되며 먹이와 습성, 삶 전체에 작으나마 영향이 미칠 수밖에 없다. 말하자면 우월한 힘을 가진 새로운 동물이 창조되는 셈이며 이 품종은 필연적으로 수가 증가하여 열등한 품종보다 오래 존속할 것이다.

다시 말하지만, 가축은 모든 변종의 생존 가능성이 같으며, 야생동물에서라면 경쟁력이 없고 생존할 수 없는 변이도 전혀 단점이 되지 않는다. 금방 살찌는 돼지, 다리가 짧은 양, 모이주머니가 부푼 비둘기, 털이 곱슬곱슬한 개는 자연 상태에서는 결코 존속할 수 없다. 이런 열등한 형태를 향해 한 걸음 내디디는 순간 멸종했을 테니 말이다. 야생의 근연종과 경쟁하여 존속할 리는 더더욱 만무하다. 경주마의 빠른 속도와 약한 지구력, 농마農馬의 어마어마한 근력은 둘 다 자연 상태에서는 쓸모가 없다. 이런 동물은 팜파스에서 야생으로 돌아가면 금세 멸종하거나, 여건이 좋으면 극단적인 (결코 쓰이지 않는) 성질을 잃고 몇 세대 만에 원형으로 돌아갈 것이다. 이 동물은 먹이를 구하고 안전을 확보하는 데 가장 잘 적응하도록 힘과 능력의 균형이 이루어져야 하며 자신의 모든 부위를 완전히 활용해야만 살아갈 수 있을 것이다. 가축은 야생으로 돌아가면 본디 야생일 때의 유형에 가까워지든지 완전히 멸종할 수밖에 없다.

이렇듯 가축에서 일어나는 현상에 대한 관찰만으로는 자연 상태에서의 변종에 대해 어떤 결론도 이끌어낼 수 없다. 야생동물과 가축은 생존의 모든 상황에서 무척 상반되기에 한쪽에 적용되는 원리가 다른 쪽에 적용되지 않는 것이 거의 틀림없다. 가축은 비정상이고 불규칙하고 인위적이며, 자연 상태에서는 결코 일어나지 않고 일어날 수도 없는 변이를 겪는다. 가축의 생존은 전적으로 사람의 손에 달렸다. 가축은 능력의 분배가 올바른 비율-즉, 스스로의 힘으로 살아남아야 하는 동물이 생명을 부지하고 후손을 남기기 위한 신체의 참된 균형-에서 훌쩍 벗어난 경우가 많다.

라마르크 가설-동물이 자신의 신체 기관을 더욱 발달시켜 구조와 습성을 변화시키려고 시도하면서 종이 점차 변화했다는 가설-은 종과 변종의 주제를 다루는 모든 저술가가 되풀이하여 언급하고 쉽게 반박했으며, 이로써 모든 문제가 해결되었다고 여긴다. 하지만 본 논문에서 전개한 논증에 따르면 자연에서 끊임없이 작용하는 원리가 비슷한 결과를 낳는다는 사실이 밝혀졌으므로 그런 가설이 아예 불필요해진다. 매와 고양이의 힘세고 숨길 수 있는 발톱은 이 동물의 의지로 생기거나 커진 것이 아니다. 예전의 덜 조직화된 형태에서 생겨난 여러 변종 중에서 먹이 잡는 능력이 가장 뛰어난 것이 언제나 가장 오래 존속한 것이다. 기린의 목이 길어진 것도 더 높은 나무의 잎을 먹으려고 자꾸 목을 빼서가 아니라, 목이 여느 기린보다 긴 변종이 같은 장소에서 새로운 먹이를 확보할 수 있었기에 먹이가 부족해졌을 때 더 오래 살아남을 수 있었기 때문이다. 심지어 많은 동물, 특히 곤충의 독특한 색깔이 자기가 주로 서식하는 흙이나 잎이나 줄기를 빼닮은 것도 같은 원리로 설명된다. 오랜 세월을 거치면서 여러 색깔의 변종이 생겼을 테지만, 적에게서 몸을 숨기는 데 가장 알맞은 색깔을 가진 품종이 가장 오래 존속할 수밖에 없을 것이기 때문이다. 또한 우리는 자연에서 숱하게 관찰되는 균형(어떤 신체 기관들이 약해지면 다른 신체 기관들이 더욱 발달하여 이를 상쇄하는 것), 즉 발이 약하면 날개가 강하고 방어 무기가 없으면 빠른 속도로 이를 보완하는 현상을 설명할 수 있다. 약점이 보완되지 않은 변종이 오래 존속할 수 없음이 밝혀졌기 때문이다. 이 원리가 작용하는 방식은 증기 기관의 원심조속기(물체의 원심 작용을 응용하여 엔진의 회전 속도를 자동적으로 일정하게 조절하는 장치_옮긴이)를 빼닮았다. 원심조속기는 불규칙한 동작이 뚜렷이 나타나기도 전에 이를 점검하고 바로잡는다. 마찬가지로 동물계에서도 약점이 보완되지 않으면 생존이 힘들어지고 멸종이 거의 틀림없이 뒤따라 첫 단계부터 어려움을 겪을 것이기에 이러한 약점은 결코 눈에 띌 만큼의 규모에 이르지 못한다. 본 논문에서 주장하는 기원설은 조직화된 존재에서 나타나는 형태적·구조적 변화의 독특한 성격-원형에서 비롯한 여러 갈래의 분기, 근연종이 잇따라 나타나면서 특정 기관의 효율과 힘이 커지는 현상, 기본적 성질이 부쩍 달라졌는데도 색깔과 깃털(이나 털)의 질감과 뿔(이나 볏)의 형태처럼 중요하지 않은 부위가 놀랍도록 오래 보존되는 현상-과도 부합한다. '더 특수화된 구조'-오언 교수는 이것이 멸종된 형태와 대조되는 최근 형태의 특징이라고 말하는데, 이는 동물의 삶에서 특별한 목적에 쓰이는 기관이 점진적으로 변화한 결과임이 틀림없다-가 나타나는 이유도 이로써 설명된다.

나는, 자연에서 특정 부류의 변종이 원형에서 점점 더 멀어지는 방향으로 계속 나아가는 경향이 있으며-여기에 뚜렷한 한계를 둘 이유는 전혀 없어 보인다-자연에서 이런 결과를 낳는 원리에 따르면 가축이 원형으로 돌아가려는 경향 또한 설명할 수 있음을 밝혀냈다고 믿는다. 이렇듯 종의 변화는 여러 방향으로 자잘한 단계를 밟으면서-하지만 생존에 필수적인 조건들로 인해 제약을 받고 균형을 유지한다-조직화된 존재에서 나타나는 모든 현상, 과거에 일어난 멸종과 존속, 형태와 본능과 습성의 모든 이례적 변화에 부합하도록 진행되는 듯하다.

1858년 2월
트르나테에서

옮긴이의 말

앨프리드 러셀 윌리스의 책이 국내에서 출간된 것은 이번이 처음이다. '자연선택에 의한 진화'라는 개념을 가장 먼저 논문으로 작성하고도 다윈의 그늘에 가려-다윈의 음모에 걸려들었다고 생각하는 사람들도 있으며, 이를 파헤친 책이 여러 권 나와 있다-제대로 된 평가를 받지 못한 비운의 과학자 윌리스. 그가 사후 100년이 지나서야 한국에 소개되었다(윌리스는 1823년 영국 몬머스셔 주 랜배독에서 태어나 1913년 잉글랜드 도싯 주 브로드셔에서 세상을 떠났으니 2013년이 윌리스 서거 100주기였다).

윌리스는 영국 빅토리아 시대의 동물 수집가이자 자연사학자였다. 이 두 가지 정체성이 윌리스의 삶을 이해하는 핵심이다. 집안 형편이 여유롭지 않은 탓에 열네 살에 학업을 중단하고 직업 전선에 뛰어들어야 했던 윌리스가 빅토리아 신사들의 취미이던 동물 수집을 위해 표본을 조달한 것 또한 돈을 벌기 위해서였다. 하지만 로버트 체임버스의 『창조의 자연사적 흔적*Vestiges of the Natural History of Creation*』, 찰스 다윈의 『비글 호 항해기

The Voyage of the Beagle』, 찰스 라이엘의 『지질학 원론*Elements of Geology*』을 탐독하며 자연사의 비밀을 밝혀내겠다는 의지를 다졌다.

월리스는 여러 면에서 다윈과 대조된다. 다윈은 부유한 집안에서 태어나 케임브리지 대학을 졸업했으며 학계에 인맥이 두터웠다. 이에 반해 월리스는 불우한 가정환경에서 자라 독학으로 과학을 공부했으며 학계의 아웃사이더였다. 다윈이 자연선택에 의한 진화라는 아이디어를 일찌감치 생각해내고도 발표를 망설인 것은 잃을 것이 많아서였다. 창조론이 정설로 통하던 시대에 이를 부정하는 이론을 함부로 내놓을 수 없었던 것이다. 하지만 월리스는 종의 기원에 얽힌 수수께끼를 풀자마자 이를 논문으로 써서 다윈에게 보냈다. 그에게 중요한 것은 과학적 발견의 순수한 기쁨이었다.

사실 월리스의 행동은 예나 지금이나 납득하기 힘든 것이었다. 과학자들을 괴롭힌 난제 중의 난제를 해결했으니 이 논문을 학회에서 발표하면 학문적 명성을 떨치고 학자들에게 인정받을 수 있었는데도 경쟁자인 다윈에게 먼저 보여주었으니 말이다. (월리스는 다윈이 종의 기원 문제에 대한 실마리를 오래전에 찾았다는 사실을 몰랐을 것이다.) 월리스의 편지를 받은 다윈은 자신이 쓴 에세이의 요약본과 월리스의 논문을 1858년 런던 린네학회에서 함께 발표했는데 자신의 순서를 월리스보다 앞에 두었다. 이듬해에 『종의 기원』이 출간되면서 진화론은 '다윈주의'로 알려지게 되었으며 월리스의 이름은 잊혔다.

하지만 월리스는 자신의 연구가 학계에서 인정받았다는 것에 흡족해했으며 평생 다윈과 좋은 관계를 유지했다. 다윈을 높이 평가하여 『다윈주의』라는 책을 쓰기도 했으며, 다윈 또한 월리스가 만년에 정부 연금을 받도록 애써주었다.

『말레이 제도』는 월리스의 대표작으로, 지구상에서 가장 넓은 제도諸島

인 말레이 제도의 지리와 생물상을 기술한 연구서이자 유럽인에게 거의 알려지지 않은 오지를 소개한 여행기다. 최고의 여행기로 손꼽히는 이 책은 1869년에 출간되어 베스트셀러가 되었으며 지금까지도 절판되지 않고 계속 출간되고 있다.

말레이 제도는 지금의 싱가포르, 인도네시아, 말레이시아, 동티모르에 걸쳐 있으며 25,000개의 섬으로 이루어진 세계 최대의 제도로, 우리에게는 아직까지도 생소한 곳이다. 이 책은 출간된 지 100년이 훌쩍 지났지만 지금도 말레이 제도의 자연과 문화를 생생하게 보여준다. 『말레이 제도』에서 월리스는 살아 있는 오랑우탄의 행동을 최초로 기록했으며 열대 과일 두리안의 맛과 향기에 대한 유명한 묘사를 남겼다. 야생 상태의 극락조를 최초로 목격한 유럽인도 월리스였다. 월리스날개구리를 비롯하여 새로운 종도 수없이 많이 발견했다. BBC 다큐멘터리 「빌 베일리의 정글 히어로Bill Bailey's Jungle Hero」에서 진행자 빌 베일리는 『말레이 제도』를 들고 월리스의 여정을 따라가는데, 한국 독자 중에도 이 책을 가지고 말레이 제도를 찾는 사람이 있었으면 좋겠다. 그래서 옛날 지명들은 현재 통용되는 지명으로 번역했다.

월리스는 보르네오 섬 사라왁 지방에서 쓴 「새로운 종의 도입을 좌우하는 법칙에 대하여On the Law which has Regulated the Introduction of New Species」라는 논문에서 근연종들이 시간적으로나 공간적으로나 가까이 있다고 주장했다(사라왁 법칙). 이는 근연종들이 공통의 조상에서 유래했음을 암시한다. 문제는 환경에 적응하는 변이가 어떻게 해서 종의 변화로 이어지는지 알 수 없었다는 것이다.

이 책에서 결정적인 장면은 월리스가 발리 섬에서 롬복 섬으로 건너가는 순간이다. "싱가포르 섬으로 곧장 가는 항로를 탈 수 있었다면 결코 두 섬 근처에 가지 않았을 테고, 그랬다면 동양 탐사를 통틀어 가장 중요한 발견을 놓쳤을 것이다."라는 월리스의 말은 과장이 아니다. 발리 섬과 롬복 섬은 너비가 30킬로미터에 불과한 해협을 사이에 두고 있는데 동식물의 분포가 전혀 다르다. 월리스는 이유를 곰곰이 생각한 끝에 두 섬 사이의 해협이 매우 깊다는 데 착안하여 얕은 바다가 예전에는 육지였을 것이라고 추론했다. 발리 섬이 아시아 대륙과 연결되고 롬복 섬이 오스트레일리아 대륙과 연결되었을 때는 동물이 육지를 통해 퍼져 나갔을 것이다. 그러다 육지가 침강하여 섬으로 고립되면서 저마다 진화의 경로를 걸었을 것이다. 하지만 발리 섬과 롬복 섬 사이의 해협은 동식물이 건너지 못하는 장벽이었으므로, 이로써 양쪽의 생물상이 전혀 다른 이유가 설명된다. 이 해협을 위로 연장하여 선을 그으면 지구상에서 생물상이 가장 극명하게 대조되는 두 지역을 나눌 수 있는데, 이 선을 '월리스 선'이라 한다.

트르나테 섬(또는 할마헤라 섬)에서 월리스는 맬서스의 『인구론*An Essay on the Principle of Population*』을 읽다가 기하급수적 인구 증가를 억제하는 요인(기근, 전쟁 등)이 동물에게도 작용하여 환경에 적응하지 못한 개체를 솎아낼 것이라는 아이디어가 떠올랐다. 이것이 바로 자연선택에 의한 진화다. 다윈이 비둘기와 따개비를 연구하며 통시적 관점에서 진화를 들여다보았다면 월리스는 수많은 동물을 관찰하며 공시적으로 패턴을 발견했다. 특히 곤충의 형태적 변이를 보면서 종의 경계가 뚜렷이 나뉘지 않는다는 사실을 깨달았다. 이 책에는 자연선택을 떠올리기까지 월리스가 무엇에 주목하고 어떤 생각을 했는지 잘 나와 있다.

나의 2016년은 『말레이 제도』로 시작해서 『말레이 제도』로 끝났다. 2014년 8월에 지오북 황영심 대표를 만나 계약서에 서명하고 2015년 11월 11일에 번역을 시작하여 2016년 5월 2일에 최종 원고를 넘겼다. 월리스는 초판 머리말에서 책의 출간이 늦어진 것을 해명하며 이렇게 덧붙였다. "독자들은 6년 전에 내 책을 읽어서 지금쯤 싹 잊어버렸을 것에 비하면 잃을 것보다 얻을 것이 훨씬 많을 것이다." 147년 만에 『말레이 제도』

를 읽게 될 한국 독자들에게도 같은 말을 할 수 있으리라.

2013년 1월, 런던박물관에서는 다윈의 조각상 옆에 월리스의 초상화를 걸었다. 100년 만에 되찾은 명예였다. 이 책을 통해 한국에서도 월리스의 삶과 업적이 재조명받기를 바란다.

인명 찾아보기

ㄹ

ㅁ

ㅂ

ㅎ

지명 찾아보기

지명 찾아보기는 나라, 대륙, 해, 해협, 반도, 제도, 섬 이름의 가나다순을 상위 목록으로 하고 각 섬에 속하는 도시, 촌락, 산, 강, 만, 곶 이름의 가나다순을 하위 목록으로 작성했습니다. 각 지명의 현재 외국명을 병기했으되, 원문의 외국명과 다른 경우 괄호를 넣어 원문의 외국명을 밝혀 두었습니다.

ㄷ

ㄹ

ㅁ

ㅂ

ㅅ

ㅇ

ㅈ

ㅋ

ㅌ

ㅍ

ㅎ

동식물명 찾아보기

동식물명 찾아보기는 국명의 가나다순으로 작성했고 현재의 학명(Ⓢ) 또는 과명, 목명, 영명(Ⓔ)을 병기했으되, 원문의 학명 또는 영명 등과 다른 경우 괄호를 넣어 원문의 학명 또는 영명 등을 밝혀 두었습니다.

ㄷ

ㄹ

ㅁ

ㅂ

ㅈ

ㅊ

ㅌ

ㅍ

ㅎ

지은이 **앨프리드 러셀 월리스**

Alfred Russel Wallace, 1823~1913

월리스는 최초로 '자연선택에 의한 진화'에 관한 논문을 작성하고도 진화론 창시라는 위대한 업적에서 찰스 다윈보다 한 발 물러나 있던 과학혁명가다. 1850년대 삼십 대 초반의 월리스는 말레이 제도로 항해 탐사를 떠났고, 지구상에서 가장 풍부한 생물 다양성을 직접 겪으면서 자연선택과 진화에 대한 생각을 정리해냈다. 1858년 말레이 제도에서 월리스는 열 쪽가량의 논문「변종이 원형에서 끝없이 멀어지는 경향에 대하여On the Tendency of Varieties to Depart Indefinitely From the Original Type」를 써서 다윈에게 보냈고, 그를 충격과 두려움에 빠트렸다. 다윈이 평생 연구해 온 주제와 너무나 비슷했고, 간명하게 잘 정리되어 있었기 때문이다. 다윈은 서둘러 그해 런던 린네학회에 자신의 미발표 원고와 월리스의 논문을 함께 제출했다. 월리스의 이름은 다윈 뒤에 놓였다.

'종의 불변'이 진리였던 시대정신에 정면으로 맞선 월리스는 영국의 자연사학자이자 지리학자이자 인류학자이자 진화론자이다. 1823년 부유하지 않은 집안에서 태어난 월리스는 열네 살까지만 정규교육을 받았고, 많은 책을 탐독하여 스스로 지식을 넓혔다. 로버트 오언, 토머스 페인 등의 진보 사상을 접한 월리스는 알렉산더 폰 훔볼트와 다윈의 항해탐사기를 읽고선 미지의 세계를 탐험하겠다는 의지와 그곳에서 조우할 수많은 변종들에서 자연사의 신비를 밝혀내겠다는 열망을 품었다. 1848년 아마존으로 떠났던 첫 자연사 탐사의 결과물은 1852년 귀항하는 도중 화재 사고로 거의 잃었다. 월리스는 생활고를 겪는 상황 속에서도『아마존의 야자나무*Palm Trees of the Amazon*』와『아마존과 히우네그루 여행기*A Narrative of Travels on the Amazon and Rio Negro*』를 출간했다. 1854년 월리스는 또다시 항해탐사를 떠났다. 서구인에게 거의 알려지지 않은 신비의 땅, 동양에서 적도가 가로지르는 유일한 열대우림 지대, 말레이 제도였다. 말레이 제도는 인도네시아와 말레이시아에 걸쳐 2만여 개의 섬으로 이루어진 세계 최대의 군도로, 월리스는 장장 8년 동안 이 지역을 집중 탐사했다. 이때 발리 섬과 롬복 섬 사이를 가르는 해협을 분기점으로 아시아 대륙과 오스트레일리아 대륙 간 동물군의 극명한 차이를 나타내는 경계 선('월리스 선')을 발견했다. 또한 12만 5천 종이라는 엄청난 양의 동물 표본을 수집함으로써 동물분류학이 비약적으로 발전하는 데 기여했다. 그중 1천여 종은 당시 학계에 보고되지 않은 새로운 종으로, 월리스날개구리, 월리스덤불닭, 월리스흰깃발극락조 등 월리스 이름이 붙은 종만 해도 1백 종이 넘는다. 1869년 출간된『말레이 제도*The Malay Archipelago*』는 월리스의 연구와 탐험의 산물로, 그의 필생의 역작이자 베스트셀러가 되었다. 이 책의 독특한 묘미는 자유주의, 식민주의, 과학주의가 팽배했던 19세기 서구 지성인의 관점에서 기술한 동식물에 대한 자연사와 원주민에 대한 민족지가 자유분방하게 넘나들고 있다는 점에서 느낄 수 있다. 그 후 월리스는『섬의 생물*Island Life*』등 10권의 저서와 많은 글을 쓰면서 왕성한 활동을 했다. 1908년 런던 린네학회에서 다윈·월리스 메달을, 왕립학회에서 코플리 메달을 받았고 왕실로부터 메리트 훈장을 받았다. 이처럼 월리스는 생전에는 과학 발전에 기여한 공로를 인정받았지만, 1913년 생을 마감한 뒤로는 잊혀졌다. 2013년 월리스 서거 100주기를 맞이하여 '월리스 온라인 프로젝트'가 출범했고, 월리스의 업적이 비로소 조명받기 시작했다. http://wallace-online.org

옮긴이 **노승영**

서울대학교 영어영문학과를 졸업하고 동대학원 인지과학 협동과정을 수료했다. 컴퓨터 회사에서 번역 프로그램을 만들었으며 환경 단체에서 일했다. '내가 깨끗해질수록 세상이 더러워진다.'고 생각한다.「시사IN」이 뽑은 '2014년 올해의 번역가'로 선정됐다. 옮긴 책으로는『동물에게 배우는 노년의 삶』,『왜 인간의 조상이 침팬지인가』,『새의 감각』,『만물의 공식』,『숲에서 우주를 보다』,『스토리텔링 애니멀』,『다윈의 잃어버린 세계』,『자연 모방』,『측정의 역사』,『동물과 인간이 공존해야 하는 합당한 이유들』,『흙을 살리는 자연의 위대한 생명들』,『그림자 노동』,『이렇게 살아가도 괜찮은가』,『통증 연대기』등 다수가 있다.

말레이 제도

The Malay Archipelago

초판 1쇄 발행 2017년 1월 20일
초판 2쇄 발행 2019년 9월 5일

지은이 앨프리드 러셀 월리스
옮긴이 노승영

펴낸곳 지오북(**GEO**BOOK)
펴낸이 황영심
편집 김소희
디자인 김정민, 장영숙

주소 서울특별시 종로구 새문안로5가길 28, 1015호
(적선동, 광화문 플래티넘)
Tel_02-732-0337 Fax_02-732-9337
eMail_book@geobook.co.kr
www.geobook.co.kr
cafe.naver.com/geobookpub

출판등록번호 제300-2003-211
출판등록일 2003년 11월 27일

© 지오북(**GEO**BOOK) 2017

ISBN 978-89-94242-48-4 03470

이 책에 나오는 동식물명은 국립산림과학원 박찬열 박사와 편집팀의 확인 과정을 거쳤습니다.

이 도서의 국립중앙도서관 출판예정도서목록(CIP)은 서지정보유통지원시스템 홈페이지
(http://seoji.nl.go.kr)와 국가자료공동목록시스템(http://www.nl.go.kr/kolisnet)에서
이용하실 수 있습니다.(CIP제어번호: CIP2016026074)